KUHMINSA

한 발 앞서나가는 출판사, 구민사
독자분들도 구민사와 함께 한 발 앞서나가길 바랍니다.

구민사 출간도서 中 수험서 분야

- 용접
- 자동차
- 조경/산림
- 품질경영
- 산업안전
- 전기
- 건축토목
- 실내건축

- 기술사
- 기계
- 금속
- 환경
- 보일러
- 가스
- 공조냉동
- 위험물

전문가를 위한 첫걸음, 구민사는 그 이상을 봅니다!

전국 도서판매처

• 일산남부서점 • 안산대동서적 • 대전계룡서점 • 대구북앤북스 • 대구하나도서
• 포항학원사 • 울산처용서림 • 창원그랜드문고 • 순천중앙서점 • 광주조은서림

www.kuhminsa.co.kr

자격증 시험 접수부터 자격증 수령까지!

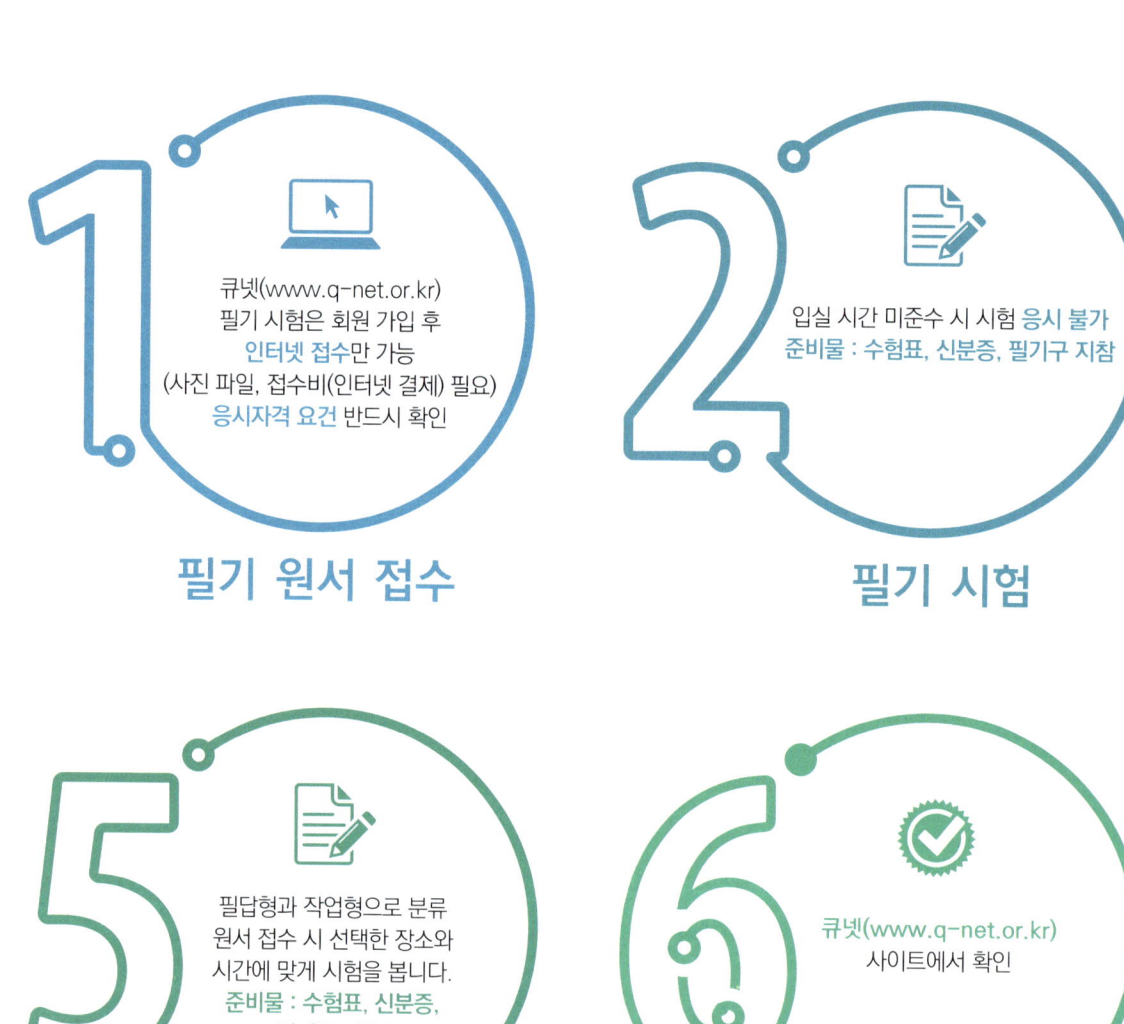

1. 필기 원서 접수
큐넷(www.q-net.or.kr)
필기 시험은 회원 가입 후
인터넷 접수만 가능
(사진 파일, 접수비(인터넷 결제) 필요)
응시자격 요건 반드시 확인

2. 필기 시험
입실 시간 미준수 시 시험 응시 불가
준비물 : 수험표, 신분증, 필기구 지참

5. 실기 시험
필답형과 작업형으로 분류
원서 접수 시 선택한 장소와
시간에 맞게 시험을 봅니다.
준비물 : 수험표, 신분증,
필기구 지참!

6. 최종합격 확인
큐넷(www.q-net.or.kr)
사이트에서 확인

전문가를 위한 첫걸음, 구민사는 그 이상을 봅니다!

상시시험 12종목
미용사(일반) | 미용사(피부) | 한식·양식·일식·중식 조리기능사
굴착기 운전기능사 | 제과·제빵 기능사 | 정보처리기능사 | 정보기기운용기능사

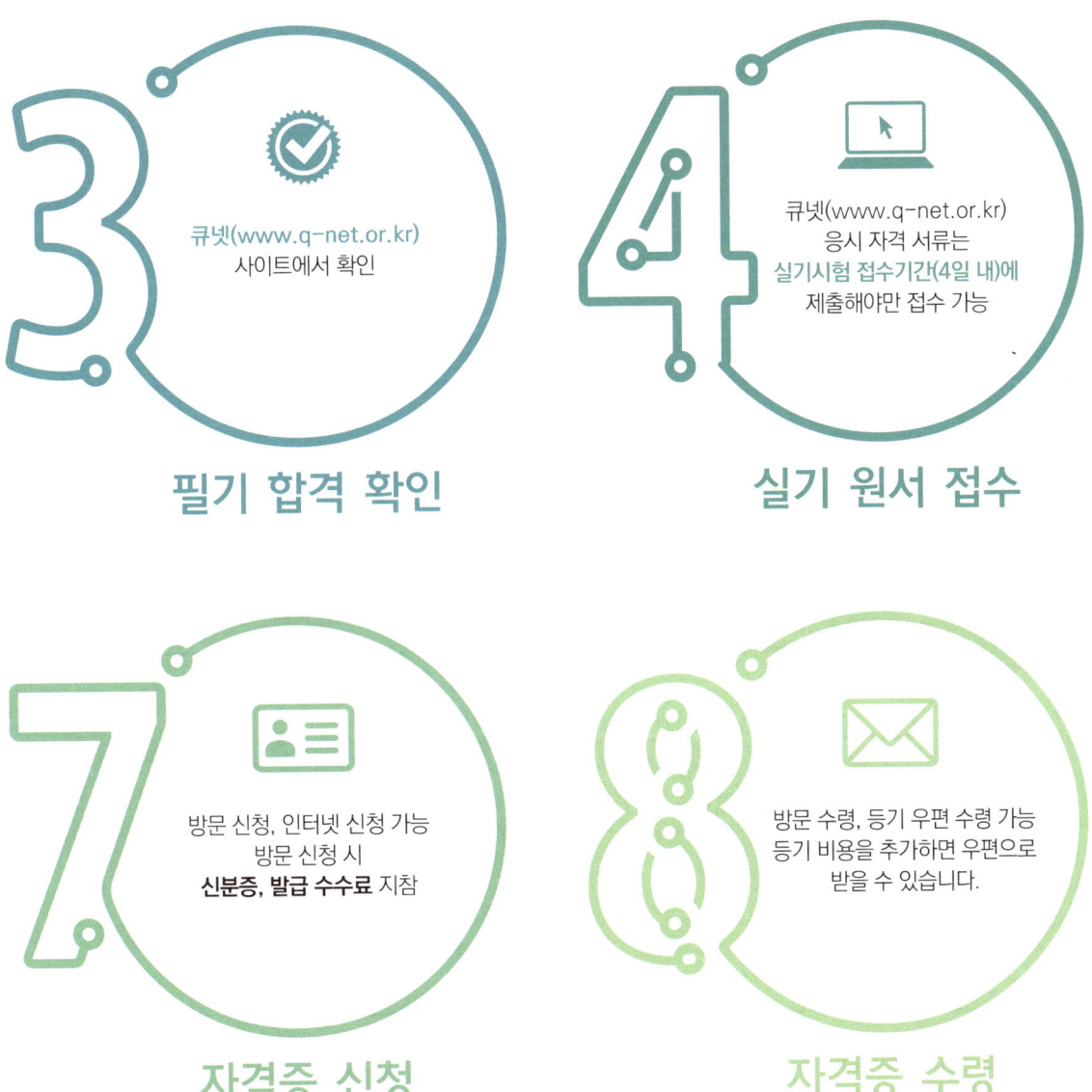

3. 필기 합격 확인
큐넷(www.q-net.or.kr) 사이트에서 확인

4. 실기 원서 접수
큐넷(www.q-net.or.kr) 응시 자격 서류는 **실기시험 접수기간(4일 내)**에 제출해야만 접수 가능

7. 자격증 신청
방문 신청, 인터넷 신청 가능
방문 신청 시 **신분증, 발급 수수료** 지참

8. 자격증 수령
방문 수령, 등기 우편 수령 가능
등기 비용을 추가하면 우편으로 받을 수 있습니다.

D-DAY 60 자동차정비기능사 합격 플랜 D-60일

(위의 플랜은 가장 이상적인 것이므로 참고하여 개인의 입장과 일정에 맞춰 준비하시기 바랍니다.)

월요일	화요일	수요일	목요일	금요일	토요일	일요일	
D-60	D-59	D-58	D-57	D-56	D-55	D-54	D-60
제 1편. 자동차엔진							
D-53	D-52	D-51	D-50	D-49	D-48	D-47	D-50
제 2편. 자동차섀시							
D-46	D-45	D-44	D-43	D-42	D-41	D-40	D-40
제 3편. 자동차전기							
D-39	D-38	D-37	D-36	D-35	D-34	D-33	D-30
제 4편. 친환경 자동차							
D-32	D-31	D-30	D-29	D-28	D-27	D-26	D-20
과년도 문제 및 CBT 복원문제							

D-DAY 60 놓친 부분 다시보기

월요일	화요일	수요일	목요일	금요일	토요일	일요일
D-25	D-24	D-23 이론 복습 (O / X)	D-22	D-21	D-20	D-19 문제 풀이 (O / X)
D-18	D-17	D-16 이론 복습 (O / X)	D-15	D-14	D-13	D-12 문제 풀이 (O / X)
D-11	D-10	D-9 이론 복습 (O / X)	D-8	D-7	D-6	D-5 문제 풀이 (O / X)
D-4	D-3	D-2 이론 복습 (O / X)	D-1			

※ 시험장 가기 전에 TIP!

Q : 계산기를 따로 가져가야 하나요?
A : 시험을 치르는 PC에 설치된 계산기를 이용하실 수 있습니다.(개인 계산기 지참 가능)

Q : PC로 시험을 치르면 종이는 못쓰나요?
A : 시험장에서 필요한 사람에 한해 종이를 제공합니다. 시험장마다 상황이 다를 수 있으니 전화로 해당 시험장의 상황을 파악
해보시길 권장합니다. 이 때, 시험이 끝나고 종이 반납은 필수입니다.

 # 머리말

공부!

듣기만 해도 고개가 저절로 돌아가게 만드는 단어이다. "어떻게 하면 빠르게 핵심만 공부할까?"
이 책을 접한 독자는 최소한 12년 이상 공부에 혼을 쏟았을 거라 믿는다. 저자 역시 수많은 책과 씨름해본 경험이 이 책을 만들게 된 동기가 되었다.
일반 대입 수험서는 주변의 대학생에게 얼마든지 물어볼 수 있으나 특히 자동차 정비에 관한 내용은 정비공장이나 카센터 사장님께 여쭤보아도 사업에 바쁘셔서 충분한 대답을 얻을 수 없었다. 물론 질문하려고 해도 용기가 없긴 하였다. 용기도 없고 궁금은 하니 독학은 해야겠고…
예전에는 혼자 독학한다는 것이 매우 어려웠던 시절이었다. 도서관에 가도 조금만 늦으면 자리가 없었고, 혹여 들어가도 책을 찾느라 많은 시간을 허비하였다. 그나마 찾을 수 있으면 횡재였다. 요즘은 네이버 형님과 다음 언니가 다 알려주질 않는가? 이 책은 그런 부분에서도 채울 수 없는 자동차 정비에 초점을 맞춰 자동차정비를 배우는 사람들이혼자서도 빠르게 독학이 가능하도록 집필하였다.

본 자동차정비기능사 이론 교재의 특징은

    첫째, 가능한 산업인력공단 출제기준에 맞춰 구성하도록 하였다.
    둘째, 자동차정비기능사 이론내용과 과년도 기출문제를 엄선 분석하여 중요 핵심 내용을 알기 쉽게 정리하였다.
    셋째, 앞으로 출제될 예상문제풀이를 각 단원별 학습 내용에 따라서 핵심요점 정리를 통하여 폭 넓고 알기쉽게
        기술하였다.
    넷째, 과년도 문제는 가장 최근의 문제를 전부 해설을 첨부하여 궁금한 문제를 스스로 해결할 수 있도록 하였다.

끝으로 이 책의 출판을 위해 적극적으로 도움주신 도서출판 구민사 조규백 대표님과 직원 여러분께 깊은 감사를 드린다.

저자

CONTENTS

제1편 자동차엔진

제1장 기관의 개요 ... 3
- 제1절 기관 기초사항 ... 3
- 제2절 연료와 기관 성능 ... 7
- 제1장 기관의 개요 출제예상문제 ... 13

제2장 내연 기관의 본체 ... 15
- 제1절 기관본체 ... 15
- 제2장 내연 기관의 본체 출제예상문제 ... 40

제3장 윤활 및 냉각장치 ... 45
- 제1절 윤활장치(lubricating system) ... 45
- 제2절 냉각장치(cooling system) ... 51
- 제3장 윤활 및 냉각장치 출제예상문제 ... 60

제4장 연료장치 ... 64
- 제1절 전자제어 가솔린 연료장치 ... 64
- 제2절 LPG, CNG 연료장치 ... 86
- 제4장 연료장치 출제예상문제 ... 101

제5장 디젤 기관 ... 114
- 제1절 기계식 디젤 기관 ... 114
- 제2절 CRDI 디젤기관 ... 132
- 제5장 디젤 기관 출제예상문제 ... 147

제6장 흡·배기장치 ... 151
- 제1절 흡기 장치(inkake system) ... 151
- 제2절 배기 장치(exhaust system) ... 155
- 제3절 배출가스 저감 장치 ... 156
- 제4절 친환경 제어시스템 ... 166
- 제6장 흡·배기장치 출제예상문제 ... 169

제2편 자동차섀시

제1장 동력전달장치 ... 177
- 제1절 클러치(clutch) ... 177
- 제2절 변속기 ... 184
- 제3절 동력전달장치 ... 207
- 제1장 동력전달장치 출제예상문제 ... 216

제2장 현가 및 조향장치 ... 228
- 제1절 현가장치 ... 228
- 제2절 전자제어 현가장치 (E.C.S : Electronic Control Suspension) ... 239
- 제3절 조향장치 ... 244
- 제4절 동력 조향장치 (power steering system) ... 250
- 제2장 현가 및 조향장치 출제예상문제 ... 258

제3장 제동장치 ... 267
- 제1절 일반 제동장치 ... 267
- 제2절 전자제어 제동장치 ... 282
- 제3장 제동장치 출제예상문제 ... 298

제4장 주행 및 구동장치 ... 305
- 제1절 휠 및 타이어 ... 305
- 제2절 정속 주행장치 ... 311
- 제3절 자동차의 성능 ... 315
- 제4장 주행 및 구동장치 출제예상문제 ... 322

제3편 자동차전기

제1장 전기전자   327
     제1절   기초전기   327
     제2절   기초전자   336
     제3절   통신장치   344
     제1장   전기전자 출제예상문제   364

제2장 시동, 점화 및 충전장치   370
     제1절   축전지   370
     제2절   시동장치   377
     제3절   점화장치   386
     제4절   충전장치   394
     제5절   하이브리드 시스템   402
     제2장   시동, 점화 및 충전장치 출제예상문제   407

제3장 계기, 등화 및 편의장치   415
     제1절   계기 및 등화장치   415
     제2절   안전 및 편의장치   429
     제3장   계기, 등화 및 편의장치 출제예상문제   454

제4장 냉 · 난방장치   458
     제1절   냉방장치   458
     제2절   난방장치   477
     제4장   냉 · 난방장치 출제예상문제   479

제4편 친환경 자동차

제1장 하이브리드 자동차   483
     제1절   하이브리드 개요   483
     제2절   하이브리드 시동 및 취급방법   489
     제3절   하이브리드 시스템 구성   491

제2장 전기자동차   495
     제1절   전기자동차 개요   495
     제2절   전기자동차 전지(Battery)   499
     제3절   전기자동차의 주요 부품   505
     제4절   전기자동차의 충전   507

제3장 수소연료전지 자동차   509
     제1절   수소연료전지 자동차 일반   509
     제2절   수소 연료전지   511
     제3절   수소자동차 운전 시스템   513
     제4절   수소자동차의 전력 변환   519

부록 최근 과년도 문제해설

2012년	자동차정비기능사 제1회(2012.02.12 시행)	525
	자동차정비기능사 제2회(2012.04.08 시행)	537
	자동차정비기능사 제4회(2012.07.22 시행)	549
	자동차정비기능사 제5회(2012.10.20 시행)	561
2013년	자동차정비기능사 제1회(2013.01.27 시행)	573
	자동차정비기능사 제2회(2013.04.14 시행)	585
	자동차정비기능사 제4회(2013.07.21 시행)	598
	자동차정비기능사 제5회(2013.10.12 시행)	611
2014년	자동차정비기능사 제1회(2014.01.26 시행)	624
	자동차정비기능사 제2회(2014.04.06 시행)	636
	자동차정비기능사 제4회(2014.07.20 시행)	648
	자동차정비기능사 제5회(2014.10.11 시행)	660
2015년	자동차정비기능사 제1회(2015.01.25 시행)	671
	자동차정비기능사 제2회(2015.04.04 시행)	682
	자동차정비기능사 제4회(2015.07.19 시행)	693
	자동차정비기능사 제5회(2015.10.10 시행)	704
2016년	자동차정비기능사 제1회(2016.01.24 시행)	715
	자동차정비기능사 제2회(2016.04.02 시행)	727
	자동차정비기능사 제4회(2016.07.10 시행)	739

기출복원문제란?
저자께서 수검자들의 도움으로 최대한 유형에 가깝게 복원한 문제입니다.
앞으로도 높은 적중률을 위해 노력하겠습니다.

2016년	자동차정비기능사 CBT 5회 기출복원 문제	750
2017년	자동차정비기능사 CBT 기출복원 문제	762
제1회	자동차정비기능사 CBT 기출복원 문제	773
제2회	자동차정비기능사 CBT 기출복원 문제	784
제3회	자동차정비기능사 CBT 기출복원 문제	795
제4회	자동차정비기능사 CBT 기출복원 문제	803

이 책의 구성과 특징

01 체계적인 핵심 요약

제 1편에서는 자동차엔진에 대한 핵심 이론을 수록하였습니다.
제 2편에서는 자동차섀시에 대한 핵심 이론을 수록하였습니다.
제 3편에서는 자동차전기에 대한 핵심 이론을 수록하였습니다.
제 4편에서는 친환경 자동차에 대한 핵심 이론을 수록하였습니다.

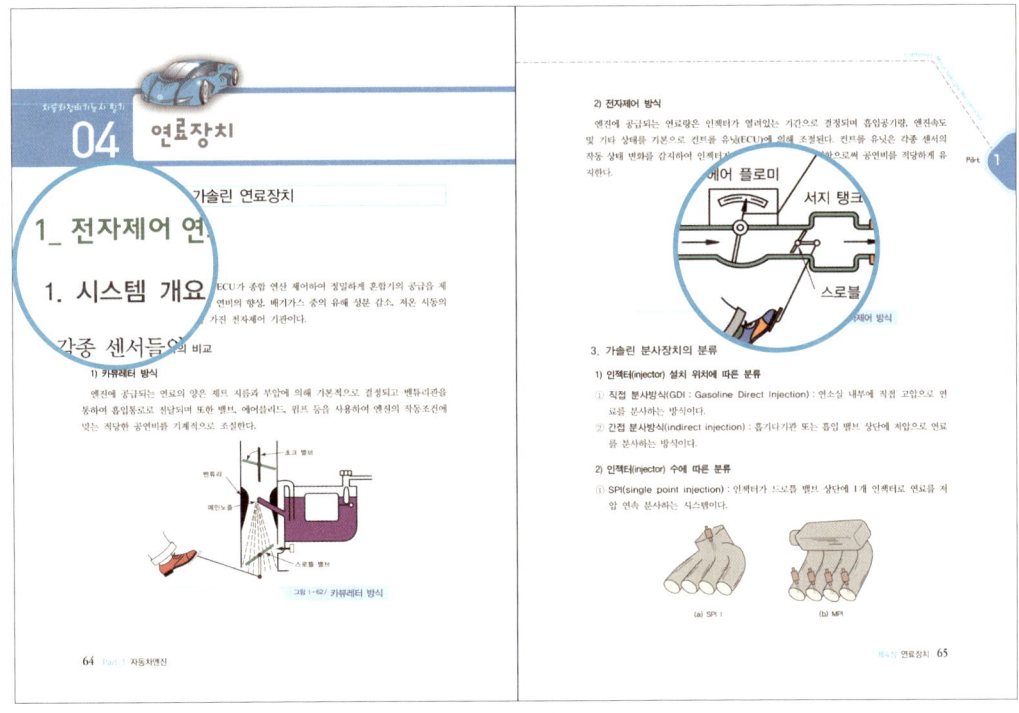

이 책의 구성과 특징

02 출제예상문제 수록

앞으로 출제될 예상문제풀이를 각 단원별 학습 내용에 따라서 수록해 개념을 다질 수 있도록 하였습니다.

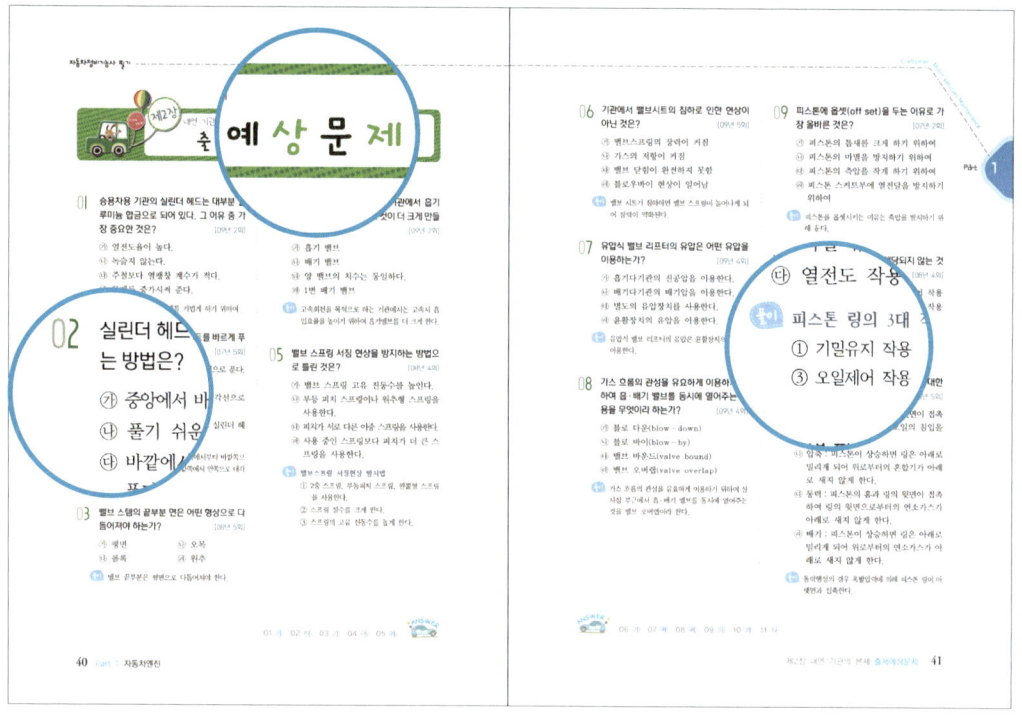

03 과년도문제 수록

최근 과년도 출제문제와 상세한 풀이를 수록해 실전시험에 대비하였습니다.
또한 시행일을 표기해 출제경향을 알 수 있도록 하였습니다.

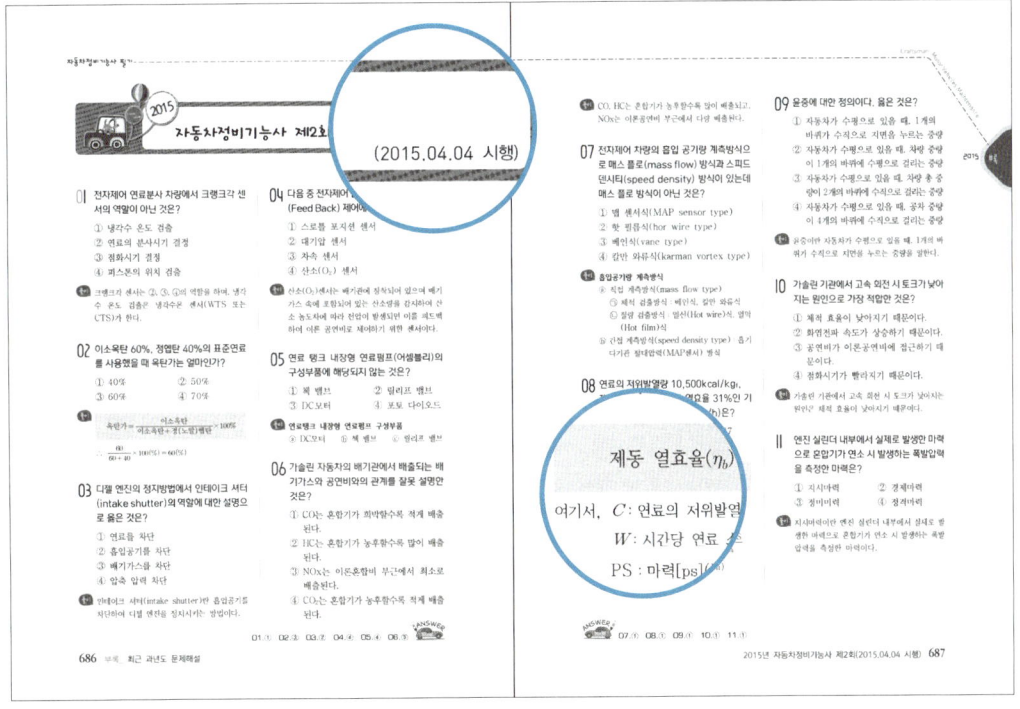

이 책의 구성과 특징

04 CBT 기출복원문제 수록

CBT 기출복원문제와 해설을 수록해 실전시험에 대비하였습니다.

기출복원문제란?
저자께서 수검자들의 도움으로 최대한 유형에 가깝게 복원한 문제입니다. 앞으로도 높은 적중률을 위해 노력하겠습니다.

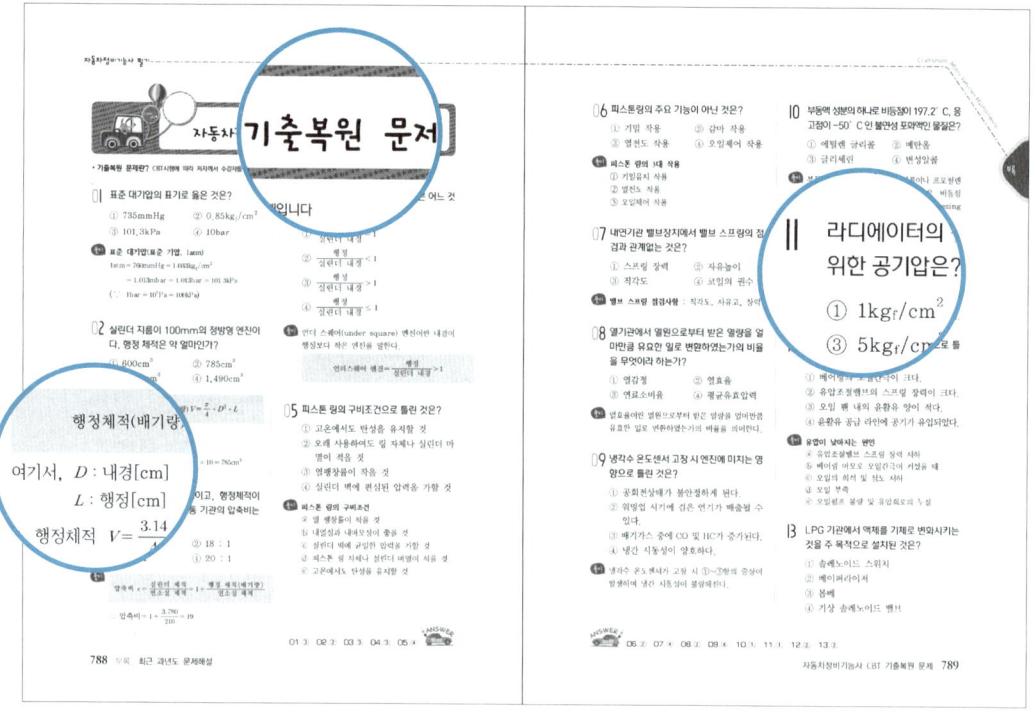

출제기준 – 자동차정비기능사 필기

직무 분야	기계	중직무 분야	자동차	자격 종목	자동차정비 기능사	적용 기간	2025. 1. 1 ~ 2027. 12. 31

직무내용 : 자동차의 엔진, 섀시, 전기 · 전자장치 등의 결함이나 고장부위를 진단하고 정비하는 직무이다.

필기검정방법	객관식	문제수	60	시험시간	1시간

필기과목명	문제수	주요항목	세부항목
자동차 엔진, 섀시, 전기 · 전자 장치정비 및 안전관리	60	1. 충전장치 정비	1. 충전장치 점검 · 진단 2. 충전장치 수리 3. 충전장치 교환 4. 충전장치 검사
		2. 시동장치 정비	1. 시동장치 점검 · 진단 2. 시동장치 수리 3. 시동장치 교환 4. 시동장치 검사
		3. 편의장치 정비	1. 편의장치 점검 · 진단 2. 편의장치 조정 3. 편의장치 수리 4. 편의장치 교환 5. 편의장치 검사
		4. 등화장치 정비	1. 등화장치 점검 · 진단 2. 등화장치 수리 3. 등화장치 교환 4. 등화장치 검사
		5. 엔진 본체 정비	1. 엔진본체 점검 · 진단 2. 엔진본체 관련 부품 조정 3. 엔진본체 수리 4. 엔진본체 관련부품 교환 5. 엔진본체 검사
		6. 윤활 장치 정비	1. 윤활장치 점검 · 진단 2. 윤활장치 수리 3. 윤활장치 교환 4. 윤활장치 검사
		7. 연료 장치 정비	1. 연료장치 점검 · 진단 2. 연료장치 수리 3. 연료장치 교환 4. 연료장치 검사

출제기준 – 자동차정비기능사 필기

필기과목명	문제수	주요항목	세부항목
자동차 엔진, 섀시, 전기·전자 장치정비 및 안전관리	60	8. 흡·배기 장치 정비	1. 흡·배기장치 점검·진단 2. 흡·배기장치 수리 3. 흡·배기장치 교환 4. 흡·배기장치 검사
		9. 클러치수동변속기정비	1. 클러치·수동변속기 점검·진단 2. 클러치·수동변속기 조정 3. 클러치·수동변속기 수리 4. 클러치·수동변속기 교환 5. 클러치·수동변속기 검사
		10. 드라이브라인 정비	1. 드라이브라인 점검·진단 2. 드라이브라인 조정 3. 드라이브라인 수리 4. 드라이브라인 교환 5. 드라이브라인 검사
		11. 휠·타이어·얼라인먼트 정비	1. 휠·타이어·얼라인먼트 점검·진단 2. 휠·타이어·얼라인먼트 조정 3. 휠·타이어·얼라인먼트 수리 4. 휠·타이어·얼라인먼트 교환 5. 휠·타이어·얼라인먼트 검사
		12. 유압식 제동장치 정비	1. 유압식 제동장치 점검·진단 2. 유압식 제동장치 조정 3. 유압식 제동장치 수리 4. 유압식 제동장치 교환 5. 유압식 제동장치 검사
		13. 엔진점화장치 정비	1. 엔진점화장치 점검·진단 2. 엔진점화장치 조정 3. 엔진점화장치 수리 4. 엔진점화장치 교환 5. 엔진점화장치 검사
		14. 유압식 현가장치 정비	1. 유압식 현가장치 점검·진단 2. 유압식 현가장치 교환 3. 유압식 현가장치 검사
		15. 조향장치 정비	1. 조향장치 점검·진단 2. 조향장치 조정 3. 조향장치 수리 4. 조향장치 교환 5. 조향장치 검사
		16. 냉각 장치 정비	1. 냉각장치 점검·진단 2. 냉각장치 수리 3. 냉각장치 교환 4. 냉각장치 검사

시험정보 - 자동차정비기능사 필기

자격명 : 자동차정비기능사 | **영문명** : Craftsman Motor Vehicles Maintenance
관련부처 : 국토교통부
시행기관 : 한국산업인력공단

- **개요**

자동차정비는 자동차의 기계 상의 결함이나 사고 등 여러 가지 이유로 정상적으로 운행되지 못할 때 원인을 찾아내어 정비하는 것을 말한다. 최근 운행자동차 수의 증가로 정 비의 필요성의 증가함에 따라 산업현장에서 자동차정비의 효율성 및 안정성 확보를 위 한 제반 환경을 조성하기 위해 정비 분야 기능인력 양성이 필요하게 됨.

- **수행직무**

각종 수동공구, 동력공구 및 점검장비를 이용하여 엔진, 섀시, 전기장치 등의 결함이나 고장부위를 진단하고 알맞은 부품으로 교체하거나 수리하는 직무를 수행

- **출제경향**

각종 공구 및 기기와 점검장비를 이용하여 엔진, 섀시, 전기장치 등의 결함이나 고장부위를 진단하고, 알맞은 부품으로 교체하거나 정비 및 검사, 안전사항 등을 준수하는 직무의 수행능력을 평가

- **취득방법**

① 시 행 처 : 한국산업인력공단
② 관련학과 : 고등학교, 대학 및 전문대학의 자동차 관련학과
③ 훈련기관 : 공공직업훈련원, 사업체내직업훈련원, 인정직업훈련원, 사설학원
④ 시험과목
   - 필기 : 자동차엔진, 자동차섀시, 자동차전기 및 안전관리
   - 실기 : 자동차정비 실무
⑤ 검정방법
   - 필기 : 객관식 4지 택일형 60문항(60분)
   - 실기 : 작업형 (4시간 정도)
⑥ 합격기준
   - 필기·실기 : 100점을 만점으로 하여 60점 이상

- **시험수수료**
   - 필기 : 14,500 원
   - 실기 : 41,300 원

자동차엔진

제1장 기관의 개요
제2장 내연기관의 본체
제3장 윤활 및 냉각장치
제4장 연료장치
제5장 디젤기관
제6장 흡·배기장치

01 기관의 개요

제1절 기관 기초사항

1_ 기관의 정의

연료를 연소시켜 발생되는 열에너지를 기계적인 운동 에너지로 변환하는 장치로, 내연기관과 외연기관으로 분류한다.

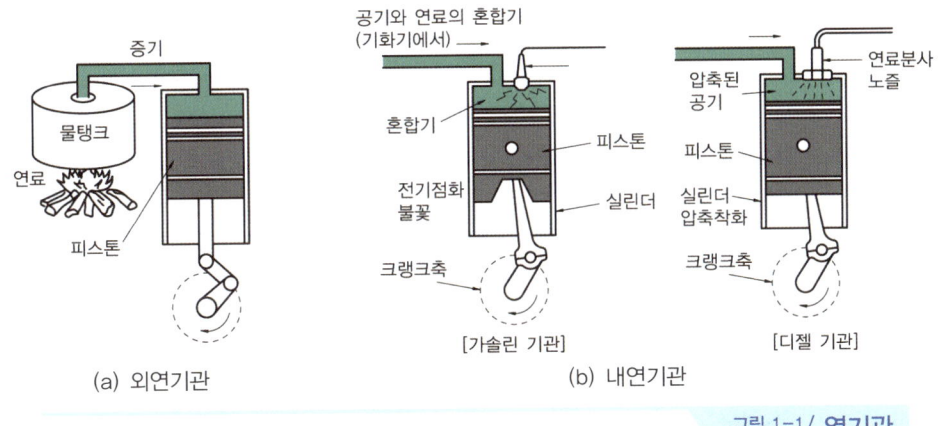

그림 1-1 / **열기관**

1. 외연기관

기관 밖에서 공기와 연료를 혼합하여 연소함으로써 기계적 에너지를 얻는 기관으로써, 증기 기관(왕복형), 증기 터빈(회전형) 등이 있다.

2. 내연기관

기관 안에서 공기와 연료를 혼합하여 연료를 연소시켜 기계적 에너지를 얻는 기관으로써, 가솔린 기관과 디젤 기관으로 분류한다.

2_ 기관의 분류

1. 사용 연료에 따른 분류

가솔린 기관, LPG 기관, CNG 기관, 에탄올 기관, 수소 기관, 디젤 기관 등이 있다.

2. 점화 방식의 분류

① 전기 점화 기관 : 혼합가스에 전기적인 불꽃으로 점화시키는 기관이다.
② 압축 착화 기관 : 공기를 먼저 압축 후 연료를 분사하면 압축열에 의하여 자기 착화되는 기관이다.

3. 열역학적 사이클의 분류

1) 가솔린 기관 : 정적 사이클(오토 사이클)

가솔린 기관은 2개의 정적 변화와 2개의 단열 변화로 구성된 사이클이다.

$$\text{오토 사이클 열효율}(\eta_o) = 1 - \frac{1}{\epsilon^{k-1}} = 1 - \left(\frac{1}{\epsilon}\right)^{k-1}$$

ϵ : 압축비
k : 비열비($k = 1.4$)

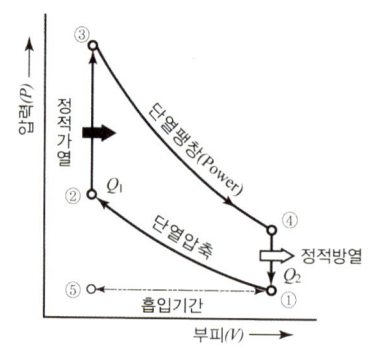

⑤-① 흡입행정
①-② 단열압축
②-③ 폭발(일정한 체적하에서 열량 Q_1을 공급)
③-④ 팽창행정(power 발생)
④-① 배기시작(열량 Q_2를 방출)
①-⑤ 배기행정

그림 1-2 / **P-V 지압선도**

오토 사이클의 이론 열효율을 η_o라 하면

$$\eta_o = \frac{Q_1 - Q_2}{Q_1} = 1 - \frac{Q_2}{Q_1}$$

각 점(①, ②, ③, ④)에서의 온도를 각각 T_1, T_2, T_3, T_4라 하고 압축비를 ϵ라 하면

$$\eta_o = 1 - \frac{T_4 - T_1}{\epsilon^{k-1}(T_4 - T_1)} = 1 - \left(\frac{1}{\epsilon}\right)^{k-1}$$

따라서, 오토 사이클의 이론 열효율은 ϵ와 K에 의해 결정된다.

2) 디젤 기관 : 정압 사이클(저속 디젤 기관)

디젤 사이클은 정압 사이클로써 일정한 압력하에서 연소하는 저속 디젤 기관의 기본 사이클이다. 정압 사이클의 이론 열효율은 단절비가 작을수록 열효율은 증가된다.

디젤 사이클 열효율(η_d) $= 1 - \left(\dfrac{1}{\epsilon}\right)^{k-1} \times \dfrac{\rho^k - 1}{k(\rho - 1)}$

ϵ : 압축비
k : 비열비($k = 1.4$)
ρ : 단절비

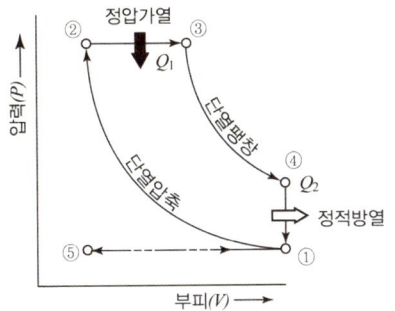

⑤-① 흡입행정
①-② 압축행정
②-③ 연료분사(정압)
③-④ 팽창행정
④-① 배기시작

그림 1-3 / P-V 지압선도

3) 고속 디젤 기관 : 복합 사이클(사바테 사이클)

사바테 사이클(Sabathe cycle)은 폭발비(ϕ)가 1이 되면 정압 사이클이 되며, 단절비(ρ)가 1이 되면 정적 사이클이 된다. 또한, 압축비가 증가하면 열효율은 상승하며, 공급 열량과 압축비가 일정할 때 열효율은 오토 사이클 > 사바테 사이클 > 디젤 사이클 순이며, 공급 압력과 최고 압력이 일정할 때 열효율은 디젤 사이클 > 사바테 사이클 > 오토 사이클 순이다.

복합 사이클 열효율(η_s) $= 1 - \left(\dfrac{1}{\epsilon}\right)^{k-1} \times \dfrac{\phi \cdot \rho^k - 1}{(\phi - 1) + k \cdot \phi(\rho - 1)}$

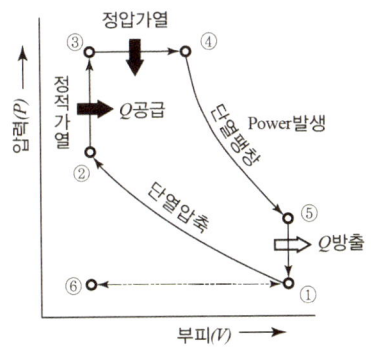

ϵ : 압축비
k : 비열비($k = 1.4$)
ρ : 단절비(체적비)
ϕ : 폭발비(압력비)

그림 1-4 / P-V 지압선도

4. 기계학적 사이클의 분류

1) 4행정 사이클(cycle) 기관

사이클(cycle)이란 혼합기가 실린더 내에 유입된 후 배기가스가 되어 나올 때까지의 주기적인 변화를 말하며 흡입, 압축, 폭발, 배기의 순으로 4개의 행정을 크랭크축이 2회전하면 1사이클이다.

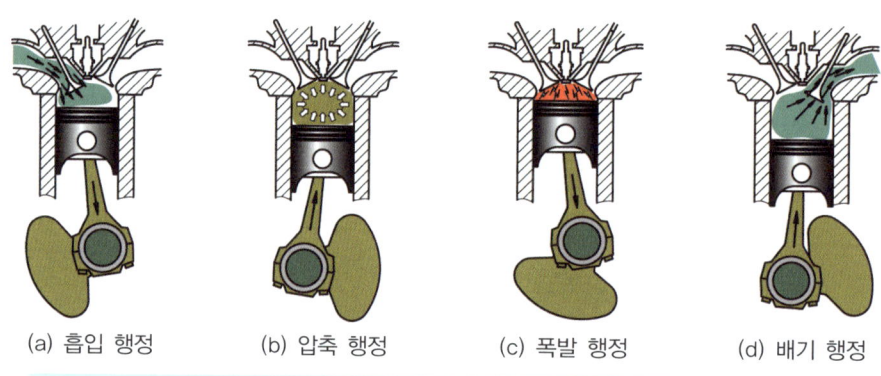

(a) 흡입 행정   (b) 압축 행정   (c) 폭발 행정   (d) 배기 행정

그림 1-5 / 행정 사이클 기관

① **흡입행정** : 피스톤이 하강하여 혼합기를 연소실로 흡입하며, 크랭크축은 180° 회전한다.
② **압축행정** : 피스톤이 상승하여 혼합기를 압축하며, 이 때 압축압력은 7~11[kg/cm^2] 정도이다. 크랭크축은 360°(1회전) 회전한다.
③ **동력행정** : 연소가스의 열이 일로 바뀌어 동력이 발생하는 과정으로, 최대 폭발 압력은 TDC 후 10~15° 지점에서 발생한다. 크랭크축은 540° 회전한다.
④ **배기행정** : 잔류 연소가스를 배출하는 행정으로, 배기가스 압력은 3~4[kg/cm^2], 배기가스의 온도는 대략 600~700[℃]이다. 크랭크축은 720°(2회전)으로 마무리 된다.

2) 2행정 사이클 기관

흡입, 압축, 폭발, 배기 등 4개 작용을 피스톤 2행정에 마치고 크랭크 축 1회전에 1회 동력이 발생되는 기관이다.

① **흡입, 압축 및 폭발 행정** : 피스톤이 상승하면서 흡입 포트가 열려 크랭크 케이스 내에 혼합기를 흡입하고 피스톤 헤드부는 배기 구멍을 막은 다음 유입된 혼합기를 압축하여 점화 연소시킨다.
② **배기 및 소기** : 연소 가스가 피스톤을 밀어내려 배기공이 열리면 가스가 배출되며, 피스톤에 의해서 소기공이 열리면 흡입 행정에서 흡입된 혼합 가스가 피스톤 헤드부로 유입된다.

2행정 기관에서 디플렉터는 혼합기의 손실을 적게 하고, 와류를 증가시키기 위해 피스톤 헤드에 설치된 돌기부를 말한다.

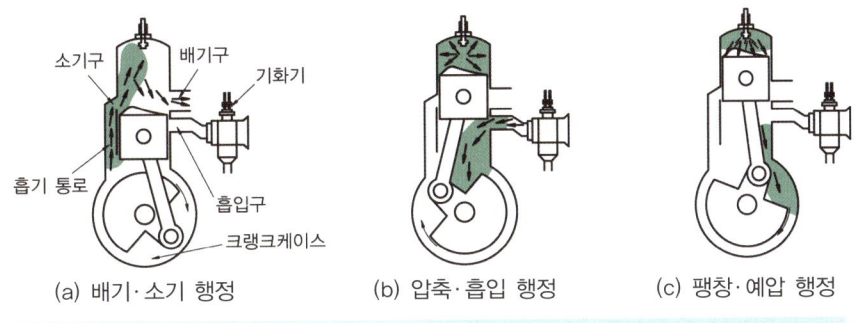

그림 1-6 / **2행정 사이클 기관의 작동**

제2절 연료와 기관 성능

1_ 연료

1. 연료의 분류

내연기관의 연료로는 고체연료, 액체연료, 기체연료 등의 3종류가 있으나 현재 사용하고 있는 것은 액체 연료와 기체 연료이다.

1) 기체연료

기체연료로는 가장 많이 쓰이고 있는 액화석유가스(LPG : Liquefied Petroleum Gas)가 있으며 또한 최근에는 액화천연가스(LNG : Liquefied Natural Gas)와 압축천연가스(CNG : Compressed Natural Gas) 등도 많이 사용하고 있다.

2) 액체연료

액체연료로는 일반적으로 석유계 연료인 가솔린, 등유, 경유, 중유 등을 주로 사용하며, 가솔린은 불꽃점화기관의 연료이며 경유, 중유 등은 압축착화기관인 디젤기관의 가장 중요한 연료이기도 하다.

2. 석유계 연료

석유계 연료의 주성분은 탄소와 수소의 화합물인 탄화수소이며, 이 외에도 산소, 질소, 황등의 불순물이 섞여 있다. 이 석유계 연료를 비점의 차이에 따라 분류하면 가솔린, 등유, 경유, 중유 등이 있으며, 내연기관 연료의 대부분은 이 석유계 연료에 속한다. 또한 석유계 연료는 주성분인 탄화수소를 기준으로 파라핀계 탄화수소, 올레핀계 탄화수소, 나프텐계 탄화수소, 방향족계 탄화수소로 나눌 수 있다.

1) 가솔린 연료의 구비조건

① 체적 및 무게가 적고, 발열량이 클 것.
② 연소 후 유해 화합물을 남기지 말 것.
③ 옥탄가가 높을 것.
④ 온도에 관계없이 유동성이 클 것.
⑤ 연소 속도가 빠를 것.

2) 가솔린 기관의 노킹

가솔린 기관의 노킹이란 연소실 내부의 이상연소에 의해 기관이 금속을 두드리는 것과 같은 금속성, 즉 노킹음이 나타나는 현상을 말하며, 연소실 내부에서의 매우 급격한 연소에 의해 발생하는 것으로 알려져 있다.

3) 노킹이 발생하면 나타나는 현상

① 이상연소하여 평균 유효압력은 낮아지고 순간 폭발압력이 증가한다.
② 이상 열전달로 냉각수가 끓어 넘친다.(over heat)
③ 이상 열전달로 인하여 실린더 헤드, 실린더 블록이 휘어지게 된다.
④ 실린더 헤드 가스켓이 찢어진다.
⑤ 엔진오일과 냉각수가 섞이게 되어 라디에이터에 기름이 뜨게 된다.
⑥ 실린더 헤드가 휘거나 가스켓이 찢어지므로 압축압력이 낮아지게 된다.
⑦ 출력이 낮아지므로 연료소비량이 증가한다.

4) 옥탄가(Octane Number, ON)

옥탄가란 가솔린 연료의 안티 노킹성(anti-knocking, 내폭성)을 나타내는 척도로, 노크를 일으키기 어려운 이소옥탄과 노크를 일으키기 쉬운 노멀 헵탄과의 혼합액 중에서 이소옥탄의 백분율[%]로 나타낸다. 즉 옥탄가 90인 연료라면, 그 연료는 이소옥탄 90[%], 노멀헵탄 10[%]의 혼합액과 동일한 안티 노크성을 갖는다는 것을 의미한다. 옥탄가가 높을수록 노킹이 억제된다.

또한 옥탄가 측정에는 CFR(Cooperative Fuel Research)기관을 사용하며, 이 기관은 단실린더 가변 압축비 기관이다.

$$옥탄가 = \frac{이소옥탄}{이소옥탄 + 노말헵탄} \times 100[\%]$$

5) 가솔린 기관의 노킹 방지책

① 적당한 혼합기
② 고옥탄가 연료를 사용
③ 엔진의 실린더벽 온도를 낮춘다.
④ 점화시기를 지각(지연)시킨다.
⑤ 흡입공기 온도와 압력을 낮춘다.
⑥ 연소실 압축비를 낮춘다.
⑦ 연소실 화염 전파거리를 짧게(빠르게) 한다.
⑧ 연소실 내의 퇴적 카본을 제거해 준다.
⑨ 기관의 회전수를 느리게 한다.

6) 농후한 혼합비가 기관에 미치는 영향

① 기관의 동력감소
② 불안전 연소
③ 기관 과열
④ 카본 생성

7) 희박한 혼합기가 기관에 미치는 영향

① 저속 및 고속회전이 어렵다.
② 기동이 어렵고, 동력이 감소된다.
③ 배기 가스온도 상승으로 노킹이 발생된다.

8) 경유의 구비조건

① 고형 미립이나 유해 성분이 적을 것
② 내폭성과 내한성이 클 것
③ 적당한 점도가 있을 것
④ 연소 후 카본 생성이 적을 것
⑤ 발열량이 클 것
⑥ 불순물이 섞이지 않을 것
⑦ 온도 변화에 따른 점도 변화가 적을 것
⑧ 인화점이 높고, 발화점이 낮을 것
⑨ 세탄가가 높을 것

9) 디젤 노크

① 착화늦음 기간 중에 분사된 다량의 연료가 화염전파 기간 중에 연소되어 실린더 내의 압력이 급격히 상승되어 피스톤 헤드가 실린더벽을 타격하는 현상
② 세탄가 : 디젤기관 연료의 착화성을 나타내는 척도이며, 높을수록 노킹이 억제된다.

$$세탄가 = \frac{세탄}{세탄 + \alpha 메틸나프탈렌} \times 100 [\%]$$

10) 디젤 기관 노크 방지책

① 연료의 착화온도를 높게 한다.
② 압축비 및 흡입공기온도와 압력을 높게 한다.
③ 연료 분사시 관통력이 크게 한다.
④ 분사 노즐 분사시기를 알맞게 조정해 준다.
⑤ 연소실 벽의 온도를 높게 한다.
⑥ 착화 지연 시간을 짧게 한다.
⑦ 고세탄가 연료(경유)를 사용한다.
⑧ 착화지연 기간 동안에는 분사 노즐 초기 분사량을 작게하고, 자연발화 후에는 분사량을 증대시켜 준다.

2_ 기관의 성능

1. 마력(PS)

1) 지시(도시) 마력(I.H.P : Indicated Horse Power)

실린더 내에 공급된 혼합기가 폭발하여 나타나는 압력과 피스톤 운동에 따른 체적의 변화 관계를 지압계로 측정하여 지압선도에서 계산한 마력으로, 미국 자동차공학회(S.A.E)에서 임의로 제작되고 C.F.R 기관에서 직접 산출한 마력(PS)을 말한다.

$$IHP = \frac{P \times A \times L \times Z \times N}{75 \times 60}$$

$$= \frac{P \times V \times Z \times N}{75 \times 60 \times 100}$$

P : 지시평균 유효압력[kg$_f$/cm^2]
A : 실린더 단면적[cm^2]
L : 행정[m]
V : 배기량[cc]
Z : 실린더 수
N : 엔진 회전수[rpm],(4사이클 : N/2, 2사이클 : N)

2) 제동(축, 정미) 마력(B.H.P : Brake Horse Power)

연소열 에너지 중에서 일로 변화된 에너지 중 동력손실(마찰력, 발전기, 물 펌프 등)을 제

외하고 실제 크랭크축에서 동력으로 활용될 수 있는 동력을 말한다.

$$B.H.P = \frac{2\pi \times T \times N}{75 \times 60} = \frac{T \times N}{716}$$

T : 회전력[m-kg$_f$]
N : 엔진 회전수[rpm]

3) 마찰(손실) 마력(F.H.P : Friction Horse Power)

$$F.H.P = \frac{f \times r \times Z \times v}{75} = \frac{F \times v}{75}$$

f : 피스톤 링 1개의 마찰력[kg$_f$]
r : 실린더당 링의 수
Z : 실린더 수
v : 피스톤 평균속도[m/s]
F : 피스톤 링 총마찰력[kg$_f$]

4) 공칭(과세) 마력(SAE)

자동차공업학회(SAE)의 기관의 제원을 이용하여 간단히 계산되는 것으로, 자동차의 등록 및 과세 기준으로 사용되는 마력(PS)이다.

$$SAE = \frac{M^2 Z}{1,613} = \frac{D^2 Z}{2.5}$$

M : 내경[mm]
D : 내경[inch]
Z : 실린더 수

5) 연료 마력(P.H.P : Petrol Horse Power)

$$PHP = \frac{60\,C \times W}{632.3 \times t} = \frac{C \times W}{10.5 \times t}$$

C : 연료의 저위발열량[kcal/kg$_f$]
W : 연료의 중량[kg$_f$]
t : 측정시간[min]

6) 시간 마력당 연료소비율(F)

$$F = \frac{시간당\ 연료소비량}{PHP}\,[g_f/ps\text{-}h]$$

$$= \frac{연료소비량}{시간 \times 마력}$$

2. 기관의 효율

1) 이론 열효율(η_o)

엔진에 공급된 열량과 일로 변화한 열량과의 비율로, 압축비와 비열비 만으로 결정된다.

$$이론\ 열효율(\eta_o) = 1 - \frac{1}{\epsilon^{k-1}} = 1 - \left(\frac{1}{\epsilon}\right)^{k-1}$$

ϵ : 압축비
k : 공기의 비열비(k : 1.4)

2) 제동 열효율(η_b)

연소실에 공급된 연료에서 발생한 열량이 기계적인 일로 변화시킬 수 있는 열의 백분율을 말한다. 즉, 일로 변화한 에너지와 엔진에 공급된 열에너지의 비율을 말한다.

$$제동열효율(\eta_b) = \frac{632.3 \times PS}{C \times W} \times 100[\%]$$

C : 연료의 저위발열량[kcal/kg$_f$]
W : 시간당 연료소비량[kg$_f$/ps-h]
PS : 마력(주어지지 않으면 1마력)

3) 체적 효율(η_v)

체적 효율(용적효율)이란 피스톤의 행정체적과 흡입 시 상온 하에서 실제로 흡입된 공기 체적의 중량비를 말한다.

$$체적(용적)\ 효율(\eta_v) = \frac{실제흡입된공기체적}{실린더\ 체적} \times 100[\%]$$

4) 기계 효율(η_m)

실린더 내에서 실제로 일로 변화된 지시마력 중 각부 마찰 및 기타 손실되는 일을 제외한 제동마력과 상호관계 효율을 나타낸다.

$$기계효율(\eta_m) = \frac{제동마력(BHP)}{지시마력(IHP)} \times 100[\%]$$

제1장 기관의 개요 출제예상문제

01 흡·배기 밸브가 실린더 헤드에 있고 캠축도 헤드에 설치된 기관은? [07년 5회]

㉮ L형 기관   ㉯ I형 기관
㉰ T형 기관   ㉱ OHC 기관

> OHC 기관이란 캠축과 밸브 모두가 실린더 헤드 위에 설치된 기관을 말한다.

02 내연기관에서 오버스퀘어 기관(over square engine)의 장점이 아닌 것은? [08년 5회]

㉮ 기관의 높이를 낮게 설계할 수 있다.
㉯ 기관의 회전속도를 높일 수 있다.
㉰ 흡·배기 밸브의 지름을 크게 하여 효율을 증대 할 수 있다.
㉱ 피스톤이 과열되지 않는다.

> **버스퀘어(단행정) 기관의 장점과 단점**
> ① 피스톤 평균속도를 높이지 않고 기관 회전수를 높일 수 있어 출력을 크게 할 수 있다.
> ② 흡배기 밸브의 지름을 크게 할 수 있어 체적효율을 높일 수 있다.
> ③ 내경에 비해 행정이 작으므로 기관의 높이를 낮게 할 수 있다.
> ④ 내경이 커서 피스톤이 과열되기 쉽고, 베어링 하중이 증가한다.
> ⑤ 기관의 높이는 낮아지나, 길이가 길어진다.

03 밸브개폐시기 선도에서 밸브 오버랩(valve overlap) 이란? [07년 2회]

㉮ 흡기 밸브만 열려있는 기간
㉯ 배기 밸브만 열려있는 기간
㉰ 배기 밸브와 흡기 밸브가 동시에 열려 있는 기간
㉱ 배기 밸브와 흡기 밸브가 동시에 닫혀 있는 기간

> 밸브 오버랩이란 흡·배기밸브가 상사점 부근에서 동시에 열려 있는 기간을 말한다.

04 4행정 기관의 밸브 개폐시기가 다음과 같다. 흡기행정 기간과 밸브 오버랩은 각각 몇 도인가? (단, 흡기 밸브 열림 : 상사점 전 18[°], 흡기 밸브 닫힘 : 상사점 후 48[°], 배기 밸브 열림 : 하사점 전 48[°], 배기 밸브 닫힘 : 상사점 후 13[°]) [07년 4회]

㉮ 흡기행정기간 : 246[°], 밸브오버랩 : 18[°]
㉯ 흡기행정기간 : 241[°], 밸브오버랩 : 18[°]
㉰ 흡기행정기간 : 180[°], 밸브오버랩 : 31[°]
㉱ 흡기행정기간 : 246[°], 밸브오버랩 : 31[°]

> **밸브 개폐시기 기간**
> **흡기행정 기간**
> = 흡기밸브 열림각도+흡기밸브 닫힘각도+180[°]
> = 18[°]+48[°]+180[°] = 246[°]
>
> **밸브오버랩**
> = 흡기밸브 열림각도+배기밸브 닫힘각도
> = 18[°]+13[°]= 31[°]

01 ㉱   02 ㉱   03 ㉰   04 ㉱

05 블로우 다운(blow down) 현상에 대한 설명으로 옳은 것은? [09년 5회]

㉮ 밸브와 밸브시트 사이에서의 가스 누출 현상
㉯ 압축 행정시 피스톤과 실린더 사이에서 공기가 누출되는 현상
㉰ 피스톤이 상사점 근방에서 흡·배기밸브가 동시에 열려 배기 잔류가스를 배출시키는 현상
㉱ 배기행정 초기에 배기밸브가 열려 배기가스 자체의 압력에 의하여 배기가스가 배출되는 현상

풀이 블로우 다운이란 배기행정 초기에 배기밸브가 열려 배기가스 자체의 압력에 의하여 배기가스가 배출되는 현상을 말한다.

06 행정 길이 200[mm]인 가솔린 기관에서 피스톤의 평균속도가 5[m/s]이면, 크랭크축의 1분간 회전수는? [09년 4회]

㉮ 75[rpm]   ㉯ 150[rpm]
㉰ 750[rpm]   ㉱ 1,500[rpm]

풀이 피스톤 평균속도 $v = \dfrac{2LN}{60} = \dfrac{LN}{30}$ [m/s]

여기서, L : 행정[m], N : 엔진회전수[rpm]

$\therefore N = \dfrac{30v}{L} = \dfrac{30 \times 5}{0.2} = 750$ [rpm]

ANSWER 05 ㉱ 06 ㉰

02 내연 기관의 본체

제1절 기관본체

1_ 실린더 헤드(cylinder head)

실린더 블록 윗부분에 설치되며 점화 플러그, 캠축, 밸브 등이 설치되어 연소실을 형성하며 재질로는 특수주철과 알루미늄 합금을 사용한다.

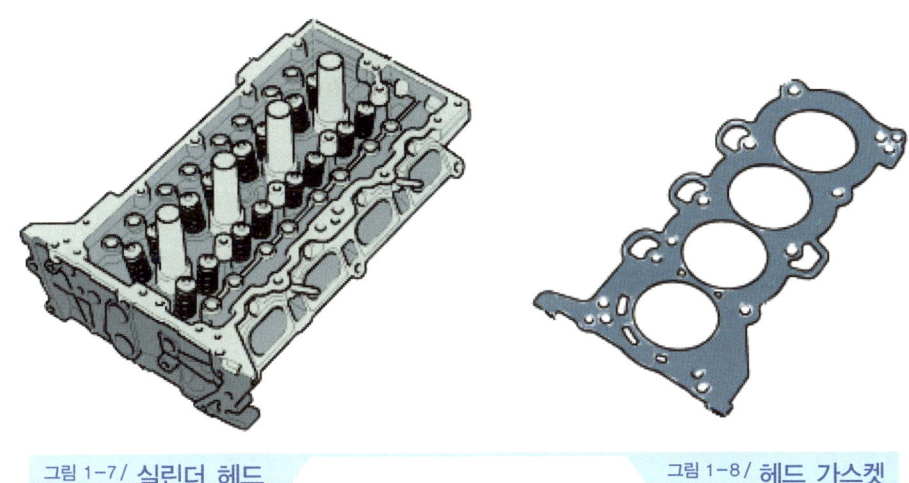

그림 1-7 / 실린더 헤드   그림 1-8 / 헤드 가스켓

1. 실린더 헤드 가스켓(cylinder head gasket)

실린더 블록과 실린더 헤드 사이에 설치되는 것으로써 압축 압력의 기밀유지와 냉각수, 엔진오일의 누출을 방지하기 위해 설치된다.

① 보통 가스켓 : 동판이나 강판에 석면을 싸서 만든 가스켓이다.
② 스틸 베스토 가스켓 : 현재 가장 많이 사용하는 가스켓으로써, 강판에 흑연과 석면을 고온 압착하여 고열, 고압에 강하다.
③ 스틸 가스켓 : 강판(steel)만으로 만든 가스켓이다.

2. 실린더 헤드 정비

① 분해 시 힌지 핸들을 사용하여 대각선의 바깥쪽에서 중앙으로 풀고, 조립 시는 토크렌치를 사용하여 대각선의 중앙에서 바깥쪽을 향해 2~3회 나눠서 체결한다.
② 헤드 변형도는 곧은자와 시크니스 게이지를 사용하여 6~7군데를 측정하며, 규정값 이상이면 평면 연삭기로 연삭한다.
③ 헤드를 떼어 낼 때는 플라스틱 해머 또는 고무 해머로 가볍게 두드려 떼어 내거나 압축압력 또는 호이스트를 이용하여 자중으로 탈거한다.

2_ 실린더 블록(cylinder block)

내부에 실린더와 냉각수 통로 및 크랭크 케이스 외부에는 각종 부속 장치와 코어 플러그가 있어 동파를 방지하고, 재질은 특수주철 또는 알루미늄(Al) 합금으로 되어있다.

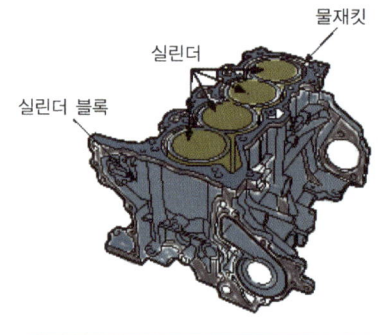

그림 1-9 / **실린더 블록**

1. 실린더 라이너(cylinder liner)

실린더 라이너는 습식과 건식이 있으며 원심주조법으로 제작한다.

① **습식** : 냉각수와 직접 접촉하며 비눗물을 묻혀서 삽입한다.
② **건식** : 냉각수와 간접 접촉되며 압입 압력은 2~3ton이다.

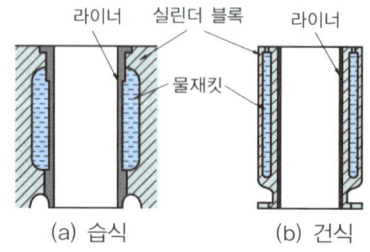

그림 1-10 / **실린더 라이너의 구조**

2. 행정과 실린더 안지름비

2. 행정과 실린더 안지름비

1) 장행정 기관(under square engine)

① 피스톤의 행정이 안지름보다 크다.
② 기관의 회전속도가 느리고 회전력이 크다.
③ 실린더에 가해지는 측압발생이 적다.

2) 정방행정 기관(square engine)

① 피스톤의 행정과 실린더 안지름이 동일하다.
② 기관의 회전속도 및 회전력이 다른 기관에 비해 중간 정도이다.

3) 단행정 기관(over square engine)

① 피스톤의 행정이 실린더보다 작다.
② 기관의 회전속도가 빠르고 회전력이 적다.
③ 실린더에 가해지는 측압이 크다.
④ 기관의 높이가 낮아지지만 기관의 길이가 길어진다.

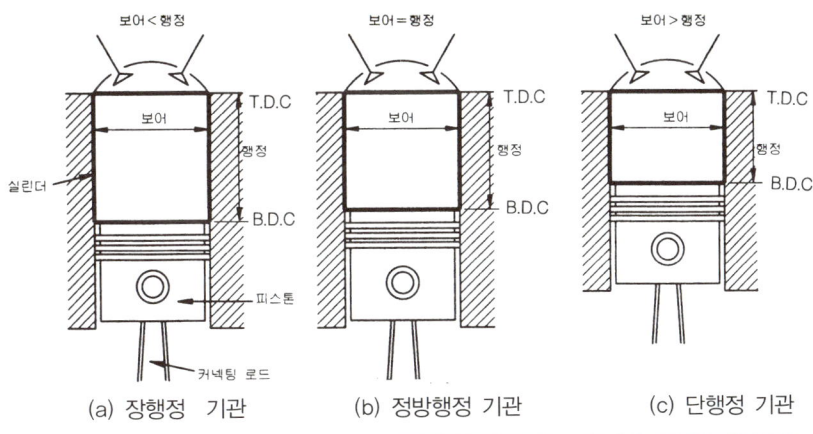

(a) 장행정 기관   (b) 정방행정 기관   (c) 단행정 기관

그림 1-11 / 실린더 행정의 종류

3. 실린더 보링

실린더가 규정값 이상으로 마모 시 실린더를 깎아내고 오버사이즈 피스톤을 장착하는 작업을 말한다. 보링 작업 후에는 바이트 자국을 없애기 위해 호닝(horning)이라는 다듬질 작업을 한다.

예를 들어, 신품 실린더 내경이 75.00[mm]이고, 최대 마멸량이 75.38[mm]인 경우 보링값은 75.38[mm] + 0.2[mm](진원 절삭량) = 75.58[mm]가 된다. 오버 사이즈 피스톤이 75.58[mm]가 없으므로 이보다 큰 75.75[mm]로 보링한다. 즉, 피스톤이 표준보다 0.75[mm] 더 큰 75.75[mm] 오버사이즈 피스톤을 끼우는 것이다.

예) O/S 피스톤의 종류 : 0.25[mm], 0.50[mm], 0.75[mm], 1.00[mm], 1.25[mm], 1.50[mm]

4. 실린더벽의 두께

실린더 안에서 혼합기의 폭발 압력은 기관의 압축비, 연료의 종류, 연료와 공기의 혼합 비율에 의하여 조금씩 다르지만 보통 25~30[kg/cm^2] 정도이므로 실린더벽은 항상 그 압력에 견딜 수 있는 두께이어야 한다.

$$t = \frac{PD}{2\sigma_a}$$

t : 실린더 벽의 두께[mm]
P : 폭발압력[kg$_f$/cm^2]
D : 실린더 지름[mm]
σ_a : 실린더벽의 허용응력[kg$_f$/cm^2]

3. 연소실(combustion chamber)

실린더 블록과 실린더 헤드, 피스톤 및 점화 플러그에 의해 형성이 되어 있으며 혼합기를 연소하는 곳이다.

1. 연소실의 종류

1) 반구형

반구형 연소실은 고출력을 기대할 수 있으나 옥탄가가 높은 연료를 사용하여야 하며 점화 플러그의 위치 때문에 밸브 개폐 기구가 복잡해지고 압축상태에서 와류를 거의 얻을 수 없다.

2) 지붕형

지붕형 연소실은 밸브가 크랭크축의 방향으로 배열되어 밸브 기구가 간단하나 압축비를 높이기 위해 피스톤의 형상이 특수하여 피스톤의 무게가 늘어나야 하기 때문에 관성력이 커진다.(DOHC 멀티 밸브 기관)

3) 욕조형

욕조형 연소실은 압축와류를 얻을 수 있고 옥탄가도 보통인 것을 사용할 수 있으며, 점화 플러그의 배치가 용이하나 밸브의 크기가 제한 받고 고출력을 얻을 수 없다.(흡·배기 포트의 굽음으로 체적효율이 좋지 않다.)

4) 쐐기형

쐐기형 연소실은 강한 압축와류를 얻을 수 있고 압축비도 크게 할 수 있으며 혼합기 및 배기가스의 흐름이 좋고 점화 플러그의 배치가 용이하나 직렬 실린더에서는 밸브 개폐기구의 배치가 어렵다.

5) 다구형

혼합기에 와류를 일어나게 하며, 연소실 면적에 비해서 밸브를 크게 할 수 있는 이 점이 있다. 결점으로서는 지붕형에 비해 형상이 복잡하다.

6) 스월 연소실

흡입행정과 압축행정 시 실린더(cylinder) 내에서 발생하는 수평방향의 회전와류를 스월(swirl)이라고 한다. 또한 와류에는 압축행정 말기에 피스톤이 상사점에 접근함에 따라 발생하는 스쿼시(squish)와 텀블(tumble)이 있는데, 스쿼시는 쐐기형 연소실에서 피스톤이 상사점에 접근함에 따라 퀜칭 지역(quenching area)에서 실린더 안쪽을 향한 반경 방향의 운동을 뜻하며, 텀블은 압축말기의 수직방향의 와류를 뜻한다.

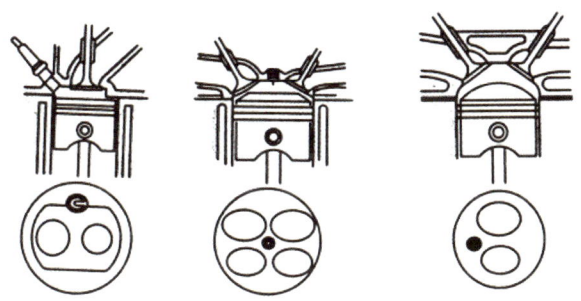

(a) 욕조형 연손실　(b) 지붕형 연소실　(c) 경사 욕조형 연소실

그림 1-12 / **연소실 종류**

2. 연소실의 구비조건

① 화염전파 시간을 최소로 할 것(길면 노킹 발생)
② 밸브 면적을 크게하여 충진효율을 높일 것
③ 혼합기가 연소실 내부에서 강한 와류가 일어나게 할 것
④ 가열되기 쉬운 돌출부를 두지 말 것
⑤ 연소실 내의 표면적은 최소가 될 것
⑥ 연소실이 작고, 기계적 옥탄가가 높을 것

4_ 밸브 장치(valve system)

1. 밸브 개폐기구

1) 밸브 개폐기구의 종류

1. 밸브 개폐기구

1) 밸브 배치에 의한 분류

① L 헤드형 밸브 기구 : 캠 축, 밸브 리프트(태핏) 및 밸브로 구성되어 있다.
② F 헤드형 밸브 기구 : L헤드형과 I헤드형 밸브 기구를 조합한 형식이다.
③ T 헤드형 밸브 기구 : 피스톤 양단에 T자모양으로 밸브를 배열한 형식이다.
④ I 헤드형 밸브 기구 : 캠 축, 밸브 리프트, 밸브, 푸시로드, 로커암으로 구성되어 있으며, 현재 가장 많이 사용되는 밸브기구이다.
⑤ OHC(Over Head Cam shaft) 밸브 기구 : 캠 축이 실린더 헤드 위에 설치된 형식으로 캠 축이 1개인 SOHC와 캠 축이 2개인 DOHC가 있다.

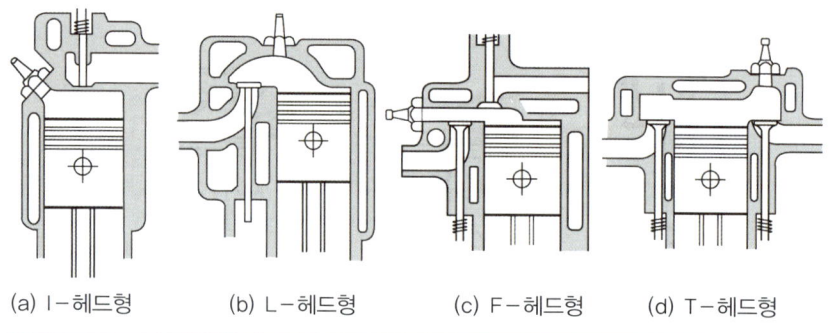

(a) I-헤드형   (b) L-헤드형   (c) F-헤드형   (d) T-헤드형

그림 1-14 / 밸브 배치에 의한 분류

2) I 헤드형 밸브 기구

흡·배기밸브 모두 실린더 헤드에 설치된 형식으로, 밸브만 헤드에 설치된 오버헤드 밸브 방식과 캠축까지 실린더 헤드에 설치한 형식인 OHC 방식이 있으며, 캠축이 하나인 SOHC와 캠축이 두개인 DOHC가 있다.

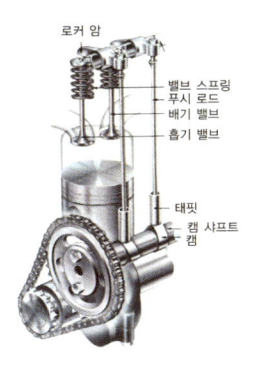
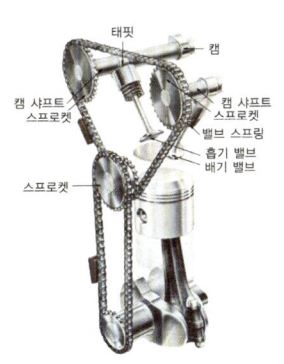

(a) 오버헤드 밸브식 (OHC)   (b) 오버헤드 캠축식(OHC)

그림 1-15 / 헤드형 밸브 기구

① **오버헤드 밸브(OHV) 방식** : 크랭크축의 회전력은 타이밍 체인 또는 타이밍 기어로 캠축에 전달되며, 푸시로드를 통해 실린더 헤드 위에 있는 로커 암을 움직여 밸브를 열게 하는 형식이다.

② **오버헤드 캠축(OHC) 방식** : OHC 방식은 실린더 헤드에 캠축까지 두어 밸브기구의 관성력을 작게 한 것으로, 가속을 크게 할 수 있어 고속에서도 밸브의 개폐가 신속하고 안정되어 고속 성능이 향상된다. SOHC 엔진이란 싱글 오버 헤드 캠축(Single Over Head Cam shaft)의 약자로, 실린더 헤드에 한 개의 캠축을 두어 흡기 밸브와 배기 밸브를 같이 작용시키는 방식이다. 캠축이 두개 인 것을 DOHC(Double Over Head Cam shaft)라 하며, 트윈 캠이라고도 한다.

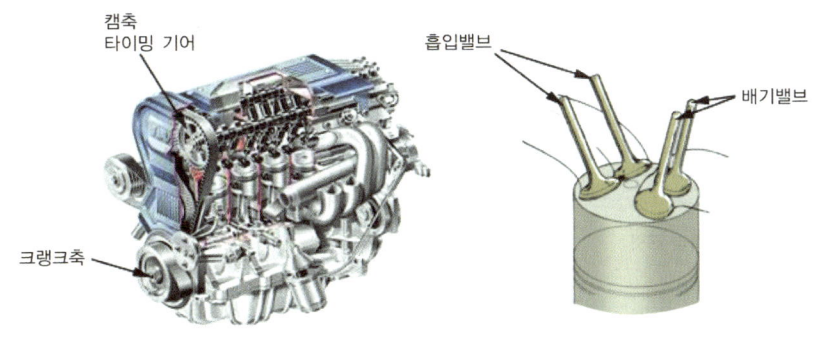

그림 1-16 / DOHC 엔진

3) 캠축(cam shaft)

크랭크축에서 동력을 받아 캠을 구동하고 밸브 수와 같은 수의 캠이 배열된 축이며 저널, 캠, 편심륜으로 구성된다. 재질은 특수주철, 저탄소강, 중탄소강, 크롬강이며, 표면 경화한 특수주철을 사용한다.

① **캠의 구성** : 캠의 용어는 다음과 같으며, 양정은 캠의 총 높이에서 기초원을 뺀 값으로 다음 공식으로도 구한다.

$$양정\ H = \frac{D}{4}$$

H : 양정[mm]
D : 밸브 지름[mm]

㉠ 베이스 서클 : 기초원으로 단경을 의미한다.
㉡ 리프트(양정) : 기초원과 노스원과의 거리(캠의 장경과 단경의 차이의 수치)
㉢ 플랭크 : 밸브 리프터 또는 로커 암이 접촉되는 옆면
㉣ 로브 : 밸브가 열려서 닫힐 때까지의 거리

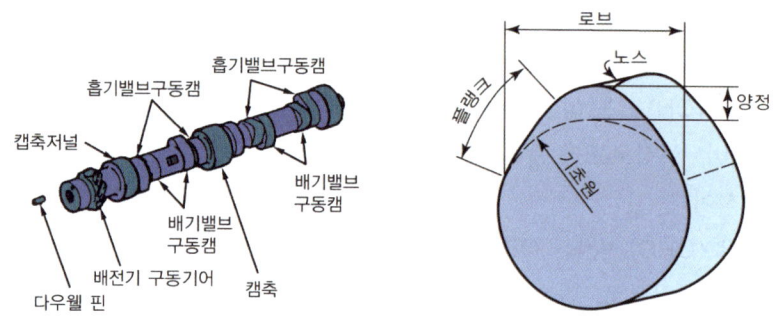

그림 1-17 / **캠축 및 캠의 구성**

② **캠의 종류**
㉠ 접선 캠 : 플랭크가 기초원과 노스와의 접선 밸브 개폐가 급격히 이루어져 장력이 큰 밸브 스프링에 사용한다. 고속기관용으로는 적합하지 않다.
㉡ 볼록 캠 : 플랭크가 원호로 되어 있고, 고속기관에 많이 쓰인다.
㉢ 오목 캠 : 플랭크가 오목한 모양이며, 태핏은 롤러를 사용해야 하고 밸브의 가속도를 일정하게 할 수 있는 캠이다.(자동차에 적합하지 않다.)
㉣ 비례 캠 : 캠의 가속도 변화가 원활하여 밸브 기구의 충격이 감소한다.

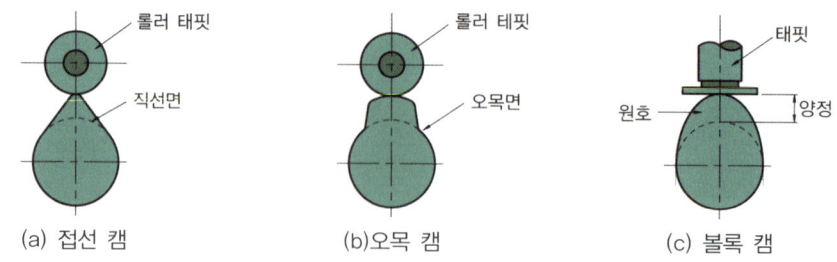

(a) 접선 캠　　　　(b) 오목 캠　　　　(c) 볼록 캠

그림 -18 / **캠의 구조와 종류**

③ 캠축의 구동 방식

 ㉠ 기어 구동식 : 헬리컬 기어를 사용한 방식이다.

 ㉡ 체인 구동식 : 자동차에는 사일런트 체인과 롤러 체인이 사용되고 있다.

 ㉢ 벨트 구동식 : 체인 대신 벨트로 캠축을 구동하며, 고무의 탄성에 의해 진동과 소음이 적다.

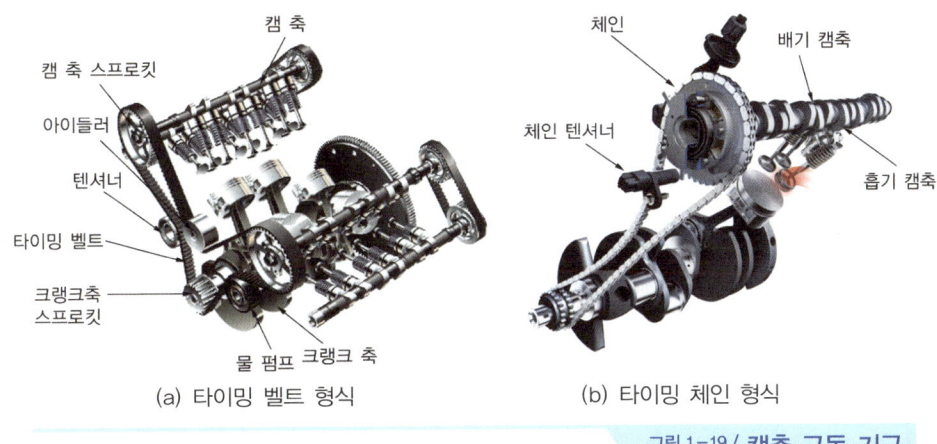

(a) 타이밍 벨트 형식   (b) 타이밍 체인 형식

그림 1-19 / **캠축 구동 기구**

2. 밸브의 구조 및 기능

1) 밸브의 구조

① 밸브 헤드(valve head) : 엔진 작동 중에 흡입 밸브는 450~500[℃], 배기 밸브는 700~815[℃]의 열적부하를 받으므로 오스테나이트계 내열강을 재료로 한다.

② 마진(margin) : 기밀유지와 충격흡수를 위해 두께로서 재사용 여부를 결정하며 헤드의 열팽창을 고려하여 마진 두께가 0.8mm 이상이어야 한다.

③ 밸브 면(valve face) : 밸브 시트에 밀착되어 기밀유지 및 헤드의 열을 시트에 전달한다. 밸브 시트와 접촉 폭은 1.5~2.0mm이며, 넓으면 열 전달면적이 커져 냉각이 양호하나 압력이 분산되어 기밀유지가 불량하다. 반대로 좁으면 냉각은 불량하나 기밀유지는 양호하다. 접촉각은 30°, 45°, 60°, 연삭각은 15°, 45°, 75°가 있다.

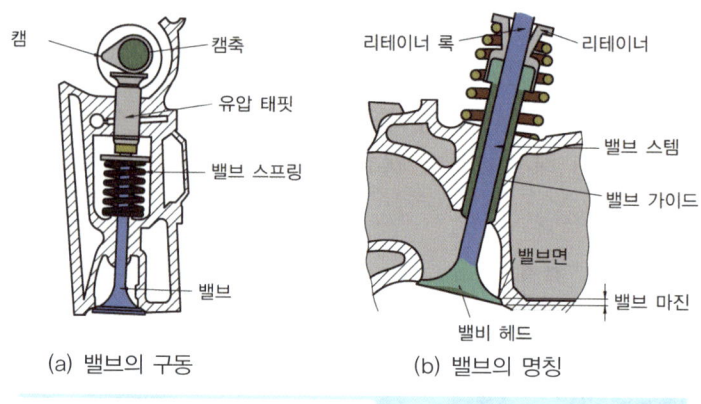

그림 1-20 / **밸브 구동 장치**

④ 스템 엔드(stem end) : 로커 암이 접촉되는 부분으로 평면으로 되어 있고 스텔라이트 계 내열강을 사용하여 찌그러짐이 없다.

⑤ 밸브 스프링(valve spring) : 압축과 동력 행정에서 밸브 면과 시트를 밀착시켜 기밀을 유지하며 탄성이 큰 니켈강이나 규소-크롬(Si-Cr)강을 사용한다. 밸브 스프링의 장력이 너무 크면 밸브가 열릴 때 큰 힘이 필요하므로 엔진의 출력이 손실되고 닫힐 때는 시트에 충격이 가해져 밸브가 손상된다. 반대로 장력이 너무 작으면 밸브 밀착 불량으로 엔진 출력이 감소되고, 블로바이가스가 발생되며 밸브 스프링의 서징이 발생한다.

⑥ 밸브 가이드와 스템 실 : 밸브가 상하운동을 정숙하게 구동하기 위해서 밸브 스템 주위를 잡아주는 가이드와 기밀유지, 오일 누설방지를 하는 스템 실로 구성되어 있다.

2) 밸브 헤드의 형상

밸브 헤드부의 모양에는 플랫형, 튤립형, 개방 튤립형, 버섯형 등이 있다.

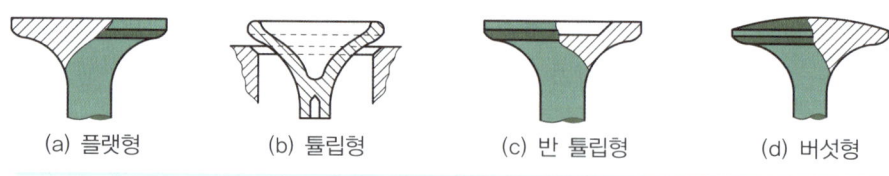

그림 1-21 / **밸브 헤드의 형상**

3) 나트륨 밸브(natrium valve)

스템 내부를 중공으로 하고 그 속에 금속 나트륨을 40~60[%] 정도 봉입하여 냉각 효과를 높인 밸브이다.

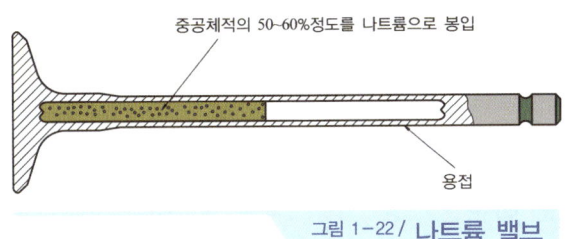

그림 1-22 / **나트륨 밸브**

4) 밸브 리프터(valve lifter)

캠의 회전 운동을 상하 직선으로 바꾸어 푸시 로드 및 로커 암에 전달하는 일을 하며, 기계식과 유압식이 있다.

① **기계식** : 원통형으로 형성되어 리프터 밑면에는 편마멸 방지하기 위해 리프터 중심과 캠 중심을 옵셋시켜 설치한다.

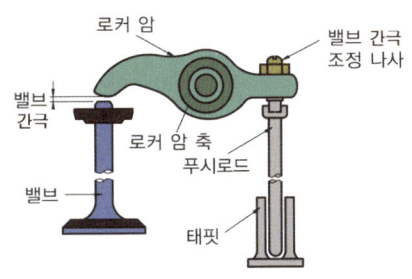

그림 1-23 / **기계식 밸브 리프터**

② **유압식** : 기관의 유압을 이용하여 밸브 간극을 작동온도에 관계없이 항상 "0"으로 유지하는 방식으로서, 작동이 안정되고 정숙하지만 고장 시 정비가 곤란하다.

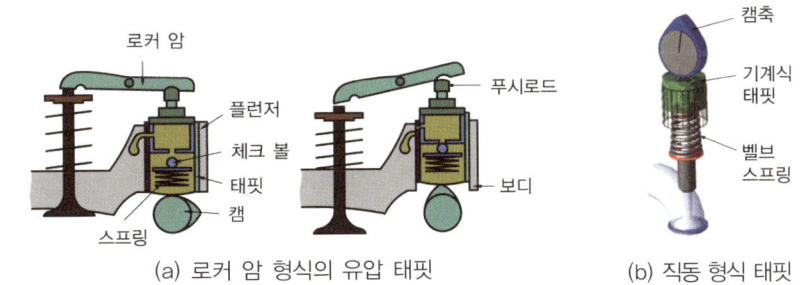

(a) 로커 암 형식의 유압 태핏   (b) 직동 형식 태핏

그림 1-24 / **유압식과 직동식 밸브 리프터**

5) 푸시 로드(push rod)

오버 헤드 밸브 기구에서 리프터와 로커 암을 연결하고 밀어주는 금속막대이다.

6) 밸브 회전기구

① 릴리스 형식 : 기관의 진동에 의해 밸브가 자연 회전하는 형식이다.
② 포지티브 형식 : 강제회전 기구를 두어 강제 회전하는 방식이다.

7) 밸브를 회전 시키는 이유

① 밸브의 회전에 의해서 밸브 소손의 원인이 되는 카본을 제거한다.
② 밸브 스프링의 장력에 의해서 생기는 편마멸을 방지한다.
③ 밸브 회전에 의하여 밸브 헤드의 온도를 일정하게 한다.

8) 밸브간극

밸브는 엔진의 온도상승으로 팽창하여 간극(間隙)을 두지 않으면 밸브와 밸브 시트의 밀착 상태가 불량하여 정상적인 작동을 할 수 없게 된다. 이것을 방지하기 위해 냉간 시에 간극을 두어 엔진이 정상 운전온도에 이르렀을 때 알맞은 간극을 유지하도록 한다. 즉, 기관의 출력 향상 및 작동의 정숙을 위하여 간극을 둔다. 엔진이 작동 중 열팽창을 고려하여 흡입 밸브 0.2~0.35mm, 배기 밸브 0.3~0.4mm 정도의 여유 간극을 둔다.

① 밸브 간극이 너무 크면
  ㉠ 운전온도에서 밸브가 완전하게 열리지 못한다.(늦게 열리고 일찍 닫힌다.)
  ㉡ 흡입 밸브 간극이 크면 흡입량 부족을 초래한다.
  ㉢ 배기 밸브 간극이 크면 배기 불충분으로 엔진이 과열된다.
  ㉣ 심한 소음이 나고 밸브 기구에 충격을 준다.

② 밸브 간극이 작으면
  ㉠ 일찍 열리고 늦게 닫혀 밸브 열림 기간이 길어진다.
  ㉡ 블로바이 현상으로 인해 엔진의 출력이 감소한다.
  ㉢ 흡입 밸브 간극이 작으면 역화 및 실화가 발생한다.
  ㉣ 배기 밸브 간극이 작으면 후화가 일어나기 쉽다.

③ 밸브 지름(d)

$$d = D\sqrt{\frac{V}{V_g}}$$

D : 실린더 지름[mm]
V : 피스톤 속도[m/s]
V_g : 가스 속도[m/s]

9) 밸브 오버 랩(valve over lap)

상사점 부근에서 흡입 밸브와 배기 밸브가 동시에 열려 있는데 이것을 밸브의 오버 랩이라고 하며, 오버 랩을 두는 이유는 혼합기가 관성을 가지고 있기 때문에 가스의 흐름 관성을 유효하게 이용하기 위함이다. 즉, 연소실의 충진 효율을 높이기 위함이다.

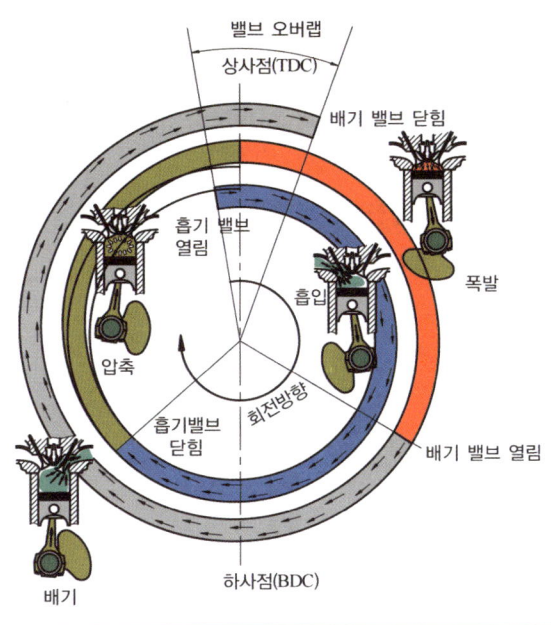

그림 1-25 / **밸브 개폐 시기 선도**

5_ 피스톤 및 커넥팅 로드

1. 피스톤(piston)

피스톤은 실린더 내를 왕복운동하며 고온고압의 가스로부터 동력을 받아 커넥팅 로드를 거쳐 크랭크축에 동력을 전달한다.

1) 구비조건

① 관성력을 적게 하기 위해 가벼울 것.
② 기계적 강도가 클 것.
③ 열팽창이 적을 것.
④ 열전도가 양호할 것.
⑤ 폭발압력을 유용하게 이용할 것.

2) 피스톤의 구조

① **피스톤 헤드(piston head)** : 연소실의 일부가 되는 부분이 되며, 내면에 리브를 설치하여 피스톤을 보강하여 강성을 증대 시킨다.
② **링홈** : 피스톤 링을 설치하기 위한 홈이다.

③ 랜드 : 링홈과 링홈 사이이다.
④ 보스부 : 커넥팅 로드와 연결되는 피스톤 핀이 설치되는 부분이다.
⑤ 히트댐 : 헤드부의 열(약 2,700~2,800[℃])이 스커트부로 전달되는 것을 방지하는 피스톤 링의 윗부분 이다.
⑥ 리브(rib) : 피스톤 헤드의 강성을 높여 준다.
⑦ 피스톤 평균 속도 : 13~25[m/sec] 정도로, 상하 왕복운동을 한다.

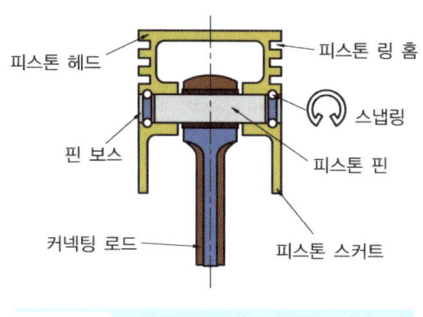

그림 1-26 / **피스톤의 구조**

3) 피스톤의 종류

① 캠 연마 피스톤(cam ground piston) : 상온에서 피스톤 보스 부분을 짧은 지름(단경), 스커트 부분을 긴지름(장경)으로 하는 타원형으로 하고, 온도 상승에 따라 보스 부분의 지름이 증대되어 엔진의 정상 온도에서 진원에 가깝게 되어 전면이 접촉하는 형식이다.

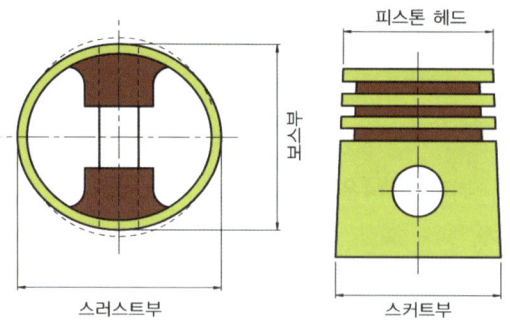

그림 1-27 / **캠 연마 피스톤**

② 스플릿 피스톤(split piston) : 측압이 적은 부분의 스커트 위 부분에 세로로 홈을 두어 스커트 부로 열이 전달되는 것을 제한한 형식이다.
③ 인바 스트럿 피스톤(invar strut piston) : 열팽창률이 매우 적은 인바제의 링을 스커트 부에 넣고 일체 주조한 피스톤으로 엔진 작동 중 일정한 피스톤 간극을 유지한다.

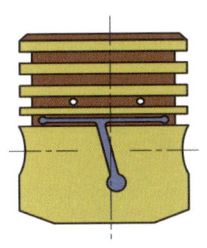
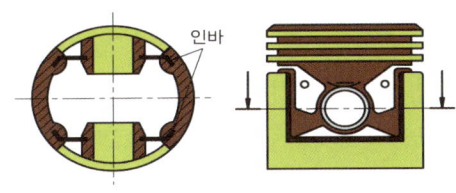

그림 1-28 / 스플릿 피스톤   그림 1-29 / 인바 스트럿 피스톤

④ 슬리퍼 피스톤(slipper piston) : 측압을 받지 않는 부분의 스커트 부분을 절단하여 피스톤 무게 및 피스톤 슬랩을 감소한다.

⑤ 오프셋 피스톤(off-set piston) : 피스톤 슬랩을 방지하기 위하여 피스톤 핀의 위치를 중심으로부터 1.5mm정도 오프셋 시켜 상사점에서 경사 변환시기를 늦어지게 한 형식으로 피스톤의 측압을 감소시켜 회전을 원활하게 하고 진동을 방지하며, 실린더와 피스톤의 편 마모를 방지한다.

⑥ 솔리드 피스톤(solid piston) : 스커트 부분에 홈이 없고, 원통형으로 된 형식으로 기계적 강도가 높아 가혹한 운전조건의 디젤 엔진에서 주로 사용한다.

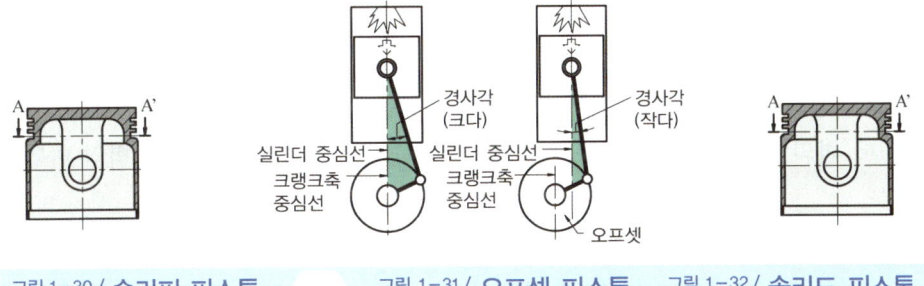

그림 1-30 / 슬리퍼 피스톤   그림 1-31 / 오프셋 피스톤   그림 1-32 / 솔리드 피스톤

3) 피스톤 간극

피스톤의 재질 및 형상에 따라 다르나 피스톤과 실린더벽 사이에는 피스톤의 열팽창을 고려하여 알맞은 간극이 있어야 한다.

① 간극이 클 때
  ㉠ 블로바이 가스에 의한 압축압력이 낮아진다.
  ㉡ 피스톤 링의 기능저하로 인하여 오일이 연소실에 유입되어 오일 소비가 많아진다.
  ㉢ 피스톤 슬랩 현상이 발생되며 기관 출력이 저하된다.

② 간극이 적을 때
  ㉠ 오일 간극의 저하로 유막이 파괴되어 마찰마멸이 증대된다.
  ㉡ 마찰열에 의해 소결(stick)되기 쉽다.

5) 피스톤 링(piston ring)

① 구비조건
   ㉠ 내열성, 내마멸성이 좋을 것.
   ㉡ 열전도율이 높고, 탄성률이 양호할 것.
   ㉢ 실린더 벽에 균일한 면압을 가할 것.
   ㉣ 마찰저항이 작을 것.

② 피스톤 링의 3대 작용
   ㉠ 기밀작용(압축가스 누출방지)
   ㉡ 오일 제어작용(연소실 내의 오일 유입방지 및 실린더벽 윤활작용)
   ㉢ 열전도작용(냉각작용)

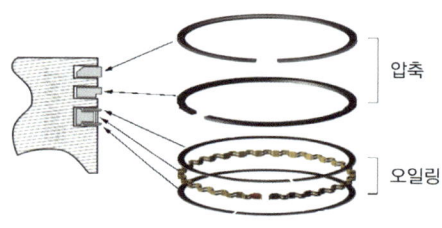

그림 1-33 / **피스톤 링의 구조**

③ **피스톤 링의 재질** : 조직이 치밀한 특수 주철을 사용하고 원심 주조법으로 제작하며, 실린더 벽의 재질보다 다소 경도가 낮은 재질을 사용함으로써 실린더 벽의 마멸을 감소한다.

④ **피스톤 링의 형상에 의한 분류**
   ㉠ 동심형 링 : 제작은 쉬워 많이 사용되지만 실린더 벽에 가하는 면압이 전 둘레에 걸쳐 균일하지 못하다.
   ㉡ 편심형 링 : 링 이음부 쪽의 폭이 좁고 그 반대쪽의 폭은 넓으며, 실린더 벽에 가해지는 면압이 균일하지만 제작이 어렵다.

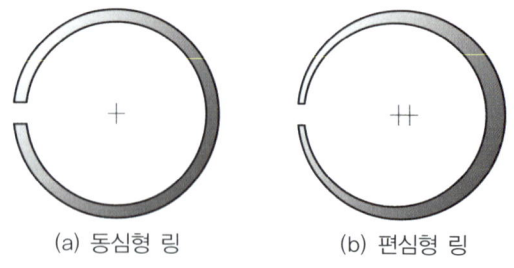

(a) 동심형 링   (b) 편심형 링

그림 1-34 / **피스톤 링의 분류**

⑤ **피스톤링 이음 방법** : 피스톤링 이음 방법에는 버트 이음, 각 이음, 랩 이음, 실 이음

등이 있다.

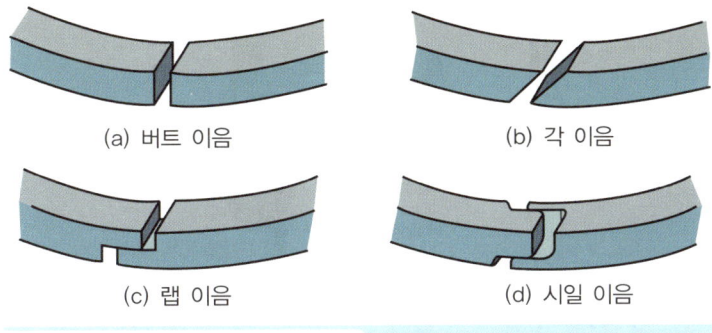

그림 1-35 / **피스톤링 이음 방법**

5) 피스톤 핀(piston pin)

피스톤과 커넥팅 로드를 연결하는 핀으로 피스톤 보스부에 끼워져 피스톤에서 받은 압력을 커넥팅 로드에 전달한다.

① 피스톤 핀 설치방법
  ㉠ 고정식 : 핀을 보스부에 고정 볼트로 고정하는 방법이다.
  ㉡ 반부동식 : 커넥팅 로드 소단부에 클램프 볼트로 고정하는 방식이다.
  ㉢ 전부동식 : 어느 부분에도 고정되지 않고 스냅링에 의해 빠져나오지 않도록 하는 방식이다.

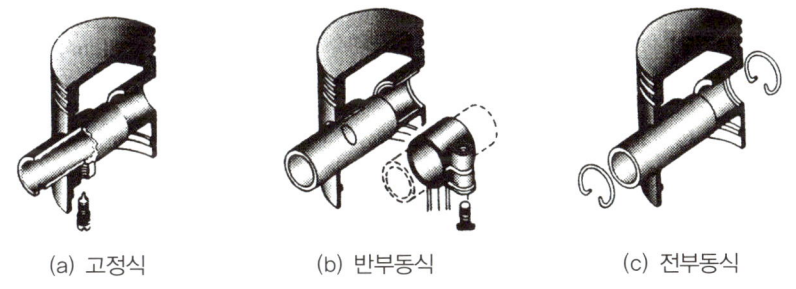

그림 1-36 / **피스톤 핀의 설치방법**

② 재질 : 저탄소강, 크롬강이 주로 사용되며 표면은 경화시켜 내마멸성을 높이고 내부는 그대로 두어 높은 인성을 유지하도록 한다.

2. 커넥팅 로드(connecting rod)

연소실 내에서 왕복운동을 하는 피스톤에 피스톤 핀과 연결되어 크랭크축에 동력을 전달하며, 관성을 줄이기 위해 경량이어야 하므로 일반적으로 I 및 H형 단조(forging) 면으로 제작한다.

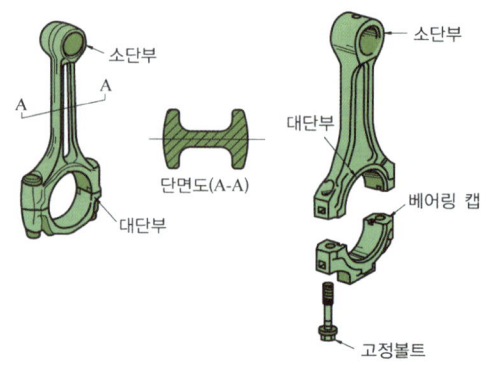

그림 1-37 / **커넥팅 로드**

1) 커넥팅 로드의 길이

① 길 때
  ㉠ 피스톤 측압이 적어지고, 실린더벽 마모도 감소한다.
  ㉡ 기관의 높이가 높아지고, 강도나 무게 면에서 불리하다.

② 짧을 때
  ㉠ 기관의 높이가 낮아지고 길이가 길어진다.
  ㉡ 무게를 가볍게 할 수 있다.
  ㉢ 피스톤 측압이 커지고 실린더벽 마모가 증가 한다

2) 재질

니켈(Ni)-크롬강(Cr), 크롬-몰리브덴강(Mo)을 사용하며, 커넥팅 로드의 길이는 소단부의 중심간의 거리이며 피스톤 행정의 1.5~2.3배이다.

3) 커넥팅 로드 베어링

강철 베이스에 화이트 알루미늄 메탈 또는 켈밋 메탈을 융착한 것이 많이 사용한다.

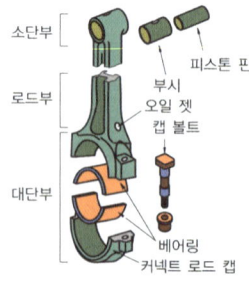

그림 1-38 / **커넥팅 로드 베어링**

6_ 크랭크축 및 플라이휠

1. 크랭크축

각 실린더의 동력행정에서 발생한 피스톤의 직선왕복운동을 커넥팅 로드를 통해서 회전운동으로 바꾸어 주고 또한 피스톤에 운동을 가해서 연속적인 동력을 발생하고 평형을 유지시킨다.

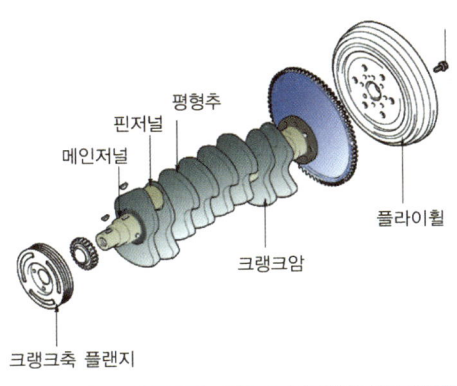

그림 1-39 / **크랭크축과 플라이휠**

1) 구비조건

큰 하중을 받으면서 고속으로 회전하기 때문에 강도나 강성이 커야 하고 내마모성이 있는 고탄소강, 크롬-몰리브덴, 니켈-크롬강으로 제작하며, 정적 및 동적 평형이 잡혀있어 회전이 원활하여야 한다.

2) 크랭크축의 점화순서

① 4행정 사이클 기관에서는 4개의 실린더가 각각 크랭크축 회전 180°마다 점화가 이루어지며, 1번 실린더를 점화순서의 첫 번째로 정하며 점화순서는 크랭크축 핀의 배열 위치와 순서에 따라서 정한다. 점화순서는 1-3-4-2, 1-2-4-3 이다.

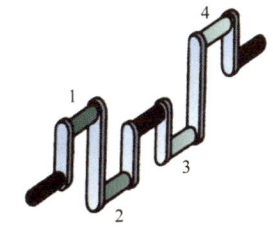

그림 1-40 / **4실린더용 크랭크축**

② 6실린더 기관에는 점화순서가 1-5-3-6-2-4(우수식 : 제1번 피스톤을 압축 상사점으로 하였을 때 제3번과 제4번 피스톤이 오른쪽에 있는 것)와 1-4-2-6-3-5(좌수식 : 제3번과 제4번 피스톤이 왼쪽에 있는 것)가 있다.

이것은 인접한 실린더에서 연이어서 폭발되지 않도록 고안한 것이다.

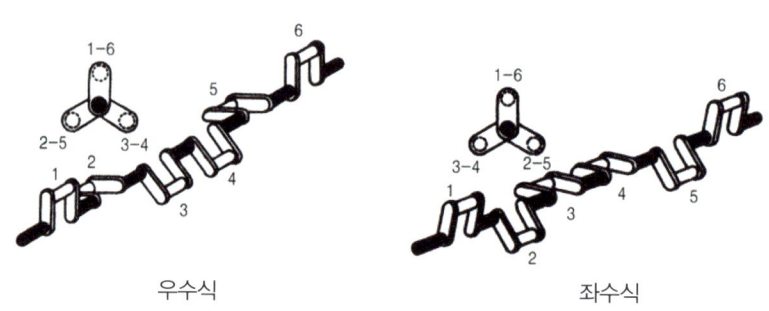

그림 1-41 / 6실린더용 크랭크축

③ V형 8실린더 경우 좌우의 실린더 중심선이 90° 각도를 이룬 90° V형이 많고, 각 크랭크핀에는 2개의 커넥팅 로드가 결합되어 있다. 점화순서는 1-6-2-5-8-3-7-4(우수식), 1-5-7-3-8-4-2-6(좌수식)이 있다.

④ 점화시기 고려사항
  ㉠ 연소가 1사이클을 하는 동안 같은 간격으로 일어나야 한다.
  ㉡ 인접한 실린더에 연이어 점화되지 않도록 하여 크랭크축에 비틀림 진동이 일어나지 않게 한다.
  ㉢ 혼합기가 각 실린더에 균일하게 분배되도록 한다.

3) 행정 찾는 방법

4행정 기관의 행정을 찾는 방법은 4실린더 기관이나 6실린더 기관이나 몇가지 방법이 있다. 그러나 크랭크 핀저널의 움직임을 이해하는 것이 훨씬 좋은 방법이다.

4행정 기관의 행정을 찾는 방법은 4실린더 기관이나 6실린더 기관이나 몇가지 방법이 있다. 그러나 크랭크 핀저널의 움직임을 이해하는 것이 훨씬 좋은 방법이다.

① 4실린더 기관
  ㉠ 크랭크 핀저널의 위상차로 찾는다.
    4실린더의 경우 위상차가 180°이므로 1,4번과 2,3번 크랭크핀이 180° 차이로 같이 움직인다. 또한 위에서 내려오는 행정은 흡입행정과 폭발행정, 올라가는 행정은 압축행정과 배기행정이다. 따라서 1번 실린더가 폭발행정이면 4번 실린더는 같이 내려오는 행정이므로 흡입행정, 점화순서가 1-3-4-2라면 점화순서에 따라 1번 다음에

3번이 폭발하여야 하므로 현재는 올라가는 압축행정을, 나머지 2번은 역시 올라가는 배기행정을 하게 된다.

ⓒ 점화순서의 역순으로 찾는다.

아래의 그림처럼 원을 그려놓고 오른쪽 위부터 시계방향으로 흡입, 압축, 폭발, 배기를 적은 다음, 지정된 실린더를 해당 실린더 앞에 놓고 반시계 방향으로 점화순서에 따라 기재한다. 즉 1번 실린더가 흡입행정일 때 나머지 행정을 묻는다면 1번을 흡입행정 앞에 적은 다음 점화순서에 따라 반시계방향으로 흡입행정 왼쪽 옆인 배기행정에 3번 실린더를, 그 밑 폭발행정에 4번 실린더를, 오른 쪽 아래인 압축행정에 2번 실린더가 놓이게 된다. 따라서 1번 실린더가 흡입행정을 하면, 3번 실린더는 배기행정을, 4번 실린더는 폭발행정을, 2번 실린더는 압축 행정을 하게 된다.

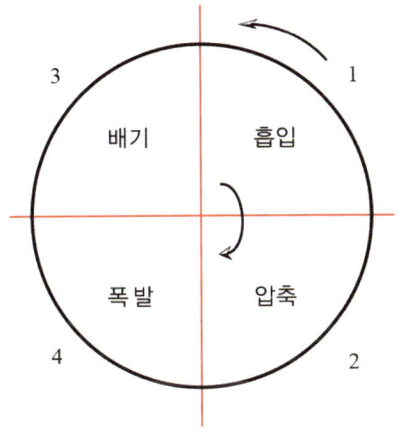

그림 1-42 / 4실린더 행정 찾는 법

② 6실린더 기관

㉠ 크랭크 핀저널의 위상차로 찾는다.

6실린더의 경우 위상차가 120°이므로 1,6번과 2,5번, 3,4번 크랭크핀이 120° 차이로 같이 움직인다. 또한 위에서 내려오는 행정은 흡입행정과 폭발행정, 올라가는 행정은 압축행정과 배기행정인 것은 모든 4행정기관은 같다. 따라서 5번 실린더가 폭발행정 초라면 같이 움직이는 2번 실린더는 흡입행정 초, 점화순서가 1-5-3-6-2-4이라면 점화순서에 따라 5번 다음에 3번이 폭발하여야 하므로 현재는 올라가는 압축행정 중을, 같이 올라가는 4번은 배기행정 중을 하게 된다. 1번은 점화순서에 의해 5번보다 먼저 폭발하였으므로 폭발행정 말을, 같이 움직이는 6번 실린더는 흡입행정 말을 하게 된다. 4행정 기관은 모두 해당되므로 몇 개의 실린더라도 같은 방법으로 찾을 수 있다.

ⓒ 점화순서의 역순으로 찾는다.

아래의 그림처럼 원을 그려놓고 오른쪽 위부터 시계방향으로 흡입, 압축, 폭발, 배기를 적은 다음, 한 행정을 3칸으로 나눈다. 왜냐하면 한 행정(180°)을 60°로 나누기 위함이다. 그 다음 오른쪽 위에서부터 시계방향으로 초, 중, 말을 모든 행정에 기재한다. 이제 5번 실린더가 폭발 초라 한다면 5번 실린더를 해당 실린더 앞에 놓고 점화순서에 따라 반시계 방향으로 기재하되 2칸 씩 띄워가며 적는다. 왜냐하면 6실린더 기관의 크랭크축 위상차가 120°이기 때문이다. 점화순서가 1-5-3-6-2-4 이므로 5번 다음이 3번 이므로 3번 실린더는 반시계 방향으로 두 칸 옆인 압축 중에, 6번은 같은 방법으로 흡입 말에, 2번은 흡입 초에, 4번은 배기 중에, 1번은 폭발 말에 각각 적으면 된다.

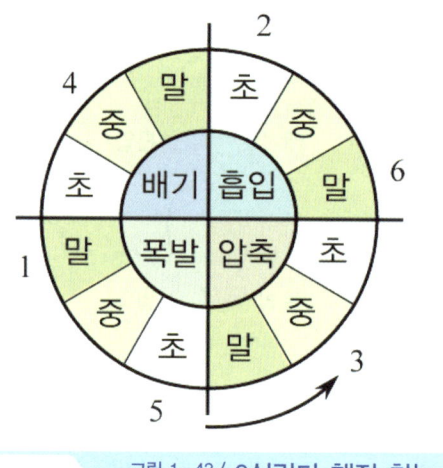

그림 1-43 / **6실린더 행정 찾는 법**

4) 엔진 베어링(engine bearing)

베어링의 역할은 기계의 마모를 막기 위해 표면에 적당한 유막을 형성하여 회전부분이 받는 큰 하중이나 충격을 흡수하고, 회전에 의해 생기는 고체마찰을 액체마찰로 바꾸어 눌러 붙는 것을 방지하여 출력의 손실을 적게 한다.

① 베어링의 구비조건
   ㉠ 눌러 붙지 않는 성질, 하중부담능력이 있을 것
   ㉡ 크랭크축 회전 중 이물질의 매입성(매몰성)이 있을 것
   ㉢ 내부식성과 내피로성이 있을 것
   ㉣ 추종유동성이 있을 것
   ㉤ 강도가 크고, 마찰저항이 작을 것
   ㉥ 고속회전에 견딜 것

② 베어링의 재질

- ㉠ 화이트 메탈(white metal)(배빗 메탈) : 승용차, 소형 트럭에 많이 사용되고 있다. 주석(Sn), 납(Pb), 안티몬(Sb), 아연(Zn), 구리(Cu) 등의 백색 합금이며, 내부식성이 크고 무르기 때문에 길들임과 매입성은 좋으나 고온강도가 낮고 피로강도, 열전도율이 좋지 않다.
- ㉡ 켈밋 메탈(kelmet metal) : 자동차 엔진 베어링으로 가장 많이 사용되고 있다. 구리(Cu)와 납(Pb)의 합금이며 고속 고하중을 받는 베어링으로 적합하나 화이트 메탈보다 매입성이 좋지 않다.
- ㉢ 알루미늄 합금 메탈 : 알루미늄(Al)과 주석(Sn)의 합금이며 강판에 녹여 붙여서 사용한다. 길들임과 매입성은 화이트 메탈과 켈밋의 중간 정도의 능력을 가지며, 내피로성은 켈밋보다 크다. 그리고 길들임과 매입성은 주석으로 표면층을 만들면 개량된다. 따라서 화이트 메탈과 켈밋의 양쪽 장점을 갖춘 매우 좋은 베어링 재료이며, 최근에 많이 사용된다.

③ 하중의 작용 방향에 따른 베어링의 분류

- ㉠ 레이디얼 베어링(radial bearing) : 축에 직각 하중을 받는 베어링이다.
- ㉡ 스러스트 베어링(thrust bearing) : 축방향인 옆으로 하중을 받는 베어링이다.

④ 크랭크축 베어링의 구조

- ㉠ 베어링 크러시(bearing crush) : 베어링을 하우징 안에서 움직이지 않도록 하기 위하여 하우징 안둘레와 베어링 바깥둘레와의 차를 0.025 ~ 0.078[mm] 두며, 베어링을 설치하고 규정 토크로 조였을 때 베어링이 하우징에 완전히 접촉되어 열전도가 잘되도록 한다.

  크러시가 작으면 엔진작동 온도변화로 헐겁게 되어 베어링이 움직이게 되고, 크면 조립 시에 찌그러져 오일 유막이 파괴되어 스틱(stick, 타서 붙음) 현상이 발생된다.

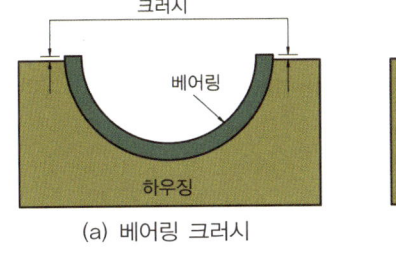 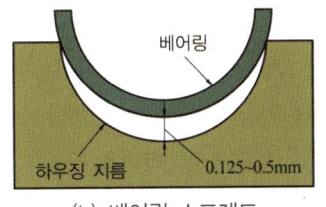

(a) 베어링 크러시   (b) 베어링 스프레드

그림 -44 / 베어링 크러시와 스프레드

- ㉡ 베어링 스프레드(bearing spread) : 베어링을 끼우지 않았을 때 베어링 바깥쪽 지름과 베어링 하우징의 안지름 차이를 스프레드라 하며 0.125 ~ 0.5[mm]이다. 스프레드

를 두는 이유로는 작은 힘으로 눌러 끼워 베어링이 제자리에 밀착되어 있게 할 수 있고 베어링을 조립할 때 베어링이 캡에 끼워진 채로 있어 작업하기 편리하며, 베어링 조립에서 크러시가 압축됨에 따라 안쪽으로 찌그러지는 것을 방지할 수 있다.

5) 크랭크축 점검 정비

① 휨 점검 : 크랭크축을 V 블록에 올려놓고 회전시킨 다음, 최대값과 최소값 차이의 1/2이 크랭크축 휨 값이다.

② 크랭크축 마멸 한계값

　㉠ 진원 마멸 : 0.2[mm] 이내

　㉡ 타원 마멸 및 테이퍼 마멸 : 0.03[mm] 이내

　㉢ 진원 마멸 상태가 한계값 이내일지라도 타원 또는 테이퍼 마멸이 한계값을 초과하면 크랭크 축을 수정한다.

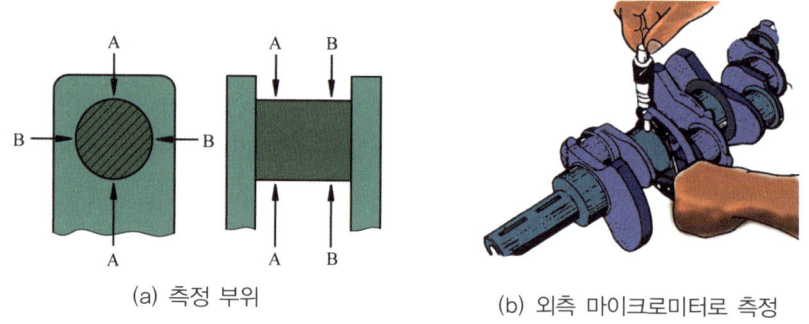

(a) 측정 부위　　　　　(b) 외측 마이크로미터로 측정

그림 1-45 / 크랭크축 저널 마멸량 측정

③ 수정 방법(U / S)

　㉠ 축의 최소 측정값을 구한다.

　㉡ 최소 측정값에서 0.2[mm](진원 절삭량)를 뺀다.

　㉢ 진원 절삭량을 뺀 값보다 작고, 가장 가까운 값을 수정 기준값에서 택한다.

　㉣ 언더 사이즈의 기준값은 0.25[mm], 0.50[mm], 0.75 [mm], 1.00[mm], 1.25[mm], 1.50[mm] 6 단계로 되어 있다.

　㉤ 언더 사이즈 수정의 한계값

크랭크축의 지름	수정 한계값
50[mm] 이상	1.50[mm]
50[mm] 이하	1.00[mm]

2. 플라이 휠(fly wheel)

엔진에서는 동력행정만이 출력이 되고 흡입, 압축, 배기행정은 출력 감소가 된다. 따라서 회전력도 동력행정에서 크고 점차로 적어진다. 이에 따라 엔진 회전속도도 변동하므로 이것을 막기 위하여 크랭크축 플랜지부 끝에 플라이 휠을 설치한다. 즉, 엔진의 맥동적인 회전을 원활히 하기 위해 플라이 휠의 회전 관성력을 이용한 추로서 원활한 회전으로 바꾸어서 동력을 전달하게 된다.

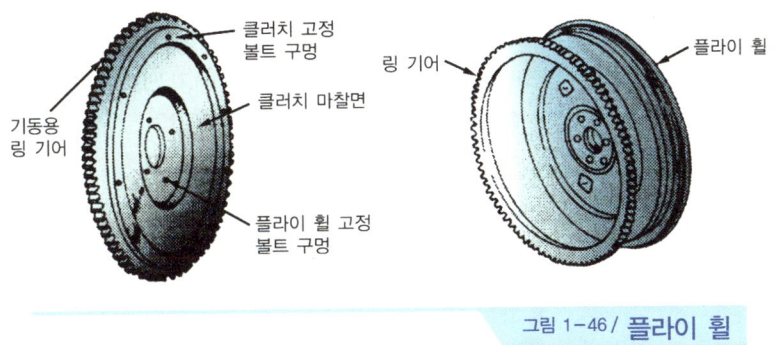

그림 1-46 / 플라이 휠

1) 바이브레이션(토셔널) 댐퍼

엔진의 맥동적인 출력으로 인하여 생기는 진동과 열처리 과정 결함 등을 보호하기 위하여 크랭크축이나 캠축 스프로킷 앞쪽에 설치한다.

2) 기관의 토크 변동 억제 방법

① 실린더 수를 많게 한다.
② 크랭크 배열을 점화순서에 맞도록 한다.
③ 플라이 휠을 붙인다.

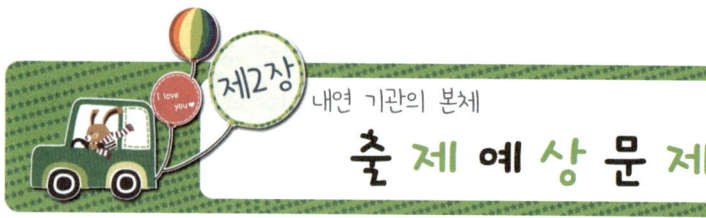

제2장 내연 기관의 본체 — 출제예상문제

01 승용차용 기관의 실린더 헤드는 대부분 알루미늄 합금으로 되어 있다. 그 이유 중 가장 중요한 것은? [09년 2회]

㉮ 열전도율이 높다.
㉯ 녹슬지 않는다.
㉰ 주철보다 열팽창 계수가 적다.
㉱ 무게를 증가시켜 준다.

풀이) 열전도율이 높고, 무게를 가볍게 하기 위하여

02 실린더 헤드를 떼어낼 때 볼트를 바르게 푸는 방법은? [07년 5회]

㉮ 중앙에서 바깥을 향하여 대각선으로 푼다.
㉯ 풀기 쉬운 곳부터 푼다.
㉰ 바깥에서 안쪽으로 향하여 대각선으로 푼다.
㉱ 실린더 보어를 먼저 제거하고 실린더 헤드를 떼어낸다.

풀이) 실린더 헤드를 조일 때는 안쪽에서부터 바깥쪽으로, 떼어낼 때는 반대로 바깥쪽에서 안쪽으로 대각선으로 푼다.

03 밸브 스템의 끝부분 면은 어떤 형상으로 다듬어져야 하는가? [08년 5회]

㉮ 평면   ㉯ 오목
㉰ 볼록   ㉱ 원추

풀이) 밸브 끝부분은 평면으로 다듬어져야 한다.

04 고속회전을 목적으로 하는 기관에서 흡기밸브와 배기 밸브 중 어느 것이 더 크게 만들어져 있는가? [09년 2회]

㉮ 흡기 밸브
㉯ 배기 밸브
㉰ 양 밸브의 치수는 동일하다.
㉱ 1번 배기 밸브

풀이) 고속회전을 목적으로 하는 기관에서는 고속시 흡입효율을 높이기 위하여 흡기밸브를 더 크게 한다.

05 밸브 스프링 서징 현상을 방지하는 방법으로 틀린 것은? [08년 4회]

㉮ 밸브 스프링 고유 진동수를 높인다.
㉯ 부등 피치 스프링이나 원추형 스프링을 사용한다.
㉰ 피치가 서로 다른 이중 스프링을 사용한다.
㉱ 사용 중인 스프링보다 피치가 더 큰 스프링을 사용한다.

풀이) **밸브스프링 서징현상 방지법**
① 2중 스프링, 부등피치 스프링, 원뿔형 스프링을 사용한다.
② 스프링 정수를 크게 한다.
③ 스프링의 고유 진동수를 높게 한다.

01 ㉮ 02 ㉰ 03 ㉮ 04 ㉮ 05 ㉱

06 기관에서 밸브시트의 침하로 인한 현상이 아닌 것은? [09년 5회]
   ㉮ 밸브스프링의 장력이 커짐
   ㉯ 가스의 저항이 커짐
   ㉰ 밸브 닫힘이 완전하지 못함
   ㉱ 블로우바이 현상이 일어남

   풀이 밸브 시트가 침하하면 밸브 스프링이 늘어나게 되어 장력이 약화된다.

07 유압식 밸브 리프터의 유압은 어떤 유압을 이용하는가? [09년 4회]
   ㉮ 흡기다기관의 진공압을 이용한다.
   ㉯ 배기다기관의 배기압을 이용한다.
   ㉰ 별도의 유압장치를 사용한다.
   ㉱ 윤활장치의 유압을 이용한다.

   풀이 유압식 밸브 리프터의 유압은 윤활장치의 유압을 이용한다.

08 가스 흐름의 관성을 유효하게 이용하기 위하여 흡·배기 밸브를 동시에 열어주는 작용을 무엇이라 하는가? [09년 4회]
   ㉮ 블로 다운(blow-down)
   ㉯ 블로 바이(blow-by)
   ㉰ 밸브 바운드(valve bound)
   ㉱ 밸브 오버랩(valve overlap)

   풀이 가스 흐름의 관성을 유효하게 이용하기 위하여 상사점 부근에서 흡·배기 밸브를 동시에 열어주는 것을 밸브 오버랩이라 한다.

09 피스톤에 옵셋(off set)을 두는 이유로 가장 올바른 것은? [07년 2회]
   ㉮ 피스톤의 틈새를 크게 하기 위하여
   ㉯ 피스톤의 마멸을 방지하기 위하여
   ㉰ 피스톤의 측압을 작게 하기 위하여
   ㉱ 피스톤 스커트부에 열전달을 방지하기 위하여

   풀이 피스톤을 옵셋시키는 이유는 측압을 방지하기 위해 둔다.

10 피스톤 링의 3대 작용에 해당되지 않는 것은? [08년 4회]
   ㉮ 기밀 유지 작용   ㉯ 오일 제어 작용
   ㉰ 열전도 작용   ㉱ 오일 청정 작용

   풀이 **피스톤 링의 3대 작용**
   ① 기밀유지 작용 ② 열 전도 작용
   ③ 오일제어 작용

11 행정별 피스톤 압축 링의 호흡작용에 대한 내용으로 틀린 것은? [08년 5회]
   ㉮ 흡입 : 피스톤의 홈과 링의 윗면이 접촉하여 홈에 있는 소량의 오일의 침입을 막는다.
   ㉯ 압축 : 피스톤이 상승하면 링은 아래로 밀리게 되어 위로부터의 혼합기가 아래로 새지 않게 한다.
   ㉰ 동력 : 피스톤의 홈과 링의 윗면이 접촉하여 링의 윗면으로부터의 연소가스가 아래로 새지 않게 한다.
   ㉱ 배기 : 피스톤이 상승하면 링은 아래로 밀리게 되어 위로부터의 연소가스가 아래로 새지 않게 한다.

   풀이 동력행정의 경우 폭발압력에 의해 피스톤 링이 아랫면과 접촉한다.

06 ㉮ 07 ㉱ 08 ㉱ 09 ㉰ 10 ㉱ 11 ㉰

12 기관정비 작업시 피스톤링의 이음 간극을 측정할 때 측정 도구로 알맞은 것은?
[09년 5회]

㉮ 마이크로미터　　㉯ 버니어캘리퍼스
㉰ 시크니스게이지　㉱ 다이얼게이지

풀이 간극 측정은 시크니스(thickness) 게이지로 한다.

13 실린더 내의 마멸은 어느 곳이 제일 적은가?
[08년 1회]

㉮ 상사점
㉯ 하사점
㉰ 상사점과 하사점의 중간
㉱ 실린더의 하단부

풀이 하단부는 피스톤이 닿지 않으므로 마멸이 없다.

14 피스톤 핀의 고정 방법에 속하지 않는 것은?
[07년 1회]

㉮ 고정식　　　㉯ 반부동식
㉰ 전부동식　　㉱ 3/4부동식

풀이 피스톤 핀 고정방법
① 고정식　② 반부동식　③ 전부동식

15 실린더 블록이나 헤드의 평면도 측정에 알맞은 게이지는?
[07년 2회]

㉮ 마이크로 미터
㉯ 다이얼 게이지
㉰ 버니어 캘리퍼스
㉱ 직각자와 필러 게이지

풀이 평면도 검사는 직각자와 필러 게이지(시크니스 게이지)로 측정한다.

16 피스톤핀의 고정방법이 아닌 것은?
[07년 5회]

㉮ 반부동식　　㉯ 고정식
㉰ 전류식　　　㉱ 전부동식

풀이 피스톤 핀 고정방법
① 고정식　② 반부동식　③ 전부동식

17 베어링이 하우징 내에서 움직이지 않게 하기 위하여 베어링의 바깥 둘레를 하우징의 둘레보다 조금 크게 하여 차이를 두는 것은?
[08년 1회]

㉮ 베어링 크러시
㉯ 베어링 스프레드
㉰ 베어링 돌기
㉱ 베어링 어셈블리

풀이 베어링 크러시란 베어링 바깥둘레를 하우징 둘레보다 약간 크게 둔 것으로 볼트로 조였을 때 압착시켜 베어링면의 열전도율을 향상시킨다.

18 4행정 기관에서 크랭크축이 1,500[rpm]일 때 캠축은 몇 [rpm]인가?
[08년 5회]

㉮ 750[rpm]　　㉯ 1,500[rpm]
㉰ 3,000[rpm]　㉱ 4,500[rpm]

풀이 크랭크축 2회전에 캠축은 1회전 한다.

19 다음 중 크랭크축의 구조에 대한 명칭이 아닌 것은?
[08년 2회]

㉮ 핀 저널　　㉯ 크랭크 암
㉰ 메인 저널　㉱ 플라이 휠

풀이 크랭크 축의 구조 명칭 : 메인 저널, 핀 저널, 크랭크 암, 평형추

12 ㉰　13 ㉱　14 ㉱　15 ㉱　16 ㉰　17 ㉮　18 ㉮　19 ㉱

20 크랭크축이 회전 중 받는 힘이 아닌 것은?
[07년 1회]

㉮ 전단(shearing)
㉯ 비틀림(torsion)
㉰ 휨(bending)
㉱ 관통력(penetration)

💬 크랭크 축은 엔진 작동 중 폭발압력에 의해 휨, 비틀림, 전단력 등을 받으며 회전한다.

21 크랭크축이 회전 중 받는 힘이 아닌 것은?
[09년 4회]

㉮ 휨(bending)
㉯ 비틀림(torsion)
㉰ 관통(penetration)
㉱ 전단(shearing)

💬 크랭크축은 회전 중 휨, 비틀림, 전단 등의 힘을 받는다.

22 4행정 4기통 가솔린 기관에서 점화순서가 1-3-4-2 일 때 1번 실린더가 흡입행정을 한다면 다음 중 맞는 것은?
[07년 4회 / 09년 1회]

㉮ 3번 실린더는 압축행정을 한다.
㉯ 4번 실린더는 동력행정을 한다.
㉰ 2번 실린더는 흡기행정을 한다.
㉱ 2번 실린더는 배기행정을 한다.

💬 1, 4번 실린더 같이 움직이므로 4번은 동력행정, 이어서 2번이 동력행정을 해야 하므로 현재는 압축행정, 나머지 3번은 배기행정을 한다.
(참고) 점화순서에 대해 행정을 거꾸로 적으면 2번은 압축행정, 4번은 동력행정, 3번은 배기행정이 된다.

23 크랭크축의 점검부위에 해당되지 않는 것은?
[09년 1회]

㉮ 축과 베어링 사이의 간극
㉯ 축의 축방향 흔들림
㉰ 크랭크축의 중량
㉱ 크랭크축의 굽힘

💬 크랭크축 점검부위 : 축과 베어링 사이의 간극(oil clearance), 축방향 흔들림(end play), 크랭크축의 굽힘(휨) 등을 측정한다.

24 4행정 4기통 기관에서 점화순서가 1-3-4-2 인데 2번 실린더가 배기행정을 하고 있다. 이 때 3번 실린더는 어떤 행정을 하고 있는가?
[07년 2회]

㉮ 흡입 행정 ㉯ 압축 행정
㉰ 동력 행정 ㉱ 배기행정

💬 점화순서의 반대로 행정을 적으면 된다. 즉, 2번이 배기행정이므로 4번은 흡입, 3번은 압축, 1번은 동력행정이다.

25 점화순서가 1-3-4-2 인 4행정 기관의 3번 실린더가 압축 행정을 할 때 1번 실린더는?
[09년 2회]

㉮ 흡입 행정 ㉯ 압축 행정
㉰ 폭발 행정 ㉱ 배기 행정

💬 2, 3번 실린더, 1, 4번 실린더 같이 움직이므로 3번이 압축행정이면 2번은 배기행정, 1번은 3번보다 점화순서가 앞이므로 먼저 압축행정이 지나갔으므로 현재는 폭발행정을 하고, 4번은 흡입행정을 한다.
(참고) 점화순서에 대해 행정을 거꾸로 적으면 3번이 압축이므로 1번은 폭발행정, 2번은 배기행정, 4번은 흡입행정이 된다.

20 ㉱ 21 ㉰ 22 ㉯ 23 ㉰ 24 ㉯ 25 ㉰

26 4행정 4기통 기관에서 점화순서가 1-3-4-2인데 2번 실린더가 배기행정을 하고 있다. 이 때 3번 실린더는 어떤 행정을 하고 있는가? [09년 5회]

㉮ 흡입 행정　　㉯ 압축 행정
㉰ 동력 행정　　㉱ 배기 행정

> 점화순서의 반대로 행정을 적으면 된다. 즉, 2번이 배기행정이므로 4번은 흡입, 3번은 압축, 1번은 동력행정이다.
> 크랭크 핀 저널의 움직임으로 찾으면 1번과 4번, 2번과 3번 크랭크 핀은 같이 움직이므로 2번이 배기행정이면 3번은 당연히 압축행정이다.

27 4행정 사이클 6기통 좌수식 크랭크 축(left hand crank shaft)일 때 점화순서로 가장 적절한 것은? [07년 1회]

㉮ 1-5-3-6-2-4
㉯ 1-2-3-6-5-4
㉰ 1-4-2-6-3-5
㉱ 1-5-6-2-3-4

> 우수식 점화순서 : 1-5-3-6-2-4
> 좌수식 점화순서 : 1-4-2-6-3-5

28 4행정 6기통 자동차 기관에서 폭발순서가 1-5-3-6-2-4인 엔진의 2번 실린더가 흡기행정 중이라면 5번 실린더는 무슨 행정을 하는가? [08년 4회]

㉮ 폭발행정 중　　㉯ 배기행정 초
㉰ 흡기행정 중　　㉱ 압축행정 말

> **행정 찾는 법**
> 상사점에서 하사점으로 내려오는 행정은 흡기행정과 폭발행정, 하사점에서 상사점으로 올라가는 행정은 압축행정과 배기행정이다. 또한 1번과 6번, 2번과 5번, 3번과 4번 크랭크 핀은 같이 움직이므로 2번이 흡기행정 중이면 5번은 당연히 폭발행정 중이다.

29 플라이 휠(fly wheel)의 무게를 좌우하는 것과 가장 밀접한 관계가 있는 것은? [09년 2회]

㉮ 행정의 크기
㉯ 크랭크축의 강도
㉰ 링기어의 잇수와 지름
㉱ 회전수와 실린더 수

> 4행정 기관은 크랭크 축 2회전에 동력이 1회뿐이므로 플라이휠의 회전관성을 이용하기 위하여 플라이휠의 무게를 엔진 회전수와 실린더 수가 많을수록 가볍게, 적을수록 무겁게 한다.

30 자동차 기관의 부품 중 표면경화를 하지 않아도 되는 것은? [07년 4회]

㉮ 피스톤
㉯ 크랭크축
㉰ 피스톤 핀
㉱ 디젤 엔진의 연료분사 펌프 플런저

> 표면경화란 금속 내부는 변화를 주지 않고 금속의 표면만 단단하게 열처리하는 방법으로 피스톤 핀, 크랭크 축, 분사펌프 플런저 등 마찰에 의해 가혹한 조건에 사용되는 부품을 열처리 한다.

26 ㉯　27 ㉰　28 ㉮　29 ㉱　30 ㉮

03 윤활 및 냉각장치

제1절 윤활장치(lubricating system)

1_ 윤활장치의 개요

　기관(engine) 내부에서 정화 및 회전운동을 하는 마찰부분은 금속끼리 직접 접촉하여 마찰열이 발생하고, 마찰면이 거칠어져 빨리 마모하거나 눌러 붙는 등의 고장이 발생하여 기관이 작동할 수 없게 된다. 이것을 방지하기 위해 금속의 마찰면에 오일을 주입하면 그 사이에 유막(oil film)이 형성되어 고체 마찰이 오일의 유체 마찰로 바뀐다. 따라서 마찰 저항이 작아져 마모가 적고 마찰열의 온도 상승을 방지하며 기계 효율을 향상시킨다.

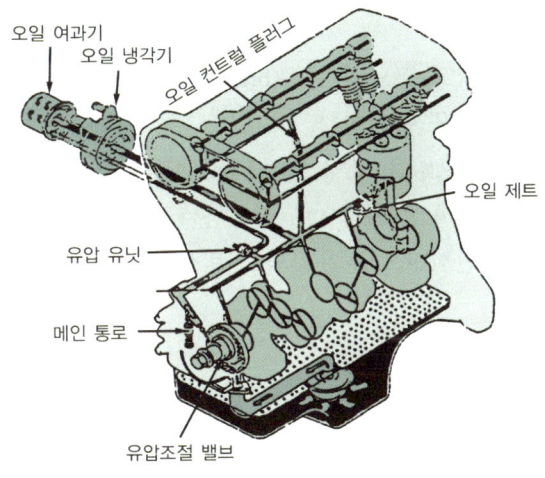

그림 1-47 / 오일 공급계통 흐름도

1. 윤활유의 작용과 구비조건

1) 윤활유의 작용

① 감마작용(마찰의 감소 및 마멸방지)
② 세척작용(미세한 먼지, 찌꺼기 여과)
③ 밀봉작용(기밀유지 작용)

④ 방청작용(산화부식 방지)
⑤ 냉각작용(약 10 ~ 15[%])
⑥ 응력분산작용(국부적인 압력을 피해서)

2) 윤활유의 구비조건

① 점도가 적당할 것
② 청정력이 클 것
③ 열과 산의 저항력이 클 것
④ 비중이 적당할 것
⑤ 인화점과 발화점이 높을 것
⑥ 응고점이 낮을 것
⑦ 기포 발생이 적을 것
⑧ 카본 생성이 적을 것

2. 윤활방식

1) 윤활방식의 종류

① 비산식 : 이 방식은 커넥팅 로드의 큰쪽(big end) 하단에 붙어 있는 주걱(oil dipper)으로 오일 팬에 있는 오일을 윤활한다.
② 압송식 : 압송식은 기관 오일을 오일 팬(oil pan)에 넣어 두고 여기서 오일 펌프로 기관의 각 윤활 부분에 오일을 강제적으로 압송하는 방식이다.
③ 비산 압송식 : 위의 비산식만으로 윤활의 신뢰성이 낮으므로, 비산식과 압송식을 복합한 방식이다.

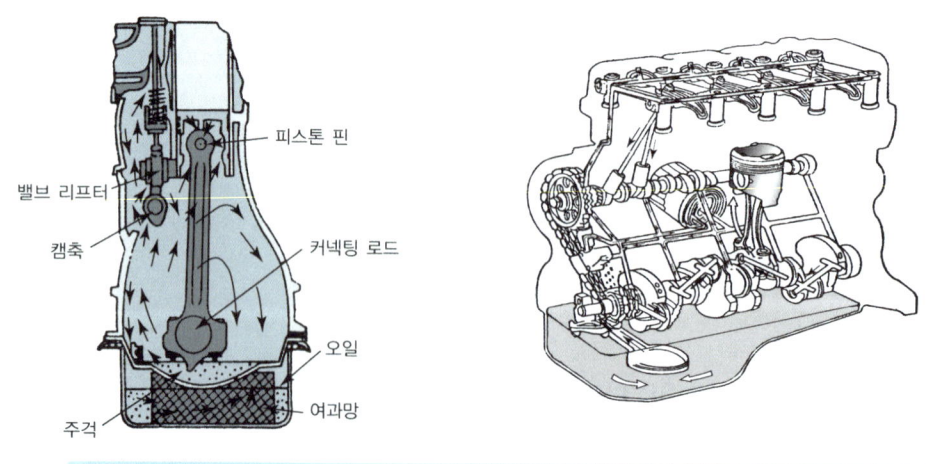

그림 1-48 / 비산식

그림 1-49 / 압송식 윤활장치의 오일 순환

3. 윤활장치의 구성

1) 오일 스트레이너(1차 여과기)

점프 내의 오일을 흡입시에 커다란 불순물을 여과하여 오일 펌프에 유도하여 주는 작용을 하며, 불순물에 의해 스크린이 막히면 바이패스 통로를 통하여 순환할 수 있도록 한다.

2) 오일 여과기(oil-filter)와 여과 방식

오일속의 수분, 연소 생성물, 금속분말, 슬러지 등의 미세한 불순물 0.01[mm] 이상을 제거하며 엘리먼트로는 여과지나 여과포로 사용한다. 오일여과 방식은 전류식, 분류식, 샨트식으로 구분한다.

① **전류식** : 전류식(full-flow filter)은 오일 펌프에서 압송한 오일 전부를 오일 여과기에서 여과한 다음 각 부분으로 공급하는 방식이며, 오일의 청정작용은 좋으나 여과기가 막히면 윤활이 안될 염려가 있으므로 바이패스 밸브를 설치하여 여과기가 막혔을 때는 여과기를 통하지 않고 각 부로 공급하게 되어 있다.

② **분류식** : 분류식(by-pass filter)은 오일 펌프에서 압송된 오일을 각 윤활 부분에 직접 공급하고, 일부를 오일 여과기로 보내 여과한 다음 오일 팬으로 되돌아가는 방식

③ **복합식(샨트식)** : 전류식과 분류식을 합한 방식이다.

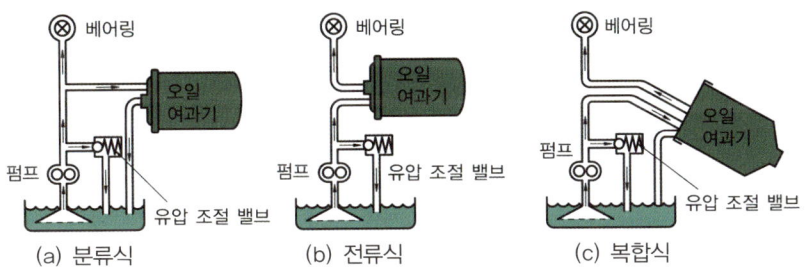

그림 1-50 / 윤활유 여과 방식

3) 오일 펌프(oil pump)

오일 팬에 저장되어 있는 오일을 흡입 가압(2~3[kg/cm^2])하여 윤활부에 송출하는 작용을 하며 저속 : 3~4[kg/cm^2], 고속 : 6~8[kg/cm^2]의 압력으로 압송한다.

① **오일펌프의 종류**

㉠ 기어 펌프(gear pump) : 구동 기어와 피동 기어로 조립되어 구동 기어가 회전하면 펌프실 내면에 진공이 생겨 흡입되어 기어 사이에 오일이 실려 출구쪽으로 운반되어 배출하며 외접 기어식 펌프와 내접 기어식 펌프가 있다.

ⓒ 로터리 펌프(rotary pump) : 아웃 로우터와 인너 로우터로 구성되어 있으며 인너 로우터는 편심으로 설치되어 회전하며 부피가 넓은쪽에 진공이 생기면 흡입하여 부피를 점차로 좁게 하여 오일을 송출한다.

ⓒ 베인 펌프(vane pump) : 편심 설치된 로우터와 베인으로 구성되며 베인의 움직임에 따라 부피의 변화가 생겨 진공이 발생되면 흡입하여 다음에 오는 날개에 의해 출구쪽으로 운반되어 송출한다.

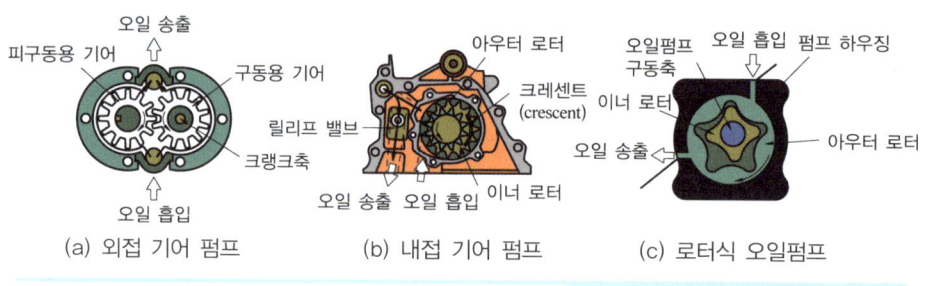

그림 1-51 / **오일펌프의 종류**

ⓔ 플런저 펌프(plunger pump) : 캠축에 의해 플런저를 상하 왕복운동시키고 플런저 스프링에 의해 플런저가 상승되면 진공이 생겨 오일을 흡입하고 플런저를 밀면 오일의 압력이 생겨 체크 볼을 밀고 통로를 열어 오일을 송출한다.

② 유압 조절 밸브(oil pressure relief valve) : 이 밸브는 윤활회로 내를 순환하는 유압이 과도하게 상승하는 것을 방지하여 유압이 일정하게 유지하도록 하는 작용을 한다.

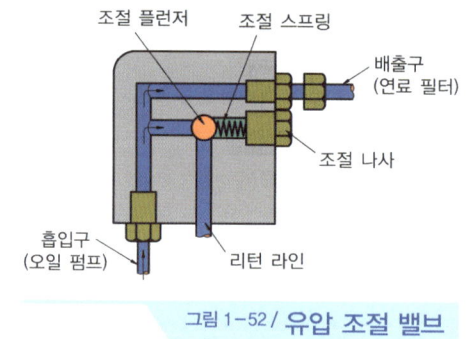

그림 1-52 / **유압 조절 밸브**

4) 오일 쿨러(oil cooler : 냉각기)

기관의 오일의 온도는 85[℃] 부근을 넘지 않는 것이 바람직하다. 약 125[℃] 이상되면 윤활성이 급격히 상실하기 때문에 일부 기관에서는 오일 냉각기를 설치하여 알맞는 오일 온도를 유지시켜 준다.

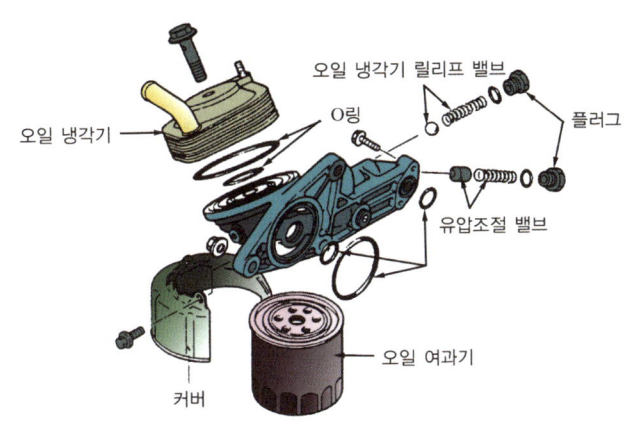

그림 1-53 / **오일쿨러**

4. 윤활유(lubricating oil)

1) 윤활유의 분류

① SAE 분류 : 미국자동차 기술협회에서 오일의 점도에 의해 분류한 것으로, SAE 번호로 표시하며 번호가 클수록 점도가 높다.

② API 분류 : 미국석유협회에서 엔진의 운전조건에 의해 분류한 방법으로, 가솔린 기관과 디젤 기관으로 분류하였다.

표 1-1 / **API 분류**

운전조건 기관	좋은 조건	중간 조건	가혹한 조건
가솔린 기관	ML	MM	MS
디젤 기관	DG	DM	DS

표 1-2 / **API 분류와 SAE 신분류의 비교**

구분	운전조건	API 분류	SAE 신분류
가솔린 기관	좋은 조건	ML	SA
	중간 조건	MM	SB
	가혹한 조건	MS	SC · SD
디젤 기관	좋은 조건	DG	CA
	중간 조건	DM	CB · CC
	가혹한 조건	DS	CD

③ SAE 신분류 : SAE 신분류는 SAE 분류방법과 API 분류방법이 달라 SAE, ASTM, API 등이 새로 제정한 오일 분류 방법으로, 가솔린은 SA, SB, SC,···, 디젤은 CA, CB, CC,···의 알파벳 순서로 분류하며 뒤로 갈수록 가혹한 조건에서 사용이 가능하다.

2) 점도

① **점도지수** : 온도 변화에 따른 오일의 끈끈한 정도를 말한다. 점도지수가 높다는 것은 온도 변화에 따른 오일의 점도 변화가 작다는 것을 의미한다.
② **점도지수 측정법**
  ㉠ 세이볼트 초 : 오일의 온도를 0[°F], 100[°F], 130[°F], 210[°F] 등에 따라 오일의 점도가 변화되는 과정을 측정하는 방법으로, 오일이 작은 구멍(0.17[mm])을 흐르는 시간으로 그 점도를 측정하는 방법
  ㉡ 앵귤러 점도 : 오일의 유출시간을 물의 유출시간으로 나누어 구하는 방법
  ㉢ 레드우드 점도 : 60[°F], 50[cc] 유체가 유출되는 시간을 초로 나타내는 방법

2_ 유압 장치 정비

1) 유압이 상승하는 원인

① 엔진의 온도가 낮아 오일점도가 높다.
② 윤활회로의 일부가 막혔다.(특히, 오일 여과기가 막히면 유압이 상승하는 원인이 된다).
③ 유압조절 밸브 스프링의 장력이 과대하다.

2) 유압이 낮아지는 원인

① 크랭크축 베어링의 과대마멸로 오일간극이 크다.
② 오일 펌프의 마멸 또는 윤활회로에서 오일이 누출된다.
③ 오일 팬의 오일양이 부족하다.
④ 유압 조절 밸브 스프링 장력이 약하게 파손되었다.
⑤ 엔진 오일이 연료 등으로 현저하게 희석되었다.
⑥ 엔진 오일의 점도가 낮다.

3) 오일의 색깔에 의한 정비

① 검정 : 심한 오염 또는 과부하 운전
② 붉은색 : 자동변속기 오일 혼입
③ 노란색 : 무연 휘발유 혼입
④ 우유색(백색) : 냉각수 혼입

제2절 냉각장치(cooling system)

1. 냉각장치 개요

냉각장치는 엔진 작동 중 발생되는 열(약 2,000[℃])을 냉각하여 과열을 방지하고 냉각수의 온도를 85~95[℃]로 유지하는 장치이다. 냉각수 온도는 물통로(jacket) 내의 냉각수의 온도로 정한다.

1. 엔진의 냉각 방식

1) 공랭식(air cooling type)

엔진을 대기와 직접 접촉시켜서 냉각하므로 냉각수의 보충, 누출, 동결 등의 염려가 없고 구조가 간단하나 기후, 운전상태 등에 따라 엔진의 온도가 변화하기 쉽고 냉각이 균일하지 못한 결점이 있다.

① **자연 통풍식** : 자동차가 주행할 때 받는 공기로 냉각하며, 실린더 블록과 같이 과열되기 쉬운 부분에 냉각핀을 설치하여 냉각한다.

② **강제 통풍식** : 냉각 팬을 사용하여 강제로 많은 양의 공기를 엔진으로 보내어 냉각하는 방식으로, 엔진 주위를 시라우드로 감싸서 냉각 효율을 높인다.

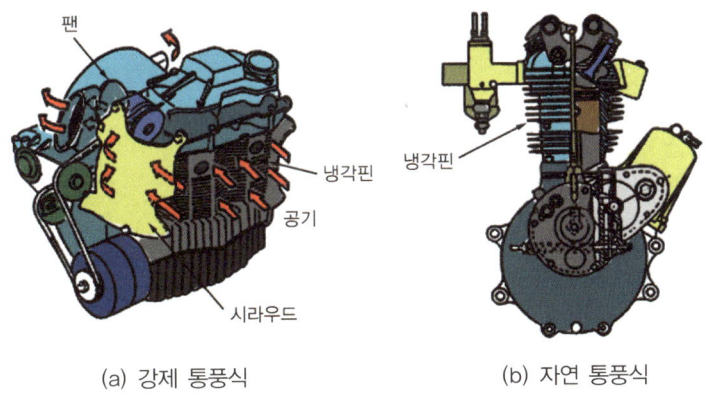

(a) 강제 통풍식   (b) 자연 통풍식

2) 수냉식(water cooling type)

냉각수를 사용하여 엔진을 냉각시키는 방식으로, 자연 순환식, 강제 순환식, 압력 순환식, 밀봉 압력식 등이 있다.

① **자연 순환식** : 냉각수의 대류에 의해서 순환시키는 방식으로서 정치식 기관에 사용된다.
② **강제 순환식** : 물 펌프를 이용하여 강제적으로 냉각수를 순환시켜 기관을 냉각시키는 방

식이다.

③ **압력 순환식** : 강제 순환식에서 압력식 캡으로 냉각장치의 통로를 밀폐시켜 냉각수가 비등되지 않도록 하는 방식이다.

④ **밀봉 압력식** : 압력 순환식에서 라디에이터 캡을 밀봉하고 냉각수가 외부로 누출되지 않도록 하는 방식이며, 냉각수가 가열되어 팽창하면 냉각수를 보조 탱크로 보낸다.

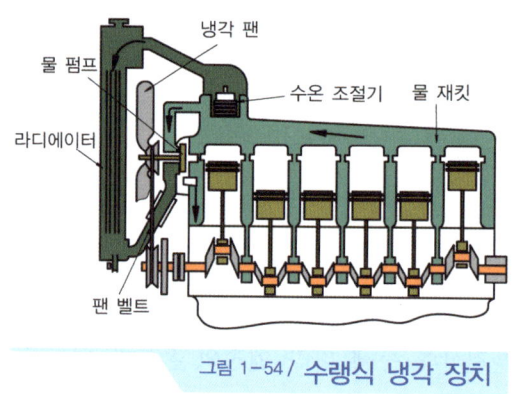

그림 1-54 / 수랭식 냉각 장치

2. 냉각 장치의 구성

라디에이터(방열기), 물 펌프, 냉각 팬, 수온조절기, 냉각수온 센서 등으로 구성되어 있다.

1) 라디에이터(radiator, 방열기)

엔진에서 뜨거워진 냉각수를 방열판을 통과시켜 공기와 접촉하여 냉각수를 식히는 장치이다.

① 구비조건
   ㉠ 단위면적당 방열량이 큰 것.
   ㉡ 공기의 흐름저항이 적은 것.
   ㉢ 가볍고 견고한 것.
   ㉣ 냉각수의 흐름 저항이 적은 것.

② 방열기 코어 형식
   ㉠ 플레이트 핀 : 평면으로 된 판을 일정한 간격으로 설치한 형식이다.
   ㉡ 코루게이트 핀 : 냉각 핀을 파도 모양으로 설치한 것으로 방열량이 크다.
   ㉢ 리본 셀룰러 핀 : 냉각 핀을 벌집 모양으로 배열된 형식이다.

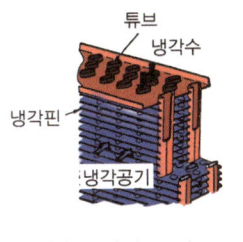 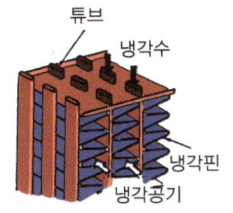 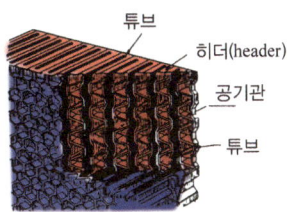

(a) 플레이트 핀   (b) 코루게이트 핀   (c) 리본 셀룰러 핀

그림 1-55 / **냉각핀의 종류**

③ 방열기 정비
  ㉠ 방열기 코어의 막힘이 20[%]이상이면 라디에이터를 교환한다.

$$\text{라디에이터 코어 막힘률} = \frac{\text{신품 주수량} - \text{구품 주수량}}{\text{신품 주수량}} \times 100[\%]$$

  ㉡ 라디에이터의 냉각 핀 청소는 압축 공기를 기관 쪽에서 밖으로 불어 낸다.
  ㉢ 라디에이터 튜브 청소는 플러시 건을 사용하여 냉각수를 아래 탱크에서 위 탱크로 흐르게 하여 청소하고, 세척제는 탄산나트륨, 중탄산나트륨을 사용한다.

2) 압력식 라디에이터 캡

라디에이터 캡은 내부 압력과 진공에 의하여 열리는 압력 밸브와 진공 밸브가 있다. 라디에이터 캡의 작동 압력은 일반적으로 $0.2 \sim 1.1 [\text{kg}_f/\text{cm}^2]$ 이다.

① 라디에이터 내부압력 상승시 냉각수는 보조 탱크로 배출된다.
② 라디에이터 내부압력 감소시 냉각수는 보조 탱크에서 흡입된다.

(a) 압력식 캡의 구조

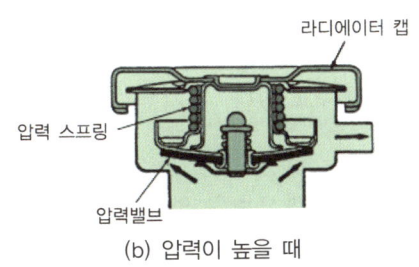 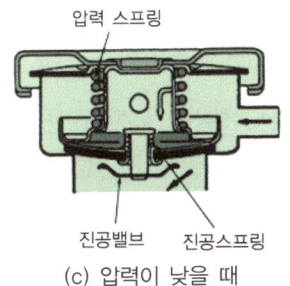

(b) 압력이 높을 때   (c) 압력이 낮을 때

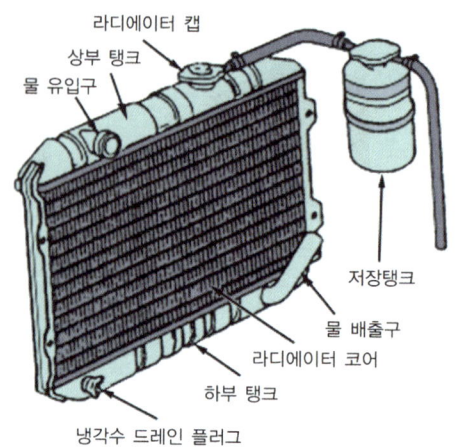

3) 시라우드(shroud)

라디에이터와 팬을 감싸고 있는 판으로써 냉각팬 작동시 공기의 와류를 방지하고 냉각 효율을 증대하기 위하여 설치한다.

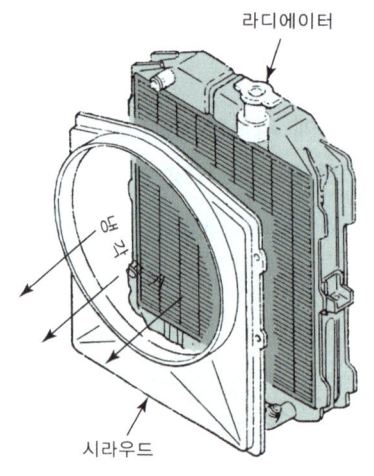

그림 1-56 / **라디에이터**

4) 냉각 팬(cooling fan)

엔진과 라디에이터 사이에 설치되며 시라우드가 감싸고 있다. 공기를 강제로 빨아들여 엔진의 냉각효과를 증대 시킨다.

① **유체 커플링 팬** : 유체 마찰을 이용하여 구동하는 팬으로써 엔진 고회전시 물 펌프와 냉각 팬을 분리 회전시켜 고속 주행시 팬이 고속으로 회전되는 것을 방지하여 엔진 출력이 증가 및 소음을 감소한다.

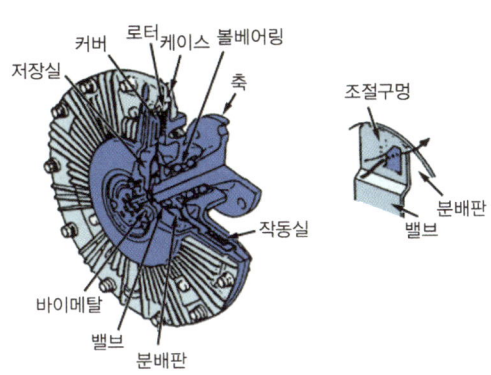

② 전동 팬 : 바이메탈 또는 수온 센서를 이용하여 냉각수 온도가 약 85~90°가 되면 팬이 작동하고, 냉각수 온도가 감소하면 자동으로 작동을 멈추어 소음 및 연비의 저감과 난기운전에 요하는 시간을 단축시킬 수 있다.

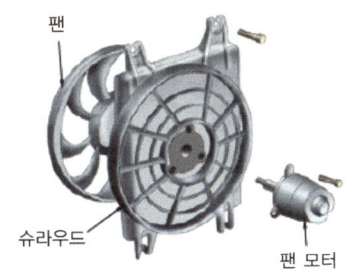

그림 1-57 / **전동 팬**

5) 물펌프(water pump)

원심식 물 펌프를 사용하여 냉각수를 강제로 순환시키는 장치이며, 크랭크축 회전수의 1.2~1.6배로 회전한다.

그림 1-58 / **물 펌프의 구조**

6) 수온조절기(thermostat)

냉각수의 온도에 따라 통로를 자동적으로 개폐하여 냉각수 온도가 일정하도록 조절해주는 장치이며 벨로즈형과 왁스 펠릿형이 있다.

① 수온조절기의 종류
  ㉠ 왁스 펠릿형 : 왁스 케이스에 왁스와 합성 고무를 봉입한 형식으로 냉각수의 온도가 상승하면 고체 상태의 왁스가 액체로 변화되어 밸브가 열리며 냉각수의 온도가 낮으면 액체 상태의 왁스가 고체로 변화되어 밸브가 닫힌다.
  ㉡ 벨로즈형 : 황동의 벨로즈 내에 휘발성이 큰 에테르나 알코올을 봉입한 형식으로 냉각수의 온도에 의해서 벨로즈가 팽창 및 수축으로 냉각수의 통로가 개폐되며, 65[℃]에서 열리기 시작하여 85[℃]에서 완전히 열린다.
  ㉢ 바이메탈형 : 코일 모양의 바이메탈이 수온에 의해 늘어날 때 밸브가 열리는 형식이다.

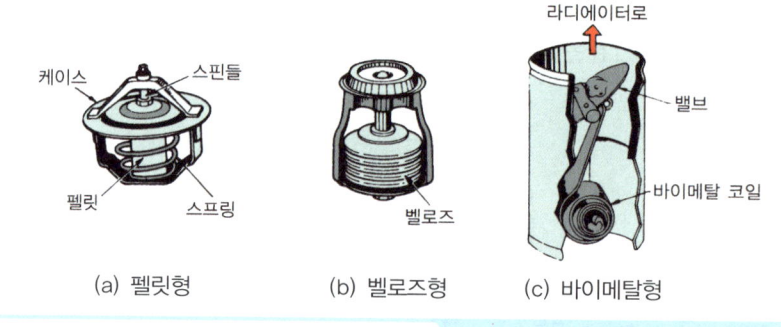

그림 1-59 / **수온 조절기의 종류**

② 왁스 펠릿형 수온조절기의 작동 : 아래 그림은 왁스 펠릿형 수온조절기의 구조와 작동을 나타내었다. 냉각수 온도가 낮으면 스프링 힘에 의해 밸브가 닫혀있다가 냉각수가 규정온도에 다다르면 왁스가 팽창하여 합성고무를 눌러 스프링 힘을 이기고 아래로 내려가 밸브가 열리게 된다.

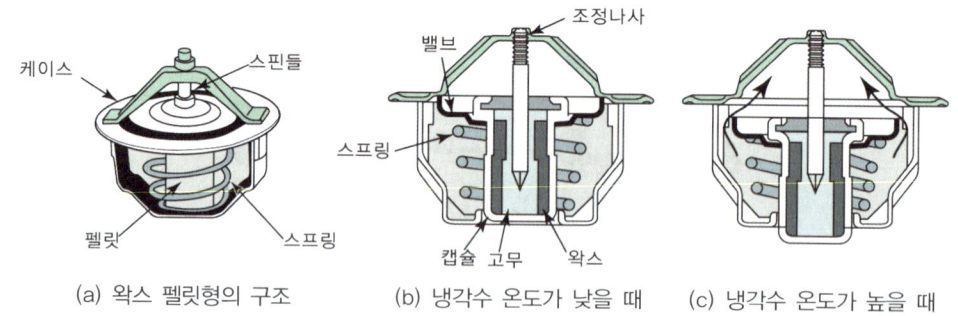

7) 냉각수온 센서(WTS : Water Temperature Sensor)

실린더 헤드부의 물 재킷 부분에 설치되어 있으며, 냉각수의 온도를 검출하여 ECU에 정보를 보내주면 연산 제어되어 인젝터 기본 분사량을 보정하는 부특성(NTC) 서미스터이다.

그림 1-60 / 수온 센서(스위치)

2_ 부동액(anti-freeze)

냉각수의 응고점을 낮추어 추운 겨울에 엔진의 동파를 막기위해 에틸렌 글리콜(비점 197.2[℃], 응고점 −50[℃])과 냉각수를 혼합하여 사용한다.

1. 부동액의 일반적 성질

1) 부동액의 종류

① 글리세린 : 산이 포함되면 금속을 부식시킨다.
② 메탄올 : 비등점이 82[℃] 이며, 응고점이 −30[℃]로 낮은 온도에 견딜수 있다.
③ 에틸렌 글리콜 : 영구 부동액이며, 응고점 −50[℃] 이다.
④ 알콜

2) 부동액의 구비조건

① 내식성이 클 것, 팽창계수가 적을 것.
② 비점이 높고 응고점이 낮을 것.
③ 휘발성이 없고 유동성일 것.

3) 냉각수와 부동액의 혼합비([%])

일반적으로 국내에서는 50[%](냉각수) : 50[%](부동액)의 비율로 혼합하여 사용한다.

온도 혼합비출	−4[℃]	−7[℃]	−11[℃]	−15[℃]	−20[℃]	−25[℃]	−31[℃]
부동액	20	25	30	35	40	45	50
냉각수	80	75	70	65	60	55	50

※ 해당 지방 최저온도 기준에 따른다.

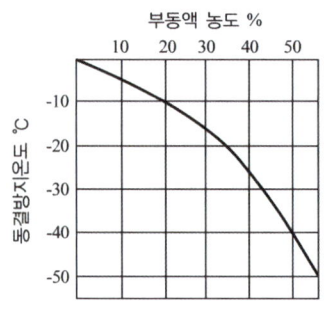

그림 1-61 / 부동액의 필요량과 동결 온도

3_ 냉각장치 정비

1. 라디에이터의 수압 시험

1) 압축공기에 의한 방법

0.5~2.0[kgf/cm^2] 정도의 압력을 가해 기포발생 여부를 확인한다.

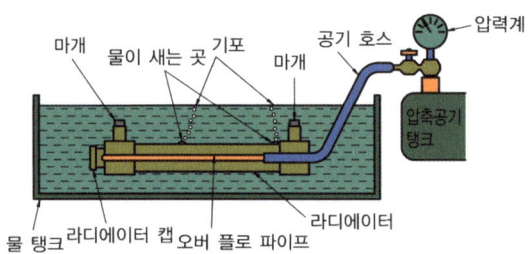

2) 테스터에 의한 방법

라디에이터의 냉각수 출, 입구를 모두 막고 물을 가득 담은 후 라디에이터 주입구에 테스터를 설치하고, 테스터의 펌프로 수압시험 압력까지 펌핑 후 라디에이터에 누출이 없으면 테스터의 지침이 내려가지 않으나, 누출이 있으면 지침이 상승하지 않거나 상승하더라도 곧 하강한다.

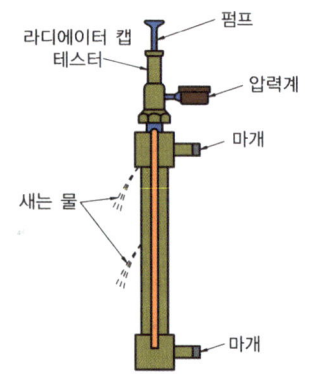

2. 냉각장치의 이상 현상

1) 기관 과열시 나타나는 현상

① 실린더 헤드 및 피스톤 손상
② 실린더 벽손상(유막파괴)

③ 기관출력 저하 원인
④ 노킹 및 조기점화 발생

2) 기관 과냉시 나타나는 현상

① 연료 소비량 증대
② 기관출력저하
③ 실린더 내에 카본 퇴적
④ 기관 각부 마멸 촉진

제3장 윤활 및 냉각장치 출제예상문제

01 다음 중 윤활유의 사용 목적이 아닌 것은? [08년 1회]

㉮ 방청작용
㉯ 충격완화 및 소음방지 작용
㉰ 냉각작용
㉱ 발화성 향상 작용

풀이 윤활유의 6대 작용
① 감마작용 ② 밀봉작용
③ 냉각작용 ④ 세척작용
⑤ 방청작용 ⑥ 응력 분산작용

02 윤활유의 윤활작용 이점과 가장 거리가 먼 것은? [07년 5회]

㉮ 동력손실을 적게 한다.
㉯ 노킹현상을 방지한다.
㉰ 기계적 손실을 적게 하며, 냉각작용도 한다.
㉱ 부식과 침식을 예방한다.

풀이 윤활유의 6대 작용
① 감마작용 : 마찰을 감소시켜 동력 손실을 최소화
② 밀봉작용 : 오일막을 형성하여 기밀을 유지
③ 냉각작용 : 마찰로 인한 열을 흡수하여 냉각시킴
④ 세척작용 : 먼지, 카본 등 불순물을 흡수하여 오일을 세척
⑤ 방청작용 : 수분의 침입을 막아 부식과 침식을 예방
⑥ 응력 분산작용 : 동력 행정시 충격을 분산시켜 응력을 최소화

03 다음 중 기관에 윤활유를 급유하는 목적과 관계없는 것은? [07년 4회 / 09년 2회]

㉮ 연소 촉진 작용 ㉯ 동력 손실 감소
㉰ 마멸 방지 ㉱ 냉각 작용

풀이 윤활유의 6대 작용
① 감마작용 ② 밀봉작용
③ 냉각작용 ④ 세척작용
⑤ 방청작용 ⑥ 응력 분산작용

04 윤활유의 구비조건으로 틀린 것은? [08년 4회]

㉮ 점도가 적당할 것
㉯ 열과 산에 대하여 안정성이 있을 것
㉰ 응고점이 높을 것
㉱ 인화점과 발화점이 높을 것

풀이 윤활유의 구비조건
① 인화점과 발화점이 높을 것
② 응고점이 낮을 것
③ 비중과 점도가 적당할 것
④ 열과 산에 대하여 안정될 것
⑤ 카본 생성에 대해 저항력이 클 것

05 자동차 기관에서 사용되는 오일 여과 방식이 아닌 것은? [09년 5회]

㉮ 전류식 ㉯ 전기식
㉰ 분류식 ㉱ 샨트식

풀이 오일 여과방식 : 전류식, 분류식, 션트(shunt)식

01 ㉱ 02 ㉯ 03 ㉮ 04 ㉰ 05 ㉯

06 그림과 같이 오일펌프에 의해 압송되는 윤활유가 모두 여과기를 통과한 다음 공급되는 방식은? [08년 4회]

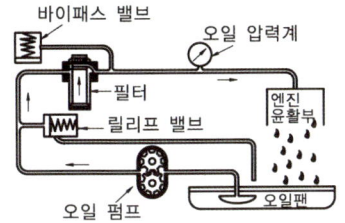

㉮ 샨트식   ㉯ 자력식
㉰ 분류식   ㉱ 전류식

> 윤활방식의 분류
> ① 전류식 : 윤활유 전부를 여과시켜 공급하는 방식, 막히면 바이패스 밸브로 통과
> ② 분류식 : 윤활유의 일부는 여과시키고, 여과하지 않은 오일은 공급하는 방식
> ③ 션트(shunt)식 : 오일의 일부는 여과시켜서 공급, 일부는 바로 공급되는 방식

07 기관 오일펌프의 종류에 맞지 않는 것은? [09년 1회]

㉮ 기어 펌프   ㉯ 피스톤 펌프
㉰ 베인 펌프   ㉱ 로터리 펌프

> 오일펌프의 종류 : 기어 펌프, 베인 펌프, 로터리 펌프, 플런저펌프 등이 있다.

08 윤활장치 내의 압력이 지나치게 올라가는 것을 방지하여 회로 내의 유압을 일정하게 유지하는 기능을 하는 것은? [07년 2회 / 08년 5회]

㉮ 오일 펌프   ㉯ 유압조절밸브
㉰ 오일여과기   ㉱ 오일 냉각기

> 유압조절 밸브는 윤활회로 내의 압력이 과도하게 상승되는 것을 방지하여 유압을 일정하게 유지하는 기능을 한다.

09 엔진오일 유압이 낮아지는 원인과 거리가 먼 것은? [08년 2회]

㉮ 베어링의 오일간극이 크다.
㉯ 유압조절밸브의 스프링 장력이 크다.
㉰ 오일팬 내의 윤활유 양이 작다.
㉱ 윤활유 공급 라인에 공기가 유입 되었다.

> 유압이 낮아지는 원인
> ① 유압조절밸브 스프링 장력 저하
> ② 베어링 마모로 오일간극이 커졌을 때
> ③ 오일의 희석 및 점도 저하
> ④ 오일 부족
> ⑤ 오일펌프 불량 및 유압회로의 누설

10 일반적인 오일의 양부 판단 방법이다. 틀리게 설명한 것은? [09년 4회]

㉮ 오일의 색깔이 우유색에 가까운 것은 물이 혼입되어 있는 것이다.
㉯ 오일의 색깔이 회색에 가까운 것은 가솔린이 혼입되어 있는 것이다.
㉰ 종이에 오일을 떨어뜨려 금속 분말이나 카본의 유무를 조사하고 많이 혼입된 것은 교환한다.
㉱ 오일의 색깔이 검은색에 가까운 것은 너무 오랫동안 사용했기 때문이다.

> ㉮, ㉰, ㉱ 항의 오일 양부 판단방법 외에 오일에 가솔린이 섞이면 가솔린 연료색인 붉은색을 띠게 된다.

11 일반적으로 냉각수의 수온을 측정하는 곳은? [08년 2회]

㉮ 라디에이터 상부
㉯ 라디에이터 하부
㉰ 실린더헤드 물 재킷부
㉱ 실린더블록 하단 물 재킷부

> 냉각수 온도는 실린더헤드 물 재킷부의 온도로 한다.

06 ㉱ 07 ㉯ 08 ㉯ 09 ㉯ 10 ㉯ 11 ㉰

12 냉각장치에서 왁스실에 왁스를 넣어 온도가 높아지면 팽창축을 열게 하는 온도 조절기는? [08년 1회]

㉮ 벨로즈형 ㉯ 펠릿형
㉰ 바이패스 밸브형 ㉱ 바이메탈형

> 수온 조절기의 종류
> ① 왁스 펠릿형 : 왁스실에 왁스를 넣어 냉각수 온도가 높아지면 팽창축을 열게 하는 방식
> ② 벨로즈 형 : 벨로즈 속에 봉입된 휘발성이 큰 에테르나 알콜이 팽창하여 통로를 개폐하는 방식

13 벨로즈형 수온조절기의 내부에 밀봉되어 있는 액체는? [09년 1회]

㉮ 왁스 ㉯ 에테르
㉰ 경유 ㉱ 냉각수

> 벨로즈형 수온조절기는 내부에 에테르나 알콜이 봉입되어 냉각수 온도에 따라 팽창 또는 수축하여 통로를 개폐하는 방식이다.

14 사용 중인 중고 자동차에 냉각수(부동액)를 넣었더니 14[L]가 주입되었다. 신품 라디에이터에는 16[L]의 냉각수가 주입된다면 라디에이터 코어 막힘은 얼마인가? [08년 5회]

㉮ 12.5[%] ㉯ 15.5[%]
㉰ 20.5[%] ㉱ 22.5[%]

> 코어 막힘율 = $\dfrac{신품용량 - 구품용량}{신품용량} \times 100[\%]$
> ∴ 코어 막힘율 = $\dfrac{16-14}{16} \times 100 = 12.5[\%]$

15 신품 라디에이터의 냉각수 용량이 20[ℓ]이었는데 사용 중인 동일 라디에이터에 물을 넣으니 14[ℓ]가 들어갔다. 이 라디에이터 코어의 막힘은 몇 [%]인가? [07년 4회 / 09년 5회]

㉮ 20[%] ㉯ 25[%]
㉰ 30[%] ㉱ 35[%]

> 코어 막힘율 = $\dfrac{신품용량 - 구품용량}{신품용량} \times 100[\%]$
> ∴ $\dfrac{20-14}{20} \times 100 = 30[\%]$

16 방열기 압력식 캡에 관하여 설명한 것이다. 알맞은 것은? [09년 1회]

㉮ 냉각범위를 넓게 냉각효과를 크게 하기 위하여 사용된다.
㉯ 부압 밸브는 방열기 내의 부압이 빠지지 않도록 하기 위함이다.
㉰ 게이지 압력은 2~3[kgf/cm²]이다.
㉱ 냉각수량을 약 20[%] 증가시키기 위해서 사용된다.

> 압력식 캡의 게이지 압력은 0.2~0.9[kgf/cm²]이며, 압력에 의해 비점이 높아지므로 냉각수의 량을 감소시킬 수 있고 냉각수가 냉각될 때 부압밸브가 열린다.

17 압력식 라디에이터 캡을 사용하므로 얻어지는 장점과 거리가 먼 것은? [09년 2회]

㉮ 비등점을 올려 냉각 효율을 높일 수 있다.
㉯ 라디에이터를 소형화 할 수 있다.
㉰ 라디에이터의 무게를 크게 할 수 있다.
㉱ 냉각장치 내의 압력을 0.3~0.7[kgf/cm²]정도 올릴 수 있다.

> ㉮, ㉯, ㉱ 항의 장점으로 인해 라디에이터의 무게를 작고 가볍게 할 수 있다.

12 ㉯ 13 ㉯ 14 ㉮ 15 ㉰ 16 ㉮ 17 ㉰

18 엔진이 과열되는 원인이 아닌 것은?
　　　　　　　　　　　　　　　　[07년 5회]
　㉮ 점화시기 조정불량
　㉯ 물펌프 용량과대
　㉰ 수온조절기 과소개방
　㉱ 라디에이터 핀에 다량의 이물질 부착

　엔진이 과열되는 원인
　① 수온조절기가 닫힌 채로 고장났다.
　② 라디에이터 코어가 20% 이상 막혔다.
　③ 라디에이터 핀에 이물질이 많이 묻었다.
　④ 라디에이터가 파손되었다.
　⑤ 물펌프가 작동불량이다.
　⑥ 점화시기가 잘못 조정되었다.
　⑦ 벨트가 헐겁거나 끊어졌다.
　⑧ 엔진이 과부하로 운전되고 있다.
　⑨ 냉각수에 이물질이 혼입되었다.

19 다음 중 기관이 과열되는 원인이 아닌 것은?
　　　　　　　　　　　　　　　　[07년 2회]
　㉮ 온도조절기가 닫힌 상태로 고장 났을 때
　㉯ 방열기의 용량이 클 때
　㉰ 방열기의 코어가 막혔을 때
　㉱ 벨트를 사용하는 형식에서 팬벨트 장력이 느슨할 때

　엔진이 과열되는 원인
　① 수온조절기가 닫힌 채로 고장났다.
　② 라디에이터 코어가 20% 이상 막혔다.
　③ 라디에이터 핀에 이물질이 많이 묻었다.
　④ 라디에이터가 파손되었다.
　⑤ 물펌프가 작동불량이다.
　⑥ 점화시기가 잘못 조정되었다.
　⑦ 벨트가 헐겁거나 끊어졌다.
　⑧ 엔진이 과부하로 운전되고 있다.
　⑨ 냉각수에 이물질이 혼입되었다.

20 다음 중 기관이 과열되는 원인이 아닌 것은?
　　　　　　　　　　　　　　　　[09년 4회]
　㉮ 온도조절기가 닫힌 상태로 고장 났을 때
　㉯ 방열기의 용량이 클 때
　㉰ 방열기의 코어가 막혔을 때
　㉱ 벨트를 사용하는 형식에서 팬벨트 장력이 느슨할 때

　방열기 용량이 크면 냉각수량이 많아 기관이 과열되지 않는다.

18 ㉯　19 ㉯　20 ㉯

04 연료장치

제1절 전자제어 가솔린 연료장치

1_ 전자제어 연료장치

1. 시스템 개요

각종 센서들의 전기적인 신호를 ECU가 종합 연산 제어하여 정밀하게 혼합기의 공급을 제어하기 때문에 엔진 효율의 향상, 연비의 향상, 배기가스 중의 유해 성분 감소, 저온 시동의 향상, 빠른 응답성 등의 장점을 가진 전자제어 기관이다.

2. 카뷰레터 방식과의 비교

1) 카뷰레터 방식

엔진에 공급되는 연료의 양은 제트 지름과 부압에 의해 기본적으로 결정되고 벤튜리관을 통하여 흡입통로로 전달되며 또한 밸브, 에어블리드, 펌프 등을 사용하여 엔진의 작동조건에 맞는 적당한 공연비를 기계적으로 조절한다.

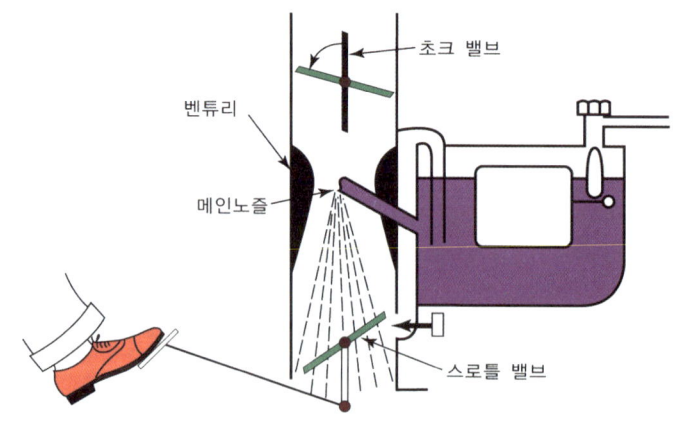

그림 1-62 / **카뷰레터 방식**

2) 전자제어 방식

엔진에 공급되는 연료량은 인젝터가 열려있는 기간으로 결정되며 흡입공기량, 엔진속도 및 기타 상태를 기본으로 컨트롤 유닛(ECU)에 의해 조절된다. 컨트롤 유닛은 각종 센서의 작동 상태 변화를 감지하여 인젝터가 열려 있는 기간을 결정함으로써 공연비를 적당하게 유지한다.

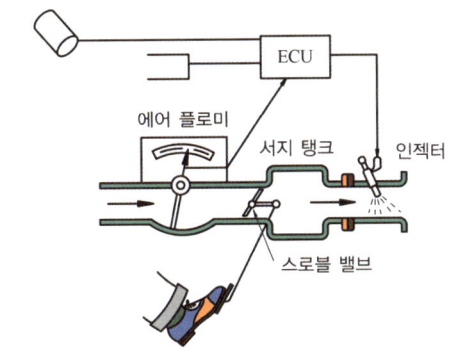

그림 1-63 / 전자제어 방식

3. 가솔린 분사장치의 분류

1) 인젝터(injector) 설치 위치에 따른 분류

① 직접 분사방식(GDI : Gasoline Direct Injection) : 연소실 내부에 직접 고압으로 연료를 분사하는 방식이다.
② 간접 분사방식(indirect injection) : 흡기다기관 또는 흡입 밸브 상단에 저압으로 연료를 분사하는 방식이다.

2) 인젝터(injector) 수에 따른 분류

① SPI(single point injection) : 인젝터가 드로틀 밸브 상단에 1개 인젝터로 연료를 저압 연속 분사하는 시스템이다.

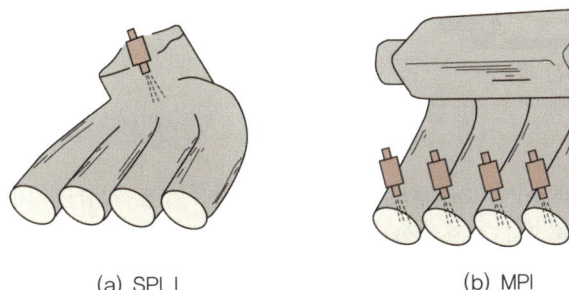

(a) SPI I   (b) MPI

② MPI(multi point injection) : 인젝터가 흡기밸브 상단에 실린더 마다 각각 1개씩 따로 설치된 방식으로, SPI 방식에 비해서 혼합기가 각 실린더에 균일하게 분배된다.

3) 공기량 계량방식에 따른 분류

① 직접 계량방식 : 흡입공기 체적 또는 흡입공기 질량을 직접 계량하는 방식으로 K-제트로닉, L-제트로닉 등이 있다.
② 간접 계량방식 : 흡입 공기량을 직접 계량하지 않고 흡기다기관의 절대압력, 또는 스로틀 밸브의 개도와 기관의 회전속도로부터 공기량을 간접 계량하는 방식으로 D-제트로닉, TBI 등이 있다.

4. 기관 전자제어 센서

1) 공기유량 센서(AFS : Air Flow Sensor)

1) 공기유량 센서(AFS : Air Flow Sensor)

흡입 공기량을 계측하여 ECU에 보내어 인젝터의 기본 연료분사 시간을 결정하는 센서이다.

① 체적유량 검출방식

㉠ 에어플로우미터 방식(air flow meter type) : L-제트로닉 방식으로 흡입공기량을 베인에 연결된 포텐시오 미터에 의해서 전기적 신호로 바꾸어 ECU에 보내는 방식이다.

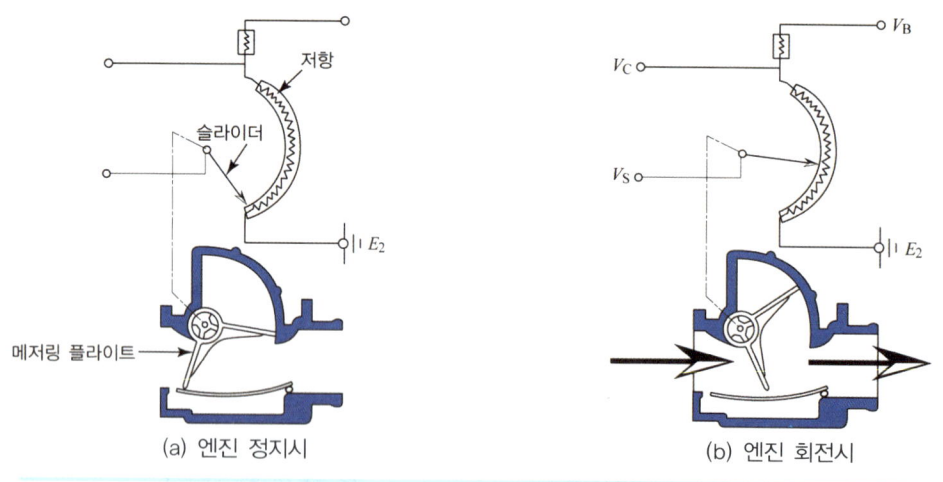

그림 1-64 / **포텐쇼미터의 작동**

㉡ 칼만 와류식(Karman vortex) : 흡입공기가 와류발생 기둥에 의해 와류가 생성되면 발신기로부터 발생된 초음파가 칼만 와류에 의해서 분산될 때 칼만 와류수만큼 밀집되거나 분산된 후 수신기에서 수신된 초음파는 변조기에 의해 디지털 펄스 신호

로 변환되어 ECU에 보내진다.

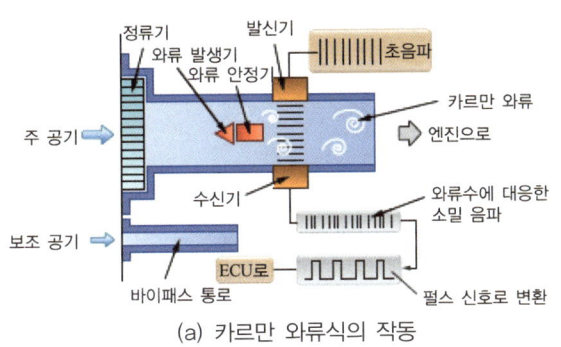
(a) 카르만 와류식의 작동

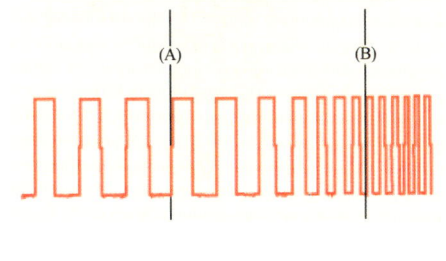
(b) 카르만 와류식의 출력 파형

그림 1-65 / **카르만 와류식의 작동과 출력 파형**

② 질량유량 검출방식

㉠ 열막식(hot film type) : 흡입 통로에 열막을 설치하여 흐르는 공기량을 계측하는 방식으로, 흡입 공기량이 작으면 열막이 열을 조금 빼앗겨 흐르는 전류가 낮으며 흡입공기가 많으면 열막이 열을 많이 빼앗겨 전류가 많이 흐르게 된다. 직접 계측방식에 많이 사용한다.

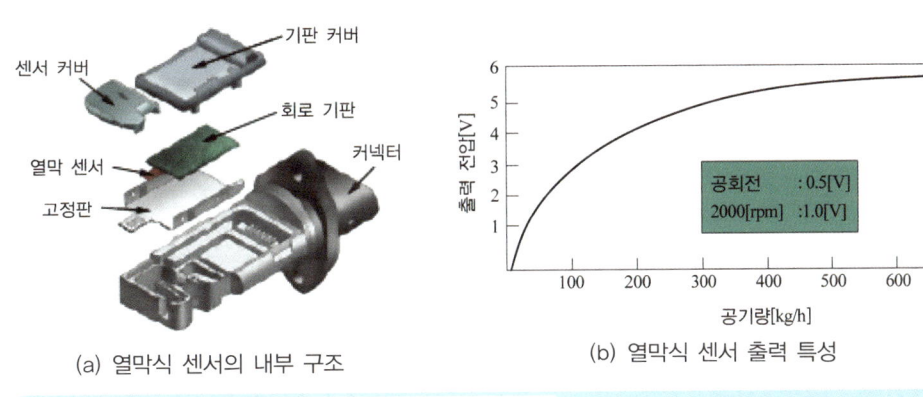

(a) 열막식 센서의 내부 구조   (b) 열막식 센서 출력 특성

그림 1-66 / **열막식 센서 출력 특성**

③ 간접 계측방식

㉠ MAP센서 방식 : 서지 탱크의 절대 압력을 검출하는 센서로서 흡기압력이 높으면(흡입 공기량이 많으면) 전압이 증가하고 흡기압력이 낮으면 출력 전압이 감소하는 방식을 사용한 장치로 인젝터 기본 분사량과 점화시기 결정신호로 ECU에 보내진다.

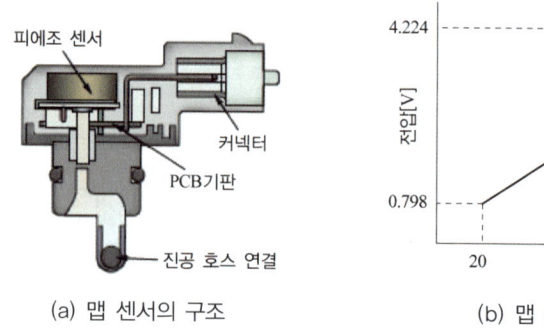

(a) 맵 센서의 구조   (b) 맵 센서의 출력 특성

그림 1-67 / 맵 센서의 구조와 출력 특성

표 1-3 / 흡입 공기량 센서의 형식

센서 형식	계측 방식	출력 신호와 형식		특 성
		출력 신호	형식	
열막(Hot film)	전자식 직접 계측	아날로그	흡기 질량에 비례하는 전압	• 질량 유량 검출로 신뢰성 큼 • 오염에 의한 측정 오차 큼 • 설치에 제약이 따름
열선(Hot wire)	전자식 직접 계측	아날로그		
칼만 와류 (Karmann vortex)	전자식 직접 계측	디지털	흡기 체적에 비례하는 주파수	• 정밀성이 우수함 • 신호 처리가 쉬움 • 대기압 보정이 필요함
맵 센서 (Map sensor)	전자식 직접 계측	아날로그	흡기관 압력에 비례하는 전압	• 소형 저가이며 장착성 양호함 • 엔진 특성 변화에 대응 곤란함

2) 흡기온도 센서(ATS : Air Temperature Sensor)

흡입 공기온도를 검출하는 부특성 서미스터로 이 출력전압을 ECU에 보내면 ECU는 흡기 온도를 감지하여 흡입 공기에 대응하는 인젝터 기본연료 분사량 조정을 한다.

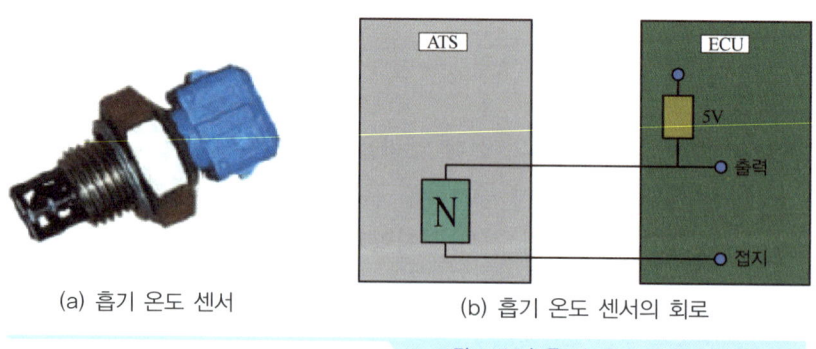

(a) 흡기 온도 센서   (b) 흡기 온도 센서의 회로

그림 1-68 / 흡기 온도 센서와 회로

3) 대기압 센서(BPS : Barometric Pressure Sensor)

자동차의 고도에 따른 대기의 압력을 검출하는 피에조 저항형 센서로, 인젝터 기본연료 분사량과 점화시기를 보정데이터로 이용한다.

4) 아이들 스위치(idle position switch)

엔진의 공회전 상태를 검출하여 ECU에 보내어 주는 센서로서 운전자가 액셀러레이터 (accelerator) 페달을 밟으면 OFF가 되고, 놓으면 스위치 접점에 의해 ON이 된다.

5) 스로틀 포지션 센서(TPS : Throttle Position Sensor)

스로틀 보디의 스로틀 밸브축과 같이 회전하는 가변저항기로 스로틀 밸브의 열림량을 검출한다. 스로틀 밸브의 개도를 감지하여 ECU에 보내주면 ECU는 이 출력 전압과 다른 센서들의 입력신호를 연산하여 연료 분사량을 제어한다.

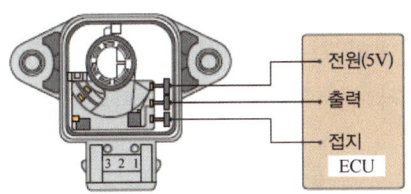

그림 1-69 / **TPS의 입·출력 회로**

6) 1번 실린더 TDC 센서 및 크랭크각 센서

① 광 센서 방식 : 배전기 내부에 설치되어 있으며 1번 실린더 TDC 센서는 원판 디스크 안쪽에 길게 구멍이 나있으며 실린더 내의 1번 피스톤의 압축상사점 위치를 검출하여 ECU에 보내어 초기분사시기를 결정한다. 크랭크각 센서의 불량시 기관의 부조현상이 발생하거나 시동이 불능상태가 된다.

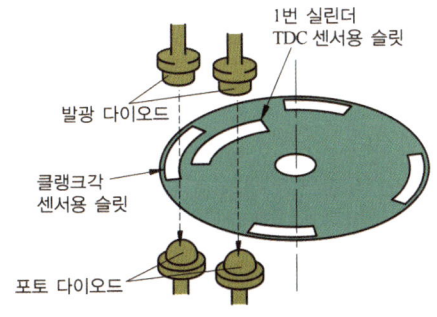

그림 1-70 / **디스크와 다이오드**

② 홀 센서(hall sensor) 방식 : 같은 거리에 두 개의 자석을 두고 홀효과를 발생하는 반도체를 움직이면 자장이 변화하면서 일정한 전압 신호가 발생한다. 이 현상을 홀 효과(hall effect)라고 한다. 홀 효과를 이용하여 출력 신호를 ECU에 입력하는 방식이다.

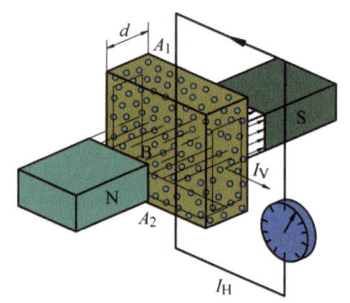

③ 전자 유도식 크랭크각(CAS : Crank Angle Sensor) 센서 : 전자 유도식 센서는 크랭크축에 장착된 톤 휠에 6° 간격으로 60개의 돌기가 설치되어 있고, 돌기 중 2개를 삭제하여 1번 실린더 상사점의 기준으로 정한다.
톤 휠이 회전하면 센서 내의 자속이 변화하면서 센서의 출력은 아날로그 신호를 발생한다. 이러한 전자 유도식 센서를 마그네틱 인덕티브 방식이라고도 한다

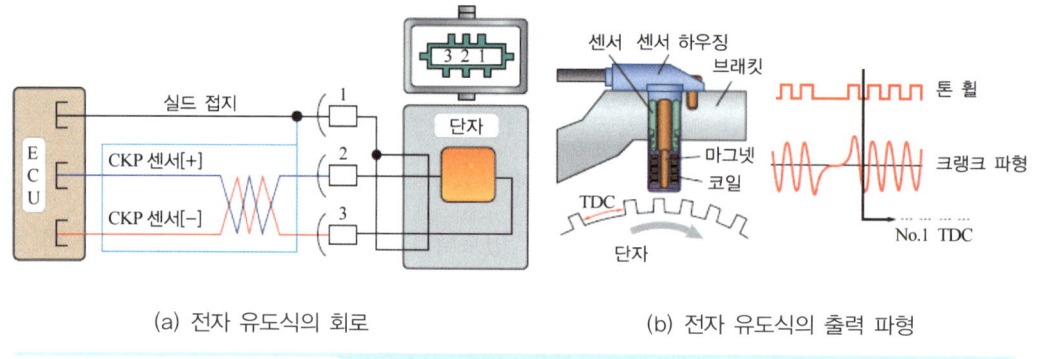

(a) 전자 유도식의 회로　　　　　(b) 전자 유도식의 출력 파형

그림 1-71 / **전자 유도식 크랭크각 센서의 회로와 출력 파형**

7) 냉각수온 센서(WTS : Water Temperature Sensor)

실린더 헤드부의 물 재킷 부분에 설치되며, NTC 서미스터를 이용하여 냉각수의 온도를 검출하고 이를 ECU에 입력시킨다. 시동시 기본 연료량 및 점화시기 결정, 시동시 기본 아이들 듀티량 결정, 대시포트시 연료 보정, 냉각팬 제어, 트랙션 제어에 필요한 배기가스 온도 모델링에 사용한다.

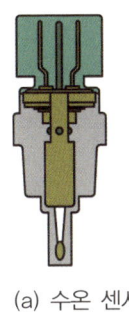 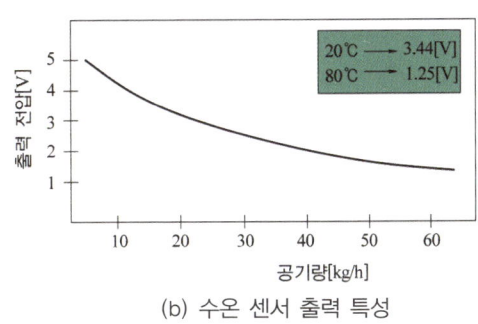

(a) 수온 센서 　　　(b) 수온 센서 출력 특성

그림 1-72 / **수온 센서와 출력 특성**

8) 산소 센서(O_2 센서, oxygen sensor)

배기 다기관에 설치되며 배기가스 400[℃] 이상~800[℃] 이하에서 작동 중의 산소농도와 대기중의 산소농도를 비교 검출하여 ECU에 보내주면 이 정보를 입력받아 EGR 밸브를 작동시켜 배기가스의 일부를 피드백시키고 이론 공연비(14.7 : 1)가 되도록 연료 분사량을 보정한다.

① 지르코니아(Zr O_2 sensor) 산소 센서 : 고체 전해질인 지르코니아 양면에 백금 전극을 설치하고, 전극을 보호하기 위하여 외부를 세라믹으로 코팅한 것이다. 센서의 안쪽은 대기와 접촉되고 바깥쪽은 배기가스와 접촉되도록 하여 농도 차이가 크면 기전력이 발생되는 원리를 이용하여 산소 농도를 검출한다. 산소 센서가 정상 작동을 하려면 센서의 온도가 400 ~800[℃]가 되어야 한다. 혼합기가 이론 공연비일 경우에는 약 0.45~0.5[V], 혼합기가 농후하면 약 0.8[V] 이상, 혼합기가 희박하면 약 0.2[V] 이하의 기전력이 발생된다.

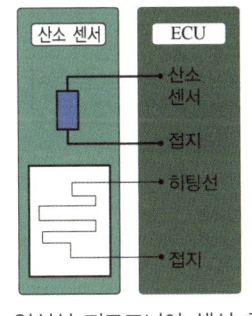 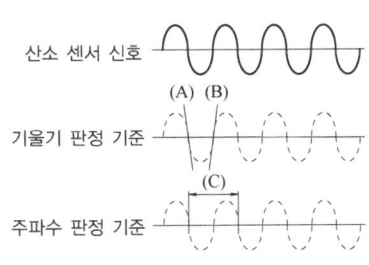

(a) 열선식 지르코니아 센서 회로 　　　(b) 지르토니아 센소 출력 파형

그림 1-73 / **지르코니아 산소 센소의 회로와 출력 파형**

② 티타니아(titanic O_2 sensor) 산소 센서 : 산소 센서의 세라믹 팁에 전자 전도체인 티타니아(TiO_2)를 설치하여 티타니아가 주위의 산소분압에 따라 산화·환원되면서 전기 저항의 변화를 일으키게 되고, 이때의 전압 변화를 이용하여 산소 농도를 검출한다. 티타니아 산소 센서는 센서 내부에 저항을 두고 배기가스 중에 티타니아 소자를 삽입

하여 전자 전도성의 원리를 이용하여 출력값이 0.4 ~ 3.85[V]까지 변화된다.

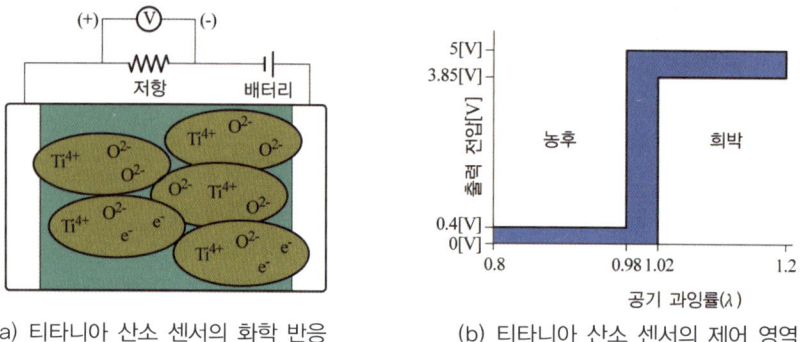

(a) 티타니아 산소 센서의 화학 반응　　(b) 티타니아 산소 센서의 제어 영역

그림 1-74 / **티타니아 산소 센서 작동 원리**

티타니아 산소 센서는 센서를 정상 온도로 작동시키기 위해 ECU에 히팅 제어 회로가 내장되어 있다. 농후할 때는 약 0.4[V], 희박할 때는 3.85[V]에 가까운 전압이 출력된다.

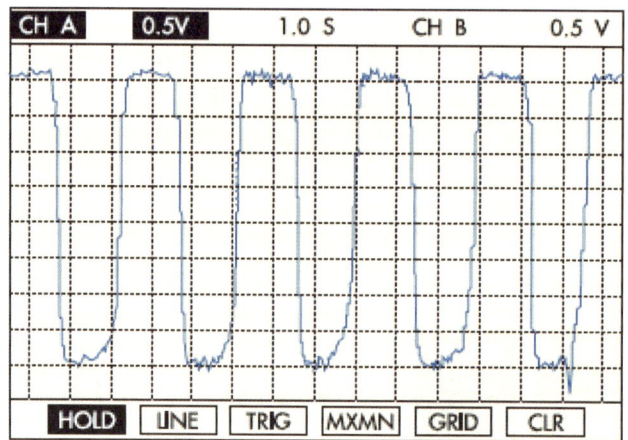

9) 폭발(노킹) 센서(detonation sensor)

실린더 블록에 설치되어 연소실 내의 노킹을 검출하는 센서로서 측정값을 ECU에 보내어 주면 ECU는 점화시기와 인젝터의 분사량을 보정하도록 하여 노킹을 지각시켜 억제시킨다.

10) 차속 센서(vehicle speed sensor)

차속 센서는 변속기 출력축에 설치한 홀센서와 함께 내장되어 변속기 출력축의 회전속도를 스피드 미터 기어의 회전으로 바꾸어 전기적 신호를 ECU에 보낸다.

11) 컨트롤 릴레이(control relay)

ECU, 연료펌프, 인젝터, AFS 등에 전원을 공급을 하는 장치이며 내부에 있는 솔레노이드의 ON, OFF로 컨트롤 릴레이를 제어한다.

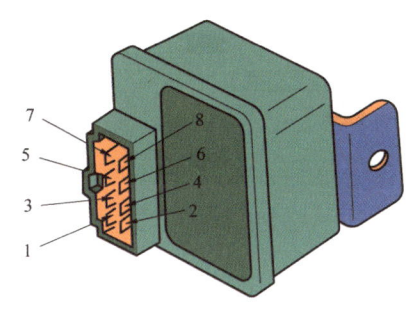
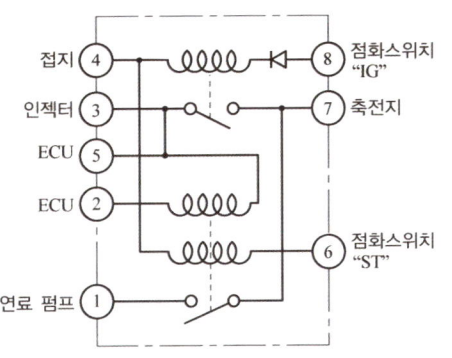

12) ECU(Electronic Control Unit)

ECU는 각종 센서들의 디지털 출력값을 받아 연산하여 각종 제어장치를 제어하며, 최적의 엔진 상태가 되도록 연료분사, 공전속도, 점화시기, 피드백, 연료 증발가스 등을 제어해주는 장치이다.

① **점화 시기 제어** : 파워 트랜지스터의 베이스로 제어 신호를 보내어 제어한다.
② **연료 펌프 제어** : 기관의 회전수가 50[rpm] 이상일 때 제어 신호가 공급된다.
③ **연료 분사량 제어** : 흡입 공기량과 기관 회전수에 따라서 결정된다.

5. 연료분사 시기 제어

1) 연료분사 시기의 분류

① **동기분사(독립분사, 순차분사)** : TDC 센서의 신호로 분사 순서를 결정하고, 크랭크각 센서의 신호로 점화시기를 조절하며, 크랭크 축이 2 회전할 때마다 점화 순서에 의하여 배기 행정시에 연료를 분사시킨다.

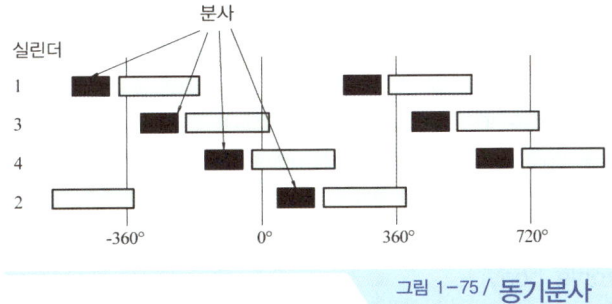

그림 1-75 / **동기분사**

② **그룹분사** : 인젝터 수의 ½씩 짝을 지어 분사하며, 연료분사를 2 개 그룹으로 나누어 시스템을 단순화시킬 수 있다.

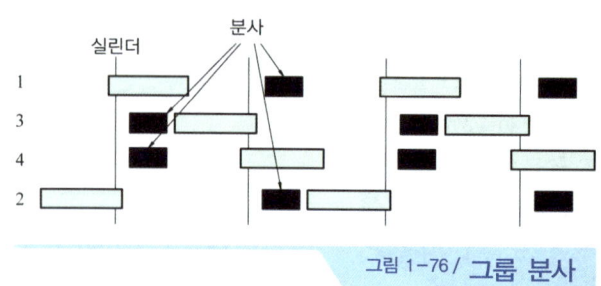

그림 1-76 / 그룹 분사

③ 동시분사 : 모든 인젝터에 연료분사 신호를 동시에 공급하여 연료를 분사시키며 냉각수 온 센서, 흡기온도, 스로틀 위치 센서 등 각종 센서에 의해 제어되며 1 사이클 당 2 회 씩(크랭크 축 1회전당 1회씩 분사) 연료를 분사시킨다.

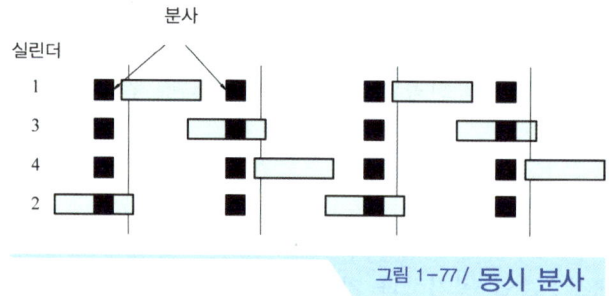

그림 1-77 / 동시 분사

2) 피드백 제어

산소 센서의 출력이 낮으면 혼합비가 희박하므로 분사량을 증량시키고, 산소 센서의 출력이 높으면 혼합비가 농후하므로 분사량을 감량시킨다.

① 피드 백 제어 정지 조건
　㉠ 기관을 시동 할 때
　㉡ 기관 시동 후 분사량을 증량시킬 때
　㉢ 기관의 출력을 증가시킬 때
　㉣ 연료 공급을 차단할 때
　㉤ 냉각수 온도가 낮을 때

6. 액추에이터

1) 스로틀 보디(throttle body)

흡입공기량을 제어하는 스로틀 밸브, 공전시 회전수를 제어하는 ISC—Servo 및 모터 위치 센서, 스로틀 밸브 개도를 검출하는 TPS가 조합되어 있다. 스로틀 밸브 하부에는 물통로가 설치되어 엔진의 냉각수가 순환하여 한랭시 빙결을 방지한다.

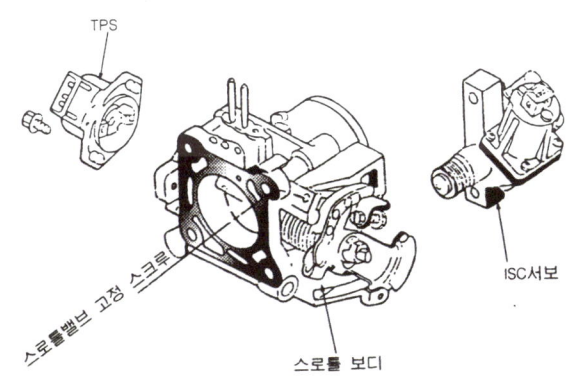

그림 1-78 / **스로틀 보디**

2) 공회전 속도 조절 장치

① ISC – 서보(servo) 방식 : 모터, 웜 기어, 모터 위치 센서(MPS), 아이들 스위치 등으로 구성되어 있으며, ECU의 제어 신호에 따라 모터가 회전하여 웜 기어가 회전하면서 플런저를 이동시키면서 스로틀 밸브의 개도를 조정하여 공회전 rpm을 조절하는 장치이다.

㉠ 웜 기어, 웜 휠 : ECU의 제어에 의해 모터의 회전운동을 플런저가 직선왕복을 할 수 있게 하는 기어장치이다.

㉡ 모터 포지션 센서(MPS) : ISC – 서보 내에서 공회전상태에서 직선 왕복운동을 하는 플런저의 상·하 위치를 검출하는 센서(가변저항식 센서)

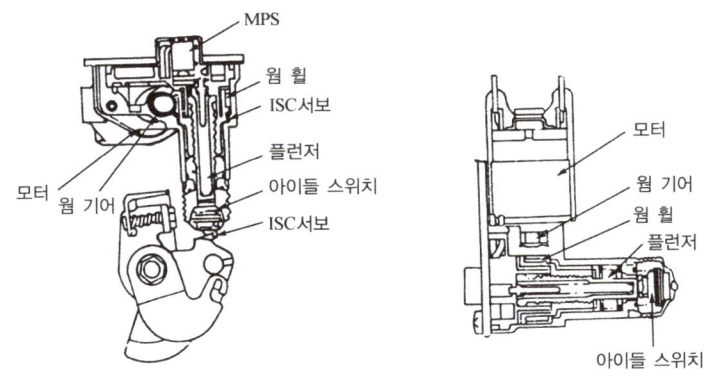

그림 1-79 / **ISC 서보의 구조**

② 로터리 액추에이터 방식 : 로터리 방식의 공회전 속도 액추에이터(ISA : Idle Speed Actuator)는 각종 부하에 따라 액추에이터의 에어 바이패스 통로를 개폐하여 엔진의 공회전 속도를 조절한다. ISA 내부의 코일에는 ECU가 공급하는 전류의 듀티율에 따라 바이패스되는 공기량이 변화된다.

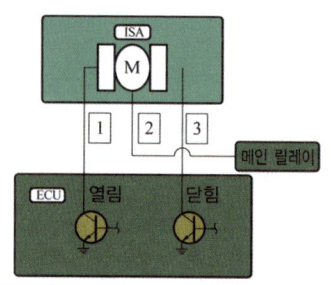

그림 1-80 / **액추에이터 제어 회로**

③ 스텝 모터(step motor) 방식 : 스텝 모터 방식의 공회전 속도 액추에이터 역시 스로틀 보디에 바이패스 통로를 설치하고 엔진 부하에 따라 흡입되는 공기량을 증감시키는 밸브이다. 스텝모터는 ECU의 작동 신호에 의해 좌우 방향으로 15°씩 마그네틱 로터가 회전하면서 축의 길이를 변화시켜 바이패스되는 공기량을 증감시킨다.

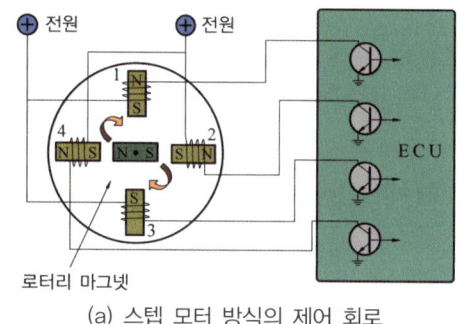
(a) 스텝 모터 방식의 제어 회로

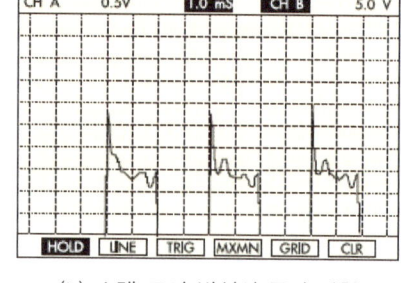
(b) 스텝 모터 방식의 듀티 파형

그림 1-81 / **스텝 모터 방식의 제어 회로와 듀티 파형**

3) 연료 펌프(fuel pump)

연료 펌프의 내부에는 D.C 모터가 내장되어 있으며 축전지 전원을 공급받아 구동된다. 연료 펌프는 연료 탱크 내에 설치된 내장형과 엔진 룸에 설치한 외장형이 있으나, 연료 펌프의 소음을 억제하고 베이퍼록 현상을 방지하는 내장형을 많이 사용한다. 연료 펌프에는 릴리프 밸브와 체크 밸브가 설치되어 있다.

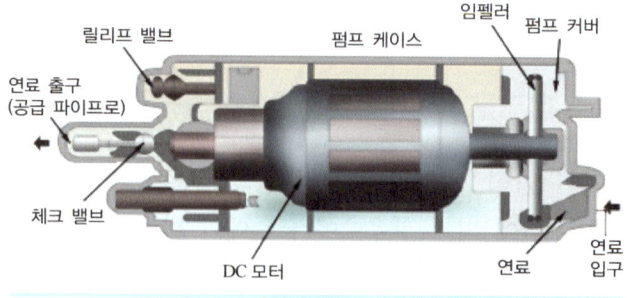

그림 1-82 / **연료 펌프의 구조**

① **체크 밸브** : 연료의 역류를 방지, 잔압 유지, 베이퍼록을 방지, 재시동성을 향상시킨다.
② **릴리프 밸브** : 송출압력이 규정압력 이상이 되면 연료를 탱크로 되돌려 보내어 상승압력에 의한 연료 라인의 파손을 방지한다.

4) 연료 압력 조절기(pressure regulator)

연료 압력 조절기는 흡입 매니폴드 부압 변화에 대응하여 연료 분사시간에 대한 연료 분사량을 항상 일정하게 하는 기구이다.

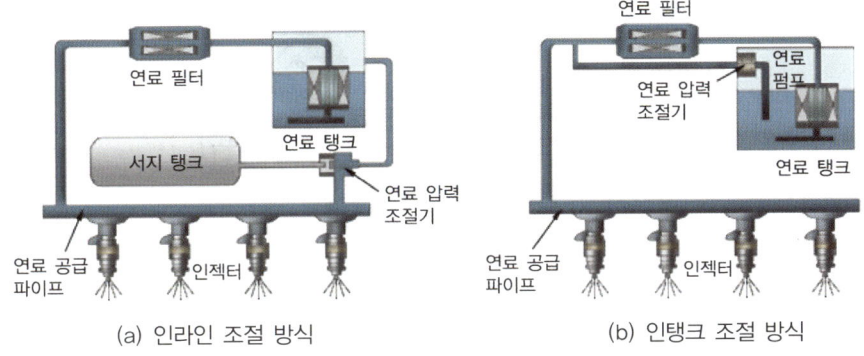

그림 1-83 / **연료 압력 조절 방식**

① **인탱크 조절 방식** : 연료 압력 조절기를 연료 탱크내에 설치하여 일정 압력으로 연료를 공급하고, ECU가 인젝터 개변 시간으로 연료압을 보정한다.
② **인라인 조절 방식** : 연료 압력 조절기에 의해 인젝터의 분사압을 조절하는 방식이다. 일반적으로 스로틀 밸브가 닫혀 있는 공회전 때나 급감속 때는 진공 부압이 크고, 급가속하거나 정속 주행 중에는 진공 부압이 낮다. 이와 같이 인젝터 끝단에 걸리는 진공 부압의 크기는 실시간으로 변화되므로, 진공 호스가 서지 탱크에 연결되어 연료압력 조절기의 다이어프램을 구동시키는 구조로 되어 있다.

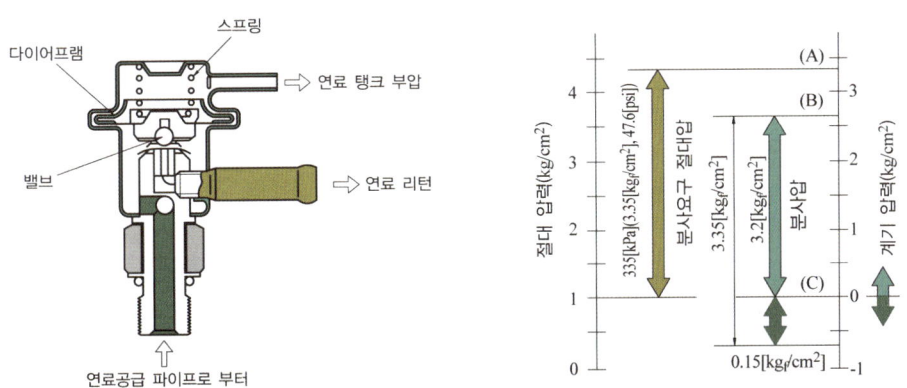

그림 1-84 / **연료 압력 조절기의 구조**   그림 1-85 / **연료 압력 조절기의 구조와 작동 원리**

흡기 다기관의 부압(c)이 얼마인지에 따라 연료 압력 조절기의 계기 압력(b)은 분사 요구 절대 압력(A) 만큼의 크기로 조절한다. 예를 들면, 분사 요구 절대 압력(A)이 3.35[kg_f/cm^2] 이고 서지 탱크의 부압(c)이 −0.15[kg_f/cm^2] 라면, 계기 압력(b)은 3.35 + (-0.15) = 3.2[kg_f/cm^2]로 조절된다.

5) 인젝터(injector)

흡입밸브 상단 흡기다기관에 설치되어 ECU의 분사신호에 의하여 연료를 분사하는 장치이며, 내부에 니들 밸브(needle valve), 플런저(plunger), 솔레노이드 코일(solenoid coil) 등으로 구성되며 분사량은 코일에 흐르는 전류의 통전 시간에 의해 조절된다.

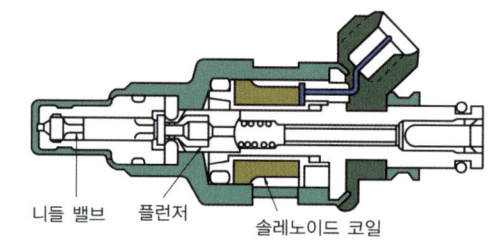

그림 1-86 / **인젝터의 구조**

6) 연료탱크

알루미늄 화성피막 처리된 강판이나 고강도 플라스틱을 사용하며, 다음과 같은 부품으로 구성되어 있다.

① 환기밸브 : 연료증기는 캐니스터에 포집되며 진공밸브가 열려 대기압을 공급한다.
② 중력밸브 : 과량의 연료가 주유되거나 차량 전복시 연료의 누출을 방지한다.
③ 셧-오프밸브 : 연료 증발가스가 캐니스터로 부터 대기중으로 유출되는 것을 방지한다.
④ 재생밸브 : 캐니스터에 포집된 유증기를 흡기다기관으로 유입하는 밸브이다.
⑤ 연료 잔량 경고 시스템 : NTC 서미스터를 사용하여 연료 잔량을 경고한다.
⑥ 유량계 : 가변저항을 이용하여 탱크내의 연료량을 표시한다.
⑦ 드레인 플러그 : 탱크 내에 모이는 물이나 침전물을 배출하기 위한 것이다.

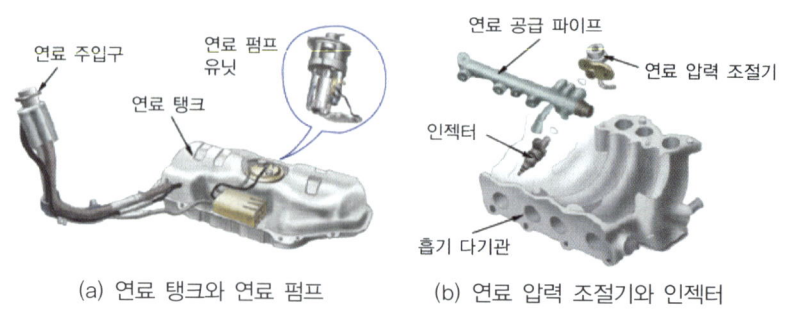

(a) 연료 탱크와 연료 펌프   (b) 연료 압력 조절기와 인젝터

그림 1-87 / **가솔린 연료 장치의 구성**

7. 전자제어 스로틀(ETS : Electric Throttle System)

1) 개요

기존의 엑셀 페달과 스로틀 밸브를 케이블을 이용하여 기계적으로 연결시킨 구조와는 달리 운전자의 가속 의지 및 운전 조건 등에 따라 ECU가 스로틀 밸브를 구동시켜 흡입공기량을 정밀 제어함으로써 최적의 배출가스 저감을 실현하였으며 엔진 공회전 속도 제어, TCS 제어, 정속주행 등을 수행하고 시스템 간소화로 인한 고장률 저감 및 신뢰성을 확보할 수 있는 시스템이다.

2) ETS의 구성요소

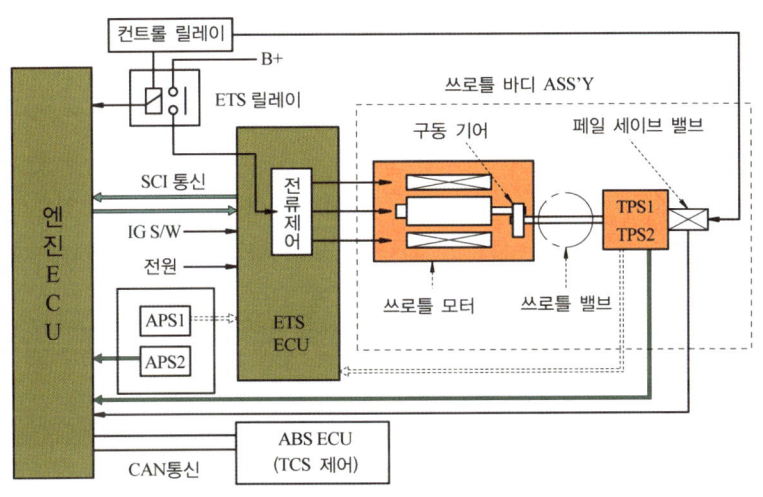

그림 1-88 / ETS 구성요소

3) 스로틀 밸브 제어의 개요

엔진 ECU는 ABS(TCS) ECU, APS, 엔진 회전수, A/CON 신호 등 각종 센서로부터 정보를 입력받아 TCS 작동유무, 엔진 부하, 운전자의 가속 의지 등을 판단함으로써 목표 스로틀 밸브 개도를 연산하여 ETS ECU로 목표 스로틀 밸브의 개도량을 명령하고 ETS ECU는 엔진 ECU로부터 목표 스로틀 밸브 개도량을 입력받아 스로틀 모터로 전류를 공급한다. 스로틀 모터는 ETS ECU로부터 입력되는 전류의 양에 따라 회전하여 스로틀 밸브를 구동한다.

4) 주요 구성부품의 기능

① 엑셀러레이터 위치 센서(APS, Accelerator Position Sensor)
  ㉠ 운전자의 가속의지를 판단하기 위해 엑셀 페달의 밟은 양을 감지한다.
  ㉡ ENG ECU용 APS(main)와 ETS ECU용 APS(sub) 2개로 구성되어 있으며, 내부에

Idle SW가 내장되어 있다.

ⓒ ENG ECU용 APS는 ETS 목표 개도 산출 및 ETS ECU용 APS의 고장을 검출하고, ETS ECU용 APS는 ENG ECU용 APS의 고장 검출 및 엔진 ECU와의 통신라인 이상시 ETS ECU가 목표 스로틀 개도를 연산할 수 있도록 보정신호로 사용한다.

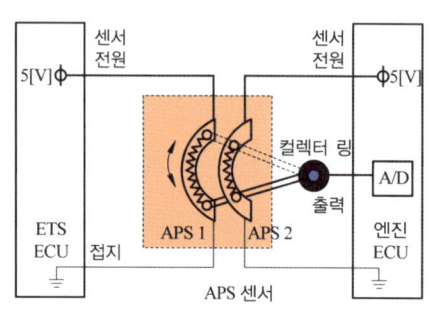
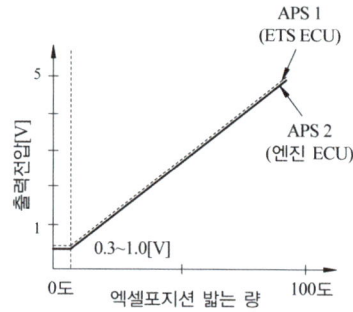

② 스로틀 위치 센서(TPS : Throttle Position Sensor)

㉠ 스로틀 밸브의 움직이는 양을 감지하며 스로틀 바디에 장착되어 있다.

㉡ ETS ECU용 TPS(main)와 ENG ECU용 TPS(sub)로 구성되어 있으며, 메인인 ETS ECU용 TPS는 목표 스로틀 개도 피드백 제어 및 ENG ECU용 TPS의 고장을 검출한다.

㉢ 서브인 ENG ECU용 TPS는 ETS ECU용 TPS의 고장을 검출하고, ETS ECU용 TPS 고장시 보정신호로 사용한다.

㉣ ENG ECU용 TPS와 ETS ECU용 TPS의 출력전압은 정 반대이며, TPS조정 및 교환시에는 필히 ETS 초기화를 실행하여야만 한다.

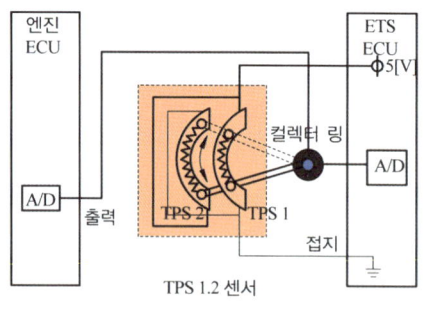
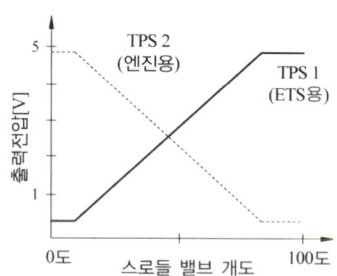

③ 스로틀 모터(throttle motor)

㉠ 3상 코일을 적용하여 정밀한 구동이 가능하며, ETS ECU로부터 작동 전류를 입력받아 스로틀 밸브를 구동한다.

㉡ 스로틀 모터는 위치를 검출할 수 있는 Hall IC가 없으므로 스로틀 모터 교환시 또는 탈부착시에는 필히 ETS 초기화를 실행해 주어야 한다.

ⓒ ETS는 스로틀 바디에 카본이 누적되면 목표 스로틀 개도를 학습하여 보정하므로 스로틀 바디의 카본 누적에 의한 엔진 부조 등은 발생하지 않는다.

④ 엔진 ECU 및 ETS ECU

　　㉠ 엔진 ECU는 APS, TCS ECU, 각종 모터 등 각 센서로부터 신호를 입력받아 목표 스로틀 개도량을 연산하여 ETS ECU로 스로틀 모터 구동신호를 보낸다.

　　ⓒ ETS ECU는 엔진 ECU로부터 목표 스로틀 위치를 입력받아 스로틀 모터를 구동하고 APS 및 TPS의 신호를 입력받아 목표 스로틀 개도를 피드백 제어한다. 또한 엔진 ECU와의 통신선 이상시 ETS ECU가 목표 스로틀 개도를 연산하여 스로틀 모터를 구동한다.

⑤ ETS 릴레이

　ETS ECU는 스로틀 모터를 구동하기 위하여 ETS 릴레이로부터 전원을 공급받으며, 자기진단에서 "스로틀 모터 이상"이라고 점등되면 스로틀 모터 자체 불량보다는 ETS 릴레이 관련 부품이 불량률이 높으므로 주의한다.

⑥ 페일 세이프 밸브(fail safe valve) 제어

　ETS 시스템에 주요 결함이 발생되면 스로틀 모터가 구동하지 못함으로 인한 시동불가 및 주행 불가를 방지하기 위하여 엔진 ECU는 페일 세이프 밸브를 구동하여 최소한의 구동이 가능하도록 한다.

5) ECU간 통신방법

엔진 ECU와 ETS ECU 사이의 통신은 SCI(Serial Communication Interface) 방식으로 데이터 공유 및 신속한 데이터 송, 수신을 위하여 2개의 배선을 통한 데이터 통신을 행한다. 각종 배선의 삭제로 시스템의 간소화 및 배선의 접촉 불량 등의 고장률을 감소시켰다.

6) ETS 초기화 방법

① ETS 초기화를 실행해야 할 항목 및 조건
　　㉠ 차량 조립 생산 후 및 차량 출고시
　　ⓒ 스로틀 바디 교환시
　　ⓒ 스로틀 모터 교환 및 탈부착시
　　㉣ TPS 조정 및 교환시
　　㉤ 스로틀 밸브 스토퍼 조정시
　　㉥ ETS ECU 교환시

② ETS 초기화 실행 방법
　　㉠ IG. Key를 "ON"(1초 이하)으로 한다. 단, 엔진 시동은 걸지 말 것

ⓒ IG. Key를 "OFF"하고 컨트롤 릴레이가 "OFF"될 때까지(약 10초) 유지한다.
ⓒ 다시 IG. Key를 "ON"(1초 이상 지속)하면 ECU는 모터 학습값을 기억함으로써 ETS 초기화를 완료한다.
ⓔ IG. Key "ON" 상태에서 엑셀 페달을 밟았을 때 스로틀 밸브가 움직이면 ETS 초기화가 완료된 것이다.

> ★ 참조
> - 최소화를 실행하기 전 ETS 시스템이 정상이어야 하며 필히 고장코드를 소거해야 한다.
> - 주행 정지시 또는 공회전시 시동 꺼짐 및 부조 발생시에는 ETS 초기화를 필히 실행해야 한다.
> - ETS ECU는 학습값을 계속 기억하고 있으므로 배터리를 탈거하여도 초기화를 실행시킬 필요는 없다.

2_ GDI(Gasoline Direct Injection) 연료장치

1. 시스템 개요

기존 MPI 엔진에서 흡기다기관에 연료를 분사했던 시스템과는 달리, 실린더 내에 연료를 고압으로 직접 분사하여 연소시킴으로써 성능 향상, 유해 배출가스 저감, 연비 개선을 동시에 실현한 엔진이다.

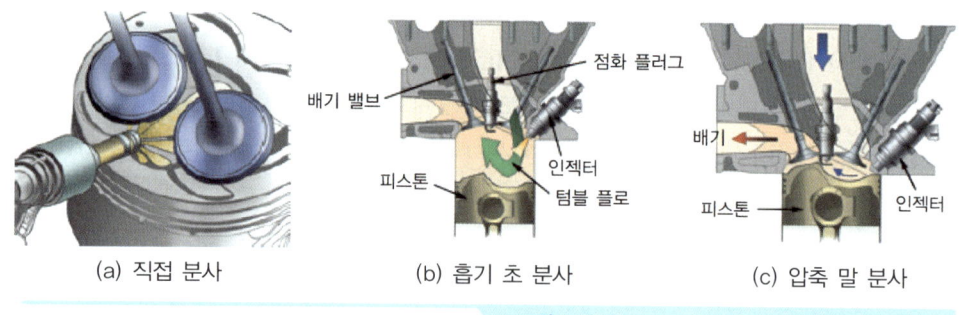

(a) 직접 분사   (b) 흡기 초 분사   (c) 압축 말 분사

그림 1-89 / GDI 시스템의 직접 분사 과정

2. 연료 제어 장치

GDI 엔진의 연료공급은 연료탱크 → 저압펌프 → 고압펌프 → 연료레일 → 고압 인젝터 순으로 공급되며, 저압펌프의 공급 압력은 약 5[bar], 고압펌프 압력은 공회전시 30[bar], 최고 150[bar] 이다.

연료 레일에는 연료압력 센서가 장착되어 있어 연료압력 피드백 제어가 가능하다.

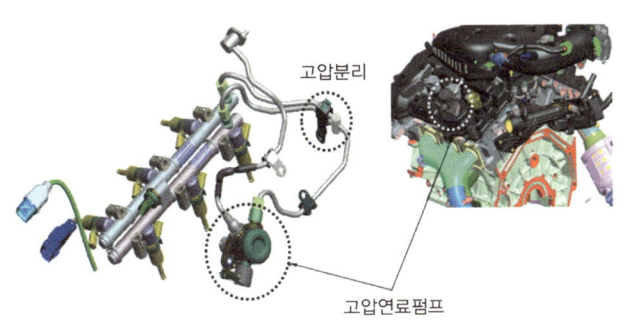

1) 고압펌프 작동

캠 샤프트가 회전하면 캠 샤프트에 있는 고압펌프 구동용 로브에 의해 롤러 태핏이 상하로 움직이고 롤러 태핏에 의해 고압펌프가 작동하게 된다.

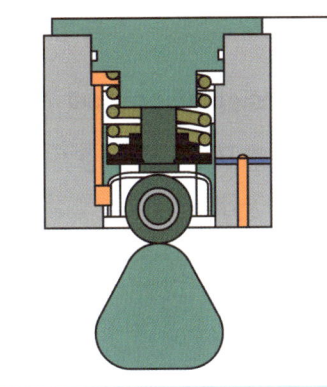

그림 2-89 / 고압연료펌프 구동용 로브

2) 고압펌프 연료공급

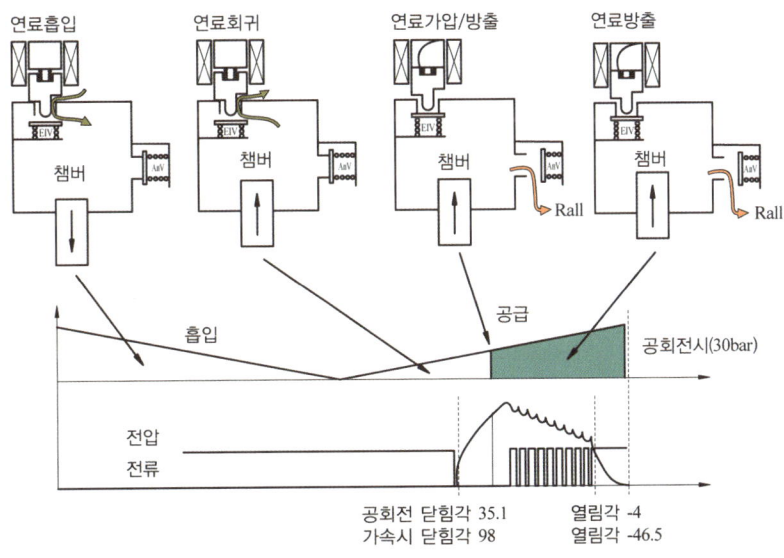

그림 1-91 / 고압펌프 작동방법

제4장_연료장치 **83**

① **연료 흡입 과정** : 캠 샤프트의 회전에 의해 피스톤이 하강하면 고압펌프 챔버와 저압연료의 공급압력의 차이로 연료가 공급된다.
② **연료 회귀 과정** : 피스톤은 상승되나 흡입구 측 유량제어 밸브의 개방으로 연료가 흡입구 쪽으로 다시 돌아 나간다.
③ **연료 가압 및 방출 과정** : 유량제어 밸브가 작동하면서 흡입구 측 밸브는 스프링에 의해 폐쇄되며, 챔버 내 잔류 유량이 피스톤에 의해 가압되어 고압측 체크밸브를 밀고 연료레일 쪽으로 방출된다.
④ **연료 방출 과정** : 유량제어 밸브의 작동이 중단(전류 차단)되나, 챔버 내 가압된 압력에 의해 흡입구 밸브는 지속적으로 닫히고 가압된 연료는 레일로 방출된다.

3) 연료압력 조절기(FPR : Fuel Pressure Reglator)

연료압력 조절기는 듀티를 증가하면 압력이 증가하는 구조로, 고압 연료펌프는 5bar의 압력으로 연료가 공급되어 압력 조절밸브 이후에는 아이들 rpm에서 30bar 정도 수준으로 제어가 되고 최대 압력은 150bar 이다. 고장시는 저압 연료 압력인 5bar로 공급한다.

4) 고압센서

연료압력 센서는 연료 레일에 장착되어 있으며 최고압력은 250bar 이고 사용전압은 5V이다.

5) 인젝터

인젝터는 고압 연료펌프에서 공급되는 고압의 연료를 연소실에 직접 공급하는 기능을 한다. 연소실에 직접 연료를 분사하므로 흡입과정에서 흡입 공기 온도가 낮아지고 공기의 밀도가 높아지므로 출력이 향상된다. 인젝터는 ECU에 의해 코일이 자화되어 니들밸브와 볼이 함께 위로 올라가면서 연료가 분사된다.

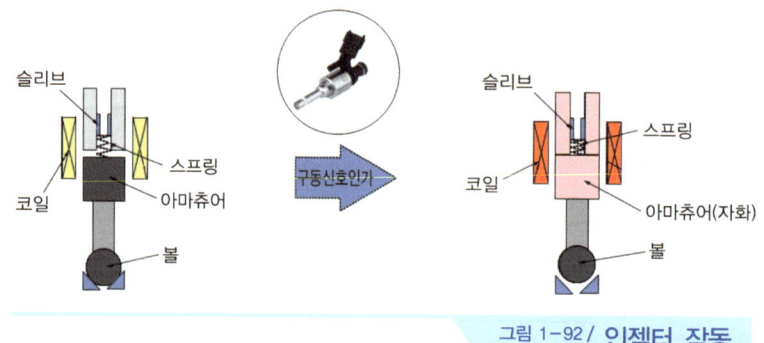

그림 1-92 / **인젝터 작동**

시동직후 촉매의 활성화 온도인 350[℃] 까지 빠르게 상승시키기 위하여 분할분사를 11초간 실시한다. 따라서 CO, HC, NOx가 저감된다.

3. 연료분사 시기 제어

인젝터 연료분사는 MPI 엔진과는 차이가 매우 다르다. 분사시점은 일반 주행시는 흡입행정에서 분사하여 연료와 공기의 혼합을 좋게 한다. 시동시는 압축행정에 연료를 분사하여 공기와 연료의 성층화 현상에 의해 연료가 점화플러그 주변으로 모여 점화플러그 근처에만 농후하게 되어 시동성을 좋게 하고 연료를 절약할 수 있다. 촉매 히팅시는 흡입행정과 압축행정에서 분사한다. 분사량은 흡입행정에서 약 70[%], 압축행정에서 약 30[%]로 나누어 분사하며, 점화시기는 ATDC 10 ~ 15[°]에서 점화한다. 이렇게 늦게 하면 배기밸브가 열릴 때까지 화염이 전파하여 배기온도 상승을 할 수 있다. 만약 고압펌프에 고장이 발생하여 연료압력이 낮을 경우는 분사시기를 당겨 준다.

행정		폭발행정	배기행정	흡기행정	압축행정
GDI	일반주행			연료분사	
	시동시				연료분사
	촉매히팅			연료분사	연료분사
MPI 연료분사		연료분사			

1) 연료분사 제어방법

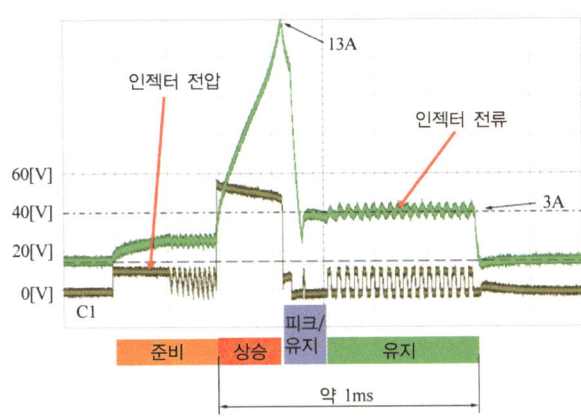

① **준비** : 준비 구간은 빠르고 정확한 인젝터의 열림을 위한 자화 구간으로 일정 수준의 전류를 흘리기 위해 인젝터에 배터리 전압으로 특정 듀티 펄스를 구동한다. 이 때 인젝터는 닫혀있다.(전압 : 12V)

② **상승** : 상승 구간은 인젝터를 빠른 시간 안에 열기 위하여 전류를 급격히 상승시키고

전압을 12V에서 55V로 공급하여 인젝터의 전류가 13A 까지 상승한다. 인젝터는 최고 전류 부근에서 열린다.

③ **피크/유지** : 피크/유지 구간은 인젝터의 열림 상태를 유지하기 위한 준비구간으로 전류는 급격히 감소시키기 위하여 전압을 해제하고 일정 전류 이하로 떨어지게 만든다. 인젝터는 피크지점에서 열린 이후로 계속 열려있다.

④ **유지** : 유지 구간은 인젝터의 열림 상태를 유지하기 위하여 일정 수준의 전류를 흘려주도록 특정 듀티로 구동한다. 인젝터는 유지 종료시점에서 즉, 전류가 급격히 감소하는 지점에서 빠르게 닫힌다.

제2절 LPG, CNG 연료장치

1_ LPG 연료장치

LPG는 프로판과 부탄이 주성분으로 프로필렌과 부틸렌이 포함되어 있다. 액화석유가스는 가열이나 감압에 의해서 쉽게 기화되고 냉각이나 가압에 의해서 액화되는 특성을 가지고 있다. 자동차의 연료로 사용하는 경우 증기 압력이 저하되면 연료의 공급이 잘 이루어지지 않기 때문에 계절에 따라서 프로판과 부탄의 혼합 비율을 변경하여 필요한 증기 압력을 유지하며, 혼합 비율은 여름철에는 부탄 100[%], 겨울철에는 부탄 70[%], 프로판 30[%] 정도이다.

1) LPG 가스의 특성

① **색과 냄새** : 액화석유가스는 위험을 방지하기 위하여 고압가스관리법으로 독특한 냄새가 나도록 의무화되어 있으며, 본래의 액화석유가스는 무색, 무취, 무미이다.

② **비중(specific gravity)** : LPG의 액체 비중은 4[℃]의 물을 기준으로 하였을 때 0.5로 물보다 가볍고, 기체의 비중은 0[℃] 1기압의 공기를 기준으로 하였을 때 1.5~2.0으로 공기보다는 무겁다.

③ **착화점(ignition point)** : 착화점은 경유가 350~450[℃] 이고 가솔린은 500~550[℃], 프로판은 450~550[℃], 부탄은 470~540[℃]이다. 따라서 가솔린과 LPG는 압축열에 의해서 착화하기가 어렵기 때문에 전기적인 점화 불꽃에 의해서 연소된다.

④ **증기 압력** : 밀봉한 용기 내에 LPG를 넣으면 기체와 액체의 경계면에는 기체로 되기도 하며 활발한 운동이 발생되어 기체의 압력이 어떤 압력이 되면 기화하는 양과 액화하는 양이 같게 되어 기화도 액화도 진행되지 않는 것처럼 보인다. 이때 기체 압력을 증

기 압력이라 하며 증기압은 연료 통로에 작용하므로 LPG 차량은 연료 공급이 가능하다. LPG의 온도와 증기 압력과의 관계는 다음과 같다.

㉠ LPG는 온도가 높게 되면 증기압력도 높다.
㉡ 프로판 성분이 많으면 증기압력이 높아진다.
㉢ 액체량의 대소는 압력에 영향을 주지 않는다.

⑤ **팽창** : LPG는 온도가 상승하면 부피가 증가하지만 액체가 기체로 변화할 때는 부피가 약 250배로 된다. 즉, 250l 의 기체를 액화하면 약 1l 의 액체가 되므로 운반 및 저장을 하기에 편리하다. 그러므로 물과 비교하면 액체의 팽창이 아주 크기 때문에 용기에 충전하는 경우에도 일정한 공간을 두어야 한다.

⑥ **증발 잠열** : LPG는 기화할 때 주위로부터 많은 열을 흡수한다. LPG가 다량으로 기화하는 베이퍼라이저에는 증발 잠열에 의해 주위로부터 많은 열을 빼앗겨 동결될 우려가 있으므로 엔진의 냉각수를 베이퍼라이저에 순환시켜 가열하여야 동결을 방지하며 쉽게 기화할 수 있도록 한다.

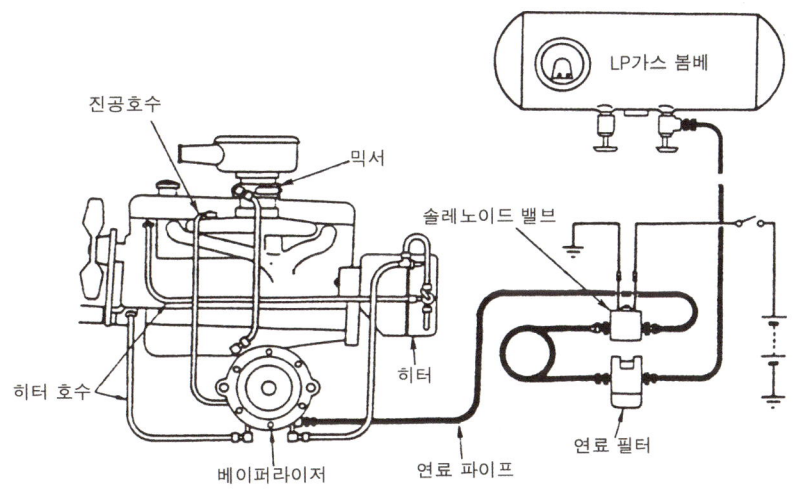

그림 1-93 / **LPG 연료장치 계통도**

⑦ **화학적인 성질** : 프로판이나 부탄은 천연 고무나 페인트를 용해시키는 성질이 있기 때문에 각 결합부의 실(seal)은 LPG용을 사용하며, 프로필렌, 부틸렌은 산소 또는 기타 화합물에 결합하기 쉬운 성질을 가지고 있기 때문에 금속을 침식시키거나 타르가 생성되어 고장의 원인이 발생된다. 따라서 베이퍼라이저는 주행 후 엔진 정지시 타르를 배출시키기 위한 코크를 설치하여야 한다.

2. LPG의 장점 및 단점

1) 장점

① 가솔린 연료보다 가격이 저렴하기 때문에 경제적이다.
② 혼합기가 가스 상태로 실린더에 공급되기 때문에 일산화탄소(CO)의 배출량이 적다.
③ 가솔린 연료보다 옥탄가가 높고 연소 속도가 느리기 때문에 노킹이 적다.
④ 가스 상태로 실린더에 공급되기 때문에 미연소가스에 의한 오일의 희석이 적다.
⑤ 황분의 함유량이 적기 때문에 오일의 오손이 적다.
⑥ 베이퍼록 현상이 일어나지 않는다.

2) 단점

① 연료의 보급이 불편하고 트렁크의 공간이 좁다.
② 한냉시 또는 장시간 정차시에 증발 잠열 때문에 시동이 어렵다.
③ LPG 연료 봄베 탱크를 고압 용기로 사용하기 때문에 차량의 중량이 무겁다.

3. 시스템 구성

1) 봄베(bombe)

① 주행에 필요한 LPG를 저장하는 탱크이며, 액체 상태로 유지하기 위한 압력은 7~10 [kg/cm^2] 이다.
② 기체 배출 밸브 : 봄베의 기체 LPG 배출쪽에 설치되어 있는 황색 핸들의 밸브이다.
③ 액체 배출 밸브 : 봄베의 액체 LPG 배출쪽에 설치되어 있는 적색 핸들의 밸브이다.
④ 충전 밸브 : 봄베의 기체 상태 부분에 설치되어 있는 녹색 핸들의 밸브이며, 충전 밸브 아래쪽에 안전 밸브가 설치되어 봄베내의 압력이 규정 이상으로 상승되는 것을 방지한다.
⑤ 용적 표시계 : 봄베에 LPG 충전시에 충전량을 나타내는 계기이며, LPG는 봄베 용적의 85[%] 까지만 충전하여야 한다.

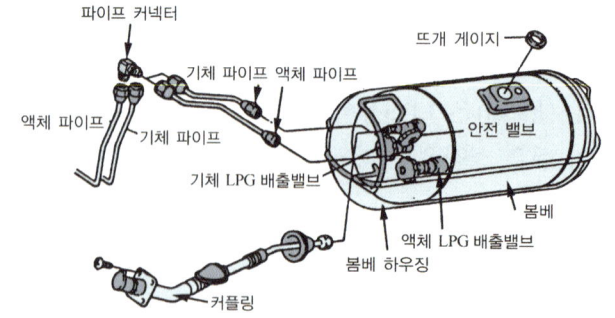

그림 1-94 / LPG 봄베의 구조

⑥ 안전 밸브 : 봄베 내의 압력이 상승하여 규정값 이상이 되면 이 밸브가 열려 대기 중으로 LPG가 방출된다.

⑦ 과류방지 밸브 : 배출 밸브의 안쪽에 설치되어 배관의 연결부 등이 파손되었을 때 LPG가 과도하게 흐르면 이 밸브가 닫혀 유출을 방지한다.

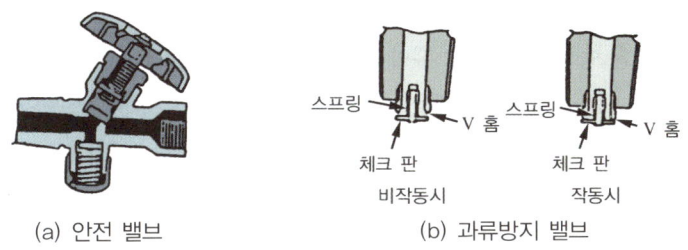

(a) 안전 밸브　　　　(b) 과류방지 밸브

2) 연료차단 솔레노이드 밸브

운전석에서 조작하는 밸브이며, 기체 솔레노이드 밸브와 액체 솔레노이드 밸브로 구성되어 있다. 시동시 기체 LPG를 공급하고, 시동 후에는 액체 LPG를 공급해준다.

그림 1-95 / **액·기상 솔레노이드**　　　그림 1-96 / **밸브솔레노이드 밸브 필터**

3) 베이퍼라이저

① 봄베에서 공급된 LPG의 압력을 감압하여 기화시키는 작용을 한다.

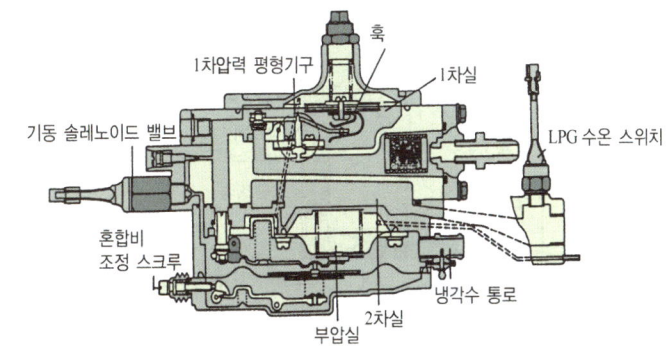

그림 1-97 / **베이퍼라이저의 구조**

② 수온 스위치 : 수온이 15[℃] 이하일 때는 기상, 15[℃] 이상일 때는 액상 솔레노이드 밸브 코일에 전류를 흐르게 한다.
③ 1차 감압실 : LPG 를 0.3[kgf/cm^2] 로 감압시켜 기화시키는 역할을 한다.
④ 2차 감압실 : 1차 감압실에서 감압된 LPG를 대기압에 가깝게 감압하는 역할을 한다.
⑤ 기동 솔레노이드 밸브 : 한랭시 1차실에서 2차실로 통하는 별도의 통로를 열어 시동에 필요한 LPG를 확보해주고, 시동후에는 LPG 공급을 차단하는 일을 한다.
⑥ 부압실 : 기관의 시동을 정지하였을 때 부압 차단 다이어프램 스프링 장력이 부압실보다 커서 2차밸브를 시트에 밀착시켜 LPG 누출을 방지하는 일을 한다.

4) 프리히터(pre-heater)

베이퍼라이저 직전에 프리히터를 설치하여 LPG를 가열하여 LPG 일부 또는 전부를 기화시켜 베이퍼라이저에 공급하기 위해 설치하며, 또한 엔진의 냉각수가 프리히터 가스통로 아래에 벽을 사이에 두고 순환하여 가열된 증발잠열을 공급하기 위함이다.

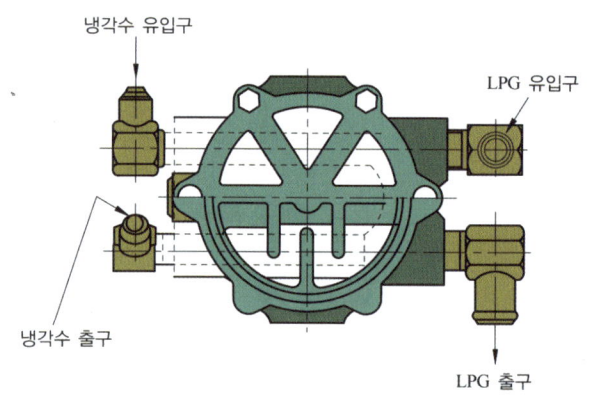

그림 1-98 / **프리히터**

5) 가스 믹서(gas mixer)

믹서는 공기와 LPG를 15 : 3의 비율로 혼합하여 각 실린더에 공급하는 역할을 한다.

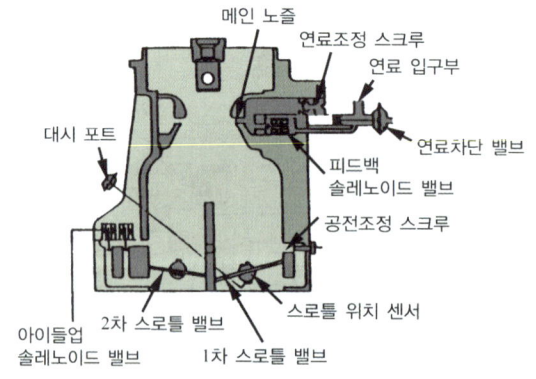

그림 1-99 / **가스 믹서의 구조**

2_ LPI 연료장치

1. LPI 연료장치의 개요

LPI(Liquefied Petroleum Injection) 연료분사 시스템은 기존 LPG 자동차의 배출가스 규제 강화와 출력부족, 냉시동성 불량, 역화 등에 대한 개선방안으로, 봄베 내의 LPG 연료를 연료펌프를 이용하여 액상 연료를 인젝터를 통해 분사하는 방식이다. LPI 시스템은 엔진 작동 중 연료라인 내의 기체 발생을 억제할 수 있으며 기존 LPG 엔진에서 주요부품이었던 베이퍼라이져나 믹서 등의 부품이 사용되지 않는다.

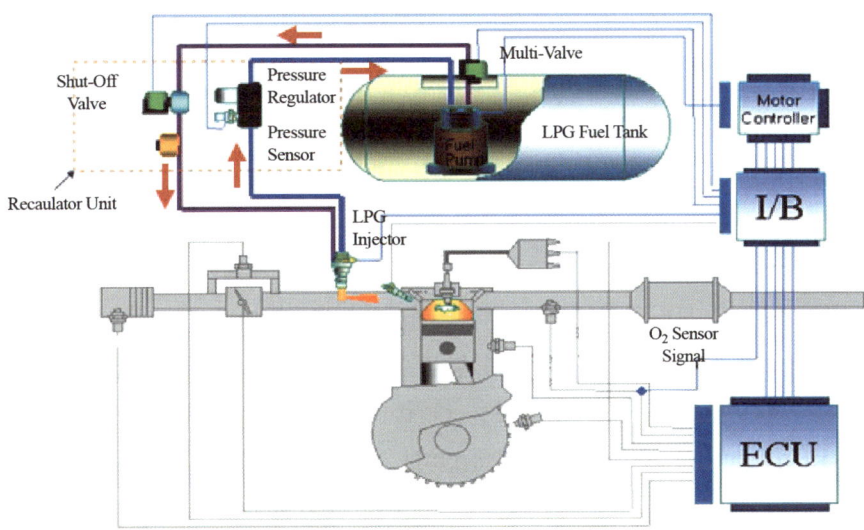

1) LPI 연료장치의 특징

① 겨울철 냉간 시동성이 향상된다.
② 정밀한 연료 제어에 의해 유해 배기가스의 배출이 적다.
③ 타르의 발생 및 역화(back fire)가 적으며, 타르의 배출이 필요 없다.
④ 가솔린 엔진과 동등한 동력 성능을 발휘한다.

2. LPI 연료장치 주요 구성품

LPI 연료장치는 봄베, 연료펌프, 연료압력 레귤레이터, 연료차단 솔레노이드 밸브, 연료압력 센서, 연료온도 센서, 인젝터 등으로 구성되어 있다.

1) 봄베

봄베는 LPG를 충전하기 위한 고압의 용기로 충전량은 안전을 위하여 봄베 체적의 85[%]만 충전하며, 연료펌프, 연료펌프 드라이버, 멀티밸브 어셈블리, 충전밸브, 유량계 등이 부착되어 있다.

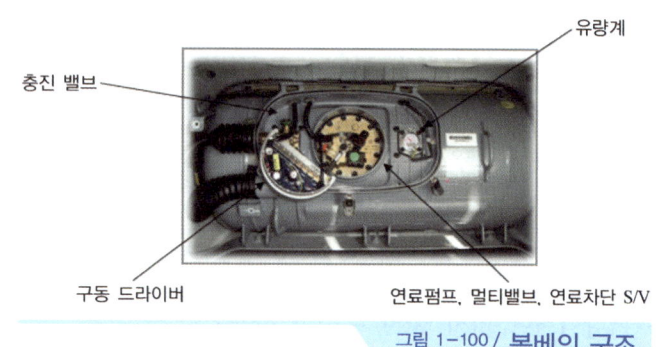

그림 1-100 / **봄베의 구조**

2) 연료펌프

연료펌프는 연료탱크에 내장되어 있으며 연료필터, BLDC(Brushless DC) 모터, 멀티밸브로 구성되어 있다. 또한 연료펌프는 봄베 내의 연료 속에 잠겨 있으므로 작동 소음 및 베이퍼 로크의 방지기능이 있다.

3) 펌프 드라이브 모듈

연료펌프 내의 BLDC 모터를 구동하기 위한 컨트롤러로, 인터페이스 박스(IFB, Interface Box))에서 연료펌프의 구동 rpm을 결정하여 펌프 드라이브 모듈로 PWM 신호를 보내면 펌프 드라이브 모듈에서 연료펌프로 구동전류를 출력하여 엔진의 운전조건에 따라 펌프를 5단계(500[rpm], 1,000[rpm], 1,500[rpm], 2,000[rpm], 2,800[rpm])로 속도를 제어한다.

① BLDC Motor(Brushless DC Motor) : 브러쉬와 정류자가 없는 모터로서, 디스크 타입(disk type)과 실린더 타입(cylinder type)의 두 종류가 있다. 이는 모두 슬롯이 없는 (slotless) 형태로 필름코일인 스테이터는 움직이지 않고 로터인 영구자석이 순환하는 구조이며, 내부의 센서와 컨트롤러가 정류자 역할을 하고 있다.

4) 멀티밸브 어셈블리

연료 차단 솔레노이드 밸브, 매뉴얼(수동) 밸브, 릴리프 밸브, 과류 방지 밸브 등으로 구성되어 있다.

① **연료 차단 솔레노이드 밸브** : 연료펌프에서 인젝터로 공급되는 연료라인을 전기적인 신호에 의해 개폐하는 역할을 한다. 즉 시동 Key를 ON하면 연료가 공급되고, OFF하면 연료가 차단된다.

② **매뉴얼(수동) 밸브** : 장시간 차량을 운행하지 않을 경우 수동으로 연료라인을 차단할 수 있는 밸브이다.

③ **릴리프 밸브** : 연료 공급라인의 압력을 액상으로 유지시켜 열간 재 시동성을 향상시키

는 역할을 한다. 개구부에 연결된 플레이트와 스프링의 힘에 의해 연료 압력이 20bar 부근에 도달하면 연료를 연료탱크로 재순환시킨다.

④ **과류 방지 밸브** : 차량 사고 등으로 연료라인이 파손되었을 때, 연료 탱크로부터의 연료 송출을 차단하여 LPG 방출로 인한 위험을 방지하는 역할을 하며, 첵 밸브(check valve)라고도 한다.

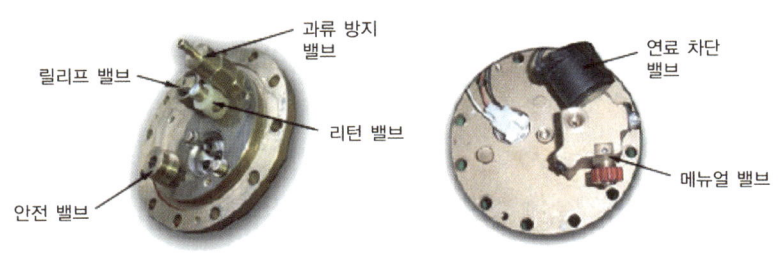

그림 1-101 / **멀티 밸브 유닛**

5) 연료압력 레귤레이터 유닛

연료 봄베에서 송출된 고압의 LPG 연료를 다이어프램과 스프링 장력의 균형을 이용하여 연료탱크에서 송출된 고압의 연료와 리턴되는 연료의 압력차를 항상 5bar로 유지하는 역할을 한다. 또한 연료 압력 레귤레이터 외에 연료 분사량을 보상하기 위한 연료 압력센서, 연료 온도센서, 연료차단 솔레노이드 밸브와 일체로 구성되어 있어 연료라인의 연료공급을 차단하는 기능을 한다.

① **연료 압력센서** : 가스 압력 변화에 따른 연료량 보정신호로 이용되며, 시동시 연료펌프 구동시간을 제어한다.
② **연료 온도센서** : 가스 온도에 따른 연료량 보정신호로 쓰이며, LPG 성분비율을 판정할 수 있는신호로 이용한다.

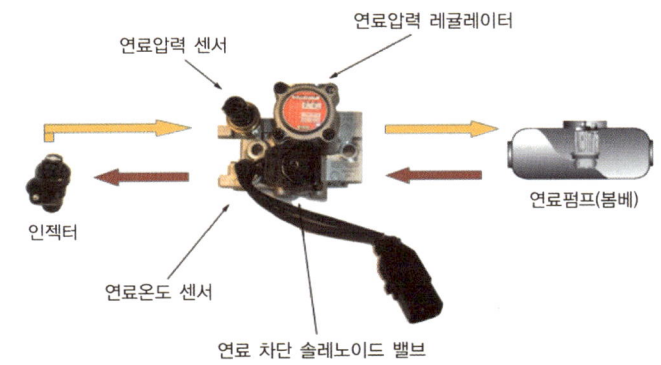

그림 1-102 / **연료압력 레귤레이터 유닛의 구조 및 연료 흐름도**

6) 인젝터

액체 상태의 LPG 연료를 분사하는 인젝터와 연료 분사 후 기화 잠열에 의한 수분의 빙결현상을 방지하는 아이싱 팁(icing tip)으로 구성되어 있다.

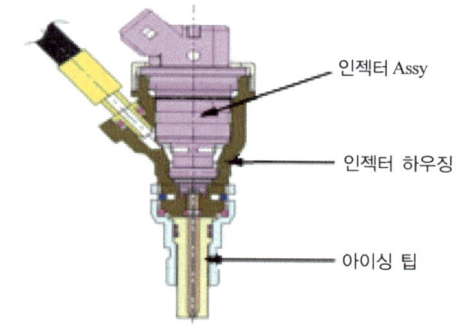

그림 1-103 / **인젝터의 구조**

3_ CNG 연료장치

일반 기체 상태의 천연가스로서 메탄(CH_4)이 주성분인 가스이다.

1. CNG 시스템 개요

1) 가스의 종류

① CNG : 압축 천연 가스이며 상온에서 기체 상태로 가압 저장된 상태의 가스이다.
② LNG : 액화 천연 가스이며 CNG를 -162[℃]의 상태에서 약 600배로 압축 액화 시킨 상태로 순수 메탄 함량이 높고 수분이 없는 청정연료 이다.

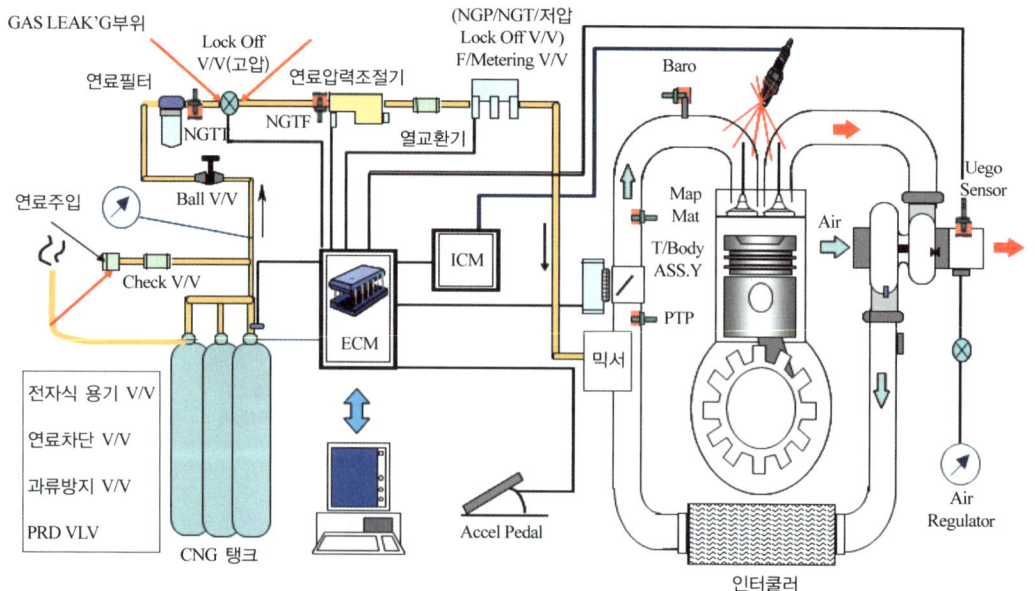

그림 1-104 / **시스템 구성도**

2) 천연가스 연료의 특성

① 가볍다.(공기의 0.55배 / LPG는 1.6배)
② 옥탄가(130정도)가 높아 노킹이 일어나지 않는다.
③ 고압으로 가압하여 용기에 저장한다.(약 200기압)
④ 인화점이 높다.(천연가스 : 메탄→595[℃], LPG : 프로판→470[℃], 부탄 : →365[℃])
⑤ 무색, 무독, 무취이다.

2. 시스템 안전 장치

1) 시동 스위치 : KEY 2단 ON시에만 가스가 공급 된다.

2) 전자식 용기 VALVE

① 연료차단 : KEY ON상태 5초 이상 경과 시 연료를 차단한다.
② 과류 방지 : 충돌 등으로 GAS LEAK시 연료를 차단한다
③ PRD 밸브 : 화재 시 외부로 GAS를 배출 한다.
④ CNG 스위치 : 긴급 상황시 운전자가 가스를 차단하는 스위치이다.
⑤ 충전체크 밸브 : 충전 시 가스 역류를 방지한다.
⑥ 수동차단 밸브 : 엔진 정비 시 사용하는 중간 차단 밸브이다.
⑦ LOCK UP VALVE(고압/저압) : 엔진 정지 시 연료를 차단한다.
⑧ GIF 밸브 : 화재로 인한 온도 상승시 납성분이 녹아 대기중으로 가스를 방출하는 안전 장치이다.

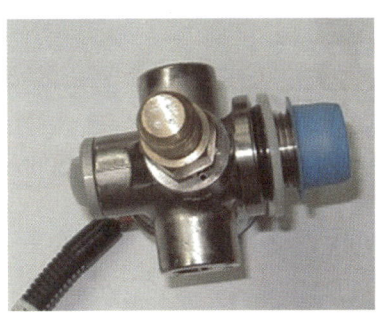 

3. CNG 구성 부품

1) 가스탱크 온도센서

가스 탱크내 가스온도를 측정 ECU는 이 신호로 연료 분사량을 계산한다.

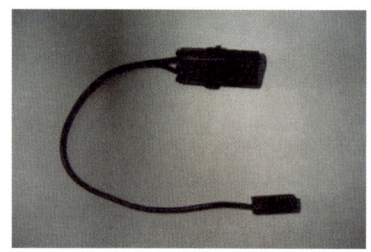

2) 탱크압력 센서

가스 압력 조정기에 조립 ECU는 이 신호를 계산하여 연료량을 계산한다.

3) 고압 차단밸브

시동 off 시 고압 연료라인을 차단한다.

4) 연료 압력 조절기

고압 Lock Off Valve와 열교환기 사이에 장착되어 가스 압력을 감압한다.(200bar → 8 ~ 10bar)

5) 열 교환기

가스 레귤레이터와 연료량 조절밸브 사이에 장착되어 감압 시 냉각된 가스를 엔진 냉각수로 가열한다.

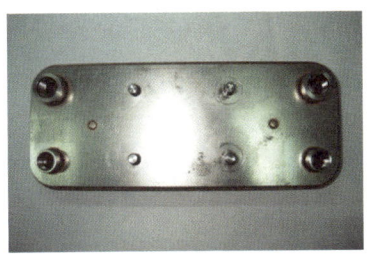

6) 연료온도 조절기

열 교환기와 연료량 조절밸브 사이에 장착되어 냉각수 흐름을 On/Off 하여 가스 온도를 제어한다.

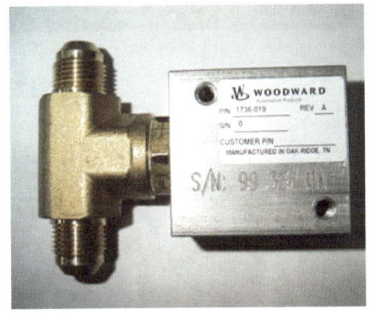

7) 연료량 조절밸브 어셈블리

CNG 인젝터로 드로틀 바디 전단에 연료 분사하며 가스 압력센서, 가스 온도센서, 가스 차단 밸브로 구성되어 있다.

① 가스 압력센서 : 압력 변환기로 분사 직전의 조정된 가스압력을 ECU로 입력한다.

② 가스 온도센서 : 부특성 써미스터로 분사 직전의 조정된 가스온도를 검출하여 ECU로 입력한다.

8) 드로틀 바디

직류모터로 엑셀포지션 센서로 부터 신호를 받아 흡입 공기량을 제어한다.

9) 산소센서

배기파이프에 장착되어 산소농도를 측정하고 이를 ECU에 입력하여 공연비를 제어한다.

10) 냉각수온 센서

엔진 냉각수 온도를 측정하여 연료량을 보정한다.

11) 엑셀 페달 위치센서

엑셀 개도를 측정하여 드로틀 밸브를 제어한다.

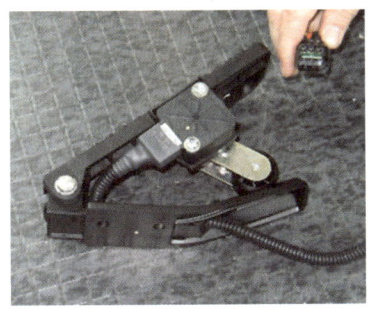

12) 흡기온도 & 압력센서

흡기 온도와 압력을 검출하여 연료 분사량을 보정한다.

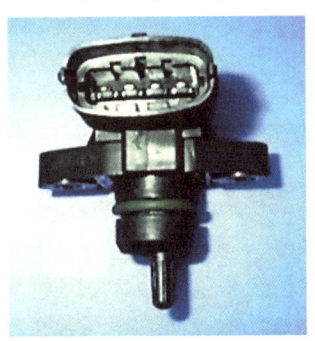

4. 점화 장치

1) ICM(Ignition Control Module)

엔진 ECU로부터 신호를 받아 파워 TR 기능을 수행하며 점화시기를 제어한다.

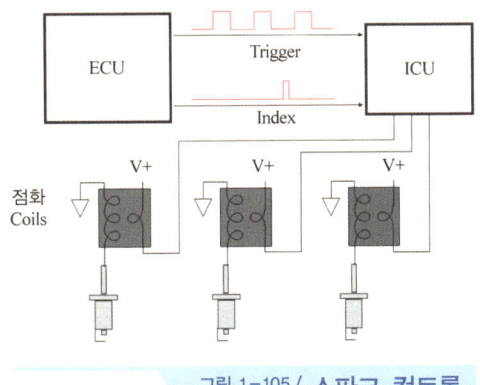

그림 1-105 / **스파크 컨트롤**

2) 스파크 플러그 & 점화코일

실린더 헤드에 장착되며 플러그 일체형 코일을 사용한다.

3) 크랭크각 센서

크랭크축 각도를 검출하여 ECU에 입력한다.

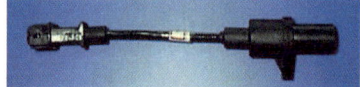

4) 컴퓨터(ECM)

각 센서로 부터 신호를 입력받아 점화시기 및 연료 분사량을 제어한다.

제4장 연료장치 출제예상문제

01 기화기식과 비교한 전자제어 가솔린 연료분사 장치의 장점이라고 할 수 없는 것은?

[08년 4회]

㉮ 고출력 및 혼합비 제어에 유리하다.
㉯ 연료 소비율이 낮다.
㉰ 부하변동에 따라 신속하게 응답한다.
㉱ 적절한 혼합비 공급으로 유해 배출가스가 증가한다.

> 전자제어 연료분사 기관의 장점
> ① 유해 배기가스의 저감
> ② 연비 및 출력 향상
> ③ 응답성 향상
> ④ 월 웨팅에 따른 저온 시동성 향상
> ⑤ 저속 또는 고속에서 토크 영역의 변화가 가능하다.
> ⑥ 벤투리가 없어 공기 흐름저항이 적다.
> ⑦ 온·냉 시에도 최적의 성능을 보장한다.
> ⑧ 설계시 체적효율의 최적화에 집중하여 흡기다 기관 설계가 가능하다.

02 다음 중 가솔린 분사방법으로 기관의 각 실린더마다 독립적으로 분사하는 방식은?

[09년 4회]

㉮ 듀얼 포인트 인젝션
㉯ 싱글 포인트 인젝션
㉰ 연속 포인트 인젝션
㉱ 멀티 포인트 인젝션

> 멀티 포인트 인젝션(Multi Point Injection)은 기관의 각 실린더마다 독립적으로 분사하는 방식이다.

03 승용차에 전자제어식 가솔린 분사기관을 채택하는 이유 중 틀린 것은? [08년 5회]

㉮ 회전수 향상
㉯ 유해 배출가스 저감
㉰ 연료소비율 개선
㉱ 신속한 응답성

> 전자제어 연료분사 기관의 장점
> ① 유해 배기가스의 저감
> ② 연비 및 출력 향상
> ③ 응답성 향상
> ④ 월 웨팅에 따른 저온 시동성 향상
> ⑤ 저속 또는 고속에서 토크 영역의 변화가 가능하다.
> ⑥ 벤투리가 없어 공기 흐름저항이 적다.
> ⑦ 온·냉 시에도 최적의 성능을 보장한다.
> ⑧ 설계시 체적효율의 최적화에 집중하여 흡기다 기관 설계가 가능하다.

04 전자제어식 연료분사 장치의 주요 구성부품 중 흡입 공기량을 검출하는 장치는?

[09년 5회]

㉮ 연료압력 조정기
㉯ ECU
㉰ 공기유량 센서
㉱ 냉각수온 센서

> 흡입 공기량을 검출하는 센서를 공기유량 센서(Air Flow Sensor, AFS)라 한다.

01 ㉱ 02 ㉱ 03 ㉮ 04 ㉰

05 전자제어 연료분사식 엔진의 특징으로 틀린 것은? [08년 2회]

㉮ 혼합비의 정밀한 제어를 할 수 있다.
㉯ 혼합기가 각 실린더로 균일하게 분배된다.
㉰ 저속에서는 회전력이 감소된다.
㉱ 냉시동성이 우수하다.

풀이 전자제어 연료분사 기관의 장점
① 유해 배기가스의 저감
② 연비 및 출력 향상
③ 응답성 향상
④ 월 웨팅(wall wetting)에 따른 저온 시동성 향상
⑤ 저속 또는 고속에서 토크 영역의 변화가 가능하다.
⑥ 벤투리가 없어 공기 흐름저항이 적다.
⑦ 온·냉 시에도 최적의 성능을 보장한다.
⑧ 설계시 체적효율의 최적화에 집중하여 흡기다기관 설계가 가능하다.

06 공기량을 측정하는 센서의 종류가 아닌 것은? [09년 1회]

㉮ 핫 와이어 타입
㉯ 핫 필름 타입
㉰ 칼만와류 타입
㉱ 포토 다이오드 타입

풀이 체적유량 계측방식 : 칼만와류 타잎, 베인 타잎
질량유량 계측방식 : 핫 와이어, 핫 필름 타잎

07 전자제어식 연료분사 장치의 주요 구성부품 중 흡입 공기량을 검출하는 장치는? [08년 1회]

㉮ 연료 압력 조정기
㉯ ECU
㉰ 공기 유량 센서
㉱ 냉각 수온 센서

풀이 공기유량 센서는 흡입 공기량을 검출하는 센서이다.

08 다음 중 기화기식과 비교한 MPI 연료분사 방식의 특징으로 잘못된 것은? [07년 2회]

㉮ 저속 또는 고속에서 토크 영역의 변화가 가능하다.
㉯ 온·냉 시에도 최적의 성능을 보장한다.
㉰ 설계시 체적효율의 최적화에 집중하여 흡기다기관 설계가 가능하다.
㉱ 월 웨팅(wall wetting)에 따른 냉시동 특성은 큰 효과가 없다.

풀이 전자제어 연료분사 기관의 장점
① 유해 배기가스의 저감
② 연비 및 출력 향상
③ 응답성 향상
④ 월 웨팅 (wall wetting)에 따른 저온 시동성 향상
⑤ 저속 또는 고속에서 토크 영역의 변화가 가능하다.
⑥ 벤투리가 없어 공기 흐름저항이 적다.
⑦ 온·냉 시에도 최적의 성능을 보장한다.
⑧ 설계시 체적효율의 최적화에 집중하여 흡기다기관 설계가 가능하다.

09 크랭크각 신호에 따라 각 실린더의 인젝터를 동시에 개방하여 연료를 공급하는 분사 방식은? [08년 4회]

㉮ 동기분사
㉯ 동시분사
㉰ 비동기분사
㉱ 순차분사

풀이 전자제어 엔진의 연료분사 방식
① 연속분사 : 엔진 회전에 따라 무조건 분사
② 간헐분사
  ㉠ 동기분사 : 엔진 회전에 동기하여 분사
    ⓐ 독립분사(순차분사) : 각 실린더의 인젝터가 독립적으로 분사
    ⓑ 동시분사 : 매 회전마다 동시에 분사
    ⓒ 그룹분사 : 점화순서에 따라 그룹으로 분사
  ㉡ 비동기분사 : 시동시나 급가속시 엔진 회전에 관계없이 필요할 때 분사

05 ㉰ 06 ㉱ 07 ㉰ 08 ㉱ 09 ㉯

10 다음 중 흡입 공기량을 계량하는 센서는?
[09년 2회]

㉮ 에어플로 센서
㉯ 흡기온도 센서
㉰ 대기압 센서
㉱ 기관 회전속도 센서

> 에어플로 센서(Air Flow Sensor)는 흡입 공기량을 계량하는 센서이다.

11 전자제어 엔진에서 플랩(FLAP) 타입의 공기량 감지기 설치 위치는? [08년 5회]

㉮ 에어클리너와 스로틀바디 사이
㉯ 스로틀바디와 흡입 매니폴드 사이
㉰ 흡입 매니폴드와 흡입밸브 사이
㉱ 흡입밸브와 배기밸브 사이

> 가속페달에 의해 공기가 들어가는 통로에 설치되므로 에어크리너와 스로틀 바디 사이에 설치한다.

12 전자제어 엔진에서 흡입 공기량을 계량할 때 질량 유량을 검출하는 방식은?
[07년 2회]

㉮ 열선식   ㉯ 칼만 와류식
㉰ 기동 베인식   ㉱ 맵센서 방식

> 흡입공기량 계측방식
> ① 직접 계측방식(mass flow type)
>   ㉠ 체적 검출방식 : 베인식, 칼만 와류식
>   ㉡ 질량 검출방식 : 열선(Hot wire)식, 열막(Hot film)식
> ② 간접 계측방식(speed density type) : 흡기다기관 절대압력(MAP센서) 방식

13 MAP센서의 기능으로 맞은 것은?
[08년 4회]

㉮ 흡기 매니폴드 내의 공기 온도를 측정한다.
㉯ 에어클리너 내의 공기량을 직접 측정한다.
㉰ 흡기 매니폴드 내의 부압을 절대압력으로 측정한다.
㉱ 에어클리너 내의 절대압력을 측정한다.

> MAP 센서란 압전소자를 이용하여 흡기 매니홀드의 진공(절대압력)을 측정한다.

14 MAP(Manifold Absolute Pressure) 센서의 진공호스는 엔진의 어느 위치에 설치하는 것이 가장 좋은가? [08년 2회]

㉮ 스로틀 밸브의 앞쪽(에어클리너 쪽)
㉯ 스로틀 밸브의 뒤쪽(매니폴드 쪽)
㉰ 흡기다기관의 뒤쪽
㉱ 연소실 입구

> MAP 센서는 흡기 매니홀드의 진공을 측정하므로 스로틀 밸브 뒤쪽에 설치한다.

15 전자제어 가솔린 기관에서 에어플로우 센서(AFS)의 기능에 의한 제어 흐름 설명 중 틀린 것은? [07년 5회]

㉮ 실린더로 유입되는 공기량을 검출한다.
㉯ 검출된 신호를 기초로 기본 연료분사량을 산출한다.
㉰ 검출된 공기량에 따라 인젝터에서 분사되는 연료량도 변화한다.
㉱ 검출된 공기량에 따라 컴퓨터는 각 센서의 신호를 조합하여 연료압력을 제어한다.

> 에어플로우 센서는 연소실로 흡입되는 공기량을 검출하는 장치로 이를 기준으로 기본 분사량을 산출하고 검출된 공기량에 따라 분사되는 연료량도 조절한다.

10 ㉮ 11 ㉮ 12 ㉮ 13 ㉰ 14 ㉯ 15 ㉱

16 자동차용 센서 중 압전소자를 이용하는 것은? [09년 4회]

㉮ 스로틀포지션센서　㉯ 조향각센서
㉰ 맵센서　㉱ 차고센서

> 맵센서, 노크센서 등은 압전소자를 이용한다.

17 흡기온도 센서에 대하여 바르게 설명 된 것은? [07년 5회]

㉮ 흡입 공기의 밀도를 계측하여 분사량을 보정한다.
㉯ 점화 스위치를 OFF 시킨 후 측정한다.
㉰ 흡기 온도가 높을 수록 저항 값이 높아진다.
㉱ 저항이 규정치를 벗어나거나 불변이면 저항값을 재조정하여 사용한다.

> 흡기온도 센서는 NTC 소자를 이용하여 공기의 밀도를 측정하여 연료 분사량을 보정한다.

18 전자식 기관제어장치의 공회전 상태 제어용 입력 정보에 해당하지 않는 것은? [09년 2회]

㉮ 기관 회전속도
㉯ 수온 센서
㉰ 자동변속기의 중립신호
㉱ 차속 센서

> 공회전 상태란 기관이 공전인지, 냉각수는 웜업 되었는지, 기어는 중립인지를 입력받아 공회전 상태를 제어한다.

19 전자제어 기관에서 스로틀 보디의 주 기능으로 가장 적당한 것은? [09년 2회]

㉮ 공기량 조절　㉯ 오일량 조절
㉰ 혼합기 조절　㉱ 공연비 조절

> 스로틀 보디는 운전자의 가속페달 조작에 의해 공기 통로를 개폐하여 공기량을 조절한다.

20 전자 제어 엔진에서 스로틀 바디의 역할을 가장 적절하게 설명한 것은? [08년 1회]

㉮ 공연비 조절　㉯ 공기량 조절
㉰ 혼합기 조절　㉱ 회전수 조절

> TPS(스로틀 포지션 센서)는 가변 저항식으로 스로틀 밸브를 밟으면 스로틀 밸브 축에 위치한 스로틀 위치센서(TPS)를 통해 밸브의 열림 정도가 감지되며 열린 정도에 따라 공기량이 조절된다.

21 자동차 주행 중 가속페달 작동에 따라 저항 변화가 일어나는 센서는? [08년 4회]

㉮ 공기온도 센서
㉯ 수온 센서
㉰ 크랭크 포지션 센서
㉱ 스로틀 포지션 센서

> 스로틀 포지션 센서(TPS)는 가변 저항식으로 스로틀 밸브를 밟으면 스로틀 밸브 축에 위치한 스로틀 위치센서(TPS)를 통해 밸브의 열림 정도가 감지되며 열린 정도에 따라 공기량이 조절된다.

22 다음 중 가속 페달에 의해 저항 변화가 일어나는 센서는? [07년 2·4회]

㉮ 공기온도 센서
㉯ 수온 센서
㉰ 크랭크 포지션센서
㉱ 스로틀 포지션센서

> TPS(스로틀 포지션 센서)는 가변 저항식으로 스로틀 밸브를 밟으면 스로틀 밸브 축에 위치한 스로틀 위치센서 (TPS)를 통해 밸브의 열림 정도가 감지되며 열린 정도에 따라 공기량이 조절된다.

16 ㉰　17 ㉮　18 ㉱　19 ㉮　20 ㉯　21 ㉱　22 ㉱

23 스로틀 밸브의 열림 정도를 감지하는 센서는? [08년 4회]

㉮ 차속 센서 ㉯ 산소 센서
㉰ W.T.S ㉱ T.P.S

풀이) TPS(스로틀 포지션 센서)는 가변 저항식으로 스로틀 밸브를 밟으면 스로틀 밸브 축에 위치한 스로틀 위치센서(TPS)를 통해 밸브의 열림 정도가 감지되며 열린 정도에 따라 공기량이 조절된다.

24 전자제어 연료 분사장치에서 운전자의 조작에 의한 신호를 컴퓨터로 보내주는 센서는? [09년 2회]

㉮ 공기유량 센서
㉯ 스로틀포지션 센서
㉰ 맵 센서
㉱ 냉각수온 센서

풀이) 스로틀 포지션 센서는 운전자의 가속페달 조작에 의한 신호를 컴퓨터로 보내준다.

25 TPS(스로틀 포지션 센서)에 대한 설명으로 틀린 것은? [07년 2회]

㉮ 일반적으로 가변 저항식이 사용된다.
㉯ 운전자가 가속페달을 얼마나 밟았는지 감지한다.
㉰ 급가속을 감지하면 컴퓨터가 연료분사 시간을 늘려 실행시킨다.
㉱ 분사시기를 결정해 주는 가장 중요한 센서이다.

풀이) TPS(스로틀 포지션 센서)는 가변 저항식으로 스로틀 밸브를 밟으면 스로틀 밸브 축에 위치한 스로틀 위치센서(TPS)를 통해 밸브의 열림 정도가 감지되며 열린 정도에 따라 공기량이 조절된다.

26 TPS(Throttle Position Sensor)의 기능과 관계가 먼 것은? [09년 1회]

㉮ TPS는 스로틀 보디(Throttle body)의 밸브 축과 함께 회전한다.
㉯ TPS는 배기량을 감지하는 회전식 가변 저항이다.
㉰ 스로틀 밸브의 회전에 따라 출력 전압이 변화한다.
㉱ TPS의 결함이 있으면 변속 충격 또는 다른 고장이 발생한다.

풀이) TPS는 스로틀 밸브 축과 함께 회전하며, 회전에 따라 출력전압이 변화하여 연료 분사량이 변화하므로 결함이 있으면 변속 충격 등의 증상이 발생한다.

27 가솔린 기관 흡기계통에서 스로틀 보디의 구성 부품이 아닌 것은? [07년 4회]

㉮ 칼만 와류식 에어플로 센서
㉯ 스로틀 포지션 센서
㉰ 스로틀 밸브
㉱ 공전속도 조절장치

풀이) 스로틀 바디는 스로틀 밸브, 스로틀 포지션 센서, 공전속도 조절기로 구성되어 있다.

28 전자식 기관 제어장치의 공회전 상태 제어용 입력 정보에 해당하지 않는 것은? [08년 1회]

㉮ 기관 회전속도
㉯ 수온센서
㉰ 자동변속기의 중립 신호
㉱ 차속센서

풀이) 공회전 상태란 기관이 공전(idle)인지, 냉각수는 웜업 되었는지, 기어는 중립인지를 입력받아 공회전 상태를 제어한다.

23 ㉱ 24 ㉯ 25 ㉱ 26 ㉯ 27 ㉮ 28 ㉱

29 스로틀(밸브)위치 센서에 그림과 같이 5[V]의 전압이 인가된다. 스로틀(밸브) 위치 센서가 완전히 개방시는 몇 [V]의 전압이 출력축(시그널)에 감지되는가? [09년 1회]

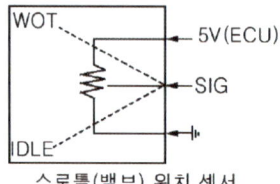

스로틀(밸브) 위치 센서

㉮ 0[V] ㉯ 2～3[V]
㉰ 4～5[V] ㉱ 12[V]

풀이 스로틀 밸브는 완전 개방(전개)시 4～5[V], 닫힘(전폐)시 0[V]이다.

30 전자제어 기관의 공전속도 조절기구(idle speed actuator)의 역할이 아닌 것은? [07년 1회 / 09년 1회]

㉮ 대시포트 작용(dash-pot)
㉯ 공전시 엔진 부하에 따른 엔진 회전수 보상
㉰ 냉간 운전시 냉각수 온도에 따라 공전시 공기유량 조절
㉱ 공기 유량을 검출하여 컴퓨터로 전송한다.

풀이 공전속도 조절기구는 공전속도 조절, 패스트 아이들 제어, 아이들 업 제어, 대시포트 제어, 스로틀 밸브 열림량 제어의 기능을 한다. 공기유량 검출은 공기유량 센서(AFS)가 한다.

31 다음 그림은 자동차의 부품 중 어떤 부품의 파형을 검출한 것인가? [08년 1회]

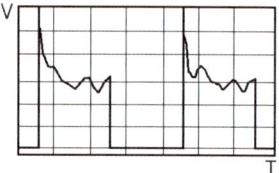

㉮ 스로틀 포지션센서
㉯ 수온센서
㉰ 스텝모터
㉱ 인젝터

풀이 스로틀 포지션센서, 수온센서는 가변 저항식이므로 아날로그 파형이고, 인젝터는 통전시간에 해당되는 구간 (12V→0V)이 있어야 한다.

32 가솔린 연료 분사장치에서 연료의 기본 분사량을 결정하는 요소는? [07년 4회]

㉮ 흡입 공기량, 기관 회전수
㉯ 흡입 공기량, 산소 센서
㉰ 산소 센서, 기관 회전수
㉱ 기관 회전수, 냉각수 온도

풀이 가솔린 연료 분사장치는 흡입공기량과 기관회전수로 기본 분사량을 결정한다.

33 전자제어 엔진의 연료펌프에서 책밸브가 하는 역할은? [07년 2회]

㉮ 잔압 유지와 고온 재시동을 용이하게 한다.
㉯ 연료 압력의 맥동을 감소시킨다.
㉰ 연료가 막혔을 때 압력을 조절한다.
㉱ 연료를 분사한다.

풀이 연료펌프의 책밸브는 연료펌프가 작동을 멈출 때 연료 출구를 막아 연료의 역류를 방지하며 잔압을 유지하여 고온에 의한 베이퍼 록을 방지하고, 재시동성을 향상시킨다.

29 ㉰ 30 ㉱ 31 ㉰ 32 ㉮ 33 ㉮

34 전자제어 기관에서 연료펌프가 작동되지 않을 때는? [07년 5회]

㉮ 점화 스위치가 ST 위치에 있을 때
㉯ 점화 스위치가 ON 위치에 있고 엔진이 정지되어 있을 때
㉰ 점화 스위치가 ON 위치에 있고 엔진이 규정 이상으로 회전될 때
㉱ 점화 스위치가 ON 위치에 있고 공기 흡입이 감지될 때

[풀이] 점화 스위치를 "ST" 위치에 놓으면 연료압력을 형성하기 위하여 일시적으로 연료펌프가 작동하고, 점화 스위치가 "ON" 위치에 있고 엔진이 회전하여 공기 흡입이 감지되면 연료펌프는 계속 작동한다.

35 전자제어 연료장치에서 기관이 정지한 후 연료압력이 급격히 저하되는 원인에 해당되는 것은? [07년 1회]

㉮ 연료 필터가 막혔을 때
㉯ 연료 펌프의 체크 밸브가 불량할 때
㉰ 연료의 리턴 파이프가 막혔을 때
㉱ 연료 펌프의 릴리프 밸브가 불량할 때

[풀이] 연료펌프의 체밸브는 연료펌프가 작동을 멈출 때 연료 출구를 막아 연료의 역류를 방지하며 잔압을 유지하여 고온에 의한 베이퍼 록을 방지하고, 재시동성을 향상시킨다.

36 가솔린 기관에서 연료펌프 내의 첵밸브가 열린 채로 고장이 났을 때를 설명한 것 중 틀린 것은? [09년 4회]

㉮ 시동이 걸리지 않는다.
㉯ 주행성능에 영향은 없다.
㉰ 연료탱크 내에 설치되어 있다.
㉱ 연료펌프에 무리가 가지 않는다.

[풀이] 첵밸브가 열린 채로 고장나면 회로 내에 잔압이 형성되지 않을 뿐 시동에는 영향이 없다.

37 전자제어 가솔린 분사장치의 연료계통에서 연료 압력이 규정보다 낮은 압력을 유지하고 있을 때 발생될 수 있는 현상과 가장 거리가 먼 것은? [07년 4회]

㉮ 베이퍼 로크 발생
㉯ 재시동성 불량
㉰ 연료 분사량 변화
㉱ 맥동 및 소음 발생

[풀이] 연료펌프의 첵밸브가 고장나면 잔압이 형성되지 않아 연료압력이 낮게 되어 연료 분사량이 작아지고, 고온시 베이퍼록이 발생될 수 있으며 재시동성이 불량해진다.

38 전자제어 가솔린 연료장치에서 릴리프 밸브의 역할은? [08년 2회]

㉮ 증발가스의 발생을 억제한다.
㉯ 저온 시동성을 양호하게 한다.
㉰ 연료 라인 내의 압력이 규정압 이상으로 상승하는 것을 방지한다.
㉱ 연료 압력을 올려준다.

[풀이] 릴리프 밸브(relief valve, safety valve)의 역할
① 연료 공급라인이 막혔을 경우 압력의 과다 상승을 방지
② 과압의 연료를 연료탱크로 보내준다.
③ 연료 모터의 과부하를 방지한다.

39 가솔린 연료분사장치 인젝터의 연료 분사량은 무엇에 의해 결정되는가? [08년 1회]

㉮ 니들밸브의 개방시간
㉯ 플런저의 유효행정
㉰ 니들밸브의 유효행정
㉱ 니들밸브의 전행정

[풀이] 인젝터의 연료 분사량은 인젝터(니들밸브)의 통전 시간(개방시간)으로 결정된다.

34 ㉯ 35 ㉯ 36 ㉮ 37 ㉱ 38 ㉰ 39 ㉮

40. 가솔린 기관에서 흡기다기관 내의 압력 변화에 대응하여 연료 분사량을 일정하게 유지하기 위해 인젝터에 걸리는 연료 압력을 일정하게 조절하는 것은? [08년 1회]

㉮ 릴리프 밸브 ㉯ MAP 센서
㉰ 압력 조절기 ㉱ 첵 밸브

> 연료압력 조절기는 흡기 매니홀드의 부압에 의해 작동되며, 흡기다기관 내의 압력변화에 대응하여 연료 분사량을 일정하게 유지하기 위해 인젝터에 걸리는 연료 압력을 일정하게(2.55[kg_f/cm^2]) 조절한다.

41. 전자제어 차량의 컴퓨터(ECU, ECM)에는 크게 입력신호와 출력단으로 구분할 수 있다. 이중에서 입력 신호가 아닌 것은? [08년 5회]

㉮ 냉각수 온도 센서(W.T.S)
㉯ 흡기온도 센서(A.T.S)
㉰ 스로틀 포지션 센서(T.P.S)
㉱ 인젝터(injector)

> 인젝터는 ECU의 신호에 의해 작동되는 출력신호이다.

42. 전자제어 연료분사 장치의 인젝터는 무엇에 의해서 연료를 분사하는가? [09년 4회]

㉮ 연료펌프의 송출압력
㉯ ECU의 분사신호
㉰ 플런저의 상승
㉱ 냉각수온 센서의 신호

> 전자제어 연료분사 장치의 인젝터는 ECU의 분사 신호에 의해서 연료를 분사한다.

43. 전자제어 연료분사 장치에서 인젝터를 설명한 것 중 틀린 것은? [08년 4회]

㉮ 플런저 : 니들 밸브를 누르고 있다가 ECU 신호에 의해 작동된다.
㉯ 솔레노이드 : ECU 신호에 의해 전자석이 된다.
㉰ 니들 밸브 : 연료 압력을 일정하게 유지시킨다.
㉱ 배선 커넥터 : 솔레노이드에 ECU로부터 신호를 연결하여 준다.

> 니들밸브는 플런저와 일체로 되어 있어 플런저와 같이 전자석에 의해 당겨져 분공을 열어 연료를 분사하며, 연료 압력을 일정하게 하는 것은 연료압력 조절기가 한다.

44. 전자제어 엔진에서 컴퓨터는 무엇으로 연료 분사량을 조절하는가? [07년 2회]

㉮ 인젝터의 통전 시간
㉯ 인젝터의 공급 전압
㉰ 인젝터의 니들 밸브 행정
㉱ 인젝터의 공급 전류

> 인젝터의 연료 분사량은 인젝터(니들밸브)의 통전 시간(개방시간)으로 결정된다.

45. 전자제어 엔진에서 연료 분사량에 영향을 가장 적게 주는 것은? [08년 5회]

㉮ 노즐의 크기와 행정
㉯ 인젝터의 걸리는 연료 압력
㉰ 인젝터의 서지 전압
㉱ 인젝터의 분사 시간

> 연료 분사량은 노즐의 크기, 분사시간, 분사횟수, 연료 압력에 비례한다.
> (연료 분사량 ∝ 노즐의 크기×분사시간×분사횟수×연료 압력)

40 ㉰ 41 ㉱ 42 ㉯ 43 ㉰ 44 ㉮ 45 ㉰

46 전자제어 가솔린 기관의 인젝터 분사시간에 대한 설명으로 틀린 것은? [09년 4회]

㉮ 급 가속시에는 순간적으로 분사시간이 길어진다.
㉯ 축전지 전압이 낮으면 무효 분사시간이 길어진다.
㉰ 급 감속시에는 경우에 따라 연료공급이 차단된다.
㉱ 산소센서의 전압이 높으면 분사시간이 길어진다.

> 산소센서의 전압이 높으면 연료가 농후하므로 연료 분사시간이 짧아진다.

47 가솔린 분사장치의 연료 증량 보정과 관계 없는 부품은? [09년 1회]

㉮ 수온센서   ㉯ 흡기온도센서
㉰ 스로틀 위치 센서   ㉱ 진공 스위치

> 연료 증량 보정은 수온센서, 스로틀 위치 센서 등 각 센서의 신호를 받아 연료를 증량 보정한다. 진공 스위치는 연료 증량 보정과 관계없다.

48 전자제어 기관에서 인젝터를 점검하는 방법으로 가장 관련이 없는 것은? [07년 1회]

㉮ 인젝터의 분사상태 확인
㉯ 인젝터의 코일 저항 측정
㉰ 인젝터의 온도 측정
㉱ 인젝터의 작동음 확인

> 인젝터의 온도 측정은 하지 않는다.

49 인젝터 분사기간 결정에 가장 큰 영향을 주는 센서는? [09년 1회]

㉮ 수온센서   ㉯ 공기온도센서
㉰ 노크센서   ㉱ 흡입공기량센서

> 인젝터 분사시간은 연료분사량과 관계있으므로 흡입공기량 센서가 가장 영향이 크다.

50 다음 그림의 전자제어 연료분사장치의 인젝터 파형이다. ①~④의 설명으로 틀린 것은? [08년 2회]

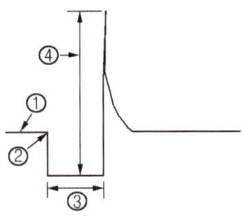

㉮ ① : 인젝터 구동 전압을 나타낸다.
㉯ ② : 인젝터를 구동시키기 위한 트랜지스터의 OFF 상태를 나타낸다.
㉰ ③ : 인젝터 구동 시간 (연료 분사시간)을 나타낸다.
㉱ ④ : 인젝터 코일의 자장 붕괴 시 역기전력을 나타낸다.

> ②번은 인젝터를 구동시키기 위한 트랜지스터의 ON 상태를 나타낸다.

51 전자제어 엔진에서 인젝터의 고장으로 발생될 수 있는 현상 중 가장 거리가 먼 것은? [09년 2회]

㉮ 연료소모 증가   ㉯ 출력 증가
㉰ 가속력 감소   ㉱ 공회전 부조

> 인젝터가 고장이면 연료소모 증가, 출력 감소, 가속력 감소, 공회전 부조 등이 발생한다.

46 ㉱ 47 ㉱ 48 ㉰ 49 ㉱ 50 ㉯ 51 ㉯

52 전자제어 엔진에서 인젝터의 점검 방법이 아닌 것은? [09년 4회]

㉮ 인젝터 코일 저항 측정
㉯ 인젝터 작동음 확인
㉰ 인젝터 분사상태 확인
㉱ 인젝터 작동온도 측정

풀이 인젝터 검사방법
① 인젝터의 연료 분사량
② 인젝터의 작동음
③ 솔레노이드 코일 저항점검

53 인젝터의 저항을 측정하는데 가장 적합한 측정 장비는 다음 중 어느 것인가? [09년 5회]

㉮ 아날로그 멀티테스터
㉯ 테스터 램프
㉰ 디지털 멀티테스터
㉱ 메가 테스터

풀이 인젝터 저항은 디지털 멀티테스터로 측정한다.

54 전자제어 기관의 인젝터 회로 접촉불량은 물론 인젝터 자체 저항불량까지 한 번에 측정이 가능한 점검 요령을 기술한 것 중 가장 올바른 것은? [07년 5회]

㉮ 인젝터 전류 파형의 측정하여 점검
㉯ 인젝터 작동소리로 점검
㉰ 인젝터 저항을 측정하여 점검
㉱ 인젝터 분사량을 측정하여 점검

풀이 인젝터의 전류 파형을 점검하여 인젝터 회로의 접촉 불량 및 자체 저항 불량까지 알 수 있다.

55 센서의 점검 정비시 조건이 잘못 짝지어진 것은? [07년 1회]

㉮ AFS – 시동 상태
㉯ 컨트롤 릴레이 – 점화스위치 ON 상태
㉰ 인히비터 스위치 – 주행 상태
㉱ 크랭크각 센서 – 크랭킹 상태

풀이 인히비터 스위치는 P나 N 레인지에서 시동 가능한 정지상태이다.

56 기관에서 온도센서는 어떤 역할을 하는가? [09년 4회]

㉮ 기관의 냉각수 온도를 측정하여 이를 전기적 신호로 바꾸어 ECU에 보낸다.
㉯ 외부온도를 측정하여 이를 전기적 신호로 바꾸어 ECU에 보낸다.
㉰ 냉각수 온도를 측정하여 직접 시동밸브로 신호를 보낸다.
㉱ 기관온도를 측정하여 공기센서에 신호를 보내어 혼합기를 조정한다.

풀이 기관의 온도센서는 기관의 냉각수 온도를 측정하여 이를 전기적 신호로 바꾸어 ECU에 보낸다.

57 전자제어 연료분사식 엔진에서 냉각수온 센서에 대한 설명 중 틀린 것은? [07년 4회]

㉮ 냉각수 온도를 저항치로 변화시켜 컴퓨터로 입력시킨다.
㉯ 냉각수온 센서가 단락되었을 때는 저항값이 0[Ω]에 가깝다.
㉰ 냉각수 온도가 높아지면 저항값이 커진다.
㉱ 냉각수온 센서의 저항값이 높아지면 연료 분사량이 증가한다.

풀이 냉각수온 센서는 부특성(NTC) 서미스터로 온도가 높아지면 저항값이 감소한다.

52 ㉱ 53 ㉰ 54 ㉮ 55 ㉰ 56 ㉮ 57 ㉰

58 전자제어 기관에서 수온센서 배선이 접지 되었을 경우 나타나는 현상은? [08년 2회]

㉮ 고속주행이 곤란하다.
㉯ 상온상태에서 시동이 곤란하다.
㉰ 연료소모가 많다.
㉱ 겨울철 시동이 곤란하다.

풀이) 수온센서 배선이 접지되면 엔진이 워밍업으로 입력되어 겨울철 시동이 곤란하다.

59 냉각수 온도 센서(WTS)의 고장이 발생 되었을 때 나타날 수 있는 증상이 아닌 것은? [09년 5회]

㉮ 공회전 시 엔진부조가 발생하지 않는다.
㉯ 주행 중 가속력이 저하된다.
㉰ 연료 소모가 많다.
㉱ 매연이 배출된다.

풀이) 냉각수 온도 센서 고장시 ㉯, ㉰, ㉱ 항 외에 공회전시 엔진 부조현상이 발생된다.

60 가솔린 기관의 전자제어 연료분사 장치를 구성하는 부품이 아닌 것은? [09년 5회]

㉮ 연료압력조절기
㉯ 인젝터
㉰ 웨스트게이트 밸브
㉱ ECU

풀이) 웨스트 게이트(waste gate) 밸브란 과급기에서 과도한 충전 압력에 의해 터보차저가 손상되므로 일정 회전수 이상이 되면 밸브가 열려 터보차저의 손상을 방지한다.

61 전자식 기관제어 장치의 구성에 해당하지 않는 것은? [07년 5회]

㉮ 연료 분사 제어
㉯ 배기 재순환(EGR)
㉰ 공회전 제어(ISC)
㉱ 전자식 제동 제어 장치(ABS)

풀이) ABS는 전자제어 섀시장치에 속한다.

62 연료 여과기에 오버 플로우 밸브의 기능이 아닌 것은? [08년 2회]

㉮ 연료여과기 내의 압력이 규정 이상으로 상승되는 것을 방지한다.
㉯ 엘리먼트에 부하를 가하여 연료 흐름을 가속화한다.
㉰ 연료의 송출압력이 규정 이상으로 상승되는 것을 방지한다.
㉱ 연료탱크 내에서 발생된 기포를 자동적으로 배출시키는 작용도 한다.

풀이) 오버 플로우 밸브의 기능
① 연료 여과기 내의 압력이 규정 이상으로 상승되는 것을 방지
② 연료 탱크 내에서 발생된 기포를 자동적으로 배출
③ 여과기 각 부분을 보호

63 연료펌프 라인에 고압이 걸릴 경우 연료의 누출이나 연료배관이 파손되는 것을 방지하는 것은? [08년 5회]

㉮ 사일렌서(silencer)
㉯ 첵 밸브(check valve)
㉰ 안전 밸브(relief valve)
㉱ 축압기(accumulator)

풀이) 안전 밸브는 연료펌프 라인에 고압이 걸릴 경우 연료의 누출이나 연료 배관이 파손되는 것을 방지한다.

58 ㉱ 59 ㉮ 60 ㉰ 61 ㉱ 62 ㉯ 63 ㉰

64 LPG 연료장치 차량에서 LPG를 대기압에 가깝게 감압하는 장치는? [08년 2회]

㉮ 1차 감압실
㉯ 2차 감압실
㉰ 부압실
㉱ 기동 솔레노이드 밸브

> 베이퍼라이저 1차 감압실에서 0.3kg$_f$/cm^{2}으로, 2차 감압실에서 대기압에 가깝게 감압시킨다.

65 LP가스를 사용하는 자동차의 봄베와 관련된 사항으로 틀린 것은? [09년 5회]

㉮ 용기의 도색은 회색으로 한다.
㉯ 안전밸브에서 분출된 가스는 대기중으로 방출되는 구조로 되어 있다.
㉰ 안전밸브는 용기 내부의 기상부에 설치되어 있다.
㉱ 봄베 보디에 베이퍼라이저가 설치되어 있다.

> 봄베(bombe)란 LPG 연료탱크를 말하며, 베이퍼라이저는 엔진룸 내에 있다.

66 LPG 연료장치가 장착된 자동차의 설명으로 틀린 것은? [08년 5회]

㉮ 점화시기는 가솔린 차량의 정규위치보다 앞당길 수 있다.
㉯ 가스누설 개소는 액체 패킹이나 LPG 전용 실 테이프로 막는다.
㉰ LPG 용기 본체는 항장력 즉, 인장강도가 30[kg$_f$/cm^2]이하, 내압강도 20[kg$_f$/cm^2]이하의 기밀 강도를 가져야 한다.
㉱ 점화 플러그의 수명이 가솔린 차량에 비하여 길다.

> LPG 용기의 강도는 차량의 강성보다 크게 제작하며, 내압 100[kg$_f$/cm^2]정도까지 충분한 강도를 가진다.

67 연료파이프나 연료펌프에서 가솔린이 증발해서 일으키는 현상은? [07년 4회 / 09년 5회]

㉮ 엔진록 ㉯ 연료록
㉰ 베이퍼록 ㉱ 앤티록

> 베이퍼 록(vapor lock)이란 연료 파이프나 연료 펌프에서 가솔린이 증발해서 일으키는 현상을 말한다.

68 LPG 연료 차량의 주요 구성장치가 아닌 것은? (단, LPI 제외) [07년 1회]

㉮ 베이퍼라이저(vaporizer)
㉯ 연료여과기(fuel filter)
㉰ 믹서(mixer)
㉱ 연료펌프(fuel pump)

> LPG 연료 차량은 고압의 가스를 감압, 기화시켜 연료로 공급하므로 연료펌프가 없다.

69 LPG 연료장치가 장착된 자동차의 설명 중 틀린 것은? [09년 1회]

㉮ 점화시기는 가솔린 차의 정규 위치보다 앞당길 수 있다.
㉯ 가스누설 개소는 액체 패킹이나 LPG 전용 시일 테이프(seal tape)로 막는다.
㉰ 가스압력은 최저 1[kg$_f$/cm^2]가 유지될 수 있도록 100[%]의 프로판으로 되어 있는 연료가 적당하다.
㉱ 점화플러그는 가솔린 차에 비하여 장시간 사용할 수 있다.

> LPG 연료는 프로판+부탄으로, 겨울철 일수록 시동이 잘되도록 가벼운 프로판의 함량을 많게 한다.

64 ㉯ 65 ㉱ 66 ㉰ 67 ㉰ 68 ㉱ 69 ㉰

70 LPG 기관에서 연료공급 경로로 맞는 것은? [07년 2회]

㉮ 연료탱크 → 솔레노이드 밸브 → 베이퍼라이저 → 믹서
㉯ 연료탱크 → 베이퍼라이저 → 솔레노이드 밸브 → 믹서
㉰ 연료탱크 → 베이퍼라이저 → 믹서 → 솔레노이드 밸브
㉱ 연료탱크 → 믹서 → 솔레노이드 밸브 → 베이퍼라이저

풀이 LPG 기관의 연료공급 경로 : 연료탱크 → 솔레노이드 밸브 → 베이퍼라이저 → 믹서

71 LP가스를 사용하는 자동차에서 베이퍼라이저 2차실의 구성에 해당되는 것은? [07년 4회]

㉮ 압력 조정기구
㉯ 압력 밸런스 기구
㉰ 조정기구
㉱ 공연비 제어기구

풀이 공연비 제어기구는 2차실에 있다.

72 LPG차량에서 믹서의 스로틀밸브 개도량을 감지하여 ECU에 신호를 보내는 것은? [09년 1회]

㉮ 아이들 업 솔레노이드
㉯ 대시포트
㉰ 공전속도 조절밸브
㉱ 스로틀 위치 센서

풀이 ① 아이들 업 솔레노이드 : 기계적, 전기적 부하에 따라 공전속도를 상승시키는 밸브
② 대시포트 : 스로틀 밸브가 급격히 닫히는 것을 방지
③ 공전속도 조절밸브 : 공전속도를 조절하는 밸

73 LPG 차량의 연료 계통에서 가솔린 엔진의 기화기 역할을 하며 감압, 기화 및 압력조절 작용을 하는 것은? [08년 1회 / 09년 4회]

㉮ 솔레노이브 밸브(solenoid valve)
㉯ 믹서(mixer)
㉰ 베이퍼라이저(vaporizer)
㉱ 봄베(bombe)

풀이 베이퍼라이저는 액체를 기체로 변화시켜 주는 장치로 감압, 기화 및 압력조절 작용을 한다.

74 LPG 기관에서 액체 LPG를 기체 LPG로 전환시키는 장치는? [08년 4회]

㉮ 믹서
㉯ 연료 봄베
㉰ 긴급차단 솔레노이드 밸브
㉱ 베이퍼라이저

풀이 베이퍼라이저(vaporizer)는 액체를 기체로 변화시켜 주는 장치로 감압, 기화 및 압력조절 작용을 한다.

75 LPG 기관을 시동하여 냉각수 온도가 낮은 상태에서 무부하 고속회전을 하였을 때 나타날 수 있는 현상으로 가장 부적합한 것은? [09년 2회]

㉮ 증발기(vaporizer)의 동결현상이 생긴다.
㉯ 가스의 유동 정지 현상이 발생 한다.
㉰ 혼합가스가 과농 상태로 된다.
㉱ 기관의 시동이 정지될 수 있다.

풀이 LPG 기관은 기화될 때 베이퍼라이저의 동결 현상으로 인해 가스의 유동이 불량하여 혼합기가 희박해져서 기관의 공전이 불안정하거나 시동이 꺼질 수 있다.

70 ㉮ 71 ㉱ 72 ㉱ 73 ㉰ 74 ㉱ 75 ㉰

05 디젤 기관

제1절 기계식 디젤 기관

1_ 디젤 기관의 개요

자동차용 디젤 기관은 실린더 안에 공기(air) 만을 흡입, 압축하여 공기의 온도가 500~600[℃]에 이를 때, 연료를 안개 모양의 입자로 고압 분사하여 이 분사된 연료가 공기의 압축열에 의해 자기착화, 연소하게 된다. 이 때 발생한 연소 가스의 압력에 의해 동력을 얻는 기관이다.

1. 디젤기관 연소실

1) 구비 조건

고속 디젤 기관의 연소실은 와류를 생성시켜 공기와 연료를 짧은 연소 시간내에 잘 혼합 연소시킬 수 있는 구조이어야 한다. 연소실의 구비조건은 아래와 같다.

① 분사된 연료를 될 수 있는 대로 짧은 시간에 완전 연소시켜야 한다.
② 평균 유효 압력이 높아야 한다.
③ 연료 소비율이 적어야 한다.
④ 고속 회전시의 연소 상태가 좋아야 한다.
⑤ 시동이 용이해야 한다.

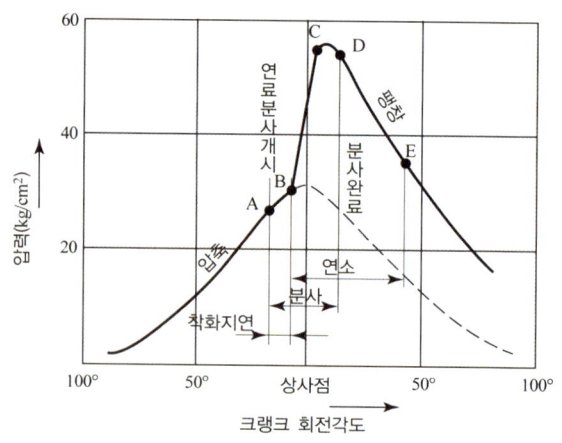

그림 2-105 / 디젤 기관의 연소과정

2) 디젤 기관의 연소과정

① 착화 지연기간(연소 준비기간, A ~ B) : 연소실에 연료가 분사되어 연소를 일으킬 때까지의 기간

② 화염 전파기간(폭발 연소기간 B ~ C) : 분사된 연료 모두가 동시에 착화되어 폭발적으로 연소하는 기간

③ 직접 연소기간(제어 연소기간, C ~ D) : 화염 전파기간에 생긴 화염 때문에 분사된 연료가 분사와 거의 동시에 연소하는 기간

④ 후기 연소기간(후 연소기간, D ~ E) : 연료 분사가 끝나는 D점에서 연소되지 않은 상태로 남은 약간의 연료가 E점까지 연소하는 기간

3) 디젤엔진의 노크

디젤엔진의 노크는 착화 지연기간 중에 분사된 연료가 착화하지 못하고 화염 전파기간에 한꺼번에 연소하여 실린더 내의 압력이 급격히 상승하는 현상을 말한다. 가솔린 엔진의 연소와는 반대로 분사된 연료는 분사 즉시 공기와 혼합하여 연소하여야 한다.

① 세탄가 : 디젤 연료의 착화성을 나타내는 척도를 말하며 착화 지연이 짧은 세탄($C_{16}H_{34}$)과 착화지연이 나쁜 α-메틸 나프탈렌($C_{11}H_{10}$)의 혼합 연료의 비를 [%]로 나타내는 것이다.

$$세탄가 = \frac{세탄}{세탄 + \alpha메틸나프탈렌} \times 100(\%)$$

② 착화 촉진제 : 초산아밀($C_5H_{11}NO_3$), 아초산아밀($C_5H_{11}NO_2$), 초산에틸($C_2H_5NO_3$), 아초산에틸($C_2H_5NO_2$)을 1 ~ 5[%] 정도 첨가한다.

③ 디젤 노크 방지방법 : 착화 지연기간이 길면 노크가 발생한다. 노크 방지방법은 다음과 같다.

  ㉠ 착화성이 좋은 연료(세탄가가 높은 연료)를 사용한다.
  ㉡ 압축비를 높게 한다.
  ㉢ 분사초기(A ~ B지점)의 연료 분사량을 적게 한다.
  ㉣ 연소실에 강한 와류(소용돌이)를 형성한다.

④ 착화지연에 영향을 미치는 요인

  ㉠ 연료의 세탄가
  ㉡ 실린더 내의 온도와 압력
  ㉢ 연료의 분사상태
  ㉣ 공기의 와류

4) 디젤 기관 연소실의 분류

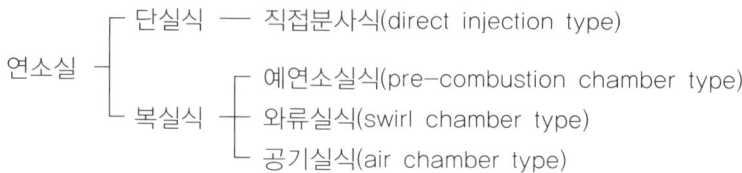

① **직접 분사실식** : 실린더 헤드와 피스톤 헤드의 요철에 의해 연소실이 하나로 형성되어 연료를 연소실에 직접 분사하는 것으로서 공기와 연료가 잘 혼합되도록 다공형 노즐을 사용한다.

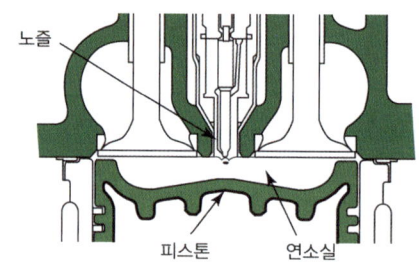

그림 1-107 / **직접 분사식 연소실**

㉠ 직접 분사실식의 장, 단점

장점	단점
• 연소실의 구조가 간단, 열의 손실이 적고 열효율이 높고 연료 소비가 적다. • 구조가 간단하므로 열에 의한 변형이 적다. • 냉각 손실이 적다. • 시동이 잘되고 예열 플러그가 필요치 않다.	• 연료의 착화성에 민감하다(노크를 일으키기 쉽다). • 연료 분사 개시 압력이 높다. • 복실식에 비하여 공기의 소용돌이가 약하므로 공기의 흡입율이 나쁘고 고속 회전에 적합하지 않다. • 분사 압력이 높아 분사 펌프와 노즐 등의 수명이 짧다.

② **예연소실식** : 실린더 헤드에 마련된 주연소실 윗쪽에 부연소실인 예연소실이 있고 그 끝에 분구가 있어 주연소실과 통해 있으며 압축행정에서 압축된 공기는 분구를 통하여 예연소실로 유입된다. 분사 노즐에서 예연소실에 분사된 연료는 그 일부가 연소하여 고온 고압가스가 발생하면, 그 압력에 의해 남은 연료가 분사 구멍을 통해 주연소실로 분출되어 소용돌이를 따라 공기와 잘 혼합하여 완전 연소하게 된다.

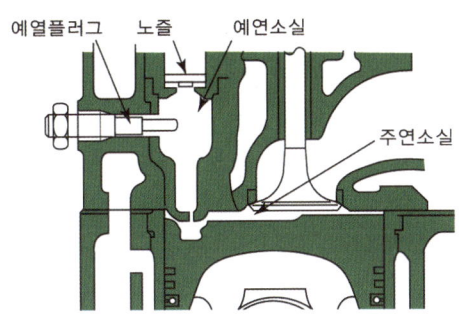

그림 1-108 / **예연소실의 구조**

㉠ 예연소실식의 장, 단점

장점	단점
• 연료의 분사 개시 압력이 비교적 낮으므로 연료 장치의 고장이 적고, 수명이 길다. • 사용 연료의 변화에 민감하지 않다.(노크가 적다) • 운전 상태가 조용하다. • 공기와 연료의 혼합이 잘되고 다른 형식보다 기관에 유연성이 있다.	• 실린더 헤드의 구조가 복잡하다. • 예연소실 용적에 대한 표면적이 크기 때문에 냉각 손실이 크다. • 시동이 곤란하며 예열장치가 필요하다. • 마력이 큰 기동 전동기가 필요하다. • 연료 소비량이 많다. • 엔진의 소음이 크고, 진동이 있다.

③ **와류실식** : 이 형식에서는 압축 행정시에 와류실로 공기를 유입시키면서 강한 소용돌이를 일으켜 여기에 연료를 분사하여 연소시킨다. 와류실에 분사된 연료는 강한 선회 운동을 하는 공기와 혼합하여 착화 연소하며, 예연소실식에서는 연료를 부분적으로 연소시키나 와류실 안에서는 전부를 완전히 연소하도록 되어 있다.

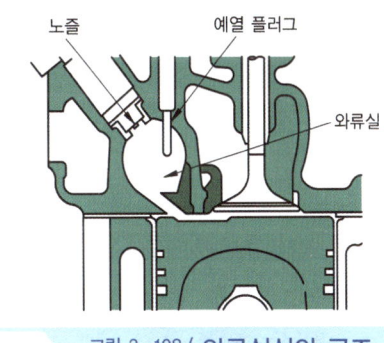

그림 2-108 / **와류실식의 구조**

㉠ 와류실식의 장, 단점

장점	단점
• 압축에 의해 생기는 와류를 이용하므로 공기와의 혼합이 잘되고 회전수 및 평균 유효압력을 높게 할 수 있다. • 분사 압력이 낮아도 된다. • 원활한 운전을 할 수 있다.	• 실린더 헤드의 구조가 복잡하다. • 분사 구멍의 억제 작용, 연소실 용적 및 단면적비가 크므로 직접 분사식보다 열효율이 낮다. • 저속시에 디젤 노크를 일으키기 쉽다. • 시동에는 예열 플러그가 필요하다.

④ 공기실식 : 압축행정이 종료될 무렵, 연료분사가 개시되고 분사된 연료와 공기는 함께 공기실로 밀려 들어가 자기착화한다. 공기실에서 자기착화되어 연소중인 가스가 주연소실로 밀려 나오면서 주연소실에 와류를 일으켜 정숙한 연소가 진행되도록 한다.

㉠ 공기실식의 장, 단점

장점	단점
연소가 원만하기 때문에 최고 폭발 압력이 낮고, 작동이 조용하다.	• 연료의 분사시기가 민감하게 기관에 영향을 준다. • 후연소의 경향이 있으며 배기온도가 높고 열효율이 나쁘다. • 연료의 소비량이 비교적 많다.

㉡ 디젤기관 연소실 형식의 비교분석

내 용	직접 분사식	예연소실식	와류실식
표면적 대 체적비	아주 작다.	크다.	약간 크다.
열손실(냉각손실)	아주 적다.	많다.	약간 많다.
압축비	17 ~ 20	20 ~ 21	23
분사 노즐 형식	다공 노즐	스로틀, 핀틀 노즐	스로틀, 핀틀 노즐
냉시동보조장치	필요없음 (냉시동성 우수함)	필요함	필요함
와류	압축행정 말기에 발생한다. 강도 약간 크다. 주로 압입와류	거의 없다. 연소와류	압축행정 말기에 격렬하게 발생한다. 강도가 가장 크다.
연료 무화와 혼합	주로 분사 노즐에 의해 이루어진다.	주로 예연소실에서의 와류에 의해 이루어진다.	무화는 분사 노즐에 의해, 혼합은 주로 와류에 의한다.
연료소비율	가장 낮다.	가장 높다.	높다.
평균유효압력	가장 낮다.	약간 높다.	높다.
노크 발생 빈도	가장 높다.	아주 낮다.	낮다.
분사 압력	구멍형 : 150 ~ 300[kg_f/cm^2]	핀틀형 : 100 ~ 120[kg_f/cm^2]	스로틀형 : 100 ~ 140[kg_f/cm^2]

2. 디젤 기관의 연료장치

디젤기관의 연료 분사장치는 연료 탱크, 연료 공급펌프, 연료 여과기, 분사펌프, 분사노즐 및 이들 부품을 연결하는 파이프와 호스로 구성되어 있으며, 연료 공급 과정은 연료 탱크 →

연료 여과기 → 공급 펌프 → 연료 여과기 → 분사 펌프 → 분사 파이프 → 분사 노즐 → 연소실 순서로 연료가 공급된다.

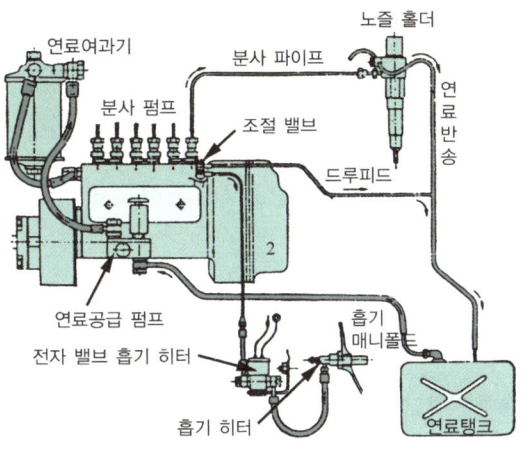

그림 1-110 / **디젤 기관의 연료장치**

1) 연료 공급펌프(feed pump, priming pump)

엔진 작동시 분사펌프에서의 공급량이 부족하지 않도록 탱크 내의 연료를 일정한 압력으로 가압하여 분사펌프에 공급하는 것이다. 연료 분사펌프에 설치되어 펌프의 캠축에 의해 작동되고, 수동 조작도 할 수 있으며, 수동 펌프(플라이밍 펌프)는 엔진 정지시에 연료 공급 및 회로 내의 공기빼기 작업 등에 사용한다.

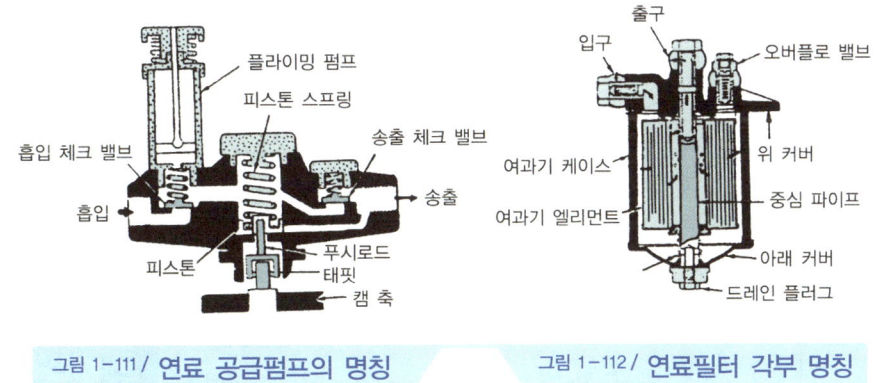

그림 1-111 / **연료 공급펌프의 명칭**   그림 1-112 / **연료필터 각부 명칭**

2) 연료 연과기(fuel filter)

연료 여과기는 연료 중에 포함된 불순물과 물을 분리하여 분사펌프와 분사노즐로부터 격리시키는 역할을 한다. 연료 여과기 내의 압력은 $1.5[kg/cm^2]$ 이며, 규정 압력 이상으로 높아지면 오버플로 밸브가 작동하여 연료 탱크로 연료를 되돌아가게 한다.

3) 독립식 분사펌프(injection pump)

분사펌프는 연료 공급펌프와 여과기로부터 공급받은 연료를 고압으로 압축하여 폭발 순서에 따라서 각 실린더에 분사 노즐로 압송하는 펌프이다. 독립식 분사펌프는 엔진의 각 실린더마다 한 개씩 펌프를 설치한 것으로서, 구조가 복잡하나 현재 고속 디젤 기관에 주로 사용한다.

```
        ┌ 독립식(고속 디젤, 대형)
┌ 무기분사식 ┼ 공동식
│        └ 분배식(소형 디젤)
└ 공기분사식 ─ 선박
```

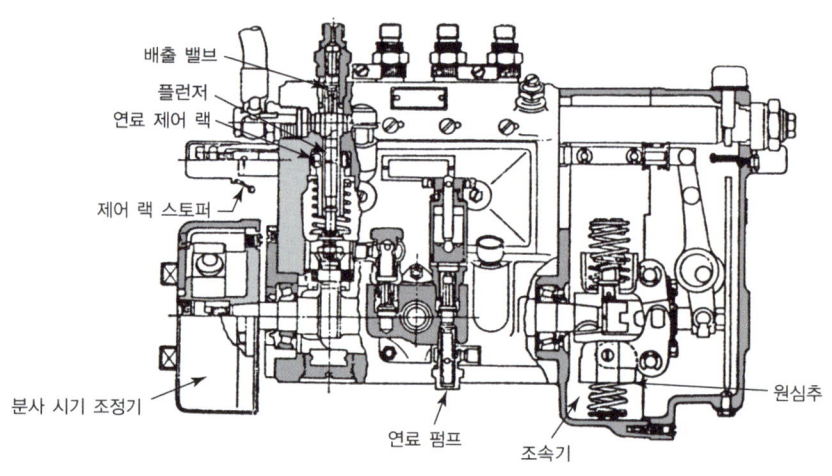

그림 1-113 / **독립식 분사펌프**

① 플런저(plunger) : 플런저는 캠축 위에 놓여진 태핏을 통해 상하 왕복운동을 하며, 이 작용에 의해 연료를 압송한다. 플런저 상단 중심부에 바이패스 홈과 플런저 배럴 측면에 분사량을 가감하기 위한 바이패스 구멍이 서로 연결되어 있어 가속 페달을 밟는 양에 따라 플런저 배럴의 연료공급 구멍과 바이패스 구멍의 위치를 변화시켜 연료 분사량이 조절된다.

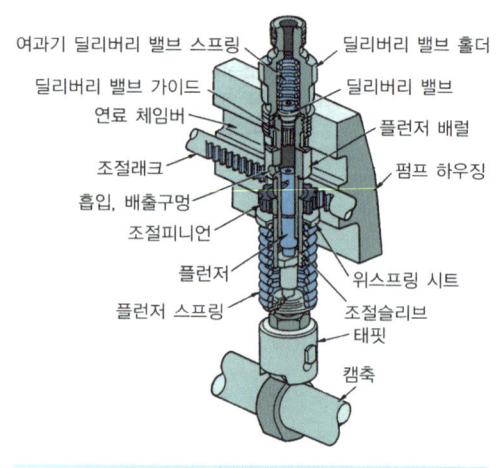

그림 1-114 / **분사펌프 캠축과 태핏**

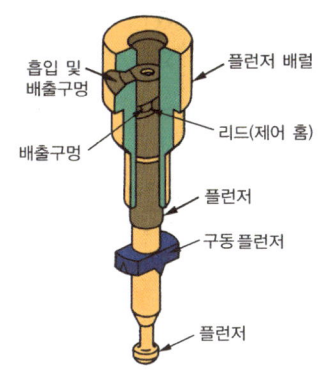

그림 1-115 / **플런저 배럴과 플런저**

㉠ 플런저의 예행정 : 플런저의 윗부분이 연료 공급구멍을 막을 때 까지 움직인 거리로, 이 거리의 길고 짧음에 따라 연료 분사시간이 결정된다.

㉡ 플런저의 유효행정 : 플런저 윗부분이 연료 공급구멍을 막은 다음부터 플런저의 바이패스 홈이 플런저 배럴의 연료 공급구멍과 만날 때까지 움직인 거리로, 이 유효행정을 크게 하면 연료 분사량이 증가한다.

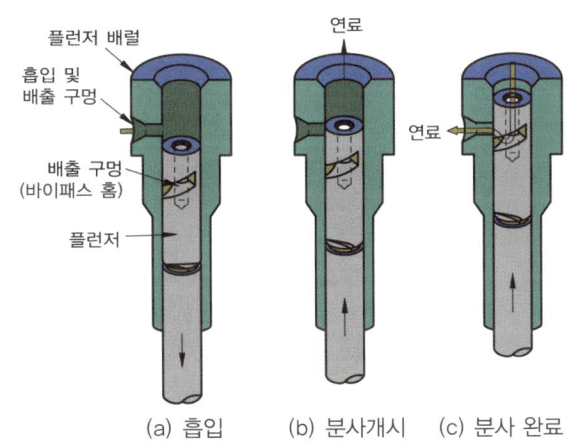

그림 1-116 / **연료의 압송 및 완료**

② 플런저 리드의 종류

㉠ 정리드 : 플런저 헤드가 편평하고 리드가 경사지게 파여, 분사개시가 일정하고 분사 말기가 변화하는 리드이다.

㉡ 역리드 : 플런저 헤드가 경사지게 파이고 리드가 수평으로 파여, 분사개시가 변화하고 분사말기가 일정한 리드이다.

㉢ 양리드 : 플런저 헤드와 리드가 모두 경사지게 파여, 분사개시와 분사말기가 모두 변화하는 리드이다.

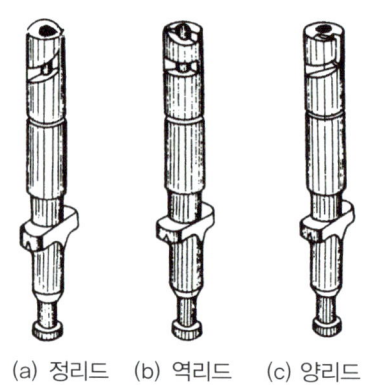

(a) 정리드   (b) 역리드   (c) 양리드

그림 1-117 / **플런저 리드의 형식**

③ **제어 랙(rack)** : 랙의 한 끝은 링크나 핀으로 조속기의 막이나 레버에 연결되어 있고 조속기는 가속 페달의 모든 조작을 랙에 전달한다.

④ **제어 피니언(pinion)** : 제어 랙(rack)의 수평직선 운동을 회전(좌·우 제어 랙 이동량 : 21~25[mm]이다.) 운동으로 바꾸어 제어 슬리브를 회전시켜 피니언과 제어 랙의 상대 위치를 변화시킨다.

⑤ **제어 슬리브(sleeve)** : 제어 피니언의 회전 운동을 펌프 엘리먼트의 플런저 구동 플랜지에 전달하여 플런저가 상하운동하면서 송출량을 증감한다.

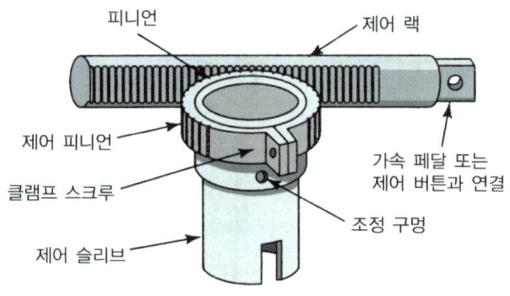

그림 1-118 / **제어 피니언과 제어 슬리브**

⑥ **딜리버리 밸브(delivery valve)** : 플런저의 상승 행정으로 배럴 내의 압력이 10kg/cm^{2}에 이르면 밸브가 열려 분사 파이프에 연료를 압송하며, 유효 행정이 종료되어 배럴 내의 압력이 낮아지면 스프링의 장력에 의해 급속히 닫혀 연료의 역류를 방지하고 노즐의 후적을 방지한다.

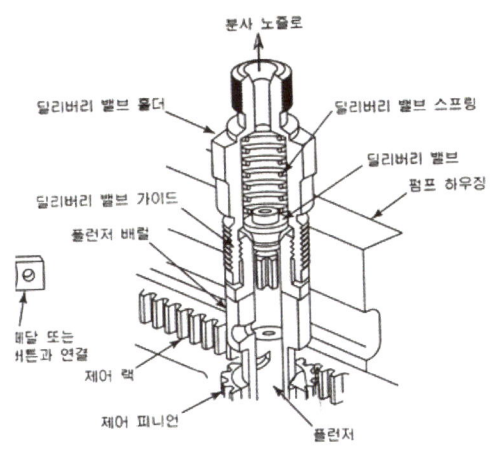

그림 1-119 / 딜리버리 밸브 어셈블리

⑦ 조속기(governor) : 엔진의 회전속도나 부하변동에 따라 자동적으로 랙(rack)을 움직여 분사량을 조절하는 것으로서 최고 회전속도를 제어하고 동시에 저속 운전을 안정시키는 일을 한다. 조속기는 연료분사 펌프 캠축에 설치된 원심추의 원심력에 의해 작동하는 기계식과 흡기다기관의 진공부압에 의해 작동되는 공기식이 있다. 또한 기능적으로 최고·최저속도 조속기와 전속도 조속기로 분류하기도 한다.

㉠ 기계식 조속기 : R형, RQ형, RSVD형, RSV형
㉡ 공기식 조속기 : MZ형, MN형
㉢ 최고·최저속도 조속기 : R형, RQ형, RSVD형
㉣ 전속도 조속기 : MZ형, MN형, RSV형

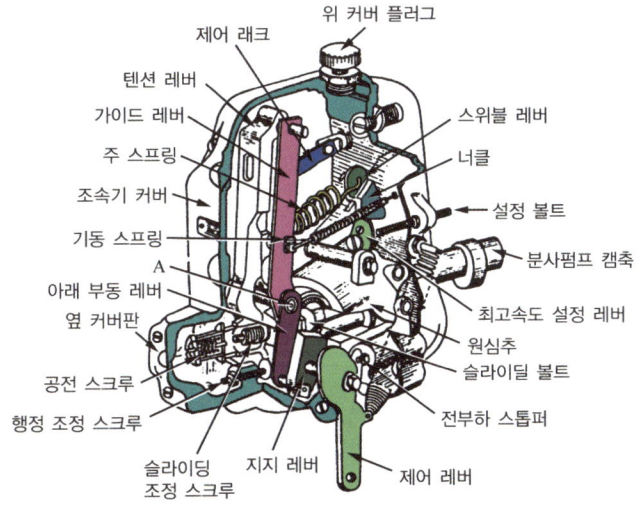

그림 1-120 / **기계식 조속기의 구조**

⑧ **분사량 불균율** : 각 실린더마다 분사량의 차이가 생기면 폭발 압력의 차이가 발생하여 진동을 일으킨다. 불균율 허용 범위는 전부하 운전에서는 ±3[%], 무부하 운전에서는 10~15[%]이다. 분사량의 불균율은 다음의 공식으로 산출한다.

$$(+)불균율 = \frac{최대\ 분사량 - 평균\ 분사량}{평균\ 분사량} \times 100[\%]$$

$$(-)불균율 = \frac{평균\ 분사량 - 최소\ 분사량}{평균\ 분사량} \times 100[\%]$$

⑨ **타이머(timer)** : 엔진의 회전속도 및 부하에 따라 분사시기를 조정하는 장치이다.

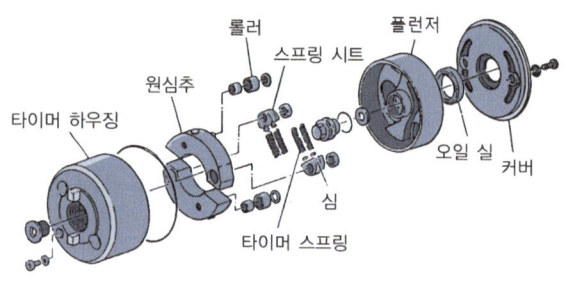

그림 1-121 / **타이머의 분해도**

엔진 회전속도가 상승하면 원심추에 작용하는 원심력이 커져 타이머 스프링이 압축하고, 이에 따라 펌프 캠축이 회전 반대방향으로 회전되어 분사시기를 빠르게 해 준다.

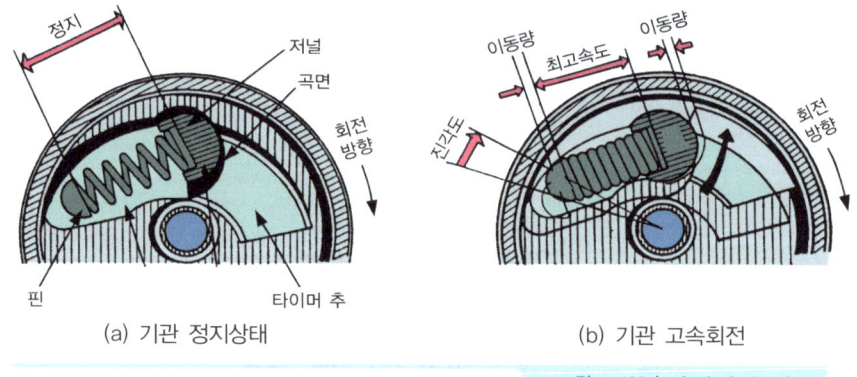

(a) 기관 정지상태   (b) 기관 고속회전

그림 1-122 / **타이머의 작동**

4) 분배식 분사펌프

엔진의 실린더 수에 관계없이 한 개의 펌프를 사용하며 여기에 분배 밸브를 조합하여 각 실린더에 고압의 연료를 분배하는 것으로서 소형 고속 디젤기관에 사용한다.

① **연료 탱크** : 연료 탱크의 연료는 연료 공급펌프(피드펌프)에 의해 끌어 올려져 물 분리기와 연료 필터를 거쳐 분사펌프로 공급된다.

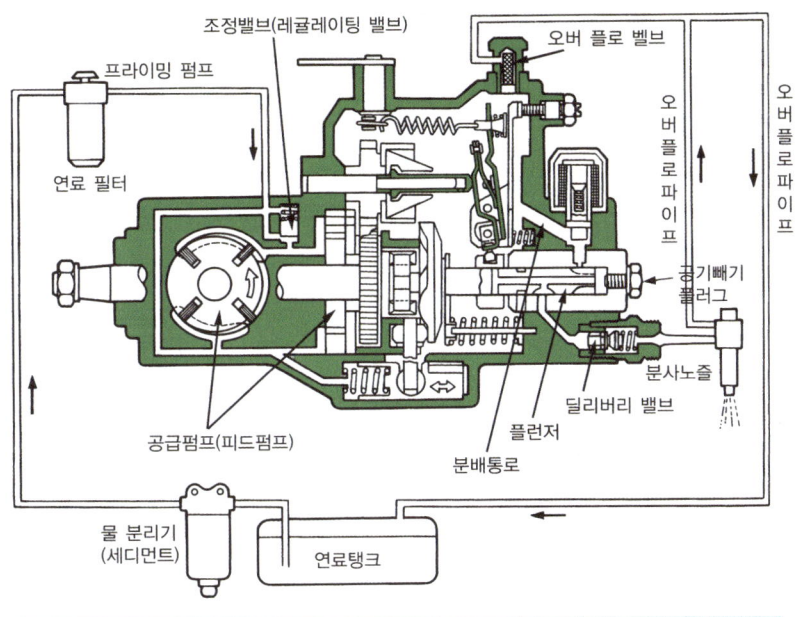

그림 1-123 / **연료 공급 경로**

② 공급펌프(feed pump) : 펌프 하우징에 내장되어 있는 베인형 공급펌프로 연료를 탱크로부터 연료를 빨아올려 펌프실 내로 압송한다.

③ 플런저의 기능 : 연료의 압송은 플런저의 왕복 운동에 의해 실행되고, 분배는 각각의 분사 실린더에서 플런저 가운데 있는 분배기 슬릿(slit)에 의해 실행된다.

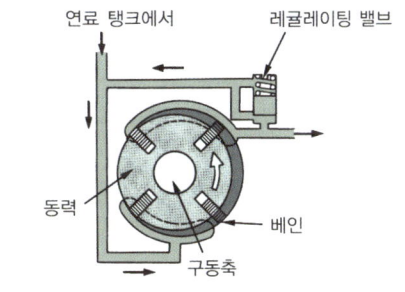

그림 1-124 / **연료 공급펌프의 작동**

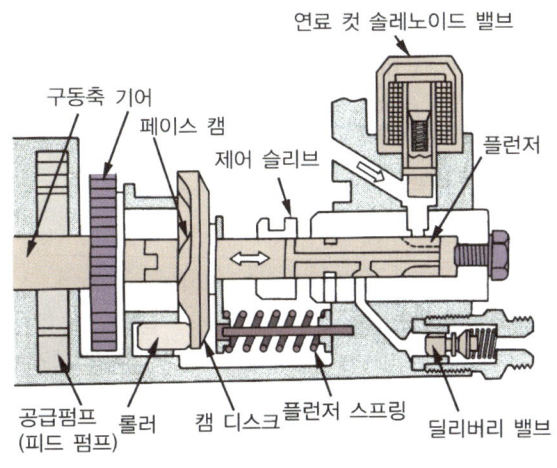

제5장_디젤 기관 **125**

㉠ 흡입 행정 : 플런저가 하강하면 흡입 포트와 흡입 슬릿이 겹쳐지는 부분에 공급펌프에서 압력이 가해진 연료가 고압 플런저 체임버와 내부로 흡입된다.

㉡ 분사 행정 : 플런저는 캠 디스크에 의해 회전과 동시에 왕복 운동을 한다. 플런저가 계속 회전하면 먼저 흡입 포트가 닫히며, 압축을 시작한다. 이어서 플런저의 분배기 슬릿과 배출 통로가 서로 겹치게 되어 압축된 고압의 연료는 딜리버리 밸브 스프링을 밀어 올리고 분사 노즐을 거쳐 엔진의 연소실에 분사된다.

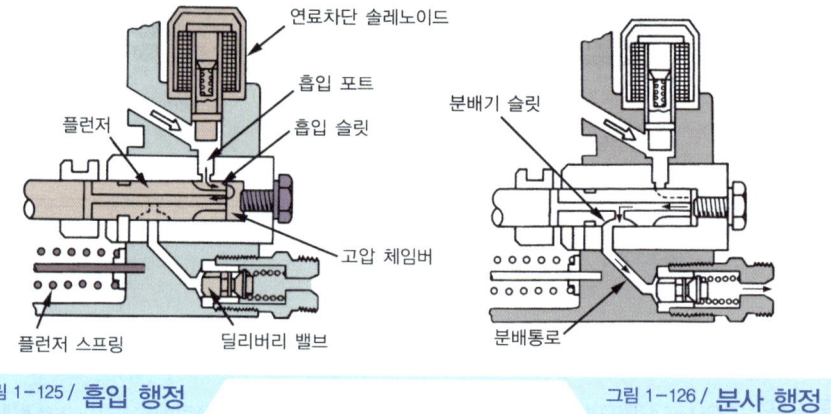

그림 1-125 / **흡입 행정**   그림 1-126 / **분사 행정**

④ **분사량 제어** : 연료 분사량의 증감은 제어 슬리브를 미끄럼 운동시켜 실행한다. 왼쪽으로 제어 슬리브를 이동시키면 유효 행정이 작아지고 분사량은 감소한다. 반대로 오른쪽으로 이동시키면 유효 행정이 커지며, 분사량은 증가한다.

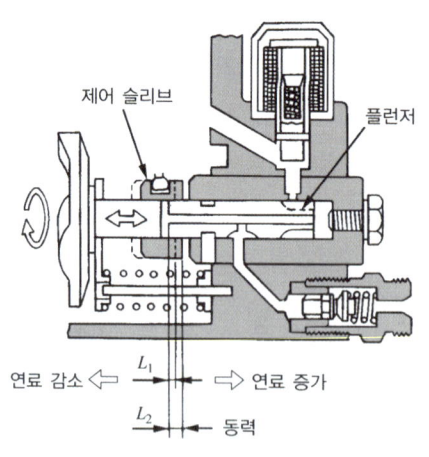

그림 1-127 / **플런저의 유효행정**

⑤ **조속기(governor, 거버너)** : 조속기는 원심추를 이용한 원심력식 조속기(기계식 조속기)이며, VE형 분사 펌프의 조속기는 전속도 조속기이며 조속기 스프링 장력에 의해 제어 회전속도가 결정된다.

㉠ 엔진을 시동할 때 : 엔진이 정지하고 있을 때 시동 레버는 시동 스프링에 의해 조속기 슬리브를 밀고 있다. 이 조속기 레버 결합체의 공통 축인 M_2를 지지점으로 하여 제어 슬리브는 오른쪽 즉, 최대 분사량 쪽으로 밀려나므로 엔진을 시동할 때 연료 증가가 쉽게 얻어진다.

㉡ 엔진이 공전할 때 : 엔진이 시동되면 제어 레버가 공전 위치까지 되돌아오며, 원심추의 원심력과 시동 스프링 및 공전 스프링의 장력이 평형을 이루는 위치에서 원활한 공전이 이루어진다.

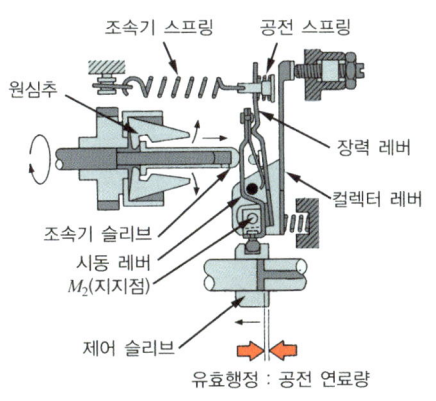
그림 1-128 / **엔진을 시동할 때 조속기의 작동**

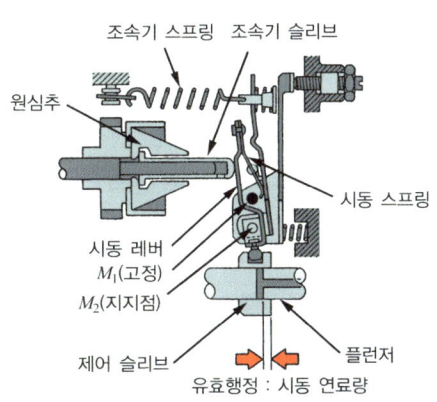
그림 1-129 / **엔진이 공전할 때 조속기의 작동**

㉢ 전부하시 상태에서 최고 속도로 회전할 때 : 원심추의 원심력과 조속기 스프링의 장력이 균형을 이루는 위치까지 회전속도가 상승하여 전부하 최고 회전속도에 도달하며, 제어 슬리브를 오른쪽으로 이동시켜 연료를 증가시키는 결과가 된다.

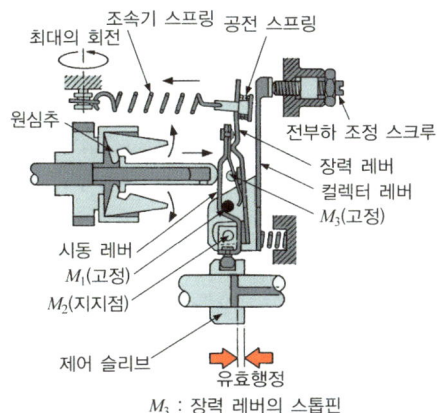
그림 1-130 / **전부하 최고 속도로 회전할 때 조속기의 작동**

㉣ 무부하 상태에서 최고 속도로 회전할 때 : 엔진의 회전속도가 전부하 최고 회전속도보다 더욱 더 상승하면 원심추의 원심력도 증가하여 장력 레버를 잡아당기고 있는

조속기 스프링의 장력을 원심추가 이겨내고 장력 제어 슬리브를 왼쪽으로 이동시켜 분사량을 감소시키고 엔진의 회전속도 상승을 방지한다.

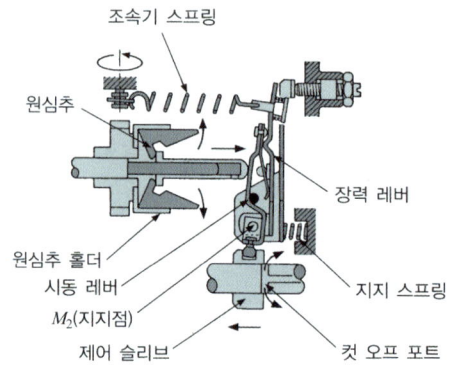

그림 1-131 / **무부하 최고 속도로 회전할 때 조속기의 작동**

⑥ 타이머(auto timer)
  ㉠ 속도 타이머(speed timer) : 분사 펌프의 회전속도가 상승하면 공급 펌프의 송유 압력이 상승하고, 타이머 피스톤이 타이머 스프링의 장력을 이기면서 구동축과 직각 방향으로 이동하며, 이 작동은 타이머 피스톤을 거쳐 원통형 롤러 홀더를 구동축의 회전 방향과 반대 방향으로 회전시켜 분사시기를 빠르게 한다.

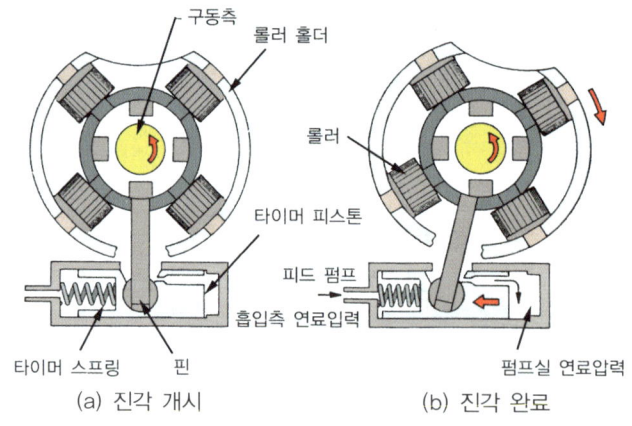

그림 1-132 / **자동 타이머의 작동**

  ㉡ 부하 타이머(load timer) : 엔진의 회전속도가 상승하면 조속기 슬리브가 오른쪽으로 이동하여 조속기 축의 포트와 조속기 슬리브 포트가 일치하여 캠 실내의 압력은 저압 쪽으로 유출되어 낮아진다. 이 작용에 의해 타이머 피스톤은 스프링 장력에 의해 피스톤은 제자리로 되돌아온다.

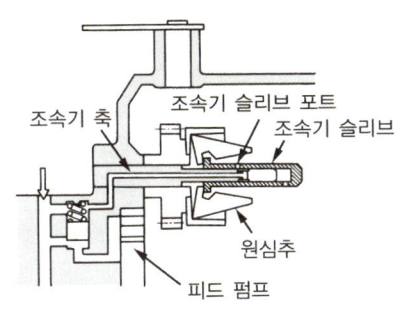

그림 1-133 / **부하 타이머의 작동**

⑦ 연료 공급 차단 장치 : 시동 스위치를 ON, OFF함에 따라 솔레노이드 밸브에 의해 흡입 포트로 통하는 연료 통로를 개방하거나 차단한다.

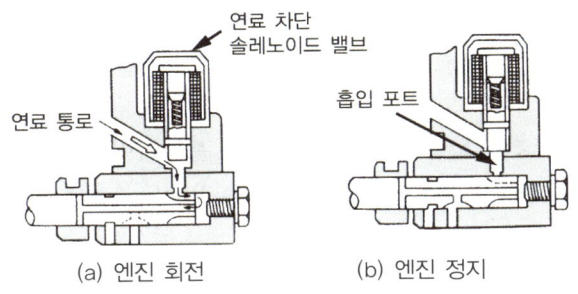

그림 1-134 / **연료 공급 차단 장치**

5) 분사 노즐

연료 펌프로부터 송출되어온 연료를 연소실에 분사하는 장치이다.

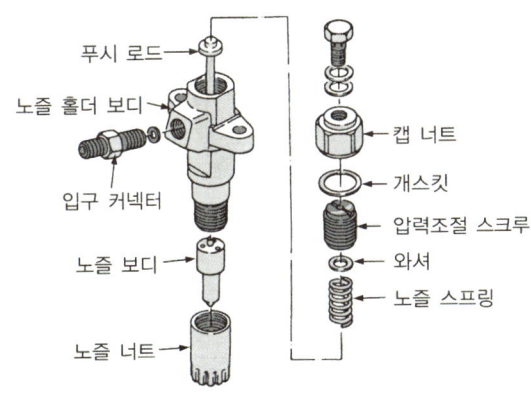

그림 1-135 / **분사노즐의 분해도**

① 분사 노즐의 구비조건
  ㉠ 무화가 좋을 것.
  ㉡ 관통도가 있을 것.
  ㉢ 분포가 좋을 것.
  ㉣ 후적이 일어나지 않을 것(시동불능 원인).
② 분사 노즐의 종류
  ㉠ 개방형 노즐 : 노즐 끝에 밸브 없이 항상 열려있는 노즐로서 연료분사가 완료되었을 때 연료가 조금씩 흘러나와 엔진 회전수에 약간의 변동을 일으키는 결점이 있으므로, 현재는 거의 사용하지 않는다.
  ㉡ 밀폐형(폐지형) 노즐 : 노즐에 니들 밸브가 스프링으로 밀착되어 있고, 연료의 압력이 높아지면 니들 밸브의 면에 작용하는 압력으로 밸브가 자동적으로 열려 연료가 분사된다. 종류로는 구멍형 노즐, 핀틀형 노즐, 스로틀형 노즐 등이 있다.
③ 구멍형 노즐
  ㉠ 구멍형 노즐 : 단공형 노즐과 다공형 노즐로 분류하며 단공형은 분공이 1개, 다공형은 분공이 2 ~ 10개 이다. 분사압력은 150 ~ 300[kg_f/cm^2], 단공형의 분사각도는 4 ~ 5°, 다공형의 분사각도는 90 ~ 120° 이다.
  ㉡ 구멍형 노즐의 장·단점

장점	단점
분사공의 지름이 작고 분사 압력이 높아 무화가 양호하여 기관 시동이 쉽고 연료 소비량이 적다.	분사압력이 높으므로 각 연결부에서 연료가 새기 쉽고 수명이 짧으며 분공이 작기 때문에 막힐 염려가 있다.

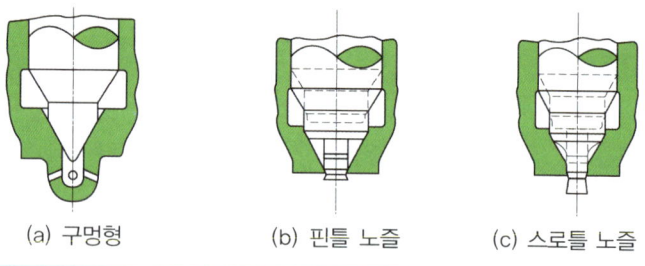

(a) 구멍형   (b) 핀틀 노즐   (c) 스로틀 노즐

그림 1-136 / 밀폐형 노즐의 종류

④ 핀틀형 노즐 : 니들 밸브의 끝이 니들 밸브 보디보다 약간 노출되어 있어서 밸브가 연료의 압력에 의하여 밀려 올라가서 열리면 그 틈새에서 연료가 분출된다. 따라서 분사 개시 압력이 낮아도 분무의 입자가 작아진다. 디젤기관의 예연소실식과 와류실식에서 사용하며, 분공의 지름이 1 ~ 2[mm] 정도, 분사각은 4 ~ 5°, 분사 개시압력은 100 ~ 120[kg_f/cm^2] 이다.

㉠ 핀틀형 노즐의 장·단점

장점	단점
분공의 지름이 비교적 크며 연료가 링 모양의 구멍으로부터 분사되므로 무화상태가 양호하다. 또한 분공이 작동중 니들 밸브의 앞끝의 핀에 의해 청소가 되기 때문에 막히는 일이 없으며 비교적 구조가 간단하고 고장도 적다.	다공식 노즐에 비해 분무상태가 나쁘며 연료소비량이 많다.

⑤ **스로틀형 노즐** : 핀틀형 노즐을 개량하여 노크 방지를 고려한 것이다. 핀틀형 노즐에 비하여 니들 밸브의 끝이 길고 2단으로 되어 있으며 끝이 나팔모양을 하고 있다. 분사 초기는 니들 밸브와 시트와의 틈새가 작고 분무가 교축되어 소량의 연료만이 분사 착화되므로 노크의 발생이 적고 착화후에는 다량의 연료가 분사된다. 분사각도는 45 ~ 60° 정도이며 분사개시 압력은 100 ~ 140[kg$_f$/cm^2] 이다.

3. 예열 장치

1) 예열플러그(pre-heater plug) 식

냉각상태의 디젤기관은 시동이 어렵게 된다. 그러므로 냉각상태의 디젤기관에서는 연소실 내의 공기를 추가적으로 가열하여 연료의 자기착화를 용이하게 하는 방법을 이용한다. 이와 같은 목적으로 설치된 장치를 예열 장치(pre-heater system)라 한다.

① **코일형 예열플러그** : 흡입공기 통로에 히트 코일이 노출되어 있기 때문에 예열 시간이 짧고, 코일 자체로 형상이 유지되어야 하므로 열선이 굵어 예열플러그 하나의 저항은 작게 되어 히트 코일은 직렬로 연결된다. 그래도 전제 저항이 작아 회로 내에 예열플러그 저항을 둔다.

② **실드형 예열플러그** : 히트 코일이 보호 금속 튜브 속에 있으며, 여러 개가 병렬로 연결되어 있어 어느 하나가 단선되어도 다른 것은 작용한다. 전류가 흐르면 튜브 전체가 적열되어 예열되며, 가느다란 열선으로 되어 자체 저항이 커서 예열플러그 저항이 필요없다.

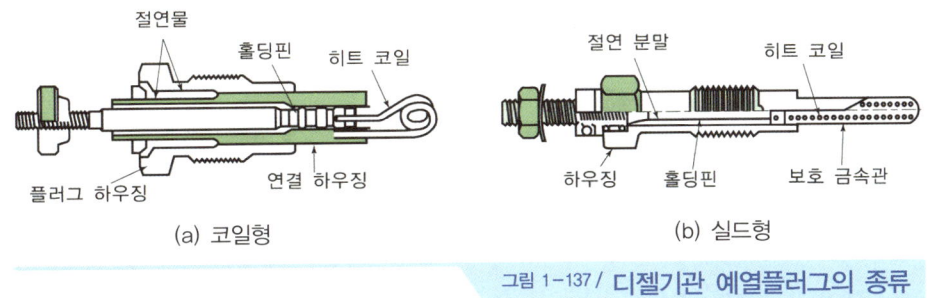

그림 1-137 / **디젤기관 예열플러그의 종류**

2) 흡기가열식

공기가 실린더에 흡입될 때 흡기 통로에서 가열하는 방식이며, 흡기 히터와 히터 레인지 등이 있다. 직접분사실식은 예열플러그를 설치할 곳이 없기 때문에 흡기다기관에 히터를 설치한다.

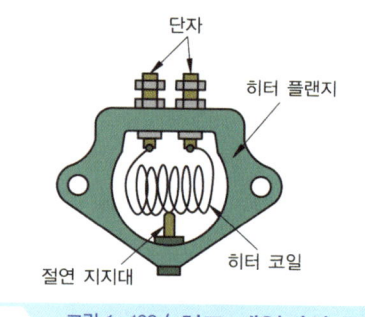

그림 1-138 / 히트 레인지의 구조

제2절 / CRDI 디젤기관

1_ CRDI 연료 장치

커먼 레일식은 연료의 압력 발생이 커먼 레일 분사 시스템에서 분리되어 있으며, 연료의 분사 압력은 엔진의 회전속도와 분사되는 연료량에 독립적으로 생성된다. 연료의 분사량과 분사시기는 ECU에 의해 계산되어 분사 유닛을 경유하여 인젝터 솔레노이드 밸브를 통하여 각 실린더에 분사된다.

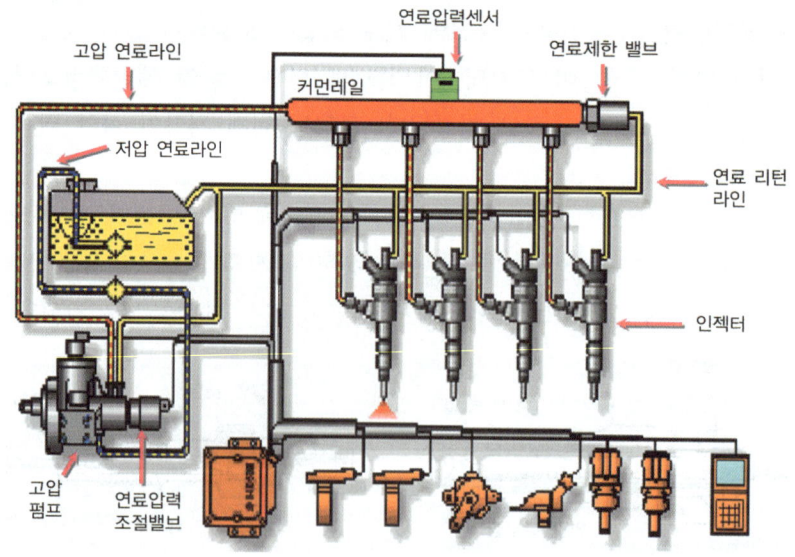

그림 1-139 / CRDI 연료 라인 시스템

1. 연료 시스템 구성요소

1) 저압 연료펌프

기계식 또는 전기식으로 고압펌프에 연료를 압송(6.5 ~ 8.5[bar])한다.

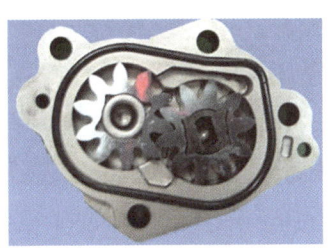

2) 연료필터

연료의 오염 물질을 여과한다.

3) 고압펌프

엔진의 캠축에 의해 구동되며, 저압펌프에서 공급된 연료를 고압으로 형성하여 커먼 레일(어큐뮬레이터)에 송출한다. 최고 압력은 1,420[bar]이고 설정 압력은 1,350[bar]이다.

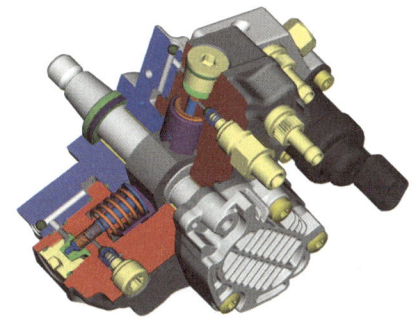

그림 1-140 / **고압펌프**

4) 커먼레일(어큐뮬레이터)

고압펌프에서 공급된 연료가 축압·저장된다.

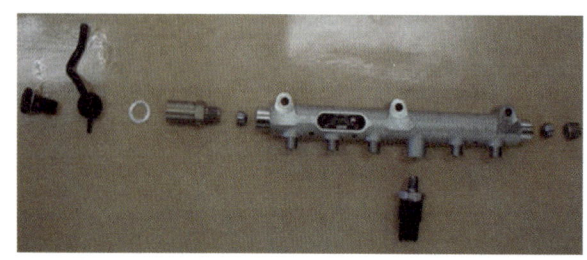

그림 1-141 / 커먼레일장치의 연료압력 제한밸브 분해도

5) 인젝터

엔진 ECU에 의해 제어되며, 고압의 연료를 연소실에 분사한다.

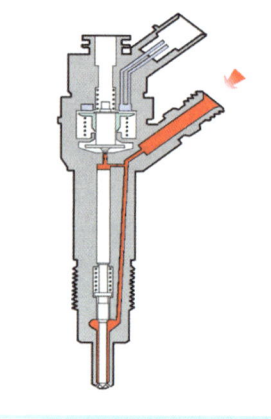

그림 1-142 / 인젝터

2. E.C.U 입력 요소

1) 레일 압력 센서(RPS)

피에조 압전 소자로 커먼 레일의 연료 압력을 측정하며, 연료량 및 분사시기를 조정하는 신호로 이용된다.

2) 에어플로 센서(AFS)

핫 필름방식으로 기능은 EGR 피드백 컨트롤 제어와 스모그 리밋 부스트(smog limit booster) 압력 컨트롤 제어용으로 사용된다.

3) 흡기온도 센서(ATS)

부특성 서미스터로 연료 분사량, 분사시기, 시동시 연료량 제어 등에 보정 신호로 사용된다.

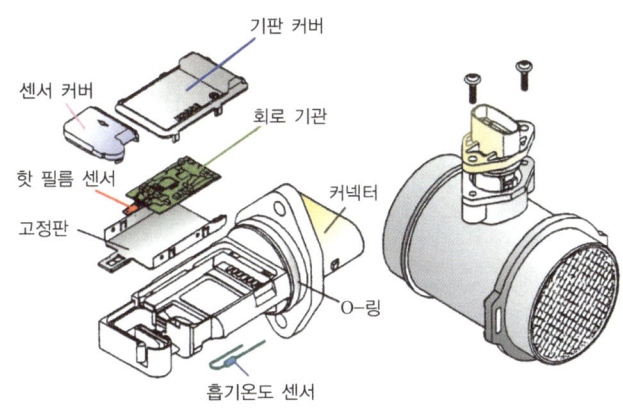

4) 액셀러레이터 포지션 센서(APS) 1, 2

센서 1은 주 센서로 연료 분사량과 분사시기를 결정하는 신호로 이용되며, 센서 2는 센서 1을 검사하는 센서로 차량의 급출발을 방지하기 위한 센서이다.

5) 연료 온도 센서(FTS)

부특성 서미스터로 연료 온도에 따른 연료 분사량의 보정 신호로 이용된다.

6) 냉각수온 센서(WTS)

냉각수온의 변화에 따라 연료량을 보정하는 신호로 이용되며, 열간시에는 냉각팬 제어 신호로 이용된다.

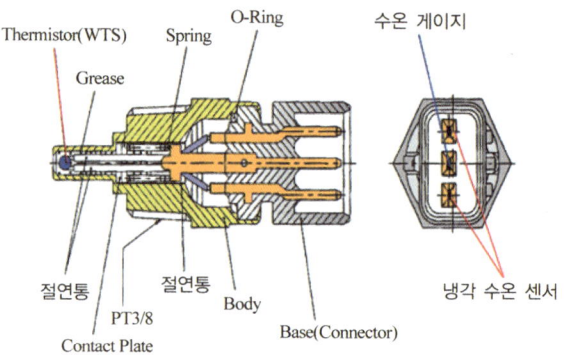

7) 크랭크 포지션 센서(CPS)

마그네틱 인덕티브 방식으로 크랭크축의 각도, 피스톤의 위치, 엔진 회전수 등을 검출하며, 피스톤의 위치는 연료 분사시기를 결정한다. 고장시 엔진을 정지시킨다.

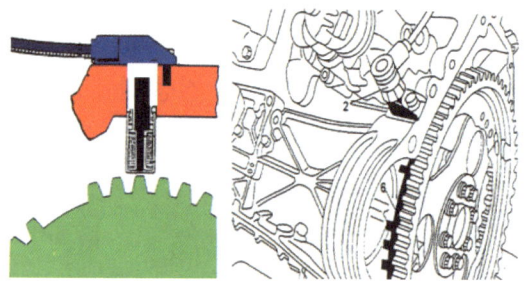

8) 캠 포지션 센서

홀 센서 방식으로 1번 실린더 압축 상사점을 검출하여 연료 분사순서를 결정한다. 고장시 엔진은 구동될 수 있다.

9) 차속 센서

타코미터 차속 표시용 신호, 공회전 보정 듀티 범위 제한, 냉각 팬 제어, 최대 차속 초과시 연료 분사 중지, 차량 울렁거림 제어, 트랙션 컨트롤 제어시에 이용된다.

10) 노크 센서

엔진의 이상 연소 유무를 파악하여 엔진의 진동을 감지한다. 아이들 안정성 제어 및 인젝터 손상 여부를 파악하여 경고등을 점등시키며, 센서 고장시 엔진회전수, 공기량, 냉각수온 등 MAP 값에 따라 점화시기를 보정한다.

11) 대기압 센서(BPS)

ECU 내에 설치되어 있으며, 대기압에 따라 분사시기 설정 및 연료 분사량을 보정하며, EGR 금지 등을 결정한다.

12) 기타 스위치

① 클러치 스위치 신호 : 접점식 스위치로 정속 해제시와 스모그 컨트롤시에 필요한 기어 단수의 인식에 사용되며, 충격 감소 보정용으로도 사용된다.

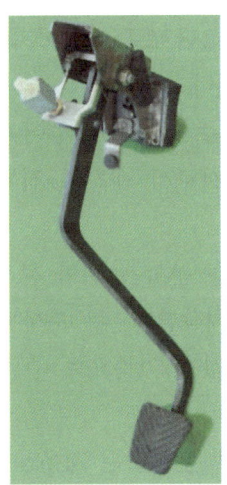

② 에어컨 스위치 신호 : 에어컨 작동시 엔진 회전수의 저하 방지를 위해 연료 분사량 보정 신호로 이용된다.

③ 블로워 모터 스위치 : 전기 부하에 따른 엔진 회전수의 저하를 방지하기 위해 연료 분사량을 보정하는 신호로 이용된다.

④ 에어컨 압력 스위치 : 로·하이 스위치 신호는 에어컨 라인에 냉매 유무 및 막힘 유무를 판단하여 에어컨 콤프레서를 작동시키는 신호로 이용되며, 미들 스위치 신호는 에어컨 라인에 15[kg_f/cm^2] 이상의 압력이 발생되면 냉각팬을 구동시키는 신호로 이용된다.

⑤ 이중 브레이크 스위치 신호 : 액셀러레이터 포지션 센서의 고장 여부를 판단하는 신호로 이용된다.

3. E.C.U 출력 요소

1) 인젝터

① **역할** : ECU의 신호를 받아 커먼 레일에서 공급되는 연료를 연소실에 분사시킨다. 연료 분사는 점화 분사와 주 분사의 2단계로 이루어지며, 연료의 압력과 연료의 온도에 따라 분사량과 분사시기가 보정된다.

　㉠ 점화 분사(pilot injection) : 주 분사가 이루어지기 전에 연료를 분사하여 연소가 잘 이루어지도록 하기 위한 분사로서 엔진의 진동과 소음을 감소시키기 위한 목적을 두고 있다.

　㉡ 주 분사(main injection) : 주 분사는 점화 분사가 실행되었는 지 고려하여 연료량을 계산하며, 엔진 출력에 해당한다. 주 분사는 엔진 토크량, 엔진 회전수, 냉각수온, 흡기온도, 대기압 등의 값을 기준으로 주 분사 연료량을 계산한다.

② **점화 분사가 중지되는 조건**

　㉠ 점화 분사가 주 분사를 너무 앞지르는 경우
　㉡ 엔진 회전수가 3200[rpm] 이상인 경우
　㉢ 연료 분사량이 너무 적은 경우
　㉣ 주 분사량이 충분하지 않은 경우
　㉤ 연료 압력이 최소값(100[bar]) 이하인 경우
　㉥ 엔진 중단에 오류가 발생한 경우

2) 커먼 레일 압력 조절밸브(DRV)

ECU의 제어 신호에 의해 엔진의 회전속도 및 부하에 따라 설정 압력에 맞게 연료 압력을 조절하며 솔레노이드 밸브를 작동시켜 듀티 제어한다. 연료 압력 조절 밸브 고장시 엔진을 비상 정지시킨다.

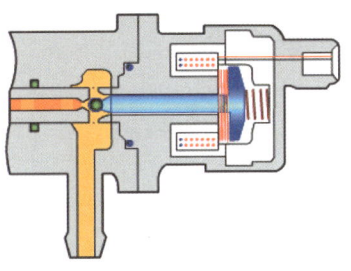

그림 1-143 / 압력 조절밸브 내부 구조

3) 유해 배출가스 재순환 장치

① EGR 밸브 : NOx의 배출을 저감시키기 위한 밸브이다.

② EGR 솔레노이드 밸브 : ECU에서 계산된 값을 PWM 방식으로 제어하며, EGR 작동 시간은 부하 감소를 위하여 엔진의 rpm을 제어한다.

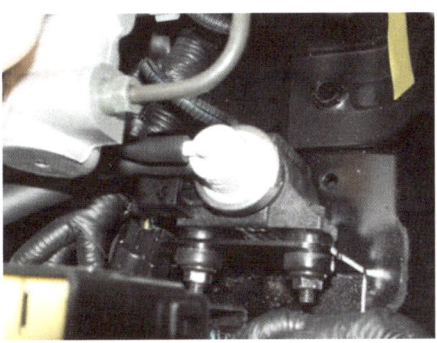

③ EGR 작동 중지 조건
　㉠ 엔진 공회전시(1000[rpm] 이하 52초 이상)
　㉡ 에어플로 센서 고장시
　㉢ EGR 밸브 고장시
　㉣ 냉각수온이 15[℃] 이하 또는 100[℃] 이상인 경우
　㉤ 배터리 전압이 8.9[V] 이하인 경우
　㉥ 해발 1,000[m] 이상인 경우
　㉦ 흡입 공기온도 60[℃] 이상인 경우

4) 예열 장치

냉시동시 시동이 원활히 되도록 하기 위한 장치로 배기가스와 관계가 있으며, 예열장치는 냉각수온과 엔진 rpm에 의해 제어된다.

① PRE GLOW : 시동 준비 글로우 동작 시간으로, PRE GLOW 종료 시까지 시동을 하지 않는 경우 16초간 작동한다.
② START GLOW : 수온 60[℃] 이하인 경우 매번 실시하며, 시동모드 해제 시까지 15초 내로 작동한다.
③ POST GLOW : 냉각수온(70[℃] 이하)에 따라 POST GLOW 시간이 결정되며, 시동 후 2,500rpm 이하이고 연료량 75[cc] 이하인 경우 단 1회만 실시한다.

5) 프리 히터

프리 히터란 냉각수 라인 내에 설치되어 외기온도가 낮을 경우 일정시간 동안 작동시켜 히터로 유입되는 냉각수의 온도를 높여 히터의 난방 성능을 향상시키는 장치이다

① **가열플러그 방식** : 추운 날씨에 전류에 의한 발열로 냉각수를 가열하여 실내 히터 열교환기로 보내는 장치로, 냉각수 라인에 3개의 글로우 플러그가 직접 설치되며, 엔진 ECU는 냉각수온이 65[℃] 이상이 되면 자동으로 프리히터 전원을 OFF시킨다.

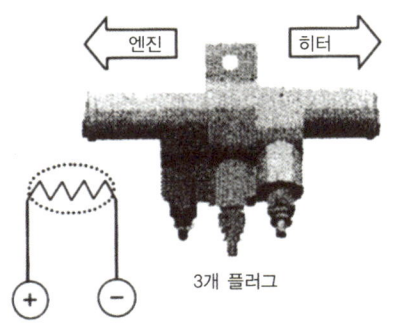

그림 1-144 / **글로 플러그**

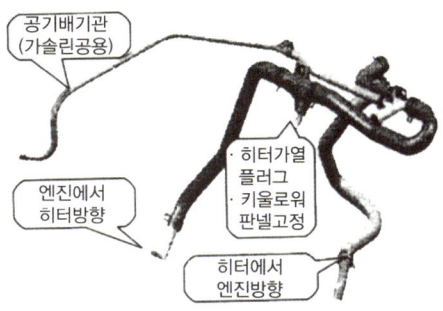

그림 1-145 / **글로 플러그 라인**

② **연소식 히터 방식** : 별도의 연소식 히터로 냉각수 라인에 버너를 설치하여 디젤 연료의 연소에 의한 난방장치이다. 플러그 형식보다 난방성능이 우수하며 실내가 넓은 차량에 주로 쓰인다.

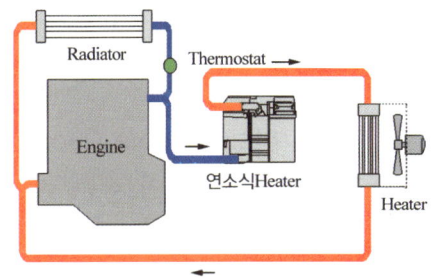

그림 1-146 / **온수 순환도**

2_ 과급기

자자연 흡입방식은 기관에 필요한 공기를 배기행정 후 배기밸브가 닫힌 다음, 흡입행정의 피스톤 하강시 내부 부압에 의해 흡입되나 과급기는 공기를 기계적으로 가압하여 실린더에 밀어 넣음으로서 배기량이 동일한 기관에서 많은 양의 공기를 공급할 수 있기 때문에 연료 분사량을 증가시켜 출력을 증대하는 장치이다.

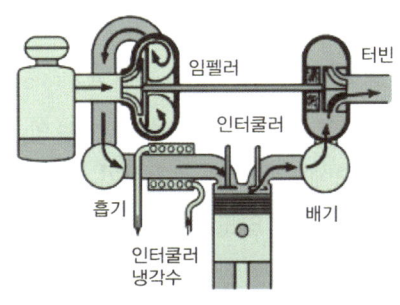

그림 1-147 / **터보 차저**

1. 터보 차저

1) 터보 차저의 종류

터보 차저는 배기가스가 유입되는 터빈 하우징 내부의 유로가 고정형인 일반 터보와 유로를 조절하는 방법에 따른 가변형 터보로 나눌 수 있다.

① **일반터보(conventional turbo)** : 연소실에서 나온 배기가스가 터보의 터빈 휠에 공급되는 통로가 고정된 하나의 통로로 구성된 기본적인 기능만을 가진 터보로, 저속영역에서는 불리하지만 고속영역에서는 효율이 좋고 구조가 간단하며 내구성이 좋다.

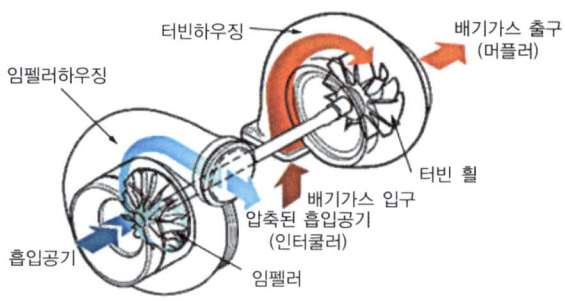

② **가변식 터보(Variable Geometry Turbo)** : 엔진이 회전하는 전 영역에서 최대의 터보 효과를 얻기 위하여 각종 센서와 액츄에이터를 이용하여 터빈 휠로 통하는 배기가스 유로의 단면적을 전자제어적으로 연속 제어하는 터보 시스템을 가변식 터보라고 한다.

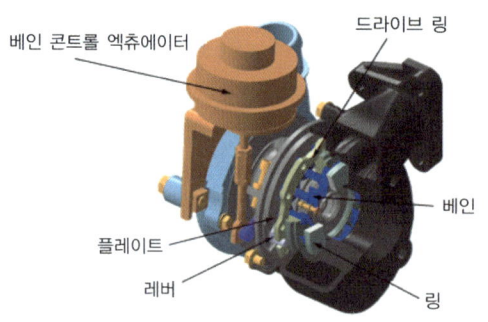

그림 1-148 / **가변식 터보**

㉠ 가변식 터보의 작동 : 엔진회전수가 낮아 배기가스량이 부족한 저속영역에서는 유로를 최대한 좁혀 배기가스의 속도를 증가시켜 터보의 약점인 저속 토크부족과 터보랙을 감소시키고 고속영역에서는 엔진회전수가 증가할수록 유로를 넓혀 배기가스가 충분하게 터빈 휠에 도달할 수 있도록 한다.

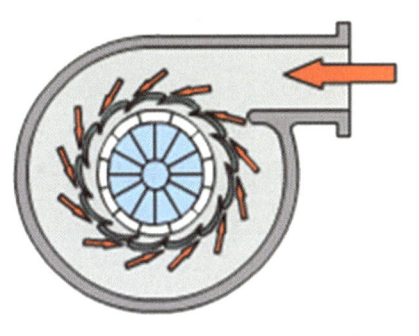
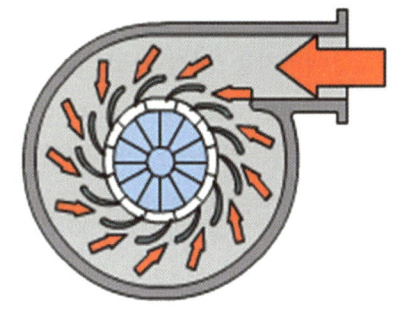

그림 1-149 / **저속 저부하시**   그림 1-150 / **고속 고부하시**

2) 터보 차저의 구성

터보차저는 배기가스의 압력에 의해서 고속으로 회전되어 공기에 압력을 가하는 임펠러(impeller), 배기가스의 열에너지를 회전력으로 변환시키는 터빈(turbine), 터빈축(tur bine shaft)을 지지하는 플로팅 베어링(floating bearing), 과급 압력이 규정 이상으로 상승되는 것을 방지하는 과급 압력조절기, 과급된 공기를 냉각시키는 인터쿨러(inter cooler) 등으로 구성되어 있다.

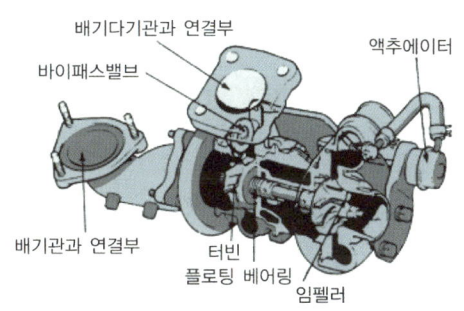

그림 1-151 / **터보차저의 구조**

① 임펠러(impeller) : 흡입 쪽에 설치된 날개이며, 공기에 압력을 가하여 실린더로 보내는 역할을 한다.

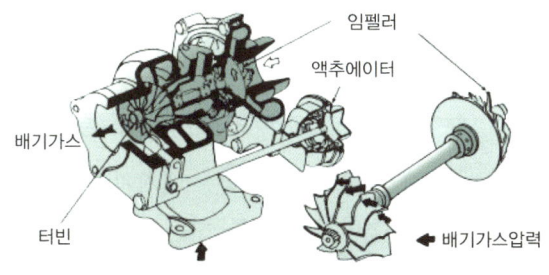

그림 1-152 / **과급기의 구조**

제5장_디젤 기관 143

② 터빈(turbine) : 터빈은 배기쪽에 설치된 날개이며, 배기가스의 압력에 의하여 배기가스의 열에너지를 회전력으로 변환시키는 역할을 한다
③ 플로팅 베어링(floating bearing) : 플로팅 베어링은 10,000 ~ 15,000rpm 정도로 회전하는 터빈축을 지지하는 베어링으로 기관으로부터 공급되는 윤활유로 충분히 윤활되므로 하우징과 축사이에서 자유롭게 회전할 수 있다.

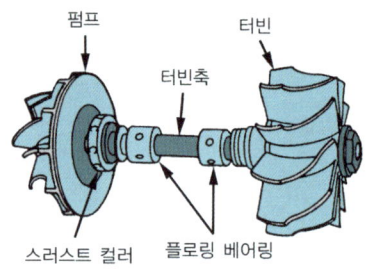

그림 1-153 / 플로팅 베어링

④ 과급 압력조절기(waste gate valve) : 과급 압력조절기는 과급압력이 규정값 이상으로 상승되는 것을 방지하는 역할을 한다. 고속 영역에서 터빈 휠의 회전수가 급격히 상승하면서 터빈실의 압력도 올라가고 배압이 증가하면서 펌핑 로스도 증가하여 터보 효율이 낮아지므로 높아진 터빈실의 압력을 낮추기 위하여 터빈 휠을 사이에 두고 터빈 휠 전 터빈실의 높은 압력을 터빈 휠 이후의 배기관 쪽으로 바이패스 시키는 압력 조절밸브를 사용하는데 이 압력 조절밸브를 웨이스트게이트 밸브라고 한다.

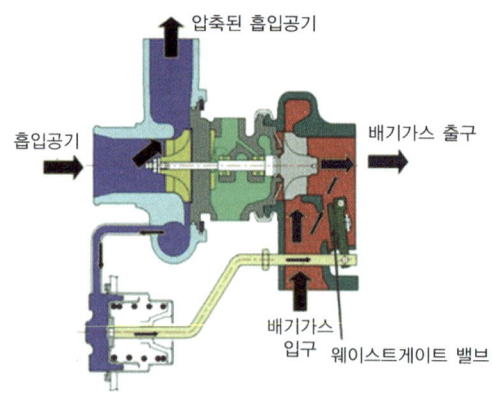

그림 1-154 / 웨이스트 게이트 밸브

㉠ 배기가스 바이패스 방식 : 터빈으로 유입되는 배기가스의 일부를 바이패스시켜 과급 압력이 규정값 이상으로 상승되지 않도록 하는 방식이다.

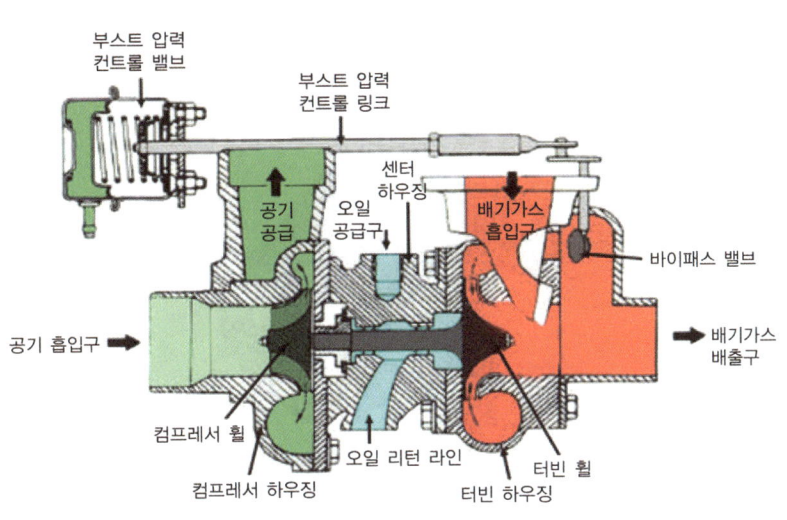

그림 1-155 / **터보차저의 단면도**

ⓒ 흡입되는 공기를 조절하는 방식 : 흡입쪽에 릴리프 밸브(relief valve)를 설치하여 임펠러에 의해서 과급된 흡입공기가 규정값 이상으로 상승하면 릴리프 밸브가 열려 과급 공기를 대기 중으로 배출시켜 과급 압력 자체를 조절하여 실린더로 공급하는 방식이다.

⑤ **인터쿨러(inter cooler)** : 인터쿨러는 임펠러와 흡기다기관 사이에 설치되어 과급된 공기를 냉각시키는 역할을 한다. 임펠러에 의해서 과급된 공기는 온도가 상승함과 동시에 공기밀도의 증대 비율이 감소하여 노크를 일으키거나 충전효율이 저하된다. 따라서 이러한 현상을 방지하기 위하여 라디에이터와 비슷한 구조로 설계하여 주행 중에 받는 공기로 냉각시키는 공냉식(air cooled type)과 냉각수를 이용하여 냉각시키는 수냉식(water cooled type)이 있다.

㉠ 공냉식 인터쿨러 : 공랭식 인터쿨러는 주행 중에 받는 공기로서 과급 공기를 냉각시키는 방식으로서 수랭식에 비하여 구조는 간단하지만 냉각효율이 떨어진다. 따라서 주행속도가 빠를수록 냉각효율이 높아진다.

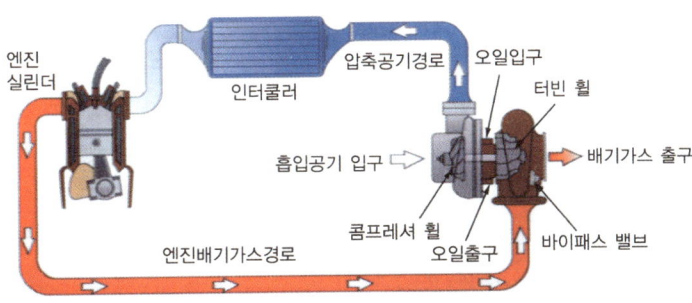

그림 1-156 / **공냉식 인터쿨러**

ⓛ 수냉식 인터쿨러 : 수랭식 인터쿨러는 기관의 냉각용 라디에이터 또는 전용의 라디에이터에 냉각수를 순환시켜 과급 공기를 냉각시키는 방식이다.

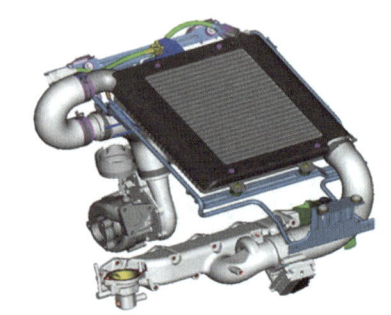

그림 1-157 / 수냉식 인터쿨러

2. 슈퍼 차저(super charger)

크랭크축과 벨트로 연결되어 있는 슈퍼 차저용 클러치를 거쳐 2개의 로터(rotor)를 회전시켜 과급하는 방식이며, 전자 클러치의 ON, OFF 작동으로 제어되며 엔진의 부하가 작을때는 전자 클러치를 OFF시켜서 저·중속 범위에서 엔진의 토크를 증대시켜 준다.

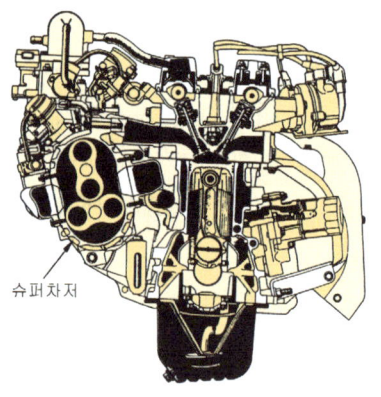

그림 1-158 / 슈퍼차저를 부착한 디젤기관

제5장 디젤 기관 출제예상문제

01 가솔린 기관과 비교할 때 디젤 기관의 장점이 아닌 것은? [07년 4회]
㉮ 부분부하 영역에서 연료소비율이 낮다.
㉯ 넓은 회전속도 범위에 걸쳐 회전 토크가 크다.
㉰ 질소산화물과 매연이 조금 배출된다.
㉱ 열효율이 높다.

풀이 디젤기관의 장점
① 압축비를 크게 할 수 있다.
② 점화장치가 없으므로 이에 따른 고장이 없다.
③ 경유의 인화점이 높으므로 저장이나 취급이 용이하다.
④ 넓은 회전속도에서 회전력이 크다.
⑤ 열효율이 높고 연료소비량이 적다.
⑥ 마력당 중량이 무겁다.
⑦ 연료의 값이 저렴하다.
⑧ 대형 엔진의 제작이 가능하다.

02 예연소실식 디젤 기관의 분사 압력 범위에 해당되는 것은? [09년 5회]
㉮ 100 ~ 120 [kgf/cm²]
㉯ 200 ~ 250 [kgf/cm²]
㉰ 300 ~ 350 [kgf/cm²]
㉱ 400 ~ 450 [kgf/cm²]

풀이 예연소실식 분사 압력 : 100 ~ 120 [kgf/cm²]

03 디젤 기관과 비교한 가솔린 기관의 장점이라고 할 수 있는 것은? [08년 2회]
㉮ 기관의 단위 출력당 중량이 적다.
㉯ 열효율이 높다.
㉰ 대형화 할 수 있다.
㉱ 연료 소비량이 적다.

풀이 가솔린 기관의 특징
① 기관의 단위 출력당 중량이 적다.
② 가속성이 좋고, 운전이 정숙하다.
③ 제작비가 적게 든다.
④ 전기 점화장치의 고장이 많다.
⑤ 연료소비율이 높아서 연료비가 많이 든다.
⑥ 배기가스 중에 CO, HC, NOx 등 유해 성분이 많이 포함되어 있다.
⑦ 연료의 인화점이 낮아 화재의 위험성이 높다.

04 디젤기관에서 연료 분무형성의 3대 요건이 아닌 것은? [07년 2회]
㉮ 노크   ㉯ 관통력
㉰ 분포   ㉱ 무화

풀이 연료 분무의 3대 조건 : 무화, 분포, 관통력

05 디젤 기관의 연료 분무 형성의 조건이 아닌 것은? [09년 2회]
㉮ 무화   ㉯ 관통
㉰ 분포   ㉱ 분리

풀이 디젤기관 연료 분무의 3대 조건 : 무화(안개화), 분포, 관통력

01 ㉰ 02 ㉮ 03 ㉮ 04 ㉮ 05 ㉱

06 디젤기관에서 예연소실식의 장점이 아닌 것은? [08년 5회]

㉮ 단공 노즐을 사용할 수 있다.
㉯ 분사개시 압력이 낮아 연료장치의 고장이 적다.
㉰ 작동이 부드럽고 진동이나 소음이 적다.
㉱ 실린더 헤드가 간단하여 열 변형이 적다.

> **예연소실식의 장·단점**
> ① 연료의 분사압력(100 ~ 120[kg_f/cm^2])이 낮아 연료장치의 고장이 적고, 수명이 길다.
> ② 사용 연료의 변화에 둔감하므로 연료의 선택이 편리하다.
> ③ 운전상태가 정숙하고 노크가 적다.
> ④ 연소실 표면적 대 체적비가 크므로 냉각손실이 크다.
> ⑤ 예열플러그가 필요하다.
> ⑥ 연소실의 구조가 복잡하다.
> ⑦ 연료소비율(200 ~ 250[g/ps-h])이 직접분사식에 비해 크다.

07 디젤기관의 분사펌프식 연료장치의 연료공급 순서가 맞는 것은? [08년 4회]

㉮ 연료탱크 - 연료 여과기 - 연료 공급 펌프 - 연료 여과기 - 분사펌프 - 고압 파이프 - 분사노즐 - 연소실
㉯ 연료탱크 - 연료 여과기 - 연료 공급 펌프 - 분사펌프 - 연료 여과기 - 고압 파이프 - 분사노즐 - 연소실
㉰ 연료탱크 - 연료 공급 펌프 - 연료 여과기 - 분사펌프 - 연료 여과기 - 고압 파이프 - 분사노즐 - 연소실
㉱ 연료탱크 - 연료 여과기 - 연료 공급 펌프 - 연료 여과기 - 분사펌프 - 분사노즐 - 고압 파이프 - 연소실

> 분사펌프의 연료공급 순서는 ㉮ 항과 같다.

08 디젤기관의 연소실 중 예연소실의 분사압력으로 적합한 것은? [08년 4회]

㉮ 100 ~ 120[kg_f/cm^2]
㉯ 200 ~ 300[kg_f/cm^2]
㉰ 400 ~ 500[kg_f/cm^2]
㉱ 300 ~ 700[kg_f/cm^2]

> **예연소실식의 장·단점**
> ① 연료의 분사압력(100 ~ 120[kg_f/cm^2])이 낮아 연료장치의 고장이 적고, 수명이 길다.
> ② 사용 연료의 변화에 둔감하므로 연료의 선택이 편리하다.
> ③ 운전상태가 정숙하고 노크가 적다.
> ④ 연소실 표면적 대 체적비가 크므로 냉각손실이 크다.
> ⑤ 예열플러그가 필요하다.
> ⑥ 연소실의 구조가 복잡하다.
> ⑦ 연료소비율(200 ~ 250[g/ps-h])이 직접분사식에 비해 크다.

09 디젤기관의 진동원인에 해당되지 않는 것은? [08년 5회]

㉮ 연료공급 계통에 공기가 침입되었다.
㉯ 크랭크축의 무게가 평형하다.
㉰ 분사량 분사시기 및 분사 압력이 틀려져 있다.
㉱ 다기통 기관에서 어느 한 개의 분사노즐이 막혔다.

> **디젤기관의 진동원인**
> ① 분사량, 분사시기, 분사압력 등이 틀릴 때
> ② 연료공급 계통에 공기가 침입하였을 때
> ③ 다기통 기관에서 어느 한 개의 분사노즐이 막혔을 때
> ④ 크랭크 축의 무게가 평형하지 않을 때

06 ㉱ 07 ㉮ 08 ㉮ 09 ㉯

10 디젤 기관의 연료 분무형성과 관계있는 것은? [09년 4회]
㉮ 관통력과 무화   ㉯ 직진성과 노크
㉰ 착화성과 무화   ㉱ 분포성과 직진성

💡 디젤 분무형성의 3대 조건 : 무화, 분포, 관통력

11 분사 펌프에서 분사 초기의 분사시기를 일정하게 하고 분사 말기를 변화시키는 리드 형은? [07년 4회]
㉮ 변 리드형   ㉯ 역 리드형
㉰ 정 리드형   ㉱ 양 리드형

💡 플런저의 리드 방식
① 정 리드 : 분사 초기가 일정하고 분사 말기가 변화
② 역 리드 : 분사 초기가 변화하고 분사 말기가 일정
③ 양 리드 : 분사 초기와 분사 말기가 모두 변화

12 디젤기관에서 감압장치의 설치 목적에 적합하지 않는 것은? [08년 1회]
㉮ 겨울철 오일의 점도가 높을 때 시동을 용이하게 하기 위해서이다.
㉯ 기관의 점검 조정 및 고장 발견 시에 활용하기도 한다.
㉰ 흡입밸브나 배기밸브를 작용하여 감압한다.
㉱ 흡입효율을 높여 압축압력을 크게 하는 데 작용시킨다.

💡 감압장치의 설치 목적
① 겨울철 오일의 점도가 높을 때 시동을 용이하게 하기 위해서이다.
② 흡입밸브나 배기밸브를 강제로 열어 감압한다.
③ 기관의 점검 조정 및 고장 발견 시에 활용하기도 한다.
④ 디젤엔진의 작동을 정지시킬 수도 있다.

13 디젤 기관의 기계식 연료분사 펌프의 분사시기는 다음 중 어떤 방법으로 조정하는가? [07년 5회]
㉮ 거버너의 스프링을 조정
㉯ 래크와 피니언으로 조정
㉰ 피니언과 슬리이브로 조정
㉱ 펌프와 타이밍 기어의 커플링으로 조정

💡 디젤기관에서 보쉬형 연료분사 펌프의 분사시기는 펌프와 타이밍 기어의 커플링으로 조정한다.

14 디젤기관의 예열장치에서 연소실 내의 압축공기를 직접 예열하게 되는 형식을 무엇이라 하는가? [07년 1회]
㉮ 흡기 가열식   ㉯ 흡기 히터식
㉰ 예열 플러그식   ㉱ 히터 레인지식

💡 흡기 가열식(흡기 히터식), 히터 레인지식은 흡입되는 공기를 흡기 다기관에서 가열하는 방식이고, 예열 플러그식은 연소실 내의 압축공기를 직접 예열하는 방식이다.

15 디젤기관의 인터쿨러 터보(intercooler turbo) 장치는 어떤 효과를 이용한 것인가? [07년 5회 / 09년 2회]
㉮ 압축된 공기의 밀도를 증가시키는 효과
㉯ 압축된 공기의 온도를 증가시키는 효과
㉰ 압축된 공기의 수분을 증가시키는 효과
㉱ 배기가스를 압축시키는 효과

💡 인터쿨러 터보는 과급된 공기를 냉각시켜 공기의 밀도를 향상시킴으로써 충전효율을 증대시킨다.

10 ㉮ 11 ㉰ 12 ㉱ 13 ㉱ 14 ㉰ 15 ㉮

16 디젤 분사펌프 시험기(Injection Pump Tester)로 시험할 수 있는 사항은?
[08년 1회]

㉮ 후적 ㉯ 분사초기압력
㉰ 분사량 ㉱ 분무상태

풀이 분사 초기압력, 분무상태, 후적 유무 등은 노즐시험기로 알 수 있다.

17 자동차용 기관에서 과급을 하는 주된 목적은?
[07년 1회]

㉮ 기관의 출력을 증대시킨다.
㉯ 기관의 회전수를 빠르게 한다.
㉰ 기관의 윤활유 소비를 줄인다.
㉱ 기관의 회전수를 일정하게 한다.

풀이 과급기는 엔진의 출력을 향상시키고 회전력을 증대시키며 연료소비율을 향상시킨다.

18 다음 중 디젤기관에 사용되는 과급기의 역할은?
[07년 2회 / 09년 5회]

㉮ 윤활성의 증대 ㉯ 출력의 증대
㉰ 냉각효율의 증대 ㉱ 배기의 증대

풀이 과급기는 엔진의 출력을 향상시키고 회전력을 증대시키며 연료소비율을 향상시킨다.

19 디젤 커먼레일 엔진의 구성부품이 아닌 것은?
[09년 1회]

㉮ 인젝터
㉯ 커먼레일
㉰ 분사펌프
㉱ 연료 압력 조정기

풀이 분사펌프는 기계식 디젤기관에 사용한다.

16 ㉰ 17 ㉮ 18 ㉯ 19 ㉰

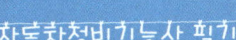

06 흡·배기장치

제1절 흡기장치(intake system)

1_ 자연 흡기 시스템

1. 개요

흡기장치는 흡입하는 공기 속에 들어 있는 먼지 등을 제거하는 공기 청정기와 각 실린더에 혼합기를 분배하는 흡기 다기관으로 구성되어 있다.

1) 구성

① **공기 청정기(air cleaner)** : 공기 청정기는 기관이 흡입하는 공기 속에 들어 있는 먼지를 제거하고 흡기 계통에서 발생하는 흡기 소음을 없애는 역할을 한다.

공기 청정기는 건식과 습식이 있으며 건식은 종이나 천으로 된 엘리먼트를 사용하며 공기가 엘리먼트를 통과할 때 먼지 등이 제거되어 흡입된다. 습식공기 청정기는 흡입 시 먼지 공기가 유면에 접촉되어 흐름 방향을 바꿀 때 입자가 큰 모래나 먼지가 와류에 의해 오일에 떨어지고 작은 불순물은 오일이 묻어있는 엘리먼트 사이를 빠져나갈 때 여과하도록 하여 여과성능이 좋다.

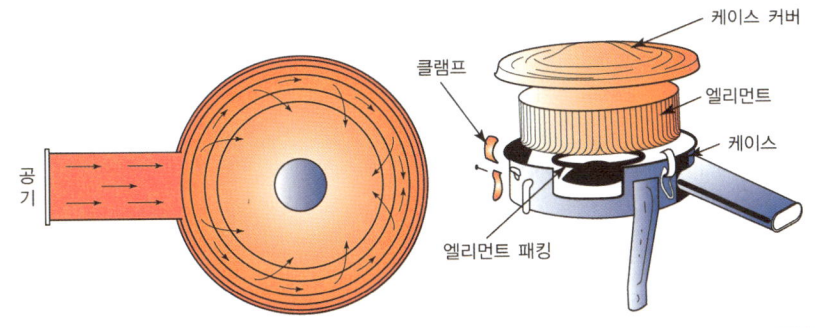

그림 1-159 / 건식 공기 청정기

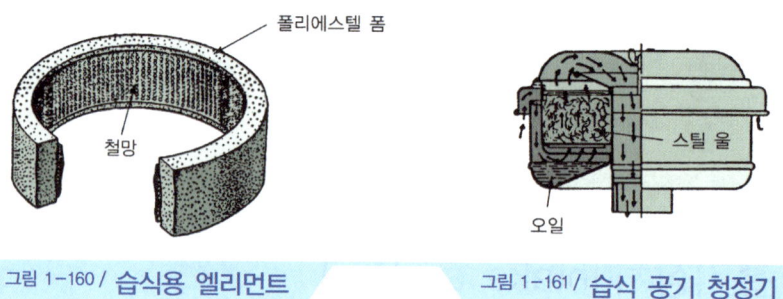

② 흡기 다기관 : 흡기 다기관(intake manifold)은 혼합기의 흐름 저항을 적게 하여 각각의 실린더로 균일한 혼합기를 분배하는 역할을 하며 혼합기에 와류를 형성시켜야 한다.

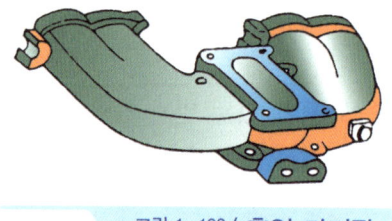

그림 1-162 / 흡입 다기관

2_ 가변 흡기 제어 장치(VICS : Variable Intake Control System)

가변 흡기 장치를 다른 말로 VIS(Variable Intake System) 라고도 하며, 엔진 회전수와 부하에 따라 흡기다기관의 길이를 변화시켜 전 운전 영역에서 엔진 성능을 향상시키는 시스템이다.

저속에서는 와류를 일으키는 긴 통로를 통해서, 고속에서는 흡기 부압이 걸리지 않도록 짧은 흡입 통로를 통하여 흡입 공기가 유입하도록 한다. ECU는 VICS 솔레노이드 밸브의 진공 부압을 제어하고, VICS 밸브는 엔진의 부하 운전 영역에 따라 엔진 출력을 향상시킨다.

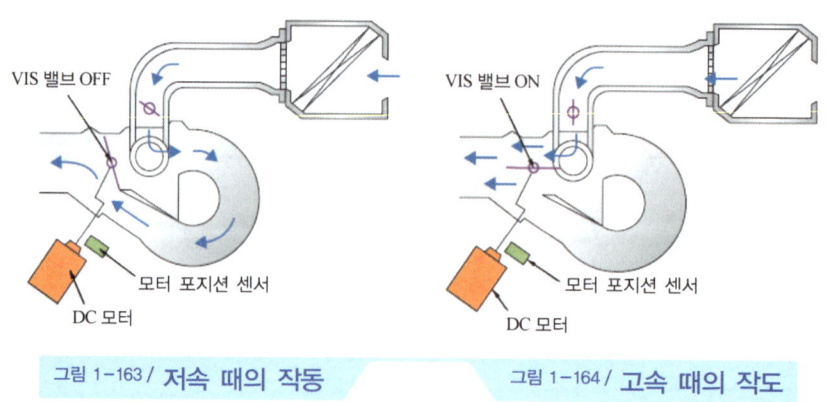

그림 1-163 / 저속 때의 작동 그림 1-164 / 고속 때의 작도

3_ CVVT(Continuously Variable Valve Timing) System

1. 개요

작동 중인 흡기밸브는 공회전시 및 고속 고부하시에는 지각, 중부하 및 저속 고부하시에는 진각시켜야 유리하므로 엔진의 캠 샤프트에 장착되어 흡기 캠샤프트의 밸브 개폐시기를 엔진 회전수에 따라 최적화하여 엔진 성능을 향상시켜주는 장치이다.

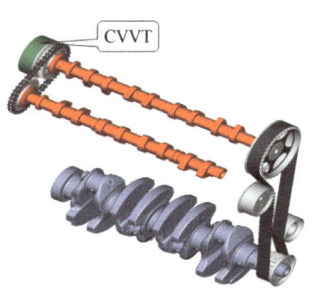

그림 1-165 / CVVT

2. 구성 부품

1) CVVT 플런저

OCV로부터 유압을 받아 진각, 지각 방향으로 회전 작동한다.

그림 1-166 / CVVT 플런저

2) OCV(Oil-flow Control Valve)

ECU의 제어를 받아 CVVT로 공급되는 유체통로의 방향을 변경시켜주는 부품이다.

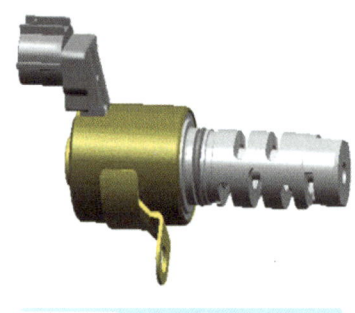

그림 1-167 / OCV

3) OTS(Oil Temperature Sensor)

CVVT의 작동유체는 엔진오일로 엔진오일의 온도에 따라 밀도의 변화가 생기는데 이러한 온도에 따른 변화량을 보상하기 위하여 OTS를 장착하여 OCV에 들어가기 전의 엔진오일의 온도를 측정하여 ECU에 보내면 ECU는 이 온도에 따라 OCV 구동을 보정한다.

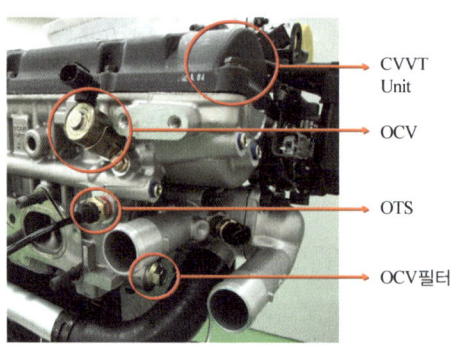

그림 1-168 / OTS 장착 위치

4) OCV 필터

OCV로 유입되는 이물질을 여과하여 오동작을 방지하며, 오염시 에어건 등으로 이물질을 제거하고, 에테르로 세척하여 오일 등을 깨끗이 제거한다.

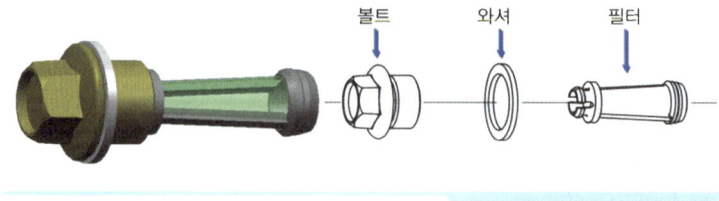

그림 1-169 / OCV 필터

3. CVVT 작동

시동 전 오일이 모두 빠져나간 상태이며 베인은 최대지각 상태로 있다가 시동을 걸면 CVVT 진각실과 지각실로 오일이 유입된다. 진각실에 유입된 오일 압력이 스톱퍼 핀을 이기면 베인이 움직이기 시작한다.

1) 진각시

CPU의 신호에 따라 OCV 스풀이 움직여 진각실로 오일이 유입되고 지각실로부터 오일이 빠져나가서 베인이 진각쪽으로 이동한다.

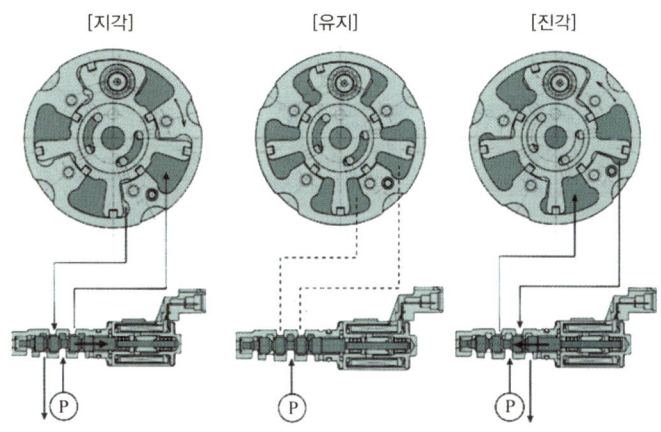

2) 지각시

지각실로 오일이 유입되고 진각실로 오일이 빠져나가서 베인이 지각쪽으로 이동한다.

3) 유지시

오일 누출량 만큼 오일을 보충하여 각도를 유지한다. 이때 OCV의 진각 유로를 조금씩 개구시키며 지각실은 거의 막은 상태가 된다.

제2절 배기장치(exhaust system)

배기장치는 각 실린더의 연소가스를 모으는 배기 다기관과 연소가스가 외부로 나가는 배기 파이프 및 소음기 등으로 구성되어 있다.

1_ 배기 다기관(exhaust manifold)

1. 배기 다기관

배기 다기관은 고온고압 가스가 끊임없이 통과되므로 내열성이 높은 주철 등을 이용하며, 실린더에서 배출되는 배기가스를 모으는 곳이다. 배기 연소가스 배출온도는 600[℃] ~ 700[℃] 정도이고, 가스압력은 3 ~ 5[kg/cm^2]이다.

2. 소음기(muffler)

소음기는 기관에서 배출되는 배기가스의 온도와 압력을 낮추어 배기 소음을 감소하는 장치이다.

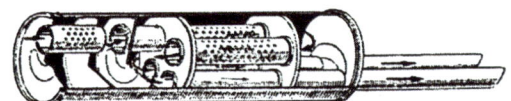

그림 1-170 / **소음기의 구조**

제3절 배출가스 저감장치

자동차로부터 배출되는 유해 배출가스는 블로바이 가스, 연료증발 가스, 배기가스 등을 들 수 있다. 블로바이 가스는 실린더와 피스톤 간극에서 크랭크케이스로 빠져 나오는 가스로, 70~90[%]가 미연소 가스인 탄화수소(HC)로 구성되며, 전체 배출가스의 약 25[%] 정도이다. 연료증발 가스는 연료탱크나 연료 계통 등에서 증발해서 대기 중으로 방출되는 가스로, 주성분은 블로바이 가스와 같이 미연소 가스인 탄화수소(HC)이다. 전체 배출가스의 약 15[%] 정도를 차지한다. 배기가스의 주성분은 수증기(H_2O)와 이산화탄소(CO_2)이어야 하나, 불완전 연소로 인해 CO, HC, NOx 등 유해가스가 배출되며 전체 배출가스의 약 60[%] 정도를 차지한다.

1_ 배출가스 제어장치

1. 블로바이 가스 제어장치

피스톤과 실린더 사이에서 발생되어 크랭크축과 로커암으로 유입된 블로바이 가스는 경,

중부하 시 PCV 밸브의 열림 정도에 따라 서지탱크로 들어가며, 급가속, 고부하 시 다량 발생된 블로바이 가스는 흡기다기관의 진공이 감소하므로 브리더 호스(breather hose)를 통해 서지탱크로 들어간다.

1) PCV(Positive Crankcase Ventilation) 밸브

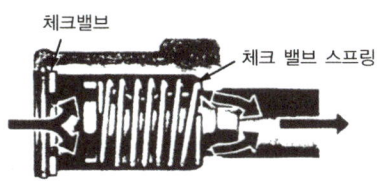

그림 1-171 / PVC 밸브

엔진 상태	정지	공회전, 감속	경·중부하	가속 및 고부하
흡기 다기관 진공도	없음	높음	중간	낮음
PCV 밸브 상태	닫힘	완전 열림	중간 열림	조금 열림
블로바이가스 유량	없음	많음	중간	적음
밸브 작동 상태				

2) 브리더(breather) 호스

엔진이 고속, 고부하로 작동 중 발생된 다량의 블로바이 가스는 흡기 다기관의 진공이 감소됨에 따라 PCV 밸브를 통해 제어되지 못하고, 브리더 호스를 통하여 직접 서지탱크로 유입된다.

2. 연료증발 가스 제어장치

1) 차콜 캐니스터(Charcoal Canister)

차콜 캐니스터는 연료 탱크 또는 기화기에서 발생한 증발가스를 대기 중으로 방출시키지 않고 활성탄을 이용하여 증발가스를 포집해 두었다가 가속 시나 등판 시와 같은 고부하 영역에서 퍼지 에어(purge air)와 함께 다시 증기상태로 되어 흡입 매니폴드에 공급해주는 장치이다.

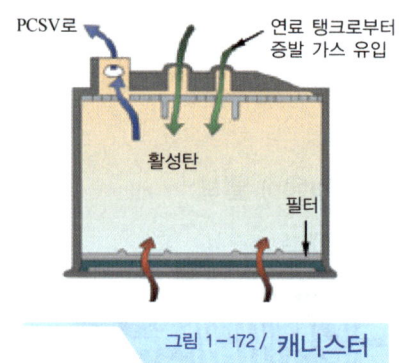

그림 1-172 / 캐니스터

2) 퍼지 컨트롤 솔레노이드 밸브(Purge Control Solenoid Valve)

퍼지 컨트롤 솔레노이드 밸브는 ECU의 제어에 의해 기관의 온도가 낮거나 공전 시에는 PCSV가 닫혀 캐니스터에 포집된 연료증발 가스는 유입되지 않으며, 기관이 정상온도에 도달하면 PCSV가 열려 연료증발 가스를 서지탱크로 유입시킨다.

3. 배기가스 제어장치

배기가스에서 발생되는 3대 유해가스로는 CO, HC, NOx가 있으며 이론 공연비(14.7 : 1)을 중심으로 희박하면 CO, HC가 많이 발생하고, 정상 연소상태인 이론 공연비 부근 고온에서 NOx가 많이 발생된다.

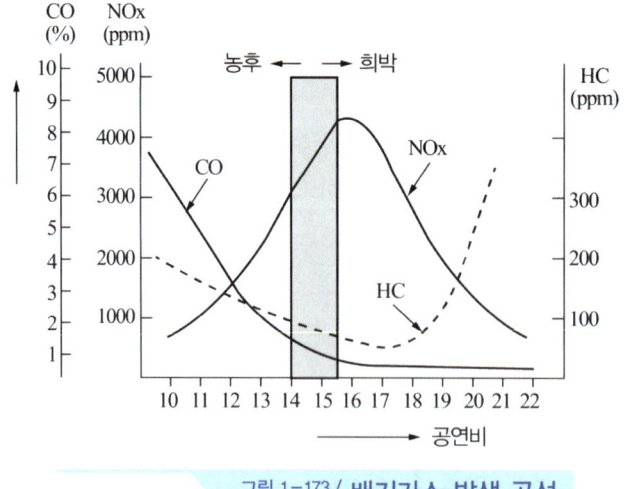

그림 1-173 / 배기가스 발생 곡선

1) 산소센서(oxygen sensor, O_2 센서, λ 센서, 공기비 센서)

촉매 컨버터가 효율적으로 작동하기 위해서는 이론 공연비에서 연소가 일어날 수 있도록 제어하여야 한다. 이를 공연비 제어 또는 람다 제어(λ-control)라 한다. 산소센서는 배기가스 중의 산소 농도에 따라 전압을 발생하며, 연소가 이론 공연비에서 이루어 졌는지를 점검하는 기능을 한다. 즉, 람다를 이론공기량과 실제 흡입한 공기량과의 비로 정의한다.

$$\lambda = \frac{실제 흡입 공기량}{이론 공기량}$$

혼합비가 희박하면 이론 공기량보다 흡입 공기량이 많으므로 λ > 1, 농후하면 흡입 공기량이 적으므로 λ < 1, 이론공연비에서 λ = 1이 된다.

배기가스 중에 산소농도가 높으면(λ > 1) 대기와의 산소농도 차이가 적어 발생전압이 낮고(0.1V), 산소농도가 낮으면(λ < 1) 대기와의 산소농도 차이가 커서 발생전압이 높아진다(0.9V). 또한 산소센서는 이론 공연비를 중심으로 전압변화가 급격하게 나타나므로 공연비 제어에 매우 유리하다. 산소센서는 소자의 재료에 따라 산화 지르코니아 산소센서와 산화 티타니아 산소센서 2종류로 나누어지며, 산화 지르코니아 산소센서는 산소 농도에 따른 기전력의 변화를 이용하고 산화 티타니아 산소센서는 저항 값이 변화하는 것을 측정한다.

2) 배기가스 재순환(Exhaust Gas Recirculation, EGR) 장치

EGR 장치는 배기가스의 일부를 다시 흡입계통으로 재순환시켜 연소 시 기관의 출력을 최소화하면서 최고 온도를 낮추어 고온일 때 발생하는 질소산화물(NOx)을 저감시키는 장치이다.

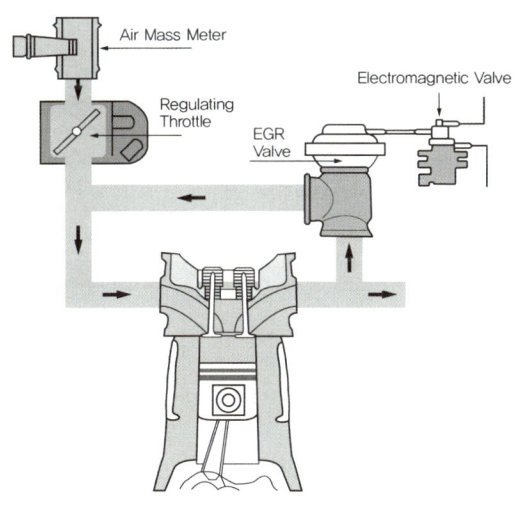

그림 1-174 / 배기가스 재순환 장치

EGR 시스템은 급 감속 시와 냉각수 온도가 낮을 때에는 작동하지 않으며 부분부하 영역, 냉각수 온도 65[℃] 이상, 1,450[rpm] 이상에서는 EGR 장치를 완전히 열어 NOx 발생을 저감 및 기관 출력에 영향을 받지 않도록 최소화가 가능하도록 한다.

① EGR 모듈레이터 밸브 : 배기가스의 압력과 흡입 매니폴드의 부압 신호에 의해 내부

다이어프램이 작동하여 EGR 컨트롤 밸브를 제어한다.
② EGR 솔레노이드 밸브 : 엔진과 라디에이터의 냉각수 온도와 rpm을 ECU가 입력 받아 전기적 신호로 EGR 밸브를 제어한다.
③ EGR율 = $\dfrac{\text{EGR가스량}}{\text{흡입공기량} + \text{EGR가스량}} \times 100[\%]$

3) 삼원촉매장치(3 way catalytic converter)

연소실에서 이론적으로 완전 연소된 배기가스는 수증기(H_2O), 이산화탄소(CO_2), 질소(N_2) 등으로 구성되어 있지만 실제로는 완전연소가 되지 않기 때문에 유해가스인 일산화탄소(CO), 탄화수소(HC), 질소산화물(NOx)이 생성된다. 삼원촉매 장치는 백금(Pt), 팔라듐(Pd), 로듐(Rh) 3가지 촉매를 이용하여, 산소센서와 EGR 장치에서 정화되지 않는 나머지 CO, HC, NOx를 CO_2, H_2O, N_2, O_2 등으로 산화 및 환원시키는 장치이다. 삼원촉매 장치를 사용하는 차량은 무연휘발유만을 사용하여야 한다.

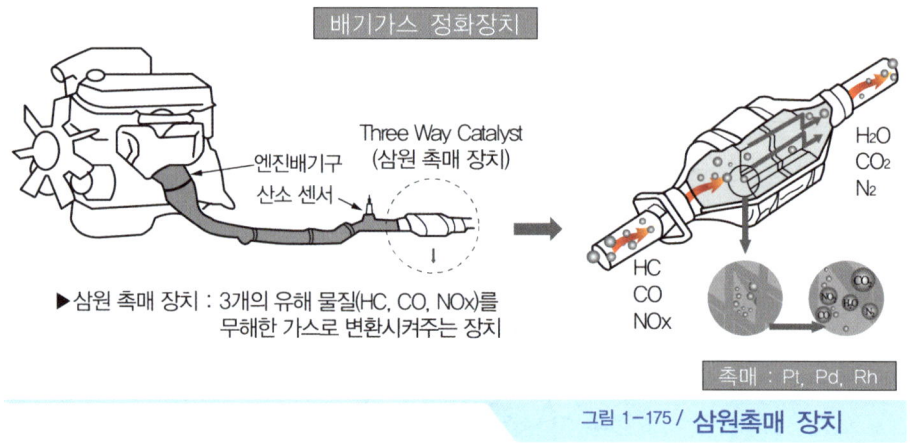

그림 1-175 / **삼원촉매 장치**

삼원촉매 장치는 촉매의 온도가 250[℃] 이상이 되어야 활성화되어 유해 배출가스를 정화할 수 있으며, 엔진 시동 후 약 1분 정도가 소요된다. 또한 정화효율은 공연비가 14.7 : 1일 때 최대 효율을 발휘한다.

2_ 배기가스 후처리 장치

배기가스 규제가 강화됨에 따라 디젤 자동차 배기가스의 경우 저감 기술만으로는 강화된 규제를 만족할 수 없어 추가로 DPF, SCR 등 배기가스 후처리 기술이 적용되었다.

표 1-4 / EU Emission Standards for Passenger Cars

[단위 : g/km]

배기규제 기준	유로 1	유로 2	유로3	유로4	유로5	유로6
유럽 적용	1992.7	1996.1	2000.1	2005.1	2009.9	2014.9
국내 적용			2005	2008	2011	2015.9
CO	2.72	1.0	0.64	0.5	0.5	0.5
HC+NO_x	0.97	0.9	0.56	0.3	0.23	0.17
NO_x			0.5	0.25	0.18	0.08
PM	0.14	0.1	0.05	0.025	0.005	0.005
적용기술	전자제어 연료분사 기술 적용		CRDI	DOC DPF	LNT SCR	SDPF

1. DPF(Diesel Particulate Filter)

DPF(CPF)는 디젤엔진에서 배출되는 입자상 물질(PM)을 필터로 포집한 후 이것을 다시 태우고(재생) 다시 포집하는 것을 반복하는 기술로 PM을 약 70[%] 이상 저감할 수 있다. DPF 장치는 PM 포집(trapping)과 재생(regeneration)으로 구분되며, 구성에는 촉매필터 본체와 배기가스 온도센서 및 차압센서가 있으며 필터에는 산화촉매 어셈블리가 포함되어 있다. 배기가스가 촉매 필터를 통과할 때 입자상 물질은 촉매 필터 내에 퇴적되며, 나머지 물질(CO, HC 등)은 머플러를 통하여 대기 중으로 방출된다.

1) 촉매 필터

디젤 엔진에서 연소 중 발생하는 입자상 물질을 포집하는 역할을 한다. 입구로 유입된 배출 가스는 채널 출구가 막혀 있기 때문에 다공질 벽을 통과하여 옆 채널출구로 빠져나가게 된다.

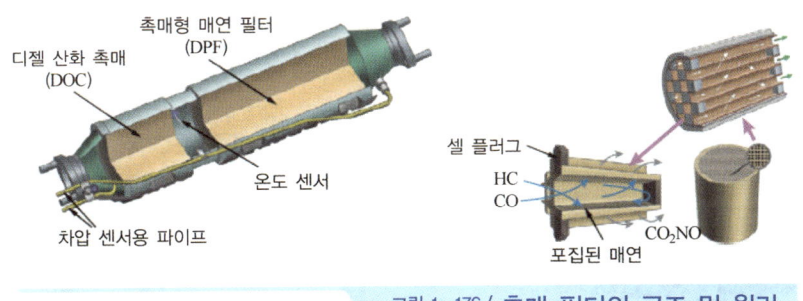

그림 1-176 / 촉매 필터의 구조 및 원리

2) 디젤 산화 촉매(DOC : Diesel Oxidation Catalyst)

디젤 산화 촉매는 백금(Pt), 팔라듐(Pd) 등의 촉매 효과로 배기 중의 산소를 이용하여 CO, HC를 산화시켜 제거하는 기능을 한다. 디젤 엔진에서 CO, HC의 배출은 그다지 문제가 되지 않지만, 산화 촉매에 의해 입자상 물질의 구성 성분인 HC를 감소시키면 입자상 물질을 10~20[%] 저감할 수 있다. 또, 배기가스 후처리 장치에서의 산화 촉매는 재생 모드에서 후분사를 실시하면 산화 작용에 의한 배기가스 온도를 상승시키는 역할을 하게 되며 배기가스 온도가 DPF 재생 목표 온도, 즉 입자상 물질의 발화 온도인 600~650[℃] 이상이 되면 DPF에 포집된 입자상 물질이 연소된다.

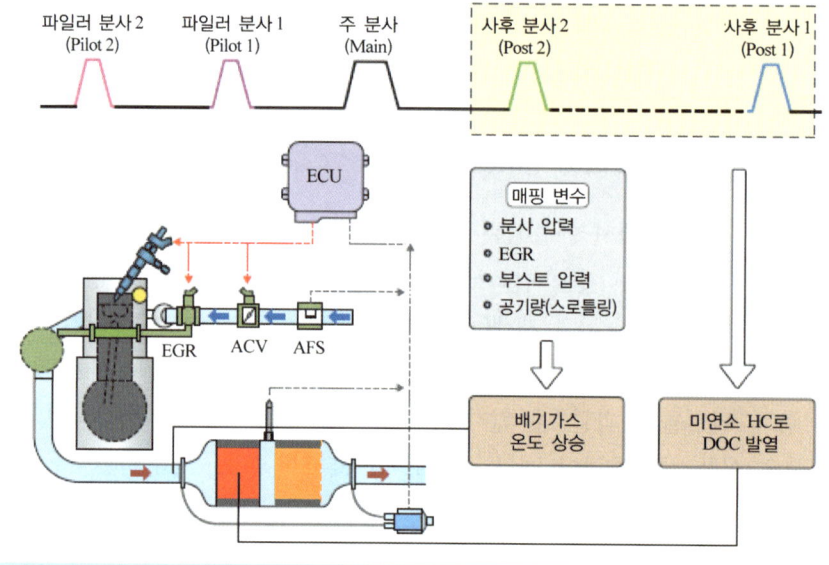

그림 1-177 / **디젤 산화 촉매의 역할**

3) 차압 센서

차압 센서는 DPF 장치의 입구와 출구의 압력 차이를 측정한다. ECU는 이 센서의 측정값을 이용하여 DPF 안에 포집된 매연량을 측정하고 재생 여부를 결정한다.

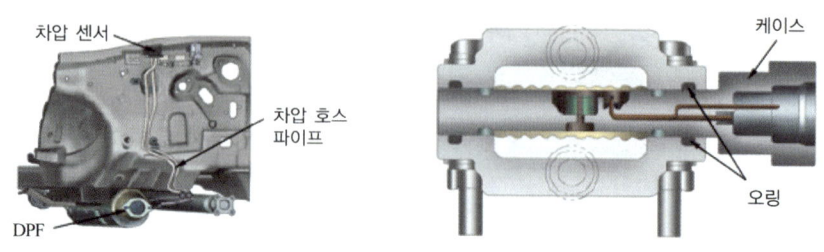

그림 1-178 / **차압센서의 장착 위치 및 구조**

4) 배기가스 온도센서

배기가스 온도센서는 DPF의 산화 촉매와 촉매 필터 사이에 설치되어 배기가스의 온도를 검출하여 과도한 열에 의한 DPF 필터의 손상을 방지한다.

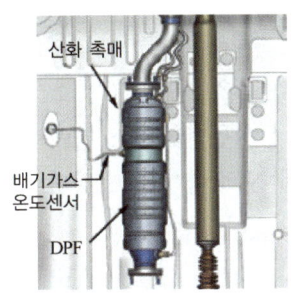

그림 1-179 / **배기가스 온도센서**

5) 촉매 필터 재생

ECU는 차압 센서의 신호, 차량 주행 거리 등을 입력받아 촉매 필터의 재생이 필요한 경우, 촉매 필터 재생 절차를 수행한다. 재생할 때 ECU는 매연을 연소시키기 위해 배기 행정 때 연료를 2회에 걸쳐 추가 후 분사 하여 배기가스 온도를 매연 연소 온도, 즉 입자상 물질의 발화 온도인 약600~650[℃] 이상으로 상승시킨다. 이때 매연은 연소되며, 촉매 필터 내에는 재(ash)만 축적된다.

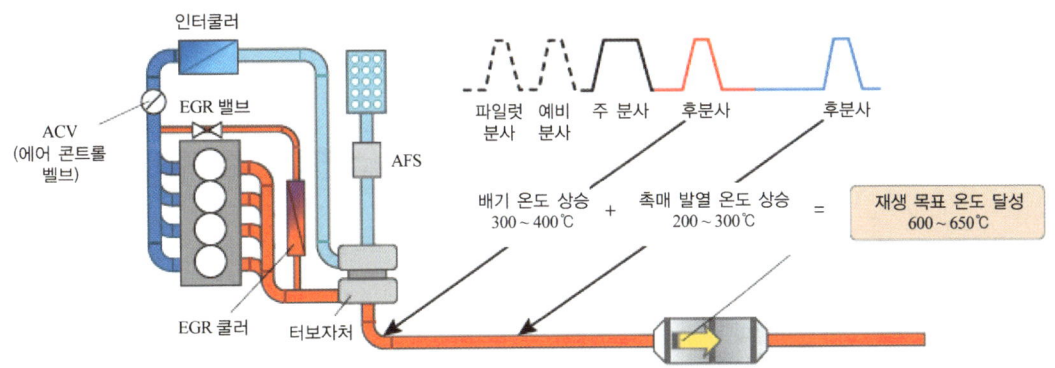

그림 1-180 / **디젤 후처리 장치 촉매 필터 재생온도 달성 방법**

2. LNT, SCR, SDPF

1) LNT(Lean NOx Trap, 질소산화물 저장 트랩)

촉매 내에서 일시적으로 NOx를 저장한 후, 후 분사에 의한 Rich 연소 및 배기포트 및 파이프 내에 연료분사를 통해 탄산바륨($BaCO_3$)을 환원제로 사용하여 NOx를 제거하는 방법이다. 일반 주행($\lambda > 1$, Lean Mode) 시에 디젤 엔진은 대부분 희박연소로 진행되므로 CO, HC 보다 NOx가 많이 생성되며, 생성된 NOx는 촉매에 포집된다. NOx 정화($\lambda < 1$, Rich Mode) 시에는 LNT 촉매에 흡장된 NOx를 환원시키기 위해 후 분사를 실시하여 농후한 연소 분위기에서 NOx를 다시 환원시킨다.

2) SCR(Selective Catalytic Reduction, 선택적 환원촉매)

촉매에서 NOx와 선택적으로 반응하는 환원제(암모니아, NH_3)를 사용하여 NOx를 질소로 환원시키는 방법으로, LNT와 같이 Euro-5에서 적용되었다.

연소반응 : $2NOx + 2NH_3 \rightarrow 2N_2 + 3H_2O$

3) SDPF(SCR+DPF)

디젤 입자상 물질(Soot)을 필터를 이용하여 포집한 후, 550[℃] 이상에서 연소시켜 제거함과 동시에 SCR 촉매(Cu-Zeolite SCR) 내에 요소수 수용액(요소 32.5[%] + 물 67.5[%])을 분사시켜 흡장시킨 뒤 NOx를 N_2와 H_2O로 환원시킨다. Euro-6부터 적용되었다.

연소반응 : $NH_2C(O)NH_2 + H_2O \rightarrow 2NH_3 + CO_2$

$2NH_3 + NO + NO_2 \rightarrow 2N_2 + 3H_2O$

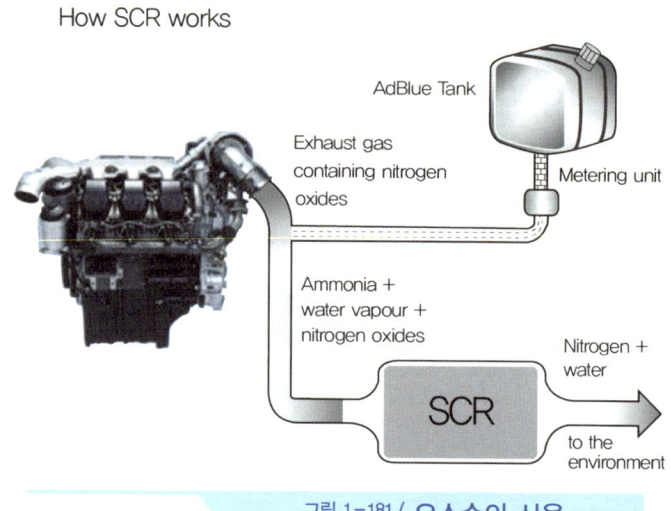

그림 1-181 / **요소수의 사용**

① 요소수(UREA)

SDPF 방식에 사용되는 요소수에는 AdBlue(유럽), DEF(미국) 등이 있으며, 요소수를 32.5[%] 첨가 시 어는점이 -11[℃]로 가장 낮게 되며, 엔진 가동 시 연료의 4~6[%] 정도가 사용된다. 또한, 요소수 1[L] 정도로 100[km] 정도 사용되며 대형 차량의 요소수 탱크 용량은 50~60[L]정도이다

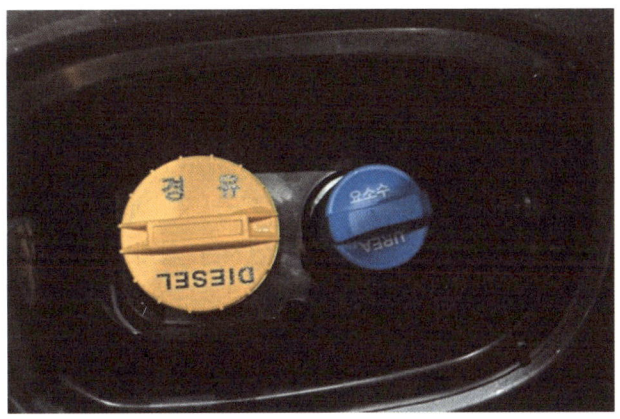

그림 1-182 / **경유 및 요소수의 주입구**

② 촉매제(요소수) 주입 시 주의사항
　㉠ 촉매제는 촉매제 통에, 연료는 연료 통에 넣어야 한다.
　　ⓐ 연료 통에 촉매제를 넣으면 연료에 물이 섞인 것과 같아 꿀렁거리거나 시동이 자주 꺼질 수 있다.
　　ⓑ 촉매제 통에 경유를 넣은 채로 운행하게 되면 촉매제가 분사되는 고온의 배기 부분에, 경유가 함께 분사되어 차량 화재의 원인이 될 수 있으므로 잘못 주입하였을 경우, 즉시 주입된 경유와 촉매제를 제거하고 통을 청소한 후 새로 주입하여야 한다.
　㉡ 촉매제의 보관 및 사용은 지정된 탱크와 주입기를 사용하여야 한다.
　　촉매제는 금속(철, 알루미늄, 니켈 등)과 접촉 시 성분이 변질되어 촉매를 손상시키거나 질소산화물을 제대로 제거하지 못하게 된다.

제4절 친환경 제어시스템

1_ OBD 시스템

1. OBD-Ⅰ 시스템

OBD(On Board Diagnosis)-Ⅰ 시스템은 1985년 미국 CARB에서 OBD 법규를 승인하고, 이 법규는 ECU가 배출가스 관련 부품들을 진단하고 이상이 발견될 경우 MIL을 켜도록 규정하고 있다. OBD-Ⅰ은 정비사가 엔진 제어장치와 배출가스에 관련된 장치에 어떤 고장이 발생했는지를 검사하는 데 도움이 되도록 DTC 코드를 저장하도록 하고, 정비사는 진단장비를 이용하여 DTC 코드를 읽어 어느 부분이 고장인지를 쉽게 파악할 수 있도록 한다. OBD에서 진단하는 시스템은 배출가스에 영향을 미치는 부품들로 엔진 관련 센서 전부, 연료제어 시스템 등이다.

2. OBD-Ⅱ 시스템

OBD-Ⅱ 시스템은 OBD 도입 당시 기술적 한계로 포함되지 못했던 항목들도 포함하여 범위가 증가하여 새로운 법규가 제정되었으며 차량 주행 중 발생되는 문제를 모니터링 하기 위한 목적으로 개발되어, 차량 이상을 확인하는 진단의 목적에서 환경문제를 초래하는 차량의 배기부분 문제를 쉽게 확인, 대응할 수 있도록 OBD-Ⅱ를 채택하게 되었다. 또한 촉매 변화장치 진단, 실화 진단, 캐니스터 퍼지 진단, 2차 공기 시스템 진단 등도 포함되고 자동차 회사마다 달랐던 DTC 내용 및 통신방법이 표준화되었다.

1) 촉매 열화 감지

촉매는 배출가스의 영향이 매우 크므로 촉매의 앞, 뒤에 산소센서를 장착하여 촉매 정화 효율이 규제치의 1.75배를 넘으면 경고등(MIL)을 점등한다. 진단 원리는 촉매 앞쪽 센서에서 나오는 출력전압의 진폭은 배기가스가 정화되지 않았기 때문에 크고, 뒤쪽 센서의 진폭은 작으므로 그 진폭비를 비교하여 이상여부를 판정한다.

2) 실화 감지

연소실에서 실화가 발생하면 HC가 증가하고, 촉매도 손상을 입으므로 실화율이 일정 이상이 되면 경고등을 점등한다. 실화감지 방법에는 크랭크 각속도 센서 시그널, 연소실 압력 센서, 노크 센서 시그널을 이용하는 방법 등이 있으나 주로 크랭크 각속도를 측정하여 그 변화율을 실화 여부와 해당 기통을 판정하는 방법이 많이 적용되고 있다. 크랭크 각속도를 이용하는 방법은 실화가 발생하는 경우 피스톤의 속도가 다른 기통에 비해 늦어지게 되므로 크랭크 앵글 센서의 투스(tooth) 간격이 다른 곳에 비해 넓어지는 것을 이용하여 실화를 감지하게 된다. 또한 기통별로 실화가 발생하는 경우 투스 간격이 넓어지는 위치가 다르게 되기 때문에 투스 간격이 넓어지는 위치를 판단하여 실화가 발생하는 기통도 판별이 가능하게 된다.

3) 증발가스 누설 감지

차량에서 나오는 연료 가스량을 규제할 목적으로 연료 탱크에서부터 엔진에 이르기까지 연료 증발가스가 누설되면 점등한다. 증발가스의 누설을 감지하는 방법으로는 가압식과 부압식이 있으며, 가압식은 증발가스 계통을 막고 압력을 가하여 압력 변화를 측정하여 새는 것을 확인한다. 부압식은 증발가스 계통을 막고 서지탱크 내의 부압을 통하여 증발가스를 엔진에 공급하게 되면 증발가스 라인에 부압이 형성된다. 그 때 증발가스 라인에 압력(부압)센서를 설치하여 압력 시그널의 변화를 감지하여 증발가스의 누설을 확인한다. 부압이 어느 이하로 유지되지 않으면 누설로 감지된다.

4) 연료계통 감지

연료계통이란 공연비에 영향을 주는 모든 연료 공급 계통의 기계적인 부품과 입출력 센서나 액추에이터 장치의 이상으로 배출가스가 규제치 이상으로 나오면 경고등을 점등하게 된다. 이러한 연료계통의 이상은 결국 산소센서의 피드백에 의해 나타나므로 산소센서의 공연비 피드백 작용이 불량하면 촉매 정화효율이 떨어지게 되어 이를 감지하게 된다.

5) 산소센서 감지

산소센서는 엔진에 공급되는 혼합기에 아주 큰 역할을 하므로 배출가스 발생에 큰 영향을 미치게 된다. 산소센서 감지는 촉매 전, 후에 설치되는 2개의 산소센서의 기능 이상을 출력 전압의 크기를 비교하여 판정한다. 촉매 전 산소센서(업스트림 산소센서)의 이상은 농후·희박을 알려주는 주기와, 농후·희박이 스위칭 할 때의 반응시간, 산소센서 시그널의 전압 높이를 통해 배출가스를 과다하게 배출시킬 수 있는 현상을 감지하고, 촉매 후 산소센서(다운스트림 산소센서)의 고장 감지는 단순히 반응이 늦은 경우를 고장으로 감지를 한다.

6) EGR가스 제어장치 감지

EGR 밸브가 오작동하면 배출가스가 증가하는 것을 방지하기 위한 것으로 EGR 밸브의 고장은 물론 비정상적으로 열리거나 닫히는 것도 진단하도록 한다. 오작동 감지는 EGR 라인에 온도센서를 이용하거나 서지탱크 내의 MAP 센서를 이용한다. 온도센서 방식은 EGR 가스가 통과하는 라인에 온도센서를 부착하여 EGR 밸브의 작동상태에 따라 온도 변화를 보고 밸브 작동상태를 인식한다. MAP 센서 방식은 EGR 밸브를 감속 중에 작동시켜 서지탱크 내에 EGR 가스를 공급하여 서지탱크 내의 압력변화를 감지하여 작동상태를 감지한다. 이 경우 서지탱크에 부착된 대기압 센서를 주로 이용하므로 추가의 부품이 필요하지 않아 많이 적용되고 있다.

7) PCV(Positive Crankcase Ventilation valve) 진단

압축행정 시 발생되는 블로바이 가스는 미연소 가스인 탄화수소로 오일을 희석시키고, 주요 부품들을 부식시키며 침전물을 생성하므로 유해가스 제거장치인 PCV를 진단한다.

8) 2차공기 시스템 진단

연소 후 배기가스는 실제로 완전 연소되지 않은 상태이므로 배기 시스템에 추가로 2차공기를 공급하면 촉매변환 장치에 도달하기 전에 배기관을 통과하는 도중에 연소가 완료되고, 추가 공기는 촉매장치에 유입되어 산화반응도 돕게 된다.

9) 기타 시스템 진단

에어컨 냉매 유출, 공급되는 전력, 센서의 이상 동작 유무, 솔레노이드, 공기 펌프 등 모든 구동장치들의 정상 작동 여부를 진단한다.

3. OBD 커넥터의 구성

1.		9.	
2.	J1850 Bus (+)	10.	J1850 Bus (−)
3.		11.	
4.	Chassis Ground	12.	
5.	Signal Ground	13.	
6.	CAN Hi	14.	CAN Low
7.	ISO "K" Line 9141-2	15.	ISO "Low" Line 9141-2
8.		16.	Battery Power (+)

흡·배기장치 출제예상문제

01 대시 포트(dash pot)에 대한 설명으로 맞는 것은? [08년 2회]

㉮ 급 감속시 작동된다.
㉯ 급 가속시 작동된다.
㉰ 아이들 업(idle up) 장치이다.
㉱ 배기가스 재순환 장치이다.

풀이 대시 포트는 급 감속시 드로틀 밸브가 급격히 닫히는 것을 방지하여 기관 운전이 안정되게 한다.

02 스로틀 보디(throttle body)에 설치된 대시포트(dash pot)의 기능으로 맞는 것은? [07년 5회]

㉮ 감속시 스로틀 밸브가 급격히 닫히는 것을 방지한다.
㉯ 가속시 스로틀 밸브가 과도하게 열리는 것을 방지한다.
㉰ 고속 주행시 스로틀 밸브가 과도하게 열리는 것을 방지한다.
㉱ 엔진 아이들링시 스로틀 밸브가 완전히 닫히는 것을 방지한다.

풀이 대시 포트는 급 감속시 드로틀 밸브가 급격히 닫히는 것을 방지하여 기관 운전이 안정되게 한다.

03 기관에 흡입되는 공기를 여과하고 흡입시 강한 소음을 감소시키는 기능을 하는 것은? [09년 4회]

㉮ 공기 닥터
㉯ 오일 여과기
㉰ 공기 여과기
㉱ 공기 챔버

풀이 공기 여과기(air cleaner)의 역할은 흡입되는 공기를 여과하고, 소음을 감소시키는 기능을 한다.

04 흡기 매니폴드의 압력에 관한 설명으로 옳은 것은? [09년 1회]

㉮ 외부 펌프로부터 만들어진다.
㉯ 압력은 항상 일정하다.
㉰ 압력변화는 항상 대기압에 의해 변화한다.
㉱ 스로틀 밸브의 개도에 따라 달라진다.

풀이 흡기 매니폴드의 압력은 스로틀 밸브의 개도에 따라 변화한다.

05 배기 장치에는 각 실린더로부터 배출되는 연소 가스를 모으는 장치가 있다. 여기에 해당하는 것은? [09년 5회]

㉮ 배기 소음기
㉯ 배출 기관 정화 장치
㉰ 배기 다기관
㉱ 배기밸브

풀이 각 실린더로부터 배출되는 연소가스를 모으는 장치를 배기다기관이라 한다.

01 ㉮ 02 ㉮ 03 ㉰ 04 ㉱ 05 ㉰

06 연료탱크 내의 증발가스를 포집 후 엔진으로 유입시켜 연소시키는 장치는? [09년 1회]

㉮ 캐니스터와 퍼지솔레노이드
㉯ 포지티브 크랭크케이스 벤틸레이션 (P.C.V) 밸브
㉰ 배기가스 재순환 장치(EGR)
㉱ 삼원촉매

풀이 연료 증발가스는 캐니스터(canister)에서 포집하고, 퍼지 컨트롤 솔레노이드 밸브(PCSV)의 작동에 의해 연소실로 유입된다.

07 전자제어 차량에서 배출되는 유해가스를 제어하는 구성 부품이 아닌 것은? [07년 5회]

㉮ 삼원촉매(catalytic converter)
㉯ EGR밸브
㉰ 캐니스터
㉱ 터보차저

풀이 배출가스 제어장치의 종류
① 블로바이가스 제어장치 : PCV 밸브, 브리더 호스
② 연료증발가스 제어장치 : 차콜 캐니스터, PCSV
③ 배기가스 제어장치 : 산소(O_2)센서, EGR 장치, 삼원촉매

08 인체에 유해한 가스로 연료가 불완전 연소할 때 많이 발생하는 무색, 무취의 가스는? [09년 5회]

㉮ CO
㉯ HC
㉰ NOx
㉱ CO_2

풀이 CO(일산화 탄소)는 연료가 불완전 연소할 때 많이 발생하는 인체에 유해한 무색, 무취의 가스이다.

09 자동차 배출가스 중 탄화수소(HC)의 생성 원인과 무관한 것은? [08년 5회]

㉮ 농후한 연료로 인한 불완전 연소
㉯ 화염전파 후 연소실 내의 냉각작용으로 타다 남은 혼합기
㉰ 희박한 혼합기에서 점화 실화로 인한 원인
㉱ 배기 머플러 불량

풀이 탄화수소는 혼합기가 농후하거나, 실화 등 불완전 연소로 인하여 생성된다.

10 엔진의 작동 온도가 낮을 때와 혼합비가 희박하여 실화되는 경우에 증가하는 배출가스는? [08년 4회]

㉮ 산소
㉯ 탄화수소
㉰ 질소산화물
㉱ 이산화탄소

풀이 탄화수소는 혼합기가 농후하거나, 실화 등 불완전 연소로 인하여 생성된다.

11 다음 중 NOx가 가장 많이 배출되는 경우는? [09년 2회]

㉮ 농후한 혼합비
㉯ 감속시
㉰ 고온 연소시
㉱ 저온 연소시

풀이 CO, HC는 농후한 혼합비에서, NOx는 고온 연소시 가장 많이 배출된다.

12 배기가스 재순환장치(EGR)는 배기가스 중 무엇을 감소시키기 위한 것인가? [08년 5회]

㉮ CO_2
㉯ CO
㉰ HC
㉱ NO×

풀이 배기가스 재순환장치는 EGR 밸브를 이용하여 연소실의 최고온도를 낮추어 질소산화물(NOx)의 발생을 감소시킨다.

06 ㉮ 07 ㉱ 08 ㉮ 09 ㉱ 10 ㉯ 11 ㉰ 12 ㉱

13. 배기가스 재순환장치는 주로 어떤 물질의 생성을 억제하기 위한 것인가? [09년 5회]

㉮ 탄소 ㉯ 이산화탄소
㉰ 일산화탄소 ㉱ 질소산화물

> 배기가스 재순환장치는 주로 질소산화물(NOx)의 생성을 억제하기 위한 장치이다.

14. 가솔린 차량의 배출가스 중 NOx의 배출을 감소시키기 위한 방법으로 적당한 것은? [07년 4회]

㉮ 캐니스터 설치
㉯ 배기가스 재순환 장치 채택
㉰ 파워 밸브 설치
㉱ 연료 분사방식 채택

> 배기가스 재순환장치는 EGR 밸브를 이용하여 연소실의 최고온도를 낮추어 질소산화물(NOx)의 발생을 감소시킨다.

15. 다음 중 EGR(Exhaust Gas Recirculation) 밸브의 구성 및 기능 설명으로 틀린 것은? [07년 2회]

㉮ 배기가스 재순환 장치
㉯ EGR 파이프, EGR 밸브 및 서모밸브로 구성
㉰ 질소화합물(NOx) 발생을 감소시키는 장치
㉱ 연료 증발가스(HC) 발생을 억제시키는 장치

> 배기가스 재순환장치는 EGR 밸브를 이용하여 연소실의 최고온도를 낮추어 질소산화물(NOx)의 발생을 감소시킨다.

16. 전자제어 기관에서 배기가스가 재순환되는 EGR 장치의 EGR율을 바르게 나타낸 것은? [08년 2회]

㉮ $EGR율 = \dfrac{EGR가스량}{배기공기량+EGR가스량} \times 100$

㉯ $EGR율 = \dfrac{EGR가스량}{흡입공기량+EGR가스량} \times 100$

㉰ $EGR율 = \dfrac{흡입공기량}{흡입공기량+EGR가스량} \times 100$

㉱ $EGR율 = \dfrac{배기공기량}{흡입공기량+EGR가스량} \times 100$

> EGR율이란 실린더가 흡입한 공기량 중 EGR을 통해 유입된 가스량과의 비율이다.

17. 아래 그림은 EGR량 증가시의 솔레노이드 파형이다. 구동전압을 나타낸 것은? [09년 1회]

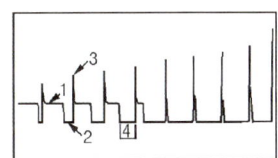

㉮ 1 ㉯ 2
㉰ 3 ㉱ 4

> 1 : 배터리 전압
> 2 : EGR 밸브 구동전압(0V)
> 3 : 역기전력
> 4 : 구동시간

18. 촉매변환장치에서 촉매장치의 종류가 아닌 것은? [09년 5회]

㉮ 산화촉매 ㉯ 환원촉매
㉰ 삼원촉매 ㉱ 팰릿촉매

> 촉매장치의 종류 : 삼원촉매, 산화촉매, 환원촉매

ANSWER 13 ㉱ 14 ㉯ 15 ㉱ 16 ㉯ 17 ㉯ 18 ㉱

19 배출가스 장치 중 삼원촉매(catalytic convertor) 장치를 사용하여 저감시킬 수 있는 유해가스의 종류는? [08년 1회]

㉮ CO, HC, 흑연　　㉯ CO, NOx, 흑연
㉰ NOx, HC, SO　　㉱ CO, HC, NOx

풀이 삼원 촉매장치는 일산화탄소(CO), 탄화수소(HC), 질소산화물(NOx)을 저감한다.

20 전자제어 엔진의 삼원 촉매 컨버터에서 질소 산화물(NOx)은 다음 중 무엇으로 환원되는가? [09년 4회]

㉮ N_2, CO　　㉯ N_2, H_2
㉰ N_2, O_2　　㉱ N_2, CO_2, H_2O

풀이 질소 산화물(NOx)은 촉매 컨버터에서 촉매에 의해 N_2와 O_2로 산화 환원된다.

21 전자제어 연료분사장치 엔진에서 아날로그 멀티 미터를 사용함으로써 손상을 일으킬 수 있는 부품은? [07년 5회]

㉮ 스로틀 포지션 센서
㉯ 수온 센서
㉰ 크랭크 각 센서
㉱ 산소(O_2) 센서

풀이 산소센서는 아날로그 멀티 미터를 사용하면 손상을 일으킬 수 있으므로 아날로그 멀티 미터로 측정을 하지 않는다.

22 디젤 기관의 배기가스 중 입자의 형태를 갖는 것은? [09년 1회]

㉮ PM　　㉯ CO
㉰ HC　　㉱ NOx

풀이 PM(Particulate Matter)이란 디젤 연소 중 발생되는 입자상 물질을 의미한다.

23 전자제어 기관에서 피드백(Feed Back) 제어를 하기 위해 설치한 센서는? [08년 2회]

㉮ 아이들 포지션 센서
㉯ 산소(O_2) 센서
㉰ 대기압 센서
㉱ 스로틀 포지션 센서

풀이 산소(O_2)센서는 배기관에 장착되어 있으며 배기가스 중의 산소 농도차에 따라 전압이 발생되면 이를 피드백하여 이론 공연비로 제어하기 위한 센서이다.

24 산소센서 값은 무엇에 의해 그 값이 변화됨을 알 수 있는가? [08년 5회]

㉮ 기전력　　㉯ 전류
㉰ 저항　　　㉱ 배기온도

풀이 산소(O_2)센서는 배기관에 장착되어 있으며 배기가스 중의 산소 농도차에 따라 전압(기전력)이 발생되면 이를 피드백하여 이론 공연비로 제어하기 위한 센서이다.

25 전자제어 연료 분사장치의 구성품 중 산소 센서에 대한 설명으로 옳은 것은? [07년 4회 / 09년 2회]

㉮ 흡기관에 설치되어 있으며, 흡입공기 속에 포함되어 있는 산소를 감지한다.
㉯ 흡기관에 설치되어 있으며, 흡입공기의 밀도를 감지한다.
㉰ 배기관에 설치되어 있으며, 배기가스 속에 포함되어 있는 산소량을 감지한다.
㉱ 배기관에 설치되어 있으며, 배기가스의 밀도를 감지한다.

풀이 산소(O_2)센서는 배기관에 장착되어 있으며 배기가스 속에 포함되어 있는 산소량을 감지하여 산소 농도차에 따라 전압이 발생되면 이를 피드백하여 이론 공연비로 제어하기 위한 센서이다.

19 ㉱　20 ㉰　21 ㉱　22 ㉮　23 ㉯　24 ㉮　25 ㉰

26 전자제어 엔진에서 산소센서는 궁극적으로 무엇을 하기 위하여 설치되어 있는가?
[07년 1회]

㉮ 연료 맥동을 감지한다.
㉯ 이론 공연비를 검출한다.
㉰ 연료압을 검출한다.
㉱ 연료량을 검출한다.

> 산소(O_2)센서는 배기관에 장착되어 있으며 배기가스 중의 산소 농도차에 따라 전압이 발생되면 이를 피드백하여 이론 공연비로 제어하기 위한 센서이다.

27 질코니아식 산소센서에서 발생되는 기전력 변화의 범위는?
[07년 2회]

㉮ 0.01 ~ 0.1[V]　㉯ 0.1 ~ 1.0[V]
㉰ 1.0 ~ 2.0[V]　㉱ 2.0 ~ 3.0[V]

> 이론 공연비 14.7 : 1을 기준으로 공연비가 희박하면 100[mV], 농후하면 900[mV]를 나타낸다.

28 산소센서(O_2 sensor)가 피드백(feed back) 제어를 할 경우로 가장 적합한 것은?
[08년 1회]

㉮ 감속 상태에서 연료를 차단할 때
㉯ 아이들 스피드(idle speed)로 주행할 때
㉰ 흡기 공기량의 차이가 클 때
㉱ 배기가스 중의 산소농도의 차이가 있을 때

> 산소(O_2)센서는 배기관에 장착되어 있으며 배기가스 속에 포함되어 있는 산소량을 감지하여 산소 농도차에 따라 전압이 발생되면 이를 피드백하여 이론 공연비로 제어하기 위한 센서이다.

29 O_2센서(지르코니아 방식)의 출력전압이 1[V]에 가깝게 나타나면 공연비가 어떤 상태라고 생각되는가?
[08년 2회]

㉮ 희박하다.
㉯ 농후하다.
㉰ 14.7 : 1(공기 : 연료)에 가깝다는 것을 나타낸다.
㉱ 농후하다가 희박한 상태로 되는 경우이다.

> 이론 공연비 14.7 : 1을 기준으로 공연비가 희박하면 100[mV], 농후하면 900[mV]를 나타낸다.

30 산소센서 출력전압에 영향을 주는 요소가 아닌 것은?
[09년 1회]

㉮ 혼합비
㉯ 흡입공기온도
㉰ 산소센서의 온도
㉱ 배기가스 중의 산소 잔존량

> 산소센서 출력전압에 영향을 주는 요소는 혼합비, 산소센서의 온도, 배기가스 중의 산소 잔존량 등이다.

31 기관 워밍업 후 정상주행 상태에서 산소센서의 신호에 따라 연료량을 조정하여 공연비를 보정하는 방식은?
[08년 4회]

㉮ 자기진단 시스템　㉯ MPI 시스템
㉰ 피드백 시스템　㉱ 에어컨 시스템

> 산소센서의 기전력을 E.C.U로 피드백(feed back)하여 이를 기준으로 연료량을 조절하여 공연비를 보정한다.

26 ㉯　27 ㉯　28 ㉱　29 ㉯　30 ㉯　31 ㉰

32 과급기(turbo charger)가 부착된 기관에 대한 설명으로 옳은 것은? [09년 4회]

㉮ 배기에 속도에너지를 주는 기관이다.
㉯ 공기와 연료와의 혼합을 효율적으로 하는 기관이다.
㉰ 실린더에 공급되는 흡입공기 효율을 향상시키는 기관이다.
㉱ 피스톤의 펌프 운동에 의해 공기를 흡입하는 기관이다.

🔵 과급기란 배기 터빈을 이용하여 흡입공기를 압축시켜 흡입효율을 높이는 장치이다.

33 과급기에서 공기의 속도 에너지를 압력 에너지로 바꾸는 장치는? [09년 1회]

㉮ 디플렉터(Deflecter)
㉯ 터빈(Turbine)
㉰ 디퓨저(Diffuser)
㉱ 루트 슈퍼 차저(loot super charger)

🔵 과급기에서 속도 에너지를 압력 에너지로 바꾸는 장치를 디퓨저(Diffuser)라 한다.

32 ㉰ 33 ㉰

PART 2

자동차섀시

제1장 동력전달장치
제2장 현가 및 조향장치
제3장 제동장치
제4장 주행 및 구동장치

01 동력전달장치

동력전달장치는 기관에서 발생한 동력을 구동륜(driving wheel)에 전달하는 장치로서 앞기관-후륜구동방식(Front engine-Rear drive : FR), 앞기관-전륜구동방식(Front engine-Front drive : FF), 후기관-후륜구동방식(Rear engine-Rear drive : RR), 4WD(4륜 구동식) 등이 있다.

제1절 / 클러치(clutch)

클러치는 엔진과 변속기 사이에 설치되어 엔진의 출력을 변속기에 전달하거나 차단하는 장치이다.

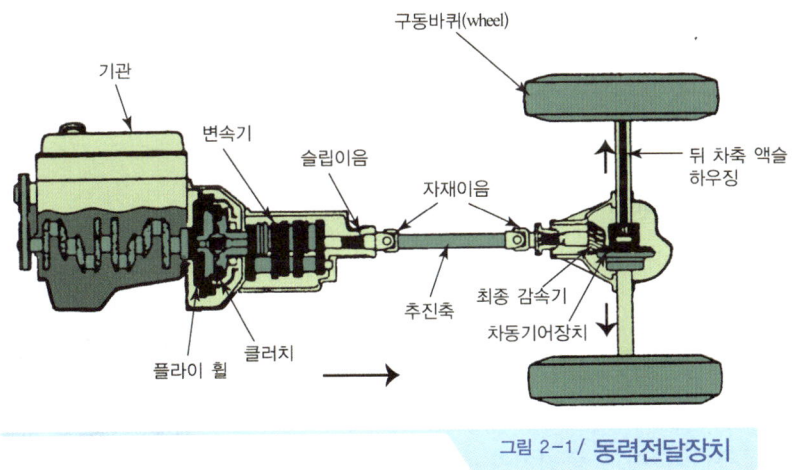

그림 2-1 / 동력전달장치

1_ 클러치 일반

1. 클러치의 개요

1) 클러치의 기능

① 기관의 회전력을 변속기에 전달하거나 차단한다.
② 자동차의 관성운전 또는 엔진기동시 기관과 변속기 사이의 동력흐름을 일시 차단한다.

③ 기관과 동력전달장치를 과부하로부터 보호한다.
④ 플라이 휠(fly wheel)과 함께 기관의 회전 진동을 감소시킨다.

2) 클러치의 필요성

① 기관을 무부하 상태로 하기 위해
② 변속기의 기어변속을 위해
③ 자동차의 관성 주행을 위해

3) 클러치의 종류

마찰 클러치의 종류
- 단판 클러치 → 건식(dry type) → 코일 스프링식 / 다이어프램식
- 다판 클러치 → 건식(dry type) / 습식(wet type)
- 전자 클러치

2. 클러치의 구성

마찰 클러치는 클러치 디스크, 압력판, 클러치 스프링, 릴리스 레버, 클러치 커버, 릴리스 베어링, 릴리스 포크 등으로 구성되어 있다.

1) 클러치 디스크(clutch disc, 클러치판)

플라이 휠과 압력판 사이에 끼워지며, 엔진의 동력을 디스크의 허브를 통해 변속기 입력축으로 전달한다. 디스크에는 라이닝, 비틀림 코일 스프링, 쿠션 스프링 등이 설치되어 있다.

① 라이닝 : 플라이 휠과 클러치가 직접 닿는 곳으로서 리벳 이음으로 설치되어 있다. 라이닝은 마찰계수가 높고 온도 변화에 대하여 마찰계수의 변화가 없어야 하며 내마멸성이 우수하여야 한다.

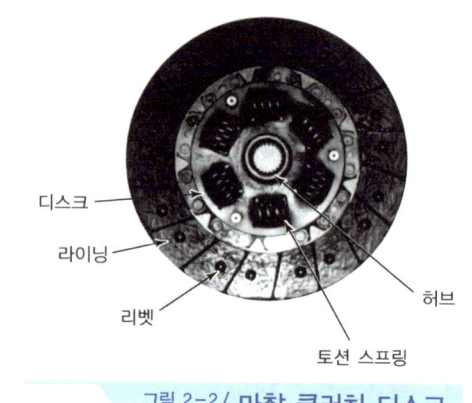

그림 2-2 / **마찰 클러치 디스크**

② 토션 스프링(torsional coil spring) : 댐퍼 스프링(비틀림 코일 스프링) 클러치가 플라이 휠과 접속될 때 회전방향의 충격을 흡수한다.

③ **쿠션 스프링(cushion spring)** : 클러치를 급격히 접속시켰을 때 스프링이 충격을 흡수하여 동력의 전달을 원활히 하며 클러치판의 변형, 편마멸, 파손 등을 방지한다.

2) 압력판(pressure plate)

클러치 커버에 설치되어 있으며 클러치 페달을 놓으면 클러치 스프링의 장력에 의해 클러치판을 플라이 휠에 밀어붙이게 하여 함께 회전하며 클러치를 접촉할 때 클러치판과 미끄럼이 생기기 때문에 내마멸성, 내열성, 열전도성이 좋은 특수 주철로 만들고 마찰면은 평면으로 가공되어 있다.

3) 클러치 스프링(clutch spring)

클러치 커버와 압력판 사이에 설치되어 클러치판에 압력을 가하는 스프링으로서 스프링강으로 되어 있다. 종류로는 코일 스프링 형식, 다이어프램 스프링 형식, 크라운 프레셔 스프링 형식 등이 있다.

① **코일 스프링 형식** : 이 형식은 몇 개의 코일 스프링을 클러치 압력판과 클러치 커버 사이에 설치한 것으로 클러치 용량에 따라 스프링의 수가 설정되어 있다.

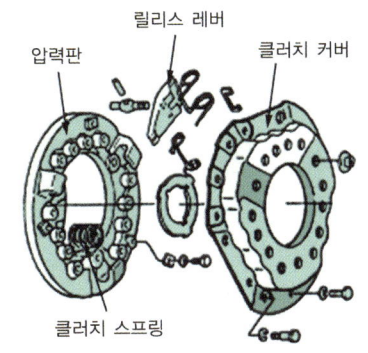

그림 2-3 / 코일 스프링 형식

② **다이어프램 스프링 형식** : 이 형식은 코일 스프링 형식에서의 릴리스 레버와 코일 스프링의 역할을 접시 모양의 다이어프램이 동시에 수행하는 형식을 말한다. 다이어프램 스프링의 특징은 다음과 같다.
 ㉠ 구조가 간단하다.
 ㉡ 압력판에 작용하는 힘이 일정하다.
 ㉢ 원판형으로 되어 있어 평형이 좋다.
 ㉣ 클러치 페달 조작력이 작아도 된다.
 ㉤ 라이닝이 어느 정도 마멸되어도 압력판에 가해지는 압력의 변화가 적다.
 ㉥ 고속 운전에서도 원심력을 받지 않으므로 스프링 장력이 감소하지 않는다.

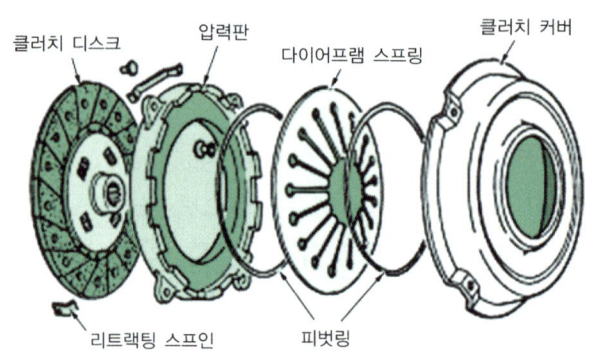

그림 2-4 / 다이어프램 스프링 형식

4) 릴리스 레버(release lever)

압력판을 클러치 디스크로부터 분리하는 장치이며 굽히는 힘이 반복적으로 작용하는 장치이다.

5) 릴리스 베어링(release bearing)

운전자가 클러치 페달을 밟았을 때 릴리스 포크에 의해 클러치의 축방향으로 움직여 회전하는 릴리스 레버를 눌러서 클러치를 개방하는 역할을 한다.

① 릴리스 베어링 종류
   ㉠ 앵귤러접촉 형
   ㉡ 볼베어링 형
   ㉢ 카본 형

6) 릴리스 포크(release fork)

릴리스 베어링에 압력을 전달하는 역할을 하며 클러치 페달을 놓으면 클러치 스프링에 의하여 신속하게 원래의 위치로 돌아온다.

2_ 클러치 작동 및 조작기구

1. 클러치의 작동

1) 동력을 전달할 때

운전자가 클러치 페달에서 발을 떼면 릴리스 베어링이 릴리스 레버를 누르는 힘이 해제되어 압력판이 플라이휠 쪽으로(엔진 방향) 전진하게 되어 클러치 디스크를 압착하므로 엔진의 플라이휠, 클러치 디스크, 압력판(클러치 커버)이 일체가 되어 회전하게 된다. 따라서 동력은 클러치 허브에 꽂혀있는 입력축을 통해 변속기로 전달된다.

2) 동력을 차단할 때

운전자가 클러치 페달을 밟으면 릴리스 베어링이 릴리스 레버를 누르게 되어 압력판은 클러치 커버 안쪽으로 들어오게 되므로 클러치 디스크를 압착하는 힘이 해제되어 엔진의 플라이휠, 클러치 커버, 릴리스 레버는 회전하고 입력축이 꼽혀있는 클러치 디스크가 회전하지 않으므로 동력은 변속기로 전달되지 않게 된다.

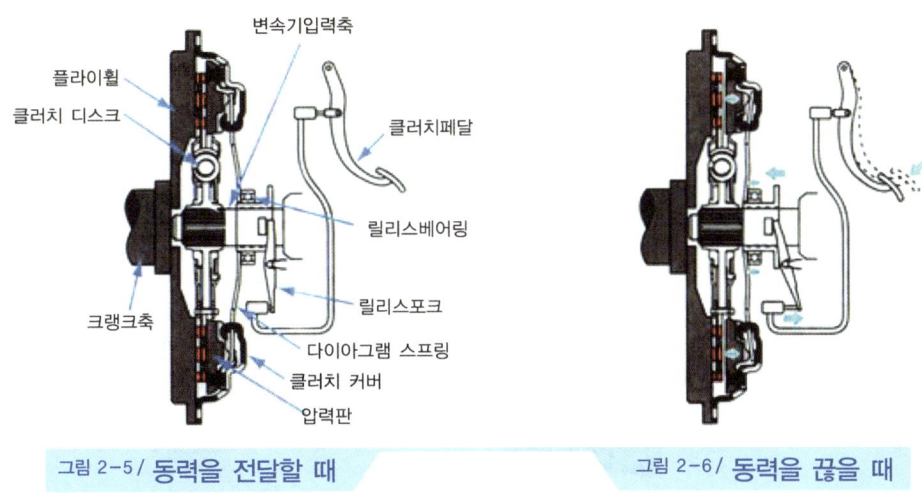

그림 2-5 / **동력을 전달할 때**   그림 2-6 / **동력을 끊을 때**

2. 클러치 조작기구

클러치 페달의 조작력을 전달하는 방식에는 기계식과 유압식이 있다.

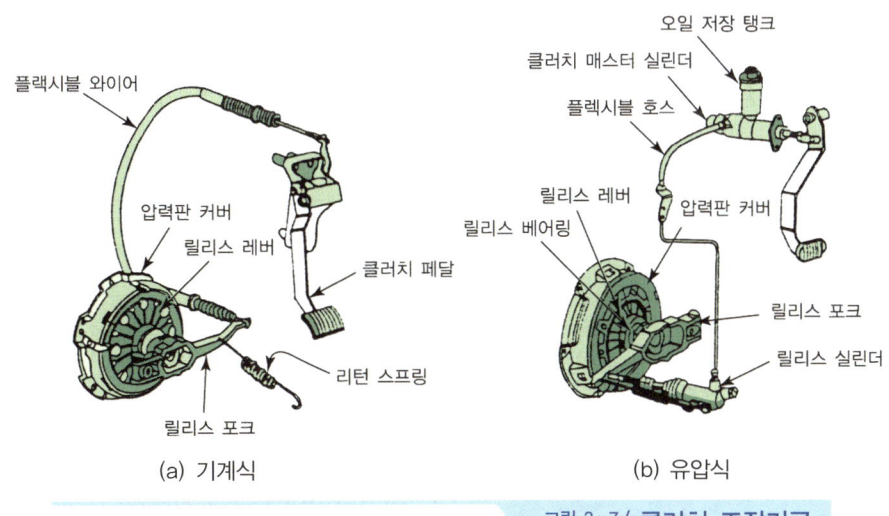

(a) 기계식   (b) 유압식

그림 2-7 / **클러치 조작기구**

1) 기계식

페달과 릴리스 포크를 와이어로 연결하여 작동되는 방식으로 구조가 간단하고 작동이 확실하다.

2) 유압식

페달을 밟으면 푸시로드가 움직이면서 마스터 실린더 내에서 유압이 발생하여 릴리스 포크를 작동하게 하는 형식이다.

① **클러치 마스터 실린더** : 클러치 마스터 실린더는 클러치 작동시 유압을 발생시키는 부분으로, 브레이크 페달을 밟으면 유압이 발생되어 클러치 릴리스 실린더로 전달된다.

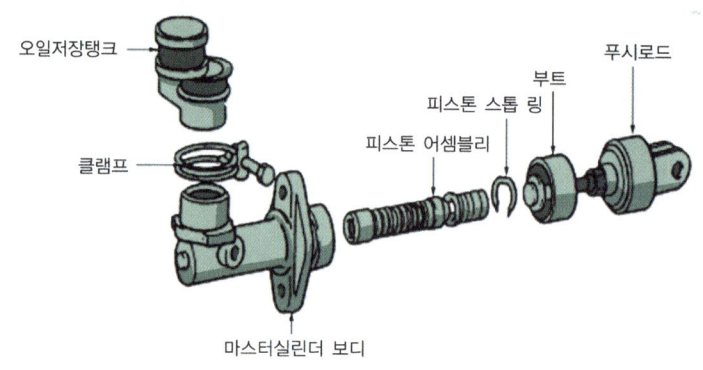

그림 2-8 / **클러치 마스터 실린더**

② **릴리스 실린더(슬레이브 실린더, 오퍼레이팅 실린더)** : 클러치 릴리스 실린더는 긴 원통(slave) 모양으로 생겼으며, 클러치 마스터 실린더에서의 유압을 이용하여 릴리스 포크를 작동(operating)시켜 클러치 디스크를 누르는 압력을 해제(release)시키는 실린더이다.

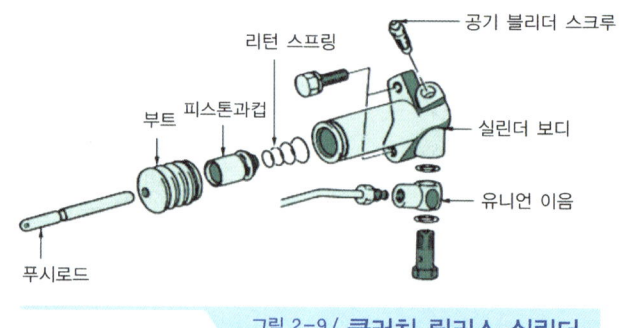

그림 2-9 / **클러치 릴리스 실린더**

3_ 클러치 성능 및 이상 현상

1. 클러치의 성능

1) 클러치 자유 간극(자유 유격)

자유간극이란 릴리스 베어링이 레버에 닿을 때까지 페달이 움직인 거리로, 기계식은 20~30mm, 유압식은 6~13mm 정도이다. 자유 간극이 크면 클러치의 차단불량 현상으로 인해 기어의 변속불량 현상이, 간극이 작으면 클러치 디스크가 많이 마멸되어 미끄러짐 현상이 발생하고, 클러치 페달에서 발을 다 떼어야 출발하는 작동 늦음 현상이 발생된다.

2) 클러치 용량

클러치는 엔진의 회전력을 단속하는 장치이므로, 클러치가 전달할 수 있는 회전력을 클러치 용량이라 한다. 클러치 용량은 기관 최대 토크의 1.5~2.5배 정도를 두며 용량이 너무 크면 조작이 어렵고, 접속 충격이 커서 기관이 정지할 우려가 있으며 용량이 너무 작으면 접속은 부드러우나 미끄러짐이 커서 발열량이 크고, 페이싱의 마모가 빠르다.

3) 클러치 관련공식

① 클러치의 전달 토크

$$T = \mu \times F \times r \times N$$

- μ : 마찰계수
- F : 전달 마찰면의 힘
- r : 평균 유효 반지름
- N : 클러치의 유효 반지름[m]

② 클러치가 미끄러지지 않을 조건

$$Tfr \geq C$$

- T : 클러치 스프링 장력
- f : 클러치 디스크의 평균 반지름
- r : 클러치 판과 압력 사이의 마찰 계수
- C : 엔진의 회전력

③ 클러치의 전달효율

$$2전달효율(\eta_c) = \frac{클러치로부터\ 얻은\ 출력}{클러치에\ 주어진\ 동력(엔진출력)} \times 100[\%]$$

$$= \frac{T_2 \times N_2}{T_1 \times N_1} \times 100[\%]$$

- T_1 : 엔진 마력
- T_2 : 클러치 출력 회전력
- N_1 : 기관 회전수
- N_2 : 클러치 출력 회전수

2. 클러치의 이상 현상

1) 클러치가 미끄러지는 원인

① 페달의 유격이 작다.
② 스프링 장력이 작다.
③ 클러치판에 오일이 묻었다.
④ 압력판의 마멸스프링이 자유로 감소

2) 클러치 차단이 불량한 이유

① 클러치 유격이 크다.
② 릴리스 포크가 마모되었다.
③ 유압장치에 공기가 유입(vapor lock)되었다.
④ 릴리스 실린더 컵이 손상되었다.

3) 클러치 이상시 나타나는 증상

① 등판능력이 저하된다.
② 가속력이 저하된다.
③ 연료 소비가 증대된다.
④ 등판시 클러치 디스크 손상으로 비누타는 냄새가 난다.
⑤ 엔진이 과열된다.

제2절 변속기

변속기는 엔진과 추진축 사이 또는 엔진과 차동 기어 사이에 설치되어 엔진의 동력을 자동차의 주행상태에 따라 회전력과 속도로 바꾸어 구동바퀴에 전달하는 장치이며 슬라이딩 기어식, 상시물림식, 동기물림식이 있다.

1_ 수동 변속기

1. 변속기의 개요

1) 변속기의 필요성

① 회전력 증대
② 시동시 무부하로 하기 위해
③ 자동차를 후진하기 위해

2) 변속기의 구비조건

① 전달 효율이 좋을 것
② 단계없이 연속적으로 변속될 것

③ 조작하기 쉽고 신속·확실·정숙하게 변속될 것
④ 소형 경량이고 고장이 없으며 정비하기 쉬울 것

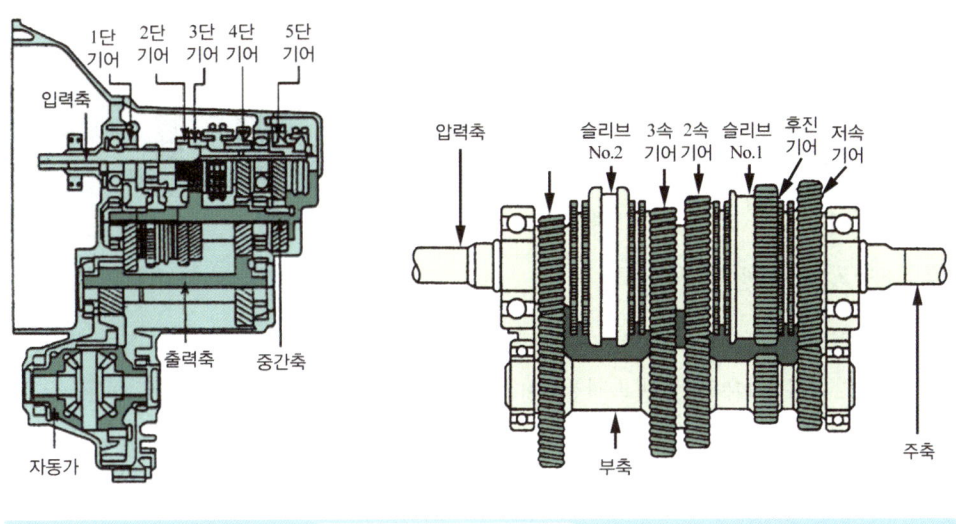

그림 2-10 / FF 수동변속기

그림 2-11 / 동변속기의 기어 치합

2. 수동변속기의 종류

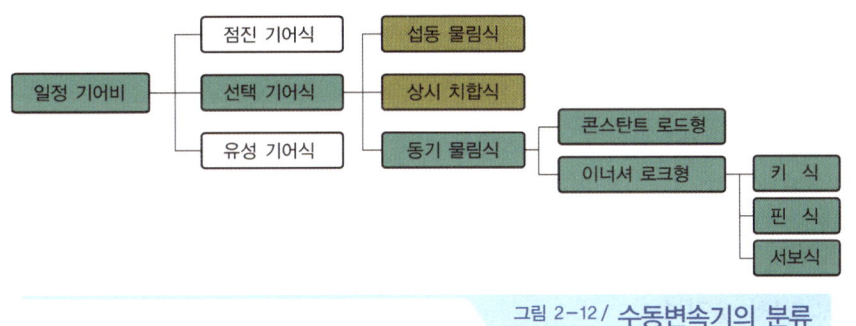

그림 2-12 / 수동변속기의 분류

1) 점진 기어식

1, 2, 3 각 변속 단을 순서대로 변속하는 변속기로서 2단에서 4단으로 3단을 거치지 않고 변속이 불가능한 변속기이다.

2) 선택 기어식

운전자가 각 단을 자유롭게 선택하여 변속이 가능한 변속기이다.

① **활동 기어식** : 주축에 설치된 각단의 기어가 스플라인에 의해 축방향으로 움직여 변속한다.

② 상시 물림식 : 각 단의 기어가 항상 서로 물려 있으며, 동력 전달은 도그 클러치의 결합에 의해서 이루어진다.

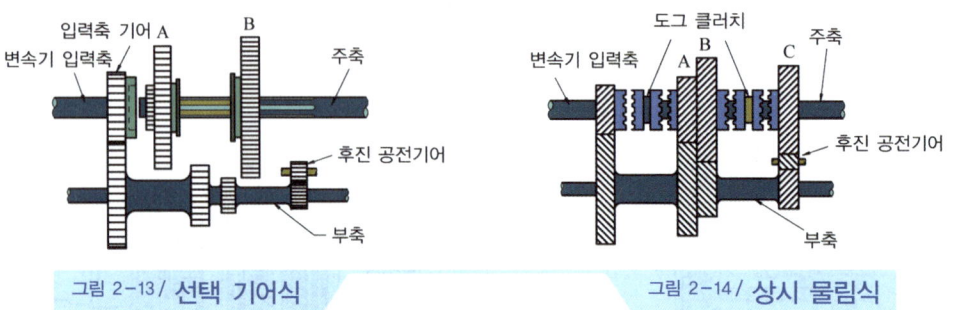

그림 2-13 / **선택 기어식**   그림 2-14 / **상시 물림식**

③ 동기 물림식 : 자동차에 주로 사용하며 입, 출력 기어의 회전 속도를 동기시키는 싱크로메시 기구를 이용하여 변속하는 변속기이다.

3. 동기물림식의 구조 및 작동

동기 물림식은 상시 물림식과 같이 각 단의 기어가 항상 서로 물려 있으며, 동력 전달은 싱크로메시 기구를 이용하여 변속이 이루어진다. 싱크로메시 기구는 기어 변속시 싱크로나이저 링의 원뿔 부분에서 마찰력이 작용하여 주축과 부축의 속도를 동기시켜 변속이 원활하게 이루어지도록 한다. 싱크로메시 기구는 싱크로나이저 허브, 싱크로나이저 슬리브, 싱크로나이저 링, 싱크로나이저 키 등으로 구성되어 있다.

1) 싱크로나이저 허브

싱크로나이저 슬리브가 주축 기어의 콘 기어와 결합되면 주축은 싱크로나이저 허브에 의해서 회전된다.

2) 싱크로나이저 슬리브

시프트 레버의 조작에 의해서 전후 방향으로 섭동하여 기어 클러치의 역할을 한다.

3) 싱크로나이저 링

기어의 콘에 설치되어 기어가 물릴 때 싱크로나이저 키에 의해서 접촉되는 순간 마찰력에 의해서 동기되어 싱크로나이저 슬리브가 각 기어에 설치된 콘 기어와 물리도록 하는 클러치 작용을 한다.

4) 싱크로나이저 키

싱크로나이저 허브 외주의 3개 홈에 설치되어 있으며, 배면에 돌기가 설치되어 싱크로나이저 슬리브의 안쪽 면에 설치된 싱크로나이저 키 스프링의 장력에 의해서 밀착되어 있다.

5) 싱크로나이저 키 스프링

싱크로나이저 슬리브를 고정하여 기어의 물림이 빠지지 않게 하는 역할을 한다.

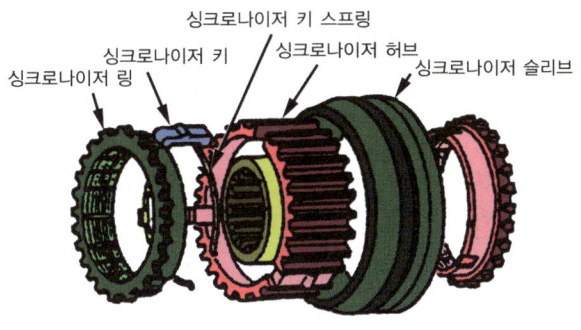

그림 2-15 / 싱크메시 기구

4. 변속기 조작기구

변속기 조작 방법에는 변속 레버가 변속기 위에서 직접 작용하는 직접 조작방식과 조향 핸들에 변속 레버를 설치하고 링크나 와이어로 연결하여 조작하는 원격 조작방식이 있다.

1) 변속 조작 기구

① **직접 조작 방식** : 변속선택 레버를 변속기에 직접 설치한 형식으로 주로 후륜구동 변속기에 사용한다.

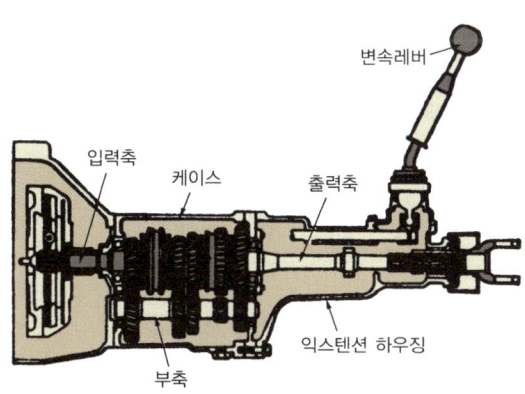

② **원격 조작 방식** : 변속 레버와 변속기 사이를 링크나 와이어 등으로 조작하는 방식으로 주로 전륜구동 방식에서 사용한다.

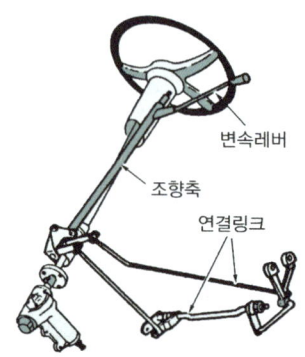

2) 인터록과 로킹볼 및 후진 오동작 방지기구

변속기를 변속하는 레일에는 변속시 인접한 변속기 레일이 같이 움직여 변속기 기어가 2중으로 물리는 것을 방지하는 인터록(inter lock) 장치가 있으며, 변속후에는 기어가 빠지는 것을 방지하기 위해 둔 로킹볼(locking ball) 장치가 있다. 그리고 후진 변속시 기어의 파손을 방지하기 위하여 변속 레버를 누르거나 들어 올려야 하는 후진 오동작 방지 기구가 있다.

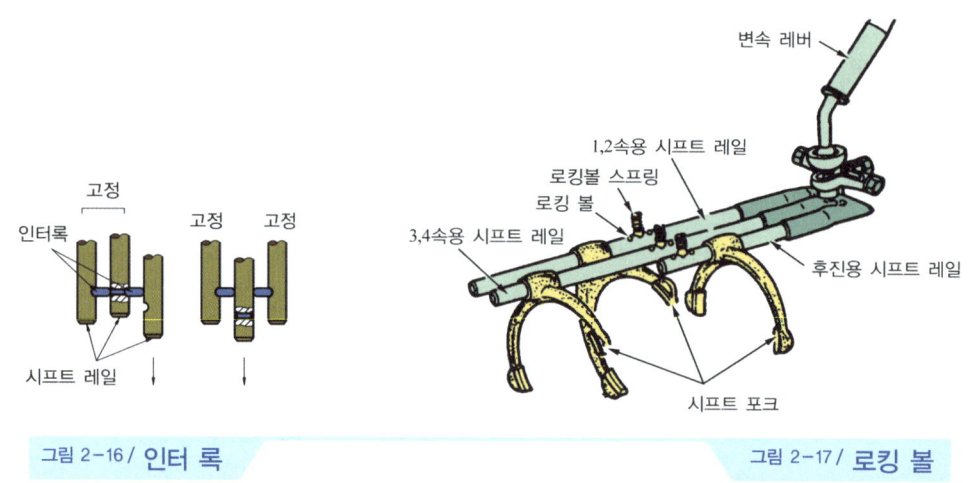

그림 2-16 / **인터 록**   그림 2-17 / **로킹 볼**

5. 변속기 성능

1) 변속비(gear ratio, 감속비)

변속비란 변속기에서 이루어지는 감속비로서 구동기어와 피동기어와의 잇수비를 의미한다. 자동차의 경우 기관의 회전수와 추진축 회전수와의 비를 말한다.

$$변속비 = \frac{엔진의\ 회전수}{추진축의\ 회전수} = \frac{피동기어\ 잇수}{구동기어\ 잇수} \times \frac{피동기어\ 잇수}{구동기어\ 잇수}$$

$$= \frac{부축\ 기어\ 잇수 \times 출력축\ 주축\ 기어\ 잇수}{입력축\ 주축\ 기어\ 잇수 \times 부축\ 기어\ 잇수}$$

2) 종감속비와 총감속비

 종감속비란 종감속 기어에서 이루어지는 최종 감속비로 종감속기어의 구동 피니언 기어와 링기어와의 잇수비(감속비)이다. 총 감속비란 변속기와 종감속기에서 이루어지는 감속비로 총감속비 = 변속비×종감속비로 나타낼 수 있다.

3) 차속

① $V = \dfrac{\pi D N}{r_t \times r_f} \times \dfrac{60}{1000}$

② $V = \dfrac{\pi D N_w}{60} \times 3.6$

> D : 바퀴의 직경[m]
> N : 엔진회전수[rpm]
> N_w : 바퀴회전수[mm]
> r_t : 변속비
> r_f : 종감속비

6. 변속기의 이상 현상

1) 변속기에서 소음발생 원인

① 기어오일 부족이나 변질
② 기어나 베어링 마모
③ 주축의 스플라인이나 부싱의 마모

2) 기어의 변속이 잘 안되는 원인

① 클러치의 차단 불량
② 기어가 마모
③ 싱크로나이저 마모
④ 기어 오일 응고

3) 기어가 잘 빠지는 경우

① 싱크로나이저 허브가 마모
② 록킹 볼 스프링의 장력이 작다.
③ 주축의 베어링 마모

2_ 자동 변속기

자동 변속기는 유성 기어를 이용하여 기어가 연속적으로 변속되고 조작하기 쉬우며, 신속, 확실, 정숙하게 동력을 전달하는 변속기를 말한다.

1. 자동변속기 일반

1) 자동변속기의 특징

① 기어의 변속조작을 하지 않아도 되므로 운전자의 피로가 줄고 안전운전을 할 수 있다.
② 유체 클러치를 사용하기 때문에 발진, 가속, 감속이 원활하여 승차감이 좋다.
③ 유체를 사용하여 작동하기 때문에 충격을 흡수하는 작용을 한다.
④ 구조가 복잡하여 정비가 난해하다.
⑤ 연료 소비율이 수동변속기에 비해 약 10[%] 정도 많다.
⑥ 차를 밀거나 끌어서 시동할 수 없다.
⑦ 주기적인 변속기 오일 교환과 오일 필터 교환으로 유지비가 많이 든다.

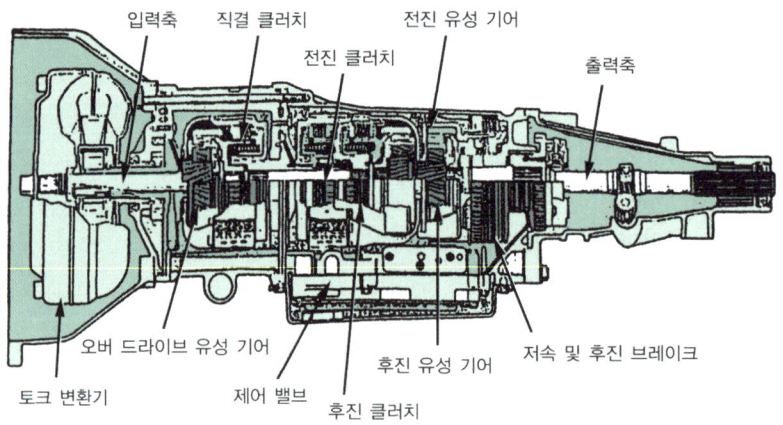

그림 2-18 / 자동변속기 구조

2) 유체클러치와 토크 컨버터

① **유체 클러치**(fluid clutch) : 기관의 회전력을 유체의 운동에너지로 바꾸면 이 에너지를 다시 동력으로 바꾸어서 변속기에 전달하는 클러치로서, 구조가 간단하고 마멸되는 부분이 적으며 자동차가 받는 진동이나 충격 등을 엔진에 직접 전달하지 않고 구동륜에 큰 부하가 걸려도 미끄럼이 증가하여 엔진에 무리를 주지 않는다.

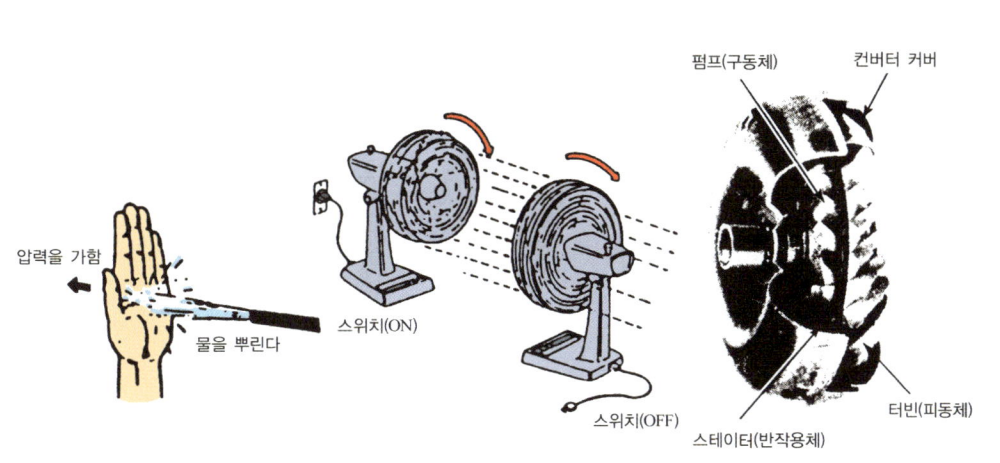

그림 2-19 / **유체 클러치의 원리**

㉠ 유체 클러치의 작동원리 : 2대의 선풍기를 마주하게 놓고 한쪽 선풍기에만 스위치를 넣어 회전시키면 공기의 흐름에 의해 스위치를 넣지 않은 선풍기도 같이 회전한다. 이러한 원리를 이용한 것이 유체 클러치이다. 2개의 날개바퀴에 양간의 틈새를 두고 서로 마주하게 해서 1개의 케이스 안에 넣고 그속에 효율이 좋은 유체를 가득히 채운다. 이러한 상태에서 한 쪽의 날개바퀴를 회전시키면 액체의 흐름에 의해 날개바퀴가 회전하여 동력이 전달된다.

㉡ 유체 클러치의 구조
　ⓐ 펌프 임펠러 : 크랭크축에 연결되어 있는 플라이 휠에 설치되어있다.
　ⓑ 터빈 런너 : 변속기 입력축 스플라인에 연결되어 동력을 전달한다.
　ⓒ 가이드링 : 오일의 와류를 방지하여 전달효율을 증가시킨다.

㉢ 유체 클러치의 특성 : 유체 클러치는 펌프와 터빈 사이의 미끄럼 때문에 전달효율은 최대 97~98[%] 정도이다. 2~3[%]는 유체에 의한 미끄럼 때문에 발생되고, 이런 이유로 자동변속기가 수동변속기보다 연료 소비가 약간 증가하는 원인이 된다.

㉣ 오일의 구비조건
　ⓐ 점도가 낮고 비중이 클 것
　ⓑ 착화점, 비등점이 높고 응고점이 낮을 것
　ⓒ 윤활성이 좋을 것
　ⓓ 유성이 좋을 것
　ⓔ 내산성이 클 것

② **토크 컨버터(torque converter)** : 자동변속기에서 기관의 출력을 받아서 유체를 이용하여 엔진의 동력을 자동변속기에 전달하는 클러치로 유체클러치에 비해 회전력을 증대시키는 기능이 있다.

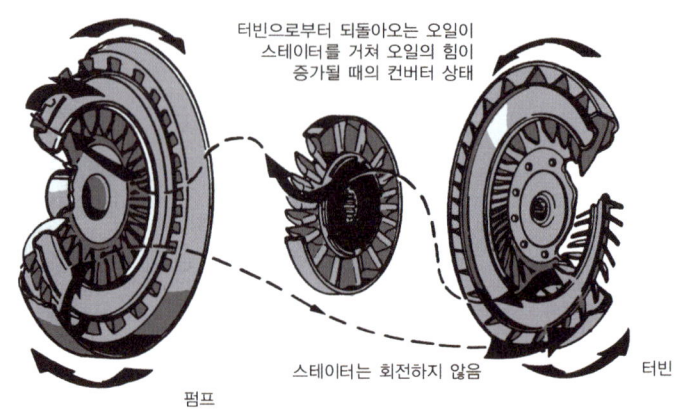

그림 2-20 / **토크 컨버터의 오일 흐름**

㉠ 구조
　ⓐ 펌프 임펠러 : 크랭크축에 연결되어 있는 플라이 휠에 설치되었다.
　ⓑ 터빈 런너 : 변속기 입력축 스플라인에 연결되어 동력을 전달한다.
　ⓒ 스테이터 : 오일의 흐름 방향을 바꾸어 회전력 증대
　ⓓ 가이드링 : 와류에 대한 클러치 효율 저하 방지

㉡ 토크 컨버터의 성능 곡선 : 속도비 n = 0일 때 펌프는 회전하고 터빈은 정지되어 있는 상태이다. 이 점을 스톨 포인트(stall point), 이 때의 토크를 스톨 토크(stall torque)라 하며, 이 때 최대 토크가 발생한다.

속도비가 점점 n = 1에 가까워 C점에 이르면 스테이터는 공전을 시작하고 이 때 C 점을 클러치점(clutch point)이라 한다. 이 때, 토크비는 1이 되어 이 이상의 속도비에서는 토크컨버터는 유체클러치처럼 작동한다. 즉, 토크비 = 1로 하여 효율이 저하하는 것을 방지한다.

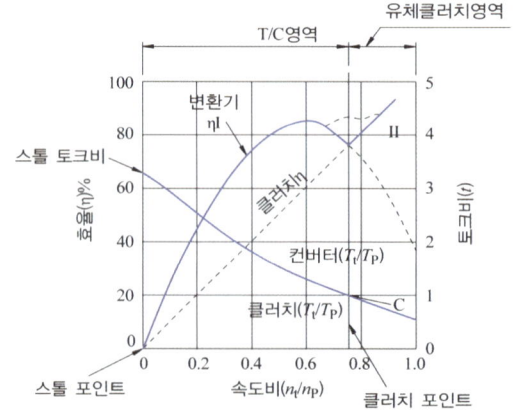

그림 2-21 / **토크컨버터 성능 곡선**

ⓒ 토크 컨버터의 전달효율

  ⓐ 속도비 : 펌프의 회전속도와 터빈의 회전속도와의 비

  즉, 속도비(n) = $\dfrac{터빈 회전수(N_t)}{펌프 회전수(N_p)}$

  ⓑ 토크비 : 펌프의 회전력과 터빈의 회전력과의 비

  즉, 토크비(t) = $\dfrac{터빈 회전력(T_t)}{펌프 회전력(T_p)}$

  ⓒ 전달효율 : 펌프에서 발생한 동력과 터빈에 전달된 동력과의 비
  동력은 회전력×회전수 이므로,

  전달효율(η) = t×n = $\dfrac{터빈 회전력(T_t)}{펌프 회전력(T_p)} \times \dfrac{터빈 회전수(N_t)}{펌프 회전수(N_p)}$

2. 자동변속기 구성

1) 유성기어의 원리

① **유성기어 장치** : 유성기어 장치는 선기어, 링기어, 유성기어, 유성기어 캐리어로 구성되어 있으며, 선기어, 링기어, 유성기어 캐리어 세가지 요소를 고정 및 해제시켜 자동으로 변속한다.

  ㉠ 선 기어 : 변속기 출력축에 베어링을 두고 설치되어 있으며 보통때는 공회전을 한다.
  ㉡ 유성 기어 캐리어 : 변속기 출력축의 스플라인에 설치되어 있으며, 선 기어와 물리는 3개의 유성 기어를 지지하고 변속기 주축과 같이 회전한다.
  ㉢ 링 기어 : 링 기어는 내부에 유성 기어와 물려있고 뒤쪽은 추진축과 연결되어 있다.

그림 2-22 / **유성기어의 구조**

② 유성 기어의 작동과 출력

(↑ : 증속, ↓ : 감속)

고정부분	회전부분	출력	변속비
선 기어	유성 기어 캐리어	링 기어(↑)	$\dfrac{A}{A+D}$
	링 기어	유성 기어 캐리어(↓)	$\dfrac{A+D}{D}$
유성 기어 캐리어	선 기어	링 기어 역전(↓)	$-\dfrac{D}{A}$
	링 기어	유성 기어 캐리어 역전(↑)	$-\dfrac{A}{D}$
링 기어	선 기어	유성 기어 캐리어(↓)	$\dfrac{A+D}{A}$
	유성 기어 캐리어	선 기어(↑)	$\dfrac{A}{A+D}$

A : 선 기어 잇수
C : 유성 기어 캐리어 잇수
D : 링 기어 잇수

선 기어, 유성 기어 캐리어, 링 기어의 3요소 중 2개요소를 고정하면 엔진의 회전수와 같다.(즉 등속이다.)

㉠ 증속의 경우 : 유성 기어 캐리어를 입력, 링 기어를 출력의 조건으로 하였을 경우로 선 기어를 고정하고 유성 기어 캐리어를 회전시키면 링 기어는 증속된다. 그림은 선 기어를 고정하고 유성 기어 캐리어를 회전시키는 경우를 나타낸 것으로 링 기어의 회전은 유성기어 캐리어의 회전에 선 기어의 잇수가 더해져 증속이 이루어진다.

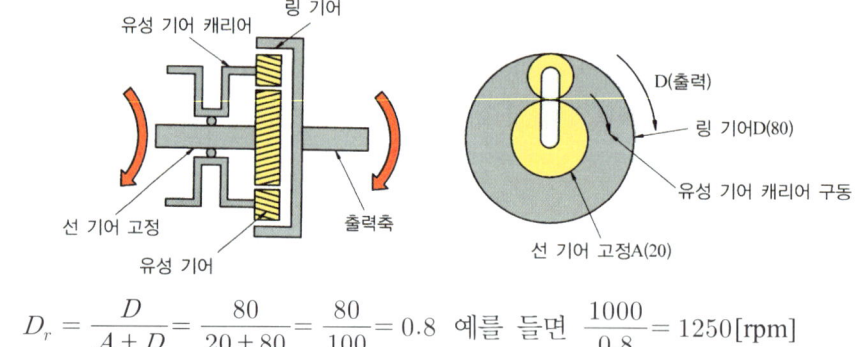

$$D_r = \dfrac{D}{A+D} = \dfrac{80}{20+80} = \dfrac{80}{100} = 0.8 \quad \text{예를 들면} \quad \dfrac{1000}{0.8} = 1250 [\text{rpm}]$$

㉡ 감속의 경우 : 링 기어를 입력, 유성 기어 캐리어를 출력의 조건으로 하였을 경우로 선 기어를 고정하고 링 기어를 회전시키면 유성기어 캐리어는 감속된다. 선 기어를 고정하고 링 기어를 회전시키는 경우 유성기어 캐리어의 회전은 링 기어 잇수대 선 기어의 잇수에 의해서 감속 회전을 한다.

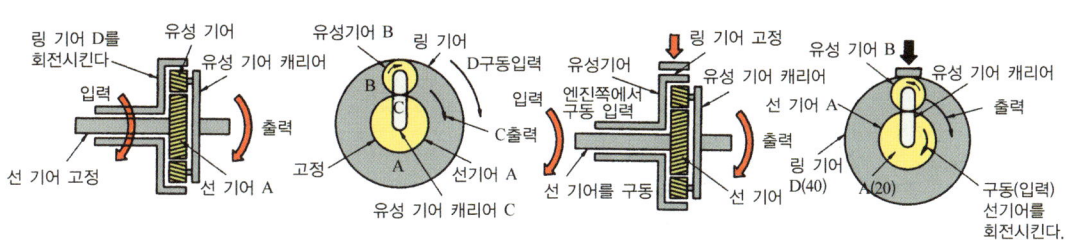

$$C_r = \frac{A+D}{D} = \frac{20+40}{40} = 1.5$$

(a) 선 기어 고정 후 감속할 경우

$$C_r = \frac{A+D}{A} = \frac{20+40}{20} = \frac{60}{20} = 3$$

(b) 링 기어 고정 후 감속할 경우

ⓒ 역전의 경우 : 역회전은 선 기어를 입력, 링 기어를 출력의 조건으로 하였을 경우로 유성기어 캐리어를 고정하고 선 기어를 회전시키면 링 기어는 역전 감속이 된다. 유성기어 캐리어를 고정하고 선 기어를 회전시키는 경우 링 기어의 회전은 선 기어에 대하여 역방향으로 회전하며, 선기어의 잇수대 링 기어의 잇수에 의해서 감속이 이루어진다.

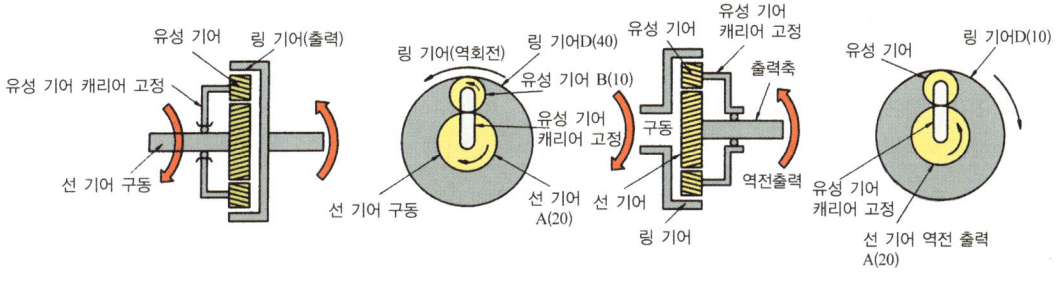

$$\frac{링기어(D)}{선기어(A)}(역전)\frac{40}{20} = -2$$

(a) 역전 감속시

$$변속비 = \frac{A}{D} = \frac{20}{40} = -0.5$$

(b) 역전 증속시

③ 유성기어의 종류

㉠ 단순 유성기어 : 싱글 피니언식, 더블 피니언식

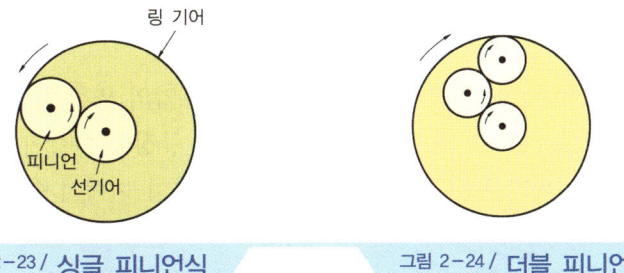

그림 2-23 / 싱글 피니언식   그림 2-24 / 더블 피니언식

ⓒ 복합 유성기어 : 심프슨(simpson) 형식, 라비뇨(ravineau) 형식

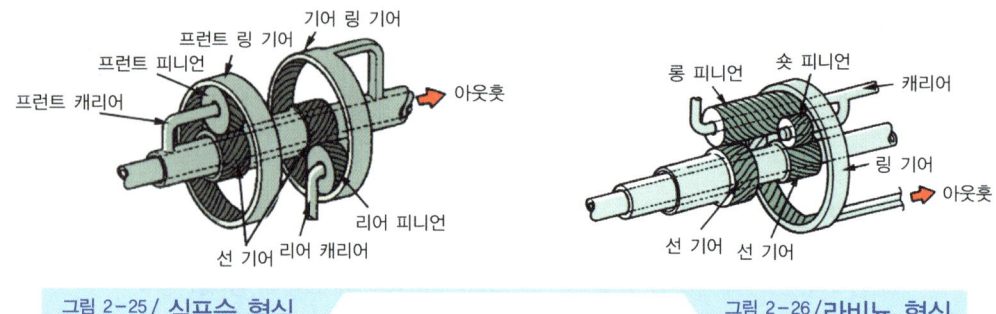

그림 2-25 / **심프슨 형식**   그림 2-26 / **라비뇨 형식**

2) 자동변속기 구성부품

① **오일 펌프** : 오일 펌프는 내접 기어를 사용하며 토크 컨버터 하부에 연결되어 유압을 발생하고 자동변속기가 필요로 하는 오일을 변속기 각부와 토크컨버터에 보내주어 각 부의 윤활 및 유압제어 작동유압 등을 발생한다.

② **프론트 클러치(3 ~ 후진)** : 프론트 클러치는 3속 및 후진시 작동하며 유압을 받아 링 기어에 동력을 전달하거나 차단한다.

③ **리어 클러치(1 ~ 3단)** : 리어 클러치는 1 ~ 3속시에 작동하며 유압을 받아 선 기어에 동력을 전달하거나 차단함으로서 구동력을 포워드 서브 기어에 전달한다.

④ **매뉴얼 밸브** : 운전자가 선택한 변속기의 선택 레버 위치에 맞추어 유압회로를 제어하는 밸브이다.

  ㉠ 시프트 밸브 : 자동차의 주행속도나 엔진의 부하에 따라 오일의 회로 압력을 이용하여 유성 기어 장치를 제어하여 자동변속을 할 수 있게 하는 밸브이다.

  ㉡ 거버너 밸브 : 변속기에 알맞은 유압을 얻기 위해 밸브의 오일 배출구가 열리는 정도를 제어하는 밸브이다.

⑤ **스로틀 밸브(기계식 자동변속기에만 장착)** : 엔진의 TPS(액셀러레이터의 밟는량)와 출력에 비례하여 적당한 유압을 발생하게 하는 밸브이다.

⑥ **각종 밸브 기구**

  ㉠ 체크 밸브 : 한쪽방향으로만 흐르는 밸브로서 유압의 역류를 방지한다.

  ㉡ 압력조절(릴리프) 밸브 : 회로 내의 오일 압력이 규정값 이상이 되는 것을 막고 엔진 정지시 토크 컨버터로부터 오일의 역류를 방지하며 변속시 충격을 방지하는 역할을 한다.

  ㉢ 레귤레이터 밸브 : 오일 펌프에서 발생하는 유압을 일정한 회로압으로 유지될 수 있도록 어저스팅 스크루 스프링 힘으로 모든 운전조건에 적응하도록 조정하는 역할을 한다.

⑦ 펄스 제너레이터A : 고속주행시 변속 레버 위치를 D위치에 선택하고 주행의 킥다운 드럼의 회전수를 검출하여 TCU 또는 ECU에 보내준다.
⑧ 펄스 제너레이터B : 자동변속기 선택 레버 위치에 따라서 자동차의 주행속도를 파악하기 위해 드라이브 기어의 출력축 회전수를 검출하여 TCU 입력시키는 것이다.
⑨ 인히비터 스위치 : N 또는 P 위치에서만 시동이 되게 하는 새프티(safety) 기능과 컨트롤 레버의 위치검출, R위치에서 후진등의 점등 역할을 한다.
⑩ 킥다운 서보 스위치 : 운전자가 액셀레이터를 급격히 많이 밟았을 때 킥다운 밴드의 작동시점을 검출하는 스위치이다.

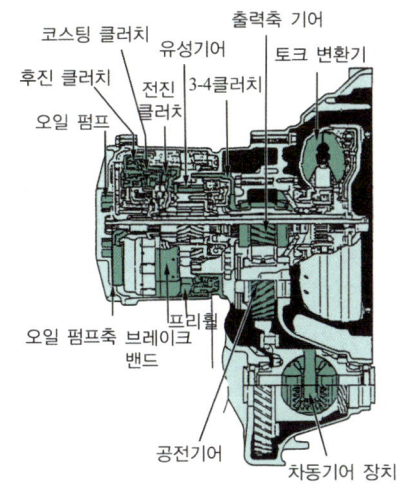

그림 2-27 / FF 차량의 자동 트랜스 액슬

3) 자동변속기 오일(ATF) 및 각종 점검

① 역할
  ㉠ 토크 컨버터 내의 작동 유체로서 동력을 전달하는 작용을 한다.
  ㉡ 기어 또는 베어링 등의 회전 부분에 공급되어 윤활 작용을 한다.
  ㉢ 밸브, 클러치, 브레이크 등을 작동시키는 작동을 한다.
  ㉣ 마찰 부분에 공급되어 냉각 작용을 한다.
  ㉤ 변속기에 충격을 흡수하는 완충 작용을 한다.
② 구비 조건
  ㉠ 점도가 낮을 것
  ㉡ 비중이 클 것
  ㉢ 착화점이 높을 것
  ㉣ 내산성이 클 것

ⓜ 유성이 좋을 것
ⓑ 비점이 높을 것

③ 자동변속기 오일(ATF)의 점검
  ㉠ 유온이 60~70[℃](냉각수 온도 85~95[℃])에 이를 때까지 주행하거나 시프트 레버를 N레인에 위치시킨 상태에서 엔진을 공회전시켜 유온이 60~70[℃]가 되도록 한다.
  ㉡ 엔진을 공회전 상태로 자동차를 평탄한 장소에 정차시킨다.
  ㉢ 시프트 레버를 각 레인지에 2~3회 작동시켜 각 유로 및 토크 컨버터에 오일을 충만시킨 후 N레인지에 위치시키고 주차 브레이크를 작동시킨다.
  ㉣ 오일 레벨 게이지를 뽑아 오일의 색을 점검한다.
    ⓐ 투명한 붉은색 : 정상
    ⓑ 갈색 : 가혹한 상태로 사용하여 오일이 열화된 경우이다.
    ⓒ 검정색 : 클러치, 브레이크, 부싱, 기어 등의 마멸에 의해 오염된 경우이다.
    ⓓ 황색 : 오일이 파열되는 경우이다.
    ⓔ 우유색 : 냉각수가 혼입된 경우이다.
  ㉤ 오일 레벨 게이지의 "HOT" 범위에 있는가 확인하고 부족시에는 "HOT" 범위가 되도록 ATF을 보충한다.
  ㉥ 이물질이 유입되지 않도록 주의하면서 오일 레벨 게이지를 확실하게 끼운다.

4) 자동변속기 성능 시험

자동변속기 성능 시험으로는 스톨 테스트, 유압 테스트, 타임래그 테스트 시험이 있다.

① 스톨 테스트(stall test) : 스톨 테스트는 선택 레버를 D 또는 R에 위치시키고 스로틀을 완전히 개방시켰을 때 최대 엔진 속도를 측정하여 엔진 성능, 트랜스미션의 성능을 시험하기 위한 것으로 엔진의 구동력, 토크 컨버터의 동력전달 기능, 클러치의 미끄러짐, 브레이크 밴드의 미끄러짐 등을 점검한다.
  ㉠ 시험방법
    ⓐ 엔진을 워밍업시킨다.
    ⓑ 뒷바퀴 양쪽에 고임목을 받친다.
    ⓒ 엔진 타코미터를 연결한다.
    ⓓ 주차 브레이크를 당기고, 브레이크 페달을 완전히 밟는다.
    ⓔ 선택 레버를 "D"에 위치시킨 다음 액셀레이터 페달을 완전히 밟고 엔진 rpm을 측정한다.(이 때, 주의할 사항은 이 테스트를 5초 이상하지 않는다.)
    ⓕ D레인지에서의 테스트를 R에서도 동일하게 실시한다.

ⓖ 규정값 : 2,000 ~ 2,400[rpm]
ⓒ 판정
ⓐ "D" 레인지에서 규정값 이상일 때 : 뒤 클러치나 오버 런닝 클러치의 슬립
ⓑ "R" 레인지에서 규정값 이상일 때 : 앞 클러치나 로우 브레이크의 슬립
ⓒ "D"와 "R"에서 규정값 이하일 때 : 엔진 출력 저하 및 토크 컨버터 고장

② 유압 테스트(라인 압력 시험)
㉠ 자동변속기 유온이 정상작동온도(80 ~ 90[℃])가 되도록 충분히 워밍업시킨다.
㉡ 잭으로 앞바퀴를 들어 올려 차량 고정용 스탠드를 설치한다.
㉢ 진단 장비(scan tool)를 설치하여 엔진 회전수를 선택한다.
㉣ 자동변속기 케이스에서 오일 압력 테스트 플러그를 탈거하고 오일 압력 게이지 30[kgf/cm²]를 설치한다.
㉤ 엔진을 시동하여 엔진 공회전속도를 점검한다.
㉥ 다양한 위치(N, D, R)와 조건에서 오일 압력을 점검하여 측정값이 규정범위 내에 있는가를 확인한다. 규정값을 벗어날 경우 유압 조정방법을 참고하여 수리한다.

③ 타임 래그 테스트(time lag test, 시간 지연 시험)
㉠ 공전 rpm에서 N→D, N→R로 변속한 순간부터 동력이 전달될 때 까지의 시간 (1.2초)을 측정하여 변속기의 유압 상태를 판정한다.
㉡ 지연시간이 길면 라인 압력이 너무 낮은 것을 의미하고, 지연시간이 짧으면 라인압력이 너무 높거나, 브레이크 밴드의 조임 토크가 크거나, 클러치 디스크 틈새가 너무 좁은 지를 점검한다.

5) 오버 드라이브(over drive) 장치

오버 드라이브란 평탄한 도로를 주행시 엔진의 여유출력을 이용하여 추진축의 회전속도를 엔진의 회전속도보다 더 빠르게 구동하는 장치이다.

① 오버 드라이브 장치의 장점
㉠ 속도가 30[%] 정도 증가한다.
㉡ 연료가 10 ~ 20[%]절감 된다.
㉢ 엔진의 수명이 연장 된다.
㉣ 주행 소음이 감소된다.

② 오버 드라이브의 종류
㉠ 기계식 : 변속기 내부에 증속 기어를 두고 변속 레버로 작동하는 형식이다.
㉡ 자동식 : 변속기 내부에 유성 기어 장치를 설치하여 자동차가 40[km/h] 이상이 되면 자동적으로 작동하는 형식이다.

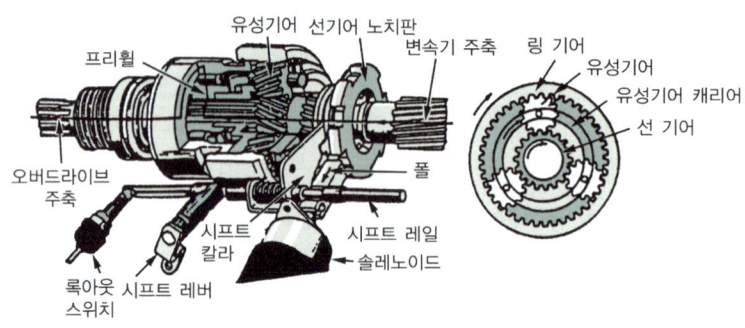

그림 2-28 / **자동변속기 오버 드라이브 장치의 구성**

3_ 무단변속기(CVT)

1. 무단변속기 일반

1) 무단 변속기 개요

무단 변속기(CVT : Continuously Variable Transmission)는 주행 중 변속을 연속적으로 가변 시키는 변속기로서 무단으로 변속을 실행하므로 변속기에서 발생할 수 있는 변속 충격 방지 및 연료 소비율 향상과 가속 성능이 우수하다.

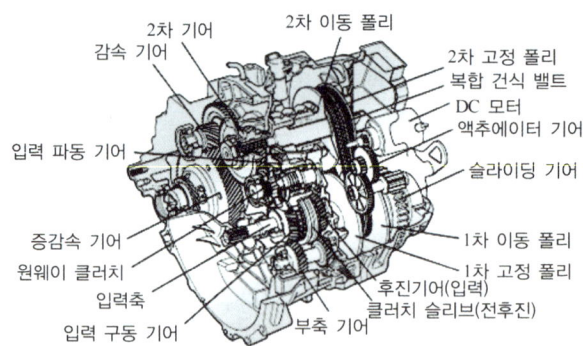

① 무단 변속기의 장점
  ㉠ 가속 성능의 향상 : CVT는 변속비가 무단계로 연속적으로 이루어지므로 엔진 회전 속도를 일정 한 구간으로 유지하여 변속할 수 있기 때문에 운전자의 성향에 따라 필요한 구동력의 영역으로 운전을 할 수 있어 가속성이 향상된다.
  ㉡ 연비 향상 : 무단 변속기는 중간에 동력이 차단되는 변속이 없으므로 댐퍼 클러치 영역을 기존 자동변속기보다 크게 할 수 있다. 또 최소 연비곡선을 따라 운전할 수 있기 때문에 연비가 향상된다.
  ㉢ 변속시 충격 감소 : 무단계로 변속되기 때문에 출력축 회전력의 변동에 의한 차이가

없어 변속시 충격이 없다.

ⓔ 무게 감소 : 기존의 자동변속기보다 무단변속기의 부품 수가 적어 중량이 가볍다.

2) 무단 변속기의 종류

① 동력 전달방식에 의한 분류

㉠ 토크 컨버터 방식 : 기존의 자동변속기에서 사용하는 토크 컨버터와 동일한 방식을 사용하며 무단 변속기 특성상 댐퍼 클러치 제어 영역을 자동변속기에 비해 작동 영역을 크게 할 수 있어 연료 소비율이 향상 된다.

㉡ 전자 분말 방식 : 전자 분말을 밀폐된 공간에 넣고 바깥쪽 구동축에 전자석을 설치하고 안쪽에는 변속기 입력축을 설치하여 코일에 전원을 가하면 전자 분말이 자화하여 입력축과 출력축이 연결된다.

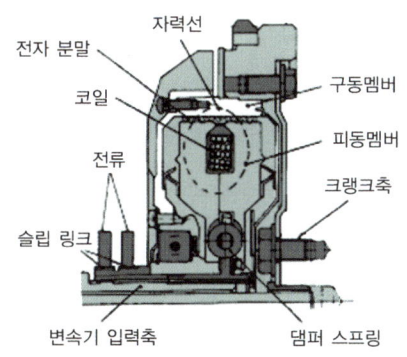

그림 2-29 / **전자 분말 방식**

② 변속벨트 방식에 의한 분류

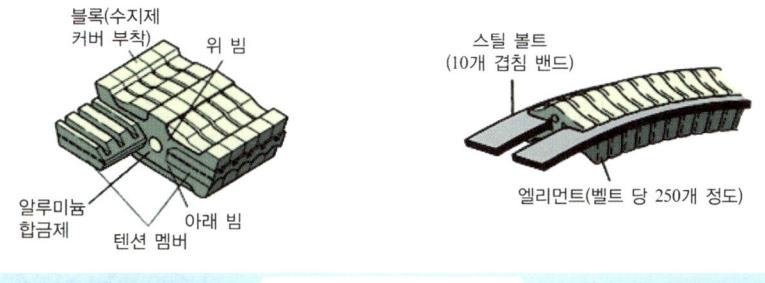

그림 2-30 / **고무 벨트**　　　　그림 2-31 / **스틸 벨트**

㉠ 고무 벨트(rubber belt) 방식 : 알루미늄 합금 블록의 측면을 내열 수지로 성형한 고무 벨트는 높은 마찰 계수를 유지하는 효과를 얻을 수 있고, 벨트를 누르는 힘인 추력을 작게 할 수 있다.

㉡ 스틸 벨트(steel belt) 방식 : 특수합금으로 정밀하게 가공된 두께 0.2mm의 금속 밴

드를 12장씩 겹친 밴드 사이에 끼워 넣은 상태로 되어 있으며, 고무 벨트 방식은 인장력으로 동력을 전달하지만 금속 벨트 방식은 금속 블록 사이의 압축력에 의해서 동력을 전달한다.

③ 트랙션 구동(traction drive 또는 트로이달, 익스트로이드) 방식 : 탄성의 오일 막을 이용하여 금속의 전동체로 사용하여 입력축과 출력축 원판에 하중 P를 작용시키고, 롤러(roller)가 A점을 중심으로 회전함에 따라 유효 접촉 반지름인 Ri 와 Ro가 변화한다. 마찰 바퀴는 토로이드(toroid)라 하며, 레이스(race)와 롤러는 직접 접촉하지 않고 그 사이에 존재하는 유막의 전단력에 의해 동력이 전달된다.

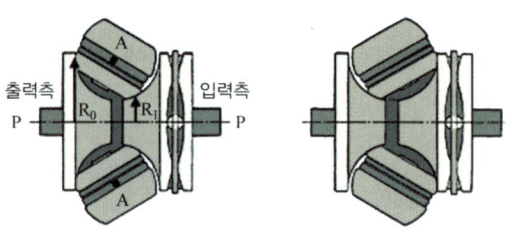

그림 2-32 / **트랙션 구동 방식의 특징**

㉠ 변속 범위가 넓으며, 높은 효율을 낼 수 있고, 작동 상태가 정숙하다.
㉡ 큰 추진력 및 회전면의 높은 정밀도와 강성이 필요하다.
㉢ 무게가 무겁고, 전용의 오일을 사용하여야 한다.
㉣ 마멸에 따른 출력 부족 가능성이 크다.

2. 무단변속기 작동 및 제어

1) 무단 변속기의 구성 요소와 작동

① 토크 컨버터(torque convertor) : 기존의 자동변속기의 토크 컨버터의 주요 부품을 공용화 하고 댐퍼 클러치를 내장하고 있다.
② 오일 펌프(oil pump) : 풀리에서 금속 벨트의 미끄럼이 일어날 경우 내구 성능에 치명적이므로 풀리의 제어 압력이 기존의 자동변속기 제어 압력보다 더욱 큰 압력이 요구된다.
③ 전후진 장치
  ㉠ P & N 레인지일 때 : P와 N 레인지에서는 전진 클러치와 후진 브레이크는 작동

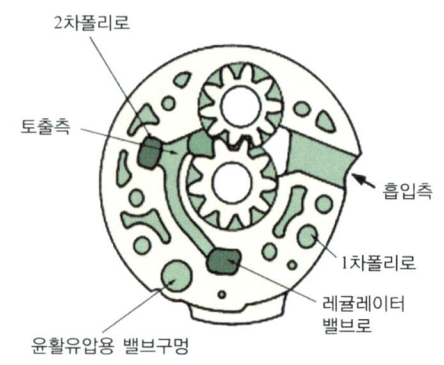

그림 2-33 / **오일펌프**

하지 않고, 입력축에서의 구동력은 1차 풀리로 전달되지 않는다.
- ⓛ 전진에서의 작동 : 엔진 → 토크 컨버터 → 입력축 → 전진 클러치 → 유성 캐리어 → 출력(1차 풀리)이다.
- ⓒ 후진에서의 작동 : 엔진 → 토크 컨버터 → 입력축 → 선 기어 → 피니언 → 피니언 → 유성 캐리어 → 출력(1차 풀리)이다.

④ **가변 풀리**(variation pulley) : 지름이 다른 풀리 2개가 벨트를 통하여 연결되어 있으며, 각 풀리는 벨트가 설치되어 지름을 변경할 수 있도록 되어 있다.

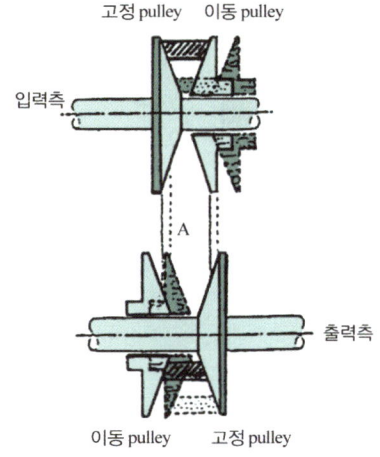

- ㉠ 저속에서의 작동
    - ⓐ 1차 풀리 : 최대한 벌어져 금속 벨트가 제일 안쪽으로 들어가게 되어 1차 풀리 축의 중심에서 반지름이 가장 작아진다.
    - ⓑ 2차 풀리 : 최대한 좁혀져 금속 벨트가 가장 바깥쪽으로 가게 되어 2차 풀리 중심에서 반지름이 가장 커진다. 따라서 구동력이 최대가 된다.

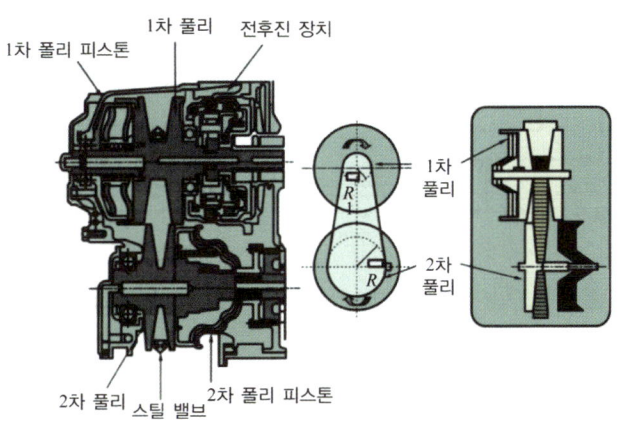

그림 2-34 / 저속에서 풀리의 작동

ⓛ 고속에서의 작동 : 저속에서의 작동과는 완전히 반대로 1차 풀리는 최대한 좁혀져 반지름이 가장 커지며, 2차 풀리는 최대한 벌어져 1차 풀리 축의 중심에서 반지름이 가장 작아지게 되어 속도가 고속이 된다.

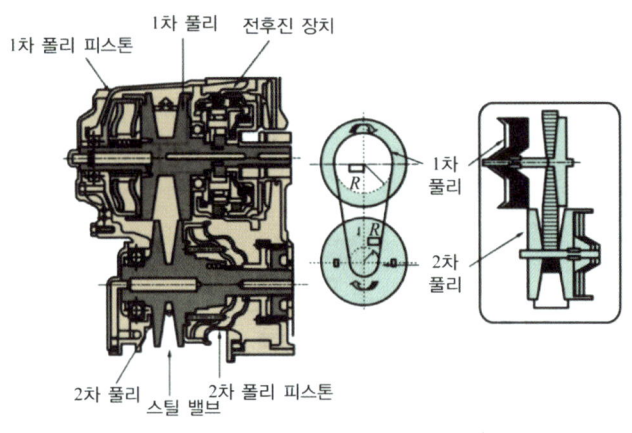

그림 2-35 / **고속에서 풀리의 작동**

2) 무단 변속기의 전자 제어

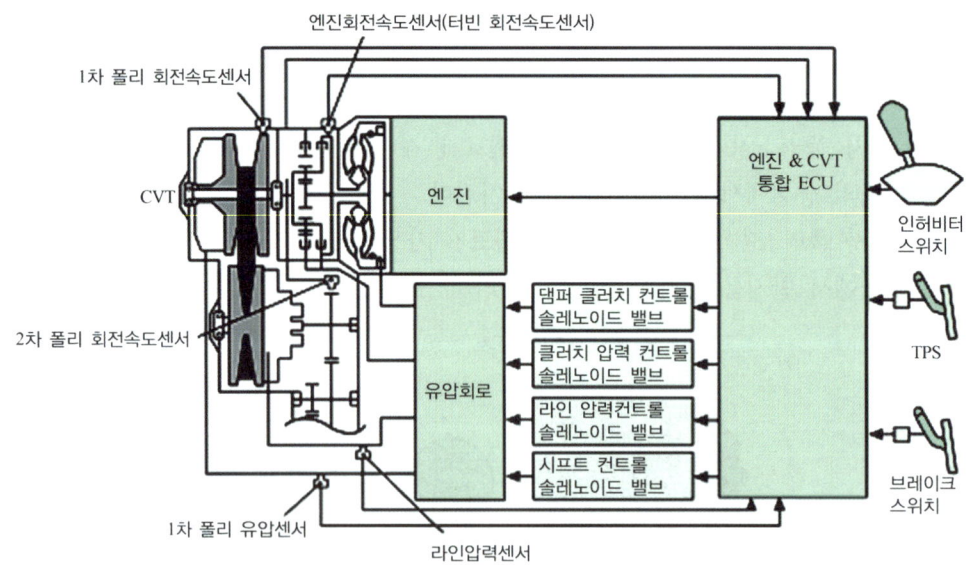

그림 2-36 / **센서의 구성 및 작동 원리**

① 구성 요소
  ㉠ 솔레노이드 밸브(solenoid valve) : 솔레노이드 밸브의 기준 유압을 낮추어 기존의 자동변속기용에 비해 작게 제작 할 수 있어 비용 절감과 소음을 감소한다.

ⓛ 오일 온도 센서(oil temperature sensor) : 변속기 오일의 온도를 서미스터로 검출하여 댐퍼 클러치 작동 및 미작동 영역을 검출하고 변속할 때 유압 제어 정보 등으로 사용
ⓒ 유압 센서(oil pressure sensor) : 라인 압력 또는 1차 풀리쪽의 압력 검출용과 2차 풀리쪽의 압력 검출용 2개가 설치되며 검출 압력의 범위는 0~80[kg_f/cm^2], 입력 범위는 0.5~4.5[V]이다.

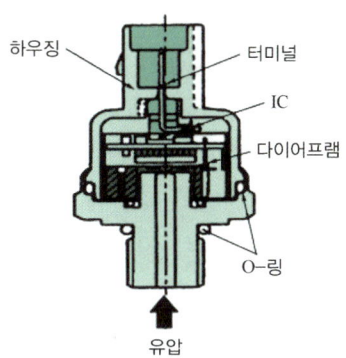

ⓔ 회전속도 센서 : 터빈 회전속도 센서, 1차 풀리 회전속도 센서, 2차 풀리 회전속도 센서로 구성되며 1, 2차 풀리의 회전속도 센서는 공용화가 가능한 홀 센서 형식을 사용한다.

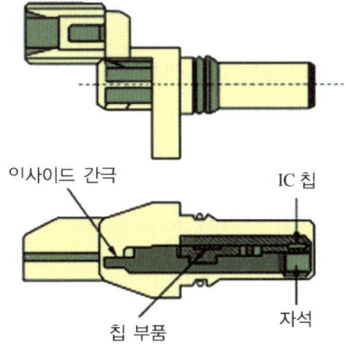

② 유압 제어 계통
  ㉠ 라인 압력 제어 : 20~30bar 정도로서 항상 높은 라인 압력을 유지하기 위해서는 오일 펌프의 구동력이 커지므로 효율을 높이기 위해서는 전달되는 회전력의 크기에 비례하여 적절한 라인 압력을 제어한다.
  ㉡ 제어 밸브의 기능
    ⓐ 레귤레이터 밸브 : 라인 압력을 주행 조건에 따라 적절한 압력으로 조정한다.
    ⓑ 변속 제어 밸브 : 1차 풀리의 유압을 조정한다.

ⓒ 클러치 압력 제어 밸브 : 전진 클러치 및 후진 브레이크의 작동을 조정한다.

ⓓ 댐퍼 클러치 제어 밸브 : 댐퍼 클러치의 작동을 조정한다.

③ 엔진 변속기 총합 제어(Ⅰ) : 엔진 회전력(입력 회전력)에 대응하여 풀리에 작동하는 유압을 조정한다.

㉠ 정확한 엔진 회전력 연산 : 엔진은 정밀한 회전력 제어가 가능, 이정보를 이용하여 벨트를 잡아주는 힘을 최소로 억제하고 유압을 필요 최소량으로 한다.

㉡ 높은 응답 제어 : 대용량의 컴퓨터로 제어하므로 엔진 제어와 무단 변속기 제어 사이의 통신 지연을 배제하고 높은 점도에서 응답성이 우수한 유압 센서를 부착하여 응답 지연을 최소화한다.

㉢ 엔진의 운전 영역 : 엔진의 저속회전 영역에서 개선 효과가 크며 변속비를 단계가 없이 제어하는 무단 변속기와 엔진의 조합에 의해 연료 소비량이 저속회전 영역에서도 운전 속도를 높이며 낮은 연료 소비율을 실현한다.

④ 엔진 변속기 총합 제어(Ⅱ) : 기존의 자동변속기용 인벡스(INVECS : Intelligence Vehicle Control System) Ⅱ를 기본으로 하여 무단 변속기의 무단 변속 특성에 따라 인벡스-Ⅱ보다 진화된 인벡스-Ⅲ를 사용하고 있다.

㉠ 내리막길 제어 : 여러 가지 주행 조건에 의한 엔진 브레이크를 얻을 수 있도록 변속비를 제어하며 가속 페달 또는 브레이크 페달 조작량에 의해서 엔진 브레이크의 과부족을 판정하고 학습 보정 제어를 실시한다.

㉡ 오르막길 제어 : 오르막길을 주행할 때 리프트 풋(lift foot)에 따른 불필요한 업 시프트를 방지하고 다시 가속할 때 구동력의 확보를 위해 1차 풀리 회전속도를 증대하여 엔진 회전속도가 저하되는 것을 방지한다.

⑤ 댐퍼 클러치 제어

㉠ 작동 시점의 저속화 : 엔진의 회전력에 응답하여 세밀하게 직결 작동 압력을 제어하여 저속에서도 충격 없이 직결한다.

㉡ 댐퍼 클러치 작동 영역

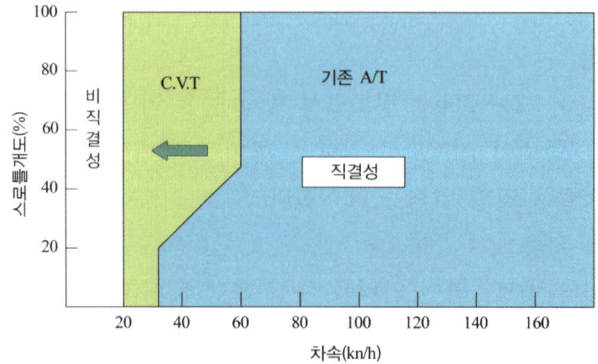

⑥ **6속 스포츠 모드 제어** : 인벡스-Ⅲ 제어에 의해 운전의 편리성을 실현한 D, Ds 모드에 추가로 스포츠 모드가 있다.
  ㉠ 스포츠 모드의 특성
    ⓐ 변속 레버를 앞뒤로 이동시키는 것만으로 업, 다운 시프트가 가능
    ⓑ 가속 페달을 밟은 상태에서 기어 변속이 가능하다. 이 때문에 출력의 감소없이 운전을 즐길 수 있다.
    ⓒ 굴곡 도로 및 산악 도로에서도 양호한 변속의 패턴을 스스로 선택할 수 있어 곡선 도로 진입 직전이나 경사로 주행 직후의 경쾌한 다운 시프트가 가능하다.
    ⓓ 현재의 변속 패턴을 시프트 표시등으로 점등 표시하여 스포츠 모드에서 변속 레버 조작을 도와준다. 또한 D 레인지의 주행 중에도 변속 패턴을 표시하여 스포츠 모드를 선택할 때의 의지 결정을 도와준다.
    ⓔ 스킵 변속(skip shift)이 가능하다.

제3절 동력전달장치

1_ 드라이브 라인 및 종감속 장치

드라이브 라인은 후륜구동 차량에서 엔진의 출력을 변속기를 통해 종감속 기어로 전달하는 부분으로 추진축(propeller shaft), 자재이음(universal joint), 슬립 조인트(slip joint) 등으로 구성되어 있다. 종감속 장치는 최종 감속장치로 하이포이드 기어를 주로 사용하고 있으며 종감속 장치 내부에는 차동기어가 같이 조립되어 있다.

1. 드라이브 라인

1) **추진축(propeller shaft)**

추진축은 강한 비틀림을 받으면서 고속으로 회전하기 때문에 이에 견디도록 속이 빈 강관으로 되어 있으며, 회전할 때 평형을 유지하기 위한 평형추와 길이 변화에 대응하기 위한 슬립 조인트가 설치되어 있다. 추진축의 재료는 탄소강, 니켈강, 니켈-크롬강 등을 사용한다.

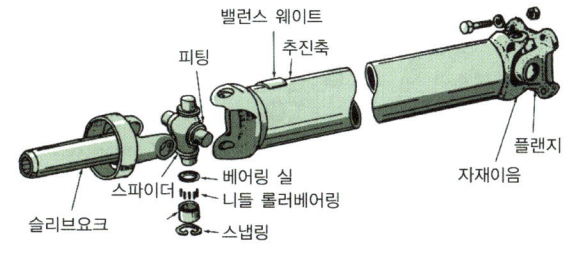

그림 2-37 / **추진축의 구조**

① 추진축의 위험 회전수(N)

$$N = 0.121 \times 10^9 \cdot \frac{\sqrt{D_1^2 + D_2^2}}{l^2}$$

D_1 : 추진축의 바깥지름[mm]
D_2 : 추진축의 안지름[mm]
l : 추진축의 길이[mm]

2) 자재이음(universal joint)

자재이음은 각도를 가진 2개의 축사이에 동력을 전달할 때 사용하며 십자형 자재이음, 트러니언 자재이음, 플렉시블 이음, 등속도 자재이음 등이 있다.

① 십자형 자재이음(cross and roller universal joint) : 중심부의 십자축과 두 개의 요크로 되어 있으며 십자축과 요크는 롤러 베어링을 사이에 두고 설치되어 있고 엔진의 회전력이 추진축이 1회전마다 2회의 가속과 감속을 반복하며 구동바퀴에 전달되기 때문에 동력 전달장치 전체에 진동이 발생한다.

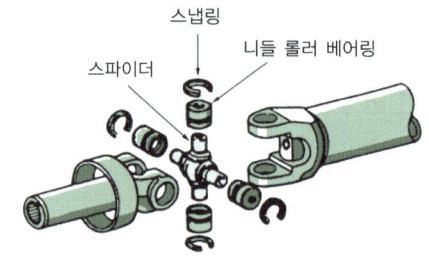

그림 2-38 / **십자형 자재이음의 구조**

② 볼 앤드 트러니언 자재이음(trunion universal joint) : 자재이음과 슬립이음의 역할을 동시에 하는 형식으로 십자형 자재이음에 비하여 마찰이 크고 또한 전동 효율이 낮은 결점이 있어 현재는 별로 사용되지 않는다.

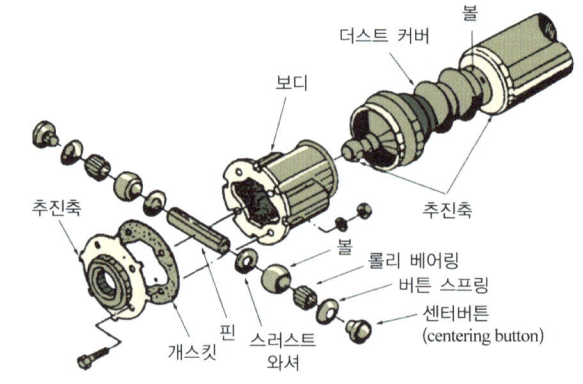

그림 2-39 / **볼 앤 트러니언 자재이음의 구조**

③ 플렉시블 이음(flexible joint) : 세갈래로 된 2개의 요크 사이에 웜이나 원심력에 충분히 견딜 수 있는 강한 마직물 또는 가죽을 합쳐서 만든 것 또는 경질 고무로 만든 커플링을 끼우고 볼트로 조인 것인데 마찰부분이 없고 따라서 급유할 필요가 없으며 회전도 조용하나 양축의 경사각은 3~5° 이상으로 되면 회전이 불안전하여 전달효율이 낮고 양쪽의 중심이 잘 맞지 않아 진동을 일으키는 결점이 있다.

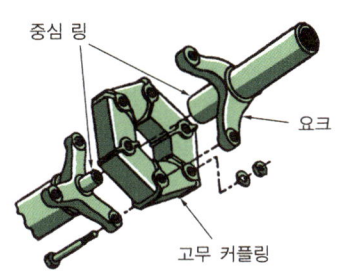

그림 2-40 / 플렉시블 이음

④ 등속도 자재 이음(CV, constant velocity ratio universal joint) : 일반 자재이음은 그 각도 때문에 피동축의 회전 각도가 일정하지 않아 진동을 수반한다. 이것을 방지하기 위하여 만들어진 것이 등속도 자재이음이며 추진축은 경사각이 작을수록 좋으나 앞엔진 앞바퀴 구동, 뒤엔진 뒤바퀴 구동 등에서는 그 구조상 설치각이 커지므로 등속도 자재이음을 사용하며 설치각은 29~45°이다.

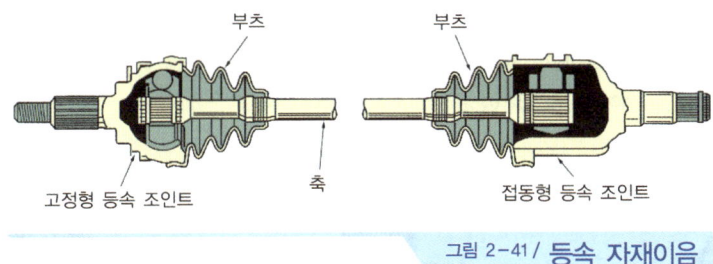

그림 2-41 / 등속 자재이음

3) 슬립 이음(slip joint)

축의 길이 변화를 가능하게 하여, 스플라인을 통해 연결한다. 즉 뒤차축의 상하운동에 의한 길이 변화를 가능하게 해준다.

4) 추진축의 이상 현상

① 추진축 회전시에 소음이 발생되는 원인
  ㉠ 추진축이 휘었다.
  ㉡ 십자축 베어링의 마모이다.
  ㉢ 중간 베어링 마모다.

② 추진축의 진동원인
  ㉠ 밸런스 웨이트가 떨어졌다.
  ㉡ 중간 베어링이 마모되었다.
  ㉢ 요크의 방향이 다르게 조립되었다.

2. 종감속 장치(final reduction gear)

자동차의 뒤차축에 설치되어 차량 중량을 지지하면서 엔진의 회전력을 구동 바퀴에 전달하는 역할을 하는 것으로서 종감속 기어, 차동 기어장치 등으로 구성되어 있다.

1) 종감속 기어(final reduction gear)

추진축에서 받는 동력을 직각이나 또는 직각에 가까운 각도를 바꾸어 뒤차축에 전달함과 동시에, 자동차의 용도에 따른 회전력의 증대를 위하여 최종적인 감속을 하기 때문에 종감속 장치라 하며 그 감속비를 종감속비라 한다.

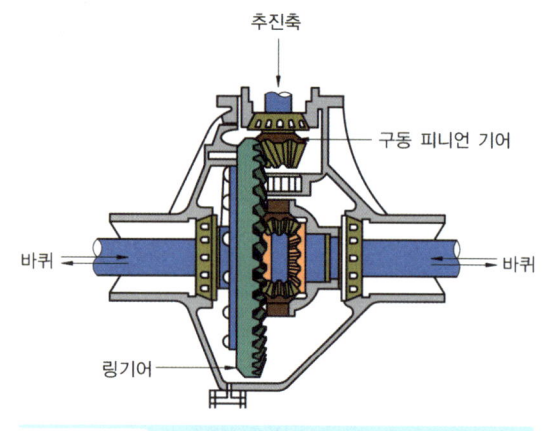

그림 2-42 / 종감속 기어의 구조

① 종감속 기어의 종류
  ㉠ 웜기어(worm gear)
  ㉡ 스파이럴 베벨기어(spiral bevel gear)
  ㉢ 하이포이드 기어(hypoid gear)

그림 2-43 / 웜기어   그림 2-44 / 스파이럴 베벨기어   그림 2-45 / 하이포이드 기어

② 종감속 기어의 특징
  ㉠ 웜 기어 : 감속비를 크게 할 수 있고 차고를 낮게할 수 있는 장점이 있으나 전달효율이 낮고, 역전이 어려우며, 발열되기 쉬워 현재는 사용하지 않는다.
  ㉡ 스파이럴 베벨기어 : 구동 피니언 기어와 링기어의 중심을 일치시킨 것이다. 스퍼 베벨기어보다 기어의 물림률이 크고, 회전이 원활하며 전달효율이 좋은 장점이 있다.

그러나 회전시 축방향으로 추력이 생기므로 테이퍼 롤러 베어링을 사용하여야 한다.

ⓒ 하이포이드 기어 : 현재 많이 사용되고 있는 형식으로 구동 피니언 기어의 축이 링 기어의 중심보다 약 10~20[%] 낮게 옵셋(off set)된 것으로, 옵셋에 의해 추진축의 높이를 낮게 할 수 있어 차고가 낮아져 안정성이 증대되며 스파이럴 베벨기어와 비교하여 감속비와 링 기어의 크기가 같은 경우 구동 피니언을 크게 할 수 있으므로 강도가 커진다. 또한 기어의 물림률이 커 회전이 정숙하나 기어가 축과 직각 방향으로 접촉하여 압력이 크기 때문에 특별한 윤활유를 사용해야 하고 제작이 어려운 단점이 있다.

③ 종감속비 : 종감속비는 링기어의 잇수와 구동 피니어 기어의 잇수비로 나타내며, 종감속비는 특정한 기어끼리 항상 맞물리는 것을 방지하여 일정하게 마멸되게 하기 위하여 나누어 떨어지지 않는 수로 한다. 또한 종감속비는 엔진의 출력, 가속성능, 등판성능 등에 중대한 영향을 미치므로 일반적인 종감속비는 승용차의 경우 4~6, 대형차의 경우 5~8 정도이다.

$$종감속비 = \frac{링기어의 잇수}{구동 피니언의 잇수}$$

④ 종감속 기어 접촉의 종류
  ㉠ 힐(heel) 접촉 : 이의 바깥쪽 접촉
  ㉡ 토우(toe) 접촉 : 이의 안쪽 접촉
  ㉢ 페이스(face) 접촉 : 이의 위쪽 접촉
  ㉣ 플랭크(flank) 접촉 : 이의 아래쪽 접촉

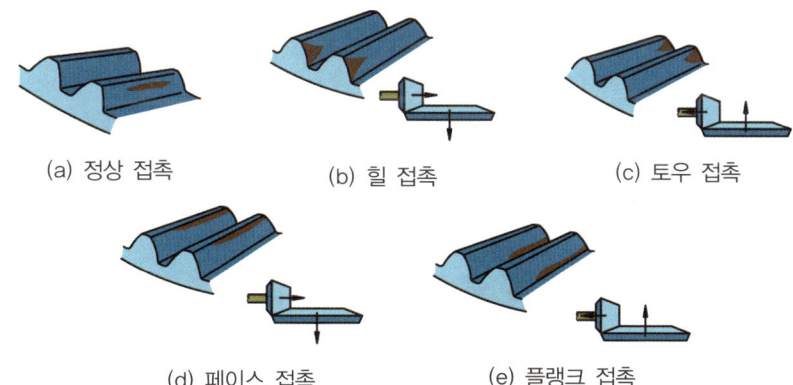

(a) 정상 접촉   (b) 힐 접촉   (c) 토우 접촉
(d) 페이스 접촉   (e) 플랭크 접촉

2) 차동장치(differential gear)

차량 회전 주행시 양쪽 바퀴가 미끄러지지 않고 원활히 회전되도록 바깥 바퀴를 안쪽 바퀴보다 더 많이 회전시키며, 요철 길을 통과할 때 양 바퀴의 회전수를 다르게 하여 원활한 회전을 가능하게 하는 장치이다.

① **차동장치의 원리** : 차동장치는 래크와 피니언의 원리를 이용한 것으로, 양 쪽의 무게가 동일할 때 잡아당기면 래크는 하중이 같으므로 어느 쪽으로도 회전하지 못하고 당긴 만큼 올라간다. 한 쪽을 고정시켜 놓고 당기면 가운데 피니언 기어가 회전하면서 다른 쪽 기어는 피니언의 자전만큼(A가 올라갈 거리만큼) 더 많이 올라가게 된다. 이 원리를 이용한 것이 차동기어이다.

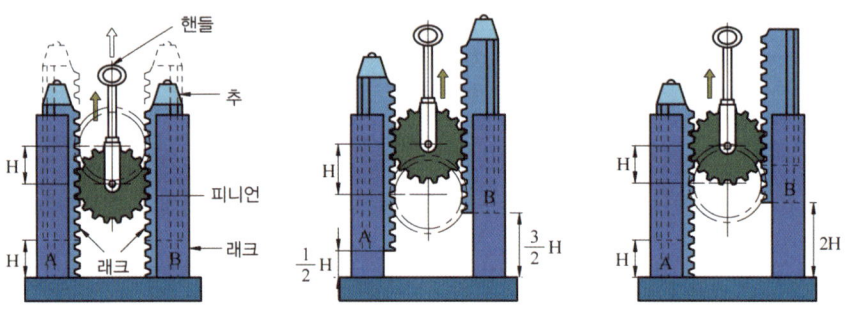

그림 2-46 / **차동장치의 원리**

② 차동기어의 구성
  ㉠ 차동 사이드 기어 : 차동 사이드 기어 허브는 스플라인으로 되어 있고, 양쪽에 액슬축이 꼽혀 있다. 따라서 주행시 바퀴의 하중에 의해 차동 피니언 기어가 회전하면서 회전수 차이가 생기게 된다.
  ㉡ 차동 피니언 기어 : 차동 사이드 기어 사이에 피니언 축을 중심으로 물려있으며 차동 사이드 기어의 회전을 변화시켜 준다.
  ㉢ 차동 피니언 축 : 차동 피니언 기어를 지지해 준다.
  ㉣ 차동기어 케이스 : 종감속기어 링기어와 볼트로 고정되어 있으며 링기어가 회전하면 같이 회전한다.

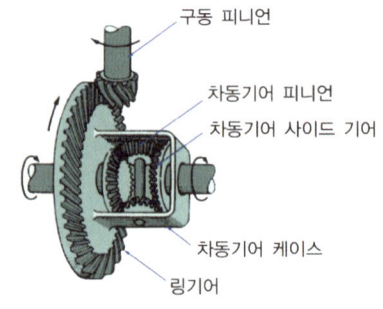

그림 2-47 / **차동기어의 구조**

✮✮ ③ 차동장치 동력전달 및 회전수
　㉠ 동력 전달순서 : 구동 피니언축 → 구동 피니언 → 링 기어 → 차동 기어 케이스 → (차동 피니언 → 사이드 기어) → 차축 순이다.
　㉡ 바퀴의 회전수 $= \dfrac{\text{기관 회전수}}{\text{총 감속비}} \times 2 - (\text{상대 바퀴의 회전수})$
　　　　　　　　 $= \dfrac{\text{추진축 회전수}}{\text{종 감속비}} \times 2 - (\text{상대 바퀴의 회전수})$

3) 차동제한장치(LSD : Limited Slip Differential)

차동장치는 회전시 좌·우 바퀴의 회전수를 다르게 함으로써 회전을 가능하게 하지만, 눈길, 빗길 등 노면 상태가 나쁠 때에는 미끄러운 부분에만 회전력을 전달하기 때문에 미끄럼의 원인이 되기도 한다. 차동 제한 장치(LSD)는 이러한 현상을 방지하기 위해서 차동장치 내부에 마찰저항이 발생되는 기구를 설치하여 회전력의 전달을 회복 시킴으로서 바퀴의 공회전을 방지할 뿐만 아니라 반대쪽 바퀴의 구동력을 증대시켜 차량의 구동력을 최대화시켜 주는 장치이다.

① LSD(차동제한 차동장치)의 특징
　㉠ 눈길 및 빗길 등에서 미끄러지지 않으며, 구동력이 증대된다.
　㉡ 코너링 및 험로 주행 시에도 Wheel Spin을 방지하여 주행 안전성을 유지한다.
　㉢ 진흙길이나 웅덩이에 빠졌을 때 탈출이 용이하다.
　㉣ 경사로에서의 주·정차가 쉽다.
　㉤ 급가속, 급발진 시에도 차량 안전성이 유지된다.
　㉥ 어떠한 상황에서도 정확한 핸들 조작이 가능하다.

② 작동 메카니즘에 따른 분류 : 차동제한장치에서 토크를 발생시켜 저속 회전측의 전달 토크를 증대 시키는 것으로서, 다음과 같은 종류가 있다.
　㉠ 토크 감응식 : 피니언 샤프트부의 캠기구에 의한 트러스트 힘으로 마찰 클러치를 밀어 압착하거나, 웜 기어가 물릴 때의 잇면 마찰력을 이용한다.
　㉡ 마찰 클러치식 : 클러치 마찰 특성은 마찰 클러치의 압력판 사이에는 선회시나 전·후륜의 슬립 등에 의해 상대 슬립이 생기기 때문에 마찰 특성이 불안정하면, 고착 슬립이나 이음 발생의 원인이 되기 때문에 마찰 특성은 경 변화가 적은 안정된 특성이 얻어지도록 캠홈의 제작 정밀도 향상, 마찰판 표면의 윤활류 홈 형상이나 표면처리의 적정화, 윤활류에 마찰 계수 조정제를 첨가하는 것 등의 방법이 이용되기도 한다.
　㉢ 웜 기어식 : 토션 디퍼런셜은 구성기어의 맞물림 잇면과 각 회전 접동부에 발생하는

마찰력을 이용하여 차동 제한 토크를 발생 시키는 것이며 기어 제원인 비틀림각, 압력각 등이나 접동부의 구성 부재를 선정하는 것으로 차동 제한 토크가 결정된다.
ㄹ) 회전 속도차 감응식 : 좌·우 또는 전·후륜 사이에 회전차가 생기면 차동 제한 토크가 회전차에 따라서 증감되는 형식으로 비스커스 커플링이나 유압식 커플링 등이 이용되고 있다.

2_ 친환경 동력전달장치

1. 듀얼 클러치 트랜스 밋션

① 개요 : 클러치를 2개를 이중으로 설치하여 수동 변속기를 자동 변속기처럼 작동시키는 변속기이다.
② 작동 원리

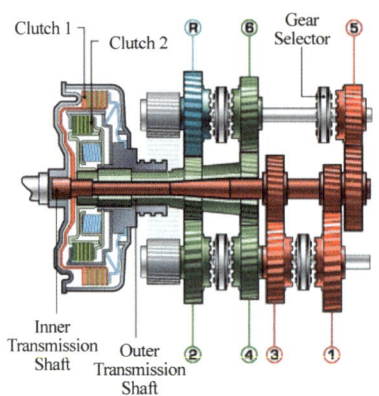

그림 2-48 / 듀얼 클러치 구성도

ㄱ) 정지시 : 클러치 1, 2 해제된 상태에서 클러치 1의 1단 기어와 클러치 2의 2단 기어 물려있고 대기 상태이다.
ㄴ) 1단 출발시 : 클러치 1 접속 되면서 1단 출발한다,
ㄷ) 2단 변속시 : 클러치 1 해제와 동시에 클러치 2를 접속 2단 변속하면서 클러치 1에 연결된 3단 기어를 미리 연결 한다.
ㄹ) 3단 변속시 : 클러치 2 해제와 동시에 클러치 1을 접속 3단 변속하면서 클러치 2에 연결된 4단 기어를 미리 연결 한다.
ㅁ) 후진 변속시 : 클러치 1, 2 해제된 상태에서 클러치 2의 후진 기어를 연결 후 클러치 2를 연결하여 후진한다.
ㅂ) 위와 같은 방법으로 변속이 매끄러우며 신속하게 변경되는 방식이다.

③ 작동 기구
   ㉠ 건식 클러치 : 대기에 노출된 단판 클러치를 사용하며 전기모터를 사용하여 클러치와 시프트 포크를 제어하는 방식이다.
   ㉡ 습식 다판 클러치 : 자동 변속기와 같이 습식 다판 클러치를 사용하며 클러치와 시프트 포크를 유압으로 제어하는 방식이다.

제1장 동력전달장치 출제예상문제

01 자동차 FR방식 동력전달 장치의 동력전달 순서로 맞는 것은? [09년 5회]

㉮ 엔진 – 클러치 – 변속기 – 추진축 – 차동장치 – 액슬축 – 종감속기어 – 타이어

㉯ 엔진 – 변속기 – 클러치 – 추진축 – 종감속기어 – 차동장치 – 액슬축 – 타이어

㉰ 엔진 – 클러치 – 추진축 – 종감속기어 – 변속기 – 액슬축 – 차동장치 – 타이어

㉱ 엔진 – 클러치 – 변속기 – 추진축 – 종감속기어 – 차동장치 – 액슬축 – 타이어

> 풀이 ㉱항이 후륜구동(FR) 방식의 동력전달 순서이다.

02 자동차 클러치의 구비조건이 아닌 것은? [07년 2회]

㉮ 회전부분의 평형이 좋을 것
㉯ 회전 관성이 클 것
㉰ 회전력 단속이 확실할 것
㉱ 과열되지 않을 것

> 풀이 클러치 구비조건
> ① 동력전달이 확실하고 신속할 것
> ② 방열이 잘 되어 과열되지 않을 것
> ③ 회전부분의 평형이 좋을 것

03 클러치의 구비조건이 아닌 것은? [07년 4회]

㉮ 동력전달이 확실하고 신속할 것
㉯ 방열이 잘 되어 과열되지 않을 것
㉰ 회전부분의 평형이 좋을 것
㉱ 회전 관성이 클 것

> 풀이 클러치 구비조건
> ① 동력전달이 확실하고 신속할 것
> ② 방열이 잘 되어 과열되지 않을 것
> ③ 회전부분의 평형이 좋을 것

04 클러치 압력판의 역할로 다음 중 가장 적당한 것은? [07년 5회]

㉮ 기관의 동력을 받아 속도를 조절한다.
㉯ 제동거리를 짧게 한다.
㉰ 견인력을 증가시킨다.
㉱ 클러치 판을 밀어서 플라이 휠에 압착시키는 역할을 한다.

> 풀이 클러치 압력판은 클러치 판을 플라이 휠에 압착시키는 역할을 한다.

05 클러치 접속시 회전 충격을 흡수하는 스프링은? [08년 4회]

㉮ 쿠션 스프링　　㉯ 리테이닝 스프링
㉰ 댐퍼 스프링　　㉱ 클러치 스프링

> 풀이 클러치 스프링의 종류와 역할
> ① 비틀림 코일(댐퍼) 스프링 : 회전충격 흡수
> ② 쿠션 스프링 : 직각방향의 충격 흡수 및 디스크의 변형 및 파손 방지

01 ㉱　02 ㉯　03 ㉱　04 ㉱　05 ㉰

06 클러치판의 비틀림 코일 스프링의 사용 목적으로 가장 적합한 것은? [07년 1회]

㉮ 클러치 작용시 회전충격을 흡수한다.
㉯ 클러치 판의 밀착을 크게 한다.
㉰ 클러치 판의 변형파손을 방지한다.
㉱ 클러치 판과 압력판의 마멸을 방지한다.

> 비틀림 코일(torsional damper) 스프링은 클러치 접속시 회전충격을 흡수하고, 쿠션(cushion) 스프링은 직각방향의 충격을 흡수하여 디스크의 변형 및 파손을 방지한다.

07 클러치 부품 중 플라이휠에 조립되어 플라이휠과 같이 회전하는 부품은? [09년 1회]

㉮ 클러치 판   ㉯ 변속기 입력축
㉰ 클러치 커버   ㉱ 릴리스 포크

> 클러치 커버는 플라이 휠에 볼트로 체결되어 함께 회전한다.

08 클러치 페달을 밟아 클러치를 차단하려고 할 때 소리가 난다면 그 원인은? [08년 2회]

㉮ 비틀림 코일스프링이 절손 되었다.
㉯ 변속기어의 백래시가 작다.
㉰ 클러치 스프링이 파손 되었다.
㉱ 릴리스 베어링이 마모 되었다.

> 클러치를 차단하려고 클러치 페달을 밟았을 때 소리가 나면 릴리스 베어링이 마모되었음을 뜻한다.

09 수동변속기에 있는 아이들 기어(idle gear)의 역할은? [09년 1회]

㉮ 방향 전환   ㉯ 회전력 증대
㉰ 간극 조절   ㉱ 감속 조절

> 아이들 기어는 기어의 회전방향을 바꾸어 주는 역할을 한다.

10 유압식 클러치에서 차단이 불량한 원인이 아닌 것은? [09년 4회]

㉮ 페달의 자유간극이 없음
㉯ 유압계통에 공기가 유입
㉰ 클러치 릴리스 실린더 불량
㉱ 클러치 마스터 실린더 불량

> 페달의 자유간극이 없다는 것은 클러치 디스크가 많이 마모되어 미끄러지는 원인이 된다.

11 클러치 디스크의 런아웃이 클 때 나타날 수 있는 현상으로 옳은 것은? [08년 1회 / 09년 5회]

㉮ 클러치의 단속이 불량해진다.
㉯ 클러치 페달의 유격에 변화가 생긴다.
㉰ 주행 중 소리가 난다.
㉱ 클러치 스프링이 파손된다.

> 런아웃(run out)이란 클러치 디스크가 휘었다는 의미이므로 단속할 때 떨리는 등 연결이 불량해진다.

12 클러치가 미끄러지는 원인 중 틀린 것은? [07년 1회]

㉮ 마찰면의 경화, 오일 부착
㉯ 페달 자유 간극 과대
㉰ 클러치 압력스프링 쇠약, 절손
㉱ 압력판 및 플라이 휠 손상

> 클러치가 미끄러지는 원인
> ① 클러치 디스크 마모로 인한 자유유격 과소
> ② 클러치 스프링의 약화 및 변형
> ③ 마찰면의 경화 또는 오일 부착
> ④ 압력판, 플라이 휠 접촉면의 손상

06 ㉮ 07 ㉰ 08 ㉱ 09 ㉮ 10 ㉮ 11 ㉮ 12 ㉯

13 수동변속기에 대한 내용 중 ( )안에 들어갈 내용으로 맞는 것은? [09년 4회]

> ( )은 상시물림식을 개선하고 기어변속이 쉽도록 한 것이며, 변속할 때에는 변속레버에 의해 ( )가 움직이면 원추 클러치가 작용하고, 그 마찰력에 의해 ( )과 속도기어를 즉시 동일속도로 만들어 준다.

㉮ 동기 물림식, 슬리브, 주축
㉯ 동기 물림식, 허브, 부축
㉰ 섭동 물림식, 허브, 출력축
㉱ 섭동 물림식, 슬리브, 주축

[풀이] 동기물림식(synchronize type)에 대한 설명으로 변속레버에 의해 슬리브를 움직이면 주축과 속도기어를 동일 속도로 만들어 주어 변속이 잘되도록 한다.

14 다음 중 변속기의 이중물림을 방지하기 위한 장치는? [07년 1회]

㉮ 파킹볼 장치
㉯ 인터록 장치
㉰ 오버드라이브 장치
㉱ 록킹볼 장치

[풀이] ① 인터 록 : 이중 물림 방지
② 록킹 볼 : 기어 빠짐 방지

15 수동변속기에서 싱크로메시(synchro mesh) 기구가 작동하는 시기는? [08년 5회]

㉮ 변속기어가 물려있을 때
㉯ 클러치 페달을 놓을 때
㉰ 변속기어가 물릴 때
㉱ 클러치 페달을 밟을 때

[풀이] 싱크로메시 기구는 기어 변속시(물릴 때) 싱크로메시 기구를 이용하여 동기시켜 변속하는 장치이다.

16 수동변속기의 구성품 중 보기의 설명이 나타내는 것은? [09년 2회]

> [보기]
> 원추 모양으로 이루어져 있으며, 인청동으로 만들고 상대 쪽 기어의 원추(cone) 부와 접촉하고 있으며, 그 마찰력으로 회전을 전달한다.

㉮ 싱크로나이저 키
㉯ 싱크로나이저 허브
㉰ 싱크로나이저 링
㉱ 싱크로나이저 스프링

[풀이] 싱크로나이저 링은 원추모양으로 기어의 콘부와 접촉하여 그 마찰력으로 동기(synchronize)시키는 역할을 한다.

17 주행상태에서 변속할 때 변속기 충돌음이 발생하는 원인으로 가장 적당한 것은? [07년 2회]

㉮ 바르지 못한 엔진과의 얼라인먼트
㉯ 드라이브 기어의 마모
㉰ 싱크로나이저 링의 고장
㉱ 변속 링키지의 헐거움

[풀이] 변속시 충돌음이 발생되는 것은 싱크로메시 기구의 결함 때문이다.

18 유체 클러치 내에서 유체 충돌을 방지하는 것은? [07년 4회]

㉮ 가이드 링   ㉯ 스테이터
㉰ 베인   ㉱ 임펠러

[풀이] 유체클러치의 가이드 링은 유체의 흐름을 안내하여 오일의 와류 및 유체 충돌을 방지한다.

13 ㉮ 14 ㉯ 15 ㉰ 16 ㉰ 17 ㉰ 18 ㉮

19 다음 중 기어가 잘 빠지는 원인으로 맞는 것은? [07년 5회]

㉮ 싱크로나이저 콘 부 마멸
㉯ 클러치의 미끄러짐
㉰ 인터록 파손
㉱ 록킹볼 마멸

> 수동변속기 기어가 잘 빠지는 원인
> ① 기어 시프트 포크의 마멸
> ② 싱크로메시 기구의 마멸
> ③ 주축기어의 마멸
> ④ 로킹볼 마멸 또는 헐거움
> ⑤ 베어링 또는 부싱의 마멸

20 변속기에서 주행 중 기어가 빠졌다. 그 고장 원인 중 직접적으로 영향을 미치지 않는 것은? [08년 2회]

㉮ 기어 시프트 포크의 마멸
㉯ 각 기어의 지나친 마멸
㉰ 오일의 부족 또는 변질
㉱ 각 베어링 또는 부싱의 마멸

> 수동변속기 기어가 잘 빠지는 원인
> ① 기어 시프트 포크의 마멸
> ② 싱크로메시 기구의 마멸
> ③ 주축기어의 마멸
> ④ 로킹볼 마멸 또는 헐거움
> ⑤ 베어링 또는 부싱의 마멸

21 자동변속기에 있어 유성기어의 구성부품이 아닌 것은? [07년 4회]

㉮ 선기어   ㉯ 링기어
㉰ 캐리어   ㉱ 차동기어

> 유성기어 구성부품 : 선기어, 링기어, 유성기어, 유성기어 캐리어

22 일반적으로 수동변속기의 고장 유무를 점검하는 방법으로 적합하지 않은 것은? [09년 4회]

㉮ 오일이 새는 곳은 없는지 점검한다.
㉯ 조작기구의 헐거움이 있는지 점검한다.
㉰ 소음발생과 기어의 물림이 빠지는지 점검한다.
㉱ 헬리컬 기어보다 측압을 많이 받는 스퍼 기어는 측압와셔 마모를 점검한다.

> ㉮, ㉯, ㉰ 항이 일반적인 수동변속기의 고장유무 점검 방법이다.

23 토크 컨버터(Torque Converter)의 구성품은? [07년 5회]

㉮ 펌프, 터빈, 스테이터
㉯ 런너, 오일펌프, 스테이터
㉰ 유성기어, 펌프, 터빈
㉱ 클러치, 브레이크, 댐퍼

> 유체클러치의 3요소 : 펌프(임펠러), 터빈(러너), 가이드 링
> 토크컨버터의 3요소 : 펌프(임펠러), 터빈(러너), 스테이터

24 자동변속기 토크컨버터의 구성부품이 아닌 것은? [08년 2회]

㉮ 펌프   ㉯ 터빈
㉰ 스테이터   ㉱ 캐리어

> 유체클러치의 3요소 : 펌프(임펠러), 터빈(러너), 가이드 링
> 토크컨버터의 3요소 : 펌프(임펠러), 터빈(러너), 스테이터

ANSWER 19 ㉱ 20 ㉰ 21 ㉱ 22 ㉱ 23 ㉮ 24 ㉱

25 자동차의 자동변속기에 사용되는 토크 컨버터의 구성품이 아닌 것은? [08년 1회]

㉮ 터빈 ㉯ 임펠러
㉰ 스테이터 ㉱ 가이드링

> 유체클러치의 3요소 : 펌프(임펠러), 터빈(러너), 가이드 링
> 토크컨버터의 3요소 : 펌프(임펠러), 터빈(러너), 스테이터

26 토크 컨버터 내에 있는 가이드 링의 역할에 대한 설명으로 가장 옳은 것은? [09년 2회]

㉮ 유체의 미끄럼을 방지
㉯ 터빈의 회전속도 증가
㉰ 토크 변환 증가
㉱ 유체 충돌에 의한 효율저하 방지

> 가이드 링(guide ring)은 유체의 흐름 방향을 안내하여 유체 충돌에 의한 효율저하를 방지한다.

27 자동변속기의 터빈에서 돌아오는 유체의 방향을 바꾸어 주는 것은? [07년 5회]

㉮ 토크 변환기 ㉯ 스테이터
㉰ 펌프 ㉱ 유성기어

> 스테이터는 터빈에서 나오는 유체의 방향을 바꿔 펌프와 같은 방향으로 흐르게 한다.

28 기관의 회전력을 액체의 운동 에너지로 바꾸고, 이 에너지를 다시 동력으로 바꾸어 변속기에 전달하는 클러치는? [08년 5회]

㉮ 다판 클러치 ㉯ 단판 클러치
㉰ 유체 클러치 ㉱ 리어 클러치

> 유체클러치는 유체(액체)를 이용하여 동력을 전달한다.

29 자동변속기에서 원웨이 클러치의 형식이 아닌 것은? [09년 1회]

㉮ 래칫형 ㉯ 스프래그형
㉰ 롤러형 ㉱ 파일럿형

> 원웨이 클러치(one-way clutch, 일방향 클러치)의 형식은 래칫형, 스프래그형, 롤러형 등이 있다.

30 자동차의 자동변속기 구성장치 중 변속시 변속비를 결정하는 장치는? [08년 2회]

㉮ 브레이크 밴드 ㉯ 킥다운 서보
㉰ 유성 기어 ㉱ 오일 펌프

> 유성기어의 구성부품인 선기어, 링기어, 유성기어 캐리어 등을 이용하여 변속한다.

31 토크 컨버터에서 터빈 런너의 회전 속도가 펌프 임펠러의 회전속도에 가까워져 스테이터가 공전하기 시작하는 점은? [08년 5회]

㉮ 클러치점 ㉯ 임계점
㉰ 영점 ㉱ 변속점

> 펌프(임펠러)가 회전하고 터빈(러너)가 정지하고 있을 때를 정지점(stall point), 터빈(러너)이 회전하여 펌프(임펠러)의 회전속도에 가까워져 스테이터가 공전하기 시작할 때를 클러치 점(clutch point)이라 한다.

32 전자제어식 자동변속기의 변속선도에서 X축이 차속일 경우 Y축은? [09년 2회]

㉮ 변속 레인지 ㉯ 유압
㉰ 스로틀 개도 ㉱ 거버너 압

> 변속선도에서 X축은 차속, Y축은 스로틀 개도를 나타낸다.

25 ㉱ 26 ㉱ 27 ㉯ 28 ㉰ 29 ㉱ 30 ㉰ 31 ㉮ 32 ㉰

33 토크 변환기에서 클러치 점(clutch point)을 가장 옳게 설명한 것은? [08년 4회]

㉮ 펌프가 회전하는 시점
㉯ 터빈이 회전하는 시점
㉰ 스테이터가 공전하는 시점
㉱ 클러치가 미끄러지는 시점

풀이 펌프(임펠러)가 회전하고 터빈(런너)가 정지하고 있을 때를 정지점(stall point), 터빈(런너)이 회전하여 펌프(임펠러)의 회전속도에 가까워져 스테이터가 공전하기 시작할 때를 클러치 점(clutch point)이라 한다.

34 자동변속기의 싱글 피니언 단순 유성기어 장치에서 선기어를 고정하고 캐리어를 구동하면 차속(출력 : 링기어)은 어떻게 되는가? [08년 5회]

㉮ 증속된다.   ㉯ 감속된다.
㉰ 역전 증속된다.   ㉱ 역전 감속된다.

풀이 선기어를 고정하고 캐리어를 구동하면 링기어는 증속된다. (선고캐구링증)

35 자동변속기에서 일정한 차속으로 주행 중 스로틀 밸브 개도를 갑자기 증가시키면 감속 변속되어 큰 구동력을 얻을 수 있는 것은? [09년 1회]

㉮ 리프트 다운   ㉯ 킥다운
㉰ 킥업   ㉱ 리프트 풋업

풀이 킥다운(kick down)이란 일정한 차속으로 주행 중 스로틀 밸브 개도를 갑자기 증가시키면 감속 변속되어 큰 구동력을 얻을 수 있도록 한다.

36 자동변속기 장착차량에 있어 운전자가 가속페달을 약 90[%] 이상 급격히 밟았을 경우 저단으로 변속되는데 이 현상을 무엇이라 하는가? [09년 5회]

㉮ 크리핑 현상
㉯ 히스테리시스 현상
㉰ 킥다운 현상
㉱ 슬립 현상

풀이 킥다운(kick down)이란 자동변속기 장착차량에서 운전자가 가속페달을 약 85[%] 이상 급격히 밟아 드로틀 밸브의 개도를 증가시키면 저단으로 변속되는 현상

37 자동변속기 오일의 요구 조건으로 틀린 것은? [09년 4회]

㉮ 기포가 생기지 않을 것
㉯ 마찰계수가 "0"을 유지할 것
㉰ 저온 유동성이 좋은 것
㉱ 점도지수 변화가 적을 것

풀이 자동변속기 오일의 요구조건은 ㉮, ㉰, ㉱ 항 외에 마찰계수가 적당할 것 등이다.

38 자동변속기 스톨시험으로 알 수 없는 것은? [08년 5회]

㉮ 엔진의 구동력
㉯ 토크 컨버터의 동력차단 기능
㉰ 토크 컨버터의 동력전달 상태
㉱ 클러치 미끄러짐 유무

풀이 스톨시험이란 자동변속기의 "D" 또는 "R" 레인지에서 엔진의 최대속도를 측정하여 엔진의 종합적인 상태를 측정하는 시험으로 엔진의 출력, 토크 컨버터의 동력전달 상태, 토크 컨버터의 미끄러짐 등을 알 수 있다.

33 ㉰ 34 ㉮ 35 ㉯ 36 ㉰ 37 ㉯ 38 ㉯

39 자동변속기 유압시험 시 주의할 사항이 아닌 것은? [08년 2회]

㉮ 규정 오일을 사용하고, 오일량을 정확히 유지하고 있는지 여부를 점검한다.
㉯ 오일온도가 규정온도에 도달되었을 때 실시한다.
㉰ 측정하는 항목에 따라 유압이 클 수 있으므로 유압계 선택에 주의한다.
㉱ 유압시험은 냉간, 중간, 열간 등 온도를 3단계로 나누어 실시한다.

🔵 **자동변속기 유압 시험시 주의할 사항**
① 규정오일을 사용하고 오일량이 적정한 지 확인한다.
② 엔진을 웜-업시켜 오일온도가 규정온도에 도달 되었을 때 실시한다.
③ 측정하는 항목에 따라 유압이 다를 수(클 수) 있으므로 유압계 선택에 주의한다.

40 자동변속기의 스톨시험 결과 엔진 회전수가 규정의 스톨 회전수보다 낮을 때 나타날 수 있는 원인으로 맞는 것은? [07년 1회]

㉮ 라인 압력 저하
㉯ 엔진불량으로 인한 출력 부족
㉰ 변속기 내부 클러치 슬립
㉱ 밴드 브레이크의 슬립

🔵 엔진 회전수가 규정보다 적다는 것은 엔진이 불량하여 출력이 부족한 것을 의미한다.

41 자동차의 자동변속기의 유압 제어장치 구성품이 아닌 것은? [08년 1회]

㉮ 종감속 기어(final reduction gear)
㉯ 오일 펌프(oil pump)
㉰ 시프트 밸브(shift valve)
㉱ 밸브 보디(valve body)

🔵 종감속 기어는 변속기 뒤에 있는 최종 감속기어이다.

42 전자제어 자동변속기에서 제어하는 항목이 아닌 것은? [08년 4회]

㉮ 변속단 제어
㉯ 댐퍼클러치 제어
㉰ 거버너 제어
㉱ 라인압 가변 제어

🔵 전자제어 자동변속기에서 변속조절밸브를 이용하여 변속단을 제어하고, 댐퍼클러치 조절밸브를 통해 댐퍼클러치를 작동 또는 해제시키며 레귤레이터 밸브를 이용하여 라인 압력을 조절한다.

43 자동변속기 장착 자동차에서 시프트 레버의 조작을 받아 변속레인지를 결정하는 밸브 보디의 구성 요소는? [08년 4회]

㉮ 압력조정 밸브   ㉯ 매뉴얼 밸브
㉰ 거버너 밸브   ㉱ 스로틀 밸브

🔵 매뉴얼 밸브는 시프트 레버의 조작으로 작동하는 수동 밸브이다.

44 전자제어 자동변속기의 TCU(변속기 컴퓨터)에 입력 정보 센서가 아닌 것은? [09년 1회]

㉮ 스로틀 포지션 센서
㉯ 유온센서
㉰ 펄스 제너레이터
㉱ 중력 센서

🔵 자동변속기의 TCU에 입력되는 신호는 스로틀 포지션 센서, 유온센서, 펄스 제너레이터, 차속센서 등이 있다.

39 ㉱ 40 ㉯ 41 ㉮ 42 ㉰ 43 ㉯ 44 ㉱

45 전자제어식 자동변속기용 입력신호로 사용되지 않는 것은? [09년 2회]

㉮ 차속 센서
㉯ 스로틀 위치 센서(TPS)
㉰ 펄스 제너레이터
㉱ 모터 위치 센서(MPS)

▶ 풀이) 자동변속기의 TCU에 입력되는 신호는 스로틀 포지션 센서, 유온센서, 펄스 제너레이터, 차속센서 등이 있다.
모터 위치 센서는 ISC서보가 작동할 때 모터의 위치를 엔진 ECU로 입력시킨다.

46 자동차의 전자제어식 자동변속기에서 인히비터 스위치의 기능에 해당하지 않는 것은? [08년 1회]

㉮ 시프트 레버 D 레인지에서 시동이 가능하게 한다.
㉯ 시프트 레버 D 또는 L 레인지에서는 시동을 불가능하게 한다.
㉰ 시프트 레버 P 또는 N 레인지에서 시동이 가능하게 한다.
㉱ 시프트 레버 R 레인지에서 후진등을 점등되게 한다.

▶ 풀이) 인히비터 스위치는 "P" 또는 "N" 레인지 이외에서는 시동이 걸리지 않도록 하는 스위치이다.

47 자동변속기에서 토크컨버터의 슬립에 의한 손실을 최소화하기 위한 작동기구는? [07년 2회]

㉮ 댐퍼 클러치   ㉯ 다판 클러치
㉰ 일방향 클러치 ㉱ 롤러 클러치

▶ 풀이) 댐퍼 클러치는 토크컨버터의 슬립에 의한 손실을 최소화하기 위하여 댐퍼 클러치를 작동시켜 직결시킨다.

48 자동변속기 차량에서 록업 클러치가 작동될 수 있는 영역은? [07년 1회]

㉮ 고속 저부하시   ㉯ 저속 고부하시
㉰ 변속시   ㉱ 시동시

▶ 풀이) 댐퍼 클러치(록업 클러치)는 고속 저부하시에 직결되어 토크컨버터의 슬립에 의한 손실을 최소화한다.

49 자동변속기에서 댐퍼클러치의 작동을 제어하는 요소로 가장 거리가 먼 것은? [09년 4회]

㉮ 엔진 회전수
㉯ 스로틀 포지션 센서
㉰ 유온 센서
㉱ 흡입 공기량 센서

▶ 풀이) 흡입공기량 센서는 연료 분사량과 관계가 있다.

50 토크컨버터의 댐퍼(록업)클러치가 작동이 가능한 조건에 해당되는 것은? [09년 5회]

㉮ 출발   ㉯ 후진
㉰ 중립시   ㉱ 고속주행

▶ 풀이) 댐퍼(록업) 클러치는 미끄럼 손실을 줄이기 위해 작동하므로 고속 주행시 작동한다.

51 전자제어식 자동변속기에 사용되는 센서에 해당되지 않는 것은? [07년 4회]

㉮ 흡기온 센서
㉯ 유온 센서
㉰ 펄스 제너레이터
㉱ 스로틀 포지션 센서

▶ 풀이) 흡기온 센서는 연료량 보정에 사용되는 센서이다.

45 ㉱ 46 ㉮ 47 ㉮ 48 ㉮ 49 ㉱ 50 ㉱ 51 ㉮

52 무단 자동변속기(CVT)에서는 다음 중 어느 것에 의해 변속비가 변환되는가?
[09년 5회]

㉮ 유성기어 ㉯ V벨트와 풀리
㉰ 유체클러치 ㉱ 하이포이드 기어

풀이) 무단 변속기는 V벨트와 풀리와의 직경을 변화시켜 변속한다.

53 드라이브 라인의 설명 중 틀린 것은?
[08년 4회]

㉮ 추진축의 앞뒤 요크는 동일 평면에 있어야 한다.
㉯ 추진축의 토션 댐퍼는 충격을 흡수하는 일을 한다.
㉰ 슬립조인트 설치 목적은 거리의 신축성을 제공해 주는 것이다.
㉱ 자재이음은 일정 한도 내의 각도를 가진 두 축 사이에 회전력을 전달하는 것이다.

풀이) 추진축의 토션 댐퍼는 비틀림 진동을 방지하기 위한 것이다.

54 오버드라이브 장치에 관한 설명으로 옳은 것은?
[07년 1회]

㉮ 고개길을 올라갈 때 작동한다.
㉯ 추진축의 회전속도를 크랭크축의 회전속도보다 빠르게 한다.
㉰ 토크를 증가시킬 때 작동한다.
㉱ 최고 출력을 낼 때 작동한다.

풀이) 오버드라이브 장치는 엔진의 여유출력을 이용하여 추진축의 회전속도를 크랭크축의 회전속도보다 빠르게 한다.

55 속도계 기어가 설치되는 곳으로 맞는 것은?
[08년 1회 / 09년 5회]

㉮ 변속기 1속 기어 ㉯ 변속기 부축
㉰ 변속기 출력축 ㉱ 변속기 톱기어

풀이) 속도계 기어는 변속기 출력축에 설치된다.

56 차량이 선회할 때 바깥쪽 바퀴의 회전속도를 증가시키기 위해 설치하는 것은?
[07년 4회]

㉮ 동력전달장치 ㉯ 변속장치
㉰ 차동장치 ㉱ 현가장치

풀이) 차동장치란 자동차가 선회시 안쪽바퀴와 바깥쪽 바퀴와의 회전속도를 조절하는 장치이다.

57 종감속 기어장치에 사용되는 하이포이드 기어의 장점이 아닌 것은?
[09년 2회]

㉮ 운전이 정숙하다.
㉯ 제작이 쉽다.
㉰ 기어 물림율이 크다.
㉱ FR 방식에서는 추진축의 높이를 낮게 할 수 있다.

풀이) ㉮, ㉰, ㉱ 항외 구동 피니언 기어를 크게 할 수 있는 장점과 제작이 어렵고 극압유를 사용하는 단점이 있다.

58 종 감속비를 결정하는데 필요한 요소가 아닌 것은?
[09년 4회]

㉮ 엔진출력 ㉯ 차량중량
㉰ 가속성능 ㉱ 제동성능

풀이) 제동성능은 종 감속비와 관계가 없다.

52 ㉯ 53 ㉯ 54 ㉯ 55 ㉰ 56 ㉰ 57 ㉯ 58 ㉱

59 구동 피니언의 잇수가 8개, 링 기어의 잇수가 64개일 경우 종 감속비는? [09년 5회]

㉮ 7 : 1 ㉯ 8 : 1
㉰ 9 : 1 ㉱ 10 : 1

풀이) 종 감속비 = $\dfrac{링기어 잇수}{구동 피니언 잇수} = \dfrac{64}{8} = 8$

60 종감속기의 감속비가 4 : 1 일 때 구동 피니언이 4회전 하면 링 기어는 몇 회전하는가? [09년 1회]

㉮ 4회전 ㉯ 3회전
㉰ 2회전 ㉱ 1회전

풀이) 종감속비 = $\dfrac{링기어 잇수}{구동 피니언기어 잇수}$
= $\dfrac{구동 피니언기어 회전수}{링기어 회전수}$ 이므로

링기어 회전수 = $\dfrac{구동 피니언기어 회전수}{종감속비} = \dfrac{4}{4} = 1$

61 변속비 4.3, 종감속비 2.5일 때 총감속비는? [08년 5회]

㉮ 1.72 ㉯ 6.8
㉰ 1.8 ㉱ 10.75

풀이) 총감속비 = 변속비×종감속비
∴ 총감속비 = 4.3×2.5 = 10.75

62 변속기의 제 1감속비가 4.5 : 1 이고, 종감속비는 6 : 1 일 때 총 감속비는? [07년 2회]

㉮ 27 : 1 ㉯ 10.5 : 1
㉰ 1.33 : 1 ㉱ 0.75 : 1

풀이) 총감속비 = 변속비×종감속비
∴ 총감속비 = 4.5×6 = 27

63 자동차가 주행하는 노면 중 30[°]의 언덕길은 약 몇 [%]의 언덕길이라 하는가? [08년 2회]

㉮ 0.5[%] ㉯ 30[%]
㉰ 58[%] ㉱ 88[%]

풀이) 구배(경사율[%]) = 경사각×100 = tan 30[°]×100
= 0.577×100 = 57.7[%]

64 종감속 기어의 구동 피니언의 잇수가 6, 링 기어의 잇수가 42인 자동차가 평탄한 도로를 직진할 때 추진축의 회전수가 2,100[rpm]이라면 오른쪽 뒷바퀴의 회전수는? [07년 4회]

㉮ 150[rpm] ㉯ 300[rpm]
㉰ 450[rpm] ㉱ 600[rpm]

풀이) 액슬축 회전수 = $\dfrac{추진축 회전수}{종감속비} = \dfrac{2,100}{7}$
= 300[rpm]

65 종감속비가 6인 자동차에서 추진축의 회전수가 900[rpm]일 때 뒤차축의 회전수는 얼마인가? (단, 직진으로 주행하고, 변속기 변속비는 1.5 : 1이다.) [07년 1회]

㉮ 100[rpm] ㉯ 150[rpm]
㉰ 600[rpm] ㉱ 900[rpm]

풀이) 뒤차축 회전수 = $\dfrac{추진축 회전수}{종감속비}$
= $\dfrac{900}{6}$ = 150[rpm]

59 ㉯ 60 ㉱ 61 ㉱ 62 ㉮ 63 ㉰ 64 ㉯ 65 ㉯

66 종감속 장치에서 링 기어와 구동피니언 기어의 접촉상태를 설명한 용어가 맞지 않는 것은? [08년 1회]

㉮ 힐 접촉 : 구동 피니언이 링기어의 중간 부분에 접촉
㉯ 토우 접촉 : 구동 피니언이 링기어의 소단부로 치우친 접촉
㉰ 페이스 접촉 : 구동 피니언이 링기어의 이면 접촉
㉱ 플랭크 접촉 : 구동 피니언이 링기어의 이뿌리 부분에 접촉

풀이 힐 접촉 : 구동 피니언이 링기어의 바깥쪽 부분으로 치우친 접촉

67 엔진의 회전수가 3,500[rpm], 제2속의 감속비 1.5, 최종 감속비 4.8, 바퀴의 반경이 0.3m일 때 차속은? (단, 바퀴의 지면과 미끄럼은 무시한다.) [09년 4회]

㉮ 약 35[km/h]   ㉯ 약 45[km/h]
㉰ 약 55[km/h]   ㉱ 약 65[km/h]

풀이 차속 $V = \dfrac{\pi D N}{r_t \times r_f} \times \dfrac{60}{1,000}$ [km/h]

여기서, D : 바퀴 직경[m]
N : 엔진 회전수[rpm]
r_t : 변속비
r_f : 종감속비

$\therefore V = \dfrac{3.14 \times 0.6 \times 3,500}{1.5 \times 4.8} \times \dfrac{60}{1,000}$
$= 54.95$ [km/h]

68 차동장치 링기어의 흔들림을 측정하는데 사용되는 것은? [07년 2회]

㉮ 디그니스 게이지   ㉯ 다이얼 게이지
㉰ 마이크로 미터   ㉱ 실린더 게이지

풀이 측정용 게이지의 용도
① 디그니스 게이지 : 간극 측정용 게이지
② 마이크로 미터 : 수치 측정용 게이지
③ 실린더 게이지 : 내경 측정용 게이지
④ 다이얼 게이지 : 흔들림이나 런 아웃 측정용 게이지

69 자동차의 바퀴를 빼지 않고 액슬 축을 빼낼 수 있는 형식은? [08년 2회]

㉮ 반부동식   ㉯ 전부동식
㉰ 분리식 차축   ㉱ ¾ 부동식

풀이 전부동식은 바퀴를 떼어내지 않고도 바퀴 중앙에 위치한 액슬축 고정 볼트를 풀면 액슬축을 떼어낼 수 있다.

70 후차축 케이스에서 오일이 누유되는 원인이 아닌 것은? [08년 5회]

㉮ 오일의 점성이 높다.
㉯ 오일이 너무 많다.
㉰ 오일 시일이 파손 되었다.
㉱ 액슬 축 베어링의 마멸이 크다.

풀이 후차축에서 오일이 누유되는 원인
① 오일이 너무 많다.
② 오일 시일이 파손되었다.
③ 액슬 축 베어링이 마멸되었다.

ANSWER
66 ㉮ 67 ㉰ 68 ㉯ 69 ㉯ 70 ㉮

71. 전부동식 차축에서는 뒤 차축을 어떻게 작업하는가? [07년 2회]

㉮ 허브를 떼어낸다.
㉯ 허브를 떼어내지 않고 작업한다.
㉰ 바퀴를 떼어낸 다음에 작업한다.
㉱ 바퀴를 꽉 조인 다음에 떼어낸다.

풀이 전부동식(全浮動式, full floating type)은 바퀴를 떼어내지 않고도 바퀴 중앙에 위치한 액슬축 고정 볼트를 풀면 액슬축을 떼어낼 수 있다.

72. 전부동식 차축에서는 뒤 차축을 탈거작업을 하려고 할 때 맞는 것은? [09년 1회]

㉮ 허브를 떼어낸 다음 뒤 차축을 탈거작업이 가능하다.
㉯ 허브를 떼어내지 않고 뒤 차축을 탈거작업이 가능하다.
㉰ 바퀴를 떼어낸 다음 뒤차축을 탈거작업이 가능하다.
㉱ 바퀴를 꽉 조인 다음 뒤 차축을 탈거작업이 가능하다.

풀이 전부동식 차축에서는 뒤 차축을 탈거 작업할 때 허브를 떼어내지 않고 작업이 가능하다.

71 ㉯ 72 ㉯

02 현가 및 조향장치

제1절 현가장치

현가장치는 차축과 프레임을 연결하고 주행중 노면에서 받는 진동이나 충격을 흡수하여 승차감과 안전성을 향상시키는 장치이다.

1_ 현가장치 일반

1. 현가장치의 종류

① 새시 스프링(chassis spring) : 에너지를 흡수하고, 차체를 지지한다.
② 쇽 업소버(shock absorber) : 스프링의 자유진동을 억제하여 승차감을 향상시킨다.
③ 스태빌라이저(stabilizer) : 선회시 자동차의 기울어짐 및 자유진동을 억제한다.

2. 현가방식의 구분

1) 일체차축 현가장치

양쪽 바퀴를 하나의 차축에 고정하고 차체를 스프링으로 연결하여 움직임을 일체화한 형식이다.

① 특징
  ㉠ 구조가 간단하고 강도가 크다.
  ㉡ 선회 시 기울어짐은 적으나 시미(shimmy)가 일어나기 쉽다.
  ㉢ 주로 대형차에 많이 사용

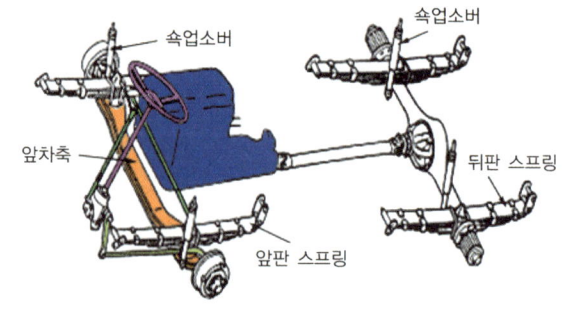

그림 2-49 / **일체차축 현가장치의 구조**

2) 독립 현가장치

차축을 분할하여 양바퀴의 움직임이 따로 독립적으로 작동하는 형식이다.

① 특징
   ㉠ 스프링 아래 중량이 적어 승차감이 좋다.
   ㉡ 타이어와 노면과의 접지성(road holding)이 좋다.
   ㉢ 연결부분이 많아 구조가 복잡하고, 앞바퀴 얼라이먼트가 변하기 쉽다.
② 독립현가의 종류
   ㉠ 위시본 형식(wishbone type) : 위·아래 컨트롤 암으로 구성되어 있다.
      ⓐ 평행사변형 형식 : 위·아래 컨트롤 암 길이가 같은 형식으로 상하운동을 할 때 윤거가 변하므로 타이어의 마모가 심하다.
      ⓑ S.L.A 형식 : 위 컨트롤 암이 짧고 아래 컨트롤 암이 긴 것으로 바퀴의 상하운동 시 윤거는 변하지 않고 캠버가 변화한다.

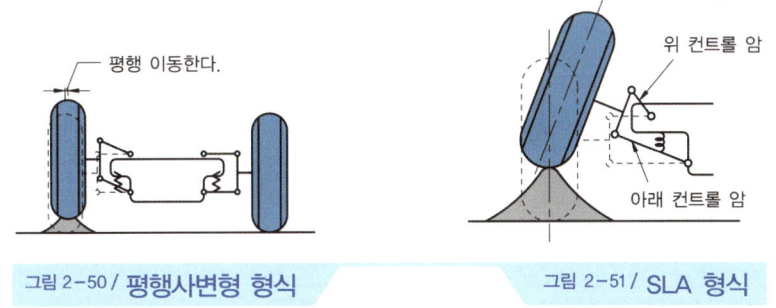

그림 2-50 / **평행사변형 형식**   그림 2-51 / **SLA 형식**

   ㉡ 맥퍼슨 스트러트 형식(Macpherson strut type) : 현가 장치와 조향 너클이 일체로 되어 있는 형식이며 스프링 및 질량이 작아 로드 홀딩이 우수하다.

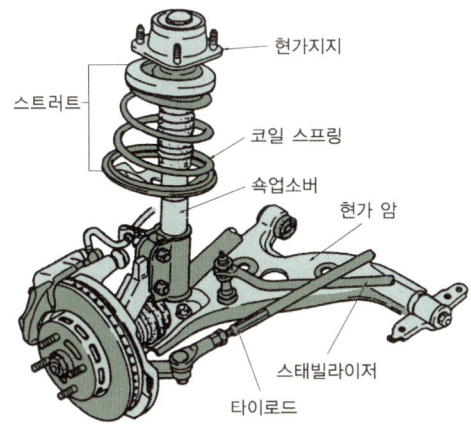

   ㉢ 트레일링 링크 형식(trailing link type) : 자동차 차축의 뒤쪽으로 향한 1개 또는 2개의 암에 의해 바퀴를 지지하는 형식으로 타이어 마멸이 적은 특징이 있다.
      ⓐ Full trailing link : pivot의 회전축이 차체 중심선에 대해 직각인 것
      ⓑ Semi-trailing link : pivot의 회전축이 차체 중심선에 대해 비스듬한 것

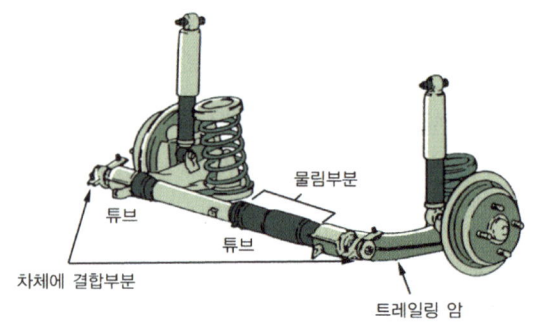

ⓔ 스윙차축 형식(swing axle type) : 일체차축 형식을 양쪽을 분할하여 자재이음을 사용한 형식으로 타이어 마멸이 가장 크다.

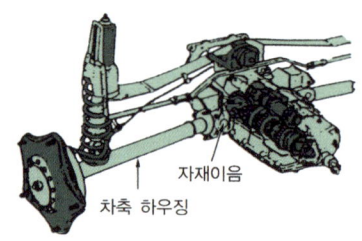

3. 현가 스프링의 종류

1) 판 스프링

판 스프링을 여러 장 겹쳐 놓으면 접합면 마찰에 의해 진동을 흡수한다. 이것을 판간마찰이라 하며 판 스프링의 중요한 특징이다.

① 판 스프링의 용어
  ㉠ 스팬 : 스프링의 아이와 아이의 중심거리이다.
  ㉡ 아이 : 스프링의 양 끝 설치 구멍을 말한다.
  ㉢ 캠버 : 스프링의 휨 양을 말한다.
  ㉣ 중심 볼트 : 스프링을 고정하는 볼트이다.
  ㉤ U 볼트 : 차축 하우징을 설치하기 위한 볼트이다.
  ㉥ 닙 : 스프링의 양끝이 휘어진 부분이다.
  ㉦ 새클 : 스팬의 길이를 변화시키며, 차체에 설치한다.
  ㉧ 새클 핀 : 아이가 지지되는 부분이다.

② 판 스프링의 특징
  ㉠ 스프링 자체의 강성에 의해 차체를 지지할 수 있고 구조가 간단하다.
  ㉡ 판간마찰에 의한 진동 감쇠작용이 있다.
  ㉢ 판간마찰이 있어 작은 진동의 흡수가 곤란하므로 승차감이 나쁘다.

2) 코일 스프링

코일 스프링은 스프링 강을 코일 모양으로 성형한 것으로, 독립현가 장치에 많이 사용된다.

① 코일 스프링의 특징
　㉠ 판 스프링에 비해 작은 진동 흡수율이 크다.
　㉡ 승차감이 우수하다.
　㉢ 판간마찰이 없어 진동 감쇠작용이 없다.
　㉣ 횡 방향에서 받는 힘에 대한 저항력이 없어 쇽업소버를 병용해야 한다.
　㉤ 구조가 복잡하다.

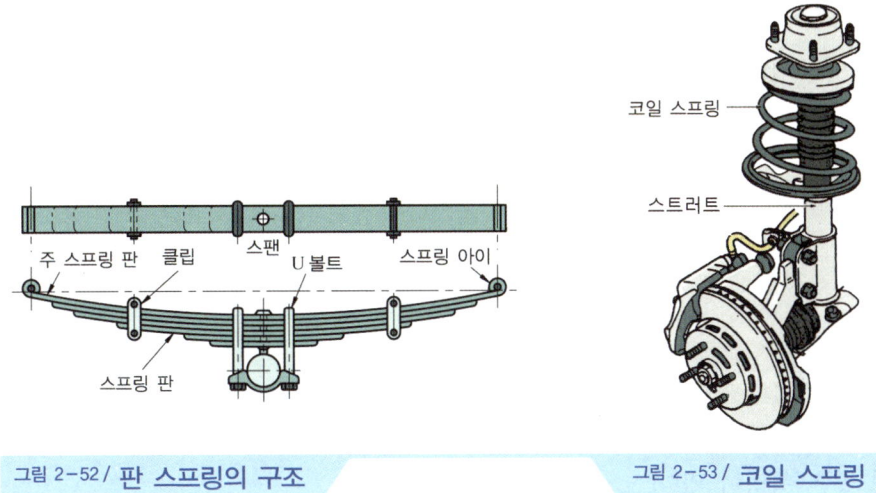

그림 2-52 / **판 스프링의 구조**　　그림 2-53 / **코일 스프링**

3) 토션 바 스프링

막대가 지지하는 비틀림 탄성을 이용하여 완충 작용을 한다.

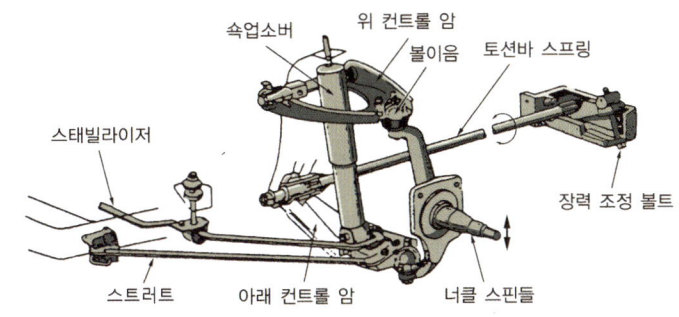

그림 2-54 / **토션 바 스프링의 구조**

① 토션바 스프링의 특징
　㉠ 스프링 장력은 막대의 길이와 단면적에 의해 정해진다.

ⓒ 구조가 간단하고 단위 중량당 에너지 흡수율이 크다.
ⓒ 좌·우의 것이 구분되어 있으며, 쇽업소버와 병용하여 사용하여야 한다.
ⓔ 현가 높이를 조절할 수 있다.

4) 고무 스프링

고무의 탄성을 이용한 스프링으로 여러가지 형태로 제작이 가능하며 내부 마찰에 의한 진동의 감쇠 능력이 있고 급유가 필요 없는 특징이 있다. 그러나 노화에 의해 내구성이 약해지고 큰 하중에는 파손 염려가 커 부적합하다.

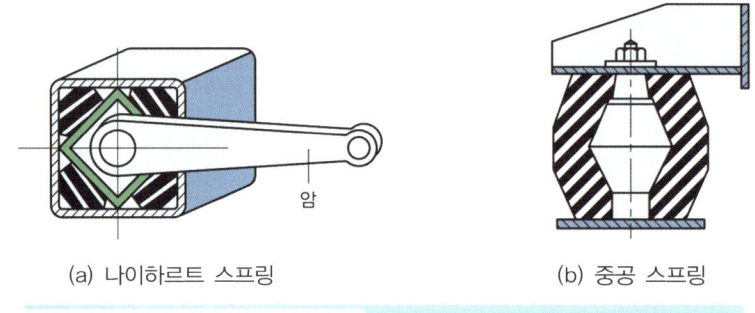

그림 2-55 / **고무 스프링의 종류**

5) 공기 스프링

공기 스프링은 공기의 압축 탄성을 이용한 것으로 하중에 따라 스프링 상수가 변화하므로 승차감이 좋은 특징이 있다.

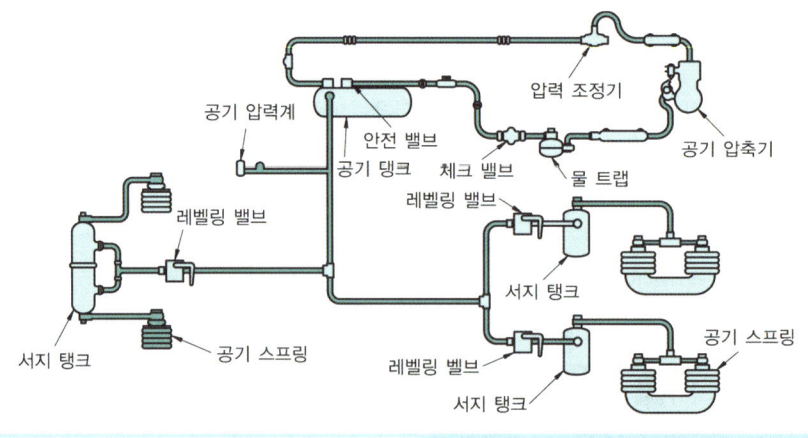

그림 2-56 / **공기 스프링의 구성**

① 공기 스프링의 장점
  ㉠ 고유 진동을 낮게 할 수 있어 유연하다.
  ㉡ 자체에 감쇠성이 있기 때문에 작은 진동을 흡수한다.

ⓒ 차체의 높이를 일정하게 유지한다.
ⓓ 스프링의 세기가 하중에 비례한다.
② 공기 스프링의 단점
ⓐ 구조가 복잡하다.
ⓑ 제작비가 비싸다.
③ 공기 스프링의 종류
ⓐ 벨로즈 형
ⓑ 다이어프램 형
ⓒ 조합형

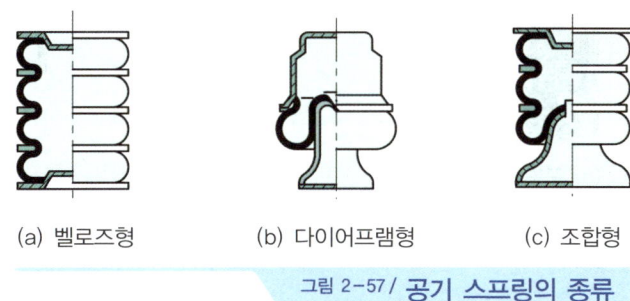

(a) 벨로즈형　　(b) 다이어프램형　　(c) 조합형

그림 2-57 / 공기 스프링의 종류

2_ 쇽 업소버와 스태빌라이저

1. 쇽 업소버(shock absorber)

1) 쇽 업소버 개요

자동차가 주행시 노면에서 받는 충격을 흡수하여 진동을 부드럽게 빨리 감쇠시키는 작용을 하며 이것을 감쇠력(댐핑력, damping force)이라 한다. 쇽 업소버는 상하 운동 에너지를 열에너지로 변환시키는 것으로, 작용 방향에 따라 스프링이 늘어날 때만 작용하는 단동식과 내려갈 때와 올라갈 때 모두 작용하는 복동식이 있다.

① 쇽 업소버의 특징
ⓐ 차체의 진동을 흡수하는 역할을 한다.
ⓑ 스프링의 피로를 적게 한다.
ⓒ 승차감을 향상시킨다.
ⓓ 로드 홀딩을 향상시킨다.
② 쇽 업소버의 종류
ⓐ 단동식 : 늘어날 때만 감쇠력 발생

ⓛ 부동식 : 늘어날 때 줄어들 때 모두 감쇠력 발생

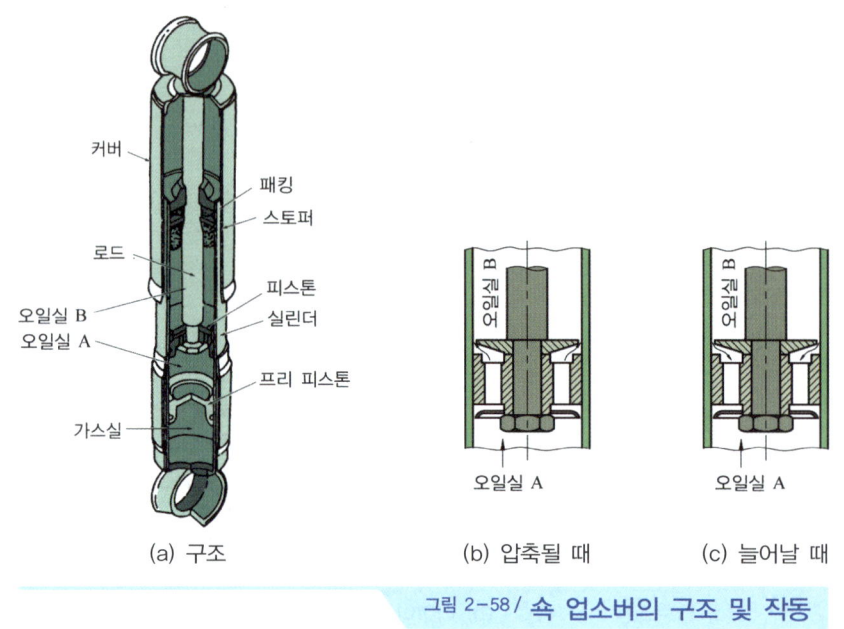

그림 2-58 / **쇽 업소버의 구조 및 작동**

2) 가스 봉입식 쇽 업소버(드가르봉식)

가스 봉입식 쇽 업소버는 유압식으로 단통으로 되어 있고 내부에 질소가스가 봉입되어 승차감을 향상시킨 방식으로 프랑스 드 가르봉 사의 제품명을 이용하여 드가르봉식 쇽 업소버라고도 한다.

① 가스 봉입식 쇽 업소버의 특징
  ㉠ 단통으로 되어있어 구조가 간단하고 냉각효과가 좋다.
  ㉡ 가스를 압축하므로 승차감이 좋다.
  ㉢ 내부에 고압(20 ~ 30[kg$_f$/cm^2])이 걸려 있어 분해하는 것은 위험하다.

② 가스 봉입식 쇽 업소버의 작동 : 쇽 업소버가 압축시 피스톤이 압축되므로 오일실 A의 오일이 압축되며 밸브를 통해 오일실 B로 올라가고 압축된 오일이 프리 피스톤을 눌러 가스를 압축하므로 오일이 압축될 때의 충격을 흡수한다. 반대로 쇽 업소버가 늘어날 때는 피스톤의 압축이 없어지므로 압축된 가스가 팽창하여 프리 피스톤을 밀어올리고 피스톤도 올라가면서 오일실 B의 오일이 오일실 A로 들어오면서 쇽 업소버는 원상태로 돌아오게 된다.

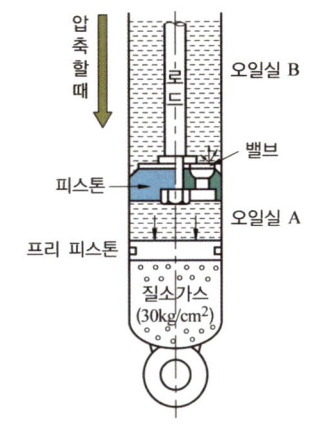

그림 2-59 / 가스 봉입식 쇽 업소버의 작동

2. 스태빌라이저(stabilizer)

토션바 스프링의 일종으로 독립현가장치에서 조향 조작시 차체의 기울기를 방지하는 장치로서 차의 좌·우 평형을 유지하고 롤링 방지의 역할을 한다.

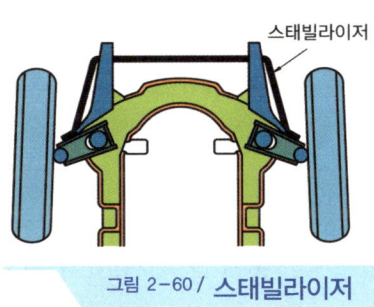

그림 2-60 / 스태빌라이저

3_ 뒤차축

1. 차축과 차축 하우징

종감속 기어에서 직각방향으로 전달된 동력을 뒷바퀴로 전달하며, 자동차의 중량과 노면으로부터 힘을 받는 바퀴를 지지하는 역할을 한다. 차축의 한 쪽은 스플라인으로 되어 차동 사이드 기어에 끼워지고 바깥쪽에는 구동바퀴가 설치된다.

1) 뒤차축의 종류

① 반 부동식(半 浮動式) : 허브 베어링을 사이에 두고 구동바퀴와 차축 하우징이 중량을 지지하는 방식이다. 구동 차축은 동력도 전달하고, 중량도 1/2 정도 지지하며 구동 차축에 하중이 적게 걸리는 승용차에 많이 사용한다.

② 3/4 부동식 : 구동 차축의 바깥 끝에 바퀴 휠 허브를 설치하고, 구동 차축 하우징에 한 개의 베어링을 사이에 두고 허브를 지지하는 방식으로 반부동식과 전부동식의 중간 구조이다.

③ 전 부동식(全 浮動式) : 구동 차축 하우징의 끝 부분에 휠 전체가 베어링을 사이에 두고 설치되어 모든 하중은 구동 차축 하우징이 받고 구동 차축은 동력만 전달한다. 따라서, 차축은 하중을 받지 않으므로 바퀴를 빼지 않고도 차축을 뗄 수 있다.

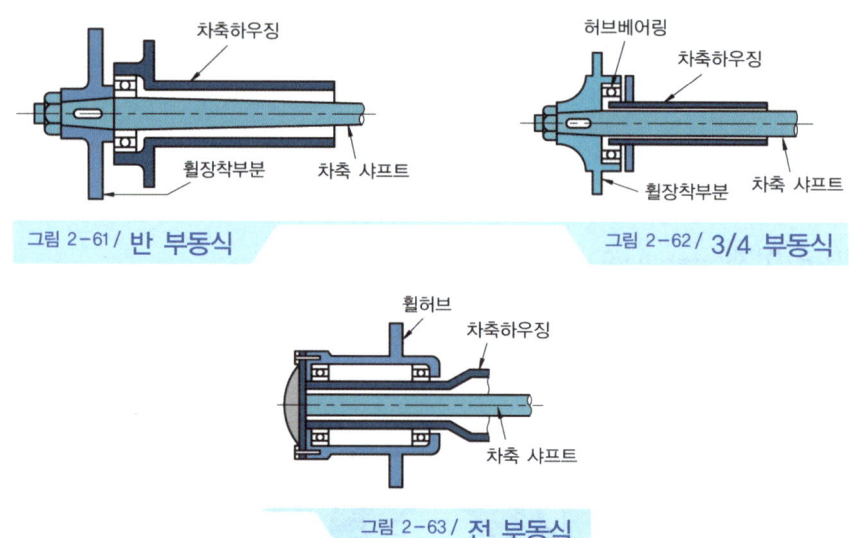

그림 2-61 / 반 부동식   그림 2-62 / 3/4 부동식

그림 2-63 / 전 부동식

2) 차축 하우징의 종류

① 밴조 형(banjo type) : 차축 하우징의 중간부분을 둥글게 만들고, 따로 결합된 차동장치를 설치하는 방식
② 스플릿 형(split type, 분할 형) : 차축 하우징을 구동축의 직각방향으로 2 또는 3으로 자르고, 그 속에 직접 차동장치를 결합하여 넣는 방식
③ 빌드업 형(build-up type) : 차축 하우징 중간부분에 차동장치를 설치한 하우징이 있고, 양 끝에 액슬축을 끼우는 형식

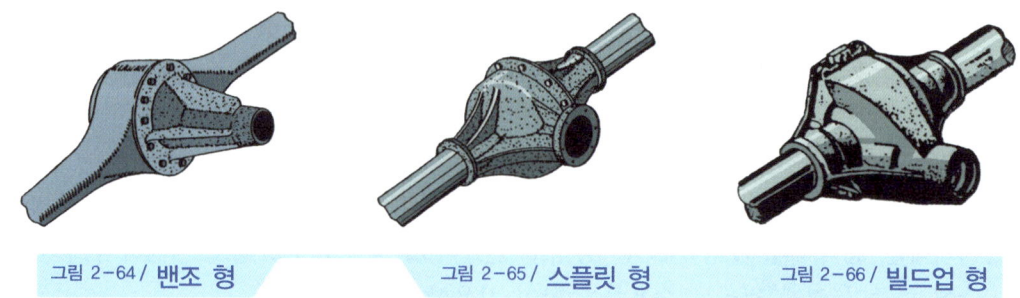

그림 2-64 / 밴조 형   그림 2-65 / 스플릿 형   그림 2-66 / 빌드업 형

2. 뒤차축 구동 방식

1) 호치키스 구동

① 판스프링을 사용할 때 이용되는 형식
② 리어 앤드 토크는 스프링이 흡수

2) 토크 튜브 구동

① 바퀴의 추진력은 토크 튜브가 전달한다.
② 리어 앤드 토크는 토크 튜브가 흡수한다.

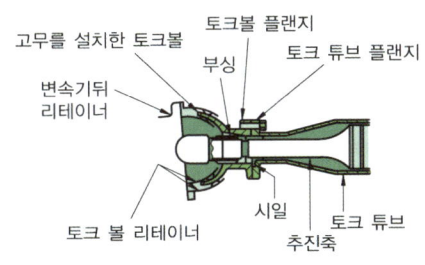

그림 2-67 / **토크 튜브 구동**

3) 레이디어스 암 구동

① 코일 스프링을 사용하는 경우에 사용하는 형식이다.
② 바퀴의 추진력은 구동축과 차체 또는 프레임에 연결된 레이디어스 암으로 전달한다.
③ 리어 앤드 토크는 레이디어스 암이 흡수한다.

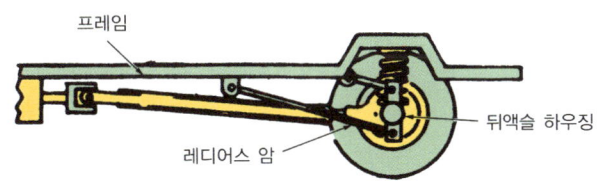

그림 2-68 / **레이디어스 암 구동**

4_ 자동차의 진동 및 승차감

1. 스프링 진동

1) 스프링 위 진동

스프링 윗질량 운동이라고도 하며, 차체의 진동으로 승차자에게 가장 영향을 주는 진동이다.

① 바운싱(bouncing) : Z축 방향으로 움직이는 상·하 진동
② 피칭(pitching) : Y축을 중심으로 회전하는 앞·뒤 진동
③ 롤링(rolling) : X축을 중심으로 회전하는 좌·우 진동
④ 요잉(yowing) : Z축을 중심으로 회전하는 수평 진동

2) 스프링 아래 진동

스프링 밑질량 운동이라고도 하며, 바퀴를 중심으로 한 진동을 말한다.

① 휠 홉(wheel hop) : Z축을 방향으로 움직이는 상·하 진동
② 휠 트램프(wheel tramp) : X축을 중심으로 회전하는 좌·우 진동
③ 와인드 업(wind up) : Y축을 중심으로 회전하는 앞·뒤 진동

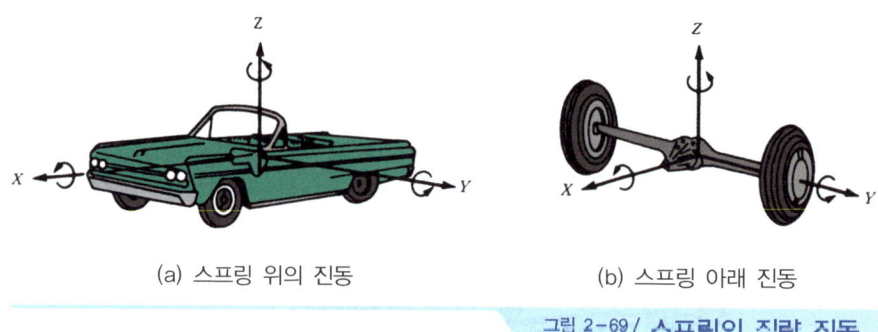

(a) 스프링 위의 진동   (b) 스프링 아래 진동

그림 2-69 / 스프링의 질량 진동

3) 시미(shimmy)

시미란 자동차 앞바퀴가 좌우로 흔들리는 현상으로 저속시미와 고속시미로 나눌 수 있다.

① 저속시미 : 주로 20~30[km/h] 정도의 저속에서 발생하는 현상으로 허브 베어링의 마멸 등 자동차의 부품의 근본적 고장에서 기인한다. 해당 부품을 교환해 주어야 저속시미 현상을 막을 수 있다.
② 고속시미 : 주로 50~60[km/h] 정도의 고속에서 발생하는 현상으로 자동차 부품은 정상이나 휠 밸런스 등의 불평형에서 기인한다.

2. 승차감

1) 스프링 정수

스프링의 세기를 나타내는 수치로, 후크의 법칙에 따라 가해지는 외력과 변형은 비례한다. 즉, 스프링 정수 $k = \dfrac{W}{a}$로 나타낼 수 있다. 스프링 정수가 크면 강한 스프링이고, 작으면 연한 스프링이라 할 수 있다. 승용차의 경우 3~5[kgf/mm], 트럭의 경우 20~30[kgf/mm] 정도이다.

2) 승차감

현가장치의 목적인 승차감을 좋게 하기 위해서는 차체의 상하진동이 인체에 가장 민감한 60~120[cycle/min] 범위에 있으면 좋다. 이보다 크면 딱딱하게 느껴지고, 작으면 멀미를 느끼게 된다.

제2절 전자제어 현가장치(ECS : Electronic Control Suspension)

1_ ECS 일반

1. ECS의 개요

자동차의 전자제어 현가장치는 각종 센서, ECU, 액추에이터 등을 통해 노면의 상태, 주행조건, 운전자의 선택기능에 따라 쇽 업소버 스프링의 감쇠력과 차고 조절을 전자제어 하는 시스템이다. 전자제어 현가장치의 특징은 다음과 같다.

① 고속주행시 차체 높이를 낮추어 공기저항을 적게하고 승차감을 향상시킨다.
② 하중이 변해도 차는 수평을 전자제어 유지한다.
③ 험한 도로 주행시 스프링을 강하게 하여 쇽 업소버 및 원심력에 대한 롤링을 없앤다.
④ 안정된 조향성능과 적재물량에 따른 안정된 차체의 균형을 유지시킨다.
⑤ 급제동시 노스다운을 방지해 준다.
⑥ 불규칙 노면주행할 때 감쇠력을 조절하여 자동차 피칭을 방지해 준다.
⑦ 도로의 조건에 따라서 바운싱을 방지해 준다.

2. ECS의 종류

1) 감쇠력 가변식

차량의 자세 변환에 따라 감쇠력의 강약을 변환시켜 승차감과 조정 안정성을 선택하는 방식으로, 감쇠력을 Soft, Medium, Hard의 3단계로 제어한다.

2) 복합식

주행 조건과 노면 상태에 따라 감쇠력 변환과 차고 조정의 기능을 모두 수행한다. 감쇠력을 Soft와 Hard의 2단계로, 차고는 Low, Normal, High의 3단계로 제어한다.

3) Semi-Active ECS

감쇠력 가변식의 경제성과 Active ECS의 성능을 보유한 우수한 현가 시스템이다. 감쇠력 가변 솔레노이드 밸브에 의해 연속적인 감쇠력 가변이 가능한 것이 특징이다.

4) Active ECS

감쇠력과 차고 조절기능은 물론 차량의 자세변화에 능동적으로 대처하는 첨단 방식이다.

2_ ECS의 구성 및 작동

1. ECS 주요 구성품

① **차속 센서** : 차량의 주행속도를 컴퓨터에 입력하면, 이 신호를 기준으로 선회시 Roll 량을 예측하고 고속 안정성 제어를 실행한다.
② **차고 센서** : 차량의 높이를 조정하기 위하여 차체와 차축의 위치를 검출한다.(자동차 앞·뒤 실치)

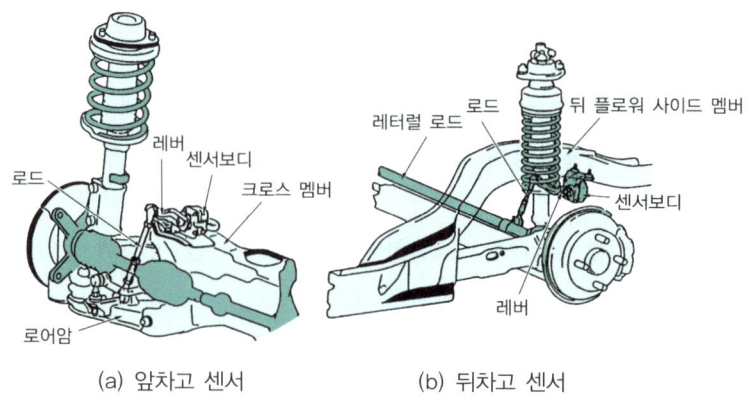

(a) 앞차고 센서   (b) 뒤차고 센서

③ 조향 휠 각속도 센서 : 차체의 기울기를 방지하기 위해 조향 휠의 작동속도와 각도를 검출한다.
④ 스로틀 위치 센서 : 운전자의 가·감속 의지를 판단하기 위한 센서로, 안티 스쿼트 제어 시 기준신호로 이용된다.
⑤ 중력 센서(G 센서) : 차체의 상하진동을 검출하여 컴퓨터에 입력하면, 이 신호를 기준으로 안티 바운스, 안티 피치, 안티 롤 제어시 주신호로 사용한다.
⑥ 헤드라이트 릴레이 : 고속 주행 중 차고 조절을 위해 헤드램프의 작동 여부를 검출한다.
⑦ 발전기 L단자 : 시동 후 발전기의 "L" 단자를 이용하여 충전전압을 검출한다.
⑧ 제동등 스위치 : 운전자의 브레이크 페달 조작 여부를 검출한다.
⑨ 도어 스위치 : 승객의 승하차 여부를 판단하여 승하차시 차체의 흔들림을 방지하기 위해 쇽업소버의 감쇠력을 제어한다.
⑩ 공기압축기 릴레이 : 릴레이가 작동하면 공기압축기가 작동하여 압축공기를 만든다.
⑪ 액츄에이터 : 공기 스프링 상수와 쇽 업소버의 감쇠력을 조절한다.

2. ECS의 기능

① 쇽 업소버의 감쇠력(damping force) 특성은 주행조건과 노면 상태에 따라 소프트(soft), 미디엄(medium), 하드(hard) 3단계로 제어된다.

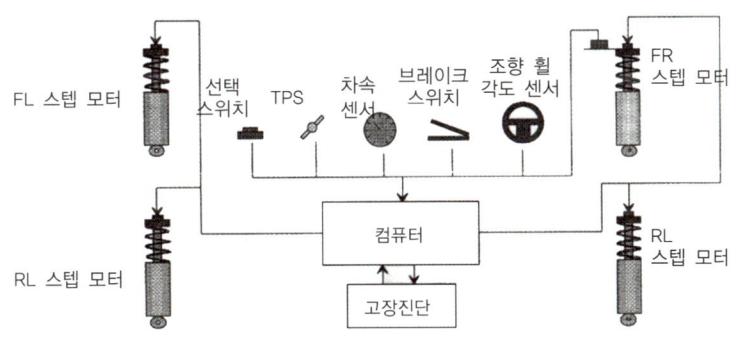

그림 2-70 / **시스템 구성도**

② 감쇠력은 제어 모드에 따라 자동적으로 마이크로 컴퓨터가 쇽 업소버 상단에 설치된 스텝 모터를 구동하고, 스텝 모터는 쇽 업소버 내부를 관통하는 컨트롤 로드를 회전시켜 컨트롤 로드와 일체로 되어 있는 로터리 밸브가 회전하면서 유로를 대·중·소로 개폐시킨다. 이때 유로의 크기에 따라 쇽 업소버 내부의 오일 흐름 저항이 달라지므로 감쇠력이 변하게 된다.
③ 제어 모드는 오토(auto) 모드와 스포츠(sport) 모드 2가지가 있다. 운전자가 sport 모드를 선택하게 되면 컴퓨터는 계기판에 'sport' 램프를 점등시켜 운전자에게 알려 준다.

3. ECS의 제어

1) 선택 모드별 감쇠력 조절 기능

① 오토(auto) 모드 : 주행 조건 및 노면 상태에 따라 자동적으로 감쇠력을 3단계(소프트 ↔ 미디엄, 소프트 ↔ 하드, 미디엄 ↔ 하드)로 조절한다.

통상 주행 때는 승차감을 향상시키기 위해 가장 부드러운 소프트(soft) 상태로 유지한다. 또한 주행조건 및 노면 상태에 따라 자동적으로 소프트, 미디엄, 하드로 컴퓨터는 자동적으로 선택 변환한다.

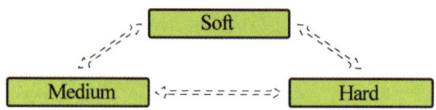

② 스포츠(sport) 모드 : 주행 조건 및 노면 상태에 따라 감쇠력을 2단계(미디엄↔하드)로만 조절한다.(소프트로는 변환되지 않는다.) 스포츠 한 운전을 즐길 때 사용하며 통상 주행 때 쇽 업소버의 감쇠력이 소프트(soft)가 아닌 미디엄(medium) 상태로 유지된다. 또한 주행조건 및 노면 상태에 따라 미디엄(medium)과 하드(hard)로만 선택 변환한다.

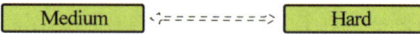

2) 자세제어 기능

① 앤티 스쿼트(anti-squat) 제어

기준 신호	감쇠력(damping force) 변환
차속 센서, 스로틀 위치 센서	소프트 → 미디엄(auto 모드)
	차가 정지 상태이거나 규정속도 이하에서 운전자가 액셀러레이터 페달을 급격히 밟게되면 차의 앞쪽은 업(up)되고 뒤쪽은 다운(down)되게 된다. 컴퓨터는 차속 센서 신호와 스로틀 위치 센서 신호를 이용해 급출발이나 급가속이라고 판단하게 되면 쇽 업소버의 감쇠력을 소프트(soft)에서 미디엄(medium) 또는 하드(hard)로 변환시켜 차의 자세변화를 최소화한다.

② 앤티 다이브(anti-dive) 제어

기준 신호	감쇠력(damping force) 변환
브레이크 스위치, 차속 센서	소프트 → 하드
	주행 중 브레이크 페달을 밟게 되면 차의 무게 중심이 앞으로 이동하면서 차체의 앞쪽은 다운(down)되고, 뒤쪽은 업(up)되는 현상이 발생한다. 컴퓨터는 일정한 차속 이상에서 브레이크 페달을 밟아 브레이크 스위치가 ON되면 차속 센서로 감속도를 계산해 앤티 다이브를 실행한다. 앤티 다이브 실행은 쇽 업소버의 감쇠력을 소프트에서 하드로 변환시켜 차의 자세변화를 최소화한다.

③ 앤티 롤(anti-roll) 제어

기준 신호	감쇠력(damping force) 변환
조향 휠 각도 센서, 차속 센서	소프트 → 하드

주행 중 핸들을 조작해 선회하게 되면 차의 내륜측은 차체가 업(up)되고 외륜측은 차체가 다운(down)된다. 컴퓨터는 규정속도 이상에서 핸들을 조작하게 되면 조향 휠 각도 센서의 신호를 입력받아 조향 휠 조작 속도와 조향 각을 연산 앤티 롤 제어 조건이라 판단되면 실행한다. 쇽 업소버의 감쇠력은 소프트에서 하드로 변환시켜 차의 자세변화를 억제한다.

④ 앤티 바운스(anti-bounce) 제어

기준 신호	감쇠력(damping force) 변환
G센서	소프트 → 미디엄

요철을 통과하거나 울퉁불퉁한 험로를 주행하게 되면 차체에 상하 진동이 발생하게 된다.
컴퓨터는 G센서 신호로 차체의 상하 움직임을 판단해 앤티 바운스 제어를 실행한다.
쇽 업소버의 감쇠력은 소프트에서 미디엄으로 변환한다.

⑤ 앤티 쉐이크(anti-shake) 제어

기준 신호	감쇠력(damping force) 변환
차속 센서	소프트 → 하드

승객 승하차 때 차의 움직임을 최소화 하기 위해 차의 속도가 규정속도 이하로 감속되거나 정지하게 되면 컴퓨터는 앤티 쉐이크 제어를 실행한다.
쇽 업소버의 감쇠력은 소프트에서 하드로 변환시키며, 차가 출발해 규정속도 이상이 되면 다시 소프트로 복귀된다.

⑥ 고속 안정성 제어

기준 신호	감쇠력(damping force) 변환
차속 센서	소프트 → 미디엄

차가 고속으로 주행하게 되면 주행 안정성을 높이기 위해 고속 안정성 제어를 실행한다.
쇽 업소버의 감쇠력은 소프트에서 미디엄으로 변환시키며, 차속이 일정속도 이하로 감속되면 해제된다.

제3절 조향장치

1_ 조향장치 일반

1. 조향 이론

애커먼 장토식의 원리를 이용한 것으로, 앞차축의 킹핀과 타이로드 엔드의 중심을 잇는 연장선이 뒤차축 상의 어느 한 점에서 만나도록 한 방식이다. 조향 핸들을 조향하였을 때 뒤차축 연장선의 한 점을 중심으로 모든 바퀴가 동심원을 그리며 선회를 하게 된다.

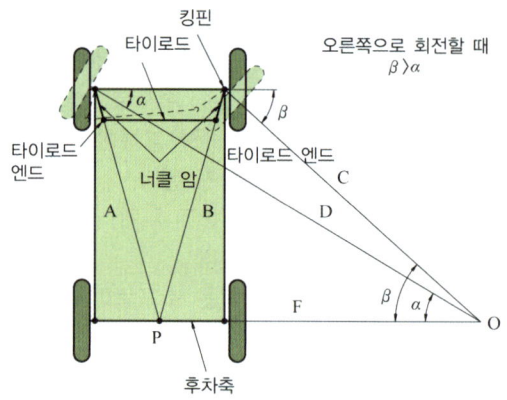

그림 2-71 / 애커먼 장토식 조향 원리

1) 앞차축 링크 형식

① 엘리옷 형
② 역 엘리옷 형
③ 마몬 형
④ 르모앙 형

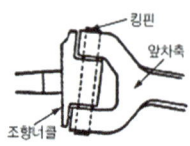 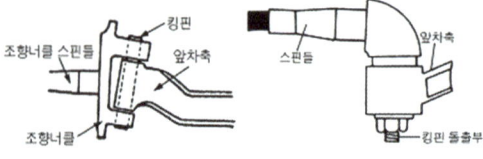 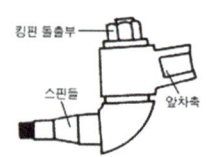

그림 2-72 / 엘리옷 형   그림 2-73 / 역 엘리옷 형   그림 2-74 / 마몬 형   그림 2-75 / 르모앙 형

2) 최소회전 반지름

최대로 조향하여 회전시 앞바퀴의 바깥쪽 바퀴가 그리는 원의 반지름을 말한다.

$$R = \frac{L(\text{m})}{\sin\alpha} + r$$

R : 최소회전반지름
L : 축거[m]
α : 바깥쪽 바퀴의 조향각
r : 바깥쪽 바퀴의 접지면 중심과 킹핀과의 거리

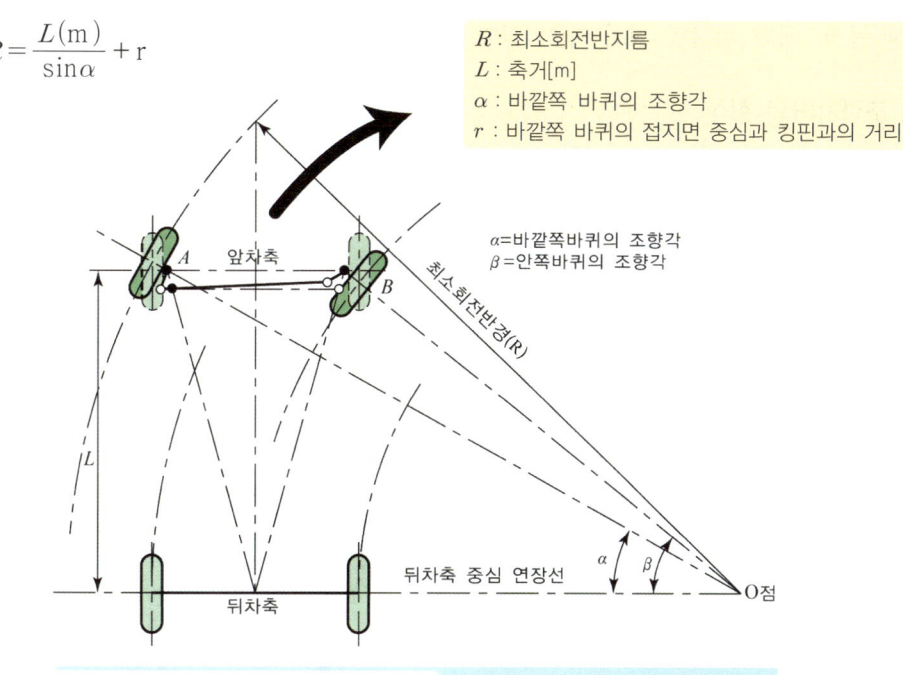

그림 2-76 / 최소회전 반지름

3) 조향 기어비

조향핸들이 회전한 각도와 피트먼 암이 회전한 각도와의 비를 말한다.

조향기어비가 작으면 핸들 조작이 빠르지만 큰 회전력이 필요하고, 조향 기어비가 크면 핸들 조작은 가벼우나 조향 조작이 너무 느려 위급시 대응이 늦게 된다.

$$\text{조향 기어비} = \frac{\text{조행핸들이 회전한 각도}}{\text{피트먼 암이 회전한 각도}}$$

4) 조향 기어의 조건

① **가역식** : 앞바퀴로 핸들을 움직일 수 있는 방식으로 바퀴의 충격이 핸들에 전달되어 주행중 핸들을 놓치기 쉬우나 조향기어 각부의 마멸이 적고 복원성을 이용할 수 있는 장점이 있다.

② **반가역식** : 가역식과 비가역식의 중간 성질로 바퀴의 운동을 일부만 전달한다.

③ **비가역식** : 조향핸들의 움직임을 바퀴에 전달할 수는 있으나 바퀴의 운동을 핸들에 전달할 수 없는 방식으로 바퀴의 충격을 핸들에 전달하지 않으나 조향기어 각부의 마멸이 쉽고 복원성을 이용할 수 없는 단점이 있다.

2. 조향 기어의 종류

조향기어의 종류로는 웜 섹터 형식, 웜 섹터 롤러식, 볼 너트 형식, 웜 핀 형식, 볼 너트 웜 핀 형식, 랙과 피니언 형식 등이 있다.

1) 조향기어의 형식

① **랙크와 피니언 형식** : 피니언의 회진운동을 랙크의 직선운동으로 변환하는 방식으로 구조가 간단하여 승용차에 주로 사용한다.
② **볼 너트 형식** : 조향축의 회전을 볼의 구름접촉으로 너트에 전달하는 방식으로 핸들 조작이 가볍고 큰 하중에 견디며 마모도 적은 것이 특징이다. 주로 중형차 이상에서 많이 사용된다.

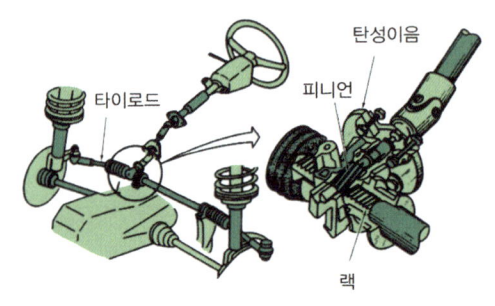

그림 2-77 / 랙크와 피니언 형식

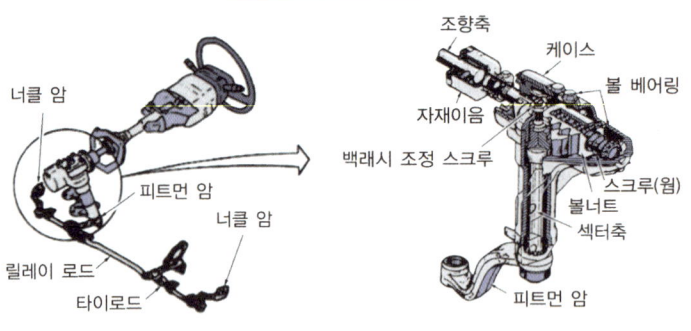

그림 2-78 / 볼 너트 형식

2) 조향 기구의 명칭

① **피트먼 암** : 조향 기어와 조향 링크와의 연결 암(arm)이다.
② **드래그 링크** : 일체차축 조향장치에서 사용되며 피트먼 암과 너클을 연결하는 로드이다.
③ **타이로드** : 좌우의 너클과 연결되며, 타이로드 앤드는 토인을 조정하는 로드이다.

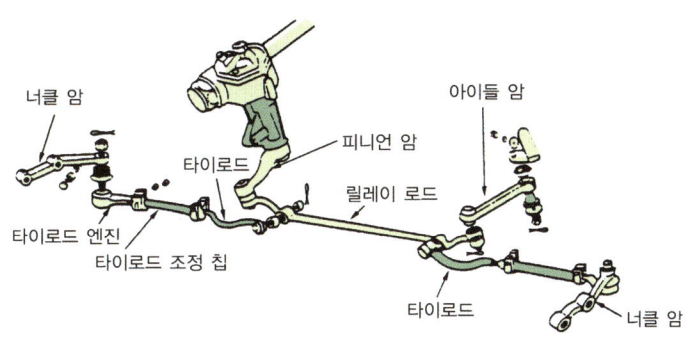

그림 2-79 / **독립 현가식 조향 기구**

3. 조향장치의 이상 현상

1) 조향 핸들이 한쪽으로 쏠리는 원인

① 타이어의 압력이 불균일하다.
② 앞차축 한쪽의 스프링이 절손되었다.
③ 브레이크 간극이 불균일하다.
④ 앞바퀴 정렬이 불량하다.
⑤ 한쪽의 허브 베어링이 마모되었다.
⑥ 한쪽 속 업소버의 작동이 불량하다.

2) 조향 핸들이 무거워지는 원인

① 타이어 공기압이 낮다.
② 타이어의 규격이 크다.
③ 윤활유의 부족 또는 불충분하다.
④ 조향 기어의 조정이 불량하다.
⑤ 현가 암이 휘었다.
⑥ 조향 너클이 휘었다.
⑦ 프레임이 휘었다.
⑧ 정의 캐스터가 과도하다.

2_ 휠 얼라이먼트(앞바퀴 정렬)

1. 캠버(camber)

1) 캠버의 정의

바퀴를 정면에서 보았을 때 바퀴의 윗부분이 아래부분보다 더 넓은 상태로, 바퀴의 중심선과 노면에 대한 수직선이 이루는 각도를 캠버라 하고 일반적으로 0.5 ~ 1.5° 정도이다. 윗부분이 넓은 것을 정 (+)의 캠버, 아래부분이 넓은 것을 부 (-)의 캠버, 수직선과 같은 것을 영(0)의 캠버라 한다. 또한 타이어의 중심선과 킹핀 중심선이 노면에서 만나 이루는 거리를 캠버 옵셋(camber offset) 또는 스크러브 레이디어스(scrub radius)라 하며 이 거리가 작을수록 조향 조작이 가볍게 된다.

2) 캠버의 효과

① 수직 방향 하중에 의한 앞차축의 휨을 방지
② 조향축 경사각과 함께 조향핸들의 조작을 가볍게 한다.
③ 크라운 도로에서 수직으로 향하는 효과가 있다.

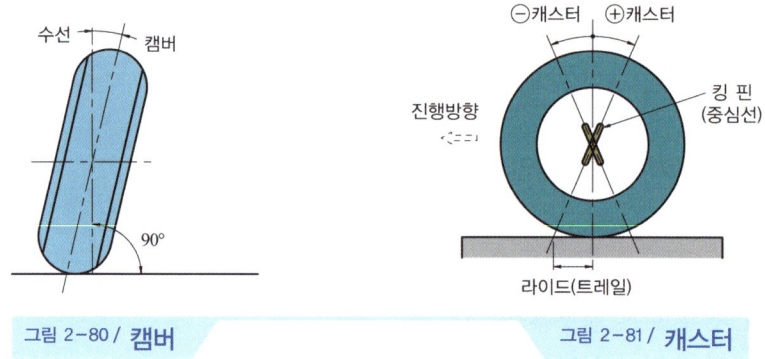

그림 2-80 / 캠버   그림 2-81 / 캐스터

2. 캐스터(caster)

1) 캐스터의 정의

앞바퀴를 옆에서 볼 때 앞바퀴를 차축에 설치하는 킹핀이 수선과 어떤 각도를 이룬 상태를 말하며, 이 각도는 일반적으로 1/2 ~ 3° 정도이다. 수직선과 킹핀 중심선의 연장선이 노면에서 만나 이루는 거리를 리드(lead) 또는 트레일(trail)이라 하며, 킹핀 중심선의 윗부분이 뒤쪽으로 기울어진 것을 정 (+)의 캐스터, 앞쪽으로 기울어진 것을 부 (-)의 캐스터, 수직선과 같은 것은 영(0)의 캐스터라 한다. 일반적으로 자동차에서는 정의 캐스터를 준다.

2) 캐스터의 효과

① 주행중 조향 바퀴에 방향성(가속성)을 준다.
② 조향시 직진 방향으로 돌아오는 복원성을 준다.
③ 부의 캐스터는 조향력을 증대시켜 준다.

3. 토 인(Toe-in)

1) 토 인의 정의

앞바퀴를 위에서 내려다 보았을 때 양쪽 바퀴의 중심선 거리가 앞쪽이 뒤쪽보다 작게 되어 있는 상태를 말하며, 일반적으로 뒤와 앞의 차이가 2~6[mm] 정도이다.

2) 토 인의 효과

① 앞바퀴를 평행하게 회전시킨다.
② 바퀴의 사이드 슬립과 타이어의 마멸을 방지한다.
③ 조향 링키지 마멸에 의해 토 아웃 되는 것을 방지한다.

4. 킹핀 각(king-pin angle, 조향축 경사각)

1) 킹핀 경사각의 정의

바퀴를 앞에서 보면 킹핀이 수선에 대해 안 쪽으로 어떤 각도를 두고 설치되어 있는 상태를 말하며 조향축 경사각이라고도 한다. 킹핀 경사각은 일반적으로 7~9° 정도를 준다.

2) 킹핀 경사각의 효과

① 앞바퀴에 복원성을 준다.
② 캠버와 함께 핸들의 조작력을 작게 한다.
③ 앞바퀴의 시미 현상을 방지한다.

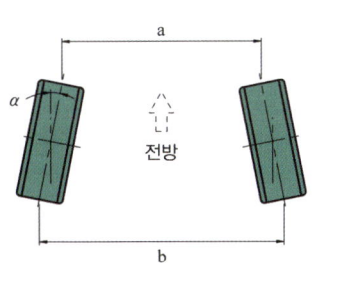

그림 2-82 / 토 인

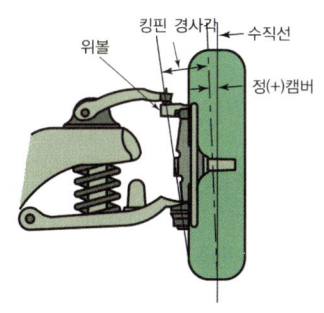

그림 2-83 / 킹핀 경사각

3_ 셋백과 스러스트 각

1. 셋 백(set back)

왼쪽 축간거리와 오른쪽 축간거리와의 차이를 말하며, 제조상의 제조공차 또는 충돌로 인한 손상으로 발생된다. 휠 베이스가 짧은 쪽으로 차량이 쏠리는 경향이 나타난다.

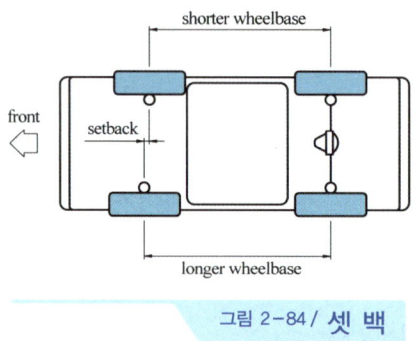

그림 2-84 / 셋 백

2. 스러스트 각(thrust angle, geometrical drive axis)

자동차의 진행방향과 자동차의 기하학적 중심선과의 각도의 차이를 말한다.

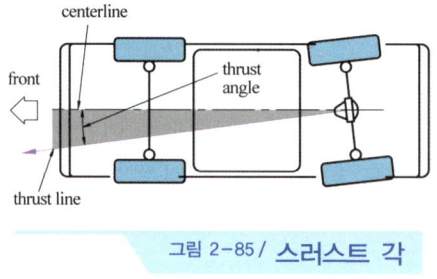

그림 2-85 / 스러스트 각

제4절 / 동력 조향장치(power steering system)

1_ 동력조향장치

1. 동력조향장치의 개요

차량의 대형화, 전륜 구동화, 타이어의 편평화 등에 의한 전륜 접지저항의 증가로 핸들 조작력이 증가되었다. 또한 여성 운전자의 증가 및 이지 드라이브 추세에 따라 조향핸들의 조작력을 경감시킬 필요가 대두되었다. 이를 위해 조향 조작을 가볍게 하기 위하여 조향 기어비를 크게 하면 가벼워지나 핸들을 여러 번 회전시켜야 한다. 따라서 조향 핸들에 배력장치를 두어 핸들의 조작력을 보조하여 조작력을 감소시키는 동력조향장치를 사용하게 되었다.

1) 동력 조향장치의 특징

① 작은 조작력으로 조향이 가능
② 조향기어비를 자유로이 선정
③ 노면에서의 충격을 흡수하여 킥백(kick back)을 방지
④ 스티어링계의 이음, 진동의 흡수
⑤ 조향에 따른 적절한 반력을 피드백

2. 동력 조향장치의 분류

동력 조향장치는 동력 실린더를 기어박스 내부에 설치한 인티그럴(integral) 형과 동력실린더와 제어밸브의 분리 여부에 따라 링키지(linkage) 일체형과 링키지 조합형으로 나눈다.

① **인티그럴 형** : 동력 실린더를 기어박스 내부에 설치

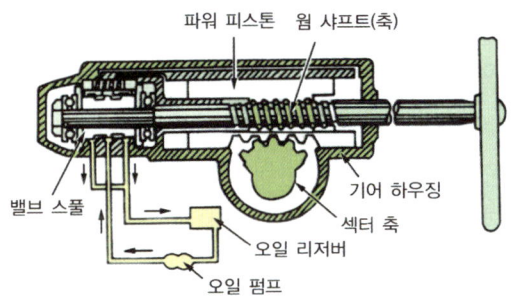

그림 2-86 / **인티그럴 형**

② **링키지 형** : 동력 실린더가 조향핸들과 분리된 형식
  ㉠ 일체형 : 동력 실린더와 제어밸브가 일체
  ㉡ 분리형 : 동력 실린더와 제어밸브가 분리

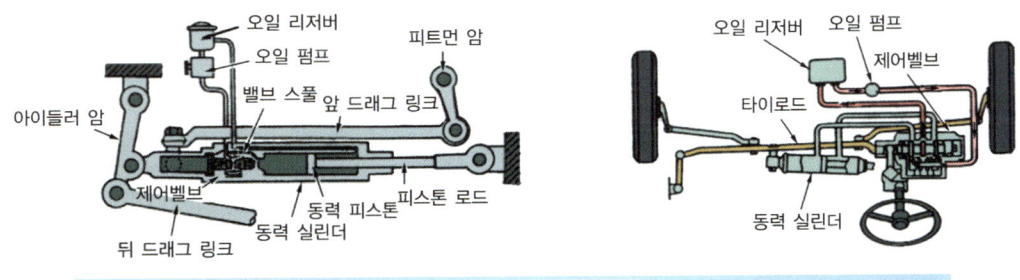

그림 2-87 / **링키지 일체형**   그림 2-88 / **링키지 분리형**

3. 동력 조향장치의 구조

1) 동력조향장치 주요부

① 동력부 : 오일펌프에 해당하며, 벨트로 구동되며 유압을 발생한다.
② 작동부 : 동력 실린더에 해당하며, 보조력(assist력)을 발생하는 부분이다.
③ 제어부 : 컨트롤(제어) 밸브에 해당하며, 동력부와 작동부 사이의 오일통로를 제어한다.

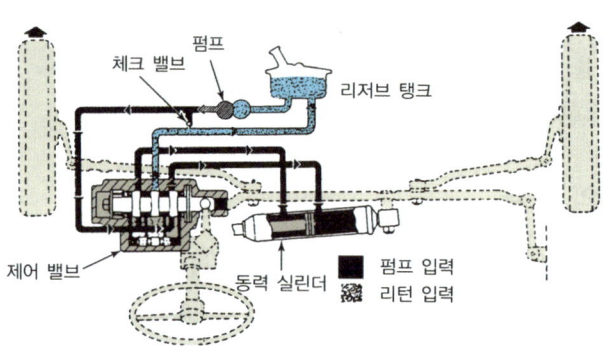

그림 2-89 / 링키지 분리형 동력실린더의 구조

2) 안전 첵 밸브(safety check valve)

파워 스티어링 고장시 수동으로 핸들조작이 가능하게 해주는 밸브로, 핸들을 조작하면 동력 실린더가 작용하여 한쪽에 압력을 가하면 반대쪽은 진공이 되어 첵 밸브가 열리게 되므로 수동조작이 가능하게 된다.

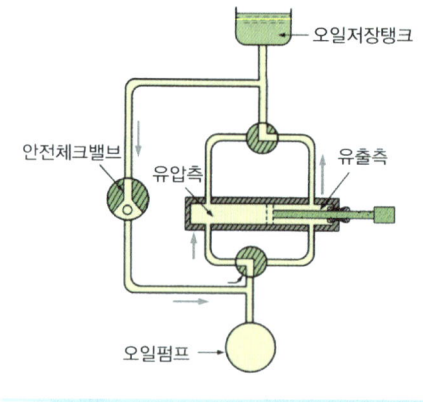

그림 2-90 / 안전 첵 밸브의 역할

2_ 전자제어 조향장치(EPS : Electric Power Steering)

1. 전자제어 조향장치의 개요

자동차 성능의 향상과 도로의 고속화로 자동차의 조향 안정성은 더욱 중요시 되었다. 동력 조향장치는 보조력을 이용하여 조향장치의 조작력을 경감시키는 장치로 고속 주행시에는 바퀴의 접지저항의 감소 및 양력에 의한 하중의 감소 등으로 더욱 가벼워 지므로 조향력을 속도에 따라 가변시킬 필요가 있다. 따라서 주행속도에 따라 조향력을 전자제어화 한 것이 전자제어 동력조향장치(EPS : Electric Power Steering)이다.

2. 전자제어 조향장치의 종류

① 회전수 감응식 : 자동차 엔진의 회전수에 따라 조향력을 변화시키는 형식이다.
② 차속 감응식 : 자동차 차속에 따라 조향력을 변화시키는 형식이다.
③ 유량 제어식 : 유량을 제어 또는 바이패스에 의해 동력 실린더에 가해지는 유압을 변화시키는 형식이다.
④ 반력 제어식 : 제어 밸브의 열림을 직접 조절하여 동력 실린더에 가해지는 유압을 변화시키는 형식이다.

3. 전자제어 조향장치의 작동

1) 차속 감응식

주행속도나 기타 조향력에 필요한 정보에 의해 솔레노이드 밸브나 전동기를 이용하여 필요한 유량을 제어하는 방식이다.

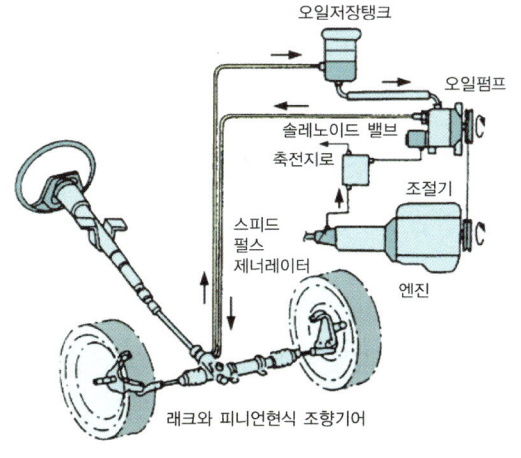

그림 2-91 / 속도감응식 EPS

2) 유량 제어식(실린더 바이패스 방식)

솔레노이드 밸브가 열리면 작동압이 걸린 고압쪽이 드레인에 연결되어 있는 저압쪽과 통하여 작동압이 저하하여 배력작용이 감소하여 조향력이 커진다.

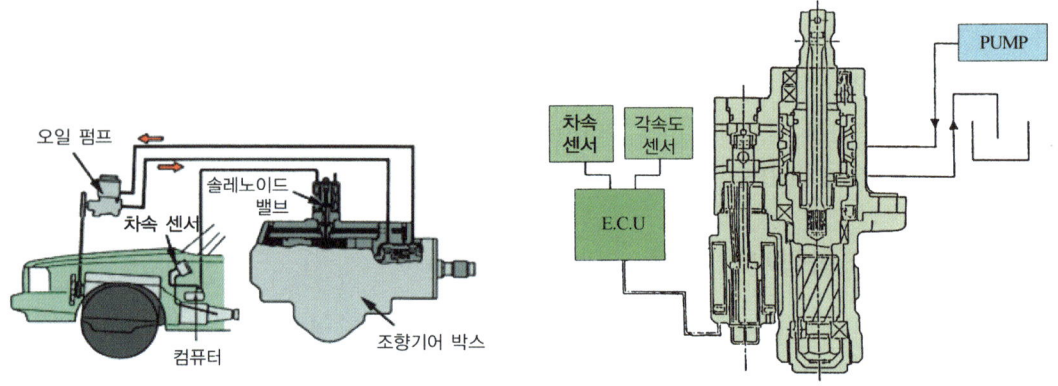

그림 2-92 / 유량제어식 EPS   그림 2-93 / 유량 제어식 EPS 시스템 구성도

4. 전자제어 조향장치의 특징

① 기관의 회전속도 감응형 파워 스티어링 시스템이다.
② 공전과 저속에서 핸들의 조작력이 작다.
③ 고속 주행시에는 핸들의 조작력이 무거워진다.
④ 중속 이상에는 차량의 속도에 감응하여 조작력을 변화시킨다.
⑤ 차속 센서는 홀 소자를 이용한 것으로 변속기에 장착되어 있으며, 디지털 펄스 신호로 출력된다.
⑥ ECU에 의해 제어되며, 솔레노이드 밸브로 스로틀 면적을 변화시켜 오일 탱크로 복귀되는 오일량을 제어한다.

3_ MDPS(Motor Driven Power Steering)

1. MDPS의 개요

MDPS 시스템은 ECU가 각종센서의 신호를 입력 받아 모터 전류를 제어함으로써 운전자의 조타력을 보조해서 운전자의 조향력을 향상시키는 시스템이다. 또한 조향시에만 에너지를 소모시켜 연비향상과 동시에 오일 및 펌프, 유압호스, 벨트 등을 삭제시킨 친환경적인 시스템이다. 종류로는 칼럼 구동식, 피니언 구동식, 랙 구동식 등이 있다.

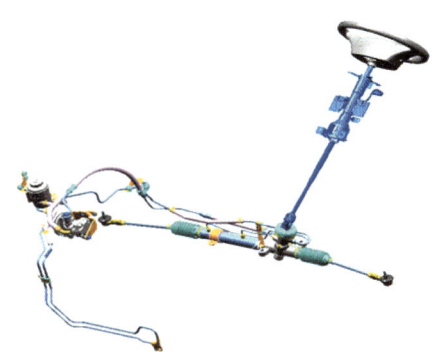
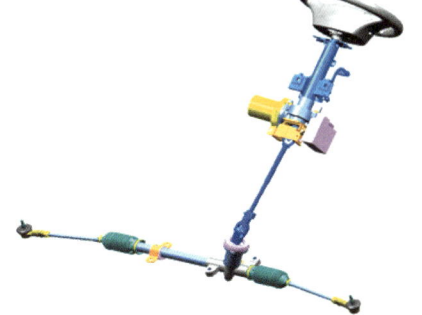

유압식 : 파워펌프 → 유압발생 → 조타력 발생

MDPS : 전기모터 → 토크발생 → 조타력 발생

그림 2-94 / **유압식**

그림 2-95 / **MDPS**

1) MDPS의 특징

① 조향 편의성 증대
② 오일을 사용하지 않아 오일 누유가 없으므로 친환경적이다.
③ 작동력이 속도와 연동되어 정지 및 저속은 가볍고 고속에서는 적절히 무겁다.
④ 엔진 부하가 감소하여 연비가 3[%] 정도 향상되고, CO_2 배출이 감소한다.
⑤ 기존 유압식에 비해 가볍다.
⑥ 조립 부품수가 감소되어 조립 시간이 단축되어 조립성이 향상되었다.

2) MDPS의 종류

분류	컬럼 구동식	피니언 구동식	랙 구동식
구조			
특징	컬럼에 모터를 설치 모터 소음이 불리 탑재 자유도 제한	피니언에 모터 설치 열에 대한 대책이 요구 탑재 자유도 제한	랙에 모터 설치 고출력 기어 직경 증대
모터	25 ~ 60[A]	30 ~ 60[A]	60 ~ 90[A]
출력	600[kg$_f$]	700[kg$_f$]	700 ~ 1,000[kg$_f$]

2. MDPS 구성 부품

1) 주요 구성 부품

① 모터 : 감속기가 내장된 직류 전동기이다.

② 조향각 & 토크센서 : 핸들의 회전 토크를 측정하여 ECU에 입력한다.

③ ECU : 토크센서, 차속센서, 엔진 회전수 등의 신호를 받아서 모터의 전류를 제어한다.

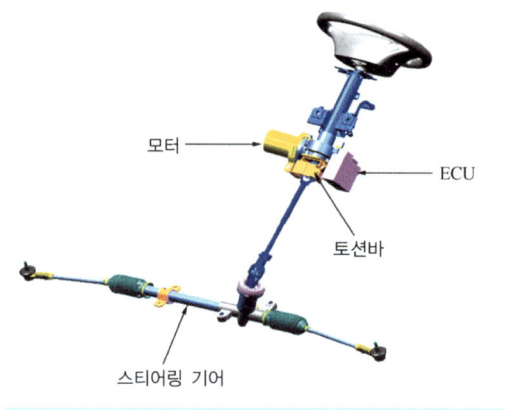

그림 2-96 / MDPS의 구성부품

2) MDPS 작동 순서

① 운전자가 조향

② 토션바 비틀림 발생

③ 조향각과 토크센서 출력으로 ECU는 조향 토크 및 조향각을 연산한다.

④ 모터 및 웜기어 회전

⑤ 웜 과 웜 휠 기구에 의해 모터의 회전을 20.5 : 1로 감속시킨다.

⑥ 출력축 회전

⑦ 유니버셜 조인트 회전

⑧ 조향기어 박스의 피니언 축에 전달

⑨ 휠 회전

3. MDPS 입·출력요소

1) MDPS ECU 입력요소

① 상시전원 : 엔진룸 릴레이박스 50A에서 공급된다.

② IG전원 : 실내 정션박스에서 IG전원이 입력된다.

③ 엔진 회전수 : 디지털 펄스가 입력된다.
④ 차속신호 : 디지털 펄스가 입력된다.
⑤ 토오크 센서 : 메인과 서브 각각 2.5V가 체크되면 정상이며 핸들을 회전하면 2.5V를 기준으로 전압이 변한다.

2) MDPS ECU 출력요소

① 전동모터 : 최대 45A까지 가능하며 최저는 8A까지 제어한다.
② 아이들 업 신호 : 소비전류가 25A이상 소비되면 신호를 출력한다.
③ MDPS경고등 : KEY ON시 점등하며 시동후 소등된다.
④ 자기진단 K단자 : 고장코드를 출력한다.

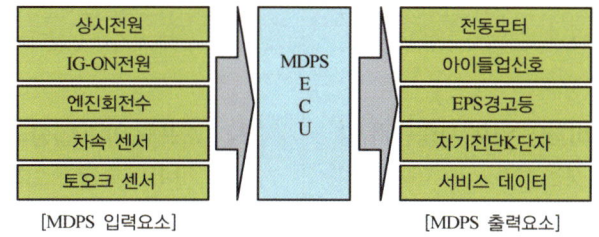

[MDPS 입력요소]   [MDPS 출력요소]

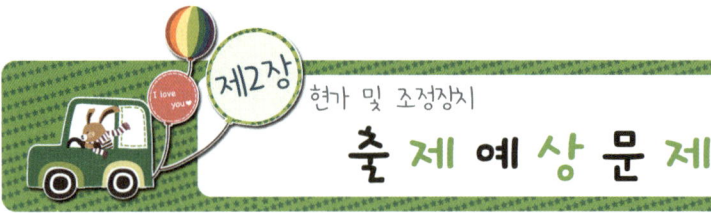

01 다음 중 현가장치의 구성품과 관계없는 것은? [08년 2회]
㉮ 스태빌라이저 ㉯ 타이로드
㉰ 쇽업쇼버   ㉱ 판스프링

풀이) 현가장치의 구성품은 판스프링, 쇽업쇼버, 스태빌라이저 등이고, 타이로드는 조향장치 관련 부품이다.

02 독립현가 방식과 비교한 일체 차축현가 방식의 특성이 아닌 것은? [09년 5회]
㉮ 구조가 간단하다.
㉯ 선회시 차체의 기울기가 작다.
㉰ 승차감이 좋지 않다.
㉱ 로드홀딩(road holding)이 우수하다.

풀이) 일체 차축현가 방식의 특성은 ㉮, ㉯, ㉰ 항 외에 로드 홀딩이 좋지 못하다.

03 자동차의 가로축(좌 / 우 방향 축)을 중심으로 하는 전 / 후 회전 진동은? [08년 4회]
㉮ 롤링(rolling)
㉯ 요잉(yawing)
㉰ 피칭(pitching)
㉱ 바운싱(bouncing)

풀이) 차체의 운동 : X축-롤링, Y축-피칭, Z축-요잉, 상하-바운싱

04 자동차에서 판 스프링은 무엇에 의해 프레임에 설치되는가? [07년 1회 / 08년 5회]
㉮ 킹핀   ㉯ 코터핀
㉰ 섀클핀   ㉱ U볼트

풀이) 판스프링은 섀클핀에 의해 프레임에, U볼트에 의해 차축과 연결되어 있다.

05 스프링 아래 질량의 고유 진동에 관한 그림이다. X축을 중심으로 하여 회전운동을 하는 진동은? [09년 2회]

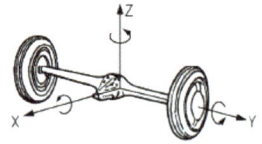

㉮ 휠 트램프(wheel tramp)
㉯ 와인드업(wind up)
㉰ 롤링(rolling)
㉱ 사이드 셰이크(side shake)

풀이) 스프링 운동
① 스프링 윗 질량 운동 : X축-롤링, Y축-피칭, Z축-요잉
② 스프링 아래(밑) 질량 운동 : X축-휠 트램프(wheel tramp)
   Y축-와인드 업(wind up)
   Z축-조(jaw)
③ 스프링 아래(밑) 질량 축방향 운동 : X축 평행-전후 진동(fore and shake)
   Y축 평행-좌우 진동(side shake)
   Z축 평행-상하 진동(wheel hop)

01 ㉯ 02 ㉱ 03 ㉰ 04 ㉰ 05 ㉮

06 다음 중 스팬의 길이 변화를 가능하게 하는 것은? [07년 2회]

㉮ 섀클　　㉯ 스팬
㉰ 행거　　㉱ U 볼트

풀이) 섀클은 판스프링의 길이 변화를 가능하게 한다.

07 스태빌라이저(stabilizer)에 관한 설명으로 가장 거리가 먼 것은? [09년 1회]

㉮ 일종의 토션바이다.
㉯ 독립 현가식에 주로 설치된다.
㉰ 차체의 롤링(rolling)을 방지한다.
㉱ 차체가 피칭(pitching)할 때 작용한다.

풀이) 독립현가 방식에 주로 설치되는 일종의 토션바로 차체의 롤링을 방지한다.

08 독립현가식 자동차에서 주행 중 롤링(rolling) 현상을 감소시키고 차의 평형을 유지시켜주는 장치는 무엇인가?
[07년 5회 / 09년 4회]

㉮ 쇽업소버　　㉯ 스테빌라이저
㉰ 스트럿바아　　㉱ 토크컨버터

풀이) 스태빌라이저는 선회시 차체의 좌우 진동(롤링)을 완화하여 차의 평형을 유지시켜 주는 기능을 한다.

09 스프링 상수가 4[kgf/mm]인 코일 스프링을 6[cm] 압축하는데 필요한 힘은?
[07년 4회 / 08년 1회]

㉮ 240[kgf]　　㉯ 24[kgf]
㉰ 15[kgf]　　㉱ 0.067[kgf]

풀이) 스프링 상수(k) = $\dfrac{W[kg_f]}{\ell[mm]}$

∴ W = k · ℓ = 4 × 60 = 240[kgf]

10 자동차에서 전자제어 현가장치의 기능이 아닌 것은? [08년 1회]

㉮ 급제동시 노스다운을 방지한다.
㉯ 급선회시 구심력 발생을 방지한다.
㉰ 노면으로부터의 차량 높이를 조정한다.
㉱ 노면상태에 따라 승차감을 조절한다.

풀이) 전자제어 현가장치(E.C.S)의 기능
① 노면상태에 따라 승차감을 조절한다.
② 노면으로부터 차의 높이를 조정
③ 굴곡이 심한 노면을 주행할 때에 흔들림이 작은 평행한 승차감 실현
④ 급제동시 노즈 다운을 방지
⑤ 급선회시 원심력에 의한 차량의 기울어짐을 방지
⑥ 고속 주행시 안정성이 있다.

11 전자제어 현가장치의 장점에 대한 설명으로 맞는 것은? [08년 2회]

㉮ 굴곡이 심한 노면을 주행할 때에 흔들림이 작은 평행한 승차감 실현
㉯ 차속 및 조향 상태에 따라 적절한 조향 특성을 얻을 수 있음
㉰ 운전자가 희망하는 쾌적 공간을 제공해 주는 최신 시스템
㉱ 운전자의 의지에 따라 조향 능력 유지

풀이) 전자제어 현가장치(E.C.S)의 장점
① 노면상태에 따라 승차감을 조절한다.
② 노면으로부터 차의 높이를 조정
③ 굴곡이 심한 노면을 주행할 때에 흔들림이 작은 평행한 승차감 실현
④ 급제동시 노즈 다운을 방지
⑤ 급선회시 원심력에 의한 차량의 기울어짐을 방지
⑥ 고속 주행시 안정성이 있다.

ANSWER　06 ㉮　07 ㉱　08 ㉯　09 ㉮　10 ㉯　11 ㉮

12 전자제어 현가장치에 사용되고 있는 차고 센서의 구성 부품으로 옳은 것은?

[09년 2회]

㉮ 에어 체임버와 서브 탱크
㉯ 발광 다이오드와 유황 카드뮴
㉰ 서모 스위치
㉱ 발광 다이오드와 광트랜지스터

> 현가장치에 사용되는 차고센서의 구성부품은 발광 다이오드와 광트랜지스터로 되어 있다.

13 전자제어 현가장치의 장점이 아닌 것은?

[07년 1회]

㉮ 고속 주행시 안전성이 있다.
㉯ 조향시 차체가 쏠리는 경우가 있다.
㉰ 승차감이 좋다.
㉱ 충격을 감소한다.

> 전자제어 현가장치(E.C.S)의 장점
> ① 노면상태에 따라 승차감을 조절한다.
> ② 노면으로부터 차의 높이를 조정
> ③ 굴곡이 심한 노면을 주행할 때에 흔들림이 작은 평행한 승차감 실현
> ④ 급제동시 노즈 다운(nose down)을 방지
> ⑤ 급선회시 원심력에 의한 차량의 기울어짐을 방지
> ⑥ 고속 주행시 안정성이 있다.

14 ECS 장착 차량에서 차량의 높이를 감지하는 센서는?

[07년 2회]

㉮ 차고 센서
㉯ 차속 센서
㉰ 스티어링 휠 각도 센서
㉱ 스트러트 유니트

> 차고(車高) 센서 : 자동차의 높이를 감지

15 다음은 전자제어 현가장치의 한 예를 든 것이다. 차량 높이를 높이는 방법으로 옳은 것은?

[07년 5회]

㉮ 배기 솔레노이드 밸브를 작동시킨다.
㉯ 앞·뒤 솔레노이드 공기밸브의 배기구를 개방시킨다.
㉰ 공기 챔버의 체적과 쇽업소버의 길이를 증가시킨다.
㉱ 공기 챔버의 체적과 쇽업소버의 길이를 감소시킨다.

> 공기 챔버의 체적과 쇽업소버의 길이를 증가시켜 차고를 높인다.

16 ECS 장착 자동차에서 주행 중 급커브 상태를 감지하는 센서는?

[08년 4회]

㉮ 차속 센서
㉯ 차고 센서
㉰ 스티어링 휠 각도 센서
㉱ 휠 속도 센서

> 스티어링 휠 각속도 센서는 자동차가 주행 중 급커브를 감지한다.

17 자동차의 축간거리가 2.9[m], 조향각이 30[°]이다. 이 자동차의 최소회전반경은 몇 [m]인가? (단, 바퀴의 접지면 중심과 킹핀과의 거리는 0.2이다.)

[08년 4회]

㉮ 5[m] ㉯ 6[m]
㉰ 7[m] ㉱ 8[m]

> 최소회전반경 $R = \dfrac{L}{\sin\alpha} + r$
>
> 여기서, α : 외측바퀴 회전각도[°],
> L : 축거[m]
> r : 타이어 중심과 킹핀과의 거리[m]
>
> ∴ 최소회전반경 $R = \dfrac{2.9}{\sin 30} + 0.2 = 6$

ANSWER 12 ㉱ 13 ㉯ 14 ㉮ 15 ㉰ 16 ㉰ 17 ㉯

18. 조향장치가 갖추어야 할 조건으로 틀린 것은? [07년 5회]

㉮ 조향 조작이 주행 중의 충격에 영향을 받지 않을 것
㉯ 조작하기 쉽고 방향 전환이 원활하게 행하여 질 것
㉰ 조향핸들의 회전과 바퀴 선회의 차가 크지 않을 것
㉱ 회전반경이 커서 좁은 곳에서도 방향전환을 할 수 있을 것

조향장치가 갖추어야 할 조건
① 조작하기 쉽고 방향전환이 원활하게 행해질 것
② 회전반경이 적을 것
③ 조향핸들과 바퀴의 선회 차이가 크지 않을 것
④ 조향조작이 주행 중의 충격에 영향을 받지 않을 것
⑤ 고속 주행에도 조향휠이 안정되고 복원력이 좋을 것

19. 차체의 수직가속도를 줄이기 위하여 가상적인 기준면에 감쇠기를 설치하는 것으로 요철부를 통과할 때 이상으로 활용되는 제어는? [09년 1회]

㉮ 스카이훅 제어   ㉯ 롤링 제어
㉰ 킥다운 제어   ㉱ 속도감응 제어

스카이 훅(sky hook) 제어란 가상적인 기준면에 감쇠기를 설치하는 것으로 요철부를 통과할 때 이상으로 활용되는 제어 방식이다.

20. 조향 핸들이 320[°] 회전할 때 피트먼 암이 32[°] 회전하였다면 조향 기어비는? [07년 4회 / 09년 2회]

㉮ 5 : 1   ㉯ 10 : 1
㉰ 15 : 1   ㉱ 20 : 1

조향기어비 = $\dfrac{핸들 회전각도}{피트먼암 회전각도}$ = $\dfrac{320}{32}$
= 10[s]

21. 조향장치가 갖추어야 할 조건으로 틀린 것은? [08년 5회]

㉮ 노면의 충격이 조향 휠에 전달되지 않아야 한다.
㉯ 회전 반지름이 커야 한다.
㉰ 진행 방향을 바꿀 때 섀시 및 보디 각부에 무리한 힘이 작용하지 않아야 한다.
㉱ 고속주행 중에는 조향 휠이 안정되고 복원력이 좋아야 한다.

조향장치가 갖추어야 할 조건
① 조작하기 쉽고 방향전환이 원활하게 행해질 것
② 회전반경이 적을 것
③ 조향핸들과 바퀴의 선회 차이가 크지 않을 것
④ 조향조작이 주행 중의 충격에 영향을 받지 않을 것
⑤ 고속 주행에도 조향휠이 안정되고 복원력이 좋을 것

22. 사이드 슬립 테스터의 지시값이 4이다. 이것은 주행 1[km]에 대하여 앞바퀴의 슬립량이 얼마인 것을 표시하는가? [08년 4회]

㉮ 4[mm]   ㉯ 4[cm]
㉰ 40[cm]   ㉱ 4[m]

사이드 슬립 시험기의 1 눈금은 1[km] 주행에 1[m] 슬립된 것을 의미한다.

23. 전자제어 현가장치(ECS)에서 차고조정이 정지되는 조건이 아닌 것은? [09년 4회]

㉮ 커브길 급회전시   ㉯ 급 가속시
㉰ 고속 주행시   ㉱ 급 정지시

ECS는 ㉮, ㉯, ㉱ 항의 자세제어 중 일 때는 차고조정을 하지 않는다.

18 ㉱ 19 ㉮ 20 ㉯ 21 ㉯ 22 ㉱ 23 ㉰

24. 축거 3[m], 바깥쪽 앞바퀴의 최대 회전각 30[°], 안쪽 앞바퀴의 최대회전각은 45[°]일 때의 최소회전 반경은? (단, 바퀴의 접지면과 킹핀 중심과의 거리는 무시)
[09년 4회]

㉮ 15[m]　㉯ 12[m]
㉰ 10[m]　㉱ 6[m]

풀이 최소회전 반경 $R = \dfrac{L}{\sin\alpha} + r$

여기서, L : 축거[m]
　　　　α : 바깥쪽바퀴 회전각도[°]
　　　　r : 킹핀과 바퀴 접지면 중심과의 거리[m]

∴ 최소회전 반경 $R = \dfrac{3}{\sin 30[°]} + 0 = 6[m]$

25. 조향 기어비를 구하는 식으로 맞는 것은?
[08년 1회]

㉮ 조향 휠의 움직인 각도를 피트먼 암의 움직인 각도로 나눈 값
㉯ 조향 휠의 움직인 량을 사이드슬립 량으로 나눈 값
㉰ 피트먼 암의 움직인 거리를 사이드슬립 량으로 나눈 값
㉱ 피트먼 암의 직선거리를 조향 휠의 직경으로 나눈 값

풀이 조향기어비 = $\dfrac{\text{핸들 회전각도}}{\text{피트먼암 회전각도}}$

26. 전자제어 조향장치 ECU 입력 요소로 틀린 것은?
[09년 5회]

㉮ 스로틀 위치 센서　㉯ 차량 속도
㉰ ECU 구동 전원　㉱ 공기유량 센서

풀이 공기유량 센서는 기관 제어용 센서이다.

27. 조향장치에서 조향기어의 백래시가 너무 크면 어떻게 되는가?
[07년 2회]

㉮ 조향각도가 크게 된다.
㉯ 조향기어 비가 크게 된다.
㉰ 조향핸들의 유격이 크게 된다.
㉱ 핸들의 축방향 유격이 크게 된다.

풀이 조향기어의 백래시가 크면 조향핸들의 유격이 크게 된다.

28. 조향 핸들의 유격이 크게 되는 원인으로 틀린 것은?
[09년 1회]

㉮ 볼 이음의 마멸
㉯ 타이로드의 휨
㉰ 조향 너클의 헐거움
㉱ 앞바퀴 베어링의 마멸

풀이 조향 핸들의 유격이 크게 되는 원인
① 볼 이음이 마멸
② 조향 너클이 헐거움
③ 앞바퀴 베어링의 마멸 타이로드가 휘면 사이드슬립이 발생한다.

29. 다음 중 조향 휠이 한쪽으로 쏠리는 원인이 아닌 것은?
[08년 2회]

㉮ 앞바퀴 얼라인먼트 불량
㉯ 쇽업쇼버 작동 불량
㉰ 스티어링 휠의 유격 과소
㉱ 타이어 공기압 불균일

풀이 조향 휠이 한쪽으로 쏠리는 원인
① 타이어 공기압이 불균일하다.
② 좌·우 축거가 다르다.
③ 좌·우 브레이크 라이닝의 간극이 다르다.
④ 앞차축 한쪽의 현가 스프링이 절손되었다.
⑤ 쇽업소버 작동이 불량하다.
⑥ 휠 얼라인먼트가 불량하다.
⑦ 뒤차축이 차의 중심선에 대하여 직각이 아니다.

ANSWER 24 ㉱　25 ㉮　26 ㉱　27 ㉰　28 ㉯　29 ㉰

30. 자동차에서 브레이크 작동시 조향 핸들이 한쪽으로 쏠리는 원인이 아닌 것은?
[07년 5회 / 09년 2회]

㉮ 얼라이먼트의 조정이 불량하다.
㉯ 좌우 타이어의 공기압이 같지 않다.
㉰ 브레이크 라이닝의 간극이 불량하다.
㉱ 마스터 실린더의 첵밸브의 작동이 불량하다.

풀이 마스터 실린더의 첵밸브 작동이 불량하면 양쪽이 모두 불량하다.

31. 후륜 구동 자동차에서 주행 중 핸들이 쏠리는 원인이 아닌 것은?
[07년 5회]

㉮ 타이어 공기압의 불균형
㉯ 바퀴얼라이먼트의 조정 불량
㉰ 쇽업쇼버의 작동 불량
㉱ 조향기어 하우징의 풀림

풀이 조향 휠이 한쪽으로 쏠리는 원인
① 타이어 공기압이 불균일하다.
② 좌·우 축거가 다르다.
③ 좌·우 브레이크 라이닝의 간극이 다르다.
④ 앞차축 한쪽의 현가 스프링이 절손되었다.
⑤ 쇽업쇼버 작동이 불량하다.
⑥ 휠 얼라이먼트가 불량하다.
⑦ 뒤차축이 차의 중심선에 대하여 직각이 아니다.

32. 동력 조향장치의 구성품이 아닌 것은?
[08년 2회]

㉮ 유압 펌프
㉯ 파워 실린더
㉰ 유압식 리타더
㉱ 제어 밸브

풀이 동력 조향장치의 구성장치
① 동력부 : 오일 펌프―유압을 발생
② 작동부 : 동력 실린더―보조력을 발생
③ 제어부 : 제어 밸브―오일 통로를 변경

33. 주행 중 조향핸들이 무거워졌을 경우와 가장 거리가 먼 것은?
[09년 5회]

㉮ 앞타이어의 공기가 빠졌다.
㉯ 조향기어 박스의 오일이 부족하다.
㉰ 볼 조인트가 과도하게 마모되었다.
㉱ 타이어의 밸런스가 불량하다.

풀이 ㉮, ㉯, ㉰ 항은 핸들이 무거워지는 원인이며, 타이어 밸런스가 불량하면 트램핑이나 시미 현상이 발생된다.

34. 전자제어 파워 스티어링의 특징 중 틀린 것은?
[07년 5회]

㉮ 정차 시 조향력 감소
㉯ 저속 주행시 조향력 감소
㉰ 고속 주행 시 큰 조향시는 수동과 동일
㉱ 험한 길 주행 시 핸들을 놓치기 쉽다.

풀이 동력 조향장치(EPS)의 장점
① 적은 힘으로 조향조작을 할 수 있다.
② 조향기어비를 조작력에 관계없이 설정할 수 있다.
③ 노면의 충격을 흡수하여 조향핸들에 전달되는 것을 방지한다.
④ 앞바퀴의 시미현상을 감쇠하는 효과가 있다.
⑤ 조향 조작이 경쾌하고 신속하다.
⑥ 저속에서는 가볍고, 고속에서는 적절히 무겁다.

35. 동력 조향장치를 동력실린더와 제어밸브의 형태 및 배치에 따라 분류한 형식이다. 이에 해당 되지 않는 것은?
[07년 2회]

㉮ 인테그럴형   ㉯ 분리형
㉰ 일체형   ㉱ 콘티형

풀이 동력 조향장치의 분류
① 일체형(integral type)
② 링키지형―조합형, 분리형

ANSWER
30 ㉱ 31 ㉱ 32 ㉰ 33 ㉱ 34 ㉱ 35 ㉱

36 동력 조향장치의 구성 중 오일펌프에서 발생된 유압을 조향바퀴의 조향력으로 바꾸며, 동력실린더가 주요부가 되는 것은? [09년 2회]

㉮ 동력부 ㉯ 제어부
㉰ 회전부 ㉱ 작동부

풀이 오일펌프는 유압을 만드는 동력부, 동력 실린더는 조향력을 보조하는 작동부, 컨트롤(제어) 밸브는 유로를 변경하는 제어부이다.

37 동력 조향 유압 계통에 고장이 발생한 경우 핸들을 수동으로 조작할 수 있도록 하는 부품은? [09년 4회]

㉮ 릴리프 밸브(relif valve)
㉯ 안전 첵 밸브(safety check valve)
㉰ 유량 제어 밸브(flow control valve)
㉱ 더블 밸런싱 밸브(double balancing valve)

풀이 동력 조향 유압 계통에 고장이 발생한 경우 핸들을 수동으로 조작할 수 있도록 안전 첵밸브를 둔다.

38 전자식 조향제어 장치의 조향력 제어에서 차량 속도가 저속에서는 가볍고 고속에서는 무거운 조향이 되도록 하는 방식은? [08년 5회]

㉮ 조향속도 감응방식
㉯ 슬립 감응방식
㉰ 차속 감응방식
㉱ 로터회전 감응방식

풀이 전자식 동력 조향장치는 차속에 따라 저속에서는 가볍게 하고, 고속에서는 적절히 무겁게 하여 조향 안정성을 꾀한다.

39 주행 속도를 검출하여 가·감속도를 감지하는 것은? [09년 5회]

㉮ 차속 센서 ㉯ 크랭크각 센서
㉰ TDC 센서 ㉱ 중력 센서

풀이 주행 속도를 검출하여 가·감속도를 감지하는 것은 차속 센서이다.

40 전자제어 동력 조향장치의 오일펌프 내부에 있는 플로우 컨트롤 밸브에 대한 설명 중 틀린 것은? [08년 4회]

㉮ 조향기어 박스로 가는 오일의 양을 조절할 수 있다.
㉯ 고속 회전시는 조향기어 박스로 가는 오일의 양을 많게 한다.
㉰ 플로우 컨트롤 밸브 내부에는 릴리프 밸브가 있다.
㉱ 저속 회전시는 조향기어 박스로 가는 오일의 양을 많게 한다.

풀이 유량 제어밸브(flow control valve) : 오일 펌프로 부터의 유량이 규정량을 넘으면 과잉의 오일을 오일탱크로 바이패스 시켜 조향기어 박스로 가는 오일의 양을 조절한다.
또한 유량 제어밸브 내부에는 압력을 조절하는 릴리프 밸브가 있어 유압이 규정 이상으로 높아지면 밸브를 열어 오일의 일부를 오일 탱크로 보내어 압력을 낮춘다.

41 자동차의 앞바퀴를 앞에서 보면 바퀴의 윗부분이 아래쪽보다 더 벌어져 있는데 이 벌어진 바퀴의 중심선과 수선 사이의 각은? [09년 2회]

㉮ 캠버 ㉯ 캐스터
㉰ 토인 ㉱ 런 아웃

풀이 자동차의 앞바퀴를 앞에서 보면 바퀴의 윗부분이 아래쪽보다 더 벌어져 있다. 이 벌어진 바퀴의 중심선과 수직선 사이의 각을 캠버라 한다.

36 ㉱ 37 ㉯ 38 ㉰ 39 ㉮ 40 ㉯ 41 ㉮

42 전자제어 파워스티어링(EPS)에 대한 설명 중 틀린 것은? [09년 1회]

㉮ 차량속도가 고속이 될수록 조향력이 더 요구된다.
㉯ 엔진 회전수에 따라 조향력을 변화시키는 회전수 감응식이 있다.
㉰ 차속에 따라 조향력을 변화시키는 차속 감응식이 있다.
㉱ 고속 시 스티어링 휠이 가벼울수록 좋다.

풀이) 전자제어 파워스티어링의 핸들 조작력은 저속에서는 가볍고 고속에서는 적절히 무겁게 하며, 엔진 회전수에 따라 변화시키는 회전수 감응식과 차속에 따라 변화시키는 차속 감응식이 있다.

43 동력조향장치에서 자동차의 속도에 따라 핸들의 조향력을 변화시켜주는 장치는? [08년 4회]

㉮ 속도 감응형 동력조향장치
㉯ 엔진회전수 감응형 동력조향장치
㉰ 휠 스피드 감응형 동력조향장치
㉱ 조향각도 감응형 조향장치

풀이) 속도 감응형 동력조향장치란 자동차의 속도에 따라 핸들의 조향력을 변화시켜주는 방식을 말한다.

44 차속 감응방식의 동력 조향장치에서 조향력은 고속에서 어떻게 되는가? [08년 1회]

㉮ 가벼운 조향이 되게 한다.
㉯ 무거운 조향이 되게 한다.
㉰ 무겁다가 가볍게 된다.
㉱ 가볍다가 무겁게 된다.

풀이) 전자식 동력 조향장치는 차속에 따라 저속에서는 가볍게 하고, 고속에서는 적절히 무겁게 하여 조향 안정성을 꾀한다.

45 회전하는 슬릿 디스크를 끼우고 발광 다이오드와 포토 트랜지스터에서 검출하는 포터 인터럽터 방식을 사용하여 차체와 로어 컨트롤암 또는 차축의 상대 위치를 검출하는 센서는? [08년 5회]

㉮ 조향각 센서   ㉯ 요레이트 센서
㉰ 차고 센서   ㉱ G 센서

풀이) 차고 센서는 회전하는 슬릿 디스크를 끼우고 발광 다이오드와 포토 트랜지스터에서 검출하는 포터 인터럽터 방식을 사용하여, 차체와 로어 컨트롤암 또는 차축의 상대 위치를 검출한다.

46 자동차의 앞차륜 정렬에서 정(+) 캠버란? [07년 4회]

㉮ 앞바퀴의 아래쪽이 위쪽보다 좁은 것을 말한다.
㉯ 앞바퀴의 앞쪽이 뒤쪽보다 좁은 것을 말한다.
㉰ 앞바퀴의 킹핀이 뒤쪽으로 기울어진 것을 말한다.
㉱ 앞바퀴의 위쪽이 아래쪽보다 좁은 것을 말한다.

풀이) **캠버** : 자동차를 앞에서 보았을 때 앞바퀴의 위쪽이 아래쪽보다 넓은 것.
이것을 정(+)의 캠버라 하고, 아래쪽이 넓은 것을 부(−)의 캠버라 한다.

47 타이로드(tie rod)로 조정하는 것과 가장 관련 있는 것은? [08년 5회]

㉮ 캠버(camber)   ㉯ 캐스터(caster)
㉰ 킹핀(kingpin)   ㉱ 토인(toe in)

풀이) 토(toe) 조정은 타이로드의 길이를 가감하여 한다.

---

42 ㉱   43 ㉮   44 ㉯   45 ㉰   46 ㉮   47 ㉱

48 자동차의 앞 차륜 정열에서 킹핀의 연장선과 캠버의 연장선이 지면 위에서 만나게 되는 것을 무엇이라고 하는가? [07년 2회]

㉮ 캐스터
㉯ 스크러브 레디어스
㉰ 오버 스티어
㉱ 코너링 포스

풀이 킹핀의 연장선과 캠버의 연장선이 지면위에서 만나는 선의 길이를 캠버 오프셋 또는 스크러브 레이디어스라고 한다.

49 차륜정열에서 캠버를 두는 이유로 가장 옳은 것은? [09년 1회]

㉮ 조향 바퀴의 방향성을 주기 위하여
㉯ 조향 핸들의 조작을 가볍게 하기 위하여
㉰ 직진 방향으로 가려는 힘의 향상을 위하여
㉱ 타이어의 슬립과 마멸을 방지하기 위하여

풀이 캠버를 두는 이유
① 조향핸들의 조작력을 가볍게
② 수직하중에 의한 앞차축의 휨을 방지

50 토(toe)에 대한 설명으로 틀린 것은? [09년 5회]

㉮ 토인은 주행 중 타이어의 앞부분이 벌어지려고 하는 것을 방지한다.
㉯ 토는 타이로드의 길이로 조정한다.
㉰ 토의 조정이 불량하면 타이어가 편마모된다.
㉱ 토인은 조향 복원성을 위해 둔다.

풀이 조향 복원성은 캐스터와 킹핀 경사각에서 얻을 수 있다.

51 킹핀 경사각과 함께 앞바퀴에 복원성을 주어 직진 위치로 쉽게 돌아오게 하는 앞바퀴 정렬과 관련이 가장 큰 것은? [08년 2회]

㉮ 캠버   ㉯ 캐스터
㉰ 토인   ㉱ 토아웃

풀이 캐스터의 작용
① 주행 중 조향바퀴에 방향성(직진성)을 준다.
② 선회한 후 조향 핸들을 놓으면 직진방향으로 되돌아오는 복원력이 발생된다.

52 토인의 필요성을 설명한 것으로 틀린 것은? [07년 1회]

㉮ 수직방향의 하중에 의한 앞차축 휨을 방지한다.
㉯ 조향링키지의 마멸에 의해 토아웃이 되는 것을 방지한다.
㉰ 앞바퀴를 평행하게 회전시킨다.
㉱ 바퀴가 옆방향으로 미끄러지는 것과 타이어의 마멸을 방지한다.

풀이 토인을 두는 목적
① 앞바퀴를 평행하게 회전시킨다.
② 바퀴가 옆방향으로 미끄러지는 것과 타이어의 마멸을 방지한다.
③ 조향 링키지의 마멸에 의해 토아웃이 되는 것을 방지한다.

53 자동차의 앞바퀴 정렬에서 토인 조정은 무엇으로 하는가? [09년 4회]

㉮ 드래그 링크의 길이
㉯ 타이로드의 길이
㉰ 시임의 두께
㉱ 와셔의 두께

풀이 토인은 타이로드의 길이를 가감하여 조정한다.

48 ㉯ 49 ㉯ 50 ㉱ 51 ㉯ 52 ㉮ 53 ㉯

03 제동장치

제1절 일반 제동장치

1_ 제동장치의 개요

제동장치는 자동차의 주행속도를 감속 또는 정지시키며 정차중인 자동차가 움직이지 않도록 하기 위한 안전장치이다. 그러므로 자동차의 최고속도와 중량에 따른 충분한 제동작용과 신뢰성, 내구성이 확실하며, 운전자의 피로경감과 브레이크 계통의 고장발생이 없도록 해주어야 할 것이다.

1) 제동장치의 구비조건

① 작동이 확실하고, 제동효과가 클 것
② 신뢰성과 내구성이 있을 것
③ 점검 및 정비가 쉬울 것

2) 제동장치의 분류

① 사용 용도(조작 방식)에 의한 분류
  ㉠ 주 브레이크(foot brake) : 주로 유압식 브레이크와 디스크식 브레이크를 사용하며, 대형차의 경우 공기식 브레이크를 주 브레이크로 사용한다.
  ㉡ 핸드 브레이크(hand brake) : 주차 브레이크라 하며 자동차 주차시 사용하는 뒷바퀴를 일시에 제동시켜 주는 장치이다.
  ㉢ 감속브레이크 : 보조 브레이크라고도 하며, 엔진 브레이크(engine brake), 배기 브레이크(exhaust brake), 와전류 리타더(eddy current retarder) 등이 이용된다.
② 설치 위치에 의한 분류
  ㉠ 휠 브레이크 : 대부분 브레이크에서 사용하는 방식이다.
  ㉡ 센터 브레이크 : 변속기 출력축이나 추진축에 설치하며, 대형차의 주차 브레이크로 사용한다.
    레버를 당기면 홀딩 캠이 브레이크 밴드를 당겨 드럼을 압착하여 제동하는 방식이다.

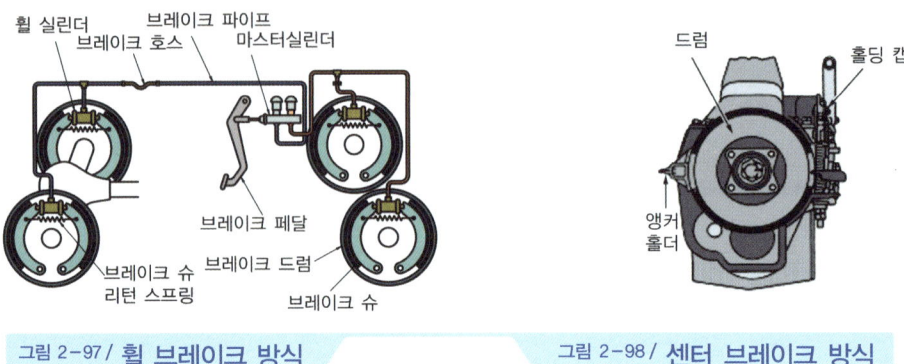

그림 2-97 / 휠 브레이크 방식 그림 2-98 / 센터 브레이크 방식

③ 작동 형태에 의한 분류
　㉠ 내부 확장식 : 마스터 실린더에서 발생된 유압에 의해 브레이크 슈가 드럼을 향하여 밖으로 벌어지면서 제동하는 방식
　㉡ 외부 수축식 : 브레이크 레버를 당길 때 밴드가 드럼을 압착하여 제동하는 방식
　㉢ 디스크식 : 승용차에 주로 사용되며, 마스터 실린더에서 발생된 유압이 캘리퍼 내의 패드를 양쪽에서 압착하여 제동하는 방식

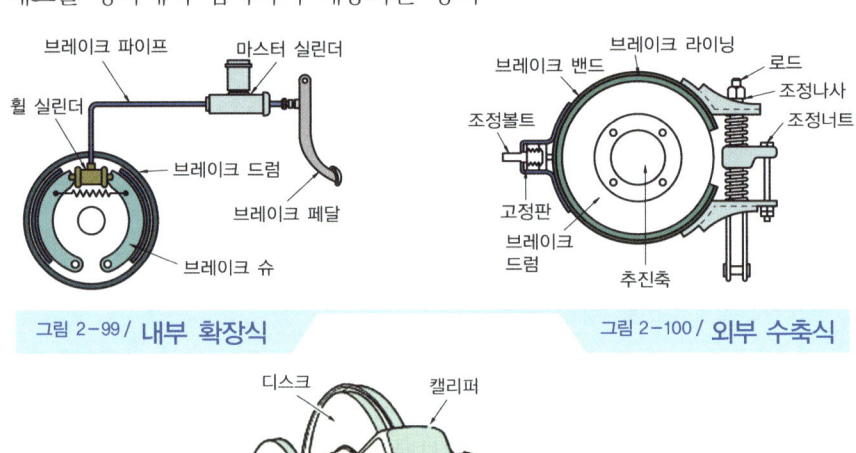

그림 2-99 / 내부 확장식   그림 2-100 / 외부 수축식

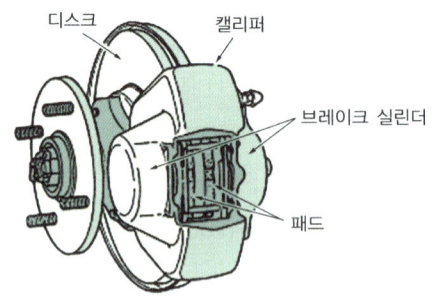

그림 2-101 / 디스크식

④ 작동 기구에 의한 분류
　㉠ 기계식 : 가장 간단하며, 조작력을 케이블 또는 로드를 이용하여 제동하는 것으로 현재는 핸드 브레이크에만 사용한다.

ⓒ 유압식 : 파스칼의 원리를 이용한 방식으로 유압이 모든 바퀴에 동일하게 전달되어 제동력이 균일하다.

ⓒ 진공 배력식 : 유압식 브레이크에 제동력을 증대시키기 위한 장치로 흡기다기관의 진공과 대기압의 압력차를 이용하는 배력방식이다.

ⓔ 공기 배력식 : 공기 압축기의 압력과 대기압의 압력차를 이용하여 제동력을 증대시키는 배력방식이다.

ⓜ 공기식 : 압축공기 압력을 이용하며, 컴프레셔의 용량에 의해 압력을 증가시킬 수 있는 방식으로, 브레이크 페달에 의해 브레이크 밸브를 개폐시켜 제동력을 발생한다.

3) 파스칼의 원리

① 유체의 특징

ⓐ 액체는 압축할 수 없다.

ⓑ 액체는 운동을 전달할 수 있다.

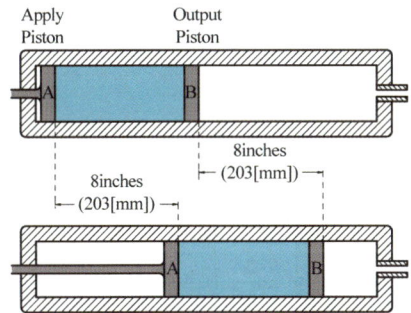

ⓒ 액체는 힘을 증대시키거나 감소시킬 수 있다.

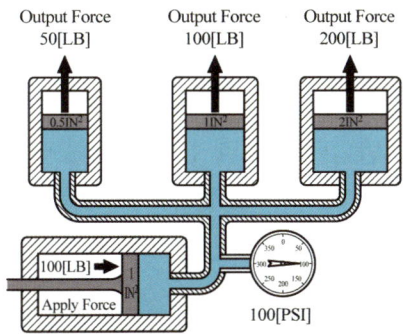

1. 유압식 브레이크

유압식 브레이크는 파스칼의 원리를 이용한 것으로, 유압을 발생시키는 마스터 실린더 (master cylinder)와 유압을 받아 작동하는 휠 실린더(wheel cylinder)로 구성되어 있다.

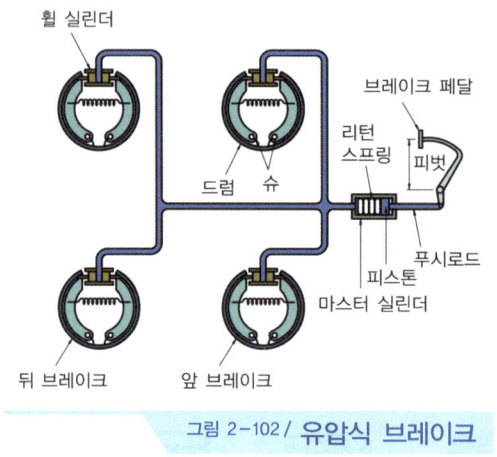

그림 2-102 / **유압식 브레이크**

1) 유압식 제동장치의 구성

① 마스터 실린더(master cylinder) : 마스터 실린더는 페달의 힘을 받아 유압을 발생하는 실린더로, 안전을 위하여 브레이크 회로를 2계통으로 하는 탠덤(tandem) 마스터 실린더가 사용되고 있다.

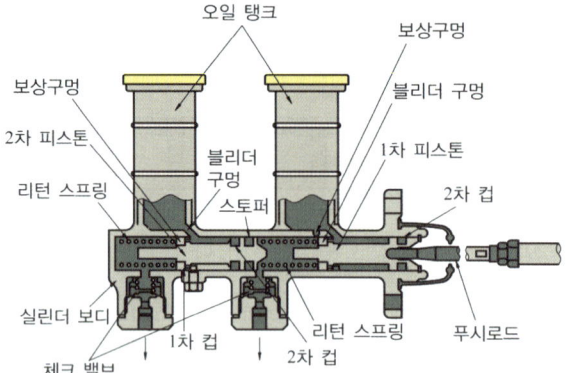

㉠ 마스터 실린더 보디 : 마스터 실린더 본체로 상부에는 오링 탱크가 설치되어 있고, 내부에는 푸시로드, 피스톤, 피스톤 컵, 첵 밸브, 스프링 등이 있으며 재질은 주철이나 알루미늄으로 되어 있다.

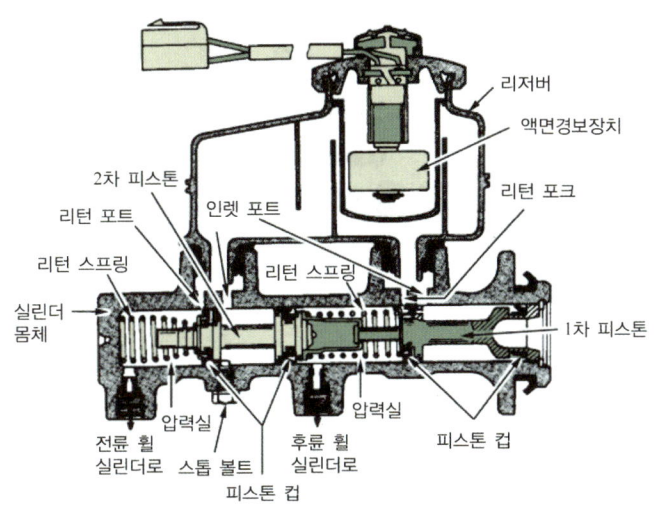

ⓛ **피스톤** : 피스톤은 푸시로드에 의해 유압을 발생시키는 부분으로, 앞 뒤로 피스톤 컵이 설치되어 있다.

ⓒ **피스톤 컵** : 피스톤 컵은 1차컵과 2차컵이 있으며, 1차컵은 피스톤의 작동에 의해 기밀을 유지시키면서 유압을 발생하고, 2차컵은 마스터 실린더 내의 오일이 누출되는 것을 방지하는 역할을 한다.

ⓔ **첵 밸브(check valve)** : 첵 밸브는 마스터 실린더 끝에 스프링에 의해 시트에 밀착되어 있으며 브레이크 작동시는 열리고 페달을 놓으면 휠 실린더의 피스톤 리턴 스프링의 장력과 평형이 되는 점에서 닫아 회로 내에 잔압을 형성하게 한다. 브레이크 회로의 잔압은 $0.6 \sim 0.8 [kg_f/cm^2]$ 정도로 잔압을 두는 목적은 다음과 같다.

ⓐ 브레이크의 작동을 신속하게 한다.
ⓑ 베이퍼 로크를 방지한다.
ⓒ 회로 내의 오일이 누출되는 것을 방지한다.

ⓔ **리턴 스프링** : 피스톤 리턴 스프링은 실린더 보디 내에 있으며, 페달을 놓았을 때 피스톤이 복귀하는 것을 도와준다.

② **휠 실린더(wheel cylinder)** : 휠 실린더는 마스터 실린더에서 발생된 유압을 이용하여 브레이크 슈를 확장하여 드럼을 제동하는 역할을 한다. 휠 실린더에는 피스톤 컵 확장용 스프링이 있어 잔압과 함께 항상 피스톤 컵이 벌어져 있게 하며, 회로내의 공기를 빼기 위한 공기빼기(블리더) 스크루도 설치되어 있다.

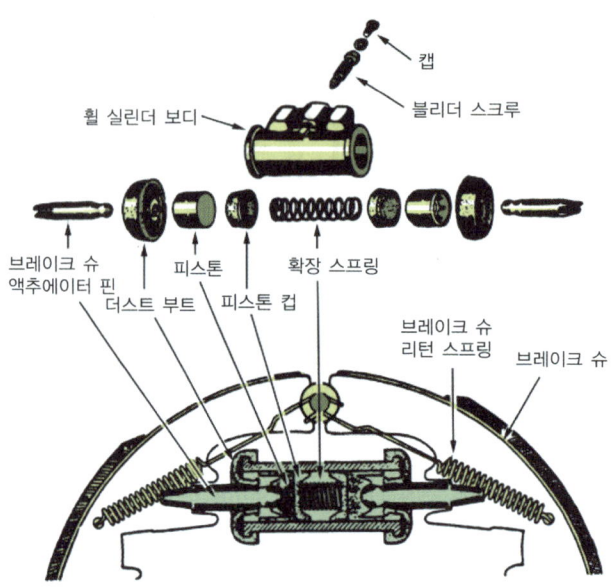

③ 브레이크 슈 : 브레이크 슈에는 라이닝이 설치되어 있으며 드럼과 직접 접촉하여 제동력을 발생한다. 브레이크 슈 리턴 스프링은 브레이크 슈가 제자리로 돌아오도록 하며 라이닝은 마찰열에 의해 경화되어 제동력이 약화되므로 마찰계수가 높고, 내열성, 내마멸성이 커야 한다.

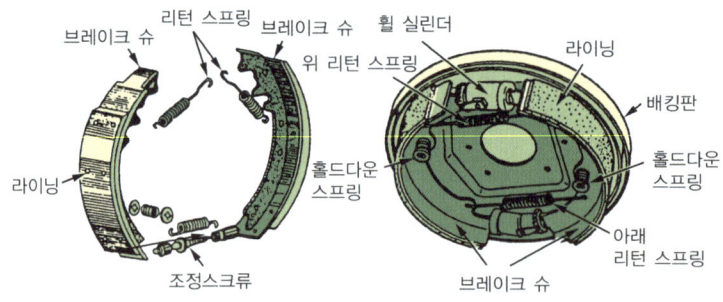

그림 2-103 / **브레이크 슈의 구조**

④ 브레이크 드럼 : 브레이크 드럼은 바퀴와 함께 설치되어 고속으로 회전하며 슈와의 마찰로 제동력을 발생하는 부분이다. 열에 의한 드럼의 변형은 브레이크 페달의 행정 및 답력에 영향을 미치므로 드럼은 다음의 성능을 갖춰야 한다.
  ㉠ 가볍고 충분한 강성이 있어야 한다.
  ㉡ 방열이 잘되어 냉각효과가 좋아야 한다.
  ㉢ 고속 회전하므로 정적·동적 평형이 좋아야 한다.

2) 브레이크 오일

브레이크 오일은 마찰열에 의해 노출되어 있으므로 비점이 높고 온도변화에 따른 점도 변화가 적어야 하며 고무나 각종 금속을 부식시키지 않아야 한다. 종래에는 피마자유에 알코올을 첨가한 것을 사용하였으나 최근에는 폴리 글리콜을 주로 사용한다. 브레이크 오일의 구비 조건은 다음과 같다.

① 화학적으로 안정되고 침전물이 생기지 않을 것
② 온도에 대한 점도 변화가 작을 것
③ 비점이 높고, 윤활성이 있으며 베이퍼록을 일으키지 말 것
④ 빙점이 낮고, 인화점이 높을 것
⑤ 부품의 산화부식을 일으키지 말 것

3) 브레이크 이상 현상

① 페이드(fade) : 브레이크 조작을 반복하여 드럼과 라이닝 사이에 마찰열이 축적되어 라이닝의 마찰계수가 저하하는 현상으로, 방지하기 위한 방법은 다음과 같다.
  ㉠ 드럼의 냉각성능을 향상시킨다.
  ㉡ 마찰계수가 변화가 적은 라이닝을 사용한다.
  ㉢ 심하면 자동차를 세워서 열을 식힌다.

② 베이퍼 로크(vapor lock) : 브레이크 회로 내의 오일이 비등하여 회로내에 기포가 발생하는 현상으로, 브레이크 작동시 압력 전달을 방해하므로 대단히 위험한 현상이다. 베이퍼 로크의 원인은 다음과 같다.
  ㉠ 긴 내리막 길에서 과도한 브레이크 사용
  ㉡ 드럼과 라이닝의 끌림에 의한 과열
  ㉢ 오일의 변질로 인한 비점 저하 및 불량 오일 사용
  ㉣ 브레이크 슈 리턴 스프링의 소손에 의한 잔압 저하

2. 드럼 브레이크

1) 자기작동(self energizing)

전진 주행시 회전중인 드럼에 제동을 걸면 앞쪽의 슈는 드럼과의 마찰력에 의해 드럼과 함께 회전하려는 경향이 생겨 더욱 밀착하여 제동력이 커지는 현상을 자기작동 작용이라 한다. 이 때 반대편 슈는 드럼의 회전방향에 밀려 들어가므로 확장력이 작아져 제동력이 약해진다. 자기작동하는 슈를 리딩슈(leading shoe) 또는 전진 슈라 하며, 반대쪽 슈는 트레일링슈(trailing shoe)라 하며 후진시에는 자기작동을 하므로 후진 슈라고도 한다.

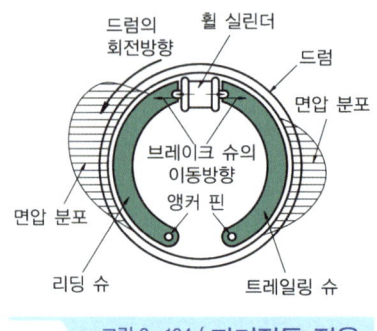

그림 2-104 / **자기작동 작용**

2) 드럼 브레이크의 종류

① 넌서보 브레이크 : 가장 일반적인 드럼 브레이크 형식으로, 브레이크 작동시 해당 슈만 자기작동 작용을 하는 것을 넌서보 브레이크라 한다.

  ㉠ 리딩 트레일링 슈 형식 : 브레이크 작동시 해당 슈만 자기 작동하는 리딩슈와 트레일링 슈(또는 전진 슈 및 후진 슈)로 이루어진 브레이크를 말한다.

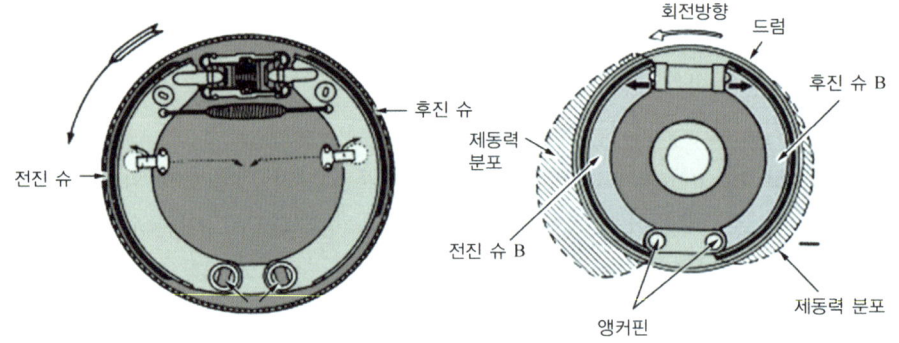

② 서보 브레이크 : 서보 브레이크란 브레이크 작동시 전진 또는 후진에서 모든 슈에 자기 작동 작용이 일어나는 브레이크를 말한다.

그림 2-105 / **단동 2리딩 방식**   그림 2-106 / **복동 2리딩 방식**

㉠ 단동 2리딩 슈 : 브레이크 작동시 전진에서만 2개 브레이크 슈 모두 자기작동을 하며, 후진에서는 모두 트레일링 슈가 되는 드럼 브레이크이다. 유니 서보(uni-servo) 브레이크라고도 한다.
㉡ 복동 2리딩 슈 : 브레이크 작동시 전진 및 후진 모두에서 자기작동을 하므로 강력한 제동력을 얻을 수 있다. 듀오 서보(duo-servo) 브레이크라 한다.
㉢ 앵커 링크 형식 : 1개의 휠 실린더로 구성되어 있고 밑에는 링크로 연결되어 있다. 제동을 하면 휠 실린더에서 좌우로 슈를 밀지만 앞쪽 슈는 자기작동을 하고 뒤쪽 슈는 트레일링이 되나, 앞쪽 슈가 자기작동을 하면서 링크로 연결된 뒤쪽 슈의 하부를 밀게 되어 뒤쪽 슈도 자기작동을 하게 된다. 자기작동이 먼저 일어나는 앞쪽 슈를 1차 슈라 하며, 1차 슈에 의해 나중에 자기작동 하는 슈를 2차 슈라 한다. 전진 및 후진에서 모두 자기작동하므로 듀어 서보인 2리딩 방식이다.

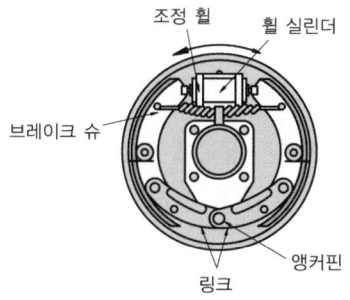

3. 디스크 브레이크

1) 디스크 브레이크의 개요

바퀴와 함께 회전하는 원판(disc)을 유압으로 작동하는 패드로 압착하여 제동하는 방식으로, 디스크가 대기중에 노출되어 열방출이 좋으므로 페이드 현상이 적다. 디스크 브레이크는 다음과 같은 장·단점이 있다.

① 디스크가 대기에 노출되어 방열성이 좋다.
② 페이드 현상이 발생하지 않는다.
③ 고속에서 반복적으로 사용하여도 제동력의 변화가 없다.
④ 부품의 평형이 좋고, 편제동 되는 경우가 거의 없다.
⑤ 온도에 의한 변형이 없어 페달 행정이 일정하다.
⑥ 자기배력 작용이 없어 제동력의 변화가 적다.
⑦ 배력 작용이 없어 조작력이 커진다.
⑧ 마찰 패드의 면적도 적어 유압이 커야 한다.
⑨ 유압은 높고, 면적은 작아 라이닝의 강도가 커야 한다.

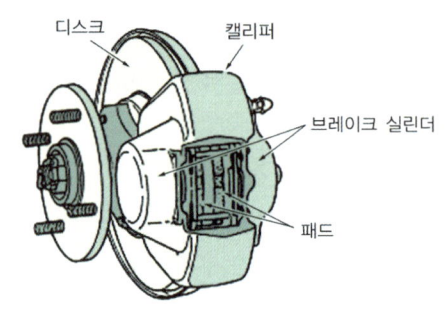

그림 2-107 / 디스크 브레이크의 구조

2) 디스크 브레이크의 종류

디스크 브레이크는 작동방법에 따라 부동 캘리퍼형과 대향 실린더형이 있다.

① **부동 캘리퍼형** : 부동 캘리퍼형은 실린더가 한쪽에만 있는 방식으로, 유압이 작용하여 한 쪽 패드가 압착하면 반작용에 의해 캘리퍼가 이동하여 반대쪽 패드도 같이 압착하여 제동하는 방식이다.

② **대향 실린더형** : 대향 실린더형은 양쪽에서 유압이 작동하여 제동하는 방식으로, 브레이크 성능이 우수하나 실린더의 수가 2배이므로 가격이 비싼 단점이 있다.

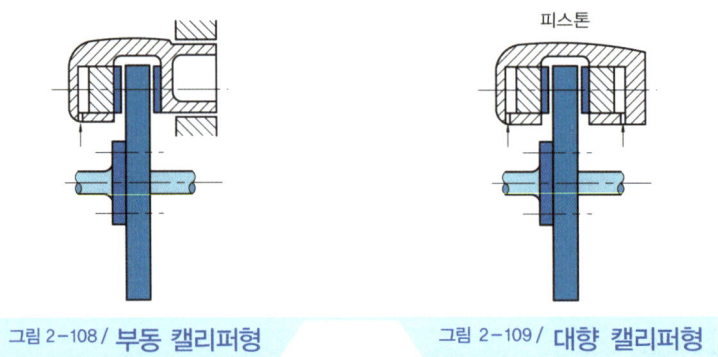

그림 2-108 / 부동 캘리퍼형   그림 2-109 / 대향 캘리퍼형

4. 배력식 브레이크

유압식 브레이크에서의 제동력은 페달의 레버비와 답력에 의해 결정된다. 그러나 페달 밟는 힘에 한계가 있으므로 배력장치를 병용하여 제동력을 보조하고 있다. 배력장치에는 흡기다기관의 진공을 이용한 진공 배력장치와 압축공기를 이용한 공기 배력장치가 있다.

1) 진공 배력장치

① **진공 배력장치의 원리** : 엔진 흡기다기관의 부압은 약 450~500[mm-Hg]로 압력으로 환산하면 약 0.7[kg_f/cm^2]의 압력에 해당한다. 진공 배력장치인 브레이크 부스터의 직

경이 10인치인 경우 면적은 $\frac{\pi}{4} \times D^2 = \frac{\pi}{4} \times 25.4^2 = 506.5[cm^2]$이므로 $506.5[cm^2] \times 0.7 ≒ 355[kg]$의 중량을 지지할 수 있다.

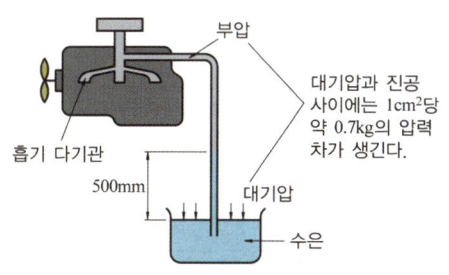

그림 2-110 / **배력식 브레이크의 원리**

② **진공 배력장치의 종류 및 작동** : 진공 배력장치는 대기압과 흡기다기관 진공과의 압력 차를 이용한 것으로, 설치 위치에 따라 일체형과 분리형이 있다.

㉠ 일체형(직접 조작식) : 배력장치가 브레이크 페달과 마스터실린더 사이에 설치되며, 브레이크 부스터 또는 마스터 백(master vac)이라 한다. 일체형의 작동은 다이어프램을 사이에 두고 양쪽(A, B)에는 모두 진공이 작용한다. 이 상태에서 페달을 밟으면 포핏 밸브에 의해 진공밸브는 닫히고, 공기밸브는 열리게 되어 A에는 흡기다기관의 진공이, B에는 대기압이 작용하여 배력작용을 하게 된다.

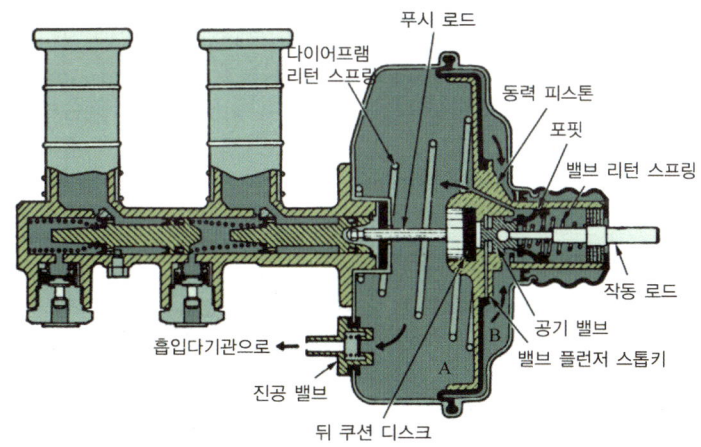

그림 2-111 / **일체형 배력장치**

㉡ 분리형(원격 조작식) : 마스터 실린더와 배력 장치가 분리된 형식을 말하며, 하이드로 백(hydro vac) 또는 하이드로 마스터(hydro master)라 한다. 작동은 일체형과 같이 다이어프램을 사이에 두고 양쪽(A, B)에는 모두 진공이 작용한다. 이 상태에서 페달을 밟으면 마스터 실린더에서 발생된 유압이 하이드롤릭 피스톤에 작용하여 휠

실린더로 유압이 작용하며, 또한 릴레이 밸브에도 작용하므로 릴레이 밸브의 진공 밸브는 닫히고 공기밸브는 열리게 되어 A에는 대기압이, B에는 흡기다기관의 진공이 작용하여 배력작용을 하게 된다. 어느 방식이나 진공 배력식은 브레이크 작동시 진공밸브는 닫히고 공기밸브는 열린다.

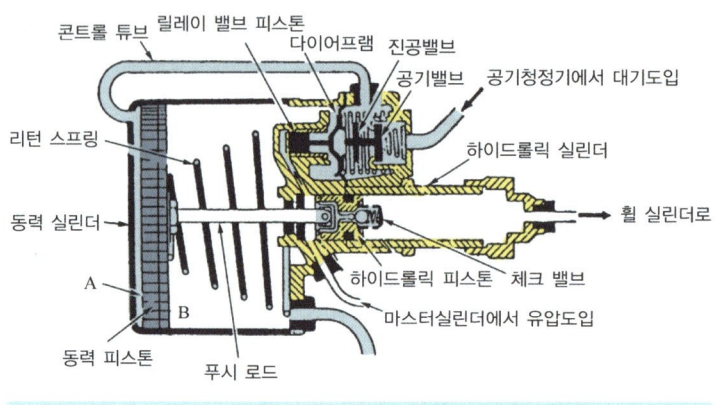

그림 2-112 / **분리형 배력장치**

2) 공기 배력장치

공기 배력장치는 압축공기와 대기압의 압력차를 이용한 것으로, 에어 마스터(air master) 또는 하이드로 에어 팩(hydro air pack)이라 한다. 진공 배력장치는 흡기다기관 부압과의 압력차만 이용할 수 있으나 공기 배력장치는 공기압축기를 이용하여 압축공기 압력을 5~8[kg_f/cm^2] 까지 할 수 있어 제동력을 크게 할 수 있는 장점이 있다. 고장시 유압으로 작동이 가능하며 공기압축기, 공기 저장탱크 등 부속장치를 장착하여야 하므로 공간이 큰 대형에 주로 사용하는 방식이다.

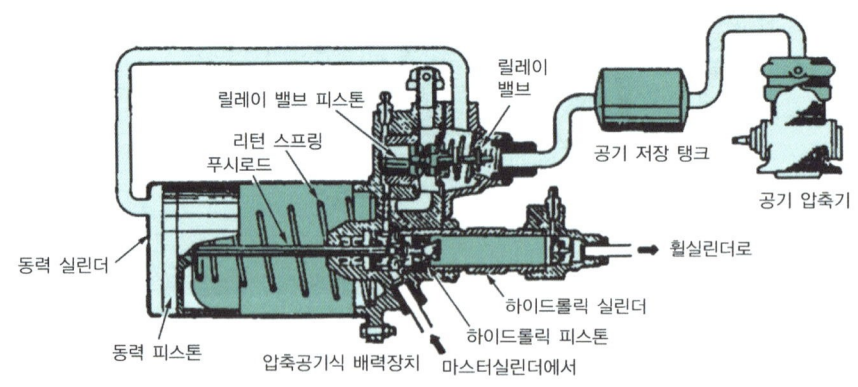

그림 2-113 / **공기 배력장치**

5. 브레이크 장치의 고장원인

1) 브레이크가 한쪽만 듣는다.

① 브레이크 간극의 조정 불량
② 전차륜 정렬 불량
③ 라이닝에 오일 묻음
④ 타이어 공기압 불균형

2) 브레이크가 풀리지 않는다.

① 브레이크 자유간극이 작다.
② 브레이크 리턴 스프링이 불량
③ 마스터 실린더 리턴 포트가 막혔다.
④ 마스터 실린더 및 휠 실린더 피스톤 컵 불량

3) 브레이크가 잘 듣지 않는다.

① 브레이크 오일 부족 및 라이닝 마모
② 브레이크 드럼과 라이닝 간극이 클 때
③ 마스터 실린더 오일 누출
④ 휠 실린더 오일 누출
⑤ 라이닝에 오일 묻음

2_ 공기 브레이크

공기 브레이크(air brake)는 유압식이 있는 공기식 배력장치와는 달리 오직 공기만으로 브레이크를 작동하는 방식을 말한다. 공기 압축기의 용량을 크게 할수록 제동력을 크게 할 수 있어 주로 대형차량에 많이 사용한다. 제동력은 페달을 밟는 답력이 아닌 페달을 밟는 양에 따라 제동력이 조절된다.

1. 공기 브레이크의 개요

1) 공기 브레이크의 구조

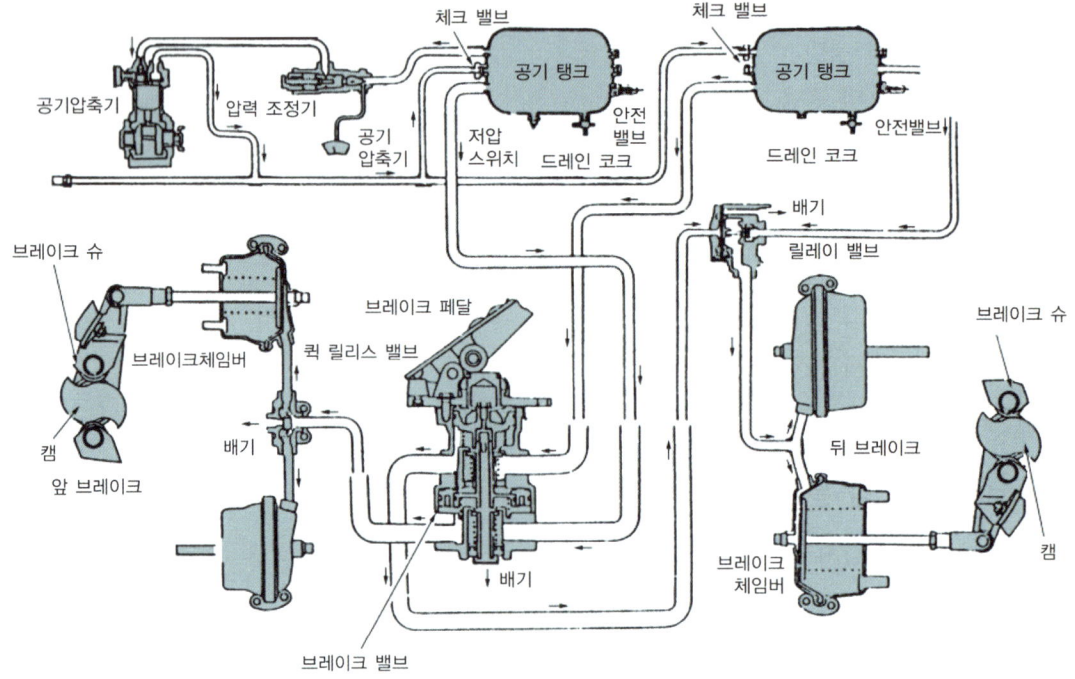

그림 2-114 / 공기 브레이크의 구조

2) 공기 브레이크의 장·단점

① 공기 압축기 용량을 크게 하면 제동력을 크게할 수 있다.
② 공기가 조금 누출되어도 브레이크 성능에 영향이 적다.
③ 오일이 없으므로 베이퍼 로크가 발생하지 않는다.
④ 페달이 통로만 개폐하므로 세게 밟지 않아도 된다.
⑤ 공기 압축기 구동에 엔진 출력이 소비된다.
⑥ 구조가 복잡해지고 공간이 필요하며 가격이 비싸진다.
⑦ 공기 저장탱크에 응축된 물을 반드시 빼 주어야 한다.

2. 공기 브레이크의 주요 부품

1) 공기 압축기

엔진에 의해 구동되며, 피스톤의 압축에 의해 공기압력을 발생하는 장치이다.

2) 언로우더(unloader) 밸브

공기압축기의 공기압력을 제어하는 밸브로, 공기 탱크 내의 압력이 규정압력(5~7[kgf/cm^2])이상이 되면 언로더 밸브를 내려 밀어 흡입 밸브가 열리도록 하여 압축 발생이 되지 않으므로 공기 압축기 작동이 정지된다.

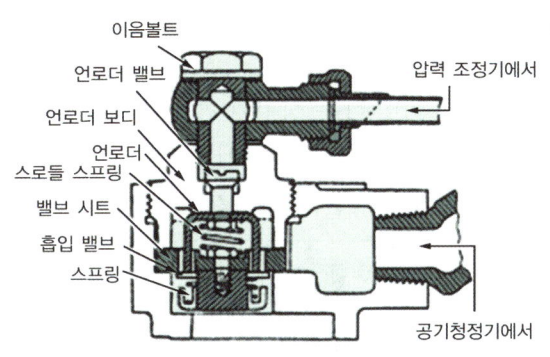

그림 2-115 / **언로우더 밸브**

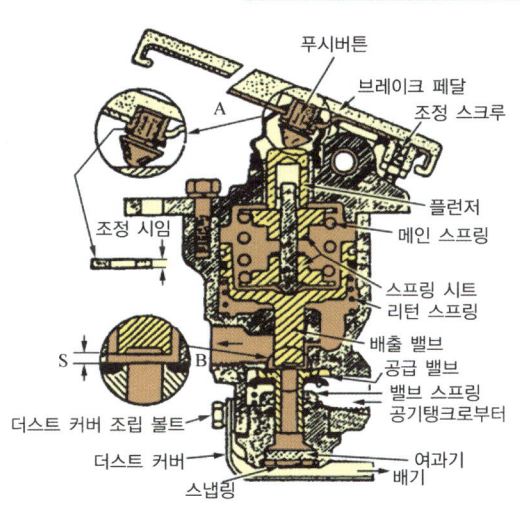

그림 2-116 / **브레이크 밸브**

3) 브레이크 밸브

운전자의 조작에 의해 작동하며, 공기 통로를 개폐하여 제동력을 발생한다.

4) 퀵 릴리스 밸브

브레이크 밸브와 브레이크 챔버 사이에 설치되어 브레이크가 빠르고 확실하게 풀리도록 한다.

5) 릴레이 밸브

브레이크 밸브의 작동에 의해 전달되는 공기압력으로 작동하며, 브레이크 챔버로 통하는 공기 통로를 개폐하여 브레이크 작동을 신속하게 한다. 퀵 릴리스 밸브는 페달의 작동이 직접 통로를 개폐하지만 릴레이 밸브는 공기 통로를 개폐하는 점이 다르다.

6) 브레이크 챔버(brake chamber)

공기의 압력을 기계적 운동으로 변환하는 장치이다. 공기 압력이 챔버로 들어오면 다이어 프램이 스프링 힘을 누르고 푸시로드를 밀고, 로드에 달려있는 슬랙 어저스터(slack adjuster)가 회전함에 따라 S자 캠이 회전하여 슈를 확장시켜 브레이크가 작동하게 된다.

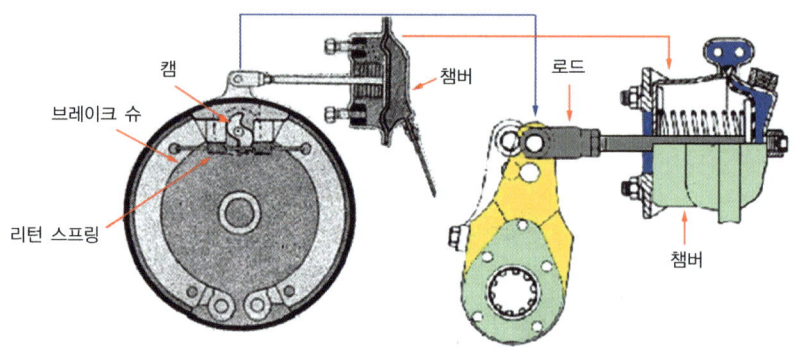

그림 2-117 / 브레이크 챔버

제2절 전자제어 제동장치

1_ ABS(Anti lock Brake System)

자동차가 주행 중 제동할 경우 조향력 확보와 방향 안정성 및 제동거리 확보가 자동차에 있어서 매우 중요한 요소이다. ABS란 anti lock brake system의 약자로 제동시 타이어의 로크(lock)를 방지하여 차량 안정성 확보와 사고 위험성을 감소시키는 예방 안전장치이다.

1. ABS의 개요

1) ABS의 목적

① 방향 안전성 확보(stability) → Spin 방지

② 조정성 확보(steerability)

③ 제동거리 단축(stopping distance)

④ 타이어 편마모 방지 및 제동이음 방지

2) ABS의 효과

주행 조건 및 노면 상태에 따라 차이가 크며, 노면 마찰계수 이상의 제동성능은 불가하다.

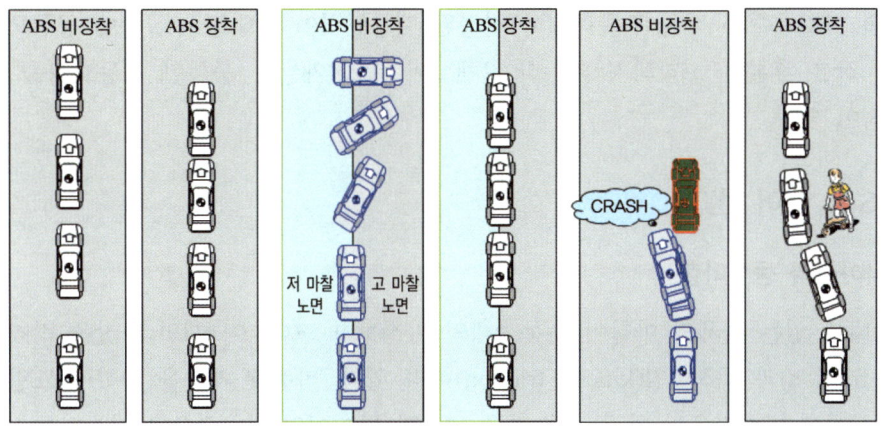

① 제동 거리 단축   ② 비균일(Split)노면 직진 제동   ③ 제동하면서 장애물 회피

2. ABS의 종류

ABS 종류는 센서의 개수와 제어계통(채널) 또는 솔레노이드 밸브 개수의 관점에서 분류하면 다음과 같다.

1) 4센서 3채널 방식

브레이크 배관이 전·후륜 분할방식을 채택하는 후륜구동 승용차에 주로 사용하며, 전륜은 독립적으로, 후륜은 셀렉트 로 원리에 의해 제어한다. 셀렉트 로(select low)란 브레이크 제동시 좌·우 차륜의 감속도를 비교하여 먼저 슬립하는 바퀴에 맞춰 좌·우 차륜의 유압을 동시에 제어하는 방법을 말한다.

2) 4센서 4채널 방식

대각선 분할방식(X자 배관)을 사용하는 전륜구동 승용차에 주로 사용하며, 전륜은 독립적으로, 후륜은 셀렉트로 원리에 의해 제어한다. 후륜을 독립제어 하면 좌우 노면의 마찰계수가 다를 경우 좌우 제동력의 차가 너무 커서 스핀 모멘트가 크게 되어 오히려 제동시 불안정하게 된다.

3) 4센서 대각 2채널 방식

4센서 4채널 방식에서 솔레노이드 밸브 2개를 절약한 것으로 원가 절감과 탑재성 향상이 장점이다. 전륜은 독립제어, 후륜은 프로포셔닝 밸브에 의해 제어한다.

4) 4센서 대각 2채널 셀렉트 로 방식

4센서 2채널 방식에 셀렉트 로 밸브를 추가하여 제동성능을 향상시킨다. 셀렉트 로 밸브가 있으면 마찰계수가 적은 전륜측에서 결정된 제동압력이 그대로 후륜측에 공급되므로 마찰계수가 작은 후륜은 고착되지 않는다. 2채널이지만 4채널과 동등한 제동효과를 얻을 수 있는 이점이 있다.

3. ABS의 제어 원리

1) 정적마찰과 동적마찰

정지상태에 있는 물체의 마찰이 운동상태의 마찰보다 크다. 이 때의 마찰을 각각 정적마찰(static friction)과 동적마찰(kinetic friction)이라 한다. 바퀴에 제동을 가하면 드럼(디스크)과 슈우 사이에 마찰작용이 발생되고, 결국 노면과 타이어의 마찰력으로 자동차는 정지한다. 제동시 휠실린더의 압력이 일정 이상이 되면, 바퀴는 고착되고 미끄러짐 현상이 발생(동적마찰)하므로 바퀴에 적절한 제동력을 가하여 바퀴가 계속 회전하는 상태에서의 제동을 부여하면 즉, 타이어와 노면사이의 마찰을 정적마찰 상태로 하면 타이어와 노면사이의 마찰력이 최대가 되어 미끄러짐이 일어나지 않으므로 바람직한 제동효과를 얻을 수 있다.

그림 2-118 / 정적마찰과 동적마찰

2) 슬립비(slip ratio, 미끄럼비)

제동시 차량속도와 타이어 속도와의 비율로 타이어와 노면사이의 마찰력은 슬립율에 따라서 변화한다. 타이어가 고정되어 타이어의 원주속도가 "0"인 상태가 슬립율 100[%]인 동적마찰 상태이고, 브레이크 페달을 밟지않고 주행하고 있는 상태가 슬립율 0[%]인 정적마찰 상태이다. 슬립율은 다음과 같다.

슬립비 $S = \dfrac{V - V_w}{V} \times 100 [\%]$

s : 미끄럼비
V : 차량속도
V_w : 바퀴의 속도

3) 휠 슬립 곡선도(ABS 통제 범위)

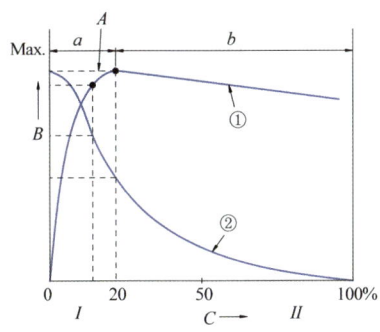

① : 제동효과(제동력)
② : 횡력계수
A : ABS 조정범위
B : 제동압력 계수
C : 슬립비
a : 안전 슬립범위
b : 불안전 슬립범위
I : 구르는 바퀴
II : 잠김 바퀴

4. ABS의 주요 구성부품

1) 휠 스피드 센서(wheel speed sensor)

휠 스피드 센서는 영구자석과 코일로 구성되어 있으며, 전자유도 작용을 이용하여 코일에 교류전압이 발생시켜 회전속도를 검출한다.

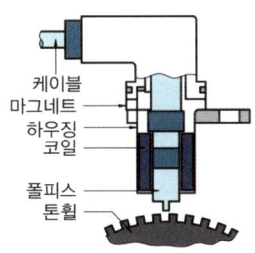

그림 2-119 / 휠 스피드센서의 구조

2) ECU

휠 스피드 센서의 신호를 연산하여 바퀴의 회전상황을 파악하고, 고장시 페일 세이프 기능 및 ABS 경고등 점등시킨다.

3) 하이드롤릭 유닛(hydraulic unit, HU, 모듈레이터)

하이드롤릭 유닛은 동력 공급원과 모듈레이터 밸브 블록으로 구성되어 있다. 동력은 전기 모터로 작동되고, 스피드 센서에 의해 감지되고 있는 제어펌프에 의해 공급된다. 밸브 블록에는 각 제어 채널에 대한 한쌍의 솔레노이드 밸브가 내장되어 ABS 작동시 모터를 작동시켜 휠 실린더에 가해지는 유압을 증압, 유지, 감압 등으로 제어한다.

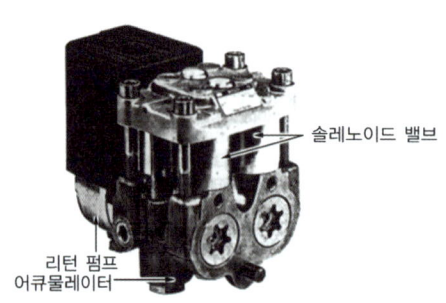
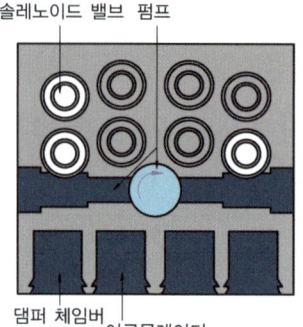

그림 2-120 / 하이드롤릭 유닛   그림 2-121 / 하이드롤릭 유닛 구조

① 솔레노이드 밸브(solenoid valve) : ABS 작동시 ECU 신호에 의해 "ON" 또는 "OFF" 되어 휠 실린더로의 유압을 증압, 유지, 감압시키는 기능을 한다.
② 리턴 펌프(return pump) : 하이드롤릭 모듈레이터 중앙에 설치되며, 전동기가 편심으로된 풀리를 회전시켜 증압시 추가로 유압을 공급하는 기능 및 감압시 휠 실린더로 유압을 리턴시켜 어큐물레이터 및 댐퍼 챔버로 보내어 저장하는 기능을 한다.
③ 어큐물레이터(accumulator) : 어큐물레이터 및 댐퍼 챔버는 하이드롤릭 모듈레이터 아래에 설치되어 있으며, 감압시 휠 실린더로 부터 리턴된 오일을 일시적으로 보관하여 증압시 신속한 오일 공급으로 ABS가 신속하게 작동하게 한다. 이 과정에서 발생되는 브레이크 오일의 파동이나 진동을 흡수한다.

2_ EBD(Electronic Brake-force Distribution)

1. EBD의 개요

1) 필요성

주행 중 급제동시 차량 중량의 이동으로 인하여 후륜이 전륜보다 먼저 잠겨 스핀 발생으로 인한 사고를 야기시킬 수 있다. 이에 대한 대응책으로 프로포셔닝 밸브 또는 LCRV(Load Conscious Reducing Valve), LSPV(Load Sensing Proportioning Valve)를 장착하여 후륜의 브레이크 압력을 전륜에 비해 감소시켜 후륜의 선행 록을 방지하였다.

하지만 기계적인 프로포셔닝 밸브나 LCRV 또는 LSPV만 가지고는 일정한 액압배분 곡선만 유지되어 이상적인 제동을 수행할 수 없었다. 프로포셔닝 밸브, LCRV, LSPV 등의 고장은 운전자가 알 수 없으며 이때에는 급제동시 차체의 스핀이 발생될 수 있다.

상기 사항들의 문제점 해소를 위하여 후륜이 전륜과 동일하거나 또는 늦게 록(lock)되도록 ABS ECU가 제어하게 되는 이를 EBD(Electronic Brake-force Distribution) 제어라 한다.

2) 제동력 배분

① **프로포셔닝 밸브(Proportioning valve, P밸브)** : 자동차가 주행 중 제동을 하면, 전륜의 하중은 증가하고 후륜은 감소한다. 제동시 후륜이 잠기면(lock), 미끄러지면서(skid) 돌아가고(spin) 전륜이 잠기면 조향력을 상실하게 된다. 따라서 제동시 하중이 이동된 만큼 후륜의 유압을 감소시켜야 한다. 프로포셔닝 밸브는 뒷바퀴가 앞바퀴보다 먼저 고착되는 것을 방지하여 자동차가 방향성을 상실하는 것을 방지하는 역할을 한다.

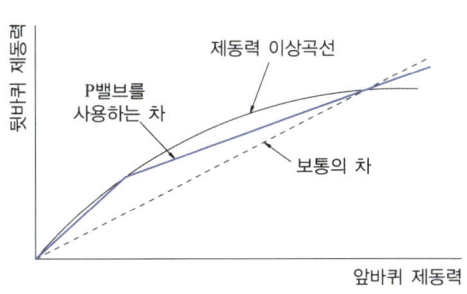

② **로드센싱 프로포셔닝 밸브(Load Sensing Proportioning Valve, LSPV)** : 적재 화물의 변동에 따라 뒷바퀴의 유압 개시점도 변해야 하므로, 중량 변화에 따른 차체의 높이 변화를 감지하여 자동으로 후륜 측의 유압제어 개시점을 변화시키는 밸브이다. 밸브는 프레임에, 센서 스프링 끝은 뒤차축에 장착되어 있으며 공차시에는 스프링이 약하게 눌러 유압제어 개시점이 낮아지고 적재량이 증가할수록 세게 누르므로 유압제어 개시점이 높아지게 한다.

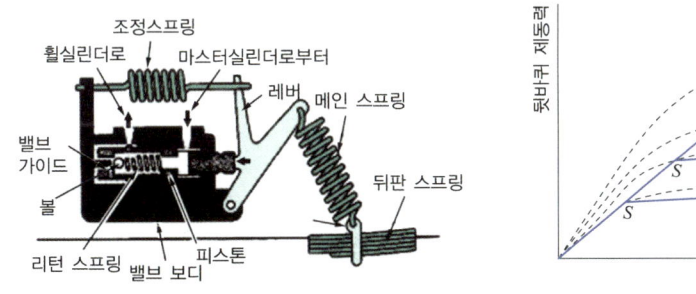

그림 2-122 / **LSPV 밸브하중**   그림 2-123 / **변동에 따른 유압 개시점**

③ **EBD** : 프로포셔닝 밸브나 로드센싱 프로포셔닝 밸브는 모두 기계적인 배분장치로 이상적인 제동력 배분곡선을 실현할 수 없다. 또한 브레이크 라이닝 및 패드에서도 제동력의 차이가 발생되므로 ABS 컴퓨터를 이용하여 이상적인 제동력 배분곡선에 맞도록 제어하는 것을 EBD라 한다.

2. EBD의 제어 원리

프로포셔닝 밸브 장착시 이상 제동 배분선 보다 낮은 낮은 압력에서 감압을 수행하므로 리어측 제동력이 손실된다. 따라서 ABS ECU에 로직을 추가하여 후륜의 제동력을 이상제동 배분곡선에 가깝게 근접 제어하는 원리이다. 제동시 각각의 휠 스피드 센서로부터 슬립율을 연산하여 후륜 슬립율을 전륜보다 항상 작거나 동일하게 후륜 액압을 제어하여 후륜의 록은 전륜보다 선행되지 않는다. 결과적으로 프로포셔닝 밸브 장착시 보다 EBD 제어시 후륜에 대해 제동력 향상의 효과가 있다.

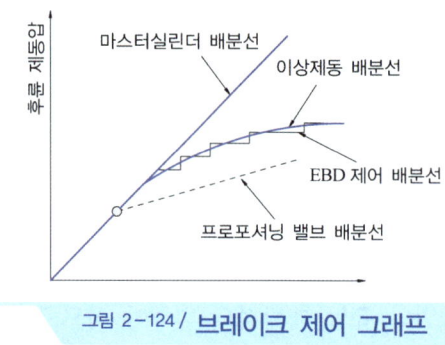

그림 2-124 / 브레이크 제어 그래프

1) EBD 유압제어

① 후륜이 전륜 대비 선행 록되기 직전 ABS ECU는 록 되려는 휠측의 노말 오픈 솔레노이드 밸브를 ON하여(솔레노이드 밸브를 닫힘) 록 되려는 휠의 제동 유압을 유지시켜 록을 방지한다.(유지 모드)
② 전륜 대비 후륜의 제동력이 감소하여 휠이 회전하면 다시 노말 오픈 솔레노이드 밸브를 OFF하여(솔레노이드 밸브를 열음) 마스터 실린더에서 가해지는 제동 압력을 다시 캘리퍼에 전달한다.(증압 모드)
③ EBD 제어시에는 모터 펌프는 작동하지 않는다.

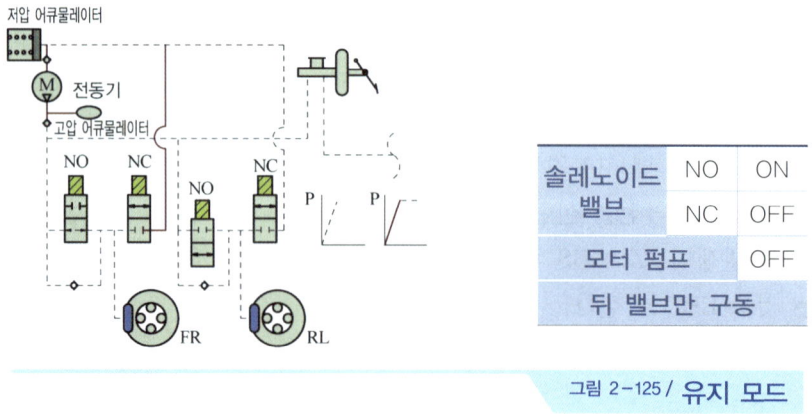

그림 2-125 / 유지 모드

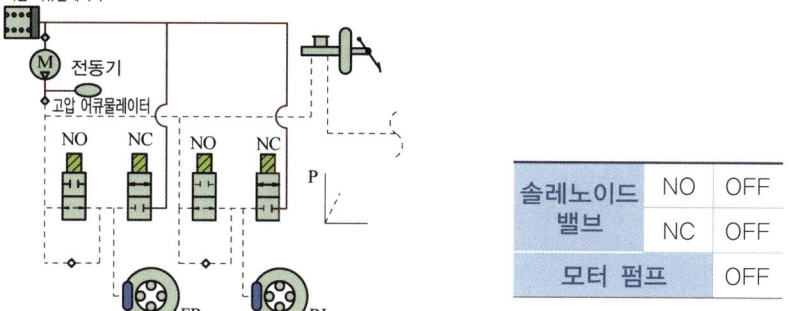

그림 2-126 / **증압 모드**

2) EBD 제어의 효과

① 기존 프로포셔닝 밸브에 대비해 후륜의 제동력을 향상시키므로 제동거리가 단축된다.
② 후륜의 액압을 좌우 각각 독립적으로 제어를 가능하도록 하여 선회 제동시 안전성이 확보된다.
③ 브레이크 페달의 답력이 감소된다.
④ 제동시 후륜의 제동효과가 커지므로 전륜 브레이크 패드의 마모 및 온도상승 등이 감소되어 안정된 제동 효과를 얻을 수 있다.
⑤ 프로포셔닝 밸브가 삭제되었다.
⑥ 기존의 브레이크 장치에 대비 제동거리가 짧아진다.
⑦ 고장시 운전자에게 상기함으로 운전상 안정성이 많이 확보되었다.

3) EBD의 안전성

① ABS 고장의 원인 중 다음과 같은 사항에서도 EBD는 계속 제어되므로 ABS 고장율이 감소된다.
  ㉠ 휠 스피드 센서 1개의 고장
  ㉡ 모터 펌프의 고장
  ㉢ 저 전압으로 인한 고장
② 프로포셔닝 밸브의 고장시 운전자가 알 수 있는 경고장치가 없어 운전자가 고장 여부를 알 수 없다. 만약 고장난 상태로 급제동시 차체의 스핀이 발생될 수 있으나 EBD 고장시에는 기존의 주차 브레이크 경고등을 점등하여 운전자에게 EBD 고장을 경고하여 운전자로 하여금 수리를 할 수 있도록 한다.

③ EBD 고장

구분	시스템		경고등	
	ABS	EBD	ABS	EBD
정상시	작동	작동	OFF	OFF
1개 휠 스피드 센서 고장	비작동	작동	ON	OFF
펌프 고장	비작동	작동	ON	OFF
저 전압시	비작동	작동	ON	OFF
2개 이상의 휠 스피드 센서 고장 밸브 고장 ECU 고장 기타 고장	비작동	비작동	ON	ON

④ 고장시 조치

구분	EBD 장착 차량
일반적인 성능 비교	차량무게가 크고(5인탑승) 고속인 상태에서 급제동시 30[bar]보다 훨씬 큰 압력의 제어가 가능함으로 이상적인 리어 브레이크 압력 배분이 가능하다.
고장시	일반적인 브레이크로 전환되는 프로포셔닝 밸브가 없으므로 스핀발생이 우려된다. 저속 운행과 급제동을 삼가며 신속히 정비 조치한다.

3_ TCS(Traction Control System)

1. TCS의 개요

TCS란 Easy Drive를 실현하기 위한 운전조작 경감장치의 일종으로 구동력, 회전력 조절 장치를 말한다. 운전자는 눈길, 빙판 길 등의 마찰계수가 낮은 도로에서는 바퀴를 공전시키지 않도록 하기 위해 정밀한 가속 페달의 조작이 필요하나 TCS가 장착되면 바퀴의 공회전을 감지하여 엔진의 출력이 감소하고 공전하는 바퀴의 유압을 증압하여 구동력을 노면에 효율적으로 전달할 수 있다.

1) TCS의 분류

① FTCS(Full Traction Control System) : ABS ECU가 TCS 제어를 함께 수행하며 바퀴의 휠 스피드 센서의 신호에 의해 구동 바퀴의 미끄럼을 검출하면 브레이크 제어와 엔진 ECU와 통신하여 엔진 회전력을 감소하여 바퀴의 슬립을 방지한다.

② BTCS(Brake Traction Control System) : TCS를 제어시 엔진토크는 제어하지 않고 브레이크 제어만을 수행하는 방식이다.

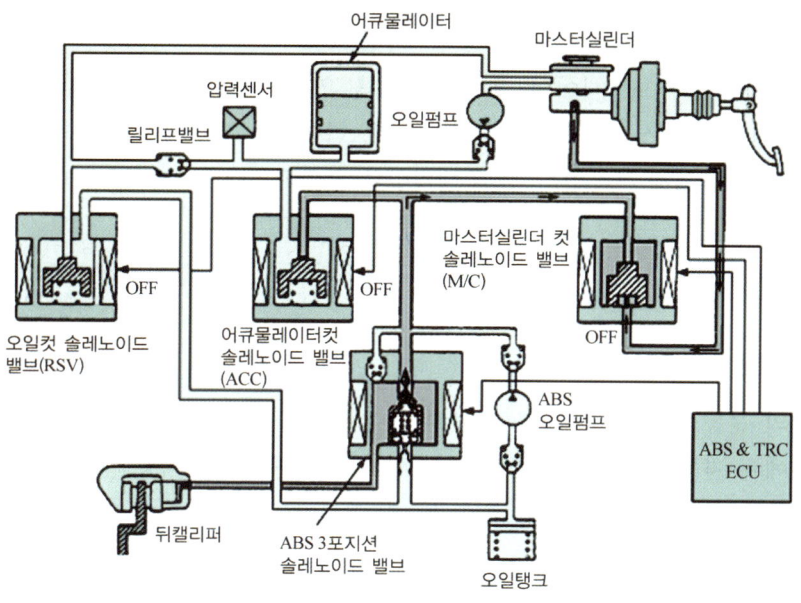

그림 2-127 / BTCS 구성도

2) TCS의 기능

① **눈길, 얼음길 등의 저마찰로 주행시** : 노면 또는 tire 마찰계수가 극히 적고 아주 미끄러지기 쉬운 노면에서는 타이어가 공전 않도록 신중한 액셀 조작이 필요하므로 공전시 운전자가 미세조작을 하지 않아도 자동적으로 엔진출력이 낮아지고 공전을 가능한 한 억제하여 구동력을 노면에 효율적으로 전달한다.

② **일반도로 가속 선회시, 빠른 속도로 코너링시** : 차의 후미가 밀려나가는 tail-out 현상 발생될 수 있으므로 엑셀 페달을 전개해도 이와 관계없이 엔진 출력을 제어하여 운전 자의 의지대로 안전하게 선회가 가능하게 한다.

2. 바퀴의 역할

1) 타이어와 TCS의 관계

자동차가 주행하면 타이어에는 가속하기 위한 구동력과 회전하기 위한 횡력이 발생하는데 이 2개의 힘을 합쳐 총 합력이라 한다. 그리고 노면과 타이어 트레드 간의 마찰력에는 한계가 있고, 그 힘의 크기는 노면이 미끄러우면 작게 된다. 이 한도를 넘는 힘이 타이어에 가해지면, 타이어는 공전하여 구동력이 전달되지 않고 차량의 조종안정성에 영향을 미친다. 가속시 여분의 엔진 출력을 억제하여 구동 바퀴의 공전을 방지하고, 마찰력을 항상 발생한도 내에 있도록 자동적으로 제어하는 것이 TCS의 주역할이다. 즉, 타이어에 작용하는 힘을 제어하여 엔진 토크를 항상 Tire 슬립 한계 내에 두도록 하는 것이다.

2) 마찰계수와 점착력

마찰계수란 타이어와 노면사이의 그립(grip)력을 의미하며 마찰계수는 타이어의 종류, 트레드 패턴, 공기압, 노면상태 등에 따라 변화한다. 타이어와 노면사이의 마찰력 사이에는 자동차가 주행을 하기 위해 구동력이 전 주행저항보다 커야 하지만 또 하나, 다음 조건도 만족되어야 한다.

$$A = \mu r \cdot W > F$$

A : 점착력[kgf]
μr : 노면과의 마찰계수
W : 차량중량[kgf]
F : 구동력[kgf]

3) 바퀴에 발생하는 힘

① 자동차의 운동력은 타이어와 노면사이의 마찰력에 좌우한다.
② 마찰력에는 자동차의 진행상태에 따라 횡력, 항력(구동력, 제동력), 코너링 포스, 선회저항 등이 있다.

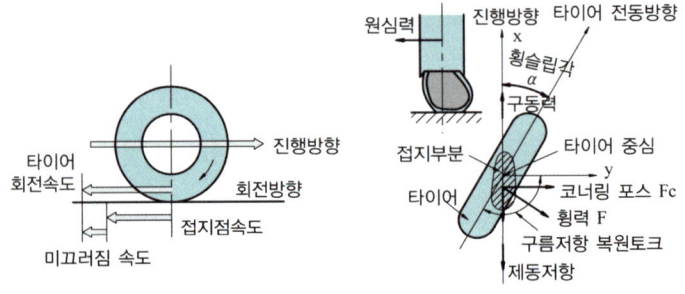

그림 2-128 / 타이어에 발생하는 힘

4) 바퀴의 미끄럼과 구동력

가속 중에 자동차에는 바퀴와 노면사이에 미세한 미끄럼이 발생하여 구동력이 감소하며, 접지점에서는 바퀴의 회전속도와 차체 속도에는 차이가 발생한다. 바퀴의 회전속도와 차체와의 속도비를 미끄럼비(슬립비)라 하며, ABS의 미끄럼비와는 반대의 개념으로 차이가 있다.

$$\text{TCS 미끄럼비 } S = \frac{V_w - V}{V_w} \times 100 [\%]$$

$$\text{ABS 미끄럼비 } S = \frac{V - V_w}{V} \times 100 [\%]$$

s : 미끄럼비
V_w : 바퀴의 속도
V : 차체속도

5) TCS 제어의 종류

① 엔진토크 제어 : 연료 분사량 저감 또는 cut, 점화시기 지연, 스로틀 밸브의 개폐에 의해 엔진토크를 조정
② 브레이크 제어 : 구동 타이어를 직접 제어하므로 split 노면에서 가속성이 좋고 한쪽 타

이어가 빠졌을 경우 탈출이 용이하다.
③ **구동계 제어** : 클러치 제어, 2WD-4WD 제어, 차동장치 제어
④ **미끄럼 제어(slip control)** : 뒷바퀴와 구동바퀴와의 비교에 의해 미끄럼 비율이 적절하도록 제어
⑤ **추적 제어(trace control)** : 급회전시 횡가속도의 증가로 주행 성능이 떨어지므로 구동력을 제어하여 안정된 선회가 가능하도록 한다.

4_ 친환경 제동장치
(전동식 주차브레이크 시스템, EPB : Electric Parking Brake system)

1. 전동식 주차브레이크 시스템(EPB)의 개요

EPB 시스템은 스위치 조작으로 주차 브레이크를 작동 및 해제할 수 있는 전동식 주차브레이크 시스템으로 기존 주차 브레이크에 비해 편의성과 실내 공간 활용도가 향상되었다. 출발시 기어를 변속하면 주차 브레이크가 자동으로 해제되며, 정차시 오토 홀드 기능으로 차량 밀림이 방지되고 재출발시 자동 해제되는 시스템이다.

1) 전동식 주차브레이크 시스템(EPB)의 특징
① 스위치 조작으로 최대 제동력을 얻을 수 있어 노약자 및 여성 운전자에게 편리하다.
② 실내에 공간을 차지하지 않아 공간이 확대되었다.
③ 언덕 주차시 차량 밀림이 방지되므로 운전 및 안전이 우수하다.

2) 전동식 주차브레이크의 종류
전동식 주차브레이크 시스템은 작동방식에 따라 케이블 타잎과 캘리퍼 타잎으로 나눠진다.

표 2-1 / 전동식 주차브레이크 시스템의 비교

구 분	케이블 타입	캘리퍼 타입
디자인		
작 동	주차 케이블을 전기 모터가 당겨 작동	캘리퍼에 일체로 장착된 전기 모터가 캘리퍼 피스톤을 밀어서 작동
장 점	시스템 고가, 작동음 작음	가격 및 장착성 유리

3) EPB 시스템의 구성

케이블 타입의 전동식 주차브레이크 시스템은 운전자의 의지를 전달하는 EPB / AVH 스위치, 각종 데이터를 받아 제어하는 EPB ECU, 주차 브레이크 체결 및 해제를 위한 케이블 및 모터, 작동상태 및 고장상태를 알려주는 계기판 등으로 구성되어 있다. 또한 액츄에이터는 일체형으로 내부에는 EPB ECU, 케이블을 작동시키는 모터, 케이블의 당김 정도를 측정하는 하중 센서 등으로 구성되어 있다.

* AVH : Automatic Vehicle Hold

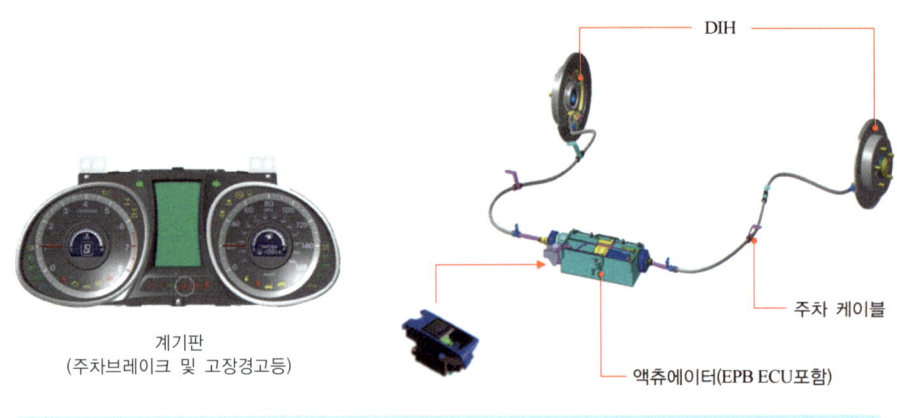

그림 2-129 / EPB 시스템의 구성

2. EPB 전자제어 시스템

1) 전자제어 입출력 요소

EPB 시스템은 주차 브레이크 페달 또는 핸드 레버로 케이블을 당겨 주차 브레이크를 작동 및 해제시키는 기존의 시스템과 달리 운전자가 EPB 스위치를 조작하면, ECU가 전기모터를 구동시켜 주차케이블을 작동하여 주차 브레이크를 작동 및 해제하는 시스템이다. ECU는 EPB 시스템의 각종 신호를 감지하고 자기진단을 실시하며, EPB 제어 로직에 따라서 EPB를 수행하는 역할을 한다.

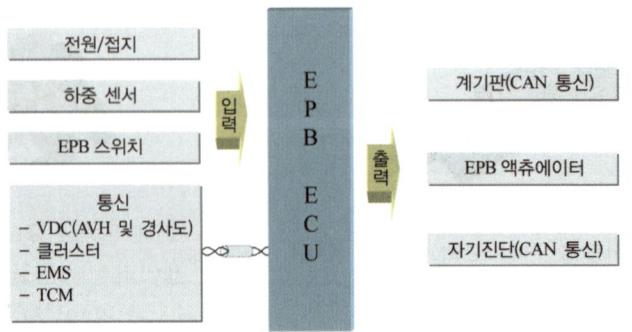

2) 구조 및 작동원리

① **액추에이터** : 액추에이터는 EPB ECU, DC 모터와 기어박스 일체로 구성되어 있으며, EPB 스위치 신호에 의해 DC 모터가 구동되면 기어의 회전에 의해 볼트 스크류가 회전하고 이에 연결된 너트 스크류가 회전하며 주차 케이블을 작동 또는 해제하여 DIH(Drum In Hat) 내부의 주차 브레이크를 작동한다.

  * **DIH(Drum In Hat)** : 주 제동은 디스크 브레이크로, 주차 제동은 디스크 내부의 드럼에서 라이닝으로 작동하는 방식

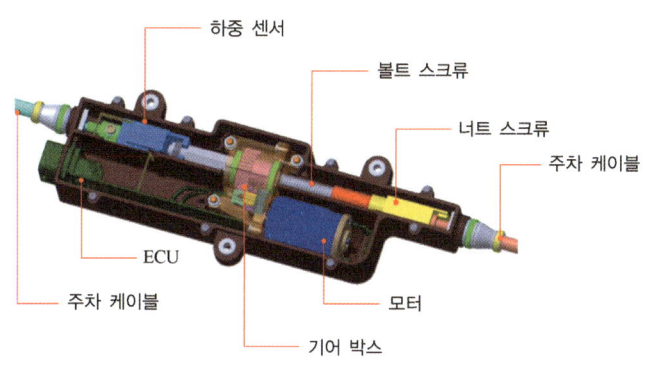

그림 2-130 / **액추에이터 구조**

② **하중 센서** : 주차 케이블 작동시 하중 센서는 케이블의 작동력을 확인하여 일정값에 도달하면 모터의 작동을 멈추도록 하고 있다. 하중센서는 모터의 작동에 의해 케이블의 위치가 변하면 마그네틱의 위치가 변하고, 그 변화 위치를 홀 IC가 감지하여 케이블의 작동력을 판단한다.

③ **EPB 스위치** : 스위치의 간단한 조작만으로 액추에이터를 제어하여 주차 제동을 할 수 있다. 시스템의 안전성을 위하여 2중 구조로 되어 있으며, 2개의 접점이 정상적으로 입력되어야만 액추에이터가 작동하도록 되어 있다. EPB의 해제는 안전을 위하여 IG Key ON 및 브레이크 ON에서만 가능하다.

표 2-2 / **EPB 스위치**

구 분	스위치 작동
당김	EPB 작동
누름	EPB 해제

④ **AVH 스위치** : AVH 스위치는 신호대기 등의 정차시 자동으로 브레이크를 작동 유지시켜 브레이크 페달을 밟지 않더라도 차량의 정지 상태를 유지할 수 있도록 AVH 작동 및 해제에 사용되는 스위치로 셀프 리턴 방식이다.

⑤ EPB 경고등 및 지시등 : EPB 경고등(황색)은 시스템 고장 발생시 점등되며, 주차 브레이크(적색)는 EPB 작동(주차 브레이크 작동)시 기존에 보아왔던 주차 브레이크등이 점등된다.
⑥ AVH 지시 및 경고등 : AVH 램프는 1개의 램프가 흰색, 녹색, 황색으로 각 조건에 따라 변경된다. AVH 작동 대기시 흰색, 작동 중에는 녹색, 시스템 고장시 황색 램프가 점등된다.

3) EPB 주요 기능

EPB 주요 기능으로는 차량 정지 상태에서 스위치 조작으로 주차 브레이크를 작동 및 해제하는 정차기능, 유압 브레이크 고장 등으로 인한 위급 상황에서 EPB로 제동을 하는 비상 제동기능, 차량 정지시 IG OFF되면 자동으로 주차 브레이크가 체결되는 자동 주차기능 등 많은 기능이 있다.

① 스위치 체결 기능
  ㉠ 정차 상태에서 EPB 스위치를 수동으로 작동(당김)하여 주차 제동력을 발생
  ㉡ Key Off 후에도 60초 까지 가능 → 항상 작동
② 스위치 해제 기능
  ㉠ 정차 상태에서 EPB 스위치를 수동으로 작동(누름)하여 주차 제동력을 해제
  ㉡ 차량의 안정성을 확보하기 위해 해제는 Key ON, 브레이크 ON에서만 작동
③ 평지 감소력 체결
  ㉠ 도로 구배에 따라 3단계로 주차 제동력을 제어
  ㉡ 구배 8[%]이하 : 60[kg·f] / 구배 9~20[%] : 90[kg·f] / 구배 20[%] 이상 : 120[kg·f]로 제어
  ㉢ 스위치를 3초 이상 작동시키면 고장력(高張力)의 힘(90[kg·f])으로 EPB 체결
④ 전자제어 감속 기능 : 사용 예) 브레이크 페달 고장시
  ㉠ 주행 중 EPB 스위치를 작동(당김)하는 동안만 VDC로 제동(유압 제동)
  ㉡ 작동 중 경고음 연속 출력
⑤ 후륜 잠김 방지 감속 기능 : 사용 예) 브레이크 유압 라인 파손시
  ㉠ 주행 중 EPB 스위치를 작동(당김)할 때 VDC는 정상적으로 작동하지 못하고 WSS 신호는 입력 가능할 경우 스위치 신호가 입력되는 동안만 EPB 모터의 단독 작용으로 차량을 안전하게 유지하며 제동
  ㉡ 작동 중 경고음 연속 출력
⑥ 차량 주행 여부 감지
  ㉠ 주행 중 EPB 스위치를 작동(당김)할 때, WSS 신호 입력이 불가능할 경우 스위치

신호가 입력될 동안 EPB 모터의 주차 제동력을 천천히 상승시켜 차량을 안전하게 유지하며 제동

ⓒ 작동 중 경고음 연속 출력

⑦ **주차 제동력 자동 체결**

㉠ AVH ON 상태에서 차량이 정차되고, 시동 OFF시 EPB 자동 작동

ⓒ 자동 체결 전 EPB 스위치를 누르면 자동 체결 기능 미작동

⑧ **주차 제동력 자동 해제(DAR, Drive Away Release)**

㉠ EPB 체결 상태 및 변속레버 D, R, 또는 스포츠 모드에서 가속 페달을 밟을 때 EPB 자동 해제

ⓒ 자동 해제 조건 : 시동 ON, 운전석 안전 벨트 체결, 운전석 도어 닫힘, 후진시 트렁크 닫힘, 전진시 후드 닫힘 등 모두 만족시

ⓒ 경사로에서 차량 밀림을 방지하기 위하여 경사 상태에 따른 구동 토크 이상이 확보되었을 때만 작동

⑨ **차량 밀림시 주차 제동력 재 체결**

㉠ EPB 체결 상태에서 차량 밀림(휠 스피드 신호 및 G 센서 신호)이 감지될 경우 EPB 추가 작동

ⓒ 시동 OFF 후 3분 동안만 작동

⑩ **변속시 EPB 자동 해제(P to X / N to X)**

㉠ 변속레버 P 또는 N에서 주행 가능단(D 또는 R)로 변속시 주차 제동력 자동 해제

ⓒ 자동 해제시 안정성을 확보하기 위해 시동 ON, 브레이크 페달을 밟은 상태에서만 가능

⑪ **협조 제어 체결**

㉠ VDC 명령으로 AVH에서 EPB로 자동 전환

제3장 제동장치 출제예상문제

01 차량 속도를 감속하거나 정지시키기 위한 장치는? [08년 4회]
㉮ 현가장치 ㉯ 조향장치
㉰ 주행장치 ㉱ 제동장치

> 풀이) 제동장치는 주행 중인 자동차의 속도를 감속시키거나 정지시키고, 주차상태를 유지시키는 장치이다.

02 유압식 브레이크는 어떤 원리를 이용한 것인가? [07년 1회]
㉮ 뉴톤의 원리
㉯ 파스칼의 원리
㉰ 베르누이의 원리
㉱ 애커먼 장토의 원리

> 풀이) 유압식 브레이크는 파스칼의 원리를 이용한 것이다.

03 일반적인 브레이크 오일의 주성분은? [07년 5회]
㉮ 윤활유와 경유
㉯ 알콜과 피마자 기름
㉰ 알콜과 윤활유
㉱ 경유와 피마자 기름

> 풀이) 브레이크 오일은 일반적으로 피마자 기름에 알콜 등의 용제를 혼합한 식물성 오일이다.

04 유압 브레이크에서 잔압과 관계가 있는 부품은? [08년 4회]
㉮ 마스터 실린더 피스톤 1차 컵과 2차 컵
㉯ 마스터 실린더의 첵 밸브와 복귀 스프링
㉰ 마스터 실린더 오일 탱크
㉱ 마스터 실린더 피스톤

> 풀이) 유압식 브레이크에서 잔압이란 리턴 스프링이 항상 첵 밸브를 밀고 있으므로 회로내의 유압과 리턴 스프링의 장력이 평형이 되어 회로 내에 어느 정도 압력이 남는 것을 말한다.

05 브레이크 드럼이 갖추어야 할 조건이 아닌 것은? [08년 5회]
㉮ 정적, 동적 평형이 잡혀 있을 것
㉯ 슈와 마찰면에 내마멸성이 있을 것
㉰ 방열이 잘되지 않을 것
㉱ 충분한 강성이 있을 것

> 풀이) 브레이크 드럼이 갖추어야 할 조건
> ① 방열이 잘 될 것
> ② 충분한 강성과 내마멸성이 있을 것
> ③ 정적, 동적 평형이 잡혀 있을 것
> ④ 가벼울 것

01 ㉱ 02 ㉯ 03 ㉯ 04 ㉯ 05 ㉰

06 브레이크 드럼 점검사항과 가장 거리가 먼 것은? [09년 5회]

㉮ 드럼의 진원도 ㉯ 드럼의 두께
㉰ 드럼의 내경   ㉱ 드럼의 외경

풀이 브레이크 드럼은 라이닝과의 마찰에 의해 마모되거나 열변형을 일으키므로 드럼의 진원도, 두께, 내경 등을 측정한다.

07 회전중인 브레이크 드럼에 제동을 걸면 슈는 마찰력에 의해 드럼과 함께 회전하려는 경향이 생겨 확장력이 커지므로 마찰력이 증대되는데 이러한 작용을 무엇이라 하는가? [08년 2회]

㉮ 자기작동 작용 ㉯ 브레이크 작용
㉰ 페이드 현상   ㉱ 상승작용

풀이 자기작동(self energizing action)이란 회전중인 드럼에 브레이크를 걸면 슈는 마찰력에 의해 드럼과 함께 회전하려는 경향이 생겨 확장력이 커지므로 마찰력이 증대되는 작용

08 자동차의 제동장치에서 듀어 서보형 브레이크의 설명으로 옳은 것은? [08년 1회]

㉮ 전진 시 브레이크를 작동하면 1차, 2차 슈가 자기작동하고, 후진 시는 자기작동을 하지 않는다.
㉯ 전진 시 브레이크를 작동하면 1차 슈만 자기작동한다.
㉰ 전, 후진 시 브레이크를 작동하면 1차 및 2차 슈가 자기작동한다.
㉱ 후진 시에만 1차 및 2차 슈가 자기작동을 한다.

풀이 듀어 서보형 브레이크란 전진 및 후진에서 1차 슈와 2차 슈 모두 자기작동을 하는 브레이크를 말한다.

09 제동장치에서 전진방향 주행시 자기작용이 발생되는 슈를 무엇이라 하는가? [07년 4회]

㉮ 서보 슈   ㉯ 리딩 슈
㉰ 트레일링 슈 ㉱ 역전 슈

풀이 전진에서 자기작동이 발생되는 슈를 전진슈라 하며 자기작동이 발생되므로 리딩슈, 다른 한 쪽을 트레일링 슈라 한다.

10 자동차의 브레이크에서 듀오서보 형식은? [09년 5회]

㉮ 전진시에만 브레이크를 작동하면 1차 슈만 자기작동 한다.
㉯ 전진시 브레이크를 작동하면 1차 슈만 자기작동 한다.
㉰ 전·후진시 브레이크를 작동하면 1차 및 2차 슈가 자기작동을 한다.
㉱ 후진시에만 1차 및 2차 슈가 자기작동을 한다.

풀이 듀오 서보(duo servo)란 전진, 후진에서 1차 및 2차 슈 모두 자기작동(배력작용)을 하는 브레이크이다.

11 마스터 백은 무엇을 이용하여 브레이크에 배력작용을 하는가? [07년 2회]

㉮ 배기가스 압력을 이용한다.
㉯ 대기 압력만을 이용한다.
㉰ 흡기 다기관의 압력만을 이용한다.
㉱ 대기압과 흡기 다기관의 압력차를 이용한다.

풀이 마스터 백은 대기압과 흡기다기관의 압력차를 이용하여 브레이크에 배력작용을 한다.

06 ㉱ 07 ㉮ 08 ㉰ 09 ㉯ 10 ㉰ 11 ㉱

12 브레이크를 밟았을 때 하이드로백 내의 작동이다. 틀린 것은? [07년 1회]
㉮ 공기 밸브는 닫힌다.
㉯ 진공 밸브는 닫힌다.
㉰ 동력 피스톤이 하이드롤릭 실린더 쪽으로 움직인다.
㉱ 동력 피스톤 앞쪽은 진공상태이다.

풀이) 진공밸브와 공기밸브의 작동 : 브레이크를 밟았을 때 진공밸브는 닫히고 공기밸브는 열린다.

13 브레이크를 밟았을 때 하이드로백 내의 작동으로 틀린 것은? [09년 4회]
㉮ 공기 밸브는 닫힌다.
㉯ 진공 밸브는 닫힌다.
㉰ 동력 피스톤이 하이드로릭 실린더 쪽으로 움직인다.
㉱ 동력 피스톤 앞쪽은 진공상태이다.

풀이) 하이드로 백(hydro-vac)은 진공을 이용하여 브레이크에 배력작용을 하므로, 브레이크를 밟으면 하이드로백 내의 진공밸브는 열리고 공기밸브는 닫힌다.

14 하이드로 백을 설치한 차량에서 브레이크 페달 조작이 무거운 원인이 아닌 것은? [09년 1회]
㉮ 진공용 첵밸브의 작동이 불량하다.
㉯ 진공 파이프 각 접속부에서 새는 곳이 있다.
㉰ 브레이크 페달 간극이 크다.
㉱ 릴레이 밸브 피스톤이 작동이 불량하다.

풀이) 하이드로 백은 진공을 이용하여 배력작용을 하는 것으로 진공 파이프가 새거나 첵밸브, 릴레이 밸브 등이 불량하면 무거워 진다.

15 급한 내리막길을 내려갈 때 제동 효과를 더욱 증대시키기 위해 배기 파이프를 막아 기관 내부의 압력을 높이는 장치는? [09년 2회]
㉮ 공압 브레이크
㉯ ABS
㉰ 엔진 브레이크
㉱ 배기 브레이크

풀이) 배기 브레이크는 급한 내리막길을 내려갈 때 배기 파이프를 막아 기관 내부의 압력으로 제동 효과를 더욱 증대시키는 보조 브레이크 장치이다.

16 브레이크 시스템에서 베이퍼 록이 생기는 원인이 아닌 것은? [07년 4회]
㉮ 과도한 브레이크 사용
㉯ 비점이 높은 브레이크 오일 사용
㉰ 브레이크 슈 라이닝 간극의 과소
㉱ 브레이크 슈 리턴 스프링 절손

풀이) 베이퍼록의 원인
① 긴 내리막길에서 빈번한 브레이크의 사용
② 드럼과 라이닝의 끌림에 의한 과열
③ 브레이크 슈 리턴 스프링의 쇠손에 의한 잔압 저하
④ 브레이크 슈 라이닝 간극이 너무 적을 때
⑤ 오일이 변질되어 비등점이 낮아졌을 때

17 유압식 제동장치에서 제동력이 떨어지는 원인 중 틀린 것은? [09년 1회]
㉮ 브레이크 오일의 누설
㉯ 엔진 출력 저하
㉰ 패드 및 라이닝의 마멸
㉱ 유압장치에 공기 유입

풀이) 엔진의 출력 저하와 브레이크의 제동력과는 관계가 없다.

12 ㉮ 13 ㉮ 14 ㉰ 15 ㉱ 16 ㉯ 17 ㉯

18 제동력 상태가 비정상적일 경우 그 고장 원인과 가장 관련이 적은 것은? [08년 5회]

㉮ 브레이크 오일의 누설
㉯ 브레이크 슈 라이닝의 과대 마모
㉰ 브레이크 오일부족 또는 공기 흡입
㉱ 브레이크 드럼의 밸런스 불균형

▶ 풀이 **브레이크 작동이 불량한 원인**
① 브레이크 오일의 누설
② 브레이크 라이닝의 과도한 마모
③ 브레이크 라이닝에 오일이 묻었을 때
④ 브레이크 오일이 부족하거나 공기가 침입했을 때
⑤ 페드 현상이 발생되어 마찰계수가 저하되었을 때
⑥ 휠 실린더 피스톤 컵이 손상되었을 때

19 브레이크 페달을 밟아도 브레이크 효과가 나쁘다. 그 원인이 아닌 것은? [07년 2회]

㉮ 브레이크 오일의 부족
㉯ 라이닝에 오일부착
㉰ 브레이크액에 공기 혼입
㉱ 브레이크 간극 조정이 지나치게 적을 때

▶ 풀이 ㉮, ㉯, ㉰ 항은 브레이크 효과가 나쁘다. 간극 조정이 지나치게 작으면 브레이크가 걸린 듯 무겁게 나간다.

20 브레이크 마스터 실린더의 푸시로드 길이를 길게 하였을 때 발생할 수 있는 현상은? [09년 4회]

㉮ 라이닝 작용이 원활하다.
㉯ 라이닝이 팽창하여 풀리지 않을 수 있다.
㉰ 브레이크 페달 높이가 낮아진다.
㉱ 라이닝 팽창이 풀린다.

▶ 풀이 마스터 실린더의 푸시로드를 길게 하면 라이닝이 팽창하여 풀리지 않을 수 있다.

21 브레이크를 작동시키다 페달을 놓았을 때 브레이크가 풀리지 않는 원인과 관계없는 것은? [09년 2회]

㉮ 마스터 실린더의 리턴 스프링 불량
㉯ 마스터 실린더의 리턴 구멍의 막힘
㉰ 드럼과 라이닝의 소결
㉱ 브레이크의 파열

▶ 풀이 ㉮, ㉯, ㉰ 항은 브레이크가 풀리지 않는 원인 이며, 브레이크가 파열되면 브레이크가 듣지 않는다.

22 브레이크를 밟았을 때 자동차가 한쪽으로 쏠리는 이유 중 틀린 것은? [08년 2회]

㉮ 좌우 타이어의 공기압이 차이가 있다.
㉯ 라이닝의 접촉이 비정상적이다.
㉰ 휠 실린더의 작동이 불량하다.
㉱ 좌우 드럼의 마모가 균일하게 심하다.

▶ 풀이 **브레이크 작동시 한 쪽으로 쏠리는 원인**
① 드럼이 편마모되었다.
② 좌우 타이어 공기압에 차이가 있다.
③ 좌우 라이닝 간극 조정이 틀리게 조정되었다.
④ 한 쪽 휠 실린더의 작동이 불량하다.
⑤ 라이닝의 접촉불 량 또는 기름이 묻어있다.
⑥ 앞바퀴 정렬이 잘못되었다.

23 제동장치에서 고장이 발생하였을 때 리어 휠의 로크로 인한 스핀을 방지하기 위해 사용되는 것은? [07년 1회]

㉮ 릴리프 밸브   ㉯ 컷 오프 밸브
㉰ 프로포셔닝 밸브 ㉱ 솔레노이드 밸브

▶ 풀이 프로포셔닝 밸브는 브레이크 페달을 밟았을 때 뒷바퀴가 조기에 고착되지 않도록 뒷바퀴의 유압을 제어한다.
제동 중 뒷바퀴가 로크되면 자동차는 스핀이 발생된다.

18 ㉱ 19 ㉱ 20 ㉯ 21 ㉱ 22 ㉱ 23 ㉰

24 브레이크 장치에서 급제동시 마스터 실린더에 발생하는 유압이 일정압 이상이 되면 뒤 휠 실린더 쪽으로 전달되는 유압상승을 제어하여 차량의 쏠림을 방지하는 장치는? [09년 2회]

㉮ 하이드로릭 유니트(hydraulic unit)
㉯ 리미팅 밸브(limiting valve)
㉰ 스피드 센서(speed sensor)
㉱ 솔레노이드 밸브(solenoid valve)

> 리미팅 밸브는 급제동시 마스터 실린더에 발생하는 유압이 일정압 이상이 되면 뒤 휠 실린더 쪽으로 전달되는 유압상승을 제어하여 차량의 쏠림을 방지한다.

25 공기 브레이크에서 공기의 압력을 기계적 운동으로 바꾸어 주는 장치는? [08년 1회]

㉮ 릴레이 밸브   ㉯ 브레이크 챔버
㉰ 브레이크 밸브 ㉱ 브레이크 슈

> 브레이크 페달에 의해 브레이크 밸브가 열리면 릴레이 밸브를 거쳐 브레이크 챔버로 공기의 압력이 전달되고 푸시로드를 통해 캠을 미는 기계적 운동으로 바뀌어 브레이크 슈를 작동시킨다.

26 제동장치에서 마스터 실린더의 내경이 2[cm], 푸시로드에 100[kgf]의 힘이 작용할 때 브레이크 파이프에 작용하는 압력은 약 얼마인가? [08년 4회]

㉮ 32[kgf/cm²]   ㉯ 25[kgf/cm²]
㉰ 10[kgf/cm²]   ㉱ 2[kgf/cm²]

> 압력 = $\dfrac{\text{하중}}{\text{단면적}}$
>
> ∴ 압력 = $\dfrac{100}{0.785 \times 2^2}$ = 31.8[kgf/cm²]

27 마스터 실린더 푸시로드에 작용하는 힘이 120[kgf]이고, 피스톤 단면적이 3[cm²]일 때 발생 유압은? [09년 5회]

㉮ 30[kgf/cm²]   ㉯ 40[kgf/cm²]
㉰ 50[kgf/cm²]   ㉱ 60[kgf/cm²]

> 압력(유압) = $\dfrac{\text{하중}}{\text{단면적}}$ [kgf/cm²]
>
> ∴ $\dfrac{120}{3}$ = 40[kgf/cm²]

28 자동차에 ABS 장치를 설치한 목적과 거리가 먼 것은? [08년 1회]

㉮ ECU에 의해 브레이크를 컨트롤하여 조종성 확보
㉯ 최대 제동거리 확보를 위한 안정 장치
㉰ 앞바퀴의 잠김(록)으로 인한 조향 능력 상실 방지
㉱ 뒷바퀴의 잠김(록)으로 차체 스핀에 의한 전복 방지

> **ABS의 설치 목적**
> ① 미끄러짐을 방지하여 차체를 안전성을 유지한다.
> ② ECU에 의해 브레이크를 컨트롤하여 조종성을 확보한다.
> ③ 제동거리를 단축시킨다.
> ④ 앞바퀴의 잠김으로 인한 조향능력 상실을 방지한다.
> ⑤ 뒷바퀴의 잠김으로 인한 차체 스핀에 의한 전복을 방지한다.

29 ABS(anti lock brake system)의 구성요소가 아닌 것은? [09년 1회]

㉮ 휠 스피드 센서   ㉯ 브레이크 스위치
㉰ 프리뷰 센서   ㉱ 하이드롤릭 유닛

> 프리뷰(pre-view) 센서는 전자제어 현가장치에 사용되는 센서이다.

24 ㉯ 25 ㉯ 26 ㉮ 27 ㉯ 28 ㉯ 29 ㉰

30 자동차의 ABS에 대한 설명으로 옳은 것은? [08년 2회]

㉮ 모든 차륜에 동시에 최대 제동력을 작용시킨다.
㉯ 페달 답력에 따라 각 차륜에 작용하는 브레이크 압력을 제어한다.
㉰ 차륜이 블로킹되지 않고 회전을 계속하도록 각 차륜에 작용하는 브레이크 압력을 제어한다.
㉱ 차륜과 노면 사이에 미끄럼 마찰이 발생되도록 브레이크 압력을 제어한다.

풀이 차륜이 고착되지 않도록 각 차륜에 작용하는 브레이크 압력을 제어한다.

31 다음 중 ABS(Anti-Lock Brake System)의 구성요소가 아닌 것은? [07년 2회]

㉮ 스피드 센서
㉯ 프로포셔닝 밸브
㉰ 감쇠력 변환 액추에이터
㉱ 하이드롤릭 유닛

풀이 ABS의 구성부품
① 휠 스피드 센서 : 차륜의 회전상태를 검출
② 전자제어 컨트롤 유닛(E.C.U) : 휠 스피드 센서의 신호를 받아 ABS를 제어
③ 하이드롤릭 유닛 : E.C.U의 신호에 따라 휠 실린더에 공급되는 유압을 제어
④ 프로포셔닝 밸브 : 브레이크를 밟았을 때 뒷바퀴가 조기에 고착되지 않도록 뒷바퀴의 유압을 제어

32 다음에서 ABS(Anti-lock Break System)의 구성부품이 아닌 것은? [07년 5회]

㉮ 휠 스피드 센서(wheel speed sensor)
㉯ 일렉트로닉 컨트롤 유닛(electronic control unit)
㉰ 하이드로닉 유닛(hydraulic unit)
㉱ 크랭크 앵글 센서(crank angle sensor)

풀이 ABS의 구성부품
① 휠 스피드 센서 : 차륜의 회전상태를 검출
② 전자제어 컨트롤 유닛(E.C.U) : 휠 스피드 센서의 신호를 받아 ABS를 제어
③ 하이드롤릭 유닛 : E.C.U의 신호에 따라 휠 실린더에 공급되는 유압을 제어
④ 프로포셔닝 밸브 : 브레이크를 밟았을 때 뒷바퀴가 조기에 고착되지 않도록 뒷바퀴의 유압을 제어

33 ABS의 구성 부품 중 휠의 회전속도를 감지하여 컨트롤 유닛으로 보내는 역할을 하는 것은? [08년 4회]

㉮ 휠 스피드 센서   ㉯ 하이드롤릭 센서
㉰ 솔레노이드 밸브   ㉱ 어큐뮬레이터

풀이 ABS의 구성부품
① 휠 스피드 센서 : 차륜의 회전상태를 검출
② 전자제어 컨트롤 유닛(E.C.U) : 휠 스피드 센서의 신호를 받아 ABS를 제어
③ 하이드롤릭 유닛 : E.C.U의 신호에 따라 휠 실린더에 공급되는 유압을 제어
④ 프로포셔닝 밸브 : 브레이크를 밟았을 때 뒷바퀴가 조기에 고착되지 않도록 뒷바퀴의 유압을 제어

30 ㉰ 31 ㉰ 32 ㉱ 33 ㉮

34 ABS의 구성품 중 휠 스피드 센서의 역할은? [09년 4회]

㉮ 바퀴의 록(lock) 상태 감지
㉯ 차량의 과속을 억제
㉰ 브레이크 유압 조정
㉱ 라이닝의 마찰 상태 감지

> 휠 스피드 센서는 바퀴의 록 상태를 감지한다.

35 ABS의 ECU에서 솔레노이드 밸브에 감압신호가 전달될 때 일시적으로 오일을 저장하고 증압시에는 휠 실린더로 오일을 공급하는 역할을 하는 것은? [09년 5회]

㉮ 프로포셔닝밸브 ㉯ 첵밸브
㉰ 리저브   ㉱ 어큐뮬레이터

> 어큐뮬레이터(accumulator)는 ABS의 ECU에서 솔레노이드 밸브에 감압신호가 전달될 때 일시적으로 오일을 저장하고 증압시에는 휠 실린더로 오일을 공급하는 역할을 한다.

36 스피드 센서의 폴피스에 이물질이 붙어 있으면 어떤 현상이 발생하는가? [07년 5회]

㉮ 회전속도 검출기능과 관계없다.
㉯ 바퀴의 회전속도 감지능력이 저하된다.
㉰ 바퀴의 회전속도 감지능력이 증가된다.
㉱ 자화가 되지 않는다.

> 휠 스피드 센서에 이물질이 붙어 있으면 바퀴의 회전속도 감지능력이 저하된다.

37 자동차의 ABS에서 유압 모듈레이터(유압 조절 장치)의 구성 요소가 아닌 것은? [07년 1회]

㉮ U 밸브   ㉯ 첵 밸브
㉰ 솔레노이드 밸브 ㉱ 어큐뮬레이터

> 하이드롤릭 유닛(유압 모듈레이터)의 구성 부품 : 어큐뮬레이터, 솔레노이드 밸브, 첵 밸브, P 밸브, 펌프, 리저보(reservoir) 등으로 구성

34 ㉮ 35 ㉱ 36 ㉯ 37 ㉮

04 주행 및 구동장치

제1절 휠 및 타이어

자동차의 바퀴는 휠과 타이어로 이루어져 있으며, 바퀴는 자동차에서 지면으로 부터의 충격과 진동을 원활히 조절하여 섀시부품의 손상 방지 및 운전자의 피로감을 줄여서 쾌적한 운행을 하는데 그 목적이 있다.

1_ 휠

휠은 타이어를 지지하는 림(rim)과 허브를 지지하는 디스크(disc)로 구성되어 있다.

1. 휠의 종류

1) 디스크 휠

강판을 성형하여 허브에 구멍을 뚫어놓은 것으로 구조가 간단하여 승용차나 경트럭에 주로 사용된다.

2) 스포크 휠

림과 허브를 스포크로 연결한 것으로 가볍고 냉각효과가 좋으나 가격이 비싸고 실용성이 나빠 스포츠용 자동차나 2륜차에 주로 사용된다.

3) 스파이더 휠

림과 허브를 방사상으로 연결한 것으로 브레이크 효과가 좋아 대형차량에 주로 사용된다.

4) 경합금제 휠

알루미늄 휠, 마그네슘 휠 등이 있다.

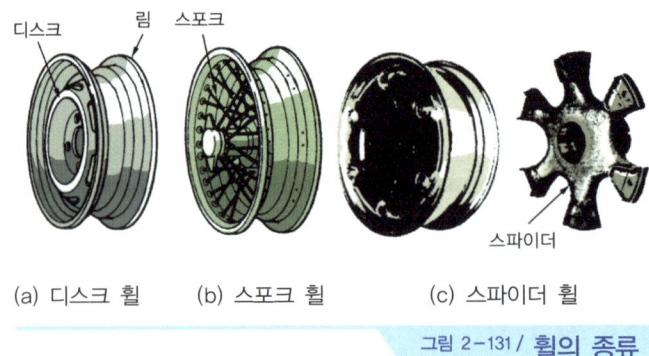

그림 2-131 / 휠의 종류

2. 림의 종류

1) 2분할 림

림과 디스크를 일체로 프레스 가공하여 볼트로 결합한 구조로 타이어 직경이 작은 경차에 많이 사용한다.

2) 드롭센터 림

타이어 탈착을 쉽게 하기 위하여 중앙부분을 깊게 제작한 것으로, 승용차 및 소형 트럭에 사용한다.

3) 광폭 드롭센터 림

림 폭을 넓게 하여 완충작용을 좋게 한 초저압 타이어용이다.

4) 인터 림

림 폭을 넓게 하고 타이어를 정확히 체결되도록 한 것으로, 트럭이나 버스에 사용한다.

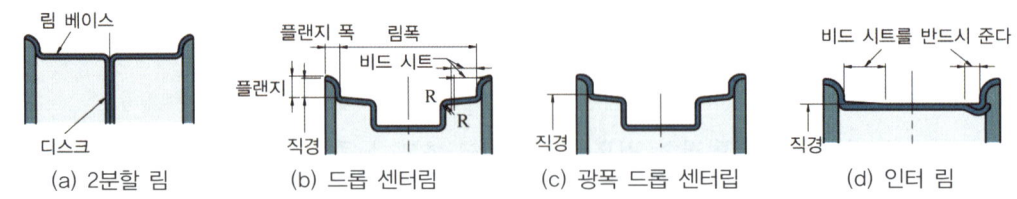

2 타이어(tire)

타이어는 휠에 끼워져 일체로 회전하며 노면으로부터의 충격을 흡수하고 자동차의 구동과 제동을 가능하게 한다. 타이어는 레이온과 나일론 등의 섬유에 양질의 고무를 입힌 코드(cord)를 여러층 겹쳐 틀 속에서 성형한 것이다.

1. 타이어의 분류

1) 사용 압력에 따라

① 고압 타이어 : 공기압력이 4.2 ~ 6.3[kg$_f$/cm^2]으로 대형차량에 사용
② 저압 타이어 : 공기압력이 2.0 ~ 2.5[kg$_f$/cm^2]으로 기본형으로 사용
③ 초저압 타이어 : 공기압력이 1.7 ~ 2.0[kg$_f$/cm^2]으로 승용차량에 사용

2) 튜브의 유무에 따라

① 튜브 타이어 : 튜브에 공기를 주입하는 방식이다.
② 튜브리스(tubeless) 타이어 : 튜브가 없이 타이어와 림과의 밀착으로 기밀이 유지되는 형식으로 최근에 많이 사용하는 방식이다.

3) 내부 구조 및 형상에 따라

① 바이어스 타이어 : 카커스 코드를 경사지게(bias) 서로 포갠 구조
② 레이디얼 타이어 : 카커스 코드를 원 둘레에 대해 휠의 반지름(radial) 방향으로 설치한 타이어이다.

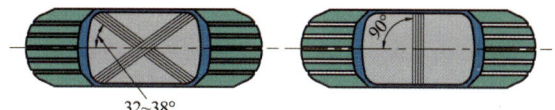

그림 2-132 / **카커스의 각도**

③ 편평 타이어 : 광폭 타이어라고도 하며 타이어의 높이에 비해 폭이 넓어진 타이어를 말한다. 편평비는 $\frac{높이}{폭(너비)} \times 100(\%)$ 로 나타내며, 숫자가 작을수록 광폭을 의미한다.
④ 스노우 타이어 : 스노우 타이어는 보통 타이어와는 달리 트레드 패턴은 리브 패턴과 블록 패턴을 적절히 배치하고 트레드 폭을 10 ~ 20[%] 넓게, 홈은 보통 타이어보다 깊게 파서 눈 위에서도 슬립없이 주행할 수 있는 타이어이다. 스노우 타이어는 눈 위에서 자동차의 하중에 의해 트레드의 홈에 눈이 채워지면 채워진 눈이 상하로 압축되어 단단해지고 이 상태에서 눈의 전단저항에 의해 구동력과 제동력을 발휘할 수 있게 된다.

2. 타이어의 특징

1) 튜브리스 타이어의 특징

① 못 등에 찔려도 공기가 급격히 빠지지 않는다.
② 튜브가 없어 간단하며, 고속 주행에도 방열이 잘된다.
③ 펑크 수리가 쉽다.

④ 림이 변형되면 공기가 새기 쉽다.
⑤ 유리 조각 등으로 넓게 파손되면 수리가 어렵다.

2) 레이디얼 타이어의 특징

① 편평비를 크게할 수 있어 접지성을 향상시킬 수 있다.
② 횡방향에 대한 강성이 우수하여 조종성과 방향성이 좋다.
③ 브레이커가 튼튼하여 하중에 의한 변형이 적다.
④ 로드 홀딩이 좋고 스탠딩 웨이브가 잘 발생하지 않는다.
⑤ 충격 흡수가 나빠 승차감이 나쁘다.
⑥ 편평비가 커서 접지면적이 넓어지므로 핸들이 다소 무겁다.

3) 편평 타이어의 특징

① 접지면적이 넓어 옆방향 강도가 증가하며 코너링 포스가 향상된다.
② 구동력과 제동력이 좋다.
③ 타이어 폭이 넓어 타이어 수명이 길다.

4) 스노우 타이어 사용시 주의할 점

① 구동바퀴의 하중을 크게 할 것
② 미끄러지면 안되므로 출발을 천천히 할 것
③ 바퀴가 록(lock)되면 제동거리가 길어지므로 급제동을 하지 말 것
④ 트레드 부가 50[%] 이상 마모되면 효과가 없어지므로 체인을 병용할 것

3. 타이어의 구조

타이어의 외부는 트레드(tread) 부, 숄더(shoulder) 부, 사이드월(side wall) 부, 비드(bead) 부의 4부분으로 되어 있으며, 내부에는 카커스 및 브레이커로 구성되어 있다. 각 부의 역할은 다음과 같다.

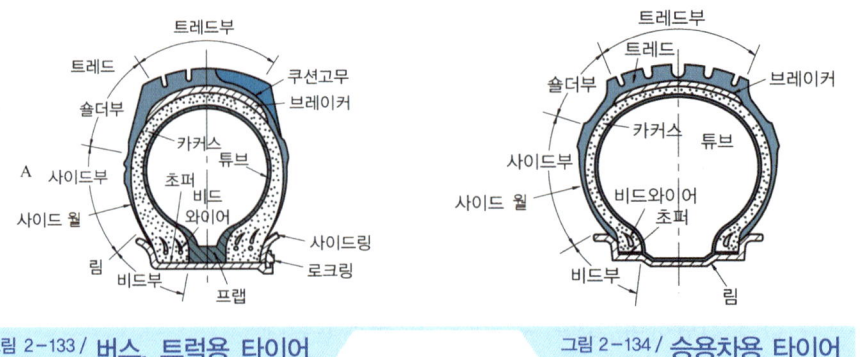

그림 2-133 / **버스, 트럭용 타이어**   그림 2-134 / **승용차용 타이어**

1) 트레드(tread)

트레드는 노면과 직접 접촉하는 부분으로 노면과의 마찰에 대한 저항이 크고 견인력과 열 발산 능력, 배수 능력이 좋아야 한다. 사용 용도에 따라 다음과 같은 종류가 있다.

① 리브(rib 또는 highway) 패턴 : 타이어의 원 둘레 방향으로 여러개의 홈을 파 놓은 것으로 옆방향 미끄럼에 대해 저항력이 커서 조향성이 양호하여 포장된 도로를 고속주행하는데 적합하다. 승용차에 주로 사용한다.

② 러그(lug) 패턴 : 타이어 원 둘레 방향에 대하여 직각방향으로 홈을 파 놓은 것으로, 견인력 및 방열성이 좋아 트럭 및 버스에서 사용한다.

③ 리브러그 패턴 : 중앙 부분은 리브 패턴을 바깥부분은 러그 패턴을 두어 험한 도로 및 일반 포장도로에서 겸용할 수 있는 타이어이다.

④ 블록(block) 패턴 : 노면과의 접촉부분이 하나씩 독립된 블록 모양으로 이루어 진 것으로, 눈이나 모래길 같은 연한 노면을 다지면서 주행할 수 있어 견인성능 및 제동성능이 매우 크다.

그림 2-135 / 리브 패턴   그림 2-136 / 러그 패턴   그림 2-137 / 리브러그 패턴   그림 2-138 / 블록 패턴

2) 카커스(carcass)

카커스는 타이어의 형상을 유지하는 뼈대가 되는 중요한 부분으로 플라이(ply)라 부르는 섬유층으로 구성되어 있다. 이 섬유층을 교대로 교차시켜 고무로 접착하여 어느 방향으로도 충분한 강도가 얻어지도록 한다. 플라이 수가 많을 수록 타이어 강도가 커지며 승용차는 4~6, 트럭이나 버스는 8~16 플라이 정도이다.

3) 브레이커(breaker)

트레드와 카커스 사이에 있으며, 카커스를 보호하고 노면에서의 완충작용도 한다.

4) 사이드월(side wall)

타이어의 측면으로 타이어의 모든 정보가 적혀있는 부분이다.

5) 비드(bead)

타이어가 림과 접촉하는 부분으로, 내부에 몇 줄의 비드 와이어(bead wire)가 원둘레 방향으로 감겨 있어 비드부가 늘어나는 것과 타이어가 림에서 빠지는 것을 방지한다.

4. 타이어 호칭 치수

1) 일반타이어

① 저압 타이어 : 타이어 폭 - 타이어 안지름 - 플라이 수
② 고압 타이어 : 타이어 바깥지름 - 타이어 폭 - 플라이 수

2) 레이디얼 타이어 표시방법

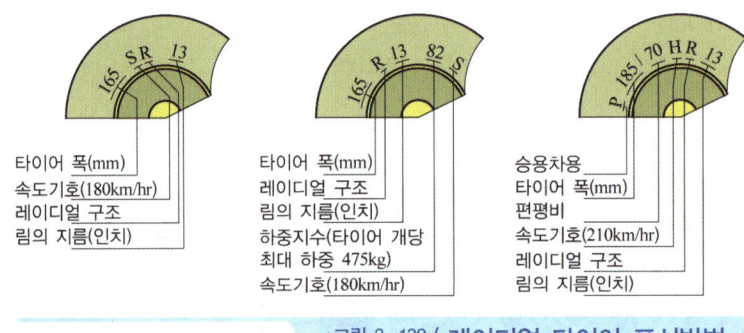

그림 2-139 / 레이디얼 타이어 표시방법

5. 타이어 평형 및 현상

1) 바퀴의 평형(wheel balance)

① 정적 밸런스 : 상하의 무게가 적합(불평형시 : 휠 트램핑 발생)
② 동적 밸런스 : 좌우 대각선 무게가 적합(불평형시 : 시미 현상 발생)

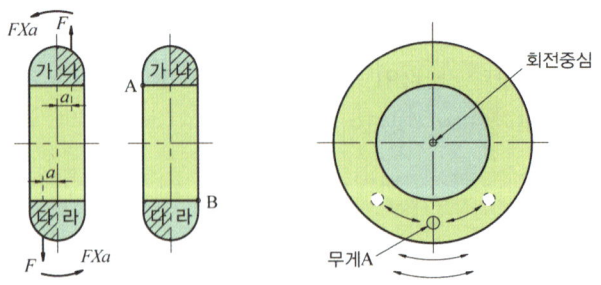

2) 스탠딩 웨이브 현상

고속 주행시 공기가 적을 때 트레드가 받는 원심력과 공기 압력에 의해 트레드가 노면에

서 떨어진 직후에 찌그러짐이 발생하는 현상으로 스탠딩 웨이브 방지방법은 다음과 같다.

① 타이어 공기압을 표준 공기압보다 10 ~ 15[%] 높여 준다.
② 타이어 접지폭이 큰 광폭 타이어를 사용한다.
③ 타이어 트레드 강성이 높은 것을 사용한다.

3) 하이드로 플레이닝 현상(hydro planing, 수막현상)

자동차의 바퀴가 물위를 고속주행 할 때 타이어 트레드가 노면의 물을 완전히 배출하지 못하여 타이어가 수막에 의해 노면에서 약간 떠서 주행하여 제동력 조향력을 상실하는 현상으로 하이드로 플레이닝 방지 방법은 다음과 같다.

① 타이어 공기압을 10 ~ 20[%] 더 높여준다.
② 타이어 트레드 홈 깊이가 깊은 레디디얼 타이어를 사용한다.
③ 타이어 트레드 강성이 큰 것을 사용한다.

제2절 / 정속 주행장치

1_ 오토 크루즈 컨트롤(Auto Cruise Control)

고속도로 등 장거리 주행시 운전자의 피로를 저감하는 목적으로 가속페달을 밟지 않아도 차속을 일정하게 유지하는 장치를 오토 크루즈 컨트롤 시스템이라 하며, 스로틀 암을 하나 더 설치하여 ECU가 운전자의 입력신호에 의해 자동으로 스로틀 밸브를 개폐하는 장치이다.

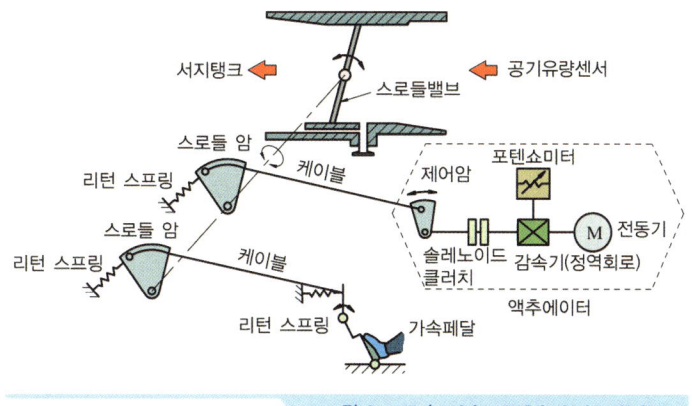

그림 2-140 / 정속 주행장치 개략도

1. ACC의 개요

1) 정속 주행장치의 장점

① 장시간 운전시 운전자의 피로 경감
② 정속 주행으로 인한 10[%] 정도의 연료 절감
③ 승차감 향상 및 쾌적한 운행

2) 종류

① 진공식 : 진공 액추에이터를 이용한 방식
② 전기식 : 컴퓨터에 의해 스로틀 모터를 제어하는 방식
③ 전자식 : ECU에 의해 ETS와 연계하여 제어하는 방식

2. ACC의 구성 부품

1) 컴퓨터

센서와 제어 스위치 신호를 받아 정속주행에 필요한 신호를 액추에이터로 보내주는 장치로, 세트(set), 코스트(coast), 리줌(resume) 등의 기능을 수행한다.

2) 스로틀 케이블

스로틀 밸브를 개폐시키는 케이블이 가속페달과 오토 크루즈 용 각각 2개가 있다.

3) 액추에이터

전동기, 웜 기어, 웜 휠, 유성기어, 솔레노이드 클러치, 리미트 스위치 등으로 구성되어 있다. 리미트 스위치는 스로틀 밸브 완전 개폐시 과부하가 걸리는 것을 방지하기 위해 전동기에 전류의 공급을 차단하는 기능을 한다.

4) 제어 스위치

메인 스위치는 점화 스위치가 ON일 때 컴퓨터 스위치를 ON, OFF하는 역할을 하며, 세트/코스트, 리줌/엑셀러레이터는 운전자가 정속 주행을 실행시키는 명령 스위치이다.

5) 해제 스위치

정속 주행 중 브레이크 페달을 작동시키면 제동등 스위치가 ON되어 액추에이터의 공급 전원을 차단하고, 고정 주행 중 변속레버를 P나 N 레인지로 하면 해제 신호를 컴퓨터로 입력시켜 즉시 정속 주행을 해제시킨다.

3. ACC의 제어

1) 세트 제어(set control, 고정 주행)

희망 차속으로 주행하면서 세트 스위치를 조작하면 조작 시 차속으로 고정된다. 규정 차속(40[km/h]) 이하에서는 작동하지 않는다.

2) 리줌 제어(resume control, 회복 주행)

정속 주행 중 일시 해제가 되었을 때 리줌(액셀러레이터) 스위치를 ON하면 주행속도를 해제하기 전의 속도로 회복된다.

3) 코스트 제어(coast control, 감속 주행)

정속 주행 중 코스트 스위치를 ON하면 액추에이터의 부압을 개방하여 세트 스위치를 ON 할 때까지 감속한 후 정속 주행한다.

4) 액셀러레이터 제어(accelerator control, 가속 주행)

정속 주행 중 액셀러레이터 스위치를 ON하면 OFF(세트)할 때까지 가속한다.

4. ACC 해제조건

① 브레이크(또는 클러치) 페달을 밟았을 때
② 자동변속기 레버를 P 또는 N 레인지로 선택
③ 주행속도가 최저 한계속도(40km/h) 이하일 때
④ 주행속도가 처음 고정속도보다 20km/h 이상 감소되었을 때
⑤ 세트와 리줌 스위치를 동시에 ON 하였을 때

2_ 스마트 크루즈 컨트롤 (SCC : Smart Cruise Control)

SCC 시스템은 기존의 ACC(Auto Cruise Control) 시스템이 정속 주행장치라면, SCC는 차량 전방에 장착된 전파 레이터를 이용하여 선행차량과의 거리 및 속도를 측정하여 선행 차량과 적절한 거리를 자동으로 유지하는 시스템이다.

1. SCC의 개요

1) SCC 효과

① 운전 편의성 향상
② 연비 향상

2) 작동 원리

① 안테나에서 77[GHz]의 전파를 송신한다.
② 전방에 위치한 차량에 반사되어 다시 안테나로 수신된다.
③ 최고 64개 Target을 검출(검출은 하나, 목표 차량도 한개)하고, 검출거리는 1 ~ 174[m]이다.

2. SCC의 작동 및 제어

1) SCC 작동

① 30 ~ 180[km/h]에서는 속도/거리 제어를 모두 수행하고, 30[km/h] 미만에서는 속도제어는 불가하다.
② 선행 차량이 정차하면 일정거리 뒤에 정차하고 3초 이내 출발시 자동 출발하며 3초가 넘어가면 resume 스위치 또는 액셀 페달 작동으로 출발한다. 5분이상 정차 유지시 EPB 작동하여 SCC 제어가 해제된다.

2) 시스템 제어

① 운전자가 스위치를 조작한다.(목표 속도 조작, 목표 차간 거리)
② SCC 센서 & 모듈에서 선행차량 인식, 목표 속도, 목표 차간 거리, 목표 가/감속도를 연산한 후 VDC ECU에 가/감속도 제어를 요청한다.
③ 클러스터에 제어 상황을 표시한다.
④ VDC 모듈은 ECM에 필요한 토크를 요청하고, 감속도 제어시 브레이크 토크가 필요하면 토크를 압력으로 변환하여 브레이크 압력을 제어한다. 참고로 클러스터, SCC, VDC, ECM, TCU는 CAN 통신을 하며 서로의 정보를 주고 받는다.

3. 센서 얼라이먼트

전방에 위치한 차량들을 정상적으로 감지하기 위해 센서면이 차량 진행 방향과 일치해야 한다. 이것을 차량 진행 방향과 일치하게 하는 것을 SCC 센서 얼라이먼트(정렬)라고 한다. 센서 얼라이먼트 미 수행시 차량의 감지성능 저하로 인하여 시스템이 정상 동작을 하지 않아 사고의 원인이 될 수 도 있다. 센서 얼라이먼트는 In line 설비가 갖춰진 정비공장이나 장비가 갖춰진 일반 A/S 센터에서 할 수 있다.

제3절 자동차의 성능

자동차의 주행성능에는 동력 전달기구에 좌우하는 성능(동력성능)과 이들에 전혀 지배되지 않는 성능이 있다. 동력성능으로는 등판성능, 가속성능, 최고속도, 연료 소비율 그리고 기타성능으로는 제동성능, 타행성능, 안전성능, 조종성능, 진동, 승차감 등을 들 수 있다.

1_ 주행성능

1. 자동차 주행저항의 종류

자동차의 주행저항이란 자동차의 진행방향과는 역방향으로 작용하는 모든 힘으로, 발생원인별로 분류하면 구름저항, 공기저항, 등판저항, 가속저항 등이 있다.

그림 2-141 / 자동차의 주행저항

자동차가 수평노면을 정속 주행 중이면 구름저항과 공기저항이, 오르막을 주행 중이면 등판저항이 더해지고, 오르막을 가속주행하면 구름저항, 공기저항, 등판저항, 가속저항 등 전주행저항이 모두 작용한다.

1) 구름저항

차륜이 수평노면을 구룰 때 일어나는 저항으로 노면에서 휠(wheel)의 걸리는 하중과 노면 상태, 주행속도에 따라서 다음과 같은 등식이 성립한다.

$$R_r = \mu_r \cdot W$$

R_r : 구름저항[kg]
μ_r : 구름저항계수
W : 차량 총 중량[kg]

표 2-3 / **노면상태에 따른 구름저항 계수**

노면상황	구름저항계수
양호한 아스팔트 포장로	약 0.010
양호한 콘크리트 포장로	약 0.015
양호한 미포장로	약 0.04
돌이 많이 있는 도로	약 0.08
새 자갈을 깐 도로	약 0.12
점토질 도로	약 0.2~0.3

이 값은 대강의 값으로 노면상황, 속도, 타이어 내압, 타이어 하중, 타이어 구조 등에 따라 변화한다. 구름저항이 증가하는 요인으로는

① 타이어의 변형
② 노면의 변형, 요철에 의한 충격저항
③ 타이어와 노면간의 국부적인 미끄러짐과 마찰로 인한 것
④ 공기속에서의 바퀴 회전으로 인한 공기저항
⑤ 차륜 베어링의 마찰저항이 있다.

또한, 구름저항계수는 타이어 공기압과 차속에 의해 변화한다. 차속이 140km/h 이상이 되면 구름저항계수는 급격히 증대하며 그 원인은 정지파(Standing wave)의 발생 때문에 저항이 커지기 때문이며, Standing wave가 생기면 저항은 거의 속도의 제곱에 비례한다.

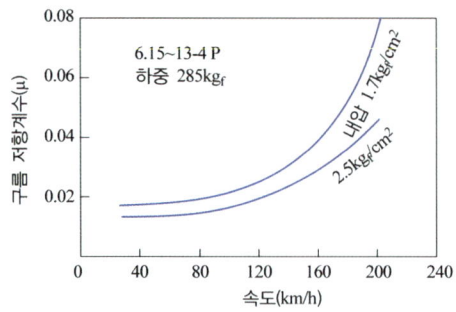

그림 2-142 / **속도에 따른 구름저항 계수의 변화**

2) 공기저항(空氣抵抗)

자동차가 주행할 때 진행방향에 반대하는 공기력으로, 자동차의 공기저항은 일반적으로 20[km/h] 까지는 무시되며 주행속도에 따른 공기저항은 다음과 같다.

$$R_a = \mu_a \cdot A \cdot v^2 [\mathrm{kg_f}]$$

μ_a : 공기저항 계수
A : 자동차 전면 투영면적[m²]
v : 차의 주행속도[m/s]

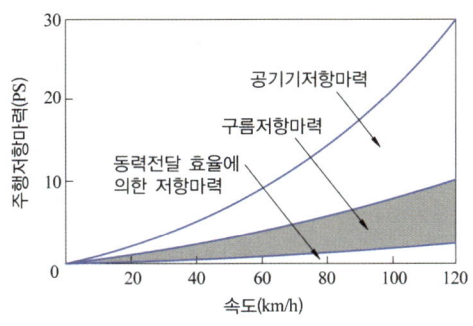

그림 2-143 / **공기저항과 구름저항과의 비교**

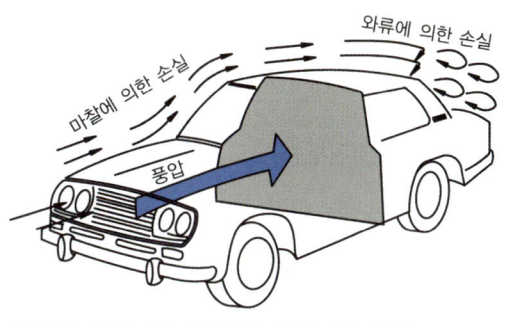

그림 2-144 / **공기저항**

자동차가 직진 주행하고 있는 경우(편요각이 0) 차체에는 뒷방향으로 작용하는 항력, 윗방향으로 작용하는 양력, 차체가 상하로 움직이는 피칭모멘트가 작용하며 최고속도나 연료소비율, 차체의 부상(浮上)으로 안정성에 영향을 준다.

자동차가 선회하거나 옆방향으로 바람이 불어오면(편요각이 0이 아닌 경우) 차체에 대하여 편요각을 갖기 때문에 옆방향에 작용하는 횡력, 그로 인해 차체가 좌우로 흔들리는 롤링모멘트, 자동차의 앞, 뒤에 작용하여 지그재그로 움직이게 하는 요잉모멘트가 작용하여 진로 유지의 안정성, 옆바람에 의한 안정성 등에 영향이 있다. 여기서, 3력(항력, 양력, 횡력)은 공기가 흐를 때 표면에 일어나는 압력에 의해, 3모멘트(피칭, 요잉, 롤링)는 압력의 분포에 의해서 결정된다.

3) 등판저항(登板抵抗)

자동차가 수평 노면을 일정속도로 주행할 때는 구름저항과 공기저항만 작용한다. 그러나 그림 2-145 과 같이 각 θ 만큼 경사진 도로를 주행할 때는 중력이 경사면에 평행한 분력 W가 작용하여 자동차의 전진을 방해한다. 이것을 등판저항 또는 구배저항이라 한다. 경사길을 내려갈 때는 반대로 자동차를 추진하는 힘이 작용하여 마이너스 저항이 작용한다.

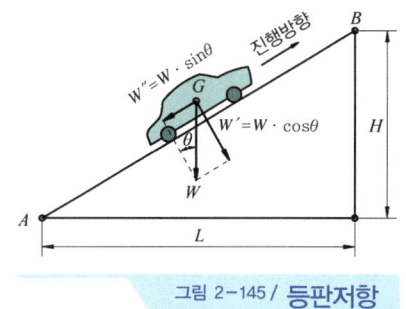

그림 2-145 / **등판저항**

등판저항은 다음 식으로 나타낸다.

$$R_g = W \sin\theta \, [\mathrm{kg}]$$

위의 식은 15[%] 이상의 도로는 없다는 가정에 의한 등식이다.

일반적으로 노면의 기울기는 $\tan\theta$의 백분율로 나타내며, 또 θ의 값이 그다지 크지 않을 경우에는 $\sin\theta \fallingdotseq \tan\theta$이므로 등판저항값은 근사적으로 다음 식과 같이 나타낸다.

$$R_g = W\tan\theta = W \cdot \frac{G}{100} [\text{kg}]$$

여기서, G는 구배 [%](H/L×100)이다.

4) 가속저항(加速抵抗)

자동차의 속도를 변화시키는데 필요한 힘을 가속저항이라 한다. 일반적으로 물체를 가속하려고 할 때는 그 물체의 관성을 극복하는 힘이 필요하고, 그 힘이 가속력, 결국 가속저항이 되므로 가속저항은 관성저항이라고도 할 수 있다.

$$R = (W + \Delta W)\frac{\alpha}{g} [\text{kg}]$$

R : 가속저항
W : 차량 총중량[kg]
ΔW : 회전부분 상당중량[kg]
α : 가속도[m/s²]
g : 중력가속도[m/s²]

표 2-4 / 회전부분 상당중량

자동차의 종류		승용차	
변속 단수	3단	4단	
$\frac{\Delta W}{W}$	제 1 단 제 2 단 제 3 단 제 4 단	0.88 0.28 0.11	0.70 0.54 0.20 0.10

$\frac{\Delta W}{W_1} = 0.1$: 트럭
$\frac{\Delta W}{W_1} = 0.08$: 승용차
$\frac{\Delta W}{W_1} = 0.25$: 이륜차
단, W_1은 공차중량

2. 자동차 전 주행저항

자동차가 주행중 받는 저항은 앞에서 설명한 구름저항, 공기저항, 등판저항 그리고 가속저항이 있으며 주행상태에 따른 전 주행저항은 다음과 같다.

① 평탄로를 일정 속도로 주행할 경우의 전 주행저항 : 구름저항＋공기저항
② 등판로를 일정 속도로 주행할 경우의 전 주행저항 : 구름저항＋공기저항＋등판저항
③ 평탄로를 일정 가속도로 가속할 경우의 전 주행저항 : 구름저항＋공기저항＋가속저항

또 오르막길을 가속하면서 주행할 경우에는③에 등판저항을 더하면 전 주행저항이 된다. 등판저항은 내리막길을 주행하면 마이너스가 되고 자동차가 감속할 경우에는 가속저항도 마이너스가 된다. 따라서 필요로 하는 감속도(마이너스 가속도)를 얻기 위해서는 그 에너지를 흡수하는 장치(브레이크 장치)의 성능이 중요하다.

2_ 선회성능

1. 타이어에 발생하는 힘과 모멘트

하중을 지탱하여 구르는 타이어에는 접지면에 있어서 노면으로부터 타이어에 대하여 진행을 저해하도록 뒷방향으로 구름저항이 작용한다. 또 타이어에 제동을 걸면 역시 뒷방향으로 제동력이 발생한다. 타이어가 노면에 대하여 경사져 있을 때, 접지면에서 노면으로부터 타이어에 대해 캠버 스러스트가 작용한다. 자동차가 선회시 타이어는 진행방향과 일치하지 않고 어느 각도만큼 미끄러지며 구르게 되므로 이를 사이드 슬립각(side slip angle, 횡슬립각)이라 한다. 사이드 슬립에 의해 노면으로부터 타이어에 대해서 회전면에 직각인 힘 사이드 포스가 발생하며, 이 힘을 진행방향과 직각방향으로 나누면 직각방향으로 코너링 포스가 발생한다. 아래 그림에서처럼 탄성변형의 합력이 타이어의 중심보다 뒤쪽(pneumatic trail)에 오게 되므로 코너링 포스에 의해서 회전모멘트가 발생되는데 이를 자동중심 조정 토크(복원토크, Self Aligning Torque)라 한다.

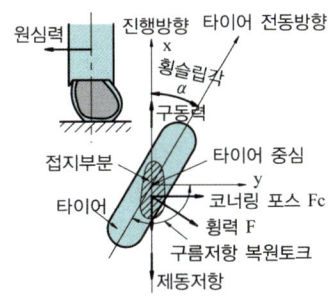

그림 2-146 / 타이어에 발생하는 힘과 모멘트

2. 코너링시 힘의 균형

자동차가 코너링 시 4개의 타이어에 작용하는 코너링 포스(구심력)는 자동차에 발생되는 원심력과 평형을 이루기 때문에 원만한 선회가 이루어진다. 타이어가 직진 방향으로 진행할 때는 코너링 포스는 발생하지 않으나 타이어가 진행 방향과 약간 벗어난 방향으로 진행시 코너링 포스는 발생된다. 즉, 사이드 슬립각이 있을 때 타이어와 노면과의 마찰력에 의해 코너링 포스는 발생된다.

또한, 원심력은 곡률반경에 반비례하고 속도의 제곱에 비례한다.($a = \dfrac{v^2}{r}$)

따라서, 원심력[kg] = m · a = $\dfrac{W}{g} \cdot \dfrac{v^2}{r}$ 으로 나타낼 수 있다.

위식에서, 코너 선회시 반지름이 200에서 100으로 작아지면, 코너링 포스는 2배가 필요하게 되고 속도가 50k[m/h]에서 100[km/h]로 2배 증가하면, 코너링 포스는 4배가 필요하게 된다.

3. 선회 가속도(횡가속도)

자동차가 선회반경 30[m]의 원을 45[km/h]로 주행시 선회 가속도 $a = \dfrac{v^2}{r} = \dfrac{\left(\dfrac{45}{3.6}\right)^2}{30}$
= 5.2[m/s²]이다.

중력 가속도 9.8[m/s²] = 1[G] 이므로, $\dfrac{5.2}{9.8}$ = 0.53[G]에 해당한다.

선회 가속도는 일반도로 주행시 0.2 ~ 0.3[G] 정도이며, 그 이상이 되면 불쾌감 또는 공포심을 유발하게 된다.

4. 선회 특성

① 언더 스티어(under steer) : 자동차의 속도가 증가하면 선회반지름이나 핸들각이 커지는 현상
② 오버 스티어(over steer) : 자동차의 속도가 증가하면 선회반지름이나 핸들각이 감소하는 현상
③ 뉴트럴 스티어(neutral steer) : 자동차의 속도가 증가하여도 선회반지름이나 핸들각이 일정한 정상 원선회
④ 리버스 스티어(reverse steer) : 속도가 낮은 초기에는 조향각도가 증가하는 언더 스티어가, 속도가 증가함에 따라 오버 스티어가 되는 현상

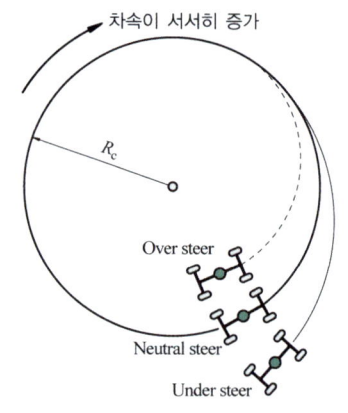

그림 2-147 / 코너링시 선회특성

3_ 제동성능

1. 제동거리 종류

1) 공주거리

거리는 속도×시간이므로, 공주거리 = $\dfrac{V}{3.6}$ × 공주시간, 공주시간을 1/10초라 하면

∴ 공주거리 $S[\text{m}] = \dfrac{V}{36}$

V : 자동차 속도[km/h]
S : 공주거리[m]

공주시간을 분류하면 반응시간, 옮기는 시간, 밟는 시간으로 분류할 수 있으며 반응시간은 운전자의 특성에 따라, 옮기는 시간과 밟는 시간은 페달 높이와 페달 행정에 따라 변할 수 있다.

2) 제동거리

자동차가 V[km/h]의 속도로 주행할 대 F[kg]의 제동력을 발생시켜 S[m]의 거리에서 정지하였다면 그 때의 일 $W = F \cdot S$

또한 질량 m인 자동차가 v[m/s]의 속도로 운동하고 있을 때 운동 에너지 $E = \dfrac{1}{2} m \cdot v^2$ 이다.

자동차가 한 일과 운동 에너지는 같으므로 $F \cdot S = \dfrac{1}{2} m \cdot v^2 = \dfrac{1}{2} \cdot \dfrac{W}{g} \cdot v^2$

여기에, 회전부분 상당중량을 더하여 정리하면,

제동거리 $S[\text{m}] = \dfrac{V^2}{254} \times \dfrac{W + \Delta W}{F}$

3) 정지거리

정지거리는 공주거리 + 제동거리이므로,

정지거리 $S[\text{m}] = \dfrac{V}{36} + \dfrac{V^2}{254} \times \dfrac{W + \Delta W}{F}$ 가 된다.

4) 법규상 제동거리

법규상 제동거리는 제동초속도가 50km/h일 때 제동거리를 법규화 한 것으로, 그 식은 $S[\text{m}] = \dfrac{V^2}{100} \times 0.88$ 이다.

5) 마찰계수에 의한 제동거리

차량 중량이 W[kg], 타이어와 노면과의 마찰계수가 μ인 도로에서 제동하여 S[m]에서 정지하였다면,

$$\therefore \mu \cdot W \cdot S = \dfrac{1}{2} m \cdot v^2 = \dfrac{1}{2} \cdot \dfrac{W}{g} \cdot v^2 \text{이다.}$$

이를 정리하면, 마찰계수에 의한 제동거리 $S[\text{m}] = \dfrac{v^2}{2 \cdot \mu \cdot g}$ 이 된다.

제4장 주행 및 구동장치 출제예상문제

01 타이어의 구조에서 직접 노면과 접촉되어 마모에 견디고 적은 슬립으로 견인력을 증대시키는 곳의 명칭은? [07년 4회]

㉮ 트레드(thread)
㉯ 브레이커(breaker)
㉰ 카커스(carcass)
㉱ 비드(bead)

풀이 타이어의 구조
① 트레드 : 노면과 직접 접촉하는 부분으로 제동력, 구동력, 옆방향 미끄럼 방지, 승차감 향상 등의 역할을 한다.
② 브레이커 : 트레드와 카커스 사이에 있으며, 분리를 방지하고 노면에서의 완충작용을 한다.
③ 카커스 : 타이어의 골격을 이루는 부분으로 여러겹의 코드층으로 되어 공기압력을 견디고 완충작용을 한다.
④ 비드 : 타이어가 림에 접촉하는 부분으로 타이어가 늘어나고 빠지는 것을 방지하기 위해 몇 줄의 피아노 선이 들어있다.

02 지면과 직접 접촉은 하지 않고 주행 중 가장 많은 완충작용을 하고 타이어 규격 및 각종 정보가 표시된 부분은? [09년 1회]

㉮ 카커스(carcass)부
㉯ 트레드(tread)부
㉰ 사이드월(side wall)부
㉱ 비드(bead)부

풀이 사이드 월 부분은 지면과 직접 접촉은 하지 않고 주행 중 가장 많은 완충작용을 하고 타이어 규격 및 각종 정보가 표시되어 있는 부분이다.

03 고무로 피복된 코드를 여러 겹 겹친 층에 해당되며, 타이어에서 타이어 골격을 이루는 부분은? [07년 5회]

㉮ 카커스(carcass)부
㉯ 트레드(tread)부
㉰ 숄더(should)부
㉱ 비드(bead)부

풀이 타이어의 구조
① 트레드 : 노면과 직접 접촉하는 부분으로 제동력, 구동력, 옆방향 미끄럼 방지, 승차감 향상 등의 역할을 한다.
② 브레이커 : 트레드와 카커스 사이에 있으며, 분리를 방지하고 노면에서의 완충작용을 한다.
③ 카커스 : 타이어의 골격을 이루는 부분으로 여러겹의 코드층으로 되어 공기압력을 견디고 완충작용을 한다.
④ 비드 : 타이어가 림에 접촉하는 부분으로 타이어가 늘어나고 빠지는 것을 방지하기 위해 몇 줄의 피아노 선이 들어있다.

04 주로 승용차에 사용되며 고속주행에 알맞은 타이어의 트래드 패턴은? [09년 4회]

㉮ 러그패턴
㉯ 리브패턴
㉰ 블록패턴
㉱ 오프 더 로드패턴

풀이 리브(rib) 패턴은 고속주행에 알맞은 승용차용 타이어 패턴이다.

01 ㉮ 02 ㉰ 03 ㉮ 04 ㉯

05 자동차의 타이어에서 60 또는 70시리즈라고 할 때 시리즈란? [08년 1회]

㉮ 단면 쪽　　㉯ 단면 높이
㉰ 편평비　　㉱ 최대속도 표시

> 편평비 : 타이어의 높이를 폭으로 나눈 값으로 0.6일 경우 60시리즈라 한다.

06 타이어의 높이가 180[mm], 너비가 220[mm]인 타이어의 편평비는? [07년 2회]

㉮ 1.22　　㉯ 0.82
㉰ 0.75　　㉱ 0.62

> 편평비 = $\dfrac{높이}{폭(너비)}$
> ∴ $\dfrac{높이}{폭(너비)} = \dfrac{180}{220} = 0.818$

07 레이디얼(radial) 타이어의 장점이 아닌 것은? [08년 5회]

㉮ 미끄럼이 적고 견인력이 좋다.
㉯ 선회시 안전하다.
㉰ 조종 안정성이 좋다.
㉱ 저속 주행, 험한 도로 주행 시에 적합하다.

> 레이디얼(radial) 타이어의 특징
> ① 미끄럼이 적고 견인력이 좋다.
> ② 선회할 때 사이드 슬립이 적고 코너링 포스가 좋아 안전하다.
> ③ 고속으로 주행할 때 안전성이 좋다.
> ④ 스탠딩 웨이브가 잘 일어나지 않는다.
> ⑤ 튼튼하므로 타이어의 변형이 적고, 충격 흡수가 작아 승차감이 나쁘다.

08 타이어가 동적 불평형 상태에서 70~90[km/h] 정도로 달리면 바퀴에 어떤 현상이 발생하는가? [08년 2회 / 09년 5회]

㉮ 로드 홀딩 현상　　㉯ 트램핑 현상
㉰ 토아웃 현상　　㉱ 시미 현상

> 타이어가 정적 불평형이면 타이어가 상하로 움직이는 트램핑 현상이, 동적 불평형이면 타이어가 좌우로 움직이는 시미 현상이 발생한다. 동적 불평형이므로 고속 주행시 바퀴가 좌우로 흔들리는 시미 현상이 발생한다.

09 하이드로 플래닝 현상을 방지하는 방법이 아닌 것은? [09년 2회]

㉮ 트레드의 마모가 적은 타이어를 사용한다.
㉯ 타이어의 공기압을 높인다.
㉰ 트레드 패턴은 카프형으로 셰이빙 가공한 것을 사용한다.
㉱ 러그 패턴의 타이어를 사용한다.

> 하이드로 플래닝(hydro-planning)이란 고속 주행시 노면과 타이어 사이에 물이 빠지지 못하여 마찰력이 작아지는 현상으로, 리브 패턴의 타이어를 사용한다.

10 구동바퀴가 자동차를 미는 힘을 구동력이라고 하는데 구동력을 구하는 공식은? (단, F : 구동력, T : 축의 회전력, R : 바퀴의 반경) [08년 4회]

㉮ F = R / T　　㉯ F = T / R
㉰ F = T × R　　㉱ F = T × 2R

> T = F × r
> 여기서, T : 회전력[kg_f-m]
>   F : 구동력[(kg_f)]
>   r : 타이어 반지름[m]
> ∴ F = T / r

05 ㉰　06 ㉯　07 ㉱　08 ㉱　09 ㉱　10 ㉯

11 엔진의 출력을 일정하게 하였을 때 가속성능을 향상시키기 위한 것이 아닌 것은?

[09년 2회]

㉮ 여유 구동력을 크게 한다.
㉯ 자동차의 총중량을 크게 한다.
㉰ 종감속비를 크게 한다.
㉱ 주행저항을 적게 한다.

풀이 가속성능을 향상시키기 위해서는 ㉮, ㉰, ㉱ 항 이외에 차량 총중량을 작게 해야 한다.

11 ㉯

자동차전기

제1장 전기전자
제2장 시동, 점화 및 충전장치
제3장 계기, 등화 및 편의장치
제4장 냉・난방장치

01 전기전자

제1절 기초전기

1_ 전기의 개요

1. 개요

물질이 성질을 갖고 있는 가장 기본 단위는 분자이며, 분자를 더 쪼개보면 원자, 원자는 핵과 전자로 구성되어 있다. 여기서 전자는 전기의 본질이며 그 중에서도 가장 바깥에 위치한 전자를 자유전자라 한다. 이 자유전자가 이동하여 전기가 흐르는 현상이 발생된다. 고대부터 전류는 (+)에서 (-)로 흐른다고 알려져 왔는데, 실제는 자유전자인 (-)가 (+)쪽으로 이동하여 발생하는 현상이 전류의 흐름이다. 그리하여 전류가 흐른다는 것은 실제로는 (-)인 전자가 (+)쪽으로 이동하여 나타나는 현상이지만 현재에도 전기(전류)는 (+)에서 (-)로 흐른다고 말한다.

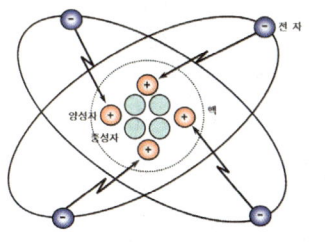

그림 3-1/ 원자의 구조

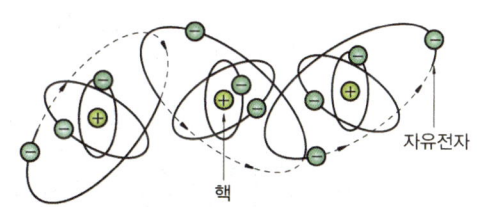

그림 3-2/ 자유전자의 이동

1) 축전기(condenser, 콘덴서)

축전기란 전기 입자를 모으는 장치로, 절연체를 사이에 두고 두 장의 금속판 A, B를 가까운 거리에서 마주보게 한 다음, 전압을 가하면 두 장의 금속판으로 (+), (-) 전하가 이동하여 전기를 저장할 수 있다. 이 때 금속판에 저장할 수 있는 전기의 양은 가해지는 전압, 금속판의 면적, 절연체의 절연도에 비례하고, 금속판 사이의 거리에 반비례한다.

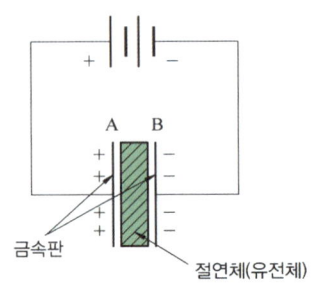

그림 3-3 / 콘덴서의 구조

① 축전기의 연결법

  ㉠ 직렬접속 $C = \dfrac{1}{\dfrac{1}{C_1} + \dfrac{1}{C_2} + \cdots + \dfrac{1}{C_n}}$

  ㉡ 병렬접속 $C = C_1 + C_2 + \cdots + C_n$

② 축전기의 정전용량

  $Q = C \cdot E$

Q : 전하량[C, coulomb]
C : 정전용량[F, farad]
E : 전압[V, volt]

③ 축전기의 시정수(時定數, time constant, τ) : 콘덴서의 시정수란 콘덴서의 충·방전 소요시간을 나타내기 위한 것으로, 인가전압의 약 63.2[%] 충전될 때까지의 시간 또는 완전 충전된 콘덴서가 인가전압의 36.8[%] 까지 방전되는 시간으로 정의한다.

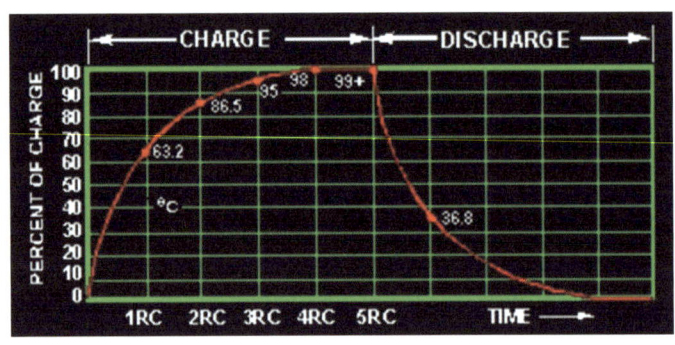

그림 3-4 / 콘덴서의 충·방전 곡선(RC 직렬회로)

시정수 1τ가 경과하면 콘덴서는 인가전압의 63.2[%]까지 충전되고, 2τ가 경과하면 남은 전압의 63.2[%]가 충전된다. 따라서, 어떤 콘덴서가 완전 충전하는데 걸리는 시간은 이론상 무한대이다. 하지만 충전 개시 후 5τ가 경과하면 인가전압의 99.3[%]까지 충전되므로 완전 충전된 것으로 간주한다. 방전의 경우도 같다.

2. 전류, 전압, 저항

1) 전류

① 전기의 흐름 : 자유전자의 흐름을 전류가 흐른다고 하며, 전자는 (-)에서 (+)로 전류는 (+)에서 (-)로 흐른다. 도체내의 임의의 한 점을 매초 1 쿨롱의 전하가 이동하는 것을 1 암페어(A)라 하며 기호는 I로 표시한다.

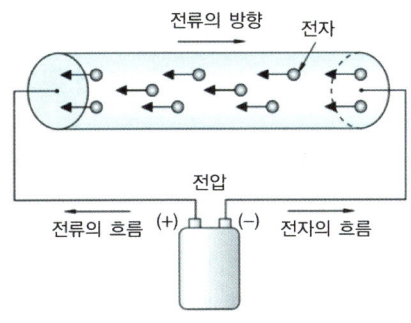

그림 3-5 / **전류와 전자의 흐름**

② 전류의 작용

　㉠ 발열작용 : 도체 내에는 전기의 흐름을 방해하는 저항이 있어 전류가 흐르면 열이 발생한다. 따라서, 열의 발생은 전류가 많이 흐르거나 저항이 크면 커진다. 자동차에 발열작용을 이용한 것으로는 시거 라이터, 뒷유리 열선 등이 있다.

　㉡ 화학작용 : 전류가 흐르는 현상에 의해 전기분해나 화학반응이 일어나는 작용이다. 화학작용의 대표적인 부품이 축전지이다.

　㉢ 자기작용 : 도체에 전류가 흐르면 오른나사의 법칙에 의해 도체 주위에 자기 현상이 발생되고, 이 전기 에너지를 기계적인 힘으로 바꾸어 응용한 것이 자동차의 기동 전동기, 발전기, 릴레이(솔레노이드) 등이다.

2) 전압

전압이란 전기적인 압력에 의해 전류가 흐르는 것으로 전위차(potential difference)라고도 한다.

전압은 물의 흐름과 비유하면 쉽게 이해할 수 있다. 물의 높이 차에 해당하는 것을 수위차 (수압)라 하듯이 전지의 (+)와 (-)의 높이 차이를 전위차(전압)라 한다. 물이 흐르면 수위차가 낮아지므로 펌프를 이용하여 수위를 일정하게 하듯이 전압도 흐르면 전위차가 낮아지므로 전압을 일정하게 하기 위해 전압을 만들어 내는 것을 기전력이라 한다. 전압의 단위는 볼트 (V), 기호는 E로 표시한다.

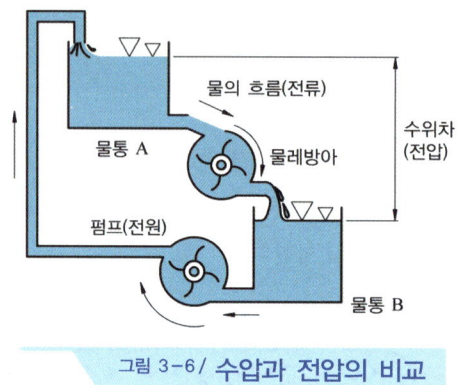

그림 3-6 / 수압과 전압의 비교

3) 저항

저항이란 물질에 전류가 흐르기 쉬운가, 어려운가를 나타낸 것으로 전선의 재질, 전선의 굵기, 전선의 길이에 따라 달라진다. 저항이 너무 크면 흐르는 전류가 작아 회로에서 일을 할 수 없고 너무 작으면 흐르는 전류가 너무 많아(과전류) 열이 발생하여 화재의 원인이 되기도 한다. 따라서 저항은 회로에서 전류가 할 수 있는 일을 적절하게 제어하는 기능을 하는 것이다. 저항의 단위로는 오옴(Ω), 기호는 R로 표시한다.

① **도체의 고유저항(비저항)** : 물체 자체가 지니고 있는 고유한 전기저항으로, 물질의 저항은 재질, 단면적, 온도에 따라서 변화하므로 길이 1[m], 단면적 1[m²] 인 도체의 두 면간의 저항값을 비교하여 도체가 가지는 저항값을 고유저항 또는 저항률 ρ(rho)라고 한다. 물체의 저항값은 길이 ℓ[m]에 비례하고, 단면적 A[m²]에 반비례한다.

$$R = \rho \times \frac{\ell}{A}$$

도체의 고유 저항값은 다음과 같다.

도체명칭	고유저항 ($\mu\Omega$cm/20[℃])	도체명칭	고유저항 ($\mu\Omega$cm/20[℃])
은	1.62	황	5.7
구리	1.69	니켈	6.9
금	2.40	철	10.0
알루미늄	2.62		

② **온도와 저항** : 일반적으로 도체는 온도가 상승하면 저항이 증가한다. 온도가 1[℃] 상승하였을 때 저항값이 어느 정도 크게 되었는가의 비율을 저항의 온도계수라 한다.
이를 식으로 표현하면,
$\Delta R = R_2 - R_1 = R_1 \cdot \alpha \cdot (t_2 - t_1)$ 이다.

그러므로,

$R_2 = R_1 + R_1 \cdot \alpha \cdot (t_2 - t_1) = R_1 \times [1 + \alpha \cdot (t_2 - t_1)]$ 이다.

예를 들어, 저항의 온도계수가 0.004일 때 1[Ω]에서

1[℃] 상승하면 $R_2 = R_1 \times [1 + \alpha \cdot (t_2 - t_1)] = 1.004[Ω]$이 되고,

20[℃] 상승하면 $R_2 = R_1 \times [1 + \alpha \cdot (t_2 - t_1)] = 1 \times [1+0.004 \times 20] = 1.08[Ω]$이 된다.

R_2 : t_2[℃]일 때의 저항값
R_1 : t_1[℃]일 때의 저항값
α : t_1[℃]의 온도계수

③ **저항의 연결법**

  ㉠ 직렬연결 : 몇 개의 저항을 직렬로 연결한 방식으로, 각각의 저항을 더하므로 합성저항은 가장 큰 저항보다도 더 크다. 또한 저항이 직렬로 있으므로 각 저항에는 같은 전류가 흐른다.

  합성저항 $R = R_1 + R_2 + \cdots + R_n$

  ㉡ 병렬연결 : 각 저항을 병렬로 연결한 것으로, 병렬접속의 합성저항은 병렬회로에서 가장 작은 저항보다도 작게 된다. 하지만 각 저항에는 같은 전압이 걸린다. 자동차의 부품에는 대부분 병렬로 연결되어 같은 12[V](승용차 기준)가 걸리게 된다.

  합성저항 $R = \dfrac{1}{\dfrac{1}{R_1} + \dfrac{1}{R_2} + \cdots + \dfrac{1}{R_n}}$

  ㉢ 직·병렬연결 : 직렬접속과 병렬접속이 한 회로에 있는 것으로, 합성저항은 병렬접속의 합성저항을 구한 후 직렬회로의 저항과 더하면 된다.

④ **전압강하** : 전기회로에서 쓰고 있는 전선의 저항이나 회로 접속부의 접속저항 등에 소비되는 전압으로, 접촉이 불량하면 접촉저항이 크게 되어 전압강하는 크게 된다. 접촉저항을 감소시키기 위한 방법은 다음과 같다.

  ㉠ 접촉 면적을 넓게 한다.   ㉡ 접촉 압력을 세게 한다.
  ㉢ 길이를 짧게 한다.   ㉣ 굵기를 굵게 한다.
  ㉤ 공기의 침입을 막는다.

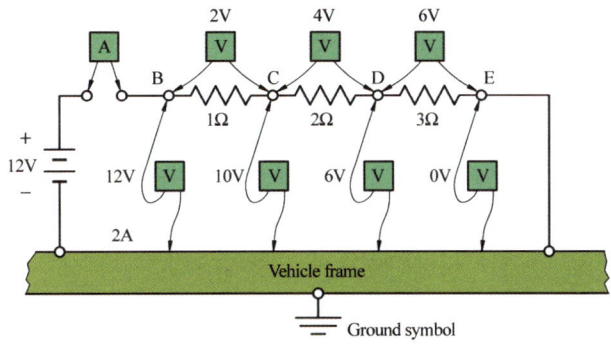

그림 3-7 / **전압강하**

⑤ 저항 색띠 읽기

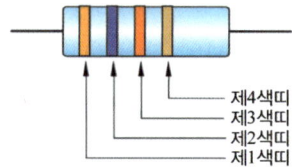

저항에는 4~5개의 색띠를 둘러서 저항값을 표시하며, 색의 앞뒤 구분은 색띠가 쏠려 있는 쪽이 앞이고, 구분하기 어려우면 금색이나 은색이 뒤쪽이다. 저항 읽는 법은 다음과 같다.

색깔	제1색띠 첫째자리	제2색띠 둘째자리	제3색띠 10의 제곱	제4색띠 오차([%])
검정	0	0	10^0	
갈색	1	1	10^1	
빨강	2	2	10^2	
주황	3	3	10^3	
노랑	4	4	10^4	
녹색	5	5	10^5	
파랑	6	6	10^6	
보라	7	7	10^7	
회색	8	8	10^8	
흰색	9	9	10^9	
금색				±5
은색				±10

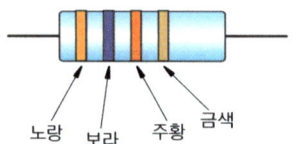

예를 들어, 앞쪽에서부터 노랑, 보라, 주황, 금색이라면 첫째 노랑이 4, 둘째 보라가 7이므로 47, 다음 셋째는 주황색이므로 10^3이다. 앞 두색의 수에 셋째를 곱하면, 47×10^3 = 47[kΩ]이 된다. 오차는 금색이므로 약 ±5[%]이다.

3. 오옴의 법칙

1) 오옴의 법칙(ohm's law)

전기 회로에 흐르는 전류 I[A]는 전압 E[V]에 비례하고 저항 R[Ω]에 반비례 한다. 이것을 오옴의 법칙이라 한다.

즉, $I = \dfrac{E}{R}$[A], $R = \dfrac{E}{I}$[Ω], $E = I \cdot R$[V]

2) 키르히호프의 법칙

① 키르히호프의 제1법칙 : 임의의 회로에서 "어떤 한 점에 유입한 전류의 총합과 유출한 전류의 총합은 같다"는 전류에 대한 법칙이다.

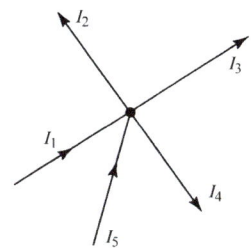

그림 3-8 / 키르히호프의 제1법칙

② 키르히호프의 제2법칙 : 임의의 폐회로에 있어서 "발생한 기전력의 총합과 각 저항에서의 전압강하의 총합과 같다"는 전압에 대한 법칙이다.

2_ 전력과 전기기호

1. 전력과 전력량

1) 전력(electric power)

전구, 전열기, 전동기 등에 전압을 가하여 전류를 흐르게 하면 전류는 빛, 열, 기계적 일 등 여러 가지 에너지로 변환된다. 이와 같이 전력이란 단위 시간당 전기가 하는 일의 크기로, 전력 = 전압×전류로 나타내며, 단위는 와트(W), 기호는 P로 표시한다.

즉, 전력 $P = E \times I = I^2 \times R = \dfrac{E^2}{R}$ 로 나타낼 수 있다.

2) 전력량(electric energy)

전력량이란 전력이 어떤 시간 동안에 한 일의 총량으로, 전력량= 전력×시간으로 표시한다. 전력량의 단위는 W·t(= Joule) 또는 kW·h, 기호는 W로 표시한다. 전력 $P = E \times I$ 이므로, 전력량 $W = P \cdot t = E \cdot I \cdot t = I^2 \cdot R \cdot t = \dfrac{E^2}{R} \cdot t$로 나타낼 수 있다.

3) 주울의 법칙(joule's law)

도체에 전류가 흘러 모두 열로 바뀌었을 때, 발생하는 열량은 전류의 제곱과 저항의 곱에 비례한다는 법칙이다. 이 때의 열을 주울 열이라 하며 $H = 0.24 I^2 \cdot R \cdot t$[cal]로 표시한다.

2. 전기기호

기호	명칭	기호 관계 설명
	배터리 (battery)	전원·배터리를 의미하며 긴쪽이 ⊕, 짧은쪽이 ⊖ 이다.
	콘덴서 (condenser)	전기를 일시적으로 저장하였다가 방출한다.(교류에는 전도성이 있으며 직류는 전류를 전달하지 못한다.)
	저항 (resistor)	고유저항, 니크롬선 등
	가변 저항 (variable resistor)	저항값이 변하는 저항(인위적 또는 여건에 따라)
	전구 (bulb)	램프를 의미 • 헤드라이트 : 55 ~ 60[W] • 램프 전구 : 5 ~ 10[W]
	더블 전구 (double bulb)	이중 필라멘트를 가진 램프 테일라이트, 헤드라이트 등
	코일 (coil)	전류를 통하면 전자석이 된다.(자장의 발생)
	더블 마그네틱 (double magnetic)	두 개의 코일이 감긴 전자석 또는 마그넷, 스타팅 모터의 마그넷 스위치
	변압기 (transtormer)	변압기로서 이그니션 코일 같은 경우
	스위치 (S.W.)	일반적인 스위치를 표시한다.
	릴레이 (relay)	S_1과 S_2에 전류를 통하면 코일이 전자석이 되어 스위치 (S.W)를 붙여 준다.

기호	명칭	기호 관계 설명
	스위치 (S.W.)	2 단계 스위치로서 평상시 붙어 있는 접점은 흑색으로 표시한다.
	지연 릴레이 (delay relay)	지연 릴레이로서 일종의 timer 역할을 의미한다. 그림은 off 지연 릴레이이다.
	스위치 (N.O.)normal open	평상시 접촉이 이루어지지 않다가 누를 때만 접속된다. 혼 스위치, 각종 스위치 등
	스위치 (normal close)	평상시에는 접촉이 이루어지나 누를 때만 접촉 안 된다. 주차 브레이크 스위치, 림 스위치, 브레이크 스위치 등에 쓰인다.
	서미스터 (thermistor)	외부 온도에 따라 저항값이 변한다. 온도가 올라가면 저항값이 낮아지는 부특성과 그 반대로 저항값이 올라가는 정특성 서미스터가 있다.
	다이오드 (diode)	한 방향으로만 전류를 통할 수 있다.(화살표 방향) 화살표 반대 방향으로는 흐르지 못한다.
	제너 다이오드 (zener diode)	제너 다이오드는 역방향으로 한계 이상의 전압이 걸리면 순간적으로 도통 한계 전압을 유지한다.
	포토 다이오드 (photo diode)	빛을 받으면 전기를 흐를 수 있게 한다. 일반적으로 스위칭 회로에 쓰인다.
	발광 다이오드 (LED)	전류가 흐르면 빛을 발하는 파일럿 램프(pilot lamp) 등에 쓰인다.
	트랜지스터 (TR)	그림의 왼쪽은 PNP 형, 오른쪽은 NPN 형으로서 스위칭, 증폭, 발진작용을 한다.(자동차에서는 NPN 형이 쓰인다.)
	포토 트랜지스터 (photo—transistor)	외부로부터 빛을 받으면 전류를 흐를 수 있게 하는 감광 소자이다. CDS 라고도 한다.
	사이리스터 (SCR)thyristor	다이오드와 비슷하나 캐소드에 전류를 통하면 그때서야 도통되는 릴레이와 같은 역할을 한다.
	압전소자 (piezo—electric element)	힘을 받으면 전기가 발생하며 응력 게이지 등에 주로 사용한다. 전자 라이터나 수정 진동자를 의미하기도 한다.
	논리 합 (logic OR)	논리회로로서 입력부 A, B 중에 어느 하나라도 1이면 출력 C도 1이다. ※ 1이란 전원이 인가된 상태, 0은 전원이 인가되지 않은 상태
	논리적 (logic AND)	입력 A, B가 동시에 1이 되어야 출력 C도 1이며 하나라도 0이면 출력 C는 0이 된다.
	논리 부정 (logic AND)	A가 1이면 출력 C는 0이고 입력 A가 0일 때 출력 C는 1이 되는 회로

기호	명칭	기호 관계 설명
⫘	논리 비교기 (logic compare)	B에 기준전압 1을 가해주고 입력단자 A로부터 B보다 큰 1을 주면 동력입력 D에서 C로 1 신호가 나가고 B 전압보다 작은 입력이 오면 0 신호가 나간다.(비교회로)
⫬	논리합 부정 (logic NOR)	OR 회로의 반대 출력이 나온다. 즉, 둘 중 하나가 1이면 출력 C는 0이 되고 둘 다 0이면 출력 C는 1이 된다.
⫫	논리적 부정 (logic NAND)	AND 회로의 반대 출력이 나온다. A, B 모두 1이면 출력 C는 0이며 모두 0이거나 하나만 0이어도 출력 C는 1이 된다.
	사이리스터	PNPN 또는 PNPN의 4층 구조로 제어 정류기로써 애노드(A) 캐소드(K), 게이트(G)의 3단자로 구성되어있으며 순방향 전압은 애노드에 +를 게이트에 +를 캐소드에 −를 접속하면 전류는 애노드에서 캐소드로 흐른다.
	고밀도 반도체 소자 (integrated circuit)	IC를 의미하며 $A \cdot B$는 입력을, $C \cdot D$는 출력을 나타낸다.
	모터 (motor)	모터(내장식과 외장식)
	비접속 (disconnection)	배선이 접속되지 않은 상태
	접속 (connection)	배선이 서로 접속되어 있는 상태
	어스 (earth)	어스 ⊖ 쪽에 접지시킨 것을 의미한다.
	소켓 (soket)	소켓 암컷을 의미, 모든 회로도에서는 주로 암컷 소켓의 배선 색깔을 표시

제2절 기초전자

1_ 반도체(semiconductors)

1. 반도체의 개요

반도체란 실리콘(Si), 게르마늄(Ge), 셀렌(Se)과 같이 도체와 부도체의 중간 성질을 갖는 소자를 말한다.

1) 반도체의 종류

반도체 소자인 실리콘이나 게르마늄 등 4가로만 이루어진 반도체를 진성 반도체라 하고, 이는 반도체 특성을 띠지 않으므로 반도체로 사용하지 않는다. 실리콘이나 게르마늄 등 4가의 원소에 인(P), 비소(As), 안티몬(Sb) 등 5가의 원소가 첨가되어 있는 것을 N형 반도체, 4가의 원소에 붕소(b), 알루미늄(Al), 인듐(In) 등 3가의 불순물이 첨가되어 있는 것을 P형 반도체라 한다.

① N(Negative)형 반도체 : 게르마늄(Ge)에 소량의 불순물을 혼합하여 1개의 전자가 남게 하여 전류를 이동시킬 수 있게 하는 반도체로서 ⊖ 전자가 이동하므로 N형 반도체라 한다. 이 경우 과잉전자가 전류를 흐르게 하였으므로 전류의 캐리어(carrier, 운반자)가 과잉전자라 하고, 전자를 주는 것을 도너(donor)라 한다.

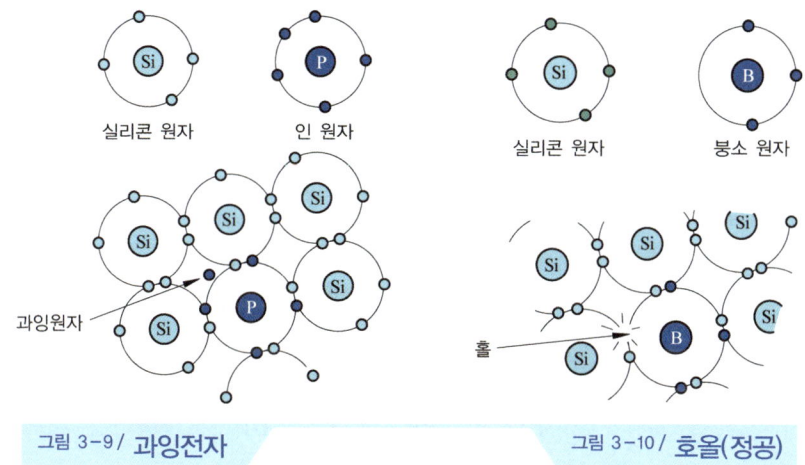

그림 3-9 / 과잉전자   그림 3-10 / 호올(정공)

② P(Positive)형 반도체 : 게르마늄(Ge)이나 실리콘(Si)과 같은 4가의 소자에 소량의 불순물을 혼합하면 게르마늄과 혼합시 1개의 전자가 부족하여 정공이 생성되게 하여 정공을 이용해서 전류가 흐르게 한 반도체이다. 이 경우 호올(정공)이 전류를 흐르게 하였으므로 전류의 캐리어(carrier, 운반자)를 호올(hole)이라 하고, 전자를 받는 것을 억셉터(acceptor)라 한다.

2) 실리콘 다이오드(silicon diode)

P형 반도체와 N형 반도체를 마주 대고 접합한 겹쳐 놓은 다이오드로써 순방향으로는 전류가 흐르고 역방향으로는 전류가 흐르지 않는다.

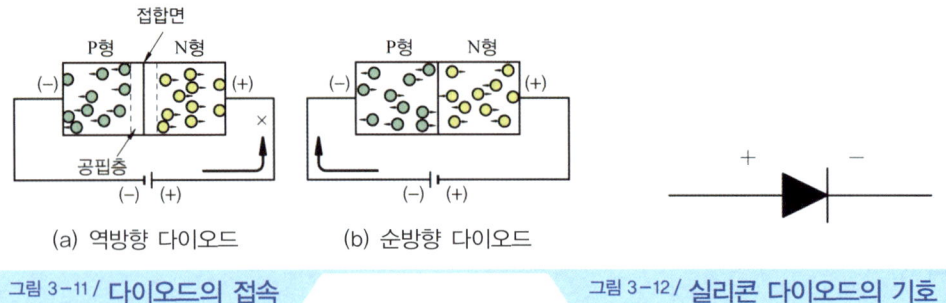

그림 3-11 / **다이오드의 접속**   그림 3-12 / **실리콘 다이오드의 기호**

① 다이오드의 종류
  ㉠ 제너 다이오드(zener diode) : 다이오드는 순방향으로는 전류가 흐르고 역방향으로는 전류가 흐르지 않으나 제너 다이오드는 역방향 전압을 증가시켜 일정한 값에 이르게 되면 역방향으로도 전류가 흘를 수 있는 다이오드이다. 이 때의 전압을 제너 전압(브레이크 다운 전압)이라 하며, 자동차용 교류 발전기의 전압 조정기에 사용하고 있다.

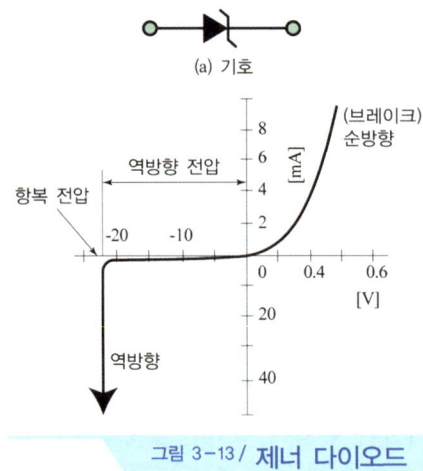

그림 3-13 / **제너 다이오드**

  ㉡ 발광 다이오드(LED) : 순방향으로 전류를 흐르게 하였을 때 빛이 발생되는 다이오드로서 가시광선으로부터 적외선까지 여러 가지 빛을 발생한다. 즉, PN형 접합면에 순방향 전압을 가하여 전류를 흐르게 하면 캐리어가 가지고 있는 에너지 일부가 빛으로 되어 외부로 방사한다.
  전자장치의 파일럿 램프, 크랭크각 센서 및 각종 센서 등에서 사용한다.
  ㉢ 포토 다이오드(photo diode) : 입사광선이 접합부에 쪼이면 빛에 의해 전자가 궤도를 이탈하여 자유전자가 되어 역방향으로도 전류가 흐르게 되며, 입사광선이 강할수록 자유 전자수도 증가되어 더욱 많은 전류가 흐르게 된다. 이러한 원리를 이용하여 배전기 내의 크랭크각 센서 및 TDC 센서, 차고 센서 등에서 사용하고 있다.

그림 3-14 / 발광 다이오드(LED)

그림 3-15 / 포토 다이오드

3) 트랜지스터(transistor)

N형 반도체를 중심으로 양쪽에 P형 반도체를 접합한 PNP형 트랜지스터와 P형 반도체를 중심으로 양쪽에 N형 반도체를 접합한 NPN형 트랜지스터가 있다. 트랜지스터에는 3개의 단자가 있는데 이들을 이미터(Emitter=E), 베이스(Base=B), 컬렉터(Collector=C)라 한다. 트랜지스터는 베이스(b) 전류를 ON. OFF 제어로 인하여 이미터(E)와 컬렉터(c)의 사이를 ON. OFF 제어할 수 있는 스위치 작용과 베이스의 전류 크기를 조절하여 이미터와 컬렉터 사이의 전류를 증폭시키는 증폭작용을 한다.

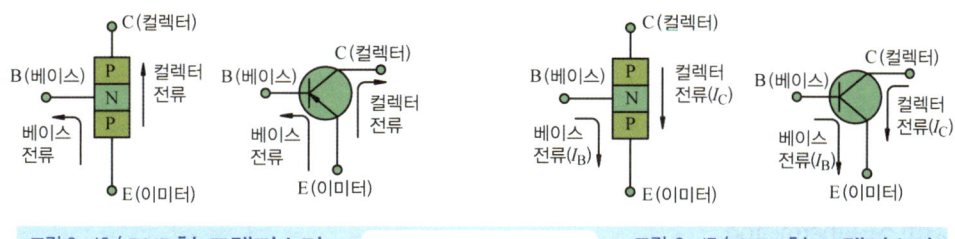

그림 3-16 / PNP형 트랜지스터   그림 3-17 / NPN형 트랜지스터

① 트랜지스터의 작동(NPN TR의 경우) : 트랜지스터의 컬렉터에 (+)를, 이미터에 (-)를 연결하면, 컬렉터 쪽 N형 반도체의 전자가 컬렉터 단자쪽으로 모이게 되고 얇은 P형 반도체의 (+)는 (-) 단자 쪽으로 모이게 되어 얇은 P형 반도체와 컬렉터쪽 N형 반도체 사이에 공핍층이 형성되어 전류는 흐르지 못하게 된다. 이 때 베이스에 (+)전류를 흐르게 하면 가운데 얇은 P형 반도체 (+)는 이미터의 전자와 만나 흐르게 되므로 베이스와 이미터가 연결되고, 양쪽 N형 반도체의 전자는 모두 일체가 되어 컬렉터 쪽으로 흐르게 된다.(전류는 컬렉터에서 이미터로 흐른다.)

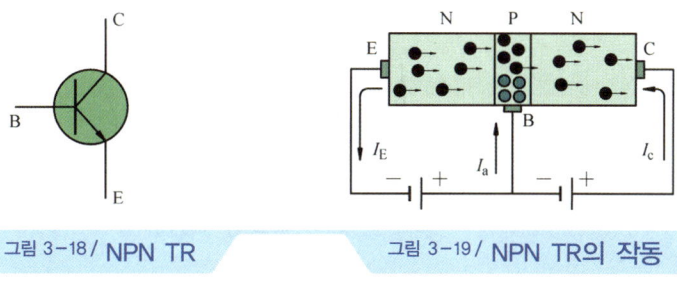

그림 3-18 / NPN TR   그림 3-19 / NPN TR의 작동

② 포토 트랜지스터(photo transistor) : 트랜지스터의 일종으로 NPN, PNP 접합이 있다. 베이스가 없이(있어도 사용하지 않는다) 빛을 받아 컬렉터 전류가 제어된다. 이미터와 컬렉터 사이에 역방향 전압을 걸고 베이스에 빛을 쪼이면, 빛에 의해 전자가 궤도를 이탈하여 자유전자가 되어 역방향으로 전류가 흐르게 되며, 빛이 강할수록 자유전자 수도 증가되어 더욱 많은 전류가 흐른다.

③ 다링톤 쌍(darlington pair) : 높은 전류 증폭을 얻기 위해 두 개의 트랜지스터를 하나의 쌍으로 접합하여 소자로 만든 것으로, 1개의 트랜지스터로 2개 분의 증폭효과를 발휘하며 아주 적은 베이스로 큰 전류를 조절할 수 있는 특징이 있다.

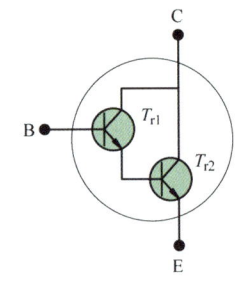

그림 3-20 / **다링톤 쌍**

2. 반도체 소자

1) 서미스터(thermistor)

서미스터란 온도에 따라 저항값이 변화하는 반도체 소자로, 온도가 올라가면 저항값이 커지는 정특성 서미스터(PTC : Positive Temperature Coefficient)와 온도가 올라가면 저항값이 낮아지는 부특성 서미스터(NTC : Negaitive Temperature Coefficient)가 있다. 일반적으로 서미스터는 부특성 소자를 이용하며 냉각수온 센서, 오일 온도센서, 연료잔량 표시 램프, 흡입공기 온도센서 등에 사용된다.

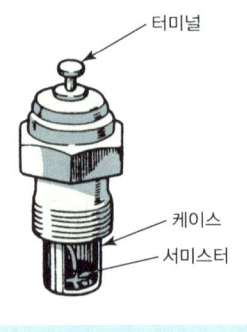

그림 3-21 / **서미스터 구성**

2) 사이리스터(thyrister, SCR)

사이리스터는 SCR(Silicon Control Rectifier)이라고도 하며, PNPN 또는 NPNP의 4층 구조로 되어 있다. 단자는 애노드(anode, +), 캐소드(cathode, -) 및 제어단자인 게이트(gate)로 구성되어 있으며 단지 스위칭 작용만 한다. 자동차에서는 축전기 방전식 점화장치, 와이퍼회로 등에서 사용한다.

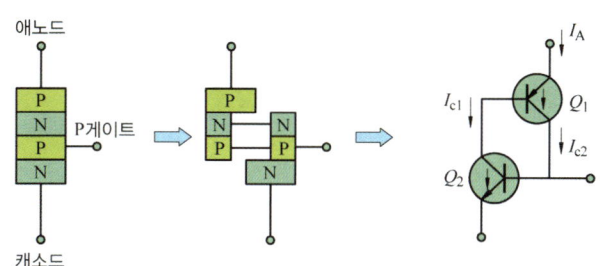

3) 광도전 소자(광도전 셀)

광도전 셀은 빛의 조사량에 따라 저항값이 변하는 반도체 소자이다. 종류로는 유화카드뮴(CdS)을 소재로 한 CdS 소자와 유화납(PbS)을 소재로 한 PbS 소자가 있으며, CdS 소자는 가시광선에 대해 감도가 높아 조사량이 증가하면 저항이 감소하고, 조사량이 감소하면 저항은 증가한다. 광도전 셀은 주로 가로등의 자동점멸, 카메라의 노출계 등에 사용한다.

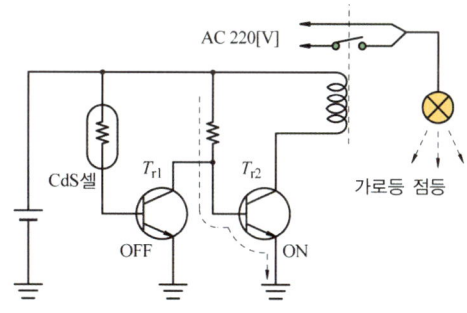

그림 3-22 / **가로등 점멸회로**

4) 홀 소자

홀 소자는 작고 얇게 편평한 판으로 만든 것이며, 전류가 외부 회로를 통하여 이 판에 흐를 때 플레밍의 왼손법칙에 의해 전압이 자속과 전류 방향의 직각 부분으로 판 사이에서 발생한다. 이 전압은 판 사이를 흐르는 전류 밀도와 자속 밀도에 비례하며, 이 자장에 따라 전압이 발생하는 효과를 홀 효과(Hall Effect)라 한다.

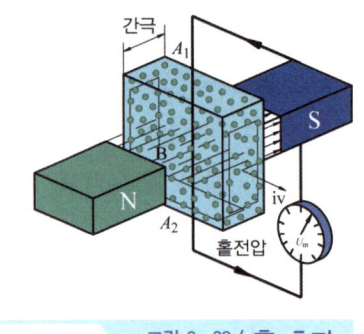

그림 3-23 / 홀 효과

5) IC(Integrated Circuit)

IC는 여러개의 트랜지스터와 저항 등을 하나의 기판에 설치한 회로이다. IC는 반도체의 급속한 발전에 따라 초소형이며 신뢰성, 내진성, 내구성, 경제성이 우수하나 회로의 선택 및 설계의 자유가 제한된다. IC에는 모놀리식 IC, 후막 IC, 멀티칩 IC, 박막 IC 등이 있다.

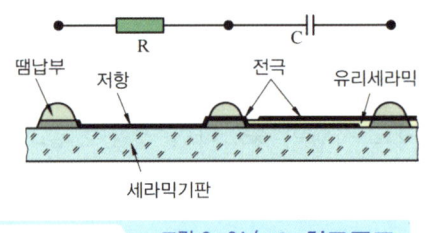

그림 3-24 / IC 회로구조

2_ 논리 회로

컴퓨터의 논리 회로는 컴퓨터가 정보를 처리하기 위한 기본적인 전기 회로로, AND, OR, NOT, NAND, NOR 회로 등이 있다.

1. 논리 기본회로

1) 논리곱 회로(AND)

논리곱 회로는 A, B 스위치 2개를 직렬로 접속한 회로로, 그림에서 램프가 점등되도록 하려면 스위치 A 또는 스위치 B를 모두 ON 시키면 점등된다. 이 때 스위치가 ON일 때를 입력 1이라 하고, 스위치가 OFF일 때를 입력 0이라 하며, 출력이 있을 때를 1, 출력이 없을 때를 0이라 한다면 진리표는 다음과 같다.

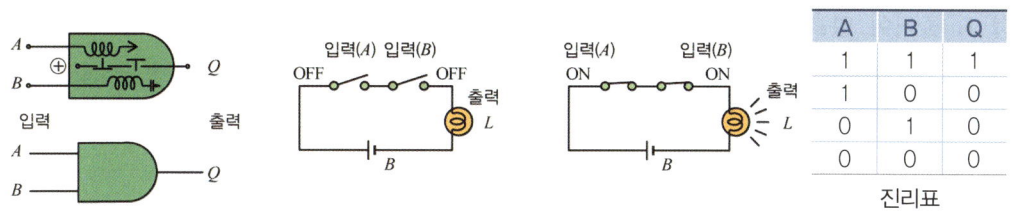

그림 3-25 / AND 회로의 원리

2) 논리합 회로(OR)

논리합 회로는 A, B 스위치 2개를 병렬로 접속한 회로로 그림에서 램프가 점등되도록 하려면 스위치 A 또는 스위치 B를 모두 ON 시키거나 스위치 1개를 ON 시키면 점등된다. 이 때, 진리표는 다음과 같다.

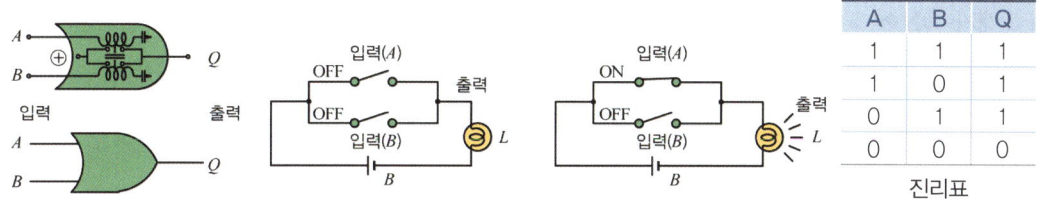

그림 3-26 / OR 회로의 원리

3) 부정 회로(NOT)

부정 회로는 그림과 같이 입력 스위치 A와 출력의 램프가 병렬로 접속된 회로로 입력 스위치 A가 OFF일 때는 출력의 램프가 점등되고, 입력 스위치 A를 ON 시키면 출력의 램프는 소등된다. 이 때, 진리표는 다음과 같다.

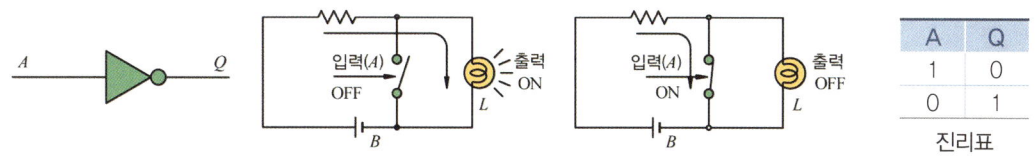

그림 3-27 / NOT 회로의 원리

4) 부정 논리곱 회로(NAND)

부정 논리곱 회로는 논리곱 회로 뒤에 부정 회로를 접속한 것으로, 입력 스위치 A와 입력 스위치 B가 모두 ON되면 출력은 없다. 또한 입력 스위치 A 또는 입력 스위치 B 중에서 1개가 OFF되거나 입력 스위치 A와 입력 스위치 B가 모두 OFF되면 출력이 된다. 이 때 스위치가 ON일 때를 입력 1이라 하고, 스위치가 OFF일 때를 입력 0이라 하며, 출력이 있을 때를 1, 출력이 없을 때를 0이라 한다면 진리표는 다음과 같다.

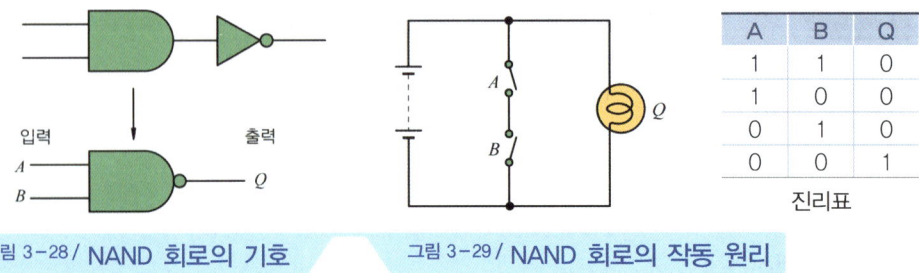

그림 3-28 / NAND 회로의 기호   그림 3-29 / NAND 회로의 작동 원리

5) 부정 논리합 회로(NOR)

부정 논리합 회로는 논리합 회로 뒤에 부정 회로를 접속한 것으로, 입력 스위치 A와 입력 스위치 B가 모두 OFF되어야 출력이 된다. 또한 입력 스위치 A 또는 입력 스위치 B 중에서 1개가 ON이 되거나 입력 스위치 A와 입력 스위치 B가 모두 ON이 되면 출력은 없다. 이 때, 진리표는 다음과 같다.

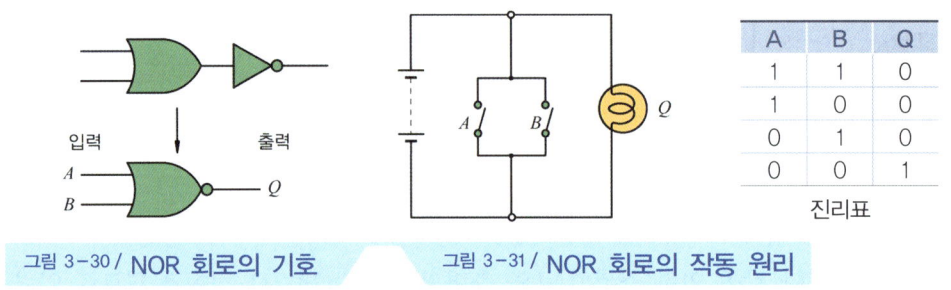

그림 3-30 / NOR 회로의 기호   그림 3-31 / NOR 회로의 작동 원리

제3절 / 통신장치

1_ 통신(Communication)

통신이란 멀리 떨어져 있는 상대방과 의사소통을 하기 위한 것으로 한 지점에서 다른 지점까지 의미 있는 정보를 보다 빠르게 상대방이 이해가 될 수 있도록 전송하는 것을 말한다.

1. 통신의 개요

1) 통신의 역사

① 기원전 : 벽면에 나뭇가지를 붙여 의사를 전달

② 우리나라 : 솟대, 북, 파발, 횃불(봉수제도), 신호 연 등을 이용
③ 제주도의 정낭 : 집의 대문에 해당하는 출입구에 정낭을 설치하여, 집안의 인적 정보를 외부인에게 알리는 통신 방법

2) 제주도 정낭

① 정낭 3개 open : 집에 사람이 있음

② 정낭 1개 close : 잠시외출 중

③ 정낭 2개 close : 이웃마을에 출타 중

④ 정낭 3개 close : 집에서 멀리 출타 중

3) 전기통신의 종류

① **전신** : 유선으로 연결된 두 지점 사이에 전기적인 펄스 형태로 전송
  예 모스(morse) 전신기 : K5 광고(— — — — — — — —)
② **유선 전화** : 사람의 목소리를 신호로 변환하여 멀리까지 전달
  예 전화(telephone) = tele(멀리) + phone(음)
③ **무선 통신** : 고주파 전류에 의해 발생되는 전파를 이용하여 공간으로 파동형태로 정보를 전달하는 것
④ **정보 통신** : 데이터 통신 시스템을 의미하며, 컴퓨터의 발달로 컴퓨터 통신 네트워크를 의미

4) 통신의 분류

① 정보 신호에 따라 : ㉠ 아날로그 통신(전화)
　　　　　　　　　㉡ 디지털 통신(데이터 통신)

② 전송 매체에 따라 : ㉠ 유선 통신(2 꼬임선, 동축 케이블, 광섬유 케이블)
　　　　　　　　　㉡ 무선 통신(전자기파, 광 및 초음파)
③ 정보신호의 변조 유무에 따라 : ① 기저 대역 통신
　　　　　　　　　　　　　　　② 통과 대역 통신

5) 유선 통신 선로의 특성

종류	꼬임 2선로	동축케이블	광섬유 케이블
적용속도	늦다	저속	고속
비용	양호	보통	고가
거리	단거리	중거리	장거리

6) 통신 네트워크(Communication Network)

① **네트워크(Network) 란?** : "Computer Networking(통신망, 通信網)"을 의미하며, 컴퓨터들이 어떤 연결을 통해 컴퓨터의 정보들을 공유하는 것을 말한다. 이러한 네트워크 통신을 위해 ECM 상호간에 정해둔 규칙을 "프로토콜(protocol)"이라 한다.

② **통신 프로토콜(Network Protocol)** : 통신 네트워크를 구성하고 있는 모듈들이 정보를 주고받는 방법에 대한 공통된 규칙과 약속을 통신 프로토콜이라 하며, 한국어와 영어로 서로 말하면 알아듣지 못하므로, 이것이 통신 오류이고 자동차 전기통신 시스템에서 이야기하는 "통신 불량"이다.

7) 데이터 통신

데이터 통신이란 통신 네트워크를 구성하고 있는 정보기계 사이에 디지털 2진 형태로 표현된 정보를 송신 또는 수신하는 행위 즉, 통신 선로에 연결된 하나 또는 그 이상의 단말기 및 컴퓨터에 의한 정보의 전달을 의미한다.

① **데이터 통신망의 종류**
　㉠ 근거리 통신망(Local Area Network, LAN)
　㉡ 도시권 통신망(Metropolitan Area Network, MAN)
　㉢ 원거리 통신망(광역망, Wide Area Network, WAN)

② **통신망의 특성**

분류	LAN	MAN	WAN
범위	건물이나 캠퍼스	도시지역	전국적
속도	매우 높음	높음	낮음

에러율	낮음	중간	높음
흐름 제어	간단	중간	복잡
소유권	개인	개인또는공공	공공

③ **데이터 통신 시스템** : 데이터 통신 시스템은 데이터 전송 시스템과 데이터 처리 시스템으로 구성되어 있다.

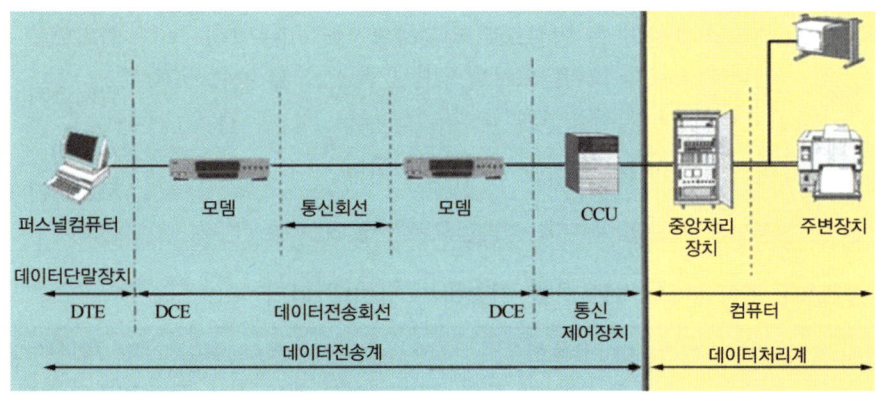

* DTE : Data Terminal Equipment(데이터 단말장치)
  DCE : Data Circuit terminating Equipment(데이터 회선 종단장치)

④ **데이터 통신 시스템의 주요 장치**

　㉠ 데이터 단말장치(Data Terminal Equipment, DTE) : 데이터 단말장치는 데이터 통신 시스템과 사용자와의 접점에 위치하며 데이터를 데이터 통신 시스템에 보내거나 시스템에서 처리 가공된 데이터를 여러 사용자에게 보내주는 창구이다.

　　단말장치가 전화기인 경우, 음성을 전기신호로, 전기를 음성신호로 변환하고, PC인 경우, 전송하여야 할 문자, 화상, 음성 등을 전기신호로 변환시키거나 수신된 전기신호를 원래의 정보형태로 복원시키는 역할을 한다.

　㉡ 데이터 회선 종단장치(Data Circuit terminating Equipment, DCE) : 아날로그 회선인 경우 모뎀(Modem)이, 디지털 회선인 경우 디지털 서비스 장치(Digital Service Unit, DSU)가 이용되며 통신회선은 전송매체로 유선인 경우 꼬임 2선로, 동축 케이블, 광섬유를, 무선인 경우 마이크로파, 위성 마이크로파, 이동 마이크로파 등을 통해 전송한다.

　㉢ 통신 제어장치(Communication Control service Unit, CCU) : 데이터의 가공 및 처리를 담당한다.

⑤ **데이터의 전송** : 데이터의 전송은 신호에 관계없이 전송 매체에 맞게 변환시켜야 한다.

　㉠ 아날로그 데이터(modem) : 아날로그 신호로 변환시키는 것을 변조(modulation), 원래의 신호로 추출하는 것을 복조(demodulation)라 한다.

ⓛ 디지털 데이터(codec) : 디지털 신호로 변환시키는 것을 부호화(encoding), 원래의 신호로 추출하는 것을 복호화(decoding)라 한다.

8) 데이터 전송기술 및 방식

① 전송기술에 의한 분류 : 데이터의 전송 방향에 따라

분류	내용	사용 예
단방향 통신	정보의 흐름이 한 방향으로 일정하게 전달되는 방식	라디오, TV
반이중 통신	정보의 흐름을 교환함으로써 양방향 통신을 할 수는 있지만 동시에는 양방향 통신을 할 수 없음	워키토키(무전기)
시리얼 통신	1선으로 단방향, 양방향 모두 통신 가능	자동차 자기진단 단자
양방향 통신	정보의 흐름이 동시에 양방향으로 전달되는 통신방식	전화기

② 전송방법에 의한 분류 : 데이터를 전송하는 방법에 따라

구분	직렬(serial)통신	병렬(parallel)통신
기능	한 개의 data 전송용 라인이 존재, 한번에 한 bit씩 순차적으로 전송되는 방식	여러 개의 data 전송라인이 존재, 다수의 bit가 한번에 전송되는 방식
장점	구현하기 쉽고, 원거리 전송의 경우 통신 회선이 1개만 필요하므로 경제적이며 장거리 전송이 가능	전송속도가 직렬통신에 비해 빠르며 컴퓨터와 주변장치 사이의 data 전송에 효과적
단점	전송속도가 느리다. 직/병렬 변환 로직이 있어야 하므로 복잡하다.	거리가 멀어지면 전송선로의 비용이 증가하고, 전기적인 간섭현상으로 병렬은 단거리에 사용

㉠ 직렬(serial) 통신 : 하나의 선을 이용하여 다수의 데이터를 일렬(직렬)로 전송하는 것으로 여러가지 작동 데이터가 동시에 출력되지 못하고 순차적으로 데이터를 송, 수신한다는 의미이다. 즉, 동시에 2개의 신호가 검출될 경우 우선순위인 데이터만 인정하고 나머지 데이터는 무시한다. 일반적으로 데이터를 주고받는 통신은 직렬통신이 많이 사용된다.

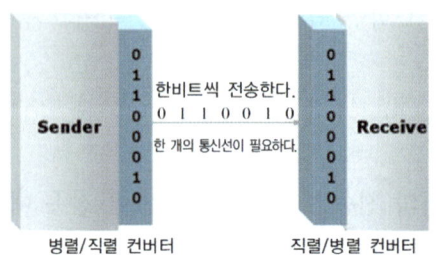

그림 3-32 / **직렬 통신**

ⓒ 병렬(parallel) 통신 : 보내고자 하는 신호(또는 문자)를 몇 개의 회로로 나누어서 동시에 전송하게 되므로 전송이 신속하나, 회선 및 단말기 설치 비용이 직렬통신에 비해 많이 소요 됨

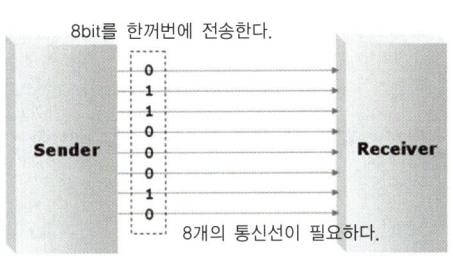

그림 3-33 / 병렬 통신

③ 전송 시작방법에 의한 분류(기준 클록을 맞추는 방법)
   ㉠ 비동기 통신(start-stop 전송) : 비동기 통신은 데이터를 보낼 때 한번에 한문자씩 전송되는 방식 즉, 매 문자마다 start bit, stop bit를 부여하여 정확한 데이터를 전송하는 방식으로, 수신부는 다음 데이터가 언제부터 시작되는지 알 수 없다. 차량에 적용된 비동기 통신(CAN)은 통신선의 단선이나 단락에 의한 고장이 발생하여 시스템이 작동되지 않는 것을 방지하기 위하여 2선(CAN-Hi, CAN-Low)으로 되어 있다. 즉, 1선에 고장이 발생되어도 또 다른 선에 의해 정상적인 통신이 가능하도록 되어 있다. 또한 비동기 방식은 전압의 저하, Noise 유입이나 그 밖의 문제들로 인해 전송 도중에 방해를 받아 bit의 추가나 손실이 될 수 있다.(예 : CAN 통신, LIN 통신)

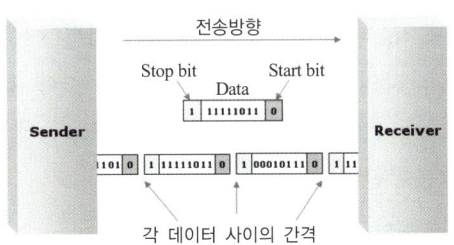

그림 3-34 / 비동기 통신

ⓒ 동기 통신 : 동기 통신은 송신쪽과 수신쪽이 사용하는 클록 신호의 타이밍이 일치하도록 전송하는 방식으로 문자나 bit 들이 시작과 정지코드 없이 전송이 되며, 각 bit의 정확한 출발과 도착시간에 대한 예측이 가능하다. 그러나 Data를 주는 ECM과 받는 ECM의 시간적 차이를 막기 위해 별도의 SCK(clock 회선)을 반드시 설치하거나, Data 신호 내에 clock 정보를 포함시켜야 한다.(예 : 3선 동기 통신) 비동기 방식과 달리 start bit, stop bit를 사용하지 않으므로 흔히 프레임이라 부르는 데이

터 블록을 만들어서 블록단위로 전송하며, 수신기가 각 데이터 블록의 시작과 끝을 정확히 인식할 수 있는 데이터 블록 동기 또는 프레임 동기가 필요하다.

* SCK : Serial Clock

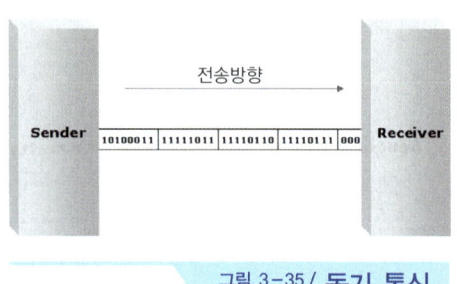

그림 3-35 / **동기 통신**

④ 배선 유무에 따른 분류

　㉠ 유선 통신 : 유선통신이란 송, 수신 양자가 전선을 사용하여 정보를 전달하며 1 : 1 통신이 원칙이다. 우리가 사용하는 대부분이 유선 통신방식이며, 전신, 전화, 자동차 전기통신 등이 여기에 해당한다.

　㉡ 무선 통신 : 무선통신은 통신선이 없이 무선 주파수를 이용하여 정보를 전달하는 방식으로, 무전기, 휴대폰, 자동차 리모컨, 이모빌라이저 안테나 코일, 스마트 키 LF 안테나 등에 이용된다.

9) LAN 통신망 구조의 분류

통신을 사용하는 목적은 서로가 원하는 상대방과 정보를 주고 받는 것이다. 정보를 주고 받기 위해 직접연결은 비경제적, 비현실적이므로 교환장치를 이용하거나 통신망을 구성하는데 통신망을 구성하기 위해 각각의 단말장치 및 교환장치 간에 통신로를 구성하는 것을 "통신망 구성형태(network topology)"라 한다. 구성형태(topology)에 따라 스타형, 링형, 버스형 혹은 나뭇가지(트리)형으로 분류한다.

① 구성형태(topology)의 종류

구분	스타(star)형	링(ring)형	버스(bus)형
구조	교환기 중심의 방사형	원형 연결	일자형 연결
방식	각 노드별전송로 설치	정보를 순차적으로 전달	전송로의 버스상에서 전송
전송로 길이	길다	짧다	짧다

접속방식	CSMA/CD	토큰통과	CSMA/CD,토큰통과
전송매체	동축선로, twisted pair	동축선로, 광 선로	동축선로

② 통신망의 특징

㉠ 스타형 : 중앙에 접속 스위치를 이용하여 구성된 망의 모든 요소와 접속

㉡ 링형 : 원형으로 구성된 링크를 제공하며, 각각의 노드는 순차적으로 연결한다. 따라서, 데이터 전송은 노드대 노드 간의 점(포인트)대 점인 전송 방식이다.

㉢ 버스형 : 버스형 또는 나뭇가지형은 모든 장치들이 하나의 통신매체를 통하여 공유하므로 한 쌍의 노드에 있는 장치만이 동시에 통신할 수 있다.

2. 자동차 통신의 목적

1) 자동차 통신 네트워크의 필요성

자동차 기술의 발달로 많은 ECM과 편의장치가 적용되어 전장품의 수가 많아지고, 따라서 배선도 증가하여 고장도 많이 발생할 뿐 아니라 고장진단 또한 매우 복잡하게 되었다. 이러한 문제를 줄이기 위해 자동차의 바디전장에 통신 네트워크를 적용하여 제어 아키텍처(architecture)를 집중 제어방식에서 분산 제어방식으로 즉, 1개의 ECM 제어방식에서 master-slave, multi-master 방식으로 통신 네트워크가 발전되었다. 통신 네트워크의 필요성은 다음과 같다.

① 기술의 발전 : 반도체, optical fiber, 소프트웨어 기술의 발전과 가격저하
② 소비자 성향의 안정화 : 안전하고 다양한 편의 사양을 갖춘 스마트한 차량의 요구
③ 차량의 변화

㉠ 전장품 증가에 의한 와이어링의 증가 및 복잡함(중량 증가, 고장요소 증가)
㉡ 차량 전자장치 및 멀티미디어의 증가 : CD, DVD, AV, 내비게이션 등
㉢ 차량의 움직이는 사무실화 : 텔레매틱스(MOZEN), PDA 등
㉣ 지능형 차량 개발
㉤ 전자기술 변화에 대응 : plug & play
㉥ 간편한 업그레이드

2) 자동차 통신 네트워크 적용의 장점

① 배선의 경량화 : 제어를 하는 ECM들 간의 통신으로 배선이 줄어든다.
② 전기장치 설치장소 확보가 용이 : 가장 가까운 곳에 설치된 ECM에서 전장품 작동을 제어한다.
③ 시스템 신뢰성 향상 : 배선이 줄어들면서 그만큼 사용하는 커넥터 수의 감소 및 접속점

이 감소하여 고장률이 낮고 정확한 정보를 송수신 할 수 있다.
④ 진단장비를 이용한 자동차 정비 : 통신단자를 이용하여 각 ECM의 자기진단 및 센서 출력값을 점검할 수 있어 정비성이 향상된다.

3. 다중전송(MUX) 시스템

1) 다중전송(MUX) 통신의 개요

자동차의 각종 편의장치는 센서나 스위치를 통해 모터, 액추에이터, 전구 등을 구동하는 회로로 되어 있어 많은 배선이 필요하여 중량, 가격 및 정비하기 어려움 문제점이 있다. MUX 통신은 이러한 문제점을 해결하기 위하여 1 라인의 전선구조로 다수의 신호를 전송, 통신하는 통신 방식이다. ETACS는 다중전송 방식으로 ETACS와 운전석 모듈 사이에는 쌍방향 통신을, 조수석 모듈 사이는 단방향 통신을 하는 3개의 SUB 컴퓨터로 구성되어 있다.(XG는 IMS 장착으로 4개의 SUB 컴퓨터로 구성) 다중통신을 MUX 또는 SWS(Simplified Wiring System) 라 한다.

① MUX 통신의 구성

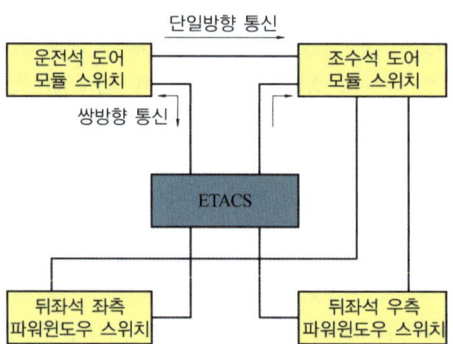

② MUX 통신방법 : 한 개의 DATA 라인을 이용하여 여러가지 전장품을 작동시킬 수 있고 또한, 따로따로 제어도 가능하다. 각기 다른 신호들을 각각 다른 시간에 보내주고 TDM(Time Division Multiplex)을 사용하여 한 개의 DATA 라인을 통해 복수의 신호를 전송하는 통신방법이다. 송신측에서 정해진 순서대로 "0" 또는 "1" 신호를 보내면 수신측은 이 순서대로 수신한다.

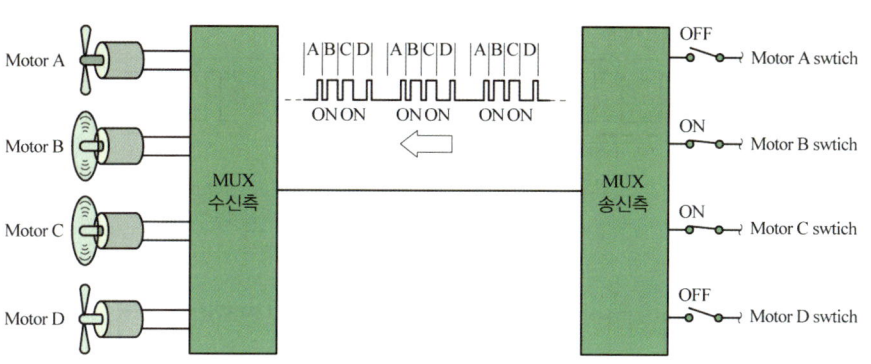

③ MUX 통신에 의한 송신측과 수신측의 타임 차트 : 아래 그림은 다중 통신을 이용하여 모터가 구동되는 예로, 스위치 ON/OFF 데이터는 송신측에서 고정된 주파수로 수신측에 보내지게 되고 수신측에서는 데이터의 지시에 따라 모터를 작동하게 된다.

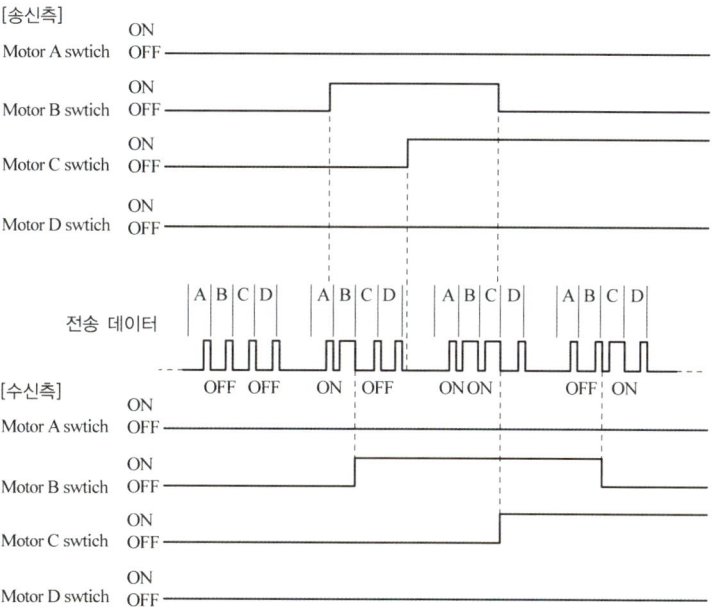

2) 데이터 프레임(data frame) 구조

MUX 전송 데이터 프레임은 16비트로 구성되고, 초기 H 레벨에서 L로 떨어져 $200\mu s$가 경과할 때까지를 스타트 비트, 데이터 비트 출력 후, 다시 L→H 레벨이 $300\mu s$가 되면 스톱 비트로 인식한다.

① 데이터 프레임 구성 : 프레임(frame)이란 주소와 프로토콜 제어정보가 포함된 완전한 하나의 단위를 의미한다.

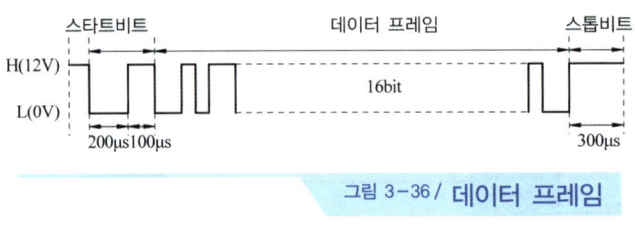

그림 3-36 / 데이터 프레임

㉠ 데이터 "0"과 "1"

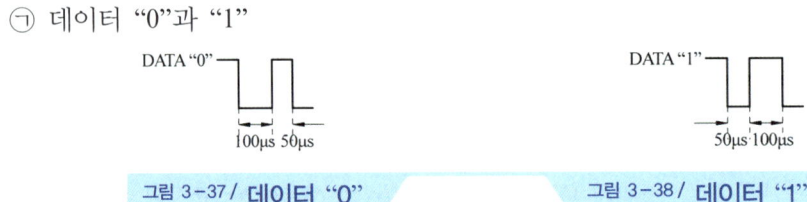

그림 3-37 / 데이터 "0"　　　　　그림 3-38 / 데이터 "1"

㉡ 데이터 프레임의 세부구조

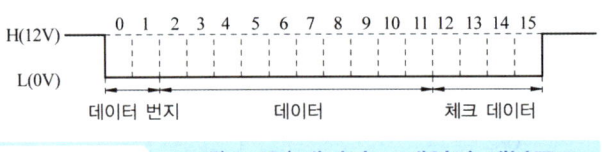

그림 3-39 / 데이터 프레임의 세부구조

② 데이터 번지 : 데이터 번지는 2 bit 데이터 조합에 의해 3가지 타입이 정해진다. 데이터 1과 2는 운전석 도어모듈로 부터의 출력이고, 데이터 3은 ETACS에서 나오는 출력이다.

데이터	Bit No.	0	1	데이터 파형
DATA 1		0	0	
DATA 2		0	1	
DATA 3		1	0	

③ 데이터 구조 : 보통 1개의 데이터 프레임은 약 10가지 타입의 데이터가 전송되며, 데이터 번지 3가지 타입에 의해 약 30가지 데이터로 이루어져 있다.

Bit No / Data Name	2	3	4	5	6	7	8	9	10	11
DATA 1	★	★	FR P/W UP SW ON 신호	RR P/W UP SW ON 신호	RL P/W UP SW ON 신호	리모컨 미러 UP SW ON 신호	리모컨 미러 Left SW ON 신호	★	P/W Lock SW ON 신호	0

			FR P/W Down SW ON 신호	RR P/W Down SW ON 신호	RL P/W Down SW ON 신호	리모컨 미러 UP SW down 신호	리모컨 미러 Right SW ON 신호		리모컨 RH 미러 선택 신호	펄스 체크 입력 SW 신호
DATA 2	★	★	FR P/W Down SW ON 신호	RR P/W Down SW ON 신호	RL P/W Down SW ON 신호	리모컨 미러 UP SW down 신호	리모컨 미러 Right SW ON 신호	★	리모컨 RH 미러 선택 신호	펄스 체크 입력 SW 신호
DATA 3	0	0	★	★	★	키리마인더 기능 작동신호	★	★	0	0

★ 표는 자동차 상태에 따라 1 또는 0 이 된다.

④ 데이터 전송의 예 : 운전석 도어 모듈에 의해 조수석 파워 윈도우 down시(FR P/W down)

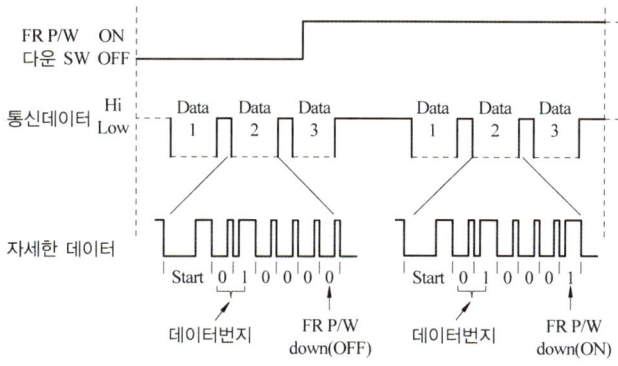

2_ CAN 통신과 LIN 통신

1. CAN(Controller Area Network) 통신

1) 개요

자동차의 내의 서로 다른 전자장치(ECU) 간의 통신을 위한 통신장치로 초기에는 LAN 통신을 사용하였으나 LAN 통신은 제조사마다 통신방법이 달라 호환성이 결여되면서 1986년 Bosch가 개발한 자동차 전용 프로토콜인 CAN 통신방식을 표준으로 사용하게 되었다. CAN 통신은 시리얼 네트워크 통신 방식의 일종으로 여러 가지 ECU들을 병렬로 연결하여 각각의 ECU들과 서로 정보교환이 이루어져 우선순위대로 처리하는 방식이다. CAN 통신, LIN(Local Interconnect Network) 통신 모두 LAN(근거리 통신)의 일종이다.

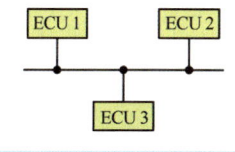

그림 3-40 / CAN 통신의 Multi master 방식

2) CAN 통신의 장점

각각의 ECU들 간에 정보교환이 이루어지는 장점과 여러 가지 장치를 단지 2개의 선(Twisted pair wires)으로 컨트롤 할 수 있다는 장점이 있다. 통신이 되는 라인을 BUS-A(CAN-H), BUS-B(CAN-L)라 하고 BUS란 DATA 전송라인을 의미한다. ETACS, I/P PANEL ECM, 운전석 도어모듈, 조수석 도어모듈이 2개의 BUS라인을 통해 같이 통신을 하여 정보를 공유, 교환하며 자신에게 필요한 데이터만 사용하게 되는 것이다.

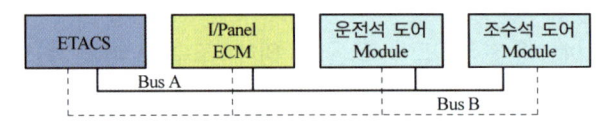

그림 3-41 / 메인 ECM 사이의 CAN 통신(ECUUS)

3) CAN의 특징

① Multi Master 방식 : 모든 CAN 구성 모듈은 정보 메시지 전송에 자유 권한이 있음
② 통신 중재 : 메시지가 동시에 전송될 경우 중재 규칙에 의해 순서가 정해짐
③ 듀얼(Dual) 와이어 접속 방식으로 통신선로 구성이 간편함
④ 고속 통신이 가능함
⑤ 신뢰성/안전성 : 에러 검출 및 처리성능 우수
⑥ 통신방식 : 비동기식 직렬통신
⑦ Low speed CAN : 125 Kbps 이하, 바디전장 계통의 데이터 통신에 응용
⑧ High speed CAN : 125 Kbps 이상, 실시간(real time) 제어에 응용

4) CAN 프로토콜 통신 : 4가지 frame type을 지원

① Data frame : 전송 node로부터 수신 node로 data를 실어 나름
② Remote frame : 같은 식별자를 사용하는 data frame의 전송 요청을 위해 하나의 node에 의해 전송
③ Error frame : bus error가 발견된 어떤 node 에 의해 전송
④ Overload frame : 바로 앞과 다음 data frame 사이 또는 remote frame에 여분의 delay를 제공

5) CAN의 시스템 구성

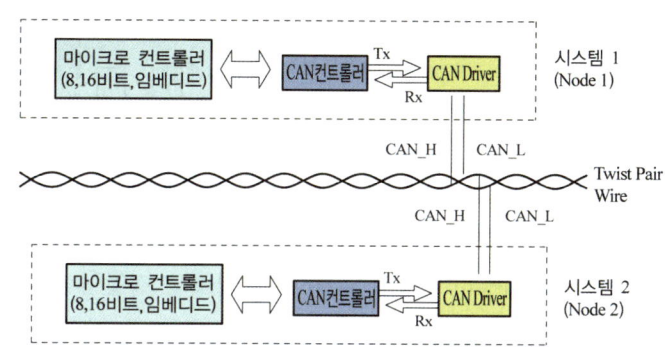

그림 3-42 / CAN의 기본적인 시스템 구성

6) CAN 통신 Class 구분 : SAE 정의 기준

항목	특징	적용 사례
Class A	1. 통신속도 : 10Kbps 이하 2. 접지를 기준으로 1개의 와이어링으로 통신선 구성 가능 3. 응용분야 : 진단 통신, 바디전장(도어, 시트, 파워윈도우)등의 구동신호&스위치 등의 입력신호	1. K-라인 통신 2. LIN통신
Class B	1. 통신속도 : 40Kbps 내외 2. Class A 보다 많은 정보의 전송이 필요한 경우에 사용 3. 응용분야 : 바디전장 모듈간의 정보 교환, 클러스터 등	1. J1850 2. 저속 CAN 통신
Class C	1. 통신속도 : 최대 1Mbps 2. 실시간으로 중대한 정보 교환이 필요한 경우로서 1~10[ms] 간격으로 데이터 전송 주기가 필요한 경우 사용 3. 응용분야 : 엔진, A/T, 섀시 계통 간의 정보 교환	고속 CAN 통신
Class D	1. 통신속도 : 수십 Mbps 2. 수백~수천 bite의 블록 단위 데이터 전송이 필요한 경우 3. 응용분야 : AV, CD, DVD 신호 등의 멀티미디어 통신	1. MOST 2. IDB 1394

7) CAN BUS의 전압 레벨

CAN 통신은 Low와 High 전압 레벨의 변화로 데이터를 송신하며, High Speed CAN(고속 캔)과 Low Speed CAN(저속 캔)의 두 종류가 있다.

① High Speed CAN의 전압 레벨과 통신 : High Speed CAN은 CAN-H와 CAN-L가 2.5V 전압을 기준으로 상승 또는 하강하는 통신방법으로 데이터 전송속도가 매우 빠르나, 노이즈 발생으로 A/V 및 오디오에 영향이 있다.

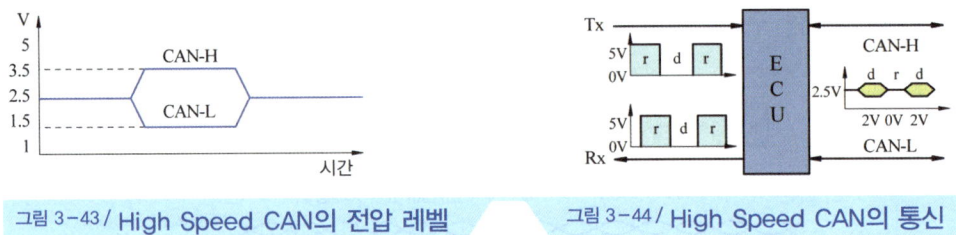

그림 3-43 / High Speed CAN의 전압 레벨　　　그림 3-44 / High Speed CAN의 통신

② Low Speed CAN의 전압 레벨과 통신 : CAN Low는 5V 전압이 걸려 있다가 데이터가 출력되면 약 1.4V로 하강하고, CAN High는 약 0V 전압이 데이터가 출력되면 약 3.5V로 상승한다. Low Speed CAN도 High Speed CAN과 같은 방식으로, 속도와 데이터 처리가 느리지만 잡음 발생이 적어 자동차 컴퓨터들 간의 통신방법에 사용된다.

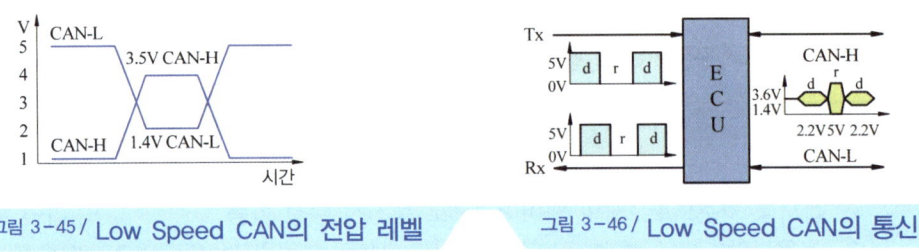

그림 3-45 / Low Speed CAN의 전압 레벨　　　그림 3-46 / Low Speed CAN의 통신

8) CAN 통신 파형

BUS-A 파형은 CAN-H 파형으로 데이터 출력시 0V의 전압이 상승하고, 반대로 BUS-B 파형은 CAN-L 파형으로 데이터 출력시 5V에서 하강한다. CAN 통신파형은 통신속도가 빠르기 때문에 파형분석은 무의미하며, 아래와 같은 파형이 출력되면 통신라인 및 CAN IC는 정상으로 판정한다.

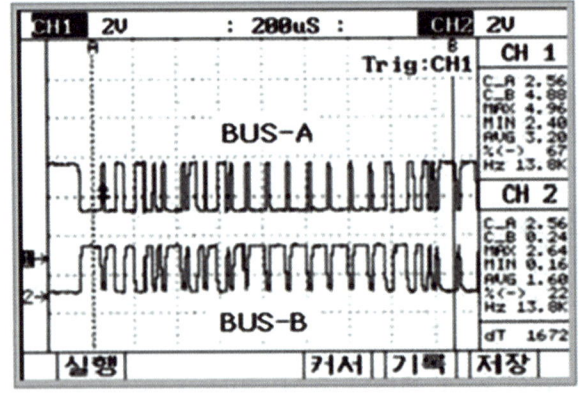

9) CAN 저항의 설치

통신은 전압에 대해 민감하므로, CAN 통신을 하는 ECM 내부에는 일정하게 전압을 유지

하기 위해 통신라인에 약 120Ω의 저항을 설치하는데 이를 터미네이션 저항(종단저항)이라 하며, 이 저항에 의해 일정 전압레벨이 이루어져 정상적인 데이터 통신이 이루어 진다.

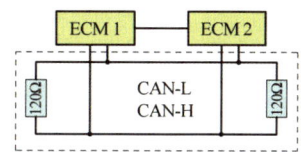

2. CAN 통신과 LIN 통신

구분	CAN	LIN
사용범위	파워트레인, 섀시제어기, 바디전장 사이의 통신	각종 편의사양 및 센서 간의 통신
사용목적	Real time(실시간) 제어	단순 ON/OFF 장치에 사용
배선구성	Twisted Pair Wire(5V) CAN-Hi, CAN-Low	Single Wire(12V)
제어방식	Multi Master	Single Master Multi Slave
통신속도	최대 125Kbps : Low speed 최대 1Mbps : High speed	최대 20Kbps
개발회사	Bosch	BMW, Volvo, 크라이슬러, 모토로라

1) LIN 통신(LIN Bus)의 특징

LIN 통신은 차량에서 분산된 전자 시스템을 위한 직렬통신 시스템으로서 CAN 통신에서 제공하는 대역폭과 다기능을 필요로 하지 않고 액추에이터와 스마트 센서를 위한 저비용 통신을 가능하게 하여 매우 경쟁력 있는 가격으로 복잡한 계층적 다중 시스템을 생성, 실행, 처리 할 수 있다.

2) LIN 통신 특성

① 저비용의 한가닥 배선 사용
② 최대속도 20kbps/s(EMI 이유로 제한)
③ 싱글 마스터(single master) / 멀티플 슬레이브(multiple slave) 개념
④ 보편적인 UART 통신을 바탕으로 하는 저비용 실리콘 구현
⑤ 다른 슬레이브 노드(node)에서 하드웨어나 소프트웨어를 변경하지 않고도 LIN 네트워크에 노드 추가 가능

3) 자동차 도어 미러에 LIN을 사용하는 이유

① 전방 미러에서 도어 미러로 변경
② 도어 미러 기능의 다양화
    ㉠ 미러의 X-Y 방향조정 및 조정 위치의 기억
    ㉡ 미러의 수납
    ㉢ 흐림 방지용 히터 부가
    ㉣ 방향지시등
    ㉤ 눈부심 방지
    ㉥ CCD 카메라(Charge Coupled Device camera)

4) X-by-wire 시스템(전자화 기능)

① throttle-by-wire(excel-by-wire, drive-by-wire, 전자 스로틀)
② steer-by-wire
③ brake-by-wire
④ suspension-by-wire

3_ 제작사 통신 시스템

1. 현대자동차 통신시스템

1) 통신 시스템 전체 구성도(TG 그랜저)

CAN 통신(main 통신)과 LIN 통신(sub 통신), 크게 2가지 통신 시스템을 이용하여 전기장치의 작동이 제어된다.

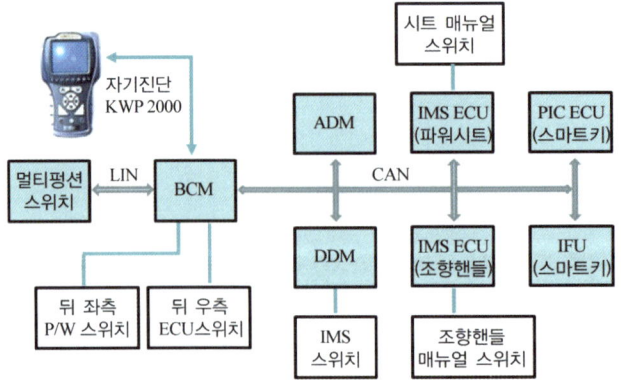

① 메인 통신 구성(CAN) : 그랜저 TG 차량의 메인 통신 네트워크로 CAN 방식을 사용하

며, 메인 모듈인 BCM과 DDM, ADM을 기본 구성모듈로 가진다. 3가지 기본 모듈 외에 옵션에 따라 IMS 파워시트 ECU, IMS 텔레스코픽 ECU, 스마트키 ECU(PIC ECU) 및 인터페이스 유닛(IFU)이 추가로 장착되어 최대 7개 모듈이 CAN 통신선을 이용하여 정보를 주고 받는다. BCM은 CAN 통신 구성 모듈 중 최상위 메인 모듈이며, 진단장비와 K-라인 통신을 통해 자기진단, 센서출력, 액추에이터 검사 기능 등을 지원한다.

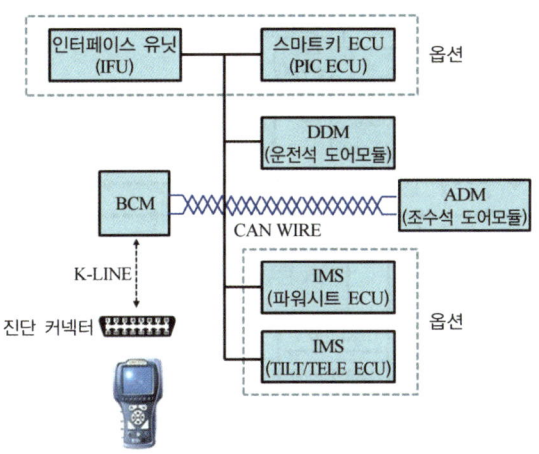

그림 3-47 / 메인 통신 구성(CAN)

② 서브 통신 구성(LIN) : 그랜저 TG 차량의 서브 통신 네트워크로 LIN 방식을 사용하며, BCM이 Master ECU가 되고, 멀티펑션 스위치가 Slave ECU로 연결되어 양방향으로 정보를 주고 받는다. 멀티펑션 스위치는 와이퍼&와셔, 미등, 헤드램프 등 멀티펑션의 모든 스위치 신호들을 LIN 통신 라인은 통해 BCM으로 전송하고, BCM은 통신 Sleep/Wake up 신호 등을 멀티펑션 ECU 측으로 전송하여 LIN 통신 개시와 종료 명령을 내린다. LIN 통신선 단선시 안전을 위해 Back-up 라인을 보유한다.

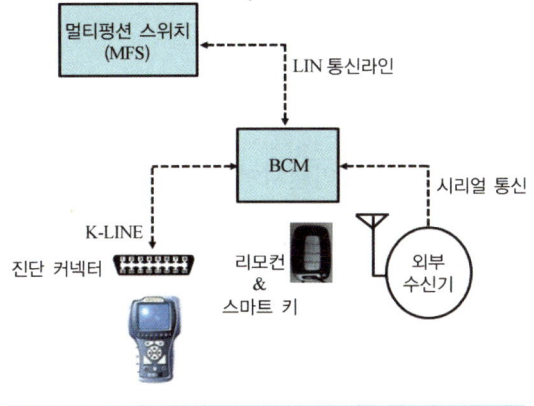

그림 3-48 / 서브 통신 구성(LIN)

2) 통신 시스템 전체 구성도(BH 제네시스, VI 에쿠스)

메인 통신인 CAN 통신과 각 서브 모듈간의 LIN 통신, 또는 시리얼 통신을 이용하여 대부분의 전기장치 작동이 이루어진다.

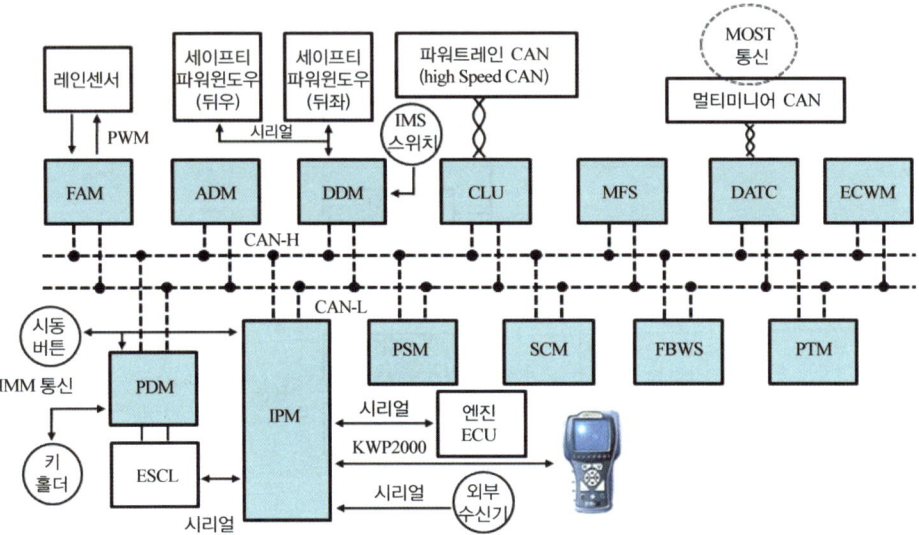

① 메인 통신 구성 : 제네시스 차량의 바디전장 시스템은 메인 통신으로 CAN 통신을 사용하며, 메인 모듈인 IPM과 FAM, DDM, ADM, CLU, MFS, ECWM으로 구성된다. 기본 모듈 외에 옵션에 따라 DATC, PDM, PSM, SCM, FBWS, PTM이 추가로 장착되어 최대 13개 모듈이 정보를 주고 받는다. IPM은 바디 CAN 통신 구성 중 최상위 메인 모듈이며, 진단장비와 K-라인 통신을 통해 자기진단, 센서출력, 액추에이터 검사 기능 등을 지원한다. 클러스터 모듈은 파워트레인 CAN과 바디전장 CAN과의 Gate 역할을, DATC 모듈은 멀티미디어 CAN과 바디전장 CAN과의 Gate 역할을 담당한다.

2. GM 통신 네트워크

1) 전체 통신 네트워크(WINSTOM)

총 17개의 전자제어 모듈 및 센서가 연결되어 있고, 5가지의 통신방식을 사용한다.

① High Speed GMLAN(HS-GMLAN)
② Low Speed GMLAN(LS-GMLAN)
③ High Speed CAN(HS-CAN)
④ Low Speed CAN(LS-CAN)
⑤ K-Line(UART)

HS-LAN과 LS-LAN 통신은 BCM을 거쳐 서로 데이터를 교환하지만, 이 외의 통신은 데이터 교환없이 서로 독립적으로 작동하며, 스티어링 앵글 센서와 요레이트 센서는 실시간 빠른 ESP 연산을 위해 EBCM과 HS-CAN 통신을 한다.

2) 전체 네트워크 구성도

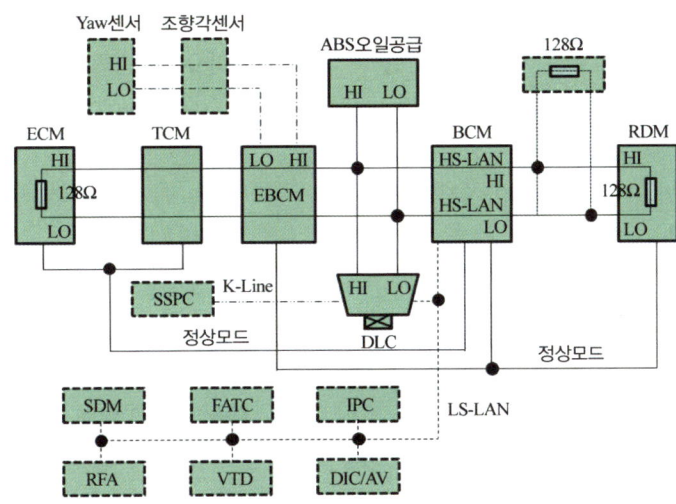

3) 전체 통신 네트워크(Vs300, ALPHEON)

총 40개의 전자제어 모듈 및 센서가 네트워트 통신으로 연결되며, GM Global Electrical Architecture(Global A) 라는 표준에 기반하여 6가지 통신방식 사용한다.

① HS-GMLAN(지엠랜 하이스피드 통신 : 꼬인 2선-고속) : 파워트레인 제어
② MS-GMLAN(지엠랜 미들스피드 통신 : 꼬인 2선-중속) : 핸즈프리 제어
③ LS-GMLAN(지엠랜 로우스피드 통신 : 1선-저속) : 전장 제어
④ LIN Bus(린 통신 : 1선-저속) : 파워 윈도우/ 선루프/ 이모빌라이저
⑤ Chassis Expansion Bus(샤시 통신 : 꼬인 2선-고속) : ESC 제어
⑥ COMM Bus(기타 통신) : RFA - BCM

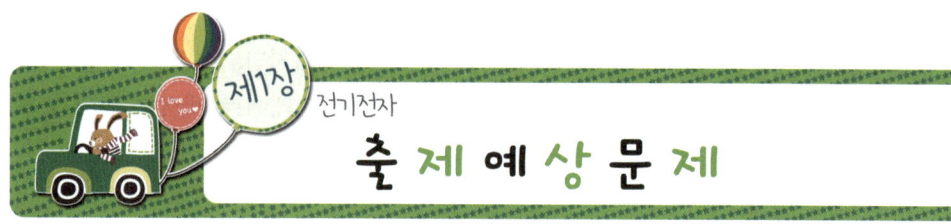

01 자동차 전기장치에 흐르는 전압과 전류 그리고 저항에 관한 사항 중 틀린 것은?
[09년 4회]

㉮ 부특성 써미스터는 온도가 높아지면 저항이 커진다.
㉯ 저항이 크고 전압이 낮을수록 전류는 적게 흐른다.
㉰ 도체의 단면적이 큰 경우 저항이 적다.
㉱ 도체의 경우 온도가 높아지면 저항이 커진다.

🔵 온도가 증가함에 따라 저항이 증가하는 것을 정특성, 저항이 작아지는 것을 부특성이라 한다.

02 전기기초 지식 중 자기성질에 대한 설명으로 틀린 것은?
[09년 5회]

㉮ 자석은 자기를 가지고 있는 물체를 말한다.
㉯ 자석은 동종 반발, 이종 흡인의 성질이 있다.
㉰ 자성체란 전자유도에 의해 자화되는 물질이다.
㉱ 자성체에는 자성체와 반자성체가 있다.

🔵 자성체란 자기유도에 의해 자화되는 물질이다.

03 20[Ω] 저항의 양 끝에 전압을 가할 때 2[A]의 전류가 흐른다면 이 저항에 걸리는 전압은?
[08년 4회]

㉮ 10[V]   ㉯ 20[V]
㉰ 30[V]   ㉱ 40[V]

🔵 오옴의 법칙 $E = I \cdot R$
∴ $E = 2 \times 20 = 40[V]$

04 다음과 같은 병렬 회로에서 합성저항은?
[09년 2회]

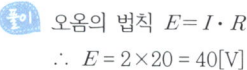

㉮ $1\frac{8}{15}[\Omega]$ ㉯ $\frac{15}{23}[\Omega]$
㉰ $\frac{9}{8}[\Omega]$ ㉱ $\frac{9}{15}[\Omega]$

🔵 합성저항 : $\frac{1}{R} = \frac{1}{R_1} + \frac{1}{R_2} + \frac{1}{R_3}$

∴ $\frac{1}{R} = \frac{1}{1} + \frac{1}{3} + \frac{1}{5} = \frac{15+5+3}{15} = \frac{23}{15}$

∴ $R = \frac{15}{23}[\Omega]$

01 ㉮ 02 ㉰ 03 ㉱ 04 ㉯

05 그림과 같이 12[V]의 축전지에 저항 3개를 직렬로 접속하였을 때 전류계에 흐르는 전류는 몇 [A]인가? [07년 4회]

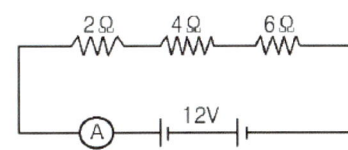

㉮ 1[A] ㉯ 2[A]
㉰ 3[A] ㉱ 4[A]

풀이 합성저항 $R = R_1 + R_2 + \cdots + R_n$
∴ 합성저항 $R = 2 + 4 + 6 = 12[\Omega]$
∴ 오옴의 법칙 $I = \dfrac{E}{R}$, $I = \dfrac{12}{12} = 1[A]$

06 다음 그림에서 전류계에 흐르는 전류는? [07년 1회 / 09년 5회]

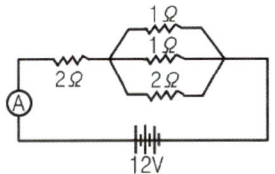

㉮ 3[A] ㉯ 4[A]
㉰ 5[A] ㉱ 6[A]

풀이 먼저 병렬저항을 계산한 후, 직렬저항을 더한다.
합성저항 $\dfrac{1}{R} = \dfrac{1}{R_1} + \dfrac{1}{R_2} + \cdots + \dfrac{1}{R_n}$
$= \dfrac{1}{1} + \dfrac{1}{1} + \dfrac{1}{2} = \dfrac{5}{2}$
∴ $R = \dfrac{2}{5}[\Omega]$
∴ 직병렬 합성저항 $R = 2 + \dfrac{2}{5} = \dfrac{12}{5}[\Omega]$
오옴의 법칙 $I = \dfrac{E}{R}$을 적용하면,
∴ $I = \dfrac{12}{\frac{12}{5}} = 5[A]$

07 그림에서 2[Ω]과 4[Ω] 사이의 전선에 걸리는 전압은 얼마인가? [07년 2회]

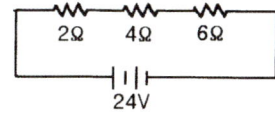

㉮ 2[V] ㉯ 4[V]
㉰ 8[V] ㉱ 12[V]

풀이 합성저항 $R = R_1 + R_2 + \cdots + R_n$
∴ 합성저항 $R = 2 + 4 + 6 = 12[\Omega]$ 오옴의 법칙
$I = \dfrac{E}{R}$ 이므로, 전류 $I = \dfrac{24}{12} = 2[A]$
∴ $E = I \cdot R = 2 \times 2 = 4[V]$

08 12[V]의 배터리에 12[V]용 전구 2개를 그림과 같이 결선하고 ① 및 ② 스위치를 연결하였을 때 A에 흐르는 전류는 얼마인가? [09년 1회]

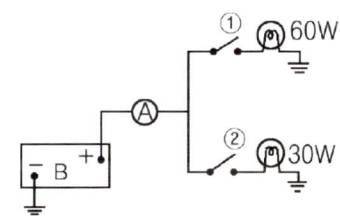

㉮ 6.5[A] ㉯ 65[A]
㉰ 7.5[A] ㉱ 75[A]

풀이 총 소비전력은 60[W] + 30[W] = 90[W] 이다.
∴ 전류(I) = $\dfrac{P(W)}{E(V)} = \dfrac{90}{12} = 7.5[A]$

ANSWER 05 ㉮ 06 ㉰ 07 ㉯ 08 ㉰

09 그림과 같은 자동차의 전조등 회로에서 헤드라이트 1개의 출력은? [08년 1회]

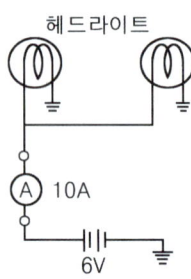

㉮ 30[W] ㉯ 60[W]
㉰ 90[W] ㉱ 120[W]

풀이 출력 $P = E \cdot I = 6[V] \times 5[A] = 30[W]$

10 다음의 회로에 있어서 12[V]용 전구에 규정전압을 넣었을 때 2.5[A]의 전류가 흘렀다. 이 전구의 용량은 얼마인가? [07년 1회]

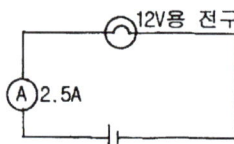

㉮ 30[W] ㉯ 25[W]
㉰ 40[W] ㉱ 35[W]

풀이 출력 $P = E \cdot I = 12[V] \times 2.5[A] = 30[W]$

11 3,300[V]를 110[V]로 전압을 강하시킬 때 변압기의 권선비는? [08년 2회]

㉮ 10 : 1 ㉯ 11 : 1
㉰ 30 : 1 ㉱ 33 : 1

풀이 $\dfrac{3{,}300}{110} = 30$

12 55[W]의 전구 2개를 12[V] 충전시켜 그림과 같이 접속하였을 때 약 몇 [A]의 전류가 흐르겠는가? [07년 1회]

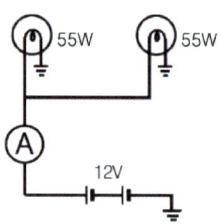

㉮ 5.3[A] ㉯ 9.2[A]
㉰ 12.5[A] ㉱ 20.3[A]

풀이 소비전력 $P = 55[W] + 55[W] = 110[W]$
∴ 전류 $I = \dfrac{P}{E} = \dfrac{110}{12} = 9.16[A]$

13 축전기(condenser)의 용량에 대한 사항으로 틀린 것은? [07년 5회]

㉮ 가한 전압에 정비례한다.
㉯ 마주보는 금속판의 면적에 정비례한다.
㉰ 금속판 사이의 절연물의 절연도에 반비례한다.
㉱ 금속판 사이의 거리에 반비례한다.

풀이 콘덴서의 정전용량
① 가해지는 전압에 비례한다.
② 금속판의 면적에 비례한다.
③ 절연체의 절연도에 비례한다.
④ 금속판 사이의 거리에 반비례한다.

14 제너 다이오드를 사용하는 회로는? [08년 4회]

㉮ 고주파 회로 ㉯ 저압 정류회로
㉰ 브리지 정류회로 ㉱ 정 전압회로

풀이 제너 다이오드는 정전압 회로에 사용한다.

09 ㉮ 10 ㉮ 11 ㉰ 12 ㉯ 13 ㉰ 14 ㉱

15 펄스(pulse)의 정의로 옳은 것은?
[08년 2회]

㉮ 시간에 관계없이 파형만 볼 수 있을 정도의 신호이다.
㉯ on-off 제어를 말한다.
㉰ 주기적으로 반복되는 전압이나 전류의 파형이다.
㉱ 펄스는 아나로그 멀티시험기로 점검한다.

풀이 펄스란 주기적으로 반복되는 전압이나 전류의 파형이다.

16 주파수를 설명한 것 중 틀린 것은?
[08년 1회]

㉮ 1초에 60회 파형이 반복되는 것을 60[Hz]라고 한다.
㉯ 교류의 파형이 반복되는 비율을 주파수라고 한다.
㉰ 주파수는 주기의 역수로 할 수 있다.
㉱ 주파수는 직류의 파형이 반복되는 비율이다.

풀이 주파수란 1초 동안에 교류의 파형이 반복되는 횟수를 의미하며, 주기의 역수이다.

17 다음과 같은 전기 회로용 기본 부호의 명칭은?
[08년 5회]

㉮ 발광다이오드 ㉯ 트랜지스터
㉰ 제너다이오드 ㉱ 포토다이오드

풀이 다이오드 기호에 화살표가 나가는건 발광 다이오드, 들어가는건 포토 다이오드 기호이다.

18 다이오드에 대한 설명으로 틀린 것은?
[07년 5회 / 09년 1회]

㉮ 다이오드는 P형 반도체와 N형 반도체를 접합시킨 것이다.
㉯ P형 반도체와 N형 반도체의 접합부를 공핍층이라 한다.
㉰ 발광 다이오드는 PN 접합면에 역방향 전압을 걸면 에너지의 일부가 빛으로 되어 외부에 발산한다.
㉱ 제너현상은 역방향 전압을 작용시키면 공핍층의 가전자는 역방향 전압의 힘에 전류가 흐르는 현상을 말한다.

풀이 발광 다이오드는 PN 접합면에 순방향 전압을 걸면 에너지의 일부가 빛으로 되어 외부에 발산한다.

19 다음 그림에 나타낸 전기 회로도의 기호 명칭은?
[08년 2회]

㉮ 포토 다이오드
㉯ 발광 다이오드(LED)
㉰ 트랜지스터(TR)
㉱ 제너 다이오드

풀이 다이오드 기호에 화살표가 나가는건 발광 다이오드, 들어가는건 포토 다이오드 기호이다.

20 트랜지스터의 대표적 기능으로 릴레이와 같은 작용은?
[07년 2회 / 09년 2회]

㉮ 스위칭 작용 ㉯ 채터링 작용
㉰ 정류 작용 ㉱ 상호 유도 작용

풀이 릴레이와 같은 ON, OFF 기능을 트랜지스터의 스위칭 작용이라 한다.

15 ㉰ 16 ㉱ 17 ㉱ 18 ㉰ 19 ㉯ 20 ㉮

21 발광 다이오드에 대한 설명으로 틀린 것은?
[09년 5회]

㉮ 순방향으로 전류가 흐를 때 빛이 발생된다.
㉯ 가시광선, 적외선 및 레이저까지 여러 파장의 빛이 발생된다.
㉰ 빛을 받으면 전압이 발생되며, 스위칭 회로에 사용된다.
㉱ LED라 하며, 10[mA] 정도에서 발광이 가능하다.

풀이 ㉮, ㉯, ㉱ 항이 발광 다이오드에 대한 설명이다.

22 전조등의 광량을 검출하는 라이트 센서에서 빛의 세기에 따라 광전류가 변화되는 원리를 이용한 소자는?
[09년 5회]

㉮ 포토다이오드 ㉯ 발광다이오드
㉰ 제너다이오드 ㉱ 사이리스터

풀이 포토 다이오드는 빛의 세기에 따라 광전류가 변화되는 원리를 이용한 소자이다.

23 다음 중 오토라이트에 사용되는 조도 센서는 무엇을 이용한 센서인가?
[08년 4회]

㉮ 다이오드 ㉯ 트랜지스터
㉰ 서미스터 ㉱ 광도전 셀

풀이 조도센서는 광도전 셀을 이용하여 광량을 측정한다.

24 다음 중 자동차의 조향휠 각도센서, 차고센서 등에 사용되는 반도체는?
[09년 4회]

㉮ 포토 다이오드 ㉯ 발광 다이오드
㉰ 포토 트랜지스터 ㉱ 사이리스트

풀이 포토 트랜지스터는 조향휠 각도센서, 차고센서 등에 사용된다.

25 단방향 3단자 사이리스터(SCR)에 대한 설명 중 틀린 것은?
[07년 4회]

㉮ 애노드(A), 캐소드(K), 게이트(G)로 이루어진다.
㉯ 캐소드에서 게이트로 흐르는 전류가 순방향이다.
㉰ 게이트에 (+), 캐소드에 (-) 전류를 흘려 보내면 애노드와 캐소드 사이가 순간적으로 도통된다.
㉱ 애노드와 캐소드가 도통된 것은 게이트 전류를 제거해도 계속 도통이 유지되며, 애노드 전원을 0으로 만들어야 해제된다.

풀이 사이리스터(thyrister, SCR)의 작용
① PNPN 접합, NPNP 접합으로 구성되어 스위칭 작용을 한다.
② 애노드(A), 캐소드(K), 게이트(G)로 이루어진다.
③ +쪽을 애노드, -쪽을 캐소드, 제어단자를 게이트라 한다.
④ 애노드에서 캐소드, 게이트에서 캐소드가 순방향이다.
⑤ 게이트에 (+), 캐소드에 (-) 전류를 흘려보내면 애노드와 캐소드 사이가 순간적으로 도통된다.
⑥ 애노드와 캐소드 사이가 도통되면, 게이트 전류를 제거해도 계속 도통이 유지되며 애노드 전위를 0으로 만들어야 해제된다.

26 반도체에서 사이리스터의 구성부가 아닌 것은?
[08년 1회]

㉮ 캐소드 ㉯ 게이트
㉰ 애노드 ㉱ 컬렉터

풀이 사이리스터(SCR)의 단자 명칭 : 애노드(A), 캐소드(K), 게이트(G)

21 ㉰ 22 ㉮ 23 ㉱ 24 ㉰ 25 ㉯ 26 ㉱

27 그림의 전기회로도 기호의 명칭으로 올바른 것은? [07년 1회]

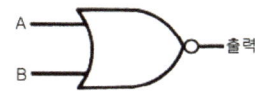

㉮ 논리합((Logic OR)
㉯ 논리적(Logic AND)
㉰ 논리 부정[Logic(NOT)]
㉱ 논리합 부정[Logic(NOR)]

🔍 **논리회로**

① 논리적(AND 회로)

② 논리합(OR 회로)

③ 논리 부정(NOT 회로)

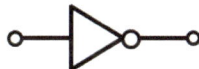

④ 논리적 부정(NAND 회로)

⑤ 논리합 부정(NOR 회로)

ANSWER 27 ㉱

02 시동, 점화 및 충전장치

제1절 축전지

1_ 축전지의 개요

축전지는 물질의 화학적 특성을 이용하여 화학적 에너지를 전기적 에너지로 저장하였다가(충전), 필요시 전기적 에너지로 꺼내 쓸 수 있게(방전) 만든 장치이다. 축전지는 방전시킨 후 충전하여도 본래 작용물질로 돌아가지 못하는 1차 전지와 자동차 축전지와 같이 충전하면 본래의 작용물질로 되돌아가 다시 사용할 수 있는 2차 전지로 분류한다.

1. 축전지 일반

1) 축전지의 기능

① 시동시에 축전지가 전원이 되어 전기 부하를 공급한다.
② 주행 상태에 따른 발전기 출력과 부하와의 언밸런스를 보상한다.
③ 발전기 고장시 최소한의 주행을 확보하기 위한 전원으로 작동한다.

2) 축전지 용어

① 셀(cell, 단전지) : 축전지의 기본 단위로, 알카리 축전지 셀 전압은 1.2[V], 납산 축전지는 2.1[V], 현재 실용화 된 단전지 중 셀 전압이 가장 큰 휴대폰은 3.75[V]이다.
② 공칭전압(nominal voltage) : 근사전압이란 의미로 필요한 전압을 얻기 위해 단전지를 여러개 연결하여 축전지로 사용한다. 자동차용 납산 축전지는 단전지 6개를 직렬 연결하여 공칭전압인 12[V]로 사용한다.
③ 비에너지(specific energy) : 축전지 1[kg]에 저장된 에너지의 양을 나타내며, 단위는 [Wh/kg]이다.
④ 에너지 밀도 : 축전지 체적 1[m^3] 당 저장된 전기 에너지의 양을 나타내며, 단위는 [Wh/m^3]이다.
⑤ 비전력(specific power) : 축전지 1[kg] 당 얻을 수 있는 전력의 양으로, 단위는 [W/kg]이다. 보통 비전력이 크면 비에너지는 작아지는데, 이는 축전지로부터 많은 전력을

빠르게 방출시키면 사용할 수 있는 에너지가 줄어들기 때문이다.

3) 축전지의 종류

① 납산 축전지 : 극판으로 납을, 전해액으로 황산을 사용하여 납산 축전지 또는 납축전지라 부르며, 내구성은 약하지만 내부저항이 극히 작고 비전력의 범위가 크고 가격이 매우 싸서 자동차에 많이 사용하는 축전지이다.

② 알카리 축전지(니켈 카드뮴 배터리) : 극판으로 니켈과 카드뮴을, 전해액으로 알카리 용액을 사용하는 알카리 축전지는 납산 축전지에 비해 가격이 비싸지만 비에너지가 납산 축전지의 거의 2배이므로 가혹한 사용조건에서도 내구성이 있고 자기방전도 적으며, 수명이 길고 저장성능이 우수한 장점이 있다. 셀당 기전력이 1.2[V]이므로 축전지로 사용하려면 10개의 셀이 필요하게 된다.

③ MF 축전지(Maintenance Free battery : 무보수 축전지) : MF 축전지는 납산 축전지가 충·방전을 반복함에 따라 전해액이 감소하므로 증류수를 보충하여야 하는 불편함을 없애기 위하여 축전지의 마개에 촉매를 두어 증발가스를 다시 증류수로 환원시킴으로서 유지보수가 필요 없는 배터리이다. MF 축전지의 특징은 다음과 같다.
 ㉠ 자기 방전률이 낮다.
 ㉡ 증류수를 보충하지 않아도 된다.
 ㉢ 장시간 보관할 수 있다.

4) 축전지의 구조

① 단전지(극판군, 셀, cell) : 단전지는 축전지의 가장 기본 구조로 셀 또는 극판군이라고도 하며, 내부에는 양극판과 음극판 및 유리 매트, 전해액 등이 들어 있다. 극판의 수는 양극판을 기준으로 보통 3-5장 이며, 음극판이 양극판보다 1장 더 많다. 그 이유는 음극판이 충격에 더 강하므로 바깥쪽에 위치하게 하며(양극판 탈락방지), 음극판보다 양극판이 더 활성적이어서 양쪽 극판의 활성을 맞추기 위해 음극판을 1장 더 둔다. 단전지 1개(1셀) 당 기전력은 약 2.1~2.3[V]로 이것을 6개 직렬 연결하여 12.6~13.8[V] 로 하여 사용한다. cell 의 수를 증가시키면 전압이 커지지만, 단전지 내부의 극판의 수를 증가시키면 용량이 커진다.

② 극판 : 극판은 납과 안티몬으로 구성된 격자에 활물질인 과산화납과 해면 모양의 다공성 납(海綿狀鉛)을 부착하여 양극판과 음극판으로 한다. 양극판은 암갈색, 음극판은 회색을 띠며 축전지를 오래 사용하면 양극판은 결합력이 약해 탈락하고 음극판은 다공성을 상실하는 고장이 발생되어 수명이 줄어들게 된다.

③ 격리판(separator) : 격리판은 양극판과 음극판 사이에 끼워져 단락을 방지하고, 격리

판의 홈이 있는 면을 양극판 쪽으로 가게 하여, 과산화납에 의한 산화부식을 방지한다. 격리판은 비 전도성으로 다공성이 풍부하고 전기저항이 적고, 내열, 내산성이 우수한 것이 요구된다.

④ 유리 매트(glass mat) : 결합력이 약한 양극판의 보강재로서 양극판에 압착되어 작용물질이 떨어지는 것을 방지하여 축전지의 수명을 연장시킨다.

⑤ 케이스 및 벤트 플러그(vent plug) : 축전지 케이스는 플라스틱 재료인 합성수지 또는 에보나이트로 제작하며 알칼리성 용액으로 세척한다. 또한 축전지 내부에서 발생하는 가스와 황산을 분리하고, 가스를 배기구멍 밖으로 방출시키기 위하여 각 단전지 뚜껑에는 벤트 플러그를 두고 있다.

그림 3-49 / 케이스와 벤트 플러그

2. 축전지의 화학작용

축전지 단자에 부하(load)를 연결하여 전류를 흐르게 하는 것을 방전이라 하고, 반대로 발전기나 충전기 등을 이용하여 전압을 가해 축전지에 전류가 흘러 들어가는 것을 충전이라 한다.

1) 축전지의 충·방전 화학식

축전지가 방전하면 양극판과 음극판은 모두 황산납으로 변하고 전해액인 묽은 황산은 물로 변한다. 방전은 (+)와 (-)에 부하를 연결하면 물이 높은 곳에서 낮은 곳으로 흐르듯 전류가 흐르게 되나, 충전의 경우는 낮은 곳에서 높은 곳으로 전류를 흐르게 하여야 하므로 발전기나 충전기 등을 이용하여 전압을 가해 전류가 흐르도록 해야 한다. 이 과정에서 물이 분해되어 산소가 양극판으로 수소가 음극판으로, 양극판과 음극판의 황산납이 분해되어 전해액인 묽은 황산으로 돌아가게 되는 것을 충전이라 한다.

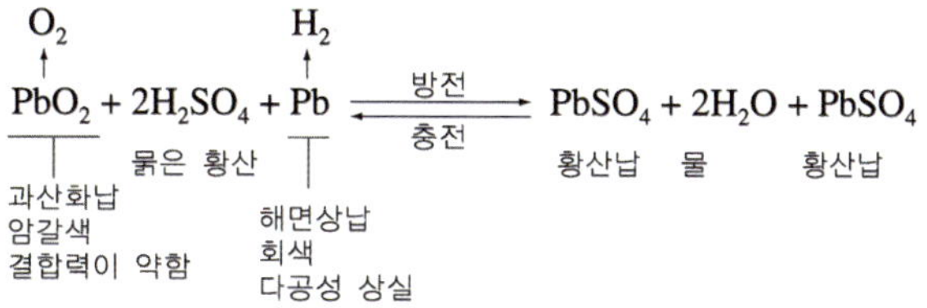

$$\underset{\substack{\text{과산화납}\\\text{암갈색}\\\text{결합력이 약함}}}{PbO_2} + \underset{\substack{\text{묽은 황산}}}{2H_2SO_4} + \underset{\substack{\text{해면상납}\\\text{회색}\\\text{다공성 상실}}}{Pb} \underset{\text{충전}}{\overset{\text{방전}}{\rightleftarrows}} \underset{\text{황산납}}{PbSO_4} + \underset{\text{물}}{2H_2O} + \underset{\text{황산납}}{PbSO_4}$$

그림 3-50 / **축전지의 충·방전 화학식**

2) 전해액과 비중

① 전해액(electrolyte, $2H_2SO_4$) : 전해액은 증류수에 황산을 혼합하여 희석시킨 무색, 투명의 묽은 황산으로, 전해액의 비중은 완전 충전상태일 때 20[℃]를 기준으로 하며, 열대지방은 1.240, 온대지방은 1.260, 한대지방은 1.280을 표준비용으로 사용한다.

② 비중 : 비중이란 어떤 물질의 질량과 이것과 같은 부피를 가진 표준물질의 질량과의 비율로, 고체 및 액체는 1[atm], 4[℃]의 물을, 기체의 경우에는 0[℃], 1[atm]하에서의 공기를 표준물질로 한다. 전해액의 경우 황산 35[%], 물 65[%]의 혼합액으로 물에 대한 황산의 비중은 1.8이다.

③ 온도에 의한 비중 변화 : 전해액의 비중은 온도가 높아지면 비중은 낮아지고, 온도가 낮아지면 비중은 높아진다. 그 이유는 묽은 황산의 체적이 온도에 따라 팽창, 수축하여 단위체적 당 중량이 변화하기 때문이며, 그 변화량은 1[℃] 마다 0.0007씩 변화한다. 이를 식으로 표현하면,

$$S_{20} = S_t + 0.0007(t - 20)$$

S_{20} : 표준온도에서의 비중
S_t : 측정온도에서의 비중
t : 측정시 온도[℃]

④ 비중에 의한 충전 상태 측정 : 축전지의 비중을 측정하여 남아있는 전기량을 판단하고, 이를 이용하여 축전지의 방전량을 환산할 수 있다.

표 3-1 / **비중에 의한 충전 상태**

전해액의 비중	남아있는 전기량[%]
1.260	100
1.210	75
1.150	50
1.100	25
1.050	0

㉠ 방전량 = $\dfrac{\text{완전 충전시 비중} - \text{측정시 비중}}{\text{완전 충전시 비중} - \text{완전 방전시 비중}} \times$ 용량[AH]

㉡ 방전시간 = $\dfrac{\text{방전량[AH]}}{\text{방전전류[A]}}$

3) 축전지의 용량과 방전율

① **축전지의 용량(AH)** : 완전 충전된 축전지를 일정한 전류로 계속 방전 시켰을 때 단자전압이 방전 종지 전압에 도달할 때 까지 사용할 수 있는 총 전기량을 용량이라 한다. 축전지 용량은 동일한 축전지라도 방전전류의 크기에 따라 변화한다. 즉, 방전전류가 크면 용량은 적어지고, 적으면 용량은 커진다. 따라서, 용량을 표기할 때에는 방전전류의 크기와 방전율을 함께 명시해야 한다. 또한 축전지 용량은 온도가 낮으면 전해액의 저항이 증대하여 용량이 적어지고, 온도가 높아지면 용량이 커지는 현상이 나타난다. 추운 겨울철에 축전지의 시동능력이 떨어지는 원인도 이 때문이다. 축전지의 용량은 아래의 식으로 나타낸다.

축전지 용량[AH] = 방전전류[A] × 방전시간[H]

② **방전 종지 전압** : 방전 중의 단자전압은 방전이 진행됨에 따라 점차로 저하하다가 어느 한도에 이르면 급격한 전압강하를 나타내며 그 이후에는 다시 충전하여도 원래 상태로 회복되기 어렵다. 이 한계전압을 방전 종지 전압이라 하며 한 셀(cell)당 1.75[V], 배터리 전압으로는 1.75×6 = 10.5[V]이다.

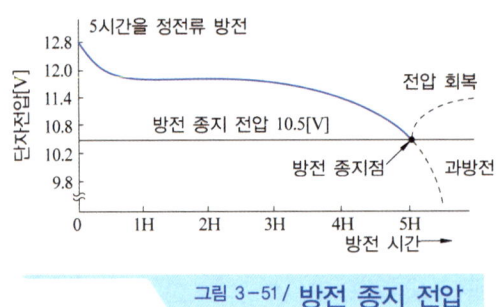

그림 3-51 / **방전 종지 전압**

③ **자기방전** : 축전지는 사용을 하지 않아도 용량이 스스로 감소하는데 이것을 자기방전(내부방전)이라 한다. 자기방전의 원인은 축전지 내부의 화학작용과 불순물에 의한 방전 그리고 단락에 의한 방전 등이 있으며 전해액의 비중이 높을수록 습도가 높을수록 방전량이 많다. 자기방전량은 축전지 실용량에 대한 백분율로 나타내며 1일동안 용량의 0.3 ~ 1.5[%] 정도이다.

1[AH]의 방전량에 대해 전해액 중의 황산은 3.660[g]이 소비되며, 0.67[g]의 물이 생성된다.

$$방전율[\%] = \frac{완전충전시\ 비중 - 측정시\ 비중}{완전충전시\ 비중 - 완전방전시\ 비중} \times 100[\%]$$

④ 방전율(축전지 용량 표시방법)

  ㉠ 20시간율(ampere hour capacity) : 일정한 방전 전류로 20시간 방전하였을 경우 방전 종지 전압(1.75[V])으로 강하될 때까지 방전할 수 있는 전류의 총량을 말한다.(축전지 용량=20시간×방전전류)

  ㉡ 25[A]율(reserve capacity) : 80[°F]에서 25[A]로 연속 방전하여 셀당 전압이 1.75[V]에 이를 때까지 방전하는 것을 말한다.(보통 25[A]로 2시간 정도 방전할 수 있을 것)

  ㉢ 냉간 시동율(cold cranking ampere) : 0[°F]에서 300[A]로 방전하여 셀당 전압이 1[V] 강하하기까지 몇 분 소요되는 가로 표시하는 방법을 말한다.

2_ 축전지 충전법 및 이상 현상

1. 축전지의 충전 방법

1) 축전지 충전의 종류

① **초충전(활성충전)** : 초충전은 축전지 제조 후 전해액을 주입하고 극판의 활성화를 위하여 최초로 충전하는 방법이다. 축전지의 수명연장을 위하여 용량의 1/10~1/20로 60~70시간 연속충전한다.

② **보충전** : 자기방전이나 사용중의 방전에 의해서 용량이 부족할 때 실시하는 충전 방법이다. 해당 축전지 용량의 1/10~1/20로 2~3시간 정도로 정전류 충전법을 많이 사용한다. 보충전에는 정전류 충전. 정전압 충전, 단별전류 충전, 급속 충전이 있다.

  ㉠ 정전류 충전 : 일정한 전류로 계속 충전하는 방법으로 가장 이상적인 충전방법이며, 충전전류는 용량의 1/10이며 최소 5[%]에서 최대 20[%] 까지 충전한다.

  ㉡ 정전압 충전 : 일정한 전압으로 충전하는 방법이며, 전류를 초기에는 많게 하고 점차 충전량에 따라 낮추어서 충전말기에는 거의 전류가 흐르지 않으며 수소가스 발생이 거의 없으므로 충전성능이 우수하다.

  ㉢ 단별 전류 충전 : 전류를 단계적으로 낮춰가며 충전하는 방법으로 충전효율을 높이고 온도상승을 완만히 하기 위해서 실시하는 방법이다.

  ㉣ 급속 충전 : 급속 충전기를 이용하여 짧은 시간에 충전하는 방법으로 충전 전류는 용량의 1/2 정도로 충전하며 전해액의 온도가 45[°C] 이하에서 실시한다.

③ **회복 충전** : 방전 상태가 계속되어 극판표면에 약간의 황산화(설페이션 : sulfation)현상

이 일어났을 때 원상태로 회복하기 위한 충전방법이며 충전방법은 정전류 충전법으로 하며, 약한 전류로 40~50 시간 충전했다가 방전시키는 작업을 여러번 되풀이 한다.

2) 충전시 주의사항

① 통풍이 잘된 곳에서 충전시간을 짧게 할 것(수명연장)
② 전해액의 온도가 45[℃]가 넘지 않도록 할 것(폭발위험)
③ 보충전은 용량의 1/10의 전류로 하며 15일마다 보충할 것(수명연장)
④ 급속충전전류는 축전지 용량의 1/2로 할 것(수명연장)

2. 축전지의 이상 현상

1) 황산화(설페이션) 현상

축전지의 황산화 현상이란 극판에 백색 결정성 황산납($PbSO_4$)이 생성되는 현상으로, 원인은 다음과 같다.

① 배터리 극판이 공기중에 노출 되었을 때
② 축전지를 과방전 시켰을 때
③ 불충분한 충전을 반복했을 때
④ 전해액 비중이 너무 높거나, 낮을 때
⑤ 전해액 이물질 유입 및 장시간 방전시켰을 때

2) 배터리 충전이 불량한 원인

① 발전기 구동벨트가 헐겁거나 슬립이 있다.
② 발전기 조정전압이 낮다.
③ 발전기가 고장났다.
④ 발전기 브러시가 마모되어 슬립링에 접촉이 불량하다.
⑤ 배터리 극판이 황산화 되었다.
⑥ 자동차 전기 사용량이 과다하다.

3) 배터리 과충전 시 나타나는 현상

① 가스의 발생이 많아진다.
② 배터리 전해액이 부족해진다.
③ 전해액의 온도가 증가한다.
④ 전해액의 비중이 증가한다.

⑤ 전해액이 갈색으로 나타난다.
⑥ 양극판의 격자가 산화하고, 양극 커넥터가 부풀어 오른다.

제2절 시동장치

1_ 시동장치의 개요

기관(engine)은 스스로의 힘으로 시동할 수 없으므로 실린더 안에서 최초로 폭발 연소를 일으켜 기관을 회전시키려면, 축전지 전류의 힘으로 크랭크축을 돌려주어야(크랭킹) 하며 이 일을 하는 것이 시동장치(starting system)이다.

1. 시동장치 일반

시동장치는 축전지, 점화 스위치, 기동 전동기 등으로 구성되어 있다.

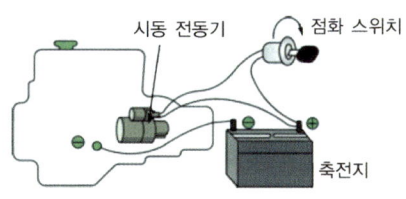

그림 3-52 / **시동장치의 구성**

1) 시동 소요 회전력

기동 전동기의 회전력은 약 1[m-kg$_f$] 정도로 엔진 회전저항이 1,500[cc] 엔진이 대략 6[m-kg$_f$]라 한다면 기동 전동기는 회전저항이 큰 엔진을 돌릴 수 없다. 따라서 기어의 잇수비를 이용하여 기동 전동기의 회전력을 증대시킨다. 이 때 필요한 회전력을 다음과 같이 구할 수 있다.

$$필요\ 회전력(F) = 회전저항(R_s) \times \frac{피니언\ 잇수(Z_P)}{링기어\ 잇수(Z_r)}$$

2) 기동 전동기의 종류

기동 전동기는 자동차 전원이 직류이므로 직류 전동기를 사용하며, 계자코일과 전기자 코일의 결선방법에 따라 직권 전동기, 분권 전동기, 복권 전동기로 분류한다.

① **직권 전동기** : 직권 전동기는 전기자 코일과 계자 코일이 직렬 접속되어 있고 짧은 시간에 큰 회전력을 필요로 하는 장치에 알맞으며 부하가 적어지면 회전력은 감소하고 회전수는 커진다. 반대로 부하가 커졌을 때에는 회전속도는 감소하나 전기자 전류가 많이 흐르게 되어 큰 회전력을 낼 수 있다. 전기자 전류는 전동기에 발생하는 역기전력에 반비례하고 역기전력은 속도에 비례한다. 자동차용 시동 전동기로 사용한다.

② **분권 전동기** : 분권 전동기는 전기자 코일과 계자 코일이 병렬로 접속되어 있는 것이며 회전속도가 거의 일정하며 전동기의 회전속도는 가하는 전압에 비례하고 계자의 세기에 비례한다. 사용 용도는 일반 가전제품의 모터, 자동차의 전동 팬 모터, 히터 팬 모터 등에 사용한다.

③ **복권 전동기** : 복권식 전동기는 2개의 계자 코일을 하나는 전기자 코일과 직렬로 접속하고, 다른 하나는 병렬과 접속되어 있다. 즉, 직권과 분권의 두 계자 코일을 가진 것이며, 기동할 때 회전력이 크고 기동 후에 회전속도가 일정하며 자동차의 윈드 실드 와이퍼 모터에 사용된다.

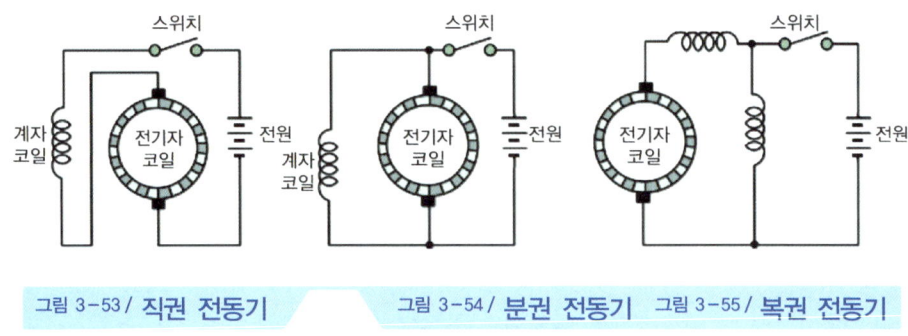

그림 3-53 / **직권 전동기**   그림 3-54 / **분권 전동기**   그림 3-55 / **복권 전동기**

3) 직류직권 전동기의 특징

전자력(F)의 크기는 자석의 세기(B), 도선의 길이(ℓ), 도선에 흐르는 전류의 세기(I)에 비례한다.

즉, 전자력 $F = B \times \ell \times I$이다. 직권 전동기는 자계를 만드는 철심부분인 계자코일과 회전부인 전기자 코일이 직렬로 연결되어 있고, 기동 전동기에서 도선의 길이는 고정이므로 직권 전동기의 회전력은 자석의 세기(계자)와 전기자 전류의 곱에 비례한다. 즉, 전기자 전류가 많으면 회전력이 크다. 엔진이 정지하고 있을 때(부하가 클 때) 전류는 저항 없이 많이 흘러 회전력은 크지만 회전수는 느려진다. 점점 크랭킹이 되어 엔진이 회전하면(부하가 적을 때) 회전수는 빨라지나 회전력은 작아지게 된다. 이러한 특성을 이용하여 자동차용 시동 전동기로 직류직권 전동기를 사용한다.

2. 기동전동기의 원리

1) 오른나사의 법칙

도선에 전류가 흐를 때 도선에는 오른나사가 진행하는 방향으로 자력선이 발생한다. 그림에서 ⊗는 책속으로 전류가 들어가는 표시를, ⊙는 나오는 표시 기호로 한다.

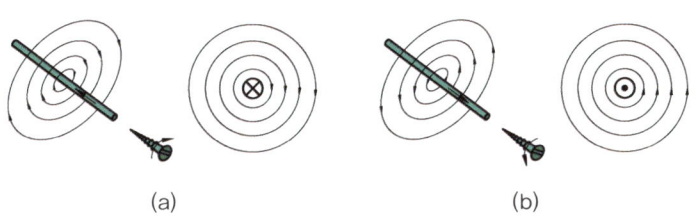

그림 3-56 / **오른나사의 법칙**

2) 오른손 엄지손가락의 법칙

도선을 코일로 감으면 오른나사의 법칙 작용이 어려우므로 오른손을 전류가 흐르는 방향으로 코일을 감아쥐었을 때 오른손 엄지손가락이 가리키는 방향이 자석의 N극이 된다.

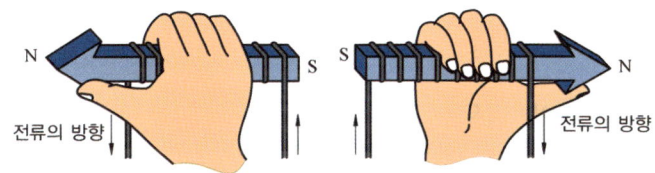

그림 3-57 / **오른손 엄지손가락의 법칙**

3) 플레밍의 왼손법칙

기동 전동기의 회전력 방향을 알기 위한 법칙으로, 그림과 같이 왼손을 서로 직각이 되도록 펴고 제일 먼저 인지를 자력선 방향에 맞추고 가운데 손가락을 전류의 방향에 맞추어 놓았을 때 엄지손가락이 가리키는 방향으로 전자력이 작용한다는 법칙이다.

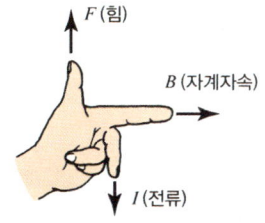

그림 3-58 / **플레밍의 왼손법칙**

4) 기동전동기의 작동원리

축전지 전류가 계자코일을 통해 흐르면 전기자 코일을 향해 한쪽은 N극으로 한쪽은 S극으로 자화되며 그 전류는 브러시를 통해 전기자 코일로 흘러 축전지로 되돌아온다. 이 때, 플레밍의 왼손법칙에 의해 기동 전동기 전기자는 그림과 같이 시계방향으로 회전하게 된다.

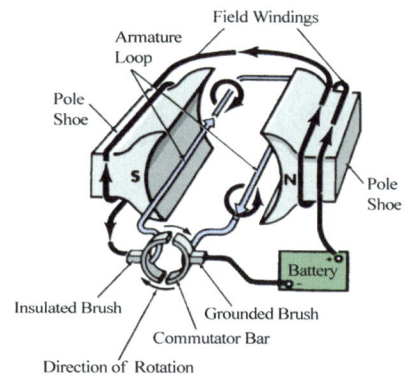

그림 3-59 / **기동 전동기의 작동 원리**

2_ 기동전동기 작동 및 시험

1. 기동전동기의 구조와 작동

기동전동기는 구조상 전동기 부, 동력 전달 부, 마그네틱 스위치 부로 구분할 수 있다.

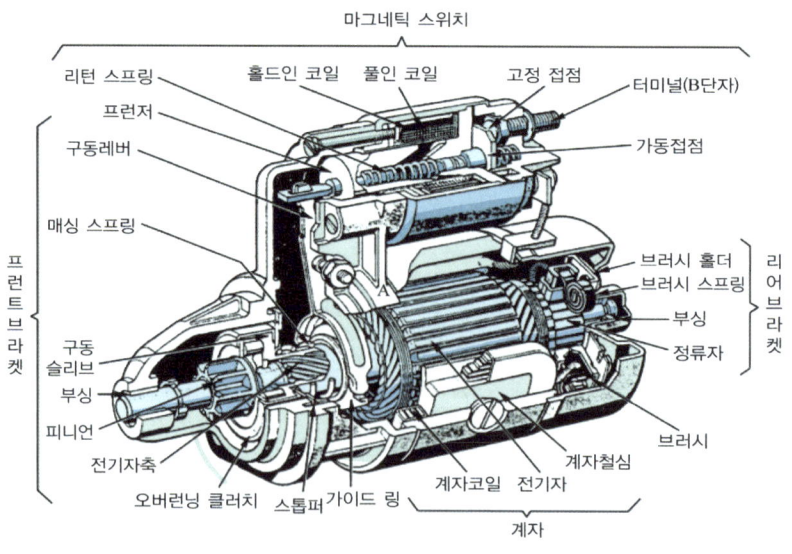

그림 3-60 / **기동 전동기의 구조**

1) 전동기 부분

① 전기자(armature) : 전기자는 기동 전동기의 회전력을 발생하는 회전 부분으로 전기자 축, 전기자 철심, 전기자 코일, 정류자 등으로 구성되어있다.

㉠ 전기자축 : 전기자축(armature shaft)의 양쪽은 베어링으로 지지되며, 작동시 큰 힘을 받으므로 부러지거나 휘지 않도록 특수강을 사용하고 피니언이 접동하는 부분은 마모하지 않도록 열처리가 되어 있으며 스플라인이 패어져 있다.

그림 3-61 / 전기자 구성

㉡ 전기자 철심 : 전기자 철심(armature core)은 자력선을 잘 통과시킴과 동시에 맴돌이 전류(eddy current)로 인한 자장의 손실을 적게하기 위해 얇은 철판을 각각 절연하여 겹친 것이며 바깥둘레에는 전기자 코일이 들어갈 홈이 파져 있다.

㉢ 전기자 코일 : 전기자 코일은 큰 전류가 흐르기 때문에 단면적이 큰 평각 구리선(동선)을 사용 코일의 한쪽은 N극 쪽에, 다른 한쪽은 S극 쪽에 오도록 철심의 홈에 절연되어 끼워져 있고 또 코일의 양쪽끝은 정류자에 각각 납땜되어 있다. 전기자는 일반적으로 1,5000 ~ 20,000[rpm]의 고속회전에 견디도록 되어 있다.

㉣ 정류자 : 정류자(commutator)는 경동으로 된 정류자편(commutator segment or bar)을 각각 절연하여 원형으로 결합한 것이며, 브러시에서의 전류를 일정방향으로만 흐르게 한다. 정류자편 사이에는 1[mm] 정도 두께의 운모판이 끼어 있으며 운모의 돌출로 인한 브러시와의 접촉불량을 방지하기 위하여 정류자편의 표면보다 0.5 ~ 0.8[mm] 낮게 패어져 있다. 이것을 언더컷(undercut)이라 한다.

② 계철 : 계자철심을 지지하는 케이스이며, 자력선의 통로 역할을 한다.

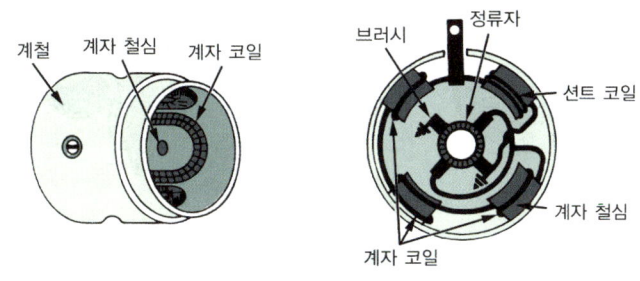

그림 3-62 / 계철의 계자 코일 구성도

③ 계자 철심 : 계자 코일에 전류가 흐르면 계자 철심은 전자석이 되어 내부에 자계를 형성하며 계자철심의 수와 극의 수는 같다.

④ **계자 코일** : 계자 코일(field coil)은 전동기의 고정부분으로 계자 철심에 감겨져 자력을 일으키는 코일이다. 결선방법은 직권식과 복권식이 있으며 일반적으로 기관의 시동에 적합한 직렬연결의 직류직권식을 쓴다. 직권식 계자 코일에는 전기자 코일과 같은 큰 전류가 흐르기 때문에 단면적이 큰 평각 구리선을 사용한다.

⑤ **브러시(brush)** : 정류자에 접촉되어 전류를 공급하는 탄소막대이다. 계자 철심의 수와 브러시 수는 일반적으로 같다. 브러시는 1/3 이상 마모되거나 마모한계선까지 마모되면 교환한다.

2) 동력전달장치 부분

동력전달장치는 전동기에서 발생한 토크를 기관의 플라이휠에 전달하여 기관을 회전시키는 기구이다. 전자 스위치의 작동으로 피니언과 링 기어가 물리면서 전동기가 회전하여 피니언이 링 기어를 구동하여 기관이 회전하게 된다. 피니언과 링 기어의 기어 비는 기동 전동기의 구동 토크를 크게 하기 위해 10~15 : 1로 되어 있으며 동력전달 방식에는 벤딕스식, 피니언 섭동식, 전기자 섭동식이 있고 동력 전달 후 기동 전동기의 전기자가 피니언과 같이 돌지 못하도록 하는 안전장치인 오버런닝 클러치가 있다.

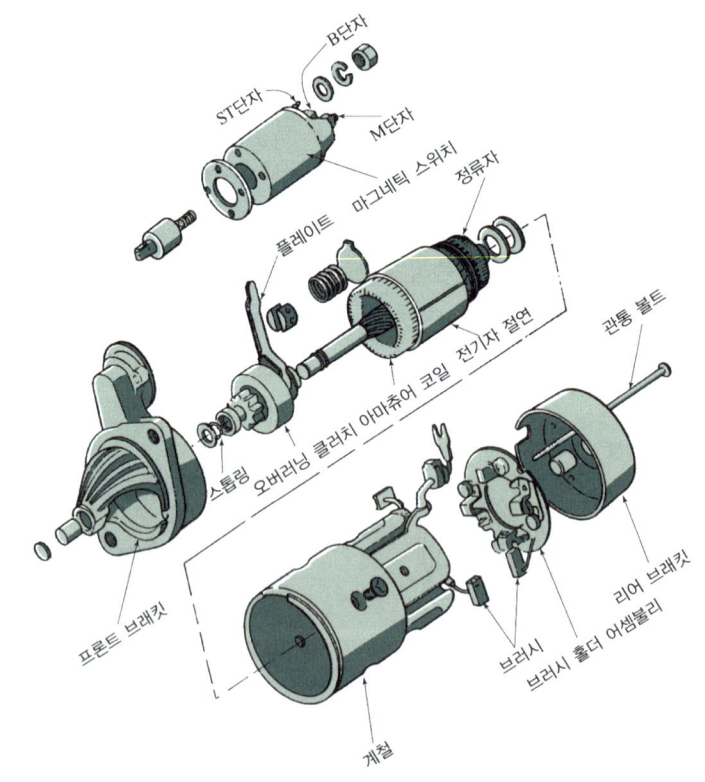

그림 3-63 / **기동전동기 분해도**

① **벤딕스식(bendix starter type)** : 벤딕스식은 회전 너트의 원리를 이용한 것으로 피니언의 관성과 전동기가 무부하 상태에서 고속 회전하는 성질을 이용하여 동력을 전달한다. 구조가 비교적 간단하고 오버런닝 클러치가 필요 없는 장점이 있으나 큰 회전력을 필요로 하는 엔진에서는 내구성이 낮아 사용되지 않고 있다.

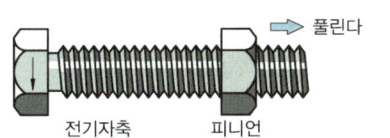 

그림 3-64 / **회전 너트의 원리**

② **전기자 섭동식(armature shaft type)** : 전기자 섭동식은 자력선이 통과하는 경로를 가장 짧게 하려는 성질을 이용한 것으로 피니언과 전기자가 일체로 섭동하여 링기어와 물린다. 전기자 섭동식은 피니언과 전기자가 일체로 되어 움직이기 때문에 링기어에 가해지는 충격이 커서 파손되기 쉬운 단점이 있다.

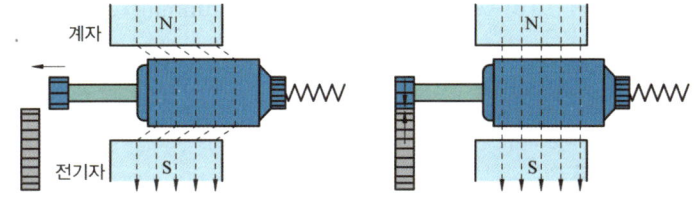

그림 3-65 / **전기자 섭동식의 원리**

③ **피니언 섭동식(pinion sliding type)** : 피니언 섭동식은 피니언의 이동과 기동 전동기 스위치(F단자와 B단자) 개폐를 전자력에 의해 작동되며, 현재 가장 많이 사용된다. 하지만 기관이 가동된 후에도 스위치를 끄지 않는 한 계속해서 피니언과 링기어가 물려 있으므로 전기자의 파손을 막기 위해 오버 러닝 클러치를 사용한다. 종류로는 직결식, 감속 기어식, 유성기어 감속기어식 등이 있다.

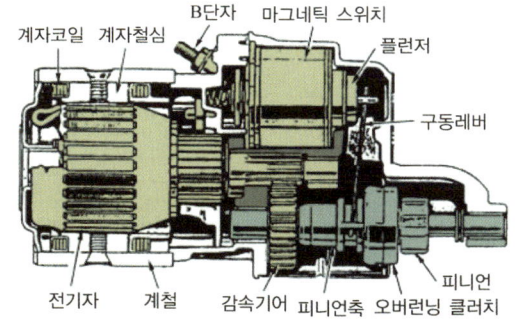

그림 3-66 / **감속 기어식**

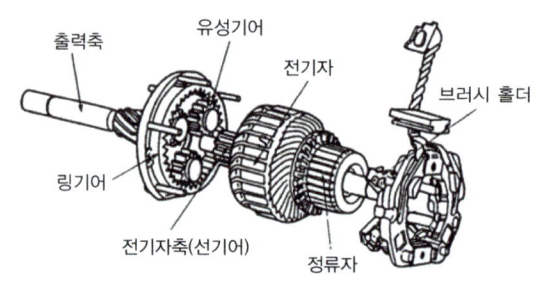

그림 3-67 / 유성기어 감속기어식

④ 오버러닝 클러치(over-running clutch) : 피니언 섭동식에서는 기관이 시동되어도 기동 스위치를 끄지 않는 한 피니언은 물린 상태로 있기 때문에 기관이 회전하면 반대로 링 기어가 피니언을 구동하게 되어 기관 회전수의 10~15배의 속도로 전기자를 회전시켜 이로 인해 전기자와 베어링이 파손될 염려가 있다. 이것을 방지하기 위해 기관이 시동되면 피니언이 물려 있어도 기관의 회전력이 기동전동기에 전달되지 않도록 클러치가 장치되어 있으며 이것을 오버러닝 클러치(overrunning clutch)라 한다.

오버러닝 클러치 종류에는 롤러식(roller type), 다판식(multiple-disc type), 스프래그식(sprag type) 등이 있다.

3) 마그네틱 스위치 부분

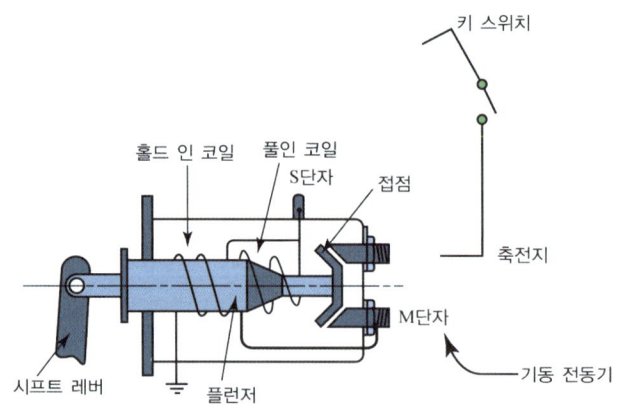

그림 3-68 / 마그네틱 스위치

마그네틱 스위치는 축전지에서 기동 전동기로 흐르는 큰 전류를 단속하는 작용과 피니언과 링 기어가 물리게 하는 작용을 한다. 마그네틱 스위치의 구조 및 작동은 다음과 같다.

마그네틱 스위치는 풀인 코일과 홀딩 코일로 구성되어 있으며 같은 방향으로 감겨져 있다. 운전자가 키 스위치를 닫으면 풀인 코일과 홀딩 코일에 전류가 흘러 내부 코일에 자력이 발생하여 플런저(plunger)를 잡아당기고 플런저가 이동하면 접점 스위치(contact switch)를 작동시킴과 동시에 시프트 레버를 움직여 피니언을 밀어낸다. 접점이 붙음과 동시에 풀인 코일은 등전위가 되어 전류가 흐르지 못하고 홀딩 코일에만 전류가 흘러 당김 상태를 유지하게 된다. 기관이 시동되어 키 스위치를 off하면 풀인 코일과 홀딩 코일에는 자력이 없어지고 리턴 스프링에 의해 플런저가 되돌아오면서 피니언 기어는 링기어와 풀리게 된다.

2. 기동 전동기의 이상 현상

1) 기동전동기는 회전하는데 링기어가 물리지 않는 경우

① 마그네틱(솔레노이드) 스위치 작동 불량
② 피니언 기어의 과도한 마모
③ 플라이 휠 링기어의 과도한 마모
④ 오버런닝 클러치 작동 불량
⑤ 시프트 레버 고정핀의 마모

2) 기동전동기 회전이 느린 원인

① 축전지 전압강하 및 비중이 저하
② 축전지 케이블 접촉불량
③ 정류자와 브러시 접촉불량
④ 정류자와 브러시의 과도한 마모
⑤ 브러시 스프링 장력이 감소
⑥ 전기자 코일 또는 계자코일의 단락

3. 기동 전동기의 측정 및 시험

1) 기동전동기 무부하 시험

① 무부하 시험 시 필요장비
  ㉠ 축전지 : 전원 공급용
  ㉡ 전류계 : 전류소모 측정용
  ㉢ 전압계 : 전압강하 측정용
  ㉣ 회전계 : 무부하 회전수 측정용
  ㉤ 스위치 : 기동모터 작동용

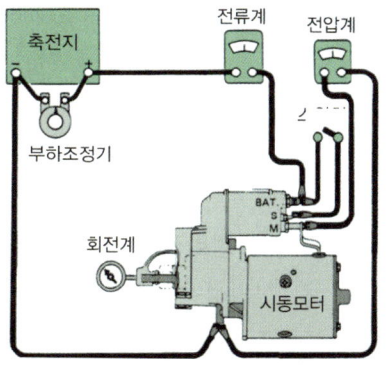

② 판정
  ㉠ 전압 : 축전지 전압의 90[%] 이상(12[V]×0.9 = 10.8[V] 이상)
  ㉡ 전류 : 모터 기재된 출력의 90[%] 이하

$$(0.9[\text{kW}] \text{ 경우, } I = \frac{P}{E}, \therefore I = \frac{900}{12} \times 0.9 = 67.5A \text{ 이하})$$

2) 기동전동기 부하 시험(크랭킹 시험)

① 시험방법
  ㉠ 시동이 걸리지 않도록 점화 1차 회로를 차단한다.
  ㉡ 전압과 전류를 측정할 수 있도록 전압계 및 전류계를 장착한다.
  ㉢ 엔진을 크랭킹하여 측정값을 읽는다.(5초 이내로 시행)
② 판정
  ㉠ 전압강하는 배터리 전압의 20[%] 이상일 것(12[V]×0.8 = 9.6V 이상)
  ㉡ 전류는 축전지 용량의 3배 이하일 것(60[AH]×3 = 180[A] 이하)

제3절 점화장치

1. 점화장치 일반

1. 점화장치의 개요

점화장치는 연소실 내의 압축된 혼합기에 고압의 전기불꽃을 발생시켜 연소를 일으키는 장치로 자동차의 출력 및 연비, 배기가스, 노킹 현상 등 엔진 성능에 지대한 영향을 미친다. 점화장치는 축전지, 점화 코일(ignition coil), 배전기(distributor), 고압 케이블(high tension cable), 및 점화 플러그(spark plug) 등으로 구성되어 있으며, 트랜지스터 방식에서는 ECU 및 파워 TR이 첨가되며 DLI(Distributor Less Ignition) 방식에서는 배전기가 없이 배전한다.

1) 점화장치의 종류

점화장치는 예전에는 기계식 접점을 이용하였으나 반도체의 발달로 트랜지스터를 사용한 트랜지스터 방식과 무배전기(DLI) 방식으로 발전되어 현재에 이른다.

① 접점식 점화장치 : 배전기에 있는 기계식 접점을 이용하여 1차전류를 개폐하는 방식으로, 신뢰성이 낮아 현재에는 사용하지 않는 방식이다.
② 트랜지스터 점화장치 : 트랜지스터의 발달로 현재 대부분 사용하는 방식으로, 이그나이터 방식, 광학회로 방식, 홀 센서 방식 등이 있다.
③ DLI 점화장치(Condenser Discharge Ignition) : 전자제어 점화장치에서 배전 손실이 있는 배전기를 제거하고 점화코일에서 직접 배전하는 방식이다.

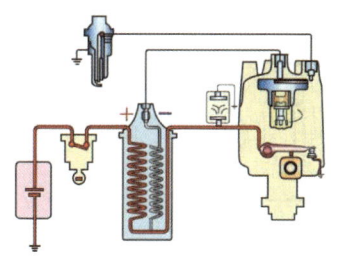 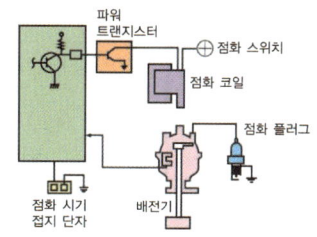 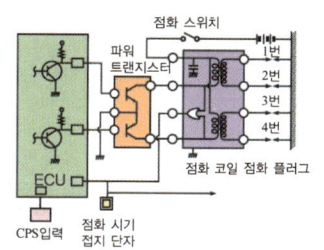

그림 3-69/ **기계식 점화장치** 그림 3-70/ **트랜지스터식 점화장치** 그림 3-71/ **DLI 방식 점화장치**

2. 축전지식 점화장치

1) 점화장치의 구성

① **점화 스위치** : 키 스위치를 의미하며, 축전지에서의 1차전류를 개폐하기 위한 것이다.

② **점화코일** : 운전자가 점화 스위치를 ON에 놓으면 축전지의 (+)전류가 점화 코일의 1차 코일에 흐르면 1차 코일의 자기유도 작용과 2차 코일의 상호유도 작용에 의하여 실린더 내의 압축된 혼합기를 연소할 수 있는 고전압(25,000 ~ 35,000[V])을 발생하는 장치이다. 개자로형과 폐자로형이 있다.

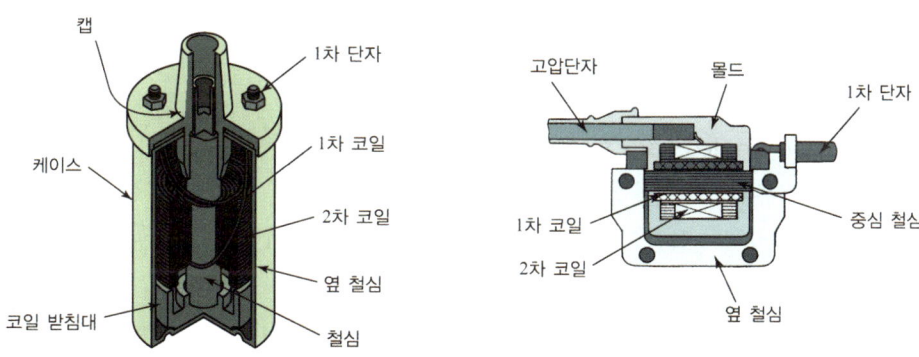

그림 3-72/ **개자로형 점화코일**   그림 3-73/ **폐자로형 점화코일**

㉠ **자기유도 작용** : 하나의(1차) 코일에 흐르는 전류를 변화시키면 자속의 변화에 의해 자기유도 전압(역기전력)이 발생되는 작용을 말한다.

㉡ **상호유도 작용** : 하나의(1차) 코일에 자속 변화가 인접한(2차) 코일에도 영향을 주어 인접한(2차) 코일에 상호유도 전압(역기전력)이 발생되는 작용을 말한다.

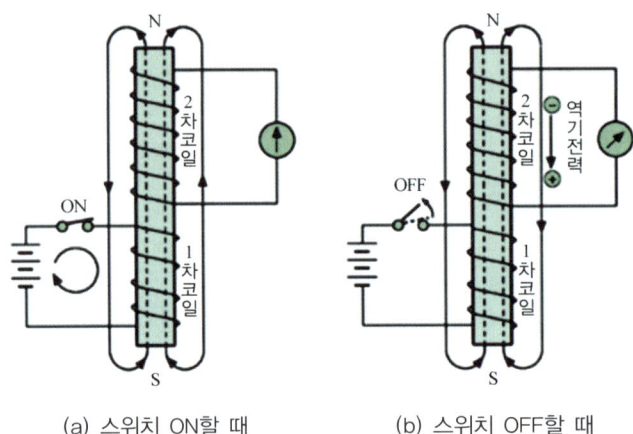

(a) 스위치 ON할 때 　　(b) 스위치 OFF할 때

ⓒ 2차코일 유도전압

$$E_2 = \frac{N_2}{N_1} E_1$$

E_2 : 2차 전압
E_1 : 1차 전압
N_1 : 1차 코일 권수
N_2 : 2차 코일 권수

③ **배전기** : 엔진의 캠축에 의해 구동되며 크랭크축 회전수의 1/2로 회전한다. 배전기의 기능은 다음과 같다.

　㉠ 점화 1차전류를 단속하여 2차 코일에 고압을 유도

　㉡ 2차 코일의 고압을 점화순서에 따라 점화플러그로 분배

　㉢ 엔진의 회전속도에 따라 점화시기를 조정

④ **드웰각(dwell angle, cam angle, 캠각)** : 드웰각이란 예전 접점식의 캠각을 의미하며, 1차코일에 전류가 흐르는 통전시간(접점이 닫혀있는 동안 캠이 회전한 각도)으로 정의한다. 접점식에서는 접점의 간극을 통해 드웰각을 조정하였으나 트랜지스터식 점화장치에서는 각종 센서의 신호를 ECU가 연산하여 드웰각을 결정한다.

⑤ **고압 케이블(점화 케이블)** : 고압 케이블(high tension cable)은 점화코일 중심단자와 배전기 캡의 중심단자, 각 점화플러그를 연결하는 고압의 절연 케이블이다. 고압 케이블은 고압 송전시 점화손실이 없어야 하므로 고무로 절연 및 비닐 등으로 보호하며, 중심에는 고주파 발생에 따른 잡음을 방지하기 위해 10,000Ω 정도의 저항을 둔 TVRS 케이블을 사용한다.

⑥ **점화플러그(spark plug)** : 점화플러그는 전극(electrode), 절연체(insulator), 셸(shell)로 구성되어 있으며 전극은 중심전극과 접지전극으로 구성되고, 간극은 1.1 ~ 1.3[mm] 정도이다. 절연체는 내열성, 절연성이 좋은 세라믹으로, 윗부분은 고압전류의 플래시 오버(flash over)를 방지하기 위한 리브(rib)가 설치되어 있다. 셸은 렌치를 사용하기 위해 강으로 되어 있으며 밑부분에는 연소실에 끼우도록 나사부가 설치되어 있다.

㉠ 자기청정온도 : 점화플러그는 불완전 연소에 의해 발생하는 카본을 태우기 위해 전극부가 어느 정도 온도를 유지하여야 하는데 이를 자기청정온도라 한다. 자기청정온도는 500 ~ 800[℃] 정도이며 전극부 온도가 너무 낮으면 카본이 많이 끼어 점화플러그가 오손되고, 너무 높으면 조기점화의 원인이 된다.

㉡ 열가(열값, heat range) : 열가란 점화플러그의 열 방출 정도(능력)를 나타내는 것으로, 절연체 아래 부분에서 아래 시일까지의 길이로 열가를 정의한다. 이 길이가 짧은 것은 열 방출이 잘 되므로 점화플러그가 차가워져서 냉형이라 하며, 긴 것은 열을 잘 방출하지 않아 열형이라 한다. 고압축비, 고속형 엔진에서는 냉형을, 그 반대에서는 열형을 사용한다.

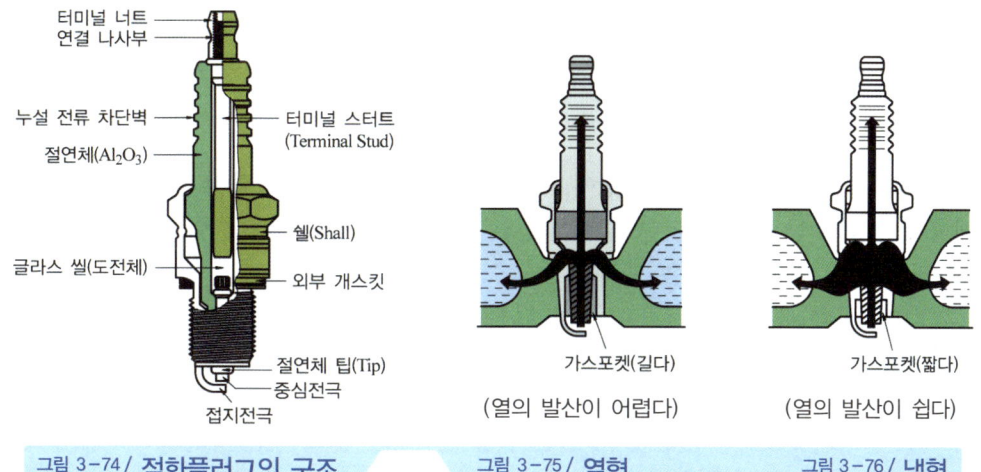

그림 3-74 / **점화플러그의 구조**   그림 3-75 / **열형**   그림 3-76 / **냉형**

㉢ 점화플러그 품번의 예시

B	P	6	E	S 또는 R	11
나사부 지름	P : 자기 돌출형 (projected core nose plug) R : 저항 삽입형	열가	나사부 길이	구조	전극부 간극
A = 18[mm] B = 14[mm] C = 10[mm] D = 12[mm]		크면 : 냉형 적으면 : 열형	E : 19[mm] H : 12.7[mm]	S : 구리심이 든 중심전극 R : 실드형 저항삽입	11 : 1.1[mm] 13 : 1.3[mm]

㉣ 점화플러그의 소염작용 : 고전압이 점화플러그에 인가되면 작은 화염핵이 발생하고 이 화염핵이 화염전파를 일으켜 폭발을 일으키나, 열가가 너무 크면 연소로 진행하는 중에 냉각작용으로 인하여 화염핵이 열을 빼앗겨 성장을 방해 받아 연소가 이루어지지 않게 된다. 이것을 소염작용이라 하고, 소염작용이 크면 점화플러그의 착화성은 떨어진다.

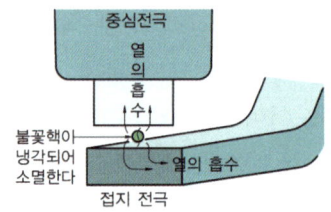

그림 3-77 / 점화플러그의 소염작용

점화플러그의 착화성을 향상시키는 방법은 다음과 같다.
ⓐ 플러그의 간극을 넓게 한다.
ⓑ 중심전극을 가늘게 한다.
ⓒ 접지전극에 U자 홈을 설치한다.

2_ 트랜지스터 점화장치

기존 접점식 점화장치의 접점 손상에 의한 점화시기 변화 및 기관의 실화에 의한 출력저하, 배출가스 증가 등의 단점을 보완하기 위하여 1차 전류를 신뢰성이 좋은 트랜지스터로 단속하여 점화장치 성능의 향상을 꾀하였다.

1. 트랜지스터 점화장치의 개요

1) 트랜지스터 점화장치의 장점

① 저속 및 고속성능이 향상
② 불꽃에너지가 커져 점화가 용이
③ 점화장치의 신뢰성이 향상

2) 파워 트랜지스터(power transistor)

파워 트랜지스터는 엔진 ECU의 신호를 받아 점화 1차전류를 단속하는 작용을 한다. 주로 NPN 트랜지스터를 사용하며, 컬렉터는 점화코일 (-) 단자에, 즉 파워 트랜지스터의 (+)이며, 이미터는 접지 (-)에, 그리고 베이스는 ECU가 제어하여 파워 트랜지스터를 작동시킨다.

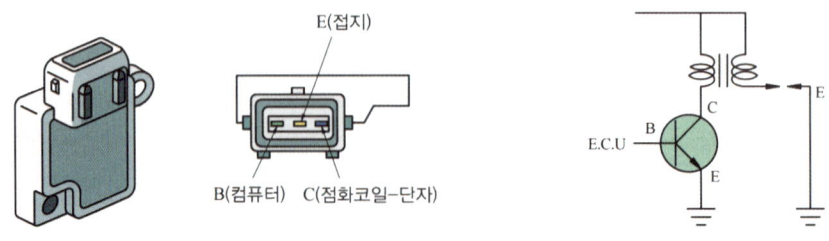

그림 3-78 / 파워 트랜지스터   그림 3-79 / 파워 트랜지스터 회로도

3) 점화신호 발생장치

① 유도센서(시그널 제너레이터, 전자파 차단) 방식 : 점화 1차코일의 단속을 접점대신 유도센서를 이용하는 방식으로 엔진이 회전하면 픽업코일에 유도 기전력이 발생되고 이 신호로 파워 TR이 1차 코일을 단속한다.

㉠ 시그널 제너레이터는 타이밍 로터(timing rotor, 시그널 로터), 픽업 코일(pick coil), 자석(magnet)으로 구성되어 있다. 동작은 다음과 같다. 키 ON하면 파워 TR 베이스로 전류가 흘러 파워 TR이 ON되고, 로터가 회전하여 픽업코일에 발생되는 기전력이 파워TR 베이스 전위보다 높은 경우에도 파워 TR이 ON된다. 따라서 1차코일에 전류 흐른다. 크랭킹하여 기전력이 낮아지면 파워 TR 베이스가 차단되어 1차전류가 차단되므로 상호유도 작용에 의해 2차코일에서 고압이 발생한다.

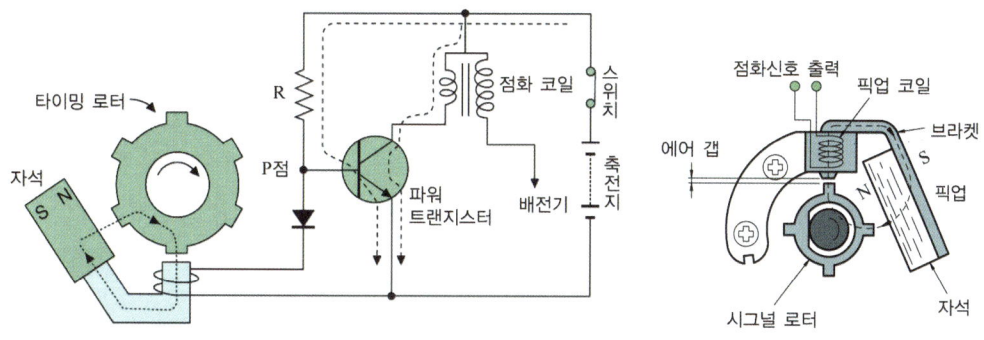

그림 3-80 / 타이밍 로터   그림 3-81 / 유도센서 방식 회로도

② 광학회로 방식(HEI : High Energy Ignition) : 광학회로 방식의 배전기에는 크랭크각 센서와 1번 실린더 상사점 센서용 다이오드와 디스크로 구성되어 있으며, 작동은 각 센서로부터 입력된 엔진의 상태에 따라 최적의 점화시기를 ECU에서 연산하여 점화 1차전류를 단속하는 파워 TR에 신호를 보내어 점화코일에서 고압을 발생시킨다.

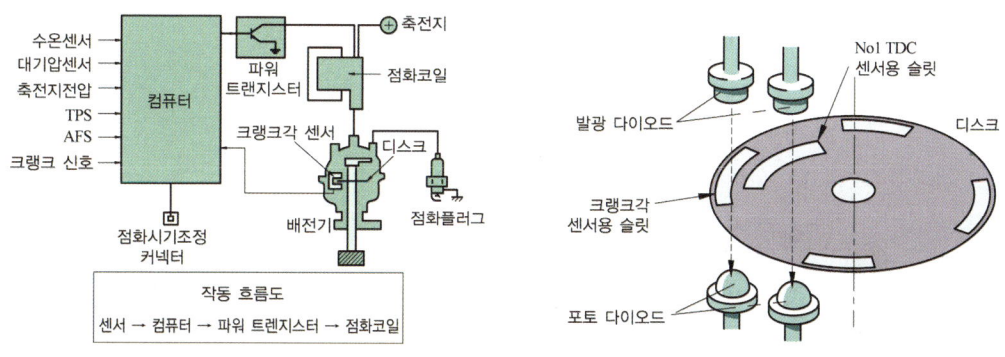

그림 3-82 / 광학회로 방식 흐름도   그림 3-83 / 광학회로 방식 배전기 내부

③ 홀 센서(hall sensor) 방식 : 홀 센서 방식은 홀 센서를 배전기에 설치하고, 홀 센서에 의해 발생된 전압 변동이 컴퓨터로 입력되고 컴퓨터는 이 펄스를 A/D 변환기에 의해 디지털 파형으로 변화시켜 크랭크 각을 검출한다. 홀 효과란 자력선 사이에 홀 효과를 발생하는 반도체를 설치하고 전류를 흘리면 홀소자에는 플레밍의 왼손법칙에 의해 한쪽은 전자가 과잉되고 한쪽은 부족하게 된다. 즉, 홀전압이 발생하는 것을 말한다.(과잉에서 부족으로 전자 흐른다.)

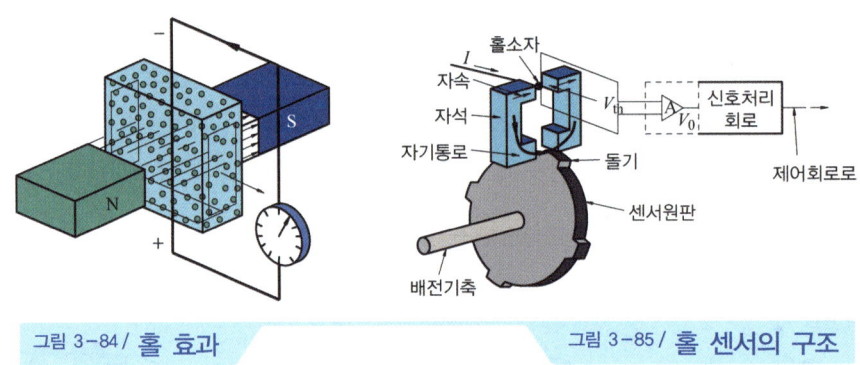

그림 3-84 / 홀 효과   그림 3-85 / 홀 센서의 구조

2. DLI 점화장치(Distributor Less Ignition, 전자배전 점화방식)

접점 점화방식은 1차전류의 단속에서 불꽃(arc) 발생으로 인한 접점의 소손 및 2차 전압의 저하가 발생되고, 트랜지스터 방식은 배전기와 점화플러그를 통한 전압강하와 누전 또는 로터와 캡 사이의 공기절연을 극복할 에너지 손실, 전파잡음이 발생한다. DLI 방식은 배전기를 제거한 점화장치로 ECU를 이용한 첨단 전자배전 방식이다.

1) DLI 점화장치의 종류와 특징

DLI 점화장치는 제어 방식에 따라 점화코일 분배 방식과 다이오드 분배 방식이 있으며, 1개의 코일로 2개의 실린더를 동시에 점화하는 동시 점화방식과 1개의 코일과 점화플러그가 일체가 되어 1개의 실린더를 각각 점화하는 독립 점화방식이 있다.

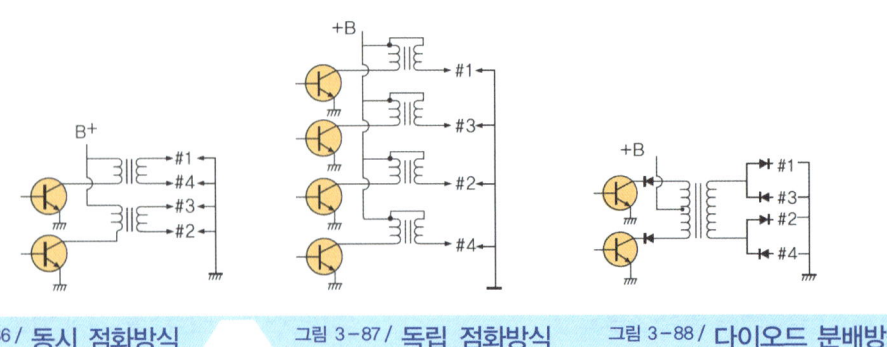

그림 3-86 / 동시 점화방식   그림 3-87 / 독립 점화방식   그림 3-88 / 다이오드 분배방식

① DLI 점화방식의 특징

  ㉠ 배전기에서 누전이 없다.
  ㉡ 로터와 배전기 캡 사이의 고전압 에너지 손실이 없다.
  ㉢ 배전기 캡에서 발생하는 전파 잡음이 없다.
  ㉣ 점화진각 폭의 제한이 없다.
  ㉤ 고전압 출력을 감소시켜도 방전 유효에너지 감소가 없다.
  ㉥ 내구성이 크고, 전파방해가 없어 다른 전자제어 장치에도 유리하다.

2) DLI 점화방식의 작동(동시 점화방식의 경우)

컴퓨터 신호에 의해 파워 TR A가 ON되면, 축전지 전기는 ④번, ③번 단자를 통해 점화 1차코일에 전류가 흐른다. 파워 TR A가 베이스 신호가 차단되면, 1번과 4번 실린더에는 고전압이 동시에 인가되고 1번 실린더가 압축행정이면 4번 실린더는 배기행정이므로 인가된 고전압은 모두 압축행정인 1번 실린더에 가해진다. 이 때 4번 실린더는 배기행정이므로 고전압이 저항 없이 그냥 지나가는 무효방전이 된다. 다시 엔진이 회전하여 2번 실린더와 3번 실린더가 상사점으로 올라오면 같은 방법으로 점화순서에 의해 고전압이 동시에 점화된다.

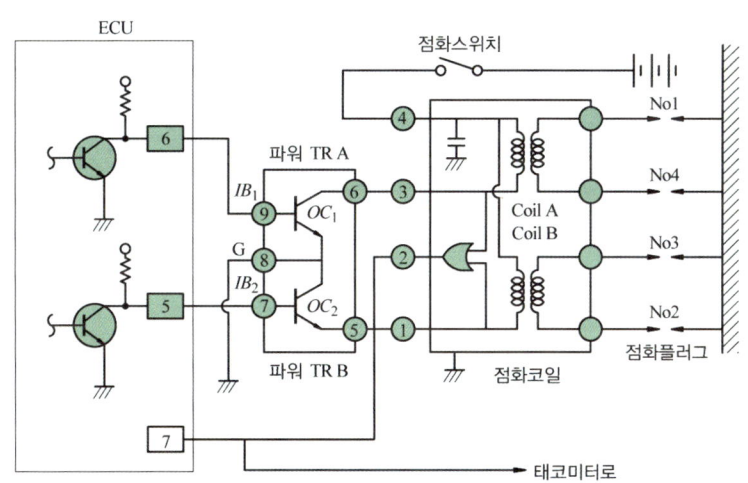

그림 3-89 / **동시 점화방식의 점화 회로도**

제4절 충전장치

1. 충전장치 개요

자동차에는 기관의 기동장치, 점화장치, 램프류, 에어컨 장치 등 많은 전기장치가 있으며, 발전기는 이러한 전기장치에 일련의 전력을 공급한다. 발전기는 벨트로 기관과 연결되어 구동되며, 그 발전량은 기관의 회전수에 따라 다르고 발전량이 부하량보다 적은 경우에는 축전지가 전원이 되어 일시 방전한다. 그리고 발전량이 부하량보다 많은 경우에는 발전기만으로 모든 전기장치에 전력을 공급하고, 축전지도 발전기에 의해 충전된다. 충전장치는 발전기(alternator)와 발전기 조정기(regulator)로 구분할 수 있다.

1. 충전장치 일반

1) 충전장치의 구비조건

① 소형, 경량이고 출력이 클 것
② 속도범위가 넓고, 저속 주행에서도 충전이 가능할 것
③ 출력전압이 안정되고, 다른 전기회로에 영향이 없을 것
④ 불꽃 발생으로 전파방해와 전압의 맥동이 없을 것
⑤ 수리 및 정비가 용이하고, 내구성이 클 것

2) 발전기의 종류

① 직류 발전기(D.C : Direct Current)
② 교류 발전기(A.C : Alternate Current)

2. 발전기의 원리

1) 직류 발전기

① 플레밍의 오른손법칙 : 오른손을 서로 직각이 되도록 펴고 제일 먼저 인지를 자력선 방향에 맞추고 엄지 손가락을 도체의 운동방향에 맞추어 놓았을 때 가운데 손가락이 가리키는 방향으로 기전력이 발생한다는 법칙이다. 즉, 도체와 자력과의 상대운동에 의해 기전력이 발생한다.

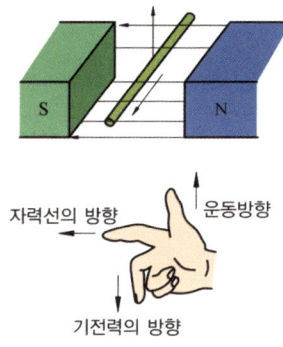

그림 3-90 / 플레밍의 오른손 법칙

② **직류 발전기의 유도 기전력 크기와 방향** : 그림과 같이 자계 내에서 도체를 회전시키면, 전자유도 작용에 의하여 도체 내에는 기전력이 발생된다. 그 중 3번, 9번과 같이 도체의 운동방향이 자속과 직각으로 교차할 때 유도 기전력이 가장 크며, 도체의 운동방향이 바뀔 때 정류자와 브러시도 상대운동에 의해 위치가 바뀌므로 정류자와 브러시의 상대 운동에 의해 교류가 직류로 정류되어 브러시를 통해 직류로 나오게 된다.

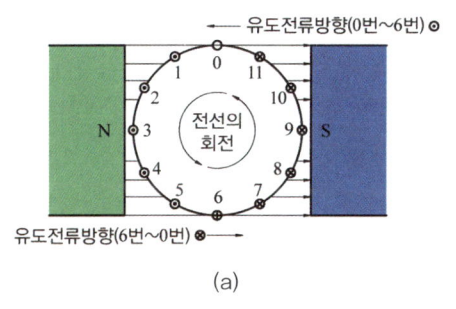
(a)

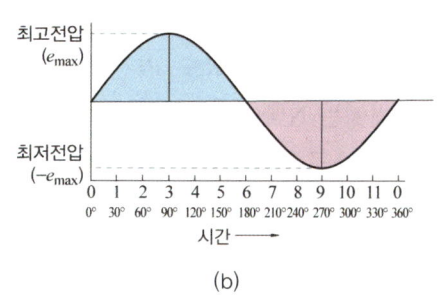
(b)

그림 3-91 / 유도 기전력 크기와 방향

③ **직류 발전기의 단점**
  ㉠ 전기자의 허용 회전속도범위가 낮다.
  ㉡ 기관 공전 시 발전이 어렵다.
  ㉢ 정비 및 보수를 자주하여야 한다.

④ **컷아웃 릴레이** : 직류발전기에서 발전기의 발생전압이 축전지 전압보다 낮을 때 축전지에서 발전기 쪽으로 전류가 흐르는 것을 방지한다.

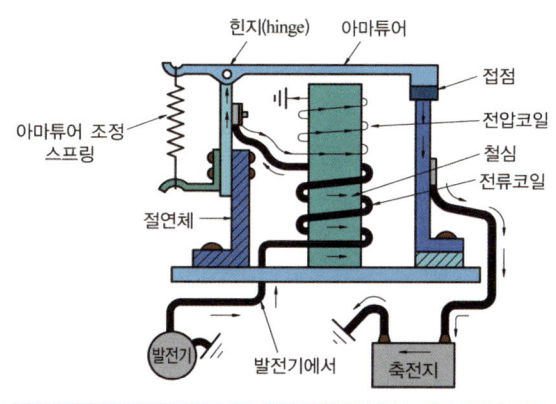

그림 3-92 / 컷아웃 릴레이

⑤ **전류 조정기** : 발전기의 발생전류를 제어하여 발전기에서 규정출력 이상의 전기적 부하가 걸리지 않게 하는 장치이다. 규정 이상 시 필드코일 접점이 분리되어 전류가 제한된다.

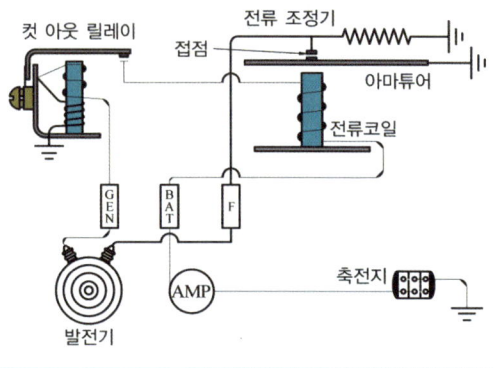

그림 3-93 / **전류 조정기**

2) 교류 발전기(Alternator)

① **렌쯔의 법칙** : 코일에 자석의 N극을 가까이 하면 코일에는 자석과 가까운 쪽에 N극이 먼 쪽에 S극이 발생하여 자석의 운동을 방해한다. 이 때 코일에는 오른손 엄지손가락에 맞는 방향으로 유도 기전력이 발생한다. 멀리하면 반대로 바뀌어 위쪽에는 S극이 반대편에는 N극이 발생한다. 이와같이 유도 기전력은 코일내의 자속의 변화를 방해하는 방향으로 발생한다는 렌쯔의 법칙을 이용한 것이 교류 발전기이다.

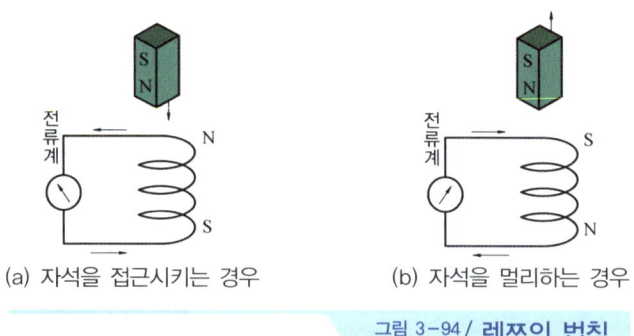

(a) 자석을 접근시키는 경우   (b) 자석을 멀리하는 경우

그림 3-94 / **렌쯔의 법칙**

② 교류 발전기의 장점
 ㉠ 크기가 작고 가볍다.
 ㉡ 내구성이 있고 공회전이나 저속시에 충전이 가능하다.
 ㉢ 출력전류의 제어작용을 하고 조정기의 구조가 간단하다.
 ㉣ 브러시의 수명이 길고 불꽃 발생이 적다.
 ㉤ 정류자 소손에 의한 고장이 없다.
 ㉥ 실리콘 다이오드를 사용하기 때문에 정류작용이 좋다.

③ 직류 발전기와 교류 발전기의 비교

항목	직류 발전기	교류 발전기
유도전기 발생	전기자(전기자 코일, 철심)	스테이터(스테이터 코일, 철심)
계자형성	계자(계자코일, 철심)	로터(로터코일, 코어)
정류	정류자와 브러시	다이오드
역류방지	컷아웃 릴레이	다이오드
브러시 접촉	정류자	슬립링

3. 교류 발전기의 구성

교류 발전기는 크랭크축 풀리와 발전기 풀리가 V벨트로 연결되어 엔진과 함께 회전하며 풀리는 로터와 함께 회전하면서 브러시와 슬립링으로부터 받은 여자 전류를 이용하여 스테이터 코일에 3상 교류를 발생시키면 실리콘 다이오드가 3상 교류를 정류하여 축전지의 충전 및 각종 전기장치에 전원을 공급한다.

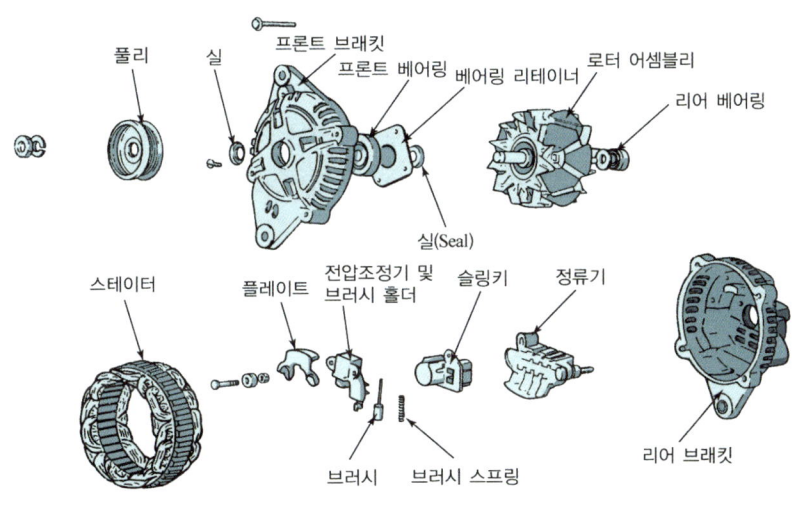

그림 3-95 / **발전기 구성**

1) 로터(rotor)

로터(rotor)는 로터 철심(core), 로터 코일(계자 코일), 슬립 링, 로터축으로 구성되며, 로터를 회전시켜 스테이터 코일에서 전류를 발생한다. 로터축 끝에 풀리와 크랭크축 풀리가 V벨트로 연결되어 함께 회전한다. 로터 코일은 브러시와 슬립 링을 통해 들어온 여자 전류로 자장을 발생하는 부분이며, 슬립 링에 각각 연결되어 있고 슬립 링은 브러시와 연결되어 있다. 슬립 링은 직류 발전기의 정류자와 같은 요철이 없고, 전류도 작아 불꽃 발생에 의한 소손이 거의 없다.

또한, 로터의 폴 코어는 N극→S극→N극→S극으로 교번하여 자화되어 있으므로 로터의 회전 속도가 빠르면 유도 기전력은 많이 발생하게 되어 기전력 제어는 로터 코일로 흐르는 전류를 제어하여 조정한다.

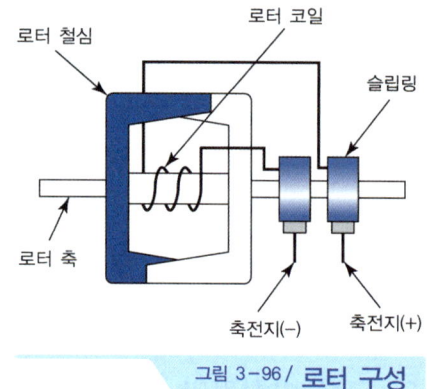

그림 3-96 / **로터 구성**

2) 스테이터(stator)

스테이터는 스테이터 철심과 스테이터 코일로 구성되어 있으며, 3상 교류가 발생하는 곳이다. 스테이터 코일은 120° 각도로 3상 결선되어 있으며 결선 방법에 따라 Y 결선과 Δ 결선이 있다.

① 스테이터 코일의 결선방법

　㉠ Y 결선(성형 결선, 스타 결선) : AC 발전기 적용

　　A, B, C 각 코일의 한 끝을 한 점(중성점)에 모아 연결시킨 결선 방법으로, A, B, C 각 코일에 발생하는 선간 전압은 상전압 보다 $\sqrt{3}$ 배가 더 높다.

　　즉, 선간전압 = $\sqrt{3}$ × 상전압

　　A, B, C의 각 코일에 발생하는 전압을 상전압이라 하고, 전류를 상전류라 한다. 그리고, 외부 단자 사이의 전압을 선간전압이라 하고, 외부단자에 흐르는 전류를 선전류라 한다.

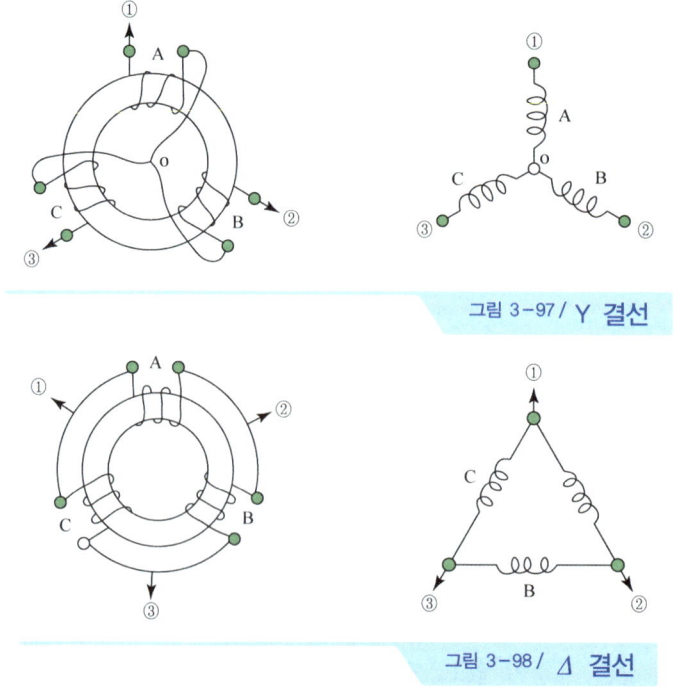

그림 3-97 / **Y 결선**

그림 3-98 / **Δ 결선**

㉡ △ 결선(삼각 결선, 델타 결선) : DC 발전기 적용

A, B, C 각 코일의 시작과 끝을 서로 연결하고 각 접속점에서 외부단자로 연결한 결선방법이다. ①, ②, ③의 각 선간 전류는 각 상전류보다 $\sqrt{3}$ 배가 더 높다.

즉, 선간전류 = $\sqrt{3}$ × 상전류

발전기의 크기가 같고, 코일의 감긴 수가 같을 때 성형결선 방식이 높은 전압을 발생하므로 자동차용 교류발전기는 저속회전시 높은 전압 발생과 중성점의 전압을 이용할 수 있는 장점이 있는 성형결선을 많이 사용하고 있다.

② **선간전압이 상전압의 $\sqrt{3}$ 배 증명** : 각 스테이터 코일에서 발생되는 전압은 120° 위상차로 발생된다.

그러므로, $V = O_b = O_a \times 2 = E_A \cos 30° \times 2 = E_A \times 0.866 \times 2 = E_A \times 1.732 = \sqrt{3} E_A$ 이다.

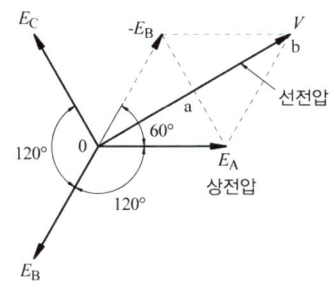

그림 3-99 / Y 결선의 3상 벡터도

3) 실리콘 다이오드(silicon diode)

실리콘 다이오드는 (+)다이오드 3개, (−)다이오드 3개가 스테이터에서 발생한 3상 교류를 직류로 정류하는 작용을 한다.

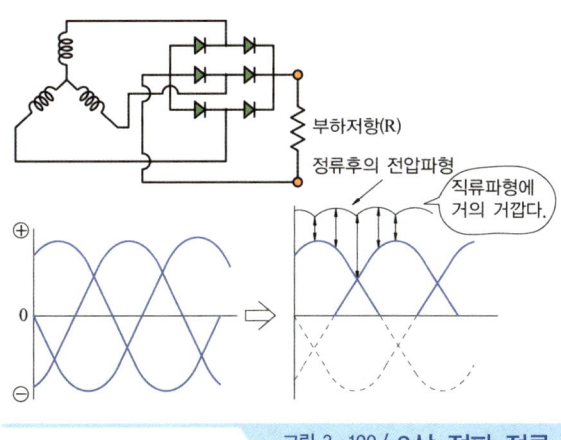

그림 3-100 / 3상 전파 정류

2_ 전압조정기(regulator)

발전기는 엔진의 회전속도와 출력 전압이 비례하므로 엔진의 고속 회전시 발전기의 전압을 조정하여 축전지 및 각종 전기 장치를 보호하기 위하여 설치한 장치이다.

1. 전압조정기 개요

1) 전압 조정의 원리

유도 기전력 $e = B \times \ell \times v(V) = k \times \phi \times n(V)$ 이다. 즉, 발전전압은 계자자속(ϕ) 및 로터의 회전수(n)에 비례한다. 따라서 유도 기전력을 일정하게 하기 위해서는 로터의 회전수(엔진 회전수)를 조절할 수 없으므로 계자전류를 감소시켜 조절하여야 한다. 레귤레이터는 메이커마다 차이가 있지만 로터코일의 F단자를 "ON, OFF"로 제어하는 기본 원리는 동일하다.

2) 전압조정기 종류

① 접점식 조정기 : 전압 조정기, 충전 경고 릴레이로 구성되어 있다.
② 트랜지스터식 조정기 : 트랜지스터의 ON, OFF 스위치 작용을 이용하여 로터 코일의 전류를 단속하여 출력 전압을 조정한다.
③ IC식 조정기 : 작동이 안정되고 내구성이 우수하고 소형이기 때문에 발전기에 내장하여 사용할 수 있으며 신뢰성이 높다.

2. IC식 전압조정기

1) IC식 전압조정기 작동

① Key "ON" 시
  ㉠ BAT 전류 → L 단자 → R_F → Tr_1에서 대기한다.
  ㉡ BAT 전류 → L 단자 → R_F → Tr_2 Tr_1 ON, Tr_1접지 되므로, R_F자화, 충전 경고등 점등 한다.
② 저속 회전 시(전류 발생)
  ㉠ 발전기 B + 전류 → L 단자 → R_F → Tr_2, Tr_1 ON 되므로, R_F자화, BAT 충전 시작한다.
  ㉡ 충전 경고등 좌우가 등전위가 되어 충전 경고등이 소등된다.
③ 고속 회전 시(발생전압이 규정전압 이상 되었을 때)
  ㉠ 발전기 B + 전류 → D_z통전 → Tr_3 ON 되면, Tr_2 Tr_1 OFF R_F 여자전류 차단되어 발전을 중지한다.
  ㉡ 전압 낮아져 D_z차단 → Tr_3 OFF → Tr_2, Tr_1 ON → R_F 자화되어 충전을 시작 이 과정을 반복하므로 전압이 조정된다.

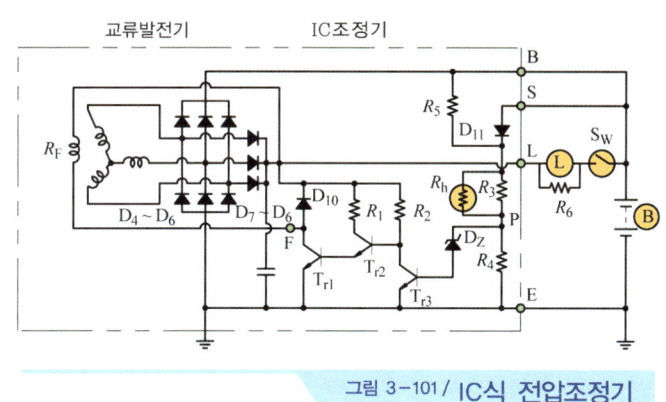

그림 3-101 / IC식 전압조정기

3. 발전전류 제어 시스템

기존의 발전기는 공전시 헤드램프, 열선 등 전기부하 발생시 순간적으로 rpm이 저하했다 상승하는 현상이 발생되었다. 이는 급격한 발전부하 때문으로 rpm 변동에 따른 진동 발생 및 승차감 저하와 유해 배출가스 발생의 원인이 되었다. 이를 방지하기 위하여 ECU에서 G 단자를 제어하여 충전 전류를 서서히 증가시키는 방식을 LRC(Load Response Control) 타 잎이라 한다.

1) 발전전류 작동 원리

ECU에서 G 단자를 접지하지 않으면, 즉 G단자 Off(5V) 이면 TR_1이 ON되어, TR_2의 베이스에 가해지는 전기는 제너 다이오드를 통과하지 못하므로 TR_2는 OFF된다. 그러므로 TR_3는 ON되어 발전을 하게 된다. G 단자가 접지되면, 즉 G단자 ON(0V) 이면 TR_1은 OFF되고, TR_1이 OFF되면 TR_2가 ON되므로 TR_3는 OFF되어 발전을 하지 않게 된다. ECU는 FR 단자의 On 시간과 CPS 신호(rpm)를 이용하여 목표 발전량을 결정하고, G단자를 듀티 제어하여 최적의 발전량을 실현한다. G단자의 듀티는 ECU가 결정한 목표 발전량에 따라 변화하며 CPS 1주기당 FR단자의 ON시간을 적산 계산한 값과 엔진 회전수가 증가하면 G단자의 듀티량도 증가되어 발전전류가 증가한다.

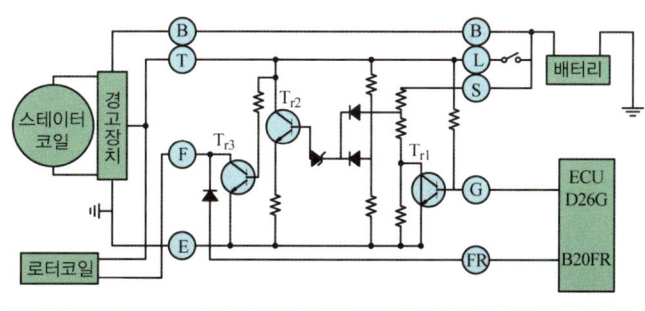

그림 3-102 / 발전전류 제어 시스템

제5절 하이브리드 시스템

1. 하이브리드의 개요

하이브리드(hybrid)란 잡종, 혼성물, 혼혈아란 의미로, 서로 다른 종류의 동력원을 갖는 자동차를 말한다.

주로 가솔린 엔진, 디젤 엔진, LPi 엔진 중 1개의 동력원과 전기모터를 함께 사용한다.

1. 하이브리드 일반

1) 하이브리드 자동차의 필요성

① 석유자원 고갈에 대한 대체 에너지 개발이 필요
② 배출가스 규제 대응 및 온난화 가스인 CO_2 배출량 감소가 의무화
③ CARB(California Air Resource Board)의 ZEV(Zero Emission Vehicle) 규격 입법화
④ 2003년부터 무공해차 10[%] 의무화

2) 하이브리드의 장·단점

① 엔진과 모터의 장점을 이용하여 효율을 증대
② 연비가 향상되고, 배기가스가 저감된다.
③ 복수의 동력을 탑재하므로 복잡하고 공간이 필요
④ 배터리, 인버터 등 부품이 증가하므로 제작비용, 중량이 증가
⑤ 대중화되어 있지 않아 비싸다.

3) 하이브리드 자동차 원리의 3가지 핵심

① 아이들 스탑(Idle Stop)
  ㉠ 차량이 정지할 때 엔진을 정지 시킴으로써 불필요한 연료소모 방지
  ㉡ 전기모터를 이용하여 부드럽고 빠르게 엔진을 재시동 시킬 수 있음
  ㉢ 일반 자동차는 엔진의 빠른 재시동이 불가능하므로 아이들 스탑 기능을 채용할 수 없음
② 전기모터 동력보조(Power Assist)
  ㉠ 가속 및 등판 시 배터리에 저장된 전기에너지를 이용하여 모터를 구동하여 차량의 구동력을 증대함
  ㉡ 모터의 동력보조량 만큼 엔진이 에너지를 덜 소모함으로써 연비 향상이 가능

③ 회생제동(Regenerative Brake)
　㉠ 일반 자동차는 제동 시 차량의 에너지를 브레이크에서 마찰열로 소모함
　㉡ 하이브리드 전기자동차는 제동 시 모터를 발전기로 작동 시켜 제동에너지를 전기 에너지로 변환 후 배터리에 저장함
　㉢ 저장된 전기 에너지는 추후 전기모터의 구동에 사용됨

4) 하이브리드 자동차 기본 동력전달

① 정지시 : 엔진이 자동으로 정지되어 연료소모량을 줄인다.(Idle stop)
② 정지상태에서 출발시 : 배터리를 이용하여 전기모터를 돌려 바퀴를 구동한다.
③ 일반 주행시 : 엔진과 전기모터 모두가 차량 바퀴를 움직인다. 엔진의 힘은 바퀴와 전기모터에 나누어 전달되며, 효율적인 측면에서 힘의 배분이 컨트롤 된다.
④ 가속 및 고속 주행시 : 일반 주행에 더하여 배터리 전기를 이용하여 전기모터를 구동한다.(동력보조)
⑤ 감속시(브레이크를 밟았을 때) : 브레이크시 발생되는 열에너지를 전기모터가 발전기 역할을 하여 배터리를 충전한다.(회생 브레이크)

2. 하이브리드 자동차의 분류

1) 탑재한 엔진에 따라 : 내연기관과 모터의 조합 기준

① 모터(배터리) + 디젤 엔진
② 모터(배터리) + 가솔린 엔진

2) 모터의 사용방법에 따라

① 시리즈 하이브리드 : 구동은 모터로, 엔진은 발전용으로만 사용한다.
② 패러렐 하이브리드 : 구동에 모터 + 엔진으로 구동한다.
③ 시리즈 패러렐(combine) 하이브리드 : 모터 또는 엔진 구동 또는 모터 + 엔진으로 구동한다.

3) 주행동력 및 충전 방법에 따라

① 소프트 타입(soft type, FMED) : 변속기와 모터사이에 클러치를 두어 제어하며, 출발시 엔진 + 모터로 구동하고, 주행시 엔진을 구동하여 주행
② 하드 타입(hard type, TMED) : 엔진과 모터사이에 클러치를 두어 제어하며, 순수 EV (전기구동) 모드가 존재한다. 출발시 모터만으로 구동하고, 가속시 엔진 + 모터를 구동하여 가속력을 증대시킨다.

③ 플러그 인 타잎 : HEV 대비 전기차 주행능력을 확대한 차량으로, 가정용 전기 또는 외부 전원으로 배터리를 충전하는 방식

2_ 하이브리드 구성 및 취급방법

1. 하이브리드 시스템의 구성

HEV 자동차는 전기동력 부품인 전기 모터 / 인버터 / 컨버터 / 배터리로 시스템이 구성되며, 차량 구동을 지원하는 전기 모터는 엔진측에 장착, 인버터 / 컨버터 / 배터리는 통합 패키지 형태로 차량 후방에 탑재됨

1) 하이브리드 시스템 모터 시동

① 하이브리드 모터 시동
  ㉠ 하이브리드 모터에 의한 시동
  ㉡ 시동 모터를 이용한 시동
② 하이브리드 모터에 의한 시동 조건
  ㉠ Key 시동(P/N단)
  ㉡ 아이들 스탑 해제
③ 특이 사항
  ㉠ 모터 시동 금지시는 Key 시동시 스타터로 시동
  ㉡ 아이들 스탑 중 금지조건 발생시 아이들 스탑을 즉각 해제하고 모터 시동
④ 하이브리드 모터시동 금지조건
  ㉠ 고전압 배터리의 온도 < -10도 or 배터리 온도 > 45도
  ㉡ MCU Inverter 온도 > 94도
  ㉢ SOC 18[%] 이하
  ㉣ 엔진 냉각수 수온 -10도 이하
  ㉤ ECU / MCU / BMS 고장시
⑤ 시동 rpm 조정
  ㉠ ECU 아이들 RPM 이상으로 설정
  ㉡ 장시간 아이들 스탑 후 시동시 CVT 유압발생을 위하여 시동 RPM을 상승시킨다.

2) 하이브리드 자동차 용어 설명

약 어	영 문
HEV	Hybrid Electric Vehicle
HCU	Hybrid Control Unit
MCU	Motor Control Unit
LDC	Low DC-DC Converter
IFB	Inter Face Box
TMK	Tire Mobility Kit
CAS	Creep Aid System(밀림방지)
MDPS	Motor Driven Power Steering
FMED	Flywheel Mounted Electric Device
TMED	Transmission Mounted Electric Device
SOC	State Of Charge
HSG	Hybrid Starter Generator
PRA	Power Relay Assembly
IPM	Integrated Package Module
Ni-MH	Nikel Metal Hybride
LI-PB	Lithium Ion Polymer
레졸버	resolver(모터위치센서)
안전플러그	safety plug(고전압차단플러그)

2. 하이브리드 자동차 정비시 주의사항

하이브리드 시스템은 일반 배터리(12V)도 있지만, 고전압(140~380V) 시스템으로 구성되어 쇼트, 감전 및 누전에 주의한다.

1) 작업전 준비사항

① 안전복, 절연장갑, 고무장갑, 보호안경 및 안전화를 준비
② ABC 소화기를 준비
③ 전해질을 닦을 수 있는 수건을 준비

2) 고전압 시스템 점검시 주의사항

① 취급기술자는 고전압 시스템에 대한 검사와 서비스 교육이 선행될 것

② 모든 고전압 시스템 부품에는 고전압 라벨이 부착
③ 고전압 작업시 절연장갑을 착용하고, 고전압 안전 스위치를 OFF할 것
④ 안전 스위치 OFF후 5분 경과 후 작업할 것(MCU 방전시간 필요)
⑤ 작업시 금속성 물질을 제거(시계, 반지, 목걸이, 금속성 필기구 등)
⑥ 고전압 케이블 작업시 반드시 전압계를 이용하여 0.1V 이하인지 확인
⑦ 고전압 터미널 체결시 규정토크 준수
⑧ 정비, 점검시 "주의 : 고전압 흐름, 촉수금지"경고판 설치

3) 차량 정비시 작업 순서

① 이그니션 스위치 "OFF"
② 후석 시트 등받이 제거
③ 절연장갑 착용상태에서 12V 배터리 케이블 탈거
④ 안전 스위치 "OFF"
⑤ 안전 스위치 OFF 후, 고전압 부품 취급 전에 5~10분 이상 대기할 것

4) 차량 사고시 조치사항

① 고전압 케이블(절연피복이 벗겨진 상태)은 손대지 말 것
② 차량 화재시 ABC 소화기로 진압할 것
③ 차량이 반쯤 침수되었을 경우 안전 스위치 등 일체의 접근 금지
④ 차량에 손 댈 경우, 차량을 물에서 완전히 안전한 곳으로 이동 후 조치
⑤ 고전압 배터리 전해질 누수 발생시 피부에 접촉하지 말 것
⑥ 리튬폴리머 배터리는 겔(Gel) 타입 전해질 적용(액상 전해질 미적용)
⑦ 차량 파손으로 고전압 차단이 필요하면, 다음 순서대로 조치할 것
　　㉠ 차량 정지후 P단으로 하고, 사이드 브레이크를 작동시킬 것
　　㉡ IG Key 제거 후 보조배터리 접지 (-)를 탈거
　　㉢ 절연장갑을 착용한 후, 안전 스위치 OFF 할 것

제2장 시동, 점화 및 충전장치 출제예상문제

01 축전지 충·방전 작용에 해당되는 것은?

[07년 1회]

㉮ 발열작용   ㉯ 화학작용
㉰ 자기작용   ㉱ 발광작용

풀이) 축전지 충·방전 작용은 양극판의 과산화납, 음극판의 해면상납과 전해액인 묽은황산이 반응하는 화학작용이다.

02 축전지 셀의 음극과 양극의 판수는?

[09년 2회]

㉮ 각각 같은 수다.
㉯ 음극판이 1장 더 많다.
㉰ 양극판이 1장 더 많다.
㉱ 음극판이 2장 더 많다.

풀이) 화학적 활성을 맞추고 양극판을 보호하기 위하여 음극판을 1장 더 둔다.

03 축전지를 구성하는 요소가 아닌 것은?

[09년 5회]

㉮ 양극판   ㉯ 음극판
㉰ 정류자   ㉱ 전해액

풀이) 정류자는 기동전동기에 있다.

04 축전지에 대한 설명 중 잘못된 것은?

[07년 1회]

㉮ 완전 충전된 전해액의 비중은 1.260 ~ 1.280이다.
㉯ 충전은 보통 정전류 충전을 한다.
㉰ 양극판이 음극판의 수보다 1장 더 많다.
㉱ 축전지 내부에 단락이 있으면 충전하여도 전압이 높아지지 않는다.

풀이) 축전지(battery)의 구성 및 특징
① 12[V] 배터리는 6개의 셀로 구성되어 있다.
② 배터리 1셀 당 전압은 2.1 ~ 2.3[V] 정도이다.
③ 1셀은 양극판과 음극판 및 격리판으로 구성되어 있다.
④ 음극판이 양극판의 수보다 1장 더 많다.
⑤ 극판수가 많으면 배터리 용량이 증가한다.
⑥ 같은 전압, 같은 용량의 배터리를 직렬로 연결하면 용량이 배가 된다.
⑦ 배터리 전해액은 비중이 1.260 ~ 1.280인 묽은 황산이다.
⑧ 비중은 온도에 따라 변화하며, 전해액 온도가 올라가면 비중은 낮아진다.
⑨ 온도가 높으면 자기방전량이 많아진다.
⑩ 배터리 용량은 "전압 × 방전시간" 으로 표시되어 있다.

01 ㉯   02 ㉯   03 ㉰   04 ㉰

05 자동차용 일반 축전지에 관한 설명으로 맞는 것은? [07년 5회]

㉮ 일반적으로 축전지의 음극 단자는 양극 단자 보다 크다.
㉯ 정전류 충전이란 일정한 충전 전압으로 충전하는 것을 말한다.
㉰ 일반적으로 충전시킬 때는 + 단자는 수소가, − 단자는 산소가 발생한다.
㉱ 전해액의 황산 비율이 증가하면 비중은 높아진다.

> 풀이: 일반적으로 축전지 양극단자가 음극단자보다 크며, 정전류 충전이란 일정한 전류로 충전하는 것을 말하고, 충전시 + 단자에는 산소가, − 단자에는 수소가 발생된다.

06 자동차용 납산 축전지에 관한 설명으로 맞는 것은? [09년 1회]

㉮ 일반적으로 축전지의 음극 단자는 양극 단자보다 크다.
㉯ 정전류 충전이란 일정한 충전 전압으로 충전하는 것을 말한다.
㉰ 일반적으로 충전시킬 때는 + 단자는 수소가, − 단자는 산소가 발생한다.
㉱ 전해액의 황산 비율이 증가하면 비중은 높아진다.

> 풀이: 납산 축전지 전해액은 비중이 1.8인 황산 35[%], 비중이 1인 물 65[%]가 혼합되어 있다. 따라서 황산의 비율이 증가하면 전해액의 비중은 높아진다.

07 축전지에서 셀의 극판 면적을 크게 하면? [08년 1회]

㉮ 이용전류가 많아진다.
㉯ 전압이 낮아진다.
㉰ 저항이 크게 된다.
㉱ 전해액의 비중이 높게 된다.

> 풀이: 셀의 극판 면적을 크게 하면 이용 전류가 많아진다.

08 축전지(battery)의 방전시 화학반응에 관계된 설명 중 틀린 것은? [08년 2회]

㉮ ⊕극판의 과산화납은 점점 황산납으로 변한다.
㉯ ⊖극판의 해면상납은 점점 황산납으로 변한다.
㉰ 전해액의 황산은 점점 물로 변한다.
㉱ 전해액의 비중은 점점 높아진다.

> 풀이: 축전지 방전시에는 ⊕ 극판과 ⊖ 극판은 황산납으로, 전해액인 묽은황산은 물로, 전해액의 비중은 점점 낮아진다.

09 온도에 따른 축전지 전해액 비중의 변화에 대한 설명 중 맞는 것은? [08년 4회]

㉮ 온도가 올라가면 비중도 올라간다.
㉯ 온도가 올라가면 비중은 내려간다.
㉰ 비중은 온도와는 상관없다.
㉱ 일정 온도 이상에서만 비중이 올라간다.

> 풀이: 전해액의 비중은 온도가 올라가면 비중은 내려간다.

05 ㉱ 06 ㉱ 07 ㉮ 08 ㉱ 09 ㉯

10 축전지를 과방전 상태로 오래두면 못쓰게 되는 이유로 가장 타당한 것은? [07년 1회]

㉮ 극판에 수소가 형성된다.
㉯ 극판이 산화납이 되기 때문이다.
㉰ 극판이 영구 황산납이 되기 때문이다.
㉱ 황산이 증류수가 되기 때문이다.

> 축전기를 과방전 상태로 오래두면 극판이 영구 황산납으로 변하여 못쓰게 된다.

11 12[V]용 배터리를 급속충전 하는데 전압이 얼마 이상 초과되어서는 안되는가? [07년 2회]

㉮ 10.5[V]   ㉯ 12[V]
㉰ 13.5[V]   ㉱ 15.5[V]

> 급속 충전시 전압은 15~16[V]를 초과해서는 안된다.

12 45[Ah]의 용량을 가진 자동차용 축전지를 정전류 충전 방법으로 충전하고자 할 때 표준 충전전류는 몇 [A]가 적당한가? [07년 1회]

㉮ 4.5[A]   ㉯ 9[A]
㉰ 10[A]   ㉱ 7[A]

> 정전류 충전 : 배터리 용량의 1/10로 충전
> 급속 충전 : 배터리 용량의 1/2로 충전

13 전동기의 기본원리는 어느 법칙에 해당 되는가? [07년 2회]

㉮ 플레밍의 왼손법칙
㉯ 렌쯔의 법칙
㉰ 오른나사의 법칙
㉱ 키르히호프의 법칙

> 기동 전동기는 플레밍의 왼손법칙을 응용한 것이다.

14 완전 충전된 축전지가 낮은 충전율로 충전되고 있다면 조치사항은? [07년 4회]

㉮ 전압 설정을 재조정해야 한다.
㉯ 전류 설정을 재조정하여야 한다.
㉰ 정상이므로 조치하지 않아도 된다.
㉱ 전해액의 비중을 조정해야 한다.

> 배터리가 완전 충전되어 충전기와 배터리와의 전위차가 작아 충전전류가 적게 흐른다는 의미이다.

15 어느 기관의 회전저항이 7[kgf-m]이고, 플라이 휠의 링기어 잇수가 115개, 기동전동기 피니언의 잇수가 9개일 때 기동 전동기에 필요한 회전력은? [08년 5회]

㉮ 약 0.3[kgf-m]
㉯ 약 0.55[kgf-m]
㉰ 약 1.52[kgf-m]
㉱ 약 3.27[kgf-m]

> 필요 최소회전력
> $= \dfrac{피니언 잇수}{링기어 잇수} \times 엔진 회전저항$
> $\therefore 필요 최소회전력 = \dfrac{9}{115} \times 7 = 0.55[kgf-m]$

16 기동전동기 전자식 스위치의 풀인 코일 접속은? [07년 4회]

㉮ 직렬 접속
㉯ 병렬 접속
㉰ 직·병렬 접속
㉱ 기동시만 병렬로 접속

> 기동전동기 전자식 스위치의 풀인 코일은 배터리와 직렬로 접속되어 있고, 홀드 인 코일은 병렬로 접속되어 있

10 ㉰ 11 ㉱ 12 ㉮ 13 ㉮ 14 ㉰ 15 ㉯ 16 ㉮

17 정류자에 대한 설명으로 틀린 것은?
[09년 2회]

㉮ 정류자는 경동으로 정류자 편을 원형으로 만든다.
㉯ 정류자에서 정류자 편과 편 사이의 절연체로는 운모를 주로 사용한다.
㉰ 언더컷은 운모가 정류자 편 윗부분보다 약 0.5mm 정도 낮은 것이다.
㉱ 정류자는 언더컷이 적을수록 브러시와 슬립링의 접촉이 양호해 진다.

> 언더컷(under cut)이 적다는 것은 정류자와 절연체 사이의 간극이 적어졌다는 뜻이므로 접촉이 불량해 진다.

18 기동전동기에서 오버런닝 클러치의 종류에 해당되지 않는 것은?
[08년 2회]

㉮ 롤러식   ㉯ 스프래그식
㉰ 전기자식   ㉱ 다판 클러치식

> 오버런닝 클러치의 종류
> ① 롤러식
> ② 스프래그식
> ③ 다판 클러치식

19 기동전동기에서 오버런닝 클러치를 사용하지 않는 방식은?
[09년 1회]

㉮ 벤딕스식   ㉯ 전기자 섭동식
㉰ 피니언 섭동식 ㉱ 링기어 섭동식

> 벤딕스식은 피니언 기어의 관성을 이용한 것으로 엔진이 기동되면 피니언 기어가 엔진의 회전에 의해 되돌아오므로 오버런닝 클러치가 필요없다.

20 기동 전동기의 회전력 시험은 어떠한 것을 측정하는가?
[08년 4회]

㉮ 정지 회전력을 측정한다.
㉯ 공전 회전력을 측정한다.
㉰ 중속 회전력을 측정한다.
㉱ 고속 회전력을 측정한다.

> 기동전동기 회전력 시험은 전기자가 회전하지 않으므로 정지 회전력 시험이라 한다.

21 기동전동기에 흐르는 전류값과 회전수를 측정하여 기동전동기의 고장 여부를 판단하는 시험은?
[09년 4회]

㉮ 단선시험   ㉯ 단락시험
㉰ 접지시험   ㉱ 부하시험

> 기동전동기에 흐르는 전류값과 회전수를 크랭킹 시 측정하면 부하시험, 기동전동기만 시험하면 무부하 시험이라 한다.

22 자기유도작용과 상호유도작용 원리를 이용한 것은?
[08년 5회]

㉮ 발전기   ㉯ 점화코일
㉰ 기동모터   ㉱ 축전지

> 점화장치는 점화코일의 자기유도 작용과 상호유도 작용을 이용하여 고압의 전기적 불꽃으로 점화하여 연소를 일으키는 장치이다.

23 점화코일의 절연저항을 시험할 때 가장 적당한 것은?
[07년 5회]

㉮ 진공 시험기
㉯ 회로 시험기
㉰ 메가옴 시험기
㉱ 축전지 용량 시험기

> 점화코일의 절연저항은 매우 크므로 메가옴 시험기를 사용한다.

17 ㉱ 18 ㉰ 19 ㉮ 20 ㉮ 21 ㉱ 22 ㉯ 23 ㉰

24 기관의 회전속도가 2,500[rpm], 연소 지연시간이 1 / 600초라고 하면 연소 지연시간 동안에 크랭크축의 회전각도는?

[08년 1회]

㉮ 20[°]   ㉯ 25[°]
㉰ 30[°]   ㉱ 35[°]

> 연소지연시간동안 크랭크축 회전각도 = 6 · R · T
> ∴ 6 × 2,500 × 1 / 600 = 25[°]

25 전자제어 가솔린 기관 차량에서 점화불꽃이 발생되는 계통으로 옳은 것은?

[09년 2회]

㉮ 크랭크각 센서 → ECU → 파워TR → 점화코일
㉯ 크랭크각 센서 → 파워TR → ECU → 점화코일
㉰ 파워TR → 크랭크각 센서 → ECU → 점화코일
㉱ 파워TR → ECU → 크랭크각 센서 → 점화코일

> 크랭크각 센서의 신호가 ECU로 입력되면 ECU는 이를 연산하여 최적의 점화시기에 파워TR을 작동시켜 점화코일에서 고압이 만들어지도록 한다.

26 전자 점화기구에서 점화신호를 컨트롤 유닛(control unit)으로 전송하는 기능을 가진 부품은?

[08년 4회]

㉮ 아마추어
㉯ 점화 코일
㉰ 로터
㉱ 마그네틱 픽업 어셈블리

> 유도센서에서 발생된 점화신호를 마그네틱 픽업 어셈블리에서 컨트롤 유닛으로 전송한다.

27 트랜지스터(NPN형)에서 점화코일의 1차 전류는 어느 쪽으로 흐르게 하는가?

[07년 2회]

㉮ 이미터에서 컬렉터로
㉯ 베이스에서 컬렉터로
㉰ 컬렉터에서 베이스로
㉱ 컬렉터에서 이미터로

> ECU에서 파워 트랜지스터의 베이스 전류가 흐르면 점화코일 1차 전류가 컬렉터에서 이미터로 흐른다.

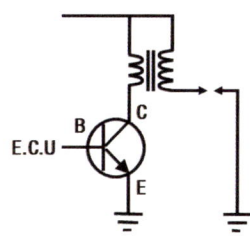

28 전자제어 점화장치의 파워TR 회로에서 ECU와 연결된 단자는?

[09년 5회]

㉮ 이미터   ㉯ 베이스
㉰ 컬렉터   ㉱ 애노드

> 전자제어 점화장치에서 ECU는 파워TR 베이스를 제어한다.

29 점화장치의 파워 트랜지스터가 비정상시 발생되는 현상이 아닌 것은?

[09년 4회]

㉮ 엔진시동이 어렵다.
㉯ 연료소모가 많다.
㉰ 주행시 가속력이 떨어진다.
㉱ 크랭킹이 안된다.

> 배터리와 기동전동기로 크랭킹 하므로 파워 트랜지스터와는 관계가 없다.

24 ㉯ 25 ㉮ 26 ㉱ 27 ㉱ 28 ㉯ 29 ㉱

30 다음 그림은 점화 일차 회로의 회로도이다. 그림 중 점화 일차 파형을 측정할 가장 좋은 지점은? [07년 1회]

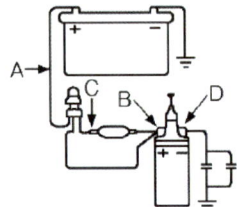

㉮ A점 ㉯ B점
㉰ C점 ㉱ D점

🔵풀이 D점이 엔진 회전에 따라 전원이 ON, OFF되는 지점이므로 점화 일차파형을 측정할 수 있다.

31 점화장치에서 DLI 방식의 특징들을 열거한 것 중 틀린 것은? [08년 1회]

㉮ 배전기에 의한 누전이 없다.
㉯ 배전기 방식에 비해 내구성이 떨어지는 부품이 많아 신뢰성이 없다.
㉰ 배전기가 없기 때문에 로터와 접지간극 사이의 고압 에너지 손실이 적다.
㉱ 배전기 캡에서 발생하는 전파 잡음이 없다.

🔵풀이 DLI 방식의 특징
① 배전기에 의한 누전이 없다.
② 배전기가 없어 로터와 접지간극 사이의 고압 에너지 손실이 적다.
③ 배전기 캡에서 발생하는 전파 잡음이 없다.
④ 점화진각 폭에 제한이 없다.
⑤ 내구성이 크므로 신뢰성이 향상된다.

32 점화플러그에서 자기청정온도가 정상보다 높아졌을 때 나타날 수 있는 현상은? [08년 5회]

㉮ 실화 ㉯ 후화
㉰ 조기점화 ㉱ 역화

🔵풀이 점화플러그의 자기청정온도가 정상보다 높으면 조기점화가 일어날 수 있다.

33 가솔린 기관 무배전기(DLI) 시스템의 장점을 배전기식과 비교한 것이다. 틀린 것은? [09년 1회]

㉮ 단속 트랜지스터의 수가 적어져 간단하다.
㉯ 기계적인 마모가 없다.
㉰ 캠축 내의 배전기 구동 장치가 필요 없다.
㉱ 코일에서 최대출력을 내기 위하여 1차 전류를 형성하는 시간이 적게 걸린다.

🔵풀이 DLI(distributor-less ignition) 시스템의 장점
① 배전기가 없으므로 기계적인 마모가 없으며, 캠축 내에 배전기 구동장치가 필요 없다.
② 배전기에 의한 배전 누전과 전파 잡음이 없다.
③ 컴퓨터로 제어하므로 1차 전류를 형성하는 시간이 배전기 방식에 비해 짧게 걸린다.

34 플레밍의 오른손 법칙에서 엄지손가락은 어느 방향을 가리키는가? [07년 5회]

㉮ 자력선의 방향
㉯ 도선의 운동 방향
㉰ 기전력의 방향
㉱ 전류의 방향

🔵풀이 플레밍의 오른손 법칙에서 엄지손가락은 도선의 운동방향을 가리킨다.

30 ㉱ 31 ㉯ 32 ㉰ 33 ㉮ 34 ㉯

35 자동차용 교류 발전기에서 응용한 것은?
[09년 1회]

㉮ 플레밍의 왼손 법칙
㉯ 플레밍의 오른손 법칙
㉰ 옴의 법칙
㉱ 자기포화의 법칙

풀이) 교류 발전기는 플레밍의 오른손 법칙을 이용한 장치이다.

36 자동차에서 발전기가 하는 역할을 설명한 것 중 가장 관련이 적은 것은? [08년 4회]

㉮ 소비되는 전류를 보상한다.
㉯ 축전지만 충전한다.
㉰ 전기부하 에너지를 공급하고 축전지를 충전한다.
㉱ 등화장치에 필요한 전류를 공급한다.

풀이) 축전지를 충전하는 동시에 전기부하에 필요한 전류를 공급한다.

37 일반적으로 자동차에 사용되는 교류 발전기용 조정기에 관한 설명 중 틀린 것은?
[08년 1회]

㉮ 발전기 자신이 전류 제한작용을 하지 않기 때문에 전류 제한기가 필요하다.
㉯ 전류용 다이오드가 축전지로부터 역류를 방지하기 때문에 컷아웃 릴레이가 필요하지 않다.
㉰ 교류 발전기용 조정기로는 전압 조정기만으로 충분하다.
㉱ 교류 발전기 6개의 다이오드는 3상 교류를 직류로 바꾸는 일을 한다.

풀이) 실리콘 다이오드가 있어서 전류 제한기가 필요없다.

38 AC발전기의 다이오드가 하는 역할은?
[07년 1회]

㉮ 교류를 정류하고 역류를 방지한다.
㉯ 전류를 조정하고 교류를 정류한다.
㉰ 여자전류를 조정하고 역류를 방지한다.
㉱ 전압을 조정하고 교류를 정류한다.

풀이) AC 발전기의 실리콘 다이오드는 교류를 정류하고, 역류를 방지한다.

39 충전장치의 AC 발전기에서 DC 발전기의 전기자와 같은 역할을 하는 것은?
[08년 1회]

㉮ 스테이터   ㉯ 로터
㉰ 쉴드   ㉱ 다이오드

풀이) DC 발전기의 전기자 코일과 AC 발전기의 스테이터 코일에서 전기가 발생된다.

40 교류발전기에서 직류발전기 컷아웃 릴레이와 같은 일을 하는 것은? [08년 5회]

㉮ 다이오드   ㉯ 로터
㉰ 전압조정기   ㉱ 브러시

풀이) 컷아웃 릴레이는 실리콘 다이오드와 같이 역류를 방지한다.

41 교류 발전기에서 축전지의 역류를 방지하는 컷아웃 릴레이가 없는 이유는?
[07년 4회]

㉮ 트랜지스터가 있기 때문이다.
㉯ 점화스위치가 있기 때문이다.
㉰ 실리콘 다이오드가 있기 때문이다.
㉱ 전압 릴레이가 있기 때문이다.

풀이) AC 발전기의 실리콘 다이오드는 교류를 정류하고, 역류를 방지하므로 컷아웃 릴레이가 필요없다.

35 ㉯ 36 ㉯ 37 ㉮ 38 ㉮ 39 ㉮ 40 ㉮ 41 ㉰

42 충전장치에서 교류 발전기의 출력을 조정할 때 변화시키는 것은? [09년 2회]

㉮ 로터 코일의 전류
㉯ 회전 속도
㉰ 브러시의 위치
㉱ 스테이터 전류

풀이 교류 발전기의 출력은 로터코일에 흐르는 전류를 가감하여 조정한다.

43 발전기 출력이 낮고, 축전지 전압이 낮을 때 원인으로 해당 되지 않는 것은? [07년 2회]

㉮ 충전회로에 높은 저항이 걸려있을 때
㉯ 발전기 조정전압이 낮을 때
㉰ 다이오드의 단락 및 단선이 되었을 때
㉱ 축전지 터미널에 접촉이 불량할 때

풀이 축전지 터미널 접촉이 불량하면 출력은 이상이 없고, 충전이 잘 안되어 축전지 전압만 낮아지게 된다.

44 발전기 자체의 고장이 아닌 것은? [09년 4회]

㉮ 발전기 정류자의 고장
㉯ 브러시의 소손에 의한 고장
㉰ 슬립 링의 오손에 의한 고장
㉱ 릴레이의 오손과 소손에 의한 고장

풀이 ㉮, ㉯, ㉰ 항은 발전기 자체의 고장 원인이다.

42 ㉮ 43 ㉱ 44 ㉱

03 계기, 등화 및 편의장치

제1절 계기 및 등화장치

자동차의 운전 상황을 쉽게 판단하여 교통의 안전을 도모하고 쾌적한 운전을 할 수 있도록 각종의 계기류가 운전석의 계기판에 설치되어 있다. 그 주된 것은 속도계, 수온계, 유압계 등으로 일반적인 측정기와 달리 좋지 않은 조건에서 사용되기 때문에 다음과 같은 조건이 만족되어야 한다.

① 소형이고 가벼우며, 내진성이 있을 것
② 구조는 간단하고 판독하기 쉬울 것
③ 가격이 저렴하고 내구성일 것
④ 지시가 안정되어 있고 확실할 것

1_ 계기

1. 속도계(speed meter)

속도계는 자동차의 속도를 1시간당으로 주행 거리로 나타내는 지시계로 아날로그의 자석식과 디지털식으로 분류된다. 또한 속도계는 일반적으로 총 주행 거리를 나타내는 적산계 및 수시로 적산수를 0으로 세팅시켜 주행하는 거리를 측정할 수 있는 구간 거리계가 조합되어 있다.

1) 자석식 속도계

그림 3-103은 자석식 속도계를 나타낸 것으로 차속의 지시는 그림에 나타낸 것과 같이 변속기 출력축의 회전이 케이블에 의해서 속도계에 전달되어 나타낸다. 속도계의 구동부와 일체로 되어 있는 자석이 회전하면 회전자는 큰 전류가 발생하기 때문에 자석의 회전속도에 비례하는 회전력이 발생된다.

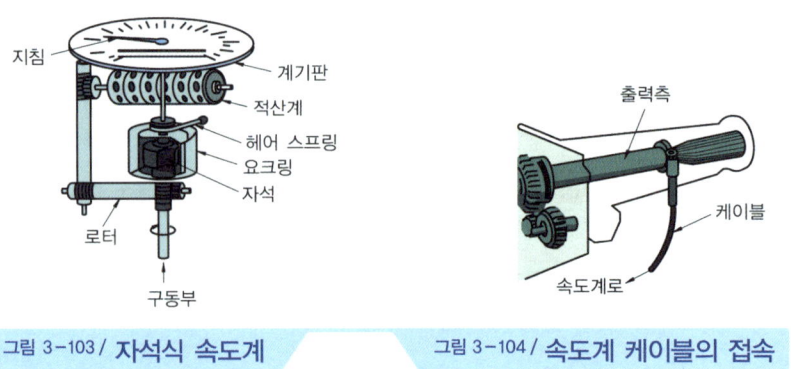

그림 3-103 / **자석식 속도계**

그림 3-104 / **속도계 케이블의 접속**

2) 디지털식 속도계

그림 3-105은 디지털식 속도계를 나타낸 것으로 차속을 검출하는 차속 센서와 속도계 유닛으로 구성되어 있으며, 변속기 출력축에 설치되어 회전하는 케이블의 회전속도가 차속 센서에 의해서 전기 신호로 변환된다. 이 전기 신호를 속도계 유닛 내의 컴퓨터가 계산하여 차속을 숫자 또는 그래프적인 디지털로 표시된다. 속도 표시부는 형광 표시관이나 액정 표시에 의해서 나타낸다.

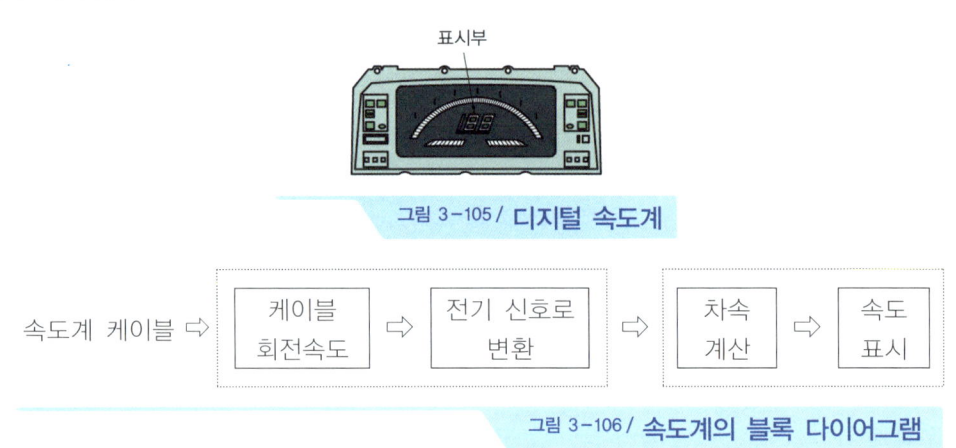

그림 3-105 / **디지털 속도계**

속도계 케이블 ⇨ [케이블 회전속도 ⇨ 전기 신호로 변환] ⇨ [차속 계산 ⇨ 속도 표시]

그림 3-106 / **속도계의 블록 다이어그램**

2. 유압계(oil pressure gauge)

유압계는 오일의 압력을 나타내는 게이지로 저항의 변화를 이용하여 유압을 나타내는 밸런싱 코일식과 열팽창을 이용하여 유압을 나타내는 바이메탈식 및 전구의 점등으로 나타내는 인디케이터 전구식으로 분류된다.

1) 밸런싱 코일식(balancing coil type)

밸런싱 코일식은 그림 3-107에 나타낸 것과 같이 회로에 스위치를 통하여 2개의 코일 L1

과 코일 L2에 전류가 흐르면 코일에서 형성되는 자력에 의해서 지침의 축에 설치되어 있는 가동 철편을 서로 당기는 힘이 발생된다.

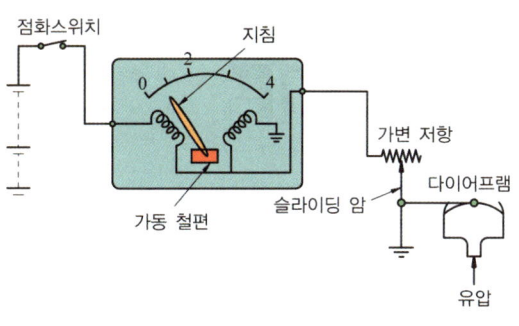

그림 3-107 / **밸런싱 코일식 유압계**

2) 바이메탈식(bimetal type)

바이메탈식은 바이메탈의 성질을 이용하여 유압을 나타내는 게이지로 유압을 나타내는 게이지 유닛과 유압을 감지하는 샌더 유닛으로 구성되어 있다. 그림 3-108에 나타낸 것과 같이 샌더 유닛과 게이지 유닛의 바이메탈에 감은 열선이 직렬로 결선되어 있기 때문에 축전지 전류는 게이지 유닛의 열선을 통하여 샌더 유닛의 열선 및 접점을 경유하여 접지로 흐른다.

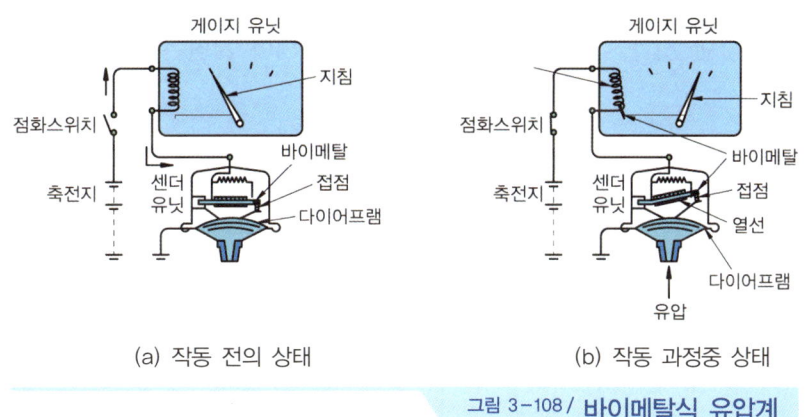

(a) 작동 전의 상태   (b) 작동 과정중 상태

그림 3-108 / **바이메탈식 유압계**

3) 인디케이터 전구식(indicator lamp type)

인디케이터 전구식은 유압이 규정값에 도달하게 되면 그림 3-109에 나타낸 것과 같이 유압 스위치를 이용하여 인디케이터 전구를 점등 또는 소등시켜 나타내는 것으로 유압이 규정값보다 낮은 경우에는 다이어프램이 수축되므로 유압 스위치의 접점은 스프링의 장력에 의해서 닫히기 때문에 인디케이터 전구는 점등된다.

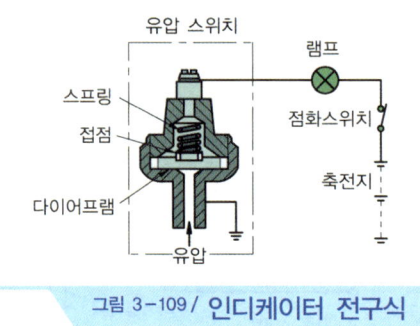

그림 3-109 / 인디케이터 전구식

3. 수온계(water temperature gauge)

1) 바이메탈식(bimetal type)

샌더 유닛으로 사용되고 있는 서미스터는 온도가 낮아지면 저항값이 크고 온도가 상승함에 따라서 급격히 저항값이 감소되는 성질의 특성이 있다. 냉각수 통로에 설치되어 있는 서미스터는 게이지 유닛의 열선과 직렬로 접속되어 있으므로 수온이 낮은 시간 동안은 서미스터의 저항은 증가되어 회로에 흐르는 전류가 감소되므로 열선의 발열에 의한 바이메탈의 변형이 없기 때문에 지침은 저온 C쪽으로 표시하게 된다. 또한 수온이 상승하면 서미스터의 저항은 감소하여 회로에 흐르는 전류가 많아지므로 열선은 발열의 온도가 높아지기 때문에 그림 3-110에 나타낸 것과 같이 바이메탈은 크게 변형되어 지침은 고온 H쪽으로 표시하게 된다.

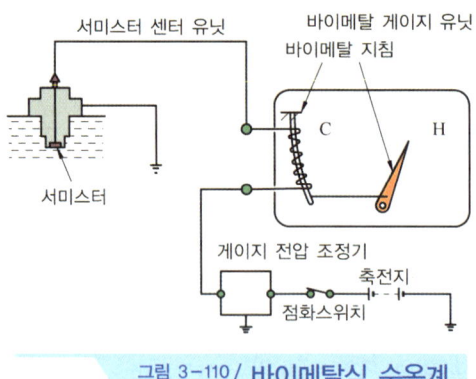

그림 3-110 / 바이메탈식 수온계

2) 밸런싱 코일식(balancing coil type)

밸런싱 코일식은 그림 3-111에 나타낸 것과 같이 회로에 스위치를 통하여 2개의 코일 L1과 L2에 전류가 흐르면 코일에서 형성되는 자력에 의해서 지침의 축에 설치되어 있는 가동 철편을 서로 당기는 힘이 발생된다.

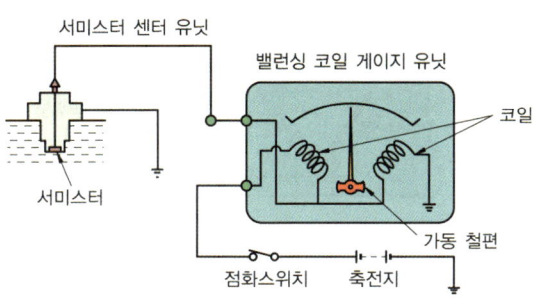

그림 3-111 / 밸런싱 코일식 수온계

4. 연료계(fuel gauge)

1) 바이메탈식(bimetal type)

바이메탈식은 그림 3-112에 나타낸 것과 같이 샌더 유닛과 게이지 유닛이 직렬로 접속되어 연료의 양을 나타내는 게이지로 연료 탱크에 연료가 만재되어 있는 경우에는 플로트가 상승하여 가변 저항의 섭동 접점은 저항값이 감소하는 방향으로 이동하여 회로에 흐르는 전류가 많아지기 때문에 게이지 유닛의 바이메탈이 크게 변형되므로 지침은 F쪽을 표시한다.

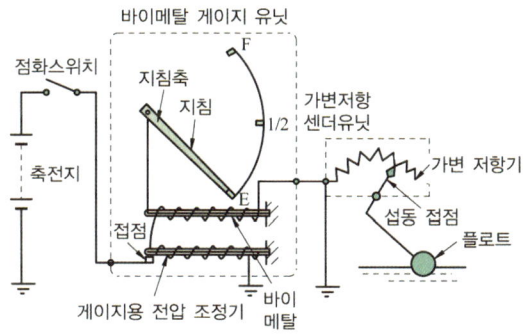

그림 3-112 / 바이메탈식 연료계

2) 밸런싱 코일식(balancing coil type)

밸런싱 코일식은 그림 3-113에 나타낸 것과 같이 회로에 스위치를 통하여 2개의 코일 L1과 코일 L2에 전류가 흐르면 코일에서 형성되는 자력에 의해서 지침의 축에 설치되어 있는 가동 철편을 서로 당기는 힘이 발생된다.

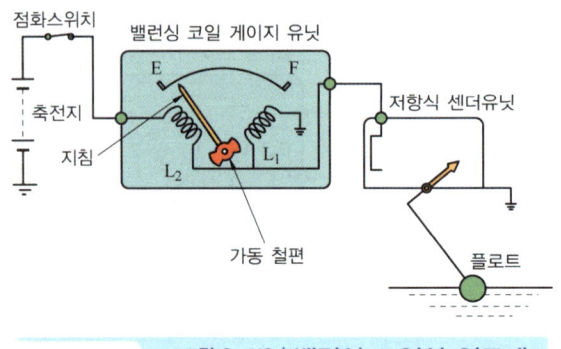

그림 3-113 / 밸런싱 코일식 연료계

5. 전류계(ampere meter)

전류계는 축전지에 충전 및 방전되는 전류를 나타내는 미터로 그림 3-114에 나타낸 것과 같이 영구자석과 가동철편 및 코일로 구성되어 있다. 전류계는 그림 3-115에 나타낸 것과 같이 영구자석에서 형성되는 자계와 전류 코일에 흐르는 전류에 의해서 형성되는 자계의 합성 자계로 가동철편이 작동하므로 충전 전류가 흐르는 경우에는 지침은 충전 쪽으로 이동한다.

반대로 축전지가 방전되는 경우에는 전류 코일에 흐르는 전류의 방향이 충전의 경우와 반대가 되므로 가동철편에 형성되는 자력선의 방향도 반대가 되지만 영구자석에는 형성되는 자력선은 변화가 없기 때문에 지침은 방전쪽으로 이동한다.

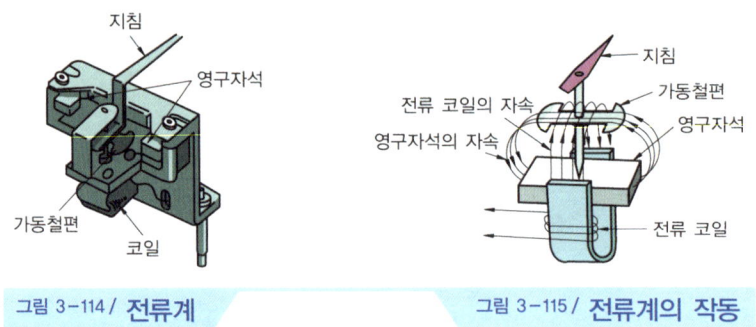

그림 3-114 / 전류계   그림 3-115 / 전류계의 작동

6. 전압계(volt meter)

전압계는 회로의 전압을 나타내는데 이용되는 미터로 그림 3-116에 나타낸 것과 같이 영구자석과 코일을 조합시킨 가동 자석형이 많이 사용되고 있다.

그림 3-116 / 전압계

7. 타코미터(tachometer)

타코미터는 기관의 회전속도를 나타내는 것으로 자석식, 발전기식, 펄스식으로 분류되는데 최근에 많이 사용되는 펄스식에 대하여 설명하면 그림 3-117과 같다. 펄스식의 경우에는 가솔린 기관과 디젤기관의 회전속도를 검출하는 방법은 서로 다르다.

1) 가솔린 기관용 타코미터

타코미터는 기관의 회전속도를 나타내는 가동 선륜형 미터와 점화 코일의 1차 회로에서 점화 신호를 검출하는 전자회로로 구성되어 있다.

펄스식은 그림에 나타낸 것과 같이 점화 코일의 ⊖ 단자에서 발생하는 전압을 전자 회로에서 검출하여 전류로 변환시켜 외부로 출력된다. 이 전류가 가동 선륜형 미터에 공급되면 미터는 전류에 따르는 값을 미터에 나타내며, 전자 회로의 출력 전류는 기관의 회전속도와 비례하여 변환되기 때문에 미터가 흔들리는 상태로 기관의 회전속도를 나타나게 된다.

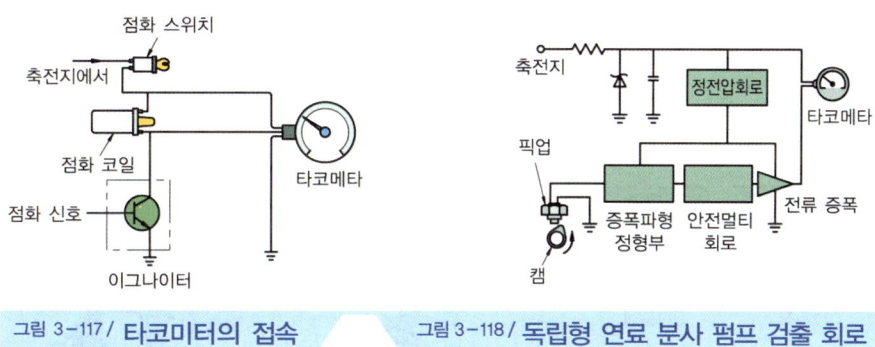

그림 3-117 / 타코미터의 접속   그림 3-118 / 독립형 연료 분사 펌프 검출 회로

2) 디젤 기관용 타코미터

① **독립형 연료 분사 펌프의 경우** : 독립형 분사 펌프의 경우 펌프 내부에는 플런저를 상하로 작동시키는 캠이 기관의 실린더수와 동일하게 설치되어 있으므로 이 중에서 1개의 캠 부근에 영구자석과 코일을 조합시킨 픽업(검출기)을 설치하면 캠이 픽업에 가까워지거나 멀어지므로 펄스(교류 전압)가 발생된다. 이 때 펄스가 그림 3-118에 나타낸 전자 회로에 입력되므로 미터를 작동시키는 신호로 변환된다. 또한, 기관의 회전속도가 상승함에 따라서 시간당의 펄스의 수도 증가되기 때문에 미터의 이동량이 커지게 된다.

2_ 등화장치

1. 전조등(head light)

야간운행을 안전하게 하기 위한 조명등으로서 하이 빔(high beam)과 로우 빔(low beam)이 병렬로 연결되어 있다. 전조등은 렌즈, 반사경, 필라멘트로 구성되어 있다.

1) 전조등의 종류

㉠ 실드 빔형(sealed beam type) : 렌즈, 반사경, 필라멘트를 일체로 만든 것으로써 수명이 길고 광도의 변화가 적으나, 가격이 비싸며 전조등의 3요소 중 1개만 이상이 있어도 전체를 교환해야 하는 단점이 있다.

㉡ 세미 실드 빔형(semi-sealed beam type) : 렌즈와 반사경은 일체형이며 전구가 따로 분리되는 구조로써 전구 불량시 전구만 교환할 수 있는 장점이 있지만, 공기와 습기, 먼지 등이 들어갈 수 있으므로 반사경과 렌즈가 더러워져 광도의 변화를 가져올 수 있다.

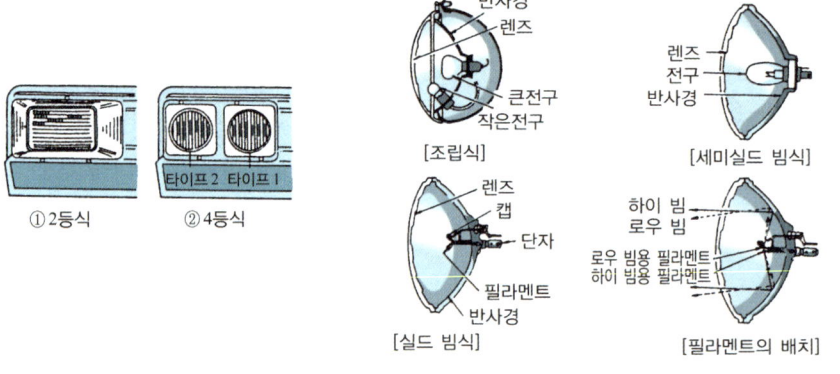

그림 3-119 / **전조등의 종류**

2) 전조등의 구성품

① **전구(bulb)** : 전구는 그림 3-120와 같은 구조로 되어 있으며, 광원인 필라멘트의 재료는 일반적으로 텅스텐이 사용되며, 이것을 일정한 굵기와 피치(pitch)로 코일 모양으로 감아 전류가 흐르게 한 도입선에 용접하여 부착되어 있다. 필라멘트 코일이 2개일 때는 같은 방법으로 일정한 위치에 정확하게 부착해야 한다.

텅스텐 필라멘트가 효율적으로 빛을 내게 하기 위해 유리 구(球) 안에 불활성 가스(inert gas)를 봉입했다.

이 불활성 가스는 질소, 아르곤(argon), 크립톤(krypton) 등의 혼합가스를 사용한다. 실드 빔도 일종의 큰 전구라 할 수 있으며, 이 전구에 전류가 흐르면 필라멘트가 적열되어 발광현상이 일어난다.

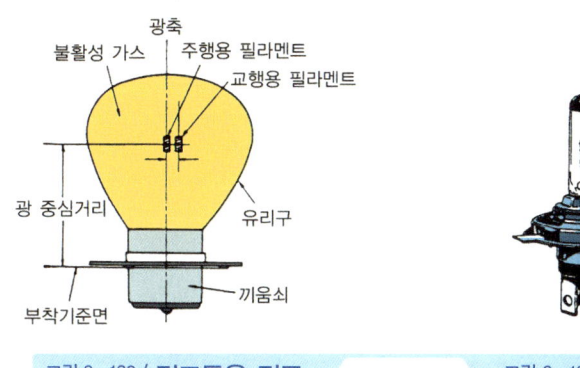

그림 3-120 / 전조등용 전구   그림 3-121 / 할로겐 전구

최근에는 효율이 높은 할로겐 전구가 개발되어 사용하고 있으며, 그 원리와 특징을 간단히 설명한다.

할로겐 전구와 구조는 그림 3-121와 같다. 보통의 전구는 불을 켰을 때 텅스텐이 증발하여 유리의 안면에 흑화 현상이 발생하는데, 이것을 방지하기 위해 전구 안에 할로겐 화합물을 불활성 가스와 함께 높은 압력으로 봉입한 것이다.

할로겐 전구에 불이 켜지면 텅스텐이 증발하나, 보통의 전구와 다른 점은 증발한 텅스텐이 유리구 안에서 이동하여 유리벽 부근의 할로겐 원소와 결합하여 할로겐화텅스텐 원소가 된다.

이 화합물은 고온에서는 텅스텐과 할로겐 원소로 해리(解離)하는 성질이 있기 때문에 온도가 높은 필라멘트 근처로 이동했을 때는 해리되어 텅스텐은 다시 필라멘트에 부착하고 할로겐 원소는 유리벽으로 향해 확산한다.

이와 같은 결합과 해리의 반복을 재생순환반응(halogen cycle)이라 하며, 이것이 할로겐 전구의 특징이고 용량은 60[W] 55[W]이다.

② **반사경(reflector)** : 반사경의 재료는 금속이나 유리를 사용하며 전구에서 나오는 광에너지를 될 수 있는 대로 많이 모아서 필요한 방향으로 강하게 투사하는 것이 목적이므로 일반적으로 깊게 된 것을 사용한다. 그리고 반사경에 의한 빛의 손실이 적어야 하므로 반사면이 매끈하고 반사율이 높은 재료를 표면에 도금하며, 일반적으로 순도가 높은 알루미늄을 진공 증착법(蒸着法)으로 부착시킨다. 반사율은 알루미늄이 90[%]이고, 은이 92[%]로 높으나 내구성이 약하고, 크롬은 내구싱은 좋으나 반사율이 65[%]로 낮다.

③ **렌즈(lenz)** : 렌즈는 투과율이 좋은 투명한 유리를 성형하여 만들었으며, 구조는 그림과 같다. 렌즈 소자에는 좌우방향으로 빛을 확산하는 것과 상하방향으로 굴절시키는 것이 있으며, 그 정도는 소자의 곡률 반지름의 크기에 따라 결정된다.

3) HID(High Intensity Discharge) 램프

제논(Xenon) 가스가 유입된 고휘도 방전램프로서 금속염제와 불활성 기체가 채워진 관에 들어있는 두 개의 전극 사이에 고압의 전원(20,000[V])을 인가하여 방전을 일으켜 필라멘트 없이 빛을 발생한다.

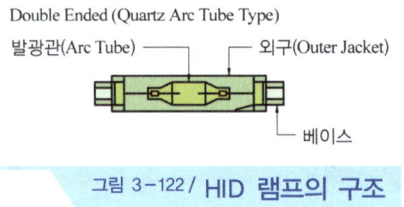

그림 3-122 / **HID 램프의 구조**

2. 방향지시등

방향지시등은 차량의 안전운행에 중요한 신호등으로, 방향지시등의 점멸 횟수는 1분에 60 ~ 120회의 일정한 속도로 점멸하여야 한다. 방향지시등은 플래셔 유닛의 작동원리에 따라 콘덴서식, 전자열선식, 수은식, 바이메탈식, 트랜지스터식(전자식)이 있으며 현재는 트랜지스터식을 사용한다.

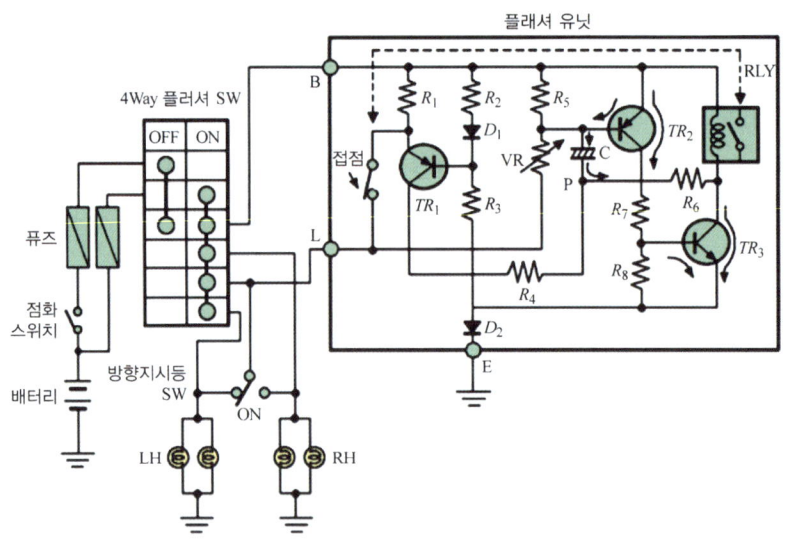

그림 3-123 / **전자식 방향지시등 회로**

3. 미등

후미등과 같은 의미로, 미등회로는 차폭등, 번호판 등, 계기판 조명등 까지 병렬로 연결되어 있다.

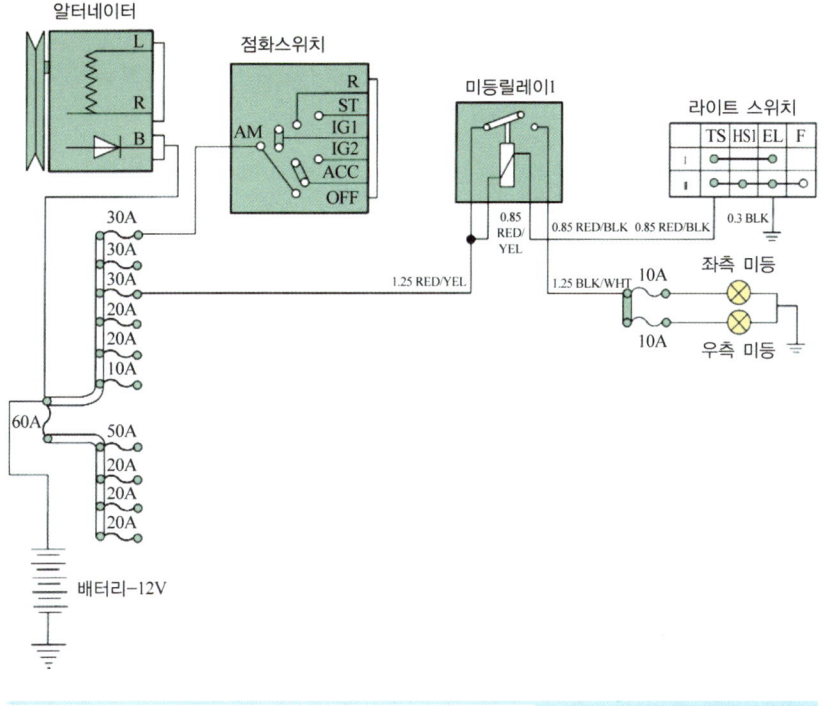

그림 3-124 / **미등 회로**

4. 제동등

제동등은 브레이크 스위치와 스톱램프로 구성되며, 후미등과 겸용으로 사용된다. 제동등의 밝기는 안전을 위하여 미등의 3배 이상이어야 하며 운행 안전상 브레이크 등이 중요하므로 전구 단선시 알려주는 기능도 있다.

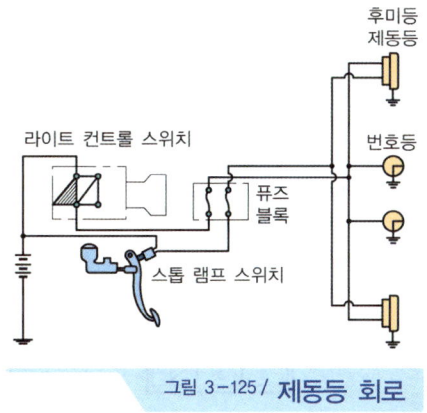

그림 3-125 / **제동등 회로**

3_ 전기회로

1. 배선

1) 용어 설명

① 커넥터(커플러, connector or coupler) : 배선을 서로 연결하기 위한 장치
② 와이어링(wiring) : 단일 기능을 가진 배선
③ 하니스(harness) : 복합 기능(여러 묶음)이 있는 배선
④ 와이어 하니스(wire harness) : 2개 또는 그 이상의 전선이 뭉쳐 있는 것

2) 배선 방식

① 단선식 : 배터리 (+) 전원 한선 만을 이용하고, (-) 전원은 차체나 프레임에 접지를 이용한 배선방식이다. 큰 전류가 흐르면 전압강하가 크게 되므로 주로 적은 전류가 흐르는 곳에 사용한다.
② 복선식 : 밧데리 (+), (-) 전원 두 선을 이용한 배선방식으로, 전조등과 같은 전류의 소모가 많은 곳에 사용한다. 접지 측에도 전선을 사용함으로써 접촉불량을 일으키지 않도록 하기 위함이다.

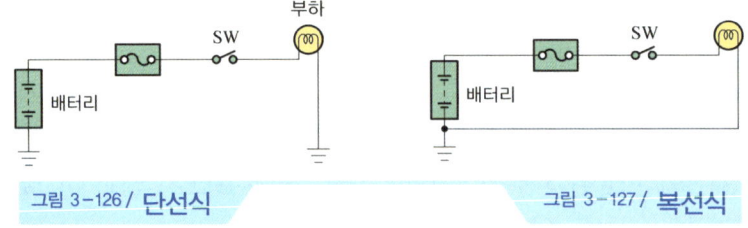

그림 3-126 / **단선식**   그림 3-127 / **복선식**

3) 커넥터 단자번호

암 커넥터(하니스측)	수커넥터(부품측)	비고
록킹 포인트 하우징 단자 3 2 1 6 5 4 3 2 1 6 5 4	록킹 포인트 단자 하우징 1 2 3 4 5 6 1 2 3 4 5 6	• 암수 커넥터 구별은 하우징 형상이 아닌 단자 형상에 따름 • 암 커넥터는 회로의 전원 공급쪽에, 수 커넥터는 부하쪽에 위치한다. 수커넥터가 빠질 경우 단락(합선)을 방지하기 위해 • 암커넥터는 오른쪽에서 왼쪽으로 번호를 부여 (여성의 S라인을 의미)

4) 배선 색상 표시법

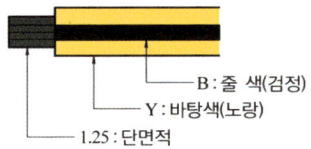

배선의 색은 1.25 Y / B 와 같은 방법으로 표시한다. 이는 노란색 바탕에 검정색 줄무늬가 있다는 의미이다. 즉, Y는 바탕색을, B는 줄무늬색을 의미한다. 숫자 1.25는 전선의 단면적(1.25[mm^2])을 나타낸다.

5) 배선 색상 약어

① 현대자동차

약어	배선 색상	약어	배선 색상
B	검정색(Black)	O	오렌지색(Orange)
Br	갈 색(Brown)	P	분홍색(Pink)
G	초록색(Green)	R	빨강색(Red)
Gr	회 색(Gray)	W	흰 색(White)
L	파랑색(bLue)	Y	노랑색(Yellow)
Lg	연두색(Light Green)	Pp	자주색(Purple)
T	황갈색(Tawny)	Ll	하늘색(Light Blue)

② 대우자동차

약어	색상	약어	색상
흑	흑색(검정)	연청	연청(하늘)색
갈	갈색	청	청색(파랑)
적	적색(빨강)	보	보라색
오	오렌지색(주황)	회	회색
황	노랑(황색)	백	백색(흰색)
녹	녹색	분	분홍(핑크)색
연녹	연녹색		

2. 회로도 분석 방법

아래 그림은 스위치를 작동시키면 릴레이 코일에 전류가 흘러 릴레이 접점이 붙어 모터(부하)가 작동하는 회로도 분석의 기본 모형이다. 이 때 고장이 예상되는 부분을 나열해 보면 아래와 같이 무수히 많다.

① 배터리 어스부위 접촉 불량
② 배터리 자체 불량
③ 각 회로사이의 배선 불량
④ 휴즈 불량
⑤ 스위치 불량
⑥ 릴레이 불량
⑦ 모터 불량
⑧ 회로상의 배선 단선, 단락, 접촉 불량 등등

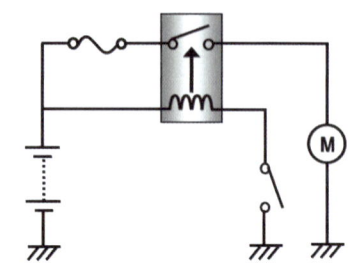

회로 점검시 주로 테스트 램프를 사용하나, ECM과 같은 반도체가 포함된 모듈에는 10[MΩ]이나 그 이상의 임피던스를 갖는 디지털 볼트미터로 테스트 하여야 한다. 테스트 램프 사용시 내부 회로가 손상될 수 있으므로 테스트 램프를 절대 사용하지 말아야 한다.

위 그림에서 보면 모든 입, 출력이 릴레이에 몰리므로 릴레이 입구를 점검하면 장소를 옮기지 않아도 되고 4번만 점검하면 끝난다. 만약 모든 입, 출력이 정상 임에도 불구하고 작동이 안된다면 원인은 릴레이 자체 문제 밖에 없다.

1) 점검 방법

① **전원회로 통합 점검** : 테스트 램프를 전원 단자에 대었을 때 켜지는 지를 확인한다. 밝게 점등되면 정상이고 점등이 안되었다면 해당 부품 및 배선을 점검한다. 이 때, 테스트 램프의 전구 용량은 최대한 밝은 것을 사용한다.(12[V]-23[W] 이상) 어두운 전구를 사용하면 회로의 접촉불량이나 단락시 흐르는 전류량에 관계없이 밝게 점등되어 판단할 수 없게 된다.

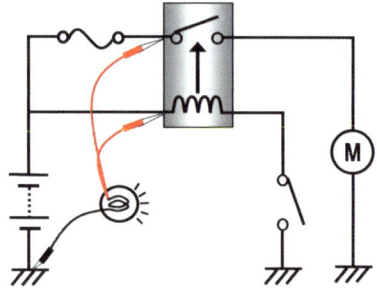

② **다음단계로 어스상태 및 출력라인을 점검** : 테스트 램프의 "+"를 배터리 본선("+")에 대고 테스트 램프 "-"를 각각의 어스선을 찍어서 점검한다. 이 때, 작동부(모터, 램프 등)의 어스라인 점검 시 램프가 밝게 점등되었다면 작동부의 어스상태도 정상이다.

스위치를 작동시켰을 때 램프가 정상적으로 들어왔다면 스위치 라인 어스도 정상이다.

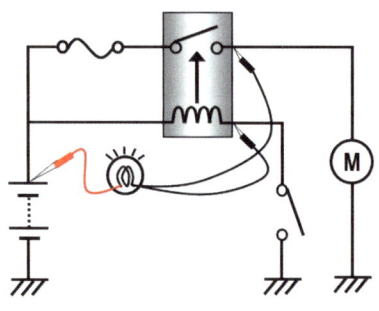

③ **최종으로 본선과 직선 연결** : 앞의 점검결과 이상이 없다면 30번 단자와 87번 단자를 직선 연결하여 모터(램프)가 회전(점등)하는지 확인한다. 입, 출력 배선을 모두 점검한 결과, 작동이 불량하면 결국, 고장원인은 "릴레이"에 있는 것이 된다.

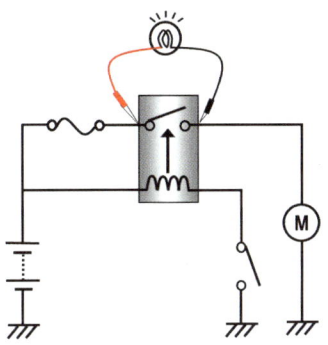

제2절 / 안전 및 편의장치

안전 및 편의장치는 자동차의 안전 운행을 위하여 필요한 장치로 경음기, 윈드 실드 와이퍼, 레인센서 시스템, 타이어 공기압 경고 시스템(TPMS) 등이 있다.

1_ 안전장치

1. 경음기(horn)

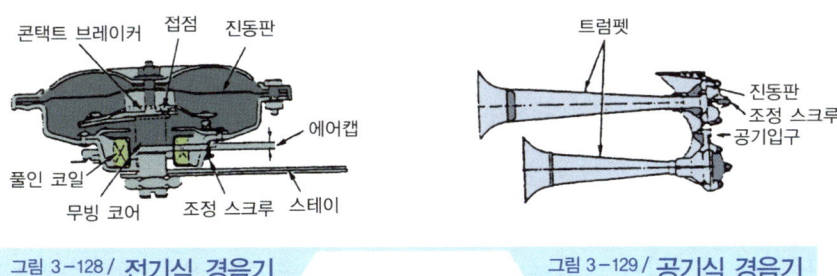

그림 3-128 / **전기식 경음기**   그림 3-129 / **공기식 경음기**

경음기는 진동판을 진동시킬 때 공기의 진동에 의해서 음을 발생시킨다. 경음기는 진동판을 진동시키는 방법에 따라서 그림 3-128과 그림 3-129에 나타낸 것과 같이 전자석을 이용하는 방법의 전기식 경음기와 압축공기를 이용하는 방법의 공기식 경음기로 분류된다. 일반적으로 공기식 경음기는 대형차에 이용되고 전기식 경음기는 대형차 이외의 차량에 이용된다.

2. 윈드실드 와이퍼(windshield wiper)

윈드실드 와이퍼는 비나 눈에 의한 악천후에서 운전자의 시계를 확보하기 위하여 앞 유리를 닦는 역할을 하는 것으로 그림 3-130에 나타낸 것과 같이 와이퍼 전동기, 링크 로드와 피벗용 링크 기구, 와이퍼 암 및 와이퍼 블레이드로 구성되어 있다.

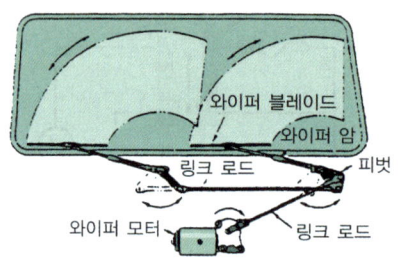

그림 3-130 / 윈드실드 와이퍼의 구성

1) 와이퍼 전동기(wiper motor)

와이퍼 전동기는 전동기의 회전을 감속하는 기어 및 와이퍼 스위치를 OFF시키면 항상 정위치로 정지시키기 위한 자동 정위치 정지 장치로 구성되어 있다.

① 페라이트 자석식 전동기(ferrite magnet type motor) : 페라이트 자석식 전동기는 자속을 형성하는 계자 철심을 영구 자석으로 이용하고 전기자는 일시적인 전자석이 되도록 코일을 감아 작동되는 전동기로 자속은 항상 일정하기 때문에 브러시를 3개 설치하여 전기자의 유효 직렬 코일의 권수를 변화시켜 전기자 코일에 흐르는 전류를 변화시킴으로서 저속 및 고속으로 회전속도가 변화된다.

② 복권식 전동기(compound motor) : 복권식 와이퍼 전동기는 자속을 형성하는 직렬 계자 코일과 병렬 계자 코일이 설치되어 있으며, 회전력이 크고 회전속도가 거의 일정한 전동기로 작동 원리는 다음과 같다.

㉠ 저속 회전시 : 와이퍼 스위치를 저속으로 위치시키면 축전지의 전류는 직렬 코일의 L_1에서는 전기자 코일을 경유하여 접지로 흐르고 병렬 코일의 L_2에서는 전기자 코일을 경유하지 않고 직접 접지로 흐르기 때문에 복권 전동기로 작동된다. 따라서 전동기는 회전력이 크고 회전속도가 거의 일정한 저속으로 회전하게 된다.

㉡ 고속 회전시 : 와이퍼 스위치를 고속으로 위치시키면 축전지의 전류는 직렬 코일 L_1에서 전기자 코일을 경유하여 접지로 흐르기 때문에 직권 전동기로 작동된다. 따라서 전동기는 병렬 코일 L_2에서 형성되는 자속이 감소되므로 회전속도가 빨라져 고속으로 회전하게 된다.

ⓒ 정지시 : 전기자축에 설치되어 있는 회전하는 캠은 러빙 블록을 작동시켜 접점을 개폐시키기 때문에 러빙 블록이 캠에 설치되어 있는 홈과 일치되지 않으면 접점은 닫혀 있다.

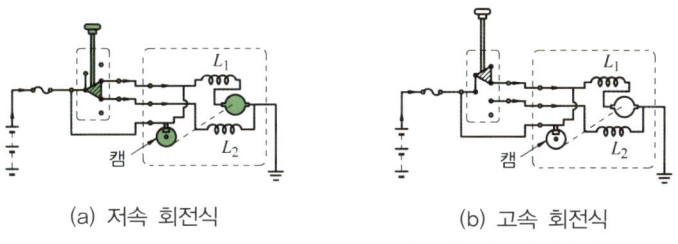

(a) 저속 회전식   (b) 고속 회전식

그림 3-131 / **윈드실드 와이퍼의 구성**

2) 링크 기구(link mechanism)

링크 기구는 그림 3-132에 나타낸 것과 같이 평행 운동을 하는 기구가 이용된다. 따라서 링크 기구에 의해 와이퍼 전동기의 회전운동이 왕복운동으로 변화되어 와이퍼 블레이드의 운동이 이루어진다.

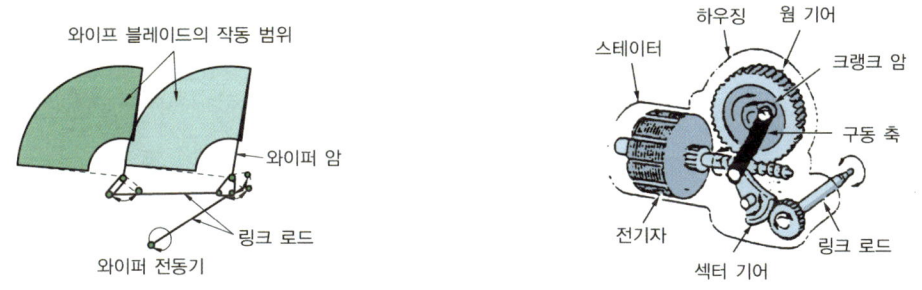

그림 3-132 / **평행 운동형 링크 기구**   그림 3-133 / **링크 기구 내장형 와이퍼 전동기**

3) 와이퍼 암 및 와이퍼 블레이드

① 와이퍼 암(wiper arm) : 와이퍼 암은 와이퍼 블레이드를 지지하는 역할을 하며, 블레이드 암에 내장되어 있는 스프링의 장력에 의해서 와이퍼 블레이드가 윈드실드 글라스에 적당한 압력으로 접촉되도록 한다.

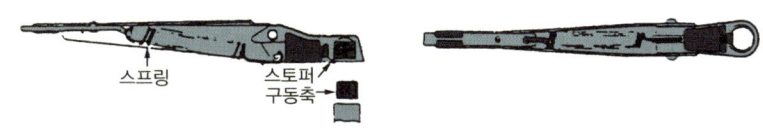

그림 3-134 / **세레이션식 와이퍼 암**

② 와이퍼 블레이드(wiper blade) : 와이퍼 블레이드는 그림 3-135에 나타낸 것과 같이 블레이드 고무를 자유롭게 변형되도록 몇 개의 금속에 의해서 지지되어 있기 때문에 글라스의 곡면을 따라서 밀착되어 있다. 또한, 와이퍼 블레이드 고무의 단면 형상은 그림 3-136에 나타낸 것과 같이 되어 있다.

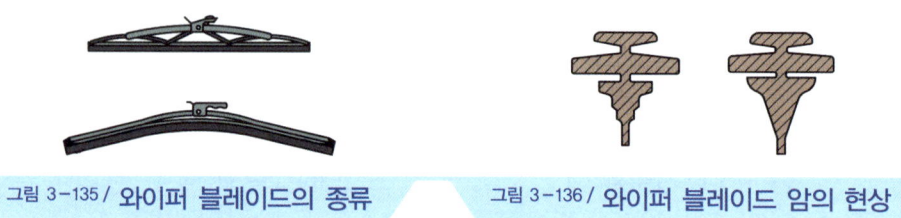

그림 3-135 / 와이퍼 블레이드의 종류　　그림 3-136 / 와이퍼 블레이드 암의 현상

3) 윈드실드 와셔(windshield washer)

윈드실드 와셔는 세정액을 분사시키는 역할을 하며, 원심식 펌프가 전동기에 의해서 구동되면 노즐을 통하여 세정액을 분사시키는 전동식이 일반적으로 많이 사용된다.

와셔 펌프의 회로에서 윈드실드 와셔 스위치를 ON시키면 전동기는 고속으로 회전하기 때문에 펌프의 중앙으로 유입된 세정액은 원심력에 의해서 회전하여 출구를 통하여 노즐에 압송되어 분사된다.

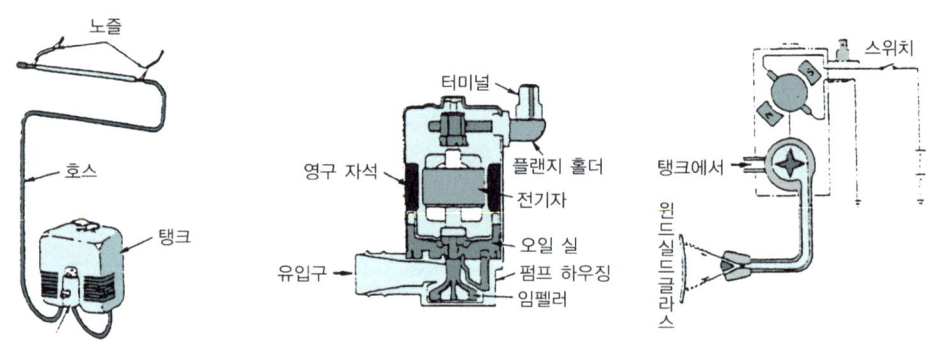

그림 3-137 / 전동식 윈드실드 와셔　　그림 3-138 / 와셔 펌프　　그림 3-139 / 와셔 펌프의 회로

2_ 편의장치

1. 파워 윈도우(power window)

원 터치(one touch)만으로 창문을 열고 닫을 수 있는 장치로, 간단히 모터의 극성을 바꿔서 작동한다. 아래와 같은 부품으로 구성된다.

① 파워 윈도우 모터 : 창문을 열고 닫는 동력원

② 파워 윈도우 레귤레이터 : 모터 회전 운동을 직선운동으로 바꾸는 기구
③ 파워 윈도우 유닛 : 창문을 여닫을 때 부하를 감지
④ 파워 윈도우 스위치 : 모터의 회전방향을 절환하는 스위치

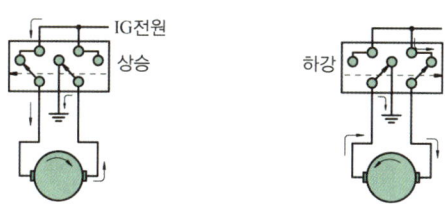

그림 3-140 / 파워 윈도우 회로

2. 레인센서(rain sensor, 우적감지) 시스템

기존 와이퍼 모터 제어는 강우량에 따라 운전자가 다기능 스위치를 조정하면 ETACS가 와이퍼를 제어하였다. 레인센서 시스템은 와이퍼 모터 제어를 ETACS 대신, 앞 창유리 상단에 설치된 레인센서 & 유닛에서 강우량을 감지하여 운전자가 스위치를 조작하지 않고도 와이퍼 작동시간 및 Low/High 속도를 자동으로 제어하는 시스템이다.

1) 레인센서의 구성도 및 내부 구조

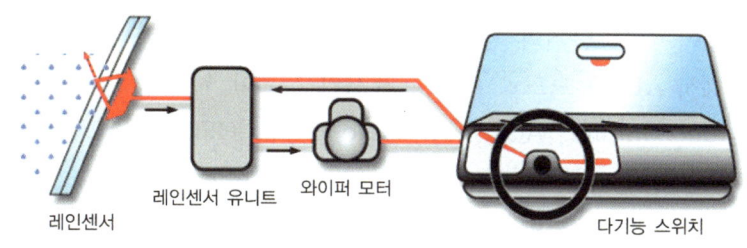

그림 3-141 / 레인센서 구성도

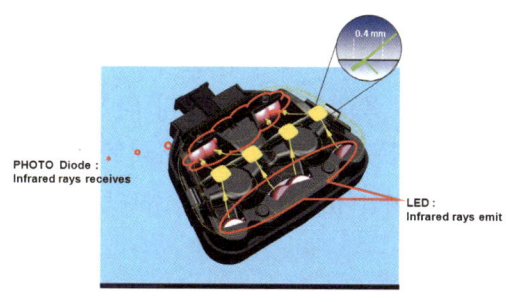

그림 3-142 / 레인센서 내부 구조

2) 레인센서 작동 원리

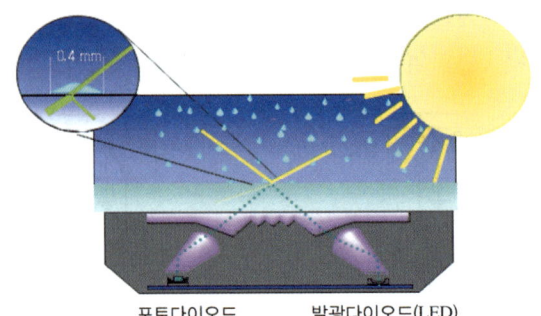

포토다이오드   발광다이오드(LED)

① 레인센서는 LED와 포토센서에 의해 비의 양을 감지한다.
② 앞 창에 빗물이 없을 경우, LED에서 발산되는 빔(beam)은 유리 외부표면에서 전반사 되어 포토 다이오드로 되돌아 온다.
③ 빗물이 있으면, 빔은 빛의 굴절에 의해 일부만이 포토 다이오드로 되돌아 오므로 빛의 굴절에 의해 손실된 빛의 강도가 비의 양으로 와이퍼 속도가 자동으로 조절된다.
④ 레인센서는 앞 창유리의 투과율에 상관없이 일정하게 빗물을 감지한다.

3) 레인센서 작동 모드

① OFF mode : 레인센서 & 유니트는 OFF 모드 동안에 앞 창유리의 상태를 감시해서 와 이퍼 스위치가 어느 단계의 감지로 설정되어야 할 지를 알 수 있도록 한다. 이로써 OFF 모드에서 AUTO 모드로 전환시 센서의 성능이 최적화 된다.
② AUTO mode(Auto INT, Auto Low, Auto High) : OFF에서 AUTO 모드로 전환하면 즉각 와이퍼를 1회 작동하여 운전자에게 와이퍼 시스템이 시작되었음을 알리고, 와이 퍼가 시작 1회 작동하고 나면 유리에 떨어지는 비의 양에 적합한지가 결정될 때까지 와이퍼는 정위치에서 머문다. 단, 이 동작은 운전자가 설정한 볼륨에 따라 달라진다.
③ WASH mode : 레인센서 & 유니트는 와셔스위치 신호를 입력받아 스위치 작동시 와 이퍼 모터를 저속으로 구동하여 유리를 세척한다.(와셔연동 와이퍼 제어)
④ Low/High mode : 운전자의 스위치 조작에 따라 와이퍼 모터를 Low/High 속도로 작 동시킨다. 이 때의 와이퍼 작동은 레인센서 & 유니트에 의해서 제어되는 것이 아니고 다기능 스위치에서 직접 제어한다. 레인센서 & 유니트 고장시 와이퍼 Low/High는 정 상으로 작동한다.

3. 후진 경보장치(BWS : Back Warning System)

자동차 후진시에는 장애물의 존재 여부나 거리 판별이 쉽지 않고 또한 전진시보다 운전자가 확인할 수 없는 사각지대가 많다. 그리하여 후진시 편의성 및 안전성을 확보하기 위하여 운전자가 기어 선택 레버를 후진에 넣으면 후진 경보장치가 작동하여 장애물의 존재여부나 장애물과 차량과의 거리를 운전자에게 경보음으로 알려줌으로써 사고를 미연에 방지하는 시스템이다.

1) 시스템의 구성

컨트롤 유닛, 초음파 센서 4개, 경보기(부저)로 구성되어 있다.

2) 작동원리

리어 범퍼에 장착되어 있는 초음파 센서에서 음파의 속도를 알고 있는 초음파 센서를 발산하고, 물체에 부딪쳐 되돌아 오는 시간 T[ms]를 측정하는 것으로 물체까지의 거리 D[m]를 알 수 있다.

즉, 물체까지의 거리 $D[m] = \dfrac{T \times V}{2}$

T : 초음파의 이동시간[ms]
V : 초음파의 전송속도[m/s]

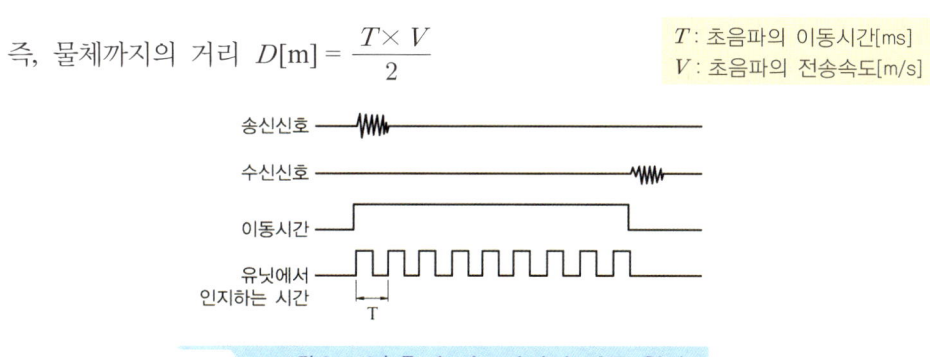

그림 3-143 / 후진 경보장치의 작동 원리

3) 후진 경보장치의 작동

① **동작신호 및 자기진단 기능** : 차량 후진시 기어 선택 레버를 후진에 넣으면 작동한다. 이 때 자기진단 기능에 의해 컨트롤 유닛에서 각 센서까지의 하네스 및 센서의 이상을 검출하고 정상의 경우 0.3초간 부저음을 발생시킨다. 이 때 부저음이 발생되지 않거나 일정 시간 후 일정 간격으로 부저음이 발생되면 시스템 고장이다.

② **경보방법**
　㉠ 1차 경보 : 후방 장애물과의 거리가 120[cm] 이하일 때, 부저는 340[ms] 간격으로 작동
　㉡ 2차 경보 : 후방 장애물과의 거리가 80[cm] 이하일 때, 부저는 170[ms] 간격으로 작동
　㉢ 3차 경보 : 후방 장애물과의 거리가 40[cm] 이하일 때, 부저는 연속으로 작동

4. 타이어 압력 경고 시스템(TPMS : Tire Pressure Mornitoring System)

1) TPMS의 개요

타이어 압력 경고 장치는 타이어 공기압 저하 유무를 판정, 공기압 저하시 운전자에게 경고하여 주행안전성과 타이어 수명을 연장하는 장치이다.

① TPMS의 분류
   ㉠ 간접 방식 : 휠 스피드 센서의 신호를 받아 그 변화를 논리적으로 계산하여 타이어의 압력상태를 간접적으로 유추하는 방법
   ㉡ 직접 방식 : 타이어에 장착된 압력센서에서 직접 압력을 계측하여, 이를 바탕으로 운전자에게 경고하는 방식으로, 직접 방식은 간접 방식에 비하여 고가이나, 계측값이 정확하고 안정적이어서 대부분이 채택하고 있는 방식이다.

② 하이 라인(High Line)과 로우 라인(Low Line) : 하이(High)와 로우(Low)는 제품의 등급을 나타내는 개념으로, 물리학적으로 높고 낮음을 의미하지 않는다. 또한, 하이 라인은 이니시에이터와 타이어 위치 경고등을 이용하여, 어느 타이어가 압력이 낮은 지를 알 수 있다.
   ㉠ 로우 라인 구성품 : TPMS 리시버, 타이어 압력센서, 경고등(저압 및 고장 경고등)
   ㉡ 하이 라인 구성품 : TPMS 리시버, 타이어 압력센서, 경고등(저압 및 고장 경고등, 타이어 위치 경고등), 이니시에이터

2) 시스템 구성

① 리시버(receiver, TPMS ECU) : 이니시에이터와 시리얼 통신을 하는, TPMS 시스템의 주요 구성품
② 이니시에이터(initiator) : 리시버로부터 신호를 받아 타이어 압력센서를 제어하는 기능을 하며 LF(Low Frequency) 신호를 받아 RF(Radio Frequency)로 응답한다.
③ 타이어 압력센서 : 타이어 안쪽에 설치되어 타이어 압력과 온도를 측정하고, 리시버 모듈에 데이터를 전송시키는 역할을 한다.

3) 시스템 구성품의 역할

① 타이어 압력센서(tire pressure sensor) : 무게 약 40[g] 정도의 센서로, 휠의 림(rim)에 장착된다.(4개) 바깥으로 돌출된 알루미늄 바디 부분이 안테나 역할을 겸하며, 내장된 배터리의 보증 수명은 약 10년이다.
타이어 위치 감지를 위해 이니시에이터로부터 LF 신호를 수신하며, 타이어 압력 및 내

부 온도를 측정하여 TPMS 리시버로 RF 전송을 한다. 압력, 온도는 4초마다 측정하고, 송신 주기는 1분이다. 측정주기와 송신주기가 다른 것은 배터리 수명을 연장하기 위하여이며 단, 공기의 급격한 방출(rapid deflation)을 감지하면 4초마다 송신을 한다.

그림 3-144 / **타이어 압력센서**

② 이니시에이터(initiator) : 하이 라인에만 장착되며, 타이어 압력센서를 wake up 시키는 기능과 타이어 위치를 판별하기 위한 도구로 사용한다. TPMS 리시버와 유선(wire, 3선)으로 연결되며, TPMS 리시버와 타이어 압력센서를 연결하는 중계기 역할을 한다. 압력센서와 통신시, 저주파수(125[kHz])를 사용하므로 LF initiator(LFI)라 한다.

㉠ FRONT initiator : IG ON시, 리시버로부터 전원을 공급받은 FRONT initiator는 먼저, 가까운 쪽 압력센서를 wake up 시키고, 수신된 압력센서의 ID를 리시버에 저장하고, 다음, initiator가 장착되지 않은 쪽에서 수신된 압력센서 ID 역시 저장한다.

㉡ REAR initiator : REAR initiator도 동일한 방법으로, RR측 압력센서를 wake up 시킴으로서 RR측 압력센서를 동작시킨다.

③ 리시버(receiver) = TPMS ECU

㉠ 리시버의 기능
ⓐ 타이어 압력센서로부터 RF data(온도, 압력, 센서 배터리 전압)를 수신
ⓑ 수신된 데이터를 분석하여 경고등을 제어
ⓒ LF initiator를 제어하여, 센서를 sleep 또는 wake up 시킴
ⓓ IG "ON" 되면, LF initiator를 통해 압력센서들을 wake up 시킴
ⓔ 차속 20km/h 이상으로 연속 주행 시, 센서를 자동으로 학습한다.
ⓕ 차속 20km/h 이상이 되면, 매 시동시마다 LF initiator를 통해 자동 위치 확인(auto locating)과 자동학습(auto learning)을 수행한다.
ⓖ 자기진단 기능 및 K-라인으로 통신하지만, 다른 ECU와 통신하지 않는다.

㉡ 리시버의 모드
ⓐ 초기 모드(virgin mode) : A/S 부품으로 입고될 때의 모드로, 이 상태에서는 압력센서로부터 RF 신호를 받아도 저장 할 수도 경고등 제어도 할 수 없다. 진단장비나 TPMS 익사이터(exciter)를 이용하여 활성화시킨다.

ⓑ 정상 모드(normal mode) : 차량이 출고될 때의 모드로, 모든 기능이 정상적으로 작동한다.

ⓒ TPMS 리시버 입력 방법 : 차종코드, VIN NO, 센서 ID 모두 입력 한 후, 10초 이상 IG OFF 후, IG ON 시키면 모드 변경이 완료된다.

ⓓ 모드 구분하는 방법

ⓐ 초기 모드(virgin mode) : IG ON시 3초간 점등 후, 0.5초 간격으로 점멸

ⓑ 정상 모드(normal mode) : IG ON시 3초간 점등 후, 소등

④ 경고등

㉠ 저압 경고등(tread lamp) : 트레드 램프라고도 하며, 타이어 압력이 규정값(26 ~ 27[psi]) 이하이면 점등하고, 30 ~ 31[psi] 이상일 때 소등한다.(히스테리시스 방지) 리시버가 정상 모드일 경우, IG ON시 3초간 점등 후, 소등된다.

 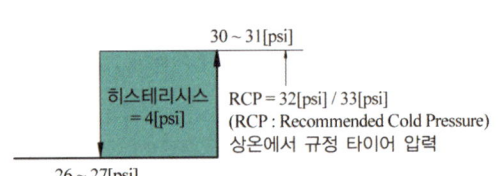

㉡ TPMS 램프 : TPMS 시스템에 고장이 기억된 경우 점등되며, 시스템(자기진단) 경고등 이라고도 한다.
하이 라인, 로우 라인 모두 장착되어 있다.

㉢ 저압타이어 위치 경고등 : 하이 라인에만 적용되며 저압 경고등과 함께 점등된다. 어느 타이어의 압력이 규정치 이하인지를 운전자에게 알려준다.

5. IMS(Integrated Memory System)

마이크로 컴퓨터를 이용하여 운전자 신체조건에 맞게 미리 기억시킨 후 자동으로 재생할 수 있는 편의장치이다. 좌석의 위치를 구동하는 4개의 모터와 모터의 위치를 감지하는 센서, 리미트 스위치, 변속레버 "P" 스위치로 구성된다.

1) 모터

① 슬라이딩 컨트롤 모터 : 좌석을 앞, 뒤로 조절
② 리클라이닝 컨트롤 모터 : 등받이의 기울기를 조절
③ 프론트 하이트 컨트롤 모터 : 좌석의 앞쪽 높이를 조절
④ 리어 하이트 컨트롤 모터 : 좌석의 뒤쪽 높이를 조절

2) 센서

① 슬라이드 센서 : 좌석이 전후로 작동하는 것을 감지
② 리클라이닝 센서 : 등받이의 기울기를 감지
③ 프론트 하이트 포지션 센서 : 좌석 앞의 높낮이를 감지
④ 리어 하이트 포지션 센서 : 좌석 뒤의 높낮이를 감지

3) 리미트 스위치

슬라이딩과 리클라인의 구속을 방지하기 위하여 앞, 뒤 끝단부에 스위치를 장착하여 시트 이동시 이동 한계 구간을 알 수 있다. 일반 작동 구간에는 스위치가 ON되어 있으며 한계점에 도달하면 접점이 떨어진다.

4) 변속레버 "P" 스위치

변속레버를 감지하는 스위치로 입력된 신호를 DDM으로 전송한다. "P" 위치 이외에서는 자동조정 금지 신호로 사용된다.

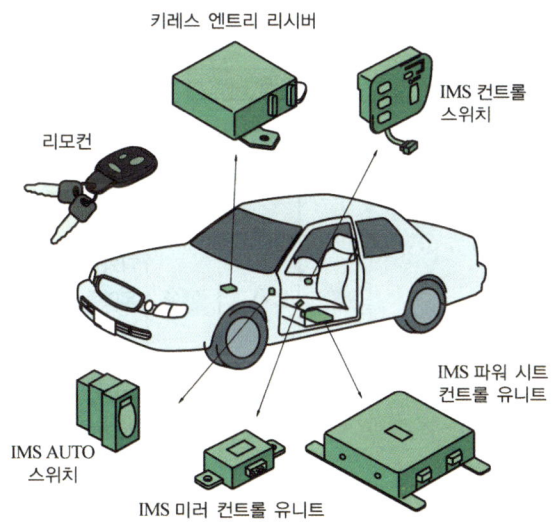

그림 3-145 / IMS 구성품

6. 에탁스(ETACS : Electronic Time Alarm Control System)

에탁스란 Electronic Time Alarm Control System의 약자로 중앙 집중제어 장치라고도 하며, 경보장치에 관련된 요소가 한 개의 컴퓨터인 에탁스 유닛에 의해 각각의 릴레이나 엑츄에이터, 모터 등을 제어하는 장치이다. 메이커에 따라 ETACS, ETWIS, ISU 등으로 명칭한다.

1) 에탁스 내부 구성

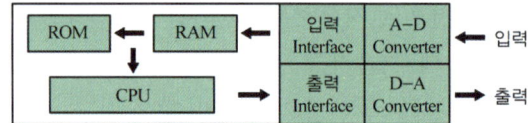

① A-D Converter : 아날로그 신호를 디지털 신호로 변환시키는 장치
② Interface : 실제로 작동하는 센서나 액츄에이터, 스위치 등을 CPU나 그 주변의 IC 들 과연결하는 역할
③ RAM(Random Access Memory) : 일시 기억장치로 녹음과 재생이 가능한 것 BAT 전원을 끄면 기억이 지워질 수 있는 IC 메모리
④ ROM(Read Only Memory) : 영구 기억장치라 하며 레코드판이나 CD 와 같이 재생만 가능하며 BAT 전원을 꺼도 기억이 지워지지 않는 부분
⑤ CPU(Central Process Unit) : RAM과 ROM에 의해 저장되어진 데이터를 중앙처리 장치 라는 CPU에서 최종판단을 한다.

2) 에탁스 입·출력 계통도

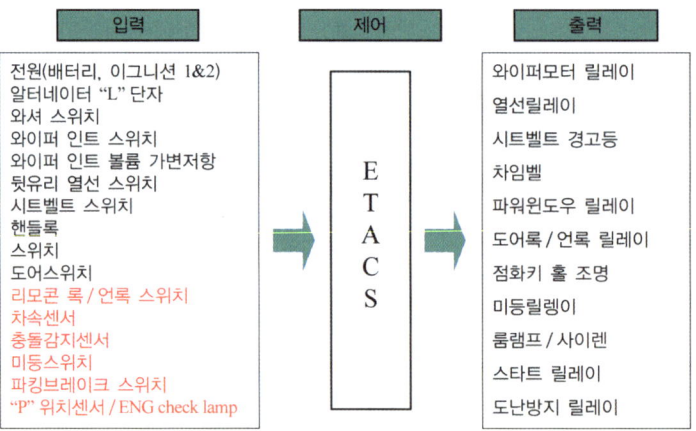

3) 에탁스 제어기능

① 와셔 연동 와이퍼 : 점화키 ON시 와셔 S/W를 작동시키면 T1(0.6초) 후에 와이퍼 출력을 ON 하고, 와셔S/W OFF 후 T2(2.5~3.8초) 후에 와이퍼 출력을 멈출 것
② 간헐(INT) 와이퍼 : 점화키 ON시 INT S/W 작동시키면 0.3초 후에 와이퍼 출력을 ON 한다.
INT와이퍼 작동중 와이퍼 재작동 주기는 INT 설정에 따라 T2 시간만큼 변화한다.
③ 뒷유리 열선 타이머 : 발전기"L"단자에서 12V 출력시 열선SW 누르면 열선을 15분간

출력한다. 열선 출력중 다시 열선SW 누르면 출력을 멈추고, 열선 출력중 발전기"L"단자 출력이 없을 경우에도 열선SW 출력을 멈춘다. 사이드미러 열선은 뒷유리 열선과 병렬로 연결되어 작동된다.

④ 안전벨트 경고등 타이머 : 점화키 ON시 안전벨트 경고등은 주기 0.6초, 차임벨은 0.9초, 듀티 50[%]로 점멸한다.

⑤ 감광식 룸램프 : 도어 열림시 실내등을 점등하고, 도어 닫힘시 즉시 75[%] 감광후 서서히 감광하여 5~6초 후에 소등한다. 감광 동작 중 점화키 ON시 즉시 감광동작을 멈추고 룸램프 제어시 입력되는 도어SW는 전도어 스위치이다.

⑥ 이그니션 키 홀 조명 : 점화키 OFF 상태에서 운전석 도어를 열었을 때 키홀 조명을 점등시키고 키 홀 조명이 점등된 상태에서 운전석 도어를 닫았을 경우 10초간 키 홀 조명을 ON 상태로 지연 후 소등시킨다. 위 제어 중 점화키 ON 신호를 입력 받으면 키 홀 조명을 즉각 OFF 시킨다.

⑦ 파워윈도우 타이머 : 점화키 ON시 파워윈도우 출력을 ON하고, 점화키 OFF후 30초간 출력을 유지한 후 OFF한다.

⑧ 밧데리 세이버 : 점화키 ON후 미등 SW를 ON한 경우에 점화키를 OFF하고 운전석도어를 열었을 경우 미등을 자동으로 소등한다. 점화키가 ON 상태에서 운전석도어를 연 후에 점화키를 OFF한 경우에도 미등을 자동으로 소등하고 다시 미등SW를 ON한 경우 미등을 점등시킨다.

⑨ 점화키 회수 : 키 박스에서 점화키를 삽입한 상태에서 운전석 도어를 열고 도어록 노브를 눌러 도어록 하였을 때 0.5초후 언록 출력을 내어 도어록이 불가능하게 한다.(차에 키를 꼽고 내리는 것을 방지하기 위하여)

⑩ 오토 도어록 : 차속이 일정속도 이상시(속도 셋팅 가능) 전도어록 동작이 일어난다. 제어후 도어 언록시 다시 록 동작을 수행한다.

⑪ 중앙집중식 도어잠금 장치 : 운전석이나 조수석에서 노브를 사용하여 LOCK시 전도어가 록되고 UNLOCK시 전도어가 언록된다.

⑫ 스타팅 재작동 금지 : 도난경보기가 있는 경우 시동이 걸리면(발전기"L"단자) 도난경보 릴레이를 작동시켜 시동릴레이가 운전자에 의해 오작동 되는 것을 방지한다.

⑬ 점화키 OFF후 전도어 언록 제어 : 주행중 도어 록시 IG OFF할 경우 전도어를 언록시킨다.

⑭ 충돌감지 언록 제어 : 차량 충돌시 에어백 ECU로 부터 에어백 전개 신호를 입력 받아 즉시 전도어를 언록 시킨다.

7. 위성항법 시스템(GPS : Global Positioning System)

인공위성으로부터 발사된 전파의 도달시간을 계측하여 위성과의 거리를 계산함으로써 자동차의 위치를 알 수 있는 시스템이다. 편리성과 정확성으로 자동차 항법장치인 내비게이션(Navigation)으로 사용된다.

1) GPS 측위 원리

고도 약 20,000m 상공의 6개 궤도를 돌고 있는 24개 위성에서 1.5GHz 주파수로 송신하는 전파 중, 3~4개를 수신해 위치를 계산한다. 3개를 수신하면 위도 및 경도는 알지만 고도는 측정이 불가하므로 현재는 4개를 수신하여 위치를 계산한다.

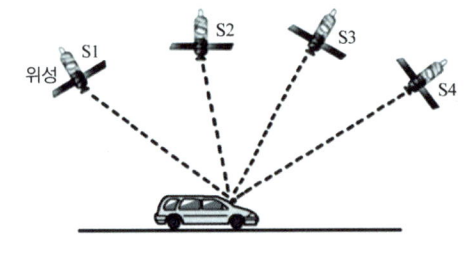

그림 3-146 / 카 내비게이션의 방위 측위

측량은 3점 측량 방법으로, 위성시계(원자시계)의 시간과 GPS에 내장된 시계의 시간을 일치하여야 한다. 자동차 내비게이션은 비용 문제로 위성 시계와 일치시키지 않고 위성을 1개 늘려서 수신한다. 2개의 위성은 경도와 위도를 수신, 1개는 시차 수정용으로 사용한다. 위성으로부터 도달한 전파의 도달 시간의 차로 현재의 거리를 계산하며, 거리 = 도달 시간 차×광속이다.

2) 현재위치 계산 원리 – 삼각 측량법

GPS 위성이 공전하면서 위치를 계산할 수 있는 신호를 주기적(1초)으로 모든 위성에서 송출하면 지상의 GPS 수신기는 삼각 측량법에 의해 현재 위치(경위도)를 계산한다.

가운데 있는 GPS 수신기가 수신이 가능한 GPS 위성까지의 거리를 계산하며, 이를 삼각 측량법을 이용하여 WGS84 좌표계의 경위도 값으로 산출한다. GPS의 구조적인 한계로, 실제 위치와 20~30m의 오차가 발생한다. 단, GPS에서 송출된 신호가 아무런 공간상 제약없이 도달한다는 조건에서이다.

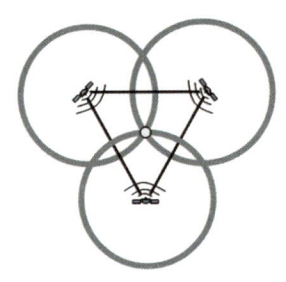
그림 3-147 / 정상적인 수신

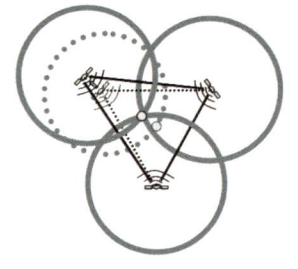
그림 3-148 / 비정상적인 수신

3) 수신율 저하의 원인

① **고층건물 사이** : 위성의 신호가 차량에 장착된 GPS 수신기에 가장 짧은 거리로 도달하지 못하기 때문이다. 테헤란로와 같은 고층 빌딩 사이가 수신율이 저하한다.

② **터널 안** : 일반적으로, GPS 수신이 되지 않으므로 현재 위치 계산이 불가능하다. 터널 통과 후 발생할 수 있는 교차로나 안전운행 데이터 안내를 위하여 가상 주행으로 안내하며, GPS 수신기가 터널 통과 후 현재 위치를 다시 계산하는 데는, 수신기의 종류나 환경에 따라 짧게는 2초에서 길게는 10초 정도 수신이 지연된다.

③ **고가도로 밑** : 고가도로 밑은 GPS 수신이 이루어지기 힘든 굉장히 불안정한 환경이다. GPS 수신율이 가장 나빠서 수신기에서 현위치를 잘못 계산하는 경우가 많아 실제 도로가 아닌 이면도로에 현재 위치가 매칭되면서 지속적으로 경로를 재탐색하거나, 고가도로 위에 있다고 인식되는 경우가 간혹 발생된다.

④ **지하 차도** : 지하 차도 역시, 터널과 동일한 이유로 GPS 수신이 되지 않는 지역이다. 터널은 가상주행이 가능하나, 지하차도는 가상주행이 되지 않는다. 지하차도는 터널처럼 완전히 GPS가 차단되지 않고 주변 건물 등에 반사되어 간헐적으로 들어오므로 현재 차량이 지하차도에 있다고 판단하기 어렵기 때문이다.

⑤ **기타 요인** : 이 밖에도 전리층의 전파 굴절, 태양의 흑점 활동 등이 수신율에 장애가 된다.

또한, GPS 수신에 장애가 되는 환경에서는, GPS 초기 수신기간 역시 저하하므로 아파트 지하 주차장에 차량을 세워두었다면, 지상으로 나와 어느 정도 벗어나 내비게이션을 동작시키면 초기 수신시간 단축에 도움이 된다. 사람도 어두운 곳에 있다가 갑자기 밝은 곳으로 이동하면 적응이 어렵듯, GPS 수신기도 음영 지역에서 계산하다가, 수신이 양호한 지역으로 들어서면 현위치를 계산하는데 시간이 걸리기 때문이다.

8. 에어백(air bag)

1) 정의

에어백은 충격 센서와 에어백 제어 모듈을 통해 운전자와 탑승자를 보호하기 위한 충격완화장치다. 특히 자동차 사고 때 일어나는 충격에 의해 운전자나 탑승자가 심한 부상을 입거나 심지어 목숨까지 잃는 사고가 빈번히 일어나자 이 충격을 조금이나마 완충할 수 있는 안전 벨트 보조장치(SRS)를 고안한 것이다.

2) 에어백의 기능

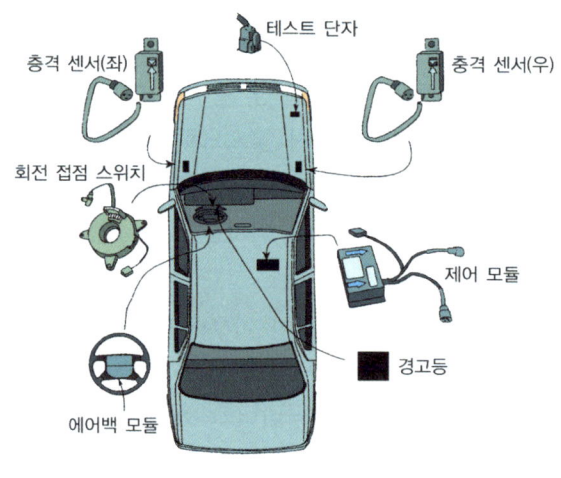

그림 3-149 / 에어백 시스템

3) 에어백의 작동 과정

에어백의 작동은 기계적인 것과 전자 제어에 의한 것으로 이루어진다. 자동차가 사고가 나면 차에 달려있는 충격 센서가 작동한다. 충격 센서는 세팅되어 있는 기계에 의해 이루어진다. 충격 센서가 작동하면 즉시 에어백 모듈에 전달되어 순식간에 에어백이 작동하게 되어 있다. 이 모든 과정이 불과 1초의 사이를 두고 일어난다. 특히 운전자나 탑승자가 에어백의 도움을 받는 시간은 사고가 일어난 후 0.4~0.8초 안에 이루어진다. 에어백의 시간별 작동과정은 다음과 같다.

① 충돌 후 0.15초 후
㉠ 자동차 가감속이 매우 크다.
㉡ 감속도가 에어백 모듈에 지정한 값에 이르면 에어백 가스발생기가 작동하기 시작한다.
㉢ 현재 운전자는 정상 자세이며 무게중심이 앞으로 쏠려 있다.

② 충돌 후 0.2초 경과
　㉠ 에어백 커버가 찢어지면서 에어백 팽창이 시작된다.
　㉡ 운전자의 몸도 핸들로 다가간다.
　㉢ 차체의 손상이 시작된다.
③ 충돌 후 0.35~0.4초 경과
　㉠ 에어백은 완전히 팽창된다.
　㉡ 안전 벨트가 작동해 운전자를 시트 등받이 쪽으로 당겨준다.
　㉢ 충돌에 의한 힘이 부분적으로 흡수된다.
④ 충돌 후 0.4~0.8초 경과
　㉠ 차체의 이동은 정지되며 최대의 손상을 가져온다.
　㉡ 운전자가 에어백에 충돌하게 된다.
　㉢ 에어백에서 가스가 빠져 완충작용을 한다.
⑤ 충돌 후 1~1.2초 경과
　㉠ 운전자는 원래의 위치로 정지된다.
　㉡ 에어백 가스는 완전히 방출된다.
　㉢ 운전자의 정상 시야가 확보된다.

  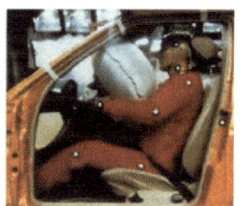 

그림 3-150 / 에어백의 작동 과정

4) 에어백의 구성 부품과 기능

① 에어백 모듈 : 에어백 모듈은 가스발생기, 에어백, 패트 커버(pat cover)로 구성된다. 대부분이 에어백 모듈은 분해할 수 없으며 에어백이 한 번이라도 작동되면 새것으로 바꿔야 한다.

② 가스 발생기(inflator) : 가스 발생기는 화약, 점화제, 가스 발생제, 디퓨저 스크린(diffuser screen) 등을 알루미늄으로 만든 용기에 넣은 것으로 그림과 같은 구조를 가진다.
　또한 에어백 모듈 하우징의 안쪽에 조립되어 에어백 작동시간을 단축시켜 준다.
　작동 원리는 일단 가스 발생기 안에 들어있는 화약에 점화전류가 흐르면 화약이 점화되고 점화제가 연소되어 이 연소되는 열에 의해 가스 발생제가 연소하게 되는 것이다.

가스 발생제가 연소하면 질소가스가 급속히 발생해 디퓨저 스크린을 통해 에어백에 공급하게 된다. 이 모든 것이 가스 발생기의 동작 순서이며, 원리다. 특히 디퓨저 스크린은 연소된 가스의 여과 작용과 가스의 냉각 작용을 하며 가스발생에 의한 소음도 억제해 준다.

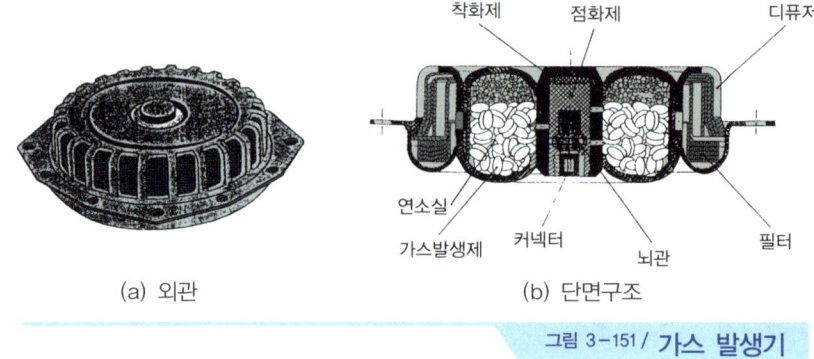

그림 3-151 / **가스 발생기**

③ **에어백** : 에어백은 고부가 코팅된 나이론 섬유제의 원판형 주머니로서 용량은 약 50 ~ 60[*l*] 정도다. 에어백은 가스 발생기 바로 위에 위치하며 에어백을 부풀리는 가스로는 질소가 쓰인다. 질소는 급속으로 팽창한다는 장점이 있으며 가스 자체의 내부 온도변화가 거의 없어 운전자나 탑승자를 더욱 안전하게 해준다. 또한 에어백에 입력된 가스는 빨리 배출해야 하므로 대부분 지름이 2.5[mm]의 배출 구멍을 2개까지 적용하고 있다.

④ **패트 커버** : 우레탄 커버로 에어백 작동 때 에어백에 의해 입구가 갈라져 힌지(hinge)를 중심으로 전개된다. 그러면 에어백은 밖으로 작동되면서 팽창하게 된다. 일반적으로 패트 커버에 그물을 성형시켜 에어백 전개 때 파편이 튀는 것을 방지하는 구조로 되어 있다.

⑤ **회전 접점 스위치** : 회전 접점 스위치는 에어백 모듈과 스티어링 컬럼 사이에 달린다. 이 스위치는 대시보드와 에어백 모듈 그리고 제어 모듈 등을 연결하는 전기선을 에어백 시스템에 맞도록 고안한 것이며 따로 보관할 때 주의해야 한다. 특히 조향 핸들에 직접 달려 배선이 움직일 수 있으므로 이곳에 적용되는 스프링은 일반 코일 스프링이 아니라 클록이라 불리는 스프링을 적용한다. 또한 이 부분을 분해 조립하면 반드시 중립 표시점을 확인해 정위치에 달아야 한다.

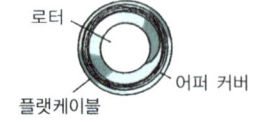  

(a) 스티어링 휠을 좌측으로 회전 때   (b) 중립 때   (c) 스티어링 휠을 우측으로 회전 때

그림 3-152 / **클록 스프링 작동 상태**

⑥ **충격 센서** : 충격 센서는 대부분 차체의 앞부분에 달리지만 우리나라 자동차인 경우 암레스트 콘솔박스 밑에 설치되기도 한다. 충격 센서는 극히 기계적으로 작동되나 기계적인 부분을 전자 시스템과 접목이 이루어지지 않으면 자동차에 충격을 알려줄 수 없다. 예를 들어 자동차가 사고로 인해 주행속도가 중력 가속도의 규정값에 이르면 충격 센서의 롤러가 움직여 접점을 닫게 한다. 이 접점이 닫히는 순간 에어백은 작동하는 것이다. 만약 충격 센서를 정비하거나 교체할 경우 센서 표면에 적혀 있는 방향을 반드시 맞추어야 한다.

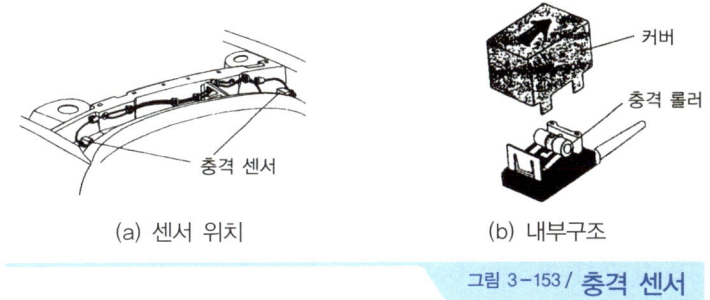

(a) 센서 위치　　　(b) 내부구조

그림 3-153 / **충격 센서**

5) 에어백의 제어 모듈 기능

　에어백의 제어 모듈은 시스템을 트리거링시키는데 충분한 에너지를 저장하고 자기진단 기능을 수행해 사고와 관련된 자료로 기록한다. 특히 제어 모듈을 통해 자동차가 에어백을 작동시키기 위한 적절한 상태가 되지 않더라도 이 모듈을 통해 에어백의 기능이 완벽히 이루어질 수 있게 한다.

① **제어 모듈의 주요 기능**
　㉠ 에어백 작동 때 배터리 고장에 대비한 비상 전원 기능을 보유하기 위한 자체 충전 콘덴서가 있다.
　㉡ 축전지 전압저하에 대비한 전압상승의 기능을 한다. 이것은 일종의 컨버터와 트랜지스터 기능으로 전압이 떨어지더라도 충분한 기존 전압을 발생토록 한다.
　㉢ 안전성과 안정성을 위한 자기진단 기능이 있어 수시로 운전자에게 알려주도록 한다.

　위와 같이 에어백에는 제어모듈은 실제 자동차의 기능이 노화되거나 미비하더라도 에어백 작동에 방해받지 않도록 설계되어 있어 운전자나 탑승자의 안전을 도와준다. 만약 제어 모듈이 없다면 사고가 발생해도 에어백이 작동하지 않을 수 있어 매우 위험하다. 또한 이 모듈은 기억할 수 있는 기능이 있어 에어백의 고장 기록도 판독할 수 있어 자동차가 충돌했을 때 충돌 전의 에어백 상태를 알 수 있으며 그동안 충돌 횟수와 경고등 점등 상태 등을 알 수 있다.

② **시스템 회로도와 시스템 동작 과정** : 에어백의 동작은 앞에서 설명한 것과 같이 기계적인 센서 동작 후에 전자 제어에 의해 이루어진다. 따라서 시스템의 기본적인 회로도를 분석해 정확한 동작원리를 알아보며 그 과정도 알아보자.

시스템의 기본적인 회로 중 스위치 기능은 병렬로 연결된 2개의 충격 센서와 제어 모듈이 내장된 안전 스위치에 의해 이루어진다. 따라서 1차 충격 후 동작 규정값에 이르면 제어 모듈에 있는 안전 스위치가 작동한다. 또한 배터리가 파손되면 제어 모듈의 비상용 전원장치가 대신한다.

반대로 안전 스위치가 동작된 상태라도 2개의 충격 센서에서 신호가 들어오지 않으면 가스 발생기는 작동하지 않는다. 위와 같이 에어백의 시스템은 각 센서와 스위치들이 교류하는 상태에서 어느 쪽이라도 데이터 값에 이르지 않으면 작동하지 않게 된다. 그러나 각종 실험을 통해 얻어낸 측정값에 의해 운전자와 탑승자를 안전하게 지킬 수 있도록 설계되어 있으므로 에어백 작동을 의심하지 않아도 된다.

9. 시트벨트 프리텐셔너(Seat Belt Pre-tensioner)

차량 앞 방향으로부터의 충돌이 감지되면 시트벨트를 순간적으로 되감아 주어 승객이 앞 방향으로 이동되는 량을 작게하여 시트벨트의 효과를 향상시키는 장치이다.

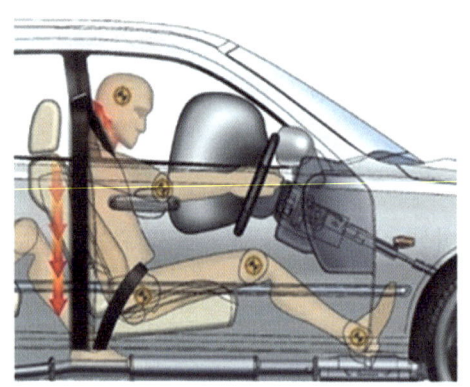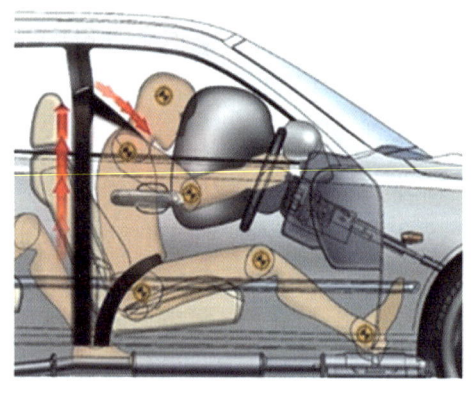

그림 3-154 / **시트벨트 프리 텐셔너의 작동**

1) 개요

차량 충돌시 에어백이 작동하기 전에 작동하며, 발생한 충돌이 크지 않으면 에어백은 미전개되고 프리텐셔너만 전개된다. 작동된 프리텐셔너는 반드시 교환되어야 하고, 에어백 ECU는 6번까지 프리텐셔너를 점화시킬 수 있으므로 재사용이 가능하다. 프리텐셔너 6회 점화까지는 동일한 ECU 사용이 가능하나, 6회 폭발 이후에는 신품의 ECU로 교환하여야 한다.

2) 구성부품의 기능

센서, 액추에이터, 클러치로 구성되어 있으며, 프리텐셔너의 오작동을 방지하기 위한 안전버튼과 시트벨트 착용감지기가 있다.

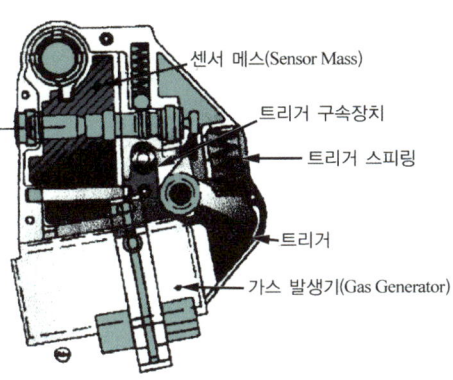

그림 3-155 / **구성품**

① 액추에이터 : 가스 발생기에서 발생된 가스압력이 실린더 내의 피스톤을 밀어올린다. 이 때 피스톤에 연결되어 있는 와이어가 당겨지면서 클러치가 작동한다.
② 클러치 : 액츄에이터가 작동할 때 와이어가 당겨지면서 클러치가 고정되고 시트벨트를 되감아 준다.

10. 승객유무 감지장치(PPD, Passenger Presence Detection system)

1) 역할

조수석에 탑승한 승객을 감지하여, 탑승하였으면 전개시키고 존재하지 않는다면 조수석 및 측면 에어백을 전개하지 않아 불필요한 에어백 전개를 방지하여 수리비를 절감하는 장치이다.

2) 장작위치 : 조수석 시트커버 하단부

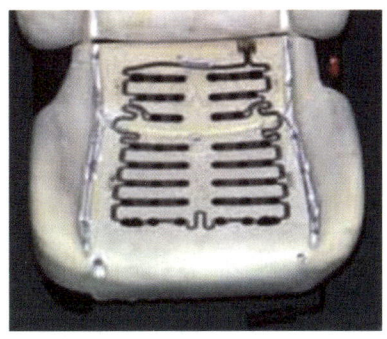

그림 3-156 / **PPD 센서**

3) 작동 원리

하중에 따라 저항값이 변하는 압전소자를 이용하여 승객의 존재유무를 판단하며, 기준중량은 15[kg_f]이다.

표 3-2 / **승객 감지조건**

승객 탑승유무	저항 값	승객의 중량
승객 있음	50[kΩ] 이하	15[kg_f] 이상
승객 없음	50[kΩ] 이상	15[kg_f] 이하

3_ 사고 회피 기술

1. 지능형 자동차 기술

지능형 자동차란 여러가지 기술의 융합을 통하여 안전성 및 편의성을 획기적으로 향상시킨 자동차로 다음과 같은 기술들이 있다.

① **예방안전기술** : 사고가 나지 않도록 사전에 예방하는 기술로써 수동안전(ABS, VDC 등)과 능동안전(충돌예방 시스템 등) 시스템이 있다.
② **사고회피기술** : 사고가 나더라도 피해를 최소화 하기위해 자동으로 차량을 제어하는 능동안전 시스템으로 비상제동을 포함하는 운전자 지원 시스템이 대표적이다.
③ **자율주행기술** : 운전자의 지시만으로 원하는 목적지까지 주행하는 기술로써 기술적으로도 어려운 점이 많고 사회적 합의도 필요한 선행기술이다.
④ **충돌안전기술** : 충돌 시 피해 최소화를 위한 능동, 수동 안전 시스템으로써 액티브 헤드레스트 등이 대표적인 기술이다.
⑤ **편의성 향상 기술** : 자동 주차, 내비게이션 시스템 등 운전자의 편의성을 지원하는 시스템이지만 단순 편의성보다는 안전과 밀접한 연관이 있다.
⑥ **차량 정보화 기술** : 차량 자체의 네트워크(In-Vehicle Network)와 외부 통신을 기반으로 운전자에게 필요한 정보를 실시간으로 전달하는 기본 기능과 IT 산업과 연계한 확장 기능이 있다.

2. 예방 안전 기술(Preventive Safety)

사고 위험성을 미리 감지하여 운전자에게 정보를 제공하거나 경고하는 기술이다.

① **UWS(Ultrasonic Warning System)** : 초음파 센서를 이용하여차량 모든 주변의근거리 내에 있는 물체를 검지하고 경고하는 시스템

② SOWS(Side Obstacle Warning System) : 차선 변경시 후측방 접근 차량의 유무를 검지하여 경고하는 시스템
③ LDWS(Lane Departure Warning System) : 전방 영상처리를 통하여 차선 이탈여부를 판단하고 이를 운전자에게 경고하는 시스템

3. 사고 회피 기술(Accident Avoidance)

사고와 연결될 수 있는 상황에서 능동적으로 사고를 회피하도록 제어하는 기술이다.

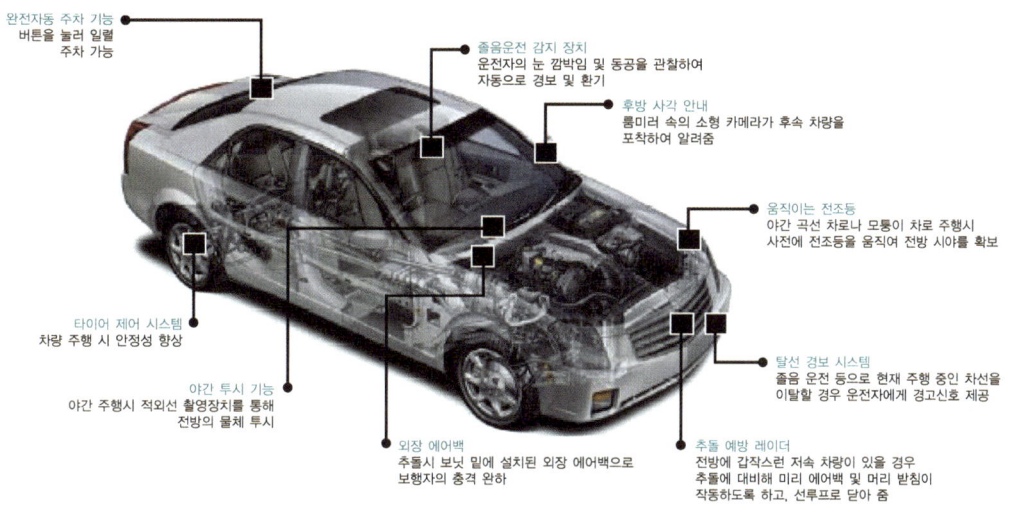

그림 3-157 / **사고 회피 기술 시스템**

① PCS(Pre-Crash Safety) : 레이더, 카메라 융합을 통해 전후방 교통 상황을 판단하여 충돌 사고 가능성이 있을 경우 운전자에게 경고하고 전동 안전벨트 및 Headrest 등을 제어하는 시스템이다.

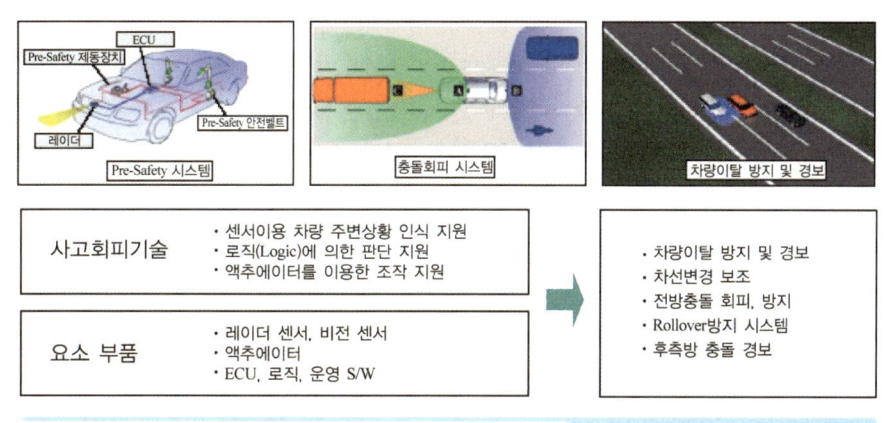

그림 3-158 / **PCS 시스템**

② LKS(Lane Keeping Support) : 차선 이탈 시 Steer-by-Wire 시스템을 이용하여 주행 차선을 유지하는 시스템이다.
③ CAS(Collision Avoidance System) : 레이더, 카메라 융합을 통해 전후측방 교통 상황 및 주변 차량의 상대 속도 등을 검지하여 사고 가능성이 있을 경우 Brake-by-Wire, Throttle-by-Wire 시스템 등과 연동하여 사고를 미리 예방하는 시스템이다.

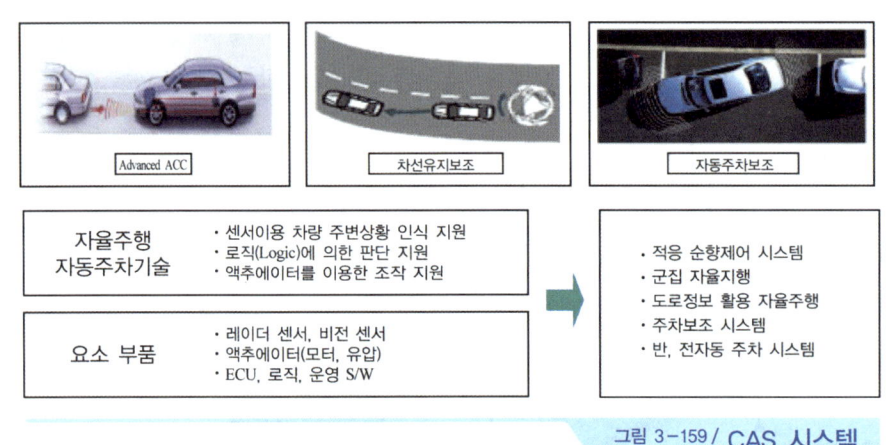

그림 3-159 / CAS 시스템

④ ACC(Advanced Cruise Control) : 전방 레이더를 이용하여 일정 속도를 유지하고 긴급 상황에서는 비상 제동을 수행하는 시스템이다.

4. 편의성 향상 기술

편의성 향상 기술은 차량 안전 시스템과 구분이 어려우나 다음과 같은 기술이 있다.

① FRMS(Front Rear MonitoringSystem) : 카메라를 이용하여 전후측방의 사각 지역 영상을 운전자에게 제공함으로써 좁은 길에서의 저속 주행이나 주차시 운전자의 시각을 보조하는 시스템이다.
② HUD(Head Up Display) : 주행 중 운전자의 시야를 하향하면서 초점을 바꾸어야 하는 지금의 클러스터를 대체하기 위하여 개발되고 있는 디스플레이 장치이다.
③ FWD(Full Windshield Display) : HUD와 달리 내비게이션 정보나 기타 필요한 정보를 필요한 시기에 잠깐 보여주는 시스템이다.
④ PAS(Parking Assist System) : 카메라, 근거리 센서 등을 융합하여 주차시 주변 공간과 주변 차량 등을 검지하고 이 정보를 바탕으로 운전자의 주차를 보조하는 시스템이다.
⑤ 스마트 에어 컨디셔닝 시스템 : 운전자 및 탑승자의 체온을 직접 검지하여 각각의 사람들에게 최적의 온도 환경을 만들어 주는 시스템
⑥ Comfort Seat : 운전자 및 탑승자의 체형에 맞추어 시트를 자동제어하는 시스템

5. 기타 안전 기술

① **스마트 에어백(Smart Airbag)** : 운전자 및 탑승자를 인식하여 에어백 전개 압력, 전개 위치 등을 조절하는 시스템으로써 어린 아이, 여자, 노약자 등을 대상으로 에어백으로 인한 2차 상해를 방지하기 위해 개발되고 있다.

② **보행자 보호 시스템** : 사고 시 보행자를 보호하기 위한 제반 시스템으로 후드 리프팅(Hood Lifting) 시스템, 보행자용 에어백, 액티브 범퍼(Active Bumper) 등이 검토되고 있다.

③ **스태빌리티 시스템(Stability System)** : 차량의 동적 특성을 제어함으로써 주행 안정성과 안전성을 확보하는 기술로 ABS가 그 시초라고 할 수 있다. ABS, TCS, VDC 등이 통합되어 동작하는 것이 특징이다. 현재 가장 활발히 개발이 진행되고 있으며 지금의 ABS처럼 향후 대부분의 차량에 장착될 것으로 보인다.

④ **나이트 비전(Night Vision)** : 야간 주행 시 운전자 시각을 대신하여 전방의 영상을 보여주는 시스템이다. 기술적인 이유보다는 가격대비 효용성 등 다른 요인들로 인하여 상용화가 지연되고 있다.

제3장 계기 등화 및 편의장치 출제예상문제

01 엔진 오일 압력이 일정 이하로 떨어질 때 점등되어 운전자에게 경고해주는 것은? [08년 4회]

㉮ 연료 잔량 경고등
㉯ 주차브레이크 등
㉰ 엔진 오일 경고등
㉱ 냉각수 과열 경고등

풀이) 오일 압력이 일정 이하로 떨어지면 엔진오일 경고등이 점등된다.

02 계기판의 온도계가 작동하지 않을 경우 점검을 해야 할 곳은? [08년 5회]

㉮ MAT(Manifold Air Temperature Sensor)
㉯ CTS(Coolant Temperature Sensor)
㉰ ACP(Air Conditioning Pressure Sensor)
㉱ CPS(Crankshaft Position Sensor)

풀이) WTS 또는 CTS는 냉각수 온도센서이다.

03 연료탱크의 연료량을 표시하는 연료계의 형식 중 계기식의 형식에 속하지 않는 것은? [07년 2회]

㉮ 밸런싱 코일식   ㉯ 연료면 표시기식
㉰ 서미스터식   ㉱ 바이메탈 저항식

풀이) 연료면 표시기식은 연료면이 투명창을 통해 직접 보이는 형식을 말한다.

04 다음 중 맴돌이 전류와 영구자석의 상호작용에 의하여 계기지침이 움직이는 계기는? [07년 4회]

㉮ 속도계   ㉯ 전류계
㉰ 유압계   ㉱ 연료계

풀이) 속도계는 구동축에 의하여 영구자석이 회전하면 로타에는 전자유도작용에 의하여 맴돌이 전류가 발생한다. 이 맴돌이 전류와 영구자석이 상호작용하여 로타에 영구자석의 회전방향과 같은 방향으로 회전력이 발생하여 스프링 장력과 평형이 되는 점까지 회전하여 지침을 움직이게 된다.

05 계기판의 속도계가 작동하지 않는 결함에 대한 고장 원인으로 적합한 것은? [09년 4회]

㉮ 차량 속도센서 결함
㉯ 크랭크각 센서 결함
㉰ 흡기매니폴드 압력센서 결함
㉱ 냉각 수온센서 결함

풀이) 차량 속도센서가 고장이면 계기판의 속도계가 작동하지 않는다.

06 배선에 있어서 기호와 색의 연결이 틀린 것은? [08년 2회]

㉮ Gr : 보라   ㉯ G : 녹색
㉰ B : 청색   ㉱ Y : 노랑

풀이) 배선 색의 범례 : G(녹색), Gr(회색), B(검정), Br(갈색), Y(노랑)

01 ㉰ 02 ㉯ 03 ㉯ 04 ㉮ 05 ㉮ 06 ㉮

07 계기판의 엔진 회전계가 작동하지 않는 결함의 원인에 해당되는 것은? [09년 2회]

㉮ VSS(Vehicle Speed Sensor) 결함
㉯ CPS(Crankshaft Position Sensor) 결함
㉰ MAP(Manifold Absolute Sensor) 결함
㉱ CTS(Coolant Temperature Sensor) 결함

풀이) VSS는 차량 속도계와 MAP센서는 흡입 공기량과, CTS는 냉각수 온도와 관계가 있다.

08 퓨즈에 관한 설명으로 맞는 것은? [09년 1회]

㉮ 퓨즈는 정격전류가 흐르면 회로를 차단하는 역할을 한다.
㉯ 퓨즈는 과대 전류가 흐르면 회로를 차단하는 역할을 한다.
㉰ 퓨즈는 용량이 클수록 전류가 정격전류가 낮아진다.
㉱ 용량이 작은 퓨즈는 용량을 조정하여 사용한다.

풀이) 퓨즈는 과대전류가 흐르면 회로를 차단하여 회로 또는 부품을 보호하는 역할을 한다.

09 전조등 종류 중 반사경, 렌즈, 필라멘트가 일체인 방식은? [07년 4회]

㉮ 실드빔형   ㉯ 세미 실드빔형
㉰ 분할형   ㉱ 통합형

풀이) 실드빔형 전조등은 렌즈, 반사경, 필라멘트가 일체로 된 구조이고, 세미 실드빔형은 렌즈와 반사경이 일체로 전구는 뒤에서 교환할 수 있는 구조이다.

10 다음 회로에서 스위치 ON시 램프가 점등되지 않아 A-B간 전압을 측정하였더니 12V였다면 예측할 수 있는 고장은? [09년 2회]

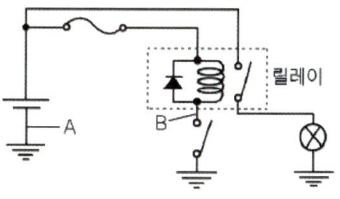

㉮ 퓨즈 단선   ㉯ 다이오드 단선
㉰ 스위치쪽 단선 ㉱ 램프 단선

풀이) A-B간 전압이 12[V]였다면 A-B 사이의 회로는 이상이 없다는 의미이므로 나머지 스위치 관련부분에 고장이 있다고 예측할 수 있다.

11 전기장치와 관련된 설명 중 틀린 것은? [08년 2회]

㉮ 기동 전동기의 오버런닝 클러치는 엔진이 시동되었을 때 기동전동기가 크랭크축에 의하여 구동되지 않게 한다.
㉯ 자동차의 축전지를 급속 충전할 때는 반드시 축전지 단자선을 떼고 한다.
㉰ 전압 조정기의 조정전압은 축전지 단자 전압보다 낮다.
㉱ AC 발전기의 다이오드는 교류를 직류로 변하게 하고 축전지에서의 역류를 방지하는 역할을 한다.

풀이) 전압조정기의 조정전압은 배터리 단자전압보다 2~3[V] 정도 높게 되어 있다.

ANSWER 07 ㉯ 08 ㉯ 09 ㉮ 10 ㉰ 11 ㉰

12 다음 중 가솔린엔진 차량의 계기판에 있는 경고등 또는 지시등의 종류가 아닌 것은?
[09년 5회]

㉮ 엔진오일 경고등
㉯ 충전 경고등
㉰ 연료 수분감지 경고등
㉱ 연료 잔량 경고등

풀이 가솔린 차량의 계기판에 있는 경고등은 엔진오일 경고등, 충전 경고등, 연료 잔량경고등, ABS 경고등, 타이어 저압 경고등 등이며, 디젤 차량에는 예열 표시등, 수분감지 경고등 등이 있다.

13 다음 중 헤드램프가 작동되지 않는 원인으로 가장 적합한 것은?
[07년 2회]

㉮ 미등 퓨즈 소손
㉯ 비상경고등 스위치 소손
㉰ 와이어링 혹은 접지 불량
㉱ 방향지시등 퓨즈가 끊어짐

풀이 미등, 비상경고등, 방향지시등은 헤드램프의 작동과 관계없다.

14 전조등의 광도가 광원에서 25,000[cd]의 밝기일 경우 전방 100[m] 지점에서 조도는?
[07년 5회 / 09년 4회]

㉮ 250[Lux]   ㉯ 50[Lux]
㉰ 12.5[Lux] ㉱ 2.5[Lux]

풀이 조도 = $\dfrac{광도[cd]}{r^2}$, r : 거리[m]

∴ 조도 = $\dfrac{25,000}{100^2}$ = 2.5[Lux]

15 윈드 시일드 와이퍼 주요부의 3 구성 요소가 아닌 것은?
[08년 2회]

㉮ 와이퍼 전동기   ㉯ 블레이드
㉰ 링크 기구   ㉱ 보호 상자

풀이 윈드 실드 와이퍼의 주요부 : 와이퍼 전동기, 링크 기구, 와이퍼 블레이드

16 자동차에 사용되는 라디오 글래스 안테나에 대한 내용 중 틀린 것은?
[07년 5회]

㉮ 유리 중간층에 0.3[mm] 이하의 도선 안테나를 삽입하는 방식도 사용된다.
㉯ 유리 안쪽 면에 도체선을 프린트 한 것도 사용된다.
㉰ 디포거용 발열 도체선을 병용하여 AM 수신 감도를 향상시킨다.
㉱ 풀형 안테나에 비해 간단하고, 수신감도도 떨어지지만 가격이 싸서 많이 사용한다.

풀이 글래스 안테나란 뒷유리에 도체를 프린트하여 안테나로 한 것으로, 폴(pole)로 된 로드형 안테나에 비해 AM 감도가 떨어지므로 디포거용 발열 도체선을 병용하여 감도를 향상시킨다.

17 전자제어 엔진 시동 시 라디오가 작동되지 않도록 한 이유는?
[07년 5회]

㉮ 시동모터 작동을 원활하게 하기 위하여
㉯ 발전기 작동을 원활하게 시키기 위하여
㉰ 에어컨 작동을 원활하게 시키기 위하여
㉱ 고장 발생 원인이 되기 때문에

풀이 엔진 시동시 라디오 등 기타 전원을 차단하는 것은 시동모터의 작동을 원활히 하기 위함이다.

12 ㉰   13 ㉰   14 ㉱   15 ㉱   16 ㉱   17 ㉮

18 다음 그림과 같이 자동차 전원장치에서 IG1과 IG2로 구분된 이유로 옳은 것은?

[09년 5회]

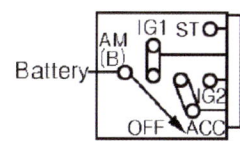

	AM(B)	ACC	IG1	IG2	ST
OFF	O				
ACC	O—————O				
ON	O	O	O	O	
ST	O		O		O

㉮ 점화 스위치의 ON / OFF에 관계없이 배터리와 연결을 유지하기 위해

㉯ START 시에도 와이퍼회로, 전조등회로 등에 전원을 공급하기 위해

㉰ 점화 스위치가 ST일 때만 점화코일, 연료펌프 회로 등에 전원을 공급하기 위해

㉱ START 시 시동에 필요한 전원 이외의 전원을 차단하여 시동을 원활하게 하기 위해

> 자동차의 전원장치가 IG1과 IG2로 구분된 이유는 START 시 시동에 필요한 전원 이외의 전원을 차단하여 시동을 원활하게 하기 위함이다.

18 ㉱

04 냉·난방장치

제1절 냉방장치

1_ 에어컨(air-con)

알콜을 피부에 바르면 차게 느껴지고 여름철 마당에 물을 뿌리면 시원하게 느껴진다. 이러한 현상은 알콜이나 물이 증발할 때 주위로부터 열을 빼앗기 때문이다. 에어컨은 액체에서 기체로 기화할 때, 주위에서 열을 빼앗는 원리를 이용하여 자동차의 실내를 쾌적하게 하는 장치이다.

1. 에어컨 일반

1) 냉매

냉매란 냉동효과를 얻기 위해 사용되는 물질로 예전에는 R-12인 구냉매를 사용하였으나, 오존층을 파괴하여 지금은 신냉매인 R-134a를 사용한다.

① 냉매의 구비조건
㉠ 증발잠열이 클 것
㉡ 응축압력이 낮을 것
㉢ 임계온도가 높을 것
㉣ 화학적으로 안정되고 부식성이 없을 것
㉤ 인화성과 폭발성이 없을 것
㉥ 인체에 무해할 것

2) 냉방부하

냉방부하란 자동차 실내의 온도가 오르는 원인을 의미하는 것으로, 승차인원에 따른 승원부하, 태양으로부터의 복사부하, 자동차 부근의 대류에 의한 대류부하, 주행중 외부에서 들어오는 환기부하 등이 있다.

3) 냉방 사이클의 종류

① 팽창밸브 시스템(Thermo eXpansion Valve, TXV형)

② 오리피스 튜브 시스템(Clutch Cycling Orifice Tube, CCOT형)

4) 냉매의 순환과정

① 팽창밸브 시스템 : 압축기 → 응축기 → 건조기 → 팽창밸브 → 증발기
　　　　　　　　　　[compressor → condenser → drier → expansion valve → evaporator]

② 오리피스 튜브 시스템 : 압축기 → 응축기 → 오리피스 튜브 → 증발기 → 어큐뮬레이터(축압기)
　　　　　　　　　　　　　　　　　　　　　[orifice tube]　　　　　　　　　[accumulator]

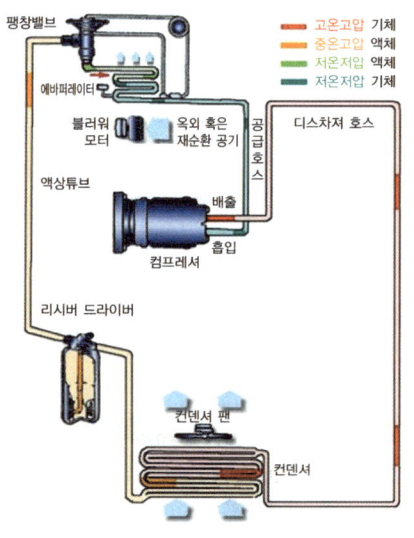 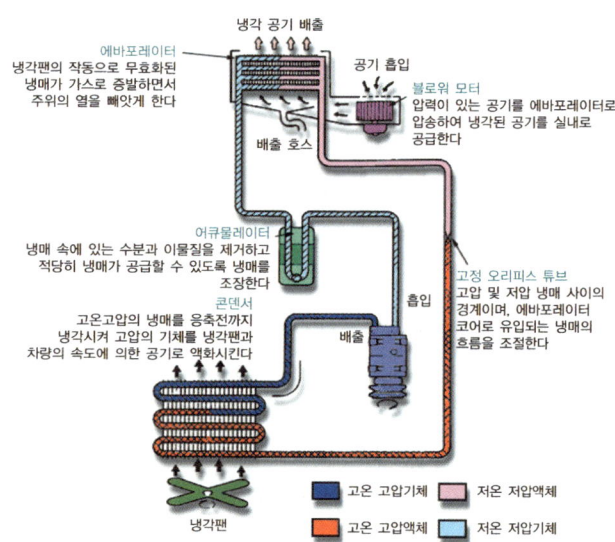

그림 3-160 / 팽창밸브 시스템　　　　　　　　그림 3-161 / 오리피스 튜브 시스템

2. 에어컨의 구성부품

1) 압축기

압축기는 마그네틱 클러치에 의해 작동하며, 증발기에서 저압 기체로 된 냉매를 고압으로 압축하여($14 \sim 15[kg_f/cm^2]$) 응축기로 보내는 작용을 한다. 이 압축기 작용에 의해 냉매는 사이클 내를 순환하게 된다. 압축기 흡입구로 흡입될 때 냉매의 온도는 약 $0[℃]$, 압력은 $1.5[kg_f/cm^2]$이고, 토출될 때의 온도는 약 $70 \sim 80[℃]$, 압력은 $15[kg_f/cm^2]$이다.

① 압축기의 종류

　㉠ 왕복식 : 크랭크식, 사판식, 와플(wabble plate)식, 스코크 요크식

　㉡ 회전식 : 베인 로터리식(편심 및 동심), 롤링 피스톤식

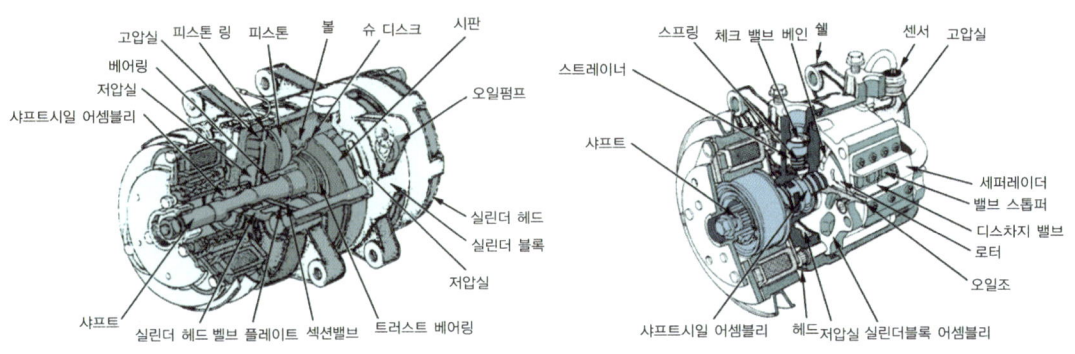

그림 3-162 / **사판식 압축기** 그림 3-163 / **로터리식 압축기**

2) 마그네틱 클러치(magnetic clutch, 전자 클러치)

압축기는 엔진의 크랭크축 풀리에 설치된 구동 벨트에 의해 구동되어 항상 회전하므로 냉방이 필요 없거나 냉방을 정지시키기 위해 엔진을 정지시킬 수는 없다. 따라서 압축기를 회전 및 정지시키기 위해 압축기 풀리에 마그네틱 클러치를 두어 압축기 작용을 제어한다. 마그네틱 클러치의 작동은 에어컨 스위치를 ON하면, 로터 풀리 내부의 전자 클러치의 코일에 전류가 흘러 전자석이 된다. 이에 따라 압축기 축과 클러치 판이 붙어 일체로 되어 압축을 시작하고 전원을 끄면 클러치 판을 흡인하지 않으므로 풀리만 엔진과 같이 계속 회전하게 되고 압축기는 압축을 멈추게 된다.

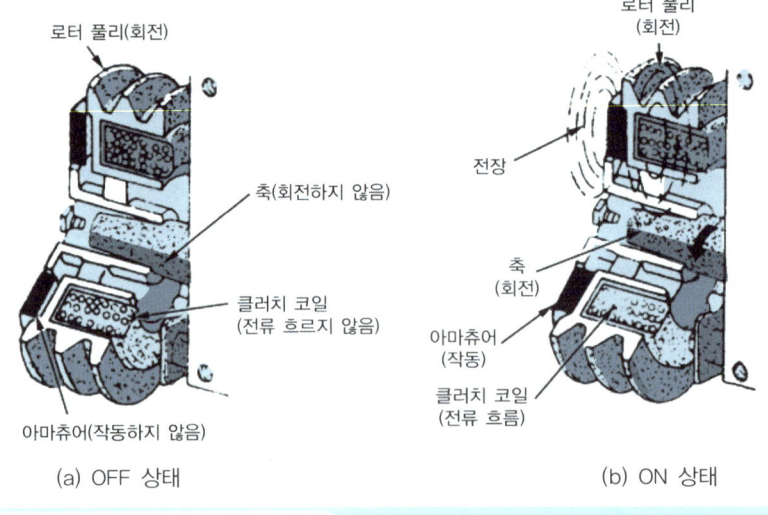

(a) OFF 상태   (b) ON 상태

그림 3-164 / **마그네틱 클러치의 작동**

3) 응축기(콘덴서 : condenser)

① 응축기의 역할 : 응축기는 라디에이터 앞쪽에 설치되며, 압축기로부터 유입되는 고온,

고압의 냉매가스를 냉각용 팬(cooling fan)을 작동시켜 강제 냉각시켜 액화시키는 기능을 한다.

응축기의 방열량은 압축기의 방열량과 증발기의 증발량에 의하여 결정되며, 응축상태가 불량하면 냉동 사이클의 압력이 과다 상승하게 되어 냉방성능을 저하시키므로 용량 결정 및 관리에 유의하여야 한다.

② 응축기의 종류
　㉠ 핀 튜브형(fin & tube)
　㉡ 서펜틴형(콜게이트 핀 형, serpentine, corrugate)
　㉢ 패러렐 플로우형(parallel flow)

표 3-3 / 응축기의 종류

핀 튜브형	서펜틴형	패러렐 플로우형

4) 건조기(리시버 드라이어 : receiver drier)

① **건조기의 구조** : 건조기는 용기, 여과기, 튜브, 건조제, 사이트 글래스 등으로 구성되어 있다. 건조제는 용기 내부에 내장되어 있고, 이물질이 장치 내로 유입되는 것을 방지하기 위해 여과기가 설치되어 있다. 응축기에서 건조기로 유입되는 액체가 기체보다 무거우므로 건조제로 떨어져 건조제와 여과기를 통하여 냉매 출구로 흘러간다.

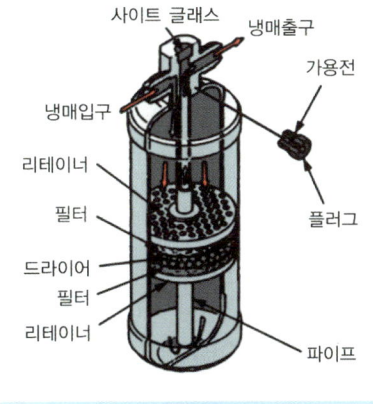

그림 3-165 / 건조제의 구조

② 건조기의 역할
  ㉠ 저장기능 : 냉동사이클의 부하변동에 대응하여 적절한 양의 냉매를 저장한다.
  ㉡ 기포분리 : 응축기에서 토출된 액냉매가 기포를 포함하고 있는 경우, 냉방성능이 저하되므로 기포와 액체를 분리하여 액체냉매만 팽창밸브로 보낸다.
  ㉢ 수분흡수 : 건조제와 필터를 사용하여 냉매 중의 수분 및 이물질을 제거한다.
  ㉣ 냉매량 관찰 : 사이트 글래스를 통하여 냉매량의 적정여부를 확인할 수 있다.

그림 3-166 / 저장기능   그림 3-167 / 기포분리   그림 3-168 / 냉매량 관찰

5) 팽창밸브(expansion valve)

① 팽창밸브의 역할 : 리시버 드라이어로부터 유입된 중온 고압의 액체 냉매는 팽창밸브로 유입되어 저온 저압의 습포화 증기상태로 변화된다. 이 때 기체의 온도는 액체 상태일 때 보다 상승하게 되고, 팽창밸브를 지나는 냉매 양은 온도 감지 밸브와 증발기 내부의 냉매 압력에 의해 제어된다.

응축기에서 냉매액을 제한없이 보내면 증발기 안은 곧바로 가득차서 기화할 수 없으므로 필요에 따라 적당한 양의 냉매를 서서히 보내도록 제어하는 것이 팽창밸브의 역할이다.

냉매의 양이 일정량이고 열부하가 클 때, 냉매는 증발기 출구에 도달하기 전에 완전히 증발하며, 증발 후에도 큰 열부하 때문에 더 가열되어 냉매증기 온도는 증발온도보다 높아진다.(과열도 약 5[℃]로 설계)

만약, 과열도가 5[℃] 이상이면 증발기 도중에 기화가 완료되고, 그 다음은 냉매 가스가 과열되기 때문에 냉방효과가 떨어지고 작으면, 증발기 내부 만으로 냉매가 기화할 수 없어 출구에서도 일부 액체를 함유한 상태로 압축기에 흡입되기 때문에(liquid back) 압축기 밸브와 O링을 손상시키며 심한 경우는 액체를 압축하여 압축기도 손상될 수 있다.

② 팽창밸브의 구조

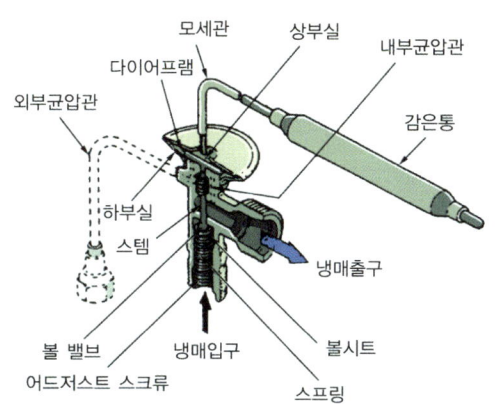

그림 3-169 / **팽창밸브의 구조**

③ 냉방부하에 따른 팽창밸브의 유량제어 기능

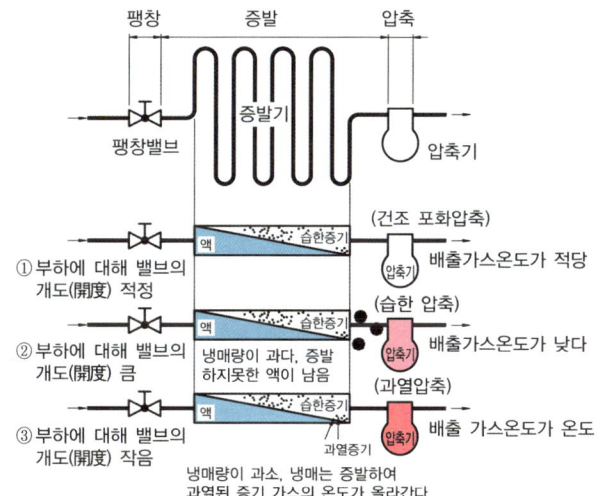

④ 팽창밸브의 종류

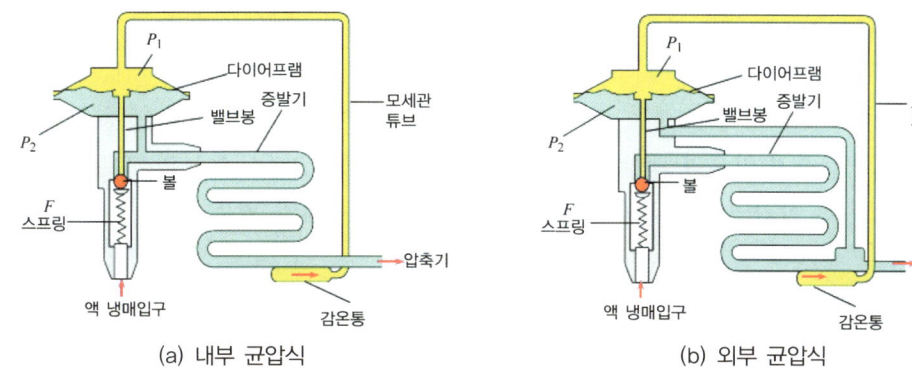

(a) 내부 균압식   (b) 외부 균압식

㉠ 내부 균압식 : 밸브의 교축팽창 직후의 냉매압력을 감지하는 형으로, 주로 증발기 전후의 압력차가 적은 것에 적용되며 경승용차 등에 사용한다.

㉡ 외부 균압식 : 밸브 출구의 압력 및 온도를 감지하는 형으로, 증발기 전후의 압력차를 보상할 수 있어 증발기 전후의 압력차가 큰 것에 적용되며 일반 승용차용 냉동시스템에 널리 사용한다.

⑤ 내부 균압식 팽창밸브의 작동

㉠ 안정된 제어 : 감온통 속에는 냉매가스가 봉입되어 있기 때문에 과열도 만큼 온도가 상승하여 감온통 내의 압력을 다이어프램 상부에 전달되어 평형을 유지한다.

㉡ 부하가 증가된 경우 : 차 실내 온도가 상승하면 증발기에 가해지는 열부하가 커지게 되고, 증발기 출구 온도가 상승하므로 감온통내 압력이 상승하여 냉매 유량을 증가시켜 과열도의 상승을 방지한다.

㉢ 부하가 작아지면 : 열부하 감소, 증발기 출구온도 저하, 밸브 닫히고, 냉매유량 감소하여 과열도를 적정치로 유지한다.

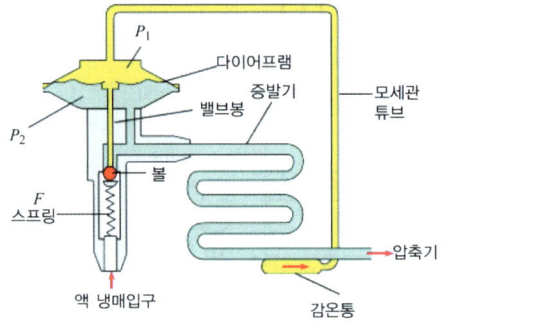

P_1 : 감온통의 압력
P_2 : 증발압력
F : 스프링 장력

6) 오리피스 튜브(orifice tube, 팽창튜브)

① 기능 : 오리피스 튜브가 중온 고압의 액체 냉매를 저온 저압의 무화된 냉매로 분사하여 증발기(evaporator)로 보내는 기능은 팽창밸브와 동일하나, 팽창밸브는 가변밸브로 유량 조절이 가능하지만 오리피스는 튜브는 항상 일정한 통로로 개방되어 있어 냉매의 유량조절 기능은 없다. 오리피스 튜브는 리퀴드 파이프(liquid pipe) 라인 속에 삽입되고, 응축기에서 냉매를 직접 오리피스 튜브로 공급하므로 완벽하게 냉매를 액화시켜 튜브에 공급하지 않으면 냉방성능이 저하될 수 있다. 오리피스 튜브의 "O"링은 리퀴드 파이프 속에 삽입되어 오리피스 튜브와 파이프 내경부와의 밀봉기능을 한다.

② 오리피스 튜브의 구조

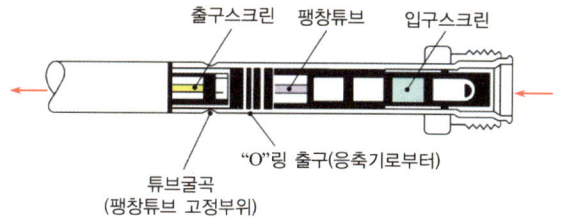

7) 증발기(evaporator)

① 기능 : 팽창밸브를 통과한 냉매가 증발하기 쉬운 저온 저압의 안개상태로 증발기 튜브를 통과할 때 고온의 실내공기에서 열을 빼앗아 기체(과열증기)로 된다. 열을 빼앗긴 공기는 송풍기(blower)에 의해 차량의 실내로 토출되어 공기가 시원하게 되고, 차실 내의 환경을 쾌적하게 유지한다.

냉매와 공기 사이의 열교환은 튜브 및 핀을 사용하므로 공기의 접촉면에 물이나 먼지가 닿지 않아야 한다. 또한, 냉각작용에 의해 수분이 발생되면, 핀 부분에 결빙이나 서리 현상이 발생되어 풍량 감소 및 냉방성능이 현저히 저하하므로 동결을 방지하기 위하여 온도 제어 스위치나 가변식 토출 압축기를 사용한다.

② 증발기의 종류
  ㉠ 핀 튜브(fin tube) 방식
  ㉡ 서펜틴(serpentine) 방식
  ㉢ 라미네이트(laminate) 방식

표 3-4 / 증발기의 종류

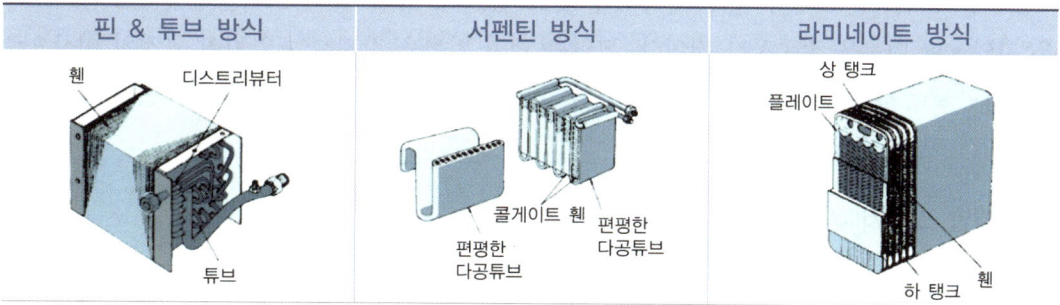

8) 송풍기(blower)

저온 저습화된 증발기에 대기 중의 공기 또는 실내의 공기를 전동기 팬으로 증발기 주위로 공기를 통과시킨다. 이 때, 고온 다습한 공기가 저온 제습된 공기로 되어 실내로 유입되어 쾌적한 환경을 유지하게 된다.

3. 기타 부속장치

1) 핀서모 스위치(fin thermo s/w)

핀서모 스위치는 온도 스위치로 증발기 커버에 장착되어 있다. 증발기 온도가 낮으면 냉방효과가 저하하므로 온도 스위치를 OFF하고, 실내 공기가 더워지기 전에 적당한 온도에서 다시 스위치를 ON 시키는 역할을 한다.

2) 듀얼 압력 스위치(dual pressure s/w)

고압측 리시버 드라이어(건조기) 위에 설치되며, 냉매의 압력에 의해 작동한다. 시스템 내에 냉매가 없으면, 에어컨 작동시 증발기는 냉각되지 않으므로 핀 서모 스위치는 작동하지 않아, 컴프레셔는 계속 작동하게 되어 파손의 위험이 있으므로 스위치를 OFF 시킨다. 반대로 냉매가 과다 충전되거나 시스템이 막히면, 냉매 압력이 급격히 상승하여 컴프레셔 및 시스템이 파손되므로 역시 스위치를 OFF 시켜 회로를 보호한다.

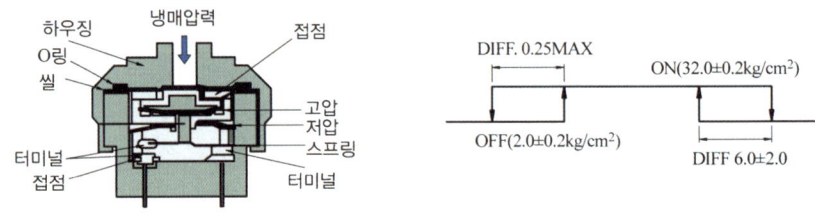

그림 3-170 / 듀얼 압력 스위치의 구조

3) 트리플 스위치(triple s/w)

트리플 스위치는 3개의 압력 설정치를 갖고 있으며, 듀얼 압력 스위치에 팬 스피드 조정용 고압 s/w 기능을 접목시킨 것이다. 고압측 냉매 압력을 감지하여 압력이 규정치 이상으로 올라가면 s/w 접점을 "close" 시켜 냉각팬을 high speed용 릴레이로 전환시켜 팬이 고속으로 작동하게 한다.

4) 저압 스위치(low pressure s/w)

저압스위치는 CCOT 타입에 사용되는 것으로, 어큐뮬레이터 상부에 설치되어 있으며 압력에 따라 컴프레셔를 제어하는 기능을 한다. 실내가 냉각되어 냉매가 완전히 증발하지 못하고 액체상태로 어큐뮬레이터를 거쳐 컴프레셔로 흡입되면 컴프레셔는 파손되고 증발기는 빙결되어 냉방효과는 떨어지므로, 냉매의 압력이 규정보다 낮아지면 에어컨 릴레이로 가는 전원을 OFF시키고, 실내온도가 높아져 압력이 상승하면 스위치는 ON되어 에어컨에 전원을 공급한다.

5) AQS(Air Quality Sensor) 센서

배기가스를 비롯하여 대기 중에 함유되어 있는 유해 및 악취가스를 감지하여 이들 가스의 실내 유입을 차단하는 시스템이다. AQS 작동시 출력전압은 Normal시 5[V], Gas 감지시 0V를 나타낸다.

6) 외기온도(AMBIENT) 센서

차량 앞쪽에 부착되어 있으며, 외기온도를 감지하여 컨트롤에 신호를 보내 토출온도와 풍량이 운전자가 선택한 온도에 근접할 수 있도록 하는 센서이다.

2_ 전자동 에어컨(FATC : Full Automatic Temperature Control)

1. 전자동 에어컨의 개요

1) 개요

전자동 에어컨이란 운전자가 희망하는 온도를 한번 에어컨에 지시하면 외부 조건의 변화에 관계없이 시스템 자신이 자동으로 냉방능력을 조절하여 항상 지시된 온도로 실내온도를 유지하는 시스템으로, 컨트롤 시스템으로는 마이크로 컴퓨터를 사용하며 Full Automatic Temperature Control의 약자로 FATC 컴퓨터라 한다.

2) 시스템 구성도

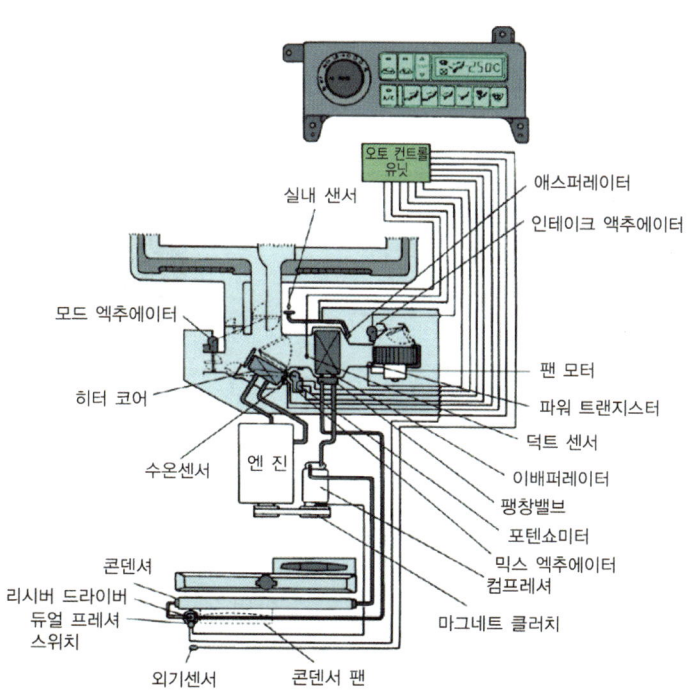

3) 전자동 에어컨의 입력 및 출력

입력부분	제어부분	출력부분
• 실내 온도 센서 • 외기 온도 센서 • 일사량 센서 • 핀 서모 센서 • 수온 센서 • 온도 제어 액추에이터 • 위치 센서 • AQS 센서 • 스위치 입력 • 전원 공급	FATC 컴퓨터	• 온도 제어 액츄에이터 • 풍량 제어 액츄에이터 • 내외기 제어 액츄에이터 • 파워 트랜지스터 • HT 송풍기 릴레이 • 에어컨 출력 • 제어 패널 회면 DISPLAY • 센서 전원 • 자기 진단 출력

2. FATC 구성요소

1) 실내 온도센서(in car sensor)

NTC 서미스터 방식으로, 차량의 실내 공기 온도를 감지하여 FATC ECU에 입력시키는 역할을 한다.

2) 외기 온도센서(ambient sensor)

콘덴서 앞쪽에 설치되어 있으며, 외기 온도를 감지하여 FATC ECU에 입력시키는 역할을 한다. FATC ECU는 실내온도와 외기온도를 기준으로 냉·난방 제어를 한다.

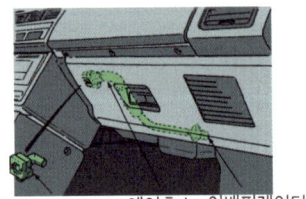
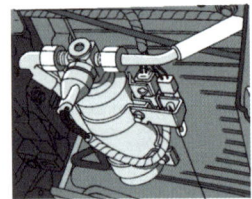

그림 3-171 / 실내 온도센서 장착 위치   그림 3-172 / 외기 온도센서 장착 위치

3) 일사량 센서(일사센서, photo sensor)

실내로 내리쬐는 일사량을 감지하여 FATC ECU 보내며, 차내 온도상승을 방지하기 위해 AUTO에 위치 시 팬 속도를 증가시킨다.

4) 핀 서모 센서(fin thermo sensor)

핀 서모 센서는 과냉으로 인한 증발기의 빙결을 방지하기 위하여 증발기 코어 핀의 온도를 감지하여 FATC ECU에 입력시키는 역할을 한다. NTC 서미스터 방식으로, 증발기 코어의 온도가 0.5[℃] 이하이면 FATC ECU가 압축기를 강제로 OFF시킨다.

5) 수온 센서(water temperature sensor)

히터 코어를 순환하는 냉각수 온도를 감지하여 FATC ECU에 보내면 FATC ECU는 설정온도와 실내온도, 외기온도와의 차이를 비교하여 난방기동 제어를 실행한다.

6) 습도 센서(humidity sensor)

차량의 실내 습도를 검출하여 FATC ECU에 입력시켜 차내 습도 제어에 이용한다.

7) 파워 트랜지스터(power transistor)

파워 트랜지스터는 송풍기용 전동기의 전류량을 가변시켜 배출 풍량을 제어하는 역할을 한다.

8) 고속 송풍기 릴레이(high speed blower relay)

고속 송풍기 릴레이는 송풍기를 최대로 선택하였을 때 송풍기용 작동전류를 제어하는 역할을 한다.

9) 압축기 구동신호 출력

FATC ECU는 각종 입력 센서들의 정보를 기초로 압축기 작동여부를 판단한다. 작동조건이라 판단되면 FATC ECU는 12V 전원을 출력한다.

3. FATC 제어

전자동 에어컨의 제어에는 배출온도 제어, 배출모드 제어, 배출풍량 제어, 압축기 작동 제어의 4가지 기본제어 외 여러가지 제어가 있다.

1) 배출온도 제어

배출온도 제어는 FATC ECU가 히터코어 유닛에 설치된 온도제어 액추에이터를 열고 닫음으로서 제어한다.

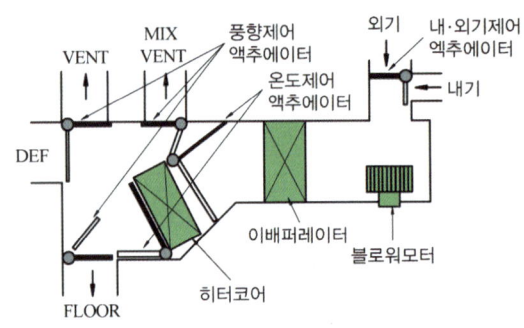

그림 3-173 / **온도, 풍향 및 내·외기 제어 액추에이터**

2) 배출모드 제어

배출모드 제어는 운전자의 선택 스위치에 의해 FATC ECU가 풍향제어 액추에이터를 작동시켜 제어한다. 운전자가 모드를 선택하면 벤트(VENT) → 바이 레벨(BI LEVEL) → 플로어(FLOOR) → 믹스(MIX) → 디프로스트(DEFROST) 순으로 제어한다.

표 3-5 / **모드 스위치 및 흡기 스위치**

	모드 스위치					흡기 스위치	
OFF	VENT	VENT FLOOR	FLOOR	DEF FLOOR	DEF	RECIRC	FRESH

3) 배출풍량 제어

배출풍량 제어는 FATC ECU가 파워 트랜지스터 베이스 전류를 단계적으로 가변시켜 블로워 모터에 작용하는 전류를 자동으로 제어하여 전압을 조정함으로써 모터의 회전수를 바꾸어 배출풍량을 제어한다.

4) 압축기 작동 제어

에어컨의 운전 조건상 압축기 작동이 필요 없거나 정지시킬 필요가 있을 때 자동으로 압축기 작동을 정지하는 기능이다. FATC ECU는 각종 센서의 입력정보를 연산하여 압축기 구동 신호를 ON, OFF 한다.

5) 난방 기동 제어

난방 기동 제어는 자동모드로 작동 중 냉각수 온도가 낮은 상태에서 난방모드를 선택하면 차가운 바람이 운전자 쪽으로 강하게 배출되는 현상을 최소화 시켜주기 위한 제어 기능이다.

6) 냉방 기동 제어

냉방 기동 제어는 증발기 온도가 높은 상태에서 냉방모드를 선택하면 미처 냉각되지 않은 뜨거운 바람이 운전자 쪽으로 강하게 배출되는 현상을 최소화 시켜주기 위한 제어 기능이다.

7) 자기진단 출력 기능

FATC ECU는 입·출력되는 센서 및 액추에이터들의 전기적, 기계적 결함이 발생되었을 때 고장 내용을 전기적인 신호로 출력시키는 기능이다. 과거 고장기억이 아닌 현재 고장이 발생되어 있는 항목만을 표시한다.

4. 에어컨 점검정비 및 충전

1) 냉매 취급 방법

① 냉매 용기는 직사광선이 비치는 곳에 방치하지 않는다.
② 냉매 용기를 50[℃] 이상 가열하지 않는다.
③ 냉매 용기의 보호 캡을 항상 씌워 둔다.
④ 용접 또는 증기 세차시 에어컨 시스템으로부터 충분한 거리를 유지한다.
⑤ 냉매가 피부에 접촉되지 않도록 한다.
⑥ 액체 상태의 냉매가 눈에 들어가지 않도록 한다.
⑦ 냉매 충전시에는 냉매 용기에 완전히 채우지 않도록 한다.

그림 3-174 / 냉매 취급시 주의사항

2) 각 구성품의 점검

① 성능 점검을 한다.
　㉠ 직사광선이 비치지 않는 곳에 차량을 위치시킨다.

ⓛ 모든 도어 및 창을 닫는다.
ⓒ 보닛을 열어 놓는다.
② 매니폴드 게이지를 컴프레서의 고압과 저압측에 연결시킨다.
ⓜ 엔진 회전수를 1500[rpm]으로 유지시킨다.
ⓗ 에어컨 스위치를 켜고 송풍기를 최대로 작동시켜 10분 후 각 부위별 온도 및 압력을 측정한다.

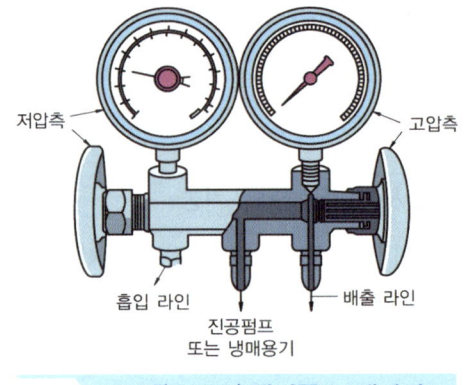

그림 3-175 / 매니폴드 게이지

② 냉매 가스 누출을 점검한다.
㉠ 가스 검출기를 사용하여 연결 부위, 유니온, 압축기, 서비스 피팅, 주입구, 증발기, 리시버 드라이어 등에서의 누출여부를 점검한다.
㉡ 냉매 가스는 공기보다 무겁기 때문에 누출 점검은 누출 예상 개소에서 가능한 한 낮은 위치에서 행한다.
㉢ 가스가 누설되는 것이 발견되면 연결부를 재조임하거나 O링을 교환한다.
㉣ 점검 개소 부근의 담배 연기 또는 다른 기체들로 인해 검출기가 오동작될 수도 있다.
㉤ 본 점검은 엔진을 가동하지 않고 한다.

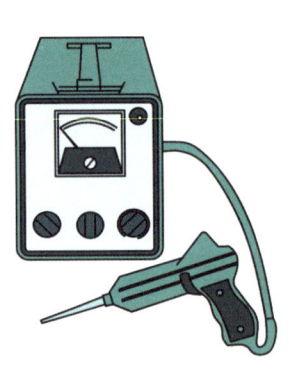

그림 3-176 / 가스 검출기

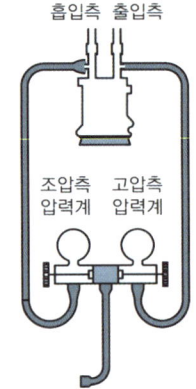

그림 3-177 / 매니폴드 게이지 연결

3) 에어컨 컴프레서 분해 및 정비

① 특수 공구를 사용하여 구동판이 회전하지 않도록 하고, 너트와 스프링 와셔를 탈거한다.
② 특수 공구를 사용하여 구동판을 탈거하고 컴프레서 구동축 또는 구동판으로 부터 심을 탈거한다.
③ 로크 너트(lock nut)의 로크에서 고리 부위를 밑으로 구부린다.

④ 로크 너트(lock nut)와 와셔를 탈거한다.
⑤ 풀리를 탈거한 다음 드라이버를 사용하여 코일 배선고정 클립을 탈거한다.
⑥ 코일을 컴프레서에 부착하는 스크루를 풀어 탈거한 후 구동축에 키 홈으로 부터 키를 탈거한다.

그림 3-178 / 컴프레서 오일 주입   그림 3-179 / 구동판 탈거

⑦ 조립은 분해의 역순으로 하며 조립시 컴프레서 오일을 도포한 후에 조립한다.
⑧ 조립이 끝나면 클러치 간극이 0.3～0.6[mm] 이내가 되도록 하고 필요하면 조정심을 사용하여 조정한다.

그림 3-180 / 앞부분 분해도   그림 3-181 / 클러치 간극측정

4) 자동차 에어컨 냉매 충진 작업

① 공기빼기 작업은 컴프레서의 흡입 밸브측에 저압 게이지를 연결하고, 배출 밸브측에 고압 게이지를 연결한다.
② 압력 게이지 중앙에 있는 조인트에는 진공 펌프에 연결한다.
③ 압력 게이지의 저압, 고압측 밸브를 연 다음 진공 펌프를 작동시킨다.

④ 저압측 압력 게이지가 740[mmHg]가 되도록 진공 펌프를 작동시키고 추가하여 5분 정도 더 한다. 만약 진공이 규정값까지 내려가지 않으면 파이프 연결 부위에 새는 곳이 있는지 여부를 점검한다.
⑤ 고압, 저압측 게이지를 잠근다.
⑥ 진공 펌프 작동을 중단시키고 가운데 호스를 떼어낸다.
⑦ 약 10분 동안 기다린 후 진공 게이지의 지침이 변하지 않고 있는가를 점검한다.

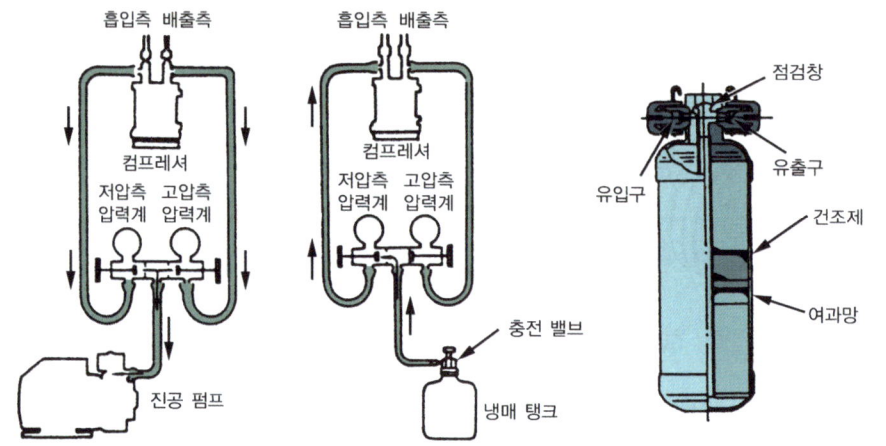

그림 3-182 / 공기빼기 작업   그림 3-183 / 냉매 충진 작업   그림 3-184 / 건조기 구조

⑧ 진공 펌프에서 빼낸 호스 끝쪽을 가스 탱크에 연결한다.
⑨ 저압 게이지측 밸브를 열어 냉매가 흘러 들어가도록 한다.
⑩ 충진이 끝난 다음 시동을 걸어 약 1000[rpm]이 되도록 한다.
⑪ 저압측이 거의 "0"을 지시하면 저압측 밸브를 잠근다.
⑫ 2번의 동작을 검사 유리창에서 흰색 거품이 없어질 때까지 계속한다.
⑬ 저압측 밸브를 잠근다.
⑭ 컴프레서로부터 호스를 떼어내고 캡을 부착한다.

5) 에어컨 고장 진단표

- 에어컨 가스점검은 날씨가 화창하며, 기온이 높은 경우에 에어컨 냉매가스 주입이 잘된다.
- 가스통 보관시 화기엄금 및 환풍이 잘되는 응달에 보관할 것
- 신냉매 R134a, 구냉매 R12

① 정상의 경우

압력	저압 : 1.5 ~ 2.0[kg_f/cm^2] 고압 : 14.5 ~ 15.0[kg_f/cm^2]
판단	냉매 가스 상태 양호 냉방 상태 양호 정상적인 에어컨 시스템 상태

저압
2.0[kg/cm^2] 15.0[kg/cm^2]

※ 1[kg_f/cm^2] = 14.2[PSI]

② 냉매가스가 순환하지 않을 경우

압력	저압 : 무압(아주낮다), 고압 : 6[kg/cm^2] 낮다.
상황	냉방 상태가 부족하다.(차갑지 않다.), 가끔 차가울 때가 있다.
원인	팽창 밸브의 구멍이 막혔습니다.(동결, 먼지, 이물질로 막힘) 팽창 밸브의 검은통 가스 누설합니다.
진단	팽창 밸브의 구멍이 막혔습니다.
대책	수분제거 : 재진공 작업하여 냉매가스를 충전하십시요. 먼지제거 : 팽창 밸브를 분해하여 에어컨 청소 및 교환하십시요, 리시버 드라이어를 교환하십시요. 팽창 밸브 검은통 가스누설 : 교환하십시요.

저압
0.0[kg/cm^2] 6.0[kg/cm^2]

③ 콤프레서 압축 불량의 경우

압력	저압 : 4 ~ 6[kg/cm^2], 고압 : 7 ~ 10[kg/cm^2]
상황	냉방 상태가 부족하다.(차갑지 않다.)
원인	콤프레서 내부 누설입니다.
진단	콤프레서 압축 불량입니다.(밸브 누설 및 파손)
대책	콤프레서 수리 및 교환하십시요.

저압
4 ~ 6[kg/cm^2] 7 ~ 10[kg/cm^2]

④ 냉매가스가 부족한 경우

압력	저압 : 0.8[kg/cm²](낮다), 고압 : 8 ~ 9[kg/cm²](낮다)
상황	냉방 상태가 부족하다.(통풍구 출구가 거의 차갑지 않다.) 사이트그라스 기포가 많이 발생합니다.
원인	팽창 밸브의 구멍이 막혔습니다. 에어컨 시스템 내의 냉매가스 누설입니다. 리시버 드라이어가 막혔습니다.
진단	에어컨 시스템 내의 냉매 부족 및 누설입니다.
대책	냉매가스 누설부분 수리 및 냉매가스를 보충합니다. 팽창 밸브 및 리시버 드라이어 수리 및 교환하십시오.

저압
0.8[kg/cm²] 8 ~ 9[kg/cm²]

⑤ 냉매가스가 많을 경우

압력	저압 : 2.5[kg/cm²](높다), 고압 : 20[kg/cm²](높다)
상황	냉방 상태가 별로 좋지 않습니다. 사이트그라스 기포가 전혀 보이지 않습니다.
원인	냉매가스가 많습니다. 콘덴서 냉각 불량입니다.
진단	에어컨 시스템 내의 냉매가 과충전 상태입니다. 콘덴서 냉각 불량 : 콘덴서 핀 불량 및 쿨링 팬 불량입니다.
대책	냉매가스를 분출하십시오. 콘덴서 세척 및 쿨링 팬 벨트를 점검하십시오.

저압
2.5[kg/cm²] 20.0[kg/cm²]

⑥ 에어컨 장치에 공기가 유입되었을 때의 경우

압력	저압 : 2.5[kg/cm²](높다) 고압 : 23[kg/cm²](높다)
상황	냉방 상태가 부족합니다. 저압 파이프를 손으로 만졌을 때 차갑지 않습니다.
원인	에어컨 시스템 내에 공기가 혼합되었습니다.
진단	에어컨 시스템의 진공 작업 불량입니다.
대책	재진공하여 냉매가스를 충전하십시오. 콘덴서 오일 오염 : 세척 및 교환하십시오. 리시버 드라이어 교환하십시오.

저압
2.5[kg/cm²] 23.0[kg/cm²]

⑦ 에어컨 장치에 수분이 흡입되었을 때의 경우

압력	저압 : 저압 ~ 1.5[kg/cm²](낮거나 심하게 떨림) 고압 : 7 ~ 15[kg/cm²](낮거나 심하게 떨림)
상황	에어컨 냉방 상태가 주기적으로 차거나 차지 않습니다. 게이지 압력이 가끔 떨어졌다가 정상압력이 되었다 합니다.
원인	에어컨 시스템 내에 수분이 혼합되어 팽창 밸브가 가끔 동결됩니다.
진단	리시버 드라이어가 과포화 상태입니다. 수분이 팽창 밸브에 동결되었습니다.
대책	재진공하여 냉매가스를 충전하십시오. 리시버 드라이어를 교환하십시오.

저압
50[cmHg] ~ 1.5[kg/cm²]
7 ~ 15.0[kg/cm²]

제2절 난방장치

난방장치란 겨울철 실내를 따뜻하게 하고 동시에 앞면의 창유리가 흐려지는 것을 방지하는 장치(defroster)도 겸하게 되어 있다. 난방장치는 주로 엔진의 냉각수를 이용한 온수난방 방식이다.

1_ 온수식 난방장치

1) 구조

온수식 난방장치는 물펌프에 의해 순환하는 냉각수를 열원으로 사용한다. 히터 유닛을 중심으로 냉각수를 들여오고 또 유닛에서 엔진으로 보내기 위한 호스 및 냉각수의 유통을 차단하기 위한 밸브 등으로 구성되어 있다. 또 엔진에서의 냉각수 출구는 수온 조절기의 작동과 관계없는 곳에 설치되고, 입구는 물펌프의 입구 근처에 설치되어 있다. 온수식 난방장치의 회로는 라디에이터 회로와 병렬로 접속되어 있고 회로 조건으로는 회로 내에서 동결되는 일이 없도록 배수하기가 쉽게 설치되어 있어야 한다.

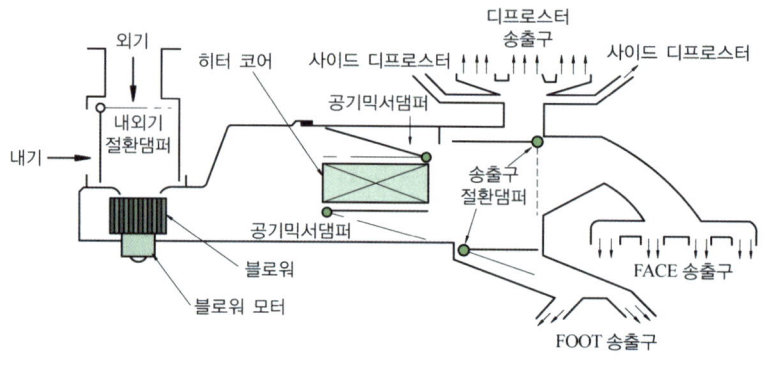

그림 3-185 / **온수식 히터의 구조**

① 히터 유닛 : 물 통로에서 오는 냉각수가 가는 파이프 내를 통과하게 되어 있고, 각 파이프에는 방열 핀(fin)이 설치되어 공기가 각 핀 사이를 통과하면서 더워지며 이 공기가 차실과 디프로스터에 보내진다.

② 송풍기(blower) : 송풍기는 직류직권 전동기인 팬(fan)을 회전시켜 히터 유닛에 의해 열교환 되어 따뜻해진 공기를 강제로 방출하여 실내로 보낸다.

2) 실내 온도조절 방법

실내 온도 조절은 열교환기를 통과하는 공기량을 조절하는 방법, 모터의 회전을 조절하여 난방의 풍량을 가감하는 방법, 열교환기에 흐르는 냉각수 양을 가감하는 방법을 각각 조합시켜 온도를 조절한다.

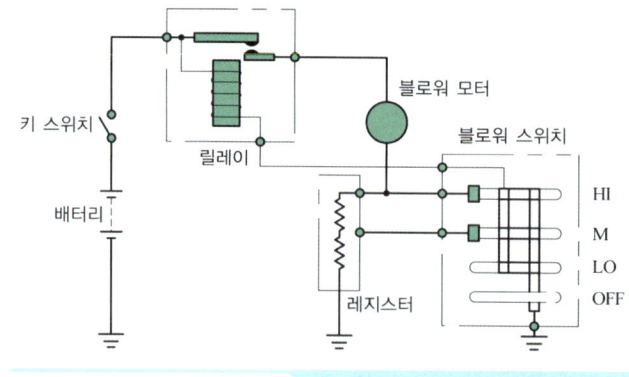

그림 3-186 / **풍량 조절 회로**

제4장 냉·난방장치 출제예상문제

01 열은 고온체로부터 저온체로 이동하는데 이를 열전달이라 한다. 기본적으로 열전달의 3가지 형태에 포함되지 않는 것은? [09년 2회]

㉮ 전도   ㉯ 복사
㉰ 승화   ㉱ 대류

풀이 열전달이란 열에너지의 이동 현상으로 전도, 대류, 복사현상을 가리킨다.

02 자동차 냉난방 장치 능력을 차실 내외 조건의 차량 열부하에 의해 정해지는데 다음 중 열부하 항목에 속하지 않는 것은? [08년 1회]

㉮ 면적 부하   ㉯ 관류 부하
㉰ 승원 부하   ㉱ 복사 부하

풀이 열부하는 인체로부터의 열부하인 승원부하, 태양으로부터의 복사에 의한 복사부하, 대류에 의해서 열이 운반되는 관류부하 등이 있다.

03 지구환경 문제로 인하여 기존의 냉매는 사용을 억제하고, 대체가스로 사용되고 있는 자동차 에어컨의 냉매는? [08년 1회]

㉮ R-134a   ㉯ R-22
㉰ R-16a   ㉱ R-12

풀이 프레온 가스라 불리는 R-12 냉매는 오존층을 파괴하고 온실효과를 유발하므로 대체가스로 신냉매인 R-134a를 사용한다.

04 자동차에 사용되는 냉매 중 오존(O_3)을 파괴하지 않는 냉매는? [07년 2회]

㉮ R-11   ㉯ R-12
㉰ R-113   ㉱ R-134a

풀이 프레온 가스라 불리는 R-12 냉매는 오존층을 파괴하고 온실효과를 유발하므로 대체가스로 신냉매인 R-134a를 사용한다.

05 자동차 에어컨의 순환과정이 옳은 것은? [08년 2회]

㉮ 압축기-건조기-응축기-팽창밸브-증발기
㉯ 압축기-팽창밸브-건조기-응축기-증발기
㉰ 압축기-응축기-건조기-팽창밸브-증발기
㉱ 압축기-건조기-팽창밸브-응축기-증발기

풀이 **에어컨 순환과정** : 압축기-응축기-건조기-팽창밸브-증발기

06 에어컨의 구성부품 중 고압의 기체 냉매를 냉각시켜 액화시키는 작용을 하는 것은? [07년 5회]

㉮ 압축기   ㉯ 응축기
㉰ 팽창밸브   ㉱ 증발기

풀이 응축기(condenser)는 고온 고압의 기체 냉매를 냉각시켜 액화시키는 작용을 한다.

01 ㉰ 02 ㉮ 03 ㉮ 04 ㉱ 05 ㉰ 06 ㉯

07 팽창밸브식이 사용되는 에어컨 장치에서 냉매가 흐르는 경로로 맞는 것은?
[09년 5회]

㉮ 압축기 → 증발기 → 응축기 → 팽창밸브
㉯ 압축기 → 응축기 → 팽창밸브 → 증발기
㉰ 압축기 → 팽창밸브 → 응축기 → 증발기
㉱ 압축기 → 증발기 → 팽창밸브 → 응축기

풀이 냉매가 흐르는 경로는 압축기→응축기→팽창밸브→증발기 순이다.

08 다음은 에어컨 냉매가 순환하는 과정이다. 보기의 괄호 안에 들어갈 용어에 해당되는 것은?
[08년 5회]

[보기]
"컴프레서 → 컨덴서 → 리시버드라이어 → ( ) → 이배퍼레이터"

㉮ 진공   ㉯ 팽창밸브
㉰ 매니폴드   ㉱ 냉동오일

풀이 에어컨 순환과정 : 컴프레서–컨덴서–리시버드라이버–팽창밸브–이배퍼레이터

09 자동차 에어컨에서 고압의 액체 냉매를 저압의 액체 냉매로 바꾸는 구성품은?
[08년 4회]

㉮ 압축기(compressor)
㉯ 리퀴드 탱크(liquid tank)
㉰ 팽창 밸브(expansion valve)
㉱ 이배퍼레이터(evaporator)

풀이 팽창밸브(expansion valve)는 고압의 액체 냉매를 저압의 액체 냉매로 바꾸는 작용을 한다.

10 전자동 에어컨 시스템에서 컨트롤 스위치 신호에 의해 컴퓨터가 제어하지 않는 것은?
[09년 1회]

㉮ 히터 밸브   ㉯ 송풍기 속도
㉰ 컴프레서 클러치   ㉱ 맵센서

풀이 전자동 에어컨 시스템은 에어컨 컴프레서 클러치, 송풍기, 히터 등을 자동으로 조절하여 온도를 제어한다. 맵센서는 흡기다기관의 부압(진공)을 이용하여 공기량을 검출하는 센서이다.

11 에어컨 매니폴드 게이지(압력게이지) 접속 시 주의 사항이 아닌 것은?
[09년 4회]

㉮ 매니폴드 게이지를 연결할 때에는 모든 밸브를 잠근 후 실시한다.
㉯ 밸브를 열어 놓은 상태로 에어컨 사이클에 접속한다.
㉰ 황색 호스를 진공펌프나 냉매회수기 또는 냉매 충전기에 연결한다.
㉱ 냉매가 에어컨 사이클에 충전되어 있을 때에는 충전호스, 매니폴드 게이지의 밸브를 전부 잠근 후 분리한다.

풀이 에어컨 매니폴드 게이지 접속시 모든 밸브를 잠근 후 실시한다.

07 ㉯ 08 ㉯ 09 ㉰ 10 ㉱ 11 ㉯

친환경 자동차

제1장 하이브리드 자동차

제2장 전기자동차

제3장 수소연료전지 자동차

01 하이브리드 자동차

제1절 하이브리드 개요

하이브리드(hybrid)란 잡종, 혼성물, 혼혈아란 의미로, 하이브리드 자동차란 서로 다른 종류의 동력원을 가진 자동차를 말하며, 주로 가솔린 엔진(디젤, LPi) + 전기모터를 함께 사용한다.

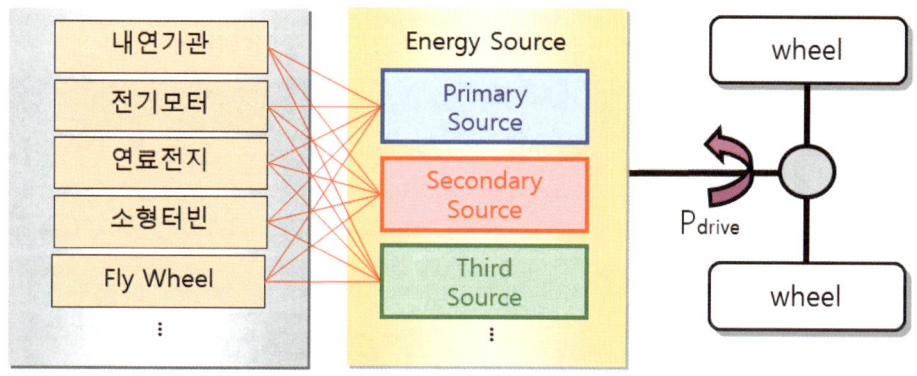

그림 4-1 / 하이브리드 자동차의 구성 방법

1_ 하이브리드 일반

1) 하이브리드 자동차의 필요성

① 석유자원 고갈에 대한 대체 에너지 개발
② 배출가스 규제 대응 및 온난화 가스인 CO_2 배출량 감소
③ CARB의 ZEV 규격 입법화
④ 2003년부터 무공해차 10% 의무화

2) 하이브리드의 장·단점

① 엔진과 모터의 장점을 이용하여 효율을 증대시킨다.
② 연비가 향상되고, 배기가스가 저감된다.

③ 복수의 동력을 탑재하므로 복잡하고 공간이 필요하다.
④ 배터리, 인버터 등 부품이 증가하므로 제작비용, 중량이 증가한다.
⑤ 대중화되어 있지 않아 비싸다.

3) 하이브리드 자동차의 원리 3가지 핵심

① **Idle stop** : 정차 시 엔진이 자동으로 정지되어 연료 소모량을 줄임
② **동력 보조** : 가속 및 등판 시 엔진과 전기모터가 적절한 힘의 분배를 하여 연료 소모량을 줄임
③ **감속 시 충전(회생 브레이크)** : 감속 시 배터리를 자동으로 충전하여 전기에너지를 재생산

4) 하이브리드 자동차 기본 동력전달

① **정지 시** : 엔진이 자동으로 정지되어 연료 소모량을 줄인다.(idle stop)

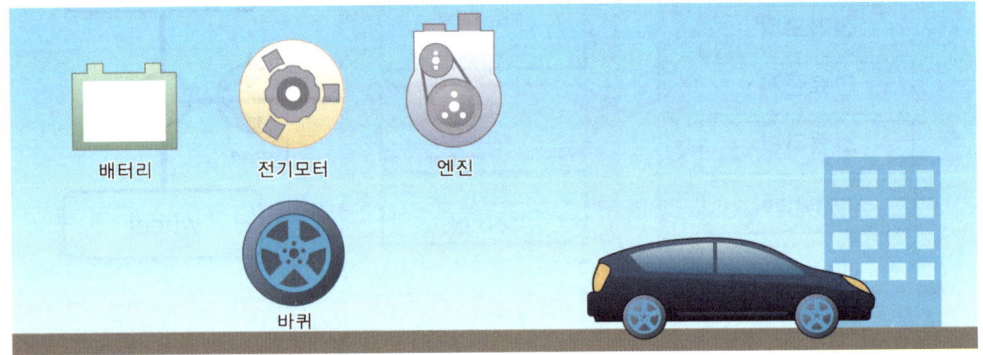

② **정지 상태에서 출발 시** : 배터리를 이용하여 전기모터를 돌려 바퀴를 구동한다.

③ 일반 주행 시 : 엔진과 전기모터 모두가 차량 바퀴를 움직인다. 엔진의 힘은 바퀴와 전기모터에 나누어 전달되며, 효율적인 측면에서 힘의 배분이 컨트롤된다.

④ 가속 및 고속 주행 시 : 일반 주행에 더하여 배터리 전기를 이용하여 전기모터를 구동한다.(동력 보조)

⑤ 감속 시(브레이크를 밟았을 때) : 브레이크 시 발생되는 열에너지를 전기모터가 발전기 역할을 하여 배터리를 충전한다.(회생 브레이크)

2_ 하이브리드 자동차의 분류

1) 탑재한 엔진에 따라 : 내연기관과 모터의 조합 기준

① 모터(배터리) + 디젤 엔진
② 모터(배터리) + 가솔린 엔진

2) 모터의 사용방법에 따라

① 시리즈 하이브리드 : 구동은 모터, 엔진은 발전용
② 패러렐(병렬형) 하이브리드 : 구동에 모터 + 엔진
③ 시리즈 패러렐(combine) 하이브리드 : 모터 또는 엔진 구동 또는 모터 + 엔진 구동

3) 주행 동력 및 충전 방법에 따라

① 소프트 타입(FMED) : 변속기와 모터 사이에 클러치를 두어 제어하며, 출발 시 엔진과 모터를 구동하고, 주행 시 엔진을 구동하여 주행한다.
② 하드 타입(TMED) : 엔진과 모터 사이에 클러치를 두어 제어하며, 순수 EV(전기 구동) 모드가 존재한다. 출발 시 모터를 구동하며, 가속 시 엔진과 모터를 구동한다.
③ 플러그 인 타입 : HEV 대비 전기차 주행능력을 확대한 차량으로, 가정용 전기 또는 외부 전원으로 배터리를 충전하는 방식이다.

3_ 주행패턴(하드 타입과 소프트 타입)

4_ 도요타 프리우스(Prius) 구분

① 1세대(THS-Ⅰ, 1997년) : 1,500cc 58마력, 모터 33kW(44마력)
② 2세대(THS-Ⅱ, 2003년) : 1,500cc 78마력, 모터 50kW(67마력)
③ 3세대(HSD, 2009년) : 1,800cc 98마력, 모터 80마력

도요타 HSD의 특징은 전기모터가 엔진을 단순히 보조하는 역할을 하는 Mild Hybrid 시스템이 아닌, 가솔린 엔진과 전기모터 간의 최적의 밸런스를 찾아내고, 최대 80마력의 출력을 갖는 모터가 독자적으로 구동하는 Full Hybrid 시스템이다.

5_ HEV 주행 패턴(에너지 흐름도)

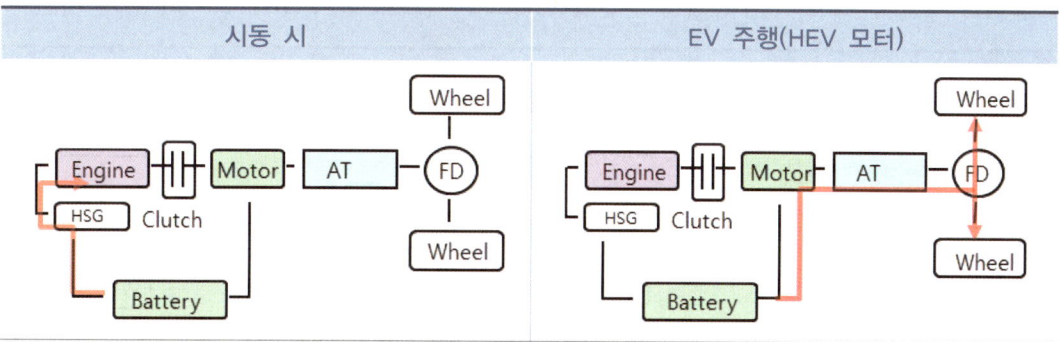

1) 엔진 시동

고전압 배터리를 이용하여 HSG를 시동한다.
HSG 고장 시 HEV 모터로 엔진을 시동한다.

2) EV 주행(HEV 모터 단독 구동)

차량 출발 시나 저속 주행 시 HEV 모터 동력만으로 주행한다.

엔진과 모터 사이의 클러치는 차단된 상태로 모터의 동력이 바퀴까지 전달된다.

엔진 OFF 시에는 EOP(Electric Oil Pump)를 작동해 AT 유압을 발생한다.

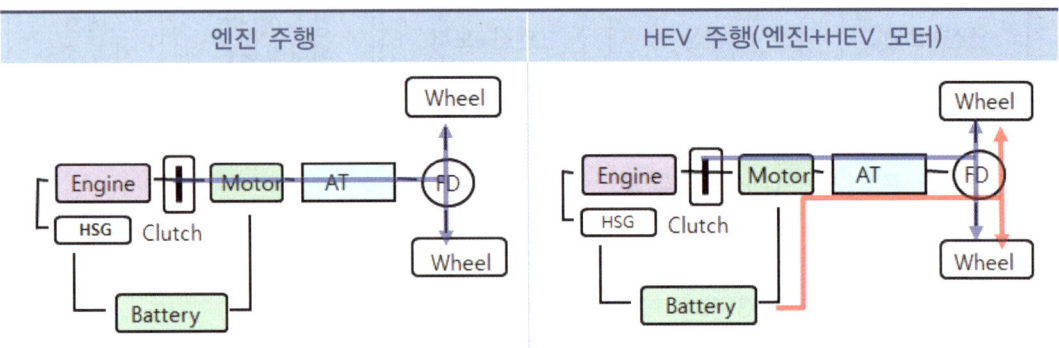

3) 중·고속 정속 주행

중·고속 정속 주행 시에는 엔진의 동력이 바퀴에 전달하기 위해 엔진과 HEV 모터 사이의 엔진 클러치를 연결하여 변속기에 동력을 전달한다.

4) HEV 주행(엔진 + 모터)

급가속 또는 등판 시에는 엔진과 HEV 모터를 동시에 HEV 모드로 주행한다.

클러치 체결 전 HSG를 구동하여 엔진 회전속도를 빠르게 올려 HEV 모터와 동기 시킨다.

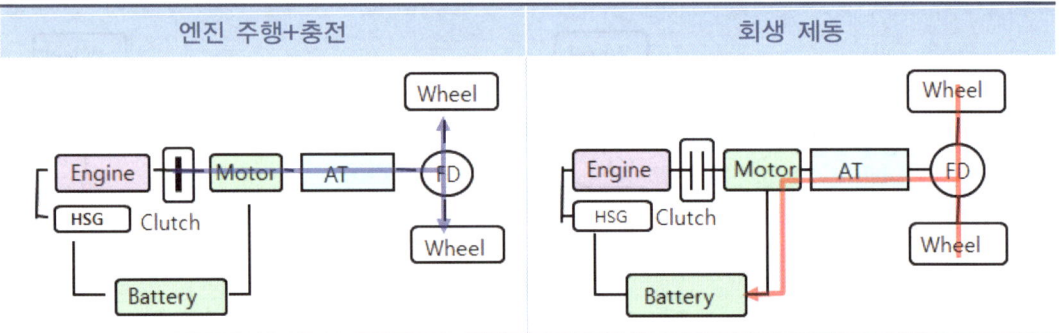

5) 정속 주행 중 배터리 충전

주행 중 차량의 상태를 모니터링하여 고전압 배터리 충전 량이 기준치 이하일 경우, HEV 모터의 발전 기능을 통해 고전압 배터리를 충전한다.

6) 회생 제동(브레이크) : 감속, 제동 시 차량의 운동에너지를 전기에너지로 변환하여 고전압 배터리를 충전한다.

브레이크를 밟으면 전체 제동량과 배터리 잔량(SOC)을 연산하여 기계적 제동량(유압)과 회생 제동량(모터 제동)을 분배한다.

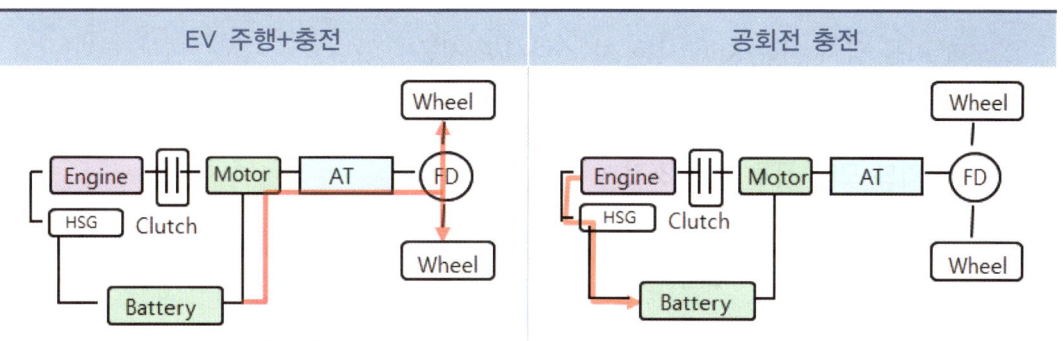

7) EV 주행 중 충전

EV 모드 주행 시 고전압 배터리 잔량(SOC)이 기준치 이하로 떨어지면, 엔진을 강제 구동하여 HSG로 고전압 배터리를 충전하면서 EV 주행을 한다.

8) 공회전 충전

EV 주행 중 정지 상태에서 고전압 배터리 잔량(SOC)이 기준치 이하로 떨어지면, 엔진을 강제 구동하여 HSG의 발전 기능을 이용해 고전압 배터리를 충전한다.

제2절 하이브리드 시동 및 취급방법

1_ 하이브리드 시스템의 시동 및 조건

1) 하이브리드 모터 시동

① 하이브리드 모터에 의한 시동
② 시동 모터를 이용한 시동

2) 하이브리드 모터에 의한 시동 조건

① Key 시동(P/N단)
② 아이들 스탑 해제

3) 특이사항

① 모터 시동 금지 시는 Key 시동 시 스타터로 시동
② 아이들 스탑 중 금지 조건 발생 시 아이들 스탑을 즉각 해제하고 모터 시동

4) 하이브리드 모터 시동 금지 조건

① 고전압 배터리의 온도 < -10도 또는 배터리 온도 > 45도
② MCU Inverter 온도 > 94도
③ SOC 18% 이하
④ 엔진 냉각수 온도 - 10도 이하
⑤ ECU/MCU/BMS 고장 시

5) 시동 rpm 조정

① ECU 아이들 rpm 이상으로 설정
② 장시간 아이들 스탑 후 시동 시 CVT 유압 발생을 위하여 시동 rpm을 상승시킨다.

2_ 하이브리드 자동차 정비 시 주의사항

하이브리드 시스템은 일반 배터리(12V)도 있지만, 고전압(140~380V) 시스템으로 구성되어 있으므로 쇼트, 감전 및 누전에 주의한다.

1) 작업 전 준비사항

① 안전복, 절연 장갑, 고무장갑, 보호안경 및 안전화를 준비
② ABC 소화기를 준비
③ 전해질을 닦을 수 있는 수건을 준비

2) 고전압 시스템 점검 시 주의사항

① 취급 기술자는 고전압 시스템에 대한 검사와 서비스 교육이 선행될 것
② 모든 고전압 시스템 부품에는 고전압 라벨이 부착
③ 고전압 작업 시 절연 장갑을 착용하고, 고전압 안전 스위치를 OFF할 것
④ 안전 스위치 OFF 후 5분 경과 후 작업할 것(MCU 방전 시간 필요)

⑤ 작업 시 금속성 물질을 제거(시계, 반지, 목걸이, 금속성 필기구 등)
⑥ 고전압 케이블 작업 시 반드시 전압계를 이용하여 0.1V 이하인지 확인
⑦ 고전압 터미널 체결 시 규정 토크 준수
⑧ 정비, 점검 시 "주의 : 고전압 흐름, 촉수금지" 경고판 설치

3) 차량 정비 시 작업 순서

① 이그니션 스위치 "OFF"
② 후석 시트 등받이 제거
③ 절연 장갑 착용 상태에서 12V 배터리 접지 케이블 탈거
④ 안전 스위치 "OFF"
⑤ 안전 스위치 "OFF" 후, 고전압 부품 취급 전에 5~10분 이상 대기한 후 테스트기로 DC Link 전압을 측정하여 0V를 확인한 후 작업한다. 대기시간은 인버터 내의 콘덴서에 충전되어 있는 고전압을 방전시키기 위해 필요한 시간이다.

4) 차량 사고 시 조치사항

① 고전압 케이블(절연피복이 벗겨진 상태)은 손대지 말 것
② 차량 화재 시 ABC 소화기로 진압할 것
③ 차량이 반쯤 침수되었을 경우 안전 스위치 등 일체의 접근 금지
④ 차량에 손댈 경우, 차량을 물에서 완전히 안전한 곳으로 이동 후 조치
⑤ 고전압 배터리 전해질 누수 발생 시 피부에 접촉하지 말 것
⑥ 리튬 폴리머 배터리는 겔(Gel) 타입 전해질 적용(액상 전해질 미적용)
⑦ 차량 파손으로 고전압 차단이 필요하면, 다음 순서대로 조치할 것
　㉠ 차량 정지 후 P 단으로 하고, 사이드 브레이크를 작동시킬 것
　㉡ IG Key 제거 후 보조 배터리 접지(-)를 탈거
　㉢ 절연 장갑을 착용한 후 안전 스위치 "OFF" 할 것

제3절 하이브리드 시스템 구성

　HEV는 전기 동력 부품인 전기 모터 / 인버터 / 컨버터 / 배터리로 시스템이 구성되며, 차량 구동을 지원하는 전기 모터는 엔진 측에 장착되고, 인버터 / 컨버터 / 배터리는 통합 패키지 형태로 차량 후방에 탑재된다.

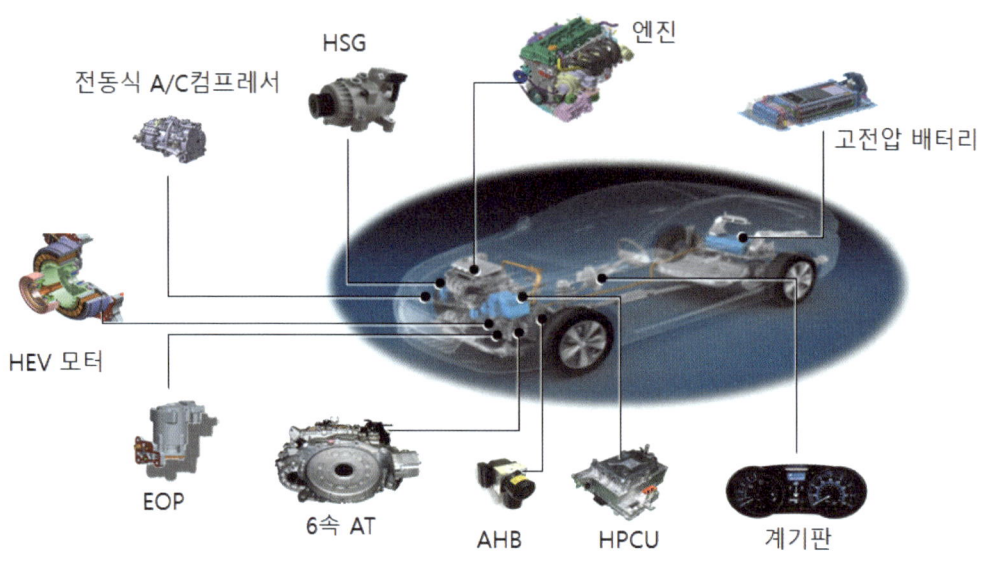

그림 4-2 / 하이브리드 자동차의 주요 부품

1_ 하이브리드 기본 부품

1) 엔진

하이브리드 자동차의 엔진은 전자제어 가솔린 엔진으로, 기존 오토 사이클이 아닌 앳킨슨 사이클을 사용하였다. 앳킨슨 사이클은 오토 사이클과는 달리 압축행정이 팽창행정에 비해 짧다. 앳킨슨 사이클 엔진은 펌핑 손실을 최소화하여 연비가 향상되나 압축되는 혼합기가 적어 출력이 떨어지게 된다.

2) 자동변속기

하이브리드 자동차의 변속기는 일반적으로 6속을 채용하며, EV 모드 주행을 위한 전동식 오일펌프(EOP)와 EOP를 제어하기 위한 오일펌프 유닛(OPU)가 적용된다.

3) HEV 모터와 HSG(Hybrid Starter & Generator)

HEV 모터와 HSG는 모터 기능 및 발전 기능의 2가지 역할을 하며, HSG는 시동 제어, 엔진속도 제어, 소프트 랜딩 제어, 발전 제어를 한다

4) 엔진 클러치

엔진 클러치는 EV 모드에서 HEV 모드로 변환 시 엔진의 동력을 HEV 모터로 연결하는 부품이다. 따라서 엔진 클러치는 주행 조건에 따라 엔진과 모터의 동력을 연결하거나 차단시킨다.

5) 고전압 배터리 및 BMS(Battery Management System)

고전압 배터리는 리튬 이온 폴리머 배터리를 주로 사용하며, 1셀의 전압은 3.75V이다. 전압은 그랜저의 경우 72셀 270V로 되어있다. BMS는 각 셀의 전압, 전류, 배터리의 온도를 감지하며, ECU는 이 값을 참고로 하여 SOC를 판단하고, Power-Cut, 냉각 제어, 릴레이 제어, 셀 밸런싱, 자기 진단 등 고전압 배터리를 제어한다. 고전압 배터리에는 배터리 온도를 낮추기 위한 냉각시스템이 있어 배터리 온도가 최적의 상태로 유지될 수 있도록 하며, 고전압을 ON/OFF 제어하기 위한 PRA(Power Relay Assembly)가 있어 IG OFF 상태에서는 메인 릴레이를 차단한다.

6) 인버터

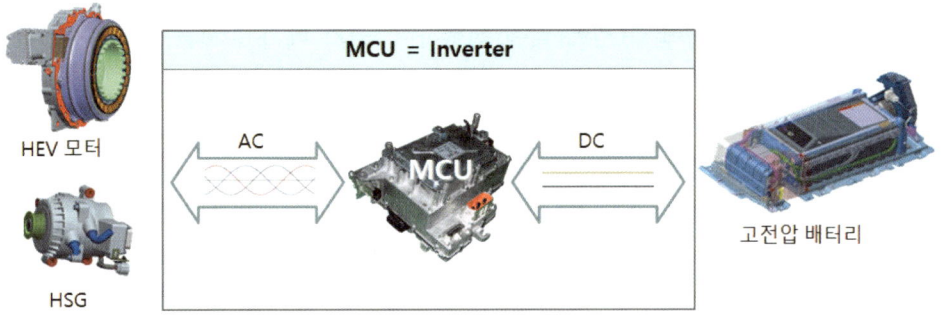

인버터는 MCU의 기능 중 하나이며, 고전압 배터리의 직류전압을 3상 교류전압으로 변환하여 HEV 모터와 HSG에 공급하여 구동 토크를 제어한다. 감속 및 제동 시에는 교류를 직류로 변환하여 고전압 배터리를 충전한다.

7) LDC(Low voltage DC-DC Converter)

LDC는 하이브리드 전기 자동차에 12V 전장 전원을 공급하는 장치로, 고전압 직류를 저전압 직류로 낮추어 차량에 일반적인 사용 전압(12V)으로 변환한다.

일반 자동차의 경우 자동차의 등화 등 각종 전기 장치를 12V 배터리를 직접 사용하지만, HEV는 고전압 배터리를 LDC를 이용하여 저전압 12V로 낮추어 사용한다.

8) AHB(Active Hydraulic Booster, 액티브 하이드롤릭 부스터)

하이브리드 자동차가 EV 주행 시 시동 OFF 상태이므로 진공 부압이 없어 AHB를 적용하여, 제동력 확보 및 회생제동 협조 제어를 통해 연비를 향상시킨다. 부스터 브레이크와 유사한 답력을 위해 페달 시뮬레이터가 적용된다.

9) EWP(Electric Water Pump, 전기식 워터펌프)

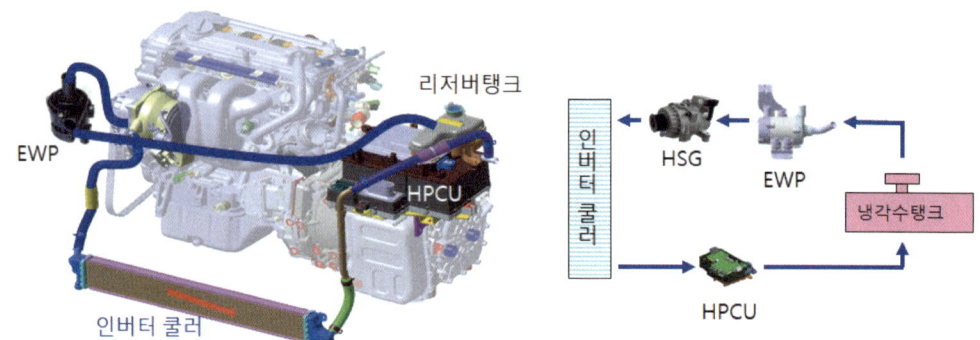

EWP는 MCU에 의해 제어되는 엔진 냉각장치와는 별개의 냉각장치이다. 냉각수 주입 시 GDS를 설치하여 냉각수 주입 요령에 맞춰 진행하며, 공기 빼기 순서를 반드시 지켜야 한다.

10) HEV 클러스터

HEV 클러스터에는 READY 램프와 EV 램프가 있으며, READY 램프는 모든 제어기가 정상일 때 "READY" 램프가 점등되어 주행이 가능한 상태를 알려주며, EV 램프는 HEV 모터에 의한 주행 또는 주행 가능한 상태에서 점등되어 모터 단독 주행임을 알려주는 램프이다.

02 전기자동차

제1절 전기자동차 개요

전기자동차(EV)는 동력 발생 및 동력 변환 과정 등 많은 부분이 내연기관 자동차와는 다른 오직 배터리만으로 작동하는 순수 전기차를 의미한다. EV는 배터리만으로 자동차를 구동하므로 배터리 성능이 가장 중요하며, 초기에는 주행거리가 매우 적었으나 현재는 대부분 한 번 충전에 400km 이상 주행이 가능하다.

1_ 전기자동차의 장점

1) 주행 중 CO_2를 전혀 배출하지 않는다.
2) 진동이나 소음도 적으며 환경친화적이다.
3) 출발이나 가속이 부드럽다
4) 연료비가 적게 들어 경제적이다.
5) 운전 중 기어 조작이 필요 없어 운전 조작이 간편하다.
6) 차량 디자인 및 부품 배치에 자유도가 크다.
7) 비상용 전원으로 사용할 수 있다.
8) 내연기관 자동차보다 부품 수가 적어 유지 보수 비용이 적게 든다.

2_ 전기자동차의 단점

1) 배터리 가격이 고가라 차량 가격이 비싸다.
2) 내연기관에 비해 아직은 주행거리가 작다.
3) 충전 인프라가 부족하여 충전에 어려움이 있다.
4) 배터리로 인한 화재의 위험이 있다
5) 배터리의 수명 및 용량에 한계가 존재한다.
6) 충전시간이 길어 불편하다.
7) 추운 곳이나 겨울철에 배터리 성능이 저하하여 주행거리가 작아진다.

3_ 전기자동차의 구성

전기자동차의 구성은 개략적으로 급속 및 완속 충전기, 고전압 및 저전압 배터리, 인버터와 컨버터 및 모터로 구성되어 있으며, 각 부품들의 연결에 따라 직류 또는 교류로 상호 작동한다.

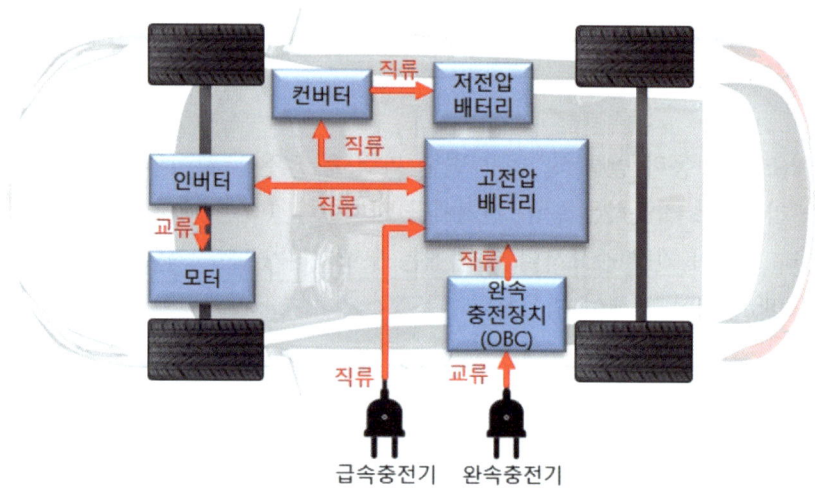

그림 4-3 / **전기자동차의 구성 및 전기 에너지 흐름**

4_ 전기자동차의 전력 흐름

전기자동차는 차량 주행 시에만 전기를 사용하고, 완속 충전, 급속충전 및 회생제동 시에는 충전상태이다. 다음은 차량 주행 및 충전에 따른 전기의 흐름 상태를 나타낸다.

1. 차량 주행

차량 주행 시에는 고전압 배터리의 전기로 인버터를 이용하여 직류 전기를 교류로 바꾸어 모터를 구동하며, 컨버터를 이용하여 저전압 배터리 충전 및 등화장치를 작동시킨다.

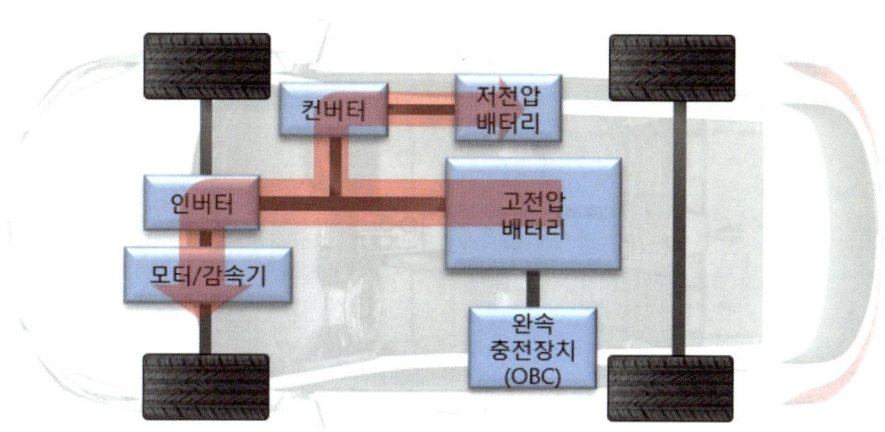

그림 4-4 / 전기자동차의 차량 주행 중 전력 흐름

2. 회생제동

차량이 감속 시에는 바퀴의 회전력을 이용하여 고전압 배터리를 충전시키며, 역시 컨버터를 이용하여 저전압 배터리를 충전시킨다.

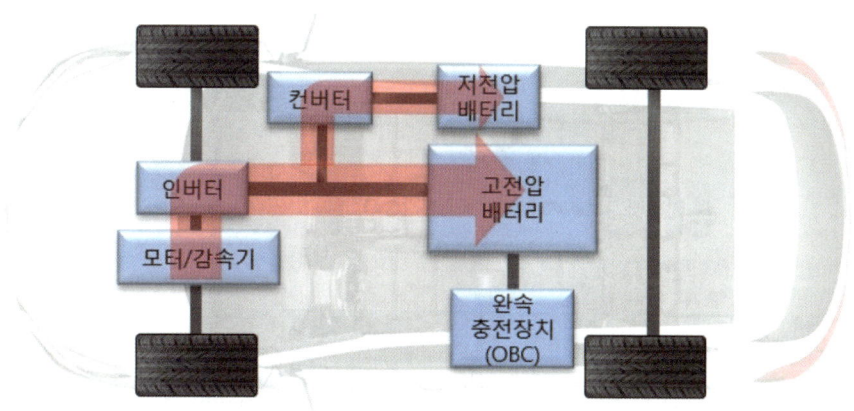

그림 4-5 / 전기자동차의 차량 회생제동 중 전력 흐름

3. 완속 충전

완속 충전은 가정용 교류를 이용하여 충전하므로, 교류를 직류로 바꿔주는 완속 충전장치(OBC, On Board Charger)가 있고 이를 이용하여 고전압 배터리를 충전시킨다.

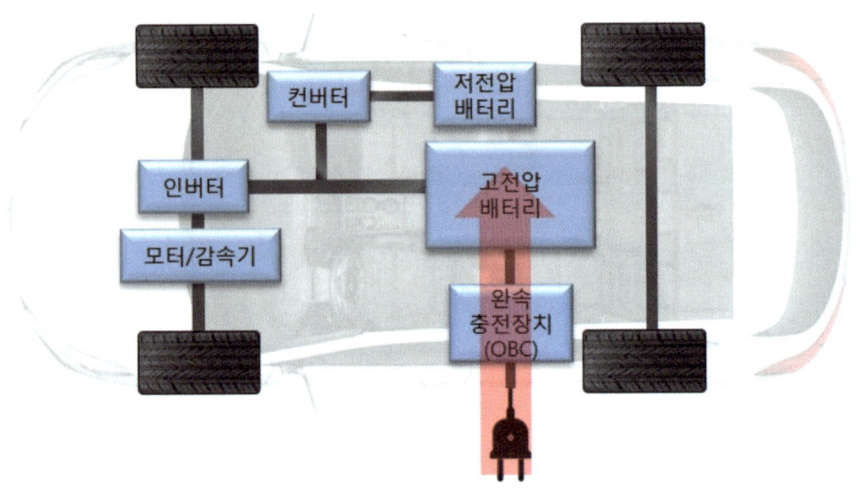

그림 4-6 / 전기자동차의 완속충전 중 전력 흐름

4. 급속충전

급속충전은 고전압 배터리에 직접 직류 전류를 가해 고전압 배터리를 충전시킨다.

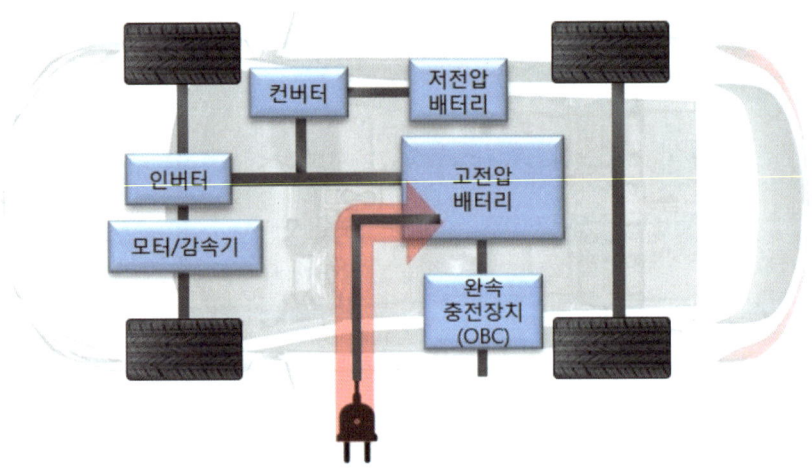

그림 4-7 / 전기자동차의 급속충전 중 전력 흐름

제2절 전기자동차 전지(Battery)

1_ 셀(cell, 단전지)

전지에 사용되는 기본 단위는 셀(cell)이라 하며, 단전지라 부른다. 전기자동차에 사용되는 전지는 리튬 이온 배터리이며, 1셀 당 전압은 3.75V로 기존 납산축전지의 1셀 전압 2.1V에 비해 두배 가량 전압이 높다. 리튬 이온 배터리가 상용화된 제품으로는 1셀당 전압이 가장 높아 현재 전기자동차용 배터리로 대부분 사용되고 있다.

2_ 셀, 모듈, 팩(Cell, Module, Pack)

셀 이란 배터리의 기본 단위로, 단위 부피당 높은 용량을 지녀야 하고 긴 수명과 주행 중 충격을 견디며 고온 및 저온에서도 높은 신뢰성과 안정성을 지녀야 한다. 모듈이란 셀을 열과 진동 등 외부 충격에 보호될 수 있도록 적정한 개수를 하나로 묶은 것이고, 팩은 모듈을 여러 개 묶은 것에 배터리의 온도나 전압 등을 관리해 주는 배터리 관리 시스템(BMS, Battery Management System)과 냉각장치 등을 추가하여 하나의 배터리 상태로 자동차에 장착하는 것을 말한다. 즉, 셀 < 모듈 < 팩 이다.

일반적으로 자동차에는 8개의 셀을 모아 30V(3.75V×8)로 하나의 모듈을 만들고, 이를 9개 연결하여(30V×9) 270V 배터리를 자동차용으로 사용한다. 셀의 숫자와 모듈의 숫자에 따라 모듈의 전압이나 배터리의 전압이 결정된다.

구 분	정 의
배터리 셀(Cell)	전기에너지를 충전, 방전해 사용할 수 있는 리튬이온 배터리의 기본단위로, 양극, 음극, 분리막, 전해액을 사각형의 알루미늄 케이스에 넣어 만듦
배터리 모듈(Module)	배터리 셀을 외부 충격과 열, 진동으로부터 보호하기 위해 일정한 개수로 묶어 프레임에 넣은 배터리 조립체(Assembly)
배터리 팩(Psck)	전기자동차에 장착되는 배터리 시스템의 최종형태로, 배터리 모듈에 BMS, 냉각시스템 등 각종 제어 및 보호 시스템을 장착하여 완성됨

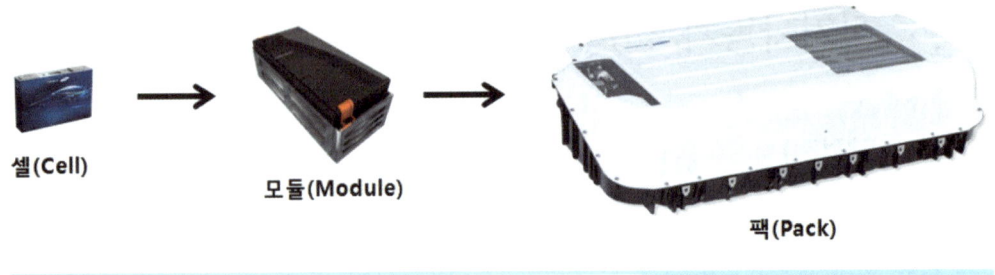

그림 4-8 / 배터리의 셀, 모듈, 팩

3_ 배터리의 4대 구성요소

배터리는 양극(56%), 음극(16%), 분리막(격리판, 15%), 전해액(13%) 4가지로 구성되어 있다.

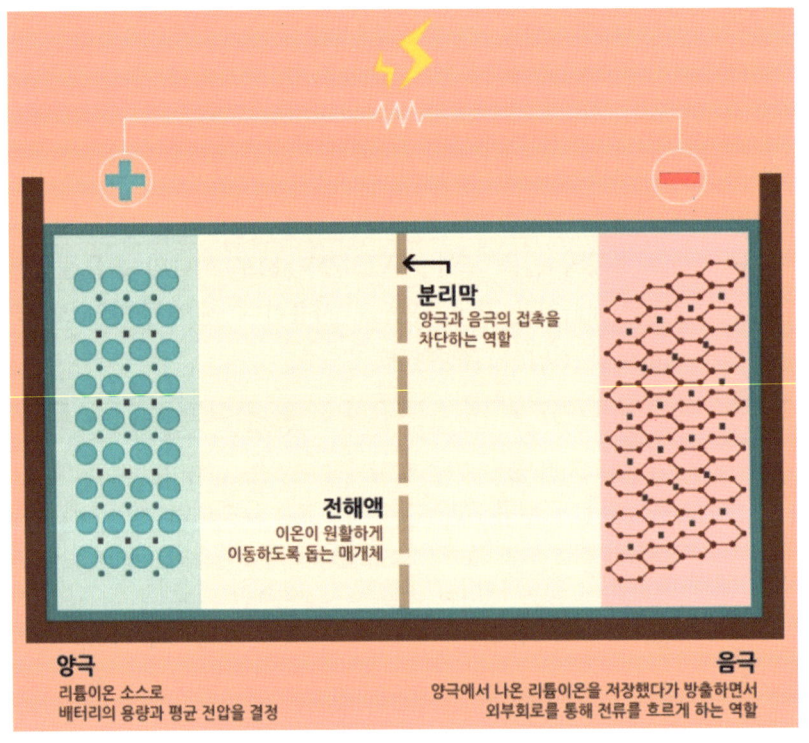

그림 4-9 / 리튬이온 배터리의 4대 요소

양극재는 일반적으로 리튬을 함유한 금속산화물(NCA 또는 NCM)로 구성되어 있고, 음극재는 탄소재료인 흑연을 사용한다. 분리막은 양극과 음극이 만나면 폭발하므로 서로 섞이지 않도록 물리적으로 막아주는 역할을 하며, 전해액은 양극과 음극 사이에서 리튬이온이 원활히 이동할 수 있도록 돕는 매개체로, 전해액의 종류에 따라 리튬이온의 움직임이 둔해지기도 빨라지기도 한다.

1. 양극

양극은 리튬이 들어가는 공간으로, 리튬이 원소 상태에서는 반응이 불안정하여 리튬과 산소로 된 리튬산화물을 양극으로 사용한다. 실제 배터리에서 전극 반응에 관여하는 물질을 활물질이라 부르며, 리튬이온 배터리의 양극에서는 리튬산화물이 활물질로 사용된다. 양극재의 중요 원소는 리튬(Li), 니켈(Ni), 코발트(Co), 망간(Mn), 알루미늄(Al) 등이며, 이들의 함량에 따라 용량, 가격, 수명 및 출력특성 향상에 영향이 크므로 각 금속원소의 조합이 배터리 성능에 굉장히 중요하다.

2. 음극

음극 역시 양극처럼 음극재에 활물질이 입혀진 형태로, 음극 활물질은 양극에서 나온 리튬이온을 가역적으로 흡수 및 방출하면서 외부 회로를 통해 전류를 흐르게 하는 역할을 수행한다. 배터리가 충전상태일 때 리튬이온은 음극에 존재하게 되며, 양극과 음극을 도선으로 이어주게 되면 리튬이온은 전해액을 통해 양극이온으로 이동하게 되고, 리튬이온과 분리된 전자(e-)는 도선을 따라 이동하면서 전기를 발생하게 된다. 음극재 또한 양극재에 이어 두 번째로 중요하며, 음극재의 재료는 안정적인 구조를 지닌 흑연(graphite)을 사용한다. 흑연은 음극 활물질이 지녀야 할 구조적인 안정성, 낮은 전자화학 반응성, 리튬이온을 많이 저장할 수 있는 조건, 가격 등을 갖춘 재료이다. 흑연에는 천연흑연과 인조흑연이 있으며, 천연흑연은 용량 성능은 좋으나 수명이 짧고, 인조흑연은 반대로 수명이 길지만 용량이 작다. 또한 인조흑연은 천연흑연보다 내부 구조가 일정하고 안정적이라 수명이 길고 급속충전에 유리하다. 인조흑연은 2,500℃ 이상의 온도에서 가열해 흑연의 고결정 구조를 얻을 수 있으므로 가격이 천연흑연보다 2배 더 비싸다.

3. 분리막(격리판)

전지의 양극과 음극은 산화제와 환원제이다. 양극과 음극이 직접 접촉하게 되면 자기방전을 일으킬 뿐 아니라 급격히 진행되면 위험하므로 서로 섞이지 않도록 물리적으로 막아주는 역할을 하여야 한다. 즉, 전자가 전해액을 통해 직접 흐르지 않도록 하고 내부의 미세한 구멍을 통해 원하는 이온만 이동할 수 있게 한다. 리튬전지의 분리막으로는 폴리에틸렌(PP)과 폴리프로필렌(PP)와 같은 합성수지가 사용되고 있다.

※ 분리막의 구비조건
① 배터리 셀 내부에 있는 여러 종류의 이온들과 반응하지 말아야 한다.
② 전기화학적으로 안정적이어야 한다.
③ 절연 특성이 뛰어나야 한다.
④ 두께가 얇고 강도가 우수해야 한다.

4. 전해액

양극과 음극사이에서 리튬이온이 원활히 이동할 수 있도록 돕는 매개체로, 전자는 도선을 통해 이동하지만 리튬이온은 전해액을 통해 이동하므로 이온 전도성이 높은 물질을 주로 사용한다. 전해액은 염, 용매, 첨가제로 구성되어 있으며, 염은 리튬이온이 지나갈 수 있는 이동 통로, 용매는 염을 용해시키기 위한 유기 액체, 첨가제는 특정 목적으로 소량 첨가되는 물질이다. 이렇게 만들어진 전해액은 이온들만 전극이로 이동시키고 전자는 통과하지 못하게 한다. 전해액의 종류에 따라 리튬이온의 움직임이 둔해지기도 빨라지기도 하므로 전해액은 까다로운 조건들을 만족해야만 사용이 가능하다. 양극과 음극이 배터리의 기본 성능을 결정한다면, 분리막과 전해액은 배터리의 안정성은 결정짓는 중요한 구성요소이다.

4_ 리튬이온 배터리의 충·방전 과정

이미 알다시피 전기의 흐름은 전자의 흐름과는 반대이다. 즉, 전기가 흐른다(방전)는 것은 양극에서 음극으로 전류는 흐르지만 전자는 음극에서 양극으로 이동하는 과정이다. 리튬이온 배터리는 납산 축전지와는 달리 화학반응이 아니라 리튬이온의 이동으로 충전과 방전을 한다. 충전이란 양극 산화물에서 리튬 이온(Li+)이 격자구조를 빠져나와 음극으로 이동해 음극의 탄소 결정 속으로 들어가는 과정이고, 방전이란 리튬 이온(Li+)이 음극인 탄소 격자에서 빠져나와 양극 산화물로 들어가는 과정을 말한다. 이때 외부에서는 충전 시 전자가 음극으로 들어가고, 방전 시에는 전자가 음극에서 나오게 된다. 즉, 충전과 방전 시 내부에서는 리튬 이온의 흐름이, 외부에서는 전자의 흐름이 전위차를 발생하여 전기가 흐르게 되는 것이다.

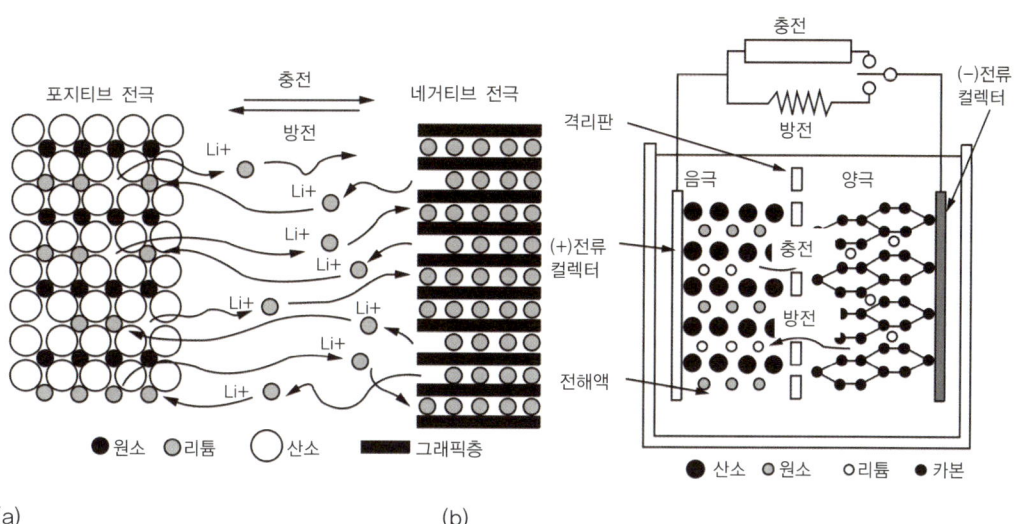

그림 4-10 / 리튬이온 전지의 충·방전작용

5_ 전고체 배터리(all solid state battery)

리튬이온 배터리는 양극, 음극, 전해질, 분리막으로 구성되어 전해질은 액체 상태의 전해질을 사용하나, 이와 달리 전고체 배터리는 전해질이 액체가 아닌 고체 상태로 사용하는 배터리이다. 액체 전해질의 경우 양극과 음극의 접촉을 방지하기 위해 분리막이 있지만, 전고체 배터리는 액체 전해질 대신 고체 전해질이 분리막 역할까지 대신하고 있다. 전고체 배터리가 중요한 이유는 배터리의 용량을 높이기 위해서는 배터리의 개수를 늘리는 방법이 있으나 이는 가격 상승과 공간 효율성이 저해되므로, 전고체 배터리로 전기차 배터리 모듈, 팩 등의 시스템을 구성하면 부품 수의 감소로 부피 당 에너지 밀도를 높이고 용량도 높여야 하는 전기차용 배터리로 적합하기 때문이다.

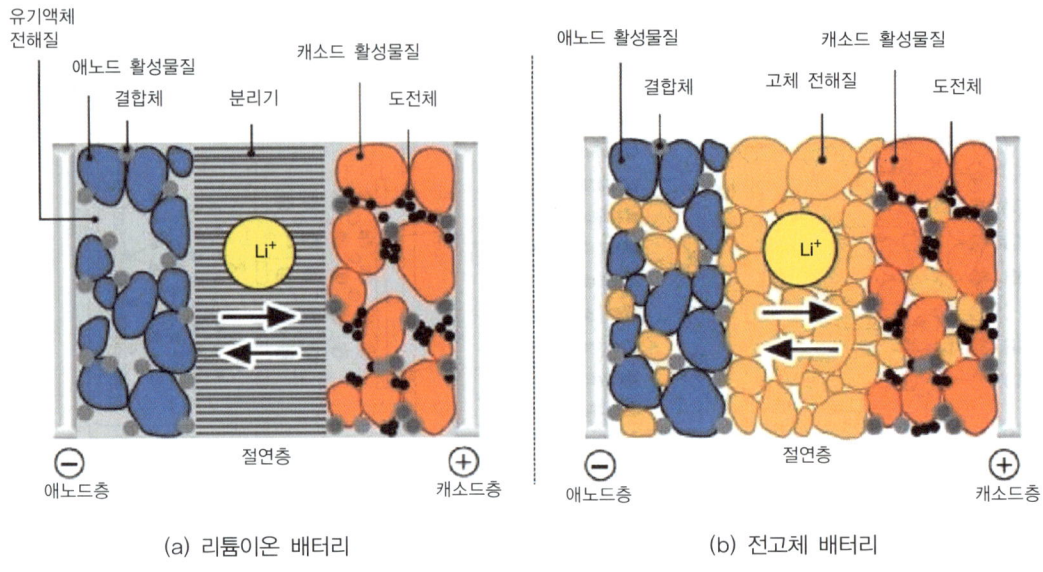

그림 4-11 / **리튬이온 배터리(좌)와 전고체 배터리(우)의 구조**

※ 전고체 배터리의 장·단점
① 온도 변화에 따른 증발이나 충격에 따른 누액 위험이 없다.
② 인화성 물질이 포함되지 않아 폭발 및 발화가능성이 낮아 안전하다.
③ 액체 전해질보다 에너지 밀도가 높아 주행거리도 증가하고, 충전시간도 짧다.
④ 부품이 덜 들어가므로 무게가 가볍다.
⑤ 플렉서블(flexible, 휘는) 배터리 구현에 적합하다.
⑥ 액체 전해질보다 이온전도성이 낮아 출력이 낮고 수명이 짧다.
⑦ 상용화까지 시간이 필요하다.

표4-1 / **리튬이온 배터리와 전고체 배터리의 차이**

구분	리튬이온 배터리	전고체 배터리
양극재	고체 (리튬, 니켈, 망간, 코발트 등)	고체 (리튬, 니켈, 망간, 코발트 등)
음극재	고체 (흑연, 실리콘 등)	고체 (리튬 금속)
전해질	액체 (용매 리튬염 첨가제)	고체 (황화물 산화물 폴리머)
분리막	고체 필름	불필요

제3절 전기자동차의 주요 부품

전기자동차는 동력 발생 장치인 배터리와 동력 변환 장치인 모터가 핵심이라고 할 수 있으며, 그 외 인버터/컨버터, 모터 제어기, 회생제동장치, 축전지 시스템(BMS) 등이 있다.

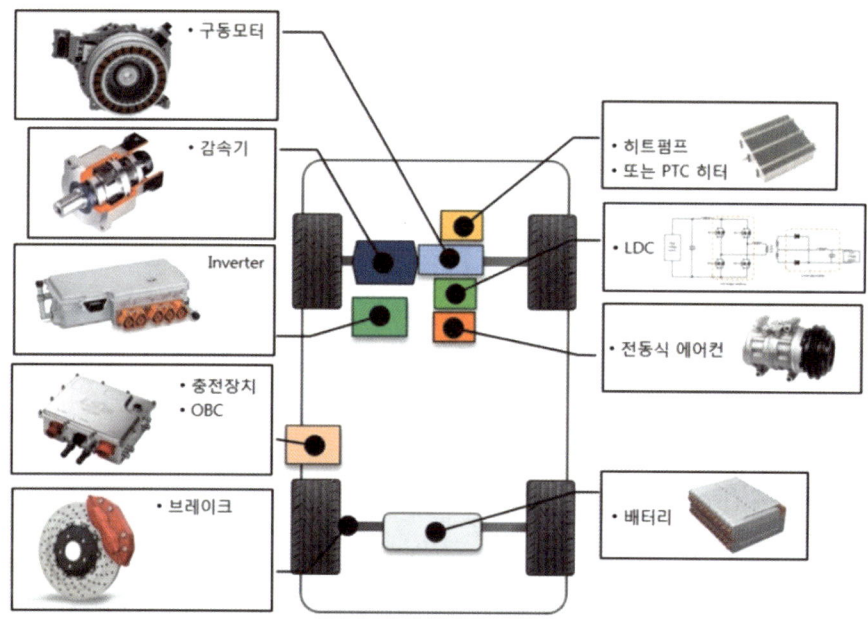

그림 4-12 / 전기자동차의 주요 부품

1_ 배터리(Battery)

전기자동차에 사용되는 배터리는 기존 납산 배터리가 아닌 주로 리튬이온 폴리머 배터리를 사용하고 있으며, 니켈 수소 전지와는 달리 메모리 효과가 없으므로 수명에 거의 영향을 미치지 않는다. 메모리 효과란 니켈 수소전지의 경우 조금 사용하고 다시 충전하는 shallow charge-discharge(즉, 불충분한 충·방전)를 반복하게 되면 NiOH 고용체를 생성하게 되어 다시 되돌아가지 못하므로 남아있는 용량을 사용하지 못하게 되는 현상을 말한다.

2_ 모터(Motor)

전기자동차의 동력전달에 사용되는 모터의 출력은 현재 80~150kW 정도가 일반적으로 주류는 AC 모터이다. 또한 모터는 구동용 또는 회생용으로 사용되며, 모터의 회전수 제어로 주행속도를 제어한다.

EV에 교류모터를 사용하는 이유는 가격, 수명, 출력면에서 더 효율적이며, 수백V의 직류를 교류로 바꾸는 것은 인버터로 가능하기 때문이다.

3_ 인버터/컨버터(Inverter/Converter)

컨버터는 교류를 직류로 바꾸거나, 직류 전압을 높이거나 낮추는 변환기이다.

인버터는 이와 반대로 직류를 교류로 변환하는 장치 즉, 역변환장치이며, EV 자동차에서는 컨버터를 이용하여 300V 정도의 고전압을 저전압으로 낮춰 각종 등화장치에 사용하며, 인버터를 이용하여 직류를 교류로 변화시켜 유도 전동기를 제어하여 구동모터를 작동시킨다.

4_ 모터제어기(MCU : Motor Control Unit)

내연기관 자동차는 가속페달을 밟아 출력을 조절하지만, 전기자동차는 모터를 컨트롤러로 제어하여 출력을 조절한다.

5_ 회생제동장치(Regenerative Brake System)

회생제동이란 감속 시 브레이크를 밟지 않음으로 인한 바퀴의 회전으로 모터의 저항을 이용하여 속도를 줄이는 동시에 이때 발생한 운동에너지를 전기에너지로 바꾸어 자동차의 배터리를 충전시키는 제동방법으로, 전기에너지도 회수하고 제동력도 발휘할 수 있는 전기자동차의 주행거리 향상에 필수적인 기능이다. 이에 따라 에너지의 효율이 높아지고 주행거리가 늘어남은 물론 브레이크 패드의 수명도 연장시키게 되어 소모품인 브레이크의 교환주기도 길어져 결과적으로 절약을 할 수 있게 된다.

6_ 축전지 시스템(BMS : Battery Management System)

BMS란 배터리를 최적의 상태로 관리하는 전자회로 시스템이다. 즉, BMS는 배터리 팩에 내장되어 배터리의 전류, 전압, 온도 등을 측정하여 배터리의 잔량을 제어하는 것으로, 수십 개의 배터리 셀들의 잔존 용량과 전지의 수명을 사용자에게 알려주고, 과충전, 과방전, 과전류 등 상태를 조절하여 배터리의 효율과 수명을 연장시켜 주고 안전을 유지하도록 한다. 또한 셀 들간의 전압 차에 의한 수명 단축을 방지하기 위해 전지간 균형을 유지하여 에너지를 최적화 시켜주는 셀 밸런싱(cell balancing) 기능도 있다. 전기자동차에서 BMS의 핵심 기능은 다음과 같다.

① 배터리 잔존용량 측정 : 배터리의 SOC(State Of Charge)를 측정
② 셀(전지) 밸런싱 : 셀의 용량 편차를 균일하게 조정
③ 보호회로 : 과충전, 과방전, 과전류 상태에서 전류를 차단

제4절 전기자동차의 충전

전기자동차를 충전하는 방법은 AC(교류) 충전과 DC(직류) 충전으로 나눌 수 있다. 전기자동차에 사용되는 배터리는 고전압 직류(DC) 배터리이므로 AC 충전은 차량이 AC 전류를 입력받아 고전압 DC 전류로 바꾸어 충전하는 방식으로 이를 위해서 차량에는 OBC(On Board Charger)라는 교류 → 직류 변환장치가 탑재된다.

DC 충전 방식도 충전기가 공급받은 380V 교류를 직류로 변환하여 차량에 필요한 전압과 전류를 제공하는 방식이다. 차량의 OBC는 용량에 한계가 있지만, 급속 충전기의 경우 50~400kW까지 충전 가능하므로 보통 15~20분 정도면 충전된다.

1_ 충전 시간에 따른 충전 방식

충전 시간에 따라 고속, 완속 충전기를 사용하는 방법 및 가정에서 이동형으로 사용하는 방법이 있다.
① 급속 충전기(약 50~400kW) : 한시간 이내 충전할 때이며, 보통 15~20분 정도 소요
② 완속 충전기(약 7~16kW) : 4~5시간 정도 충전
③ 이동형 충전기(약 3kW) : 가정에서 사용하는 220V 콘덴서에 연결하여 8~10시간 정도 충전

2_ 충전구에 따른 3가지 충전 방식

세계적으로 전기자동차가 순차적으로 개발되면서 제조사별로 다른 충전방식이 적용되어 국제표준으로 5가지 급속 방식이 규정되어 있으며, 국내 전기자동차에 사용되는 충전방식은 크게 차데모(CHAdeMO), AC 3상, DC 콤보1을 사용하고 있다. CHAdeMO란 charge de move의 합성어로 일본의 충전기 규격 이름이며, 콤보란 직류와 교류를 동시에 사용한다는 의미로, 완속과 급속을 1개의 충전구에서 충전할 수 있는 방식이다.

표 4-2 / **전기자동차의 3가지 충전 방식**

구분	차데모	AC 3상	DC 콤보
커넥터 형상			
개발 주체	일본 도쿄 전력	르노	GM 등 독일, 미국의 7개 기업
특징	– 완속/급속 소켓 구분 전파간섭의 우려가 적음	– 배터리와 전력망을 전기교란으로부터 보호하는 기술 적용	– 충전구가 하나로 통합 (위 : 완속, 아래 : 급속) – 비상 급속충전이 가능
단점	– 부피가 크고 충전시간이 길다	– 충전기 출력을 20kW 이상 올리기 어려움 – 충전기 설치비용이 높다	– 완속충전 시간이 길다

03 수소연료전지 자동차(FCEV : Fuel Cell Electronic Vehicle)

제1절 수소연료전지 자동차 일반

1_ FCEV 개요

수소연료전지 자동차는 연료전지 스택(Stack)이라는 특수한 장치에서 수소(H_2)와 산소(O)의 화학반응을 통해 물(H_2O)을 생성하고, 생성하는 과정에서 발생되는 전기적인 에너지를 사용하여 구동 모터를 돌려 주행하는 자동차를 말한다. 즉, 수소와 공기 중의 산소를 반응시켜 전기를 생성하고, 생산된 전기는 인버터를 통해 모터로 공급된다. 또한 스택에서 생산된 전기의 충·방전을 보조하기 위해 별도의 고전압 배터리가 적용된다. 이 과정에서 유일하게 배출하는 배기가스는 수증기이다.

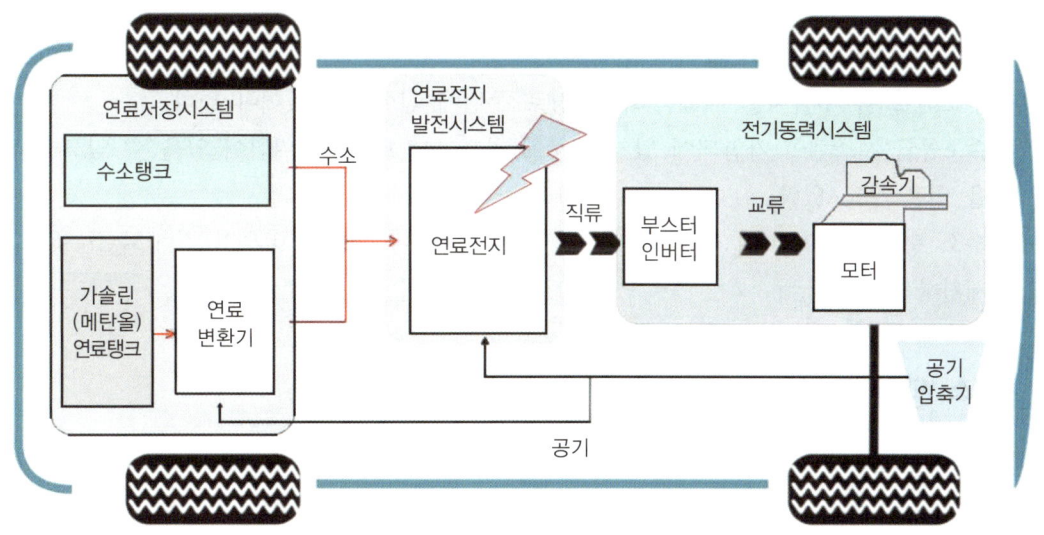

그림 4-13 / 수소연료전지 자동차

2_ 수소 연료전지 자동차의 장·단점

1) 장점

① 기존 발전 방법보다 효율성이 높다.(약 40~60%)
② 물과 열만 배출하는 청정에너지로 친환경적이다.
③ 다양한 연료의 사용이 가능하다.(메탄올, 천연가스, 석탄가스 등)
④ 탄소 배출량이 적다.
⑤ 수소 연료전지의 크기가 작아 공간 확보가 용이하다.

2) 단점

① 차량 가격이 높다.
② 초기 설치비용이 고가이다.
③ 수소 공급, 저장, 배포 등 인프라 구축이 어렵다.
④ 수소 취급관련 별도의 안전교육이 필요하다.

3_ 수소 자동차 정비 시 주의사항

① 환기 및 수소감지 시스템을 구비한 공인 작업장에서 수리하여야 한다.
② 차량 주변에 점화원이 없어야 한다.
③ 수소 가스를 누출시킬 때에는 누출 경로 주변에 점화원이 없어야 한다.
④ 수소공급 시스템이 가압되어 있기 때문에 가스 누출로 인한 위험이 있을 수 있고 부상을 입을 수도 있다.
⑤ 수소 탱크는 고압수소 가스로 충전되어 있기 때문에 탱크를 비우기 전에 수소 탱크를 제거하지 않는다.

4_ 수소 생산 방식

수소는 연소할 때 공해물질 방출이 전혀 없는 청정에너지이며, 생산을 위한 원료의 고갈 우려가 없다. 또한 에너지 밀도가 높고, 이용기술의 실용화 가능성이 높은 에너지이다.

① 추출(개질) : 천연가스(메탄), LPG, 갈탄 등을 고온/고압에서 분해
② 부생수소 : 석유화학이나 제철공장의 공정 중에 부산물로 발생
③ 수전해 : 물을 전기 분해하면 수소와 산소가 발생

표 4-3 / 수소가스 제조방법

구분	추출(개질)	부생수소	수전해
원리	천연가스 + 물 → 추출 → H_2, CO_2	석유 코크스 나프타 → 화학공정 → H_2, 목적물질	신재생에너지 + 물 → 수전해 → H_2, O_2
특징	- 기존 에너지 활용 가능 - CO_2 발생	- 현재 가장 저렴한 방법 - 분리·정제로 생산	- 탄소 제로 수소생산 방법 - 현재는 고비용

제2절 수소 연료전지

1_ BOP(Balance Of Plant)

내연기관의 작동에는 공기, 연료, 점화 3가지 시스템이 필요하듯, 수소 연료전지 자동차에는 공기공급 시스템, 수소(연료)공급 시스템, 열관리 시스템 3가지가 전력(동력)을 만들어 내는데 필요하고, 이를 BOP라 한다.

공기공급 시스템(APS : Air Processing System)은 외부의 공기를 압축하고 냉각시켜 스택에 공급하는 장치이다.

수소공급 시스템(FPS : Fuel Processing System)은 충전탱크의 수소 연료를 적당한 압력으로 전환하여 스택까지 전송하는 장치이다.

열관리 시스템(TMS : Thermal Management System)은 스택 내부에서 전기를 생산하는 고정에서 발생하는 열을 냉각하고, 스택 내부의 온도를 올려 일정한 온도로 유지하는 장치이다.

2_ 연료전지 스택(Fuel Cell Stack)

연료전지 스택이란 수소와 산소의 반응을 통해 전기를 생산해내는 장치로 연료전지 자동차도 모터를 사용하므로, 이를 구동하기 위한 전기에너지를 확보하기 위하여 다수의 셀을 직렬로 연결하여 사용한다. 스택 내에서 전기를 만드는 최소 부품을 셀(연료전지 셀)이라 한다.

셀은 원자에서 전자를 분리시켜 전기를 만들고, 이온을 다른 경로로 움직이게 하는 일을 한다. 각 셀은 약 0.5~1V의 전압을 출력하므로, 약 440장을 적층구조로 조립하여 250~450V의 전압을 생산하여 수소자동차의 모터 구동에 사용한다.

3_ 연료전지 스택의 전기발생 원리

연료전지 스택의 수소극(Anode)에 수소를 공급하고 스택의 산소극(Cathode)에 공기(산소)를 공급하면, 수소극을 통해 들어온 수소는 촉매에 의해 양자(H^+)와 전자(e^-)로 나누어진다. 이때 수소 양자(H^+)는 전해질을 통과하여 산소극의 산소와 만나 물 분자(H_2O)를 생성하고, 수소 이온(e^-)은 외부 회로로 이동하여 전기를 발생시킨다.

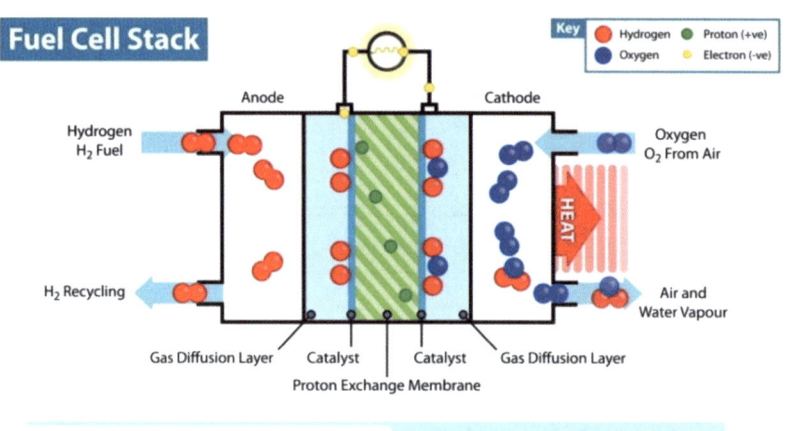

그림 4-14 / **연료전지 셀**

셀의 화학반응식은 다음과 같다.
수소반응 : $2H_2 \rightarrow 4H^+ + 4e^-$
산소반응 : $4H^+ + O_2 + 4e^- \rightarrow 2H_2O$

4_ 연료전지 스택의 주요 구성품

1) 막-전극 접합체(MEA : Membrane Electrode Assembly)

전해질막과 전극이 일체로 되어있는 구조이며 양극과 음극 사이에 이온이 움직이는 통로로, 전자의 이동이 가능하게 하므로 전기를 만들어 내는 스택의 핵심 부품이다. 수소 이온인 양성자(H^+)만 통과하여 산소와 반응한다.

2) 기체 확산층(GDL : Gas Diffusion layer)

전극에 있는 수소를 Membrane까지 확산시켜 주며, 반응 생성물(가스 및 물) 제거, 셀에서 전기를 만들기 위해 필요한 물 관리, 촉매층의 전자를 이동시키는 역할 등을 한다.

3) 분리판(separator)

스택으로 공급되는 기체(수소, 산소)의 공급 통로, 스택 냉각을 위한 냉각수의 통로, 발전된 전류를 이동시키는 통로의 역할을 한다.

4) 스택 전압 모니터(SVM : Stack Voltage Monitor)

스택 내부의 각 셀에서 발생되는 전압을 실시간으로 측정하는 역할을 하며, 감지된 전압을 CAN 통신을 통해 FCU에 전송하고, FCU는 이 정보를 이용하여 가용할 수 있는 전압을 파악하여 모터를 구동하는데 필요한 기초 신호로 사용한다.

제3절 수소자동차 운전 시스템

연료전지(Stack)에 공기, 수소(연료), 냉각수를 공급하는 장치로, 공기공급 시스템, 수소공급 시스템, 열관리 시스템으로 구분한다.

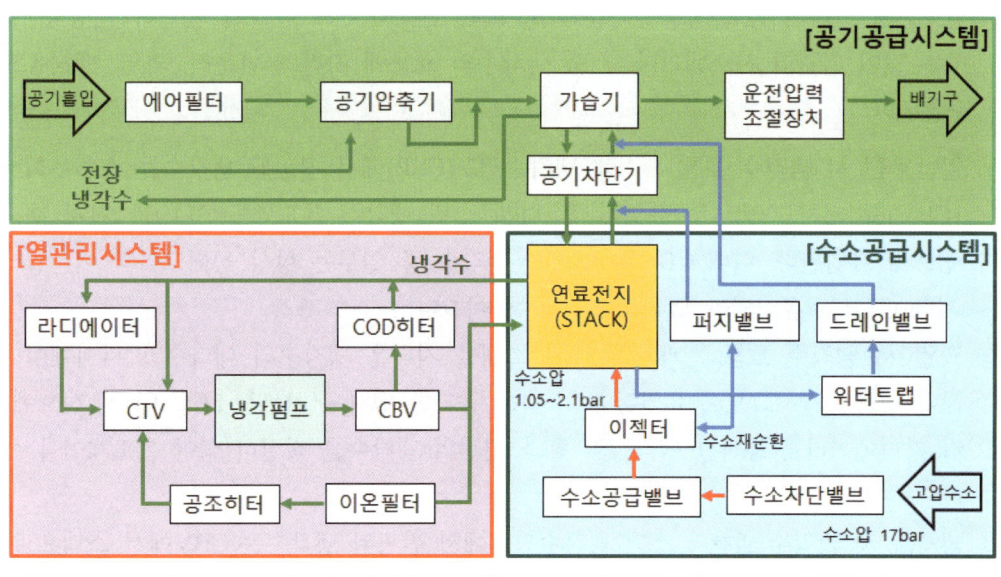

그림 4-15 / 수소 자동차 운전시스템

1_ 연료전지 운전장치

1) **공기공급 시스템**(APS : Air Processing System) : 흡입공기는 에어필터를 지나 공기압축기로 흡입되며, 가습기를 지나 수분을 보충한 습한 공기상태로 되어 공기차단기의 inlet을 거쳐 스택으로 공급된 후, 다시 공기 차단기의 outlet을 통해 가습기로 되돌아간다. 가습기를 통과한 공기는 공기 압력밸브(운전압력 조절장치)를 지나 배기로 배출된다.

2) **수소공급 시스템**(FPS : Fuel Processing System) : 수소 탱크로부터 공급된 약 700bar의 수소(연료)는 첵밸브, 고압 레귤레이터를 거쳐 약 17bar로 감압되어 수소차단밸브를 거치고, 수소공급밸브를 거쳐 2차 감압 후 이젝터로 공급된 후 스택에 연료를 공급한다. 스택에서 배출되는 연료는 이젝터, 퍼지밸브, 워터 트랩으로 흘러 들어가며 이젝터로 유입된 연료 일부는 재순환되며 순도가 떨어지면 퍼지밸브를 통해 대기로 배출된다. 수소 워터트랩은 스택 수소층에서 발생된 생성수(H_2O)를 모았다가 드레인 밸브를 통해 외부로 배출된다.

3) **열관리 시스템**(TMS : Thermal Management System) : 수소와 산소의 반응으로 인한 연료전지 스택의 온도 상승을 억제하고 스택 전반의 온도 분포를 균일하게 냉각, 관리하는 것이 열관리 시스템이다. 스택 냉각수의 흐름에 따라 일반운전, 과열, 냉시동으로 구분된다.

① 일반운전 시 냉각수 흐름 : 스택 냉각수펌프(CSP)에서 펌핑된 냉각수는 스택우회밸브(CBV)를 거쳐 스택으로 유입된 후 다시 스택 냉각수 온도밸브(CTV)를 거쳐 냉각수 펌프로 유입된다. 이때 CBV를 통과한 냉각수 중 일부는 항상 히터코어와 이온필터를 지나 CTV로 유입되어 냉각수 펌프로 들어간다.

② 과열 시 냉각수 흐름 : 과열 시에는 스택을 지나온 냉각수의 대다수가 라디에이터를 지나 냉각된 후 CTV로 유입된다. 스택을 통과한 냉각수 일부는 FCU CAN 신호에 따라 라디에이터를 통과한 냉각수와 통과 이전의 냉각수를 적절히 섞어 온도제어를 수행한다.

③ 냉시동 시 냉각수 흐름 : 스택 냉각수펌프에서 펌핑된 냉각수는 CBV에서 스택으로 연결되는 라인을 차단하고 COD 히터로 연결한다. COD 히터를 통해 데워진 냉각수는 다시 CTV로 입력되어 다시 냉각수 펌프로 유입된다. 이때 스택은 냉각수가 공급되지 않은 상태이므로 스택 자체에서 발생되는 열로 히팅을 한다.

2_ 연료전지 운전장치의 주요 구성품

1) 공기공급 시스템

① 에어 필터 : 이물질에 의해 전기 생산이 저하하므로 일반 차량보다 여과성능이 뛰어나다.
② 공기유량 센서 : 스택에 유입되는 공기의 양을 측정하여 FCU로 입력한다.
③ 공기 압축기(ACP) : 에어필터를 통해 유입된 공기의 압력을 높여 스택에 보내는 장치이다. 10만 rpm, 2bar까지 압축시킨다.
④ 공기 쿨러 및 가습기 : 공기 쿨러 및 가습기는 일체로 되어있으며, 쿨러는 효율적인 공기의 냉각을, 가습기는 스택으로 공급되는 공기에 수분을 공급한다.
⑤ 공기 차단기(ACV) : 가습기에서 공급된 공기를 스택으로 공급하고, 스택에서 사용된 공기를 다시 가습기로 배출시키는 통로 역할을 한다.
⑥ 공기압력 밸브(APC) : 가습기와 배기구 사이에 설치되며, 부하에 따라 운전압력 조절 장치의 공기압력 밸브를 달아 스택 내부의 공기단에 배압을 형성하도록 하여 수소와 충분히 반응을 할 수 있도록 한다.

2) 수소공급 시스템

① 수소 저장탱크 : 수소 충전소에서 약 700bar로 충전시킨 기체 수소를 충전하는 탱크이다.
② 고압감지 센서(HPS) : 충전된 수소의 이상 고압을 감지하여 수소탱크 제어유닛(HMU)으로 전송하는 역할을 한다. 최고 900bar 까지 감지한다.
③ 중압감지 센서(MPS) : 고압 레귤레이터, 중압 감지센서, 릴리프 밸브가 하나로 블록으로 구성되며, 700bar의 압력이 17bar로 감압되어 연료 차단밸브로 공급된다.
④ 수소탱크 밸브(HTS) : 수소 저장탱크에 각각 하나씩 적용되며, 탱크에 저장된 수소를 공급라인으로 연결하는 솔레노이드 밸브, 수소를 수동으로 차단할 수 있는 매뉴얼 밸브, 탱크 내부온도를 감지하는 온도센서가 일체로 구성된다.
⑤ 연료차단 밸브(FBV) : 고압 레귤레이터에 의해 감압된 17bar의 수소를 스택으로 공급 및 차단하는 역할을 한다.
⑥ 연료공급 밸브(FSV) : 연료 차단밸브에서 공급된 17bar의 연료를 스택에서 전력을 생산하는데 필요한 만큼 압력을 조절하는 밸브이다.
⑦ 연료라인 퍼지 밸브(FPV) : 재순환 과정의 수소는 순도가 낮아 전력효율이 떨어지므로 스택에서 일정량의 수소를 소비할 때, FCU는 수소 순도를 높이기 위해 퍼지 밸브를 개방하여 수소를 배출하고 새로운 수소를 공급한다.
⑧ 워터 트랩(FWT) : 스택 내부 수소확산 영역에서 생성된 물을 저장한다. 최대 200ml를

저장할 수 있다.
⑨ **생성수 레벨 센서** : 워터 트랩에 저장된 수분의 양을 측정한다.
⑩ **드레인 밸브(FDV)** : FCU의 구동에 의해 워터 트랩에 저장된 물을 공기 공급라인의 가습기로 보낸다.
⑪ **적외선 이미터(HMI)** : 수소 충전 건이 차량과 연결되면, HMU는 적외선 이미터를 통해 충전관리 시스템에 현재 수소저장탱크의 압력 및 온도를 전송한다. 이 신호를 수신한 충전 시스템은 탱크 부하에 맞는 속도로 수소 충전을 실시한다.

3) 열관리 시스템

① **스택 냉각수 펌프(CSP)** : 내연기관에서의 워터펌프 역할과 같으며, 250V~450V 전원을 입력받아 내부 인버터에서 3상으로 변환한 뒤 펌프를 구동한다. FCU와의 통신을 통해 회전수를 제어하고 연료전지 냉각시스템의 냉각수를 순환시키는 역할을 한다.
② **COD 히터(CHT)** : COD 히터는 내부에 발열체를 가지고 있으며, COD 릴레이를 통해 고압회로와 연결된다. COD 히터는 4가지 역할을 수행한다.
　㉠ COD 기능 : 연료전지 셀의 내구성 향상을 위해 IG off시 스택에 남아있는 잔류 전류를 강제 반응시켜 소진하는 기능
　㉡ 냉시동 기능 : 냉시동 조건(영하 30°C)이 되면, 약 30초 동안 COD 히터를 가열하여 냉각수 온도를 올린다.
　㉢ 회생제동 기능 : 회생제동 시 고전압 배터리의 SOC가 높을 경우 COD 히터를 사용하여 발열로 소진한다.
　㉣ 급속 고전압 소진 : 충돌, 절연파괴 등과 같은 위급상황 시 고전압 시스템 차단 후 COD 히터를 통해 잔류 고전압을 소진한다.
③ **이온 필터(CIF)** : 스택 냉각수의 이온을 필터링하여 차량의 전기전도도를 일정 수준으로 유지하여 전기 안전성을 확보해주는 기능을 한다. 스택 냉각수는 전장 냉각수 대비 전기 전도도가 낮아 혼합하여 사용할 수 없다. 만일 전장 냉각수를 스택 냉각수에 넣을 경우 단락(절연 파괴)되어 차량 운행이 정지된다.
④ **스택 우회밸브(CBV)** : 스택 우회밸브는 3 Way 밸브로, 일반 운전조건일 경우 냉각수는 스택으로 유입되어 냉각작용을 하며, 냉시동 조건에서는 COD히터로 보내 냉각수 온도를 상승시킨다.
⑤ **스택 냉각수 온도제어 밸브(CTV)** : 스택 냉각수 온도제어 밸브는 4 Way 밸브로 써모스탯 역할을 한다. 일반 운전조건일 경우 스택에서 유입된 냉각수를 바로 펌프로 연결하지만, 냉각수 온도가 상승하면 라디에이터에서 유입되는 통로를 펌프와 연결시킨다.
⑥ **스택 냉각수 온도센서** : 스택으로 유입되는 냉각수 온도를 감지하여 FCU로 보낸다.

스택 입구 온도센서와 출구 온도센서의 정보를 기준으로 냉각수 온도를 제어하여 스택이 과열되지 않도록 제어한다.
⑦ **라디에이터** : 냉각수의 통로로, 스택 라디에이터, 전장 라디에이터, 콘덴서가 일체로 구성되었다.
⑧ **쿨링팬** : 라디에이터를 냉각시키는 역할을 한다.

3_ 수소 자동차의 시동 준비과정

하이브리드 자동차, 전기자동차 수소 자동차 등 전기모터를 사용하는 친환경 자동차는 엔진 시동 대신 모터를 구동할 수 있다는 의미인 초록색 "READY" 램프를 점등한다. READY 램프가 점등되었다는 것은 내연기관 자동차에서 시동이 걸린 것과 동일한 주행 가능하다는 의미이다.

시동 버튼을 누르면, 다음과 같은 순서로 "READY"가 진행된다.
① 브레이크 페달을 밟고 시동 버튼을 누른다.
② SMK(IBU)는 실내에 존재하는 스마트키 인증이 완료되면 전원 릴레이를 구동하여 각 제어기에 전원을 공급한다.
③ FCU는 IGN(On/Start 전원) 전원이 입력되면 K-Line을 통해 SMK로 이모빌라이저 인증을 요청하고 응답을 받는다.
④ 인증과 별도로 SMK는 시동 출력(12V)을 한다. 이때 시동 출력과 동일하게 스타트 피드백 단자로 12V가 입력되어야 한다.(미 입력시 시동 출력을 멈춤)
⑤ FCU는 약 1초 이상 시동 신호를 입력받으면 SMK로 P CAN을 통해 시동 출력 정지 신호를 보낸다.
⑥ 즉, FCU는 연료도어가 닫혀있고, 연료전지 시스템 및 고전압 회로가 정상이며, 이모빌라이저 인증이 정상이고, FCU로 시동 신호가 입력되는 4가지 조건을 만족할 경우 "READY" 램프를 점등하여 구동 모터를 구동할 수 있는 상태로 대기하게 된다.

4_수소 자동차 약어 설명

약어	원 어
FCEV	Fuel Cell Electric Vehicle(연료전지 전기자동차)
FCU	Fuel-cell Control unit(연료전지 컨트롤 유닛)
PFC	Power-train Fuel Cell(수소전기차 동력원)
BOP	Balance of Plant(연료전지 시스템 운전장치)
HMU	Hydrogen Manufacture Unit(수소저장시스템 제어기)
APS	Air Processing System(공기공급 시스템)
FPS	Fuel Processing System(수소공급 시스템)
TMS	Thermal Management System(열관리 시스템)
LDC	Low DC-DC Converter
BHDC	Bi-directional High Voltage DC-DC Converter
ACV	Air Cut-off Valve(공기 차단기)
APC	Air Pressure Control Valve(공기 압력밸브)
MPS	Mid Pressure Sensor(중압 감지센서)
HPS	High Pressure Sensor(고압 감지센서)
HTS	Hydrogen Tank Solenoid(수소탱크 밸브)
FBV	Fuel Block Valve(수소 차단밸브)
FSV	Fuel Supply Valve(수소압력 제어밸브)
FPV	Fuel line Purge Valve(수소 퍼지밸브)
FWT	Fuel-cell Water Trap(워터 트랩)
FDV	Fuel-cell Frain Valve(드레인 밸브)
HIE	Hydrogen IR Emitter(적외선 이미터)
CSP	Coolant Stack Pump(스택 냉각수 펌프)
CBV	Coolant Bypass Valve(냉각수 우회밸브)
CTV	Coolant Temperature Valve(냉각수 온도밸브)
COD	Cathode Oxygen Depletion
CHT	COD Heater

제4절 수소 자동차의 전력 변환

수소 자동차(FCEV)는 전기자동차(EV)의 부품을 모두 가지고 있다. 또한, 운용되는 전압의 종류는 400V, 240V, 12V까지 다양하다.

인버터는 대개 출력(직류)을 교류로 변환시키는 장치이고, 컨버터는 출력을 직류로 변환시키는 장치이다.

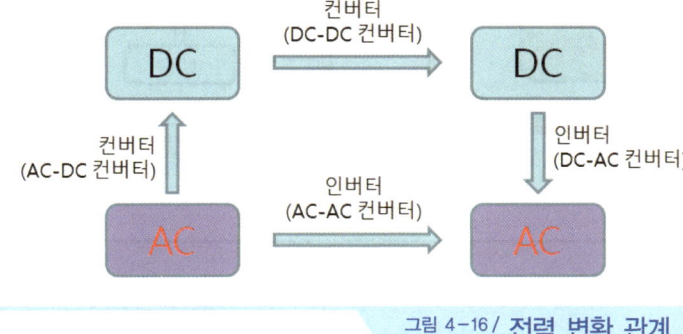

그림 4-16 / 전력 변환 관계

1_ 수소 자동차의 시동 시 전력변환

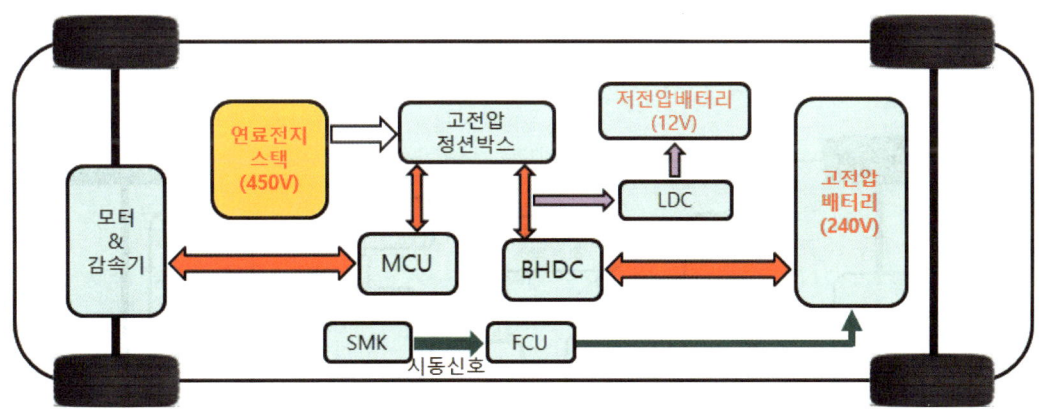

그림 4-17 / 수소자동차 시동 시 전력변환

스마트키(SMK)의 시동신호가 FCU에 전달되면 FCU는 고전압 배터리(240V)에 작동을 명령한다.(PRA 작동) 이 때 고전압 배터리 내부 전원으로는 구동모터를 작동시킬 수 있는 토크가 부족하므로, BHDC를 통해 240V를 450V로 승압하여 고전압 정션박스로 보낸다. MCU는 이 고전압 직류를 구동모터를 제어하기 위한 3상 교류로 변환시켜 모터를 구동시킨다.
이와 동시에, 고전압은 LDC로도 입력되어 12V배터리를 충전시킨다.

2_ 수소 자동차의 평지주행 시 전력변환

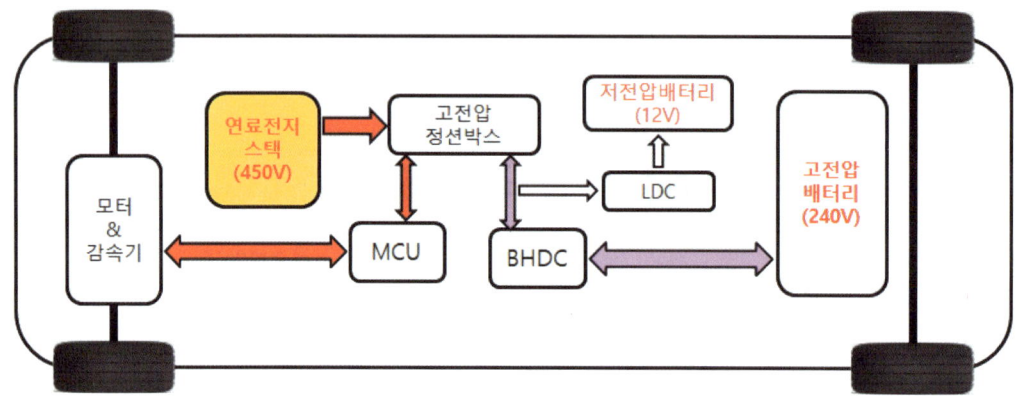

그림 4-18 / 수소자동차 평지주행 시 전력변환

평지 주행 시는 저부하, 정속주행 조건이므로 스택에서 생산되는 전기로 충분히 구동이 가능하다. 주행하면서도 남은 전기는 회수하여 고전압배터리에 충전시켜 효율을 높인다. BHDC는 스택의 450V 고전압을 감압시켜 240V의 고전압 배터리를 충전시킨다.

3_ 수소 자동차의 등판주행 시 전력변환

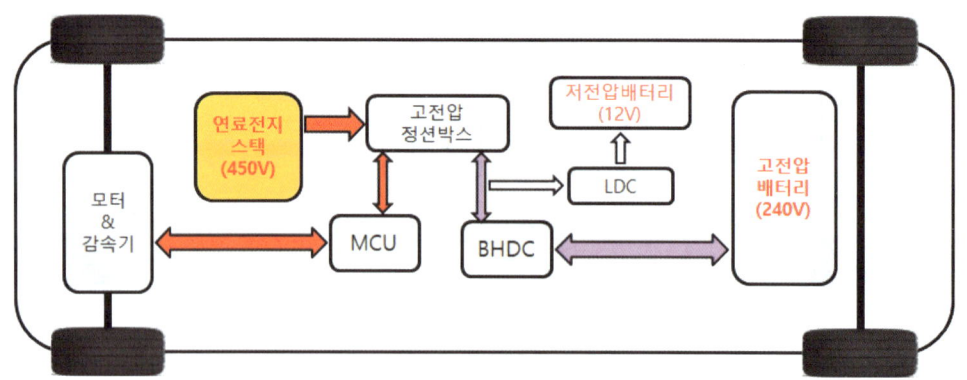

그림 4-19 / 수소자동차 등판주행 시 전력변환

기본적으로 스택에서 생산되는 전기를 사용하여 모터를 구동시키지만 부족할 경우 고전압 배터리의 지원을 받는다.(스택+고전압 배터리) 고전압배터리는 240V이므로 BHDC에서 450V로 승압하여 고전압 정션박스로 보내면 MCU는 직류를 교류로 변환하여 3상 교류모터를 구동하게 된다.

4_ 수소 자동차의 내리막길 주행 시 전력변환

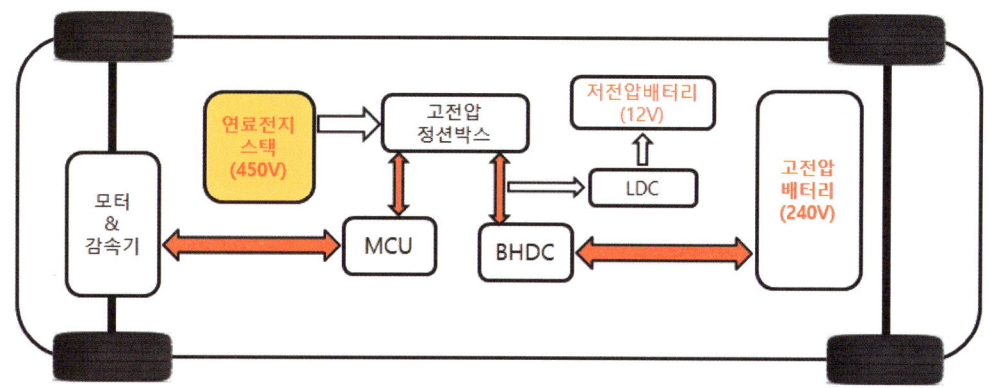

그림 4-19 / 수소자동차 내리막길 주행 시 전력변환

하이브리드 자동차와 마찬가지로 감속 시에는 회생제동에 의해 구동모터가 발전기가 되어 전기를 생산한다. 이때 MCU는 교류를 직류로 변환하여 고전압배터리를 충전시킨다. 만약 고전압배터리가 완전 충전되어 있을 때(고전압 배터리 SOC가 높을 때), 계속 충전이 된다면 회생제동에 의해 과충전 될 우려가 있으므로 남은 전기를 COD 히터로 보내 자체적으로 소진시킨다.

최근 과년도 문제해설

자동차정비기능사

자동차정비기능사 제1회

(2012.02.12 시행)

01 실린더 배기량이 376.8cc 이고, 연소실 체적이 47.1cc 일 때 기관의 압축비는 얼마인가?

㉮ 7 : 1   ㉯ 8 : 1
㉰ 9 : 1   ㉱ 10 : 1

풀이 압축비 $\epsilon = \dfrac{\text{실린더 체적}}{\text{연소실 체적}}$

$= 1 + \dfrac{\text{행정 체적(배기량)}}{\text{연소실 체적}}$ 이므로

∴ 압축비 $= 1 + \dfrac{376.8}{47.1} = 9$

02 3원 촉매장치에 대한 설명으로 거리가 먼 것은?

㉮ CO와 HC는 산화되어 CO_2와 H_2O로 된다.
㉯ NOx는 환원되어 N_2와 O로 분리된다.
㉰ 유연휘발유를 사용하면 촉매장치가 막힐 수 있다.
㉱ 차량을 밀거나 끌어서 시동하면 농후한 혼합기가 촉매장치 내에서 점화할 수 있다.

풀이 NOx는 환원되어 N_2와 O_2로 분리된다.

03 디젤기관에서 과급기의 사용 목적으로 틀린 것은?

㉮ 엔진의 출력이 증대된다.
㉯ 체적효율이 작아진다.
㉰ 평균유효압력이 향상된다.
㉱ 회전력이 증가한다.

풀이 과급기의 사용목적
① 체적효율이 증가한다.
② 평균유효압력이 향상된다.
③ 엔진의 출력이 증대된다.
④ 회전력이 증가한다.

04 4사이클 가솔린 엔진에서 최대 압력이 발생되는 시기는 언제인가?

㉮ 배기행정의 끝 부근에서
㉯ 피스톤의 TDC 전 약 10 ~ 15℃ 부근에서
㉰ 압축행정 끝 부근에서
㉱ 동력행정에서 TDC 후 약 10 ~ 15℃에서

풀이 최대 압력이 발생되는 시기는 동력행정에서 상사점(TDC) 후 약 10 ~ 15℃ 부근에서이다.

 01.㉰ 02.㉯ 03.㉯ 04.㉱

05 2행정 사이클 기관에서 2회의 폭발행정을 하였다면 크랭크축은 몇 회전 하겠는가?
- ㉮ 1회전
- ㉯ 2회전
- ㉰ 3회전
- ㉱ 4회전

풀이 2행정 사이클은 크랭크축 1회전에 1회의 폭발을 하므로 2회전하였다.

06 내연기관 피스톤의 구비조건으로 틀린 것은?
- ㉮ 가벼울 것
- ㉯ 열팽창이 적을 것
- ㉰ 열 전도율이 낮을 것
- ㉱ 높은 온도와 폭발력에 견딜 것

풀이 피스톤의 구비조건
① 가볍고, 열팽창이 적을 것
② 열 전도율이 좋을 것
③ 높은 온도와 폭발력에 견딜 것

07 가솔린 기관의 노킹을 방지하는 방법으로 틀린 것은?
- ㉮ 화염 진행거리를 단축시킨다.
- ㉯ 자연착화 온도가 높은 연료를 사용한다.
- ㉰ 화염전파 속도를 빠르게 하고 와류를 증가시킨다.
- ㉱ 냉각수의 온도를 높여주고 흡기 온도를 높인다.

풀이 가솔린 기관의 노킹은 옥탄가가 작거나 연소실 온도가 높아서 발생되므로, 가능한 한 연소실을 차갑게 하여 노킹을 방지한다. 따라서 냉각수 온도를 차갑게 하거나 흡기 온도를 낮춘다.

08 자동차용 가솔린 연료의 물리적 특성으로 틀린 것은?
- ㉮ 인화점은 약 −40℃ 이하이다.
- ㉯ 비중은 약 0.65~0.75 정도이다.
- ㉰ 자연 발화점은 약 250℃로서 경유에 비하여 낮다.
- ㉱ 발열량은 약 11,000kcal/kg로서 경유에 비하여 높다.

풀이 가솔린 연료의 물리적 특성
① 옥탄가는 90~95 정도
② 비중은 약 0.65~0.75 정도이다.
③ 인화점은 약 −40℃ 이하이다.
④ 발열량은 약 11,000kcal/kg로서 경유에 비하여 높다.
⑤ 자연 발화점은 약 300℃ 이상으로 경유에 비하여 높다.

09 자동차 기관 윤활유의 구비조건으로 틀린 것은?
- ㉮ 온도 변화에 따른 점도변화가 적을 것
- ㉯ 열과 산에 대하여 안정성이 있을 것
- ㉰ 발화점 및 인화점이 낮을 것
- ㉱ 카본 생성이 적으며 강인한 유막을 형성할 것

풀이 윤활유의 구비조건
① 점도가 적당할 것
② 온도변화에 따른 점도변화가 적을 것
③ 인화점 및 발화점이 높을 것
④ 카본 생성이 적으며 강인한 유막을 형성할 것
⑤ 열과 산에 대하여 안정성이 있을 것

05.㉯ 06.㉰ 07.㉱ 08.㉰ 09.㉰

10 LPG 기관의 연료장치에서 냉각수 온도가 낮을 때 시동성을 좋게 하기 위해 작동되는 밸브는?

㉮ 기상밸브 ㉯ 액상밸브
㉰ 안전밸브 ㉱ 과류방지밸브

풀이) 냉각수 온도가 낮을 때는 기화가 잘 안되므로 기상밸브를 열어 시동성을 좋게 한다.

11 일정한 체적하에서 연소가 일어나는 대표적인 가솔린 기관의 사이클은?

㉮ 오토사이클 ㉯ 디젤사이클
㉰ 사바테사이클 ㉱ 고속사이클

풀이) 자동차 기관의 기본 사이클
① 오토 사이클 : 정적 사이클 - 가솔린 기관
② 디젤 사이클 : 정압 사이클 - 저속 디젤기관
③ 사바테 사이클 : 복합(합성) 사이클 - 고속 디젤기관

12 전자제어 가솔린 분사장치의 연료펌프에서 첵밸브의 역할은?

㉮ 잔압 유지와 재시동을 용이하게 한다.
㉯ 연료 압력의 맥동을 감소시킨다.
㉰ 연료가 막혔을 때 압력을 조절한다.
㉱ 연료를 분사한다.

풀이) 첵밸브의 역할
① 역류를 방지
② 잔압을 유지
③ 베이퍼 록 방지
④ 재시동성 향상

13 전자제어 가솔린 분사장치의 특성으로 틀린 것은?

㉮ 배기가스 유해성분이 감소된다.
㉯ 벤투리가 없기 때문에 공기의 흐름 저항이 증가된다.
㉰ 냉각수 온도를 감지하여 냉간시 시동성이 향상된다.
㉱ 엔진의 응답성능이 좋다.

풀이) 전자제어 연료분사 기관의 장점
① 유해 배기가스의 저감
② 연비 및 출력 향상
③ 응답성 향상
④ 월 웨팅 (wall wetting)에 따른 저온 시동성 향상
⑤ 벤투리가 없어 공기 흐름저항이 적다.

14 배기가스 재순환 장치(EGR)의 설명으로 틀린 것은?

㉮ 가속성능의 향상을 위해 급가속시에는 차단된다.
㉯ 동력행정시 연소온도가 낮아지게 된다.
㉰ 질소산화물(NOx)의 량은 현저하게 증가한다.
㉱ 탄화수소와 일산화탄소량은 저감되지 않는다.

풀이) 배기가스 재순환 장치는 배기가스 중의 일부를 연소실로 재순환시키므로 동력행정시 연소온도가 낮아져 질소산화물의 량은 현저하게 감소한다.

ANSWER 10.㉮ 11.㉮ 12.㉮ 13.㉯ 14.㉰

15 전자제어 기관에서 냉각수 온도 감지센서의 반도체 소자로 맞는 것은?

㉮ NTC 저항체 ㉯ 제너 다이오드
㉰ 발광 다이오드 ㉱ 압전 소자

[풀이] NTC(Negative Temperature Coefficient) 저항체란 온도가 올라가면 저항값이 내려가는 반도체 소자를 말한다.

16 소형 승용차 엔진의 실린더 헤드를 대부분 알루미늄 합금으로 만드는 이유로 알맞은 것은?

㉮ 가볍고 열전달이 좋기 때문에
㉯ 녹슬지 않기 때문에
㉰ 주철에 비해 열팽창 계수가 작기 때문에
㉱ 연소실 온도를 높여 체적효율을 낮출 수 있기 때문에

[풀이] 실린더 헤드를 알루미늄으로 만드는 이유는 가볍고 열전달이 좋기 때문이다.

17 가솔린 연료에서 노크를 일으키기 어려운 성질인 내폭성을 나타내는 수치는?

㉮ 옥탄가 ㉯ 점도
㉰ 세탄가 ㉱ 베이퍼 록

[풀이] **옥탄가** : 연료의 안티 노킹성(anti-knocking, 내폭성, 제폭성)을 나타내는 정도

18 다음 내연기관에 대한 내용으로 맞는 것은?

㉮ 실린더의 이론적 발생마력을 제동마력이라 한다.
㉯ 6실린더 엔진의 크랭크축의 위상각은 90도이다.
㉰ 베어링 스프레드는 피스톤 핀 저널에 베어링을 조립시 밀착되게 끼울 수 있게 한다.
㉱ DOHC 엔진의 밸브 수는 16개이다.

[풀이] 이론적 발생마력을 이론마력이라 하며, 6실린더 엔진의 위상차는 120도 이고, DOHC 엔진의 밸브 수는 기관 및 실린더 수에 따라 다를 수 있다.

19 행정이 100mm이고, 회전수가 1,500 rpm인 4행정 사이클 가솔린 엔진의 피스톤 평균속도는?

㉮ 5m/sec ㉯ 15m/sec
㉰ 20m/sec ㉱ 50m/sec

[풀이]
$$\text{피스톤 평균속도} = \frac{2LN}{60} = \frac{LN}{30}$$

여기서, L : 행정(m)
N : 엔진 회전수(rpm)

$$\therefore \frac{0.1 \times 1,500}{30} = 5\text{m/s}$$

15.㉮ 16.㉮ 17.㉮ 18.㉰ 19.㉮

20 전자제어 엔진의 흡입 공기량 검출에 사용되는 MAP 센서 방식에서 진공도가 크면 출력 전압값은 어떻게 변하는가?

㉮ 낮아진다.
㉯ 높아진다.
㉰ 낮아지다가 갑자기 높아진다.
㉱ 높아지다가 갑자기 낮아진다.

풀이 MAP 센서는 진공도가 크면(절대압력이 작으면) 출력 전압은 낮아지고, 진공도가 작으면(절대압력이 크면) 출력 전압은 커진다.

21 일반 디젤기관의 분사펌프에서 최고회전을 제어하며 과속(over run)을 방지하는 기구는?

㉮ 타이머   ㉯ 조속기
㉰ 세그먼트   ㉱ 피드 펌프

풀이 디젤기관은 사용조건의 변화가 커서 부하 및 회전속도 변동에 따라 오버 런이나 기관의 작동정지가 발생될 수 있다. 이를 방지하기 위하여 조속기로 분사량을 가감하여 운전을 안정시킨다.

22 기관 작동 중 냉각수의 온도가 83°C를 나타낼 때 절대 온도는?

㉮ 약 563 K   ㉯ 약 456 K
㉰ 약 356 K   ㉱ 약 263 K

풀이 절대온도(°K) = 게이지 온도 + 273.15°
　　　　　　　= 83 + 273.15°
　　　　　　　= 356.15°K

23 신품 방열기의 용량이 3.0L 이고, 사용 중인 방열기의 용량이 2.4L 일 때 코어 막힘률은?

㉮ 55 %   ㉯ 30 %
㉰ 25 %   ㉱ 20 %

풀이 코어 막힘률
$= \dfrac{신품용량 - 구품용량}{신품용량} \times 100(\%)$

∴ 코어 막힘률 $= \dfrac{3-2.4}{3} \times 100 = 20(\%)$

24 동력전달장치에서 동력전달 각의 변화를 가능하게 하는 이음은?

㉮ 슬립 이음   ㉯ 스플라인 이음
㉰ 플랜지 이음   ㉱ 자재 이음

풀이
① 추진축 : 회전력 전달
② 자재이음 : 각도 변화
③ 슬립이음 : 길이 변화

25 전자제어 현가장치(ECS)에서 각 쇽업소버에 장착되어 컨트롤 로드를 회전시켜 오일 통로가 변환되면 Hard나 Soft로 감쇠력 제어를 가능하게 하는 것은?

㉮ ECS 지시 패널   ㉯ 액추에이터
㉰ 스위칭 로드   ㉱ 차고센서

풀이 액추에이터는 각 쇽업소버에 장착되어 컨트롤 로드를 회전시켜 오일 통로가 변환되면 Hard나 Soft로 감쇠력 제어를 가능하게 한다.

ANSWER 20.㉮ 21.㉯ 22.㉰ 23.㉱ 24.㉱ 25.㉯

26 물이 고여 있는 도로주행 시 하이드로 플레이닝 현상을 방지하기 위한 방법으로 틀린 것은?

㉮ 저속 운전을 한다.
㉯ 트레드 마모가 적은 타이어를 사용한다.
㉰ 타이어 공기압을 낮춘다.
㉱ 리브형 패턴을 사용한다.

풀이 하이드로 플레이닝(hydro planning) 방지 방법
① 트레드의 마모가 적은 타이어를 사용한다.
② 타이어의 공기압을 높인다.
③ 카프형으로 셰이빙 가공한 것을 사용한다.
④ 물 배출이 용이한 리브 패턴의 타이어를 사용한다.
⑤ 차량의 속도를 감속한다.

27 기관의 회전속도가 2,000rpm, 제2속의 변속비가 2 : 1, 종감속비가 3 : 1, 타이어의 유효반지름이 50cm일 때 차량의 속도는?

㉮ 약 62.8 km/h   ㉯ 약 46.8 km/h
㉰ 약 34.8 km/h   ㉱ 약 17.8 km/h

풀이
$$차속 = \frac{\pi DN}{R_t \times R_f} \times \frac{60}{1,000}$$

여기서, D : 타이어 직경(m)
N : 엔진회전수(rpm)
R_t : 변속비
R_f : 종감속비

$$\therefore 차속 = \frac{3.14 \times 1 \times 2,000}{2 \times 3} \times \frac{60}{1,000}$$
$$= 62.8 \text{km/h}$$

28 수동변속기 장치에서 클러치 압력판의 역할로 옳은 것은?

㉮ 기관의 동력을 받아 속도를 조절한다.
㉯ 제동거리를 짧게 한다.
㉰ 견인력을 증가시킨다.
㉱ 클러치판을 밀어서 플라이휠에 압착시키는 역할을 한다.

풀이 클러치 압력판은 클러치 판을 플라이 휠에 압착시키는 역할을 한다.

29 수동변속기 자동차에서 변속이 어려운 이유 중 틀린 것은?

㉮ 클러치의 끊김 불량
㉯ 컨트롤 케이블의 조정 불량
㉰ 기어오일의 과다 주입
㉱ 싱크로메시 기구의 불량

풀이 수동변속기 자동차에서 변속이 어려운 이유
① 싱크로메시 기구의 불량
② 클러치의 끊김 불량
③ 컨트롤 케이블의 조정 불량

30 자동차의 앞바퀴 정렬에서 토인 조정은 무엇으로 하는가?

㉮ 드래그 링크의 길이
㉯ 타이로드의 길이
㉰ 시임의 두께
㉱ 와셔의 두께

풀이 토인은 타이로드의 길이를 가감시켜 조정한다.

26.㉰ 27.㉮ 28.㉱ 29.㉰ 30.㉯

31. 유압식 브레이크 원리는 어디에 근거를 두고 응용한 것인가?

㉮ 브레이크액의 높은 비등점
㉯ 브레이크액의 높은 흡습성
㉰ 밀폐된 액체의 일부에 작용하는 압력은 모든 방향에 동일하게 작용한다.
㉱ 브레이크액은 작용하는 압력을 분산시킨다.

풀이 유압식 브레이크는 밀폐된 액체의 일부에 작용하는 압력은 모든 방향에 동일하게 작용한다는 파스칼의 원리를 응용한 것이다.

32. 자동차가 선회할 때 차체의 좌·우 진동을 억제하고 롤링을 감소시키는 것은?

㉮ 스태빌라이저   ㉯ 겹판 스프링
㉰ 타이로드   ㉱ 킹핀

풀이 스태빌라이저는 선회시 차체의 좌우 진동(롤링)을 완화하는 기능을 한다.

33. 전자제어 제동장치(ABS)의 구성요소가 아닌 것은?

㉮ 휠 스피드 센서
㉯ 전자제어 유닛
㉰ 하이드롤릭 컨트롤 유닛
㉱ 각속도 센서

풀이 ABS의 구성부품
① 휠 스피드 센서 : 차륜의 회전상태를 검출
② 전자제어 유닛(E.C.U) : 휠 스피드 센서의 신호를 받아 ABS를 제어
③ 하이드롤릭 유닛 : E.C.U의 신호에 따라 휠 실린더에 공급되는 유압을 제어

34. 자동변속기 차량에서 토크 컨버터의 성능을 나타낸 사항이 아닌 것은?

㉮ 속도 비   ㉯ 클러치 비
㉰ 전달 효율   ㉱ 토크 비

풀이 토크 컨버터의 성능
① 속도비(n) = $\dfrac{터빈 회전수(N_t)}{펌프 회전수(N_p)}$

② 토크비(t) = $\dfrac{터빈 회전력(T_t)}{펌프 회전력(T_p)}$

③ 전달효율(η) = 속도비 × 토크비 = t × n

35. 주행 중 제동 시 좌우 편제동의 원인으로 틀린 것은?

㉮ 드럼의 편마모
㉯ 휠 실린더 오일 누설
㉰ 라이닝 접촉불량, 기름부착
㉱ 마스터 실린더의 리턴 구멍 막힘

풀이 브레이크 작동시 한 쪽으로 쏠리는 원인
① 드럼이 편마모되었다.
② 좌우 타이어 공기압에 차이가 있다.
③ 좌우 라이닝 간극 조정이 틀리게 조정되었다.
④ 한 쪽 휠 실린더의 작동이 불량하다.
⑤ 라이닝의 접촉불량 또는 기름이 묻어있다.
⑥ 앞바퀴 정렬이 잘못되었다.

36. 축전지의 자기 방전율은 온도가 높아지면 어떻게 되는가?

㉮ 일정하다.   ㉯ 높아진다.
㉰ 관계없다.   ㉱ 낮아진다.

풀이 축전지의 자기 방전율은 온도가 높아지면 많아지고, 온도가 낮아지면 작아진다.

31.㉰ 32.㉮ 33.㉱ 34.㉯ 35.㉱ 36.㉯

37 전자제어 동력조향장치의 요구조건이 아닌 것은?

㉮ 저속 시 조향휠의 조작력이 적을 것
㉯ 고속 직진시 복원 반력이 감소할 것
㉰ 긴급 조향시 신속한 조향반응이 보장될 것
㉱ 직진 안정성과 미세한 조향감각이 보장될 것

풀이 동력 조향장치(EPS)의 요구조건
① 직진 안정성과 미세한 조향감각이 보장될 것
② 저속 시 조향휠의 조작력이 적을 것
③ 저속에서는 가볍고, 고속에서는 적절히 무거울 것
④ 긴급 조향시 신속한 조향반응이 보장될 것

38 제동장치에서 후륜의 잠김으로 인한 스핀을 방지하기 위해 사용되는 것은?

㉮ 릴리프 밸브
㉯ 컷 오프 밸브
㉰ 프로포셔닝 밸브
㉱ 솔레노이드 밸브

풀이 프로포셔닝 밸브는 브레이크 페달을 밟았을 때 뒷바퀴가 조기에 고착되지 않도록 뒷바퀴의 유압을 제어한다. 제동 중 뒷바퀴가 로크되면 자동차는 스핀이 발생된다.

39 자동차용으로 주로 사용되는 발전기는?

㉮ 단상 교류 ㉯ Y상 교류
㉰ 3상 교류 ㉱ 3상 직류

풀이 자동차용 발전기는 3상 교류를 주로 사용한다.

40 자동차가 1.5km의 언덕길을 올라가는데 10분, 내려오는데 5분 걸렸다면 평균 속도는?

㉮ 8km/h ㉯ 12km/h
㉰ 16km/h ㉱ 24km/h

풀이 속도(km/h) = $\frac{주행거리}{주행시간}$

주행시간은 왕복 15분 = 0.25시간이므로

∴ 속도 = $\frac{3}{0.25}$ = 12km/h

41 자동변속기의 변속을 위한 가장 기본적인 정보에 속하지 않는 것은?

㉮ 변속기 오일 온도
㉯ 변속 레버 위치
㉰ 엔진 부하(스로틀 개도)
㉱ 차량 속도

풀이 자동변속기의 변속은 운전자의 의지(변속레버 위치), 엔진부하(스로틀 개도), 자동차 속도에 의해 이루어진다.

42 전자제어 에어컨 장치(FATC)에서 컨트롤 유닛(컴퓨터)이 제어하지 않는 것은?

㉮ 히터 밸브
㉯ 송풍기 속도
㉰ 컴프레서 클러치
㉱ 리시버 드라이어

풀이 전자동 에어컨(FATC)에서 에어컨 ECU는 컴프레서의 작동, 송풍기 회전 속도, 히터 밸브 등을 제어하여 실내온도를 적절하게 유지한다.

37.㉯ 38.㉰ 39.㉰ 40.㉯ 41.㉮ 42.㉱

43 조향장치에서 많이 사용되는 조향기어의 종류가 아닌 것은?

㉮ 래크–피니언(rack and pinion) 형식
㉯ 웜–섹터 롤러(worm and sector roller) 형식
㉰ 롤러–베어링(roller and bearing) 형식
㉱ 볼–너트(ball and nut) 형식

풀이 조향기어의 종류
① 래크–피니언(rack and pinion) 형식
② 웜–섹터 롤러(worm and sector roller) 형식
③ 볼–너트(ball and nut) 형식

44 반도체 소자 중 광센서가 아닌 것은?

㉮ 발광 다이오드
㉯ 포토 트랜지스터
㉰ CdS–광전소자
㉱ 노크 센서

풀이 노크센서는 압전소자이다.

45 반도체 소자 중 사이리스터(SCR)의 단자에 해당하지 않는 것은?

㉮ 애노드(anode)
㉯ 게이트(gate)
㉰ 캐소드(cathode)
㉱ 컬렉터(collector)

풀이 사이리스터(SCR)의 단자 명칭 : 애노드(A), 캐소드(K), 게이트(G)

46 전조등 광원의 광도가 20,000cd 이며, 거리가 20m 일 때 조도는?

㉮ 50 Lx   ㉯ 100 Lx
㉰ 150 Lx   ㉱ 200 Lx

풀이
$$조도 = \frac{광도(cd)}{r^2}$$

여기서 r : 거리(m)

$\therefore$ 조도 $= \dfrac{20,000}{20^2} = 50 \text{Lux}$

47 다음 중 가속도(G) 센서가 사용되는 전자 제어 장치는?

㉮ 에어백(SRS) 장치
㉯ 배기장치
㉰ 정속주행 장치
㉱ 분사장치

풀이 가속도(G) 센서는 차량 충돌시 가·감속도를 감지하여 에어백의 작동유무를 판정한다.

48 점화장치에서 파워트랜지스터에 대한 설명으로 틀린 것은?

㉮ 베이스 신호는 ECU에서 받는다.
㉯ 점화코일 1차 전류를 단속한다.
㉰ 이미터 단자는 접지되어 있다.
㉱ 컬렉터 단자는 점화 2차코일과 연결되어 있다.

풀이 컬렉터 단자는 점화 1차코일 (–) 단자에 연결되어 있다.

43.㉰ 44.㉱ 45.㉱ 46.㉮ 47.㉮ 48.㉱

49 기동전동기의 시동(크랭킹)회로에 대한 내용으로 틀린 것은?

㉮ B 단자까지의 배선은 굵은 것을 사용해야 한다.
㉯ B 단자와 ST 단자를 연결해 주는 것은 마그네트 스위치(key) 이다.
㉰ B 단자와 M 단자를 연결해 주는 것은 마그네트 스위치(key) 이다.
㉱ 축전지 접지가 좋지 않더라도 (+) 선의 접촉이 좋으면 작동에는 지장이 없다.

풀이 축전지 접지가 좋지 않으면 기동전동기는 작동하지 않는다.

50 AND 게이트 회로의 입력 A, B, C, D 에 각각 입력으로 A = 1, B = 1, C = 1, D = 0가 들어갔을 때 출력 X는?

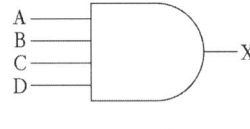

㉮ 0   ㉯ 1
㉰ 2   ㉱ 3

풀이 AND 게이트 회로는 A, B, C, D 모두 1 이어야 1이 출력되고, 하나라도 0이면 0이 출력된다.

51 위험성 정도에 따라 제2종으로 구분되는 유기용제의 색 표시는?

㉮ 빨강   ㉯ 파랑
㉰ 노랑   ㉱ 초록

풀이 유기용제의 색 표시 : 1종 - 적색, 2종 - 황색, 3종 - 청색

52 전기 기계나 기구의 노출된 충전부에 직접 접촉에 의한 감전 방지책이 아닌 것은?

㉮ 충전부가 노출되지 않도록 한다.
㉯ 충전부에 방호망 또는 절연 덮개를 설치한다.
㉰ 발전소, 변전소 및 개폐소에 관계 근로자 외 출입을 금지한다.
㉱ 작업장 바닥 절연처리와 절연물 마감처리를 한다.

풀이 감전 방지대책
① 충전부가 노출되지 않도록 한다.
② 충전부에 방호망 또는 절연 덮개를 설치한다.
③ 발전소, 변전소 및 개폐소에 관계 근로자 외 출입을 금지한다.

53 리벳이음 작업을 할 때의 유의사항으로 거리가 먼 것은?

㉮ 알맞은 리벳을 사용한다.
㉯ 간극이 있을 때는 두 일감 사이에 여유공간을 두고 리벳이음을 한다.
㉰ 리벳머리 세트나 일감 표면에 손상을 주지 않도록 한다.
㉱ 일감과 리벳을 리벳세트로 서로 긴밀한 접촉이 이루어지도록 한다.

풀이 리벳이음 작업시 두 일감은 간극이 없어야 한다.

49.㉱ 50.㉮ 51.㉰ 52.㉱ 53.㉯

54 지렛대를 사용할 때 유의사항으로 틀린 것은?

㉮ 깨진 부분이나 마디 부분에 결함이 없어야 한다.
㉯ 손잡이가 미끄러지지 않도록 조치를 취한다.
㉰ 화물의 치수나 중량에 적합한 것을 사용한다.
㉱ 파이프를 철제 대신 사용한다.

풀이 속이 비어있는 파이프를 사용해선 안된다.

55 압축 압력계를 사용하여 실린더의 압축 압력을 점검할 때 안전 및 유의사항으로 틀린 것은?

㉮ 기관을 시동하여 정상온도(워밍업)가 된 후에 시동을 건 상태에서 점검한다.
㉯ 점화계통과 연료계통을 차단시킨 후 크랭킹 상태에서 점검한다.
㉰ 시험기는 밀착하여 누설이 없도록 한다.
㉱ 측정값이 규정값보다 낮으면 엔진 오일을 약간 주입 후 다시 측정한다.

풀이 압축압력 점검은 정상온도가 된 후에 시동을 끄고 점검한다.

56 공기압축기의 안전장치 중에서 규정 이상의 압력에 달하면 작동하여 공기를 배출시키는 것은?

㉮ 배수 밸브   ㉯ 체크 밸브
㉰ 압력계   ㉱ 안전 밸브

풀이 공기압축기의 공기 압력이 규정 이상의 압력에 달하면 안전 밸브가 작동하여 공기를 배출시킨다.

57 자동변속기 전자제어 장치 정비 시 안전 및 유의사항으로 옳지 않은 것은?

㉮ 펄스제너레이터 출력전압 파형 측정시 주행 중에 측정한다.
㉯ 컨트롤 케이블을 점검할 때는 브레이크 페달을 밟고, 주차 브레이크를 완전히 채우고 점검한다.
㉰ 차량을 리프트에 올려놓고 바퀴 회전시 주위에 떨어져 있어야 한다.
㉱ 부품센서 교환시 점화스위치 off 상태에서 축전기 접지 케이블을 탈거한다.

풀이 출력전압 파형 측정시 차량을 리프트에 올려 놓고 측정한다.

58 차량에서 캠버, 캐스터 측정시 유의사항이 아닌 것은?

㉮ 수평인 바닥에서 한다.
㉯ 타이어 공기압을 규정치로 한다.
㉰ 차량의 화물은 적재상태로 한다.
㉱ 새시스프링은 안정 상태로 한다.

풀이 차량은 공차상태로 한다.

54.㉱ 55.㉮ 56.㉱ 57.㉮ 58.㉰

59 자동차 에어컨 가스 냉매용기의 취급사항으로 틀린 것은?

㉮ 냉매 용기는 직사광선이 비치는 곳에 방치하지 않는다.
㉯ 냉매 용기의 보호 캡을 항상 씌워 둔다.
㉰ 냉매가 피부에 접촉되지 않도록 한다.
㉱ 냉매 충전 시에는 냉매 용기에 완전히 채우도록 한다.

풀이 냉매 충전은 폭발위험이 있으므로 80%만 채운다.

60 기관의 냉각장치를 점검·정비할 때 안전 및 유의사항으로 틀린 것은?

㉮ 방열기 코어가 파손되지 않도록 한다.
㉯ 워터 펌프 베어링은 세척하지 않는다.
㉰ 방열기 캡을 열 때는 압력을 서서히 제거하며 연다.
㉱ 누수 여부를 점검할 때 압력시험기의 지침이 멈출 때까지 압력을 가압한다.

풀이 압력기 지침은 규정 압력까지 가압한다.

59.㉱ 60.㉱

자동차정비기능사 제2회

(2012.04.08 시행)

01 차량 주행 중 급감속시 스로틀 밸브가 급격히 닫히는 것을 방지하여 운전성을 좋게 하는 것은?

㉮ 아이들업 솔레노이드
㉯ 대시포트
㉰ 퍼지 컨트롤 밸브
㉱ 연료 차단 밸브

풀이 대시포트(dash pot)는 급감속시 스로틀 밸브가 급격히 닫히는 것을 방지하여 운전성을 좋게 한다.

02 배기가스의 일부를 배기계에서 흡기계로 재순환시켜 질소산화물 생성을 억제시키는 장치는?

㉮ 퍼지컨트롤 밸브
㉯ 차콜 캐니스터
㉰ EGR(Exhaust Gas Recirculation)
㉱ 가변밸브 타이밍 제어장치(CVVT)

풀이 EGR(Exhaust Gas Recirculation)이란 배기가스의 일부를 흡기계로 재순환시키는 장치이다.

03 일반적으로 기관의 회전력이 가장 클 때는?

㉮ 어디서나 같다.   ㉯ 저속
㉰ 고속   ㉱ 중속

풀이 A : 출력, B : 회전력, C : 연료소비율 곡선이다. 따라서 회전력 곡선에서 중속일 때 회전력이 가장 크다.

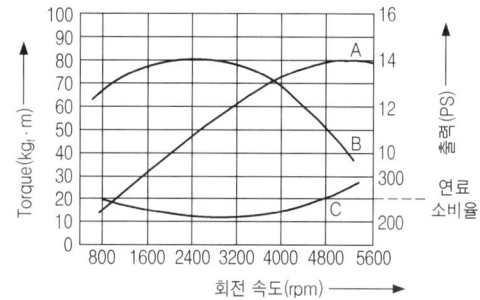

04 피스톤 헤드 부분에 있는 홈(Heat Dam)의 역할은?

㉮ 제 1 압축링을 끼우는 홈이다.
㉯ 열의 전도를 방지하는 홈이다.
㉰ 무게를 가볍게 하기 위한 홈이다.
㉱ 응력을 집중하기 위한 홈이다.

풀이 히트 댐(Heat Dam)이란 피스톤 헤드부에 홈을 두어 열의 전도를 방지하는 댐이다.

01.㉯ 02.㉰ 03.㉱ 04.㉯

05 배기계통에 설치되어 있는 지르코니아 산소 센서(O_2 sensor)가 배기가스 내에 포함된 산소의 농도를 검출하는 방법은?

㉮ 기전력의 변화 ㉯ 저항력의 변화
㉰ 산화력의 변화 ㉱ 전자력의 변화

풀이 산소(O_2)센서는 배기관에 장착되어 있으며 배기가스 중의 산소 농도차에 따라 전압(기전력)이 발생되면 이를 피드백하여 이론 공연비로 제어하기 위한 센서이다.

06 전자제어 엔진의 연료펌프 내부에 첵밸브(Check Valve)가 하는 역할은?

㉮ 차량이 전복 시 화재발생을 방지하기 위해 사용된다.
㉯ 연료라인의 과도한 연료압 상승을 방지하기 위한 목적으로 설치되었다.
㉰ 인젝터에 가해지는 연료의 잔압을 유지시켜 베이퍼록 현상을 방지한다.
㉱ 연료라인에 적정 작동압이 상승될 때까지 시간을 지연시킨다.

풀이 연료펌프의 첵밸브는 연료펌프가 작동을 멈출 때 연료 출구를 막아 연료의 역류를 방지하며 잔압을 유지하여 고온에 의한 베이퍼 록을 방지하고, 재시동성을 향상시킨다.

07 흡기 장치에는 공기유량을 계측하는 방식이 있다. 공기 질량 측정 방식에 해당하는 것은?

㉮ 흡기다기관 압력 방식
㉯ 가동 베인식
㉰ 열선식
㉱ 칼만 와류식

풀이 흡입공기량 계측방식
① 직접 계측방식(mass flow type)
  ㉠ 체적 검출방식 : 베인식, 칼만 와류식
  ㉡ 질량 검출방식 : 열선(Hot wire)식, 열막(Hot film)식
② 간접 계측방식(speed density type) : 흡기 다기관 절대압력(MAP센서) 방식

08 LP 가스 용기 내의 압력을 일정하게 유지시켜 폭발 등의 위험을 방지하는 역할을 하는 것은?

㉮ 안전밸브
㉯ 과류방지밸브
㉰ 긴급 차단밸브
㉱ 과충전 방지 밸브

풀이 안전밸브는 용기 내의 압력을 일정하게(약 24 kg_f/cm^2) 유지시켜 폭발 등의 위험을 방지하는 역할을 한다.

09 내연기관 밸브장치에서 밸브스프링의 점검과 관계없는 것은?

㉮ 스프링 장력 ㉯ 자유높이
㉰ 직각도   ㉱ 코일의 수

풀이 밸브 스프링 점검사항 : 직각도, 자유고, 장력

05.㉮ 06.㉰ 07.㉰ 08.㉮ 09.㉱

10 내연기관에서 언더 스퀘어 엔진은 어느 것인가?

㉮ 행정 / 실린더 내경 = 1
㉯ 행정 / 실린더 내경 < 1
㉰ 행정 / 실린더 내경 > 1
㉱ 행정 / 실린더 내경 ≦ 1

[풀이] 언더 스퀘어(under square) 엔진이란 내경이 행정보다 작은 엔진을 말한다.
즉, 행정 / 실린더 내경 > 1

11 기관의 체적효율이 떨어지는 원인과 관계 있는 것은?

㉮ 흡입 공기가 열을 받았을 때
㉯ 과급기를 설치할 때
㉰ 흡입 공기를 냉각할 때
㉱ 배기밸브보다 흡기밸브가 클 때

[풀이] 흡입공기가 열을 받으면 공기의 체적이 팽창되어 흡입되므로 체적효율이 떨어진다.

12 공기량 검출 센서 중에서 초음파를 이용하는 센서는?

㉮ 핫필름식 에어플로 센서
㉯ 칼만와류식 에어플로 센서
㉰ 댐핑 챔버를 이용한 에어플로 센서
㉱ MAP을 이용한 에어플로 센서

[풀이] 칼만 와류식은 초음파를 발생하여 칼만 와류수 만큼 밀집되거나 분산되어 수신기에 디지털 펄스로 측정된다.

13 자동차용 LPG 연료의 특성을 잘못 설명한 것은?

㉮ 연소 효율이 좋고 엔진운전이 정숙하다.
㉯ 증기폐쇄(vapor lock)가 잘 일어난다.
㉰ 대기오염이 적으므로 위생적이고 경제적이다.
㉱ 엔진 윤활유의 오염이 적으므로 엔진수명이 길다.

[풀이] LPG 연료의 특징
① 연소효율이 좋고, 엔진이 정숙하다.
② 오일의 오염이 적어 엔진 수명이 길다.
③ 연소실에 카본부착이 없어 점화플러그 수명이 길어진다.
④ 대기오염이 적고, 위생적이며 경제적이다.
⑤ 옥탄가가 높고 노킹이 적어 점화시기를 앞당길 수 있다.
※ 가스상태이므로 증기폐쇄가 일어나지 않는다.

14 신품 라디에이터의 냉각수 용량이 원래 30L 인데 물을 넣으니 15L 밖에 들어가지 않는다면, 코어의 막힘률은?

㉮ 10% ㉯ 25%
㉰ 50% ㉱ 98%

[풀이] 코어 막힘률
$$= \frac{신품용량 - 구품용량}{신품용량} \times 100(\%)$$
$$\therefore 코어\ 막힘률 = \frac{30-15}{30} \times 100 = 50(\%)$$

10.㉰ 11.㉮ 12.㉯ 13.㉯ 14.㉰

15 디젤기관의 연료 세탄가와 관계없는 것은?

㉮ 세탄가는 기관 성능에 크게 영향을 준다.
㉯ 옥탄가가 낮은 디젤 연료일수록 그의 세탄가는 높다.
㉰ 세탄가가 높으면 착화 지연시간을 단축시킨다.
㉱ 세탄가란 세탄과 알파 메틸 나프탈렌의 혼합액으로 세탄의 함량에 따라서 다르다.

풀이 디젤연료는 옥탄가와 관계가 없다.

16 제작자동차 등의 안전기준에서 2점식 또는 3점식 안전띠의 골반부분 부착장치는 몇 kg$_f$의 하중에 10초 이상 견뎌야 하는가?

㉮ 1,270kg$_f$ ㉯ 2,270kg$_f$
㉰ 3,870kg$_f$ ㉱ 5,670kg$_f$

풀이 2점식 또는 3점식 안전띠의 골반부분 부착장치는 2,270kg$_f$의 하중에 10초 이상 견딜 것

17 고속 디젤기관의 열역학적 기본 사이클은?

㉮ 브레이튼 사이클   ㉯ 오토 사이클
㉰ 사바테 사이클   ㉱ 디젤 사이클

풀이 자동차 기관의 기본 사이클
① 오토 사이클 : 정적 사이클 - 가솔린 기관
② 디젤 사이클 : 정압 사이클 - 저속 디젤기관
③ 사바테 사이클 : 복합(합성) 사이클 - 고속 디젤기관

18 디젤기관의 연소실 형식에서 직접분사식의 장점이 아닌 것은?

㉮ 분사노즐의 상태에 민감하게 반응한다.
㉯ 연소실 구조가 간단하다.
㉰ 냉시동이 용이하다.
㉱ 열효율이 좋다.

풀이 직접분사식 연소실의 장·단점
① 실린더 헤드의 구조가 간단하다.
② 열효율이 높다.
③ 엔진의 시동이 쉽고, 연료 소비율이 적다.
④ 연소실 표면적이 작기 때문에 열손실이 적다.
⑤ 사용 연료에 매우 민감하여 노크 발생이 쉽다.

19 전자제어 기관에서 배기가스가 재순환되는 EGR 장치의 EGR율(%)을 바르게 나타낸 것은?

㉮ EGR율 = $\dfrac{\text{EGR 가스량}}{\text{배기 공기량}+\text{EGR 가스량}} \times 100$

㉯ EGR율 = $\dfrac{\text{EGR 가스량}}{\text{흡입 공기량}+\text{EGR 가스량}} \times 100$

㉰ EGR율 = $\dfrac{\text{흡기 공기량}}{\text{흡입 공기량}+\text{EGR 가스량}} \times 100$

㉱ EGR율 = $\dfrac{\text{배기 가스량}}{\text{흡입 공기량}+\text{EGR 가스량}} \times 100$

풀이 EGR율이란 실린더가 흡입한 공기량 중 EGR을 통해 유입된 가스량과의 비율이다.

15.㉯ 16.㉯ 17.㉰ 18.㉮ 19.㉯

20 연소실 체적이 210cc 이고, 행정체적이 3,780cc 인 디젤 6기통 기관의 압축비는 얼마인가?

㉮ 17 : 1   ㉯ 18 : 1
㉰ 19 : 1   ㉱ 20 : 1

 압축비 $\epsilon = \dfrac{\text{실린더 체적}}{\text{연소실 체적}}$

$= 1 + \dfrac{\text{행정 체적(배기량)}}{\text{연소실 체적}}$

∴ 압축비 $= 1 + \dfrac{3,780}{210} = 19$

21 기관정비 작업시 피스톤링의 이음 간극을 측정할 때 측정도구로 가장 알맞은 것은?

㉮ 마이크로 미터
㉯ 버니어 캘리퍼스
㉰ 시크니스 게이지
㉱ 다이얼 게이지

피스톤링 이음 간극 측정은 시크니스 게이지(thickness, 필러 게이지)로 측정한다.

22 1 PS로 1 시간 동안 하는 일량을 열량 단위로 표시하면?

㉮ 약 432.7kcal   ㉯ 약 532.5kcal
㉰ 약 632.3kcal   ㉱ 약 732.2kcal

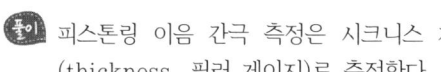
1ps−h = 75kg_f·m/s × 3,600s
= 270,000kg_f·m
1kcal = 427kg_f·m 이므로,
270,000 ÷ 427 = 632.3kcal

23 기관의 윤활유 구비조건으로 틀린 것은?

㉮ 비중이 적당할 것
㉯ 인화점 및 발화점이 낮을 것
㉰ 점성과 온도와의 관계가 양호할 것
㉱ 카본 생성에 대한 저항력이 있을 것

윤활유의 구비조건
① 인화점과 발화점이 높을 것
② 응고점이 낮을 것
③ 비중과 점도가 적당할 것
④ 열과 산에 대하여 안정될 것
⑤ 카본 생성에 대해 저항력이 클 것

24 일반적인 브레이크 오일의 주성분은?

㉮ 윤활유와 경유
㉯ 알콜과 피마자 기름
㉰ 알콜과 윤활유
㉱ 경유와 피마자 기름

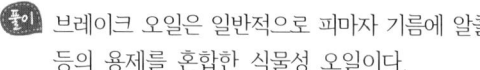 브레이크 오일은 일반적으로 피마자 기름에 알콜 등의 용제를 혼합한 식물성 오일이다.

25 유압식 브레이크 장치에서 브레이크가 풀리지 않는 원인은?

㉮ 오일 점도가 낮기 때문
㉯ 파이프 내의 공기 혼입
㉰ 첵밸브의 접촉 불량
㉱ 마스터 실린더의 리턴구멍 막힘

유압식 브레이크 장치에서 마스터 실린더의 리턴 구멍이 막히면 브레이크 액이 리턴되지 못하므로 브레이크가 풀리지 않는 원인이 된다.

20.㉰ 21.㉰ 22.㉰ 23.㉯ 24.㉯ 25.㉱

26 전자제어 현가장치(ECS)에서 보기의 설명으로 맞는 것은?

[보기]
조향 휠 각속도센서와 차속정보에 의해 ROLL 상태를 조기에 검출해서 일정시간 감쇠력을 높여 차량이 선회 주행시 ROLL을 억제하도록 한다.

㉮ 안티 스쿼트 제어
㉯ 안티 다이브 제어
㉰ 안티 롤 제어
㉱ 안티 시프트 스쿼트 제어

풀이 차량의 자세 제어
① 안티 롤 제어 : 선회시 차량이 기울어지는 롤 상태를 검출하여 롤을 억제
② 안티 다이브 제어 : 급제동시 앞쪽은 내려가고 뒤쪽은 들어 올려지는 현상을 검출하여 다이브를 억제
③ 안티 스쿼트 제어 : 급출발시 앞쪽은 들어 올려지고 뒤쪽은 내려가는 현상을 검출하여 스쿼트를 억제
④ 안티 시프트 스쿼트 제어 : N→D 또는 N→R 변속시 앞, 또는 뒤쪽이 들어 올려지는 현상을 억제

27 자동변속기 차량의 토크컨버터 내부에서 고속 회전시 터빈과 펌프를 기계적으로 직결시켜 슬립을 방지하는 것은?

㉮ 스테이터
㉯ 댐퍼 클러치
㉰ 일방향 클러치
㉱ 가이드 링

풀이 댐퍼 클러치는 자동변속기 차량의 토크컨버터 내부에서 고속 회전시 터빈과 펌프를 기계적으로 직결시켜 슬립을 방지하는 역할을 한다.

28 자동차의 중량을 액슬 하우징에 지지하여 바퀴를 빼지 않고 액슬축을 빼낼 수 있는 형식은?

㉮ 반부동식
㉯ 전부동식
㉰ 분리 차축식
㉱ $\frac{3}{4}$ 부동식

풀이 전부동식(全浮動式, full floating type)은 바퀴를 떼어내지 않고도 바퀴 중앙에 위치한 액슬축 고정 볼트를 풀면 액슬축을 떼어낼 수 있다.

29 자동변속기를 제어하는 TCU(Transaxle Control Unit)에 입력되는 신호가 아닌 것은?

㉮ 인히비터 스위치
㉯ 스로틀 포지션 센서
㉰ 엔진 회전수
㉱ 휠 스피드 센서

풀이 휠 스피드 센서는 ABS ECU에 입력된다.

30 동력조향장치에서 오일펌프에 걸리는 부하가 기관 아이들링 안정성에 영향을 미칠 경우 오일펌프 압력 스위치는 어떤 역할을 하는가?

㉮ 유압을 더욱 다운시킨다.
㉯ 부하를 더욱 증가시킨다.
㉰ 기관 아이들링 회전수를 증가시킨다.
㉱ 기관 아이들링 회전수를 다운시킨다.

풀이 동력 조향장치에서 오일펌프에 부하가 걸리면 기관 아이들링이 불안정해 지므로 ECU는 오일압력 스위치 신호를 입력받아 기관 아이들링 회전수를 증가시킨다.

26.㉰ 27.㉯ 28.㉯ 29.㉱ 30.㉰

31 종감속 및 차동장치에서 구동 피니언의 잇수가 6, 링기어의 잇수가 60, 추진축이 1,000rpm일 때 왼쪽바퀴가 150rpm이었다. 이 때 오른쪽 바퀴는 몇 rpm인가?

㉮ 25rpm　　㉯ 50rpm
㉰ 75rpm　　㉱ 100rpm

풀이 한쪽바퀴 회전수(Nw)

$$Nw = \frac{추진축 회전수}{종감속비} \times 2 - 다른 쪽바퀴 회전수$$

∴ 한쪽바퀴 회전수(Nw)

$$= \frac{1,000}{\frac{60}{6}} \times 2 - 150 = 50$$

32 조향장치가 갖추어야 할 구비조건으로 틀린 것은?

㉮ 조향 조작이 주행 중의 충격에 영향을 받지 않을 것
㉯ 조작하기 쉽고 방향 전환이 원활하게 행하여 질 것
㉰ 선회 시 저항이 적고 선회 후 복원성이 좋을 것
㉱ 조행핸들의 회전과 바퀴 선회의 차가 클 것

풀이 조향장치가 갖추어야 할 조건
① 조작하기 쉽고 방향전환이 원활하게 행해질 것
② 회전반경이 적을 것
③ 조향핸들과 바퀴의 선회 차가 크지 않을 것
④ 조향조작이 주행 중의 충격에 영향을 받지 않을 것
⑤ 고속 주행에도 조향휠이 안정되고 복원력이 좋을 것

33 주행 중 타이어의 열 상승에 가장 영향을 적게 미치는 것은?

㉮ 주행속도 증가
㉯ 하중의 증가
㉰ 공기압의 증가
㉱ 주행거리 증가(장거리 주행)

풀이 타이어 온도 상승 요인
① 마찰계수의 증가
② 하중의 증가
③ 주행속도의 증가
④ 주행거리의 증가(장거리 주행)

34 자동차가 주행 중 앞부분에 심한 진동이 생기는 현상인 트램핑(tramping)의 주된 원인은?

㉮ 적재량 과다
㉯ 토숀바 스프링 마멸
㉰ 내압의 과다
㉱ 바퀴의 불평형

풀이 휠 트램프(wheel tramp)란 타이어 앞부분의 동적 평형이 맞지 않아 주행 중 자동차의 앞부분에 심한 진동이 발생되는 현상을 말한다.

35 자동차용 AC 발전기의 내부구조와 가장 밀접한 관계가 있는 것은?

㉮ 슬립링　　㉯ 전기자
㉰ 오버러닝 클러치　　㉱ 정류자

풀이 AC 발전기의 구성부품 : 스테이터, 로터, 슬립링

31.㉯　32.㉱　33.㉰　34.㉱　35.㉮

36 변속기의 기능 중 틀린 것은?

㉮ 기관의 회전력을 변환시켜 바퀴에 전달한다.
㉯ 기관의 회전수를 높여 바퀴의 회전력을 증가시킨다.
㉰ 후진을 가능하게 한다.
㉱ 정차할 때 기관의 공전 운전을 가능하게 한다.

풀이 변속기의 필요성
① 엔진을 무부하 상태로 있게 하기 위하여
② 엔진의 회전력을 증대시키기 위하여
③ 자동차의 후진을 위하여

37 수동변속기 차량의 클러치판에서 클러치 접속시 회전충격을 흡수하는 것은?

㉮ 쿠션스프링 ㉯ 댐퍼스프링
㉰ 클러치스프링 ㉱ 막스프링

풀이 클러치 스프링의 종류와 역할
① 비틀림 코일(torsional damper) 스프링 : 회전충격 흡수
② 쿠션(cushion) 스프링 : 직각방향의 충격 흡수 및 디스크의 변형 및 파손 방지

38 차륜 정렬상태에서 캠버가 과도할 때 타이어의 마모 상태는?

㉮ 트레드의 중심부가 마멸
㉯ 트레드의 한쪽 모서리가 마멸
㉰ 트레드의 전반에 걸쳐 마멸
㉱ 트레드의 양쪽 모서리가 마멸

풀이 캠버가 과도하면 트레드의 바깥쪽 모서리가 편마모 된다.

39 제동 배력장치에서 브레이크를 밟았을 때 하이드로백 내의 작동 설명으로 틀린 것은?

㉮ 공기밸브는 닫힌다.
㉯ 진공밸브는 닫힌다.
㉰ 동력 피스톤이 하이드로릭 실린더 쪽으로 움직인다.
㉱ 동력 피스톤 앞쪽은 진공상태이다.

풀이 진공밸브와 공기밸브의 작동 : 반드시 외울 것!!
브레이크를 밟았을 때 진공밸브는 닫히고 공기밸브는 열린다. (VCAO : Vacuum valve Close, Air valve Open)

40 자동변속기에서 일정한 차속으로 주행 중 스로틀 밸브 개도를 갑자기 증가시키면 시프트 다운(감속 변속)되어 큰 구동력을 얻을 수 있는 것은?

㉮ 스톨 ㉯ 킥 다운
㉰ 킥 업 ㉱ 리프트 풋 업

풀이 킥 다운(kick down)이란 일정한 차속으로 주행 중 스로틀 밸브 개도를 갑자기 증가시키면(85% 이상) 강제로 시프트 다운(감속 변속)되어 큰 구동력을 얻을 수 있다.

41 전자제어 기관의 점화장치에서 1차 전류를 단속하는 부품은?

㉮ 다이오드 ㉯ 점화스위치
㉰ 파워트랜지스터 ㉱ 컨트롤릴레이

풀이 파워 트랜지스터(파워 TR)는 컴퓨터에서 신호를 받아 점화코일의 1차 전류를 단속하는 기능을 한다.

36.㉯ 37.㉯ 38.㉱ 39.㉮ 40.㉯ 41.㉰

42 전자제어 제동장치(ABS)에서 바퀴가 고정(잠김)되는 것을 검출하는 것은?

㉮ 브레이크 드럼
㉯ 하이드로릭 유니트
㉰ 휠 스피드 센서
㉱ ABS ECU

풀이) 전자제어 제동장치(ABS)에서 휠 스피드 센서는 바퀴의 회전속도를 검출하여 바퀴가 고정(잠김)되는 것을 검출하는 역할을 하는 센서이다.

43 2Ω, 3Ω, 6Ω의 저항을 병렬로 연결하여 12V의 전압을 가하면 흐르는 전류는?

㉮ 1A   ㉯ 2A
㉰ 3A   ㉱ 12A

풀이) 합성저항 $\dfrac{1}{R} = \dfrac{1}{R_1} + \dfrac{1}{R_2} + \cdots + \dfrac{1}{R_n}$

∴ 합성저항 $\dfrac{1}{R} = \dfrac{1}{2} + \dfrac{1}{3} + \dfrac{1}{6} = \dfrac{3}{6} + \dfrac{2}{6} + \dfrac{1}{6}$
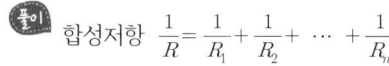
$= 1\Omega$ ∴ $R = 1\Omega$

∴ 오옴의 법칙 $I = \dfrac{E}{R}$, ∴ $I = \dfrac{12}{1} = 12A$

44 논리소자 중 입력신호 모두가 1 일 때에만 출력이 1 로 되는 회로는?

㉮ NOT(논리부정)
㉯ AND(논리곱)
㉰ NAND(논리곱 부정)
㉱ NOR(논리합 부정)

풀이) AND 회로는 입력신호가 모두 1일 때, 출력이 1이 되는 회로이다.

45 다음 전기 기호 중에서 트랜지스터의 기호는?

㉮    ㉯

㉰   ㉱

풀이) 기호의 명칭
㉮ : 다이오드, ㉯ : 트랜지스터
㉰ : 가변저항, ㉱ : 전구

46 자동차용 배터리의 급속 충전시 주의사항으로 틀린 것은?

㉮ 배터리를 자동차에 연결한 채 충전할 경우, 접지(−) 터미널을 떼어 놓을 것
㉯ 충전 전류는 용량값의 약 2배 정도의 전류로 할 것
㉰ 될 수 있는 대로 짧은 시간에 실시할 것
㉱ 충전 중 전해액 온도가 45℃ 이상 되지 않도록 할 것

풀이) 배터리 급속 충전시 충전 전류는 배터리 용량의 약 50% 전류로 한다.

47 자동차 에어컨에서 고압의 액체 냉매를 저압의 냉매로 바꾸어 주는 부품은?

㉮ 압축기   ㉯ 팽창밸브
㉰ 컴프레서   ㉱ 리퀴드 탱크

풀이) 팽창밸브(expansion valve)는 고압의 액체 냉매를 저압의 액체 냉매로 바꾸는 작용을 한다.

ANSWER 42.㉰ 43.㉱ 44.㉯ 45.㉯ 46.㉯ 47.㉯

48 다음 그림과 같이 자동차 전원장치에서 IG1과 IG2로 구분된 이유로 옳은 것은?

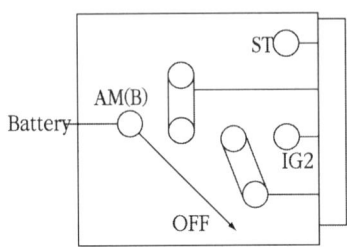

	AM(B)	ACC	IG1	IG2	ST
OFF	○				
ACC	○—○	○			
ON	○—○	○	○	○	
ST	○—○		○		○

㉮ 점화 스위치의 ON/OFF에 관계없이 배터리와 연결을 유지하기 위해
㉯ START시에도 와이퍼 회로, 전조등 회로 등에 전원을 공급하기 위해
㉰ 점화 스위치가 ST일 때만 점화코일, 연료펌프 회로 등에 전원을 공급하기 위해
㉱ START시 시동에 필요한 전원 이외의 전원을 차단하여 시동을 원활하게 하기 위해

풀이 자동차 전원장치에서 IG1과 IG2로 구분된 이유는 START시 시동에 필요한 전원 이외의 전원을 차단하여 시동을 원활하게 하기 위해서 이다.

49 백워닝(후방 경보) 시스템의 기능과 가장 거리가 먼 것은?

㉮ 차량 후방의 장애물을 감지하여 운전자에게 알려주는 장치이다.
㉯ 차량 후방의 장애물은 초음파 센서를 이용하여 감지한다.
㉰ 차량 후방의 장애물 감지시 브레이크가 작동하여 차속을 감속시킨다.
㉱ 차량 후방의 장애물 형상에 따라 감지되지 않을 수도 있다.

풀이 백워닝 시스템은 초음파 센서를 이용하여 차량 후방의 장애물을 감지하여 운전자에게 알려주는 시스템으로 장애물의 형상에 따라 감지되지 않을 수도 있다.

50 엔진 가동시 화재가 발생하였다. 소화작업으로 가장 먼저 취해야 할 안전한 방법은?

㉮ 모래를 뿌린다.
㉯ 물을 붓는다.
㉰ 점화원을 차단한다.
㉱ 엔진을 가속하여 팬의 바람으로 끈다.

풀이 엔진 가동시 화재가 발생하면 가장 먼저 점화 키 스위치를 OFF하여 점화원을 차단한다.

51 자동차의 경음기에서 음질 불량의 원인으로 가장 거리가 먼 것은?

㉮ 다이어프램의 균열이 발생하였다.
㉯ 전류 및 스위치 접촉이 불량하다.
㉰ 가동판 및 코어의 헐거운 현상이 있다.
㉱ 경음기 스위치 쪽 배선이 접지되었다.

풀이 경음기 스위치의 한 쪽 배선은 당연히 접지되어 있고, 나머지 한 쪽이 붙으면 계속 소리가 나게 된다.

52 산업 현장에서 안전을 확보하기 위해 인적문제와 물적문제에 대한 실태를 파악하여야 한다. 다음 중 인적문제에 해당되는 것은?

㉮ 기계 자체의 결함
㉯ 안전교육의 결함
㉰ 보호구의 결함
㉱ 작업 환경의 결함

48.㉱ 49.㉰ 50.㉰ 51.㉱ 52.㉯

[풀이] 기계, 보호구는 물적문제, 작업 환경은 환경적인 문제, 안전교육은 사람과 관련된 인적문제이다.

53 정밀한 기계를 수리할 때 부속품을 세척하기 위하여 가장 안전한 방법은?

㉮ 걸레로 닦는다.
㉯ 와이어 브러시를 사용한다.
㉰ 에어건을 사용한다.
㉱ 솔을 사용한다.

[풀이] 정밀한 부속품의 세척은 에어건으로 한다.

54 스패너 작업시 가장 안전한 작업방법은?

㉮ 고정 조오에 가장 힘이 많이 걸리도록 한다.
㉯ 볼트 머리보다 약간 큰 스패너를 사용한다.
㉰ 스패너 자루에 파이프를 끼워서 사용한다.
㉱ 가동 조오에 가장 힘이 많이 걸리도록 한다.

[풀이] 스패너 작업은 고정조에 힘이 많이 걸리도록 하고, 볼트에 맞는 스패너를 사용하며 손잡이에 파이프, 렌치 등을 이어서 사용하거나 해머로 두들기지 말 것

55 부동액의 점검은 무엇으로 측정하는가?

㉮ 마이크로미터 ㉯ 비중계
㉰ 온도계 ㉱ 압력게이지

[풀이] 부동액의 점검은 비중계로 측정한다.

56 공기공구 사용에 대한 설명 중 틀린 것은?

㉮ 공구 교체시에는 반드시 밸브를 꼭 잠그고 해야 한다.
㉯ 활동 부분은 항상 윤활유 또는 그리스를 급유한다.
㉰ 사용시에는 반드시 보호구를 착용해야 한다.
㉱ 공기공구를 사용할 때에는 밸브를 빠르게 열고 닫는다.

[풀이] 공기공구는 회전이 빠르므로 천천히 속도를 높여가며 조심스럽게 사용한다.

57 자동변속기 분해 조립시 유의사항으로 틀린 것은?

㉮ 작업시 청결을 유지하고 작업한다.
㉯ 분해된 모든 부품은 걸레로 닦아낸다.
㉰ 클러치판, 브레이크 디스크는 자동변속기 오일로 세척한다.
㉱ 조립시 개스킷, 오일 실 등은 새 것으로 교환한다.

[풀이] 자동변속기 부품은 오일 속에서 작동하므로 걸레로 닦아서는 안된다.

ANSWER: 53.㉰ 54.㉮ 55.㉯ 56.㉱ 57.㉯

58 자동차에서 와이퍼 장치 정비시 안전 및 유의사항으로 틀린 것은?

㉮ 전기회로 정비 후 단자결선은 사전에 회로 시험기로 측정 후 결선한다.
㉯ 와이퍼 전동기의 기어나 캠 부위에 세정액을 적당히 유입시켜야 한다.
㉰ 블레이드가 유리면에 닿지 않도록 하여 작동 시험을 할 수 있다.
㉱ 겨울철에는 동절기용 세정액을 사용한다.

풀이 와이퍼 장치 정비시 와이퍼 전동기의 기어나 캠 부위에 세정액이 유입되지 않도록 한다.

59 자동변속기와 같이 무거운 물건을 운반할 때의 안전사항 중 틀린 것은?

㉮ 인력으로 운반시 다른 사람과 협조하여 조심성 있게 운반한다.
㉯ 체인 블록이나 리프트를 이용한다.
㉰ 작업장에 내려 놓을 때에는 충격을 주지 않도록 주의한다.
㉱ 반드시 혼자 힘으로 운반한다.

풀이 자동변속기, 앤빌과 같이 무거운 물건을 운반할 때에는 다른 사람과 협조하거나 체인블록, 호이스트, 리프트 등을 이용한다.

60 자동차 정비 작업시 안전 및 유의사항으로 틀린 것은?

㉮ 기관 운전시는 일산화탄소가 생성되므로 환기장치를 해야 한다.
㉯ 헤드 개스킷이 닿는 표면에는 스크레이퍼로 큰 압력을 가하여 깨끗이 긁어낸다.
㉰ 점화 플러그의 청소시는 보안경을 쓰는 것이 좋다.
㉱ 기관을 들어낼 때 체인 및 리프팅 브라켓은 무게 중심부에 튼튼히 걸어야 한다.

풀이 헤드 개스킷이 닿는 표면은 정밀하므로 스크레이퍼로 긁어내서는 안된다.

58.㉯ 59.㉱ 60.㉯

자동차정비기능사 제4회
(2012.07.22 시행)

01 기관에서 흡입밸브의 밀착이 불량할 때 나타나는 현상이 아닌 것은?

㉮ 압축압력 저하 ㉯ 가속 불량
㉰ 출력 향상   ㉱ 공회전 불량

풀이 흡입밸브의 밀착이 불량하면 출력이 떨어진다.

02 삼원 촉매 컨버터 장착차량의 2차 공기 공급을 하는 목적은?

㉮ 배기 매니홀드 내의 HC와 CO의 산화를 돕는다.
㉯ 공연비를 돕는다.
㉰ NOx의 생성이 되지 않도록 한다.
㉱ 배기가스의 순환을 돕는다.

풀이 2차공기 공급장치는 배기 다기관에 신선한 공기를 공급하여 배기 매니홀드 내의 HC와 CO의 산화를 돕는다.

03 흡기다기관의 압력으로 흡입 공기량을 간접 계측하는 것은?

㉮ 칼만 와류 방식   ㉯ 핫필름 방식
㉰ MAP 센서 방식   ㉱ 베인 방식

풀이 MAP센서란 Manifold Absolute Pressure sensor의 약자로, 흡기다기관 절대압력(진공)을 측정하여 흡입 공기량을 간접 계측하는 방식이다.

04 피스톤 링의 구비조건으로 틀린 것은?

㉮ 고온에서도 탄성을 유지할 것
㉯ 오래 사용하여도 링 자체나 실린더 마멸이 적을 것
㉰ 열팽창률이 작을 것
㉱ 실린더 벽에 편심된 압력을 가할 것

풀이 피스톤 링의 구비조건
① 열 팽창률이 적을 것
② 내열성과 내마모성이 좋을 것
③ 실린더 벽에 균일한 압력을 가할 것
④ 피스톤 링 자체나 실린더 마멸이 적을 것
⑤ 고온에서도 탄성을 유지할 것

05 가솔린기관의 노크를 방지하기 위한 방법으로 틀린 것은?

㉮ 점화시기를 적합하게 한다.
㉯ 기관의 부하를 적게 한다.
㉰ 연료의 옥탄가를 높게 한다.
㉱ 흡기온도를 높게 한다.

풀이 가솔린 기관의 노킹 방지 대책
① 옥탄가가 높은 연료를 사용한다.
② 흡입공기 온도와 연소실 온도를 낮게 한다.
③ 혼합가스의 와류를 좋게 한다.
④ 기관의 부하를 적게 한다.
⑤ 점화시기를 적합하게 한다.
⑥ 퇴적된 카본을 제거한다.

ANSWER 01.㉰ 02.㉮ 03.㉰ 04.㉱ 05.㉱

06 4행정 직렬 8실린더 엔진의 폭발행정은 몇 도 마다 일어나는가?

㉮ 45° ㉯ 90°
㉰ 120° ㉱ 180°

풀이 크랭크축 위상차 = $\dfrac{720°}{실린더수}$ = 90°

07 기관이 과열 할 때의 원인과 관련이 없는 것은?

㉮ 라디에이터 코어의 파손
㉯ 냉각수 부족
㉰ 물펌프의 고속 회전
㉱ 냉각계통의 흐름 불량

풀이 엔진이 과열되는 원인
① 수온조절기가 닫힌 채로 고장났다.
② 냉각수가 부족하다.
③ 라디에이터 및 코어가 파손되었다.
④ 물펌프가 작동불량이다.
⑤ 냉각계통의 흐름이 불량하다.
⑥ 벨트가 헐겁거나 끊어졌다.

08 가솔린 분사장치에서 분사 밸브의 설치위치가 흡기다기관 또는 흡입통로에 설치한 방식이 아닌 것은?

㉮ SPI 방식 ㉯ MPI 방식
㉰ TBI 방식 ㉱ GDI 방식

풀이 GDI(Gasoline Direct Injection)란 분사밸브를 연소실 내에 설치하여 연소실에 연료를 직접 분사하는 방식

09 전자제어 가솔린기관에서 연료펌프 내 체크밸브의 기능에 대한 설명으로 맞는 것은?

㉮ 연료계통의 압력이 일정이상으로 상승하는 것을 방지하기 위하여 연료를 리턴시킨다.
㉯ 연료의 압송이 정지될 때 체크밸브가 열려 연료 라인 내에 연료압력을 상승시킨다.
㉰ 연료의 압송이 정지될 때 체크밸브가 닫혀 연료 라인 내에 잔압을 유지시켜 고온 시 베이퍼 록 현상을 방지하고 재시동성을 향상시킨다.
㉱ 연료가 공급될 때 체크밸브가 닫혀 연료 압력을 상승시켜 베이퍼록 현상을 방지한다.

풀이 연료펌프의 첵밸브는 연료펌프가 작동을 멈출 때 연료 출구를 막아 연료의 역류를 방지하며 잔압을 유지하여 고온에 의한 베이퍼 록을 방지하고, 재시동성을 향상시킨다.

10 가솔린기관의 압축압력 측정값이 140 lb/in²(psi)일 때 kg_f/cm^2의 단위로 환산하면?

㉮ 약 $9.85 kg_f/cm^2$
㉯ 약 $11.25 kg_f/cm^2$
㉰ 약 $12.54 kg_f/cm^2$
㉱ 약 $19.17 kg_f/cm^2$

풀이 $1 kg_f/cm^2 = 14.2 psi$
∴ $\dfrac{140}{14.2} = 9.859 kg_f/cm^2$

06.㉯ 07.㉰ 08.㉱ 09.㉰ 10.㉮

11 가솔린기관에서 점화 플러그가 점화되면 연소상태의 화염이 거의 균일한 속도로 전파되는 정상 연소속도는?

㉮ 약 2~3m/s
㉯ 약 20~30m/s
㉰ 약 200~300m/s
㉱ 약 2,000~3,000m/s

풀이 가솔린기관의 정상 연소속도는 약 20~30m/s 이다.

12 전자제어 연료분사 장치에 사용되는 크랭크 각(Crank Angle)센서의 기능은?

㉮ 엔진 회전수 및 크랭크 축의 위치를 검출한다.
㉯ 엔진 부하의 크기를 결정한다.
㉰ 캠 축의 위치를 검출한다.
㉱ 1번 실린더가 압축 상사점에 있는 상태를 검출한다.

풀이 크랭크 각 센서는 엔진 회전수 및 크랭크 축의 위치를 검출하는 역할을 한다.

13 일반 디젤기관 연료장치에서 여과지식 연료 여과기의 기능은?

㉮ 불순물만 제거
㉯ 불순물과 수분 제거
㉰ 수분만 제거
㉱ 기름 성분만 제거

풀이 디젤기관의 연료여과기는 연료속의 불순물과 수분을 제거하는 기능을 한다.

14 엔진 회전수에 따라 최대의 토크가 될 수 있도록 제어하는 가변흡기 장치의 설명을 옳은 것은?

㉮ 흡기관로 길이를 엔진회전속도가 저속 시는 길게 하고 고속 시는 짧게 한다.
㉯ 흡기관로 길이를 엔진회전속도가 저속 시는 짧게 하고 고속 시는 길게 한다.
㉰ 흡기관로 길이를 가·감속시는 길게 한다.
㉱ 흡기관로 길이를 감속 시는 짧게 하고 가속 시는 길게 한다.

풀이 가변 흡기밸브 장치(VICS : Variable Intake valve Control System)란 저·중속 회전에서는 흡기관로 길이를 길게 하여 토크를 향상시키고, 고속 시는 길이를 짧게 하여 출력을 증대시킨다.

15 전자제어 가솔린기관에서 컨트롤유닛(ECU)로 입력되는 센서가 아닌 것은?

㉮ 수온 센서   ㉯ 크랭크각 센서
㉰ 흡기온도 센서   ㉱ 휠 스피드 센서

풀이 전자제어 기관의 입·출력 요소

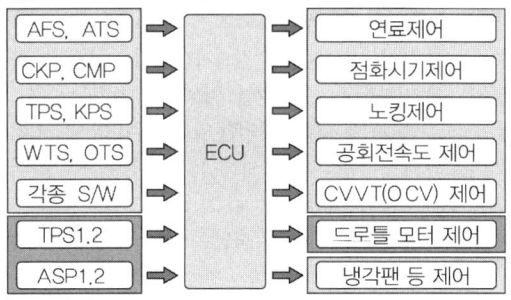

※ 휠 스피드 센서는 TCU에 입력되는 센서이다.

11.㉯ 12.㉮ 13.㉯ 14.㉮ 15.㉱

16 가솔린기관에서 행정 체적을 Vs, 연소실 체적을 Vc 라 할 때 압축비는 어느 것인가?

㉮ $\dfrac{V_C}{V_C+V_S}$ ㉯ $\dfrac{V_S}{V_C+V_S}$

㉰ $\dfrac{V_C+V_S}{V_C}$ ㉱ $\dfrac{V_C+V_S}{V_S}$

풀이 압축비 = $\dfrac{\text{실린더 체적}}{\text{연소실 체적}}$

= $\dfrac{\text{연소실 체적} + \text{행정 체적}}{\text{연소실 체적}}$

∴ 압축비 = $\dfrac{V_C+V_S}{V_C}$

17 기관 각 운동부에서 윤활장치의 윤활유 역할이 아닌 것은?

㉮ 동력손실을 적게 한다.
㉯ 노킹현상을 방지한다.
㉰ 기계적 손실을 적게 하며, 냉각작용도 한다.
㉱ 부식과 침식을 예방한다.

풀이 윤활유의 6대 작용
① 감마작용 : 마찰을 감소시켜 동력 손실을 최소화
② 밀봉작용 : 오일막을 형성하여 기밀을 유지
③ 냉각작용 : 마찰로 인한 열을 흡수하여 냉각시킴
④ 세척작용 : 먼지, 카본 등 불순물을 흡수하여 오일을 세척
⑤ 방청작용 : 수분의 침입을 막아 부식과 침식을 예방
⑥ 응력 분산작용 : 동력 행정시 충격을 분산시켜 응력을 최소화

18 3원 촉매장치의 촉매 컨버터에서 정화 처리하는 배기가스가 아닌 것은?

㉮ CO ㉯ NOx
㉰ SO_2 ㉱ HC

풀이 삼원 촉매장치는 일산화탄소(CO), 탄화수소(HC), 질소산화물(NOx)을 저감한다.

19 조향륜 윤중의 합은 차량중량 및 차량총중량의 각각에 대하여 얼마 이상이어야 하는가?

㉮ 10% ㉯ 20%
㉰ 30% ㉱ 40%

풀이 조향바퀴의 윤중의 합은 차량중량 및 차량총중량 각각에 대하여 20% 이상이어야 한다.

20 평균 유효압력이 7.5kg$_f$/cm^2, 행정체적 200cc, 회전수 2,400rpm일 때 4행정 4기통 기관의 지시마력은?

㉮ 14 PS ㉯ 16 PS
㉰ 18 PS ㉱ 20 PS

풀이 지시마력 = $\dfrac{PALZN}{75\times60} = \dfrac{PVZN}{75\times60\times100}$

여기서, P : 지시평균 유효압력(kg$_f$/cm^2)
A : 실린더 단면적(cm^2)
L : 행정(m)
V : 배기량(cm^3)
Z : 실린더 수
N : 엔진회전수(rpm)
   (2행정기관 : N, 4행정기관 : $N/2$)

∴ 지시마력 = $\dfrac{7.5\times200\times4\times1,200}{75\times60\times100}$ = 16PS

21 열기관에서 열원으로부터 받은 열량을 얼마만큼 유효한 일로 변환하였는가의 비율을 무엇이라 하는가?

㉮ 열감정   ㉯ 열효율
㉰ 연료소비율   ㉱ 평균유효압력

풀이 열효율이란 열원으로부터 받은 열량을 얼마만큼 유효한 일로 변환하였는가의 비율을 의미한다.

22 LPG 사용 차량의 점화 시기는 가솔린 사용 차량에 비해 어떻게 해야 되는가?

㉮ 다소 늦게 한다.
㉯ 빠르게 한다.
㉰ 시동 시 빠르게 하고 시동 후에는 늦춘다.
㉱ 점화 시기는 상관없다.

풀이 LPG 차량은 연료가 기체 상태로 공급되어 연소 속도가 빠르므로 가솔린 차량에 비해 점화시기를 빠르게 한다.

23 한 개의 실린더 배기량이 1,400 cc이고, 압축비가 8일 때 연소실 체적은?

㉮ 175 cc   ㉯ 200 cc
㉰ 100 cc   ㉱ 150 cc

풀이 압축비 $= 1 + \dfrac{\text{행정 체적(배기량)}}{\text{연소실 체적}}$

∴ 연소실 체적 $= \dfrac{\text{행정 체적(배기량)}}{\text{압축비} - 1}$

$= \dfrac{1,400}{8-1} = 200\,cc$

24 전자제어 자동변속기 차량에서 스로틀 포지션 센서의 출력이 60% 정도 밖에 나오지 않을 때 나타나는 현상으로 가장 적당한 것은?

㉮ 킥다운 불량
㉯ 오버드라이브 안 됨
㉰ 3속에서 4속으로 변속 안 됨
㉱ 전체적으로 기어 변속 안 됨

풀이 킥 다운(kick down)이란 스로틀 밸브 개도를 갑자기 증가시키면(85% 이상) 강제로 시프트 다운(감속 변속)되어 큰 구동력을 얻는 장치로, 스로틀 포지션 센서의 출력이 60% 정도 밖에 나오지 않으면 TPS 불량이다.

25 타이어 종류 중 튜브리스 타이어의 장점이 아닌 것은?

㉮ 못 등이 박혀도 공기누출이 적다.
㉯ 림이 변형되어도 공기누출의 가능성이 적다.
㉰ 고속 주행 시에도 발열이 작다.
㉱ 펑크 수리가 간단하다.

풀이 튜브리스 타이어의 특징
① 못 등에 찔려도 공기가 급격히 새지 않는다.
② 펑크 수리가 간단하고, 고속으로 주행하여도 발열이 적다.
③ 림이 변형되어 타이어와 밀착이 불량하면 공기가 새기 쉽다.
④ 유리조각 등에 의해 찢어지면 수리하기 어렵다.

ANSWER 21.㉯ 22.㉯ 23.㉯ 24.㉮ 25.㉯

26. 주행 시 혹은 제동 시 핸들이 한쪽으로 쏠리는 원인으로 거리가 먼 것은?

㉮ 좌·우 타이어의 공기 압력이 같지 않다.
㉯ 앞바퀴의 정렬이 불량하다.
㉰ 조행 핸들축의 축 방향 유격이 크다.
㉱ 한쪽 브레이크 라이닝 간격 조정이 불량하다.

풀이 조향 휠이 한쪽으로 쏠리는 원인
① 타이어 공기압이 불균일하다.
② 좌·우 축거가 다르다.
③ 좌·우 브레이크 라이닝의 간극이 다르다.
④ 앞차축 한쪽의 현가 스프링이 절손되었다.
⑤ 쇽업소버 작동이 불량하다.
⑥ 휠 얼라인먼트가 불량하다.
⑦ 뒤차축이 차의 중심선에 대하여 직각이 아니다.

27. 자동변속기에서 토크컨버터의 터빈축이 연결되는 곳은?

㉮ 변속기 입력부분
㉯ 변속기 출력부분
㉰ 가이드링 부분
㉱ 임펠러 부분

풀이 자동변속기에서 토크 컨버터의 터빈축은 변속기 입력부분과 연결되어 변속기로 동력을 전달한다.

28. 자동차의 동력 전달장치에서 슬립조인트(slip joint)가 있는 이유는?

㉮ 회전력을 직각으로 전달하기 위하여
㉯ 출발을 쉽게 하기 위해서
㉰ 추진축의 길이 변화를 주기 위해서
㉱ 추진축의 각도 변화를 주기 위해서

풀이 슬립 조인트(slip joint)는 주행시 발생되는 추진축의 길이 방향의 변화를 가능하게 하기 위하여 둔다.

29. 유압식 제동장치에서 브레이크 라인 내에 잔압을 두는 목적으로 틀린 것은?

㉮ 베이퍼 록을 방지한다.
㉯ 브레이크 작동을 신속하게 한다.
㉰ 페이드 현상을 방지한다.
㉱ 유압회로에 공기가 침입하는 것을 방지한다.

풀이 잔압을 두는 목적
① 브레이크 작동 신속
② 베이퍼 록 방지,
③ 오일 누출 방지(공기 유입 방지)

30. 전자제어 현가장치에서 안티 롤 자세제어 시 입력신호로 사용되는 것은?

㉮ 브레이크 스위치 신호
㉯ 스로틀 포지션 신호
㉰ 휠 스피드 센서 신호
㉱ 조향휠 각센서 신호

풀이 조향 휠 각속도 센서와 차속 정보에 의해 롤 상태를 검출하여 선회 주행시 안티 롤 자세제어의 입력신호로 사용한다.

26.㉰ 27.㉮ 28.㉰ 29.㉰ 30.㉱

31 자동변속기 차량에서 시동이 가능한 변속 레버 위치는?

㉮ P, N ㉯ P, D
㉰ 전구간 ㉱ N, D

풀이 인히비터(inhibitor) 스위치는 "P" 또는 "N" 레인지 이외에서는 시동이 걸리지 않도록 하는 스위치이다.

32 수동변속기 차량에서 클러치가 미끄러지는 원인은?

㉮ 클러치 페달 자유간극 과대
㉯ 클러치 스프링의 장력 약화
㉰ 릴리스 베어링의 파손
㉱ 유압라인 공기 혼입

풀이 클러치가 미끄러지는 원인
① 클러치 디스크 마모로 인한 자유유격 과소
② 클러치 스프링의 약화 및 변형
③ 마찰면의 경화 또는 오일 부착
④ 압력판, 플라이 휠 접촉면의 손상

33 기관의 최고 출력이 70PS, 4,800rpm인 자동차가 최고 출력을 낼 때의 총감속비가 4.8 : 1이라면 뒤차축의 액슬축은 몇 rpm인가?

㉮ 336rpm ㉯ 1,000rpm
㉰ 1,250rpm ㉱ 1,500rpm

풀이 후차축(액슬축) 회전수
$= \dfrac{엔진 회전수}{총감속비} = \dfrac{4,800}{4.8} = 1,000rpm$

34 주행속도가 100 km/h 인 자동차의 초당 주행속도는?

㉮ 약 16m/s ㉯ 약 23m/s
㉰ 약 28m/s ㉱ 약 32m/s

풀이 속도(km/h) = $\dfrac{거리}{시간}$,

시속 = 초속×3.6이므로
∴ 초속 = 시속÷3.6 = 100÷3.6
      = 27.7m/s

35 전자제어 제동장치(ABS)에서 ECU 신호계통, 유압계통 이상 발생 시 솔레노이드 밸브 전원공급 릴레이 "OFF"함과 동시에 제어 출력신호를 정지하는 기능은?

㉮ 연산 기능
㉯ 최초점검 기능
㉰ 페일 세이프 기능
㉱ 입·출력신호 기능

풀이 페일 세이프(fail safe) : 이중 안전장치란 뜻으로, 부품의 고장에 의해 장치가 작동하지 않더라도 항상 정상 상태를 유지할 수 있는 기능을 말한다. ABS 시스템 이상 발생시 ABS의 모든 기능이 정지되고, 일반 브레이크로 정상 작동하는 것을 페일 세이프라 한다.

36 조향장치를 구성하는 주요 부품이 아닌 것은?

㉮ 조향 휠 ㉯ 타이로드
㉰ 피트먼암 ㉱ 토션바 스프링

풀이 조향장치 주요 부품 : 조향 휠, 조향기어, 피트먼암, 타이로드, 너클

31.㉮ 32.㉯ 33.㉯ 34.㉰ 35.㉰ 36.㉱

37 전자제어 동력조향장치의 구성 요소 중 차속과 조향각 신호를 기초로 최적 상태의 유량을 제어하여 조향 휠의 조향력을 적절히 변화 시키는 것은?

㉮ 댐퍼 제어 밸브 ㉯ 유량 제어 밸브
㉰ 동력 실린더 밸브 ㉱ 매뉴얼 밸브

풀이 유량 제어 밸브는 차속과 조향각 신호를 기초로 최적 상태의 유량을 제어하여 조향 휠의 조향력을 저속에서는 가볍게, 고속에서는 적절히 무겁게 변화시키는 역할을 한다.

38 독립 현가장치의 종류가 아닌 것은?

㉮ 위시본 형식
㉯ 스트럿 형식
㉰ 트레일링 암 형식
㉱ 옆방향 판 스프링 형식

풀이 현가장치의 분류
① 차축 현가 : 판 스프링 형식
② 독립 현가 : 맥퍼슨 스트럿 형식, 위시본 형식, 트레일링 암 형식, 스윙 차축 형식 등

39 수동변속기에서 기어 변속이 힘든 경우로 틀린 것은?

㉮ 클러치 자유간극(유격)이 부족 할 때
㉯ 싱크로나이저 스프링이 약화된 경우
㉰ 변속 축 혹은 포크가 마모된 경우
㉱ 싱크로나이저 링과 기어콘의 접촉이 불량한 경우

풀이 클러치 자유간극(유격)이 부족하면 클러치 차단이 잘되므로 기어 변속과는 관련이 없고 미끄러질 수 있다.

40 유압식 제동장치에서 마스터 실린더의 내경이 2cm, 푸시로드에 100kgf의 힘이 작용할 때 브레이크 파이프에 작용하는 압력은?

㉮ 약 $32\text{kg}_f/\text{cm}^2$ ㉯ 약 $25\text{kg}_f/\text{cm}^2$
㉰ 약 $10\text{kg}_f/\text{cm}^2$ ㉱ 약 $2\text{kg}_f/\text{cm}^2$

풀이 압력$(\text{kg}_f/\text{cm}^2) = \dfrac{\text{하중}}{\text{단면적}}$

$\therefore \dfrac{W}{\dfrac{\pi}{4}D^2} = \dfrac{100}{0.785 \times 2^2} = 31.847\text{kg}_f/\text{cm}^2$

41 자동차 전기장치에서 "임의의 한 점으로 유입된 전류의 총합은 유출한 전류의 총합과 같다." 는 현상을 설명한 것은?

㉮ 앙페르의 법칙
㉯ 키르히호프의 제1법칙
㉰ 뉴턴의 제1법칙
㉱ 렌츠의 법칙

풀이 키르히호프의 제1법칙(전류의 법칙) : 도체내의 임의의 한 점으로 유입된 전류의 총합은 유출한 전류의 총합과 같다.

42 축전기(Condenser)와 관련된 식 표현으로 틀린 것은? (Q = 전기량, E = 전압, C = 비례상수)

㉮ $Q = CE$ ㉯ $C = \dfrac{Q}{E}$
㉰ $E = \dfrac{Q}{C}$ ㉱ $C = QE$

풀이 $Q = CE$, $C = \dfrac{Q}{E}$, $E = \dfrac{Q}{C}$ 이다.

37.㉯ 38.㉱ 39.㉮ 40.㉮ 41.㉯ 42.㉱

43 퓨즈에 관한 설명으로 맞는 것은?

㉮ 퓨즈는 정격전류가 흐르면 회로를 차단하는 역할을 한다.
㉯ 퓨즈는 과대전류가 흐르면 회로를 차단하는 역할을 한다.
㉰ 퓨즈는 용량이 클수록 정격전류가 낮아진다.
㉱ 용량이 작은 퓨즈는 용량을 조정하여 사용한다.

풀이 퓨즈는 과대전류가 흐르면 회로를 차단하는 역할을 한다.

44 자동차의 레인센서 와이퍼 제어장치에 대해 설명 중 옳은 것은?

㉮ 엔진오일의 양을 감지하여 운전자에게 자동으로 알려주는 센서이다.
㉯ 자동차의 와셔액량을 감지하여 와이퍼가 작동시 와셔액을 자동 조절하는 장치이다.
㉰ 앞창 유리 상단의 강우량을 감지하여 자동으로 와이퍼 속도를 제어하는 센서이다.
㉱ 온도에 따라서 와이퍼 조작시 와이퍼 속도를 제어하는 장치이다.

풀이 레인센서 와이퍼(rain sensor wiper) 장치란 우적감지 시스템으로, 앞창 유리 상단의 강우량을 감지하여 운전자가 스위치를 조작하지 않고도 자동으로 와이퍼 속도를 제어하는 시스템이다.

45 다음 중 교류발전기의 특징이 아닌 것은?

㉮ 저속에서의 충전 성능이 좋다.
㉯ 속도 변동에 따른 적응 범위가 넓다.
㉰ 다이오드를 사용하므로 정류 특성이 좋다.
㉱ 스테이터 코일이 로터 안쪽에 설치되어 있기 때문에 방열성이 좋다.

풀이 교류발전기의 특징
① 소형 경량으로 수명이 길다.
② 저속에서의 충전 성능이 좋다.
③ 속도 변동에 따른 적응 범위가 넓다.
④ 다이오드를 사용하므로 정류 특성이 좋다.
⑤ 실리콘 다이오드로 정류하고, 역류를 방지한다.
* 교류발전기는 로터가 안쪽에, 스테이터가 바깥쪽에 설치되어 방열성이 좋다.

46 점화장치에서 DLI(Distributor Less Ignition) 시스템의 장점으로 틀린 것은?

㉮ 점화진각 폭의 제한이 크다.
㉯ 고전압 에너지 손실이 적다.
㉰ 점화에너지를 크게 할 수 있다.
㉱ 내구성이 크고 전파방해가 적다.

풀이 DLI 방식의 특징
① 배전기에 의한 누전 및 전파잡음이 없다.
② 고전압 에너지 손실이 적다.
③ 점화에너지를 크게 할 수 있다.
④ 점화진각 폭에 제한이 없다.
⑤ 내구성이 크므로 신뢰성이 향상된다.

ANSWER 43.㉯ 44.㉰ 45.㉱ 46.㉮

47 2개 이상의 배터리를 연결하는 방식에 따라 용량과 전압 관계의 설명으로 맞는 것은?

㉮ 직렬 연결시 1개 배터리 전압과 같으며 용량은 배터리 수 만큼 증가한다.
㉯ 병렬 연결시 용량은 배터리 수 만큼 증가하지만 전압은 1개 배터리 전압과 같다.
㉰ 병렬연결이란 전압과 용량이 동일한 배터리 2개 이상을 (+)단자와 연결대상 배터리 (−)단자에, (−)단자는 (+)단자로 연결하는 방식이다.
㉱ 직렬연결이란 전압과 용량이 동일한 배터리 2개 이상을 (+)단자와 연결대상 배터리의 (+)단자에 서로 연결하는 방식이다.

풀이 ㉮항은 병렬 연결시의 특징을, ㉰항과 ㉱항은 직렬 연결과 병렬 연결이 서로 바뀌었다.

48 어떤 6기통 디젤기관의 예열회로를 점검해보니 예열 플러그 1개당 저항이 1/12 Ω이었다. 각각 직렬 연결되어 있으며, 전압이 12 V일 때 예열플러그 전체에 전류는?

㉮ 12 A   ㉯ 24 A
㉰ 36 A   ㉱ 144 A

풀이 합성저항 $R = R_1 + R_2 + \ldots + R_n$
∴ 합성저항 R
$= \frac{1}{12} + \frac{1}{12} + \frac{1}{12} + \frac{1}{12} + \frac{1}{12} + \frac{1}{12} = \frac{6}{12} \Omega$
∴ 오옴의 법칙 $I = \frac{E}{R}$, ∴ $I = \frac{12}{\frac{6}{12}} = 24A$

49 반도체에서 사이리스터의 구성부가 아닌 것은?

㉮ 캐소드   ㉯ 게이트
㉰ 애노드   ㉱ 컬렉터

풀이 사이리스터(SCR)의 단자 명칭 : 애노드(A), 캐소드(K), 게이트(G)

50 라디에이터 앞쪽에 설치되며, 고온 고압의 기체 냉매를 냉각시켜 액화 상태로 변화시키는 것은?

㉮ 압축기   ㉯ 응축기
㉰ 건조기   ㉱ 증발기

풀이 응축기(condenser)는 라디에이터 앞쪽에 설치되며, 고온 고압의 기체 냉매를 냉각시켜 액화시키는 작용을 한다.

51 조정렌치를 취급하는 방법 중 잘못된 것은?

㉮ 조정 조(jaw) 부분에 렌치의 힘이 가해지도록 할 것
㉯ 렌치에 파이프 등을 끼워서 사용하지 말 것
㉰ 작업시 몸쪽으로 당기면서 작업할 것
㉱ 볼트 또는 너트의 치수에 밀착되도록 크기를 조절할 것

풀이 조정 렌치는 고정 조(jaw)에 힘이 많이 걸리도록 하여 몸 쪽으로 당기면서 작업하고, 볼트나 너트의 치수에 맞도록 크기를 조절하여 사용하며 손잡이에 파이프, 렌치 등을 이어서 사용하거나 해머로 두들기지 말 것

47.㉯ 48.㉯ 49.㉱ 50.㉯ 51.㉮

52 산업안전 표시 중 주의 표시로 사용되는 색은?

㉮ 백색 ㉯ 적색
㉰ 황색 ㉱ 녹색

풀이 안전·보건표지의 색채
① 백색 : 보조색
② 적색 : 금지
③ 황색 : 주의, 경고
④ 녹색 : 안내

53 재해 발생 형태별 재해 분류 중 분류항목과 세부항목이 일치되지 않는 것은?

㉮ 충돌 : 사람이 정지물에 부딪친 경우
㉯ 협착 : 물건에 끼워지거나 말려든 상태
㉰ 전도 : 고온이나 저온에 접촉한 경우
㉱ 낙하 : 물건이 주체가 되어 사람이 맞은 경우

풀이 재해 분류 중 전도란 계단 및 작업장에서 이동 중 미끄러지거나 걸려 넘어지는 재해를 말한다.

54 부품 분해시 솔벤트로 닦으면 안되는 것은?

㉮ 릴리스 베어링
㉯ 십자축 베어링
㉰ 허브 베어링
㉱ 차동장치 베어링

풀이 릴리스 베어링은 영구 주유식이므로 솔벤트로 세척해서는 안된다.

55 공기를 사용한 동력 공구 사용시 주의사항으로 적합하지 않은 것은?

㉮ 간편한 사용을 위하여 보호구는 사용하지 않는다.
㉯ 에어 그라인더는 회전시 소음과 진동의 상태를 점검한 후 사용한다.
㉰ 규정 공기압력을 유지한다.
㉱ 압축공기 중의 수분을 제거하여 준다.

풀이 동력공구 사용시 주의사항
① 규정 공기압력을 유지한다.
② 압축공기 중의 수분을 제거하여 준다.
③ 사용시에는 반드시 보호구를 착용해야 한다.
④ 활동 부분은 항상 윤활유 또는 그리스를 급유한다.
⑤ 에어 그라인더는 회전시 소음과 진동의 상태를 점검한 후 사용한다.
⑥ 고무 호수가 꺾여 공기가 새는 일이 없도록 할 것
⑦ 공기기구의 반동으로 생길 수 있는 사고를 미연에 방지할 것
⑧ 공구의 교체 시에는 반드시 밸브를 꼭 잠그고 하여야 한다.

56 산소용기의 가스 누설검사 시 사용하는 검사액으로 가장 적당한 것은?

㉮ 비눗물 ㉯ 솔벤트
㉰ 순수한 물 ㉱ 알코올

풀이 가스 용기 누설검사는 비눗물로 한다.

52.㉰ 53.㉰ 54.㉮ 55.㉮ 56.㉮

57 엔진의 밸브간극 조정 시 안전상 가장 좋은 방법은?

㉮ 엔진을 정지상태에서 조정
㉯ 엔진을 공전상태에서 조정
㉰ 엔진을 가동상태에서 조정
㉱ 엔진을 크랭킹하면서 조정

풀이 엔진 밸브간극 조정시 엔진을 정지상태에서 밸브 간극 게이지를 사용하여 조정한다.

58 자동차 엔진에 냉각수 보충이 필요하여 보충하려고 할 때 가장 안전한 방법은?

㉮ 주행중 냉각수 경고등이 점등되면 라디에이터 캡을 열고 바로 냉각수를 보충한다.
㉯ 주행중 냉각수 경고등이 점등되면 라디에이터 캡을 열고 바로 엔진오일을 보충한다.
㉰ 주행중 냉각수 경고등이 점등되면 엔진을 냉각시킨 후 라디에이터 캡을 열고 냉각수를 보충한다.
㉱ 주행중 냉각수 경고등이 점등되면 엔진을 냉각시킨 후 라디에이터 캡을 열고 엔진오일을 보충한다.

풀이 기관이 과열되었을 때 냉각수 보충은 기관 시동을 끄고 완전히 냉각시킨 후 라디에이터 캡을 열고 냉각수를 보충한다.

59 다음 중 분진의 발생을 방지하는데 특히 신경 써야 하는 작업은?

㉮ 도장작업
㉯ 타이어 교환작업
㉰ 기관 분해 조립작업
㉱ 냉각수 교환작업

풀이 도장작업은 도색 작업시 분진이 날리므로 주의하여야 한다.

60 전기장치의 점검시 점프와이어(jump wire)에 대한 설명 중 ( )안에 적합한 것은?

점프와이어는 (a)의 (b)상태에서 점검하는데 사용한다.

㉮ a : 전원, b : 통전 또는 접지
㉯ a : 통전 또는 접지, b : 점프
㉰ a : 통전 또는 접지, b : 연결부위를 제거한
㉱ a : 점프, b : 통전 또는 접지

풀이 점프 와이어는 전원을 ON한 상태에서 통전 또는 접지여부를 점검한다.

57.㉮ 58.㉰ 59.㉮ 60.㉮

자동차정비기능사 제5회
(2012.10.20 시행)

01 가솔린의 성분 중 이소옥탄이 80%, 노말 헵탄이 20% 일 때 옥탄가는?

㉮ 80   ㉯ 70
㉰ 40   ㉱ 20

풀이 옥탄가 $= \dfrac{\text{이소옥탄}}{\text{이소옥탄} + \text{정(노말)헵탄}} \times 100(\%)$

$\therefore \dfrac{80}{80+20} \times 100 = 80(\%)$

02 가솔린 자동차에서 배출되는 유해 배출가스 중 규제 대상이 아닌 것은?

㉮ CO   ㉯ SO_2
㉰ HC   ㉱ NOx

풀이 유해 배기가스는 일산화탄소(CO), 탄화수소(HC), 질소산화물(NOx) 이다.

03 라디에이터의 점검에서 누설 실험을 하기 위한 공기압은?

㉮ $1 kg_f/cm^2$ ㉯ $3 kg_f/cm^2$
㉰ $5 kg_f/cm^2$ ㉱ $7 kg_f/cm^2$

풀이 누설 시험시 압축공기 압력은 $0.5 \sim 2 kg_f/cm^2$ 이다.

04 분사펌프의 캠축에 의해 연료 송출 기간의 시작은 일정하고 분사 끝이 변화하는 플런저의 리드 형식은?

㉮ 양 리드형   ㉯ 변 리드형
㉰ 정 리드형   ㉱ 역 리드형

풀이 플런저의 리드 방식
① 정 리드 : 분사 초기가 일정하고 분사 말기가 변화
② 역 리드 : 분사 초기가 변화하고 분사 말기가 일정
③ 양 리드 : 분사 초기와 분사 말기가 모두 변화

05 최대적재량이 15톤인 일반형 화물자동차를 1,500 리터 휘발유 탱크로리로 구조변경승인을 얻은 후 구조변경 검사를 시행할 경우 검사하여야 할 항목이 아닌 것은?

㉮ 제동장치   ㉯ 물품적재장치
㉰ 조향장치   ㉱ 제원측정

풀이 구조변경 검사는 승인 내용대로 변경하였는지의 여부를 신규검사 기준 및 방법에 따라 실시한다. 조향장치는 변경 내용이 아니므로 검사하지 않는다.

01.㉮ 02.㉯ 03.㉮ 04.㉰ 05.㉰

06 점화순서가 1-3-4-2인 직렬 4기통 기관에서 1번 실린더가 흡입 중일 때 4번 실린더는?

㉮ 배기행정 ㉯ 동력행정
㉰ 압축행정 ㉱ 흡입행정

💬 (참고) 점화순서의 반대로 행정을 적으면 된다. 즉, 1번이 흡기행정이므로 2번은 압축, 4번은 동력, 3번은 배기행정이다.
크랭크 핀 저널의 움직임으로 찾으면 1번과 4번, 2번과 3번 크랭크 핀은 같이 움직이므로 1번이 흡기행정이면 4번은 당연히 동력행정이다.

07 인젝터의 점검 사항 중 오실로스코프로 측정해야 하는 것은?

㉮ 저항 ㉯ 작동 음
㉰ 분사시간 ㉱ 분사량

💬 인젝터 분사시간은 오실로스코프로 측정해야 한다. 저항은 멀티미터로, 작동음은 청진기, 분사량은 분사펌프 시험기로 측정한다.

08 옥탄가를 측정키 위하여 특별히 장치한 기관으로서 압축비를 임의로 변경시킬 수 있는 기관은?

㉮ L.P.G 기관 ㉯ C.F.R 기관
㉰ 디젤 기관 ㉱ 오토 기관

💬 C.F.R(Cooperative Fuel Research) 기관 : 옥탄가를 측정키 위하여 특별히 장치한 단행정 기관으로서 압축비를 임의로 변경시켜 노킹을 측정할 수 있는 기관

09 부특성 흡기온도 센서(A.T.S)에 대한 설명으로 틀린 것은?

㉮ 흡기온도가 낮으면 저항값이 커지고, 흡기온도가 높으면 저항값은 작아진다.
㉯ 흡기온도의 변화에 따라 컴퓨터는 연료 분사 시간을 증감시켜주는 역할을 한다.
㉰ 흡기온도의 변화에 따라 컴퓨터는 점화 시기를 변화시키는 역할을 한다.
㉱ 흡기온도를 뜨겁게 감지하면 출력전압이 커진다.

💬 흡기온도가 높으면 저항값은 작아지므로 출력전압은 낮아진다.

10 기관의 오일펌프 사용 종류로 적합하지 않는 것은?

㉮ 기어 펌프 ㉯ 피드 펌프
㉰ 베인 펌프 ㉱ 로터리 펌프

💬 기관 오일펌프의 종류
① 기어 펌프 ② 베인 펌프
③ 로터리 펌프 ④ 플런저 펌프

11 LPG 기관에서 액체 LPG를 기체 LPG로 전환시키는 장치는?

㉮ 믹서 ㉯ 연료 봄베
㉰ 솔레노이드 밸브 ㉱ 베이퍼라이저

💬 베이퍼라이저(vaporizer)는 액체를 기체로 변화시켜 주는 장치로 감압, 기화 및 압력조절 작용을 한다.

06.㉯ 07.㉰ 08.㉯ 09.㉱ 10.㉯ 11.㉱

12. 피스톤 행정이 84mm, 기관의 회전수가 3,000rpm인 4행정 사이클 기관의 피스톤 평균속도는 얼마인가?

㉮ 7.4 m/s ㉯ 8.4 m/s
㉰ 9.4 m/s ㉱ 10.4 m/s

풀이) 피스톤 평균속도$(v) = \dfrac{2LN}{60} = \dfrac{LN}{30}$

여기서, L : 행정(m)
N : 엔진 회전수(rpm)

∴ 피스톤 평균속도
$v = \dfrac{0.084 \times 3{,}000}{30} = 8.4 \text{m/s}$

13. 엔진 출력과 최고 회전속도와의 관계에 대한 설명으로 옳은 것은?

㉮ 고회전시 흡기의 유속이 음속에 달하면 흡기량이 증가되어 출력이 증가한다.
㉯ 동일한 배기량으로 단위시간당의 폭발 횟수를 증가시키면 출력은 커진다.
㉰ 평균 피스톤 속도가 커지면 왕복운동 부분의 관성력이 증대되어 출력 또한 커진다.
㉱ 출력을 증대시키는 방법으로 행정을 길게 하고 회전속도를 높이는 것이 유리하다.

풀이) 동일한 배기량에서 단위시간당 폭발횟수가 증가하면 당연히 출력은 커진다.

14. 흡입공기량을 간접적으로 검출하기 위해 흡기 매니홀드의 압력변화를 감지하는 센서는?

㉮ 대기압 센서 ㉯ 노크 센서
㉰ MAP 센서 ㉱ TPS

풀이) MAP센서란 Manifold Absolute Pressure sensor의 약자로, 흡기다기관 절대압력(진공)을 측정하여 흡입 공기량을 간접 계측하는 방식이다.

15. 실린더 헤드의 평면도 점검 방법으로 옳은 것은?

㉮ 마이크로미터로 평면도를 측정 점검한다.
㉯ 곧은자와 틈새게이지로 측정 점검한다.
㉰ 실린더 헤드를 3개 방향으로 측정 점검한다.
㉱ 틈새가 0.02mm 이상이면 연삭한다.

풀이) 실린더 헤드의 평면도 점검은 직각자(곧은자)와 필러(틈새, 간극, 시크니스)게이지로 측정 점검한다.

16. 고속회전을 목적으로 하는 기관에서 흡기 밸브와 배기밸브 중 어느 것이 더 크게 만들어져 있는가?

㉮ 흡기밸브 ㉯ 배기밸브
㉰ 동일하다. ㉱ 1번 배기밸브

풀이) 흡입효율을 좋게 하기 위하여 흡기밸브를 크게 하거나 흡기밸브 2개, 배기밸브 1개를 사용하기도 한다.

12.㉯ 13.㉯ 14.㉰ 15.㉯ 16.㉮

17 활성탄 캐니스터(charcoal canister)는 무엇을 제어하기 위해 설치되는가?

㉮ CO_2 증발가스   ㉯ HC 증발가스
㉰ NOx 증발가스   ㉱ CO 증발가스

풀이 캐니스터(canister)는 연료 증발가스인 탄화수소(HC)를 포집하기 위한 장치이다.

18 자동차 기관의 실린더 벽 마모량 측정기기로 사용할 수 없는 것은?

㉮ 실린더 보어 게이지
㉯ 내측 마이크로미터
㉰ 텔레스코핑 게이지와 외측 마이크로미터
㉱ 사인바 게이지

풀이 사인바 게이지는 각도 측정 게이지이다.

19 디젤 기관용 연료의 구비조건으로 틀린 것은?

㉮ 착화성이 좋을 것
㉯ 부식성이 적을 것
㉰ 인화성이 좋을 것
㉱ 적당한 점도를 가질 것

풀이 디젤 연료(경유)의 구비조건
① 착화성이 좋을 것
② 세탄가가 높을 것
③ 발열량이 클 것
④ 점도가 적당하고, 온도에 따른 점도 변화가 적을 것
⑤ 부식성이 적을 것

20 흡기 다기관 진공도 시험으로 알아 낼 수 없는 것은?

㉮ 밸브 작동의 불량
㉯ 점화 시기의 불량
㉰ 흡·배기 밸브의 밀착상태
㉱ 연소실 카본누적

풀이 연소실 카본 누적은 압축압력 시험으로 알 수 있다.

21 100 PS의 엔진이 적합한 기구(마찰을 무시)를 통하여 2,500kgf의 무게를 3m 올리려면 몇 초나 소요되는가?

㉮ 1초   ㉯ 5초
㉰ 10초   ㉱ 15초

풀이 일 = 동력 × 시간, 1ps = 75kg·m/s이므로
시간 = $\dfrac{일}{동력}$ = $\dfrac{일}{마력 \times 75}$ = $\dfrac{2,500 \times 3}{100 \times 75}$
= 1초

22 전자제어 가솔린 분사장치 기관에서 스로틀 바디 인젝터(TBI)방식 차량의 인젝터 설치 위치로 가장 적합한 곳은?

㉮ 스로틀 밸브 상부
㉯ 스로틀 밸브 하부
㉰ 흡기 밸브 전단
㉱ 흡기 다기관 중앙

풀이 스로틀 바디 인젝터(TBI)방식 차량의 인젝터는 스로틀 밸브 상부에 설치되어 있다.

17.㉯ 18.㉱ 19.㉰ 20.㉱ 21.㉮ 22.㉮

23 기계식 분사시스템으로 공기유량을 기계적 변위로 환산하여 연료가 인젝터에서 연속적으로 분사되는 시스템은?

㉮ K-제트로닉
㉯ D-제트로닉
㉰ L-제트로닉
㉱ Mono-제트로닉

풀이 K-제트로닉(K-Jetronic)이란 연속분사란 의미로, 크랭크축 회전에 따라 연속적으로 연료를 분사하는 기계식 분사 시스템이다.

24 전자제어 현가장치의 관련 내용으로 틀린 것은?

㉮ 급제동시 노즈 다운 현상 방지
㉯ 고속 주행시 차량의 높이를 낮추어 안정성 확보
㉰ 제동시 휠의 록킹 현상을 방지하여 안정성 증대
㉱ 주행조건에 따라 현가장치의 감쇠력을 조절

풀이 ㉮, ㉯, ㉱항은 전자제어 현가장치의 특징이고, ㉰항은 전자제어 제동장치(ABS) 관련 내용이다.

25 공기식 제동장치에 해당하지 않는 부품은?

㉮ 릴레이 밸브   ㉯ 브레이크 밸브
㉰ 브레이크 챔버   ㉱ 마스터 백

풀이 마스터 백은 유압식 제동장치 부품이다.

26 선회 주행시 뒷바퀴 원심력이 작용하여 일정한 조향 각도로 회전해도 자동차의 선회 반지름이 작아지는 현상을 무엇이라고 하는가?

㉮ 코너링 포스 현상
㉯ 언더 스티어 현상
㉰ 캐스터 현상
㉱ 오버 스티어 현상

풀이 선회 반지름이 작아졌다는 것은 조향각이 커졌다는 의미이므로 오버 스티어링(over steering)이라 한다.

27 현가장치에서 스프링 강으로 만든 가늘고 긴 막대 모양으로 비틀림 탄성을 이용하여 완충 작용을 하는 부품은?

㉮ 공기 스프링   ㉯ 토션 바 스프링
㉰ 판 스프링   ㉱ 코일 스프링

풀이 토션 바(torsion bar) 스프링은 스프링 강으로 만든 가늘고 긴 막대 모양으로 비틀림 탄성을 이용하여 완충 작용을 하는 스프링이다.

28 전자제어식 자동변속기에서 사용되는 센서와 가장 거리가 먼 것은?

㉮ 휠 스피드 센서
㉯ 펄스 제너레이터
㉰ 스로틀 포지션 센서
㉱ 차속 센서

풀이 휠 스피드 센서는 ABS에 사용되는 센서이다.

23.㉮ 24.㉰ 25.㉱ 26.㉱ 27.㉯ 28.㉮

29 조향 핸들의 유격이 크게 되는 원인으로 틀린 것은?

㉮ 볼 이음의 마멸
㉯ 타이로드의 휨
㉰ 조향 너클의 헐거움
㉱ 앞바퀴 베어링의 마멸

풀이 조향 핸들의 유격이 크게 되는 원인
① 조향 링키지의 마멸
② 조향 너클의 헐거움
③ 볼 이음의 마멸
④ 앞바퀴 베어링의 마멸

30 클러치의 구비조건이 아닌 것은?

㉮ 회전관성이 클 것
㉯ 회전부분의 평형이 좋을 것
㉰ 구조가 간단할 것
㉱ 동력을 차단할 경우에는 신속하고 확실할 것

풀이 클러치 구비조건
① 구조가 간단할 것
② 동력전달이 확실하고 신속할 것
③ 방열이 잘 되어 과열되지 않을 것
④ 회전부분의 평형이 좋을 것

31 전자제어 조향장치의 ECU 입력 요소로 틀린 것은?

㉮ 스로틀 위치 센서 ㉯ 차속 센서
㉰ 조향각 센서 ㉱ 전류 센서

풀이 전자제어 조향장치 ECU 입력요소 : 차량 속도센서, 조향각 센서, 엔진 회전속도 센서, 스로틀 위치 센서

32 브레이크 장치에서 급제동 시 마스터 실린더에 발생된 유압이 일정압력 이상이 되면 뒤 휠 실린더 쪽으로 전달되는 유압상승을 제어하여 차량의 쏠림을 방지하는 장치는?

㉮ 하이드롤릭 유니트(hydraulic unit)
㉯ 리미팅 밸브(limiting valve)
㉰ 스피드 센서(speed sensor)
㉱ 솔레노이드 밸브(solenoid valve)

풀이 리미팅 밸브는 급 제동시 유압이 일정압력 이상이 되면 후륜 측에 유압이 상승하지 않도록 제한하여 후륜이 먼저 로크되지 않도록 하여 차량의 쏠림을 방지한다.

33 십자형 자재이음에 대한 설명 중 틀린 것은?

㉮ 주로 후륜 구동 식 자동차의 추진축에 사용된다.
㉯ 십자 축과 두 개의 요크로 구성되어 있다.
㉰ 롤러베어링을 사이에 두고 축과 요크가 설치되어 있다.
㉱ 자재이음과 슬립이음 역할을 동시에 하는 형식이다.

풀이 슬립이음의 역할은 슬립 조인트가 한다.

34 자동차의 타이어에서 60 또는 70시리즈라고 할 때 시리즈란?

㉮ 단면 폭 ㉯ 단면 높이
㉰ 편평비 ㉱ 최대속도표시

풀이 편평비 : 타이어의 높이를 폭으로 나눈 값으로, 0.6일 경우 60시리즈라 한다.

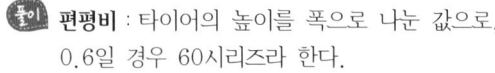

29.㉯ 30.㉮ 31.㉱ 32.㉯ 33.㉱ 34.㉰

35 자동변속기에서 기관속도가 상승하면 오일펌프에서 발생되는 유압도 상승한다. 이 때 유압을 적절한 압력으로 조절하는 밸브는?

㉮ 매뉴얼 밸브 ㉯ 스로틀 밸브
㉰ 압력조절 밸브 ㉱ 거버너 밸브

풀이 압력조절 밸브(regulator valve)는 오일펌프에서 발생한 유압을 일정한 라인압으로 조절하는 역할을 한다.

36 기관의 회전수가 5,500rpm이고 기관출력이 70PS이며 총 감속비가 5.5일 때 뒤 액슬축의 회전수는?

㉮ 800rpm ㉯ 1,000rpm
㉰ 1,200rpm ㉱ 1,400rpm

풀이 후차축(액슬축) 회전수
$= \dfrac{\text{엔진 회전수}}{\text{총감속비}} = \dfrac{5,500}{5.5} = 1,000\text{rpm}$

37 주축기어와 부축기어가 항상 맞물려 공전하면서 클러치 기어를 이용해서 축상에 고정시키는 변속기 형식은?

㉮ 점진 기어식 ㉯ 섭동 물림식
㉰ 상시 물림식 ㉱ 유성 기어식

풀이 상시 물림식은 주축기어와 부축기어가 항상 맞물려 공전하면서 싱크로메시 기구를 이용하여 축상을 섭동하면서 기어를 변속시키는 방식이다.

38 전자제어 제동장치(ABS)의 적용 목적이 아닌 것은?

㉮ 차량의 스핀 방지
㉯ 휠 잠김(lock) 유지
㉰ 차량의 방향성 확보
㉱ 차량의 조종성 확보

풀이 ABS의 설치 목적
① 미끄러짐을 방지하여 차체을 안전성을 유지한다.
② ECU에 의해 브레이크를 컨트롤하여 조종성을 확보한다.
③ 제동거리를 단축시킨다.
④ 앞바퀴의 잠김으로 인한 조향능력 상실을 방지한다.
⑤ 뒷바퀴의 잠김으로 인한 차체 스핀에 의한 전복을 방지한다.

39 전자제어 점화장치에서 점화시기를 제어하는 순서는?

㉮ 각종센서 → ECU → 파워 트랜지스터 → 점화코일
㉯ 각종센서 → ECU → 점화코일 → 파워 트랜지스터
㉰ 파워 트랜지스터 → 점화코일 → ECU → 각종센서
㉱ 파워 트랜지스터 → ECU → 각종센서 → 점화코일

풀이 전자제어 점화장치의 점화시기 제어 순서 : 각종센서 - ECU - 파워 트랜지스터 - 점화코일

35.㉰ 36.㉯ 37.㉰ 38.㉯ 39.㉮

40 자동차 주행 속도를 감지하는 센서는 무엇인가?
  ㉮ 차속 센서   ㉯ 크랭크각 센서
  ㉰ TDC 센서   ㉱ 경사각 센서

풀이 센서의 역할
① 차속 센서 : 차량의 주행속도를 감지
② 크랭크각 센서 : 엔진 회전수를 연산
③ TDC 센서 : 1번 실린더의 상사점을 감지
④ 경사각 센서 : 차량의 기울기를 감지

41 점화키 홀 조명 기능에 대한 설명 중 틀린 것은?
  ㉮ 야간에 운전자에게 편의를 제공한다.
  ㉯ 야간 주행시 사각지대를 없애준다.
  ㉰ 이그니션 키 주변에 일정시간 동안 램프가 점등된다.
  ㉱ 이그니션 키 홀을 쉽게 찾을 수 있도록 도와준다.

풀이 점화키 홀 조명 기능은 ㉮, ㉰, ㉱항이다.

42 자동차 등화장치에서 12V 축전지에 30W의 전구를 사용하였다면 저항은?
  ㉮ 4.8Ω   ㉯ 5.4Ω
  ㉰ 6.3Ω   ㉱ 7.6Ω

풀이
$$R = \frac{E^2}{P}$$
여기서, R : 저항
       E : 전압
       P : 전력
∴ $R = \frac{12^2}{30} = 4.8\,\Omega$

43 그림과 같이 브레이크 장치에서 페달을 40 kg$_f$의 힘으로 밟았을 때 푸시로드에 작용되는 힘은?

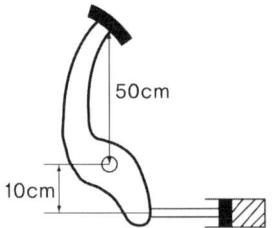

  ㉮ 100kg$_f$ ㉯ 200kg$_f$
  ㉰ 250kg$_f$ ㉱ 300kg$_f$

풀이 힘의 평형식에서 50×40 = 10×F 이므로
∴ F = 200 kg$_f$

44 PTC 서미스터에서 온도와 저항값의 변화 관계가 맞는 것은?
  ㉮ 온도 증가와 저항값은 관련 없다.
  ㉯ 온도 증가에 따라 저항값이 감소한다.
  ㉰ 온도 증가에 따라 저항값이 증가한다.
  ㉱ 온도 증가에 따라 저항값이 증가, 감소 반복한다.

풀이 서미스터란 온도에 따라 저항값이 변하는 반도체 소자로, 온도가 올라갈 때 저항값이 커지면 정특성(PTC, Positive Temperature Coefficient) 서미스터라 하고, 반대로 저항값이 내려가면 부특성(NTC, Negative Temperature Coefficient) 서미스터라 한다.

40.㉮ 41.㉯ 42.㉮ 43.㉯ 44.㉰

45 몇 개의 저항을 병렬 접속 했을 때 설명 중 틀린 것은?

㉮ 각 저항을 통하여 흐르는 전류의 합은 전원에서 흐르는 전류의 크기와 같다.
㉯ 합성 저항은 각 저항은 어느 것보다도 작다.
㉰ 각 저항에 가해지는 전압의 합은 전원 전압과 같다.
㉱ 어느 저항에서나 동일한 전압이 가해진다.

[풀이] 병렬접속일 경우 각 저항에 가해지는 전압은 전원 전압과 같으나 각 저항에 가해지는 전체의 합과 같지는 않다.

46 와셔 연동 와이퍼의 기능으로 틀린 것은?

㉮ 와셔 액의 분사와 같이 와이퍼가 작동한다.
㉯ 연료를 절약하기 위해서이다.
㉰ 전면 유리에 이물질 제거를 위해서이다.
㉱ 와이퍼 스위치를 별도로 작동하여야 하는 불편을 해소하기 위해서이다.

[풀이] 와셔 연동 와이퍼는 운전자의 편의를 위한 장치로, 연료가 절약되는 것은 아니다.

47 교류발전기에서 직류발전기 컷아웃 릴레이와 같은 일을 하는 것은?

㉮ 다이오드 ㉯ 로터
㉰ 전압조정기 ㉱ 브러시

[풀이] 교류발전기의 실리콘 다이오드는 직류발전기의 컷아웃 릴레이와 같이 역류를 방지한다.

48 암 전류(parasitic current)에 대한 설명으로 틀린 것은?

㉮ 전자제어장치 차량에서는 차종마다 정해진 규정치 내에서 암 전류가 있는 것이 정상이다.
㉯ 일반적으로 암 전류의 측정은 모든 전기장치를 OFF하고, 전체 도어를 닫은 상태에서 실시한다.
㉰ 배터리 자체에서 저절로 소모되는 전류이다.
㉱ 암 전류가 큰 경우 배터리 방전의 요인이 된다.

[풀이] ㉮, ㉯, ㉱항은 암 전류에 대한 설명이고, ㉰항은 배터리 자기방전에 관한 설명이다.

49 자동차용 배터리의 급속 충전 시 주의사항으로 틀린 것은?

㉮ 배터리를 자동차에 연결한 채 충전할 경우, 접지(−) 터미널을 떼어 놓는다.
㉯ 잘 밀폐된 곳에서 충전한다.
㉰ 충전 중 축전지에 충격을 가하지 않는다.
㉱ 전해액의 온도가 45℃가 넘지 않도록 한다.

[풀이] 배터리 충전은 환기가 잘되는 곳에서 한다.

50 기동전동기의 시험과 관계없는 것은?

㉮ 저항 시험 ㉯ 회전력 시험
㉰ 고부하 시험 ㉱ 무부하 시험

[풀이] **기동전동기 시험항목**: 무부하 시험, 회전력 시험, 저항 시험

45.㉰ 46.㉯ 47.㉮ 48.㉰ 49.㉯ 50.㉰

51 연삭기를 사용하여 작업할 시 맞지 않는 것은?

㉮ 숫돌 보호덮개는 튼튼한 것을 사용한다.
㉯ 정상적인 플랜지를 사용한다.
㉰ 단단한 지석(砥石)을 사용한다.
㉱ 공작물을 연삭숫돌의 측면에서 연삭한다.

풀이 연삭 작업시 주의사항
① 숫돌을 설치하기 전에 나무 해머로 숫돌을 가볍게 두들겨 맑은 음이 나면 정상이다.
② 숫돌과 받침대와의 간격은 항상 3mm 이내로 유지한다.
③ 숫돌의 커버를 벗겨놓은 채 사용해서는 안된다.
④ 숫돌의 원주면을 사용한다.
⑤ 소형 숫돌은 측압에 약하므로 측면 사용을 피한다.

52 기계가공 작업 중 갑자기 정전이 되었을 때의 조치 사항으로 틀린 것은?

㉮ 전기가 들어오는 것을 알기 위해 스위치를 넣어둔다.
㉯ 퓨즈를 점검한다.
㉰ 공작물과 공구를 떼어 놓는다.
㉱ 즉시 스위치를 끈다.

풀이 기계 작업 중 정전이 발생되었을 때는 각종 모터의 스위치를 꺼둔다.

53 작업현장에서 재해의 원인으로 가장 높은 것은?

㉮ 작업환경   ㉯ 정비의 결함
㉰ 작업순서   ㉱ 불안전한 행동

풀이 작업현장에서 작업자의 불안전한 행동은 재해의 직접적인 원인이 된다.

54 렌치 사용시 주의사항으로 틀린 것은?

㉮ 렌치를 너트가 손상이 안 가도록 가급적 얕게 물린다.
㉯ 해머 대용으로 사용해서는 안된다.
㉰ 렌치를 몸 안쪽으로 잡아당겨 움직이게 한다.
㉱ 렌치에 파이프 등의 연장대를 끼우고 사용해서는 안된다.

풀이 스패너 및 렌치 작업시 주의사항
① 렌치는 몸 앞으로 조금씩 당겨서 사용할 것
② 렌치와 너트 사이에 절대 다른 물건을 끼우지 말 것
③ 렌치를 해머 대용으로 사용해서는 안된다.
④ 렌치에 파이프 등의 연장대를 끼우고 사용해서는 안된다.
⑤ 렌치는 볼트 너트를 풀거나 조일 때 볼트 머리나 너트에 꼭 끼워져야 한다.
⑥ 조정렌치의 조정조에 힘이 가해지지 않을 것

51.㉱ 52.㉮ 53.㉱ 54.㉮

55 다음 중 안전표지 색채의 연결이 맞는 것은?

㉮ 주황색 - 화재의 방지에 관계되는 물건에 표시
㉯ 흑색 - 방사능 표시
㉰ 노란색 - 충돌, 추락 주의 표시
㉱ 청색 - 위험, 구급 장소 표시

풀이 안전·보건표지의 색채

색채	용도	사 용 례
빨간색	금지	정지신호, 소화설비 및 그 장소, 유해행위의 금지
	경고	화학물질 취급장소에서의 유해·위험 경고
노란색	경고	화학물질 취급장소에서의 유해·위험경고 이외의 위험경고, 주의표지 또는 기계방호물
파란색	지시	특정 행위의 지시 및 사실의 고지
녹색	안내	비상구 및 피난소, 사람 또는 차량의 통행표지
흰색		파란색 또는 녹색에 대한 보조색
검은색		문자 및 빨간색 또는 노란색에 대한 보조색

56 엔진블록에 균열이 생길 때 가장 안전한 검사 방법은?

㉮ 자기 탐상법이나 염색법으로 확인한다.
㉯ 공전 상태에서 소리를 듣는다.
㉰ 공전 상태에서 해머로 두들겨 본다.
㉱ 정지 상태로 놓고 해머로 가볍게 두들겨 확인한다.

풀이 엔진블록의 균열은 자기 탐상법이나 염색법을 이용하여 검사한다.

57 전조등의 조정 및 점검 시험시 유의사항이 아닌 것은?

㉮ 광도는 안전기준에 맞아야 한다.
㉯ 광도를 측정할 때는 헤드라이트를 깨끗이 닦아야 한다.
㉰ 타이어 공기압과는 관계가 없다.
㉱ 퓨즈는 항상 정격용량의 것을 사용해야 한다.

풀이 전조등 점검시 유의사항
① 퓨즈는 항상 정격용량의 것을 사용해야 한다.
② 밑바닥이 수평일 것
③ 각 타이어의 공기압은 규정대로 할 것
④ 시험기에 차량을 마주보게 할 것
⑤ 광도를 측정할 때는 헤드라이트를 깨끗이 닦아야 한다.
⑥ 광도는 안전기준에 맞아야 한다.
⑦ 공차상태의 차량에 운전자 1인이 탑승할 것

58 자동차 정비공장에서 호이스트 사용시 안전사항으로 틀린 것은?

㉮ 규정 하중 이상으로 들지 않는다.
㉯ 무게 중심은 들어 올리는 물체의 크기(size) 중심이다.
㉰ 사람이 매달려 운반하지 않는다.
㉱ 들어 올릴 때에는 천천히 올려 상태를 살핀 후 완전히 들어올린다.

풀이 호이스트(hoist) 점검시 유의사항
① 규정 하중 이상으로 들지 않는다.
② 들어 올릴 때에는 천천히 올려 상태를 살핀 후 완전히 들어올린다.
③ 사람이 매달려 운반하지 않는다.
④ 호이스트 바로 밑에서 조작하지 않는다.
⑤ 화물을 걸을 때에는 들어 올리는 화물 무게중심의 위치를 확인하고 건다.

55.㉰ 56.㉮ 57.㉰ 58.㉯

59 작업장에서 작업자가 가져야 할 태도 중 틀린 것은?

㉮ 작업장 환경 조성을 위해 노력한다.
㉯ 작업에 임해서는 아무런 생각 없이 작업한다.
㉰ 자신의 안전과 동료의 안전을 고려한다.
㉱ 작업안전 사항을 준수한다.

풀이 작업에 임해서는 작업에 집중하여야 한다.

60 차량 밑에서 정비할 경우 안전조치 사항으로 틀린 것은?

㉮ 차량은 반드시 평지에 받침목을 사용하여 세운다.
㉯ 차를 들어 올리고 작업할 때에는 반드시 잭으로 들어 올린 다음 스탠드로 지지해야 한다.
㉰ 차량 밑에서 작업할 때에는 반드시 앞치마를 이용한다.
㉱ 차량 밑에서 작업할 때에는 반드시 보안경을 착용한다.

풀이 **차량 밑에서 정비시 안전조치 사항**
① 차량은 반드시 평지에 받침목을 사용하여 세운다.
② 차를 들어 올리고 작업할 때에는 반드시 잭으로 들어 올린 다음 스탠드로 지지해야 한다.
③ 차량 밑에서 작업할 때에는 반드시 보안경을 착용한다.

59. ㉯ 60. ㉰

자동차정비기능사 제1회

(2013.01.27 시행)

01 CRDI 디젤엔진에서 기계식 저압펌프의 연료공급 경로가 맞는 것은?

㉮ 연료탱크-저압펌프-연료필터-고압펌프-커먼레일-인젝터
㉯ 연료탱크-연료필터-저압펌프-고압펌프-커먼레일-인젝터
㉰ 연료탱크-저압펌프-연료필터-커먼레일-고압펌프-인젝터
㉱ 연료탱크-연료필터-저압펌프-커먼레일-고압펌프-인젝터

풀이 CRDI 디젤엔진의 연료공급 경로
연료탱크-연료필터-저압펌프-고압펌프-커먼레일-인젝터

02 실린더 헤드를 떼어낼 때 볼트를 바르게 푸는 방법은?

㉮ 풀기 쉬운 곳부터 푼다.
㉯ 중앙에서 바깥을 향하여 대각선으로 푼다.
㉰ 바깥에서 안쪽으로 향하여 대각선으로 푼다.
㉱ 실린더 보어를 먼저 제거하고 실린더헤드를 떼어낸다.

풀이 실린더 헤드 볼트 푸는 순서
실린더 헤드 볼트를 풀 때는 변형을 방지하기 위하여 바깥에서 안쪽으로 향하여 대각선으로 풀어야 한다.

03 기관의 회전력이 71.6kgf-m에서 200ps의 축 출력을 냈다면 이 기관의 회전속도는?

㉮ 1,000rpm   ㉯ 1,500rpm
㉰ 2,000rpm   ㉱ 2,500rpm

풀이

$$출력(제동마력, ps) = \frac{TN}{716}$$

여기서, T : 회전력(m-kgf)
N : 엔진 회전수(rpm)

$$\therefore N = \frac{716 \times ps}{T} = \frac{716 \times 200}{71.6}$$
$$= 2,000 rpm$$

04 디젤기관의 연료 여과장치 설치개소로 적절치 않은 것은?

㉮ 연료공급펌프 입구
㉯ 연료탱크와 연료공급펌프 사이
㉰ 연료분사펌프 입구
㉱ 흡입다기관 입구

풀이 디젤기관의 연료 여과장치 설치개소
① 연료탱크와 연료공급펌프 사이
② 연료공급펌프 입구
③ 연료분사펌프 입구
※ 흡입다기관은 공기가 통과하는 부분으로 연료와 관련이 없다.

ANSWER 01.㉯ 02.㉰ 03.㉰ 04.㉱

05 EGR(배기가스 재순환 장치)과 관계있는 배기가스는?

㉮ CO   ㉯ HC
㉰ NOx ㉱ H_2O

풀이 배기가스 재순환장치는 EGR 밸브를 이용하여 연소실의 최고온도를 낮추어 질소산화물(NOx)의 발생을 감소시킨다.

06 엔진 조립시 피스톤링 절개구 방향은?

㉮ 피스톤 사이드 스러스트 방향을 피하는 것이 좋다.
㉯ 피스톤 사이드 스러스트 방향으로 두는 것이 좋다.
㉰ 크랭크축 방향으로 두는 것이 좋다.
㉱ 절개구의 방향은 관계없다.

풀이 엔진 조립시 피스톤링 절개구 방향은 측압에 의해 피스톤링 절개부로 압축 및 가스의 누출 우려가 있으므로 측압을 받는 부분을 피하는 것이 좋다.

07 LPG기관 피드백 믹서 장치에서 ECU의 출력 신호에 해당하는 것은?

㉮ 산소 센서
㉯ 파워스티어링 스위치
㉰ 맵 센서
㉱ 메인 듀티 솔레노이드

풀이 ㉮, ㉯, ㉰항은 ECU 입력신호이며, 메인 듀티 솔레노이드는 ECU가 듀티 제어를 하는 출력 신호이다.

08 크랭크케이스 내의 배출가스 제어장치는 어떤 유해가스를 저감시키는가?

㉮ HC   ㉯ CO
㉰ NOx ㉱ CO_2

풀이 실린더 압축 행정시 실린더와 피스톤 사이로 누출되는 미연소 가스인 탄화수소(HC)를 블로바이(blow-by) 가스라 하며, 이 미연소 가스가 크랭크 케이스 내에 축적되어 이것을 저감시키는 장치를 블로바이가스 제어장치라 한다.

09 실린더 블록이나 헤드의 평면도 측정에 알맞은 게이지는?

㉮ 마이크로미터
㉯ 다이얼 게이지
㉰ 버니어 캘리퍼스
㉱ 직각자와 필러 게이지

풀이 실린더 헤드의 평면도 점검은 직각자(곧은자)와 필러(틈새, 간극, 시크니스)게이지로 측정 점검한다.

10 윤활유의 역할이 아닌 것은?

㉮ 밀봉 작용   ㉯ 냉각 작용
㉰ 팽창 작용   ㉱ 방청 작용

풀이 윤활유의 6대 작용
① 감마작용 ② 밀봉작용
③ 냉각작용 ④ 세척작용
⑤ 방청작용 ⑥ 응력 분산작용

ANSWER
05.㉰ 06.㉮ 07.㉱ 08.㉮ 09.㉱ 10.㉰

11. 각종 센서의 내부 구조 및 원리에 대한 설명으로 거리가 먼 것은?

㉮ 냉각수 온도 센서 : NTC를 이용한 서미스터 전압값의 변화
㉯ 맵 센서 : 진공으로 인한 저항(피에조)값을 변화
㉰ 지르코니아 산소센서 : 온도에 의한 전류값을 변화
㉱ 스로틀(밸브)위치 센서 : 가변저항을 이용한 전압값 변화

[풀이] 지르코니아 산소센서는 배기가스 중의 산소 농도차에 따라 전압값 변화

12. 디젤 연료의 발화 촉진제로 적당치 않은 것은?

㉮ 아황산 에틸($C_2H_5SO_3$)
㉯ 아질산 아밀($C_5H_{11}NO_2$)
㉰ 질산 에틸($C_2H_5NO_3$)
㉱ 질산 아밀($C_2H_{11}NO_3$)

[풀이] **연료 발화 촉진제** : 초산 아밀, 아초산 아밀, 초산 에틸, 아초산 에틸, 질산 에틸, 질산 아밀, 아질산 아밀

13. 디젤기관에서 실린더내의 연소압력이 최대가 되는 기간은?

㉮ 직접 연소기간 ㉯ 화염 전파기간
㉰ 착화 늦음기간 ㉱ 후기 연소기간

[풀이] 디젤기관(C.I Engine)에서 연소압력이 최대가 되는 구간은 직접연소(제어연소) 기간이다.

14. 냉각수 온도센서 고장시 엔진에 미치는 영향으로 틀린 것은?

㉮ 공회전 상태가 불안정하게 된다.
㉯ 워밍업 시기에 검은 연기가 배출될 수 있다.
㉰ 배기가스 중에 CO 및 HC가 증가된다.
㉱ 냉간 시동성이 양호하다.

[풀이] 냉각수 온도센서가 고장이면 연비를 맞추기 어려워서 공회전 속도가 불안정하거나, 워밍업 시기에 검은 연기가 배출되며 배기가스가 증가된다. 시동성과는 관련이 없다.

15. 연료의 저위발열량이 10,250kcal/kg$_f$일 경우 제동 연료소비율은? (단, 제동 열효율은 26.2%)

㉮ 약 220gf/PSh ㉯ 약 235gf/PSh
㉰ 약 250gf/PSh ㉱ 약 275gf/PSh

[풀이]
$$제동\ 열효율(\eta b) = \frac{632.3 \times PS}{CW} = \frac{632.3 \times PS}{CW_f}$$

여기서, C : 연료의 저위발열량(kcal/kg$_f$)
W : 연료 소비량(kg$_f$)
W_f : 연료 소비율(kg$_f$/psh)
PS : 마력(주어지지 않으면 1마력)

연료 소비율 = 시간당 연료소비량 / 마력이므로

∴ 제동 열효율$(\eta b) = \frac{632.3 \times PS}{CW_f} \times 100(\%)$

∴ 제동 연료소비율$(W_f) = \frac{632.3 \times 1}{0.262 \times 10,250}$

= 0.235kg$_f$/PSh = 235g$_f$/PSh

11. ㉰ 12. ㉮ 13. ㉮ 14. ㉱ 15. ㉯

16. 연료탱크의 주입구 및 가스배출구는 노출된 전기단자로 부터 (ㄱ)mm 이상, 배기관의 끝으로 부터 (ㄴ)mm 이상 떨어져 있어야 한다. ( )안에 알맞은 것은?

㉮ ㄱ : 300, ㄴ : 200
㉯ ㄱ : 200, ㄴ : 300
㉰ ㄱ : 250, ㄴ : 200
㉱ ㄱ : 200, ㄴ : 250

풀이 자동차의 연료탱크, 주입구 및 가스 배출구는 배기관 끝으로부터 30cm, 노출된 전기단자 및 전기개폐기로부터 20cm 이상 떨어져 있을 것

17. 내연기관의 일반적인 내용으로 다음 중 맞는 것은?

㉮ 2행정 사이클 엔진의 인젝션 펌프 회전속도는 크랭크축 회전속도의 2배이다.
㉯ 엔진 오일은 일반적으로 계절마다 교환한다.
㉰ 크롬 도금한 라이너에는 크롬 도금된 피스톤링을 사용하지 않는다.
㉱ 가압식 라디에이터 부압밸브가 밀착 불량이면 라디에이터를 손상하는 원인이 된다.

풀이 2행정 사이클 엔진의 인젝션 펌프 회전속도는 크랭크축 회전속도와 같으며, 엔진오일은 최근에는 4계절용을 사용하므로 주행거리에 따라 교환한다. 부압밸브가 밀착 불량하더라도 라디에이터 손상과는 관련이 없다.

18. 전자제어 점화장치에서 전자제어모듈(ECM)에 입력되는 정보로 거리가 먼 것은?

㉮ 엔진회전수 신호
㉯ 흡기매니홀드 압력센서
㉰ 엔진오일 압력센서
㉱ 수온 센서

풀이 엔진오일 압력센서는 엔진오일 경고등 작동에 사용되는 센서로 점화장치와는 관련이 없다.

19. 밸브스프링의 점검 항목 및 점검 기준으로 틀린 것은?

㉮ 장력 : 스프링 장력의 감소는 표준값의 10% 이내일 것
㉯ 자유고 : 자유고의 낮아짐 변화량은 3% 이내일 것
㉰ 직각도 : 직각도는 자유높이 100mm당 3mm 이내일 것
㉱ 접촉면의 상태는 2/3이상 수평일 것

풀이 밸브 스프링의 직각도, 자유고 3% 이내, 장력 15% 이내이다.

20. 라디에이터(Radiator)의 코어 튜브가 파열되었다면 그 원인은?

㉮ 물 펌프에서 냉각수 누수일 때
㉯ 팬 벨트가 헐거울 때
㉰ 수온 조절기가 제 기능을 발휘하지 못할 때
㉱ 오버플로우 파이프가 막혔을 때

풀이 오버플로우 파이프가 막혀 팽창압력에 의해 튜브가 파손되었다.

16. ㉯ 17. ㉰ 18. ㉰ 19. ㉮ 20. ㉱

21. 소음기(muffler)의 소음 방법으로 틀린 것은?

㉮ 흡음재를 사용하는 방법
㉯ 튜브의 단면적을 어느 길이만큼 작게 하는 방법
㉰ 음파를 간섭시키는 방법과 공명에 의한 방법
㉱ 압력의 감소와 배기가스를 냉각시키는 방법

[풀이] 소음기의 소음 방법
① 흡음재를 사용하는 방법
② 압력의 감소와 배기가스를 냉각시키는 방법
③ 음파를 간섭시키는 방법과 공명에 의한 방법

22. ABS(Anti-Lock Brake System)의 주요 구성품이 아닌 것은?

㉮ 휠 속도센서
㉯ ECU
㉰ 하이드롤릭 유니트
㉱ 차고 센서

[풀이] ABS의 구성부품
① 휠 스피드 센서 : 차륜의 회전상태를 검출
② 전자제어 컨트롤 유닛(E.C.U) : 휠 스피드 센서의 신호를 받아 ABS를 제어
③ 하이드롤릭 유닛 : E.C.U의 신호에 따라 휠 실린더에 공급되는 유압을 제어
④ 프로포셔닝 밸브 : 브레이크를 밟았을 때 뒷바퀴가 조기에 고착되지 않도록 뒷바퀴의 유압을 제어
* 차고센서는 전자제어 현가장치(ECS) 부품이다.

23. 실린더 1개당 총 마찰력이 6kg$_f$, 피스톤의 평균 속도가 15m/sec일 때 마찰로 인한 기관의 손실마력은?

㉮ 0.4ps   ㉯ 1.2ps
㉰ 2.5ps   ㉱ 9.0ps

[풀이]

$$손실마력 = \frac{Fv}{75}$$

여기서, F : 총마찰력(kg$_f$)
v : 피스톤 평균속도(m/s)

$$\therefore 손실마력 = \frac{6 \times 15}{75} = 1.2ps$$

24. 전자제어 가솔린기관 인젝터에서 연료가 분사되지 않는 이유 중 틀린 것은?

㉮ 크랭크각 센서 불량
㉯ ECU 불량
㉰ 인젝터 불량
㉱ 파워 TR 불량

[풀이] 파워 TR은 점화계통으로 연료장치와는 관련이 없다.

25. 주행 중인 차량에서 트램핑 현상이 발생하는 원인으로 적당하지 않은 것은?

㉮ 앞 브레이크 디스크의 불량
㉯ 타이어의 불량
㉰ 휠 허브의 불량
㉱ 파워펌프의 불량

[풀이] ㉮, ㉯, ㉰항이 트램핑 발생 원인이며, 파워펌프는 동력 조향장치 부품으로 핸들 조작력과 관련이 있다.

ANSWER 21.㉯ 22.㉱ 23.㉯ 24.㉱ 25.㉱

26 변속 보조 장치 중 도로 조건이 불량한 곳에서 운행되는 차량에 더 많은 견인력을 공급해주기 위해 앞 차축에도 구동력을 전달해 주는 장치는?

㉮ 동력 변속 증강 장치(P.O.V.S)
㉯ 트랜스퍼 케이스(Transfer case)
㉰ 주차 도움 장치
㉱ 동력 인출 장치(Power take off system)

풀이 도로 조건이 불량한 곳에서 운행되는 차량에 더 많은 견인력을 공급해주기 위해 앞 차축에도 구동력을 전달해 주는 장치를 트랜스퍼 케이스라 한다.

27 20km/h로 주행하는 차가 급 가속하여 10초 후에 56km/h가 되었을 때 가속도는?

㉮ $1m/s^2$ ㉯ $2m/s^2$
㉰ $5m/s^2$ ㉱ $8m/s^2$

풀이 가속도$(m/s^2) = \dfrac{\text{나중속도} - \text{처음속도}}{\text{걸린시간}}$

∴ 가속도 $= \dfrac{56km/h - 20km/h}{10sec}$

$= \dfrac{36km/h}{10sec} = \dfrac{10m/s}{10sec} = 1m/s^2$

28 공기식 제동장치의 구성요소로 틀린 것은?

㉮ 언로더 밸브
㉯ 릴레이 밸브
㉰ 브레이크 챔버
㉱ EGR 밸브

풀이 EGR 밸브는 배출가스 제어장치 부품이다.

29 동력 조향장치의 스티어링 휠 조작이 무겁다. 의심되는 고장부위 중 가장 거리가 먼 것은?

㉮ 랙 피스톤 손상으로 인한 내부 유압 작동 불량
㉯ 스티어링 기어박스의 과다한 백래시
㉰ 오일탱크 오일 부족
㉱ 오일펌프 결함

풀이 ㉮, ㉰, ㉱항이 고장이면 스티어링 휠 조작이 무거워지며, 기어박스의 백래시가 크면 핸들유격이 커져 핸들조작이 헐겁게 된다.

30 브레이크 페달의 유격이 과다한 이유로 틀린 것은?

㉮ 드럼브레이크 형식에서 브레이크 슈의 조정불량
㉯ 브레이크 페달의 불균형
㉰ 타이어 공기압의 불균형
㉱ 마스터 실린더 피스톤과 브레이크 부스터 푸쉬로드의 간극 불량

풀이 ㉮, ㉯, ㉱항이 유격이 과다한 원인이며, 타이어 공기압 불균형은 브레이크 페달 유격과는 관련이 없다.

31 전자제어 현가장치의 출력부가 아닌 것은?

㉮ TPS   ㉯ 지시등, 경고등
㉰ 액추에이터   ㉱ 고장코드

풀이 ㉯, ㉰, ㉱항은 현가장치 출력부에 해당되며, TPS는 급감속, 급가속을 감지하여 스프링 상수 및 감쇠력 제어에 이용되는 센서이므로 입력부분이다.

26.㉯ 27.㉮ 28.㉱ 29.㉯ 30.㉰ 31.㉮

32 자동변속기에서 스로틀 개도의 일정한 차속으로 주행 중 스로틀 개도를 갑자기 증가시키면(약 85% 이상) 감속 변속되어 큰 구동력을 얻을 수 있는 변속상태는?

㉮ 킥 다운 ㉯ 다운 시프트
㉰ 리프트 풋 업 ㉱ 업 시프트

풀이 킥 다운(kick down)이란 일정한 차속으로 주행 중 스로틀 밸브 개도를 갑자기 증가시키면(85% 이상) 강제로 시프트 다운(감속 변속)되어 큰 구동력을 얻을 수 있다.

33 클러치의 역할을 만족시키기 위한 조건으로 틀린 것은?

㉮ 동력을 끊을 때 차단이 신속할 것
㉯ 회전부분의 밸런스가 좋을 것
㉰ 회전관성이 클 것
㉱ 방열이 잘되고 과열되지 않을 것

풀이 클러치 구비조건
① 동력차단 및 전달이 확실하고 신속할 것
② 방열이 잘 되어 과열되지 않을 것
③ 회전부분의 평형이 좋을 것

34 디스크 브레이크에서 패드 접촉면에 오일이 묻었을 때 나타나는 현상은?

㉮ 패드가 과냉되어 제동력이 증가된다.
㉯ 브레이크가 잘 듣지 않는다.
㉰ 브레이크 작동이 원활하게 되어 제동이 잘된다.
㉱ 디스크 표면의 마찰이 증대된다.

풀이 패드 접촉면에 오일이 묻어있으면 마찰이 작아져서 브레이크가 잘 듣지 않는다.

35 주행 중 조향 휠의 떨림 현상 발생 원인으로 틀린 것은?

㉮ 휠 얼라인먼트의 불량
㉯ 허브 너트의 풀림
㉰ 타이로드 엔드의 손상
㉱ 브레이크 패드 또는 라이닝 간격 과다

풀이 ㉮, ㉯, ㉰항이 조향 휠이 떨리게 되는 원인이며, 패드 또는 라이닝 간격이 크면 제동 늦음이 발생된다.

36 주행거리 1.6 km를 주행하는데 40초가 걸렸다. 이 자동차의 주행속도를 초속과 시속으로 표시하면?

㉮ 40m/s, 144km/h
㉯ 40m/s, 11.1km/h
㉰ 25m/s, 14.4km/h
㉱ 64 m/s, 230.4km/h

풀이 초속 = $\dfrac{거리}{시간}$ = $\dfrac{1,600m}{40sec}$ = 40m/s

시속 = 초속×3.6 = 40×3.6 = 144km/h

37 전동식 동력 조향장치(EPS)의 구성에서 비접촉 광학식 센서를 주로 사용하여 운전자의 조향휠 조작력을 검출하는 센서는?

㉮ 스로틀 포지션 센서
㉯ 전동기 회전각도 센서
㉰ 차속 센서
㉱ 토크 센서

풀이 **토크센서**: 비접촉 광학식 센서를 사용하여 운전자의 조향휠 조작력을 검출하는 센서이다.

32.㉮ 33.㉰ 34.㉯ 35.㉱ 36.㉮ 37.㉱

38 현가장치가 갖추어야 할 기능이 아닌 것은?

㉮ 승차감 향상을 위해 상하 움직임에 적당한 유연성이 있어야 한다.
㉯ 원심력이 발생되어야 한다.
㉰ 주행 안정성이 있어야 한다.
㉱ 구동력 및 제동력 발생 시 적당한 강성이 있어야 한다.

풀이 현가장치가 갖추어야 할 조건
① 승차감 향상을 위해 상하 움직임에 적당한 유연성이 있어야 한다.
② 주행 안정성이 있어야 한다.
③ 구동력 및 제동력 발생 시 적당한 강성이 있어야 한다.
④ 선회시 원심력을 이겨낼 수 있도록 수평 방향의 연결이 견고하여야 한다.

39 후륜 구동 차량에서 바퀴를 빼지 않고 차축을 탈거할 수 있는 방식은?

㉮ 반부동식   ㉯ 3/4 부동식
㉰ 전부동식   ㉱ 배부동식

풀이 액슬축 지지방식
① 반부동식 : 액슬축과 하우징이 하중을 반씩 부담
② 3/4부동식 : 액슬축이 하중을 1/4, 하우징이 3/4를 부담
③ 전부동식 : 하우징이 하중을 전부 부담하므로 액슬축은 자유로워 바퀴를 빼지 않고도 액슬축을 떼어낼 수 있다.

40 자동변속기 유압시험을 하는 방법으로 거리가 먼 것은?

㉮ 오일온도가 약 70~80℃가 되도록 워밍업 시킨다.
㉯ 잭으로 들고 앞바퀴 쪽을 들어 올려 차량 고정용 스탠드를 설치한다.
㉰ 엔진 타코미터를 설치하여 엔진 회전수를 선택한다.
㉱ 선택 레버를 'D' 위치에 놓고 가속페달을 완전히 밟은 상태에서 엔진의 최대 회전수를 측정한다.

풀이 자동변속기 유압시험 방법
① 규정오일을 사용하고 오일량이 적정한 지 확인한다.
② 잭으로 들고 앞바퀴 쪽을 들어 올려 차량 고정용 스탠드를 설치한다.
③ 엔진을 웜-업시켜 오일온도가 규정온도에 도달 되었을 때 실시한다.
④ 엔진 타코미터를 설치하여 엔진 회전수를 선택한다.
⑤ 측정하는 항목에 따라 유압이 다를 수(클 수) 있으므로 유압계 선택에 주의한다.
* ㉱항은 자동변속기 스톨시험(stall test) 방법이다.

41 자동차 문이 닫히자마자 실내가 어두워지는 것을 방지해 주는 램프는?

㉮ 도어 램프   ㉯ 테일 램프
㉰ 패널 램프   ㉱ 감광식 룸 램프

풀이 감광식 룸 램프는 자동차 문이 닫히자마자 실내등이 즉시 소등되지 않고 서서히 소등되어 실내가 어두워지는 것을 방지해 주는 편의장치이다.

38. ㉯   39. ㉰   40. ㉱   41. ㉱

42. 자동차 에어컨 장치의 순환과정으로 맞는 것은?
   ㉮ 압축기 → 응축기 → 건조기 → 팽창밸브 → 증발기
   ㉯ 압축기 → 응축기 → 팽창밸브 → 건조기 → 증발기
   ㉰ 압축기 → 팽창밸브 → 건조기 → 응축기 → 증발기
   ㉱ 압축기 → 건조기 → 팽창밸브 → 응축기 → 증발기

   풀이 에어컨 순환과정
   압축기(compressor)-응축기(condenser)-건조기(receiver drier)-팽창밸브(expansion valve)-증발기(evaporator)

43. 기동전동기를 기관에서 떼어내고 분해하여 결함 부분을 점검하는 그림이다. 옳은 것은?

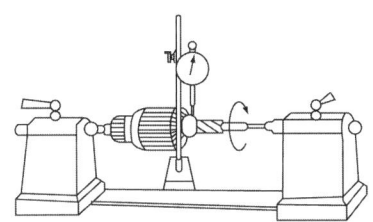

   ㉮ 전기자 축의 휨 상태 점검
   ㉯ 전기자 축의 마멸 점검
   ㉰ 전기자 코일 단락 점검
   ㉱ 전기자 코일 단선 점검

   풀이 다이얼 게이지를 설치하고, 전기자를 회전시켜 전기자 축의 휨 상태를 점검하는 시험이다.

44. 전조등 회로의 구성부품이 아닌 것은?
   ㉮ 라이트 스위치   ㉯ 전조등 릴레이
   ㉰ 스테이터   ㉱ 딤머 스위치

   풀이 스테이터는 교류발전기 구성부품이다.

45. 힘을 받으면 기전력이 발생하는 반도체의 성질은?
   ㉮ 펠티어 효과   ㉯ 피에조 효과
   ㉰ 지백 효과   ㉱ 홀 효과

   풀이 용어 설명
   ① 펠티어 효과(Peltier effect) : 2종류 금속을 접합하여 전기를 보내면 한쪽을 열이, 한쪽은 차가워지는 현상으로 제백효과와 반대
   ② 피에조 효과(piezo electric effect) : 금속 또는 반도체 결정에 압력을 가하면 전압이 발생하는 현상. 압전효과라고도 한다.
   ③ 지백 효과(Seeback effect) : 2종류 금속을 접합하여 온도차를 주면 기전력이 발생하는 현상
   ④ 홀 효과(hall effect) : 자계 내에 홀 효과를 발생하는 반도체를 설치하고 전류를 흘리면 플레밍의 왼손법칙에 의해 홀 전압이 발생되는 현상

46. 축전지를 구성하는 요소가 아닌 것은?
   ㉮ 양극판   ㉯ 음극판
   ㉰ 정류자   ㉱ 전해액

   풀이 축전지는 양극판, 음극판 및 전해액으로 구성되어 있으며, 정류자는 전동기의 전기자 구성부품이다.

42.㉮ 43.㉮ 44.㉰ 45.㉯ 46.㉰

47 전자 배전 점화장치(DLI)의 내용으로 틀린 것은?

㉮ 코일 분배방식과 다이오드 분배방식이 있다.
㉯ 독립점화방식과 동시점화방식이 있다.
㉰ 배전기 내부 전극의 에어 갭 조정이 불량하면 에너지 손실이 생긴다.
㉱ 기통 판별 센서가 필요하다.

풀이 전자 배전 점화장치(DLI)에는 배전기가 없다.

48 저항이 병렬로 연결된 회로의 설명으로 맞는 것은?

㉮ 총 저항은 각 저항의 합과 같다.
㉯ 각 회로에 동일한 저항이 가해지므로 전압은 다르다.
㉰ 각 회로에 동일한 전압이 가해지므로 입력 전압은 일정하다.
㉱ 전압은 한 개일 때와 같으며 전류도 같다.

풀이 병렬접속일 경우 총 저항은 한 개의 저항보다도 작아지고, 각 저항에는 동일한 전압이 가해지며 전류는 저항의 크기에 따라 달라진다.

49 교류발전기에서 축전지의 역류를 방지하는 컷아웃 릴레이가 없는 이유는?

㉮ 트랜지스터가 있기 때문이다.
㉯ 점화스위치가 있기 때문이다.
㉰ 실리콘 다이오드가 있기 때문이다.
㉱ 전압릴레이가 있기 때문이다.

풀이 AC 발전기의 실리콘 다이오드는 교류를 정류하고, 역류를 방지하므로 컷아웃 릴레이가 필요없다.

50 저항에 12 V를 가했더니 전류계에 3 A로 나타났다. 이 저항의 값은?

㉮ 2Ω ㉯ 4Ω
㉰ 6Ω ㉱ 8Ω

풀이 오옴의 법칙 $I = \dfrac{E}{R}$

$\therefore R = \dfrac{E}{I} = \dfrac{12}{3} = 4\Omega$

51 안전장치 선정 시 고려사항 중 맞지 않는 것은?

㉮ 안전장치의 사용에 따라 방호가 완전할 것
㉯ 안전장치의 기능 면에서 신뢰도가 클 것
㉰ 정기 점검시 이외에는 사람의 손으로 조정할 필요가 없을 것
㉱ 안전장치를 제거하거나 또는 기능의 정지를 쉽게 할 수 있을 것

풀이 안전장치는 어떠한 상태에서도 제거해서는 안된다.

52 자동차 적재함 밖으로 나온 상태로 운반할 경우 위험표시 색깔은 무엇으로 하는가?

㉮ 청색 ㉯ 흰색
㉰ 적색 ㉱ 흑색

풀이 적재함이 자동차 밖으로 나온 상태로 운반할 경우 위험표시를 적색으로 한다.

47. ㉰ 48. ㉰ 49. ㉰ 50. ㉯ 51. ㉱ 52. ㉰

53 기관을 점검 시 운전상태로 점검해야 할 것이 아닌 것은?

㉮ 클러치의 상태 ㉯ 매연 상태
㉰ 기어의 소음 상태 ㉱ 급유 상태

풀이 급유상태 점검은 기관을 정지시키고 한다.

54 드릴작업의 안전사항 중 틀린 것은?

㉮ 장갑을 끼고 작업하였다.
㉯ 머리가 긴 경우 단정하게 하여 작업모를 착용하였다.
㉰ 작업 중 쇳가루를 입으로 불어서는 안된다.
㉱ 공작물은 단단히 고정시켜 따라 돌지 않게 한다.

풀이 ㉯, ㉰, ㉱항이 안전한 작업방법이며, 드릴작업에서는 고속회전하는 부분에 장갑이 감겨 들어갈 수 있으므로 장갑을 착용해서는 안된다.

55 오픈렌치 사용시 바르지 못한 것은?

㉮ 오픈렌치와 너트의 크기가 맞지 않으면 쐐기를 넣어 사용한다.
㉯ 오픈렌치를 해머 대신에 써서는 안된다.
㉰ 오픈렌치에 파이프를 끼우든가 해머로 두들겨서 사용하지 않는다.
㉱ 오픈렌치는 올바르게 끼우고 작업자 앞으로 잡아당겨 사용한다.

풀이 ㉯, ㉰, ㉱항이 옳은 설명이고, 렌치는 볼트 너트를 풀거나 조일 때 볼트 머리나 너트에 꼭 끼워져야 한다.

56 부품을 분해 정비시 반드시 새것으로 교환해야 할 부품이 아닌 것은?

㉮ 오일 씰 ㉯ 볼트 및 너트
㉰ 개스킷 ㉱ 오링(O-ring)

풀이 부품을 분해 정비시 개스킷, 오링(O-ring), 오일 실 등은 한번 분해하면 사용할 수 없으므로 반드시 교환한다.

57 전기장치의 배선 커넥터 분리 및 연결시 잘못된 작업은?

㉮ 배선을 분리할 때는 잠금장치를 누른 상태에서 커넥터를 분리한다.
㉯ 배선커넥터 접속은 커넥터 부위를 잡고 커넥터를 끼운다.
㉰ 배선커넥터는 딸깍 소리가 날 때까지 확실히 접속시킨다.
㉱ 배선을 분리할 때는 배선을 이용하여 흔들면서 잡아당긴다.

풀이 ㉮, ㉯, ㉰항이 옳은 작업 방법이며, 배선을 분리할 때는 배선을 잡지 말고 커넥터를 잡아당긴다.

58 다음 작업 중 보안경을 반드시 착용해야 하는 작업은?

㉮ 인젝터 파형 점검 작업
㉯ 전조등 점검 작업
㉰ 클러치 탈착 작업
㉱ 스로틀 포지션 센서 점검 작업

풀이 클러치 탈착작업에는 흙이나 먼지 등이 떨어질 수 있으므로 보안경을 착용하여야 한다.

53.㉱ 54.㉮ 55.㉮ 56.㉯ 57.㉱ 58.㉰

59 화학세척제를 사용하여 방열기(라디에이터)를 세척하는 방법으로 틀린 것은?

㉮ 방열기의 냉각수를 완전히 뺀다.
㉯ 세척제 용액을 냉각장치 내에 가득히 넣는다.
㉰ 기관을 기동하고, 냉각수 온도를 80℃ 이상으로 한다.
㉱ 기관을 정지하고 바로 방열기 캡을 연다.

풀이 기관을 정지하고 바로 방열기 캡을 열면 화상의 위험이 있으므로 기관이 완전히 냉각된 후에 방열기 캡을 열어야 한다.

60 자동차 배터리 충전시 주의사항으로 틀린 것은?

㉮ 배터리 단자에서 터미널을 분리시킨 후 충전한다.
㉯ 충전을 할 때는 환기가 잘되는 장소에서 실시한다.
㉰ 충전시 배터리 주위에 화기를 가까이 해서는 안된다.
㉱ 배터리 벤트플러그가 잘 닫혀있는지 확인 후 충전한다.

풀이 배터리 충전시 폭발의 위험이 있으므로 벤트플러그는 열어 놓고 충전한다.

59.㉱ 60.㉱

자동차정비기능사 제2회 (2013.04.14 시행)

01 자동차 전조등 주광축의 진폭 측정시 10m 위치에서 우측 우향진폭 기준은 몇 cm 이내 이어야 하는가?

㉮ 10 ㉯ 20
㉰ 30 ㉱ 39

풀이 전조등
① 전조등의 등광색은 백색
② 주행빔의 1등당 광도는
   2등식인 경우 15,000~112,500cd,
   4등식인 경우 12,000~112,500cd
③ 좌, 우측 진폭은 30cm 이내 (단, 좌측전조등의 좌측방향 진폭은 15cm 이내)
④ 상향진폭은 10cm 이하 하향진폭은 전조등 높이의 3/10 이내(또는 30cm 이내)

02 어떤 기관의 열효율을 측정하는데 열정산에서 냉각에 의한 손실이 29%, 배기와 복사에 의한 손실이 31%이고, 기계효율을 80%라면 정미열효율은?

㉮ 40% ㉯ 36%
㉰ 34% ㉱ 32%

풀이 정미 열효율 = {100-(배기 및 복사손실 + 냉각손실)}×기계효율
= {100-(31+29)}×0.8 = 32%

03 크랭크축 메인 저어널 베어링 마모를 점검하는 방법은?

㉮ 피일러 게이지 방법
㉯ 시임(seam) 방법
㉰ 직각자 방법
㉱ 플라스틱 게이지 방법

풀이 크랭크축 메인 저널 베어링의 마모 점검 및 오일간극 측정은 플라스틱 게이지를 이용한다.

04 전자제어 가솔린 연료분사 방식이 특징이 아닌 것은?

㉮ 기관의 응답 및 주행성 향상
㉯ 기관 출력의 향상
㉰ CO, HC 등의 배출가스 감소
㉱ 간단한 구조

풀이 전자제어 가솔린 연료분사 방식의 특징
① 기관의 응답 및 주행성 향상
② 기관 출력의 향상
③ CO, HC 등 유해 배출가스 감소
④ 월 웨팅 (wall wetting)에 따른 저온 시동성 향상
⑤ 연비 향상
⑥ 벤투리가 없어 공기 흐름저항이 적다.
⑦ 구조가 복잡하다.

 01.㉰ 02.㉱ 03.㉱ 04.㉱

05. 차량용 엔진의 엔진성능에 영향을 미치는 여러 인자에 대한 설명으로 옳은 것은?

㉮ 흡입효율, 체적효율, 충전효율이 있다.
㉯ 압축비는 기관의 성능에 영향을 미치치 못한다.
㉰ 점화시기는 기관의 특성에 영향을 미치치 못한다.
㉱ 냉각수온도, 마찰은 제외한다.

풀이) ㉮, ㉯, ㉰, ㉱항 모두 엔진 성능에 영향을 미치는 중요한 여러 인자중 하나이다.

06. 디젤기관에서 전자제어식 고압펌프의 특징이 아닌 것은?

㉮ 동력 성능의 향상
㉯ 쾌적성 향상
㉰ 부가 장치가 필요
㉱ 가속시 스모크 저감

풀이) 디젤기관 전자제어식 고압펌프의 특징
① 동력 성능의 향상
② 가속시 스모크 저감
③ 쾌적성 향상
* 부가장치가 필요하게 되면 특징이 아니다.

07. 실린더가 정상적인 마모를 할 때 마모량이 가장 큰 부분은?

㉮ 실린더 윗 부분 ㉯ 실린더 중간 부분
㉰ 실린더 밑 부분 ㉱ 실린더 헤드

풀이) 동력행정에서 폭발압력에 의해 피스톤 헤드가 받는 압력이 가장 크므로 피스톤 링과 실린더 벽과의 밀착력이 최대가 되기 때문에 실린더 윗 부분의 마모가 가장 크다.

08. 디젤엔진에서 플런저의 유효 행정을 크게 하였을 때 일어나는 것은?

㉮ 송출 압력이 커진다.
㉯ 송출 압력이 작아진다.
㉰ 연료 송출량이 많아진다.
㉱ 연료 송출량이 적어진다.

풀이) 플런저의 예행정을 크게 하면 분사시기가 변화하고, 유효행정을 크게 하면 연료 분사량(송출량)이 많아진다.

09. 고속 디젤기관의 열역학적 사이클은 어느 것에 해당하는가?

㉮ 오토 사이클   ㉯ 디젤 사이클
㉰ 정적 사이클   ㉱ 복합 사이클

풀이) 자동차 기관의 기본 사이클
① 오토 사이클 : 정적 사이클 – 가솔린 기관
② 디젤 사이클 : 정압 사이클 – 저속 디젤기관
③ 사바테 사이클 : 복합(합성) 사이클 – 고속 디젤기관

10. LPG 기관에서 믹서의 스로틀 밸브 개도량을 감지하여 ECU에 신호를 보내는 것은?

㉮ 아이들 업 솔레노이드
㉯ 대시포트
㉰ 공전속도 조절밸브
㉱ 스로틀 위치 센서

풀이) LPG 기관에서 스로틀 위치 센서(TPS)는 믹서의 스로틀 밸브 개도량을 감지하여 ECU에 신호를 보내는 역할을 한다.

05.㉮ 06.㉰ 07.㉮ 08.㉰ 09.㉱ 10.㉱

11 연료 1kg을 연소시키는데 드는 이론적 공기량과 실제로 드는 공기량의 비를 무엇이라고 하는가?

㉮ 중량비 ㉯ 공기율
㉰ 중량도 ㉱ 공기 과잉율

풀이 공기 과잉률이란 연료 1kg을 연소시키는데 드는 이론적 공기량과 실제로 드는 공기량의 비를 말한다.

12 배기장치에 관한 설명이다. 맞는 것은?

㉮ 배기 소음기는 온도는 낮추고 압력을 높여 배기소음을 감쇠한다.
㉯ 배기다기관에서 배출되는 가스는 저온 저압으로 급격한 팽창으로 폭발음이 발생한다.
㉰ 단 실린더에도 배기 다기관을 설치하여 배기가스를 모아 방출해야 한다.
㉱ 소음효과를 높이기 위해 소음기의 저항을 크게 하면 배압이 커 기관 출력이 줄어든다.

풀이 ㉱항이 옳은 설명이고, 배기다기관에서 배출되는 가스는 고온 고압으로 급격한 팽창에 의해 폭발음이 발생되므로 소음기를 사용하여 배기가스의 온도와 압력을 낮추어 배기소음을 감쇠시킨다.

13 냉각장치에서 냉각수의 비등점을 올리기 위한 방식이 맞는 것은?

㉮ 압력 캡식 ㉯ 진공 캡식
㉰ 밀봉 캡식 ㉱ 순환 캡식

풀이 냉각장치에서 라디에이터 캡에 압력을 걸어 냉각수의 비점을 올리는 압력식 캡을 사용한다. 0.2~0.9kg$_f$/cm^{2}의 압력을 걸어 냉각수의 비점을 112~119℃로 올린다.

14 기관의 회전수를 계산하는데 사용하는 센서는?

㉮ 스로틀 포지션 센서
㉯ 맵 센서
㉰ 크랭크 포지션 센서
㉱ 노크센서

풀이 센서의 기능
① 스로틀 포지션 센서 : 스로틀 밸브의 개도를 검출하여 엔진 운전모드를 판정하여 가속과 감속 상태를 검지하고 연료 분사량을 보정한다.
② 맵 센서 : 서지탱크로 들어오는 공기량은 매니홀드의 절대압에 비례한다는 이론으로 공기량을 계산하는 센서로 흡기온도 센서와 더불어 공기량을 ECU에서 계산한다.
③ 크랭크 포지션 센서 : 크랭크축이 압축상사점에 대해 어떤 위치에 있는가를 검출하여 엔진 회전수를 계산시키고 분사시기를 결정하는 신호로 사용한다.
④ 노크 센서 : 엔진의 노킹을 감지하여 이를 전압으로 변환해서 ECU로 보내 이 신호를 근거로 점화시기를 지각시킨다.

11.㉱ 12.㉱ 13.㉮ 14.㉰

15. 가솔린 기관의 유해가스 저감장치 중 질소산화물(NOx) 발생을 감소시키는 장치는?

㉮ EGR 시스템(배기가스 재순환 장치)
㉯ 퍼지 컨트롤 시스템
㉰ 블로우 바이 가스 환원장치
㉱ 감속시 연료 차단 장치

풀이 배기가스 재순환(Exhaust Gas Recirculation) 장치란 EGR 밸브를 이용하여 배기가스의 일부를 흡기계인 연소실로 재순환시켜 연소실의 최고온도를 낮추어 질소산화물(NOx)의 발생을 감소시키는 방법이다.

16. 전자제어 가솔린 기관에서 워밍업 후 공회전 부조가 발생했다. 그 원인이 아닌 것은?

㉮ 스로틀 밸브의 걸림현상
㉯ ISC(아이들 스피드 콘트롤) 장치 고장
㉰ 수온센서 배선 단선
㉱ 악셀케이블 유격이 과다

풀이 ㉮, ㉯, ㉰항이 공회전시 부조가 발생하는 원인이며, 악셀케이블의 유격이 과다하면 가속이 늦게 작용한다.

17. 배출 가스중에서 유해가스에 해당하지 않는 것은?

㉮ 질소   ㉯ 일산화탄소
㉰ 탄화수소   ㉱ 질소산화물

풀이 자동차에서 배출되는 3대 유해가스는 일산화탄소(CO), 탄화수소(HC), 질소산화물(NOx) 이다.

18. 스로틀포지션 센서(TPS)의 설명중 틀린 것은?

㉮ 공기유량센서(AFS)고장시 TPS 신호에 의해 분사량을 결정한다.
㉯ 자동 변속기에서는 변속시기를 결정해 주는 역할도 한다.
㉰ 검출하는 전압의 범위는 약 0(V)~12(V)까지 이다.
㉱ 가변저항기이고 스로틀 밸브의 개도량을 검출한다.

풀이 ㉮, ㉯, ㉱항이 옳은 설명이고, 검출하는 전압의 범위는 약 0(V)~5(V)까지 이다.

19. 윤활 장치에서 유압이 높아지는 이유로 맞는 것은?

㉮ 릴리프 밸브 스프링의 장력이 클 때
㉯ 엔진오일과 가솔린의 희석
㉰ 베어링의 마모
㉱ 오일펌프의 마멸

풀이 유압이 높아지는 원인
① 유압조절 밸브(릴리프 밸브) 스프링 장력이 클 때
② 오일간극이 작을 때
③ 오일의 점도가 높을 때
④ 윤활회로의 일부가 막혔을 때

20. 피스톤 핀의 고정방법에 해당하지 않는 것은?

㉮ 전 부동식   ㉯ 반 부동식
㉰ 4분의 3 부동식   ㉱ 고정식

풀이 피스톤 핀 고정방법
① 고정식 ② 반부동식 ③ 전부동식

15.㉮ 16.㉱ 17.㉮ 18.㉰ 19.㉮ 20.㉰

21 자동차 연료로 사용하는 휘발유는 주로 어떤 원소들로 구성되어 있는가?

㉮ 탄소와 황
㉯ 산소와 수소
㉰ 탄소와 수소
㉱ 탄소와 4-에틸납

풀이) 자동차 연료인 휘발유는 탄소와 수소로 이루어진 고분자 화합물이다.

22 디젤 연소실의 구비조건 중 틀린 것은?

㉮ 연소시간이 짧을 것
㉯ 열효율이 높을 것
㉰ 평균유효 압력이 낮을 것
㉱ 디젤노크가 적을 것

풀이) 디젤 연소실의 구비조건
① 열효율이 높을 것
② 연소시간이 짧을 것
③ 디젤노크가 적을 것

23 마스터 실린더에서 피스톤 1차 컵이 하는 일은?

㉮ 오일 누출방지   ㉯ 유압 발생
㉰ 잔압 형성   ㉱ 베이퍼록 방지

풀이) 피스톤 1차컵의 역할은 유압 발생이다. ㉮, ㉰, ㉱항은 브레이크 회로 내에 잔압을 두는 목적이다.

24 보기의 조건에서 밸브 오버랩 각도는 몇 도인가?

[보기]
흡입밸브 열림 : BTDC 18°,
          닫힘 : ABDC 46°
배기밸브 열림 : BBDC 54°,
          닫힘 : ATDC 10°

㉮ 8°   ㉯ 28°
㉰ 44°   ㉱ 64°

풀이) 밸브 오버랩 기간
밸브 오버랩
= 흡기밸브 열림각도 + 배기밸브 닫힘각도
= 18° + 10° = 28°

25 구동피니언 잇수 6, 링기어의 잇수 30, 추진축의 회전수 1,000rpm일 때 왼쪽 바퀴가 150rpm으로 회전한다면 오른쪽 바퀴의 회전수는?

㉮ 250rpm   ㉯ 300rpm
㉰ 350rpm   ㉱ 400rpm

풀이) 한쪽바퀴 회전수(N_w)

$N_w = \dfrac{\text{추진축 회전수}}{\text{종감속비}} \times 2 - \text{다른쪽바퀴 회전수}$

∴ 한쪽바퀴 회전수(N_w)

$= \dfrac{1,000}{\frac{30}{6}} \times 2 - 150 = 250$

21.㉰ 22.㉰ 23.㉯ 24.㉯ 25.㉮

26 정(+)의 캠버란 다음 중 어떤 것을 말하는가?

㉮ 바퀴의 아래쪽이 위쪽보다 좁은 것을 말한다.
㉯ 앞바퀴의 앞쪽이 뒤쪽보다 좁은것을 말한다.
㉰ 앞바퀴의 킹핀이 뒤쪽으로 기울어진 각을 말한다.
㉱ 앞바퀴의 위쪽이 아래쪽보다 좁은 것을 말한다.

풀이 캠버 : 자동차를 앞에서 보았을 때 앞바퀴의 위쪽이 아래쪽보다 넓은 것. 이것을 정(+)의 캠버라 하고, 아래쪽이 넓은 것을 부(-)의 캠버라 한다.

27 조향장치에서 조형 기어비를 나타낸 것으로 맞는 것은?

㉮ 조향기어비 = 조향휠 회전각도 / 피트먼암 선회각도
㉯ 조향기어비 = 조향휠 회전각도 + 피트먼암 선회각도
㉰ 조향기어비 = 피트먼암 선회각도 - 조향휠 회전각도
㉱ 조향기어비 = 피트먼암 선회각도 × 조향휠 회전 각도

풀이 조향기어비 = $\dfrac{\text{핸들 회전각도}}{\text{피트먼암 회전각도}}$

28 전자제어 현가장치(Electronic Control Suspension)의 구성품이 아닌 것은?

㉮ 가속센서
㉯ 차고센서
㉰ 맵 센서
㉱ 전자제어 현가장치 지시등

풀이 ㉮, ㉯, ㉱항이 전자제어 현가장치 구성품이며, 맵센서는 전자제어 기관에서 흡입공기량을 측정하는 센서이다.

29 단순 유성기어 장치에서 선기어, 캐리어, 링기어의 3요소 중 2요소를 입력요소로 하면 동력전달은?

㉮ 증속   ㉯ 감속
㉰ 직결   ㉱ 역전

풀이 유성기어 3요소 중 2요소를 입력하면 동력전달은 직결이 되며, 어느 하나라도 입력이 없으면 공전이 된다.

30 공기 브레이크에서 공기압을 기계적 운동으로 바꾸어 주는 장치는?

㉮ 릴레이 밸브   ㉯ 브레이크 슈
㉰ 브레이크 밸브   ㉱ 브레이크 챔버

풀이 브레이크 페달에 의해 브레이크 밸브가 열리면 릴레이 밸브를 거쳐 브레이크 챔버로 공기의 압력이 전달되고 푸시로드를 통해 캠을 미는 기계적 운동으로 바꿔어 브레이크 슈를 작동시킨다.

26.㉮ 27.㉮ 28.㉰ 29.㉰ 30.㉱

31 타이어의 뼈대가 되는 부분으로, 튜브의 공기압에 견디면서 일정한 체적을 유지하고 하중이나 충격에 변형되면서 완충작용을 하며 내열성 고무로 밀착시킨 구조로 되어 있는 것은?

㉮ 비드(Bead)
㉯ 브레이커(Breaker)
㉰ 트레드(Tread)
㉱ 카커스(Carcass)

풀이 타이어의 구조
① 트레드(tread) : 노면과 직접 접촉하는 부분으로 제동력, 구동력, 옆방향 미끄럼 방지, 승차감 향상 등의 역할을 한다.
② 브레이커(breaker) : 트레드와 카커스 사이에 있으며, 분리를 방지하고 노면에서의 완충 작용을 한다.
③ 카커스(carcass) : 타이어의 골격을 이루는 부분으로 고무로 피복된 여러겹의 코드층으로 되어 공기압력을 견디고 완충작용을 한다.
④ 비드(bead) : 타이어가 림에 접촉하는 부분으로 타이어가 늘어나고 빠지는 것을 방지하기 위해 몇 줄의 피아노 선이 들어있다.

32 변속기의 전진 기어 중 가장 큰 토크를 발생하는 변속단은?

㉮ 오버드라이브
㉯ 1단
㉰ 2단
㉱ 직결 단

풀이 변속기 전진 기어 중 가장 큰 토크는 저속(1단)에서 발생한다.

33 자동차의 축간거리가 2.3m, 바퀴 접지면의 중심과 킹핀과의 거리가 20cm인 자동차를 좌회전할 때 우측바퀴의 조향각은 30°, 좌측바퀴 조향각은 32° 이었을 때 최소회전반경은?

㉮ 3.3m ㉯ 4.8m
㉰ 5.6m ㉱ 6.5m

풀이 최소회전반경 $R = \dfrac{L}{\sin\alpha} + r$

여기서, α : 외측바퀴 회전각도(°)
L : 축거(m)
r : 타이어 중심과 킹핀과의 거리(m)

∴ 최소회전반경 $R = \dfrac{2.3}{\sin 30°} + 0.2 = 4.8$

34 차동장치에서 차동 피니언 사이드 기어의 백 래시 조정은?

㉮ 축받이 차축의 왼쪽 조정심을 가감하여 조정한다.
㉯ 축받이 차축의 오른쪽 조정심을 가감하여 조정한다.
㉰ 차동 장치의 링기어 조정 장치를 조정한다.
㉱ 드러스트 와셔의 두께를 가감하여 조정한다.

풀이 차동장치에서 차동 사이드 기어의 백 래시 조정은 드러스트 와셔의 두께를 가감하여 조정한다.

ANSWER 31.㉱ 32.㉯ 33.㉯ 34.㉱

35. 동력 조향장치가 고장 시 핸들을 수동으로 조작할 수 있도록 하는 것은?

㉮ 오일펌프 ㉯ 파워 실린더
㉰ 안전 체크 밸브 ㉱ 시프트 레버

풀이 **안전 첵 밸브의 역할**
① 안전 첵 밸브는 엔진의 정지, 오일펌프의 고장 등 유압이 발생할 수 없는 경우 기계적으로 작동이 가능하게 해준다.
② 안전 첵 밸브는 컨트롤 밸브에 설치되어 있다.
③ 안전 첵 밸브는 압력차에 의해 자동으로 열린다.

36. 유압제어 장치와 상관이 없는 것은?

㉮ 오일펌프
㉯ 유압조정 밸브바디
㉰ 어큐뮬레이터
㉱ 유성장치

풀이 유성장치란 유성기어로 이루어진 기계적인 장치이다.

37. 전자제어 제동장치(ABS)에서 휠 스피드 센서의 역할은?

㉮ 휠의 회전속도 감지
㉯ 휠의 감속 상태 감지
㉰ 휠의 속도 비교 평가
㉱ 휠의 제동압력 감지

풀이 전자제어 제동장치(ABS)에서 휠 스피드 센서는 바퀴의 회전속도를 검출하여 바퀴가 고정(잠김)되는 것을 검출하는 역할을 하는 센서이다.

38. 자동변속기에서 작동유의 흐름으로 옳은 것은?

㉮ 오일펌프 → 토크컨버터 → 밸브바디
㉯ 토크컨버터 → 오일펌프 → 밸브바디
㉰ 오일펌프 → 밸브바디 → 토크컨버터
㉱ 토크컨버터 → 밸브바디 → 오일펌프

풀이 **작동유의 흐름 순서** :
오일펌프 → 밸브바디 → 토크컨버터

39. 고속 주행할 때 바퀴가 상하로 진동하는 현상을 무엇이라 하는가?

㉮ 요잉 ㉯ 트램핑
㉰ 롤링 ㉱ 킥다운

풀이 트램핑이란 타이어 앞부분의 동적 평형이 맞지 않아 고속 주행할 때 바퀴가 상하로 심한 진동이 발생되는 현상을 말한다.

40. 싱크로나이저 슬리브 및 허브 검사에 대한 설명이다. 가장 거리가 먼 것은?

㉮ 싱크로나이저와 슬리브를 끼우고 부드럽게 돌아가는지 점검한다.
㉯ 슬리브의 안쪽 앞부분과 뒤쪽 손상되지 않았는지 점검한다.
㉰ 허브 앞쪽 끝부분이 마모되지 않았는지 점검한다.
㉱ 싱크로나이저 허브와 슬리브는 이상 있는 부위만 교환한다.

풀이 ㉮, ㉯, ㉰항이 옳은 설명이고, 싱크로나이저 허브와 슬리브는 일체로 되어 있어 이상 있으면 신품으로 교환한다.

35.㉰ 36.㉱ 37.㉮ 38.㉰ 39.㉯ 40.㉱

41 AQS(Air Quality System)의 기능에 대한 설명 중 틀린 것은?

㉮ 차실 내에 유해가스의 유입을 차단한다.
㉯ 차실 내로 청정 공기만을 유입시킨다.
㉰ 승차 공간 내의 공기청정도와 환기 상태를 최적으로 유지시킨다.
㉱ 차실 내의 온도와 습도를 조절한다.

풀이 ㉮, ㉯, ㉰항이 AQS의 기능이고, 차실내의 온도와 습도는 온도센서와 습도센서가 한다.

42 어떤 기준 전압 이상이 되면 역방향으로 큰 전류가 흐르게 된 반도체는?

㉮ PNP 형 트랜지스터
㉯ NPN 형 트랜지스터
㉰ 포토 다이오드
㉱ 제너 다이오드

풀이 제너 다이오드는 어떤 기준 전압(브레이크 다운 전압) 이상이 되면 역방향으로 큰 전류가 흐르는 반도체이다.

43 다음 중 교류발전기의 구성 요소와 거리가 먼 것은?

㉮ 자계를 발생시키는 로터
㉯ 전압을 유도하는 스테이터
㉰ 정류기
㉱ 컷 아웃 릴레이

풀이 ㉮, ㉯, ㉰항이 교류발전기의 구성 부품이며, 컷 아웃 릴레이는 직류발전기 부품이다.

44 회로에서 12V 배터리에 저항 3개를 직렬로 연결하였을 때 전류계 "A"에 흐르는 전류는?

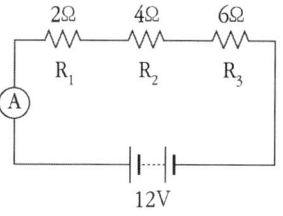

㉮ 1A   ㉯ 2A
㉰ 3A   ㉱ 4A

풀이 합성저항 $R = R_1+R_2+\cdots+R_n$
∴ 합성저항 $R = 2+4+6 = 12\Omega$
∴ 오옴의 법칙 $I = \dfrac{E}{R}$, $I = \dfrac{12}{12} = 1A$

45 점화코일의 2차 쪽에서 발생되는 불꽃전압의 크기에 영향을 미치는 요소가 아닌 것은?

㉮ 점화플러그의 전극현상
㉯ 전극의 간극
㉰ 오일 압력
㉱ 혼합기 압력

풀이 **점화전압에 영향을 미치는 요인**
① 점화플러그 전극의 형상
② 점화플러그 전극의 간극
③ 혼합기 압력
※ 오일 압력과는 관련이 없다.

ANSWER 41.㉱ 42.㉱ 43.㉱ 44.㉮ 45.㉰

46 옴의 법칙으로 맞는 것은? (단, I = 전류, E = 전압, R = 저항)

㉮ I = RE ㉯ E = IR
㉰ I = R/E ㉱ E = 2R/I

풀이 오옴의 법칙 : $I = \dfrac{E}{R}$, $R = \dfrac{E}{I}$, $E = IR$

47 축전지의 충전상태를 측정하는 계기는?

㉮ 온도계 ㉯ 기압계
㉰ 저항계 ㉱ 비중계

풀이 축전지의 충전상태 측정은 비중계로 한다.

48 자동차 에어컨 냉매 가스 순환 과정으로 맞는 것은?

㉮ 압축기 → 건조기 → 축기 → 팽창 밸브 → 증발기
㉯ 압축기 → 팽창밸브 → 건조기 → 응축기 → 증발기
㉰ 압축기 → 응축기 → 건조기 → 팽창밸브 → 증발기
㉱ 압축기 → 건조기 → 팽창 밸브 → 응축기 → 증발기

풀이 에어컨 순환과정 :
압축기(compressor)-응축기(condenser)-건조기(receiver drier)-팽창밸브(expansion valve)-증발기(evaporator)

49 기관 분해조립 시 스패너 사용 자세 중 옳지 않은 것은?

㉮ 몸의 중심을 유지하게 한 손은 작업물을 지지한다.
㉯ 스패너 자루에 파이프를 끼우고 발로 민다.
㉰ 너트에 스패너를 깊이 물리고 조금씩 앞으로 당기는 식으로 풀고 조인다.
㉱ 몸은 항상 균형을 잡아 넘어지는 것을 방지한다.

풀이 ㉮, ㉰, ㉱항이 옳은 자세이고, 스패너 자루에 파이프 등을 끼우고 작업해서는 안된다.

50 배선에 있어서 기호와 색의 연결이 틀린 것은?

㉮ Gr : 보라 ㉯ G : 녹색
㉰ R : 적색 ㉱ Y : 노랑

풀이 배선 색상 약어

약어	배선 색상	약어	배선 색상
B	검정색(Black)	O	오렌지색(Orange)
Br	갈색(Brown)	P	분홍색(Pink)
G	초록색(Green)	R	빨강색(Red)
Gr	회색(Gray)	W	흰색(White)
L	파랑색(bLue)	Y	노랑색(Yellow)
Lg	연두색(Light Green)	Pp	자주색(Purple)
T	황갈색(Tawny)	Ll	하늘색(Light Blue)

46.㉯ 47.㉱ 48.㉰ 49.㉯ 50.㉮

51. 기동전동기를 주요 부분으로 구분한 것이 아닌 것은?

㉮ 회전력을 발생하는 부분
㉯ 무부하 전력을 측정하는 부분
㉰ 회전력을 기관에 전달하는 부분
㉱ 피니언을 링기어에 물리게 하는 부분

[풀이] 기동전동기 주요 부분
① 회전력을 발생하는 부분(전기자)
② 회전력을 기관에 전달하는 부분(피니언 기어)
③ 피니언을 링기어에 물리게 하는 부분(마그네틱 스위치)

52. 이동식 및 휴대용 전동기의 안전한 작업방법으로 틀린 것은?

㉮ 전동기의 코드선은 접지선이 설치된 것을 사용한다.
㉯ 회로시험기로 절연상태를 점검한다.
㉰ 감전방지용 누전차단기를 접속하고 동작 상태를 점검한다.
㉱ 감전사고 위험이 높은 곳에서는 1중 절연구조의 전기기기를 사용한다.

[풀이] ㉮, ㉯, ㉰항이 옳은 설명이고 감전사고의 위험이 높은 곳에서는 다중 절연구조의 전기기기를 사용한다.

53. 산업 재해는 생산 활동을 행하는 중에 에너지와 충돌하여 생명의 기능이나 ( )을 상실하는 현상을 말한다. ( )에 알맞은 말은?

㉮ 작업상 업무   ㉯ 작업조건
㉰ 노동 능력   ㉱ 노동 환경

[풀이] 산업 재해란 생산 활동을 하는 중에 생명을 잃거나 노동능력을 상실하는 것을 말한다.

54. 연삭 작업시 안전사항 중 틀린 것은?

㉮ 나무 해머로 연삭 숫돌을 가볍게 두들겨 맑은 음이 나면 정상이다.
㉯ 연삭 숫돌의 표면이 심하게 변형된 것은 반드시 수정한다.
㉰ 받침대는 숫돌차의 중심선보다 낮게 한다.
㉱ 연삭 숫돌과 받침대와의 간격은 3mm 이내로 유지한다.

[풀이] ㉮, ㉯, ㉱항이 옳은 자세이고, 받침대는 숫돌차보다 당연히 아래에 있으므로 안전사항과는 관련이 없다.

55. 감전 사고를 방지하는 방법이 아닌 것은?

㉮ 차광용 안경을 사용한다.
㉯ 반드시 절연 장갑을 착용한다.
㉰ 물기가 있는 손으로 작업하지 않는다.
㉱ 고압이 흐르는 부품에는 표시를 한다.

[풀이] ㉯, ㉰, ㉱항이 옳은 방법이고, 차광용 안경은 빛이나 비산에 대한 방지용이다.

51.㉯ 52.㉱ 53.㉰ 54.㉰ 55.㉮

56 화재의 분류중 B급 화재 물질로 옳은 것은?

㉮ 종이 ㉯ 휘발유
㉰ 목재 ㉱ 석탄

풀이 화재의 분류

구분	종류	표시	소화기	비고	방법
일반	A급	백색	포말	목재, 종이	냉각소화
유류	B급	황색	분말	유류, 가스	질식소화
전기	C급	청색	CO_2	전기기구	질식소화
금속	D급	–	모래	가연성 금속	피복에 의한 질식

57 타이어의 공기압에 대한 설명으로 틀린 것은?

㉮ 공기압이 낮으면 일반 포장도로에서 미끄러지기 쉽다.
㉯ 좌, 우 공기압에 편차가 발생하면 브레이크 작동 시 위험을 초래한다.
㉰ 공기압이 낮으면 트래드 양단의 마모가 많다.
㉱ 좌, 우 공기압에 편차가 발생하면 차동 사이드 기어의 마모가 촉진된다.

풀이 ㉯, ㉰, ㉱항이 옳은 설명이고, 공기압이 낮으면 접촉면적이 넓어져 미끄러지기 어렵다.

58 에어백 장치를 점검, 정비할 때 안전하지 못한 행동은?

㉮ 조향 휠을 탈거할 때 에어백 모듈 인플레이터 단자는 반드시 분리한다.
㉯ 조향 휠을 장착할 때 클럭 스프링의 중립 위치를 확인한다.
㉰ 에어백 장치는 축전지 전원을 차단하고 일정 시간 지난 후 정비한다.
㉱ 인플레이터의 저항은 절대 측정하지 않는다.

풀이 ㉯, ㉰, ㉱항이 옳은 방법이고, 조향 휠을 탈거할 때 인플레이터 단자를 반드시 분리할 필요는 없다.

59 자동차에 사용하는 부동액의 사용중에서 주의할 점으로 틀린 것은?

㉮ 부동액은 원액으로 사용하지 않는다.
㉯ 품질 불량한 부동액은 사용하지 않는다.
㉰ 부동액을 도료부분에 떨어지지 않도록 주의해야 한다.
㉱ 부동액은 입으로 맛을 보아 품질을 구별할 수 있다.

풀이 ㉮, ㉯, ㉰항이 옳은 설명이고, 부동액을 입으로 맛을 보아서는 안된다.

56.㉯ 57.㉮ 58.㉮ 59.㉱

60 감전 위험이 있는 곳에 전기를 차단하여 수선점검을 할 때의 조치와 관계가 없는 것은?

㉮ 스위치 박스에 통전장치를 한다.
㉯ 위험에 대한 방지장치를 한다.
㉰ 스위치에 안전장치를 한다.
㉱ 필요한 곳에 통전금지 기간에 관한 사항을 게시한다.

[풀이] 스위치 박스에 통전장치를 해서는 안된다.

60. ㉮

자동차정비기능사 제4회
(2013.07.21 시행)

01 윤활유의 주요기능으로 틀린 것은?

㉮ 윤활작용, 냉각작용
㉯ 기밀유지작용, 부식방지작용
㉰ 소음감소작용, 세척작용
㉱ 마찰작용, 방수작용

풀이 윤활유의 6대 작용
① 감마작용 : 마찰을 감소시켜 동력 손실을 최소화
② 밀봉작용 : 오일막을 형성하여 기밀을 유지
③ 냉각작용 : 마찰로 인한 열을 흡수하여 냉각시킴
④ 세척작용 : 먼지, 카본 등 불순물을 흡수하여 오일을 세척
⑤ 방청작용 : 수분의 침입을 막아 부식과 침식을 예방
⑥ 응력 분산작용 : 동력 행정시 충격을 분산시켜 응력을 최소화

02 고속 디젤기관의 기본 사이클에 해당되는 것은?

㉮ 정적 사이클(Constant volume cycle)
㉯ 정압 사이클(Constant pressure cycle)
㉰ 복합 사이클(Sabathe cycle)
㉱ 디젤 사이클(Diesel cycle)

풀이 자동차 기관의 열역학적 사이클
① 오토 사이클 : 정적 사이클 - 가솔린 기관
② 디젤 사이클 : 정압 사이클 - 저속 디젤기관
③ 사바테 사이클 : 복합(합성) 사이클 - 고속 디젤기관

03 전자제어 엔진에서 냉간시 점화시기 제어 및 연료분사량 제어를 하는 센서는?

㉮ 흡기온센서
㉯ 대기압센서
㉰ 수온센서
㉱ 공기량센서

풀이 센서의 기능
① 흡기온도 센서 : 흡입공기의 온도를 검출하여 연료 분사량을 보정한다.
② 대기압 센서 : 대기압력을 측정하여 연료 분사량 및 점화시기를 보정한다.
③ 수온 센서 : 냉각수 온도를 측정하여 냉간시 점화시기 제어 및 연료분사량 제어를 한다.
④ 공기유량 센서 : 흡기관로에 설치되어 칼만와류 현상 및 드로틀 밸브의 열림량을 이용하여 흡입공기량을 측정한다.

04 최적의 공연비를 바르게 나타낸 것은?

㉮ 희박한 공연비
㉯ 농후한 공연비
㉰ 이론적으로 완전연소 가능한 공연비
㉱ 공전 시 연소 가능범위의 연비

풀이 최적의 공연비란 이론적으로 완전연소가 가능한 혼합비로 14.7 : 1을 의미한다.

01.㉱ 02.㉰ 03.㉰ 04.㉰

05 디젤기관에서 냉각장치로 흡수되는 열은 연료 전체 발열량의 약 몇 % 정도인가?
- ㉮ 30 ~ 35
- ㉯ 45 ~ 55
- ㉰ 55 ~ 65
- ㉱ 70 ~ 80

풀이 열정산(heat balance, 열평형)
① 가솔린기관 : 유효일 25~28%, 배기손실 30~35%, 냉각손실 25~30%, 기계손실 5~10%, 복사손실 1~5%
② 디젤기관 : 유효일 30~34%, 배기손실 25~32%, 냉각손실 30~31%, 기계손실 5~7%, 복사손실 1~5%

06 기관이 1,500rpm에서 20m-kg$_f$의 회전력을 낼 때 기관의 출력은 41.87PS 이다. 기관의 출력을 일정하게 하고 회전수를 2,500rpm으로 하였을 때 얼마의 회전력을 내는가?
- ㉮ 약 45m-kg$_f$
- ㉯ 약 35m-kg$_f$
- ㉰ 약 25m-kg$_f$
- ㉱ 약 12m-kg$_f$

풀이

출력(제동마력, ps) = $\dfrac{TN}{716}$

여기서, T : 회전력(m-kg$_f$)
 N : 엔진 회전수(rpm)

∴ $T = \dfrac{716 \times ps}{N} = \dfrac{716 \times 41.87}{2,500}$

= 11.99kg$_f$-m

07 자동차 기관에서 과급을 하는 주된 목적은?
- ㉮ 기관의 출력을 증대시킨다.
- ㉯ 기관의 회전수를 빠르게 한다.
- ㉰ 기관의 윤활유 소비를 줄인다.
- ㉱ 기관의 회전수를 일정하게 한다.

풀이 과급기는 엔진의 출력을 향상시키고 회전력을 증대시키며 연료소비율을 향상시킨다.

08 어떤 기관의 크랭크 축 회전수가 2,400rpm, 회전반경이 40mm일 때 피스톤 평균 속도는?
- ㉮ 1.6m/s
- ㉯ 3.3m/s
- ㉰ 6.4m/s
- ㉱ 9.6m/s

풀이 피스톤 평균속도 = $\dfrac{2LN}{60} = \dfrac{LN}{30}$

여기서, L : 행정(m)
N : 엔진 회전수(rpm)

∴ $\dfrac{0.08 \times 2,400}{30} = 6.4$m/s

09 피스톤의 평균속도를 올리지 않고 회전수를 높일 수 있으며 단위 체적당 출력을 크게 할 수 있는 기관은?
- ㉮ 장행정 기관
- ㉯ 정방형 기관
- ㉰ 단행정 기관
- ㉱ 고속형 기관

풀이 오버스퀘어(단행정) 기관의 장점과 단점
① 피스톤 평균속도를 높이지 않고 기관 회전수를 높일 수 있어 출력을 크게 할 수 있다.
② 흡배기 밸브의 지름을 크게 할 수 있어 체적효율을 높일 수 있다.
③ 내경에 비해 행정이 작으므로 기관의 높이를 낮게 할 수 있다.
④ 내경이 커서 피스톤이 과열되기 쉽고, 베어링 하중이 증가한다.
⑤ 기관의 높이는 낮아지나, 길이가 길어진다.

 05.㉮ 06.㉱ 07.㉮ 08.㉰ 09.㉰

10 가솔린의 안티 노크성을 표시하는 것은?

㉮ 세탄가   ㉯ 헵탄가
㉰ 옥탄가   ㉱ 프로판가

풀이 옥탄가
연료의 안티 노킹성(anti-knocking, 내폭성, 제폭성)을 나타내는 정도

11 배기량이 785cc, 연소실체적이 157cc인 자동차 기관의 압축비는?

㉮ 3 : 1   ㉯ 4 : 1
㉰ 5 : 1   ㉱ 6 : 1

풀이 압축비

$\epsilon = \dfrac{\text{실린더 체적}}{\text{연소실 체적}} = 1 + \dfrac{\text{행정 체적(배기량)}}{\text{연소실 체적}}$

∴ 압축비 $= 1 + \dfrac{785}{157} = 6$

12 디젤 기관의 예열장치에서 연소실 내의 압축공기를 직접 예열하는 형식은?

㉮ 흡기 가열식
㉯ 흡기 히터식
㉰ 예열 플러그식
㉱ 히터 레인지식

풀이 흡기 가열식(흡기 히터식), 히터 레인지식은 흡입되는 공기를 흡기 다기관에서 가열하는 방식이고, 예열 플러그식은 연소실 내의 압축공기를 직접 예열하는 방식이다.

13 4행정 사이클 6실린더 기관의 지름이 100mm, 행정이 100mm이고, 기관 회전수 2,500rpm, 지시평균 유효압력이 8kg$_f$/cm^{2}이라면 지시마력은 약 몇 PS인가?

㉮ 80   ㉯ 93
㉰ 105   ㉱ 150

풀이

$$\text{지시마력} = \dfrac{PALZN}{75 \times 60} = \dfrac{PVZN}{75 \times 60 \times 100}$$

여기서, P : 지시평균 유효압력(kg$_f$/cm^2)
A : 실린더 단면적(cm^2)
L : 행정(m)
V : 배기량(cm^3)
Z : 실린더 수
N : 엔진회전수(rpm)
　(2행정기관 : N, 4행정기관 : $N/2$)

∴ 지시마력 $= \dfrac{8 \times 0.785 \times 10^2 \times 0.1 \times 6 \times 2,500}{75 \times 60 \times 2}$

$= 104.67\text{PS}$

14 전자제어 가솔린 기관의 진공식 연료압력 조절기에 대한 설명으로 옳은 것은?

㉮ 공전 시 진공호스를 빼면 연료압력은 낮아지고 다시 호스를 꼽으면 높아진다.
㉯ 급가속 순간 흡기다기관의 진공은 대기압에 가까워 연료압력은 낮아진다.
㉰ 흡기관의 절대압력과 연료 분배관의 압력차를 항상 일정하게 유지시킨다.
㉱ 대기압이 변화하면 흡기관의 절대압력과 연료 분배관의 압력차도 같이 변화한다.

10.㉰　11.㉱　12.㉰　13.㉰　14.㉰

풀이 연료압력 조절기는 흡기 매니홀드의 부압에 의해 작동되며, 연료 분사량을 일정하게 유지하기 위해 흡기다기관 내의 절대압력과 연료 분배관의 압력차를 항상 일정하게($2.55 kg_f/cm^2$) 유지시킨다.

15 컴퓨터 제어 계통 중 입력계통과 가장 거리가 먼 것은?

㉮ 대기압센서
㉯ 공전 속도 제어
㉰ 산소센서
㉱ 차속센서

풀이 ㉮, ㉰, ㉱항은 컴퓨터에 입력계통이며, 공전속도 제어는 ECU의 신호에 의해 작동되는 출력계통이다.

16 가솔린 엔진의 배기가스 중 인체에 유해 성분이 가장 적은 것은?

㉮ 일산화탄소   ㉯ 탄화수소
㉰ 이산화탄소   ㉱ 질소산화물

풀이 자동차에서 배출되는 3대 유해가스는 일산화탄소(CO), 탄화수소(HC), 질소산화물(NOx) 이다.

17 커넥팅 로드의 비틀림이 엔진에 미치는 영향에 대한 설명이다. 옳지 않은 것은?

㉮ 압축압력의 저하
㉯ 회전에 무리를 초래
㉰ 저널 베어링의 마멸
㉱ 타이밍 기어의 백래시 촉진

풀이 커넥팅 로드가 비틀리면 회전에 무리를 초래하며, 저널 베어링이 마멸되고 압축압력이 저하한다. 타이밍 기어의 백래시 촉진과는 관련이 없다.

18 밸브 스프링 자유 높이의 감소는 표준 치수에 대하여 몇 % 이내이어야 하는 가?

㉮ 3%   ㉯ 8%
㉰ 10%   ㉱ 12%

풀이 밸브 스프링의 직각도와 자유고는 3% 이내, 장력은 15% 이내이다.

19 LPG(Liquefied Petroleum Gas) 기관 중 피드백 믹서 방식의 특징이 아닌 것은?

㉮ 연료 분사펌프가 있다.
㉯ 대기 오염이 적다.
㉰ 경제성이 좋다.
㉱ 엔진오일의 수명이 길다.

풀이 **LPG 기관의 특징**
① 연소효율이 좋고, 엔진이 정숙하다.
② 오일의 오염이 적어 엔진 수명이 길다.
③ 연소실에 카본부착이 없어 점화플러그 수명이 길어진다.
④ 대기오염이 적고, 위생적이며 경제적이다.
⑤ 옥탄가가 높고 노킹이 적어 점화시기를 앞당길 수 있다.
* 연료 자체의 압력으로 공급되므로 연료펌프가 없으며, 가스상태이므로 퍼컬레이션이나 베이퍼 록 현상이 없다.

15.㉯ 16.㉰ 17.㉱ 18.㉮ 19.㉮

20 I.S.C(idle speed control) 서보기구에서 컴퓨터 신호에 따른 기능으로 가장 타당한 것은?

㉮ 공전 연료량을 증가
㉯ 공전속도를 제어
㉰ 가속 속도를 증가
㉱ 가속 공기량을 조절

풀이 I.S.C란 idle speed control의 약자로, 컴퓨터 신호에 따라 공전속도를 제어하는 기구이다.

21 흡기관로에 설치되어 칼만 와류 현상을 이용하여 흡입공기량을 측정하는 것은?

㉮ 흡기온도 센서
㉯ 대기압 센서
㉰ 스로틀 포지션 센서
㉱ 공기유량 센서

풀이 센서의 기능
① 흡기온도 센서 : 흡입공기의 온도를 검출하여 연료 분사량을 보정한다.
② 대기압 센서 : 대기압력을 측정하여 연료 분사량 및 점화시기를 보정한다.
③ 스로틀 포지션 센서 : 스로틀 밸브의 개도를 검출하여 엔진 운전모드를 판정하여 가속과 감속상태를 검지하고 연료 분사량을 보정한다.
④ 공기유량 센서 : 흡기관로에 설치되어 칼만와류 현상 및 드로틀 밸브의 열림량을 이용하여 흡입공기량을 측정한다.

22 압력식 라디에이터 캡을 사용하므로 얻어지는 장점과 거리가 먼 것은?

㉮ 비등점을 올려 냉각 효율을 높일 수 있다.
㉯ 라디에이터를 소형화 할 수 있다.
㉰ 라디에이터의 무게를 크게 할 수 있다.
㉱ 냉각장치 내의 압력을 $0.3 \sim 0.7 kg_f/cm^2$ 정도 올릴 수 있다.

풀이 ㉮, ㉯, ㉱항이 압력식 캡의 장점이며, 압력식 캡을 사용하면 라디에이터를 소형화 할 수 있어 무게를 가볍게 할 수 있다.

23 디젤기관의 연소실 형식 중 연소실 표면적이 작아 냉각 손실이 작은 특징이 있고, 시동성이 양호한 형식은?

㉮ 직접분사실식
㉯ 예연소실식
㉰ 와류실식
㉱ 공기실식

풀이 직접분사식 연소실의 장·단점
① 실린더 헤드의 구조가 간단하다.
② 열효율이 높다.
③ 엔진의 시동이 쉽고, 연료 소비율이 적다.
④ 연소실 표면적이 작기 때문에 열손실이 적다.
⑤ 사용 연료에 매우 민감하여 노크 발생이 쉽다.

20.㉯ 21.㉱ 22.㉰ 23.㉮

24 그림과 같은 마스터 실린더의 푸시 로드에는 몇 kgf의 힘이 작용하는가?

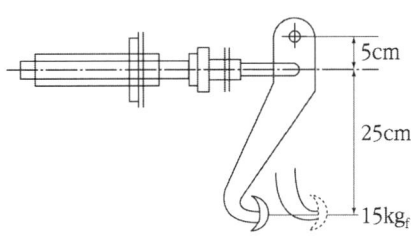

㉮ 75kgf ㉯ 90kgf
㉰ 120kgf ㉱ 140kgf

 $5 \times F = 30 \times 15 \text{kgf}$
∴ $F = \dfrac{30 \times 15}{5} = 90 \text{kgf}$

25 자동변속기 차량에서 토크컨버터 내에 있는 스테이터의 기능은?

㉮ 터빈의 회전력을 증대시킨다.
㉯ 바퀴의 회전력을 감소시킨다.
㉰ 펌프의 회전력을 증대시킨다.
㉱ 터빈의 회전력을 감소시킨다.

 토크 컨버터에서 스테이터(stator)는 작동 유체의 방향을 변환시켜 회전력(토크)을 증대시키는 역할을 한다.

26 타이어의 뼈대가 되는 부분으로서 공기 압력을 견디어 일정한 체적을 유지하고 또 하중이나 충격에 따라 변형하여 완충작용을 하는 것은?

㉮ 브레이커 ㉯ 카커스
㉰ 트레드 ㉱ 비드부

풀이 타이어의 구조
① 트레드(tread) : 노면과 직접 접촉하는 부분으로 제동력, 구동력, 옆방향 미끄럼 방지, 승차감 향상 등의 역할을 한다.
② 브레이커(breaker) : 트레드와 카커스 사이에 있으며, 분리를 방지하고 노면에서의 완충작용을 한다.
③ 카커스(carcass) : 타이어의 골격을 이루는 부분으로 고무로 피복된 여러겹의 코드층으로 되어 공기압력을 견디고 완충작용을 한다.
④ 비드(bead) : 타이어가 림에 접촉하는 부분으로 타이어가 늘어나고 빠지는 것을 방지하기 위해 몇 줄의 피아노선이 들어있다.

27 전자제어 제동장치(ABS)의 구성요소로 틀린 것은?

㉮ 휠 스피드 센서(wheel speed sensor)
㉯ 컨트롤 유닛(control unit)
㉰ 하이드로릭 유닛(hydraulic unit)
㉱ 크랭크 앵글 센서(crank angle sensor)

풀이 ABS의 구성부품
① 휠 스피드 센서 : 차륜의 회전상태를 검출
② 전자제어 컨트롤 유닛(E.C.U) : 휠 스피드 센서의 신호를 받아 ABS를 제어
③ 하이드로릭 유닛 : E.C.U의 신호에 따라 휠 실린더에 공급되는 유압을 제어
④ 프로포셔닝 밸브 : 브레이크를 밟았을 때 뒷바퀴가 조기에 고착되지 않도록 뒷바퀴의 유압을 제어

 24.㉯ 25.㉮ 26.㉯ 27.㉱

28 킹핀 경사각과 함께 앞바퀴에 복원성을 주어 직진 위치로 쉽게 돌아오게 하는 앞바퀴 정렬과 관련이 가장 큰 것은?

㉮ 캠버   ㉯ 캐스터
㉰ 토   ㉱ 셋 백

[풀이] 캐스터의 작용
① 주행 중 조향바퀴에 방향성(직진성)을 준다.
② 선회한 후 조행 핸들을 놓으면 직진방향으로 되돌아오는 복원력이 발생된다.

29 변속기의 변속비가 1.5, 링기어의 잇수 36, 구동피니언의 잇수 6인 자동차를 오른쪽 바퀴만을 들어서 회전하도록 하였을 때 오른쪽 바퀴의 회전수는?
(단, 추진축의 회전수는 2,100rpm)

㉮ 350rpm   ㉯ 450rpm
㉰ 600rpm   ㉱ 700rpm

[풀이] 한쪽바퀴 회전수(N_w)
$$N_w = \frac{추진축\ 회전수}{종감속비} \times 2 - 다른쪽바퀴\ 회전수$$
∴ 한쪽바퀴 회전수(N_w)
$$= \frac{2,100}{\frac{36}{6}} \times 2 - 0 = 700$$

30 자동변속기에서 밸브보디에 있는 매뉴얼 밸브의 역할은?

㉮ 변속레버의 위치에 따라 유로를 변경한다.
㉯ 오일 압력을 부하에 알맞은 압력으로 조정한다.
㉰ 차속이나 엔진부하에 따라 변속단수를 결정한다.
㉱ 변속단수의 위치를 컴퓨터로 전달한다.

[풀이] 매뉴얼 밸브는 시프트 레버의 조작으로 작동하는 수동(manual) 밸브로, 변속레버의 위치에 따라 유로를 변경하는 역할을 한다.

31 다음 중 브레이크 드럼이 갖추어야 할 조건과 관계가 없는 것은?

㉮ 무거워야 한다.
㉯ 방열이 잘 되어야 한다.
㉰ 강성과 내마모성이 있어야 한다.
㉱ 동적, 정적 평형이 되어야 한다.

[풀이] 브레이크 드럼이 갖추어야 할 조건
① 방열이 잘 될 것
② 충분한 강성과 내마멸성이 있을 것
③ 정적, 동적 평형이 잡혀 있을 것
④ 가벼울 것

32 조향장치가 갖추어야 할 조건 중 적당하지 않는 사항은?

㉮ 적당한 회전 감각이 있을 것
㉯ 고속주행에서도 조향핸들이 안정될 것
㉰ 조향휠의 회전과 구동휠의 선회차가 클 것
㉱ 선회 시 저항이 적고 선회 후 복원성이 좋을 것

[풀이] 조향장치가 갖추어야 할 조건
① 조작하기 쉽고 방향전환이 원활하게 행해질 것
② 회전반경이 적을 것

28.㉯ 29.㉱ 30.㉮ 31.㉮ 32.㉰

③ 조향핸들과 바퀴의 선회 차이가 크지 않을 것
④ 조향조작이 주행 중의 충격에 영향을 받지 않을 것
⑤ 고속 주행에도 조향휠이 안정되고 복원력이 좋을 것
⑥ 선회 시 저항이 적고 선회 후 복원성이 좋을 것
⑦ 적당한 회전 감각이 있을 것

33 요철이 있는 노면을 주행할 경우, 스티어링 휠에 전달되는 충격을 무엇이라 하는가?

㉮ 시미 현상 ㉯ 웨이브 현상
㉰ 스카이 훅 현상 ㉱ 킥 백 현상

[풀이] 요철이 있는 노면을 주행할 경우, 스티어링 휠에 전달되는 충격을 킥 백(kick back) 현상이라 한다.

34 유압식 동력조향장치와 비교하여 전동식 동력조향장치 특징으로 틀린 것은?

㉮ 유압제어 방식 전자제어 조향장치보다 부품 수가 적다.
㉯ 유압제어를 하지 않으므로 오일이 필요 없다.
㉰ 유압제어 방식에 비해 연비를 향상 시킬 수 없다.
㉱ 유압제어를 하지 않으므로 오일펌프가 필요 없다.

[풀이] ㉮, ㉯, ㉱항이 전동식 동력조향장치의 특징이며, 유압제어 방식에 비해 엔진 부하가 감소하여 연비를 향상시킬 수 있다.

35 추진축의 자재이음은 어떤 변화를 가능하게 하는가?

㉮ 축의 길이 ㉯ 회전 속도
㉰ 회전축의 각도 ㉱ 회전 토크

[풀이] ① 추진축 : 회전력 전달
② 자재이음 : 각도 변화
③ 슬립이음 : 길이 변화

36 수동변속기에서 싱크로메시(synchro mesh) 기구의 기능이 작용하는 시기는?

㉮ 변속기어가 물려있을 때
㉯ 클러치 페달을 놓을 때
㉰ 변속기어가 물릴 때
㉱ 클러치 페달을 밟을 때

[풀이] 싱크로메시 기구는 기어 변속시(물릴 때) 싱크로메시 기구를 이용하여 동기시켜 변속하는 장치이다.

37 브레이크액의 특성으로서 장점이 아닌 것은?

㉮ 높은 비등점 ㉯ 낮은 응고점
㉰ 강한 흡습성 ㉱ 큰 점도지수

[풀이] **브레이크 오일의 구비조건**
① 점도가 알맞고 점도지수가 클 것
② 응고점이 낮고 비등점이 높을 것
③ 화학적으로 안정될 것
④ 고무 또는 금속을 경화, 팽창, 부식시키지 않을 것
⑤ 침전물을 발생시키지 않을 것

33.㉱ 34.㉰ 35.㉰ 36.㉰ 37.㉰

38 다음에서 스프링의 진동 중 스프링 위 질량의 진동과 관계 없는 것은?

㉮ 바운싱(bouncing)
㉯ 피칭(pitching)
㉰ 휠 트램프(wheel tramp)
㉱ 롤링(rolling)

풀이 스프링 윗질량 운동
① 롤링 : 세로축(앞, 뒤 방향 축)을 중심으로 하는 좌, 우 회전운동
② 피칭 : 가로축(좌, 우 방향 축)을 중심으로 하는 전, 후 회전운동
③ 요잉 : 수직축을 중심으로 앞뒤가 회전하는 운동
④ 바운싱 : 차체가 동시에 상하로 튕기는 운동

39 클러치가 미끄러지는 원인 중 틀린 것은?

㉮ 마찰 면의 경화, 오일 부착
㉯ 페달 자유 간극 과대
㉰ 클러치 압력스프링 쇠약, 절손
㉱ 압력판 및 플라이휠 손상

풀이 클러치가 미끄러지는 원인
① 클러치 디스크 마모로 인한 자유유격 과소
② 클러치 스프링의 약화 및 변형
③ 마찰면의 경화 또는 오일 부착
④ 압력판, 플라이 휠 접촉면의 손상

40 공기 현가장치의 특징에 속하지 않는 것은?

㉮ 하중 증감에 관계없이 차체 높이를 항상 일정하게 유지하며 앞뒤, 좌우의 기울기를 방지 할 수 있다.
㉯ 스프링 정수가 자동적으로 조정되므로 하중의 증감에 관계없이 고유 진동수를 거의 일정하게 유지할 수 있다.
㉰ 고유 진동수를 높일 수 있으므로 스프링 효과를 유연하게 할 수 있다.
㉱ 공기 스프링 자체에 감쇠성이 있으므로 작은 진동을 흡수하는 효과가 있다.

풀이 ㉮, ㉯, ㉱항이 공기 현가장치의 특징으로, 고유 진동수를 일정하게 유지할 수 있는 장점이 있다.

41 전지 전해액의 비중을 측정하였더니 1.180이었다. 이 축전지의 방전률은? (단, 비중값이 완전 충전시 1.280이고 완전 방전시의 비중값이 1.080이다.)

㉮ 20% ㉯ 30%
㉰ 50% ㉱ 70%

풀이 방전율
$= \dfrac{\text{완전충전시 비중} - \text{측정시 비중}}{\text{완전충전시 비중} - \text{완전방전시 비중}} \times 100(\%)$

∴ 방전율 $= \dfrac{1.280 - 1.180}{1.280 - 1.080} \times 100 = 50\%$

42 반도체의 장점으로 틀린 것은?

㉮ 극히 소형이고 경량이다.
㉯ 내부 전력 손실이 매우 적다.
㉰ 고온에서도 안정적으로 동작한다.
㉱ 예열을 요구하지 않고 곧바로 작동한다.

풀이 반도체의 장점
① 극히 소형이고 경량이다.
② 예열을 요구하지 않고 곧바로 작동한다.
③ 내부 전력 손실이 매우 적다.

38.㉰ 39.㉯ 40.㉰ 41.㉰ 42.㉰

④ 수명이 길다.
⑤ 온도가 상승하면 특성이 몹시 나빠진다.
⑥ 정격값을 넘으면 파괴되기 쉽다.

43 자동차의 IMS(Integrated Memory System)에 대한 설명으로 옳은 것은?

㉮ 도난을 예방하기 위한 시스템이다.
㉯ 편의장치로서 장거리 운행시 자동운행 시스템이다.
㉰ 배터리 교환주기를 알려주는 시스템이다.
㉱ 스위치 조작으로 설정해둔 시트 위치로 재생시킨다.

[풀이] IMS는 운전자에 맞는 최적의 시트 위치 및 미러 위치를 설정하여 기억시킨 후, 스위치 조작으로 설정해둔 위치로 재생시키는 편의장치이다.

44 P형 반도체와 N형 반도체를 마주대고 결합한 것은?

㉮ 캐리어
㉯ 홀
㉰ 다이오드
㉱ 스위칭

[풀이] 다이오드는 P형 반도체와 N형 반도체를 마주대고 결합한 반도체이다.

45 그림과 같이 테스트 램프를 사용하여 릴레이 회로의 각 단자(B, L, S1, S2)를 점검하였을 때 테스트 램프의 작동이 틀린 것은?
(단, 테스트 램프 전구는 LED 전구이며, 테스트 램프의 접지는 차체 접지)

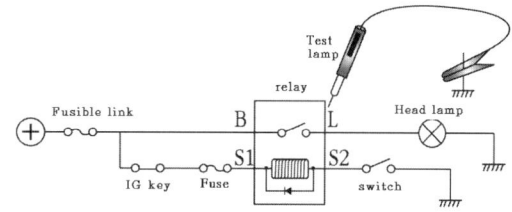

㉮ B 단자는 점등된다.
㉯ L 단자는 점등되지 않는다.
㉰ S1 단자는 점등된다.
㉱ S2 단자는 점등되지 않는다.

[풀이] B, S1, S2 단자는 점등되고, L단자는 점등되지 않는다.

46 기동전동기에서 회전하는 부분이 아닌 것은?

㉮ 오버런닝클러치
㉯ 정류자
㉰ 계자 코일
㉱ 전기자 철심

[풀이] 기동전동기 회전하는 부분 : 정류자, 전기자 코일, 전기자 철심, 오버런닝 클러치

ANSWER 43.㉱ 44.㉰ 45.㉱ 46.㉰

47 편의장치에서 중앙집중식 제어장치(ETACS 또는 ISU)의 입·출력 요소 역할에 대한 설명으로 틀린 것은?

㉮ 모든 도어스위치 : 각 도어 잠김 여부 감지
㉯ INT 스위치 : 와셔 작동 여부 감지
㉰ 핸들 록 스위치 : 키 삽입 여부 감지
㉱ 열선스위치 : 열선 작동 여부 감지

풀이 INT 스위치 : 운전자의 의지인 와이퍼 볼륨의 위치 검출

48 축전지 극판의 작용물질이 동일한 조건에서 비중이 감소되면 용량은?

㉮ 증가한다.
㉯ 변화없다.
㉰ 비례하여 증가한다.
㉱ 감소한다.

풀이 비중이 감소하면 축전지 용량은 감소한다.

49 자동차용 AC 발전기에서 자속을 만드는 부분은?

㉮ 로터(rotor)
㉯ 스테이터(stator)
㉰ 브러시(brush)
㉱ 다이오드(diode)

풀이 로터는 슬립링을 통해 전류가 흘러 자속을 형성한다.

50 점화코일에서 고전압을 얻도록 유도하는 공식으로 옳은 것은?

E_1 : 1차 코일에 유도된 전압
E_2 : 2차 코일에 유도된 전압
N_1 : 1차 코일의 유효권수
N_2 : 2차 코일의 유효권수

㉮ $E_2 = \dfrac{N_2}{N_1} E_1$
㉯ $E_2 = \dfrac{N_1}{N_2} E_1$
㉰ $E_2 = N_1 \times N_2 \times E_1$
㉱ $E_2 = N_1 + (N_2 \times E_1)$

풀이 점화코일 유도전압(E_2) = $\dfrac{N_2}{N_1} \cdot E_1$

51 구급처치 중에서 환자의 상태를 확인하는 사항과 관련이 없는 것은?

㉮ 의식   ㉯ 상처
㉰ 출혈   ㉱ 안정

풀이 구급처치 중 환자의 상태는 의식, 상처, 출혈 등이 있는 지를 확인한다. 안정은 관련이 없다.

52 다이얼 게이지 사용시 유의사항으로 틀린 것은?

㉮ 스핀들에 주유하거나 그리스를 발라서 보관한다.
㉯ 분해 청소나 조정을 함부로 하지 않는다.
㉰ 게이지를 어떤 충격도 가해서는 안된다.
㉱ 게이지를 설치할 때에는 지지대의 암을 될 수 있는대로 짧게 하고 확실하게 고정해야 한다.

47.㉯ 48.㉱ 49.㉮ 50.㉮ 51.㉱ 52.㉮

풀이 다이얼 게이지 취급시 주의사항
① 게이지를 설치할 때에는 지지대의 암을 될 수 있는대로 짧게 하고 확실하게 고정해야 한다.
② 게이지 눈금은 0점 조정하여 사용한다.
③ 게이지는 측정 면에 직각으로 설치한다.
④ 충격은 절대로 금해야 한다.
⑤ 분해 청소나 조절을 함부로 하지 않는다.
⑥ 스핀들에 주유하거나 그리스를 바르지 않는다.

53 드릴로 큰 구멍을 뚫으려고 할 때에 먼저 할 일은?

㉮ 금속을 무르게 한다.
㉯ 작은 구멍을 뚫는다.
㉰ 스핀들의 속도를 빠르게 한다.
㉱ 드릴 커팅 앵글을 증가시킨다.

풀이 드릴로 큰 구멍을 뚫을 때에는 먼저 작은 구멍을 뚫는다.

54 일반공구 사용에서 안전한 사용법이 아닌 것은?

㉮ 조정 죠오에 잡아당기는 힘이 가해져야 한다.
㉯ 렌치에 파이프 등의 연장대를 끼워서 사용해서는 안된다.
㉰ 언제나 깨끗한 상태로 보관한다.
㉱ 녹이 생긴 볼트나 너트에는 오일을 넣어 스며들게 한 다음 돌린다.

풀이 조정렌치 사용시 고정 죠오에 힘이 가해지도록 한다.

55 산업안전·보건표지의 종류와 형태에서 아래 그림이 나타내는 표시는?

㉮ 접촉금지
㉯ 출입금지
㉰ 탑승금지
㉱ 보행금지

풀이 안전·보건표지의 종류

56 기동전동기의 분해조립시 주의할 사항이 아닌 것은?

㉮ 관통볼트 조립시 브러시 선과의 접촉에 주의할 것
㉯ 레버의 방향과 스프링, 홀더의 순서를 혼동하지 말 것
㉰ 브러시 배선과 하우징과의 배선을 확실히 연결할 것
㉱ 마그네틱 스위치의 B단자와 M(또는 F) 단자의 구분에 주의할 것

53.㉯ 54.㉮ 55.㉱ 56.㉰

풀이 기동전동기 분해 조립시 ㉮, ㉯, ㉰항을 주의하여야 하며, 브러시 배선과 하우징 배선과는 상호 관련이 없다.

57 귀 마개를 착용하여야 하는 작업과 가장 거리가 먼 것은?

㉮ 공기압축기가 가동되는 기계실 내에서 작업
㉯ 디젤엔진 정비작업
㉰ 단조작업
㉱ 제관작업

풀이 디젤엔진 정비작업은 디젤엔진의 가동여부를 들어야 하므로 귀마개를 하여서는 안된다.

58 전자제어 시스템을 정비할 때 점검 방법 중 올바른 것을 모두 고른 것은?

a. 배터리 전압이 낮으면 고장진단이 발견되지 않을 수도 있으므로 점검하기 전에 배터리 전압상태를 점검한다.
b. 배터리 또는 ECU 커넥터를 분리하면 고장항목이 지워질 수 있으므로 고장진단 결과를 완전히 읽기 전에는 배터리를 분리시키지 않는다.
c. 점검 및 정비를 완료한 후에는 배터리 (-) 단자를 15초 이상 분리시킨 후 다시 연결하고 고장 코드가 지워졌는지를 확인한다.

㉮ b - c
㉯ a - b
㉰ a - c
㉱ a - b - c

풀이 a, b, c 항 모두 전자제어 시스템을 정비할 때 올바른 점검 방법이다.

59 제동력시험기 사용시 주의할 사항으로 틀린 것은?

㉮ 타이어 트레드의 표면에 습기를 제거한다.
㉯ 롤러 표면은 항상 그리스로 충분히 윤활시킨다.
㉰ 브레이크 페달을 확실히 밟은 상태에서 측정한다.
㉱ 시험 중 타이어와 가이드 롤러와의 접촉이 없도록 한다.

풀이 제동력 시험기 사용시 주의할 사항
① 타이어 트레드의 표면에 습기를 제거한다.
② 롤러 표면에 이물질이 묻어있으면 깨끗이 닦는다.
③ 브레이크 페달을 확실히 밟은 상태에서 측정한다.
④ 시험 중 타이어와 가이드 롤러와의 접촉이 없도록 한다.

60 기관을 운전상태에서 점검하는 부분이 아닌 것은?

㉮ 배기가스의 색을 관찰하는 일
㉯ 오일압력 경고등을 관찰하는 일
㉰ 엔진의 이상음을 관찰하는 일
㉱ 오일 팬의 오일량을 측정하는 일

풀이 ㉮, ㉯, ㉰항은 기관을 운전상태에서 점검하며, 기관 오일 점검은 차량 정지상태, 노면은 수평인 상태에서 점검한다.

57.㉯ 58.㉱ 59.㉯ 60.㉱

자동차정비기능사 제5회

(2013.10.12 시행)

01. 기동 전동기가 정상 회전하지만 엔진이 시동되지 않는 원인과 관련이 있는 사항은?

① 밸브 타이밍이 맞지 않을 때
② 조향 핸들 유격이 맞지 않을 때
③ 현가장치에 문제가 있을 때
④ 산소 센서의 작동이 불량일 때

풀이 ②, ③, ④항은 시동과 관련이 없으며, 밸브 타이밍이 맞지 않으면 압축압력이 형성되지 않아 엔진이 시동되지 않는다.

02. 캠축과 크랭크축 타이밍 전동 방식이 아닌 것은?

① 유압 전동 방식
② 기어 전동 방식
③ 벨트 전동 방식
④ 체인 전동 방식

풀이 타이밍 기어의 구동은 기어, 벨트, 체인 등을 이용한다.

03. 실린더 벽이 마멸되었을 때 나타나는 현상 중 틀린 것은?

① 엔진오일의 희석 및 소모
② 피스톤 슬랩 현상 발생
③ 압축압력 저하 및 블로바이 가스 발생
④ 연료소모 저하 및 엔진 출력저하

풀이 ①, ②, ③항이 실린더 벽이 마모되었을 때 나타나는 현상이며, 연료소모가 증가하고 엔진출력이 저하한다.

04. 피스톤 평균속도를 높이지 않고 엔진 회전속도를 높이려면?

① 행정을 작게 한다.
② 행정을 크게 한다.
③ 실린더 지름을 크게 한다.
④ 실린더 지름을 작게 한다.

풀이 피스톤 평균속도 $(v) = \dfrac{2LN}{60} = \dfrac{LN}{30}$ 에서, 행정(L)을 작게 하면 엔진 회전속도(N)가 높아진다.

05. PCV(positive crankcase ventilation)에 대한 설명으로 옳은 것은?

① 블로바이(blow by) 가스를 대기 중으로 방출하는 시스템이다.
② 고부하 때에는 블로바이 가스가 공기 청정기에서 헤드커버 내로 공기가 도입된다.
③ 흡기 다기관이 부압일 때는 크랭크케이스에서 헤드커버를 통해 공기 청정기로 유입된다.
④ 헤드커버 안의 블로바이 가스는 부하와 관계없이 서지탱크로 흡입되어 연소된다.

 01.① 02.① 03.④ 04.① 05.④

> 블로바이 가스는 공전 및 경부하시에는 PCV 밸브를 통하여 서지탱크로 흡입되어 연소되며, 급가속 및 고부하시에는 PCV 밸브는 닫히고, 브리더 호스를 통하여 서지탱크로 흡입되어 연소된다.

06 전자제어 차량의 인젝터가 갖추어야 될 기본 요건이 아닌 것은?

① 정확한 분사량
② 내 부식성
③ 기밀 유지
④ 저항 값은 무한대(∞)일 것

> **인젝터가 갖추어야 할 요건**
> ① 정확한 분사량
> ② 내(耐) 부식성
> ③ 기밀 유지

07 화물자동차 및 특수자동차의 차량 총중량은 몇 톤을 초과해서는 안되는가?

① 20톤 ② 30톤
③ 40톤 ④ 50톤

> 자동차의 차량총중량은 20톤(승합자동차는 30톤, 화물 및 특수자동차는 40톤), 축중은 10톤, 윤중은 5톤을 초과하여서는 안된다.

08 과급기가 설치된 엔진에 장착된 센서로서 급속 및 증속에서 ECU로 신호를 보내주는 센서는?

① 부스터 센서 ② 노크 센서
③ 산소 센서   ④ 수온 센서

> 부스터 압력 센서는 과급기가 설치된 엔진에 장착된 센서로서, 과급된 흡기다기관 내의 압력을 검출하여 ECU로 신호를 보낸다.

09 다음 중 기관 과열의 원인이 아닌 것은?

① 수온조절기 불량
② 냉각수 량 과다
③ 라디에이터 캡 불량
④ 냉각팬 모터 고장

> **엔진이 과열되는 원인**
> ① 수온조절기가 닫힌 채로 고장났다.
> ② 라디에이터 캡 불량
> ③ 라디에이터 코어가 20% 이상 막혔다.
> ④ 라디에이터 핀에 이물질이 많이 묻었다.
> ⑤ 라디에이터가 파손되었다.
> ⑥ 물펌프가 작동불량이다.
> ⑦ 냉각팬 모터 고장이다.
> ⑧ 벨트가 헐겁거나 끊어졌다.
> ⑨ 엔진이 과부하로 운전되고 있다.

10 디젤기관에서 연료 분사펌프의 거버너는 어떤 작용을 하는가?

① 분사압력을 조정한다.
② 분사시기를 조정한다.
③ 착화시기를 조정한다.
④ 분사량을 조정한다.

> 거버너는 제어래크를 움직여 분사량을 조정한다.

06.④ 07.③ 08.① 09.② 10.④

11. 윤활유의 성질에서 요구되는 사항이 아닌 것은?

① 비중이 적당할 것
② 인화점 및 발화점이 낮을 것
③ 점성과 온도와의 관계가 양호할 것
④ 카본의 생성이 적으며, 강인한 유막을 형성할 것

풀이 윤활유의 구비조건
① 인화점과 발화점이 높을 것
② 응고점이 낮을 것
③ 비중과 점도가 적당할 것
④ 열과 산에 대하여 안정될 것
⑤ 카본의 생성이 적으며, 강인한 유막을 형성할 것

12. 다음 중 EGR(Exhaust Gas Recirculation)밸브의 구성 및 기능 설명으로 틀린 것은?

① 배기가스 재순환 장치
② EGR파이프, EGR밸브 및 서모밸브로 구성
③ 질소화합물(NOx) 발생을 감소시키는 장치
④ 연료 증발가스(HC) 발생을 억제시키는 장치

풀이 ①, ②, ③항이 EGR 밸브에 대한 옳은 설명이고, 연료 증발가스 발생은 차콜 캐니스터와 PCSV를 이용하여 재연소시킨다.

13. 실린더와 피스톤 사이의 틈새로 가스가 누출되어 크랭크 실로 유입된 가스를 연소실로 유도하여 재연소 시키는 배출가스 정화장치는?

① 촉매 변환기
② 배기가스 재순환 장치
③ 연료 증발 가스 배출 억제 장치
④ 블로바이 가스 환원 장치

풀이 블로바이 가스 환원장치는 실린더와 피스톤 사이의 틈새로 가스가 누출되어 크랭크실로 유입된 미연소 가스인 탄화수소(HC)의 배출을 줄이기 위한 장치이다.

14. LPG의 특징 중 틀린 것은?

① 액체상태의 비중은 0.5이다.
② 기체상태의 비중은 1.5~2.0이다.
③ 무색 무취이다.
④ 공기보다 가볍다.

풀이 기체 상태의 비중이 1.5~2.0 이므로 공기보다 무겁다.

15. 디젤 노크와 관련이 없는 것은?

① 연료 분사량
② 연료 분사시기
③ 흡기 온도
④ 엔진오일 량

풀이 연료 분사량, 분사시기, 흡입공기 온도, 압축비 등이 디젤 노크와 밀접한 관계가 있고 엔진오일 량과 관계가 없다.

11.② 12.④ 13.④ 14.④ 15.④

16 분사펌프에서 딜리버리 밸브의 작용 중 틀린 것은?

① 노즐에서의 후적 방지
② 연료의 역류 방지
③ 연료 라인의 잔압유지
④ 분사시기 조정

풀이 딜리버리(delivery valve)의 기능
① 역류방지, ② 잔압유지, ③ 후적방지

17 흡기관 내 압력의 변화를 측정하여 흡입공기량을 간접으로 검출하는 방식은?

① K – jetronic
② D – jetronic
③ L – jetronic
④ LH – jetronic

풀이 흡입공기량 계측방식
① K – jetronic : 연속분사란 의미로, 공기량 계량기와 연료 분배기를 이용하여 기계적으로 체적을 검출하는 방식
② L – jetronic : 질량 검출방식의 흡입공기량 검출방식
③ LH – jetronic : 질량 검출방식 중 열선(Hot wire)과 열막(Hot film)을 이용하여 검출하는 방식
④ D – jetronic : 흡기다기관의 절대압력(MAP센서)을 측정하여 흡입공기량을 간접 계측하는 방식

18 어떤 물체가 초속도 10m/s로 마루면을 미끄러진다면 몇 m를 진행하고 멈추는가?(단, 물체와 마루면 사이의 마찰계수는 0.5이다.)

① 0.51m ② 5.1m
③ 10.2m ④ 20.4m

풀이 제동거리$(S) = \dfrac{v^2}{2 \cdot \mu \cdot g}$

∴ $S = \dfrac{v^2}{2 \cdot \mu \cdot g} = \dfrac{10^2}{2 \times 0.5 \times 9.8} = 10.2m$

19 탄소 1kg을 완전 연소시키기 위한 순수 산소의 양은?

① 약 1.67kg ② 약 2.67kg
③ 약 2.89kg ④ 약 5.56kg

풀이 탄소를 연소시키면 이산화탄소가 생성되므로, 화학 반응식 $C + O_2 = CO_2$이다.
중량비 : 12kg + (2×16)kg
   = (12+2×16)kg이므로
즉, 탄소 1kg에 산소
약 2.67kg(32÷12=2.67)이 필요하다.

20 제동마력(BHP)을 지시마력(IHP)으로 나눈 값은?

① 기계효율 ② 열효율
③ 체적효율 ④ 전달효율

풀이 기계효율 = $\dfrac{제동마력}{지시마력} \times 100(\%)$

16.④ 17.② 18.③ 19.② 20.①

21. 인젝터 회로의 정상적인 파형이 그림과 같을 때 본선의 접속불량시 나올 수 있는 파형 중 맞는 것은?

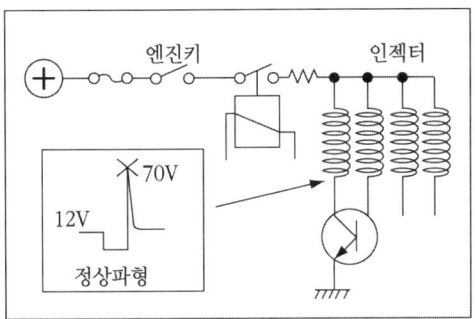

풀이) 본선 접촉불량시 코일에 흐르는 전류가 감소하여 서지전압이 낮아진다.

22. 자동차가 24km/h의 속도에서 가속하여 60km/h의 속도를 내는데 5초 걸렸다. 평균 가속도는?

① 10m/s²   ② 5m/s²
③ 2m/s²   ④ 1.5m/s²

풀이) 가속도(m/s²) = (나중속도 − 처음속도) / 걸린시간

∴ 가속도 = (60km/h − 24km/h) / 5sec
= 36km/h / 5sec = 10m/s / 5sec = 2m/s²

23. 규정값이 내경 78mm인 실린더를 실린더 보어 게이지로 측정한 결과 0.35mm가 마모되었다. 실린더 내경을 얼마로 수정해야 하는가?

① 실린더 내경을 78.35mm로 수정한다.
② 실린더 내경을 78.50mm로 수정한다.
③ 실린더 내경을 78.75mm로 수정한다.
④ 실린더 내경을 79.00mm로 수정한다.

풀이) 보링값 = 마모량 + 진원 절삭량(0.2mm)
= 0.35 + 0.2 = 0.55mm
오버사이즈 피스톤은 0.25mm 간격으로 있으므로, 실린더 내경 수정값은 78.55mm 보다 큰 78.75mm로 수정한다.

24. 브레이크 장치에서 슈 리턴스프링의 작용에 해당되지 않는 것은?

① 오일이 휠실린더에서 마스터 실린더로 되돌아가게 한다.
② 슈와 드럼간의 간극을 유지해 준다.
③ 페달력을 보강해 준다.
④ 슈의 위치를 확보한다.

풀이) 브레이크 슈 리턴스프링은 브레이크를 놓았을 때 오일이 휠실린더에서 마스터 실린더로 되돌아가게 하며, 슈의 위치를 확보하여 슈와 드럼간의 간극을 유지해 준다.

25. 기관 rpm이 3,570이고, 변속비가 3.5, 종감속비가 3일 때, 오른쪽 바퀴가 420rpm이면 왼쪽바퀴 회전수는?

① 340rpm   ② 1,480rpm
③ 2.7rpm   ④ 260rpm

ANSWER 21.④ 22.③ 23.③ 24.③ 25.④

풀이 한쪽바퀴 회전수(N_w)

$$N_w = \frac{엔진\ 회전수}{총감속비} \times 2 - 다른쪽바퀴\ 회전수$$

∴ 한쪽바퀴 회전수(N_w) $= \frac{3,570}{3.5 \times 3} \times 2 - 420$

$= 260$rpm

26 자동차의 전자제어 제동장치(ABS) 특징으로 올바른 것은?

① 바퀴가 로크 되는 것을 방지하여 조향 안정성 유지
② 스핀 현상을 발생시켜 안정성 유지
③ 제동시 한쪽 쏠림 현상을 발생시켜 안정성 유지
④ 제동거리를 증가시켜 안정성 유지

풀이 ABS의 설치 목적
① 미끄러짐을 방지하여 차체를 안전성을 유지한다.
② ECU에 의해 브레이크를 컨트롤하여 조종성을 확보한다.
③ 제동거리를 단축시킨다.
④ 앞바퀴의 잠김으로 인한 조향능력 상실을 방지한다.
⑤ 뒷바퀴의 잠김으로 인한 차체 스핀에 의한 전복을 방지한다.

27 자동차 앞 차륜 독립현가장치에 속하지 않는 것은?

① 트레일링 암 형식(trailling arm type)
② 위시본 형식(wishbone type)
③ 맥퍼슨 형식(macpherson type)
④ SLA 형식(short long arm type)

풀이 맥퍼슨 형식, 위시본 형식, SLA 형식 등은 앞 차륜에, 트레일링 암 형식은 뒷 차륜에 사용한다.

28 전차륜 정렬에 관계되는 요소가 아닌 것은?

① 타이어의 이상 마모를 방지한다.
② 정지상태에서 조향력을 가볍게 한다.
③ 조향핸들의 복원성을 준다.
④ 조향방향의 안정성을 준다.

풀이 앞바퀴 정렬(wheel alignment)의 역할
① 조향 핸들의 조작력을 가볍게 한다.
② 조향 핸들에 복원성을 준다.
③ 타이어의 마모를 최소화 한다.
④ 조향 조작이 확실하고 안정성을 준다.

29 공기 브레이크 장치에서 앞바퀴로 압축 공기가 공급되는 순서는?

① 공기탱크-퀵 릴리스밸브-브레이크밸브-브레이크 챔버
② 공기탱크-브레이크 챔버-브레이크밸브-브레이크 슈
③ 공기탱크-브레이크밸브-퀵 릴리스밸브-브레이크 챔버
④ 브레이크밸브-공기탱크-퀵 릴리스밸브-브레이크 챔버

26.① 27.① 28.② 29.③

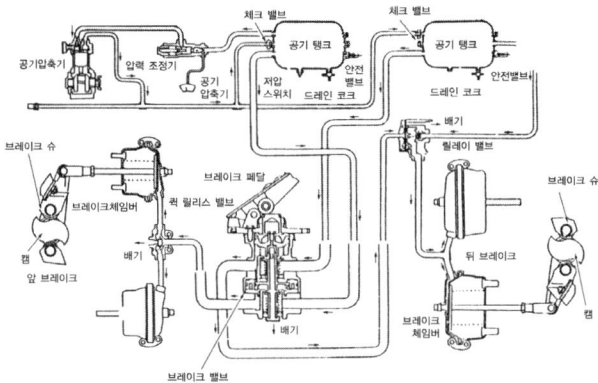

풀이 공기 브레이크의 구조

* 브레이크를 밟으면 공기탱크의 압축공기가 브레이크 밸브를 지나 퀵릴리스 밸브를 거쳐 브레이크 챔버로 유입된다.
이 압축공기 압력이 기계적인 힘으로 바뀌어푸시 로드를 밀면, 캠이 움직여 브레이크 슈를 확장하여 브레이크가 작동하게 된다.

30 전동식 전자제어 동력조향장치에서 토크 센서의 역할은?

① 차속에 따라 최적의 조향력을 실현하기 위한 기준 신호로 사용된다.
② 조향휠을 돌릴 때 조향력을 연산할 수 있도록 기본 신호를 컨트롤 유닛에 보낸다.
③ 모터 작동시 발생되는 부하를 보상하기 위한 보상 신호로 사용된다.
④ 모터내의 로터 위치를 검출하여 모터 출력의 위상을 결정하기 위해 사용된다.

풀이 전동식 전자제어 동력조향장치(MDPS)에서 토크센서는 조향휠을 돌릴 때 조향력을 연산할 수 있도록 기본 신호를 ECU에 보낸다.

31 앞차축 현가장치에서 맥퍼슨형의 특징이 아닌 것은?

① 위시본형에 비하여 구조가 간단하다.
② 로드 홀딩이 좋다.
③ 엔진 룸의 유효공간을 넓게 할 수 있다.
④ 스프링 아래 중량을 크게 할 수 있다.

풀이 맥퍼슨 형식 현가장치의 특징
① 위시본형에 비하여 구조가 간단하다.
② 로드 홀딩이 좋다.
③ 엔진 룸의 유효공간을 넓게 할 수 있다.
④ 스프링 아래 중량을 작게 할 수 있다.

32 토크 컨버터의 토크 변환율은?

① 0.1 ~ 1배   ② 2 ~ 3배
③ 4 ~ 5배   ④ 6 ~ 7배

풀이 토크 컨버터의 토크 변화율은 약 2~3 : 1 이다.

33 동력조향장치 정비 시 안전 및 유의 사항으로 틀린 것은?

① 자동차 하부에서 작업할 때는 시야확보를 위해 보안경을 벗는다.
② 공간이 좁으므로 다치지 않게 주의한다.
③ 제작사의 정비 지침서를 참고하여 점검 정비한다.
④ 각종 볼트 너트는 규정 토크로 조인다.

풀이 자동차 하부에서 작업할 때는 보안경을 착용한다.

ANSWER 30.② 31.④ 32.② 33.①

34 드럼식 브레이크에서 브레이크슈의 작동 형식에 의한 분류에 해당하지 않는 것은?

① 리딩 트레일링 슈 형식
② 3리딩 슈 형식
③ 서보 형식
④ 듀오 서보식

풀이 드럼 브레이크의 분류
① 넌서보 브레이크 : 리딩 트레일링 슈 형식
② 서보 브레이크 : 단동 2리딩 또는 복동 2리딩 슈 형식, 유니 서보식, 듀오 서보식, 앵커 링크 형식 등

35 마스터 실린더 푸시로드에 작용하는 힘이 120 kgf이고, 피스톤 단면적이 3 cm² 일 때 발생 유압은?

① 30kgf/cm²
② 40kgf/cm²
③ 50kgf/cm²
④ 60kgf/cm²

풀이 압력(kgf/cm²) = $\dfrac{하중}{단면적}$

∴ 압력 = $\dfrac{120}{3}$ = 40kgf/cm²

36 자동변속기에서 유성기어 캐리어를 한 방향으로만 회전하게 하는 것은?

① 원웨이 클러치
② 프론트 클러치
③ 리어 클러치
④ 엔드 클러치

풀이 일방향 클러치(one way clutch)는 유성기어 캐리어를 한 쪽 방향으로만 회전하게 한다.

37 추진축 스플라인 부의 마모가 심할 때의 현상으로 가장 적절한 것은?

① 차동기의 드라이브 피니언과 링기어의 치합이 불량하게 된다.
② 차동기의 드라이브 피니언 베어링의 조임이 헐겁게 된다.
③ 동력을 전달할 때 충격 흡수가 잘 된다.
④ 주행 중 소음을 내고 추진축이 진동한다.

풀이 추진축 스플라인 부의 마모가 심하면 주행 중 소음을 내고 추진축이 진동한다.

38 변속기의 변속비(기어비)를 구하는 식은?

① 엔진의 회전수를 추진축의 회전수로 나눈다.
② 부축의 회전수를 엔진의 회전수로 나눈다.
③ 입력축의 회전수를 변속단 카운터축의 회전수로 곱한다.
④ 카운터 기어 잇수를 변속단 카운터 기어 잇수로 곱한다.

풀이 변속비 = $\dfrac{엔진 회전수}{추진축 회전수}$ = $\dfrac{출력축 기어 잇수}{입력축 기어 잇수}$

39 클러치 디스크의 런아웃이 클 때 나타날 수 있는 현상으로 가장 적합한 것은?

① 클러치의 단속이 불량해진다.
② 클러치 페달의 유격에 변화가 생긴다.
③ 주행 중 소리가 난다.
④ 클러치 스프링이 파손된다.

34.② 35.② 36.① 37.④ 38.① 39.①

> 런아웃(run-out)이란 디스크가 휘어진 상태로, 클러치 단속이 불량해지며, 클러치 연결시 떨림이 생긴다.

40 전자제어 동력 조향장치의 특성으로 틀린 것은?

① 공전과 저속에서 핸들 조작력이 작다.
② 중속 이상에서는 차량속도에 감응하여 핸들 조작력을 변화시킨다.
③ 차량속도가 고속이 될수록 큰 조작력을 필요로 한다.
④ 동력 조향장치이므로 조향기어는 필요 없다.

> 동력 조향장치에도 조향기어는 있다.

41 20℃에서 양호한 상태인 100Ah의 축전지는 200A의 전기를 얼마 동안 발생시킬 수 있는가?

① 1시간   ② 2시간
③ 20분   ④ 30분

> 축전지 용량(AH) = 방전전류(A) × 방전시간(H)
> ∴ 200 × 0.5 = 100AH, 0.5시간이므로 30분

42 파워 윈도우 타이머 제어에 관한 설명으로 틀린 것은?

① IG 'ON'에서 파워윈도우 릴레이를 ON 한다.
② IG 'OFF'에서 파워윈도우 릴레이를 일정시간 동안 ON한다.
③ 키를 뺐을 때 윈도우가 열려 있다면 다시 키를 꽂지 않아도 일정시간 이내 윈도우를 닫을 수 있는 기능이다.
④ 파워 윈도우 타이머 제어 중 전조등을 작동시키면 출력을 즉시 OFF한다.

> 파워 윈도우 타이머 제어란 키를 뺐을 때 윈도우가 열려 있다면 다시 키를 꽂지 않아도 일정시간 이내 윈도우를 닫을 수 있는 기능으로, IG 'ON'에서 파워윈도우가 조절되고, IG 'OFF' 후에도 파워윈도우 릴레이를 일정시간 동안 ON한다. 파워 윈도우 타이머 제어는 전조등과 관련이 없다.

43 자동차의 종합경보장치에 포함되지 않는 제어 기능은?

① 도어록 제어기능
② 감광식 룸램프 제어기능
③ 엔진 고장지시 제어기능
④ 도어 열림 경고 제어기능

> 에탁스(ETACS) 제어기능
> ① 와셔연동 와이퍼 제어
> ② 간헐와이퍼 제어
> ③ 뒷유리 열선타이머 제어
> ④ 안전벨트 경고등 타이머 제어
> ⑤ 감광식 룸램프 제어
> ⑥ 이그니션 키 홀 조명 제어
> ⑦ 파워윈도우 타이머 제어
> ⑧ 배터리 세이버 제어
> ⑨ 점화키 회수 제어
> ⑩ 오토 도어록 제어
> ⑪ 중앙집중식 도어잠금장치 제어
> ⑫ 스타팅 재작동 금지
> ⑬ 점화키 OFF후 전도어 언록 제어
> ⑭ 충돌감지 언록 제어
> ⑮ 도어열림 경고 제어

40.④ 41.④ 42.④ 43.③

44 다음 중 옴의 법칙을 바르게 표시한 것은?
(단, E : 전압, I : 전류, R : 저항)

① R = IE
② R = I/E
③ R = I/E²
④ R = E/I

풀이) 옴의 법칙 : I = E/R, R = E/I, E = IR

45 축전지를 급속 충전할 때 주의사항이 아닌 것은?

① 통풍이 잘 되는 곳에서 충전한다.
② 축전지의 +, - 케이블을 자동차에 연결한 상태로 충전한다.
③ 전해액의 온도가 45℃가 넘지 않도록 한다.
④ 충전 중인 축전지에 충격을 가하지 않도록 한다.

풀이) 축전지를 자동차에 설치한 상태로 급속충전할 때에는 축전지 +, - 케이블을 떼어낸 상태로 충전한다.

46 점화 플러그에 불꽃이 튀지 않는 이유 중 틀린 것은?

① 파워 TR 불량
② 점화코일 불량
③ TPS 불량
④ ECU 불량

풀이) ①, ②, ④항은 점화와 관련된 사항이므로 불꽃이 튀지 않는 원인이 되며, TPS는 불꽃과는 관련이 없다.

47 와이퍼 모터 제어와 관련된 입력 요소들을 나열한 것으로 틀린 것은?

① 와이퍼 INT 스위치
② 와셔 스위치
③ 와이퍼 HI 스위치
④ 전조등 HI 스위치

풀이) 와셔 스위치, 와이퍼 LO 스위치, 와이퍼 HI 스위치, 와이퍼 INT 스위치 등이 입력요소이다. 전조등 스위치와 와이퍼 모터와는 관련이 없다.

48 논리회로에서 OR + NOT에 대한 출력의 진리값으로 틀린 것은? (단, 입력 : A, B 출력 : C)

① 입력 A가 0이고, 입력 B가 1이면 출력 C는 0이 된다.
② 입력 A가 0이고, 입력 B가 0이면 출력 C는 0이 된다.
③ 입력 A가 1이고, 입력 B가 1이면 출력 C는 0이 된다.
④ 입력 A가 1이고, 입력 B가 0이면 출력 C는 0이 된다.

풀이) 논리회로 OR+NOT는 이므로, 입력 A가 0이고, 입력 B가 0이면 출력 C는 1이 된다.

49 모터(기동전동기)의 형식을 맞게 나열한 것은?

① 직렬형, 병렬형, 복합형
② 직렬형, 복렬형, 병렬형
③ 직권형, 복권형, 복합형
④ 직권형, 분권형, 복권형

44.④ 45.② 46.③ 47.④ 48.② 49.④

풀이 전동기의 종류
① 직권형 : 계자 코일과 전기자 코일이 직렬로 연결
② 분권형 : 계자 코일과 전기자 코일이 병렬로 연결
③ 복권형 : 계자 코일과 전기자 코일이 직병렬로 연결

50 계기판의 충전 경고등은 어느 때 점등 되는가?

① 배터리 전압이 10.5V 이하일 때
② 알터네이터에서 충전이 안 될 때
③ 알터네이터에서 충전되는 전압이 높을 때
④ 배터리 전압이 14.7V 이상일 때

풀이 계기판의 충전 경고등은 팬벨트가 끊어지거나, 발전기 고장으로 알터네이터에서 충전이 안 될 때 점등된다.

51 작업장의 환경을 개선하면 나타나는 현상으로 틀린 것은?

① 좋은 품질의 생산품을 얻을 수 있다.
② 피로를 경감시킬 수 있다.
③ 작업 능률을 향상시킬 수 있다.
④ 기계소모가 많고 동력손실이 크다.

풀이 작업장의 환경을 개선하면 ①, ②, ③항을 향상시킬 수 있다. 기계소모 또는 동력손실과는 관련이 없다.

52 스패너 작업시 유의할 점이다. 틀린 것은?

① 스패너의 입이 너트의 치수에 맞는 것을 사용해야 한다.
② 스패너의 자루에 파이프를 이어서 사용해서는 안된다.
③ 스패너와 너트 사이에는 쐐기를 넣고 사용하는 것이 편리하다.
④ 너트에 스패너를 깊이 물리고 조금씩 앞으로 당기는 식으로 풀고 조인다.

풀이 스패너 작업시 주의사항
① 스패너는 몸 앞으로 당겨서 사용할 것
② 너트에 스패너를 깊이 물리고 조금씩 앞으로 당기는 식으로 풀고 조인다.
③ 스패너와 너트 사이에 절대 다른 물건을 끼우지 말 것
④ 스패너 손잡이에 파이프를 이어서 사용하거나 해머로 두들기지 말 것
⑤ 스패너의 입이 너트의 치수에 맞는 것을 사용해야 한다.
⑥ 스패너 사용시 항시 주위를 살펴보고 조심성 있게 쥘 것
⑦ 스패너가 너트에서 벗겨지더라도 넘어지지 않는 자세를 취할 것
⑧ 고정 조(jaw)에 힘이 많이 걸리도록 한다.

53 큰 구멍을 가공할 때 가장 먼저 하여야 할 작업은?

① 스핀들의 속도를 증가시킨다.
② 금속을 연하게 한다.
③ 강한 힘으로 작업한다.
④ 작은 치수의 구멍으로 먼저 작업한다.

풀이 드릴로 큰 구멍을 뚫을 때에는 먼저 작은 구멍을 뚫는다.

50.② 51.④ 52.③ 53.④

54. 연소의 3요소에 해당되지 않는 것은?

① 물
② 공기(산소)
③ 점화원
④ 가연물

풀이 소화(연소)의 3요소는 공기, 가연물, 점화원이다.

55. 드릴링 머신 작업을 할 때 주의사항으로 틀린 것은?

① 드릴의 날이 무디어 이상한 소리가 날 때는 회전을 멈추고 드릴을 교환하거나 연마한다.
② 공작물을 제거할 때는 회전을 완전히 멈추고 한다.
③ 가공 중에 드릴이 관통했는지를 손으로 확인한 후 기계를 멈춘다.
④ 드릴은 주축에 튼튼하게 장치하여 사용한다.

풀이 드릴 작업시 주의사항
① 드릴은 주축에 튼튼하게 장치하여 사용한다.
② 드릴을 끼운 뒤에는 척키를 반드시 빼놓을 것
③ 드릴의 날이 무디어 이상한 소리가 날 때는 회전을 멈추고 드릴을 교환하거나 연마한다.
④ 드릴을 회전시킨 후 테이블을 조정하지 말 것
⑤ 드릴 회전 중 칩을 손으로 털거나 불어내지 말 것
⑥ 가공물에 구멍을 뚫을 때 가공물을 바이스에 물리고 작업할 것
⑦ 공작물을 제거할 때는 회전을 완전히 멈추고 한다.

56. 자동차 타이어 공기압에 대한 설명으로 적합한 것은?

① 비오는날 빗길 주행시 공기압을 15% 정도 낮춘다.
② 좌, 우 바퀴의 공기압이 차이가 날 경우 제동력 편차가 발생할 수 있다.
③ 모래길 등 자동차 바퀴가 빠질 우려가 있을 때는 공기압을 15% 정도 높인다.
④ 공기압이 높으면 트레드 양단이 마모된다.

풀이 모래길 등 자동차 바퀴가 빠질 우려가 있는 경우에는 공기압을 낮추고, 빗길 주행시에는 배수를 위하여 공기압을 높여준다. 공기압이 높으면 트레드 중앙이 마모되며, 좌, 우 바퀴의 공기압이 차이가 날 경우 제동력 편차가 발생할 수 있다.

57. 자동차 소모품에 대한 설명이 잘못된 것은?

① 부동액은 차체의 도색 부분을 손상시킬 수 있다.
② 전해액은 차체를 부식시킨다.
③ 냉각수는 경수를 사용하는 것이 좋다.
④ 자동변속기 오일은 제작회사의 추천 오일을 사용한다.

풀이 ①, ②, ④항이 옳은 설명이고, 냉각수로 경수를 사용하면 기관 각부를 부식시키므로 증류수나 수돗물과 같은 연수를 사용한다.

54.① 55.③ 56.② 57.③

58 사이드슬립 시험기 사용시 주의할 사항 중 틀린 것은?

① 시험기의 운동부분은 항상 청결하여야 한다.
② 시험기의 답판 및 타이어에 부착된 수분, 기름, 흙 등을 제거한다.
③ 시험기에 대하여 직각방향으로 진입시킨다.
④ 답판 위에서 차속이 빠르면 브레이크를 사용하여 차속을 맞춘다.

풀이 사이드슬립 시험기 사용시 주의할 사항
① 시험기의 운동부분은 항상 청결하여야 한다.
② 시험기의 답판 및 타이어에 부착된 수분, 기름, 흙 등을 제거한다.
③ 시험기에 대하여 직각방향으로 진입시킨다.
④ 답판 위로 통과할 때는 핸들에서 손을 뗀 상태로 서서히 멈추지 않고 통과한다.

59 변속기를 탈착할 때 가장 안전하지 않은 작업 방법은?

① 자동차 밑에서 작업 시 보안경을 착용한다.
② 잭으로 올릴 때 물체를 흔들어 중심을 확인한다.
③ 잭으로 올린 후 스탠드로 고정한다.
④ 사용 목적에 적합한 공구를 사용한다.

풀이 변속기 탈착 작업시 주의사항
① 잭(jack)과 견고한 스탠드로 받치고 작업한다.
② 자동차 밑에서 작업 시 보안경을 착용한다.
③ 사용 목적에 적합한 공구를 사용한다.
※ 잭으로 올릴 때 물체를 흔들면 잭이 튕겨져 쓰러질 수 있으므로 흔들리지 않도록 한다.

60 축전지의 점검시 육안점검 사항이 아닌 것은?

① 케이스 외부 전해액 누출상태
② 전해액의 비중측정
③ 케이스의 균열점검
④ 단자의 부식상태

풀이 전해액의 비중 측정은 비중계로 한다.

58.④ 59.② 60.②

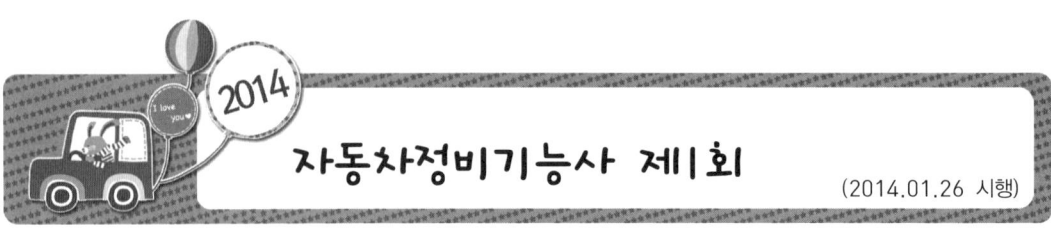

자동차정비기능사 제1회 (2014.01.26 시행)

01 LPG 기관에서 액체상태의 연료를 기체상태의 연료로 전환시키는 장치는?

① 베이퍼라이저
② 솔레노이드밸브 유닛
③ 봄베
④ 믹서

풀이 베이퍼라이저(vaporizer)는 액체를 기체로 변화시켜주는 장치로 감압, 기화 및 압력조절 작용을 한다.

02 기관의 압축압력 측정시험 방법에 대한 설명으로 틀린 것은?

① 기관을 정상 작동온도로 한다.
② 점화플러그를 전부 뺀다.
③ 엔진오일을 넣고도 측정한다.
④ 기관 회전을 1,000rpm으로 한다.

풀이 압축압력 측정 방법
① 기관을 정상 작동온도로 한다.
② 모든 점화플러그를 뺀다.
③ 압축압력 게이지를 측정할 실린더에 꼽고 기관을 크랭킹한다.
④ 엔진오일을 넣고 습식시험을 한다.

03 전자제어 분사장치의 제어계통에서 엔진 ECU로 입력하는 센서가 아닌 것은?

① 공기유량 센서 ② 대기압 센서
③ 휠스피드 센서 ④ 흡기온 센서

풀이 전자제어 기관의 입·출력 요소

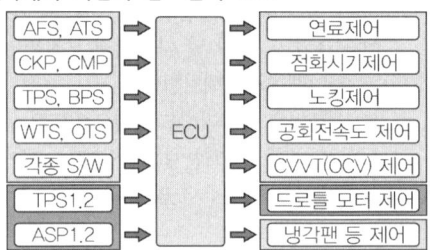

※ 휠 스피드 센서는 ABS ECU에 입력되는 센서이다.

04 전자제어 가솔린기관에서 흡기다기관의 압력과 인젝터에 공급되는 연료압력 편차를 일정하게 유지시키는 것은?

① 릴리프 밸브
② MAP 센서
③ 압력 조절기
④ 체크 밸브

풀이 연료압력 조절기는 흡기 매니홀드의 부압에 의해 작동되며, 흡기다기관 내의 압력변화에 대응하여 연료 분사량을 일정하게 유지하기 위해 인젝터에 걸리는 연료 압력을 일정하게(2.55kgf/cm²) 조절한다.

01.① 02.④ 03.③ 04.③

05 흡기다기관의 진공시험 결과 진공계의 바늘이 20~40cmHg 사이에서 정지되었다면 가장 올바른 분석은?

① 엔진이 정상일 때
② 피스톤링이 마멸되었을 때
③ 밸브가 소손 되었을 때
④ 밸브 타이밍이 맞지 않을 때

풀이 흡기다기관의 진공도 시험
① 정상 : 45~50cmHg 사이에서 조용히 흔들림
② 실린더 벽, 피스톤 링 마멸 : 정상보다 낮은 30~40cmHg 에서 흔들림
③ 밸브 타이밍이 맞지 않을 때 : 20~40cmHg 사이에서 조용히 흔들림
④ 밸브 밀착불량, 점화시기 틀림 : 정상보다 5~8cmHg 낮음
⑤ 배기장치 막힘 : 기관을 급가속 후 닫으면 0으로 하강 후 40~45cmHg 에서 흔들림

06 디젤 분사펌프시험기로 시험할 수 없는 것은?

① 연료 분사량 시험
② 조속기 작동시험
③ 분사시기의 조정시험
④ 디젤기관의 출력시험

풀이 디젤 분사펌프 시험기 시험항목
① 분사시기의 조정시험
② 연료 분사량 시험
③ 조속기 작동시험
④ 자동 타이머 조정
⑤ 연료 공급펌프 시험
* 분사펌프 시험기이므로 디젤기관의 출력시험은 할 수 없다.

07 전자제어 가솔린 차량에서 급감속 시 CO의 배출량을 감소시키고 시동 꺼짐을 방지하는 기능은?

① 퓨얼 커트(Fuel cut)
② 대시 포트(Dash pot)
③ 패스트 아이들(Fast idle) 제어
④ 킥 다운(Kick down)

풀이 대시포트는 급감속 시 스로틀 밸브를 천천히 닫아 CO의 배출량을 감소시키고, 시동 꺼짐을 방지하는 기능을 한다.

08 기관 연소실 설계 시 고려할 사항으로 틀린 것은?

① 화염전파에 요하는 시간을 가능한 한 짧게 한다.
② 가열되기 쉬운 돌출부를 두지 않는다.
③ 연소실의 표면적이 최대가 되게 한다.
④ 압축행정에서 혼합기에 와류를 일으키게 한다.

풀이 열손실을 줄이기 위해 연소실의 표면적은 가능한 한 작게 한다.

09 다음 중 흡입 공기량을 계량하는 센서는?

① 에어플로 센서
② 흡기온도 센서
③ 대기압 센서
④ 기관 회전속도 센서

풀이 에어플로 센서(AFS : Air Flow Sensor)는 에어클리너 내부에 설치되어 흡입 공기량을 측정한 후 ECU에 보낸다.

05.④ 06.④ 07.② 08.③ 09.①

10. 4행정 기관의 행정과 관계없는 것은?

① 흡입 행정
② 소기 행정
③ 배기 행정
④ 압축 행정

풀이 4행정 기관의 행정은 흡입, 압축, 폭발, 배기 이며, 소기행정은 2행정기관이다.

11. 사용 중인 라디에이터에 물을 넣으니 총 14L가 들어갔다. 이 라디에이터와 동일 제품의 신품 용량은 20L라고 하면, 이 라디에이터 코어 막힘은 몇 % 인가?

① 20%
② 25%
③ 30%
④ 35%

풀이 코어 막힘률
$$= \frac{신품용량 - 구품용량}{신품용량} \times 100(\%)$$
∴ 코어 막힘률 $= \frac{20-14}{20} \times 100 = 30(\%)$

12. 커넥팅로드의 길이가 150mm, 피스톤의 행정이 100mm라면 커넥팅로드 길이는 크랭크 회전반지름의 몇 배가 되는가?

① 1.5배
② 3배
③ 3.5배
④ 6배

풀이 피스톤 행정이 100mm 이면 크랭크축 회전반지름은 50mm이므로, 150÷50 = 3배이다.

13. 기관의 실린더(cylinder) 마멸량이란?

① 실린더 안지름의 최대 마멸량
② 실린더 안지름의 최대 마멸량과 최소 마멸량의 차이 값
③ 실린더 안지름의 최소 마멸량
④ 실린더 안지름의 최대 마멸량과 최소 마멸량의 평균 값

풀이 실린더 마멸량이란 실린더 안지름의 최대 마멸량과 실린더 규정값(최소 마멸량)과의 차이를 말한다.

14. 자동차 배출 가스의 구분에 속하지 않는 것은?

① 블로바이 가스
② 연료증발 가스
③ 배기 가스
④ 탄산 가스

풀이 배출가스 제어장치의 종류
① 블로바이가스 제어장치 : PCV 밸브, 브리더 호스
② 연료증발가스 제어장치 : 차콜 캐니스터, PCSV
③ 배기가스 제어장치 : 산소(O_2)센서, EGR 장치, 삼원촉매

15. 디젤기관의 분사노즐에 관한 설명으로 옳은 것은?

① 분사개시 압력이 낮으면 연소실 내에 카아본 퇴적이 생기기 쉽다.
② 직접 분사실식의 분사개시 압력은 일반적으로 100~200 kg_f/cm^2 이다.
③ 연료 공급펌프의 송유압력이 저하하면 연료 분사압력이 저하한다.
④ 분사개시 압력이 높으면 노즐의 후적이 생기기 쉽다.

10.② 11.③ 12.② 13.② 14.④ 15.①

분사개시 압력이 낮으면 연소실 내에 카아본 퇴적이 생기기 쉬우며, 직접 분사실식의 분사압력은 일반적으로 200~300kgf/cm²이다.

16. 스프링 정수가 2kgf/mm인 자동차 코일 스프링을 3cm 압축하려면 필요한 힘은?

① 6kgf
② 60kgf
③ 600kgf
④ 6,000kgf

스프링 상수$(k) = \dfrac{W(\text{kg}_f)}{l(\text{mm})}$

∴ W = k · l = 2 × 30 = 60kgf

17. 크랭크 핀 축받이 오일 간극이 커졌을 때 나타나는 현상으로 옳은 것은?

① 유압이 높아진다.
② 유압이 낮아진다.
③ 실린더 벽에 뿜어지는 오일이 부족해진다.
④ 연소실에 올라가는 오일의 양이 적어진다.

유압이 낮아지는 원인
① 유압조절밸브 스프링 장력 저하
② 베어링 마모로 오일간극이 커졌을 때
③ 오일의 희석 및 점도 저하
④ 오일 부족
⑤ 오일펌프 불량 및 유압회로의 누설

18. 윤활장치 내의 압력이 지나치게 올라가는 것을 방지하여 회로 내의 유압을 일정하게 유지하는 기능을 하는 것은?

① 오일 펌프
② 유압 조절기
③ 오일 여과기
④ 오일 냉각기

유압 조절기는 윤활회로 내의 압력이 과도하게 상승되는 것을 방지하여 유압을 일정하게 유지하는 기능을 한다.

19. 가솔린 옥탄가를 측정하기 위한 가변압축비 기관은?

① 카르노 기관
② CFR 기관
③ 린번 기관
④ 오토사이클 기관

가솔린 옥탄가를 측정하기 위한 가변압축비 기관을 CFR(Cooperative Fuel Research) 기관이라 한다.

20. 디젤기관에 사용되는 경유의 구비조건은?

① 점도가 낮을 것
② 세탄가가 낮을 것
③ 유황분이 많을 것
④ 착화성이 좋을 것

경유의 구비조건
① 착화성이 좋을 것
② 세탄가가 높을 것
③ 유황분이 적을 것
④ 점도가 적당할 것

16.② 17.② 18.② 19.② 20.④

21 부특성 서미스터(Thermister)에 해당되는 것으로 나열된 것은?

① 냉각수온 센서, 흡기온 센서
② 냉각수온 센서, 산소 센서
③ 산소 센서, 스로틀 포지션 센서
④ 스로틀 포지션 센서, 크랭크 앵글 센서

풀이 부특성 서미스터 : 냉각수온 센서, 흡기온 센서, 오일온도 센서 등에 사용

22 배기가스 중의 일부를 흡기다기관으로 재순환시킴으로서 연소온도를 낮춰 NOx의 배출량을 감소시키는 것은?

① EGR 장치　　② 캐니스터
③ 촉매 컨버터　　④ 과급기

풀이 배기가스 재순환(Exhaust Gas Recirculation) 장치란 EGR 밸브를 이용하여 배기가스의 일부를 흡기계인 연소실로 재순환시켜 연소실의 최고온도를 낮추어 질소산화물(NOx)의 발생을 감소시키는 방법이다.

23 4행정 기관의 밸브 개폐시기가 다음과 같다. 흡기행정기관과 밸브오버랩은 각각 몇 도인가? (단, 흡기밸브 열림 : 상사점 전 18°, 흡기밸브 닫힘 : 하사점 후 48°, 배기밸브 열림 : 하사점 전 48°, 배기밸브 닫힘 : 상사점 후 13°)

① 흡기행정기간 : 246°, 밸브오버랩 : 18°
② 흡기행정기간 : 241°, 밸브오버랩 : 18°
③ 흡기행정기간 : 180°, 밸브오버랩 : 31°
④ 흡기행정기간 : 246°, 밸브오버랩 : 31°

풀이 밸브 개폐시기 기간
흡기행정 기간 = 흡기밸브 열림각도 + 흡기 밸브 닫힘각도 + 180
= 18° + 48° + 180° = 246°
밸브오버랩 = 흡기밸브 열림각도 + 배기밸브 닫힘각도
= 18° + 13° = 31°

24 공기 브레이크의 구성 부품이 아닌 것은?

① 공기 압축기
② 브레이크 챔버
③ 브레이크 휠 실린더
④ 퀵 릴리스 밸브

풀이 공기 브레이크에는 휠 실린더가 없다.

25 자동변속기 오일펌프에서 발생한 라인압력을 일정하게 조정하는 밸브는?

① 체크 밸브
② 거버너 밸브
③ 매뉴얼 밸브
④ 레귤레이터 밸브

풀이 레귤레이터(regulator) 밸브는 오일펌프에서 발생한 라인압력을 일정하게 조절하는 역할을 한다.

26 유압식 동력 조향장치의 구성요소로 틀린 것은?

① 브레이크 스위치
② 오일펌프
③ 스티어링 기어박스
④ 압력 스위치

21.① 22.① 23.④ 24.③ 25.④ 26.①

🔑 브레이크 스위치는 동력 조향장치와는 관련이 없다.

27 브레이크 장치의 유압회로에서 발생하는 베이퍼 록의 원인이 아닌 것은?

① 긴 내리막길에서 과도한 브레이크 사용
② 비점이 높은 브레이크액을 사용했을 때
③ 드럼과 라이닝의 끌림에 의한 과열
④ 브레이크슈 리턴스프링의 쇠손에 의한 잔압 저하

🔑 베이퍼록의 원인
① 긴 내리막길에서 빈번한 브레이크의 사용
② 드럼과 라이닝의 끌림에 의한 과열
③ 브레이크 슈 리턴 스프링의 쇠손에 의한 잔압 저하
④ 브레이크 슈 라이닝 간극이 너무 적을 때
⑤ 오일이 변질되어 비등점이 낮아졌을 때
⑥ 불량 오일을 사용하거나 다른 오일을 혼용하였을 때

28 전자제어 동력 조향장치와 관계가 없는 센서는?

① 일사 센서
② 차속 센서
③ 스로틀 포지션 센서
④ 조향각 센서

🔑 동력 조향장치의 입력 센서
① 차속센서 : 차량속도를 검출하여 ECU로 입력
② 스로틀 포지션 센서 : 가속페달의 밟는 량을 검출
③ 조향각 센서 : 조향 속도를 측정하여 파워 스티어링의 catch up 현상을 보상

29 전자제어 자동변속기에서 변속단 결정에 가장 중요한 역할을 하는 센서는?

① 스로틀 포지션 센서
② 공기유량 센서
③ 레인 센서
④ 산소 센서

🔑 자동변속기의 변속은 스로틀 포지션 센서의 열림량과 차속에 의해서 결정된다.

30 구동바퀴가 자동차를 미는 힘을 구동력이라 하며 이 때 구동력의 단위는?

① kg_f ② $kg_f \cdot m$
③ ps   ④ $kg_f \cdot m/s$

🔑 kg_f : 힘(구동력)의 단위
$kg_f \cdot m$: 일의 단위
ps, $kg_f \cdot m/s$: 일률(마력)의 단위

31 브레이크슈의 리턴스프링에 관한 설명으로 거리가 먼 것은?

① 리턴스프링이 약하면 휠 실린더 내의 잔압이 높아진다.
② 리턴스프링이 약하면 드럼을 과열시키는 원인이 될 수도 있다.
③ 리턴스프링이 강하면 드럼과 라이닝의 접촉이 신속히 해제된다.
④ 리턴스프링이 약하면 브레이크슈의 마멸이 촉진될 수 있다.

🔑 브레이크슈의 리턴스프링이 약하면 휠 실린더 내의 잔압이 낮아진다.

27.②   28.①   29.①   30.①   31.①

32. 자동차 현가장치에 사용하는 토션 바 스프링에 대하여 틀린 것은?

① 단위 무게에 대한 에너지 흡수율이 다른 스프링에 비해 크며 가볍고 구조도 간단하다.
② 스프링의 힘은 바의 길이 및 단면적에 반비례 한다.
③ 구조가 간단하고 가로 또는 세로로 자유로이 설치할 수 있다.
④ 진동의 감쇠작용이 없어 쇽업소버를 병용하여야 한다.

풀이 토션바 스프링은 바의 단면적에 비례하고, 길이에 반비례한다.

33. 전자제어 현가장치에서 입력 신호가 아닌 것은?

① 스로틀 포지션 센서
② 브레이크 스위치
③ 감쇠력 모드 전환 스위치
④ 대기압 센서

풀이 ECS 입·출력 요소

34. 앞바퀴를 위에서 아래로 보았을 때 앞쪽이 뒤쪽보다 좁게 되어져 있는 상태를 무엇이라 하는가?

① 킹핀(king-pin) 경사각
② 캠버(camber)
③ 토인(toe in)
④ 캐스터(caster)

풀이 토인(toe in)이란 앞바퀴를 위에서 아래로 보았을 때 앞쪽이 뒤쪽보다 좁게 되어져 있는 상태를 말한다.

35. 동력전달장치에서 추진축이 진동하는 원인으로 가장 거리가 먼 것은?

① 요크 방향이 다르다.
② 밸런스 웨이트가 떨어졌다.
③ 중간 베어링이 마모되었다.
④ 플랜지부를 너무 조였다.

풀이 추진축이 진동하는 원인
① 추진축의 질량 평형이 맞지 않는다.(밸런스 웨이트가 떨어졌다.)
② 요크 방향이 다르다.
③ 십자축 베어링과 센터 베어링이 마모되었다.

36. 기관 최고출력이 70PS인 자동차가 직진하고 있을 때 변속기 출력축의 회전수가 4,800rpm, 종감속비가 2.4이면 뒤 액슬축의 회전속도는?

① 1,000rpm   ② 2,000rpm
③ 2,500rpm   ④ 3,000rpm

32.② 33.④ 34.③ 35.④ 36.②

풀이 액슬축(후차축) 회전수 = $\dfrac{\text{출력축 회전수}}{\text{종감속비}}$

∴ 액슬축 회전수 = $\dfrac{4,800}{2.4}$ = 2,000rpm

37 전자제어식 동력조향장치(EPS)의 관련된 설명으로 틀린 것은?

① 저속 주행에서는 조향력을 가볍게, 고속주행에서는 무겁게 되도록 한다.
② 저속 주행에서는 조향력을 무겁게, 고속주행에서는 가볍게 되도록 한다.
③ 제어방식에서 차속감응과 엔진회전수 감응방식이 있다.
④ 급조향시 조향 방향으로 잡아당기는 현상을 방지하는 효과가 있다.

풀이 전자식 동력 조향장치는 차속에 따라 저속 주행에서는 조향력을 가볍게 하고, 고속에서는 적절히 무겁게 하여 조향 안정성을 꾀한다.

38 변속기의 1단 감속비가 4 : 1이고, 종감속기어의 감속비는 5 : 1일 때 총 감속비는?

① 0.8 : 1 ② 1.25 : 1
③ 20 : 1 ④ 30 : 1

풀이 총 감속비 = 변속비 × 종감속비
∴ 총 감속비 = 4 × 5 = 20

39 전자제어 제동장치(ABS)에서 ECU로부터 신호를 받아 각 휠 실린더의 유압을 조절하는 구성품은?

① 유압 모듈레이터 ② 휠 스피드 센서
③ 프로포셔닝 밸브 ④ 앤티 롤 장치

풀이 유압 모듈레이터는 전자제어 제동장치에서 ECU로부터 신호를 받아 각 휠 실린더의 유압을 조절한다.

40 클러치 페달을 밟을 때 무겁고, 자유간극이 없다면 나타나는 현상으로 거리가 먼 것은?

① 연료 소비량이 증대된다.
② 기관이 과냉된다.
③ 주행 중 페달을 밟아도 차가 가속되지 않는다.
④ 등판 성능이 저하된다.

풀이 클러치 페달을 밟을 때 무겁고, 자유간극이 없다면 클러치 디스크가 마모되어 나타나는 현상으로 주행 중 차가 가속되지 않고 등판성능이 저하하며 연료 소비량이 증대된다.

41 발광다이오드의 특징을 설명한 것이 아닌 것은?

① 배전기의 크랭크 각 센서 등에서 사용된다.
② 발광할 때는 10mA 정도의 전류가 필요하다.
③ 가시광선으로부터 적외선까지 다양한 빛이 발생한다.
④ 역방향으로 전류를 흐르게 하면 빛이 발생된다.

풀이 **발광다이오드의 특징**
① 순방향으로 전류가 흐르면 빛이 발생한다.
② 가시광선으로부터 적외선까지 다양한 빛이 발생한다.
③ 발광할 때는 10mA 정도의 전류가 필요하다.
④ 파일럿 램프, 배전기의 크랭크 각 센서 등에서 사용된다.

37.② 38.③ 39.① 40.② 41.④

42 HEI 코일(폐자로형 코일)에 대한 설명 중 틀린 것은?

① 유도작용에 의해 생성되는 자속이 외부로 방출되지 않는다.
② 1차 코일을 굵게 하면 큰 전류가 통과할 수 있다.
③ 1차 코일과 2차 코일은 연결되어 있다.
④ 코일 방열을 위해 내부에 절연유가 들어있다.

🔷 풀이 폐자로형 점화코일은 코일 내부를 수지로 몰드시킨 몰드형 점화코일로, 자속이 철심 내부에서 형성되므로 자력손실이 적어 발생전압이 높으며 소형화가 가능하다.

43 커먼레일 디젤엔진 차량의 계기판에서 경고등 및 지시등의 종류가 아닌 것은?

① 예열플러그 작동지시등
② DPF 경고등
③ 연료수분 감지 경고등
④ 연료 차단 지시등

🔷 풀이 커먼레일 디젤엔진 경고등 및 지시등
① 예열플러그 작동지시등 : 예열플러그 작동시간 동안 점등
② DPF 경고등 : 매연입자가 일정량 이상 모이면 점등
③ 연료수분 감지 경고등 : 연료필터에 수분이 규정 이상 있을 때 점등

44 오버런닝클러치 형식의 기동 전동기에서 기관이 시동 된 후에도 계속해서 키 스위치를 작동시키면?

① 기동 전동기의 전기자가 타기 시작하여 소손된다.
② 기동 전동기의 전기자는 무부하 상태로 공회전한다.
③ 기동 전동기의 전기자가 정지된다.
④ 기동 전동기의 전기자가 기관회전보다 고속 회전한다.

🔷 풀이 기동 전동기의 피니언 기어만 기관에 의해 회전하고, 전기자는 오버런닝 클러치에 의해 무부하 상태로 공회전한다.

45 에어컨 냉매 R-134a의 특징을 잘못 설명한 것은?

① 액화 및 증발이 되지 않아 오존층이 보호된다.
② 무미, 무취하다.
③ 화학적으로 안정되고 내열성이 좋다.
④ 온난화지수가 냉매 R-12 보다 낮다.

🔷 풀이 에어컨 냉매는 압축, 응축, 팽창, 증발의 과정으로 열교환을 하는 에어컨 가스이다.

46 자동차에서 배터리의 역할이 아닌 것은?

① 기동장치의 전기적 부하를 담당한다.
② 캐니스터를 작동시키는 전원을 공급한다.
③ 컴퓨터(ECU)를 작동시킬 수 있는 전원을 공급한다.
④ 주행상태에 따른 발전기의 출력과 부하와의 불균형을 조정한다.

🔷 풀이 **배터리의 역할**
① 시동시 전기부하를 담당한다.
② 주행 상태에 따른 발전기의 출력과 전기적 부하와의 불균형을 조정한다.

42.④ 43.④ 44.② 45.① 46.②

③ 발전기 고장시 주행을 확보하기 위한 전원으로 작동한다.

47 발전기의 기전력 발생에 관한 설명으로 틀린 것은?

① 로터의 회전이 빠르면 기전력은 커진다.
② 로터코일을 통해 흐르는 여자 전류가 크면 기전력은 커진다.
③ 코일의 권수와 도선의 길이가 길면 기전력은 커진다.
④ 자극의 수가 많아지면 여자되는 시간이 짧아져 기전력이 작아진다.

 기전력을 크게 발생하는 방법
① 로터의 회전을 빠르게 한다.
② 자극수를 많게 한다.
③ 코일의 권수와 도선의 길이를 길게 한다.
④ 여자전류를 크게 한다.

48 계기판의 주차 브레이크등이 점등되는 조건이 아닌 것은?

① 주차브레이크가 당겨져 있을 때
② 브레이크액이 부족할 때
③ 브레이크 페이드 현상이 발생했을 때
④ EBD 시스템에 결함이 발생했을 때

 주차 브레이크등 점등 조건
① 주차브레이크가 당겨져 있을 때
② 브레이크액이 부족할 때
③ EBD 시스템에 결함이 발생했을 때
* 브레이크 페이드 현상이란 미끄럼에 의한 마찰력 저하 현상으로 브레이크 등이 점등되지 않는다.

49 자동차용 축전지의 비중이 30°C에서 1.276이었다. 기준 온도 20°C에서의 비중은?

① 1.269 ② 1.275
③ 1.283 ④ 1.290

$$S_{20} = S_t + 0.0007(t-20)$$

여기서, S_t : 측정온도에서의 비중
t : 측정시 온도

∴ $S_{20} = 1.276 + 0.0007(30 - 20)$
  $= 1.283$

50 쿨롱의 법칙에서 자극의 강도에 대한 내용으로 틀린 것은?

① 자석의 양 끝을 자극이라 한다.
② 두 자극 세기의 곱에 비례한다.
③ 자극의 세기는 자기량의 크기에 따라 다르다.
④ 거리에 반비례한다.

 쿨롱의 법칙 $F = k\dfrac{q_1 \times q_2}{r^2}$

즉, 두 대전체에 작용하는 힘(인력)은 전하량의 곱에 비례하고, 거리의 제곱에 반비례한다.

51 작업 현장의 안전표시 색채에서 재해나 상해가 발생하는 장소의 위험 표시로 사용되는 색채는?

① 녹색 ② 파랑색
③ 주황색 ④ 보라색

 작업 현장에서 재해나 상해가 발생하는 장소의 위험 표시 색채는 주황색이다.

 47.④ 48.③ 49.③ 50.④ 51.③

52 산업재해 예방을 위한 안전시설 점검의 가장 큰 이유는?

① 위해요소를 사전점검하여 조치한다.
② 시설장비의 가동상태를 점검한다.
③ 공장의 시설 및 설비 레이아웃을 점검한다.
④ 작업자의 안전교육 여부를 점검한다.

풀이 안전시설을 점검하는 이유는 위해요소를 사전에 점검, 조치하여 산업재해를 예방하기 위한 것이다.

53 임팩트 렌치의 사용 시 안전 수칙으로 거리가 먼 것은?

① 렌치 사용시 헐거운 옷은 착용하지 않는다.
② 위험 요소를 항상 점검한다.
③ 에어 호스를 몸에 감고 작업을 한다.
④ 가급적 회전 부에 떨어져서 작업을 한다.

풀이 임팩트 렌치 사용시 에어 호스는 가능한한 짧게 하고, 몸에 감고 작업해서는 안된다.

54 조정렌치의 사용방법이 틀린 것은?

① 조정너트를 돌려 조(jaw)가 볼트에 꼭 끼게 한다.
② 고정 조에 힘이 가해지도록 사용해야 한다.
③ 큰 볼트를 풀 때는 렌치 끝에 파이프를 끼워서 세게 돌린다.
④ 볼트 너트의 크기에 따라 조의 크기를 조절하여 사용한다.

풀이 조정렌치 작업시 주의사항
① 조정너트를 돌려 조(jaw)가 볼트에 꼭 끼게 한다.
② 볼트 너트의 크기에 따라 조의 크기를 조절하여 사용한다.
③ 고정 조에 힘이 가해지도록 사용해야 한다.
④ 렌치는 몸 앞으로 당겨서 사용할 것
⑤ 렌치에 파이프 등의 연장대를 끼우고 사용해서는 안된다.
⑥ 렌치를 해머 대용으로 사용해서는 안된다.

55 일반적인 기계 동력 전달 장치에서 안전상 주의사항으로 틀린 것은?

① 기어가 회전하고 있는 곳은 뚜껑으로 잘 덮어 위험을 방지한다.
② 천천히 움직이는 벨트라도 손으로 잡지 않는다.
③ 회전하고 있는 벨트나 기어에 필요 없는 접근을 금한다.
④ 동력전달을 빨리하기 위해 벨트를 회전하는 풀리에 손으로 걸어도 좋다.

풀이 풀리에 벨트는 걸때는 기관을 정지시키고 한다.

56 전자제어 가솔린 기관의 실린더 헤드볼트를 규정대로 조이지 않았을 때 발생하는 현상으로 틀린 것은?

① 냉각수의 누출
② 스로틀 밸브의 고착
③ 실린더 헤드의 변형
④ 압축가스의 누설

풀이 헤드볼트를 규정대로 조이지 않았을 때 발생하는 현상
① 압축가스의 누설
② 냉각수의 누출

52.① 53.③ 54.③ 55.④ 56.②

③ 실린더 헤드의 변형
④ 헤드 가스켓의 파손

57 ECS(전자제어 현가장치) 정비 작업시 안전작업 방법으로 틀린 것은?

① 차고조정은 공회전 상태로 평탄하고 수평인 곳에서 한다.
② 배터리 접지단자를 분리하고 작업한다.
③ 부품의 교환은 시동이 켜진 상태에서 작업한다.
④ 공기는 드라이어에서 나온 공기를 사용한다.

풀이 부품의 교환은 시동을 정지시킨 상태에서 작업한다.

58 회로 시험기로 전기회로의 측정 점검시 주의사항으로 틀린 것은?

① 테스트 리드의 적색은 + 단자에, 흑색은 − 단자에 연결한다.
② 전류 측정시는 테스터를 병렬로 연결하여야 한다.
③ 각 측정 범위의 변경은 큰 쪽에서 작은 쪽으로 한다.
④ 저항 측정시엔 회로전원을 끄고 단품은 탈거한 후 측정한다.

풀이 전류 측정시는 테스터를 직렬로 연결하여야 한다.

59 타이어 압력 모니터링 장치(TPMS)의 점검, 정비 시 잘못된 것은?

① 타이어 압력센서는 공기 주입 밸브와 일체로 되어 있다.
② 타이어 압력센서 장착용 휠은 일반 휠과 다르다.
③ 타이어 분리시 타이어 압력센서가 파손되지 않게 한다.
④ 타이어 압력센서용 배터리 수명은 영구적이다.

풀이 타이어 압력센서용 배터리 보증수명은 대략 10년 정도이다.

60 자동차 정비 작업시 작업복 상태로 적합한 것은?

① 가급적 주머니가 많이 붙어 있는 것이 좋다.
② 가급적 소매가 넓어 편한 것이 좋다.
③ 가급적 소매가 없거나 짧은 것이 좋다.
④ 가급적 폭이 넓지 않은 긴바지가 좋다.

풀이 작업복은 가급적 폭이 넓지 않은 긴바지가 좋다.

ANSWER 57.③ 58.② 59.④ 60.④

자동차정비기능사 제2회 (2014.04.06 시행)

01 실린더 내경이 50mm, 행정이 100mm인 4실린더 기관의 압축비가 11일 때 연소실 체적은?

① 약 40.1cc ② 약 30.1cc
③ 약 15.6cc ④ 약 19.6cc

행정체적(배기량) $V = \dfrac{\pi}{4} \cdot D^2 \cdot L$

여기서, D : 내경(cm), L : 행정(cm)

∴ 배기량 $V = \dfrac{3.14}{4} \times 5^2 \times 10 = 196.25\text{cc}$

압축비 $= 1 + \dfrac{\text{행정 체적(배기량)}}{\text{연소실 체적}}$ 이므로

∴ 연소실 체적 $= \dfrac{\text{행정 체적(배기량)}}{\text{압축비} - 1}$

$= \dfrac{196.25}{11 - 1} = 19.6\text{cc}$

02 4행정 6기통 기관에서 폭발순서가 1-5-3-6-2-4인 엔진의 2번 실린더가 흡기행정 중간이라면 5번 실린더는?

① 폭발행정 중
② 배기행정 초
③ 흡기행정 중
④ 압축행정 말

1번과 6번, 2번과 5번, 3번과 4번 크랭크 핀은 같이 움직이므로, 2번이 내려가는 흡기행정 중간이라면 5번은 당연히 같이 내려가는 폭발행정 중간을 하고 있다.

03 공회전 속도조절 장치라 할 수 없는 것은?

① 전자 스로틀 시스템
② 아이들 스피드 액추에이터
③ 스텝 모터
④ 가변 흡기제어 장치

가변 흡기제어 장치(VIS : Variable Intake System)란 엔진 회전수와 부하에 따라 흡다기관의 길이를 변화시켜 전 운전 영역에서 엔진 성능을 향상시키는 시스템이다.

04 석유를 사용하는 자동차의 대체에너지에 해당 되지 않는 것은?

① 알콜   ② 전기
③ 중유   ④ 수소

화석연료의 고갈로 자동차에 사용될 대체에너지로는 태양열, 풍력, 바이오 에너지, 수소 및 연료전지 등이 있다.

05 직접고압 분사방식(CRDi) 디젤엔진에서 예비분사를 실시하지 않는 경우로 틀린 것은?

① 엔진 회전수가 고속인 경우
② 분사량의 보정제어 중인 경우
③ 연료 압력이 너무 낮은 경우
④ 예비 분사가 주 분사를 너무 앞지르는 경우

01.④ 02.① 03.④ 04.③ 05.②

풀이 **파일럿(예비) 분사가 중단될 수 있는 조건**
① 파일럿 분사가 주분사를 너무 앞지르는 경우
② 엔진회전수 3,200rpm 이상인 경우
③ 분사량이 너무 작은 경우
④ 주 분사 연료량이 불충분한 경우
⑤ 연료압이 최소값(100bar) 이하인 경우
⑥ 엔진 가동 중단에 오류가 발생한 경우

06 가솔린 기관에서 완전연소 시 배출되는 연소가스 중 체적 비율로 가장 많은 가스는?

① 산소
② 이산화탄소
③ 탄화수소
④ 질소

풀이 공기 중 질소가 70% 이므로, 배출되는 연소가스 중 질소의 체적비율이 가장 많다.

07 디젤기관에서 과급기의 사용 목적으로 틀린 것은?

① 엔진의 출력이 증대된다.
② 체적효율이 작아진다.
③ 평균유효압력이 향상된다.
④ 회전력이 증가한다.

풀이 **과급기 사용의 장점**
① 체적효율이 좋아진다.
② 평균유효압력이 향상된다.
③ 회전력이 증가한다.
④ 엔진의 출력이 증대된다.
⑤ 연료소비율이 향상된다.
⑥ 잔류 배출가스를 완전히 배출시킬 수 있다.

08 자동차 기관의 크랭크축 베어링에 대한 구비조건으로 틀린 것은?

① 하중 부담 능력이 있을 것
② 매입성이 있을 것
③ 내식성이 있을 것
④ 내 피로성이 작을 것

풀이 **크랭크축 베어링의 구비조건**
① 하중 부담 능력이 있을 것
② 매입성이 있을 것
③ 내식성이 있을 것
④ 내 피로성이 클 것
⑤ 강도가 크고, 마찰저항이 작을 것

09 배기가스 재순환장치는 주로 어떤 물질의 생성을 억제하기 위한 것인가?

① 탄소
② 이산화탄소
③ 일산화탄소
④ 질소산화물

풀이 배기가스 재순환장치는 EGR 밸브를 이용하여 연소실의 최고온도를 낮추어 질소산화물(NO_x)의 발생을 감소시킨다.

10 LPG 기관에서 액체를 기체로 변화시키는 것을 주 목적으로 설치된 것은?

① 솔레노이드 스위치
② 베이퍼라이저
③ 봄베
④ 기상 솔레노이드 밸브

풀이 베이퍼라이저(vaporizer)는 액체를 기체로 변화시켜 주는 장치로 감압, 기화 및 압력조절 작용을 한다.

06.④ 07.② 08.④ 09.④ 10.②

11 실린더 내경 75mm, 행정 75mm, 압축비가 8 : 1인 4실린더 기관의 총 연소실 체적은?

① 약 239.3cc ② 약 159.3cc
③ 약 189.3cc ④ 약 318.3cc

풀이 압축비 $= 1 + \dfrac{\text{행정 체적(배기량)}}{\text{연소실 체적}}$

∴ 연소실 체적 $= \dfrac{\text{행정 체적(배기량)}}{\text{압축비} - 1}$

$= \dfrac{0.785 \times 7.5^2 \times 7.5}{8 - 1}$

$= 47.31\text{cc}$

4실린더이므로 $47.31 \times 4 = 189.24\text{cc}$
∴ 약 189.3cc

12 자동차 기관의 기본 사이클이 아닌 것은?

① 역 브레이튼 사이클
② 정적 사이클
③ 정압 사이클
④ 복합 사이클

풀이 자동차 기관의 기본 사이클
① 오토 사이클 : 정적 사이클 - 가솔린 기관
② 디젤 사이클 : 정압 사이클 - 저속 디젤기관
③ 사바테 사이클 : 복합(합성) 사이클 - 고속 디젤기관

13 밸브 스프링의 서징현상에 대한 설명으로 옳은 것은?

① 밸브가 열릴 때 천천히 열리는 현상
② 흡·배기 밸브가 동시에 열리는 현상
③ 밸브가 고속 회전에서 저속으로 변화할 때 스프링의 장력의 차가 생기는 현상
④ 밸브스프링의 고유 진동수와 캠 회전수가 공명에 의해 밸브스프링이 공진하는 현상

풀이 밸브 스프링의 서징(surging)현상이란 밸브스프링의 고유 진동수와 캠 회전수가 공명에 의해 고속시 밸브스프링이 공진하는 현상으로, 서징현상 방지법으로는 스프링 정수를 크게 하거나, 2중 스프링, 부등피치 스프링, 원뿔형 스프링 등을 사용한다.

14 기관이 과열하는 원인으로 틀린 것은?

① 냉각팬의 파손
② 냉각수 흐름 저항 감소
③ 라디에이터의 코어 파손
④ 냉각수 이물질 혼입

풀이 ①, ③, ④는 기관이 과열하는 원인이고, 냉각수 흐름 저항 감소는 냉각수가 잘 순환한다는 의미로 좋은 현상이다.

15 자동차의 안전기준에서 제동등이 다른 등화와 겸용하는 경우 제동조작 시 그 광도가 몇 배 이상 증가하여야 하는가?

① 2배 ② 3배
③ 4배 ④ 5배

풀이 제동등은 다른 등화와 겸용할 경우 그 광도가 3배 이상 증가할 것

16 열선식 흡입공기량 센서에서 흡입공기량이 많아질 경우 변화하는 물리량은?

① 열량 ② 시간
③ 전류 ④ 주파수

풀이 공기 통로에 설치된 발열체인 열선이 공기에 의해 냉각되면 전류량을 증가시켜 규정 온도가 되도록 상승시켜 흡입 공기량을 측정한다.

11.③ 12.① 13.④ 14.② 15.② 16.③

17 승용차에서 전자제어식 가솔린 분사기관을 채택하는 이유로 거리가 먼 것은?

① 고속 회전수 향상
② 유해 배출가스 저감
③ 연료소비율 개선
④ 신속한 응답성

 전자제어 연료분사 기관의 장점
① 유해 배기가스의 저감
② 연료소비율 향상
③ 출력 향상
④ 월 웨팅 (wall wetting)에 따른 저온 시동성 향상
⑤ 응답성 향상
⑥ 벤투리가 없어 공기 흐름저항이 적다.

18 기관의 총배기량을 구하는 식은?

① 총배기량= 피스톤 단면적×행정
② 총배기량= 피스톤 단면적×행정× 실린더 수
③ 총배기량= 피스톤 길이×행정
④ 총배기량= 피스톤 길이×행정× 실린더 수

총배기량 $V = \dfrac{\pi}{4} \cdot D^2 \cdot L \cdot Z$

여기서, D : 내경(cm)
L : 행정(cm)
Z : 실린더 수

19 기관의 윤활유 점도지수(viscosity index) 또는 점도에 대한 설명으로 틀린 것은?

① 온도변화에 의한 점도변화가 적을 경우 점도지수가 높다.
② 추운 지방에서는 점도가 큰 것 일수록 좋다.
③ 점도지수는 온도변화에 대한 점도의 변화 정도를 표시한 것이다.
④ 점도란 윤활유의 끈적끈적한 정도를 나타내는 척도이다.

①, ③, ④항이 점도지수에 대한 옳은 설명이고, 추운 지방에서는 점도가 낮은 것을 사용하는 것이 좋다.

20 그림과 같은 커먼레일 인젝터 파형에서 주분사 구간을 가장 알맞게 표시한 것은?

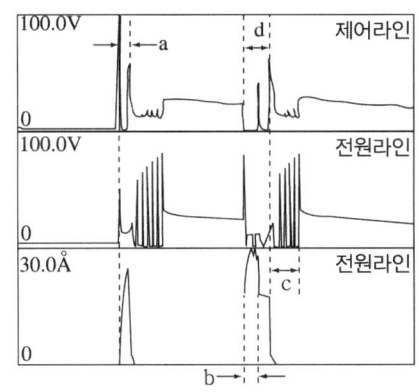

① a
② b
③ c
④ d

인젝터 파형 설명
a : 예비(파일럿) 분사 구간(전압)
b : 주분사 풀인전류 구간
c : 진동 감쇠구간
d : 주분사 전 구간(전압)

17.① 18.② 19.② 20.④

21 산소센서에 대한 설명으로 옳은 것은?

① 농후한 혼합기가 연소된 경우 센서 내부에서 외부쪽으로 산소 이온이 이동한다.
② 산소센서의 내부에는 배기가스와 같은 성분의 가스가 봉입되어져 있다.
③ 촉매 전·후의 산소센서는 서로 같은 기전력을 발생하는 것이 정상이다.
④ 광역 산소센서에서 히팅 코일 접지와 신호 접지 라인은 항상 0V이다.

 산소센서 내부에는 가스가 봉입되어 있지 않으며, 촉매 전후의 기전력이 같으면 촉매가 고장난 것이다. 히팅코일은 ECU가 듀티제어하므로 항상 0V가 아니다.

22 4행정 디젤기관에서 실린더 내경 100mm, 행정 127mm, 회전수 1,200rpm, 도시평균 유효압력 7kgf/cm², 실린더 수가 6 이라면 도시마력(PS)은?

① 약 49   ② 약 56
③ 약 80   ④ 약 112

풀이

$$\text{지시마력} = \frac{PALZN}{75 \times 60} = \frac{PVZN}{75 \times 60 \times 100}$$

여기서, P : 지시평균 유효압력(kgf/cm²)
A : 실린더 단면적(cm²)
L : 행정(m)
V : 배기량(cm³)
Z : 실린더 수
N : 엔진회전수(rpm)
(2행정기관 : N, 4행정기관 : $N/2$)

∴ 지시마력
$$= \frac{7 \times 0.785 \times 10^2 \times 0.127 \times 6 \times 1,200}{75 \times 60 \times 2}$$
$= 55.8\text{PS}$

23 기관에서 블로바이 가스의 주성분은?

① N_2 ② HC
③ CO   ④ NO_x

풀이 블로바이 가스 환원장치는 피스톤과 실린더 사이에서 누출된 미연소 가스인 탄화수소(HC)의 배출을 줄이기 위한 장치이다.

24 주행저항 중 자동차의 중량과 관계없는 것은?

① 구름저항   ② 구배저항
③ 가속저항   ④ 공기저항

풀이 공기저항은 자동차의 전면 투영면적과 관계가 있고, 중량과는 관계가 없다.

25 유압식 동력조향장치에서 안전밸브(safety check valve)의 기능은?

① 조향 조작력을 가볍게 하기 위한 것이다.
② 코너링 포스를 유지하기 위한 것이다.
③ 유압이 발생하지 않을 때 수동조작으로 대처할 수 있도록 하는 것이다.
④ 조향 조작력을 무겁게 하기 위한 것이다.

풀이 안전 첵 밸브는 엔진의 정지, 오일펌프의 고장 등으로 유압이 발생하지 않을 때 수동으로 작동이 가능하게 해준다.

26 수동변속기 차량에서 클러치의 필요조건으로 틀린 것은?

① 회전관성이 커야 한다.
② 내열성이 좋아야 한다.
③ 방열이 잘되어 과열되지 않아야 한다.
④ 회전부분의 평형이 좋아야 한다.

21.① 22.② 23.② 24.④ 25.③ 26.①

풀이 클러치 구비조건
① 동력전달이 확실하고 신속할 것
② 방열이 잘 되어 과열되지 않을 것
③ 회전부분의 평형이 좋을 것
④ 내열성이 좋을 것
⑤ 회전관성이 작을 것

27 조향장치에서 차륜 정렬의 목적으로 틀린 것은?

① 조향 휠의 조작안정성을 준다.
② 조향 휠의 주행안정성을 준다.
③ 타이어의 수명을 연장시켜 준다.
④ 조향 휠의 복원성을 경감시킨다.

풀이 앞바퀴 정렬(wheel alignment)의 역할
① 조향 핸들의 조작력을 가볍게 한다.
② 조향 조작이 확실하고 주행안정성을 준다.
③ 조향 핸들에 복원성을 준다.
④ 타이어의 마모를 최소화 한다.

28 자동변속기에서 차속센서와 함께 연산하여 변속시기를 결정하는 주요 입력신호는?

① 캠축 포지션 센서
② 스로틀 포지션 센서
③ 유온 센서
④ 수온 센서

풀이 자동변속기의 변속은 운전자의 의지(변속레버 위치), 엔진부하(스로틀 개도), 자동차 속도에 의해 이루어진다.

29 종감속 기어의 감속비가 5:1일 때 링기어가 2회전하려면 구동피니언은 몇 회전하는가?

① 12 회전　② 10 회전
③ 5 회전　④ 1 회전

풀이 링기어 회전수 = $\dfrac{\text{피니언 회전수}}{\text{종감속비}}$

∴ 피니언 회전수 = 종감속비 × 링기어 회전수
　　　　　　　= 5 × 2 = 10회전

30 유압식 동력조향장치에서 주행 중 핸들이 한쪽으로 쏠리는 원인으로 틀린 것은?

① 토인 조정불량
② 타이어 편 마모
③ 좌우 타이어의 이종사양
④ 파워 오일펌프 불량

풀이 ①, ②, ③항은 핸들이 한쪽으로 쏠리는 원인이며, 파워 오일펌프가 불량하면 핸들이 무거워진다.

31 유압식 동력조향장치에 사용되는 오일펌프 종류가 아닌 것은?

① 베인 펌프
② 로터리 펌프
③ 슬리퍼 펌프
④ 벤딕스 기어 펌프

풀이 ①, ②, ③항은 오일펌프의 종류이며, 벤딕스 기어 펌프란 없다.

32 드럼 방식의 브레이크 장치와 비교했을 때 디스크 브레이크의 장점은?

① 자기작동 효과가 크다.
② 오염이 잘되지 않는다.
③ 패드의 마모율이 낮다.
④ 패드의 교환이 용이하다.

27.④　28.②　29.②　30.④　31.④　32.④

풀이 디스크 브레이크의 특징
① 구조가 간단하고, 패드 교환이 쉽다.
② 디스크가 대기 중에 노출되어 냉각 효과가 크다.
③ 방열이 잘 되어 페이드 현상이나 편제동 현상이 적다.
④ 부품의 평형이 좋고 한쪽만 제동되는 일이 적다.
⑤ 자기작동이 없으므로 페달 조작력이 커야 한다.
⑥ 마찰면적이 적어 패드의 강도가 커야하고, 패드의 마멸이 크다.

33 전자제어 현가장치에서 감쇠력 제어 상황이 아닌 것은?

① 고속 주행하면서 좌회전할 경우
② 정차 시 뒷좌석에 많은 사람이 탑승한 경우
③ 정차 중 급출발할 경우
④ 고속 주행 중 급제동한 경우

풀이 ①, ③, ④항이 감쇠력 제어 상황이고, 뒷좌석에 많은 사람이 탑승한 경우에는 차고제어를 한다.

34 주행 중 브레이크 드럼과 슈가 접촉하는 원인에 해당하는 것은?

① 마스터 실린더의 리턴 포트가 열려 있다.
② 슈의 리턴 스프링이 소손되어 있다.
③ 브레이크액의 양이 부족하다.
④ 드럼과 라이닝의 간극이 과대하다.

풀이 슈 리턴 스프링이 소손되어 있으면 슈가 라이닝에 닿아서 끌리게 된다.

35 마스터 실린더의 푸시로드에 작용하는 힘이 120kgf이고, 피스톤의 면적이 4cm² 일 때 유압은?

① $20 kg_f/cm^2$
② $30 kg_f/cm^2$
③ $40 kg_f/cm^2$
④ $50 kg_f/cm^2$

풀이
$$압력(kg_f/cm^2) = \frac{하중}{단면적}$$
$$\therefore 압력 = \frac{120}{4} = 30 kg_f/cm^2$$

36 주행 중 가속페달 작동에 따라 출력전압의 변화가 일어나는 센서는?

① 공기온도 센서
② 수온 센서
③ 유온 센서
④ 스로틀 포지션 센서

풀이 스로틀 포지션 센서(TPS)는 가변 저항식으로 스로틀 밸브를 밟으면 스로틀 밸브 축에 위치한 스로틀 위치센서(TPS)를 통해 밸브의 열림 정도가 감지되며 열린 정도에 따라 공기량이 조절된다.

37 전자제어 현가장치의 장점으로 틀린 것은?

① 고속 주행 시 안정성이 있다.
② 조향 시 차체가 쏠리는 경우가 있다.
③ 승차감이 좋다.
④ 지면으로부터의 충격을 감소한다.

풀이 전자제어 현가장치(E.C.S)의 장점
① 노면상태에 따라 승차감을 조절한다.
② 노면으로부터 차의 높이를 조정
③ 굴곡이 심한 노면을 주행할 때에 흔들림이 작은 평행한 승차감 실현
④ 급제동시 노즈 다운(nose down)을 방지
⑤ 급선회시 원심력에 의한 차량의 기울어짐을 방지
⑥ 고속 주행시 안정성이 있다.

33.② 34.② 35.② 36.④ 37.②

38 수동변속기 내부 구조에서 싱크로메시(synchro-mesh) 기구의 작용은?

① 배력 작용 ② 가속 작용
③ 동기치합 작용 ④ 감속 작용

💡 싱크로메시 기구는 기어 변속시 싱크로메시 기구를 이용하여 동기시켜 물리게 하는 동기치합 작용을 한다.

39 자동변속기에서 토크컨버터 내부의 미끄럼에 의한 손실을 최소화하기 위한 작동기구는?

① 댐퍼 클러치 ② 다판 클러치
③ 일방향 클러치 ④ 롤러 클러치

💡 댐퍼 클러치는 토크컨버터 내부에서 고속 회전시 터빈과 펌프를 기계적으로 직결시켜 미끄럼에 의한 손실을 방지하는 역할을 한다.

40 ABS(Anti-lock Brake System)의 구성 요소 중 휠의 회전속도를 감지하여 컨트롤 유닛으로 신호를 보내주는 것은?

① 휠 스피드 센서
② 하이드로릭 유닛
③ 솔레노이드 밸브
④ 어큐뮬레이터

💡 **ABS의 구성부품**
① 휠 스피드 센서 : 차륜의 회전상태를 검출
② 전자제어 컨트롤 유닛(E.C.U) : 휠 스피드 센서의 신호를 받아 ABS를 제어
③ 하이드롤릭 유닛 : E.C.U의 신호에 따라 휠 실린더에 공급되는 유압을 제어
④ 프로포셔닝 밸브 : 브레이크를 밟았을 때 뒷바퀴가 조기에 고착되지 않도록 뒷바퀴의 유압을 제어

41 용량과 전압이 같은 축전지 2개를 직렬로 연결할 때의 설명으로 옳은 것은?

① 용량은 축전지 2개와 같다.
② 전압이 2배로 증가한다.
③ 용량과 전압 모두 2배로 증가한다.
④ 용량은 2배로 증가하지만 전압은 같다.

💡 **배터리의 직렬연결**
① 직렬연결이란 전압과 용량이 동일한 배터리 2개 이상을 (+)단자와 연결대상 배터리 (−)단자에, (−)단자는 (+)단자로 연결하는 방식이다.
② 직렬연결시 배터리 용량은 1개와 같으며, 전압이 2배로 증가한다.

42 교류 발전기의 발전원리에 응용되는 법칙은?

① 플레밍의 왼손 법칙
② 플레밍의 오른손 법칙
③ 옴의 법칙
④ 자기포화의 법칙

💡 직류발전기는 플레밍의 오른손 법칙, 교류발전기는 렌쯔의 법칙을 응용한 것이다. 발전기는 둘 중 하나이므로 플레밍의 오른손 법칙을 정답으로 하였다.

43 납산 축전지의 온도가 낮아졌을 때 발생되는 현상이 아닌 것은?

① 전압이 떨어진다.
② 용량이 적어진다.
③ 전해액의 비중이 내려간다.
④ 동결하기 쉽다.

38.③ 39.① 40.① 41.② 42.② 43.③

풀이 배터리 온도가 낮아졌을 때 나타나는 현상
① 전압이 떨어진다.
② 용량이 작아진다.
③ 전해액의 비중이 올라간다.
④ 동결하기 쉽다.

44 ECU로 입력되는 스위치 신호라인에서 OFF 상태의 전압이 5V로 측정되었을 때 설명으로 옳은 것은?

① 스위치의 신호는 아날로그 신호이다.
② ECU 내부의 인터페이스는 소스(source) 방식이다.
③ ECU 내부의 인터페이스는 싱크(sink) 방식이다.
④ 스위치를 닫았을 때 2.5V 이하이면 정상적으로 신호처리를 한다.

풀이 싱크(sink)전류와 소스(source)전류

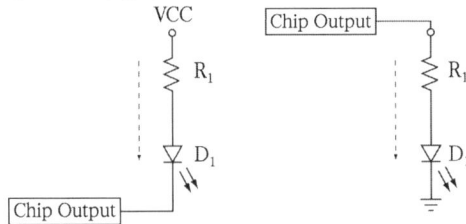

싱크(sink)전류   소스(source)전류

① 싱크전류 : 모듈에서 보았을 때 전류가 입력되는 방식으로, 칩의 출력과 (+)전원 사이에 소자를 연결하여 칩이 출력이 Low(0V)일 때 동작한다.
② 소스전류 : 모듈에서 보았을 때 전류를 내보내는 방식으로, 칩의 출력과 0V 사이에 소자를 연결하여 출력이 High일 때 동작한다.

45 편의장치 중 중앙집중식 제어장치(ETACS 또는 ISU) 입·출력 요소의 역할에 대한 설명으로 틀린 것은?

① INT 볼륨 스위치 : INT 볼륨 위치 검출
② 모든 도어 스위치 : 각 도어 잠김 여부 검출
③ 키 리마인드 스위치 : 키 삽입 여부 검출
④ 와셔 스위치 : 열선 작동 여부 검출

풀이 와셔 스위치는 와셔 액의 작동 여부를 감지하는 스위치이다.

46 브레이크등 회로에서 12V 축전지에 24W의 전구 2개가 연결되어 점등된 상태라면 합성저항은?

① 2Ω   ② 3Ω
③ 4Ω   ④ 6Ω

풀이 소비전력 = 24W + 24W = 48W

$$\therefore R = \frac{E^2}{P} = \frac{12^2}{48} = 3\Omega$$

47 에어컨 매니폴드 게이지(압력 게이지) 접속 시 주의사항으로 틀린 것은?

① 매니폴드 게이지를 연결할 때에는 모든 밸브를 잠근 후 실시한다.
② 진공펌프를 작동시키고 매니폴드 게이지 또는 센터 호스를 저압라인에 연결한다.
③ 황색 호스를 진공펌프나 냉매회수기 또는 냉매 충전기에 연결한다.
④ 냉매가 에어컨 사이클에 충전되어 있을 때에는 충전호스, 매니폴드 게이지의 밸브를 전부 잠근 후 분리한다.

44.③   45.④   46.②   47.②

풀이 매니폴드 게이지의 센터 호스를 진공펌프에 연결시키고, 진공펌프를 작동시켜 진공 작업을 행한다.

48 전자제어 배전 점화 방식(DLI : Distributor Less Ignition)에 사용되는 구성품이 아닌 것은?

① 파워 트랜지스터　② 원심 진각장치
③ 점화코일　　　　④ 크랭크각 센서

풀이 DLI 점화장치는 컴퓨터가 각 센서의 입력신호를 연산하여 진각하므로 원심 진각장치가 없다.

49 반도체에 대한 특징으로 틀린 것은?

① 극히 소형이며 가볍다.
② 예열시간이 불필요하다.
③ 내부 전력손실이 크다.
④ 정격값 이상이 되면 파괴된다.

풀이 반도체의 장점
① 극히 소형이고 경량이다.
② 예열을 요구하지 않고 곧바로 작동한다.
③ 내부 전력 손실이 매우 적다.
④ 수명이 길다.
⑤ 온도가 상승하면 특성이 몹시 나빠진다.
⑥ 정격값을 넘으면 파괴되기 쉽다.

50 기동전동기에 많은 전류가 흐르는 원인으로 옳은 것은?

① 높은 내부저항
② 내부 접지
③ 전기자 코일의 단선
④ 계자 코일의 단선

풀이 내부저항이 크면 아주 작은 전류가 흐르며, 전기자 코일의 단선과 계자 코일의 단선은 전류가 흐르지 않는다. 기동전동기 내부에서 접지되면 기동전동기에 많은 전류가 흐르게 된다.

51 줄 작업에서 줄에 손잡이를 꼭 끼우고 사용하는 이유는?

① 평형을 유지하기 위해
② 중량을 높이기 위해
③ 보관에 편리하도록 하기 위해
④ 사용자에게 상처를 입히지 않기 위해

풀이 줄 작업시 줄에 손잡이를 꼭 끼우고 사용하는 이유는 사용자에게 상처를 입히지 않기 위해서 이다.

52 일반 가연성 물질의 화재로서 물이나 소화기를 이용하여 소화하는 화재의 종류는?

① A급 화재　② B급 화재
③ C급 화재　④ D급 화재

풀이 화재의 분류

구분	종류	표시	소화기	비고	방법
일반	A급	백색	포말	목재, 종이	냉각소화
유류	B급	황색	분말	유류, 가스	질식소화
전기	C급	청색	CO_2	전기기구	질식소화
금속	D급	–	모래	가연성 금속	피복에 의한 질식

48.② 49.③ 50.② 51.④ 52.①

53 산소용접에서 안전한 작업수칙으로 옳은 것은?

① 기름이 묻은 복장으로 작업한다.
② 산소밸브를 먼저 연다.
③ 아세틸렌 밸브를 먼저 연다.
④ 역화하였을 때는 아세틸렌 밸브를 빨리 잠근다.

풀이 토치에 점화 시에는 아세틸렌 밸브를 먼저 열고 점화 후 산소 밸브를 연다.(아전산후)

54 기계 부품에 작용하는 하중에서 안전율을 가장 크게 하여야 할 하중은?

① 정 하중
② 교번 하중
③ 충격 하중
④ 반복 하중

풀이 안전율의 크기 순서
충격하중 > 교번하중 > 반복하중 > 정하중

55 공기압축기 및 압축공기 취급에 대한 안전수칙으로 틀린 것은?

① 전기배선, 터미널 및 전선 등에 접촉될 경우 전기쇼크의 위험이 있으므로 주의하여야 한다.
② 분해시 공기압축기, 공기탱크 및 관로 안의 압축공기를 완전히 배출한 뒤에 실시한다.
③ 하루에 한 번씩 공기탱크에 고여 있는 응축수를 제거한다.
④ 작업 중 작업자의 땀이나 열을 식히기 위해 압축공기를 호흡하면 작업효율이 좋아진다.

풀이 공기압축기의 공기압력은 고압이므로 땀이나 열을 식히기 위해 사용해서는 안된다.

56 계기 및 보안장치의 정비 시 안전사항으로 틀린 것은?

① 엔진이 정지 상태이면 계기판은 점화스위치 ON 상태에서 분리한다.
② 충격이나 이물질이 들어가지 않도록 주의한다.
③ 회로 내에 규정치보다 높은 전류가 흐르지 않도록 한다.
④ 센서의 단품 점검 시 배터리 전원을 직접 연결하지 않는다.

풀이 계기판 탈거 시 점화스위치 OFF 상태에서 분리한다.

57 기관정비 시 안전 및 취급주의 사항에 대한 내용으로 틀린 것은?

① TPS, ISC Servo 등은 솔벤트로 세척하지 않는다.
② 공기압축기를 사용하여 부품 세척 시 눈에 이물질이 튀지 않도록 한다.
③ 캐니스터 점검 시 흔들어서 연료증발가스를 활성화 시킨 후 점검한다.
④ 배기가스 시험 시 환기가 잘되는 곳에서 측정한다.

풀이 캐니스터는 연료 증발라인의 연결부 풀림, 과도한 휨, 손상, 균열, 연료 누설 등을 점검한다.

53.③ 54.③ 55.④ 56.① 57.③

58 운반기계의 취급과 안전수칙에 대한 내용으로 틀린 것은?

① 무거운 물건을 운반할 때는 반드시 경종을 울린다.
② 기중기는 규정 용량을 지킨다.
③ 흔들리는 화물은 보조자가 탑승하여 움직이지 못하도록 한다.
④ 무거운 것은 밑에, 가벼운 것은 위에 쌓는다.

풀이 흔들리는 화물은 움직이지 못하도록 단단히 묶는다.

59 납산 축전지 취급 시 주의사항으로 틀린 것은?

① 배터리 접속 시 (+)단자 부터 접속한다.
② 전해액이 옷에 묻지 않도록 주의한다.
③ 전해액이 부족하면 시냇물로 보충한다.
④ 배터리 분리 시 (-)단자 부터 분리한다.

풀이 전해액이 부족하면 연수(증류수, 빗물, 수도물 등)를 보충한다.

60 브레이크의 파이프 내에 공기가 유입되었을 때 나타나는 현상으로 옳은 것은?

① 브레이크액이 냉각된다.
② 마스터 실린더에서 브레이크액이 누설된다.
③ 브레이크 페달의 유격이 커진다.
④ 브레이크가 지나치게 급히 작동한다.

풀이 브레이크의 파이프 내에 공기가 유입되면 공기가 압축되어 브레이크 페달의 유격이 커지게 된다.

ANSWER 58.③ 59.③ 60.③

자동차정비기능사 제3회
(2014.07.20 시행)

01 스로틀 밸브의 열림 정도를 감지하는 센서는?
① APS   ② CKPS
③ CMPS   ④ TPS

풀이 TPS(스로틀 포지션 센서)는 가변 저항식으로 스로틀 밸브를 밟으면 스로틀 밸브 축에 위치한 스로틀 위치센서(T.P.S)를 통해 밸브의 열림 정도가 감지되며, 열린 정도에 따라 공기량이 조절된다.

02 120 PS의 디젤기관이 24시간 동안에 360L의 연료를 소비하였다면, 이 기관의 연료소비율(g/PS·h)은? (단, 연료의 비중은 0.9이다.)
① 약 125   ② 약 450
③ 약 113   ④ 약 513

풀이 연료소비율(g/ps-h) = $\dfrac{연료 소비량}{시간 \times 마력}$
= $\dfrac{360 \times 1,000 \times 0.9}{24 \times 120}$ = 112.5g/ps-h

03 기화기식과 비교한 전자제어 가솔린 연료분사장치의 장점으로 틀린 것은?
① 고출력 및 혼합비 제어에 유리하다.
② 연료 소비율이 낮다.
③ 부하변동에 따라 신속하게 응답한다.
④ 적절한 혼합비 공급으로 유해 배출가스가 증가된다.

풀이 전자제어 연료분사 기관의 장점
① 유해 배기가스의 저감
② 연비 및 출력 향상
③ 부하변동에 따른 응답성 향상
④ 월 웨팅(wall wetting)에 따른 저온 시동성 향상
⑤ 저속 또는 고속에서 토크 영역의 변화가 가능하다.
⑥ 벤투리가 없어 공기 흐름저항이 적다.
⑦ 온·냉 시에도 최적의 성능을 보장한다.
⑧ 설계시 체적효율의 최적화에 집중하여 흡기다기관 설계가 가능하다.

04 배기밸브가 하사점 전 55°에서 열리고 상사점 후 15°에서 닫혀 진다면 배기밸브의 열림각은?
① 70°   ② 195°
③ 235°   ④ 250°

풀이 밸브 개폐시기 기간
배기밸브 열림각
= 배기밸브 열림 각도 + 배기밸브 닫힘 각도 + 180°
= 55° + 15° + 180° = 250°

05 소형 승용차 기관의 실린더 헤드를 알루미늄 합금으로 제작하는 이유는?
① 가볍고 열전달이 좋기 때문에
② 부식성이 좋기 때문에
③ 주철에 비해 열팽창 계수가 작기 때문에
④ 연소실 온도를 높여 체적효율을 낮출 수 있기 때문에

01.④ 02.③ 03.④ 04.④ 05.①

경합금제 실린더 헤드의 특징
① 가볍고 열전달이 좋다.
② 연소실 온도를 낮추어 열점을 방지할 수 있다.
③ 주철에 비해 열팽창 계수가 크다.
④ 내구성, 내식성이 작다.

06 피스톤 재질의 요구특성으로 틀린 것은?

① 무게가 가벼워야 한다.
② 고온 강도가 높아야 한다.
③ 내마모성이 좋아야 한다.
④ 열팽창 계수가 커야 한다.

피스톤의 구비조건
① 무게가 가벼울 것
② 내마모성이 클 것
③ 고온에서 강도가 높을 것
④ 열팽창율이 적고, 열전도율이 좋을 것

07 4행정 V6기관에서 6실린더가 모두 1회의 폭발을 하였다면 크랭크축은 몇 회전하였는가?

① 2회전   ② 3회전
③ 6회전   ④ 9회전

4행정 기관이란 크랭크축 2회전에 모든 실린더가 1회씩 폭발한다.

08 가솔린 기관의 이론 공연비는?

① 12.7 : 1   ② 13.7 : 1
③ 14.7 : 1   ④ 15.7 : 1

가솔린 기관의 이론 공연비는 14.7 : 1이다.

09 배기가스가 삼원 촉매 컨버터를 통과할 때 산화·환원되는 물질로 옳은 것은?

① N_2, CO   ② N_2, H_2
③ N_2, O_2 ④ N_2, CO_2, H_2O

삼원 촉매장치는 배기가스 중의 일산화탄소(CO), 탄화수소(HC), 질소산화물(NOx)을 N_2, CO_2, H_2O로 산화·환원시켜 유해 배출가스를 저감한다.

10 바이널리 출력방식의 산소센서 점검 및 사용 시 주의사항으로 틀린 것은?

① O_2 센서의 내부저항을 측정치 말 것
② 전압 측정 시 디지털 미터를 사용할 것
③ 출력 전압을 쇼트 시키지 말 것
④ 유연 가솔린을 사용할 것

산소센서 점검 및 사용 시 주의사항
① 무연 가솔린을 사용할 것
② O_2 센서의 내부저항을 측정치 말 것
③ 전압 측정 시 디지털 미터를 사용할 것
④ 출력 전압을 쇼트 시키지 말 것

11 엔진오일의 유압이 낮아지는 원인으로 틀린 것은?

① 베어링의 오일간극이 크다.
② 유압조절밸브의 스프링 장력이 크다.
③ 오일 팬 내의 윤활유 양이 적다.
④ 윤활유 공급 라인에 공기가 유입되었다.

유압이 낮아지는 원인
① 유압조절밸브 스프링 장력 저하
② 베어링 마모로 오일간극이 커졌을 때
③ 오일의 희석 및 점도 저하
④ 오일 부족
⑤ 오일펌프 불량 및 유압회로의 누설

06.④ 07.① 08.③ 09.④ 10.④ 11.②

12. 자동차의 구조·장치의 변경승인을 얻은 자는 자동차 정비업자로부터 구조·장치의 변경과 그에 따른 정비를 받고 얼마 이내에 구조변경검사를 받아야 하는가?

① 완료일로부터 45일 이내
② 완료일로부터 15일 이내
③ 승인받은 날부터 45일 이내
④ 승인받은 날부터 15일 이내

풀이 구조·장치의 변경과 그에 따른 정비를 받고 승인 받은 날로부터 45일 이내에 구조 변경검사를 받아야 한다.

13. 기관이 지나치게 냉각되었을 때 기관에 미치는 영향으로 옳은 것은?

① 출력저하로 연료소비율 증대
② 연료 및 공기흡입 과잉
③ 점화불량과 압축과대
④ 엔진오일의 열화

풀이 기관이 과냉되면 연소실의 온도가 정상 작동온도로 올라가지 않아 출력이 저하하고 연료소비가 증가한다.

14. 디젤기관에서 연료 분사시기가 과도하게 빠를 경우 발생할 수 있는 현상으로 틀린 것은?

① 노크를 일으킨다.
② 배기가스가 흑색이다.
③ 기관의 출력이 저하된다.
④ 분사압력이 증가한다.

풀이 분사시기가 빠를 때 나타나는 현상
① 노크 현상이 발생한다.
② 연소가 불량하여 배기가스가 흑색이다.
③ 기관의 출력이 저하된다.
④ 저속에서 회전이 불량해 질 수 있다.

15. 다음 중 단위 환산으로 틀린 것은?

① $1J = 1N \cdot m$
② $-40℃ = -40℉$
③ $-273℃ = 0K$
④ $1kg_f/cm^2 = 1.42psi$

풀이 $1kg_f/cm^2 = 14.2psi$

16. 예혼합(믹서)방식 LPG 기관의 장점으로 틀린 것은?

① 점화플러그의 수명이 연장된다.
② 연료펌프가 불필요하다.
③ 베이퍼 록 현상이 없다.
④ 가솔린에 비해 냉시동성이 좋다.

풀이 LPG 기관의 특징
① 연소효율이 좋고, 엔진이 정숙하다.
② 오일의 오염이 적어 엔진 수명이 길다.
③ 연소실에 카본부착이 없어 점화플러그 수명이 길어진다.
④ 대기오염이 적고, 위생적이며 경제적이다.
⑤ 옥탄가가 높고 노킹이 적어 점화시기를 앞당길 수 있다.
⑥ 연료 자체의 압력으로 공급되므로 연료펌프가 없으며, 가스상태이므로 퍼컬레이션이나 베이퍼 록 현상이 없다.

12.③ 13.① 14.④ 15.④ 16.④

17 스텝 모터 방식의 공전속도 제어장치에서 스텝 수가 규정에 맞지 않은 원인으로 틀린 것은?

① 공전속도 조정 불량
② 메인 듀티 S/V 고착
③ 스로틀 밸브 오염
④ 흡기다기관의 진공누설

풀이 공전속도 조절은 공기량을 제어하여 조절하며, 메인 듀티 S/V는 LPG 엔진의 연료량을 조절하는 밸브이다.

18 배기장치(머플러) 교환 시 안전 및 유의사항으로 틀린 것은?

① 분해 전 촉매가 정상 작동온도가 되도록 한다.
② 배기가스 누출이 되지 않도록 조립한다.
③ 조립 할 때 가스켓은 신품으로 교환한다.
④ 조립 후 다른 부분과의 접촉여부를 점검한다.

풀이 ② ~ ④ 항에 유의하여 작업하며, 화상의 염려가 있으므로 촉매장치가 완전히 식은 후에 작업한다.

19 디젤 노크를 일으키는 원인과 직접적인 관계가 없는 것은?

① 압축비　　② 회전속도
③ 옥탄가　　④ 엔진의 부하

풀이 압축비, 엔진 회전속도, 엔진의 부하, 연료 분사량, 분사시기, 흡입공기 온도는 디젤 노크와 밀접한 관계가 있고 옥탄가와 관계가 없다.

20 4행정 기관과 비교한 2행정 기관(2 Stroke engine)의 장점은?

① 각 행정의 작용이 확실하여 효율이 좋다.
② 배기량이 같을 때 발생동력이 크다.
③ 연료 소비율이 적다.
④ 윤활유 소비량이 적다.

풀이 ①, ③, ④ 항은 4행정 기관의 장점이며, 2행정 기관은 매회전마다 동력이 발생하므로 배기량이 같을 때 발생동력이 크다.

21 연소실 압축압력이 규정 압축압력보다 높을 때 원인으로 옳은 것은?

① 연소실내 카본 다량 부착
② 연소실내에 돌출부 없어짐
③ 압축비가 작아짐
④ 옥탄가가 지나치게 높음

풀이 연소실내 카본이 다량 부착되면 연소실 체적이 작아져 압축비, 압축압력이 높아진다.

22 흡기매니홀드 내의 압력에 대한 설명으로 옳은 것은?

① 외부 펌프로부터 만들어진다.
② 압력은 항상 일정하다.
③ 압력변화는 항상 대기압에 의해 변화한다.
④ 스로틀 밸브의 개도에 따라 달라진다.

풀이 흡기매니홀드 내의 압력은 스로틀 밸브의 개도에 따라 달라진다. 즉, 스로틀 밸브가 닫히면 압력은 낮아지고, 열리면 높아진다.

17.② 18.① 19.③ 20.② 21.① 22.④

23 산소센서 신호가 희박으로 나타날 때 연료 계통의 점검사항으로 틀린 것은?

① 연료필터의 막힘 여부
② 연료펌프의 작동전류 점검
③ 연료펌프 전원의 전압강하 여부
④ 릴리프 밸브의 막힘 여부

풀이 산소센서 신호가 희박하다고 나타나면 연료가 부족하다는 의미이므로 ①~③항을 점검하고, 릴리프 밸브는 연료압력이 높아지면 작동하는 안전밸브로 관련이 없다.

24 전자제어 제동장치(ABS)의 구성요소가 아닌 것은?

① 휠 스피드 센서
② 하이드롤릭 모터
③ 프리뷰 센서
④ 하이드롤릭 유닛

풀이 ABS의 구성부품
① 휠 스피드 센서 : 차륜의 회전상태를 검출
② 전자제어 컨트롤 유닛(E.C.U) : 휠 스피드 센서의 신호를 받아 ABS를 제어
③ 하이드롤릭 유닛 : E.C.U의 신호에 따라 휠 실린더에 공급되는 유압을 제어
④ 프로포셔닝 밸브 : 브레이크를 밟았을 때 뒷바퀴가 조기에 고착되지 않도록 뒷바퀴의 유압을 제어
※ 프리뷰 센서는 전자제어 현가장치에 사용되는 부품이다.

25 브레이크 계통을 정비한 후 공기빼기 작업을 하지 않아도 되는 경우는?

① 브레이크 파이프나 호스를 떼어 낸 경우
② 브레이크 마스터 실린더에 오일을 보충한 경우
③ 베이퍼 록 현상이 생긴 경우
④ 휠 실린더를 분해 수리한 경우

풀이 브레이크 계통을 분해·수리한 경우에 공기빼기 작업을 하므로 오일 보충의 경우에는 하지 않는다.

26 사이드 슬립테스터의 지시 값이 4m/km일 때 1km 주행에 대한 앞바퀴의 슬립 량은?

① 4mm   ② 4cm
③ 40cm   ④ 4m

풀이 사이드 슬립 시험기의 지시 값이 4m/km라는 것은 1km 주행에 4m 슬립된 것을 의미한다.

27 종감속 장치에서 하이포이드 기어의 장점으로 틀린 것은?

① 기어 이의 물림 율이 크기 때문에 회전이 정숙하다.
② 기어의 편심으로 차체의 전고가 높아진다.
③ 추진축의 높이를 낮게 할 수 있어 거주성이 향상된다.
④ 이면의 접촉 면적이 증가되어 강도를 향상시킨다.

풀이 하이포이드 기어의 특징
① 구동 피니언 중심과 링기어 중심이 10~20% 낮게(off-set) 설치되어 있다.
② 추진축의 높이를 낮게 할 수 있어 무게중심이 낮아지고 거주성이 향상된다.

23.④ 24.③ 25.② 26.④ 27.②

③ 기어 이의 물림률이 크기 때문에 회전이 정숙하다.
④ 구동 피니언을 크게 할 수 있어 강도가 증가한다.

28 전자제어 현가장치(Electronic Control Suspension)에서 사용하는 센서에 속하지 않는 것은?

① 차속센서
② 차고센서
③ 스로틀 포지션센서
④ 냉각수 온도센서

전자제어 현가장치(ECS) 센서의 기능
① 차속 센서 : 자동차의 속도를 검출
② 차고 센서 : 자동차의 차축의 위치를 검출
③ 조향각 센서 : 조향 휠의 회전방향을 검출
④ 스로틀 포지션센서 : 자동차의 가감속을 검출
⑤ G(중력) 센서 : 자동차의 바운싱을 검출

29 타이어의 표시 235 55R 19 에서 55는 무엇을 나타내는가?

① 편평비
② 림 경
③ 부하 능력
④ 타이어의 폭

타이어 호칭 기호
235 : 폭(너비)
55 : 편평비(%)
R : 레이디얼 타이어
19 : 림 직경(인치)

30 자동변속기의 유압제어 기구에서 매뉴얼 밸브의 역할은?

① 선택 레버의 움직임에 따라 P, R, N, D 등의 각 레인지로 변환 시 유로 변경
② 오일펌프에서 발생한 유압을 차속과 부하에 알맞은 압력으로 조정
③ 유성기어를 차속이나 엔진 부하에 따라 변환
④ 각 단 위치에 따른 포지션을 컴퓨터로 전달풀

매뉴얼 밸브는 시프트 레버의 조작으로 작동하는 수동(manual) 밸브로, 변속레버의 움직임에 따라 P, R, N, D 등의 각 레인지로 변환 시 유로를 변경하는 역할을 한다.

31 제어 밸브와 동력 실린더가 일체로 결합된 것으로 대형트럭이나 버스 등에서 사용되는 동력조향장치는?

① 조합형
② 분리형
③ 혼성형
④ 독립형

동력조향장치의 분류
① 일체형(integral type) : 조향기어, 동력실린더, 제어밸브 모두 기어박스 내에 설치
② 링키지 조합형 : 동력실린더와 제어밸브가 일체로 설치
③ 링키지 분리형 : 조향기어, 동력실린더, 제어밸브 모두 분리되어 설치

28.④ 29.① 30.① 31.①

32 브레이크 장치(brake system)에 관한 설명으로 틀린 것은?

① 브레이크 작동을 계속 반복하면 드럼과 슈의 마찰열이 축적되어 제동력이 감소되는 것을 페이드 현상이라 한다.
② 공기 브레이크에서 제동력을 크게 하기 위해서는 언로더 밸브를 조절한다.
③ 브레이크 페달의 리턴스프링 장력이 약해지면 브레이크 풀림이 늦어진다.
④ 마스터 실린더의 푸시로드 길이를 길게 하면 라이닝이 수축하여 잘 풀린다.

풀이 브레이크 장치에서 마스터 실린더의 푸시로드 길이를 길게 하면 브레이크 액이 리턴되지 못하므로 브레이크가 풀리지 않는 원인이 된다.

33 자동변속기 차량에서 토크컨버터 내부의 오일 압력이 부족한 이유 중 틀린 것은?

① 오일펌프 누유
② 오일쿨러 막힘
③ 입력축의 씰링 손상
④ 킥다운 서보스위치 불량

풀이 ①, ②, ③항은 오일 압력이 부족한 원인이 된다. 킥다운 서보 스위치가 불량하면 변속시 충격이 발생한다.

34 유효 반지름이 0.5m인 바퀴가 600rpm으로 회전할 때 차량의 속도는 약 얼마인가?

① 약 10.98km/h ② 약 25km/h
③ 약 50.92km/h ④ 약 113.04km/h

풀이 차속 $= \dfrac{\pi DN}{60} \times 3.6$

D : 타이어 직경(m), N : 바퀴회전수(rpm)

$\therefore$ 차속 $= \dfrac{3.14 \times 1 \times 600}{60} \times 3.6$

$= 113.04 \text{km/h}$

35 제동장치에서 편제동의 원인이 아닌 것은?

① 타이어 공기압 불 평형
② 마스터 실린더 리턴 포트의 막힘
③ 브레이크 패드의 마찰계수 저하
④ 브레이크 디스크에 기름 부착

풀이 ①, ③, ④항은 편제동의 원인이며, 마스터 실린더의 리턴 구멍이 막히면 브레이크 액이 리턴되지 못하므로 브레이크가 풀리지 않는 원인이 된다.

36 전동식 전자제어 조향장치 구성품으로 틀린 것은?

① 오일펌프
② 모터
③ 컨트롤 유닛
④ 조향각 센서

풀이 전동식 전자제어 조향장치(MDPS)는 모터로 조향력을 발생하므로 오일펌프가 필요없다.

37 유압식 동력조향장치의 주요 구성부 중에서 최고 유압을 규제하는 릴리프 밸브가 있는 곳은?

① 동력부   ② 제어부
③ 안전 점검부   ④ 작동부

풀이 동력 조향장치의 구성장치
① 동력부 : 오일 펌프 – 유압을 발생
② 작동부 : 동력 실린더 – 보조력을 발생
③ 제어부 : 제어 밸브 – 오일 통로를 변경
※ 릴리프 밸브는 유압을 발생하는 동력부(오일 펌프)에 설치되어 있다.

32.④ 33.④ 34.④ 35.② 36.① 37.①

38 수동변속기 정비시 측정할 항목이 아닌 것은?

① 주축 엔드플레이
② 주축의 휨
③ 기어의 직각도
④ 슬리브와 포크의 간극

풀이) ①, ②, ④항은 수동변속기 변속시 변속에 어려움이 발생하므로 정비시 점검하여야 한다.

39 변속기 내부에 설치된 증속장치(Over drive system)에 대한 설명으로 틀린 것은?

① 기관의 회전속도를 일정수준 낮추어도 주행속도를 그대로 유지한다.
② 출력과 회전수의 증대로 윤활유 및 연료 소비량이 증가한다.
③ 기관의 회전속도가 같으면 증속장치가 설치된 자동차 속도가 더 빠르다.
④ 기관의 수명이 길어지고 운전이 정숙하게 된다.

풀이) 증속 구동장치(over drive)는 ①, ③, ④항 외에 엔진의 여유동력을 이용하므로 연료 소비량이 적어진다.

40 앞바퀴의 옆 흔들림에 따라서 조향 휠의 회전축 주위에 발생하는 진동을 무엇이라 하는가?

① 시미
② 휠 플러터
③ 바우킹
④ 킥업

풀이) 시미란 앞바퀴의 좌우방향의 진동을 말한다.

41 완전 충전된 납산축전지에서 양극판의 성분(물질)으로 옳은 것은?

① 과산화납
② 납
③ 해면상납
④ 산화물

풀이) 납산축전지가 완전 충전되면 양극판은 과산화납, 음극판은 해면상납, 전해액은 묽은황산으로 되돌아온다.

42 기관에 설치 된 상태에서 시동 시(크랭킹 시) 기동전동기에 흐르는 전류와 회전수를 측정하는 시험은?

① 단선시험
② 단락시험
③ 접지시험
④ 부하시험

풀이) 부하시험이란 엔진을 시동(크랭킹)할 때 기동전동기에 흐르는 전류와 회전수를 측정하는 시험을 말한다.

43 R-12의 염소(Cl)로 인한 오존층 파괴를 줄이고자 사용하고 있는 자동차용 대체 냉매는?

① R-134a
② R-22a
③ R-16a
④ R-12a

풀이) 프레온 가스라 불리는 R-12 냉매는 오존층을 파괴하고 온실효과를 유발하므로 대체가스로 신냉매인 R-134a를 사용한다.

38.③ 39.② 40.① 41.① 42.④ 43.①

44 도어 록 제어(door lock control)에 대한 설명으로 옳은 것은?

① 점화스위치 ON 상태에서만 도어를 unlock으로 제어한다.
② 점화스위치를 OFF로 하면 모든 도어 중 하나라도 록 상태일 경우 전 도어를 록(lock) 시킨다.
③ 도어 록 상태에서 주행 중 충돌 시 에어백 ECU로부터 에어백 전개신호를 입력받아 모든 도어를 unlock 시킨다.
④ 도어 unlock 상태에서 주행 중 차량 충돌 시 충돌센서로부터 충돌정보를 입력받아 승객의 안전을 위해 모든 도어를 잠김(lock)으로 한다.

풀이 도어 록 제어(Door lock control)
① 도어 록(lock) : 차속 신호에 의해서만 작동
② 도어 언록(unlock) : 점화스위치 OFF 또는 에어백 전개시만 작동

45 그림과 같이 측정했을 때 저항 값은?

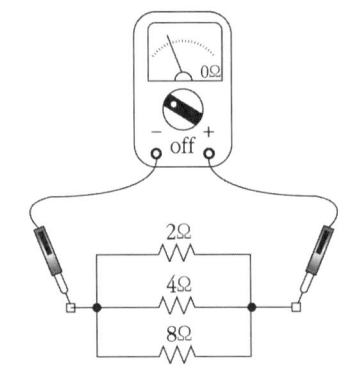

① 14 Ω
② $\frac{1}{14}$ Ω
③ $\frac{8}{7}$ Ω
④ $\frac{7}{8}$ Ω

풀이 병렬 합성저항 $\frac{1}{R} = \frac{1}{R_1} + \frac{1}{R_2} + \cdots + \frac{1}{R_n}$

∴ 합성저항 $\frac{1}{R} = \frac{1}{2} + \frac{1}{4} + \frac{1}{8}$

$= \frac{4}{8} + \frac{2}{8} + \frac{1}{8} = \frac{7}{8}$ Ω

∴ $R = \frac{8}{7}$ Ω

46 축전지 단자의 부식을 방지하기 위한 방법으로 옳은 것은?

① 경유를 바른다.
② 그리스를 바른다.
③ 엔진오일을 바른다.
④ 탄산나트륨을 바른다.

풀이 축전지 단자 표면에 그리스를 발라 단자의 부식을 방지한다.

47 축전기(condenser)에 저장되는 정전용량을 설명한 것으로 틀린 것은?

① 가해지는 전압에 정비례한다.
② 금속판 사이의 거리에 정비례한다.
③ 상대하는 금속판의 면적에 정비례한다.
④ 금속판 사이 절연체의 절연도에 정비례한다.

풀이 콘덴서의 정전용량
① 가해지는 전압에 비례한다.
② 금속판의 면적에 비례한다.
③ 절연체의 절연도에 비례한다.
④ 금속판 사이의 거리에 반비례한다.

48. 가솔린기관의 점화코일에 대한 설명으로 틀린 것은?

① 1차코일의 저항보다 2차코일의 저항이 크다.
② 1차코일의 굵기보다 2차코일의 굵기가 가늘다.
③ 1차코일의 유도전압 보다 2차코일의 유도전압이 낮다.
④ 1차코일의 권수보다 2차코일의 권수가 많다.

풀이 점화코일의 구조
① 1차코일의 저항보다 2차코일의 저항이 크다.
② 1차코일의 굵기보다 2차코일의 굵기가 가늘다.
③ 1차코일의 권수보다 2차코일의 권수가 많다.
④ 1차코일의 유도전압보다 2차코일의 유도전압이 높다.
⑤ 1차코일을 개자로형은 바깥쪽에, 폐자로형은 안쪽에 감는다.

49. IC 방식의 전압조정기가 내장된 자동차용 교류발전기의 특징으로 틀린 것은?

① 스테이터 코일 여자전류에 의한 출력이 향상된다.
② 접점이 없기 때문에 조정 전압의 변동이 없다.
③ 접점방식에 비해 내진성, 내구성이 크다.
④ 접점 불꽃에 의한 노이즈가 없다.

풀이 ②, ③, ④항이 옳은 설명이며, 교류발전기는 로터 코일 여자전류에 의해 출력이 향상된다.

50. 계기판의 속도계가 작동하지 않을 때 고장 부품으로 옳은 것은?

① 차속 센서
② 크랭크각 센서
③ 흡기매니홀드 압력 센서
④ 냉각수온 센서

풀이 속도계와 관계있는 센서는 차속 센서이다.

51. 화재 발생 시 소화 작업 방법으로 틀린 것은?

① 산소의 공급을 차단한다.
② 유류 화재 시 표면에 물을 붓는다.
③ 가연물질의 공급을 차단한다.
④ 점화원을 발화점 이하의 온도로 낮춘다.

풀이 소화작업의 기본요소
① 가연 물질을 제거한다.
② 산소를 차단한다.
③ 점화원을 냉각시킨다.

52. 드릴머신 작업의 주의사항으로 틀린 것은?

① 회전하고 있는 주축이나 드릴에 손이나 걸레를 대거나 머리를 가까이 하지 않는다.
② 드릴의 탈부착은 회전이 완전히 멈춘 다음 행한다.
③ 가공 중 드릴에서 이상음이 들리면 회전상태로 그 원인을 찾아 수리한다.
④ 작은 물건은 바이스를 사용하여 고정한다.

풀이 드릴 작업시 주의사항
① 일감은 정확히 고정한다.
② 드릴을 고정하거나 풀 때는 주축이 완전히 멈춘 후에 한다.
③ 작업복을 입고 작업하고, 감기기 쉬운 복장은 피한다.

48. ③ 49. ① 50. ① 51. ② 52. ③

④ 드릴은 양호한 것을 사용하고 마모나 균열이 있는 것은 사용하지 않는다.
⑤ 작은 물건은 바이스나 고정구로 고정하고 직접 손으로 잡지 말아야 한다.
⑥ 얇은 물건을 드릴 작업할 때에는 밑에 나무 등을 놓고 뚫어야 한다.
⑦ 가공 중 드릴에서 이상음이 들리면 즉시 회전을 멈추고, 그 원인을 찾아 수리한다.

53 어떤 제철공장에서 400명의 종업원이 1년간 작업하는 가운데 신체장애 등급 11급 10명과 1급 1명이 발생하였다. 재해 강도율은 약 얼마인가? (단, 1일 8시간 작업하고, 년 300일 근무한다.)

장애등급	1-3	4	5	6	7	8
근로손실 일수	7,500	5,500	4,000	3,000	2,000	1,500
장애등급	9	10	11	12	13	14
근로손실 일수	1,000	600	400	200	100	50

① 10.98% ② 11.98%
③ 12.98% ④ 13.98%

풀이 강도율이란 연 근로시간 1,000 시간당 재해에 잃어버린 일 수로 표시한다.
즉, 강도율 = $\dfrac{\text{근로손실 일수}}{\text{연근로시간수}} \times 10^3$
① 연 근로시간 = $400 \times 8 \times 300$
　　　　　　 = 960,000 시간
② 근로손실 일수 = $400 \times 10 + 7,500 \times 1$
　　　　　　 = 11,500 일
∴ 강도율 = $\dfrac{11,500}{960,000} \times 10^3 = 11.98$

54 정밀한 기계를 수리할 때 부속품의 세척(청소) 방법으로 가장 안전한 방법은?
① 걸레로 닦는다.
② 와이어 브러시를 사용한다.
③ 에어건을 사용한다.
④ 솔을 사용한다.

풀이 정밀한 부속품의 세척은 에어건으로 한다.

55 해머작업 시 안전수칙으로 틀린 것은?
① 해머는 처음과 마지막 작업 시 타격력을 크게 할 것
② 해머로 녹슨 것을 때릴 때에는 반드시 보안경을 쓸 것
③ 해머의 사용 면이 깨진 것은 사용하지 말 것
④ 해머 작업 시 타격 가공하려는 곳에 눈을 고정 시킬 것

풀이 해머 작업시 주의사항
① 장갑을 끼지 말 것
② 처음에는 서서히 칠 것
③ 해머 작업할 때에는 반드시 보안경을 쓸 것
④ 해머 작업시 타격 가공하려는 곳에 눈을 고정 시킬 것
⑤ 해머의 사용 면이 깨진 것은 사용하지 말 것

53.② 54.③ 55.①

56 차량에 축전지를 교환할 때 안전하게 작업하려면 어떻게 하는 것이 제일 좋은가?

① 두 케이블을 동시에 함께 연결한다.
② 점화 스위치를 넣고 연결한다.
③ 케이블 연결시 접지 케이블을 나중에 연결한다.
④ 케이블 탈착시 (+)케이블을 먼저 떼어낸다.

[풀이] 차에 축전지를 설치할 때에는 절연(+)케이블을 먼저 연결하고, 접지(-)케이블은 나중에 연결한다.

57 유압식 브레이크 정비에 대한 설명으로 틀린 것은?

① 패드는 안쪽과 바깥쪽을 세트로 교환한다.
② 패드는 좌·우 어느 한쪽이 교환시기가 되면 좌·우 동시에 교환한다.
③ 패드 교환 후 브레이크 페달을 2~3회 밟아준다.
④ 브레이크액은 공기와 접촉 시 비등점이 상승하여 제동성능이 향상된다.

[풀이] ①, ②, ③항이 옳은 작업방법이며, 브레이크액에 공기가 혼입되어서는 안된다.

58 자동차의 기동전동기 탈부착 작업 시 안전에 대한 유의사항으로 틀린 것은?

① 배터리 단자에서 터미널을 분리시킨 후 작업한다.
② 차량 아래에서 작업 시 보안경을 착용하고 작업한다.
③ 기동전동기를 고정시킨 후 배터리 단자를 접속한다.
④ 배터리 벤트플러그는 열려있는지 확인 후 작업한다.

[풀이] ①, ②, ③항이 옳은 작업방법이며, 배터리 벤트플러그가 열려있어서는 안된다.

59 실린더의 마멸량 및 내경 측정에 사용되는 기구와 관계 없는 것은?

① 버어니어 캘리퍼스
② 실린더 게이지
③ 외측 마이크로 미터와 텔레스코핑 게이지
④ 내측 마이크로미터

[풀이] 실린더의 마멸량 및 내경 측정은 정밀하여야 하며, 버니어 캘리퍼스로 마멸량 측정은 할 수 없다.

60 하이브리드 자동차의 정비 시 주의사항에 대한 내용으로 틀린 것은?

① 하이브리드 모터 작업 시 휴대폰, 신용카드 등은 휴대하지 않는다.
② 고전압 케이블(U, V, W상)의 극성은 올바르게 연결한다.
③ 도장 후 고압 배터리는 헝겊으로 덮어두고 열처리한다.
④ 엔진 룸의 고압 세차는 하지 않는다.

[풀이] 고압 배터리는 폭발의 위험이 있으므로 떼어내고 열처리한다.

56.③ 57.④ 58.④ 59.① 60.③

자동차정비기능사 제4회 (2014.10.11 시행)

01 베어링이 하우징 내에서 움직이지 않게 하기 위하여 베어링의 바깥 둘레를 하우징의 둘레보다 조금 크게 하여 차이를 두는 것은?

① 베어링 크러시
② 베어링 스프레드
③ 베어링 돌기
④ 베어링 어셈블리

풀이 베어링 크러시란 베어링 바깥둘레를 하우징 둘레보다 약간 크게 둔 것으로, 볼트로 조였을 때 압착시켜 베어링 면의 열전도율을 향상시킨다.

02 디젤 연료분사 펌프의 플런저가 하사점에서 플런저 배럴의 흡·배기 구멍을 닫기까지 즉, 송출 직전까지의 행정은?

① 예비행정 ② 유효행정
③ 변행정   ④ 정행정

풀이 분사펌프의 플런저가 하사점에서 상승하여 플런저 배럴의 연료 공급구멍을 막을 때 까지 움직인 거리를 예행정이라 하며, 막은 다음부터 플런저의 바이패스 홈이 연료 공급구멍을 만나면 연료의 압송이 중지된다. 이 거리를 유효행정이라 한다.

03 단위에 대한 설명으로 옳은 것은?

① 1PS는 $75kg_f \cdot m/h$의 일률이다.
② 1J은 0.24cal이다.
③ 1kW는 $1,000kg_f \cdot m/s$의 일률이다.
④ 초속 1m/s는 시속 36km/h와 같다.

풀이 단위 환산
① 1PS = $75kg_f \cdot m/s$
② 1kW = 1.36PS = $102kg_f \cdot m/s$
③ 1m/s = 3.6km/h

04 센서 및 액추에이터 점검·정비 시 적절한 점검 조건이 잘못 짝지어진 것은?

① AFS – 시동상태
② 컨트롤 릴레이 – 점화스위치 ON 상태
③ 점화코일 – 주행 중 감속 상태
④ 크랭크각 센서 – 크랭킹 상태

풀이 점화코일은 고전압이 발생하는 크랭킹 상태이다.

05 압축압력 시험에서 압축압력이 떨어지는 요인으로 가장 거리가 먼 것은?

① 헤드 가스켓 소손
② 피스톤링 마모
③ 밸브시트 마모
④ 밸브 가이드고무 마모

풀이 밸브 가이드고무가 마모되면 오일이 유입되어 오일이 줄어드나 압축압력에 영향을 미치지는 않는다.

01.① 02.① 03.② 04.③ 05.④

06 기관의 윤활장치를 점검해야 하는 이유로 거리가 먼 것은?

① 윤활유 소비가 많다.
② 유압이 높다.
③ 유압이 낮다.
④ 오일 교환을 자주한다.

풀이 윤활장치 점검은 윤활유 소비가 많거나, 유압이 규정보다 너무 높거나 낮을 때 점검한다.

07 기관에서 공기 과잉률이란?

① 이론공연비
② 실제공연비
③ 공기흡입량 ÷ 연료소비량
④ 실제공연비 ÷ 이론공연비

풀이 공기 과잉률이란 이론적으로 필요한 공연비와 실제 엔진에 공급된 공연비와의 비를 말한다.

08 밸브 오버랩에 대한 설명으로 옳은 것은?

① 밸브 스프링을 이중으로 사용하는 것
② 밸브 시트와 면의 접촉 면적
③ 흡·배기 밸브가 동시에 열려 있는 상태
④ 로커 암에 의해 밸브가 열리기 시작할 때

풀이 밸브 오버랩이란 흡·배기밸브가 상사점 부근에서 동시에 열려 있는 기간을 말한다.

09 가솔린의 조성 비율(체적)이 이소옥탄 80, 노멀헵탄 20인 경우 옥탄가는?

① 20 ② 40
③ 60 ④ 80

풀이 옥탄가
$= \dfrac{이소옥탄}{이소옥탄 + 정(노말)헵탄} \times 100(\%)$
∴ $\dfrac{80}{80+30} \times 100 = 80(\%)$

10 다음 ( )에 들어갈 말로 옳은 것은?

NOx는 (㉠)의 화합물이며, 일반적으로 (㉡)에서 쉽게 반응한다.

① ㉠ 일산화탄소와 산소 ㉡ 저온
② ㉠ 일산화질소와 산소 ㉡ 고온
③ ㉠ 질소와 산소 ㉡ 저온
④ ㉠ 질소와 산소 ㉡ 고온

풀이 NOx는 질소(N)와 산소(O)의 화합물이며, 일반적으로 고온에서 쉽게 반응한다.

11 스프링 정수가 5kg_f/mm의 코일을 1cm 압축하는데 필요한 힘은?

① 5kg_f ② 10kg_f
③ 50kg_f ④ 100kg_f

풀이 스프링 정수 $= \dfrac{하중(\text{kg}_f)}{변형량(\text{mm})}$
∴ 하중 = 스프링 정수×변형량
 $= 5\text{kg}_f/\text{mm} \times 10\text{mm} = 50\text{kg}_f$

12 전자제어 점화장치의 파워TR에서 ECU에 의해 제어되는 단자는?

① 베이스 단자 ② 콜렉터 단자
③ 이미터 단자 ④ 접지 단자

06.④ 07.④ 08.③ 09.④ 10.④ 11.③ 12.①

풀이 ECU에서 파워TR 베이스를 ON시키면 점화코일 1차 전류가 컬렉터에서 이미터로 흘러 점화코일이 자화되며, 파워TR 베이스를 OFF시키면 점화코일에서 발생된 고전압이 점화플러그에 가해진다.

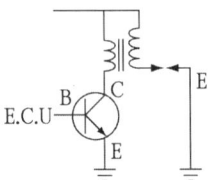

13 디젤기관에서 분사시기가 빠를 때 나타나는 현상으로 틀린 것은?

① 배기가스의 색이 흑색이다.
② 노크현상이 일어난다.
③ 배기가스의 색이 백색이 된다.
④ 저속회전이 어려워진다.

풀이 분사시기가 빠를 때 나타나는 현상
① 노크 현상이 발생한다.
② 연소가 불량하여 배기가스가 흑색이다.
③ 기관의 출력이 저하된다.
④ 저속에서 회전이 불량해 질 수 있다.

14 차량총중량이 3.5톤 이상인 화물자동차에 설치되는 후부 안전판의 너비로 옳은 것은?

① 자동차 너비의 60% 이상
② 자동차 너비의 80% 미만
③ 자동차 너비의 100% 미만
④ 자동차 너비의 120% 이상

풀이 안전기준에 관한 규칙 제19조(차대 및 차체)
후부안전판의 너비는 자동차 너비의 100% 미만일 것

15 전자제어 가솔린 엔진에서 인젝터의 고장으로 발생될 수 있는 현상으로 가장 거리가 먼 것은?

① 연료소모 증가
② 배출가스 감소
③ 가속력 감소
④ 공회전 부조

풀이 인젝터가 고장이면 배출가스가 증가한다.

16 행정별 피스톤 압축 링의 호흡작용에 대한 내용으로 틀린 것은?

① 흡입 : 피스톤의 홈과 링의 윗면이 접촉하여 홈에 있는 소량의 오일의 침입을 막는다.
② 압축 : 피스톤이 상승하면 링은 아래로 밀리게 되어 위로부터의 혼합기가 아래로 누설되지 않게 한다.
③ 동력 : 피스톤의 홈과 링의 윗면이 접촉하여 링의 윗면으로부터 가스가 누설되는 것을 방지한다.
④ 배기 : 피스톤이 상승하면 링은 아래로 밀리게 되어 위로부터의 연소가스가 아래로 누설되지 않게 한다.

풀이 동력행정의 경우 폭발압력에 의해 피스톤 링이 아랫면과 접촉한다.

17 아날로그 신호가 출력되는 센서로 틀린 것은?

① 옵티컬 방식의 크랭크각 센서
② 스로틀 포지션 센서
③ 흡기온도 센서
④ 수온 센서

풀이 옵티컬 방식의 크랭크각 센서는 디지털 신호이다.

13.③ 14.③ 15.② 16.③ 17.①

18 가솔린 엔진의 작동 온도가 낮을 때와 혼합비가 희박하여 실화되는 경우에 증가하는 유해 배출가스는?

① 산소(O_2)
② 탄화수소(HC)
③ 질소산화물(NOx)
④ 이산화탄소(CO_2)

풀이 일산화탄소(CO)와 탄화수소(HC)는 엔진 작동 온도가 낮을 때와 혼합비가 희박하여 실화되는 경우에 발생한다.

19 엔진이 작동 중 과열되는 원인으로 틀린 것은?

① 냉각수의 부족
② 라디에이터 코어의 막힘
③ 전동팬 모터 릴레이의 고장
④ 수온조절기가 열린 상태로 고장

풀이 ①~③은 엔진이 과열되는 원인이며, 수온조절기가 열린 채로 고장나면 엔진이 과냉된다.

20 4행정 가솔린기관에서 각 실린더에 설치된 밸브가 3-밸브(3-valve)인 경우 옳은 것은?

① 2개의 흡기밸브와 흡기보다 직경이 큰 1개의 배기밸브
② 2개의 흡기밸브와 흡기보다 직경이 작은 1개의 배기밸브
③ 2개의 배기밸브와 배기보다 직경이 큰 1개의 흡기밸브
④ 2개의 배기밸브와 배기와 직경이 같은 1개의 배기밸브

풀이 3-밸브(3-valve)는 흡입효율을 높이기 위하여 흡기밸브 2개와 흡기보다 직경이 큰 배기밸브 1개를 설치한다.

21 LPG기관에서 냉각수 온도 스위치의 신호에 의하여 기체 또는 액체 연료를 차단하거나 공급하는 역할을 하는 것은?

① 과류방지 밸브
② 유동 밸브
③ 안전 밸브
④ 액·기상 솔레노이드 밸브

풀이 LPG기관의 액·기상 솔레노이드 밸브는 냉각수 온도 스위치의 신호에 의하여 기체 또는 액체 연료를 차단하거나 공급하는 역할을 한다.

22 176°F는 몇 °C인가?

① 76
② 80
③ 144
④ 176

풀이 섭씨온도 $°C = \frac{5}{9}(F - 32)$
$= \frac{5}{9}(176 - 32) = 80°C$

23 가솔린연료에서 노크를 일으키기 어려운 성질을 나타내는 수치는?

① 옥탄가
② 점도
③ 세탄가
④ 베이퍼 록

풀이 옥탄가 : 연료의 안티 노킹성(anti-knocking, 내폭성, 제폭성)을 나타내는 정도

24 조향장치에서 조향기어비가 직진영역에서 크게 되고 조향각이 큰 영역에서 작게 되는 형식은?

① 웜 섹터형
② 웜 롤러형
③ 가변 기어비형
④ 볼 너트형

18.② 19.④ 20.① 21.④ 22.② 23.① 24.③

> 풀이) 조향기어비가 직진영역에서 크게 되고 조향각이 큰 영역에서 작게 되는 형식을 가변 기어비형 조향장치라 한다.

25 수동변속기 내부에서 싱크로나이저 링의 기능이 작용하는 시기는?

① 변속기 내에서 기어가 빠질 때
② 변속기 내에서 기어가 물릴 때
③ 클러치 페달을 밟을 때
④ 클러치 페달을 놓을 때

> 풀이) 싱크로나이저 링은 기어 변속시(물릴 때) 동기시켜 변속을 원활하게 해주는 역할을 한다.

26 수동변속기 차량에서 클러치의 구비조건으로 틀린 것은?

① 동력전달이 확실하고 신속할 것
② 방열이 잘 되어 과열되지 않을 것
③ 회전부분의 평형이 좋을 것
④ 회전 관성이 클 것

> 풀이) 클러치 구비조건
> ① 동력전달이 확실하고 신속할 것
> ② 방열이 잘 되어 과열되지 않을 것
> ③ 회전부분의 평형이 좋을 것
> ④ 내열성이 좋을 것
> ⑤ 회전관성이 작을 것

27 선회 주행 시 자동차가 기울어짐을 방지하는 부품으로 옳은 것은?

① 너클 암 ② 섀클
③ 타이로드 ④ 스태빌라이저

> 풀이) 스태빌라이저는 선회 시 차체의 기울어짐을 방지하여 차의 평형을 유지시켜 주는 기능을 한다.

28 마스터실린더의 내경이 2cm, 푸시로드에 100kgf의 힘이 작용하면 브레이크 파이프에 작용하는 유압은?

① 약 $25 \text{kg}_f/\text{cm}^2$
② 약 $32 \text{kg}_f/\text{cm}^2$
③ 약 $50 \text{kg}_f/\text{cm}^2$
④ 약 $200 \text{kg}_f/\text{cm}^2$

> 풀이) 압력$(\text{kg}_f/\text{cm}^2) = \dfrac{\text{하중}}{\text{단면적}}$
> $$\therefore \frac{W}{\frac{\pi}{4}D^2} = \frac{100}{0.785 \times 2^2}$$
> $$= 31.847 \text{kg}_f/\text{cm}^2$$

29 빈번한 브레이크 조작으로 인해 온도가 상승하여 마찰계수 저하로 제동력이 떨어지는 현상은?

① 베이퍼 록 현상 ② 페이드 현상
③ 피칭 현상 ④ 시미 현상

> 풀이) 용어 설명
> ① 페이드 현상 : 빈번한 브레이크 조작으로 인해 온도가 상승하여 라이닝(패드)의 마찰계수 저하로 제동력이 떨어지는 현상
> ② 베이퍼 록(vapor lock) 현상 : 브레이크의 빈번한 사용이나 끌림 등에 의한 마찰열이 브레이크 회로에 전달되어, 브레이크 회로 내에 기포가 발생되어 압력전달이 불가능하게 되는 현상

25.② 26.④ 27.④ 28.② 29.②

30 기계식 주차레버를 당기기 시작(0%)하여 완전작동(100%) 할 때까지의 범위 중 주차가능 범위로 옳은 것은?

① 10~20% ② 15~30%
③ 50~70% ④ 80~100%

풀이 주차레버의 주차가능 범위는 전 행정의 50~70%이다.

31 링기어 중심에서 구동 피니언을 편심 시킨 것으로 추진축의 높이를 낮게 할 수 있는 종감속 기어는?

① 직선 베벨 기어
② 스파이럴 베벨 기어
③ 스퍼 기어
④ 하이포이드 기어

풀이 하이포이드(hypoid) 기어는 링기어의 중심보다 구동 피니언 기어의 중심을 10~20% 낮게 (off-set) 편심시켜 추진축의 높이를 낮게 할 수 있어 무게중심이 낮아지고 거주성이 향상되는 방식의 종감속 기어이다.

32 자동변속기의 토크컨버터에서 작동유체의 방향을 변환시키며 토크 증대를 위한 것은?

① 스테이터
② 터빈
③ 오일펌프
④ 유성기어

풀이 토크 컨버터에서 스테이터(stator)는 작동 유체의 방향을 변환시켜 토크를 증대시키는 역할을 한다.

33 제3의 브레이크(감속 제동장치)로 틀린 것은?

① 엔진 브레이크
② 배기 브레이크
③ 와전류 브레이크
④ 주차 브레이크

풀이 브레이크의 분류
① 제1브레이크 : 풋 브레이크
② 제2브레이크 : 주차 브레이크
③ 제3브레이크 : 엔진 브레이크, 배기 브레이크, 와전류 브레이크

34 타이어의 스탠딩 웨이브 현상에 대한 내용으로 옳은 것은?

① 스탠딩 웨이브를 줄이기 위해 고속 주행 시 공기압을 10% 정도 줄인다.
② 스탠딩 웨이브가 심하면 타이어 박리현상이 발생할 수 있다.
③ 스탠딩 웨이브는 바이어스 타이어보다 레디얼 타이어에서 많이 발생한다.
④ 스탠딩 웨이브 현상은 하중과 무관하다.

풀이 스탠딩 웨이브(standing wave) 현상
고속 주행시 타이어가 노면과의 충격에 의해 뒷면이 찌그러져 마치 물결모양으로 정지한 것처럼 보이는 현상으로, 심하면 타이어 박리현상이 생길 수 있다.

[참고] 스탠딩 웨이브 방지법
① 타이어의 공기압을 10~15% 높인다.
② 강성이 큰 타이어(레이디얼 타이어)를 사용한다.
③ 자동차의 하중을 작게 한다.
④ 저속 운행을 한다.

30.③ 31.④ 32.① 33.④ 34.②

35 우측으로 조향을 하고자 할 때 앞바퀴의 내측 조향각이 45°, 외측 조향각이 42°이고 축간거리는 1.5m, 킹핀과 바퀴 접지면까지 거리가 0.3m일 경우 최소회전반경은? (단, sin30° = 0.5, sin42° = 0.67, sin45° = 0.71)

① 약 2.41m   ② 약 2.54m
③ 약 3.30m   ④ 약 5.21m

 최소회전반경 $R = \dfrac{L}{\sin\alpha} + r$

여기서, α : 외측바퀴 회전각도(°)
L : 축거(m)
r : 타이어 중심과 킹핀과의 거리(m)

∴ 최소회전반경 $R = \dfrac{1.5}{\sin 42°} + 0.3$
$= 2.54\text{m}$

36 자동변속기의 제어시스템을 입력과 제어, 출력으로 나누었을 때 출력신호는?

① 차속센서
② 유온센서
③ 펄스 제너레이터
④ 변속제어 솔레노이드

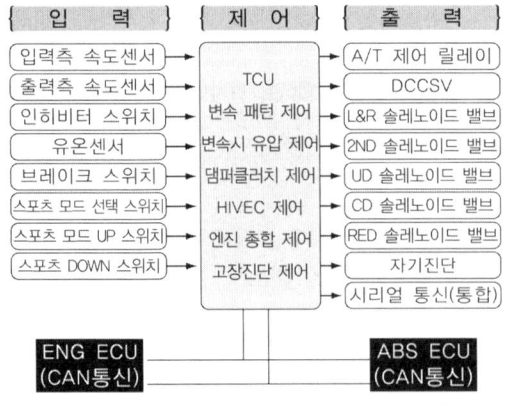

37 차륜 정렬 측정 및 조정을 해야 할 이유와 거리가 먼 것은?

① 브레이크의 제동력이 약할 때
② 현가장치를 분해·조립했을 때
③ 핸들이 흔들리거나 조작이 불량할 때
④ 충돌 사고로 인해 차체에 변형이 생겼을 때

②~④항은 차륜을 정렬 및 조정하여야 하며, 브레이크 제동력이 약한 것은 차륜 정렬과 관련이 없다.

38 전자제어 제동 시스템(ABS)을 입력, 제어, 출력으로 나누었을 때 입력이 아닌 것은?

① 스피드 센서
② 모터 릴레이
③ 브레이크 스위치
④ 축전지 전원

전원, 센서, 스위치는 입력신호이고, 모터 릴레이는 출력신호이다.

39 조향장치의 동력전달 순서로 옳은 것은?

① 핸들 – 타이로드 – 조향기어 박스 – 피트먼 암
② 핸들 – 섹터 축 – 조향기어 박스 – 피트먼 암
③ 핸들 – 조향기어 박스 – 섹터 축 – 피트먼 암
④ 핸들 – 섹터 축 – 조향기어 박스 – 타이로드

35.② 36.④ 37.① 38.② 39.③

풀이 조향장치 동력전달 순서(볼 너트 형식)
핸들 → 조향기어 박스 → 섹터 축 → 피트먼 암 → 릴레이 로드 → 타이로드 → 너클 → 바퀴

40 기관의 회전수가 2,400rpm 이고, 총 감속비가 8 : 1, 타이어 유효반경이 25cm 일 때 자동차의 시속은?

① 약 14km/h   ② 약 18km/h
③ 약 21km/h   ④ 약 28km/h

풀이
$$시속 = \frac{\pi DN}{R_t \times R_f} \times \frac{60}{1,000}$$

여기서, D : 타이어 직경(m) N : 엔진회전수(rpm)
       R_t : 변속비 R_f : 종감속비

$$\therefore 시속 = \frac{3.14 \times 0.5 \times 2,400}{8} \times \frac{60}{1,000}$$
$$= 28.26 \text{km/h}$$

41 납산축전지(battery)의 방전 시 화학반응에 대한 설명으로 틀린 것은?

① 극판의 과산화납은 점점 황산납으로 변한다.
② 극판의 해면상납은 점점 황산납으로 변한다.
③ 전해액은 물만 남게 된다.
④ 전해액의 비중은 점점 높아진다.

풀이 축전지 방전시에는 ⊕ 극판의 과산화납과 ⊖ 극판의 해면상납은 황산납으로, 전해액인 묽은황산은 물로 변하며, 전해액의 비중은 점점 낮아진다.

42 엔진오일 압력이 일정 이하로 떨어졌을 때 점등되는 경고등은?

① 연료 잔량 경고등
② 주차 브레이크등
③ 엔진오일 경고등
④ ABS 경고등

풀이 오일 압력이 일정 이하로 떨어지면 엔진오일 경고등이 점등된다.

43 트랜지스터(TR)의 설명으로 틀린 것은?

① 증폭 작용을 한다.
② 스위칭 작용을 한다.
③ 아날로그 신호를 디지털 신호로 변환한다.
④ 이미터, 베이스, 컬렉터의 리드로 구성되어져 있다.

풀이 ①, ②, ④항은 트랜지스터의 설명이며, 아날로그 신호를 디지털 신호로 바꾸는 것은 A-D 컨버터이다.

44 현재의 연료 소비율, 평균속도, 항속 가능 거리 등의 정보를 표시하는 시스템으로 옳은 것은?

① 종합 경보 시스템(ETACS 또는 ETWIS)
② 엔진·변속기 통합제어 시스템(ECM)
③ 자동주차 시스템(APS)
④ 트립(Trip) 정보 시스템

풀이 트립 정보시스템(trip computer)은 시동 "ON"부터 "OFF"까지의 주행거리(적산 거리), 주행 가능 거리, 평균속도 및 주행시간 등 주행에 관련된 각종 정보들을 LCD를 이용해 화면에 표시해 주는 운전자 정보 전달장치

40.④   41.④   42.③   43.③   44.④

45 발전기 스테이터 코일의 시험 중 그림은 어떤 시험인가?

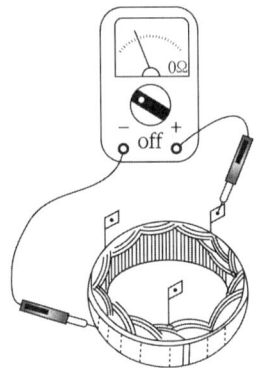

① 코일과 철심의 절연시험
② 코일의 단선시험
③ 코일과 브러시의 단락시험
④ 코일과 철심의 전압시험

풀이 스테이터 코일에서 코일과 철심의 절연시험이다.

46 점화코일의 1차 저항을 측정할 때 사용하는 측정기로 옳은 것은?

① 진공 시험기
② 압축압력 시험기
③ 회로 시험기
④ 축전지 용량 시험기

풀이 점화코일의 1차 저항은 회로 시험기로 측정한다.

47 전자제어 방식의 뒷 유리 열선 제어에 대한 설명으로 틀린 것은?

① 엔진 시동상태에서만 작동한다.
② 열선은 병렬회로로 연결되어 있다.
③ 정확한 제어를 위해 릴레이를 사용하지 않는다.
④ 일정시간 작동 후 자동으로 OFF 된다.

풀이 ①, ②, ④이 뒷 유리 열선 제어 시스템에 대한 옳은 설명이고, 정확한 제어를 위해 열선 릴레이를 사용한다.

48 디젤 승용자동차의 시동장치 회로 구성요소로 틀린 것은?

① 축전지   ② 기동 전동기
③ 점화코일   ④ 예열·시동스위치

풀이 디젤 승용자동차의 시동회로에는 축전지, 예열 및 시동스위치, 기동 전동기가 있으며 압축착화 엔진이므로 점화코일이 없다.

49 PNP형 트랜지스터의 순방향 전류는 어떤 방향으로 흐르는가?

① 컬렉터에서 베이스로
② 이미터에서 베이스로
③ 베이스에서 이미터로
④ 베이스에서 컬렉터로

풀이 PNP형 트랜지스터의 순방향 전류는 이미터에서 베이스 또는 이미터에서 컬렉터로 흐른다.

50 축전지의 극판이 영구 황산납으로 변하는 원인으로 틀린 것은?

① 전해액이 모두 증발되었다.
② 방전된 상태로 장기간 방치하였다.
③ 극판이 전해액에 담겨있다.
④ 전해액의 비중이 너무 높은 상태로 관리하였다.

풀이 축전지의 극판은 항상 전해액에 담겨 있어야 한다.

45.① 46.③ 47.③ 48.③ 49.② 50.③

51 산업안전보건법 상 작업현장 안전·보건 표지 색채에서 화학물질 취급장소에서의 유해·위험 경고 용도로 사용되는 색채는?

① 빨간색　　② 노란색
③ 녹색　　　④ 검은색

풀이 안전·보건표지의 색채

색채	용도	사용례
빨간색	금지	정지신호, 소화설비 및 그 장소, 유해행위의 금지
	경고	화학물질 취급장소에서의 유해·위험 경고
노란색	경고	화학물질 취급장소에서의 유해·위험경고 이외의 위험경고, 주의표지 또는 기계방호물
파란색	지시	특정 행위의 지시 및 사실의 고지
녹색	안내	비상구 및 피난소, 사람 또는 차량의 통행표지
흰색		파란색 또는 녹색에 대한 보조색
검은색		문자 및 빨간색 또는 노란색에 대한 보조색

52 정 작업 시 주의할 사항으로 틀린 것은?

① 정 작업 시에는 보호안경을 사용 할 것
② 철재를 절단할 때는 철편이 튀는 방향에 주의할 것
③ 자르기 시작할 때와 끝날 무렵에는 세게 칠 것
④ 담금질 된 재료는 깎아내지 말 것

풀이 정 작업시 주의사항
① 정 작업 시에는 보호안경을 사용 할 것
② 정 작업은 시작과 끝에 특히 조심한다.
③ 처음에는 약하게 타격하고 차차 강하게 때린다.
④ 열처리한 재료는 정으로 작업하지 않는다.
⑤ 머리가 찌그러진 것은 수정하여 사용하여야 한다.
⑥ 철재를 절단할 때는 철편이 튀는 방향에 주의할 것
⑦ 정 작업시 버섯머리는 그라인더로 갈아서 사용한다.

53 정비용 기계의 검사, 유지, 수리에 대한 내용으로 틀린 것은?

① 동력기계의 급유 시에는 서행한다.
② 동력기계의 이동장치에는 동력 차단장치를 설치한다.
③ 동력 차단장치는 작업자 가까이에 설치한다.
④ 청소할 때는 운전을 정지한다.

풀이 동력기계의 급유 시에는 가동을 중지한다.

54 공기압축기에서 공기필터의 교환 작업 시 주의사항으로 틀린 것은?

① 공기압축기를 정지시킨 후 작업한다.
② 고정된 볼트를 풀고 뚜껑을 열어 먼지를 제거한다.
③ 필터는 깨끗이 닦거나 압축공기로 이물을 제거한다.
④ 필터에 약간의 기름칠을 하여 조립한다.

풀이 필터에 기름칠을 하여서는 안된다.

55 안전사고율 중 도수율(빈도율)을 나타내는 표현식은?

① (연간 사상자수/평균 근로자 수)×1,000
② (사고 건수/연근로 시간 수)×1,000
③ (노동 손실일수/노동 총시간 수)×1,000
④ (사고 건수/노동 총시간 수)×1,000

51.① 52.③ 53.① 54.④ 55.②

풀이 도수율이란 연 근로시간 합계 100만 시간당 재해 발생 건수로 표시,

$$\frac{\text{재해건수}}{\text{연근로시간수}} \times 1{,}000{,}000$$

\# 보기의 1,000은 100만으로 바꿔야 함

56 브레이크에 페이드 현상이 일어났을 때 운전자가 취할 응급처치로 가장 옳은 것은?

① 자동차의 속도를 조금 올려준다.
② 자동차를 세우고 열이 식도록 한다.
③ 브레이크를 자주 밟아 열을 발생시킨다.
④ 주차 브레이크를 대신 사용한다.

풀이 브레이크에서 페이드 현상은 마찰열이 발생되어 제동력이 저하하는 현상이므로, 자동차를 세우고 열을 식히도록 한다.

57 전동공구 사용 시 전원이 차단되었을 경우 안전한 조치방법은?

① 전기가 다시 들어오는지 확인하기 위해 전동공구를 ON 상태로 둔다.
② 전기가 다시 들어올 때 까지 전동공구의 ON-OFF를 계속 반복한다.
③ 전동공구 스위치는 OFF 상태로 전환한다.
④ 전동공구는 플러그를 연결하고 스위치는 ON 상태로 하여 대피한다.

풀이 전동공구 사용 시 전원이 차단되었을 경우 전동공구 스위치는 OFF 상태로 전환한다.

58 가솔린기관의 진공도 측정 시 안전에 관한 내용으로 적합하지 않은 것은?

① 기관의 벨트에 손이나 옷자락이 닿지 않도록 주의한다.
② 작업 시 주차브레이크를 걸고 고임목을 괴어둔다.
③ 리프트를 눈높이까지 올린 후 점검한다.
④ 화재 위험이 있을 수 있으니 소화기를 준비한다.

풀이 진공도 측정은 기관 가동상태이므로 평지에서 한다.

59 축전지를 차에 설치한 채 급속충전을 할 때의 주의사항으로 틀린 것은?

① 축전지 각 셀(cell)의 플러그를 열어 놓는다.
② 전해액 온도가 45℃를 넘지 않도록 한다.
③ 축전지 가까이에서 불꽃이 튀지 않도록 한다.
④ 축전지의 양(+, -)케이블을 단단히 고정하고 충전한다.

풀이 축전지를 차에 설치한 채 급속충전 할 때에는 축전지의 (-)케이블을 떼어내고 충전한다.

60 운반 기계에 대한 안전수칙으로 틀린 것은?

① 무거운 물건을 운반할 경우에는 반드시 경종을 울린다.
② 흔들리는 화물은 사람이 승차하여 붙잡도록 한다.
③ 기중기는 규정 용량을 초과하지 않는다.
④ 무거운 물건을 상승시킨 채 오랫동안 방치하지 않는다.

풀이 흔들리는 화물은 움직이지 못하도록 단단히 묶어 놓고 화물칸에 사람이 승차하여서는 안된다.

56.② 57.③ 58.③ 59.④ 60.②

자동차정비기능사 제1회

(2015.01.25 시행)

01 엔진의 흡기장치 구성요소에 해당하지 않는 것은?

① 촉매장치
② 서지탱크
③ 공기청정기
④ 레조네이터(resonator)

[풀이] 촉매장치는 배기가스 정화장치이다.

02 내연기관에서 언더 스퀘어 엔진은 어느 것인가?

① $\dfrac{행정}{실린더\ 내경} = 1$
② $\dfrac{행정}{실린더\ 내경} < 1$
③ $\dfrac{행정}{실린더\ 내경} > 1$
④ $\dfrac{행정}{실린더\ 내경} \leq 1$

[풀이] 언더 스퀘어(under square) 엔진이란 내경이 행정보다 작은 엔진을 말한다.

언더스퀘어 엔진 = $\dfrac{행정}{실린더\ 내경} > 1$

03 디젤기관의 연소실 중 피스톤 헤드부의 요철에 의해 생성되는 연소실은?

① 예연소실식
② 공기실식
③ 와류실식
④ 직접분사실식

[풀이] 직접분사실식은 단실식으로, 피스톤 헤드부의 요철에 의해 연소실을 이룬다.

04 기관에 이상이 있을 때 또는 기관의 성능이 현저하게 저하되었을 때 분해수리의 여부를 결정하기 위한 가장 적합한 시험은?

① 캠각 시험
② CO 가스측정
③ 압축압력 시험
④ 코일의 용량시험

[풀이] 압축압력 시험을 하여 규정값보다 70% 이하시 기관을 분해수리(overhaul) 한다.

05 여지 반사식 매연측정기의 시료 채취관을 배기관에 삽입 시 가장 알맞은 깊이는?

① 20cm   ② 40cm
③ 50cm   ④ 60cm

[풀이] 시료채취관을 여지반사식은 20cm, 광투과식은 5cm 삽입하여 가속페달을 급속히 밟으면서 시료를 채취한다.

06 EGR(Exhaust Gas Recirculation) 밸브에 대한 설명 중 틀린 것은?

① 배기가스 재순환 장치이다.
② 연소실 온도를 낮추기 위한 장치이다.
③ 증발가스를 포집하였다가 연소시키는 장치이다.
④ 질소산화물(NOx) 배출을 감소시키기 위한 장치이다.

ANSWER 01.① 02.③ 03.④ 04.③ 05.① 06.③

💡 ①, ②, ④항이 EGR 밸브에 대한 옳은 설명이고, 연료 증발가스는 차콜 캐니스터와 PCSV를 이용하여 재연소시킨다.

07 수냉식 냉각장치의 장·단점에 대한 설명으로 틀린 것은?

① 공랭식보다 소음이 크다.
② 공랭식보다 보수 및 취급이 복잡하다.
③ 실린더 주위를 균일하게 냉각시켜 공랭식보다 냉각효과가 좋다.
④ 실린더 주위를 저온으로 유지시키므로 공랭식보다 체적효율이 좋다.

💡 공랭식은 수냉식보다 소음이 큰 단점이 있다.

08 다음 중 디젤기관에 사용되는 과급기의 역할은?

① 윤활성의 증대
② 출력의 증대
③ 냉각효율의 증대
④ 배기의 증대

💡 디젤기관에서 과급기는 출력의 증대를 위하여 사용된다.

09 연료 분사장치에서 산소센서의 설치 위치는?

① 라디에이터
② 실린더 헤드
③ 흡입 매니홀드
④ 배기 매니홀드 또는 배기관

💡 산소센서는 배기 매니홀드 또는 배기관에 장착되어 있으며 배기가스 중의 산소 농도차에 따라 전압이 발생되면 이를 피드백하여 이론 공연비로 제어하기 위한 센서이다.

10 가솔린 엔진에서 점화장치 점검방법으로 틀린 것은?

① 흡기온도센서의 출력값을 확인한다.
② 점화코일의 1차, 2차 코일 저항을 확인한다.
③ 오실로 스코프를 이용하여 점화파형을 확인한다.
④ 고압 케이블을 탈거하고 크랭킹 시 불꽃 방전 시험으로 확인한다.

💡 가솔린 엔진에서 점화장치 점검은 ②, ③, ④의 방법으로 한다. 흡기온도 센서 출력값과는 관련이 없다.

11 흡기계통의 핫 와이어(Hot wire) 공기량 계측방식은?

① 간접 계량방식
② 공기질량 검출방식
③ 공기체적 검출방식
④ 흡입부압 감지방식

💡 **흡입공기량 계측방식**
ⓐ 직접 계측방식(mass flow type)
  ㉠ 체적 검출방식 : 베인식, 칼만 와류식
  ㉡ 질량 검출방식 : 열선(Hot wire)식, 열막(Hot film)식
ⓑ 간접 계측방식(speed density type) : 흡기 다기관 절대압력(MAP센서) 방식

12 전자제어기관에서 인젝터의 연료분사량에 영향을 주지 않는 것은?

① 산소(O_2)센서
② 공기유량센서(AFS)
③ 냉각수온센서(WTS)
④ 핀 서모(pin thermo)센서

07.① 08.② 09.④ 10.① 11.② 12.④

풀이 핀 서모센서는 에어컨 시스템에 사용되는 센서로 연료분사량과는 관련이 없다.

13 디젤 엔진에서 연료 공급펌프 중 프라이밍 펌프의 기능은?

① 기관이 작동하고 있을 때 펌프에 연료를 공급한다.
② 기관이 정지되고 있을 때 수동으로 연료를 공급한다.
③ 기관이 고속운전을 하고 있을 때 분사펌프의 기능을 돕는다.
④ 기관이 가동하고 있을 때 분사펌프에 있는 연료를 빼는 데 사용한다.

풀이 디젤 엔진에서 프라이밍 펌프는 기관이 정지되어 있을 때 수동으로 작동시켜 연료라인에서 공기배기 작업에 사용되며 동시에 연료를 분사펌프로 공급한다.

14 기관정비 작업 시 피스톤링의 이음 간극을 측정할 때 측정도구로 가장 알맞은 것은?

① 마이크로미터
② 다이얼 게이지
③ 시크니스게이지
④ 버니어캘리퍼스

풀이 피스톤링 이음 간극 측정은 시크니스(필러, 틈새, 간극) 게이지로 한다.

15 자기진단 출력이 10진법 2개 코드 방식에서 코드번호가 55일 때 해당하는 신호는?

①
②
③
④

풀이 굵은 것은 10, 가느다란 것은 1을 의미한다.

16 LPG 기관에서 연료공급 경로로 맞는 것은?

① 봄베 → 솔레노이드 밸브 → 베이퍼라이저 → 믹서
② 봄베 → 베이퍼라이저 → 솔레노이드 밸브 → 믹서
③ 봄베 → 베이퍼라이저 → 믹서 → 솔레노이드 밸브
④ 봄베 → 믹서 → 솔레노이드 밸브 → 베이퍼라이저

풀이 **LPG 기관의 연료공급 경로** : 연료탱크 → 솔레노이드 밸브 → 베이퍼라이저 → 믹서

17 LPG 연료에 대한 설명으로 틀린 것은?

① 기체 상태는 공기보다 무겁다.
② 저장은 가스 상태로만 한다.
③ 연료 충진은 탱크 용량의 약 85% 정도로 한다.
④ 주변 온도 변화에 따라 봄베의 압력변화가 나타난다.

풀이 LPG란 Liquefied Petroleum Gas(액화석유가스)란 뜻으로, 압력에 의해 액화시켜 액체상태로 연료를 저장한다.

13.② 14.③ 15.④ 16.① 17.②

18 피스톤 행정이 84mm, 기관의 회전수가 3000rpm인 4행정 사이클 기관의 피스톤 평균속도는 얼마인가?

① 4.2m/s ② 8.4m/s
③ 9.4m/s ④ 10.4m/s

풀이

$$\text{피스톤 평균속도}(v) = \frac{2LN}{60} = \frac{LN}{30}$$

여기서, L : 행정(m)
　　　　N : 엔진회전수(rpm)

∴ 피스톤 평균속도$(v) = \frac{0.084 \times 3000}{30} = 8.4\text{m/s}$

19 기관의 밸브장치에서 기계식 밸브 리프트에 비해 유압식 밸브 리프트의 장점으로 맞는 것은?

① 구조가 간단하다.
② 오일펌프와 상관없다.
③ 밸브간극 조정이 필요없다.
④ 워밍업 전에만 밸브간극 조정이 필요하다.

풀이 유압식 밸브 리프트는 유압에 의해 밸브 간극을 항상 "0"으로 하여 밸브간극 조정이 필요 없다.

20 내연기관의 윤활장치에서 유압이 낮아지는 원인으로 틀린 것은?

① 기관 내 오일부족
② 오일스트레이너 막힘
③ 유압 조절밸브 스프링장력 과대
④ 캠축 베어링의 마멸로 오일 간극 커짐

풀이 유압이 낮아지는 원인
ⓐ 기관 내 오일부족
ⓑ 오일스트레이너 막힘
ⓒ 베어링 마모로 오일간극이 커졌을 때
ⓓ 유압조절밸브 스프링 장력 저하
ⓔ 오일의 희석 및 점도 저하
ⓕ 오일펌프 불량 및 유압회로의 누설

21 수동변속기의 필요성으로 틀린 것은?

① 회전방향을 역으로 하기 위해
② 무부하 상태로 공전운전할 수 있게 하기 위해
③ 발진시 각부에 응력의 완화와 마찰을 최대화하기 위해
④ 차량발진시 중량에 의한 관성으로 인해 큰 구동력이 필요하기 때문에

풀이 수동변속기의 필요성
ⓐ 무부하 상태로 공전운전할 수 있게 하기 위해
ⓑ 차량발진시 중량에 의한 관성으로 인해 큰 구동력이 필요하기 때문에
ⓒ 회전방향을 역으로 하기 위해

22 다음 중 수동변속기 기어의 2중 결합을 방지하기 위해 설치한 기구는?

① 앵커 블록
② 시프트 포크
③ 인터록 기구
④ 싱크로나이져 링

풀이 ⓐ 인터 록 : 이중 물림 방지
　　 ⓑ 록킹 볼 : 기어 빠짐 방지

23 자동차의 무게 중심위치와 조향 특성과의 관계에서 조향각에 의한 선회 반지름보다 실제 주행하는 선회 반지름이 작아지는 현상은?

① 오버 스티어링
② 언더 스티어링
③ 파워 스티어링
④ 뉴트럴 스티어링

풀이 선회특성
ⓐ 언더 스티어 : 조향각을 일정하게 하고 선회시 선회반경이 커지는 현상

18.② 19.③ 20.③ 21.③ 22.③ 23.①

ⓑ 오버 스티어 : 조향각을 일정하게 하고 선회시 선회반경이 작아지는 현상
ⓒ 뉴트럴 스티어 : 조향각만큼 정상 선회
ⓓ 리버스 스티어 : 차속이 증가할수록 언더 스티어에서 오버 스티어로 되는 현상

24 진공식 브레이크 배력장치의 설명으로 틀린 것은?

① 압축공기를 이용한다.
② 흡기 다기관의 부압을 이용한다.
③ 기관의 진공과 대기압을 이용한다.
④ 배력장치가 고장나면 일반적인 유압 제동장치로 작동된다.

풀이 공기식 제동장치는 압축공기를 이용하여 브레이크 작용을 한다.

25 십자형 자재이음에 대한 설명 중 틀린 것은?

① 십자축과 두개의 요크로 구성되어 있다.
② 주로 후륜 구동식 자동차의 추진축에 사용된다.
③ 롤러베어링을 사이에 두고 축과 요크가 설치되어 있다.
④ 자재이음과 슬립이음 역할을 동시에 하는 형식이다.

풀이 ①, ②, ③항이 십자형 자재이음에 대한 설명이고, 슬립조인트가 슬립이음의 역할을 한다.

26 전자제어 제동장치(ABS)의 적용 목적이 아닌 것은?

① 차량의 스핀 방지
② 차량의 방향성 확보
③ 휠 잠김(lock) 유지
④ 차량의 조종성 확보

풀이 전자제어 제동장치(ABS)의 적용 목적
ⓐ 차량의 스핀 방지
ⓑ 차량의 방향성 확보
ⓒ 차량의 조종성 확보
ⓓ 휠 잠김(lock) 방지

27 유압식 동력 조향장치의 구성요소가 아닌 것은?

① 유압 펌프
② 유압 제어밸브
③ 동력 실린더
④ 유압식 리타더

풀이 동력 조향장치의 구성장치
ⓐ 동력부 : 오일 펌프 – 유압을 발생
ⓑ 작동부 : 동력 실린더 – 보조력을 발생
ⓒ 제어부 : 제어 밸브 – 오일 통로를 변경

28 자동변속기 유압시험 시 주의할 사항이 아닌 것은?

① 오일온도가 규정온도에 도달되었을 때 실시한다.
② 유압시험은 냉간, 중간, 열간 등 온도를 3단계로 나누어 실시한다.
③ 측정하는 항목에 따라 유압이 클 수 있으므로 유압계 선택에 주의한다.
④ 규정 오일을 사용하고, 오일 량을 정확히 유지하고 있는지 여부를 점검한다.

풀이 자동변속기 유압시험 시 주의할 사항
ⓐ 규정오일을 사용하고 오일량이 적정한지 확인한다.
ⓑ 엔진을 웜-업시켜 오일온도가 규정온도에 도달되었을 때 실시한다.
ⓒ 측정하는 항목에 따라 유압이 다를 수(클 수) 있으므로 유압계 선택에 주의한다.

24.① 25.④ 26.③ 27.④ 28.②

29 클러치 마찰면에 작용하는 압력이 300N, 클러치판의 지름이 80cm, 마찰계수 0.3일 때 기관의 전달회전력은 약 몇 N·m인가?

① 36   ② 56
③ 62   ④ 72

전달 회전력(T) = $\mu \cdot P \cdot r$(N·m)

여기서, μ : 마찰계수
P : 압력(N)
r : 클러치 반경(m)

∴ 전달 회전력(T)
= $0.3 \times 300N \times 0.4m = 36N \cdot m$

30 레이디얼타이어 호칭이 "175/70 SR 14"일 때 "70"이 의미하는 것은?

① 편평비   ② 타이어 폭
③ 최대속도   ④ 타이어 내경

타이어 호칭 기호
- 175 : 폭(너비)
- 70 : 편평비(%)
- S : 타이어 최대 허용속도
- R : 레이디얼 타이어
- 14 : 림 직경(인치)

31 엔진이 2000rpm으로 회전하고 있을 때 그 출력이 65ps라고 하면 이 엔진의 회전력은 몇 m-kg$_f$인가?

① 23.27   ② 24.45
③ 25.46   ④ 26.38

출력(제동마력, PS) = $\dfrac{TN}{716}$

여기서, T : 회전력(m-kg$_f$)
N : 엔진 회전수(rpm)

∴ $T = \dfrac{716 \times PS}{N} = \dfrac{716 \times 65}{2,000} = 23.27\text{m-kg}_f$

32 엔진의 내경이 9cm, 행정 10cm인 1기통 배기량은?

① 약 666cc   ② 약 656cc
③ 약 646cc   ④ 약 636cc

배기량 $V = 0.785 D^2 \cdot L \cdot Z$

여기서, D : 내경(mm)
L : 행정(mm)
Z : 실린더 수

∴ 배기량 V
= $0.785 \times 9^2 \times 10 \times 1 = 635.85$cc

33 기관의 동력을 측정할 수 있는 장비는?

① 멀티미터
② 볼트미터
③ 타코미터
④ 다이나모미터

기관의 동력은 엔진 다이나모미터로 측정한다.

34 축거가 1.2m인 자동차를 왼쪽으로 완전히 꺾을 때 오른쪽 바퀴의 조향각이 30°이고 왼쪽 바퀴의 조향각도가 45°일 때 차의 최소회전반경은? (단, r값은 무시)

① 1.7m   ② 2.4m
③ 3.0m   ④ 3.6m

최소회전반경 $R = \dfrac{L}{\sin\alpha} + r$

여기서, α : 외측바퀴 회전각도(°)
L : 축거(m)
r : 타이어 중심과 킹핀과의 거리(m)

∴ 최소회전반경 $R = \dfrac{1.2}{\sin 30°} = 2.4$

29.① 30.① 31.① 32.④ 33.④ 34.②

35 자동변속기의 변속을 위한 가장 기본적인 정보에 속하지 않는 것은?

① 차량 속도
② 변속기 오일량
③ 변속 레버 위치
④ 엔진 부하(스로틀 개도)

풀이) 자동변속기의 변속은 운전자의 의지(변속레버 위치), 엔진부하(스로틀 개도), 자동차 속도에 의해 이루어진다.

36 자동차의 앞바퀴 정렬에서 토(toe) 조정은 무엇으로 하는가?

① 와셔의 두께
② 시임의 두께
③ 타이로드의 길이
④ 드래그 링크의 길이

풀이) 자동차의 앞바퀴 정렬에서 토(toe) 조정은 타이로드의 길이를 가감하여 한다.

37 제동장치에서 디스크 브레이크의 형식으로 적합한 것은?

① 앵커핀 형
② 2 리딩 형
③ 유니서보 형
④ 플로팅 캘리퍼 형

풀이) 드럼 브레이크의 분류
ⓐ 넌서보 브레이크 : 리딩 트레일링 슈(앵커핀) 형식
ⓑ 서보 브레이크 : 단동 2리딩 또는 복동 2리딩 슈 형식, 유니 서보식, 듀오 서보식, 앵커 링크 형식 등
※ 플로팅 캘리퍼형은 디스크 브레이크 형식이다.

38 전자제어 현가장치(E.C.S) 입력신호가 아닌 것은?

① 휠 스피드센서
② 차고센서
③ 조향휠 각속도센서
④ 차속센서

풀이) 휠 스피드 센서는 전자제어 제동장치(ABS)의 입력신호이다.

39 유압식 브레이크는 무슨 원리를 이용한 것인가?

① 뉴톤의 법칙
② 파스칼의 원리
③ 베르누이의 정리
④ 아르키메데스의 원리

풀이) 유압식 브레이크는 파스칼의 원리를 이용한 것이다.

40 자동차 주행 시 차량 후미가 좌·우로 흔들리는 현상은?

① 바운싱 ② 피칭
③ 롤링   ④ 요잉

풀이) 차량 후미가 좌·우로 흔들리는 현상은 Z축을 중심으로 흔들리는 것이므로 요잉이라 한다.
• X축 : 롤링   • Y축 : 피칭
• Z축 : 요잉   • 상하 : 바운싱

41 평균 근로자 500명인 직장에서 1년간 8명의 재해가 발생하였다면 연천인율은?

① 12 ② 14
③ 16 ④ 18

풀이) **연천인률** : 연 근로자 1,000명당 1년간 발생하는 피해자 수로 표시한다.

35.② 36.③ 37.④ 38.① 39.② 40.④ 41.③

즉, 500명에 8명 재해가 발생하였으므로, 1,000명이면 16명에 해당한다.

> 개념 다지기
> $500 : 8 = 1,000 : x$, ∴ $x = \dfrac{1,000}{200} \times 8 = 16$명

42 단조작업의 일반적 안전사항으로 틀린 것은?

① 해머작업을 할 때에는 주위 사람을 보면서 한다.
② 재료를 자를 때에는 정면에 서지 않아야 한다.
③ 물품에 열이 있기 때문에 화상에 주의한다.
④ 형(die) 공구류는 사용 전에 예열한다.

풀이 해머작업 시에는 타격 가공하려는 곳에 눈을 고정시켜야 한다.

43 수공구 사용방법 중 잘못된 것은?

① 공구를 청결한 상태에서 보관할 것
② 공구를 취급할 때에 올바른 방법으로 사용할 것
③ 공구는 지정된 장소에 보관할 것
④ 공구는 사용 전후 오일을 발라 둘 것

풀이 수공구 사용은 ①, ②, ③과 같은 방법으로 사용하며, 사용 전·후 오일이 묻어있으면 잘 닦아둔다.

44 소화 작업의 기본요소가 아닌 것은?

① 가연 물질을 제거한다.
② 산소를 차단한다.
③ 점화원을 냉각시킨다.
④ 연료를 기화시킨다.

풀이 소화작업의 기본요소
ⓐ 가연 물질을 제거한다.
ⓑ 산소를 차단한다.
ⓒ 점화원을 냉각시킨다.

45 선반작업 시 안전수칙으로 틀린 것은?

① 선반 위에 공구를 올려놓은 채 작업하지 않는다.
② 돌리개는 적당한 크기의 것을 사용한다.
③ 공작물을 고정한 후 렌치류는 제거해야 한다.
④ 날 끝의 칩 제거는 손으로 한다.

풀이 선반작업 시 발생된 칩의 제거는 솔로 한다.

46 정비공장에서 엔진을 이동시키는 방법 가운데 가장 적합한 방법은?

① 체인 블록이나 호이스트를 사용한다.
② 지렛대를 이용한다.
③ 로프를 묶고 잡아당긴다.
④ 사람이 들고 이동한다.

풀이 무거운 물건은 체인 블록이나 호이스트를 이용하여 운반한다.

47 호이스트 사용시 안전사항 중 틀린 것은?

① 규격 이상의 하중을 걸지 않는다.
② 무게 중심 바로 위에서 달아 올린다.
③ 사람이 짐에 타고 운반하지 않는다.
④ 운반 중에는 물건이 흔들리지 않도록 짐에 타고 운반한다.

풀이 호이스트(hoist) 점검시 유의사항
ⓐ 규정 하중 이상으로 들지 않는다.
ⓑ 들어 올릴 때에는 천천히 올려 상태를 살핀 후 완전히 들어올린다.

42.① 43.④ 44.④ 45.④ 46.① 47.④

ⓒ 사람이 짐에 타고 운반하지 않는다.
ⓓ 호이스트 바로 밑에서 조작하지 않는다.
ⓔ 화물을 걸 때에는 들어 올리는 화물 무게중심의 위치를 확인하고 건다.

48 엔진작업에서 실린더 헤드볼트를 올바르게 풀어내는 방법은?

① 반드시 토크렌치를 사용한다.
② 풀기 쉬운 것부터 푼다.
③ 바깥쪽에서 안쪽을 향하여 대각선 방향으로 푼다.
④ 시계방향으로 차례대로 푼다.

풀이 실린더 헤드 볼트는 바깥쪽에서 안쪽을 향하여 대각선 방향으로 푼다.

49 전기장치의 배선 연결부 점검 작업으로 적합한 것을 모두 고른 것은?

> a. 연결부의 풀림이나 부식을 점검한다.
> b. 배선 피복의 절연, 균열 상태를 점검한다.
> c. 배선이 고열 부위로 지나가는지 점검한다.
> d. 배선이 날카로운 부위로 지나가는지 점검한다.

① a – b
② a – b – d
③ a – b – c
④ a – b – c – d

풀이 a, b, c, d 모두 전기장치 배선 연결부 점검 작업에 적합하다.

50 차량 밑에서 정비할 경우 안전조치 사항으로 틀린 것은?

① 차량은 반드시 평지에 받침목을 사용하여 세운다.
② 차를 들어 올리고 작업할 때에는 반드시 잭으로 들어 올린 다음 스탠드로 지지해야 한다.
③ 차량 밑에서 작업할 때에는 반드시 앞치마를 이용한다.
④ 차량 밑에서 작업할 때에는 반드시 보안경을 착용한다.

풀이 차량 밑에서 정비시 안전조치 사항
ⓐ 차량은 반드시 평지에 받침목을 사용하여 세운다.
ⓑ 차를 들어 올리고 작업할 때에는 반드시 잭으로 들어 올린 다음 스탠드로 지지해야 한다.
ⓒ 차량 밑에서 작업할 때에는 반드시 보안경을 착용한다.

51 계기판의 엔진 회전계가 작동하지 않는 결함의 원인에 해당되는 것은?

① VSS(Vehicle Speed Sensor) 결함
② CPS(Crankshaft Position Sensor) 결함
③ MAP(Manifold Absolute Pressure Sensor) 결함
④ CTS(Coolant Temperature Sensor) 결함

풀이 엔진 회전계는 점화코일의 – 신호 또는 CPS의 신호에 의해 작동한다.

48.③   49.④   50.③   51.②

52 기동 전동기의 작동원리는 무엇인가?

① 렌츠의 법칙
② 암페어의 법칙
③ 플레밍 왼손법칙
④ 플레밍 오른손법칙

풀이 기동 전동기는 플레밍의 왼손법칙을 응용한 것이다.

53 백워닝(후방경보) 시스템의 기능과 가장 거리가 먼 것은?

① 차량 후방의 장애물을 감지하여 운전자에게 알려주는 장치이다.
② 차량 후방의 장애물은 초음파 센서를 이용하여 감지한다.
③ 차량 후방의 장애물 감지시 브레이크가 작동하여 차속을 감속시킨다.
④ 차량 후방의 장애물 형상에 따라 감지되지 않을 수도 있다.

풀이 백 워닝(back warning) 시스템은 초음파 센서를 이용하여 차량 후방의 장애물을 감지하여 운전자에게 알려주는 시스템으로, 장애물의 형상에 따라 감지되지 않을 수도 있다.

54 저항이 4Ω인 전구를 12V의 축전지에 의하여 점등했을 때 접속이 올바른 상태에서 전류(A)는 얼마인가?

① 4.8A   ② 2.4A
③ 3.0A   ④ 6.0A

풀이 오옴의 법칙 $I = \dfrac{E}{R}$

전류 $I = \dfrac{12}{4} = 3A$

55 발전기의 3상 교류에 대한 설명으로 틀린 것은?

① 3조의 코일에서 생기는 교류 파형이다.
② Y결선을 스타 결선, △결선을 델타 결선이라 한다.
③ 각 코일에 발생하는 전압을 선간전압이라고 하며, 스테이터 발생전류는 직류 전류가 발생된다.
④ △결선은 코일의 각 끝과 시작점을 서로 묶어서 각각의 접속점을 외부 단자로 한 결선 방식이다.

풀이 스테이터 코일에서는 교류전류가 발생된다.

56 2개 이상의 배터리를 연결하는 방식에 따라 용량과 전압 관계의 설명으로 맞는 것은?

① 직렬 연결시 1개 배터리 전압과 같으며 용량은 배터리 수만큼 증가한다.
② 병렬 연결시 용량은 배터리 수만큼 증가하지만 전압은 1개 배터리 전압과 같다.
③ 병렬연결이란 전압과 용량이 동일한 배터리 2개 이상을 (+)단자와 연결대상 배터리 (-)단자에, (-)단자는 (+)단자로 연결하는 방식이다.
④ 직렬연결이란 전압과 용량이 동일한 배터리 2개 이상을 (+)단자와 연결대상 배터리의 (+)단자에 서로 연결하는 방식이다.

풀이 ①번은 병렬 연결 ③번은 직렬 연결 ④번은 병렬 연결에 대한 설명이다.

52.③ 53.③ 54.③ 55.③ 56.②

57 다음 그림의 기호는 어떤 부품을 나타내는 기호인가?

① 실리콘 다이오드
② 발광 다이오드
③ 트랜지스터
④ 제너 다이오드

풀이 제너 다이오드의 기호로, 제너 다이오드는 어떤 기준 전압(브레이크 다운 전압) 이상이 되면 역방향으로도 전류가 흐르는 반도체이다.

58 다음 중 가속도(G) 센서가 사용되는 전자제어 장치는?

① 에어백(SRS)장치
② 배기장치
③ 정속주행장치
④ 분사장치

풀이 가속도(G) 센서는 차량 충돌시 가·감속도를 감지하여 에어백의 작동유무를 판정한다.

59 전자제어 가솔린엔진에서 점화시기에 가장 영향을 주는 것은?

① 퍼지 솔레노이드밸브
② 노킹센서
③ EGR 솔레노이드밸브
④ PCV(Positive Crankcase Ventilation)

풀이 노킹센서는 노킹을 감지하여 점화시기를 늦추는 신호로 사용된다.

60 자동차용 납산 축전지에 관한 설명으로 맞는 것은?

① 일반적으로 축전지의 음극 단자는 양극 단자보다 크다.
② 정전류 충전이란 일정한 충전 전압으로 충전하는 것을 말한다.
③ 일반적으로 충전시킬 때는 + 단자는 수소가, - 단자는 산소가 발생한다.
④ 전해액의 황산 비율이 증가하면 비중은 높아진다.

풀이 일반적으로 양극 단자가 음극 단자보다 크며, 정전류 충전은 일정한 전류로 충전하는 것을, 충전시 + 단자에는 산소 가스가, - 단자에는 수소 가스가 발생된다.

ANSWER 57.④ 58.① 59.② 60.④

자동차정비기능사 제2회
(2015.04.04 시행)

01 전자제어 연료분사 차량에서 크랭크각 센서의 역할이 아닌 것은?

① 냉각수 온도 검출
② 연료의 분사시기 결정
③ 점화시기 결정
④ 피스톤의 위치 검출

풀이 크랭크각 센서는 ②, ③, ④의 역할을 하며, 냉각수 온도 검출은 냉각수온 센서(WTS 또는 CTS)가 한다.

02 이소옥탄 60%, 정헵탄 40%의 표준연료를 사용했을 때 옥탄가는 얼마인가?

① 40%   ② 50%
③ 60%   ④ 70%

풀이
$$옥탄가 = \frac{이소옥탄}{이소옥탄 + 정(노말)헵탄} \times 100\%$$

$$\therefore \frac{60}{60+40} \times 100(\%) = 60(\%)$$

03 디젤 엔진의 정지방법에서 인테이크 셔터(intake shutter)의 역할에 대한 설명으로 옳은 것은?

① 연료를 차단
② 흡입공기를 차단
③ 배기가스를 차단
④ 압축 압력 차단

풀이 인테이크 셔터(intake shutter)란 흡입공기를 차단하여 디젤 엔진을 정지시키는 방법이다.

04 다음 중 전자제어 엔진에서 연료분사 피드백(Feed Back) 제어에 가장 필요한 센서는?

① 스로틀 포지션 센서
② 대기압 센서
③ 차속 센서
④ 산소(O_2) 센서

풀이 산소(O_2)센서는 배기관에 장착되어 있으며 배기가스 속에 포함되어 있는 산소량을 감지하여 산소 농도차에 따라 전압이 발생되면 이를 피드백하여 이론 공연비로 제어하기 위한 센서이다.

05 연료 탱크 내장형 연료펌프(어셈블리)의 구성부품에 해당되지 않는 것은?

① 첵 밸브   ② 릴리프 밸브
③ DC모터   ④ 포토 다이오드

풀이 **연료탱크 내장형 연료펌프 구성부품**
ⓐ DC모터   ⓑ 첵 밸브   ⓒ 릴리프 밸브

06 가솔린 자동차의 배기관에서 배출되는 배기가스와 공연비와의 관계를 잘못 설명한 것은?

① CO는 혼합기가 희박할수록 적게 배출된다.
② HC는 혼합기가 농후할수록 많이 배출된다.
③ NOx는 이론혼합비 부근에서 최소로 배출된다.
④ CO_2는 혼합기가 농후할수록 적게 배출된다.

01.① 02.③ 03.② 04.④ 05.④ 06.③

풀이 CO, HC는 혼합기가 농후할수록 많이 배출되고, NOx는 이론공연비 부근에서 다량 배출된다.

07 전자제어 차량의 흡입 공기량 계측방식으로 매스 플로(mass flow) 방식과 스피드 덴시티(speed density) 방식이 있는데 매스 플로 방식이 아닌 것은?

① 맵 센서식(MAP sensor type)
② 핫 필름식(hor wire type)
③ 베인식(vane type)
④ 칼만 와류식(karman vortex type)

풀이 **흡입공기량 계측방식**
ⓐ 직접 계측방식(mass flow type)
  ㉠ 체적 검출방식 : 베인식, 칼만 와류식
  ㉡ 질량 검출방식 : 열선(Hot wire)식, 열막(Hot film)식
ⓑ 간접 계측방식(speed density type) : 흡기 다기관 절대압력(MAP센서) 방식

08 연료의 저위발열량 10,500kcal/kgf, 제동마력 93PS, 제동 열효율 31%인 기관의 시간당 연료 소비량(kgf/h)은?

① 약 18.07   ② 약 17.07
③ 약 16.07   ④ 약 5.53

풀이 제동 열효율$(\eta_b) = \dfrac{632.3 \times PS}{CW}$

여기서, C : 연료의 저위발열량[kcal/kgf]
  W : 시간당 연료 소비량[kgf/h]
  PS : 마력[ps](주어지지 않으면 1마력)

∴ 시간당 연료 소비량$(W) = \dfrac{632.3 \times PS}{C \times \eta_b}$

$= \dfrac{632.3 \times 93}{10,500 \times 0.31} = 18.07(kg_f/h)$

09 윤중에 대한 정의이다. 옳은 것은?

① 자동차가 수평으로 있을 때, 1개의 바퀴가 수직으로 지면을 누르는 중량
② 자동차가 수평으로 있을 때, 차량 중량이 1개의 바퀴에 수평으로 걸리는 중량
③ 자동차가 수평으로 있을 때, 차량 총 중량이 2개의 바퀴에 수직으로 걸리는 중량
④ 자동차가 수평으로 있을 때, 공차 중량이 4개의 바퀴에 수직으로 걸리는 중량

풀이 윤중이란 자동차가 수평으로 있을 때, 1개의 바퀴가 수직으로 지면을 누르는 중량을 말한다.

10 가솔린 기관에서 고속 회전 시 토크가 낮아지는 원인으로 가장 적합한 것은?

① 체적 효율이 낮아지기 때문이다.
② 화염전파 속도가 상승하기 때문이다.
③ 공연비가 이론공연비에 접근하기 때문이다.
④ 점화시기가 빨라지기 때문이다.

풀이 가솔린 기관에서 고속 회전 시 토크가 낮아지는 원인은 체적 효율이 낮아지기 때문이다.

11 엔진 실린더 내부에서 실제로 발생한 마력으로 혼합기가 연소 시 발생하는 폭발압력을 측정한 마력은?

① 지시마력   ② 경제마력
③ 정미마력   ④ 정격마력

풀이 지시마력이란 엔진 실린더 내부에서 실제로 발생한 마력으로 혼합기가 연소 시 발생하는 폭발압력을 측정한 마력이다.

ANSWER 07.① 08.① 09.① 10.① 11.①

12. 디젤 기관의 노킹을 방지하는 대책으로 알맞은 것은?
   ① 실린더 벽의 온도를 낮춘다.
   ② 착화지연 기간을 길게 유도한다.
   ③ 압축비를 낮게 한다.
   ④ 흡기온도를 높인다.

   풀이 디젤 노크의 방지 대책
   ⓐ 세탄가가 높은(착화성이 좋은) 연료를 사용한다.
   ⓑ 흡입공기의 온도, 실린더 벽의 온도를 높게 한다.
   ⓒ 압축비를 높게 한다.
   ⓓ 착화지연기간을 짧게 한다.
   ⓔ 착화지연기간 중 연료의 분사량을 적게 한다.
   ⓕ 흡입공기에 와류가 일어나도록 한다.

13. 디젤 기관에 쓰이는 연소실이다. 복실식 연소실이 아닌 것은?
   ① 예연소실식
   ② 직접분사식
   ③ 공기실식
   ④ 와류실식

   풀이 디젤기관 연소실의 분류
   ⓐ 단실식 : 직접 분사실식
   ⓑ 복실식 : 예연소실식, 와류실식, 공기실식

14. 실린더 지름이 100mm의 정방형 엔진이다. 행정 체적은 약 얼마인가?
   ① 600cm³   ② 785cm³
   ③ 1,200cm³   ④ 1,490cm³

   풀이 행정체적(배기량) $V = \frac{\pi}{4} \cdot D^2 \cdot L$
   여기서, D : 내경[cm] L : 행정[cm]
   ∴ 행정체적 $V = \frac{3.14}{4} \times 10^2 \times 10 = 785cm^3$

15. 4행정 사이클 기관에서 크랭크축이 4회전 할 때 캠축은 몇 회전하는가?
   ① 1회전   ② 2회전
   ③ 3회전   ④ 4회전

   풀이 4행정 1사이클 기관은 크랭크축이 4회전 할 때 캠축은 2회전한다.

16. 기관에 윤활유를 급유하는 목적과 관계없는 것은?
   ① 연소촉진작용
   ② 동력손실감소
   ③ 마멸방지
   ④ 냉각작용

   풀이 기관에 윤활유를 급유하는 목적은 마찰을 감소시켜 동력손실을 최소화하고 마멸을 방지하며, 마찰로 인한 열을 흡수하여 냉각시키고 충격을 분산시켜 응력을 최소화시키기 위함이다.

17. 실린더 블록이나 헤드의 평면도 측정에 알맞은 게이지는?
   ① 마이크로미터
   ② 다이얼 게이지
   ③ 버니어 캘리퍼스
   ④ 직각자와 필러게이지

   풀이 실린더 헤드의 평면도 점검은 직각자(곧은자)와 필러(틈새, 간극, 시크니스)게이지로 측정 점검한다.

12.④ 13.② 14.② 15.② 16.① 17.④

18. 자동차 엔진의 냉각 장치에 대한 설명 중 적절하지 않은 것은?

① 강제 순환식이 많이 사용된다.
② 냉각 장치 내부에 물때가 많으면 과열의 원인이 된다.
③ 서모스탯에 의해 냉각수의 흐름이 제어된다.
④ 엔진 과열시에는 즉시 라디에이터 캡을 열고 냉각수를 보급하여야 한다.

[풀이] 기관이 과열되었을 때 냉각수 보충은 기관 시동을 끄고 완전히 냉각시킨 후 라디에이터 캡을 열고 냉각수를 보충한다.

19. LPI 엔진에서 연료의 부탄과 프로판의 조성비를 결정하는 입력요소로 맞는 것은?

① 크랭크각 센서, 캠각 센서
② 연료온도 센서, 연료압력 센서
③ 공기유량 센서, 흡기온도 센서
④ 산소 센서, 냉각수온 센서

[풀이] LPI 엔진에서 연료 압력과 연료 온도를 측정하여 IFB(Interface Box)로 보내면 연료 압력과 온도에 따라 연료를 보정하여 연료 분사량을 결정하기 위하여 측정한다.

20. 연소란 연료의 산화반응을 말하는데 연소에 영향을 주는 요소 중 가장 거리가 먼 것은?

① 배기 유동과 난류
② 공연비
③ 연소 온도와 압력
④ 연소실 형상

[풀이] ②, ③, ④항이 연소에 영향을 주는 요소이며, 배기 유동은 연소 후이므로 관련이 없다.

21. 피스톤에 옵셋(off set)을 두는 이유로 가장 올바른 것은?

① 피스톤의 틈새를 크게 하기 위하여
② 피스톤의 중량을 가볍게 하기 위하여
③ 피스톤의 측압을 작게 하기 위하여
④ 피스톤 스커트부에 열전달을 방지하기 위하여

[풀이] 피스톤의 측압을 감소시키고 회전을 원활하게 하며, 실린더와 피스톤의 편마모를 방지하기 위하여 피스톤 핀의 위치를 중심에서 약 1.5mm 정도 옵셋시킨 옵셋 피스톤을 사용한다.

22. 공기청정기가 막혔을 때의 배기가스 색으로 가장 알맞은 것은?

① 무색   ② 백색
③ 흑색   ④ 청색

[풀이] 공기 청정기가 막히면 연료가 과다하여 배기가스 색이 흑색이다.

23. 피스톤 링의 3대 작용으로 틀린 것은?

① 와류작용
② 기밀작용
③ 오일제어 작용
④ 열전도 작용

[풀이] **피스톤 링의 3대 작용**
ⓐ 기밀유지 작용
ⓑ 열전도 작용
ⓒ 오일제어 작용

18.④ 19.② 20.① 21.③ 22.③ 23.①

24. 전자제어식 제동장치(ABS)에서 제동시 타이어 슬립율이란?

① $\dfrac{\text{차륜속도}-\text{차체속도}}{\text{차체속도}} \times 100\%$

② $\dfrac{\text{차체속도}-\text{차륜속도}}{\text{차체속도}} \times 100\%$

③ $\dfrac{\text{차체속도}-\text{차륜속도}}{\text{차륜속도}} \times 100\%$

④ $\dfrac{\text{차륜속도}-\text{차체속도}}{\text{차륜속도}} \times 100\%$

풀이 ABS에서 타이어 슬립율이란 자동차(차체) 속도와 바퀴(차륜) 속도와의 차이를 말한다.

25. 승용자동차에서 주제동 브레이크에 해당되는 것은?
① 디스크 브레이크
② 배기 브레이크
③ 엔진 브레이크
④ 와전류 브레이크

풀이 엔진 브레이크, 배기 브레이크, 와전류 브레이크는 보조 브레이크이다.

26. 추진축의 슬립 이음은 어떤 변화를 가능하게 하는가?
① 축의 길이
② 드라이브 각
③ 회전 토크
④ 회전 속도

풀이 드라이브 라인의 구성품과 역할
ⓐ 추진축(propeller shaft) : 회전력 전달
ⓑ 자재이음(universal joint) : 각도 변화
ⓒ 슬립이음(slip joint) : 길이 변화

27. 자동변속기 차량에서 시동이 가능한 변속레버 위치는?
① P, N
② P, D
③ 전구간
④ N, D

풀이 인히비터(inhibitor) 스위치는 "P" 또는 "N" 레인지 이외에서는 시동이 걸리지 않도록 하는 스위치이다. 즉, 변속레버 위치가 P와 N 레인지 있어야만 시동이 가능하다.

28. 자동변속기 오일의 구비조건으로 부적합한 것은?
① 기포 발생이 없고 방청성이 있을 것
② 점도지수의 유동성이 좋을 것
③ 내열 및 내산화성이 좋을 것
④ 클러치 접속시 충격이 크고 미끄럼이 없는 적절한 마찰계수를 가질 것

풀이 자동변속기 오일의 구비조건
ⓐ 기포 발생이 없고 방청성이 있을 것
ⓑ 저온시 유동성이 좋을 것
ⓒ 내열 및 내산화성이 좋을 것
ⓓ 클러치 접속시 충격이 적고 미끄럼이 없는 적절한 마찰계수를 가질 것
ⓔ 점도지수의 변화가 작을 것
ⓕ 침전물의 발생이 적을 것

29. 자동차의 축간 거리가 2.2m, 외측 바퀴의 조향각이 30°이다. 이 자동차의 최소 회전 반지름은 얼마인가? (단, 바퀴의 접지면 중심과 킹핀과의 거리는 30cm이다.)
① 3.5m
② 4.7m
③ 7m
④ 9.4m

24.② 25.① 26.① 27.① 28.④ 29.②

풀이

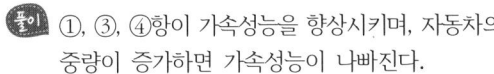

여기서, α : 외측바퀴 회전각도[°]
L : 축거[m]
r : 타이어 중심과 킹핀 중심과의 거리[m]

$\therefore$ 최소회전반경$(R) = \dfrac{2.2}{\sin 30°} + 0.3 = 4.7\text{m}$

30 엔진의 출력을 일정하게 하였을 때 가속성능을 향상시키기 위한 것이 아닌 것은?

① 여유구동력을 크게 한다.
② 자동차의 총중량을 크게 한다.
③ 종감속비를 크게 한다.
④ 주행저항을 작게 한다.

풀이 ①, ③, ④항이 가속성능을 향상시키며, 자동차의 중량이 증가하면 가속성능이 나빠진다.

31 타이어의 구조 중 노면과 직접 접촉하는 부분은?

① 트레드   ② 카커어스
③ 비드   ④ 숄더

풀이 타이어의 구조
ⓐ 트레드(tread) : 노면과 직접 접촉하는 부분으로 제동력, 구동력, 옆방향 미끄럼 방지, 승차감 향상 등의 역할을 한다.
ⓑ 카커어스(carcass) : 타이어의 골격을 이루는 부분으로 고무로 피복된 여러 겹의 코드층으로 되어 공기압력을 견디고 완충작용을 한다.
ⓒ 비드(bead) : 타이어가 림에 접촉하는 부분으로 타이어가 늘어나고 빠지는 것을 방지하기 위해 몇 줄의 피아노 선이 들어있다.
ⓓ 숄더(shoulder) : 트레드에서 사이드 월 부사이의 측면부분으로, 카커스를 보호하고 주행 중 타이어에서 발생하는 열을 방출시키는 역할을 한다.

32 브레이크 파이프에 잔압 유지와 직접적인 관련이 있는 것은?

① 브레이크 페달
② 마스터 실린더 2차컵
③ 마스터 실린더 체크 밸브
④ 푸시로드

풀이 유압식 브레이크에서 잔압이란 리턴 스프링이 항상 체크 밸브를 밀고 있으므로 회로 내의 유압과 리턴 스프링의 장력이 평형이 되어 회로 내에 어느 정도 압력이 남는 것을 말한다.

33 전자제어 현가장치에 사용되고 있는 차고 센서의 구성 부품으로 옳은 것은?

① 에어챔버와 서브탱크
② 발광다이오드와 유화 카드뮴
③ 서모스위치
④ 발광다이오드와 광트랜지스터

풀이 전자제어 현가장치의 차고센서는 차고 변화에 따른 보디와 액슬의 위치를 감지하는 역할을 하며, 차고의 변화는 센서에 전달되는 레버의 회전량으로 변환된다. 차고센서는 발광다이오드(LED, 발광기)와 광트랜지스터(수광기) 쌍으로 구성되어 있다.

34 클러치 부품 중 플라이휠에 조립되어 플라이휠과 함께 회전하는 부품은?

① 클러치판
② 변속기 입력축
③ 클러치 커버
④ 릴리스 포크

풀이 클러치 커버는 플라이휠에 볼트로 조립되어 있으므로 시동이 걸리면 항상 플라이휠과 함께 회전한다.

30.② 31.① 32.③ 33.④ 34.③

35 유압식 클러치에서 동력 차단이 불량한 원인 중 가장 거리가 먼 것은?

① 페달의 자유간극 없음
② 유압라인의 공기 유입
③ 클러치 릴리스 실린더 불량
④ 클러치 마스터 실린더 불량

[풀이] 페달에 자유간극이 없어지면 클러치가 다 닳아서 미끄러지게 진다.

36 자동차가 고속으로 선회할 때 차체가 기울어지는 것을 방지하기 위한 장치는?

① 타이로드 ② 토인
③ 프로포셔닝밸브 ④ 스태빌라이저

[풀이] 스태빌라이저는 선회시 차체의 기울어짐을 방지하여 차의 평형을 유지시켜주는 기능을 한다.

37 전자제어 조향장치에서 차속센서의 역할은?

① 공전속도 조절 ② 조향력 조절
③ 공연비 조절 ④ 점화시기 조절

[풀이] 차속센서는 차속에 따른 신호를 동력 조향장치의 컨트롤 유닛(ECU)에 입력하며, 컨트롤 유닛은 차속센서 신호가 입력되면 차속에 따라 조향력을 적절하게 조절한다.

38 주행 중 조향핸들이 한쪽으로 쏠리는 원인과 가장 거리가 먼 것은?

① 바퀴 허브 너트를 너무 꽉 조였다.
② 좌·우의 캠버가 같지 않다.
③ 컨트롤 암(위 또는 아래)이 휘었다.
④ 좌·우의 타이어 공기압이 다르다.

[풀이] ②, ③, ④항은 핸들이 한쪽으로 쏠리는 원인이며, 바퀴의 허브 너트는 꽉 조여야 한다.

39 배력장치가 장착된 자동차에서 브레이크 페달의 조작이 무겁게 되는 원인이 아닌 것은?

① 푸시로드의 부트가 파손되었다.
② 진공용 체크밸브의 작동이 불량하다.
③ 릴레이 밸브 피스톤의 작동이 불량하다.
④ 하이드로릭 피스톤 컵이 손상되었다.

[풀이] ②, ③, ④항이 브레이크 페달 조작이 무겁게 되는 원인이다.

40 조향휠이 1회전 하였을 때 피트먼암이 60° 움직였다. 조향 기어비는 얼마인가?

① 12 : 1 ② 6 : 1
③ 6.5 : 1 ④ 13 : 1

[풀이]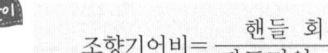

$$\therefore 조향기어비 = \frac{360}{60} = 6$$

41 자동차에서 축전지를 떼어낼 때 작업방법으로 가장 옳은 것은?

① 접지 터미널을 먼저 푼다.
② 양 터미널을 함께 푼다.
③ 벤트 플러그(vent plug)를 열고 작업한다.
④ 극성에 상관없이 작업성이 편리한 터미널부터 분리한다.

[풀이] 자동차에서 축전지를 떼어낼 때는 접지(-) 터미널을 먼저 풀고, (+) 터미널을 나중에 푼다.

35.① 36.④ 37.② 38.① 39.① 40.② 41.①

42. 자기유도작용과 상호유도작용 원리를 이용한 것은?
① 발전기 ② 점화코일
③ 기동모터 ④ 축전지

풀이 점화장치는 점화코일의 자기유도 작용과 상호유도 작용을 이용하여 고압의 전기적 불꽃으로 점화하여 연소를 일으키는 장치이다.

43. 자동차용 배터리의 충전방전에 관한 화학반응으로 틀린 것은?
① 배터리 방전 시 (+)극판의 과산화납은 점점 황산납으로 변한다.
② 배터리 충전 시 (+)극판의 황산납은 점점 과산화납으로 변한다.
③ 배터리 충전 시 물은 묽은 황산으로 변한다.
④ 배터리 충전 시 (-)극판에는 산소가, (+)극판에는 수소를 발생시킨다.

풀이 충·방전시 화학작용
ⓐ 배터리 방전시 양극판과 음극판은 황산납으로, 전해액인 묽은 황산은 물로 변한다.
ⓑ 배터리 충전시 양극판은 과산화납으로, 음극판은 해면상납으로, 전해액은 묽은 황산으로 변화한다.
ⓒ 배터리 충전시 (+)극판에서는 산소가, (-)극판에서 수소를 발생시킨다.

44. 일반적으로 발전기를 구동하는 축은?
① 캠축 ② 크랭크축
③ 앞차축 ④ 컨트롤로드

풀이 일반적으로 발전기는 크랭크축 풀리를 이용하여 구동한다.

45. 자동차 에어컨에서 고압의 액체 냉매를 저압의 액체 냉매로 바꾸는 구성품은?
① 압축기(compressor)
② 리퀴드 탱크(liquid tank)
③ 팽창 밸브(expansion valve)
④ 에버퍼레이터(evaporator)

풀이 팽창밸브(expansion valve)는 고압의 액체 냉매를 저압의 기체 냉매로 바꾸는 작용을 한다.

46. 자동차 전기장치에서 "유도 기전력은 코일 내의 자속의 변화를 방해하는 방향으로 생긴다"는 현상을 설명한 것은?
① 앙페르의 법칙
② 키르히호프의 제1법칙
③ 뉴톤의 제1법칙
④ 렌츠의 법칙

풀이 렌츠의 법칙은 "유도 기전력은 코일 내의 자속의 변화를 방해하는 방향으로 생긴다"는 법칙이다.

47. 논리회로에서 AND 게이트의 출력이 HIGH(1)로 되는 조건은?
① 양쪽의 입력이 HIGH일 때
② 한쪽의 입력만 LOW일 때
③ 한쪽의 입력만 HIGH일 때
④ 양쪽의 입력이 LOW일 때

풀이 AND 회로는 입력신호가 모두 HIGH(1)일 때, 출력이 1이 되는 회로이다.

42.② 43.④ 44.② 45.③ 46.④ 47.①

48. R-134a 냉매의 특징을 설명한 것으로 틀린 것은?

① 액화 및 증발되지 않아 오존층이 보존된다.
② 무색, 무취, 무미하다.
③ 화학적으로 안정되고 내열성이 좋다.
④ 온난화 계수가 구냉매 보다 낮다.

풀이 R-134a 냉매의 특징
ⓐ 오존층을 파괴하는 염소(Cl)가 없어 오존층이 보존된다.
ⓑ 무색, 무취, 무미하다.
ⓒ 화학적으로 안정되고 내열성이 좋다.
ⓓ 온난화 계수가 구냉매 보다 낮다.

49. 링기어 이의 수가 120, 피니언 이의 수가 12이고, 1500cc 급 엔진의 회전저항이 6m·kgf 일 때, 기동 전동기의 필요한 최소 회전력은?

① 0.6m·kgf   ② 2m·kgf
③ 20m·kgf   ④ 6m·kgf

풀이 필요최소회전력 = $\dfrac{\text{피니언 잇수}}{\text{링기어 잇수}} \times \text{엔진 회전저항}$

∴ 필요 최소회전력 = $\dfrac{12}{120} \times 6 = 0.6\, m \cdot kg_f$

50. 주행계기판의 온도계가 작동하지 않을 경우 점검을 해야 할 곳은?

① 공기유량센서
② 냉각수온센서
③ 에어컨압력센서
④ 크랭크포지션센서

풀이 계기판의 온도계가 작동하지 않으면 냉각수온센서(WTS 또는 CTS)를 점검한다.

51. 관리감독자의 점검대상 및 업무내용으로 가장 거리가 먼 것은?

① 보호구의 착용 및 관리실태 적절 여부
② 산업재해 발생시 보고 및 응급조치
③ 안전수칙 준수 여부
④ 안전관리자 선임 여부

풀이 안전관리자의 선임 여부는 사용자가 한다.

52. 렌치를 사용한 작업에 대한 설명으로 틀린 것은?

① 스패너의 자루가 짧다고 느낄 때는 긴 파이프를 연결하여 사용할 것
② 스패너를 사용할 때는 앞으로 당길 것
③ 스패너는 조금씩 돌리며 사용할 것
④ 파이프 렌치의 주용도는 둥근 물체 조립용이다.

풀이 스패너 및 렌치 작업시 주의사항
ⓐ 렌치는 몸 앞으로 조금씩 당겨서 사용할 것
ⓑ 렌치와 너트 사이에 절대 다른 물건을 끼우지 말 것
ⓒ 렌치를 해머 대용으로 사용해서는 안 된다.
ⓓ 렌치에 파이프 등의 연장대를 끼우고 사용해서는 안 된다.
ⓔ 렌치는 볼트 너트를 풀거나 조일 때 볼트 머리나 너트에 꼭 끼워져야 한다.
ⓕ 조정렌치의 조정조에 힘이 가해지지 않을 것
ⓖ 파이프 렌치의 주용도는 둥근 물체 조립용이다.

48.① 49.① 50.② 51.④ 52.①

53 다이얼 게이지 취급시 안전사항으로 틀린 것은?

① 작동이 불량하면 스핀들에 주유 혹은 그리스를 도포해서 사용한다.
② 분해 청소나 조정은 하지 않는다.
③ 다이얼 인디케이터에 충격을 가해서는 안 된다.
④ 측정시는 측정물에 스핀들을 직각으로 설치하고 무리한 접촉은 피한다.

풀이 다이얼 게이지 취급시 주의사항
ⓐ 게이지를 설치할 때에는 지지대의 암을 될 수 있는대로 짧게 하고 확실하게 고정해야 한다.
ⓑ 게이지 눈금은 0점 조정하여 사용한다.
ⓒ 게이지는 측정 면에 직각으로 설치한다.
ⓓ 충격은 절대로 금해야 한다.
ⓔ 분해 청소나 조절을 함부로 하지 않는다.
ⓕ 스핀들에 주유하거나 그리스를 바르지 않는다.

54 드릴 작업 때 칩의 제거 방법으로 가장 좋은 것은?

① 회전시키면서 솔로 제거
② 회전시키면서 막대로 제거
③ 회전을 중지시킨 후 손으로 제거
④ 회전을 중지시킨 후 솔로 제거

풀이 드릴 작업 때 칩의 제거는 드릴의 회전을 중지시킨 후 솔로 제거한다.

55 제3종 유기용제 취급장소의 색표시는?

① 빨강   ② 노랑
③ 파랑   ④ 녹색

풀이 유기용제의 색 표시
1종 : 적색(빨강)   2종 : 황색(노랑)
3종 : 청색(파랑)

56 하이브리드 자동차의 고전압 배터리 취급 시 안전한 방법이 아닌 것은?

① 고전압 배터리 점검, 정비 시 절연 장갑을 착용한다.
② 고전압 배터리 점검, 정비 시 점화 스위치는 OFF한다.
③ 고전압 배터리 점검, 정비 시 12V 배터리 접지선을 분리한다.
④ 고전압 배터리 점검, 정비 시 반드시 세이프티 플러그를 연결한다.

풀이 하이브리드 자동차의 고전압 배터리 점검, 정비 시 반드시 세이프티 플러그를 분리시켜야 한다.

57 전해액을 만들 때 황산에 물을 혼합하면 안 되는 이유는?

① 유독가스가 발생하기 때문에
② 혼합이 잘 안되기 때문에
③ 폭발의 위험이 있기 때문에
④ 비중 조정이 쉽기 때문에

풀이 전해액을 만들 때 황산에 물을 혼합하면 격렬히 반응하여 폭발의 위험이 있기 때문에, 반드시 물에 황산을 조금씩 휘저으면서 혼합하여야 한다.

58 휠 밸런스 점검 시 안전수칙으로 틀린 사항은?

① 점검 후 테스터 스위치를 끄고 자연히 정지하도록 한다.
② 타이어의 회전방향에서 점검한다.
③ 과도하게 속도를 내지 말고 점검한다.
④ 회전하는 휠에 손을 대지 않는다.

풀이 휠 밸런스 점검 시 타이어의 회전방향에 서지 않도록 한다.

53.① 54.④ 55.③ 56.④ 57.③ 58.②

59 LPG 자동차 관리에 대한 주의사항 중 틀린 것은?

① LPG가 누출되는 부위를 손으로 막으면 안 된다.
② 가스 충전시에는 합격 용기인가를 확인하고, 과충전되지 않도록 해야 한다.
③ 엔진실이나 트렁크실 내부 등을 점검할 때 라이터나 성냥 등을 켜고 확인한다.
④ LPG는 온도상승에 의한 압력상승이 있기 때문에 용기는 직사광선 등을 피하는 곳에 설치하고 과열되지 않아야 한다.

[풀이] LPG 자동차는 고압가스인 LPG 가스가 엔진실이나 트렁크 실 내부에 누설되어 있을 수 있으므로 점검할 때 라이터나 성냥 등을 사용하면 폭발의 위험이 있으므로 사용해서는 안 된다.

60 안전표시의 종류를 나열한 것으로 옳은 것은?

① 금지표시, 경고표시, 지시표시, 안내표시
② 금지표시, 권장표시, 경고표시, 지시표시
③ 지시표시, 권장표시, 사용표시, 주의표시
④ 금지표시, 주의표시, 사용표시, 경고표시

[풀이] **안전·보건표지의 종류와 형태** : 마지막페이지 참조

59.③ 60.①

자동차정비기능사 제4회

(2015.07.19 시행)

01 연소실 체적이 40cc이고, 압축비가 9 : 1인 기관의 행정 체적은?

① 280cc ② 300cc
③ 320cc ④ 360cc

풀이

$$압축비 = 1 + \frac{행정\ 체적(배기량)}{연소실\ 체적}$$

∴ 행정 체적(배기량)
= (압축비 − 1) × 연소실 체적
= (9−1) × 40 = 320cc

02 LPG 자동차의 장점 중 맞지 않는 것은?

① 연료비가 경제적이다.
② 가솔린 차량에 비해 출력이 높다.
③ 연소실 내의 카본 생성이 낮다.
④ 점화플러그의 수명이 길다.

풀이 LPG 기관의 특징

㉠ 연소효율이 좋고, 엔진이 정숙하다.
㉡ 오일의 오염이 적어 엔진 수명이 길다.
㉢ 연소실에 카본부착이 없어 점화플러그 수명이 길어진다.
㉣ 대기오염이 적고, 위생적이며 경제적이다.
㉤ 옥탄가가 높고 노킹이 적어 점화시기를 앞당길 수 있다.
㉥ 연료 자체의 압력으로 공급되므로 연료펌프가 없으며, 가스 상태이므로 퍼컬레이션이나 베이퍼 록 현상이 없다.

03 지르코니아 산소센서에 대한 설명으로 맞는 것은?

① 공연비를 피드백 제어하기 위해 사용한다.
② 공연비가 농후하면 출력전압은 0.45V 이하이다.
③ 공연비가 희박하면 출력전압은 0.45V 이상이다.
④ 300℃ 이하에서도 작동한다.

풀이 산소센서는 배기관에 장착되어 있으며 배기가스 중의 산소 농도차에 따라 전압이 발생되면 이를 피드백하여 이론 공연비로 제어하기 위한 센서이다. 센서의 온도가 300℃ 이상에서 안정되게 작동하며 이론공연비 14.7 : 1을 기준으로 공연비가 희박하면 100mV, 농후하면 900mV를 나타낸다.

04 윤활유 특성에서 요구되는 사항으로 틀린 것은?

① 점도지수가 적당할 것
② 산화 안정성이 좋을 것
③ 발화점이 낮을 것
④ 기포 발생이 적을 것

풀이 윤활유의 구비조건

㉠ 인화점과 발화점이 높을 것
㉡ 응고점이 낮을 것
㉢ 비중과 점도(지수)가 적당할 것
㉣ 열과 산에 대하여 안정될 것
㉤ 기포 발생이 적을 것
㉥ 카본의 생성이 적으며, 강인한 유막을 형성할 것

01.③ 02.② 03.① 04.③

05 디젤기관에서 연료분사의 3대 요인과 관계가 없는 것은?

① 무화 ② 분포
③ 디젤 지수 ④ 관통력

풀이 연료분사의 3대 조건 : 무화, 분포, 관통력

06 실린더의 형식에 따른 기관의 분류에 속하지 않는 것은?

① 수평형 엔진 ② 직렬형 엔진
③ V형 엔진 ④ T형 엔진

풀이 실린더 형식에 따른 기관의 분류
㉠ 직렬형 엔진 ㉡ V형 엔진
㉢ 경사형 엔진 ㉣ 수평 대향형 엔진
㉤ 성형 엔진

07 크랭크축이 회전 중 받는 힘의 종류가 아닌 것은?

① 휨(bending)
② 비틀림(torsion)
③ 관통(penetration)
④ 전단(shearing)

풀이 크랭크 축은 엔진 작동 중 폭발압력에 의해 휨, 비틀림, 전단력 등을 받으며 회전한다.

08 CO, HC, NOx 가스를 CO_2, H_2O, N_2 등으로 화학적 반응을 일으키는 장치는?

① 캐니스터
② 삼원촉매장치
③ EGR장치
④ PCV(Positive Crankcase Ventilation)

풀이 삼원 촉매장치는 가솔린 기관의 유해 배기가스인 일산화탄소(CO), 탄화수소(HC), 질소산화물(NOx)를 백금(Pt), 팔라듐(Pd), 로듐(Rh) 3가지 원소를 이용하여 CO_2, H_2O, N_2 등으로 정화한다.

09 10m/s의 속도는 몇 km/h인가?

① 3.6km/h ② 36km/h
③ 1/3.6km/h ④ 1/36km/h

풀이 시속 = 초속 × 3.6
∴ 시속 = 10 × 3.6 = 36km/h

10 자동차용 기관의 연료가 갖추어야 할 특성이 아닌 것은?

① 단위 중량 또는 단위 체적당의 발열량이 클 것
② 상온에서 기화가 용이할 것
③ 점도가 클 것
④ 저장 및 취급이 용이할 것

풀이 연료의 특성
① 단위 중량 또는 단위 체적당 발열량이 클 것
② 상온에서 쉽게 기화할 것
③ 연소가 빠르고 완전 연소할 것
④ 연소 후에 유해 화합물이 남지 않을 것
⑤ 저장 및 취급이 용이할 것

11 단위환산으로 맞는 것은?

① 1 mile = 2 km
② 1 lb = 1.55 kg_f
③ 1 kg_f·m = 1.42 ft·lbf
④ 9.81 N·m = 9.81 J

풀이 단위 환산
① 1mile = 1.6km
② 1lb = 0.4535kg_f
③ 1kg_f·m = 2.2lbf × 3.28ft = 7.216ft·lbf
④ 9.81N·m = 9.81J (∵ 1N·m = 1J = 1W·s)

05.③ 06.④ 07.③ 08.② 09.② 10.③ 11.④

12. 각 실린더의 분사량을 측정하였더니 최대분사량이 66cc이고, 최소분사량이 58cc이었다. 이 때의 평균분사량이 60cc이면 분사량의 "+불균율"은 얼마인가?

① 5% ② 10%
③ 15% ④ 20%

풀이 분사량의 불균율

$$(+) \text{불균율} = \frac{\text{최대} - \text{평균}}{\text{평균}} \times 100(\%)$$

$$\therefore \frac{66-60}{60} \times 100(\%) = 10\%$$

13. 가솔린 차량의 배출가스 중 NOx의 배출을 감소시키기 위한 방법으로 적당한 것은?

① 캐니스터 설치
② EGR장치 채택
③ DPF시스템 채택
④ 간접연료 분사 방식 채택

풀이 배기가스 재순환(Exhaust Gas Recirculation) 장치란 EGR 밸브를 이용하여 배기가스의 일부를 흡기계인 연소실로 재순환시켜 연소실의 최고 온도를 낮추어 질소산화물(NOx)의 발생을 감소시키는 방법이다.

14. 전자제어 연료장치에서 기관이 정지 후 연료압력이 급격히 저하되는 원인 중 가장 알맞은 것은?

① 연료 필터가 막혔을 때
② 연료 펌프의 첵 밸브가 불량할 때
③ 연료의 리턴 파이프가 막혔을 때
④ 연료 펌프의 릴리프 밸브가 불량할 때

풀이 연료펌프의 첵 밸브가 불량하면 잔압이 형성되지 않아 기관 정지 후 연료압력이 급격히 낮아진다.

15. 피에조(PIEZO) 저항을 이용한 센서는?

① 차속 센서
② 매니폴드압력 센서
③ 수온 센서
④ 크랭크각 센서

풀이 매니폴드 압력센서는 압전소자(피에조 저항형 센서)를 이용하여 흡기 매니홀드의 진공(절대압력)을 측정한다.

16. 가솔린기관과 비교할 때 디젤기관의 장점이 아닌 것은?

① 부분부하영역에서 연료소비율이 낮다.
② 넓은 회전속도 범위에 걸쳐 회전 토크가 크다.
③ 질소산화물과 매연이 조금 배출된다.
④ 열효율이 높다.

풀이 디젤기관의 장점
㉠ 압축비를 크게 할 수 있다.
㉡ 점화장치가 없으므로 이에 따른 고장이 없다.
㉢ 경유의 인화점이 높으므로 저장이나 취급이 용이하다.
㉣ 넓은 회전속도에서 회전력이 크다.
㉤ 열효율이 높고 연료소비량이 적다.
㉥ 부분부하 영역에서 연료소비율이 낮다.
㉦ 연료의 값이 저렴하다.
㉧ 대형 엔진의 제작이 가능하다.
㉨ 마력당 중량이 무겁다.

17. 활성탄 캐니스터(charcoal canister)는 무엇을 제어하기 위해 설치하는가?

① CO_2 증발가스
② HC 증발가스
③ NOx 증발가스
④ CO 증발가스

12. ② 13. ② 14. ② 15. ② 16. ③ 17. ②

풀이 캐니스터(canister)는 연료 증발가스인 탄화수소(HC)를 포집하기 위한 장치이다.

18 기계식 연료 분사장치에 비해 전자식 연료 분사장치의 특징 중 거리가 먼 것은?

① 관성 질량이 커서 응답성이 향상된다.
② 연료 소비율이 감소한다.
③ 배기가스 유해물질 배출이 감소된다.
④ 구조가 복잡하고, 값이 비싸다.

풀이 전자제어 가솔린 연료분사 방식의 특징
㉠ 기관의 응답성 및 주행성 향상
㉡ 기관 출력의 향상
㉢ CO, HC 등 유해 배출가스의 감소
㉣ 월 웨팅(wall wetting)에 따른 저온 시동성 향상
㉤ 연료 소비율이 감소한다.(향상된다.)
㉥ 벤투리가 없어 공기 흐름저항이 적다.
㉦ 구조가 복잡하다.

19 4행정 6실린더 기관의 제 3번 실린더 흡기 및 배기밸브가 모두 열려있을 경우 크랭크축을 회전 방향으로 120° 회전시켰다면 압축 상사점에 가장 가까운 상태에 있는 실린더는?
(단, 점화순서는 1-5-3-6-2-4)

① 1번 실린더   ② 2번 실린더
③ 4번 실린더   ④ 6번 실린더

풀이 3번 실린더의 흡기 및 배기밸브가 모두 열려있으므로 오버랩(흡기행정)이다. 따라서 4번 실린더는 동력행정이다. 또한 압축상사점에 가깝다는 것은 곧 동력행정을 한다는 의미이며, 현재 점화순서에 따라 압축행정을 시작하고 있는 것은 1번 실린더이므로 120° 회전시키면 동력행정을 하기 위해 1번 실린더가 압축상사점으로 오게 된다.

20 차량총중량이 3.5톤 이상인 화물자동차 등의 후부안전판 설치기준에 대한 설명으로 틀린 것은?

① 너비는 자동차 너비의 100% 미만일 것
② 가장 아랫부분과 지상과의 간격은 550mm 이내일 것
③ 차량 수직방향의 단면 최소 높이는 100mm 이하일 것
④ 모서리부의 곡률반경은 2.5mm 이상일 것

풀이 안전기준에 관한 규칙 제19조(차대 및 차체)
㉠ 너비는 자동차 너비의 100% 미만일 것
㉡ 가장 아랫부분과 지상과의 간격은 550mm 이내일 것
㉢ 차량 수직방향의 단면 최소 높이는 100mm 이상일 것
㉣ 모서리부의 곡률반경은 2.5mm 이상일 것

21 타이어의 구조에 해당되지 않는 것은?

① 트레드   ② 브레이커
③ 카커스   ④ 압력판

풀이 타이어의 구조
㉠ 트레드(tread) : 노면과 직접 접촉하는 부분으로 제동력, 구동력, 옆방향 미끄럼 방지, 승차감 향상 등의 역할을 한다.
㉡ 브레이커(breaker) : 트레드와 카커스 사이에 있으며, 분리를 방지하고 노면에서의 완충작용을 한다.
㉢ 카커스(carcass) : 타이어의 골격을 이루는 부분으로 고무로 피복된 여러 겹의 코드층으로 되어 공기압력을 견디고 완충작용을 한다.
㉣ 비드(bead) : 타이어가 림에 접촉하는 부분으로 타이어가 늘어나고 빠지는 것을 방지하기 위해 몇 줄의 피아노 선이 들어있다.

18.① 19.① 20.③ 21.④

22 동력조향장치(power steering system)의 장점으로 틀린 것은?

① 조향 조작력을 작게 할 수 있다.
② 앞바퀴의 시미현상을 방지할 수 있다.
③ 조향조작이 경쾌하고 신속하다.
④ 고속에서 조향력이 가볍다.

풀이 동력 조향장치(EPS)의 장점
① 적은 힘으로 조향조작을 할 수 있다.
② 조향기어비를 조작력에 관계없이 설정할 수 있다.
③ 노면의 충격을 흡수하여 조향핸들에 전달되는 것을 방지한다.
④ 앞바퀴의 시미현상을 감쇠하는 효과가 있다.
⑤ 조향 조작이 경쾌하고 신속하다.
⑥ 저속에서는 가볍고, 고속에서는 적절히 무겁다.

23 유압식 제동장치에서 적용되는 유압의 원리는?

① 뉴톤의 원리
② 파스칼의 원리
③ 벤투리관의 원리
④ 베르누이의 원리

풀이 유압식 제동장치는 파스칼의 원리를 이용한 것이다.

24 자동변속기 오일의 주요 기능이 아닌 것은?

① 동력전달 작용   ② 냉각 작용
③ 충격전달 작용   ④ 윤활 작용

풀이 자동변속기 오일의 주요 기능
㉠ 윤활 작용   ㉡ 냉각 작용
㉢ 동력전달 작용 ㉣ 충격흡수 작용

25 다음 중 현가장치에 사용되는 판 스프링에서 스팬의 길이 변화를 가능하게 하는 것은?

① 섀클   ② 스팬
③ 행거   ④ U볼트

풀이 섀클은 판스프링의 길이 변화를 가능하게 한다.

26 수동변속기의 클러치의 역할 중 거리가 가장 먼 것은?

① 엔진과의 연결을 차단하는 일을 한다.
② 변속기로 전달되는 엔진의 토크를 필요에 따라 단속한다.
③ 관성 운전 시 엔진과 변속기를 연결하여 연비 향상을 도모한다.
④ 출발 시 엔진의 동력을 서서히 연결하는 일을 한다.

풀이 클러치의 역할
㉠ 엔진의 동력을 변속기로 연결 및 차단하는 역할을 한다.
㉡ 출발 시 엔진의 동력을 서서히 연결하는 역할을 한다.
㉢ 기관의 관성운전 또는 기동 시 동력을 일시 차단하는 역할을 한다.

27 엔진의 회전수가 4500rpm일 경우 2단의 변속비가 1.5일 경우 변속기 출력축의 회전수(rpm)는 얼마인가?

① 1500   ② 2000
③ 2500   ④ 3000

풀이

$$\text{변속비} = \frac{\text{엔진 회전수}}{\text{출력축 회전수}} = \frac{\text{출력축 기어 잇수}}{\text{입력축 기어 잇수}}$$

∴ 출력축 회전수 $= \dfrac{4500}{1.5} = 3000\text{rpm}$

22.④ 23.② 24.③ 25.① 26.③ 27.④

28. 주행 중 브레이크 작동 시 조향핸들이 한쪽으로 쏠리는 원인으로 거리가 가장 먼 것은?

① 휠 얼라이먼트 조정이 불량하다.
② 좌우 타이어의 공기압이 다르다.
③ 브레이크 라이닝의 좌·우 간극이 불량하다.
④ 마스터 실린더의 첵 밸브의 작동이 불량하다.

풀이 브레이크 작동 시 한 쪽으로 쏠리는 원인
㉠ 드럼이 편마모 되었다.
㉡ 좌우 타이어 공기압에 차이가 있다.
㉢ 좌우 라이닝 간극 조정이 틀리게 조정되었다.
㉣ 한 쪽 휠 실린더의 작동이 불량하다.
㉤ 라이닝의 접촉 불량 또는 기름이 묻어있다.
㉥ 앞바퀴 정렬(wheel alignment)이 잘못되었다.

29. 주행 중 제동 시 좌우 편제동의 원인으로 거리가 가장 먼 것은?

① 드럼의 편마모
② 휠 실린더 오일 누설
③ 라이닝 접촉불량, 기름부착
④ 마스터 실린더의 리턴 구멍 막힘

풀이 유압식 브레이크 장치에서 마스터 실린더의 리턴 구멍이 막히면 브레이크 액이 리턴되지 못하므로 브레이크가 풀리지 않는 원인이 된다.

30. 자동변속기에서 스톨테스트의 요령 중 틀린 것은?

① 사이드 브레이크를 잠근 후 풋 브레이크를 밟고 전진기어를 넣고 실시한다.
② 사이드 브레이크를 잠근 후 풋 브레이크를 밟고 후진기어를 넣고 실시한다.
③ 바퀴에 추가로 버팀목을 받치고 실시한다.
④ 풋 브레이크는 놓고 사이드 브레이크만 당기고 실시한다.

풀이 스톨시험(stall test) 방법
사이드 브레이크를 잠그고 추가로 바퀴에 버팀목(고임목)을 받친 후, 풋 브레이크를 밟고 전진기어 및 후진기어를 넣고 실시한다.

31. 가솔린 기관의 노킹(Knocking)을 방지하기 위한 방법이 아닌 것은?

① 화염전파속도를 빠르게 한다.
② 냉각수 온도를 낮춘다.
③ 옥탄가가 높은 연료를 사용한다.
④ 혼합가스의 와류를 방지한다.

풀이 가솔린 기관의 노킹 방지 대책
㉠ 옥탄가가 높은 연료를 사용한다.
㉡ 화염전파 거리를 가능한 한 짧게 한다.
㉢ 화염전파 속도를 빠르게 한다.
㉣ 혼합가스의 와류를 좋게 한다.
㉤ 흡입공기 온도와 냉각수 온도를 낮게 한다.
㉥ 퇴적된 카본을 제거한다.
㉦ 점화시기를 지각시킨다.

32. 내연기관 밸브장치에서 밸브 스프링의 점검과 관계없는 것은?

① 스프링 장력
② 자유높이
③ 직각도
④ 코일의 권수

풀이 밸브 스프링 점검사항 : 직각도, 자유고, 장력

33. 전동식 냉각팬의 장점 중 거리가 가장 먼 것은?

① 서행 또는 정차시 냉각성능 향상
② 정상온도 도달시간 단축
③ 기관 최고출력 향상
④ 작동온도가 항상 균일하게 유지

28.④ 29.④ 30.④ 31.④ 32.④ 33.③

전동식 냉각팬의 장점
㉠ 정상온도에 도달하는 시간이 단축된다.
㉡ 작동온도가 항상 균일하게 유지된다.
㉢ 서행 또는 정차 시 냉각성능이 향상된다.
㉣ 냉각수 온도가 높을수록 기관의 출력이 향상되고, 연료소비율이 작아진다.(최고출력이 향상되는 것은 아님)
㉤ 기관 동력의 손실을 적게 한다.

34 스프링 위 무게 진동과 관련된 사항 중 거리가 먼 것은?

① 바운싱(bouncing)
② 피칭(pitching)
③ 휠 트램프(wheel tramp)
④ 롤링(rolling)

스프링 윗질량 운동
㉠ 롤링 : 세로축(앞, 뒤 방향축)을 중심으로 하는 좌, 우 회전운동
㉡ 피칭 : 가로축(좌, 우 방향축)을 중심으로 하는 전, 후 회전운동
㉢ 요잉 : 수직축을 중심으로 앞뒤로 회전하는 운동
㉣ 바운싱 : 차체가 동시에 상하로 튕기는 운동
※ 휠 트램프는 스프링 아래질량 운동이다.

35 앞바퀴 정렬의 종류가 아닌 것은?

① 토인 ② 캠버
③ 섹터 암 ④ 캐스터

앞바퀴 정렬의 종류 : 캠버, 캐스터, 토인, 킹핀 경사각

36 차량 총중량 5000kg$_f$의 자동차가 20%의 구배길을 올라갈 때 구배저항(Rg)은?

① 2500kg$_f$ ② 2000kg$_f$
③ 1710kg$_f$ ④ 1000kg$_f$

구배저항(Rg) = $W \cdot \sin\theta$
≒ $W \cdot \tan\theta = \dfrac{WG}{100}$

여기서, W : 차량총중량, θ : 경사각도
G : 구배(경사율, %)

∴ 구배저항(Rg) = $\dfrac{WG}{100} = \dfrac{5000 \times 20}{100} = 1000kg_f$

37 진공 배력장치에서 진공식은 무엇을 이용하는가?

① 대기 압력만을 이용
② 배기가스 압력만을 이용
③ 대기압과 흡기다기관 부압의 차이를 이용
④ 배기가스와 대기압과의 차이를 이용

진공식은 흡기 다기관의 진공(부압)과 대기압의 압력차를 이용한다.

38 자동차가 주행하면서 선회할 때 조향각도를 일정하게 유지하여도 선회 반지름이 커지는 현상은?

① 오버 스티어링
② 언더 스티어링
③ 리버스 스티어링
④ 토크 스티어링

선회특성
㉠ 언더 스티어 : 조향각을 일정하게 하고 선회시 선회반경이 커지는 현상
㉡ 오버 스티어 : 조향각을 일정하게 하고 선회시 선회반경이 작아지는 현상
㉢ 뉴트럴 스티어 : 조향각만큼 정상 선회
㉣ 리버스 스티어 : 차속이 증가할수록 언더 스티어에서 오버 스티어로 되는 현상
㉤ 토크 스티어 : 등속조인트의 굴절각과 바퀴의 구동력의 차이 때문에 가속 시 한쪽으로 쏠리면서 조향 휠이 돌아가는 현상

34. ③   35. ③   36. ④   37. ③   38. ②

39 전자제어 현가장치의 장점에 대한 설명으로 가장 적합한 것은?

① 굴곡이 심한 노면을 주행할 때에 흔들림이 작은 평행한 승차감 실현
② 차속 및 조향 상태에 따라 적절한 조향 특성을 얻을 수 있음
③ 운전자가 희망하는 쾌적 공간을 제공해 주는 시스템
④ 운전자의 의지에 따라 조향 능력을 유지해 주는 시스템

풀이 전자제어 현가장치(E.C.S)의 장점
㉠ 노면상태에 따라 승차감을 조절한다.
㉡ 노면으로부터 차의 높이를 조정
㉢ 굴곡이 심한 노면을 주행할 때에 흔들림이 작은 평행한 승차감 실현
㉣ 급제동시 노즈 다운(nose down)을 방지
㉤ 급선회시 원심력에 의한 차량의 기울어짐을 방지
㉥ 고속 주행시 안정성이 있다.

40 동력전달장치에서 추진축의 스플라인부가 마멸되었을 때 생기는 현상은?

① 완충작용이 불량하게 된다.
② 주행 중에 소음이 발생한다.
③ 동력전달 성능이 향상된다.
④ 종감속 장치의 결합이 불량하게 된다.

풀이 추진축 스플라인 부의 마모가 심하면 주행 중 소음이 발생하고 추진축이 진동한다.

41 사고예방 원리의 5단계 중 그 대상이 아닌 것은?

① 사실의 발견
② 평가분석
③ 시정책의 선정
④ 엄격한 규율의 책정

풀이 사고예방 대책의 원리 5단계
㉠ 조직 ㉡ 사실의 발견
㉢ 평가분석 ㉣ 시정책의 선정
㉤ 시정책의 적용

42 리머가공에 관한 설명으로 옳은 것은?

① 액슬축 외경 가공 작업 시 사용된다.
② 드릴 구멍보다 먼저 작업한다.
③ 드릴 구멍보다 더 정밀도가 높은 구멍을 가공하는데 필요하다.
④ 드릴 구멍보다 더 작게 하는데 사용한다.

풀이 리머 가공은 드릴작업 후 정밀도가 높도록 가공하기 위하여 필요하다.

43 다음 중 연료 파이프 피팅을 풀 때 가장 알맞은 렌치는?

① 탭 렌치
② 복스 렌치
③ 소켓 렌치
④ 오픈 엔드 렌치

풀이 연료 파이프의 피팅은 관 형태이므로 오픈 엔드 렌치 또는 조합 렌치로 풀어야 한다.

44 화재의 분류 기준에서 휘발유로 인해 발생한 화재는?

① A급 화재
② B급 화재
③ C급 화재
④ D급 화재

풀이 화재의 분류

구분	일반	유류	전기	금속
종류	A급	B급	C급	D급
표시	백색	황색	청색	-
소화기	포말	분말	CO_2	모래
비고	목재, 종이	유류, 가스	전기기구	가연성 금속
방법	냉각소화	질식소화	질식소화	피복에 의한 질식

39.① 40.② 41.④ 42.③ 43.④ 44.②

45 드릴링머신의 사용에 있어서 안전상 옳지 못한 것은?

① 드릴 회전 중 칩을 손으로 털거나 불어내지 말 것
② 가공물에 구멍을 뚫을 때 가공물을 바이스에 물리고 작업할 것
③ 솔로 절삭유를 바를 경우에는 위쪽 방향에서 바를 것
④ 드릴을 회전시킨 후에 머신테이블을 조정할 것

풀이 드릴 작업시 주의사항
㉠ 일감은 정확히 고정한다.
㉡ 드릴 회전 중 칩을 손으로 털거나 불어내지 말 것
㉢ 가공물에 구멍을 뚫을 때 가공물을 바이스에 물리고 작업할 것
㉣ 드릴을 회전시킨 후 테이블을 조정하지 말 것
㉤ 작은 물건은 바이스나 고정구로 고정하고 직접 손으로 잡지 말아야 한다.
㉥ 얇은 물건을 드릴 작업할 때에는 밑에 나무 등을 놓고 뚫어야 한다.
㉦ 솔로 절삭유를 바를 경우에는 위쪽 방향에서 바를 것
㉧ 드릴의 날이 무디어 이상한 소리가 날 때는 회전을 멈추고 드릴을 교환하거나 연마한다.

46 FF차량의 구동축을 정비할 때 유의사항으로 틀린 것은?

① 구동축의 고무부트 부위의 그리스 누유상태를 확인한다.
② 구동축 탈거 후 변속기 케이스의 구동축 장착 구멍을 막는다.
③ 구동축을 탈거할 때마다 오일씰을 교환한다.
④ 탈거 공구를 최대한 깊이 끼워서 사용한다.

풀이 탈거 공구를 이용하여 지렛대 원리로 밀어낸다.

47 작업장의 안전점검을 실시할 때 유의사항이 아닌 것은?

① 과거 재해 요인이 없어졌는지 확인한다.
② 안전점검 후 강평하고 사소한 사항은 묵인한다.
③ 점검내용을 서로가 이해하고 협조한다.
④ 점검자의 능력에 적응하는 점검내용을 활용한다.

풀이 안전점검 후 강평하고 사소한 사항이라도 확인한다.

48 공작기계 작업시의 주의사항으로 틀린 것은?

① 몸에 묻은 먼지나 철분 등 기타의 물질은 손으로 털어 낸다.
② 정해진 용구를 사용하여 파쇄철이 긴 것은 자르고 짧은 것은 막대로 제거한다.
③ 무거운 공작물을 옮길 때는 운반기계를 이용한다.
④ 기름걸레는 정해진 용기에 넣어 화재를 방지하여야 한다.

풀이 몸에 묻은 먼지나 철분 등 기타 물질의 제거는 솔로 털어낸다.

49 휠 밸런스 시험기 사용시 적합하지 않은 것은?

① 휠의 탈부착시에는 무리한 힘을 가하지 않는다.
② 균형추를 정확히 부착한다.
③ 계기판은 회전이 시작되면 즉시 판독한다.
④ 시험기 사용방법과 유의사항을 숙지 후 사용한다.

45.④ 46.④ 47.② 48.① 49.③

> **[풀이] 휠 밸런스 사용방법**
> ㉠ 시험기 사용방법과 유의사항을 숙지 후 사용한다.
> ㉡ 휠의 탈·부착시에는 무리한 힘을 가하지 않는다.
> ㉢ 균형추를 정확히 부착한다.
> ㉣ 타이어의 회전방향에 서지 않도록 한다.
> ㉤ 타이어를 과속으로 돌리거나 진동이 일어나게 해서는 안된다.
> ㉥ 휠의 정지는 자연스럽게 정지되도록 놓아둔다.
> ㉦ 계기판은 회전이 완전히 멈춘 뒤 읽는다.

50 자동차의 배터리 충전 시 안전한 작업이 아닌 것은?

① 자동차에서 배터리 분리 시 (+)단자 먼저 분리한다.
② 배터리 온도가 약 45℃ 이상 오르지 않게 한다.
③ 충전은 환기가 잘되는 넓은 곳에서 한다.
④ 과충전 및 과방전을 피한다.

> [풀이] 자동차에서 배터리 분리 시에는 접지(-) 단자를 먼저 분리하고, 절연(+) 단자는 나중에 분리한다.

51 모터나 릴레이 작동 시 라디오에 유기되는 일반적인 고주파 잡음을 억제하는 부품으로 맞는 것은?

① 트랜지스터   ② 볼륨
③ 콘덴서   ④ 동소기

> [풀이] 콘덴서는 모터나 릴레이 작동 시 라디오에 유기되는 일반적인 고주파 잡음을 억제한다.

52 자동차 에어컨 시스템에 사용되는 컴프레셔 중 가변용량 컴프레셔의 장점이 아닌 것은?

① 냉방성능 향상
② 소음진동 향상
③ 연비 향상
④ 냉매 충진 효율 향상

> **[풀이] 가변용량 컴프레셔의 장점**
> ㉠ 냉방성능 향상   ㉡ 소음진동 향상
> ㉢ 연비 향상   ㉣ 차량 운전성 향상

53 엔진 정지상태에서 기동스위치를 "ON"시켰을 때 축전지에서 발전기로 전류가 흘렀다면 그 원인은?

① ⊕ 다이오드가 단락되었다.
② ⊕ 다이오드가 절연되었다.
③ ⊖ 다이오드가 단락되었다.
④ ⊖ 다이오드가 절연되었다.

> [풀이] ⊕ 다이오드가 단락되면 키 "ON"시 배터리 전류가 발전기로 흐르게 된다.

54 전자제어 점화장치에서 점화시기를 제어하는 순서는?

① 각종센서 → ECU → 파워 트랜지스터 → 점화코일
② 각종센서 → ECU → 점화코일 → 파워 트랜지스터
③ 파워 트랜지스터 → 점화코일 → ECU → 각종센서
④ 파워 트랜지스터 → ECU → 각종센서 → 점화코일

> [풀이] 각종 센서의 신호를 ECU로 입력하면 ECU는 최적의 점화시기를 연산한 후, 파워 트랜지스터를 ON, OFF하여 점화코일에서 고압을 발생시킨다.

50.① 51.③ 52.④ 53.① 54.①

55 비중이 1.280(20℃)의 묽은 황산 1ℓ 속에 35%(중량)의 황산이 포함되어 있다면 물은 몇 g 포함되어 있는가?

① 932　　② 832
③ 719　　④ 819

풀이) 황산이 35% 포함되어 있으면 물은 65% 포함되어 있으므로, 1280×0.65 = 832g

56 기동전동기 무부하 시험을 할 때 필요 없는 것은?

① 전류계　　② 저항 시험기
③ 전압계　　④ 회전계

풀이) 기동전동기 무부하 시험 시 필요 장비
㉠ 배터리　　㉡ 전류계
㉢ 전압계　　㉣ 회전계
㉤ 스위치

57 윈드 실드 와이퍼 장치의 관리 요령에 대한 설명으로 틀린 것은?

① 와이퍼 블레이드는 수시 점검 및 교환해 주어야 한다.
② 와셔액이 부족한 경우 와셔액 경고등이 점등된다.
③ 전면 유리는 왁스로 깨끗이 닦아 주어야 한다.
④ 전면 유리는 기름 수건 등으로 닦지 말아야 한다.

풀이) 전면 유리는 왁스나 기름 수건 등으로 닦지 말아야 한다.

58 부특성(NTC) 가변저항을 이용한 센서는?

① 산소센서　　② 수온센서
③ 조향각센서　④ TDC센서

풀이) 부특성이란 온도가 올라갈 때 저항값이 내려가는 반도체 소자로 수온센서, 흡기온도 센서 등 온도 감지용으로 사용된다.

59 자동차용 배터리에 과충전을 반복하면 배터리에 미치는 영향은?

① 극판이 황산화 된다.
② 용량이 크게 된다.
③ 양극판 격자가 산화된다.
④ 단자가 산화된다.

풀이) 충전이란 양극판이 과산화납으로 되돌아가는 과정이므로 과충전하면 양극판 격자가 산화된다.

60 "회로 내의 어떤 한 점에 유입한 전류의 총합과 유출한 전류의 총합은 서로 같다."는 법칙은?

① 렌츠의 법칙
② 앙페르의 법칙
③ 뉴턴의 제1법칙
④ 키르히호프의 제1법칙

풀이) **키르히호프의 제1법칙(전류의 법칙)** : 도체 내의 임의의 한 점으로 유입된 전류의 총합은 유출한 전류의 총합과 같다.

55.② 56.② 57.③ 58.② 59.③ 60.④

자동차정비기능사 제5회

(2015.10.10 시행)

01 자동차 기관에서 윤활회로 내의 압력이 과도하게 올라가는 것을 방지하는 역할을 하는 것은?

① 오일 펌프　② 릴리프 밸브
③ 체크 밸브　④ 오일 쿨러

풀이 릴리프 밸브(유압조절 밸브, relief valve)는 윤활회로 내의 압력이 과도하게 올라가는 것을 방지하여 유압을 일정하게 유지하는 기능을 한다.

02 기관의 최고출력이 1.3ps이고, 총배기량이 50cc, 회전수가 5000rpm일 때 리터 마력(ps/L)은?

① 56　② 46
③ 36　④ 26

풀이 리터 마력$(ps/L) = \dfrac{1.3}{50} \times 1{,}000 = 26ps$

03 LPG 기관에서 액상 또는 기상 솔레노이드 밸브의 작동을 결정하기 위한 엔진 ECU의 입력요소는?

① 흡기관 부압　② 냉각수 온도
③ 엔진 회전수　④ 배터리 전압

풀이 LPG 기관에서 엔진 ECU는 냉각수 온도 스위치의 신호에 의하여 액·기상 솔레노이드 밸브를 작동시켜 액체 또는 기체 연료를 공급하거나 차단시킨다.

04 스로틀밸브가 열려 있는 상태에서 가속할 때 일시적인 가속 지연 현상이 나타나는 것을 무엇이라고 하는가?

① 스텀블(stumble)
② 스톨링(stalling)
③ 헤지테이션(hesitation)
④ 서징(surging)

풀이 헤지테이션(hesitation)이란 주저하거나 망설인다는 의미로, 스로틀밸브가 열려 있는 상태에서 가속할 때 일시적인 가속 지연 현상이 나타나는 것을 말한다.

05 가솔린 기관의 이론공연비로 맞는 것은? (단, 희박연소 기관은 제외)

① 8 : 1　② 13.4 : 1
③ 14.7 : 1　④ 15.6 : 1

풀이 가솔린 기관의 이론 공연비는 14.7 : 1이다.

06 가솔린 기관의 연료펌프에서 체크밸브의 역할이 아닌 것은?

① 연료라인 내의 잔압을 유지한다.
② 기관 고온시 연료의 베이퍼록을 방지한다.
③ 연료의 맥동을 흡수한다.
④ 연료의 역류를 방지한다.

풀이 연료펌프의 체크밸브는 연료펌프가 작동을 멈출 때 연료 출구를 막아 연료의 역류를 방지하며 잔압을 유지하여 고온에 의한 베이퍼 록을 방지하고, 재시동성을 향상시킨다.

01. ②　02. ④　03. ②　04. ③　05. ③　06. ③

07 정지하고 있는 질량 2kg의 물체에 1N의 힘이 작용하면 물체의 가속도는?

① 0.5m/s^2 ② 1m/s^2
③ 2m/s^2 ④ 5m/s^2

$$F = m \cdot a$$
여기서, F : 힘[N] m : 질량[kg]
  a : 가속도[m/s²]
∴ 가속도 $a = \dfrac{F}{m} = \dfrac{1}{2} = 0.5\text{m/s}^2$

08 저속 전부하에서의 기관의 노킹(knocking) 방지성을 표시하는 데 가장 적당한 옥탄가 표기법은?

① 리서치 옥탄가
② 모터 옥탄가
③ 로드 옥탄가
④ 프런트 옥탄가

리서치 옥탄가(F-1법)는 저속 전부하에서의 기관의 노킹 방지성을 표시하는 데 가장 적당한 옥탄가 표기법이다.

09 연소실의 체적이 48cc이고, 압축비가 9:1인 기관의 배기량은 얼마인가?

① 432cc ② 384cc
③ 336cc ④ 288cc

$$압축비(\varepsilon) = \dfrac{V_s}{V_c} = 1 + \dfrac{V}{V_c}$$
여기서, V_s : 실린더 체적[cc]
  V : 행정 체적(배기량)[cc]
  V_c : 연소실(간극) 체적[cc]
∴ 배기량(V) = $(\varepsilon - 1) \times V_c$
  $= (9-1) \times 48 = 384\text{cc}$

10 크랭크축에서 크랭크 핀저널의 간극이 커졌을 때 일어나는 현상으로 맞는 것은?

① 운전 중 심한 소음이 발생할 수 있다.
② 흑색 연기를 뿜는다.
③ 윤활유 소비량이 많다.
④ 유압이 낮아질 수 있다.

크랭크 핀저널의 간극이 커지면 크랭크 축과의 충격이 커져 운전 중 심한 소음이 발생할 수 있다.

11 가솔린 연료분사 기관에서 인젝터 (-)단자에서 측정한 인젝터 분사파형은 파워트랜지스터가 off 되는 순간 솔레노이드 코일에 급격하게 전류가 차단되기 때문에 큰 역기전력이 발생하게 되는데 이것을 무엇이라 하는가?

① 평균전압 ② 전압강하
③ 서지전압 ④ 최소전압

인젝터 분사파형은 파워트랜지스터가 off 되는 순간 솔레노이드 코일에 급격하게 전류가 차단되기 때문에 큰 역기전력이 발생하게 되는 데 이것을 서지전압이라 한다.

12 캠축의 구동방식이 아닌 것은?

① 기어형 ② 체인형
③ 포핏형 ④ 벨트형

캠축의 구동은 기어를 이용하여 구동하거나 체인이나 벨트를 이용하여 구동한다.

07.① 08.① 09.② 10.① 11.③ 12.③

13. 산소센서(O_2 sensor)가 피드백(feed back) 제어를 할 경우로 가장 적합한 것은?

① 연료를 차단할 때
② 급가속 상태일 때
③ 감속 상태일 때
④ 대기와 배기가스 중의 산소농도 차이가 있을 때

풀이 산소(O_2)센서는 배기관에 장착되어 있으며, 배기가스 중의 산소 농도차에 따라 전압이 발생되면 이를 피드백하여 이론 공연비로 제어하기 위한 센서이다.

14. 연료 분사 펌프의 토출량과 플런저의 행정은 어떠한 관계가 있는가?

① 토출량은 플런저의 유효행정에 정비례한다.
② 토출량은 예비행정에 비례하여 증가한다.
③ 토출량은 플런저의 유효행정에 반비례한다.
④ 토출량은 플런저의 유효행정과 전혀 관계가 없다.

풀이 플런저의 유효행정을 크게 하면 연료 분사량이 많아진다. 즉, 토출량은 플런저의 유효행정에 정비례한다.

15. 가솔린 기관에서 노킹(knocking) 발생 시 억제하는 방법은?

① 혼합비를 희박하게 한다.
② 점화시기를 지각시킨다.
③ 옥탄가가 낮은 연료를 사용한다.
④ 화염전파 속도를 느리게 한다.

풀이 가솔린 기관의 노킹 방지 대책
㉠ 옥탄가가 높은 연료를 사용한다.
㉡ 화염전파 거리를 가능한 한 짧게 한다.
㉢ 화염전파 속도를 빠르게 한다.
㉣ 혼합가스의 와류를 좋게 한다.
㉤ 흡입공기 온도와 냉각수 온도를 낮게 한다.
㉥ 퇴적된 카본을 제거한다.
㉦ 점화시기를 지각시킨다.

16. 표준 대기압의 표기로 옳은 것은?

① 735mmHg
② $0.85 kg_f/cm^2$
③ 101.3kPa
④ 10bar

풀이 표준 대기압(표준 기압, 1atm)
$1atm = 760mmHg = 1.033 kg_f/cm^2$
$= 1,013 mbar = 1.013 bar = 101.3 kPa$
($\because 1bar = 10^5 Pa = 100 kPa$)

17. 배출가스 저감장치 중 삼원촉매(Catalytic Convertor) 장치를 사용하여 저감시킬 수 있는 유해가스의 종류는?

① CO, HC, 흑연
② CO, NOx, 흑연
③ NOx, HC, SO
④ CO, HC, NOx

풀이 삼원 촉매장치는 일산화탄소(CO), 탄화수소(HC), 질소산화물(NOx)을 저감한다.

18. 적색 또는 청색 경광등을 설치하여야 하는 자동차가 아닌 것은?

① 교통단속에 사용되는 경찰용 자동차
② 범죄수사를 위하여 사용되는 수사기관용 자동차
③ 소방용 자동차
④ 구급자동차

풀이 구급자동차의 경광등은 녹색이다.

13.④ 14.① 15.② 16.③ 17.④ 18.④

19 인젝터의 분사량을 제어하는 방법으로 맞는 것은?

① 솔레노이드 코일에 흐르는 전류의 통전 시간으로 조절한다.
② 솔레노이드 코일에 흐르는 전압의 시간으로 조절한다.
③ 연료압력의 변화를 주면서 조절한다.
④ 분사구의 면적으로 조절한다.

풀이) 인젝터의 연료 분사량은 솔레노이드 코일에 흐르는 인젝터 전류의 통전시간(개방시간)으로 조절한다.

20 측압이 가해지지 않은 쪽의 스커트 부분을 따낸 것으로 무게를 늘리지 않고 접촉면적은 크게 하고 피스톤 슬랩(slap)은 적게 하여 고속기관에 널리 사용하는 피스톤의 종류는?

① 슬립퍼 피스톤(slipper piston)
② 솔리드 피스톤(solid piston)
③ 스플릿 피스톤(split piston)
④ 옵셋 피스톤(offset piston)

풀이) 슬립퍼 피스톤은 측압이 가해지지 않은 쪽의 스커트 부분을 따낸 것으로, 무게를 늘리지 않고 접촉면적은 크게 하고 피스톤 슬랩은 적게 하여 고속기관에 널리 사용한다.

21 자동변속기에서 일정한 차속으로 주행 중 스로틀 밸브 개도를 갑자기 증가시키면 시프트 다운(감속 변속)되어 큰 구동력을 얻을 수 있는 것은?

① 스톨   ② 킥 다운
③ 킥 업   ④ 리프트 풋 업

풀이) 킥 다운(kick down)이란 일정한 차속으로 주행 중 스로틀 밸브 개도를 갑자기 증가시키면(85% 이상) 강제로 시프트 다운(감속 변속)되어 큰 구동력을 얻을 수 있다.

22 시동 off 상태에서 브레이크 페달을 여러 차례 작동 후 브레이크 페달을 밟은 상태에서 시동을 걸었는데 브레이크 페달이 내려가지 않는다면 예상되는 고장 부위는?

① 주차 브레이크 케이블
② 앞 바퀴 캘리퍼
③ 진공 배력장치
④ 프로포셔닝 밸브

풀이) 진공 배력장치는 흡기다기관의 진공을 사용하므로 시동을 걸었을 때 배력장치가 작동되어 페달이 약간 내려가야 정상이다.

23 구동 피니언의 잇수가 15, 링기어의 잇수가 58일 때의 종감속비는 약 얼마인가?

① 2.58   ② 3.87
③ 4.02   ④ 2.94

풀이)
$$종감속비 = \frac{링기어\ 잇수}{구동\ 피니언기어\ 잇수}$$

$$\therefore 종감속비 = \frac{링기어\ 잇수}{구동\ 피니언기어\ 잇수} = \frac{58}{15} = 3.87$$

24 현가장치가 갖추어야 할 기능이 아닌 것은?

① 승차감의 향상을 위해 상하 움직임에 적당한 유연성이 있어야 한다.
② 원심력이 발생되어야 한다.
③ 주행 안정성이 있어야 한다.
④ 구동력 및 제동력 발생 시 적당한 강성이 있어야 한다.

19.① 20.① 21.② 22.③ 23.② 24.②

풀이 현가장치가 갖추어야 할 기능
㉠ 승차감의 향상을 위해 상하 움직임에 적당한 유연성이 있어야 한다.
㉡ 원심력에 대해 저항력이 있어야 한다.
㉢ 주행 안정성이 있어야 한다.
㉣ 구동력 및 제동력 발생 시 적당한 강성이 있어야 한다.

25 여러 장을 겹쳐 충격 흡수 작용을 하도록 한 스프링은?

① 토션바 스프링
② 고무 스프링
③ 코일 스프링
④ 판 스프링

풀이 판 스프링은 금속제 강판을 여러 장 겹쳐 충격 흡수 작용을 하도록 한 스프링이다.

26 자동차에서 제동시의 슬립비를 표시한 것으로 맞는 것은?

① $\dfrac{\text{자동차 속도} - \text{바퀴 속도}}{\text{자동차 속도}} \times 100$

② $\dfrac{\text{자동차 속도} - \text{바퀴 속도}}{\text{바퀴 속도}} \times 100$

③ $\dfrac{\text{바퀴 속도} - \text{자동차 속도}}{\text{자동차 속도}} \times 100$

④ $\dfrac{\text{바퀴 속도} - \text{자동차 속도}}{\text{바퀴 속도}} \times 100$

풀이 ABS에서 타이어 슬립율이란 자동차(차체) 속도와 바퀴(차륜) 속도와의 차이를 말한다.

27 조향핸들이 1회전 하였을 때 피트먼암이 40° 움직였다. 조향기어의 비는?

① 9 : 1   ② 0.9 : 1
③ 45 : 1   ④ 4.5 : 1

풀이 조향기어비란 핸들이 회전한 각도와 피트먼암이 회전한 각도와의 비를 말한다.

즉, 조향기어비 = $\dfrac{\text{핸들 회전각도}}{\text{피트먼암 회전각도}}$

∴ 조향기어비 = $\dfrac{360}{40} = 9$

28 수동변속기에서 클러치(clutch)의 구비조건으로 틀린 것은?

① 동력을 차단할 경우에는 차단이 신속하고 확실할 것
② 미끄러지는 일이 없이 동력을 확실하게 전달할 것
③ 회전부분의 평형이 좋을 것
④ 회전관성이 클 것

풀이 클러치 구비조건
㉠ 동력전달이 확실하고 신속할 것
㉡ 방열이 잘되어 과열되지 않을 것
㉢ 회전부분의 평형이 좋을 것
㉣ 내열성이 좋을 것
㉤ 회전관성이 작을 것

29 자동차가 커브를 돌 때 원심력이 발생하는데 이 원심력을 이겨내는 힘은?

① 코너링 포스
② 컴플라이언스 포스
③ 구동 토크
④ 회전 토크

풀이 자동차가 선회 주행시 원심력이 발생하는데 이 원심력에 대항하여 이겨내는 힘을 코너링 포스라 한다.

30 공기식 제동장치의 구성요소로 틀린 것은?

① 언로더 밸브   ② 릴레이 밸브
③ 브레이크 챔버   ④ EGR 밸브

풀이 EGR 밸브는 배기가스 제어장치에 사용되는 부품이다.

25.④ 26.① 27.① 28.④ 29.① 30.④

31. 배기가스 재순환 장치(EGR)의 설명으로 틀린 것은?

① 가속성능의 향상을 위해 급가속시에는 차단된다.
② 연소온도가 낮아지게 된다.
③ 질소산화물(NOx)이 증가한다.
④ 탄화수소와 일산화탄소량은 저감되지 않는다.

풀이 배기가스 재순환 장치는 배기가스 중의 일부를 연소실로 재순환시키므로 동력행정시 연소온도가 낮아져 질소산화물의 량은 현저하게 감소한다.

32. 크랭크축 메인 저널 베어링 마모를 점검하는 방법은?

① 필러 게이지(feeler gauge) 방법
② 심(seam) 방법
③ 직각자 방법
④ 플라스틱 게이지(plastic gauge) 방법

풀이 크랭크축 메인 저널 베어링의 마모 점검 및 오일 간극 측정은 플라스틱 게이지를 이용한다.

33. 기관이 과열되는 원인이 아닌 것은?

① 라디에이터 코어가 막혔다.
② 수온 조절기가 열려있다.
③ 냉각수의 양이 적다.
④ 물 펌프의 작동이 불량하다.

풀이 ①, ③, ④항은 기관이 과열되는 원인이며, 수온 조절기가 열려 있으면 기관이 과냉된다.

34. 동력인출장치에 대한 설명이다. ( )안에 맞는 것은?

> 동력 인출장치는 농업기계에서 ( )의 구동용으로도 사용되며, 변속기 측면에 설치되어 ( )의 동력을 인출한다.

① 작업장치, 주축상
② 작업장치, 부축상
③ 주행장치, 주축상
④ 주행장치, 부축상

풀이 동력 인출장치(Power Take Off, PTO)란 자동차의 주행과는 관계없이 다른 용도에 이용하기 위한 장치로, 농업기계에서 작업장치의 구동용으로도 사용되며 변속기 측면에 설치되어 부축상의 동력을 인출한다.

35. 선회할 때 조향각도를 일정하게 유지하여도 선회 반경이 작아지는 현상은?

① 오버 스티어링
② 언더 스티어링
③ 다운 스티어링
④ 어퍼 스티어링

풀이 선회특성
㉠ 언더 스티어 : 조향각을 일정하게 하고 선회시 선회반경이 커지는 현상
㉡ 오버 스티어 : 조향각을 일정하게 하고 선회시 선회반경이 작아지는 현상
㉢ 뉴트럴 스티어 : 조향각만큼 정상 선회
㉣ 리버스 스티어 : 차속이 증가할수록 언더 스티어에서 오버 스티어로 되는 현상

31.③ 32.④ 33.② 34.② 35.①

36 자동변속기에서 유체클러치를 바르게 설명한 것은?

① 유체의 운동에너지를 이용하여 토크를 자동적으로 변환하는 장치
② 기관의 동력을 유체 운동에너지로 바꾸어 이 에너지를 다시 동력으로 바꾸어서 전달하는 장치
③ 자동차의 주행조건에 알맞은 변속비를 얻도록 제어하는 장치
④ 토크컨버터의 슬립에 의한 손실을 최소화하기 위한 작동 장치

풀이 자동변속기에서 유체클러치는 유체(액체)를 이용하여 기관의 동력을 유체 운동에너지로 바꾸어 이 에너지를 다시 동력으로 바꾸어서 전달하는 역할을 한다.

37 유압식 전자제어 파워스티어링 ECU의 입력 요소가 아닌 것은?

① 차속 센서
② 스로틀포지션 센서
③ 크랭크축포지션 센서
④ 조향각 센서

풀이 크랭크축포지션 센서는 엔진 ECU의 입력 요소이다.

38 휠얼라이먼트 요소 중 하나인 토인의 필요성과 거리가 가장 먼 것은?

① 조향 바퀴에 복원성을 준다.
② 주행 중 토 아웃이 되는 것을 방지한다.
③ 타이어의 슬립과 마찰을 방지한다.
④ 캠버와 더불어 앞바퀴를 평행하게 회전시킨다.

풀이 토인을 두는 목적
㉠ 앞바퀴를 평행하게 회전시킨다.
㉡ 바퀴가 옆방향으로 미끄러지는 것과 타이어의 마멸을 방지한다.
㉢ 조향 링키지의 마멸에 의해 토아웃이 되는 것을 방지한다.

39 마스터 실린더의 푸시로드에 작용하는 힘이 150kgf이고, 피스톤의 면적이 3cm²일 때 단위면적당 유압은?

① $10 kg_f/cm^2$ ② $50 kg_f/cm^2$
③ $150 kg_f/cm^2$ ④ $450 kg_f/cm^2$

풀이

$$압력(kg_f/cm^2) = \frac{하중}{단면적}$$

∴ 압력 = $\frac{150}{3}$ = $50 kg_f/cm^2$

40 클러치의 릴리스 베어링으로 사용되지 않는 것은?

① 앵귤러 접촉형 ② 평면 베어링형
③ 볼 베어링형   ④ 카본형

풀이 **릴리스 베어링의 종류** : 카본형, 볼 베어링형, 앵귤러 접촉형

41 적외선 전구에 의한 화재 및 폭발할 위험성이 있는 경우와 거리가 먼 것은?

① 용제가 묻은 헝겊이나 마스킹 용지가 접촉한 경우
② 적외선 전구와 도장면이 필요이상으로 가까운 경우
③ 상당한 고온으로 열량이 커진 경우
④ 상온의 온도가 유지되는 장소에서 사용하는 경우

풀이 ①~③항은 화재 및 폭발의 위험이 있으나, 상온은 정상적인 사용 환경이다.

36.② 37.③ 38.① 39.② 40.② 41.④

42. 탁상 그라인더에서 공작물은 숫돌바퀴의 어느 곳을 이용하여 연삭작업을 하는 것이 안전한가?

① 숫돌바퀴의 측면
② 숫돌바퀴의 원주면
③ 어느 면이나 연삭작업은 상관없다.
④ 경우에 따라서 측면과 원주면을 사용한다.

풀이 연삭작업은 숫돌의 원주면(회전면)을 사용한다.

43. 절삭기계 테이블의 T홈 위에 있는 칩 제거 시 가장 적합한 것은?

① 걸레　　② 맨손
③ 솔　　　④ 장갑 낀 손

풀이 선반작업 시 발생된 칩의 제거는 솔로 한다.

44. 정 작업 시 주의할 사항으로 틀린 것은?

① 금속 깎기를 할 때는 보안경을 착용한다.
② 정의 날을 몸 안쪽으로 하고 해머로 타격한다.
③ 정의 생크나 해머에 오일이 묻지 않도록 한다.
④ 보관 시는 날이 부딪쳐서 무뎌지지 않도록 한다.

풀이 정 작업시 주의사항
㉠ 정 작업 시에는 보호안경을 사용 할 것
㉡ 정 작업은 시작과 끝에 특히 조심한다.
㉢ 처음에는 약하게 타격하고 차차 강하게 때린다.
㉣ 열처리한 재료는 정으로 작업하지 않는다.
㉤ 정의 생크나 해머에 오일이 묻지 않도록 한다.
㉥ 철재를 절단할 때는 철편이 튀는 방향에 주의 할 것
㉦ 정 작업시 버섯머리는 그라인더로 갈아서 사용한다.

㉧ 보관 시는 날이 부딪쳐서 무뎌지지 않도록 한다.

45. 재해 발생 원인으로 가장 높은 비율을 차지하는 것은?

① 작업자의 불안전한 행동
② 불안전한 작업환경
③ 작업자의 성격적 결함
④ 사회적 환경

풀이 작업현장에서 작업자의 불안전한 행동은 재해의 직접적인 원인이 된다.

46. 자동차 엔진오일 점검 및 교환 방법으로 적합한 것은?

① 환경오염 방지를 위해 오일은 최대한 교환시기를 늦춘다.
② 가급적 고점도 오일로 교환한다.
③ 오일을 완전히 배출하기 위해 시동 걸기 전에 교환한다.
④ 오일 교환 후 기관을 시동하여 충분히 엔진 윤활부에 윤활한 후 시동을 끄고 오일량을 점검한다.

풀이 자동차 엔진오일 교환 방법은 오일 교환 후 기관을 시동하여 충분히 엔진 윤활부에 윤활한 후 시동을 끄고 오일량을 점검한다.

47. 납산 배터리의 전해액이 흘렀을 때 중화용액으로 가장 알맞은 것은?

① 중탄산소다　　② 황산
③ 증류수　　　　④ 수돗물

풀이 전해액은 산성이므로 중화용액으로 알칼리성인 중탄산소다로 중화시킨다.

42.② 43.③ 44.② 45.① 46.④ 47.①

48. 전자제어 시스템 정비 시 자기진단기 사용에 대하여 ( )에 적합한 것은?

> 고장 코드의 (a)는 배터리 전원에 의해 백업되어 점화스위치를 OFF 시키더라도 (b)에 기억된다. 그러나 (c)를 분리시키면 고장진단 결과는 지워진다.

① a : 정보, b : 정션박스, c : 고장진단 결과
② a : 고장진단 결과, b : 배터리 (-)단자, c : 고장부위
③ a : 정보, b : ECU, c : 배터리 (-)단자
④ a : 고장진단 결과, b : 고장부위, c : 배터리 (-)단자

풀이) 고장 코드의 정보는 배터리 전원에 의해 백업되어 점화스위치를 OFF 시키더라도 ECU에 기억된다. 그러나 배터리 (-)단자를 분리시키면 고장진단 결과는 지워진다.

49. 자동차 VIN(vehicle identification number)의 정보에 포함되지 않는 것은?

① 안전벨트 구분
② 제동장치 구분
③ 엔진의 종류
④ 자동차 종별

풀이) 자동차 차대번호(VIN) 정보

표기 군별	자리 번호	사용 부호	표시내용
제작 회사군	1	B	자동차 제작사 및 **자동차 종별** 구분
	2	B	
	3	B	
자동차 특성군	4	B	차종(차량의 기본형식 기준)
	5	B	차체 형상
	6	B	세부차종 (승용차는 등급, 기타는 용도별로 구분)
자동차 특성군	7	B	• **안전벨트**의 고정개소 (승용차의 경우) • **제동장치**의 형식(공기식, 유압식등) : 승용차 이외의 경우 • 기타 특성
	8	B	원동기(배기량별로 구분)
	9	B	타각의 이상유무 확인 표시
	10	B	모델연도
	11	B	제작공장의 위치
제작 일련 번호군	12	B	제작일련번호
	13	B	
	14	N	
	15	N	
	16	N	
	17	N	

50. 자동차를 들어 올릴 때 주의사항으로 틀린 것은?

① 잭과 접촉하는 부위에 이물질이 있는지 확인한다.
② 센터 멤버의 손상을 방지하기 위하여 잭이 접촉하는 곳에 헝겊을 넣는다.
③ 차량의 하부에는 개러지 잭으로 지지하지 않도록 한다.
④ 래터럴 로드나 현가장치는 잭으로 지지한다.

풀이) 자동차를 들어 올릴 때 많은 하중이 걸리므로 래터럴 로드나 현가장치는 잭으로 지지하지 않는다.

51. 트랜지스터식 점화장치는 어떤 작동으로 점화코일의 1차 전압을 단속하는가?

① 증폭 작용
② 자기 유도 작용
③ 스위칭 작용
④ 상호 유도 작용

풀이) 트랜지스터식 점화장치는 파워 트랜지스터의 스위칭 작용으로 점화코일의 1차 전압을 단속한다.

48.③ 49.③ 50.④ 51.③

52 이모빌라이저 시스템에 대한 설명으로 틀린 것은?

① 차량의 도난을 방지할 목적으로 적용되는 시스템이다.
② 도난 상황에서 시동이 걸리지 않도록 제어한다.
③ 도난 상황에서 시동키가 회전되지 않도록 제어한다.
④ 엔진의 시동을 반드시 차량에 등록된 키로만 시동이 가능하다.

풀이 도난 상황에서 시동키가 회전은 되나, 시동이 걸리지 않도록 제어한다.

53 주파수를 설명한 것 중 틀린 것은?

① 1초에 60회 파형이 반복되는 것을 60Hz라고 한다.
② 교류의 파형이 반복되는 비율을 주파수라고 한다.
③ $\dfrac{1}{주기}$은 주파수와 같다.
④ 주파수는 직류의 파형이 반복되는 비율이다.

풀이 주파수란 1초 동안에 교류의 파형이 반복되는 횟수를 의미하며, 주기의 역수이다.

54 자동차용 배터리의 급속 충전 시 주의사항으로 틀린 것은?

① 배터리를 자동차에 연결한 채 충전할 경우, 접지(−) 터미널을 떼어 놓을 것
② 충전 전류는 용량 값의 약 2배 정도의 전류로 할 것
③ 될 수 있는 대로 짧은 시간에 실시할 것
④ 충전 중 전해액 온도가 약 45℃ 이상 되지 않도록 할 것

풀이 배터리 급속 충전시 충전 전류는 배터리 용량의 약 50%의 전류로 한다.

55 와이퍼 장치에서 간헐적으로 작동되지 않는 요인으로 거리가 먼 것은?

① 와이퍼 릴레이가 고장이다.
② 와이퍼 블레이드가 마모되었다.
③ 와이퍼 스위치가 불량이다.
④ 모터 관련 배선의 접지가 불량이다.

풀이 와이퍼와 관련된 와이퍼 모터, 릴레이, 스위치, 접지 등이 고장이면 와이퍼는 작동하지 않는다. 와이퍼 블레이드는 마모되어도 와이퍼는 작동한다.

56 배터리 취급 시 틀린 것은?

① 전해액량은 극판 위 10~13mm 정도 되도록 보충한다.
② 연속 대전류로 방전되는 것은 금지해야 한다.
③ 전해액을 만들어 사용 시는 고무 또는 납그릇을 사용하되, 황산에 증류수를 조금씩 첨가하면서 혼합한다.
④ 배터리의 단자부 및 케이스면은 소다수로 세척한다.

풀이 전해액을 만들어 사용 시 고무 그릇은 사용 가능하나 납그릇은 황산과 반응하므로 사용하면 안 된다.

57 AC 발전기에서 전류가 발생하는 곳은?

① 전기자   ② 스테이터
③ 로터   ④ 브러시

풀이 AC 발전기는 로터가 회전하면 스테이터에서 전류가 발생한다.

52.③ 53.④ 54.② 55.② 56.③ 57.②

58. 기동 전동기 정류자 점검 및 정비 시 유의사항으로 틀린 것은?

① 정류자는 깨끗해야 한다.
② 정류자 표면은 매끈해야 한다.
③ 정류자는 줄로 가공해야 한다.
④ 정류자는 진원이어야 한다.

풀이 정류자를 줄로 가공하면 정류자 높이가 낮아져 브러시와의 접촉이 불량해지므로 줄로 가공해선 안 된다.

59. 괄호 안에 알맞은 소자는?

SRS(supplemental restraint system) 시스템 점검 시 반드시 배터리의 (−)터미널을 탈거 후 5분정도 대기한 후 점검한다. 이는 ECU 내부에 있는 데이터를 유지하기 위한 내부 (   )에 충전되어 있는 전하량을 방전시키기 위함이다.

① 서미스터
② G센서
③ 사이리스터
④ 콘덴서

풀이 SRS(supplemental restraint system) 시스템 점검 시 반드시 배터리의 (−)터미널을 탈거 후 5분 정도 대기한 후 점검한다. 이는 ECU 내부에 있는 데이터를 유지하기 위한 내부 콘덴서에 충전되어 있는 전하량을 방전시키기 위함이다.

60. 4기통 디젤기관에 저항이 0.8Ω인 예열플러그를 각 기통에 병렬로 연결하였다. 이 기관에 설치된 예열플러그의 합성저항은 몇 Ω인가? (단, 기관의 전원은 24V임)

① 0.1
② 0.2
③ 0.3
④ 0.4

풀이 병렬 합성저항 $\frac{1}{R} = \frac{1}{R_1} + \frac{1}{R_2} + \cdots + \frac{1}{R_n}$

∴ 합성저항 $\frac{1}{R} = \frac{1}{0.8} + \frac{1}{0.8} + \frac{1}{0.8} = \frac{4}{0.8} \Omega$

∴ $R = 0.2 \Omega$

58.③ 59.④ 60.②

자동차정비기능사 제1회

(2016.01.24 시행)

01 부동액 성분의 하나로 비등점이 197.2℃, 응고점이 -50℃인 불연성 포화액인 물질은?

① 에틸렌 글리콜 ② 메탄올
③ 글리세린   ④ 변성알콜

풀이) 부동액으로는 주로 에틸렌 글리콜이나 프로필렌 글리콜을 사용하며 에틸렌 글리콜은 비등점(boiling point)이 197.6℃, 응고점(freezing point)이 -37℃ 이다.

02 피스톤 간극이 크면 나타나는 현상이 아닌 것은?

① 블로바이가 발생한다.
② 압축압력이 상승한다.
③ 피스톤 슬랩이 발생한다.
④ 기관의 가동이 어려워진다.

풀이) **피스톤 간극이 클 때 나타나는 현상**
① 블로바이가 발생한다.
② 압축압력이 낮아진다.
③ 피스톤 슬랩이 발생한다.
④ 기관의 기동이 어려워진다.

03 블로우 다운(blow down) 현상에 대한 설명으로 옳은 것은?

① 밸브와 밸브시트 사이에서의 가스 누출 현상
② 압축행정시 피스톤과 실린더 사이에서 공기가 누출되는 현상
③ 피스톤이 상사점 근방에서 흡·배기밸브가 동시에 열려 배기 잔류가스를 배출시키는 현상
④ 배기행정 초기에 배기밸브가 열려 배기가스 자체의 압력에 의하여 배기가스가 배출되는 현상

풀이) 블로우 다운(blow down) 이란 배기행정 초기에 배기밸브가 열려 배기가스 자체의 압력에 의하여 배기가스가 배출되는 현상을 말한다.

04 LPG 차량에서 연료를 충전하기 위한 고압용기는?

① 봄베
② 베이퍼라이저
③ 슬로우 컷 솔레노이드
④ 연료 유니온

풀이) LPG 차량에서 연료를 충전하기 위한 고압용기를 봄베(bombe)라 한다.

1.① 2.② 3.④ 4.①

05 점화순서가 1-3-4-2인 4행정 기관의 3번 실린더가 압축 행정을 할 때 1번 실린더는?

① 흡입 행정 ② 압축 행정
③ 폭발 행정 ④ 배기 행정

풀이 4실린더 기관의 행정 찾는 방법
1) 점화순서의 반대로 행정을 적는다.
   점화순서가 1-3-4-2이고 3번이 압축이므로 1번은 폭발, 2번은 배기, 4번은 흡입이다.
2) 크랭크 핀 저널의 움직임으로 찾는다.
   1, 4번과 2, 3번이 같이 움직이므로 3번이 압축행정이면 2번은 배기행정, 점화순서가 1번이 먼저였으므로 1번은 폭발행정, 따라서 4번은 나머지 행정인 흡입행정이 된다.

06 실린더 지름이 80mm이고, 행정이 70mm인 엔진의 연소실 체적이 50cc인 경우의 압축비는?

① 8   ② 8.5
③ 7   ④ 7.5

풀이
행정체적(배기량) $V = \dfrac{\pi}{4} \cdot D^2 \cdot L$

여기서, D : 내경(cm), L : 행정(cm)

∴ 행정체적(배기량) $V = \dfrac{3.14}{4} \times 8^2 \times 7$
                          $= 351.68$cc

압축비 $= 1 + \dfrac{\text{행정 체적(배기량)}}{\text{연소실 체적}}$
      $= 1 + \dfrac{351.68}{50}$
      $= 8$

07 디젤 연소실의 구비조건 중 틀린 것은?

① 연소시간이 짧을 것
② 열효율이 높을 것
③ 평균유효 압력이 낮을 것
④ 디젤노크가 적을 것

풀이 디젤 연소실의 구비조건
① 열효율이 높을 것
② 연소시간이 짧을 것
③ 디젤노크가 적을 것

08 디젤기관의 연료분사 장치에서 연료의 분사량을 조절하는 것은?

① 연료 여과기   ② 연료 분사노즐
③ 연료 분사펌프 ④ 연료 공급펌프

풀이 연료의 분사량 조절은 연료 분사펌프의 플런저에서 한다.

09 4기통인 4행정 사이클 기관에서 회전수가 1800rpm, 행정이 75mm인 피스톤의 평균속도는?

① 2.55m/sec   ② 2.45m/sec
③ 2.35m/sec   ④ 4.5m/sec

풀이
피스톤 평균속도 $= \dfrac{2LN}{60} = \dfrac{LN}{30}$

여기서, L : 행정[m]
       N : 엔진 회전수[rpm]

∴ $\dfrac{0.075 \times 1,800}{30} = 4.5$m/sec

ANSWER 5.③ 6.① 7.③ 8.③ 9.④

10 가솔린 노킹(knocking)의 방지책에 대한 설명 중 잘못된 것은?

① 압축비를 낮게 한다.
② 냉각수의 온도를 낮게 한다.
③ 화염전파 거리를 짧게 한다.
④ 착화지연을 짧게 한다.

풀이 **가솔린 기관의 노킹 방지 대책**
① 옥탄가가 높은 연료를 사용한다.
② 화염전파 거리를 가능한 한 짧게 한다.
③ 화염전파 속도를 빠르게 한다.
④ 혼합가스의 와류를 좋게 한다.
⑤ 흡입공기 온도와 냉각수 온도를 낮게 한다.
⑥ 퇴적된 카본을 제거한다.
⑦ 점화시기를 지각시킨다.
⑧ 압축비를 낮게 한다.

11 내연기관과 비교하여 전기모터의 장점 중 틀린 것은?

① 마찰이 적기 때문에 손실되는 마찰열이 적게 발생한다.
② 후진기어가 없어도 후진이 가능하다.
③ 평균 효율이 낮다.
④ 소음과 진동이 적다.

풀이 **내연기관과 비교한 전기모터의 장점**
① 마찰이 적기 때문에 손실되는 마찰열이 적게 발생한다.
② 후진기어가 없어도 후진이 가능하다.
③ 평균 효율이 높다.
④ 소음과 진동이 적다.

12 가솔린을 완전 연소시키면 발생되는 화합물은?

① 이산화탄소와 아황산
② 이산화탄소와 물
③ 일산화탄소와 이산화탄소
④ 일산화탄소와 물

풀이 가솔린은 탄소와 수소로 이루어진 고분자 화합물로 공기와 반응하여 이산화탄소(CO_2)와 물(H_2O)이 발생된다.

13 자동차의 앞면에 안개등을 설치 할 경우에 해당되는 기준으로 틀린 것은?

① 비추는 방향은 앞면 진행방향을 향하도록 할 것
② 후미등이 점등된 상태에서 전조등과 연동하여 점등 또는 소등 할 수 있는 구조일 것
③ 등광색은 백색 또는 황색으로 할 것
④ 등화의 중심점은 차량중심선을 기준으로 좌우가 대칭이 되도록 할 것

풀이 후미등이 점등된 상태에서 전조등과 별도로 점등 또는 소등 할 수 있는 구조일 것

14 기관의 윤활유 유압이 높을 때의 원인과 관계없는 것은?

① 베어링과 축의 간격이 클 때
② 유압조정밸브 스프링의 장력이 강할 때
③ 오일파이프의 일부가 막혔을 때
④ 윤활유의 점도가 높을 때

풀이 **유압이 높아지는 원인**
① 유압조절 밸브(릴리프 밸브) 스프링 장력이 클 때
② 오일간극이 작을 때
③ 윤활유의 점도가 높을 때
④ 윤활회로의 일부가 막혔을 때

10.④ 11.③ 12.② 13.② 14.①

15 전자제어 기관의 흡입 공기량 측정에서 출력이 전기 펄스(Pulse, digital) 신호인 것은?

① 벤(Vane)식
② 칼만(Karman) 와류식
③ 핫 와이어(hot wire)식
④ 맵센서(MAP sensor)식

풀이 칼만 와류식은 초음파를 발생하여 칼만 와류수만큼 밀집되거나 분산되어 수신기에 디지털 펄스로 측정된다. 나머지는 아날로그 신호이다.

16 연소실 체적이 40cc이고, 총 배기량이 1280cc인 4기통 기관의 압축비는?

① 6 : 1   ② 9 : 1
③ 18 : 1 ④ 33 : 1

풀이 압축비 = $\dfrac{실린더 체적}{연소실 체적} = 1 + \dfrac{행정 체적(배기량)}{연소실 체적}$

4기통 기관의 총 배기량이 1280cc이므로, 1개 실린더의 배기량은 1280÷4=320cc이다.

∴ 압축비 = $1 + \dfrac{행정 체적(배기량)}{연소실 체적} = 1 + \dfrac{320}{40} = 9$

17 냉각수 온도센서 고장 시 엔진에 미치는 영향으로 틀린 것은?

① 공회전상태가 불안정하게 된다.
② 워밍업 시기에 검은 연기가 배출될 수 있다.
③ 배기가스 중에 CO 및 HC가 증가된다.
④ 냉간 시동성이 양호하다.

풀이 냉각수 온도센서가 고장 시 ①~③항의 증상이 발생하며 냉간 시동성이 불량해진다.

18 연료의 온도가 상승하여 외부에서 불꽃을 가까이 하지 않아도 자연히 발화되는 최저 온도는?

① 인화점   ② 착화점
③ 발열점   ④ 확산점

풀이 연료의 온도가 상승하여 외부에서 불꽃을 가까이 하지 않아도 자연히 발화되는 최저 온도를 착화점이라 한다.

19 베어링에 적용하중이 80kg$_f$ 힘을 받으면서 베어링 면의 미끄럼 속도가 30m/s일 때 손실마력은? (단, 마찰계수는 0.2이다.)

① 4.5PS   ② 6.4PS
③ 7.3PS   ④ 8.2PS

풀이 손실마력(FHP) = $\dfrac{Fv}{75}$

여기서, F : 마찰력[kg$_f$]
v : 피스톤 평균속도[m/s]

∴ 손실마력 = $\dfrac{80 \times 0.2 \times 30}{75} = 6.4\text{PS}$

20 가솔린 기관에서 발생되는 질소산화물에 대한 특징을 설명한 것 중 틀린 것은?

① 혼합비가 농후하면 발생농도가 낮다.
② 점화시기가 빠르면 발생농도가 낮다.
③ 혼합비가 일정할 때 흡기다기관의 부압은 강한 편이 발생농도가 낮다.
④ 기관의 압축비가 낮은 편이 발생농도가 낮다.

풀이 가솔린 기관에서 발생되는 질소산화물(NOx)은 점화시기가 빠르면 연소온도가 높아져 발생농도는 높아진다.

15.② 16.② 17.④ 18.② 19.② 20.②

21 흡기 시스템의 동적효과 특성을 설명한 것 중 ( ) 안에 알맞은 단어는?

> 흡입행정의 마지막에 흡입밸브를 닫으면 새로운 공기의 흐름이 갑자기 차단되어 (㉠)가 발생한다. 이 압력파는 음으로 흡기다기관의 입구를 향해서 진행하고, 입구에서 반사되므로 (㉡)가 되어 흡입밸브 쪽으로 음속으로 되돌아온다.

① ㉠ 간섭파, ㉡ 유도파
② ㉠ 서지파, ㉡ 정압파
③ ㉠ 정압파, ㉡ 부압파
④ ㉠ 부압파, ㉡ 서지파

풀이) 흡입행정의 마지막에 흡입밸브를 닫으면 새로운 공기의 흐름이 갑자기 차단되어 압력이 증가하므로 정압파가 발생한다. 이 압력파는 다시 흡기다기관의 입구를 향해서 진행하고, 입구에서 반사되므로 부압파가 되어 흡입밸브 쪽으로 음속으로 되돌아온다.

22 가솔린 기관의 연료펌프에서 연료라인 내의 압력이 과도하게 상승하는 것을 방지하기 위한 장치는?

① 체크 밸브(Check Valve)
② 릴리프 밸브(Relief Valve)
③ 니들 밸브(Needle Valve)
④ 사일렌서(Silencer)

풀이) 릴리프 밸브(relief valve)는 연료공급 라인이 막혔을 경우 연료 압력이 높아져 연료펌프 내의 부품이 망가질 수 있으므로 이를 방지하기 위하여 연료라인 내의 압력이 규정 이상으로 상승하는 것을 방지한다.

23 디젤기관에서 기계식 독립형 연료 분사펌프의 분사시기 조정방법으로 맞는 것은?

① 거버너의 스프링을 조정
② 랙과 피니언으로 조정
③ 피니언과 슬리브로 조정
④ 펌프와 타이밍 기어의 커플링으로 조정

풀이) 디젤기관에서 보쉬형 연료분사 펌프의 분사시기는 펌프와 타이밍 기어의 커플링으로 조정한다.

24 중·고속 주행시 연료소비율의 향상과 기관의 소음을 줄일 목적으로 변속기의 입력회전수보다 출력회전수를 빠르게 하는 장치는?

① 클러치 포인트   ② 오버 드라이브
③ 히스테리시스   ④ 킥 다운

풀이) 증속 구동장치(over drive)는 엔진의 여유출력을 이용하여 중·고속 주행 시 연료소비율의 향상과 기관의 소음을 줄일 목적으로 변속기의 입력회전수보다 출력회전수를 빠르게 하는 장치이다.

25 전자제어 현가장치의 출력부가 아닌 것은?

① TPS   ② 지시등, 경고등
③ 액추에이터   ④ 고장코드

풀이) 전원, 센서, 스위치 등은 입력부이고, 경고등, 액추에이터, 고장코드는 출력부이다.

21.③ 22.② 23.④ 24.② 25.①

26 전동식 동력 조향장치(MDPS : Motor Driven Power Steering)의 제어 항목이 아닌 것은?

① 과부하보호 제어
② 아이들-업 제어
③ 경고등 제어
④ 급가속 제어

풀이 전동식 동력 조향장치(MDPS)의 주요 제어
① 모터 구동전류 제어
② 과부하보호 제어
③ 아이들-업 제어
④ 경고등 제어

27 유압 브레이크는 무슨 원리를 응용한 것인가?

① 아르키메데스의 원리
② 베르누이의 원리
③ 아인슈타인의 원리
④ 파스칼의 원리

풀이 유압식 브레이크는 파스칼의 원리를 이용한 것이다.

28 다음에서 스프링의 진동 중 스프링 위 질량의 진동과 관계없는 것은?

① 바운싱(bouncing)
② 피칭(pitching)
③ 휠 트램프(wheel tramp)
④ 롤링(rolling)

풀이 스프링 윗질량 운동
① 롤링 : 세로축(앞·뒤 방향 축)을 중심으로 하는 좌·우 회전운동
② 피칭 : 가로축(좌·우 방향 축)을 중심으로 하는 전·후 회전운동
③ 요잉 : 수직축을 중심으로 앞뒤가 회전하는 운동
④ 바운싱 : 차체가 동시에 상하로 튕기는 운동

29 다음 중 전자제어 동력 조향장치(EPS)의 종류가 아닌 것은?

① 속도 감응식
② 전동 펌프식
③ 공압 충격식
④ 유압 반력 제어식

풀이 전자제어 동력 조향장치(EPS)의 종류
① 속도 감응식(차속 감응식)
② 유압반력 제어식
③ 밸브특성 제어식
④ 전동 펌프식

30 자동차로 서울에서 대전까지 187.2km를 주행하였다. 출발시간은 오후 1시 20분, 도착시간은 오후 3시 8분이었다면 평균 주행속도는?

① 약 126.5km/h ② 약 104km/h
③ 약 156km/h   ④ 약 60.78km/h

풀이
$$속도(km/h) = \frac{주행거리}{주행시간}$$

주행시간은 108분 ÷ 60 = 1.8시간이므로

∴ 속도 = $\frac{187.2}{1.8}$ = 104km/h

26.④ 27.④ 28.③ 29.③ 30.②

31. 그림과 같은 브레이크 페달에 100N의 힘을 가하였을 때 피스톤의 면적이 5cm² 라고 하면 작동 유압은?

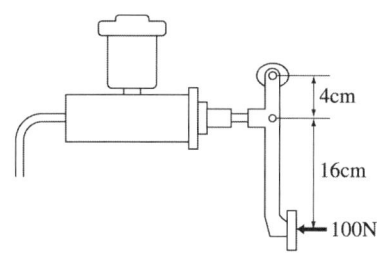

① 100kPa ② 500kPa
③ 1000kPa ④ 5000kPa

풀이
$$4 \times F = 20 \times 100\text{N}$$
$$\therefore F = \frac{20 \times 100}{4} = 500\text{N}$$
$$\therefore 작동\ 유압 = \frac{500}{5} = 100\text{N/cm}^2$$

1N=1/9.8kg_f, 1kg_f/cm² ≒ 100kPa이므로
작동 유압 = $\frac{100}{9.8} \times 100 = 1020\text{kPa}$

32. 자동변속기의 장점이 아닌 것은?

① 기어변속이 간단하고, 엔진 스톨이 없다.
② 구동력이 커서 등판 발진이 쉽고, 등판 능력이 크다.
③ 진동 및 충격흡수가 크다.
④ 가속성이 높고, 최고속도가 다소 낮다.

풀이 자동변속기의 장점
① 기어변속이 간단하고, 엔진 스톨이 없다.
② 구동력이 커서 등판 발진이 쉽고, 등판능력이 크다.
③ 진동 및 충격흡수가 크다.
④ 자동차 각 부분의 수명이 연장된다.

33. ABS의 구성품 중 휠 스피드 센서의 역할은?

① 바퀴의 록(lock) 상태 감지
② 차량의 과속을 억제
③ 브레이크 유압 조정
④ 라이닝의 마찰 상태 감지

풀이 전자제어 제동장치(ABS)에서 휠 스피드 센서는 바퀴의 회전속도를 검출하여 바퀴가 고정(lock) 되는 것을 감지하는 센서이다.

34. 휠얼라인먼트를 사용하여 점검할 수 있는 것으로 가장 거리가 먼 것은?

① 토(toe) ② 캠버
③ 킹핀 경사각 ④ 휠 밸런스

풀이 앞바퀴 정렬(wheel alignment)의 종류 : 캠버, 캐스터, 토인, 킹핀 경사각

35. 변속장치에서 동기물림 기구에 대한 설명으로 옳은 것은?

① 변속하려는 기어와 메인 스플라인과의 회전수를 같게 한다.
② 주축기어의 회전속도를 부축기어의 회전속도보다 빠르게 한다.
③ 주축기어와 부축기어의 회전수를 같게 한다.
④ 변속하려는 기어와 슬리브와의 회전수에는 관계없다.

풀이 동기물림 기구(싱크로메시 기구)는 변속하려는 기어와 메인 스플라인과의 회전수를 같게 하여 변속을 원활하게 한다.

ANSWER 31.③ 32.④ 33.① 34.④ 35.①

36. 자동변속기에서 토크컨버터 내의 록업 클러치(댐퍼 클러치)의 작동조건으로 거리가 먼 것은?
① "D" 레인지에서 일정 차속(약 70km/h 정도) 이상 일 때
② 냉각수 온도가 충분히(약 75℃ 정도) 올랐을 때
③ 브레이크 페달을 밟지 않을 때
④ 발진 및 후진 시

풀이) 록업 클러치는 발진 및 후진 시에는 작동하지 않는다.

37. 조향 유압 계통에 고장이 발생되었을 때 수동 조작을 이행하는 것은?
① 밸브 스풀 ② 볼 조인트
③ 유압펌프   ④ 오리피스

풀이) 밸브 스풀(컨트롤 밸브)은 조향 유압 계통에 고장이 발생되었을 때 수동 조작을 가능하게 한다.

38. 클러치 작동기구 중에서 세척유로 세척하여서는 안되는 것은?
① 릴리스 포크   ② 클러치 커버
③ 릴리스 베어링 ④ 클러치 스프링

풀이) 릴리스 베어링은 영구 주유식이므로 세척유로 세척해서는 안 된다.

39. 추진축의 자재이음은 어떤 변화를 가능하게 하는가?
① 축의 길이   ② 회전 속도
③ 회전축의 각도 ④ 회전 토크

풀이) 드라이브 라인의 역할
① 추진축(propeller shaft) : 회전력 전달
② 자재이음(universal joint) : 각도 변화
③ 슬립이음(slip joint) : 길이 변화

40. 공기 브레이크에서 공기압을 기계적 운동으로 바꾸어 주는 장치는?
① 릴레이 밸브   ② 브레이크 슈
③ 브레이크 밸브 ④ 브레이크 챔버

풀이) 브레이크 페달에 의해 브레이크 밸브가 열리면 릴레이 밸브를 거쳐 브레이크 챔버로 공기의 압력이 전달되고 푸시로드를 통해 캠을 미는 기계적 운동으로 바뀌어 브레이크 슈를 작동시킨다.

41. 플레밍의 왼손법칙을 이용한 것은?
① 충전기   ② DC 발전기
③ AC 발전기 ④ 전동기

풀이) 전동기는 플레밍의 왼손법칙을 응용한 것이다.

42. 스파크플러그 표시기호의 한 예이다. 열가를 나타내는 것은?

BP6ES

① P ② 6
③ E ④ S

풀이) 점화플러그 품번
① B : 나사부 지름
② P : Project core nose plug(자기 돌출형)
③ 6 : 열가
④ E : 나사부 길이
⑤ S : Standard(표준형)

36.④ 37.① 38.③ 39.③ 40.④ 41.④ 42.②

43 다음은 배터리 격리판에 대한 설명이다. 틀린 것은?

① 격리판은 전도성이어야 한다.
② 전해액에 부식되지 않아야 한다.
③ 전해액의 확산이 잘 되어야 한다.
④ 극판에서 이물질을 내뿜지 않아야 한다.

풀이 격리판의 구비조건
① 비전도성일 것
② 다공성일 것
③ 전해액의 확산이 잘될 것
④ 기계적 강도가 있을 것
⑤ 극판에서 이물질을 내뿜지 않을 것

44 연료 탱크의 연료량을 표시하는 연료계의 형식 중 계기식의 형식에 속하지 않는 것은?

① 밸런싱 코일식
② 연료면 표시기식
③ 서미스터식
④ 바이메탈 저항식

풀이 연료계의 형식 중 계기식은 서미스터식, 밸런싱 코일식, 바이메탈 저항식이 있으며 연료면 표시기식은 연료면이 투명창을 통해 직접 보이는 형식을 말한다.

45 그림에서 $I_1 = 5A$, $I_2 = 2A$, $I_3 = 3A$, $I_4 = 4A$ 라고 하면 I_5에 흐르는 전류(A)는?

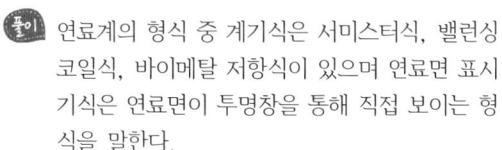

① 8   ② 4
③ 2   ④ 10

풀이 키르히호프의 제 1법칙에서 들어간 전류의 합과 나오는 전류의 합은 같으므로,
$I_5 + 2A = I_1 + I_3 + I_4 = 12A$
∴ $I_5 = 10A$

46 팽창밸브식이 사용되는 에어컨 장치에서 냉매가 흐르는 경로로 맞는 것은?

① 압축기 → 증발기 → 응축기 → 팽창밸브
② 압축기 → 응축기 → 팽창밸브 → 증발기
③ 압축기 → 팽창밸브 → 응축기 → 증발기
④ 압축기 → 증발기 → 팽창밸브 → 응축기

풀이 에어컨 순환과정
압축기(compressor) → 응축기(condenser) → 건조기(receiver drier) → 팽창밸브(expansion valve) → 증발기(evaporator)

47 자동차용 납산배터리를 급속충전 할 때 주의사항으로 틀린 것은?

① 충전시간을 가능한 길게 한다.
② 통풍이 잘되는 곳에서 충전한다.
③ 충전 중 배터리에 충격을 가하지 않는다.
④ 전해액의 온도가 약 45℃가 넘지 않도록 한다.

풀이 납산배터리 급속충전시의 주의사항
① 충전시간을 가능한 한 짧게 한다.
② 통풍이 잘되는 곳에서 충전한다.
③ 충전 중 배터리에 충격을 가하지 않는다.
④ 전해액의 온도가 약 45℃를 넘지 않도록 한다.

43.① 44.② 45.④ 46.② 47.①

48 기동전동기를 기관에서 떼어내고 분해하여 결함 부분을 점검하는 그림이다. 옳은 것은?

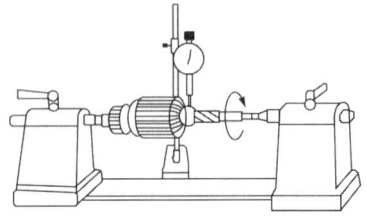

① 전기자 축의 휨 상태점검
② 전기자 축의 마멸 점검
③ 전기자 코일 단락 점검
④ 전기자 코일 단선 점검

(풀이) 다이얼 게이지를 사용하여 전기자 축의 휨 상태를 점검하는 방법이다.

49 AC 발전기의 출력변화 조정은 무엇에 의해 이루어지는가?

① 엔진의 회전수 ② 배터리의 전압
③ 로터의 전류   ④ 다이오드 전류

(풀이) AC 발전기의 출력변화 조정은 로터코일에 흐르는 전류를 가감하여 조정한다.

50 에어컨의 구성부품 중 고압의 기체 냉매를 냉각시켜 액화시키는 작용을 하는 것은?

① 압축기   ② 응축기
③ 팽창밸브   ④ 증발기

(풀이) 응축기(condenser)는 라디에이터 앞쪽에 설치되며, 고온 고압의 기체 냉매를 냉각시켜 액화시키는 작용을 한다.

51 산업체에서 안전을 지킴으로서 얻을 수 있는 이점으로 틀린 것은?

① 직장의 신뢰도를 높여준다.
② 상하 동료 간에 인간관계가 개선된다.
③ 기업의 투자 경비가 늘어난다.
④ 회사 내 규율과 안전수칙이 준수되어 질서유지가 실현된다.

(풀이) 산업체에서 안전을 지킴으로서 ①, ②, ④항의 이점이 있으며, 기업의 투자 경비가 줄어든다.

52 지렛대를 사용할 때 유의사항으로 틀린 것은?

① 깨진 부분이나 마디 부분에 결함이 없어야 한다.
② 손잡이가 미끄러지지 않도록 조치를 취한다.
③ 화물의 치수나 중량에 적합한 것을 사용한다.
④ 파이프를 철제 대신 사용한다.

(풀이) 속이 비어있는 파이프를 사용해선 안 된다.

53 색에 맞는 안전표시가 잘못 짝지어진 것은?

① 녹색 – 안전, 피난, 보호표시
② 노란색 – 주의, 경고 표시
③ 청색 – 지시, 수리중, 유도 표시
④ 자주색 – 안전지도 표시

(풀이) 적색은 금지표시이며, 안전지도 표시는 녹색이다.

48.① 49.③ 50.② 51.③ 52.④ 53.④

54 작업안전상 드라이버 사용 시 유의사항이 아닌 것은?

① 날끝이 홈의 폭과 길이가 같은 것을 사용한다.
② 날끝이 수평이어야 한다.
③ 작은 부품은 한손으로 잡고 사용한다.
④ 전기 작업 시 금속부분이 자루 밖으로 나와 있지 않아야 한다.

풀이 작업 안전상 드라이버 사용 시 ①, ②, ④항의 방법을 준수하고, 작은 부품은 바이스나 고정구로 고정하여 직접 손으로 잡지 않도록 한다.

55 드릴링 머신 작업을 할 때 주의사항으로 틀린 것은?

① 드릴은 주축에 튼튼하게 장치하여 사용한다.
② 공작물을 제거할 때는 회전을 완전히 멈추고 한다.
③ 가공 중에 드릴이 관통했는지를 손으로 확인한 후 기계를 멈춘다.
④ 드릴의 날이 무디어 이상한 소리가 날 때는 회전을 멈추고 드릴을 교환하거나 연마한다.

풀이 드릴 작업시 주의사항
① 드릴은 주축에 튼튼하게 장치하여 사용한다.
② 드릴을 끼운 뒤에는 척키를 반드시 빼놓을 것
③ 드릴의 날이 무디어 이상한 소리가 날 때는 회전을 멈추고 드릴을 교환하거나 연마한다.
④ 드릴을 회전시킨 후 테이블을 조정하지 말 것
⑤ 드릴 회전 중 칩을 손으로 털거나 불어내지 말 것
⑥ 가공물에 구멍을 뚫을 때 가공물을 바이스에 물리고 작업할 것
⑦ 공작물을 제거할 때는 회전을 완전히 멈추고 한다.

56 수동변속기작업과 관련된 사항 중 틀린 것은?

① 분해와 조립 순서에 준하여 작업한다.
② 세척이 필요한 부품은 반드시 세척한다.
③ 록크 너트는 재사용 가능하다.
④ 싱크로나이저 허브와 슬리브는 일체로 교환한다.

풀이 록크 너트는 재사용하지 않고 반드시 신품을 사용하도록 한다.

57 연료 압력 측정과 진공 점검 작업 시 안전에 관한 유의사항이 잘못 설명된 것은?

① 기관 운전이나 크랭킹 시 회전 부위에 옷이나 손 등이 접촉하지 않도록 주의한다.
② 배터리 전해액이 옷이나 피부에 닿지 않도록 한다.
③ 작업 중 연료가 누설되지 않도록 하고 화기가 주위에 있는지 확인한다.
④ 소화기를 준비한다.

풀이 ①, ③, ④항은 연료 압력 측정과 진공 점검 시, ②항은 배터리 점검 시 안전에 관한 유의사항이다.

58 물건을 운반 작업할 때 안전하지 못한 경우는?

① LPG 봄베, 드럼통을 굴려서 운반한다.
② 공동 운반에서는 서로 협조하여 운반한다.
③ 긴 물건을 운반할 때는 앞쪽을 위로 올린다.
④ 무리한 자세나 몸가짐으로 물건을 운반하지 않는다.

풀이 무거운 물건을 운반할 때에는 다른 사람과 협조하거나 체인블록, 리프트, 운반 수레 등을 이용한다.

54.③ 55.③ 56.③ 57.② 58.①

59 자동차기관이 과열된 상태에서 냉각수를 보충할 때 적합한 것은?

① 시동을 끄고 즉시 보충한다.
② 시동을 끄고 냉각시킨 후 보충한다.
③ 기관을 가감속하면서 보충한다.
④ 주행하면서 조금씩 보충한다.

풀이 기관이 과열되었을 때 냉각수 보충은 시동을 끄고 완전히 냉각시킨 후 보충한다.

60 전동기나 조정기를 청소한 후 점검하여야 할 사항으로 옳지 않은 것은?

① 연결의 견고성 여부
② 과열 여부
③ 아크 발생 여부
④ 단자부 주유 상태 여부

풀이 전동기나 조정기를 청소한 후 ①~③항을 점검하며 단자부에는 주유하지 않는다.

59.② 60.④

자동차정비기능사 제2회 (2016.04.02 시행)

01 디젤 기관에서 열효율이 가장 우수한 형식은?

① 예연소실식 ② 와류식
③ 공기실식 ④ 직접 분사식

풀이 직접 분사식(단실식)은 다른 방식(복실식)에 비해 냉각수와 접촉하는 면적이 가장 작으므로 열효율이 좋다.

02 가솔린 기관에서 체적효율을 향상시키기 위한 방법으로 틀린 것은?

① 흡기온도의 상승을 억제한다.
② 흡기 저항을 감소시킨다.
③ 배기 저항을 감소시킨다.
④ 밸브 수를 줄인다.

풀이 체적효율을 향상시키기 위한 방법
① 흡기밸브를 크게 하거나 많게 한다.
② 흡기온도의 상승을 억제한다.
③ 흡기저항과 배기저항을 감소시킨다.

03 크랭크 축 메인 베어링의 오일 간극을 점검 및 측정할 때 필요한 장비가 아닌 것은?

① 마이크로 미터
② 시크니스 게이지
③ 시일 스톡식
④ 플라스틱 게이지

풀이 오일 간극 점검 및 측정 장비
① 플라스틱 게이지
② 마이크로 미터
③ 시일 스톡식
※ 시크니스 게이지는 간극 게이지나 베어링의 간극을 측정할 수는 없다.

04 화물자동차 및 특수자동차의 차량 총중량은 몇 톤을 초과해서는 안되는가?

① 20톤 ② 30톤
③ 40톤 ④ 50톤

풀이 자동차의 차량총중량은 20톤(승합자동차는 30톤, 화물 및 특수자동차는 40톤), 축중은 10톤, 윤중은 5톤을 초과하여서는 안 된다.

05 연료누설 및 파손방지를 위해 전자제어 기관의 연료시스템에 설치된 것으로 감압 작용을 하는 것은?

① 체크 밸브 ② 제트 밸브
③ 릴리프 밸브 ④ 포핏 밸브

풀이 안전 밸브(safety valve, relief valve)는 연료펌프 라인에 고압이 걸릴 경우 연료의 누출이나 연료 배관이 파손되는 것을 방지한다.

1.④ 2.④ 3.② 4.③ 5.③

06 연소실 체적이 30cc이고 행정체적이 180cc이다. 압축비는?

① 6 : 1　　② 7 : 1
③ 8 : 1　　④ 9 : 1

풀이 압축비 = $\dfrac{실린더\ 체적}{연소실\ 체적}$ = $1 + \dfrac{행정\ 체적(배기량)}{연소실\ 체적}$

∴ $1 + \dfrac{180}{30} = 7$

07 커넥팅 로드 대단부의 배빗메탈의 주 재료는?

① 주석(Sn)　　② 안티몬(Sb)
③ 구리(Cu)　　④ 납(Pb)

풀이 엔진 베어링의 종류
① 배빗메탈 : 주석(80~90%)+안티몬(3~12%)+구리(3~7%)
② 켈밋메탈 : 구리(60~70%)+납(30~40%)

08 가솔린 기관에서 배기가스에 산소량이 많이 잔존하고 있다면 연소실내의 혼합기는 어떤 상태인가?

① 농후하다.
② 희박하다.
③ 농후하기도 하고 희박하기도 하다.
④ 이론공연비 상태이다.

풀이 배기가스에 산소량이 많이 잔존하고 있다면 연소실내의 혼합기는 희박한 상태이다.

09 평균 유효압력이 7.5kg$_f$/cm^2, 행정체적 200cc, 회전수 2400rpm일 때 4행정 4기통 기관의 지시마력은?

① 14PS　　② 16PS
③ 18PS　　④ 20PS

풀이 지시마력 = $\dfrac{PALZN}{75 \times 60} = \dfrac{PVZN}{75 \times 60 \times 100}$

여기서, P : 지시평균 유효압력[kg$_f$/cm^2]
　　　　A : 실린더 단면적[cm^2]
　　　　L : 행정[m]
　　　　V : 배기량[cm^3]
　　　　Z : 실린더 수
　　　　N : 엔진 회전수[rpm]
　　　　　(2행정기관 : N, 4행정기관 : $N/2$)

∴ 지시마력 = $\dfrac{7.5 \times 200 \times 4 \times 1200}{75 \times 60 \times 100}$ = 16PS

10 평균 유효압력이 4kg$_f$/cm^2, 행정 체적이 300cc인 2행정 사이클 단기통 기관에서 1회의 폭발로 몇 kg$_f$·m의 일을 하는가?

① 6　　② 8
③ 10　　④ 12

풀이 일 = 압력 × 체적
∴ 일 = 4kg$_f$/cm^2 × 300cm^3
　　　= 1200kg$_f$·cm = 12kg$_f$·m

11 삼원 촉매장치 설치차량의 주의사항 중 잘못된 것은?

① 주행 중 점화 스위치를 꺼서는 안된다.
② 잔디, 낙엽 등 가연성 물질 위에 주차시키지 않아야 한다.
③ 엔진의 파워밸런스 측정 시 측정시간을 최대로 단축해야 한다.
④ 반드시 유연 가솔린을 사용한다.

풀이 ①, ②, ③항을 주의하여야 하고, 반드시 무연 가솔린을 사용한다.

6.② 7.① 8.② 9.② 10.④ 11.④

12 맵 센서 점검 조건에 해당되지 않는 것은?

① 냉각수온 약 80~95℃ 유지
② 각종 램프, 전기 냉각 팬, 부장품 모두 ON 상태 유지
③ 트랜스 액슬 중립(A/T 경우 N 또는 P 위치) 유지
④ 스티어링 휠 중립 상태 유지

풀이 맵 센서 점검 조건은 ①, ③, ④항과 각종 램프, 전기 냉각 팬, 부장품 모두 OFF 상태를 유지한다.

13 전자제어 연료 분사식 기관의 연료펌프에서 릴리프 밸브의 작용압력은 약 몇 kg_f/cm^2 인가?

① 0.3~0.5
② 1.0~2.0
③ 3.5~5.0
④ 10.0~11.5

풀이 연료펌프 송출압력은 기관에 따라 차이가 있으나 약 $3 \sim 5 kg_f/cm^2$ 정도이며, 릴리프 밸브의 작용 압력은 이보다 약간 높다.

14 연료는 온도가 높아지면 외부로부터 불꽃을 가까이 하지 않아도 발화하여 연소된다. 이때의 최저온도를 무엇이라 하는가?

① 인화점
② 착화점
③ 연소점
④ 응고점

풀이 연료의 온도가 상승하여 외부에서 불꽃을 가까이 하지 않아도 자연히 발화되는 최저 온도를 착화점이라 한다.

15 연료파이프나 연료펌프에서 가솔린이 증발해서 일으키는 현상은?

① 엔진록
② 연료록
③ 베이퍼록
④ 앤티록

풀이 베이퍼 록(vapor lock) : 연료 파이프나 연료 펌프에서 가솔린이 증발해서 일으키는 현상

16 다음 중 내연기관에 대한 내용으로 맞는 것은?

① 실린더의 이론적 발생마력을 제동마력 이라 한다.
② 6실린더 엔진의 크랭크축의 위상각은 90°이다.
③ 베어링 스프레드는 피스톤 핀 저널에 베어링을 조립 시 밀착되게 끼울 수 있게 한다.
④ 모든 DOHC 엔진의 밸브 수는 16개이다.

풀이 이론적 발생마력을 지시마력이라 하며, 6실린더 엔진의 위상차는 120°이고, DOHC 엔진의 밸브 수는 기관 및 실린더 수에 따라 다를 수 있다.

17 가솔린 기관의 밸브간극이 규정값 보다 클 때 어떤 현상이 일어나는가?

① 정상 작동온도에서 밸브가 완전하게 개방되지 않는다.
② 소음이 감소하고 밸브기구에 충격을 준다.
③ 흡입밸브 간극이 크면 흡입량이 많아진다.
④ 기관의 체적효율이 증대된다.

풀이 밸브간극이 규정값 보다 크면 정상 작동온도에서 밸브를 더 이상 누르지 못해 완전하게 개방되지 않는다.

12.② 13.③ 14.② 15.③ 16.③ 17.①

18. LPG 기관에서 액체상태의 연료를 기체상태의 연료로 전환시키는 장치는?

① 베이퍼라이저
② 솔레노이드밸브 유닛
③ 봄베
④ 믹서

풀이 베이퍼라이저(vaporizer)는 액체상태의 연료를 기체상태로 변화시켜 주는 장치로, 감압, 기화 및 압력조절 작용을 한다.

19. 기관이 과열되는 원인으로 가장 거리가 먼 것은?

① 서모스탯이 열림 상태로 고착
② 냉각수 부족
③ 냉각팬 작동불량
④ 라디에이터의 막힘

풀이 기관이 과열되는 원인
① 수온조절기(서모스탯)가 닫힌 채로 고장 났다.
② 냉각수가 부족하다.
③ 라디에이터가 막혔다.
④ 냉각팬 작동이 불량이다.
⑤ 냉각계통의 흐름이 불량하다.
⑥ 벨트가 헐겁거나 끊어졌다.

20. 부특성 서미스터를 이용하는 센서는?

① 노크 센서
② 냉각수 온도 센서
③ MAP 센서
④ 산소 센서

풀이 냉각수 온도센서는 부특성 서미스터를, 노크센서와 MAP센서는 압전소자 방식을 사용한다.

21. 다음에서 설명하는 디젤기관의 연소 과정은?

> 분사노즐에서 연료가 분사되어 연소를 일으킬 때까지의 기간이며 이 기간이 길어지면 노크가 발생한다.

① 착화지연기간 ② 화염전파기간
③ 직접연소기간 ④ 후기연소기간

풀이 착화지연 기간은 분사노즐에서 연료가 분사되어 연소를 일으킬 때까지의 기간으로, 이 기간이 길어지면 노크가 발생한다.

22. 일반적인 엔진오일의 양부 판단 방법이다. 틀린 것은?

① 오일의 색깔이 우유색에 가까운 것은 냉각수가 혼입되어 있는 것이다.
② 오일의 색깔이 회색에 가까운 것은 가솔린이 혼입되어 있는 것이다.
③ 종이에 오일을 떨어뜨려 금속분말이나 카본의 유무를 조사하고, 많이 혼입된 것은 교환한다.
④ 오일의 색깔이 검은색에 가까운 것은 장시간 사용했기 때문이다.

풀이 오일에 가솔린이 혼입되면 붉은 색에 가까운 색깔을 띠게 된다.

18.① 19.① 20.② 21.① 22.②

23 피스톤의 평균속도를 올리지 않고 회전수를 높일 수 있으며 단위 체적당 출력을 크게 할 수 있는 기관은?

① 장행정 기관   ② 정방형 기관
③ 단행정 기관   ④ 고속형 기관

풀이 오버스퀘어(단행정) 기관의 장점과 단점
① 피스톤 평균속도를 높이지 않고 기관 회전수를 높일 수 있어 단위 체적당 출력을 크게 할 수 있다.
② 흡배기 밸브의 지름을 크게 할 수 있어 체적효율을 높일 수 있다.
③ 내경에 비해 행정이 작으므로 기관의 높이를 낮게 할 수 있다.
④ 내경이 커서 피스톤이 과열되기 쉽고, 베어링 하중이 증가한다.
⑤ 기관의 높이는 낮아지나, 길이가 길어진다.

24 주행 중 자동차의 조향 휠이 한쪽으로 쏠리는 원인과 가장 거리가 먼 것은?

① 타이어 공기압력 불균일
② 바퀴 얼라인먼트의 조정 불량
③ 쇽업소버의 파손
④ 조향 휠 유격 조정 불량

풀이 조향 휠이 한쪽으로 쏠리는 원인
① 타이어 공기압이 불균일하다.
② 좌·우 축거가 다르다.
③ 좌·우 브레이크 라이닝의 간극이 다르다.
④ 앞차축 한쪽의 현가 스프링이 절손되었다.
⑤ 쇽업소버 작동이 불량하다.
⑥ 휠 얼라인먼트가 불량하다.
⑦ 뒤차축이 차의 중심선에 대하여 직각이 아니다.

25 현가장치에서 스프링이 압축되었다가 원위치로 돌아올 때 작은 구멍(오리피스)을 통과하는 오일의 저항으로 진동을 감소시키는 것은?

① 스태빌라이저   ② 공기 스프링
③ 토션 바 스프링   ④ 쇽업소버

풀이 쇽업소버(shock absorber)는 스프링이 압축되었다가 원위치로 돌아올 때 작은 구멍(오리피스)을 통과하는 오일의 저항으로 진동을 감소시키는 작용을 한다.

26 액슬축의 지지 방식이 아닌 것은?

① 반부동식   ② 3/4 부동식
③ 고정식   ④ 전부동식

풀이 액슬축 지지방식
① 반부동식 : 액슬축과 하우징이 하중을 반씩 부담
② 3/4부동식 : 액슬축이 하중을 1/4, 하우징이 3/4를 부담
③ 전부동식 : 하우징이 하중을 전부 부담하므로 액슬축은 자유로워 바퀴를 빼지 않고도 액슬축을 떼어낼 수 있다.

23.③ 24.④ 25.④ 26.③

27 조향장치가 갖추어야 할 조건으로 틀린 것은?

① 조향 조작이 주행 중의 충격을 적게 받을 것
② 안전을 위해 고속 주행시 조향력을 작게 할 것
③ 회전 반경이 작을 것
④ 조작시에 방향 전환이 원활하게 이루어질 것

풀이) 조향장치가 갖추어야 할 조건
① 조작하기 쉽고 방향전환이 원활하게 행해질 것
② 회전반경이 적을 것
③ 조향핸들과 바퀴의 선회 차이가 크지 않을 것
④ 조향조작이 주행 중의 충격에 영향을 받지 않을 것
⑤ 고속 주행에도 조향 휠이 안정되고 복원력이 좋을 것

28 동력조향장치 정비 시 안전 및 유의 사항으로 틀린 것은?

① 자동차 하부에서 작업할 때는 시야확보를 위해 보안경을 벗는다.
② 공간이 좁으므로 다치지 않게 주의 한다.
③ 제작사의 정비 지침서를 참고하여 점검, 정비한다.
④ 각종 볼트 너트는 규정 토크로 조인다.

풀이) 자동차 하부에서 작업할 때는 눈을 보호하고, 시야확보를 위해 보안경을 착용한다.

29 유압식 동력조향장치와 비교하여 전동식 동력조향장치 특징으로 틀린 것은?

① 엔진룸의 공간 활용도가 향상된다.
② 유압제어를 하지 않으므로 오일이 필요 없다.
③ 유압제어 방식에 비해 연비를 향상시킬 수 없다.
④ 유압제어를 하지 않으므로 오일펌프가 필요 없다.

풀이) ①, ②, ④항이 전동식 동력조향장치의 특징이며, 유압제어 방식에 비해 엔진 부하가 감소하여 연비를 향상시킬 수 있다.

30 전자제어 현가장치(ECS)에서 보기의 설명으로 맞는 것은?

[보기]
조향 휠 각속도 센서와 차속정보에 의해 ROLL 상태를 조기에 검출해서 일정 시간 감쇄력을 높여 차량이 선회 주행 시 ROLL을 억제하도록 한다.

① 안티 스쿼트 제어
② 안티 다이브 제어
③ 안티 롤 제어
④ 안티 시프트 스쿼트 제어

풀이) 차량의 자세 제어
① 안티 롤 제어 : 선회시 차량이 기울어지는 롤 상태를 검출하여 롤을 억제
② 안티 다이브 제어 : 급제동시 앞쪽은 내려가고 뒤쪽은 들어 올려지는 현상을 검출하여 다이브를 억제
③ 안티 스쿼트 제어 : 급 출발시 앞쪽은 들어 올려지고 뒤쪽은 내려가는 현상을 검출하여 스쿼트를 억제
④ 안티 시프트 스쿼트 제어 : N→D 또는 N→R 변속시 앞, 또는 뒤쪽이 들어 올려지는 현상을 억제

27.② 28.① 29.③ 30.③

31. 자동변속기의 유압제어 회로에 사용하는 유압이 발생하는 곳은?

① 변속기 내의 오일펌프
② 엔진오일펌프
③ 흡기다기관 내의 부압
④ 매뉴얼 시프트 밸브

풀이 자동변속기 유압은 자동변속기 내의 오일펌프에서 발생한다.

32. 전자제어 제동장치(ABS)의 구성요소가 아닌 것은?

① 휠 스피드 센서
② 전자제어 유닛
③ 하이드로릭 컨트롤 유닛
④ 각속도 센서

풀이 **ABS의 구성부품**
① 휠 스피드 센서 : 차륜의 회전상태를 검출
② 전자제어 컨트롤 유닛(E.C.U) : 휠 스피드 센서의 신호를 받아 ABS를 제어
③ 하이드롤릭 유닛 : E.C.U의 신호에 따라 휠 실린더에 공급되는 유압을 제어
④ 프로포셔닝 밸브 : 브레이크를 밟았을 때 뒷바퀴가 조기에 고착되지 않도록 뒷바퀴의 유압을 제어
※ 각속도 센서는 전자제어 조향장치(EPS)에 사용되는 부품이다.

33. 유성기어 장치에서 선기어가 고정되고, 링기어가 회전하면 캐리어는?

① 링기어 보다 천천히 회전한다.
② 링기어 회전수와 같게 회전한다.
③ 링기어 보다 2배 빨리 회전한다.
④ 링기어 보다 3배 빨리 회전한다.

풀이 선기어를 고정하고 캐리어를 구동하면 링기어는 증속한다. (선고캐구링증 - 매우 중요)
반대로, 링기어를 구동하면 캐리어는 감속한다.

34. 유압식 브레이크 마스터 실린더에 작용하는 힘이 120kgf이고 피스톤 면적이 3cm² 일 때 마스터 실린더 내에 발생하는 유압은?

① $50 kg_f/cm^2$
② $40 kg_f/cm^2$
③ $30 kg_f/cm^2$
④ $25 kg_f/cm^2$

풀이
$$압력(kg_f/cm^2) = \frac{하중}{단면적}$$

∴ 압력 = $\frac{120}{3}$ = $40 kg_f/cm^2$

35. 수동변속기 차량에서 클러치가 미끄러지는 원인은?

① 클러치 페달 자유간극 과다
② 클러치 스프링의 장력 약화
③ 릴리스 베어링 파손
④ 유압라인 공기 혼입

풀이 **클러치가 미끄러지는 원인**
① 클러치 디스크 마모로 인한 자유유격 과소
② 클러치 스프링의 약화 및 변형
③ 마찰면의 경화 또는 오일 부착
④ 압력판, 플라이 휠 접촉면의 손상

31.① 32.④ 33.① 34.② 35.②

36 유압식 브레이크 장치에서 잔압을 형성하고 유지시켜 주는 것은?

① 마스터 실린더 피스톤 1차 컵과 2차 컵
② 마스터 실린더의 체크밸브와 리턴 스프링
③ 마스터 실린더 오일 탱크
④ 마스터 실린더의 피스톤

🔹 유압식 브레이크에서 잔압이란 마스터 실린더의 유압이 체크밸브를 밀고 있으므로 리턴 스프링의 장력과 평형이 되어 회로 내에 어느 정도 압력이 남는 것을 말한다.

37 자동변속기 차량에서 펌프의 회전수가 120rpm이고, 터빈의 회전수가 30rpm이라면 미끄럼율은?

① 75% ② 85%
③ 95% ④ 105%

🔹 미끄럼율(%) = $\dfrac{\text{펌프회전수} - \text{터빈회전수}}{\text{펌프회전수}} \times 100$

∴ 미끄럼율(%) = $\dfrac{120 - 30}{120} \times 100 = 75(\%)$

38 타이어 트레드 패턴의 종류가 아닌 것은?

① 러그 패턴 ② 블록 패턴
③ 리브러그 패턴 ④ 카커스 패턴

🔹 **타이어트레드 패턴의 종류**
① 리브 패턴(rib pattern)
② 러그 패턴(rug pattern)
③ 리브러그 패턴(rib rug pattern)
④ 블록 패턴(block pattern)
⑤ 수퍼 트랙션 패턴(super traction pattern)
⑥ 오프 더 로드 패턴(off the road pattern)

39 수동변속기 차량의 클러치판은 어떤 축의 스플라인에 조립되어 있는가?

① 추진축 ② 크랭크축
③ 액슬축 ④ 변속기 입력축

🔹 클러치판은 변속기 입력축 스플라인에 끼워져 변속기 쪽으로 동력을 전달한다.

40 브레이크슈의 리턴스프링에 관한 설명으로 거리가 먼 것은?

① 리턴스프링이 약하면 휠 실린더 내의 잔압이 높아진다.
② 리턴스프링이 약하면 드럼을 과열시키는 원인이 될 수도 있다.
③ 리턴스프링이 강하면 드럼과 라이닝의 접촉이 신속히 해제된다.
④ 리턴스프링이 약하면 브레이크슈의 마멸이 촉진될 수 있다.

🔹 브레이크 슈의 리턴 스프링이 약하면 휠 실린더 내의 잔압이 낮아지고, 리턴이 불량하여 브레이크 슈의 마멸이 촉진되며 드럼을 과열시킨다.

41 전류에 대한 설명으로 틀린 것은?

① 자유전자의 흐름이다.
② 단위는 A를 사용한다.
③ 직류와 교류가 있다.
④ 저항에 항상 비례한다.

🔹 오옴의 법칙 : 전류는 전압에 비례하고 저항에 반비례한다. ($I = \dfrac{E}{R}$)

36.② 37.① 38.④ 39.④ 40.① 41.④

42 자동차용 교류발전기에 대한 특성 중 거리가 가장 먼 것은?

① 브러쉬 수명이 일반적으로 직류발전기보다 길다.
② 중량에 따른 출력이 직류발전기보다 약 1.5배 정도 높다.
③ 슬립링 손질이 불필요하다.
④ 자여자 방식이다.

풀이 교류발전기의 특징
① 소형 경량으로 수명이 길다.
② 저속에서의 충전 성능이 좋다.
③ 속도 변동에 따른 적응 범위가 넓다.
④ 다이오드를 사용하므로 정류 특성이 좋다.
⑤ 브러시 수명이 일반적으로 직류발전기보다 길다.
⑥ 중량에 따른 출력이 직류발전기보다 약 1.5배 정도 높다.
⑦ 슬립링 손질이 불필요하다.
⑧ 타여자 방식이다.

43 기동전동기 무부하 시험을 하려고 한다. A와 B에 필요한 것은?

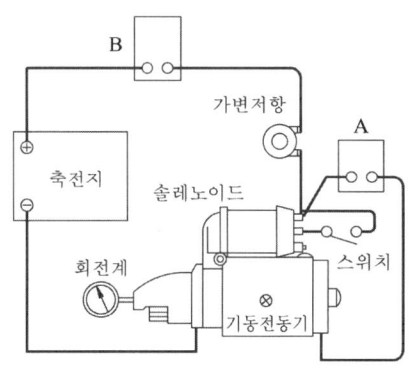

① A는 전류계, B는 전압계
② A는 전압계, B는 전류계
③ A는 전류계, B는 저항계
④ A는 저항계, B는 전압계

풀이 A는 병렬로 전압계를 설치하고, B는 직렬로 전류계를 설치한다.

44 축전지의 충·방전 화학식이다. ( ) 속에 해당되는 것은?

$$PbO_2 + (\ ) + Pb \rightleftarrows PbSO_4 + 2H_2O + PbSO_4$$

① H_2O ② $2H_2O$
③ $2PbSO_4$ ④ $2H_2SO_4$

풀이 축전지의 충·방전 화학식
$PbO_2 + 2H_2SO_4 + Pb \rightleftarrows PbSO_4 + 2H_2O + PbSO_4$

45 일반적으로 에어 백(Air Bag)에 가장 많이 사용되는 가스(gas)는?

① 수소   ② 이산화탄소
③ 질소   ④ 산소

풀이 에어 백에는 안정된 원소인 질소(N_2)를 사용한다.

46 150Ah의 축전지 2개를 병렬로 연결한 상태에서 15A의 전류로 방전시킨 경우 몇 시간 사용할 수 있는가?

① 5   ② 10
③ 15   ④ 20

풀이 축전지 용량(AH) = 방전전류(A)×방전시간(H)
∴ 방전시간 = $\frac{축전지 용량}{방전전류} = \frac{150 \times 2}{15} = 20H$

47 순방향으로 전류를 흐르게 하였을 때 빛이 발생되는 다이오드는?

① 제너다이오드   ② 포토다이오드
③ 다이리스터   ④ 발광다이오드

풀이 발광 다이오드(LED)는 순방향으로 전류를 흐르게 하면 전류를 가시광선으로 변형시켜 빛을 발생하는 다이오드로, N형 반도체의 과잉 전자와 P형 반도체의 정공이 결합되어 있는 반도체 소자이다.

42.④ 43.② 44.④ 45.③ 46.④ 47.④

48 퓨즈에 관한 설명으로 맞는 것은?
① 퓨즈는 정격전류가 흐르면 회로를 차단하는 역할을 한다.
② 퓨즈는 과대전류가 흐르면 회로를 차단하는 역할을 한다.
③ 퓨즈는 용량이 클수록 정격전류가 낮아진다.
④ 용량이 작은 퓨즈는 용량을 조정하여 사용한다.

[풀이] 퓨즈는 과대전류가 흐르면 회로를 차단하는 역할을 한다.

49 지구환경 문제로 인하여 기존의 냉매는 사용을 억제하고, 대체가스로 사용되고 있는 자동차 에어컨의 냉매는?
① R - 134a ② R - 22
③ R - 16a   ④ R - 12

[풀이] 프레온 가스라 불리는 R-12 냉매는 오존층을 파괴하고 온실효과를 유발하므로 대체가스로 신냉매인 R-134a를 사용한다.

50 점화코일의 2차 쪽에서 발생되는 불꽃전압의 크기에 영향을 미치는 요소 중 거리가 먼 것은?
① 점화플러그 전극의 형상
② 점화플러그 전극의 간극
③ 기관 윤활유 압력
④ 혼합기 압력

[풀이] 방전전압에 영향을 미치는 요인
① 전극의 틈새모양, 간극 및 극성
② 점화코일의 성능
③ 혼합가스의 온도, 압력
④ 흡입공기의 습도와 온도

51 카바이트 취급시 주의할 점으로 틀린 것은?
① 밀봉해서 보관한다.
② 건조한 곳보다 약간 습기가 있는 곳에 보관한다.
③ 인화성이 없는 곳에 보관한다.
④ 저장소에 전등을 설치할 경우 방폭 구조로 한다.

[풀이] 카바이트는 ①, ③, ④와 같은 방법으로 취급하고, 습기가 없는 건조한 곳에 보관한다.

52 재해조사 목적을 가장 바르게 설명한 것은?
① 적절한 예방대책을 수립하기 위해서
② 재해를 당한 당사자의 책임을 추궁하기 위하여
③ 재해 발생 상태와 그 동기에 대한 통계를 작성하기 위하여
④ 작업능률 향상과 근로기강 확립을 위하여

[풀이] 재해조사를 하는 목적은 재해 원인을 분석하여 적절한 예방대책을 수립하기 위해서이다.

53 헤드 볼트를 체결할 때 토크 렌치를 사용하는 이유로 가장 옳은 것은?
① 신속하게 체결하기 위해
② 작업상 편리하기 위해
③ 강하게 체결하기 위해
④ 규정 토크로 체결하기 위해

[풀이] 헤드 볼트를 체결할 때 토크 렌치를 사용하는 이유는 규정 값으로 조이기 위해서이다.

48.② 49.① 50.③ 51.② 52.① 53.④

54 작업장 내에서 안전을 위한 통행방법으로 옳지 않은 것은?

① 자재 위에 앉지 않도록 한다.
② 좌·우측의 통행 규칙을 지킨다.
③ 짐을 든 사람과 마주치면 길을 비켜준다.
④ 바쁜 경우 기계 사이의 지름길을 이용한다.

풀이 ①, ②, ③항은 작업장 내에서 안전을 위한 올바른 통행방법이며, 작업장 내에서는 반드시 보행자 통로를 이용한다.

55 작업자가 기계작업시의 일반적인 안전사항으로 틀린 것은?

① 급유 시 기계는 운전을 정지시키고 지정된 오일을 사용한다.
② 운전 중 기계로부터 이탈할 때는 운전을 정지시킨다.
③ 고장수리, 청소 및 조정 시 동력을 끊고 다른 사람이 작동시키지 않도록 표시해 둔다.
④ 정전이 발생 시 기계스위치를 켜둬서 정전이 끝남과 동시에 작업 가능하도록 한다.

풀이 정전이 발생되었을 때는 각종 기계의 스위치를 꺼둔다.

56 정밀한 부속품을 세척하기 위한 방법으로 가장 안전한 것은?

① 와이어 브러시를 사용한다.
② 걸레를 사용한다.
③ 솔을 사용한다.
④ 에어건을 사용한다.

풀이 정밀한 부속품의 세척은 에어 건으로 한다.

57 전자제어시스템을 정비할 때 점검 방법 중 올바른 것을 모두 고른 것은?

a. 배터리 전압이 낮으면 자기진단이 불가 할 수 있으므로 배터리 전압을 확인한다.
b. 배터리 또는 ECU 커넥터를 분리하면 고장항목이 지워질 수 있으므로 고장진단 결과를 완전히 읽기 전에는 배터리를 분리시키지 않는다.
c. 전장품을 교환할 때에는 배터리 (−)케이블을 분리 후 작업한다.

① a, b   ② a, c
③ b, c   ④ a, b, c

풀이 a, b, c 모두 전자제어 시스템을 점검하는 올바른 방법이다.

58 전자제어 가솔린 기관의 헤드볼트를 규정대로 조이지 않았을 때 발생하는 현상으로 거리가 먼 것은?

① 냉각수의 누출
② 스로틀 밸브의 고착
③ 실린더 헤드의 변형
④ 압축가스의 누설

풀이 헤드 볼트를 규정대로 조이지 않을 경우 ①, ③, ④항의 증상이 발생할 수 있다.
※ 스로틀 밸브의 고착과는 관련이 없다.

59 에어백 장치를 점검, 정비할 때 안전하지 못한 행동은?

① 에어백 모듈은 사고 후에도 재사용이 가능하다.
② 조향휠을 장착할 때 클럭 스프링의 중립 위치를 확인한다.
③ 에어백 장치는 축전지 전원을 차단하고 일정 시간 지난 후 정비한다.
④ 인플레이터의 저항은 아날로그 테스터로 측정하지 않는다.

풀이 에어백 장치의 점검, 정비는 ②, ③, ④ 항의 방법으로 하고, 에어백 모듈은 사고 후에는 재사용하지 않는다.

60 점화플러그 청소기를 사용할 때 보안경을 쓰는 이유로 가장 적당한 것은?

① 발생하는 스파크의 색상을 확인하기 위해
② 이물질이 눈에 들어갈 수 있기 때문에
③ 빛이 너무 자주 깜박거리기 때문에
④ 고전압에 의한 감전을 방지하기 위해

풀이 점화플러그 청소기를 사용할 때 보안경을 쓰는 이유는 이물질이 눈에 들어갈 수 있기 때문이다.

59.① 60.②

자동차정비기능사 제4회
(2016.07.10 시행)

01 점화지연의 3가지에 해당되지 않는 것은?

① 기계적 지연   ② 점성적 지연
③ 전기적 지연   ④ 화염 전파지연

 점화지연의 3가지
① 기계적 지연
② 전기적 지연
③ 화염 전파지연

02 기관에 사용하는 윤활유의 기능이 아닌 것은?

① 마멸 작용   ② 기밀 작용
③ 냉각 작용   ④ 방청 작용

윤활유의 6대 작용
① 감마작용 : 마찰을 감소시켜 동력 손실을 최소화
② 밀봉(기밀)작용 : 오일막을 형성하여 기밀을 유지
③ 냉각작용 : 마찰로 인한 열을 흡수하여 냉각시킴
④ 세척작용 : 먼지, 카본 등 불순물을 흡수하여 오일을 세척
⑤ 방청작용 : 수분의 침입을 막아 부식과 침식을 예방
⑥ 응력 분산작용 : 동력 행정시 충격을 분산시켜 응력을 최소화

03 행정의 길이가 250mm인 가솔린 기관에서 피스톤의 평균속도가 5m/s라면 크랭크축의 1분간 회전수(rpm)은 약 얼마인가?

① 500   ② 600
③ 700   ④ 800

$$\text{피스톤 평균속도}(v) = \frac{2LN}{60} = \frac{LN}{30}$$

여기서, L : 행정[m]
N : 엔진 회전수[rpm]

∴ 엔진 회전수$(N) = \frac{30 \times v}{L} = \frac{30 \times 5}{0.25}$
$= 600\text{rpm}$

04 가솔린 전자제어 기관에서 축전지 전압이 낮아졌을 때 연료분사량을 보정하기 위한 방법은?

① 분사시간을 증가시킨다.
② 기관의 회전속도를 낮춘다.
③ 공연비를 낮춘다.
④ 점화시기를 지연시킨다.

축전지 전압이 낮으면 무효 분사시간이 길어지므로 분사시간을 증가시켜 연료분사량을 증량 보정한다.

 01.② 02.① 03.② 04.①

05. 가솔린의 주요 화합물로 맞는 것은?
   ① 탄소와 수소   ② 수소와 질소
   ③ 탄소와 산소   ④ 수소와 산소

   풀이 가솔린은 탄소(C)와 수소(H)로 구성된 고분자 화합물이다.

06. 전자제어 가솔린 분사장치에서 기관의 각종 센서 중 입력 신호가 아닌 것은?
   ① 스로틀 포지션 센서
   ② 냉각 수온 센서
   ③ 크랭크 각 센서
   ④ 인젝터

   풀이 전원 및 각종 센서, 스위치는 입력신호이고, 릴레이, 액추에이터(인젝터) 등은 출력신호이다.

07. 디젤기관의 연소실 형식으로 틀린 것은?
   ① 직접분사식   ② 예연소실식
   ③ 와류식   ④ 연료실식

   풀이 디젤기관 연소실의 분류
   ① 단실식 : 직접 분사실식
   ② 복실식 : 예연소실식, 와류실식, 공기실식

08. 자동차 주행빔 전조등의 발광면은 상측, 하측, 내측, 외측의 몇 도 이내에서 관측 가능해야 하는가?
   ① 5   ② 10
   ③ 15   ④ 20

   풀이 제38조 전조등 : 전조등 렌즈의 발광각도

구분	관측 각도			
	상측	하측	내측	외측
주행빔 렌즈	5°	5°	5°	5°
변환빔 렌즈	15°	10°	10°	45°

09. 전자제어 연료분사 가솔린 기관에서 연료펌프의 체크 밸브는 어느 때 닫히게 되는가?
   ① 기관 회전 시
   ② 기관 정지 후
   ③ 연료 압송 시
   ④ 연료 분사 시

   풀이 연료펌프의 체크 밸브는 기관 정지 후 리턴 스프링의 힘으로 닫힌다.

10. 배기밸브가 하사점 전 55°에서 열려 상사점 후 15°에서 닫힐 때 총 열림각은?
   ① 240°   ② 250°
   ③ 255°   ④ 260°

   풀이 배기밸브 총 열림각
   = 배기밸브 열림각도+배기밸브 닫힘각도+180°
   = 55°+15°+180° = 250°

11. 가솔린 기관의 흡기 다기관과 스로틀 보디 사이에 설치되어 있는 서지 탱크의 역할 중 틀린 것은?
   ① 실린더 상호간에 흡입공기 간섭 방지
   ② 흡입공기 충진 효율을 증대
   ③ 연소실에 균일한 공기 공급
   ④ 배기가스 흐름 제어

   풀이 서지 탱크는 흡기 다기관과 스로틀 보디 사이에 설치되어 ①~③의 역할을 하며, 배기가스의 흐름 제어는 머플러에서 한다.

05.① 06.④ 07.④ 08.① 09.② 10.② 11.④

12. 가솔린기관 압축압력의 단위로 쓰이는 것은?
   ① rpm   ② mm
   ③ PS   ④ kg_f/cm^2

   풀이 단위
   ① rpm : 회전수의 단위
   ② mm : 길이의 단위
   ③ PS : 마력(동력)의 단위
   ④ kg_f/cm^2 : 압력의 단위

13. 압력식 라디에이터 캡을 사용하므로 얻어지는 장점과 거리가 먼 것은?
   ① 비등점을 올려 냉각 효율을 높일 수 있다.
   ② 라디에이터를 소형화 할 수 있다.
   ③ 라디에이터의 무게를 크게 할 수 있다.
   ④ 냉각장치 내의 압력을 높일 수 있다.

   풀이 압력식 캡을 사용하면 라디에이터를 소형화 할 수 있어 무게를 가볍게 할 수 있다.

14. EGR(Exhaust Gas Recirculation) 밸브에 대한 설명 중 틀린 것은?
   ① 배기가스 재순환 장치이다.
   ② 연소실 온도를 낮추기 위한 장치이다.
   ③ 증발가스를 포집하였다가 연소시키는 장치이다.
   ④ 질소산화물(NOx) 배출을 감소하기 위한 장치이다.

   풀이 배기가스 재순환장치는 EGR 밸브를 이용하여 연소실의 최고온도를 낮추어 질소산화물(NOx)의 발생을 감소시킨다.
   ※ 연료 증발가스는 차콜 캐니스터와 PCSV를 이용하여 재연소시킨다.

15. 실린더의 안지름이 100mm, 피스톤 행정 130mm, 압축비가 21일 때 연소실 용적은 약 얼마인가?
   ① 25cc   ② 32cc
   ③ 51cc   ④ 58cc

   풀이
   $$행정체적(배기량) = \frac{\pi}{4} \cdot D^2 \cdot L = 0.785 D^2 \cdot L$$

   압축비 $= 1 + \dfrac{행정 체적(배기량)}{연소실 체적}$

   ∴ 연소실 체적 $= \dfrac{행정 체적(배기량)}{압축비 - 1}$
   $= \dfrac{0.785 \times 10^2 \times 13}{21 - 1}$
   $= 51cc$

16. 기관의 습식 라이너(wet type)에 대한 설명 중 틀린 것은?
   ① 습식 라이너를 끼울 때에는 라이너 바깥둘레에 비눗물을 바른다.
   ② 실링이 파손되면 크랭크 케이스로 냉각수가 들어간다.
   ③ 냉각수와 직접 접촉하지 않는다.
   ④ 냉각 효과가 크다.

   풀이 습식 라이너(wet type)의 특징
   ① 라이너의 바깥둘레가 냉각수와 직접 접촉하여 냉각효과가 크다.
   ② 냉각수 누출을 방지하기 위한 상·하부에 실링이 있고, 실링이 파손되면 크랭크 케이스로 냉각수가 들어간다.
   ③ 습식 라이너를 끼울 때에는 라이너 바깥둘레에 비눗물을 바르고 밀어 넣어 끼운다.

ANSWER 12.④ 13.③ 14.③ 15.③ 16.③

17 3원 촉매장치의 촉매 컨버터에서 정화처리 하는 주요 배기가스로 거리가 먼 것은?
① CO ② NOx
③ SO₂ ④ HC

풀이 삼원 촉매장치는 백금(Pt), 팔라듐(Pd), 로듐(Rh) 3가지 원소를 이용하여 가솔린 기관의 유해 배기가스인 일산화탄소(CO), 탄화수소(HC), 질소산화물(NOx)를 정화한다.

18 피스톤링의 주요 기능이 아닌 것은?
① 기밀 작용 ② 감마 작용
③ 열전도 작용 ④ 오일제어 작용

풀이 피스톤 링의 3대 작용
① 기밀유지 작용
② 열전도 작용
③ 오일제어 작용

19 디젤기관의 연료분사에 필요한 조건으로 틀린 것은?
① 무화 ② 분포
③ 조정 ④ 관통력

풀이 연료 분무의 3대 조건 : 무화, 분포, 관통력

20 LPG기관의 연료장치에서 냉각수의 온도가 낮을 때 시동성을 좋게 하기 위해 작동되는 밸브는?
① 기상밸브 ② 액상밸브
③ 안전밸브 ④ 과류방지밸브

풀이 LPG기관 연료장치에서 ECU는 수온센서로부터 신호를 받아, 기관 냉각수의 온도(15℃)를 기준으로 온도가 낮을 때 시동성을 좋게 하기 위해 기상밸브를 작동시킨다.

21 공기량 계측방식 중에서 발열체와 공기 사이의 열전달 현상을 이용한 방식은?
① 열선식 질량유량 계량방식
② 베인식 체적유량 계량방식
③ 칼만와류 방식
④ 맵 센서방식

풀이 열선식 질량유량 계량방식은 공기의 흐름 통로 중에 발열체를 놓아 공기량에 따라 열을 빼앗기는 열량, 즉 발열체와 공기 사이의 열전달 현상을 이용하여 공기량을 계측하는 방식이다.

22 평균유효압력이 10kg$_f$/cm², 배기량이 7500cc, 회전속도 2400rpm, 단기통인 2행정 사이클의 지시마력은?
① 200PS ② 300PS
③ 400PS ④ 500PS

풀이
지시(도시)마력
$$= \frac{PALZN}{75 \times 60} = \frac{PVZN}{75 \times 60 \times 100}$$

여기서, P : 지시평균 유효압력[kg$_f$/cm²]
A : 실린더 단면적[cm²]
L : 행정[m]
V : 배기량[cm³]
Z : 실린더 수
N : 엔진 회전수[rpm]
(2행정기관 : N, 4행정기관 : $N/2$)

∴ 지시마력 = $\frac{10 \times 7500 \times 2400}{75 \times 60 \times 100}$ = 400PS

17.③ 18.② 19.③ 20.① 21.① 22.③

23 어떤 물체가 초속도 10m/s로 마루면을 미끄러진다면 약 몇 m를 진행하고 멈추는가? (단, 물체와 마루면 사이의 마찰계수는 0.5이다.)

① 0.51　　② 5.1
③ 10.2　　④ 20.4

$$제동거리(S) = \frac{v^2}{2\mu g}$$

여기서, v : 제동 초속도[m/s]
　　　　μ : 마찰계수
　　　　g : 중력가속도[9.8m/s²]

$$\therefore S = \frac{v^2}{2 \times \mu \times g} = \frac{10^2}{2 \times 0.5 \times 9.8} = 10.2m$$

24 후축에 9890kgf의 하중이 작용될 때 후축에 4개의 타이어를 장착하였다면 타이어 한 개당 받는 하중은?

① 약 2473 kgf
② 약 2770 kgf
③ 약 3473 kgf
④ 약 3770 kgf

$$타이어에 걸리는 하중 = \frac{하중}{타이어 수}$$

$\therefore$ 타이어에 걸리는 하중 $= \frac{9890}{4} = 2472.5 kgf$

25 조향장치가 갖추어야 할 조건 중 적당하지 않는 사항은?

① 적당한 회전 감각이 있을 것
② 고속주행에서도 조향핸들이 안정될 것
③ 조향휠의 회전과 구동휠의 선회차가 클 것
④ 선회 후 복원성이 있을 것

조향장치가 갖추어야 할 조건
① 조작하기 쉽고 방향전환이 원활하게 행해질 것
② 회전반경이 적을 것
③ 조향핸들과 바퀴의 선회 차이가 크지 않을 것
④ 조향조작이 주행 중의 충격에 영향을 받지 않을 것
⑤ 고속 주행에도 조향휠이 안정되고 복원력이 좋을 것
⑥ 선회 시 저항이 적고 선회 후 복원성이 좋을 것
⑦ 적당한 회전 감각이 있을 것

26 디스크 브레이크와 비교해 드럼 브레이크의 특성으로 맞는 것은?

① 페이드 현상이 잘 일어나지 않는다.
② 구조가 간단하다.
③ 브레이크의 편제동 현상이 적다.
④ 자기작동 효과가 크다.

드럼 브레이크의 특징
① 디스크 브레이크에 비해 제동력이 강하다.
② 자기작동 효과가 크다.
③ 가격이 저렴하다.

27 수동변속기에서 기어변속 시 기어의 이중 물림을 방지하기 위한 장치는?

① 파킹 볼 장치
② 인터 록 장치
③ 오버드라이브 장치
④ 록킹 볼 장치

① 인터 록(inter lock) : 이중 물림 방지
② 록킹 볼(locking ball) : 기어 빠짐 방지

23.③　24.①　25.③　26.④　27.②

28. 기관의 회전수가 3500rpm, 제2속의 감속비 1.5, 최종감속비 4.8, 바퀴의 반경이 0.3m일 때 차속은? (단, 바퀴와 지면과 미끄럼은 무시한다.)

① 약 35km/h ② 약 45km/h
③ 약 55km/h ④ 약 65km/h

$$차속 = \frac{\pi DN}{R_t \times R_f} \times \frac{60}{1,000} [km/h]$$

여기서, D : 타이어 직경[m]
N : 엔진 회전수[rpm]
R_t : 변속비
R_f : 종감속비

$$\therefore 차속 = \frac{3.14 \times 0.6 \times 3500}{1.5 \times 4.8} \times \frac{60}{1,000}$$
$$= 54.95 km/h$$

29. 차동장치에서 차동 피니언과 사이드 기어의 백 래시 조정은?

① 축받이 차축의 왼쪽 조정심을 가감하여 조정한다.
② 축받이 차축의 오른쪽 조정심을 가감하여 조정한다.
③ 차동장치의 링기어 조정 장치를 조정한다.
④ 스러스트(thrust) 와셔의 두께를 가감하여 조정한다.

차동장치에서 차동 사이드 기어의 백 래시 조정은 스러스트 와셔의 두께를 가감하여 조정한다.

30. 전자제어식 자동변속기 제어에 사용되는 센서가 아닌 것은?

① 차고 센서
② 유온 센서
③ 입력축 속도센서
④ 스로틀 포지션 센서

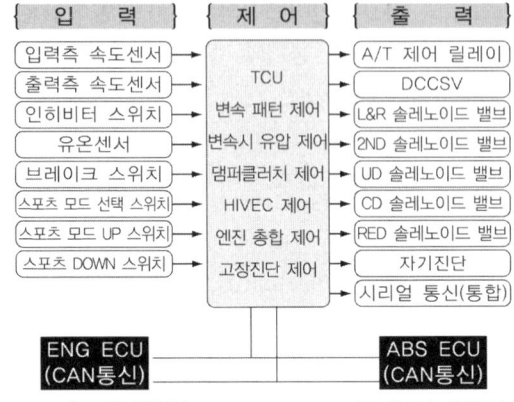

자동변속기 TCU 입·출력 신호

※ 차고 센서는 전자제어 현가장치(ECS)의 입력 신호이다.

31. 수동변속기에서 클러치의 미끄러지는 원인으로 틀린 것은?

① 클러치 디스크에 오일이 묻었다.
② 플라이 휠 및 압력판이 손상되었다.
③ 클러치 페달의 자유간극이 크다.
④ 클러치 디스크의 마멸이 심하다.

클러치가 미끄러지는 원인
① 클러치 디스크 마모로 인한 자유유격 과소
② 클러치 스프링의 변형 및 장력 약화
③ 마찰면의 경화 또는 오일 부착
④ 압력판, 플라이 휠 접촉면의 손상

28.③ 29.④ 30.① 31.③

32 주행 시 혹은 제동 시 핸들이 한쪽으로 쏠리는 원인으로 거리가 가장 먼 것은?

① 좌·우 타이어의 공기 압력이 같지 않다.
② 앞바퀴의 정렬이 불량하다.
③ 조향 핸들축의 축 방향 유격이 크다.
④ 한쪽 브레이크 라이닝 간격 조정이 불량하다.

풀이 조향 휠이 한쪽으로 쏠리는 원인
① 타이어 공기압이 불균일하다.
② 좌·우 축거가 다르다.
③ 좌·우 브레이크 라이닝의 간극이 다르다.
④ 앞차축 한쪽의 현가 스프링이 절손되었다.
⑤ 쇽업소버 작동이 불량하다.
⑥ 휠 얼라인먼트가 불량하다.
⑦ 뒤차축이 차의 중심선에 대하여 직각이 아니다.
[참고] 조향 핸들축의 축방향 유격이 크다는 것은 핸들이 아래 위로 흔들린다는 뜻이다.

33 일반적인 브레이크 오일의 주성분은?

① 윤활유와 경유
② 알콜과 피마자 기름
③ 알콜과 윤활유
④ 경유와 피마자 기름

풀이 브레이크 오일은 일반적으로 피마자 기름에 알콜 등의 용제를 혼합한 식물성 오일이다.

34 전자제어 현가장치의 제어 기능에 해당되는 것이 아닌 것은?

① 앤티 스키드   ② 앤티 롤
③ 앤티 다이브   ④ 앤티 스쿼트

풀이 차량의 자세 제어
① 앤티 롤 제어 : 선회시 차량이 기울어지는 롤 상태를 검출하여 롤을 억제
② 앤티 다이브 제어 : 급제동시 앞쪽은 내려가고 뒤쪽은 들어 올려지는 현상을 검출하여 다이브를 억제
③ 앤티 스쿼트 제어 : 급 출발시 앞쪽은 들어 올려지고 뒤쪽은 내려가는 현상을 검출하여 스쿼트를 억제
④ 앤티 시프트 스쿼트 제어 : N→D 또는 N→R 변속시 앞, 또는 뒤쪽이 들어 올려지는 현상을 억제
※ 앤티 스키드(Anti-skid)는 전자제어 제동장치(ABS)에서 사용되는 용어이다.

35 자동변속기에서 오일라인압력을 근원으로 하여 오일라인압력보다 낮은 일정한 압력을 만들기 위한 밸브는?

① 체크 밸브   ② 거버너 밸브
③ 매뉴얼 밸브   ④ 리듀싱 밸브

풀이 자동변속기 밸브의 역할
① 매뉴얼(manual) 밸브 : 운전자의 조작에 따라 유로를 변경하여 변속 레인지를 결정하는 수동밸브이다.
② 거버너(governor) 밸브 : 차량속도의 증감에 따라 증가하거나 감소하는 압력으로, 차량속도에 따라 제어되는 압력을 조정하는 압력 밸브이다.
③ 리듀싱(reducing) 밸브 : 오일라인압력을 근원으로 하여 오일라인압력보다 낮은 일정한 압력을 만들기 위한 감압밸브이다.

36 ABS 차량에서 4센서 4채널 방식의 설명으로 틀린 것은?

① ABS 작동 시 각 휠의 제어는 별도로 제어된다.
② 휠 속도센서는 각 바퀴마다 1개씩 설치된다.
③ 톤 휠의 회전에 의해 전압이 변한다.
④ 휠 속도센서의 출력 주파수는 속도에 반비례한다.

풀이 휠 속도센서의 출력 주파수는 속도에 비례하여 발생된다.

ANSWER 32.③ 33.② 34.① 35.④ 36.④

37 전자제어 현가장치의 입력 센서가 아닌 것은?

① 차속 센서
② 조향 휠 각속도 센서
③ 차고 센서
④ 임팩트 센서

풀이 임팩트 센서는 에어백 장치의 입력신호이다.

38 유압식 전자제어 동력 조향장치에서 컨트롤 유닛(ECU)의 입력 요소는?

① 브레이크 스위치
② 차속 센서
③ 흡기온도 센서
④ 휠 스피드 센서

풀이 차속센서 신호가 동력 조향장치 컨트롤 유닛에 입력되면 차속에 따라 조향력을 적절하게 한다.

39 빈 칸에 알맞은 것은?

> 애커먼 장토의 원리는 조향각도를 (㉠)로 하고, 선회할 때 선회하는 안쪽 바퀴의 조향각도가 바깥쪽 바퀴의 조향각도보다 (㉡)되며, (㉢)의 연장선상의 한 점을 중심으로 동심원을 그리면서 선회하여 사이드슬립 방지와 조향핸들 조작에 따른 저항을 감소시킬 수 있는 방식이다.

① ㉠ 최소, ㉡ 작게, ㉢ 앞차축
② ㉠ 최대, ㉡ 작게, ㉢ 뒷차축
③ ㉠ 최소, ㉡ 크게, ㉢ 앞차축
④ ㉠ 최대, ㉡ 크게, ㉢ 뒷차축

풀이 애커먼 장토의 원리는 조향각도를 최대로 하고, 선회할 때 선회하는 안쪽 바퀴의 조향각도가 바깥쪽 바퀴의 조향각도보다 크게 되며, 뒷차축의 연장선상의 한 점을 중심으로 동심원을 그리면서 선회하여 사이드슬립 방지와 조향핸들 조작에 따른 저항을 감소시킬 수 있는 방식이다.

40 유압식 브레이크는 어떤 원리를 이용한 것인가?

① 뉴톤의 원리
② 파스칼의 원리
③ 베르누이의 원리
④ 애커먼 장토의 원리

풀이 유압식 브레이크는 파스칼의 원리를 이용한 것이다.

41 자동차 전조등회로에 대한 설명으로 맞는 것은?

① 전조등 좌우는 직렬로 연결되어 있다.
② 전조등 좌우는 병렬로 연결되어 있다.
③ 전조등 좌우는 직병렬로 연결되어 있다.
④ 전조등 작동 중에는 미등이 소등된다.

풀이 자동차 전조등의 좌측과 우측은 병렬로 연결되어 있다.

42 축전기(Condenser)와 관련된 식 표현으로 틀린 것은? (Q = 전기량, E = 전압, C = 비례상수)

① $Q = CE$
② $C = \dfrac{Q}{E}$
③ $E = \dfrac{Q}{C}$
④ $C = QE$

풀이 축전기(Condenser) 정전용량
$Q = CE$, $C = \dfrac{Q}{E}$, $E = \dfrac{Q}{C}$ 이다.

37.④ 38.② 39.④ 40.② 41.② 42.④

43 전자동에어컨(FATC) 시스템의 ECU에 입력되는 센서 신호로 거리가 먼 것은?

① 외기온도 센서 ② 차고 센서
③ 일사 센서 ④ 내기온도 센서

풀이 차고센서는 전자제어 현가장치(ECS)의 입력신호이다.

44 12V의 전압에 20Ω의 저항을 연결하였을 경우 몇 A의 전류가 흐르겠는가?

① 0.6A ② 1A
③ 5A ④ 10A

풀이 오옴의 법칙 $I = \dfrac{E}{R}$

∴ 전류 $I = \dfrac{E}{R} = \dfrac{12}{20} = 0.6A$

45 자동차 에어컨 장치의 순환과정으로 맞는 것은?

① 압축기 → 응축기 → 건조기 → 팽창밸브 → 증발기
② 압축기 → 응축기 → 팽창밸브 → 건조기 → 증발기
③ 압축기 → 팽창밸브 → 건조기 → 응축기 → 증발기
④ 압축기 → 건조기 → 팽창밸브 → 응축기 → 증발기

풀이 에어컨 순환과정 : 압축기(compressor) → 응축기(condenser) → 건조기(receiver drier) → 팽창밸브(expansion valve) → 증발기(evaporator)

46 자동차의 교류 발전기에서 발생된 교류 전기를 직류로 정류하는 부품은 무엇인가?

① 전기자 ② 조정기
③ 실리콘 다이오드 ④ 릴레이

풀이 AC 발전기의 실리콘 다이오드는 교류 전기를 직류로 정류하고, 역류를 방지한다.

47 기동전동기에서 오버런닝 클러치의 종류에 해당되지 않는 것은?

① 롤러식 ② 스프래그식
③ 전기자식 ④ 다판 클러치식

풀이 오버런닝 클러치의 종류
① 롤러식
② 스프래그식
③ 다판 클러치식

48 엔진 ECU 내부의 마이크로 컴퓨터 구성요소로서 산술 연산 또는 논리 연산을 수행하기 위해 데이터를 일시 보관하는 기억장치는?

① FET 구동회로 ② A/D 컨버터
③ 인터페이스 ④ 레지스터

풀이 엔진 ECU 내부의 마이크로 컴퓨터 구성요소로서 산술 연산 또는 논리 연산을 수행하기 위해 데이터를 일시 보관하는 기억장치를 레지스터(register)라 한다.

49 자기방전률은 축전지 온도가 상승하면 어떻게 되는가?

① 높아진다.
② 낮아진다.
③ 변함없다.
④ 낮아진 상태로 일정하게 유지된다.

풀이 축전지의 자기 방전률은 온도가 상승하면 높아지고, 온도가 하강하면 낮아진다.

43.② 44.① 45.① 46.③ 47.③ 48.④ 49.①

50 축전지에 대한 설명 중 틀린 것은?
① 전해액 온도가 올라가면 비중은 낮아진다.
② 전해액의 온도가 낮으면 황산의 확산이 활발해진다.
③ 온도가 높으면 자기방전량이 많아진다.
④ 극판수가 많으면 용량이 증가한다.

풀이 전해액의 온도가 낮으면 황산의 확산은 느려지게 되어 축전지의 용량이 작아진다.

51 산업안전보건법상의 "안전·보건표지의 종류와 형태"에서 아래 그림이 의미하는 것은?

① 직진금지   ② 출입금지
③ 보행금지   ④ 차량통행금지

풀이 안전·보건표지의 종류와 형태

※ 교통 표지판은 직진금지이지만, 안전·보건표지에서는 출입금지 표지이다.

52 차량 시험기기의 취급 주의사항에 대한 설명으로 틀린 것은?
① 시험기기 전원 및 용량을 확인한 후 전원 플러그를 연결한다.
② 시험기기의 보관은 깨끗한 곳이면 아무 곳이나 좋다.
③ 눈금의 정확도는 수시로 점검해서 0점을 조정해 준다.
④ 시험기기의 누전 여부를 확인한다.

풀이 차량 시험기기의 보관은 지정된 장소의 깨끗한 곳에 보관한다.

53 산업 안전표지 종류에서 비상구 등을 나타내는 표지는?
① 금지표지   ② 경고표지
③ 지시표지   ④ 안내표지

풀이 산업 안전표지 종류에서 비상구, 녹십자, 응급구호, 세안장치, 들 것 등은 안내표지 이다.

54 줄 작업 시 주의사항이 아닌 것은?
① 몸 쪽으로 당길 때에만 힘을 가한다.
② 공작물은 바이스에 확실히 고정한다.
③ 날이 메꾸어 지면 와이어 브러시로 털어낸다.
④ 절삭가루는 솔로 쓸어낸다.

풀이 줄 작업시 주의사항
① 줄에 균열이 있는 것은 위험하므로 잘 점검한다.
② 줄자루는 적당한 크기의 것으로 자루를 확실히 고정하여 사용한다.
③ 공작물은 바이스에 확실히 고정한다.
④ 칩은 입으로 불거나 맨손으로 털지 말고 반드시 브러시를 사용한다.
⑤ 줄을 잡을 때는 한손으로 확실히 잡고 다른 한 손은 끝을 가볍게 쥐고 앞으로 가볍게 밀어 사용한다.

50.② 51.② 52.② 53.④ 54.①

55 중량물을 인력으로 운반하는 과정에서 발생할 수 있는 재해의 형태(유형)와 거리가 먼 것은?

① 허리 요통　② 협착(압상)
③ 급성 중독　④ 충돌

풀이) 급성 중독은 작업장의 환기 불량에서 발생하는 재해이다.

56 브레이크 드럼을 연삭할 때 전기가 정전되었다. 가장 먼저 취해야 할 조치사항은?

① 스위치 전원을 내리고(off) 주 전원의 퓨즈를 확인한다.
② 스위치는 그대로 두고 정전 원인을 확인한다.
③ 작업하던 공작물을 탈거한다.
④ 연삭에 실패했음으로 새 것으로 교환하고, 작업을 마무리한다.

풀이) 기계 작업 중 정전이 발생되었을 때는 가장 먼저 스위치 전원을 내리고(off) 주 전원의 퓨즈를 확인한다.

57 기관의 분해 정비를 결정하기 위해 기관을 분해하기 전 점검해야 할 사항으로 거리가 먼 것은?

① 실린더 압축압력 점검
② 기관오일 압력점검
③ 기관운전 중 이상소음 및 출력점검
④ 피스톤 링 갭(gap) 점검

풀이) 피스톤 링 갭(gap) 점검은 기관을 분해한 후에 점검해야 할 사항이다.

58 작업장에서 중량물 운반수레의 취급 시 안전사항으로 틀린 것은?

① 적재중심은 가능한 한 위로 오도록 한다.
② 화물이 앞뒤 또는 측면으로 편중되지 않도록 한다.
③ 사용 전 운반수레의 각 부를 점검한다.
④ 앞이 안보일 정도로 화물을 적재하지 않는다.

풀이) 적재중심은 낮을수록 안전하므로 적재는 가능한 한 중심이 낮은 곳에 위치하도록 한다.

59 축전지 단자에 터미널 체결 시 올바른 것은?

① 터미널과 단자를 주기적으로 교환할 수 있도록 가 체결한다.
② 터미널과 단자 접속부 틈새에 흔들림이 없도록 (−)드라이버로 단자 끝에 망치를 이용하여 적당한 충격을 가한다.
③ 터미널과 단자 접속부 틈새에 녹슬지 않도록 냉각수를 소량 도포한 후 나사를 잘 조인다.
④ 터미널과 단자 접속부 틈새에 이물질이 없도록 청소 후 나사를 잘 조인다.

풀이) 축전지 단자에 터미널 체결 시에는 터미널과 단자 접속부 틈새에 이물질이 없도록 청소 후, 나사를 단단히 조인다.

60 멀티 회로시험기를 사용할 때의 주의사항 중 틀린 것은?

① 고온, 다습, 직사광선을 피한다.
② 영점 조정 후에 측정한다.
③ 직류전압의 측정 시 선택 스위치는 AC.(V)에 놓는다.
④ 지침은 정면에서 읽는다.

풀이) 직류전압은 DC.V에, 교류전압은 AC.V에 놓는다.

55.③　56.①　57.④　58.①　59.④　60.③

자동차정비기능사 제5회
(CBT 5회 기출복원 문제)

• **기출복원 문제란?**
CBT시행에 따라 저자께서 수검자들의 도움으로 최대한 유형에 가깝게 복원한 문제입니다.

01 차량 주행 중 급감속시 스로틀 밸브가 급격히 닫히는 것을 방지하여 운전성을 좋게 하는 것은?

① 아이들업 솔레노이드
② 대시포트
③ 퍼지 컨트롤 밸브
④ 연료 차단 밸브

풀이 대시포트(dash pot)는 급감속시 스로틀 밸브가 급격히 닫히는 것을 방지하여 운전성을 좋게 한다.

02 피스톤 링의 구비조건으로 틀린 것은?

① 고온에서도 탄성을 유지할 것
② 오래 사용하여도 링 자체나 실린더 마멸이 적을 것
③ 열팽창률이 작을 것
④ 실린더 벽에 편심된 압력을 가할 것

풀이 피스톤 링의 구비조건
ⓐ 열 팽창률이 적을 것
ⓑ 내열성과 내마모성이 좋을 것
ⓒ 실린더 벽에 균일한 압력을 가할 것
ⓓ 피스톤 링 자체나 실린더 마멸이 적을 것
ⓔ 고온에서도 탄성을 유지할 것

03 기관의 최고 출력이 70PS, 4,800rpm인 자동차가 최고 출력을 낼 때의 총감속비가 4.8 : 1이라면 뒤차축의 액슬축은 몇 rpm인가?

① 336rpm
② 1,000rpm
③ 1,250rpm
④ 1,500rpm

풀이

후차축(액슬축) 회전수 = $\dfrac{엔진\ 회전수}{총\ 감속비}$

∴ $\dfrac{4,800}{4.8} = 1,000\text{rpm}$

04 라디에이터의 점검에서 누설 실험을 하기 위한 공기압은?

① $1\text{kg}_f/\text{cm}^2$
② $3\text{kg}_f/\text{cm}^2$
③ $5\text{kg}_f/\text{cm}^2$
④ $7\text{kg}_f/\text{cm}^2$

풀이 누설 시험시 압축공기 압력은 $0.5\sim2\text{kg}_f/\text{cm}^2$이다.

ANSWER 01.② 02.④ 03.② 04.①

05. PTC 서미스터에서 온도와 저항값의 변화 관계가 맞는 것은?

① 온도 증가와 저항값은 관련 없다.
② 온도 증가에 따라 저항값이 감소한다.
③ 온도 증가에 따라 저항값이 증가한다.
④ 온도 증가에 따라 저항값이 증가, 감소 반복한다.

풀이 서미스터란 온도에 따라 저항값이 변하는 반도체 소자로, 온도가 올라갈 때 저항값이 커지면 정특성(PTC, Positive Temperature Coefficient) 서미스터라 하고, 반대로 저항값이 내려가면 부특성(NTC, Negative Temperature Coefficient) 서미스터라 한다.

06. 엔진 조립시 피스톤링 절개구 방향은?

① 피스톤 사이드 스러스트 방향을 피하는 것이 좋다.
② 피스톤 사이드 스러스트 방향으로 두는 것이 좋다.
③ 크랭크축 방향으로 두는 것이 좋다.
④ 절개구의 방향은 관계없다.

풀이 엔진 조립시 피스톤링 절개구 방향은 측압에 의해 피스톤링 절개부로 압축 및 가스의 누출 우려가 있으므로 측압을 받는 부분을 피하는 것이 좋다.

07. 실린더가 정상적인 마모를 할 때 마모량이 가장 큰 부분은?

① 실린더 윗 부분
② 실린더 중간 부분
③ 실린더 밑 부분
④ 실린더 헤드

풀이 동력행정에서 폭발압력에 의해 피스톤 헤드가 받는 압력이 가장 크므로 피스톤 링과 실린더 벽과의 밀착력이 최대가 되기 때문에 실린더 윗 부분의 마모가 가장 크다.

08. 기관이 1,500rpm에서 20m-kgf의 회전력을 낼 때 기관의 출력은 41.87PS 이다. 기관의 출력을 일정하게 하고 회전수를 2,500 rpm으로 하였을 때 얼마의 회전력을 내는가?

① 약 45m-kgf
② 약 35m-kgf
③ 약 25m-kgf
④ 약 12m-kgf

풀이
$$출력(제동마력, PS) = \frac{TN}{716}$$

T : 회전력(m-kgf)
N : 엔진 회전수(rpm)

$$\therefore T = \frac{716 \times PS}{N} = \frac{716 \times 41.87}{2,500} = 11.99 kg_f-m$$

09. 다음 중 기관 과열의 원인이 아닌 것은?

① 수온조절기 불량
② 냉각수 량 과다
③ 라디에이터 캡 불량
④ 냉각팬 모터 고장

풀이 엔진이 과열되는 원인
ⓐ 수온조절기가 닫힌 채로 고장났다.
ⓑ 라디에이터 캡 불량
ⓒ 라디에이터 코어가 20% 이상 막혔다.
ⓓ 라디에이터 핀에 이물질이 많이 묻었다.
ⓔ 라디에이터가 파손되었다.
ⓕ 물펌프가 작동불량이다.
ⓖ 냉각팬 모터 고장이다.
ⓗ 벨트가 헐겁거나 끊어졌다.
ⓘ 엔진이 과부하로 운전되고 있다.

05.③ 06.① 07.① 08.④ 09.②

10 LPG 기관의 연료장치에서 냉각수 온도가 낮을 때 시동성을 좋게 하기 위해 작동되는 밸브는?

① 기상밸브 ② 액상밸브
③ 안전밸브 ④ 과류방지밸브

풀이) 냉각수 온도가 낮을 때는 기화가 잘 안되므로 기상밸브를 열어 시동성을 좋게 한다.

11 자동변속기에서 유성기어 캐리어를 한 방향으로만 회전하게 하는 것은?

① 원웨이 클러치 ② 프론트 클러치
③ 리어 클러치 ④ 엔드 클러치

풀이) 일방향 클러치(one way clutch)는 유성기어 캐리어를 한 쪽 방향으로만 회전하게 한다.

12 ABS(Anti-Lock Brake System)의 주요 구성품이 아닌 것은?

① 휠 속도센서
② ECU
③ 하이드롤릭 유니트
④ 차고 센서

풀이) **ABS의 구성부품**
ⓐ 휠 스피드 센서 : 차륜의 회전상태를 검출
ⓑ 전자제어 컨트롤 유닛(E.C.U) : 휠 스피드 센서의 신호를 받아 ABS를 제어
ⓒ 하이드롤릭 유닛 : E.C.U의 신호에 따라 휠 실린더에 공급되는 유압을 제어
ⓓ 프로포셔닝 밸브 : 브레이크를 밟았을 때 뒷바퀴가 조기에 고착되지 않도록 뒷바퀴의 유압을 제어
※ 차고센서는 전자제어 현가장치(ECS) 부품이다.

13 피스톤의 평균속도를 올리지 않고 회전수를 높일 수 있으며 단위 체적당 출력을 크게 할 수 있는 기관은?

① 장행정 기관 ② 정방형 기관
③ 단행정 기관 ④ 고속형 기관

풀이) **오버스퀘어(단행정) 기관의 장점과 단점**
① 피스톤 평균속도를 높이지 않고 기관 회전수를 높일 수 있어 단위 체적당 출력을 크게 할 수 있다.
② 흡배기 밸브의 지름을 크게 할 수 있어 체적효율을 높일 수 있다.
③ 내경에 비해 행정이 작으므로 기관의 높이를 낮게 할 수 있다.
④ 내경이 커서 피스톤이 과열되기 쉽고, 베어링 하중이 증가한다.
⑤ 기관의 높이는 낮아지나, 길이가 길어진다.

14 기관의 회전수를 계산하는데 사용하는 센서는?

① 스로틀 포지션 센서
② 맵 센서
③ 크랭크 포지션 센서
④ 노크센서

풀이) **센서의 기능**
ⓐ 스로틀 포지션 센서 : 스로틀 밸브의 개도를 검출하여 엔진 운전모드를 판정하여 가속과 감속 상태를 감지하고 연료 분사량을 보정한다.
ⓑ 맵 센서 : 서지탱크로 들어오는 공기량은 매니홀드의 절대압에 비례한다는 이론으로 공기량을 계산하는 센서로 흡기온도 센서와 더불어 공기량을 ECU에서 계산한다.
ⓒ 크랭크 포지션 센서 : 크랭크축이 압축상사점에 대해 어떤 위치에 있는가를 검출하여 엔진 회전수를 계산시키고 분사시기를 결정하는 신호로 사용한다.
ⓓ 노크 센서 : 엔진의 노킹을 감지하여 이를 전압으로 변환해서 ECU로 보내 이 신호를 근거로 점화시기를 지각시킨다.

10.① 11.① 12.④ 13.③ 14.③

15. 구동피니언 잇수 6, 링기어의 잇수 30, 추진축의 회전수 1,000rpm일 때 왼쪽 바퀴가 150rpm으로 회전한다면 오른쪽 바퀴의 회전수는?

① 250rpm ② 300rpm
③ 350rpm ④ 400rpm

풀이 한 쪽 바퀴 회전수(N_w)

$$N_w = \frac{추진축\ 회전수}{종감속비} \times 2 - 다른\ 쪽\ 바퀴\ 회전수$$

∴ 한 쪽 바퀴 회전수(N_w)

$$= \frac{1,000}{\frac{30}{6}} \times 2 - 150 = 250$$

16. 차동장치에서 차동 피니언 사이드 기어의 백 래시 조정은?

① 축받이 차축의 왼쪽 조정심을 가감하여 조정한다.
② 축받이 차축의 오른쪽 조정심을 가감하여 조정한다.
③ 차동 장치의 링기어 조정 장치를 조정한다.
④ 드러스트 와셔의 두께를 가감하여 조정한다.

풀이 차동장치에서 차동 사이드 기어의 백 래시 조정은 드러스트 와셔의 두께를 가감하여 조정한다.

17. 수동변속기 차량에서 클러치가 미끄러지는 원인은?

① 클러치 페달 자유간극 과다
② 클러치 스프링의 장력 약화
③ 릴리스 베어링 파손
④ 유압 라인 공기 혼입

풀이 클러치가 미끄러지는 원인
① 클러치 디스크 마모로 인한 자유 유격 과소
② 클러치 스프링의 약화 및 변형
③ 마찰면의 경화 또는 오일 부착
④ 압력판, 플라이 휠 접촉면의 손상

18. 실린더 배기량이 376.8cc이고, 연소실 체적이 47.1cc일 때 기관의 압축비는 얼마인가?

① 7 : 1 ② 8 : 1
③ 9 : 1 ④ 10 : 1

풀이 압축비 $\epsilon = \frac{실린더\ 체적}{연소실\ 체적} = 1 + \frac{행정\ 체적(배기량)}{연소실\ 체적}$

∴ 압축비 $= 1 + \frac{376.8}{47.1} = 9$

ANSWER 15.① 16.④ 17.② 18.③

19 PCV(positive crankcase ventilation)에 대한 설명으로 옳은 것은?

① 블로바이(blow by) 가스를 대기 중으로 방출하는 시스템이다.
② 고부하 때에는 블로바이 가스가 공기청정기에서 헤드커버 내로 공기가 도입된다.
③ 흡기 다기관이 부압일 때는 크랭크케이스에서 헤드커버를 통해 공기 청정기로 유입된다.
④ 헤드커버 안의 블로바이 가스는 부하와 관계없이 서지탱크로 흡입되어 연소된다.

[풀이] 블로바이 가스는 공전 및 경부하시에는 PCV 밸브를 통하여 서지탱크로 흡입되어 연소되며, 급가속 및 고부하시에는 PCV 밸브는 닫히고, 브리더 호스를 통하여 서지탱크로 흡입되어 연소된다.

20 점화 플러그에 불꽃이 튀지 않는 이유 중 틀린 것은?

① 파워 TR 불량
② 점화 코일 불량
③ TPS 불량
④ ECU 불량

[풀이] ①, ②, ④항은 점화와 관련된 사항이므로 불꽃이 튀지않는 원인이 되며, TPS는 불꽃과는 관련이 없다.

21 부특성 서미스터(Thermister)에 해당되는 것으로 나열된 것은?

① 냉각수온 센서, 흡기온 센서
② 냉각수온 센서, 산소 센서
③ 산소 센서, 스로틀 포지션 센서
④ 스로틀 포지션 센서, 크랭크 앵글 센서

[풀이] 부특성 서미스터 : 냉각수온 센서, 흡기온 센서, 오일온도 센서 등에 사용

22 4행정 디젤기관에서 실린더 내경 100mm, 행정 127mm, 회전수 1,200rpm, 도시평균 유효압력 7kgf/cm², 실린더 수가 6이라면 도시마력(PS)은?

① 약 49   ② 약 56
③ 약 80   ④ 약 112

[풀이]
$$지시(도시)마력 = \frac{PALZN}{75 \times 60} = \frac{PVZN}{75 \times 60 \times 100}$$

P : 지시평균 유효압력[kgf/cm²]
A : 실린더 단면적[cm²]
L : 행정[m]
V : 배기량[cm³]
Z : 실린더 수
N : 엔진 회전수[rpm]
(2행정기관 : N, 4행정기관 : $\frac{N}{2}$)

$$\therefore 지시마력 = \frac{7 \times 0.785 \times 10^2 \times 0.127 \times 6 \times 1,200}{75 \times 60 \times 2}$$
$$= 55.8 PS$$

23 산소센서 신호가 희박으로 나타날 때 연료계통의 점검사항으로 틀린 것은?

① 연료필터의 막힘 여부
② 연료펌프의 작동전류 점검
③ 연료펌프 전원의 전압강하 여부
④ 릴리프 밸브의 막힘 여부

[풀이] 산소센서 신호가 희박하다고 나타나면 연료가 부족하다는 의미이므로 ①~③항을 점검하고, 릴리프 밸브는 연료압력이 높아지면 작동하는 안전밸브로 관련이 없다.

19.④ 20.③ 21.① 22.② 23.④

24 수동변속기 내부에서 싱크로나이저 링의 기능이 작용하는 시기는?

① 변속기 내에서 기어가 빠질 때
② 변속기 내에서 기어가 물릴 때
③ 클러치 페달을 밟을 때
④ 클러치 페달을 놓을 때

풀이 싱크로나이저 링은 기어 변속시(물릴 때) 동기시켜 변속을 원활하게 해주는 역할을 한다.

25 그림과 같이 측정했을 때 저항 값은?

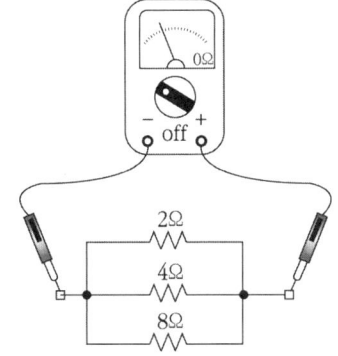

① 14Ω
② $\frac{1}{14}\Omega$
③ $\frac{8}{7}\Omega$
④ $\frac{7}{8}\Omega$

풀이

병렬	합성저항
$\frac{1}{R}=\frac{1}{R_1}+\frac{1}{R_2}+\cdots+\frac{1}{R_n}$	

∴ 합성저항 $\frac{1}{R}=\frac{1}{2}+\frac{1}{4}+\frac{1}{8}=\frac{4}{8}+\frac{2}{8}+\frac{1}{8}=\frac{7}{8}\Omega$

∴ $R=\frac{8}{7}\Omega$

26 수동변속기 차량에서 클러치의 구비조건으로 틀린 것은?

① 동력전달이 확실하고 신속할 것
② 방열이 잘 되어 과열되지 않을 것
③ 회전부분의 평형이 좋을 것
④ 회전 관성이 클 것

풀이 클러치 구비조건
ⓐ 동력전달이 확실하고 신속할 것
ⓑ 방열이 잘 되어 과열되지 않을 것
ⓒ 회전 부분의 평형이 좋을 것
ⓓ 내열성이 좋을 것
ⓔ 회전 관성이 작을 것

27 전자제어 제동장치(ABS)의 적용 목적이 아닌 것은?

① 차량의 스핀 방지
② 차량의 방향성 확보
③ 휠 잠김(lock) 유지
④ 차량의 조종성 확보

풀이 전자제어 제동장치(ABS)의 적용 목적
ⓐ 차량의 스핀 방지
ⓑ 차량의 방향성 확보
ⓒ 차량의 조종성 확보
ⓓ 휠 잠김(lock) 방지

24.② 25.③ 26.④ 27.③

28 클러치 마찰면에 작용하는 압력이 300N, 클러치판의 지름이 80cm, 마찰계수 0.3일 때 기관의 전달회전력은 약 몇 N·m인가?

① 36 ② 56
③ 62 ④ 72

풀이

전달 회전력$(T) = \mu \cdot P \cdot r(\text{N} \cdot \text{m})$

여기서, μ : 마찰계수
  P : 압력(N)
  r : 클러치 반경(m)

∴ 전달 회전력$(T) = 0.3 \times 300\text{N} \times 0.4\text{m} = 36\text{N} \cdot \text{m}$

29 엔진의 출력을 일정하게 하였을 때 가속성능을 향상시키기 위한 것이 아닌 것은?

① 여유구동력을 크게 한다.
② 자동차의 총중량을 크게 한다.
③ 종감속비를 크게 한다.
④ 주행저항을 작게 한다.

풀이 ①, ③, ④항이 가속성능을 향상시키며, 자동차의 중량이 증가하면 가속성능이 나빠진다.

30 자동변속기에서 스톨테스트의 요령 중 틀린 것은?

① 사이드 브레이크를 잠근 후 풋 브레이크를 밟고 전진기어를 넣고 실시한다.
② 사이드 브레이크를 잠근 후 풋 브레이크를 밟고 후진기어를 넣고 실시한다.
③ 바퀴에 추가로 버팀목을 받치고 실시한다.
④ 풋 브레이크는 놓고 사이드 브레이크만 당기고 실시한다.

풀이 스톨시험(stall test) 방법
사이드 브레이크를 잠그고 추가로 바퀴에 버팀목(고임목)을 받친 후, 풋 브레이크를 밟고 전진기어 및 후진기어를 넣고 실시한다.

31 공기식 제동장치의 구성요소로 틀린 것은?

① 언로더 밸브
② 릴레이 밸브
③ 브레이크 챔버
④ EGR 밸브

풀이 EGR 밸브는 배기가스 제어장치에 사용되는 부품이다.

32 자동차가 선회할 때 차체의 좌·우 진동을 억제하고 롤링을 감소시키는 것은?

① 스태빌라이저 ② 겹판 스프링
③ 타이로드   ④ 킹핀

풀이 스태빌라이저는 선회시 차체의 좌우 진동(롤링)을 완화하는 기능을 한다.

33 자동변속기 차량의 토크컨버터 내부에서 고속 회전시 터빈과 펌프를 기계적으로 직결시켜 슬립을 방지하는 것은?

① 스테이터
② 댐퍼 클러치
③ 일방향 클러치
④ 가이드 링

풀이 댐퍼 클러치는 자동변속기 차량의 토크컨버터 내부에서 고속 회전시 터빈과 펌프를 기계적으로 직결시켜 슬립을 방지하는 역할을 한다.

28.① 29.② 30.④ 31.④ 32.① 33.②

34 다음 중 내연기관에 대한 내용으로 맞는 것은?

① 실린더의 이론적 발생마력을 제동마력이라 한다.
② 6실린더 엔진의 크랭크축의 위상각은 90°이다.
③ 베어링 스프레드는 피스톤 핀 저널에 베어링을 조립 시 밀착되게 끼울 수 있게 한다.
④ 모든 DOHC 엔진의 밸브 수는 16개이다.

 이론적 발생마력을 지시마력이라 하며, 6실린더 엔진의 위상차는 120°이고, DOHC 엔진의 밸브 수는 기관 및 실린더 수에 따라 다를 수 있다.

35 기관의 회전수가 5,500rpm이고 기관출력이 70PS이며 총 감속비가 5.5일 때 뒤 액슬축의 회전수는?

① 800rpm   ② 1,000rpm
③ 1,200rpm ④ 1,400rpm

후차축(액슬축) 회전수 = $\dfrac{\text{엔진 회전수}}{\text{총 감속비}}$

∴ $\dfrac{5,500}{5.5} = 1,000$rpm

36 주행거리 1.6km를 주행하는데 40초가 걸렸다. 이 자동차의 주행속도를 초속과 시속으로 표시하면?

① 40m/s, 144km/h
② 40m/s, 11.1km/h
③ 25m/s, 14.4km/h
④ 64m/s, 230.4km/h

 초속 = $\dfrac{\text{거리}}{\text{시간}}$

∴ $\dfrac{1,600\text{m}}{40\text{sec}} = 40$m/s

시속 = 초속 × 3.6 = 40 × 3.6 = 144km/h

37 감전 사고를 방지하는 방법이 아닌 것은?

① 차광용 안경을 사용한다.
② 반드시 절연 장갑을 착용한다.
③ 물기가 있는 손으로 작업하지 않는다.
④ 고압이 흐르는 부품에는 표시를 한다.

②, ③, ④항이 옳은 방법이고, 차광용 안경은 빛이나 비산에 대한 방지용이다.

38 클러치가 미끄러지는 원인 중 틀린 것은?

① 마찰 면의 경화, 오일 부착
② 페달 자유 간극 과대
③ 클러치 압력스프링 쇠약, 절손
④ 압력판 및 플라이휠 손상

클러치가 미끄러지는 원인
ⓐ 클러치 디스크 마모로 인한 자유유격 과소
ⓑ 클러치 스프링의 약화 및 변형
ⓒ 마찰면의 경화 또는 오일 부착
ⓓ 압력판, 플라이 휠 접촉면의 손상

39 산업안전·보건표지의 종류와 형태에서 아래 그림이 나타내는 표시는?

① 접촉금지   ② 출입금지
③ 탑승금지   ④ 보행금지

안전·보건표지의 종류와 형태 : 마지막페이지 참조

40 내연기관 밸브장치에서 밸브스프링의 점검과 관계없는 것은?

① 스프링 장력　② 자유높이
③ 직각도　　　④ 코일의 수

풀이 밸브 스프링 점검사항 : 직각도, 자유고, 장력

41 HEI 코일(폐자로형 코일)에 대한 설명 중 틀린 것은?

① 유도작용에 의해 생성되는 자속이 외부로 방출되지 않는다.
② 1차 코일을 굵게 하면 큰 전류가 통과할 수 있다.
③ 1차 코일과 2차 코일은 연결되어 있다.
④ 코일 방열을 위해 내부에 절연유가 들어 있다.

풀이 폐자로형 점화코일은 코일 내부를 수지로 몰드시킨 몰드형 점화코일로, 자속이 철심 내부에서 형성되므로 자력손실이 적어 발생전압이 높으며 소형화가 가능하다.

42 마스터 실린더의 푸시로드에 작용하는 힘이 120kgf이고, 피스톤의 면적이 4cm²일 때 유압은?

① $20 kg_f/cm^2$　② $30 kg_f/cm^2$
③ $40 kg_f/cm^2$　④ $50 kg_f/cm^2$

풀이 압력(kg_f/cm^2) = $\dfrac{하중}{단면적}$

∴ 압력 = $\dfrac{120}{4}$ = $30 kg_f/cm^2$

43 R-12의 염소(Cl)로 인한 오존층 파괴를 줄이고자 사용하고 있는 자동차용 대체 냉매는?

① R-134a　② R-22a
③ R-16a　④ R-12a

프레온 가스라 불리는 R-12 냉매는 오존층을 파괴하고 온실효과를 유발하므로 대체가스로 신냉매인 R-134a를 사용한다.

44 현재의 연료 소비율, 평균속도, 항속 가능 거리 등의 정보를 표시하는 시스템으로 옳은 것은?

① 종합 경보 시스템(ETACS 또는 ETWIS)
② 엔진·변속기 통합제어 시스템(ECM)
③ 자동주차 시스템(APS)
④ 트립(Trip) 정보 시스템

트립 정보시스템(trip computer)은 시동 "ON"부터 "OFF"까지의 주행거리(적산 거리), 주행 가능 거리, 평균속도 및 주행시간 등 주행에 관련된 각종 정보들을 LCD를 이용해 화면에 표시해 주는 운전자 정보 전달장치

45 호이스트 사용시 안전사항 중 틀린 것은?

① 규격 이상의 하중을 걸지 않는다.
② 무게 중심 바로 위에서 달아 올린다.
③ 사람이 짐에 타고 운반하지 않는다.
④ 운반 중에는 물건이 흔들리지 않도록 짐에 타고 운반한다.

풀이 호이스트(hoist) 점검시 유의사항
ⓐ 규정 하중 이상으로 들지 않는다.
ⓑ 들어 올릴 때에는 천천히 올려 상태를 살핀 후 완전히 들어올린다.
ⓒ 사람이 짐에 타고 운반하지 않는다.
ⓓ 호이스트 바로 밑에서 조작하지 않는다.
ⓔ 화물을 걸 때에는 들어 올리는 화물 무게중심의 위치를 확인하고 건다.

40.④　41.④　42.②　43.①　44.④　45.④

46 자기유도작용과 상호유도작용 원리를 이용한 것은?
① 발전기 ② 점화코일
③ 기동모터 ④ 축전지

풀이 점화장치는 점화코일의 자기유도 작용과 상호유도 작용을 이용하여 고압의 전기적 불꽃으로 점화하여 연소를 일으키는 장치이다.

47 차량총중량이 3.5톤 이상인 화물자동차 등의 후부안전판 설치기준에 대한 설명으로 틀린 것은?
① 너비는 자동차 너비의 100% 미만일 것
② 가장 아랫부분과 지상과의 간격은 550mm 이내일 것
③ 차량 수직방향의 단면 최소 높이는 100mm 이하일 것
④ 모서리부의 곡률반경은 2.5mm 이상일 것

풀이 안전기준에 관한 규칙 제19조(차대 및 차체)
㉠ 너비는 자동차 너비의 100% 미만일 것
㉡ 가장 아랫부분과 지상과의 간격은 550mm 이내일 것
㉢ 차량 수직방향의 단면 최소 높이는 100mm 이상일 것
㉣ 모서리부의 곡률반경은 2.5mm 이상일 것

48 연료의 온도가 상승하여 외부에서 불꽃을 가까이 하지 않아도 자연히 발화되는 최저 온도는?
① 인화점 ② 착화점
③ 발열점 ④ 확산점

풀이 연료의 온도가 상승하여 외부에서 불꽃을 가까이 하지 않아도 자연히 발화되는 최저 온도를 착화점이라 한다.

49 에어백 장치를 점검, 정비할 때 안전하지 못한 행동은?
① 에어백 모듈은 사고 후에도 재사용이 가능하다.
② 조향휠을 장착할 때 클럭 스프링의 중립 위치를 확인한다.
③ 에어백 장치는 축전지 전원을 차단하고 일정 시간 지난 후 정비한다.
④ 인플레이터의 저항은 아날로그 테스터로 측정하지 않는다.

풀이 에어백 장치의 점검, 정비는 ②, ③, ④항의 방법으로 하고, 에어백 모듈은 사고 후에는 재사용하지 않는다.

50 전자제어식 자동변속기 제어에 사용되는 센서가 아닌 것은?
① 차고 센서
② 유온 센서
③ 입력축 속도센서
④ 스로틀 포지션 센서

풀이 자동변속기 TCU 입·출력 신호

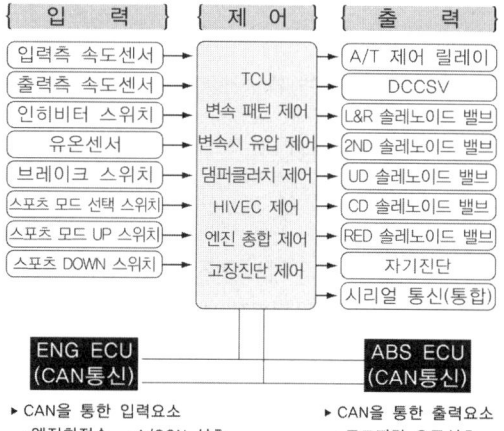

※ 차고 센서는 전자제어 현가장치(ECS)의 입력 신호이다.

ANSWER 46.② 47.③ 48.② 49.① 50.①

51 차량 밑에서 정비할 경우 안전조치 사항으로 틀린 것은?

① 차량은 반드시 평지에 받침목을 사용하여 세운다.
② 차를 들어 올리고 작업할 때에는 반드시 잭으로 들어 올린 다음 스탠드로 지지해야 한다.
③ 차량 밑에서 작업할 때에는 반드시 앞치마를 이용한다.
④ 차량 밑에서 작업할 때에는 반드시 보안경을 착용한다.

풀이 차량 밑에서 정비시 안전조치 사항
ⓐ 차량은 반드시 평지에 받침목을 사용하여 세운다.
ⓑ 차를 들어 올리고 작업할 때에는 반드시 잭으로 들어 올린 다음 스탠드로 지지해야 한다.
ⓒ 차량 밑에서 작업할 때에는 반드시 보안경을 착용한다.

52 위험성 정도에 따라 제2종으로 구분되는 유기용제의 색 표시는?

① 빨강　　② 파랑
③ 노랑　　④ 초록

풀이 유기용제의 색 표시
1종 : 적색
2종 : 황색
3종 : 청색

53 산업 현장에서 안전을 확보하기 위해 인적문제와 물적문제에 대한 실태를 파악하여야 한다. 다음 중 인적문제에 해당되는 것은?

① 기계 자체의 결함
② 안전교육의 결함
③ 보호구의 결함
④ 작업 환경의 결함

풀이 기계, 보호구는 물적문제, 작업 환경은 환경적인 문제, 안전교육은 사람과 관련된 인적문제이다.

54 일반적인 기계 동력 전달 장치에서 안전상 주의사항으로 틀린 것은?

① 기어가 회전하고 있는 곳은 뚜껑으로 잘 덮어 위험을 방지한다.
② 천천히 움직이는 벨트라도 손으로 잡지 않는다.
③ 회전하고 있는 벨트나 기어에 필요 없는 접근을 금한다.
④ 동력전달을 빨리하기 위해 벨트를 회전하는 풀리에 손으로 걸어도 좋다.

풀이 풀리에 벨트를 걸때는 기관을 정지시키고 한다.

55 안전사고율 중 도수율(빈도율)을 나타내는 표현식은?

① (연간 사상자수/평균 근로자 수)×1,000
② (사고 건수/연근로 시간 수)×1,000
③ (노동 손실일수/노동 총시간 수)×1,000
④ (사고 건수/노동 총시간 수)×1,000

풀이 도수율이란 연 근로시간 합계 100만 시간당 재해 발생 건수로 표시

$$도수율 = \frac{재해건수}{연근로시간수} \times 1,000,000$$

※ 보기의 1,000은 100만으로 바꾸어야 함

51.③　52.③　53.②　54.④　55.②

56 다음 그림의 기호는 어떤 부품을 나타내는 기호인가?

① 실리콘 다이오드
② 발광 다이오드
③ 트랜지스터
④ 제너 다이오드

풀이 제너 다이오드의 기호로, 제너 다이오드는 어떤 기준 전압(브레이크 다운 전압) 이상이 되면 역방향으로도 전류가 흐르는 반도체이다.

57 LPG 자동차 관리에 대한 주의사항 중 틀린 것은?

① LPG가 누출되는 부위를 손으로 막으면 안 된다.
② 가스 충전시에는 합격 용기인가를 확인하고, 과충전되지 않도록 해야 한다.
③ 엔진실이나 트렁크실 내부 등을 점검할 때 라이터나 성냥 등을 켜고 확인한다.
④ LPG는 온도상승에 의한 압력상승이 있기 때문에 용기는 직사광선 등을 피하는 곳에 설치하고 과열되지 않아야 한다.

풀이 LPG 자동차는 고압가스인 LPG 가스가 엔진실이나 트렁크 실 내부에 누설되어 있을 수 있으므로 점검할 때 라이터나 성냥 등을 사용하면 폭발의 위험이 있으므로 사용해서는 안 된다.

58 부특성(NTC) 가변저항을 이용한 센서는?

① 산소센서   ② 수온센서
③ 조향각센서   ④ TDC센서

풀이 부특성이란 온도가 올라갈 때 저항값이 내려가는 반도체 소자로 수온센서, 흡기온도 센서 등 온도 감지용으로 사용된다.

59 압축 압력계를 사용하여 실린더의 압축 압력을 점검할 때 안전 및 유의사항으로 틀린 것은?

① 기관을 시동하여 정상온도(워밍업)가 된 후에 시동을 건 상태에서 점검한다.
② 점화계통과 연료계통을 차단시킨 후 크랭킹 상태에서 점검한다.
③ 시험기는 밀착하여 누설이 없도록 한다.
④ 측정값이 규정값보다 낮으면 엔진 오일을 약간 주입 후 다시 측정한다.

풀이 압축압력 점검은 정상온도가 된 후에 시동을 끄고 점검한다.

60 내연기관의 일반적인 내용으로 다음 중 맞는 것은?

① 2행정 사이클 엔진의 인젝션 펌프 회전속도는 크랭크축 회전속도의 2배이다.
② 엔진 오일은 일반적으로 계절마다 교환한다.
③ 크롬 도금한 라이너에는 크롬 도금된 피스톤링을 사용하지 않는다.
④ 가압식 라디에이터 부압밸브가 밀착 불량이면 라디에이터를 손상하는 원인이 된다.

풀이 2행정 사이클 엔진의 인젝션 펌프 회전속도는 크랭크축 회전속도와 같으며, 엔진오일은 최근에는 4계절용을 사용하므로 주행거리에 따라 교환한다. 부압밸브가 밀착 불량하더라도 라디에이터 손상과는 관련이 없다.

56.④ 57.③ 58.② 59.① 60.③

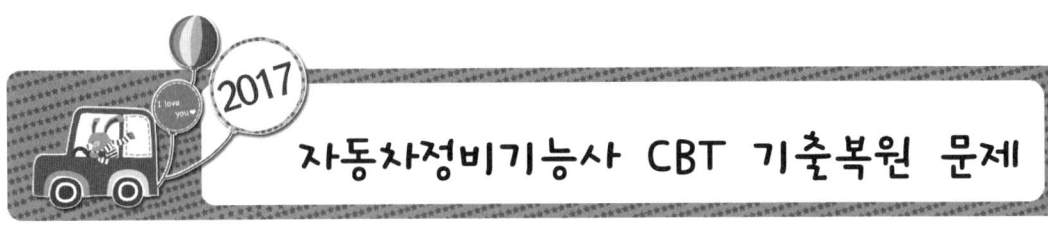

2017 자동차정비기능사 CBT 기출복원 문제

• **기출복원 문제란?** CBT시행에 따라 저자께서 수검자들의 도움으로 최대한 유형에 가깝게 복원한 문제입니다.

01 다음 중 크랭크축 오일 간극을 측정하는데 주로 사용되는 것은?

① 실린더 게이지
② 플라스틱 게이지
③ 버니어 캘리퍼스
④ 다이얼 게이지

풀이 크랭크축 오일 간극은 플라스틱 게이지로 측정한다.

02 실린더 배기량이 376.8cc 이고, 연소실 체적이 47.1cc 일 때 기관의 압축비는 얼마인가?

① 7 : 1   ② 8 : 1
③ 9 : 1   ④ 10 : 1

풀이 압축비 $\epsilon = \dfrac{실린더\ 체적}{연소실\ 체적}$

$= 1 + \dfrac{행정\ 체적(배기량)}{연소실\ 체적}$ 이므로

∴ 압축비 $= 1 + \dfrac{376.8}{47.1} = 9$

03 LP 가스 용기 내의 압력을 일정하게 유지시켜 폭발 등의 위험을 방지하는 역할을 하는 것은?

① 안전밸브
② 과류방지밸브
③ 긴급 차단밸브
④ 과충전 방지 밸브

풀이 안전밸브는 용기 내의 압력을 일정하게(약 $24kg_f/cm^2$) 유지시켜 폭발 등의 위험을 방지하는 역할을 한다.

04 가솔린 자동차에서 배출되는 유해 배출가스 중 규제 대상이 아닌 것은?

① CO   ② SO_2
③ HC   ④ NOx

풀이 유해 배기가스는 일산화탄소(CO), 탄화수소(HC), 질소산화물(NOx) 이다.

05 피스톤 행정이 84mm, 기관의 회전수가 3,000rpm인 4행정 사이클 기관의 피스톤 평균속도는 얼마인가?

① 7.4 m/s   ② 8.4 m/s
③ 9.4 m/s   ④ 10.4 m/s

풀이 피스톤 평균속도$(v) = \dfrac{2LN}{60} = \dfrac{LN}{30}$

여기서, L : 행정(m)
N : 엔진 회전수(rpm)

∴ 피스톤 평균속도

$v = \dfrac{0.084 \times 3,000}{30} = 8.4 m/s$

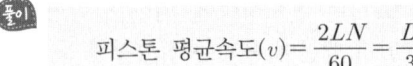

01.② 02.③ 03.① 04.② 05.②

06 디젤기관의 연료 여과장치 설치개소로 적절치 않은 것은?

① 연료공급펌프 입구
② 연료탱크와 연료공급펌프 사이
③ 연료분사펌프 입구
④ 흡입다기관 입구

풀이 디젤기관의 연료 여과장치 설치개소
① 연료탱크와 연료공급펌프 사이
② 연료공급펌프 입구
③ 연료분사펌프 입구
※ 흡입다기관은 공기가 통과하는 부분으로 연료와 관련이 없다.

07 화물자동차 및 특수자동차의 차량 총중량은 몇 톤을 초과해서는 안되는가?

① 20톤　　② 30톤
③ 40톤　　④ 50톤

풀이 자동차의 차량총중량은 20톤(승합자동차는 30톤, 화물 및 특수자동차는 40톤), 축중은 10톤, 윤중은 5톤을 초과하여서는 안된다.

08 전자제어 분사장치의 제어계통에서 엔진 ECU로 입력하는 센서가 아닌 것은?

① 공기유량 센서　　② 대기압 센서
③ 휠스피드 센서　　④ 흡기온 센서

풀이 전자제어 기관의 입 · 출력 요소

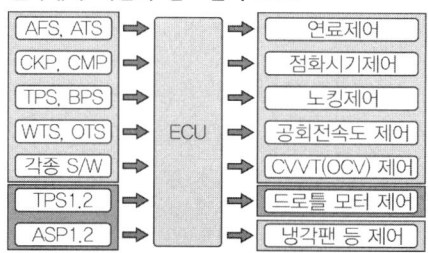

※ 휠 스피드 센서는 ABS ECU에 입력되는 센서이다.

09 배기가스 재순환장치는 주로 어떤 물질의 생성을 억제하기 위한 것인가?

① 탄소　　　② 이산화탄소
③ 일산화탄소　④ 질소산화물

풀이 배기가스 재순환장치는 EGR 밸브를 이용하여 연소실의 최고온도를 낮추어 질소산화물(NO_x)의 발생을 감소시킨다.

10 다음 ( )에 들어갈 말로 옳은 것은?

> NO_x는 (㉠)의 화합물이며, 일반적으로 (㉡)에서 쉽게 반응한다.

① ㉠ 일산화탄소와 산소　㉡ 저온
② ㉠ 일산화질소와 산소　㉡ 고온
③ ㉠ 질소와 산소　　　㉡ 저온
④ ㉠ 질소와 산소　　　㉡ 고온

풀이 NO_x는 질소(N)와 산소(O)의 화합물이며, 일반적으로 고온에서 쉽게 반응한다.

11 흡기계통의 핫 와이어(Hot wire) 공기량 계측방식은?

① 간접 계량방식
② 공기질량 검출방식
③ 공기체적 검출방식
④ 흡입부압 감지방식

풀이 흡입공기량 계측방식
ⓐ 직접 계측방식(mass flow type)
　㉠ 체적 검출방식 : 베인식, 칼만 와류식
　㉡ 질량 검출방식 : 열선(Hot wire)식, 열막(Hot film)식
ⓑ 간접 계측방식(speed density type) : 흡기 다기관 절대압력(MAP센서) 방식

06.④　07.③　08.③　09.④　10.④　11.②

12. 실린더 블록이나 헤드의 평면도 측정에 알맞은 게이지는?

① 마이크로미터
② 다이얼 게이지
③ 버니어 캘리퍼스
④ 직각자와 필러게이지

풀이 실린더 헤드의 평면도 점검은 직각자(곧은자)와 필러(틈새, 간극, 시크니스)게이지로 측정 점검한다.

13. 가솔린기관과 비교할 때 디젤기관의 장점이 아닌 것은?

① 부분부하영역에서 연료소비율이 낮다.
② 넓은 회전속도 범위에 걸쳐 회전 토크가 크다.
③ 질소산화물과 매연이 조금 배출된다.
④ 열효율이 높다.

풀이 디젤기관의 장점
㉠ 압축비를 크게 할 수 있다.
㉡ 점화장치가 없으므로 이에 따른 고장이 없다.
㉢ 경유의 인화점이 높으므로 저장이나 취급이 용이하다.
㉣ 넓은 회전속도에서 회전력이 크다.
㉤ 열효율이 높고 연료소비량이 적다.
㉥ 부분부하 영역에서 연료소비율이 낮다.
㉦ 연료의 값이 저렴하다.
㉧ 대형 엔진의 제작이 가능하다.
㉨ 마력당 중량이 무겁다.

14. 연료 분사 펌프의 토출량과 플런저의 행정은 어떠한 관계가 있는가?

① 토출량은 플런저의 유효행정에 정비례한다.
② 토출량은 예비행정에 비례하여 증가한다.
③ 토출량은 플런저의 유효행정에 반비례한다.
④ 토출량은 플런저의 유효행정과 전혀 관계가 없다.

풀이 플런저의 유효행정을 크게 하면 연료 분사량이 많아진다. 즉, 토출량은 플런저의 유효행정에 정비례한다.

15. 전자제어 기관의 흡입 공기량 측정에서 출력이 전기 펄스(Pulse, digital) 신호인 것은?

① 벤(Vane)식
② 칼만(Karman) 와류식
③ 핫 와이어(hot wire)식
④ 맵센서(MAP sensor)식

풀이 칼만 와류식은 초음파를 발생하여 칼만 와류수만큼 밀집되거나 분산되어 수신기에 디지털 펄스로 측정된다. 나머지는 아날로그 신호이다.

16. 가솔린 기관의 흡기 다기관과 스로틀 보디 사이에 설치되어 있는 서지 탱크의 역할 중 틀린 것은?

① 실린더 상호간에 흡입공기 간섭 방지
② 흡입공기 충진 효율을 증대
③ 연소실에 균일한 공기 공급
④ 배기가스 흐름 제어

풀이 서지 탱크는 흡기 다기관과 스로틀 보디 사이에 설치되어 ①~③의 역할을 하며, 배기가스의 흐름 제어는 머플러에서 한다.

12.④ 13.② 14.① 15.② 16.④

17 수동변속기 차량에서 클러치가 미끄러지는 원인은?

① 클러치 페달 자유간극 과다
② 클러치 스프링의 장력 약화
③ 릴리스 베어링 파손
④ 유압 라인 공기 혼입

풀이 클러치가 미끄러지는 원인
① 클러치 디스크 마모로 인한 자유 유격 과소
② 클러치 스프링의 약화 및 변형
③ 마찰면의 경화 또는 오일 부착
④ 압력판, 플라이 휠 접촉면의 손상

18 실린더 배기량이 376.8cc이고, 연소실 체적이 47.1cc일 때 기관의 압축비는 얼마인가?

① 7 : 1
② 8 : 1
③ 9 : 1
④ 10 : 1

풀이
$$\text{압축비 } \epsilon = \frac{\text{실린더 체적}}{\text{연소실 체적}}$$
$$= 1 + \frac{\text{행정 체적(배기량)}}{\text{연소실 체적}}$$
$$\therefore \text{압축비} = 1 + \frac{376.8}{47.1} = 9$$

19 스로틀밸브 위치 센서의 비정상적인 현상의 발생 시 나타나는 증상이 아닌 것은?

① 공회전시 엔진 부조 및 주행 시 가속력이 떨어진다.
② 연료 소모가 적다.
③ 매연이 많이 배출된다.
④ 공회전시 갑자기 시동이 꺼진다.

풀이 ①, ③, ④항 외에 연료 소모가 증가한다.

20 일반적인 브레이크 오일의 주성분은?

① 윤활유와 경유
② 알콜과 피마자 기름
③ 알콜과 윤활유
④ 경유와 피마자 기름

풀이 브레이크 오일은 일반적으로 피마자 기름에 알콜 등의 용제를 혼합한 식물성 오일이다.

21 그림과 같은 마스터 실린더의 푸시 로드에는 몇 kgf의 힘이 작용하는가?

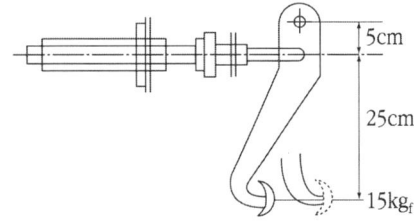

① 75kgf
② 90kgf
③ 120kgf
④ 140kgf

풀이 $5 \times F = 30 \times 15 \text{kgf}$
$$\therefore F = \frac{30 \times 15}{5} = 90 \text{kgf}$$

22 자동차가 24km/h의 속도에서 가속하여 60km/h의 속도를 내는데 5초 걸렸다. 평균 가속도는?

① 10m/s²
② 5m/s²
③ 2m/s²
④ 1.5m/s²

풀이
$$\text{가속도(m/s}^2) = \frac{\text{나중속도} - \text{처음속도}}{\text{걸린시간}}$$
$$\therefore \text{가속도} = \frac{60\text{km/h} - 24\text{km/h}}{5\text{sec}}$$
$$= \frac{36\text{km/h}}{5\text{sec}} = \frac{10\text{m/s}}{5\text{sec}} = 2\text{m/s}^2$$

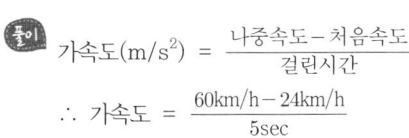

17.② 18.③ 19.② 20.② 21.② 22.③

23 기관에서 블로바이 가스의 주성분은?

① N_2 ② HC
③ CO   ④ NO_x

풀이 블로바이 가스 환원장치는 피스톤과 실린더 사이에서 누출된 미연소 가스인 탄화수소(HC)의 배출을 줄이기 위한 장치이다.

24 전자제어 제동장치(ABS)의 구성요소가 아닌 것은?

① 휠 스피드 센서
② 하이드롤릭 모터
③ 프리뷰 센서
④ 하이드롤릭 유닛

풀이 ABS의 구성부품
① 휠 스피드 센서 : 차륜의 회전상태를 검출
② 전자제어 컨트롤 유닛(E.C.U) : 휠 스피드 센서의 신호를 받아 ABS를 제어
③ 하이드롤릭 유닛 : E.C.U의 신호에 따라 휠 실린더에 공급되는 유압을 제어
④ 프로포셔닝 밸브 : 브레이크를 밟았을 때 뒷바퀴가 조기에 고착되지 않도록 뒷바퀴의 유압을 제어
※ 프리뷰 센서는 전자제어 현가장치에 사용되는 부품이다.

25 십자형 자재이음에 대한 설명 중 틀린 것은?

① 십자축과 두개의 요크로 구성되어 있다.
② 주로 후륜 구동식 자동차의 추진축에 사용된다.
③ 롤러베어링을 사이에 두고 축과 요크가 설치되어 있다.
④ 자재이음과 슬립이음 역할을 동시에 하는 형식이다.

풀이 ①, ②, ③항이 십자형 자재이음에 대한 설명이고, 슬립조인트가 슬립이음의 역할을 한다.

26 자동변속기 장치의 주요 구성요소로 거리가 먼 것은?

① 토크컨버터   ② 유성기어 세트
③ 액슬 샤프트   ④ 유압제어 유닛

풀이 액슬 샤프트(axle shaft)는 구동바퀴에 동력을 전달하는 축이다.

27 어떤 자동차로 마찰계수가 0.3인 도로에서 제동했을 때 제동 초속도가 10m/s라면 제동거리는?

① 약 12m   ② 약 15m
③ 약 16m   ④ 약 17m

풀이

$$제동거리(S) = \frac{v^2}{2\mu g}$$

여기서, v : 제동초속도(m/s2)
μ : 마찰계수
g : 중력가속도(9.8m/s2)

∴ 제동거리(S) = $\frac{10^2}{2 \times 0.3 \times 9.8}$ = 17m

28 전자제어 자동변속기 차량에서 컨트롤 유닛(TCU)의 입력요소에 해당되지 않는 것은?

① 스로틀위치 센서   ② 유온 센서
③ 인히비터 스위치   ④ 노크 센서

풀이 노크센서는 엔진 ECU에 입력된다.

23.② 24.③ 25.④ 26.③ 27.④ 28.④

29 브레이크 계통에 공기가 혼입되었을 때 공기빼기 작업방법 중 잘못된 것은?

① 브리더 플러그에 비닐 호스를 끼우고 그 다른 한끝을 브레이크 오일 통에 넣는다.
② 페달을 몇 번 밟고 브리더 플러그를 1/2 ~ 3/4 풀었다가 실린더 내압이 저하되기 전에 조인다.
③ 마스터 실린더에 오일을 충만 시킨 후 반드시 공기 배출을 해야 한다.
④ 공기 배출작업 중 반드시 에어브리더 플러그를 잠그기 전에 페달을 놓는다.

풀이 ①, ②, ③의 순서로 하고 에어브리더 플러그를 잠그기 전에 페달을 놓아서는 안된다.

30 요철이 있는 노면을 주행할 경우, 스티어링 휠에 전달되는 충격을 무엇이라 하는가?

① 시미 현상   ② 웨이브 현상
③ 스카이 훅 현상 ④ 킥 백 현상

풀이 요철이 있는 노면을 주행할 경우, 스티어링 휠에 전달되는 충격을 킥 백(kick back) 현상이라 한다.

31 토크 컨버터의 토크 변환율은?

① 0.1 ~ 1배   ② 2 ~ 3배
③ 4 ~ 5배   ④ 6 ~ 7배

풀이 토크 컨버터의 토크 변화율은 약 2~3 : 1 이다.

32 클러치 페달을 밟을 때 무겁고, 자유간극이 없다면 나타나는 현상으로 거리가 먼 것은?

① 연료 소비량이 증대된다.
② 기관이 과냉된다.
③ 주행 중 페달을 밟아도 차가 가속되지 않는다.
④ 등판 성능이 저하된다.

풀이 클러치 페달을 밟을 때 무겁고, 자유간극이 없다면 클러치 디스크가 마모되어 나타나는 현상으로 주행 중 차가 가속되지 않고 등판성능이 저하하며 연료 소비량이 증대된다.

33 기관의 동력을 측정할 수 있는 장비는?

① 멀티미터
② 볼트미터
③ 타코미터
④ 다이나모미터

풀이 기관의 동력은 엔진 다이나모미터로 측정한다.

34 스프링 위 무게 진동과 관련된 사항 중 거리가 먼 것은?

① 바운싱(bouncing)
② 피칭(pitching)
③ 휠 트램프(wheel tramp)
④ 롤링(rolling)

풀이 **스프링 윗질량 운동**
㉠ 롤링 : 세로축(앞, 뒤 방향축)을 중심으로 하는 좌, 우 회전운동
㉡ 피칭 : 가로축(좌, 우 방향축)을 중심으로 하는 전, 후 회전운동
㉢ 요잉 : 수직축을 중심으로 앞뒤가 회전하는 운동
㉣ 바운싱 : 차체가 동시에 상하로 튕기는 운동
※ 휠 트램프는 스프링 아래질량 운동이다.

ANSWER   29.④ 30.④ 31.② 32.② 33.④ 34.③

35 변속장치에서 동기물림 기구에 대한 설명으로 옳은 것은?

① 변속하려는 기어와 메인 스플라인과의 회전수를 같게 한다.
② 주축기어의 회전속도를 부축기어의 회전속도보다 빠르게 한다.
③ 주축기어와 부축기어의 회전수를 같게 한다.
④ 변속하려는 기어와 슬리브와의 회전수에는 관계없다.

풀이 동기물림 기구(싱크로메시 기구)는 변속하려는 기어와 메인 스플라인과의 회전수를 같게 하여 변속을 원활하게 한다.

36 타이어 트레드 패턴의 종류가 아닌 것은?

① 러그 패턴 ② 블록 패턴
③ 리브러그 패턴 ④ 카커스 패턴

풀이 타이어트레드 패턴의 종류
① 리브 패턴(rib pattern)
② 러그 패턴(rug pattern)
③ 리브러그 패턴(rib rug pattern)
④ 블록 패턴(block pattern)
⑤ 수퍼 트랙션 패턴(super traction pattern)
⑥ 오프 더 로드 패턴(off the road pattern)

37 감전 사고를 방지하는 방법이 아닌 것은?

① 차광용 안경을 사용한다.
② 반드시 절연 장갑을 착용한다.
③ 물기가 있는 손으로 작업하지 않는다.
④ 고압이 흐르는 부품에는 표시를 한다.

풀이 ②, ③, ④항이 옳은 방법이고, 차광용 안경은 빛이나 비산에 대한 방지용이다.

38 종감속 및 차동장치에서 오른쪽 바퀴 회전수가 300rpm, 왼쪽 바퀴 회전수가 200rpm일 때 링기어의 회전수는?

① 100rpm ② 150rpm
③ 200rpm ④ 250rpm

풀이 링기어 회전수×2 = 좌측바퀴 회전수+우측바퀴 회전수 이므로
∴ 링기어 회전수
$= \dfrac{\text{우측 회전수}+\text{좌측 회전수}}{2}$
$= \dfrac{300+200}{2} = 250\text{rpm}$

39 클러치를 작동 시켰을 때 동력을 완전히 전달시키지 못하고 미끄러지는 원인이 아닌 것은?

① 클러치 압력판, 플라이휠 면 등에 기름이 묻었을 때
② 클러치 스프링의 장력감소
③ 클러치 페이싱 및 압력판 마모
④ 클러치 페달의 자유간극이 클 때

풀이 클러치가 미끄러지는 원인은 ①, ②, ③항과 클러치 디스크 마모로 인한 자유유격 과소 때문이다. 자유유격이 크면 차단이 불량하다.

35.① 36.④ 37.① 38.④ 39.④

40 자동변속기 유압시험을 하는 방법으로 거리가 먼 것은?

① 오일온도가 약 70~80℃가 되도록 워밍업 시킨다.
② 잭으로 들고 앞바퀴 쪽을 들어 올려 차량 고정용 스탠드를 설치한다.
③ 엔진 타코미터를 설치하여 엔진 회전수를 선택한다.
④ 선택 레버를 'D' 위치에 놓고 가속페달을 완전히 밟은 상태에서 엔진의 최대 회전수를 측정한다.

풀이 자동변속기 유압시험 방법
① 규정오일을 사용하고 오일량이 적정한 지 확인한다.
② 잭으로 들고 앞바퀴 쪽을 들어 올려 차량 고정용 스탠드를 설치한다.
③ 엔진을 웜-업시켜 오일온도가 규정온도에 도달 되었을 때 실시한다.
④ 엔진 타코미터를 설치하여 엔진 회전수를 선택한다.
⑤ 측정하는 항목에 따라 유압이 다를 수(클 수) 있으므로 유압계 선택에 주의한다.
* ④항은 자동변속기 스톨시험(stall test) 방법이다.

41 회로에서 12V 배터리에 저항 3개를 직렬로 연결하였을 때 전류계 "A"에 흐르는 전류는?

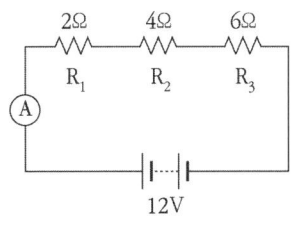

① 1A   ② 2A
③ 3A   ④ 4A

풀이 합성저항 $R = R_1 + R_2 + \cdots + R_n$
∴ 합성저항 $R = 2 + 4 + 6 = 12\,\Omega$
∴ 오옴의 법칙 $I = \dfrac{E}{R}$, $I = \dfrac{12}{12} = 1A$

42 편의장치 중 중앙집중식 제어장치(ETACS 또는 ISU) 입·출력 요소의 역할에 대한 설명으로 틀린 것은?

① INT 볼륨 스위치 : INT 볼륨 위치 검출
② 모든 도어 스위치 : 각 도어 잠김 여부 검출
③ 키 리마인드 스위치 : 키 삽입 여부 검출
④ 와셔 스위치 : 열선 작동 여부 검출

풀이 와셔 스위치는 와셔 액의 작동 여부를 감지하는 스위치이다.

43 기관에 설치된 상태에서 시동 시(크랭킹 시) 기동전동기에 흐르는 전류와 회전수를 측정하는 시험은?

① 단선시험   ② 단락시험
③ 접지시험   ④ 부하시험

풀이 부하시험이란 엔진을 시동(크랭킹)할 때 기동전동기에 흐르는 전류와 회전수를 측정하는 시험을 말한다.

ANSWER 40.② 41.① 42.④ 43.④

44 발전기 스테이터 코일의 시험 중 그림은 어떤 시험인가?

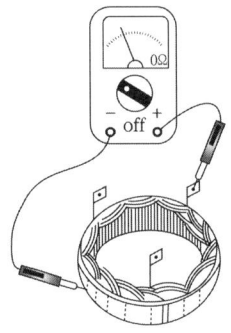

① 코일과 철심의 절연시험
② 코일의 단선시험
③ 코일과 브러시의 단락시험
④ 코일과 철심의 전압시험

풀이 스테이터 코일에서 코일과 철심의 절연시험이다.

45 선반작업 시 안전수칙으로 틀린 것은?

① 선반 위에 공구를 올려놓은 채 작업하지 않는다.
② 돌리개는 적당한 크기의 것을 사용한다.
③ 공작물을 고정한 후 렌치류는 제거해야 한다.
④ 날 끝의 칩 제거는 손으로 한다.

풀이 선반작업 시 발생된 칩의 제거는 솔로 한다.

46 FF차량의 구동축을 정비할 때 유의사항으로 틀린 것은?

① 구동축의 고무부트 부위의 그리스 누유상태를 확인한다.
② 구동축 탈거 후 변속기 케이스의 구동축 장착 구멍을 막는다.
③ 구동축을 탈거할 때마다 오일씰을 교환한다.
④ 탈거 공구를 최대한 깊이 끼워서 사용한다.

풀이 탈거 공구를 이용하여 지렛대 원리로 밀어낸다.

47 납산 배터리의 전해액이 흘렀을 때 중화용액으로 가장 알맞은 것은?

① 중탄산소다   ② 황산
③ 증류수   ④ 수돗물

풀이 전해액은 산성이므로 중화용액으로 알칼리성인 중탄산소다로 중화시킨다.

48 퓨즈에 관한 설명으로 맞는 것은?

① 퓨즈는 정격전류가 흐르면 회로를 차단하는 역할을 한다.
② 퓨즈는 과대전류가 흐르면 회로를 차단하는 역할을 한다.
③ 퓨즈는 용량이 클수록 정격전류가 낮아진다.
④ 용량이 작은 퓨즈는 용량을 조정하여 사용한다.

풀이 퓨즈는 과대전류가 흐르면 회로를 차단하는 역할을 한다.

49 지구환경 문제로 인하여 기존의 냉매는 사용을 억제하고, 대체가스로 사용되고 있는 자동차 에어컨의 냉매는?

① R - 134a   ② R - 22
③ R - 16a   ④ R - 12

풀이 프레온 가스라 불리는 R-12 냉매는 오존층을 파괴하고 온실효과를 유발하므로 대체가스로 신냉매인 R-134a를 사용한다.

44.① 45.④ 46.④ 47.① 48.② 49.①

50 축전지에 대한 설명 중 틀린 것은?

① 전해액 온도가 올라가면 비중은 낮아진다.
② 전해액의 온도가 낮으면 황산의 확산이 활발해진다.
③ 온도가 높으면 자기방전량이 많아진다.
④ 극판수가 많으면 용량이 증가한다.

풀이 전해액의 온도가 낮으면 황산의 확산은 느려지게 되어 축전지의 용량이 작아진다.

51 다음 그림의 기호는 어떤 부품을 나타내는 기호인가?

① 실리콘 다이오드
② 발광 다이오드
③ 트랜지스터
④ 제너 다이오드

풀이 제너 다이오드의 기호로, 제너 다이오드는 어떤 기준 전압(브레이크 다운 전압) 이상이 되면 역방향으로도 전류가 흐르는 반도체이다.

52 재해조사 목적을 가장 바르게 설명한 것은?

① 적절한 예방대책을 수립하기 위해서
② 재해를 당한 당사자의 책임을 추궁하기 위하여
③ 재해 발생 상태와 그 동기에 대한 통계를 작성하기 위하여
④ 작업능률 향상과 근로기강 확립을 위하여

풀이 재해조사를 하는 목적은 재해 원인을 분석하여 적절한 예방대책을 수립하기 위해서이다.

53 기동 전동기 정류자 점검 및 정비 시 유의사항으로 틀린 것은?

① 정류자는 깨끗해야 한다.
② 정류자 표면은 매끈해야 한다.
③ 정류자는 줄로 가공해야 한다.
④ 정류자는 진원이어야 한다.

풀이 정류자를 줄로 가공하면 정류자 높이가 낮아져 브러시와의 접촉이 불량해지므로 줄로 가공해선 안 된다.

54 작업안전상 드라이버 사용 시 유의사항이 아닌 것은?

① 날끝이 홈의 폭과 길이가 같은 것을 사용한다.
② 날끝이 수평이어야 한다.
③ 작은 부품은 한손으로 잡고 사용한다.
④ 전기 작업 시 금속부분이 자루 밖으로 나와 있지 않아야 한다.

55 작업자가 기계작업시의 일반적인 안전사항으로 틀린 것은?

① 급유 시 기계는 운전을 정지시키고 지정된 오일을 사용한다.
② 운전 중 기계로부터 이탈할 때는 운전을 정지시킨다.
③ 고장수리, 청소 및 조정 시 동력을 끊고 다른 사람이 작동시키지 않도록 표시해 둔다.
④ 정전이 발생 시 기계스위치를 켜둬서 정전이 끝남과 동시에 작업 가능하도록 한다.

풀이 정전이 발생되었을 때는 각종 기계의 스위치를 꺼둔다.

50.② 51.④ 52.① 53.③ 54.③ 55.④

56 기관의 분해 정비를 결정하기 위해 기관을 분해하기 전 점검해야 할 사항으로 거리가 먼 것은?

① 실린더 압축압력 점검
② 기관오일 압력점검
③ 기관운전 중 이상소음 및 출력점검
④ 피스톤 링 갭(gap) 점검

풀이 피스톤 링 갭(gap) 점검은 기관을 분해한 후에 점검해야 할 사항이다.

57 압축 압력계를 사용하여 실린더의 압축 압력을 점검할 때 안전 및 유의사항으로 틀린 것은?

① 기관을 시동하여 정상온도(워밍업)가 된 후에 시동을 건 상태에서 점검한다.
② 점화계통과 연료계통을 차단시킨 후 크랭킹 상태에서 점검한다.
③ 시험기는 밀착하여 누설이 없도록 한다.
④ 측정값이 규정값보다 낮으면 엔진 오일을 약간 주입 후 다시 측정한다.

풀이 압축압력 점검은 정상온도가 된 후에 시동을 끄고 점검한다.

58 일반적인 기계공작 작업시 장갑을 사용해도 좋은 작업은?

① 판금 작업   ② 선반 작업
③ 드릴 작업   ④ 해머 작업

풀이 회전하는 물체에 끼일 위험이 있거나, 중량물을 놓칠 우려가 있는 작업은 장갑을 사용해서는 안된다.

59 기동전동기 무부하 시험을 하려고 한다. A와 B에 필요한 것은?

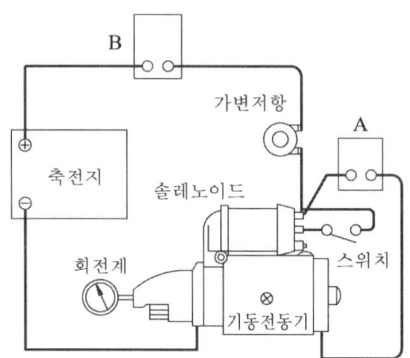

① A는 전류계, B는 전압계
② A는 전압계, B는 전류계
③ A는 전류계, B는 저항계
④ A는 저항계, B는 전압계

풀이 A는 병렬로 전압계를 설치하고, B는 직렬로 전류계를 설치한다.

60 멀티 회로시험기를 사용할 때의 주의사항 중 틀린 것은?

① 고온, 다습, 직사광선을 피한다.
② 영점 조정 후에 측정한다.
③ 직류전압의 측정 시 선택 스위치는 AC.(V)에 놓는다.
④ 지침은 정면에서 읽는다.

풀이 직류전압은 DC.V에, 교류전압은 AC.V에 놓는다.

56.④ 57.① 58.① 59.② 60.③

제1회 자동차정비기능사 CBT 기출복원 문제

• **기출복원 문제란?** CBT시행에 따라 저자께서 수검자들의 도움으로 최대한 유형에 가깝게 복원한 문제입니다

01 176°F는 몇 °C인가? 1회

① 76
② 80
③ 144
④ 176

 섭씨온도 °C = $\frac{5}{9}(F-32) = \frac{5}{9}(176-32) = 80$°C

02 120PS의 디젤기관이 24시간 동안에 360L의 연료를 소비하였다면, 이 기관의 연료소비율(g/PS·h)은? (단, 연료의 비중은 0.9이다.)

① 약 125
② 약 450
③ 약 113
④ 약 513

 연료소비율(g/ps-h) = $\frac{연료소비량}{시간 \times 마력}$

$\frac{360 \times 1{,}000 \times 0.9}{24 \times 120} = 112.5 \text{g/ps-h}$

03 단위에 대한 설명으로 옳은 것은?

① 1PS는 $75\text{kg}_f \cdot \text{m/h}$의 일률이다.
② 1J은 0.24cal이다.
③ 1kW는 $1{,}000\text{kg}_f \cdot \text{m/s}$의 일률이다.
④ 초속 1m/s는 시속 36km/h와 같다.

 단위 환산
ⓐ 1PS = $75\text{kg}_f \cdot \text{m/s}$
ⓑ 1kW = 1.36PS = $102\text{kg}_f \cdot \text{m/s}$
ⓒ 1m/s = 3.6km/h

04 4행정 사이클 6실린더 기관의 지름이 100mm, 행정이 100mm이고, 기관 회전수 2,500rpm, 지시평균 유효압력이 $8\text{kg}_f/\text{cm}^2$이라면 지시마력은 약 몇 PS인가?

① 80
② 93
③ 105
④ 150

 지시(도시)마력 = $\frac{PALZN}{75 \times 60} = \frac{PVZN}{75 \times 60 \times 100}$

P : 지시평균 유효압력[kg_f/cm^2]
A : 실린더 단면적[cm^2]
L : 행정[m] V : 배기량[cm^3]
Z : 실린더 수
N : 엔진 회전수[rpm]
 (2행정기관 : N, 4행정기관 : $\frac{N}{2}$)

∴ 지시마력
$= \frac{8 \times 0.785 \times 10^2 \times 0.1 \times 6 \times 2{,}500}{75 \times 60 \times 2}$
$= 104.67\text{PS}$

05 기관의 총배기량을 구하는 식은?

① 총배기량 = 피스톤 단면적×행정
② 총배기량 = 피스톤 단면적×행정×실린더 수
③ 총배기량 = 피스톤 길이×행정
④ 총배기량 = 피스톤 길이×행정×실린더 수

01.② 02.③ 03.② 04.③ 05.②

> **풀이**
>
> $$총배기량\ V = \frac{\pi}{4} \cdot D^2 \cdot L \cdot Z$$
>
> 여기서, D : 내경(cm), L : 행정(cm)
> Z : 실린더 수

06 실린더의 형식에 따른 기관의 분류에 속하지 않는 것은?

① 수평형 엔진   ② 직렬형 엔진
③ V형 엔진   ④ T형 엔진

> **풀이** 실린더 형식에 따른 기관의 분류
> ㉠ 직렬형 엔진
> ㉡ V형 엔진
> ㉢ 경사형 엔진
> ㉣ 수평 대향형 엔진
> ㉤ 성형 엔진

07 기관에 이상이 있을 때 또는 기관의 성능이 현저하게 저하되었을 때 분해수리의 여부를 결정하기 위한 가장 적합한 시험은?

① 캠각 시험
② CO 가스측정
③ 압축압력 시험
④ 코일의 용량시험

> **풀이** 압축압력 시험을 하여 규정값보다 70% 이하 시 기관을 분해수리(overhaul) 한다.

08 크랭크 핀 축받이 오일 간극이 커졌을 때 나타나는 현상으로 옳은 것은?

① 유압이 높아진다.
② 유압이 낮아진다.
③ 실린더 벽에 뿜어지는 오일이 부족해진다.
④ 연소실에 올라가는 오일의 양이 적어진다.

> **풀이** 유압이 낮아지는 원인
> ⓐ 유압조절밸브 스프링 장력 저하
> ⓑ 베어링 마모로 오일간극이 커졌을 때
> ⓒ 오일의 희석 및 점도 저하
> ⓓ 오일 부족
> ⓔ 오일펌프 불량 및 유압회로의 누설

09 가솔린 기관에서 배기가스에 산소량이 많이 잔존하고 있다면 연소실 내의 혼합기는 어떤 상태인가?

① 농후하다.
② 희박하다.
③ 농후하기도 하고 희박하기도 하다.
④ 이론공연비 상태이다.

> **풀이** 배기가스에 산소량이 많이 잔존하고 있다면 연소실 내의 혼합기는 희박한 상태이다.

10 디젤 연소실의 구비조건 중 틀린 것은?

① 연소시간이 짧을 것
② 열효율이 높을 것
③ 평균유효 압력이 낮을 것
④ 디젤노크가 적을 것

> **풀이** 디젤 연소실의 구비조건
> ① 열효율이 높을 것
> ② 연소시간이 짧을 것
> ③ 디젤노크가 적을 것

11 분사펌프에서 딜리버리 밸브의 작용 중 틀린 것은?

① 노즐에서의 후적 방지
② 연료의 역류 방지
③ 연료 라인의 잔압유지
④ 분사시기 조정

06.④ 07.③ 08.② 09.② 10.③ 11.④

풀이 딜리버리(delivery valve)의 기능
ⓐ 역류방지
ⓑ 잔압유지
ⓒ 후적방지

12 공기청정기가 막혔을 때의 배기가스 색으로 가장 알맞은 것은?

① 무색   ② 백색
③ 흑색   ④ 청색

풀이 공기 청정기가 막히면 연료가 과다하여 배기가스 색이 흑색이다.

13 연료 탱크 내장형 연료펌프(어셈블리)의 구성부품에 해당되지 않는 것은?

① 첵 밸브   ② 릴리프 밸브
③ DC모터   ④ 포토 다이오드

풀이 연료탱크 내장형 연료펌프 구성부품
ⓐ DC모터
ⓑ 첵 밸브
ⓒ 릴리프 밸브

14 공기량 검출 센서 중에서 초음파를 이용하는 센서는?

① 핫필름식 에어플로 센서
② 칼만와류식 에어플로 센서
③ 댐핑 챔버를 이용한 에어플로 센서
④ MAP을 이용한 에어플로 센서

풀이 칼만 와류식은 초음파를 발생하여 칼만 와류수만큼 밀집되거나 분산되어 수신기에 디지털 펄스로 측정된다.

15 전자제어 가솔린 분사장치의 연료펌프에서 첵밸브의 역할은?

① 잔압 유지와 재시동을 용이하게 한다.
② 연료 압력의 맥동을 감소시킨다.
③ 연료가 막혔을 때 압력을 조절한다.
④ 연료를 분사한다.

풀이 첵밸브의 역할
ⓐ 역류를 방지   ⓑ 잔압을 유지
ⓒ 베이퍼 록 방지   ⓓ 재시동성 향상

16 전자제어 가솔린기관에서 컨트롤유닛(ECU)로 입력되는 센서가 아닌 것은?

① 수온 센서
② 크랭크각 센서
③ 흡기온도 센서
④ 휠 스피드 센서

풀이 전자제어 기관의 입·출력 요소

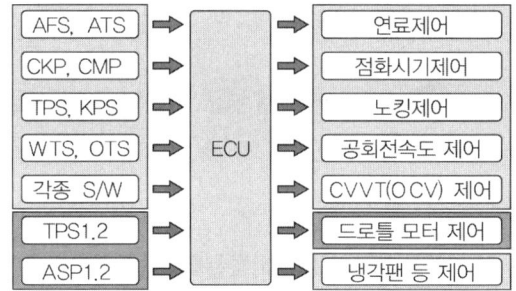

※ 휠 스피드 센서는 ABS ECU에 입력되는 센서이다.

17 컴퓨터 제어 계통 중 입력계통과 가장 거리가 먼 것은?

① 대기압센서   ② 공전 속도 제어
③ 산소센서   ④ 차속센서

풀이 ①, ③, ④항은 컴퓨터에 입력계통이며, 공전속도 제어는 ECU의 신호에 의해 작동되는 출력계통이다.

12.③ 13.④ 14.② 15.① 16.④ 17.②

18. 엔진 출력과 최고 회전속도와의 관계에 대한 설명으로 옳은 것은?
   ① 고회전시 흡기의 유속이 음속에 달하면 흡기량이 증가되어 출력이 증가한다.
   ② 동일한 배기량으로 단위시간당의 폭발 횟수를 증가시키면 출력은 커진다.
   ③ 평균 피스톤 속도가 커지면 왕복운동 부분의 관성력이 증대되어 출력 또한 커진다.
   ④ 출력을 증대시키는 방법으로 행정을 길게 하고 회전속도를 높이는 것이 유리하다.

   풀이 동일한 배기량에서 단위시간당 폭발횟수가 증가하면 당연히 출력은 커진다.

19. 디젤 노크를 일으키는 원인과 직접적인 관계가 없는 것은?
   ① 압축비   ② 회전속도
   ③ 옥탄가   ④ 엔진의 부하

   풀이 압축비, 엔진 회전속도, 엔진의 부하, 연료 분사량, 분사시기, 흡입공기 온도는 디젤 노크와 밀접한 관계가 있고 옥탄가와 관계가 없다.

20. 클러치의 구비조건이 아닌 것은?
   ① 회전관성이 클 것
   ② 회전부분의 평형이 좋을 것
   ③ 구조가 간단할 것
   ④ 동력을 차단할 경우에는 신속하고 확실할 것

   풀이 클러치 구비조건
   ⓐ 구조가 간단할 것
   ⓑ 동력전달이 확실하고 신속할 것
   ⓒ 방열이 잘 되어 과열되지 않을 것
   ⓓ 회전부분의 평형이 좋을 것

21. 클러치의 릴리스 베어링으로 사용되지 않는 것은?
   ① 앵귤러 접촉형
   ② 평면 베어링형
   ③ 볼 베어링형
   ④ 카본형

   풀이 릴리스 베어링의 종류 : 카본형, 볼 베어링형, 앵귤러 접촉형

22. 수동변속기의 필요성으로 틀린 것은?
   ① 회전방향을 역으로 하기 위해
   ② 무부하 상태로 공전운전할 수 있게 하기 위해
   ③ 발진시 각부에 응력의 완화와 마멸을 최대화하기 위해
   ④ 차량발진시 중량에 의한 관성으로 인해 큰 구동력이 필요하기 때문에

   풀이 수동변속기의 필요성
   ⓐ 무부하 상태로 공전운전 할 수 있게 하기 위해
   ⓑ 차량발진시 중량에 의한 관성으로 인해 큰 구동력이 필요하기 때문에
   ⓒ 회전방향을 역으로 하기 위해

23. 수동변속기에서 기어변속 시 기어의 이중 물림을 방지하기 위한 장치는?
   ① 파킹 볼 장치
   ② 인터 록 장치
   ③ 오버드라이브 장치
   ④ 록킹 볼 장치

   풀이 ① 인터 록(inter lock) : 이중 물림 방지
   ② 록킹 볼(locking ball) : 기어 빠짐 방지

18.② 19.③ 20.① 21.② 22.③ 23.②

24 수동변속기 장치에서 클러치 압력판의 역할로 옳은 것은?

① 기관의 동력을 받아 속도를 조절한다.
② 제동거리를 짧게 한다.
③ 견인력을 증가시킨다.
④ 클러치판을 밀어서 플라이휠에 압착시키는 역할을 한다.

[풀이] 클러치 압력판은 클러치 판을 플라이 휠에 압착시키는 역할을 한다.

25 자동변속기에서 스로틀 개도의 일정한 차속으로 주행 중 스로틀 개도를 갑자기 증가시키면(약 85% 이상) 감속 변속되어 큰 구동력을 얻을 수 있는 변속상태는?

① 킥 다운   ② 다운 시프트
③ 리프트 풋 업   ④ 업 시프트

[풀이] 킥 다운(kick down)이란 일정한 차속으로 주행 중 스로틀 밸브 개도를 갑자기 증가시키면(85% 이상) 강제로 시프트 다운(감속 변속)되어 큰 구동력을 얻을 수 있다.

26 동력전달장치에서 동력전달 각의 변화를 가능하게 하는 이음은?

① 슬립 이음
② 스플라인 이음
③ 플랜지 이음
④ 자재 이음

[풀이] ⓐ 추진축 : 회전력 전달
ⓑ 자재이음 : 각도 변화
ⓒ 슬립이음 : 길이 변화

27 액슬축의 지지 방식이 아닌 것은?

① 반부동식   ② 3/4 부동식
③ 고정식   ④ 전부동식

[풀이] 액슬축 지지방식
① 반부동식 : 액슬축과 하우징이 하중을 반씩 부담
② 3/4부동식 : 액슬축이 하중을 1/4, 하우징이 3/4를 부담
③ 전부동식 : 하우징이 하중을 전부 부담하므로 액슬축은 자유로워 바퀴를 빼지 않고도 액슬축을 떼어낼 수 있다.

28 종감속 및 차동장치에서 구동 피니언의 잇수가 6, 링기어의 잇수가 60, 추진축이 1,000rpm일 때 왼쪽바퀴가 150rpm이었다. 이 때 오른쪽 바퀴는 몇 rpm인가?

① 25rpm   ② 50rpm
③ 75rpm   ④ 100rpm

[풀이] 한쪽바퀴 회전수(N_w)

$$N_w = \frac{추진축\ 회전수}{종감속비} \times 2 - 다른\ 쪽\ 바퀴\ 회전수$$

∴ 한 쪽 바퀴 회전수(N_w) = $\frac{1,000}{\frac{60}{6}} \times 2 - 150$

= 50

29 조향장치를 구성하는 주요 부품이 아닌 것은?

① 조향 휠   ② 타이로드
③ 피트먼암   ④ 토션바 스프링

[풀이] 조향장치 주요 부품 : 조향 휠, 조향기어, 피트먼암, 타이로드, 너클

ANSWER 24.④ 25.① 26.④ 27.③ 28.② 29.④

30 조향장치의 동력전달 순서로 옳은 것은?

① 핸들 - 타이로드 - 조향기어 박스 - 피트먼 암
② 핸들 - 섹터 축 - 조향기어 박스 - 피트먼 암
③ 핸들 - 조향기어 박스 - 섹터 축 - 피트먼 암
④ 핸들 - 섹터 축 - 조향기어 박스 - 타이로드

풀이 조향장치 동력전달 순서(볼 너트 형식)
핸들 → 조향기어 박스 → 섹터 축 → 피트먼 암 → 릴레이 로드 → 타이로드 → 너클 → 바퀴

31 자동차의 축간거리가 2.3m, 바퀴 접지면의 중심과 킹핀과의 거리가 20cm인 자동차를 좌회전할 때 우측바퀴의 조향각은 30°, 좌측바퀴 조향각은 32°이었을 때 최소회전반경은?

① 3.3m ② 4.8m
③ 5.6m ④ 6.5m

풀이 최소회전반경 $R = \dfrac{L}{\sin\alpha} + r$

여기서, α : 외측바퀴 회전각도(°)
L : 축거(m)
r : 타이어 중심과 킹핀과의 거리(m)

∴ 최소회전반경 $R = \dfrac{2.3}{\sin 30°} + 0.2 = 4.8$

32 주행 중 조향핸들이 한쪽으로 쏠리는 원인과 가장 거리가 먼 것은?

① 바퀴 허브 너트를 너무 꽉 조였다.
② 좌·우의 캠버가 같지 않다.
③ 컨트롤 암(위 또는 아래)이 휘었다.
④ 좌·우의 타이어 공기압이 다르다.

풀이 ②, ③, ④항은 핸들이 한쪽으로 쏠리는 원인이며, 바퀴의 허브 너트는 꽉 조여야 한다.

33 현가장치가 갖추어야 할 기능이 아닌 것은?

① 승차감의 향상을 위해 상하 움직임에 적당한 유연성이 있어야 한다.
② 원심력이 발생되어야 한다.
③ 주행 안정성이 있어야 한다.
④ 구동력 및 제동력 발생 시 적당한 강성이 있어야 한다.

풀이 현가장치가 갖추어야 할 기능
㉠ 승차감의 향상을 위해 상하 움직임에 적당한 유연성이 있어야 한다.
㉡ 원심력에 대해 저항력이 있어야 한다.
㉢ 주행 안정성이 있어야 한다.
㉣ 구동력 및 제동력 발생 시 적당한 강성이 있어야 한다.

34 전자제어 현가장치의 출력부가 아닌 것은?

① TPS
② 지시등, 경고등
③ 액추에이터
④ 고장코드

풀이 전원, 센서, 스위치 등은 입력부이고, 경고등, 액추에이터, 고장코드는 출력부이다.

30.③ 31.② 32.① 33.② 34.①

35 전자제어 현가장치의 장점에 대한 설명으로 가장 적합한 것은?

① 굴곡이 심한 노면을 주행할 때에 흔들림이 작은 평행한 승차감 실현
② 차속 및 조향 상태에 따라 적절한 조향 특성을 얻을 수 있음
③ 운전자가 희망하는 쾌적 공간을 제공해 주는 시스템
④ 운전자의 의지에 따라 조향 능력을 유지해 주는 시스템

[풀이] 전자제어 현가장치(E.C.S)의 장점
㉠ 노면상태에 따라 승차감을 조절한다.
㉡ 노면으로부터 차의 높이를 조정
㉢ 굴곡이 심한 노면을 주행할 때에 흔들림이 작은 평행한 승차감 실현
㉣ 급제동시 노즈 다운(nose down)을 방지
㉤ 급선회시 원심력에 의한 차량의 기울어짐을 방지
㉥ 고속 주행시 안정성이 있다.

36 유압식 제동장치에서 적용되는 유압의 원리는?

① 뉴톤의 원리
② 파스칼의 원리
③ 벤투리관의 원리
④ 베르누이의 원리

[풀이] 유압식 제동장치는 파스칼의 원리를 이용한 것이다.

37 마스터 실린더의 푸시로드에 작용하는 힘이 120kg$_f$이고, 피스톤의 면적이 4cm^{2}일 때 유압은?

① 20kg$_f$/cm^2 ② 30kg$_f$/cm^2
③ 40kg$_f$/cm^2 ④ 50kg$_f$/cm^2

[풀이] 압력(kg$_f$/cm^2) = $\frac{하중}{단면적}$

∴ 압력 = $\frac{120}{4}$ = 30kg$_f$/cm^2

38 드럼식 브레이크에서 브레이크 슈의 작동형식에 의한 분류에 해당하지 않는 것은?

① 리딩 트레일링 슈 형식
② 3리딩 슈 형식
③ 서보 형식
④ 듀오 서보식

[풀이] 드럼 브레이크의 분류
ⓐ 넌서보 브레이크 : 리딩 트레일링 슈 형식
ⓑ 서보 브레이크 : 단동 2리딩 또는 복동 2리딩 슈 형식, 유니 서보식, 듀오 서보식, 앵커 링크 형식 등

39 제동장치에서 디스크 브레이크의 형식으로 적합한 것은?

① 앵커핀 형
② 2 리딩 형
③ 유니서보 형
④ 플로팅 캘리퍼 형

[풀이] 드럼 브레이크의 분류
ⓐ 넌서보 브레이크 : 리딩 트레일링 슈(앵커핀) 형식
ⓑ 서보 브레이크 : 단동 2리딩 또는 복동 2리딩 슈 형식, 유니 서보식, 듀오 서보식, 앵커 링크 형식 등
※ 플로팅 캘리퍼형은 디스크 브레이크 형식이다.

35.① 36.② 37.② 38.② 39.④

40 4기통 디젤기관에 저항이 0.8Ω인 예열플러그를 각 기통에 병렬로 연결하였다. 이 기관에 설치된 예열플러그의 합성저항은 몇 Ω 인가? (단, 기관의 전원은 24V임)

① 0.1 ② 0.2
③ 0.3 ④ 0.4

풀이 병렬 합성저항 $\frac{1}{R} = \frac{1}{R_1} + \frac{1}{R_2} + \cdots + \frac{1}{R_n}$

∴ 합성저항 $\frac{1}{R} = \frac{1}{0.8} + \frac{1}{0.8} + \frac{1}{0.8} = \frac{4}{0.8}Ω$

∴ $R = 0.2Ω$

41 다음 그림의 기호는 어떤 부품을 나타내는 기호인가?

① 실리콘 다이오드
② 발광 다이오드
③ 트랜지스터
④ 제너 다이오드

풀이 제너 다이오드의 기호로, 제너 다이오드는 어떤 기준 전압(브레이크 다운 전압) 이상이 되면 역방향으로도 전류가 흐르는 반도체이다.

42 반도체 소자 중 사이리스터(SCR)의 단자에 해당하지 않는 것은?

① 애노드(anode)
② 게이트(gate)
③ 캐소드(cathode)
④ 컬렉터(collector)

풀이 사이리스터(SCR)의 단자 명칭
애노드(A), 캐소드(K), 게이트(G)

43 2개 이상의 배터리를 연결하는 방식에 따라 용량과 전압 관계의 설명으로 맞는 것은?

① 직렬 연결시 1개 배터리 전압과 같으며 용량은 배터리 수 만큼 증가한다.
② 병렬 연결시 용량은 배터리 수 만큼 증가하지만 전압은 1개 배터리 전압과 같다.
③ 병렬연결이란 전압과 용량이 동일한 배터리 2개 이상을 (+)단자와 연결대상 배터리 (−)단자에, (−)단자는 (+)단자로 연결하는 방식이다.
④ 직렬연결이란 전압과 용량이 동일한 배터리 2개 이상을 (+)단자와 연결대상 배터리의 (+)단자에 서로 연결하는 방식이다.

풀이 ①항은 병렬 연결시의 특징을, ③항과 ④항은 직렬 연결과 병렬 연결이 서로 바뀌었다.

44 자동차용 배터리의 급속 충전 시 주의사항으로 틀린 것은?

① 배터리를 자동차에 연결한 채 충전할 경우, 접지(−) 터미널을 떼어 놓는다.
② 잘 밀폐된 곳에서 충전한다.
③ 충전 중 축전지에 충격을 가하지 않는다.
④ 전해액의 온도가 45℃가 넘지 않도록 한다.

풀이 배터리 충전은 환기가 잘되는 곳에서 한다.

40.② 41.④ 42.④ 43.② 44.②

45 자동차용 배터리에 과충전을 반복하면 배터리에 미치는 영향은?

① 극판이 황산화 된다.
② 용량이 크게 된다.
③ 양극판 격자가 산화된다.
④ 단자가 산화된다.

[풀이] 충전이란 양극판이 과산화납으로 되돌아가는 과정이므로 과충전하면 양극판 격자가 산화된다.

46 축전지를 차에 설치한 채 급속충전을 할 때의 주의사항으로 틀린 것은?

① 축전지 각 셀(cell)의 플러그를 열어 놓는다.
② 전해액 온도가 45℃를 넘지 않도록 한다.
③ 축전지 가까이에서 불꽃이 튀지 않도록 한다.
④ 축전지의 양(+, −)케이블을 단단히 고정하고 충전한다.

[풀이] 축전지를 차에 설치한 채 급속충전 할 때에는 축전지의 (−)케이블을 떼어내고 충전한다.

47 다음 그림과 같이 자동차 전원장치에서 IG1과 IG2로 구분된 이유로 옳은 것은?

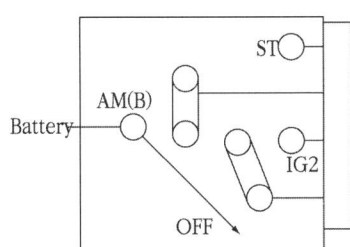

① 점화 스위치의 ON/OFF에 관계없이 배터리와 연결을 유지하기 위해
② START시에도 와이퍼 회로, 전조등 회로 등에 전원을 공급하기 위해
③ 점화 스위치가 ST일 때만 점화코일, 연료펌프 회로 등에 전원을 공급하기 위해
④ START시 시동에 필요한 전원 이외의 전원을 차단하여 시동을 원활하게 하기 위해

[풀이] 자동차 전원장치에서 IG1과 IG2로 구분된 이유는 START시 시동에 필요한 전원 이외의 전원을 차단하여 시동을 원활하게 하기 위해서 이다.

48 배선에 있어서 기호와 색의 연결이 틀린 것은?

① Gr : 보라   ② G : 녹색
③ R : 적색   ④ Y : 노랑

[풀이] 배선 색상 약어

약어	배선 색상	약어	배선 색상
B	검정색(Black)	O	오렌지색(Orange)
Br	갈 색(Brown)	P	분홍색(Pink)
G	초록색(Green)	R	빨강색(Red)
Gr	회 색(Gray)	W	흰 색(White)
L	파랑색(bLue)	Y	노랑색(Yellow)
Lg	연두색(Light Green)	Pp	자주색(Purple)
T	황갈색(Tawny)	Ll	하늘색(Light Blue)

49 플레밍의 왼손법칙을 이용한 것은?

① 충전기   ② DC 발전기
③ AC 발전기   ④ 전동기

[풀이] 전동기는 플레밍의 왼손법칙을 응용한 것이다.

45. ③   46. ④   47. ④   48. ①   49. ④

50 자동차용 교류발전기에 대한 특성 중 거리가 가장 먼 것은?

① 브러쉬 수명이 일반적으로 직류발전기보다 길다.
② 중량에 따른 출력이 직류발전기보다 약 1.5배 정도 높다.
③ 슬립링 손질이 불필요하다.
④ 자여자 방식이다.

풀이 교류발전기의 특징
① 소형 경량으로 수명이 길다.
② 저속에서의 충전 성능이 좋다.
③ 속도 변동에 따른 적응 범위가 넓다.
④ 다이오드를 사용하므로 정류 특성이 좋다.
⑤ 브러시 수명이 일반적으로 직류발전기보다 길다.
⑥ 중량에 따른 출력이 직류발전기보다 약 1.5배 정도 높다.
⑦ 슬립링 손질이 불필요하다.
⑧ 타여자 방식이다.

51 교류발전기에서 축전지의 역류를 방지하는 컷아웃 릴레이가 없는 이유는?

① 트랜지스터가 있기 때문이다.
② 점화스위치가 있기 때문이다.
③ 실리콘 다이오드가 있기 때문이다.
④ 전압릴레이가 있기 때문이다.

풀이 AC 발전기의 실리콘 다이오드는 교류를 정류하고, 역류를 방지하므로 컷아웃 릴레이가 필요없다.

52 전자동에어컨(FATC) 시스템의 ECU에 입력되는 센서 신호로 거리가 먼 것은?

① 외기온도 센서
② 차고 센서
③ 일사 센서
④ 내기온도 센서

풀이 차고센서는 전자제어 현가장치(ECS)의 입력신호이다.

53 현재의 연료 소비율, 평균속도, 항속 가능 거리 등의 정보를 표시하는 시스템으로 옳은 것은?

① 종합 경보 시스템(ETACS 또는 ETWIS)
② 엔진·변속기 통합제어 시스템(ECM)
③ 자동주차 시스템(APS)
④ 트립(Trip) 정보 시스템

풀이 트립 정보시스템(trip computer)은 시동 "ON"부터 "OFF"까지의 주행거리(적산 거리), 주행 가능 거리, 평균속도 및 주행시간 등 주행에 관련된 각종 정보들을 LCD를 이용해 화면에 표시해 주는 운전자 정보 전달장치

54 구급처치 중에서 환자의 상태를 확인하는 사항과 관련이 없는 것은?

① 의식   ② 상처
③ 출혈   ④ 안정

풀이 구급처치 중 환자의 상태는 의식, 상처, 출혈 등이 있는 지를 확인한다. 안정은 관련이 없다.

55 스패너 작업시 유의할 점이다. 틀린 것은?

① 스패너의 입이 너트의 치수에 맞는 것을 사용해야 한다.
② 스패너의 자루에 파이프를 이어서 사용해서는 안 된다.
③ 스패너와 너트 사이에는 쐐기를 넣고 사용하는 것이 편리하다.
④ 너트에 스패너를 깊이 물리고 조금씩 앞으로 당기는 식으로 풀고 조인다.

풀이 스패너 작업시 주의사항
ⓐ 스패너는 몸 앞으로 당겨서 사용할 것

50.④ 51.③ 52.② 53.④ 54.④ 55.③

ⓑ 너트에 스패너를 깊이 물리고 조금씩 앞으로 당기는 식으로 풀고 조인다.
ⓒ 스패너와 너트 사이에 절대 다른 물건을 끼우지 말 것
ⓓ 스패너 손잡이에 파이프를 이어서 사용하거나 해머로 두들기지 말 것
ⓔ 스패너의 입이 너트의 치수에 맞는 것을 사용해야 한다.
ⓕ 스패너 사용시 항시 주위를 살펴보고 조심성 있게 쥘 것
ⓖ 스패너가 너트에서 벗겨지더라도 넘어지지 않는 자세를 취할 것
ⓗ 고정 조(jaw)에 힘이 많이 걸리도록 한다.

56 임팩트 렌치의 사용 시 안전 수칙으로 거리가 먼 것은?

① 렌치 사용시 헐거운 옷은 착용하지 않는다.
② 위험 요소를 항상 점검한다.
③ 에어 호스를 몸에 감고 작업을 한다.
④ 가급적 회전 부에 떨어져서 작업을 한다.

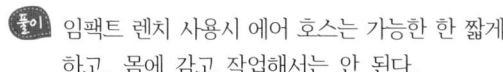
임팩트 렌치 사용시 에어 호스는 가능한 한 짧게 하고, 몸에 감고 작업해서는 안 된다.

57 휠 밸런스 점검 시 안전수칙으로 틀린 사항은?

① 점검 후 테스터 스위치를 끄고 자연히 정지하도록 한다.
② 타이어의 회전방향에서 점검한다.
③ 과도하게 속도를 내지 말고 점검한다.
④ 회전하는 휠에 손을 대지 않는다.

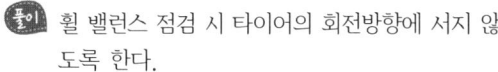
휠 밸런스 점검 시 타이어의 회전방향에 서지 않도록 한다.

58 기계 부품에 작용하는 하중에서 안전율을 가장 크게 하여야 할 하중은?

① 정 하중
② 교번 하중
③ 충격 하중
④ 반복 하중

풀이 안전율의 크기 순서
충격하중 > 교번하중 > 반복하중 > 정하중

59 해머작업 시 안전수칙으로 틀린 것은?

① 해머는 처음과 마지막 작업 시 타격력을 크게 할 것
② 해머로 녹슨 것을 때릴 때에는 반드시 보안경을 쓸 것
③ 해머의 사용 면이 깨진 것은 사용하지 말 것
④ 해머 작업 시 타격 가공하려는 곳에 눈을 고정시킬 것

풀이 해머 작업시 주의사항
ⓐ 장갑을 끼지 말 것
ⓑ 처음에는 서서히 칠 것
ⓒ 해머 작업할 때에는 반드시 보안경을 쓸 것
ⓓ 해머 작업시 타격 가공하려는 곳에 눈을 고정시킬 것
ⓔ 해머의 사용 면이 깨진 것은 사용하지 말 것

60 작업장 내에서 안전을 위한 통행방법으로 옳지 않은 것은?

① 자재 위에 앉지 않도록 한다.
② 좌·우측의 통행 규칙을 지킨다.
③ 짐을 든 사람과 마주치면 길을 비켜준다.
④ 바쁜 경우 기계 사이의 지름길을 이용한다.

풀이 ①, ②, ③ 항은 작업장 내에서 안전을 위한 올바른 통행방법이며, 작업장 내에서는 반드시 보행자 통로를 이용한다.

56.③ 57.② 58.③ 59.① 60.④

제2회 자동차정비기능사 CBT 기출복원 문제

• **기출복원 문제란?** CBT시행에 따라 저자께서 수검자들의 도움으로 최대한 유형에 가깝게 복원한 문제입니다

01 표준 대기압의 표기로 옳은 것은?

① 735mmHg
② $0.85kg_f/cm^2$
③ 101.3kPa
④ 10bar

 표준 대기압(표준 기압, 1atm)

$1atm = 760mmHg = 1.033kg_f/cm^2$
$= 1,013mbar = 1.013bar = 101.3kPa$
(∵ $1bar = 10^5 Pa = 100kPa$)

02 실린더 지름이 100mm의 정방형 엔진이다. 행정 체적은 약 얼마인가?

① $600cm^3$
② $785cm^3$
③ $1,200cm^3$
④ $1,490cm^3$

 행정체적(배기량) $V = \dfrac{\pi}{4} \cdot D^2 \cdot L$

여기서, D : 내경[cm]
L : 행정[cm]

∴ 행정체적 $V = \dfrac{3.14}{4} \times 10^2 \times 10 = 785cm^3$

03 연소실 체적이 210cc이고, 행정체적이 3,780cc인 디젤 6기통 기관의 압축비는 얼마인가?

① 17 : 1
② 18 : 1
③ 19 : 1
④ 20 : 1

 압축비 $\epsilon = \dfrac{실린더\ 체적}{연소실\ 체적} = 1 + \dfrac{행정\ 체적(배기량)}{연소실\ 체적}$

∴ 압축비 $= 1 + \dfrac{3,780}{210} = 19$

04 내연기관에서 언더 스퀘어 엔진은 어느 것인가?

① $\dfrac{행정}{실린더\ 내경} = 1$
② $\dfrac{행정}{실린더\ 내경} < 1$
③ $\dfrac{행정}{실린더\ 내경} > 1$
④ $\dfrac{행정}{실린더\ 내경} \leq 1$

 언더 스퀘어(under square) 엔진이란 내경이 행정보다 작은 엔진을 말한다.

언더스퀘어 엔진 $= \dfrac{행정}{실린더\ 내경} > 1$

05 피스톤 링의 구비조건으로 틀린 것은?

① 고온에서도 탄성을 유지할 것
② 오래 사용하여도 링 자체나 실린더 마멸이 적을 것
③ 열팽창률이 작을 것
④ 실린더 벽에 편심된 압력을 가할 것

 피스톤 링의 구비조건
ⓐ 열 팽창률이 적을 것
ⓑ 내열성과 내마모성이 좋을 것
ⓒ 실린더 벽에 균일한 압력을 가할 것
ⓓ 피스톤 링 자체나 실린더 마멸이 적을 것
ⓔ 고온에서도 탄성을 유지할 것

01.③ 02.② 03.③ 04.③ 05.④

06 피스톤링의 주요 기능이 아닌 것은?
① 기밀 작용 ② 감마 작용
③ 열전도 작용 ④ 오일제어 작용

피스톤 링의 3대 작용
① 기밀유지 작용
② 열전도 작용
③ 오일제어 작용

07 내연기관 밸브장치에서 밸브 스프링의 점검과 관계없는 것은?
① 스프링 장력 ② 자유높이
③ 직각도 ④ 코일의 권수

밸브 스프링 점검사항 : 직각도, 자유고, 장력

08 열기관에서 열원으로부터 받은 열량을 얼마만큼 유효한 일로 변환하였는가의 비율을 무엇이라 하는가?
① 열감정 ② 열효율
③ 연료소비율 ④ 평균유효압력

열효율이란 열원으로부터 받은 열량을 얼마만큼 유효한 일로 변환하였는가의 비율을 의미한다.

09 냉각수 온도센서 고장 시 엔진에 미치는 영향으로 틀린 것은?
① 공회전상태가 불안정하게 된다.
② 워밍업 시기에 검은 연기가 배출될 수 있다.
③ 배기가스 중에 CO 및 HC가 증가된다.
④ 냉간 시동성이 양호하다.

냉각수 온도센서가 고장 시 ①~③항의 증상이 발생하며 냉간 시동성이 불량해진다.

10 부동액 성분의 하나로 비등점이 197.2°C, 응고점이 -50°C 인 불연성 포화액인 물질은?
① 에틸렌 글리콜 ② 메탄올
③ 글리세린 ④ 변성알콜

부동액으로는 주로 에틸렌 글리콜이나 프로필렌 글리콜을 사용하며 에틸렌 글리콜은 비등점(boiling point)이 197.6℃, 응고점(freezing point)이 -37℃이다.

11 라디에이터의 점검에서 누설 실험을 하기 위한 공기압은?
① $1kg_f/cm^2$ ② $3kg_f/cm^2$
③ $5kg_f/cm^2$ ④ $7kg_f/cm^2$

누설 시험시 압축공기 압력은 $0.5~2kg_f/cm^2$이다.

12 엔진오일의 유압이 낮아지는 원인으로 틀린 것은?
① 베어링의 오일간극이 크다.
② 유압조절밸브의 스프링 장력이 크다.
③ 오일 팬 내의 윤활유 양이 적다.
④ 윤활유 공급 라인에 공기가 유입되었다.

유압이 낮아지는 원인
ⓐ 유압조절밸브 스프링 장력 저하
ⓑ 베어링 마모로 오일간극이 커졌을 때
ⓒ 오일의 희석 및 점도 저하
ⓓ 오일 부족
ⓔ 오일펌프 불량 및 유압회로의 누설

13 LPG 기관에서 액체를 기체로 변화시키는 것을 주 목적으로 설치된 것은?
① 솔레노이드 스위치
② 베이퍼라이저
③ 봄베
④ 기상 솔레노이드 밸브

06.② 07.④ 08.② 09.④ 10.① 11.① 12.② 13.②

풀이) 베이퍼라이저(vaporizer)는 액체를 기체로 변화시켜 주는 장치로 감압, 기화 및 압력조절 작용을 한다.

14 디젤 기관용 연료의 구비조건으로 틀린 것은?

① 착화성이 좋을 것
② 부식성이 적을 것
③ 인화성이 좋을 것
④ 적당한 점도를 가질 것

풀이) 디젤 연료(경유)의 구비조건
ⓐ 착화성이 좋을 것
ⓑ 세탄가가 높을 것
ⓒ 발열량이 클 것
ⓓ 점도가 적당하고, 온도에 따른 점도 변화가 적을 것
ⓔ 부식성이 적을 것

15 디젤 엔진에서 연료 공급펌프 중 프라이밍 펌프의 기능은?

① 기관이 작동하고 있을 때 펌프에 연료를 공급한다.
② 기관이 정지되고 있을 때 수동으로 연료를 공급한다.
③ 기관이 고속운전을 하고 있을 때 분사펌프의 기능을 돕는다.
④ 기관이 가동하고 있을 때 분사펌프에 있는 연료를 빼는 데 사용한다.

풀이) 디젤 엔진에서 프라이밍 펌프는 기관이 정지되어 있을 때 수동으로 작동시켜 연료라인에서 공기배기 작업에 사용되며 동시에 연료를 분사펌프로 공급한다.

16 디젤기관에서 전자제어식 고압펌프의 특징이 아닌 것은?

① 동력 성능의 향상
② 쾌적성 향상
③ 부가 장치가 필요
④ 가속시 스모크 저감

풀이) 디젤기관 전자제어식 고압펌프의 특징
ⓐ 동력 성능의 향상
ⓑ 가속시 스모크 저감
ⓒ 쾌적성 향상
※ 부가장치가 필요하게 되면 특징이 아니다.

17 자동차 기관에서 과급을 하는 주된 목적은?

① 기관의 출력을 증대시킨다.
② 기관의 회전수를 빠르게 한다.
③ 기관의 윤활유 소비를 줄인다.
④ 기관의 회전수를 일정하게 한다.

풀이) 과급기는 엔진의 출력을 향상시키고 회전력을 증대시키며 연료소비율을 향상시킨다.

18 과급기가 설치된 엔진에 장착된 센서로서 급속 및 증속에서 ECU로 신호를 보내주는 센서는?

① 부스터 센서   ② 노크 센서
③ 산소 센서   ④ 수온 센서

풀이) 부스터 압력 센서는 과급기가 설치된 엔진에 장착된 센서로서, 과급된 흡기다기관 내의 압력을 검출하여 ECU로 신호를 보낸다.

14. ③ 15. ② 16. ③ 17. ① 18. ①

19. 다음 중 흡입 공기량을 계량하는 센서는?

① 에어플로 센서
② 흡기온도 센서
③ 대기압 센서
④ 기관 회전속도 센서

풀이 에어플로 센서(AFS : Air Flow Sensor)는 에어클리너 내부에 설치되어 흡입 공기량을 측정한 후 ECU에 보낸다.

20. 흡기관로에 설치되어 칼만와류 현상을 이용하여 흡입공기량을 측정하는 것은?

① 흡기온도 센서
② 대기압 센서
③ 스로틀 포지션 센서
④ 공기유량 센서

풀이 센서의 기능
ⓐ 흡기온도 센서 : 흡입공기의 온도를 검출하여 연료 분사량을 보정한다.
ⓑ 대기압 센서 : 대기압력을 측정하여 연료 분사량 및 점화시기를 보정한다.
ⓒ 스로틀 포지션 센서 : 스로틀 밸브의 개도를 검출하여 엔진 운전모드를 판정하여 가속과 감속상태를 검지하고 연료 분사량을 보정한다.
ⓓ 공기유량 센서 : 흡기관로에 설치되어 칼만와류 현상 및 드로틀 밸브의 열림량을 이용하여 흡입공기량을 측정한다.

21. 피에조(PIEZO) 저항을 이용한 센서는?

① 차속 센서
② 매니폴드압력 센서
③ 수온 센서
④ 크랭크각 센서

풀이 매니폴드 압력센서는 압전소자(피에조 저항형 센서)를 이용하여 흡기 매니홀드의 진공(절대압력)을 측정한다.

22. PCV(positive crankcase ventilation)에 대한 설명으로 옳은 것은?

① 블로바이(blow by) 가스를 대기 중으로 방출하는 시스템이다.
② 고부하 때에는 블로바이 가스가 공기 청정기에서 헤드커버 내로 공기가 도입된다.
③ 흡기 다기관이 부압일 때는 크랭크케이스에서 헤드커버를 통해 공기 청정기로 유입된다.
④ 헤드커버 안의 블로바이 가스는 부하와 관계없이 서지탱크로 흡입되어 연소된다.

풀이 블로바이 가스는 공전 및 경부하시에는 PCV 밸브를 통하여 서지탱크로 흡입되어 연소되며, 급가속 및 고부하시에는 PCV 밸브는 닫히고, 브리더 호스를 통하여 서지탱크로 흡입되어 연소된다.

23. EGR(배기가스 재순환 장치)과 관계있는 배기가스는?

① CO
② HC
③ NOx
④ H_2O

풀이 배기가스 재순환장치는 EGR 밸브를 이용하여 연소실의 최고온도를 낮추어 질소산화물(NOx)의 발생을 감소시킨다.

24. 수동변속기에서 싱크로메시(synchro mesh) 기구의 기능이 작용하는 시기는?

① 변속기어가 물려있을 때
② 클러치 페달을 놓을 때
③ 변속기어가 물릴 때
④ 클러치 페달을 밟을 때

풀이 싱크로메시 기구는 기어 변속시(물릴 때) 싱크로메시 기구를 이용하여 동기시켜 변속하는 장치이다.

19.① 20.④ 21.② 22.④ 23.③ 24.③

25 수동변속기에서 기어 변속이 힘든 경우로 틀린 것은?

① 클러치 자유간극(유격)이 부족할 때
② 싱크로나이저 스프링이 약화된 경우
③ 변속 축 혹은 포크가 마모된 경우
④ 싱크로나이저 링과 기어콘의 접촉이 불량한 경우

풀이 클러치 자유간극(유격)이 부족하면 클러치 차단이 잘되므로 기어 변속과는 관련이 없고 미끄러질 수 있다.

27 단순 유성기어 장치에서 선기어, 캐리어, 링기어의 3요소 중 2요소를 입력요소로 하면 동력전달은?

① 증속   ② 감속
③ 직결   ④ 역전

풀이 유성기어 3요소 중 2요소를 입력하면 동력전달은 직결이 되며, 어느 하나라도 입력이 없으면 공전이 된다.

27 자동변속기 전자제어 장치 정비 시 안전 및 유의사항으로 옳지 않은 것은?

① 펄스제너레이터 출력전압 파형 측정시 주행 중에 측정한다.
② 컨트롤 케이블을 점검할 때는 브레이크 페달을 밟고, 주차 브레이크를 완전히 채우고 점검한다.
③ 차량을 리프트에 올려놓고 바퀴 회전시 주위에 떨어져 있어야 한다.
④ 부품센서 교환시 점화스위치 off 상태에서 축전기 접지 케이블을 탈거한다.

풀이 출력전압 파형 측정시 차량을 리프트에 올려 놓고 측정한다.

28 종감속 및 차동장치에서 구동 피니언의 잇수가 6, 링기어의 잇수가 60, 추진축이 1,000rpm일 때 왼쪽바퀴가 150rpm이었다. 이 때 오른쪽 바퀴는 몇 rpm인가?

① 25rpm   ② 50rpm
③ 75rpm   ④ 100rpm

풀이 한쪽바퀴 회전수(N_w)

$$N_w = \frac{추진축\ 회전수}{종감속비} \times 2 - 다른\ 쪽\ 바퀴\ 회전수$$

∴ 한 쪽 바퀴 회전수(N_w)
$= \dfrac{1,000}{\frac{60}{6}} \times 2 - 150 = 50$

29 기관rpm이 3,570이고, 변속비가 3.5, 종감속비가 3일 때, 오른쪽 바퀴가 420rpm이면 왼쪽바퀴 회전수는?

① 340rpm   ② 1,480rpm
③ 2.7rpm   ④ 260rpm

풀이 한 쪽 바퀴 회전수(N_w)

$$N_w = \frac{엔진\ 회전수}{종감속비} \times 2 - 다른\ 쪽\ 바퀴\ 회전수$$

∴ 한 쪽 바퀴 회전수(N_w)
$= \dfrac{3,570}{3.5 \times 3} \times 2 - 420 = 260rpm$

30 전자제어 현가장치(Electronic Control Suspension)에서 사용하는 센서에 속하지 않는 것은?

① 차속센서
② 차고센서
③ 스로틀 포지션센서
④ 냉각수 온도센서

25.① 26.③ 27.① 28.② 29.④ 30.④

풀이 **전자제어 현가장치(ECS) 센서의 기능**
ⓐ 차속 센서 : 자동차의 속도를 검출
ⓑ 차고 센서 : 자동차의 차축의 위치를 검출
ⓒ 조향각 센서 : 조향 휠의 회전방향을 검출
ⓓ 스로틀 포지션센서 : 자동차의 가감속을 검출
ⓔ G(중력) 센서 : 자동차의 바운싱을 검출

31 전자제어 현가장치(ECS)에서 각 쇽업소버에 장착되어 컨트롤 로드를 회전시켜 오일 통로가 변환되면 Hard나 Soft로 감쇠력 제어를 가능하게 하는 것은?

① ECS 지시 패널 ② 액추에이터
③ 스위칭 로드   ④ 차고센서

풀이 액추에이터는 각 쇽업소버에 장착되어 컨트롤 로드를 회전시켜 오일 통로가 변환되면 Hard나 Soft로 감쇠력 제어를 가능하게 한다.

32 조향장치에서 차륜 정렬의 목적으로 틀린 것은?

① 조향 휠의 조작안정성을 준다.
② 조향 휠의 주행안정성을 준다.
③ 타이어의 수명을 연장시켜 준다.
④ 조향 휠의 복원성을 경감시킨다.

풀이 **앞바퀴 정렬(wheel alignment)의 역할**
ⓐ 조향 핸들의 조작력을 가볍게 한다.
ⓑ 조향 조작이 확실하고 주행안정성을 준다.
ⓒ 조향 핸들에 복원성을 준다.
ⓓ 타이어의 마모를 최소화 한다.

33 유압식 동력 조향장치의 구성요소로 틀린 것은?

① 브레이크 스위치
② 오일펌프
③ 스티어링 기어박스
④ 압력 스위치

풀이 브레이크 스위치는 동력 조향장치와는 관련이 없다.

34 마스터 실린더에서 피스톤 1차 컵이 하는 일은?

① 오일 누출방지 ② 유압 발생
③ 잔압 형성   ④ 베이퍼록 방지

풀이 피스톤 1차컵의 역할은 유압 발생이다. ①, ③, ④항은 브레이크 회로 내에 잔압을 두는 목적이다.

35 그림과 같은 마스터 실린더의 푸시 로드에는 몇 kgf의 힘이 작용하는가?

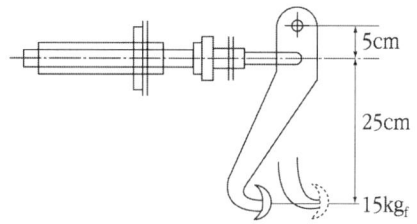

① 75kgf   ② 90kgf
③ 120kgf   ④ 140kgf

풀이 $5 \times F = 30 \times 15 \text{kg}_f$
$\therefore F = \dfrac{30 \times 15}{5} = 90\text{kg}_f$

36 빈번한 브레이크 조작으로 인해 온도가 상승하여 마찰계수 저하로 제동력이 떨어지는 현상은?

① 베이퍼 록 현상 ② 페이드 현상
③ 피칭 현상   ④ 시미 현상

풀이 **용어 설명**
ⓐ 페이드 현상 : 빈번한 브레이크 조작으로 인해 온도가 상승하여 라이닝(패드)의 마찰계수 저하로 제동력이 떨어지는 현상
ⓑ 베이퍼 록(vapor lock) 현상 : 브레이크의 빈번한 사용이나 끌림 등에 의한 마찰이 브

31.② 32.④ 33.① 34.② 35.② 36.②

레이크 회로에 전달되어, 브레이크 회로 내에 기포가 발생되어 압력전달이 불가능하게 되는 현상

37 타이어의 구조 중 노면과 직접 접촉하는 부분은?

① 트레드   ② 카커스
③ 비드   ④ 숄더

풀이 타이어의 구조
ⓐ 트레드(tread) : 노면과 직접 접촉하는 부분으로 제동력, 구동력, 옆방향 미끄럼 방지, 승차감 향상 등의 역할을 한다.
ⓑ 카커스(carcass) : 타이어의 골격을 이루는 부분으로 고무로 피복된 여러 겹의 코드층으로 되어 공기압력을 견디고 완충작용을 한다.
ⓒ 비드(bead) : 타이어가 림에 접촉하는 부분으로 타이어가 늘어나고 빠지는 것을 방지하기 위해 몇 줄의 피아노 선이 들어있다.
ⓓ 숄더(shoulder) : 트레드에서 사이드 월 부사이의 측면부분으로, 카커스를 보호하고 주행 중 타이어에서 발생하는 열을 방출시키는 역할을 한다.

38 레이디얼타이어 호칭이 "175/70 SR 14"일 때 "70"이 의미하는 것은?

① 편평비   ② 타이어 폭
③ 최대속도 ④ 타이어 내경

풀이 타이어 호칭 기호
• 175 : 폭(너비)
• 70 : 편평비(%)
• S : 타이어 최대 허용속도
• R : 레이디얼 타이어
• 14 : 림 직경(인치)

39 다음 그림의 회로에서 전류계에 흐르는 전류(A)는 얼마인가?

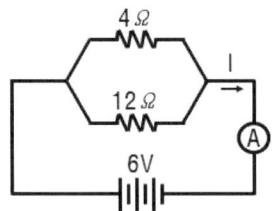

① 1A   ② 2A   ③ 3A   ④ 4A

풀이 합성저항 $\frac{1}{R} = \frac{1}{R_1} + \frac{1}{R_2} + \cdots + \frac{1}{R_n}$

∴ 합성저항 $\frac{1}{R} = \frac{1}{4} + \frac{1}{12}$
$= \frac{3}{12} + \frac{1}{12} = \frac{1}{3}$

∴ $R = 3\Omega$, 오옴의 법칙 $I = \frac{E}{R}$

∴ $I = \frac{6}{3} = 2A$

40 12V, 5W 전구 1개와 24V, 60W 전구 1개를 12V 배터리에 직렬로 연결하였다. 옳은 것은?

① 양쪽 전구가 똑같이 밝다.
② 5W 전구가 더 밝다.
③ 60W 전구가 더 밝다.
④ 5W 전구가 끊어진다.

풀이
$$R = \frac{E^2}{P}$$

여기서 R : 저항, E : 전압, P : 전력

① 12V-5W 전구의 저항 $R = \frac{12^2}{5} = 28.8\Omega$

② 24V-60W 전구의 저항 $R = \frac{24^2}{60} = 9.6\Omega$

직렬로 연결하면 전류가 같으므로, 소비전력이 큰(저항이 큰) 12V-5W가 더 밝다.

37.① 38.① 39.② 40.②

41 그림은 TPS회로이다. 점 A에 접촉이 불량할 때 이에 대한 스로틀 포지션 센서(TPS)의 출력 전압을 측정시 올바른 것은?

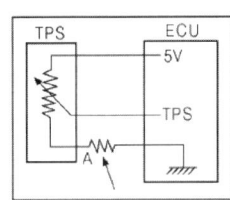

① TPS값이 밸브 개도에 따라 가변되지 않는다.
② TPS값이 항상 기준보다 조금은 낮게 나온다.
③ TPS값이 항상 기준보다 높게 나온다.
④ TPS값이 항상 5V로 나오게 된다.

풀이 접촉이 불량하면 접촉저항이 커지므로 불량부분의 전압강하가 커지게 되어 TPS값이 기준보다 크게 나오게 된다. (상대적으로 가변저항에서의 전압강하가 낮아지므로)

42 축전기(Condenser)와 관련된 식 표현으로 틀린 것은? (Q = 전기량, E = 전압, C = 비례상수)

① $Q = CE$
② $C = \dfrac{Q}{E}$
③ $E = \dfrac{Q}{C}$
④ $C = QE$

풀이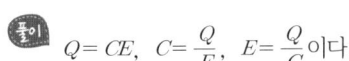

43 ECU로 입력되는 스위치 신호라인에서 OFF 상태의 전압이 5V로 측정되었을 때 설명으로 옳은 것은?

① 스위치의 신호는 아날로그 신호이다.
② ECU 내부의 인터페이스는 소스(source) 방식이다.
③ ECU 내부의 인터페이스는 싱크(sink) 방식이다.
④ 스위치를 닫았을 때 2.5V 이하면 정상적으로 신호처리를 한다.

풀이 싱크(sink)전류와 소스(source)전류

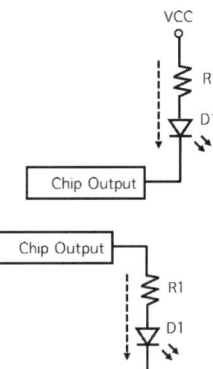

① 싱크전류 : 모듈에서 보았을 때 전류가 입력되는 방식으로, 칩의 출력과 (+)전원 사이에 소자를 연결하여 칩이 출력이 Low(0V)일 때 동작한다.
② 소스전류 : 모듈에서 보았을 때 전류를 내보내는 방식으로, 칩의 출력과 0V 사이에 소자를 연결하여 출력이 High일 때 동작한다.

ANSWER 41.③ 42.④ 43.③

44 납산 배터리의 전해액이 흘렀을 때 중화용액으로 가장 알맞은 것은?

① 중탄산소다　② 황산
③ 증류수　　　④ 수돗물

 전해액은 산성이므로 중화용액으로 알칼리성인 중탄산소다로 중화시킨다.

45 축전지 단자의 부식을 방지하기 위한 방법으로 옳은 것은?

① 경유를 바른다.
② 그리스를 바른다.
③ 엔진오일을 바른다.
④ 탄산나트륨을 바른다.

 축전지 단자 표면에 그리스를 발라 단자의 부식을 방지한다.

46 전자제어 점화장치의 파워TR에서 ECU에 의해 제어되는 단자는?

① 베이스 단자　② 콜렉터 단자
③ 이미터 단자　④ 접지 단자

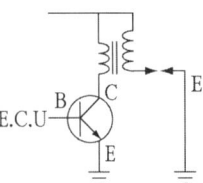

ECU에서 파워TR 베이스를 ON시키면 점화코일 1차 전류가 컬렉터에서 이미터로 흘러 점화코일이 자화되며, 파워TR 베이스를 OFF시키면 점화코일에서 발생된 고전압이 점화플러그에 가해진다.

47 자동차용으로 주로 사용되는 발전기는?

① 단상 교류　② Y상 교류
③ 3상 교류　④ 3상 직류

 자동차용 발전기는 3상 교류를 주로 사용한다.

48 와이퍼 모터 제어와 관련된 입력 요소들을 나열한 것으로 틀린 것은?

① 와이퍼 INT 스위치
② 와셔 스위치
③ 와이퍼 HI 스위치
④ 전조등 HI 스위치

 와셔 스위치, 와이퍼 LO 스위치, 와이퍼 HI 스위치, 와이퍼 INT 스위치 등이 입력요소이다. 전조등 스위치와 와이퍼 모터와는 관련이 없다.

49 에어컨 매니폴드 게이지(압력 게이지) 접속 시 주의사항으로 틀린 것은?

① 매니폴드 게이지를 연결할 때에는 모든 밸브를 잠근 후 실시한다.
② 진공펌프를 작동시키고 매니폴드 게이지 또는 센터 호스를 저압라인에 연결한다.
③ 황색 호스를 진공펌프나 냉매회수기 또는 냉매 충전기에 연결한다.
④ 냉매가 에어컨 사이클에 충전되어 있을 때에는 충전호스, 매니폴드 게이지의 밸브를 전부 잠근 후 분리한다.

 매니폴드 게이지의 센터 호스를 진공펌프에 연결시키고, 진공펌프를 작동시켜 진공 작업을 행한다.

44.① 45.② 46.① 47.③ 48.④ 49.②

50 인젝터 회로의 정상적인 파형이 그림과 같을 때 본선의 접속불량시 나올 수 있는 파형 중 맞는 것은?

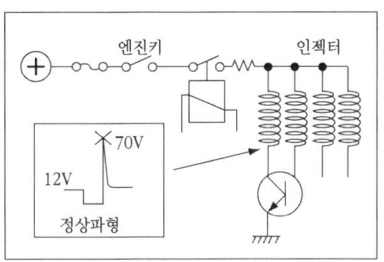

풀이 본선 접촉불량시 코일에 흐르는 전류가 감소하여 서지전압이 낮아진다.

51 부품 분해시 솔벤트로 닦으면 안되는 것은?

① 릴리스 베어링
② 십자축 베어링
③ 허브 베어링
④ 차동장치 베어링

풀이 릴리스 베어링은 영구 주유식이므로 솔벤트로 세척해서는 안 된다.

52 기계가공 작업 중 갑자기 정전이 되었을 때의 조치 사항으로 틀린 것은?

① 전기가 들어오는 것을 알기 위해 스위치를 넣어둔다.
② 퓨즈를 점검한다.
③ 공작물과 공구를 떼어 놓는다.
④ 즉시 스위치를 끈다.

풀이 기계 작업 중 정전이 발생되었을 때는 각종 모터의 스위치를 꺼둔다.

53 20 km/h로 주행하는 차가 급 가속하여 10초 후에 56 km/h가 되었을 때 가속도는?

① $1m/s^2$
② $2m/s^2$
③ $5m/s^2$
④ $8m/s^2$

풀이
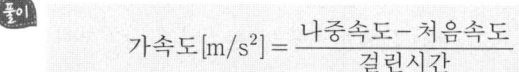

$$\therefore 가속도 = \frac{56km/h - 20km/h}{10sec}$$
$$= \frac{36km/h}{10sec} = \frac{10m/s}{10sec} = 1m/s^2$$

54 자동차 연료로 사용하는 휘발유는 주로 어떤 원소들로 구성되어 있는가?

① 탄소와 황
② 산소와 수소
③ 탄소와 수소
④ 탄소와 4-에틸납

풀이 자동차 연료인 휘발유는 탄소와 수소로 이루어진 고분자 화합물이다.

55 화재의 분류 중 B급 화재 물질로 옳은 것은?

① 종이
② 휘발유
③ 목재
④ 석탄

풀이 화재의 분류

구분	일반	유류	전기	금속
종류	A급	B급	C급	D급
표시	백색	황색	청색	-
소화기	포말	분말	CO_2	모래
비고	목재, 종이	유류, 가스	전기기구	가연성 금속
방법	냉각소화	질식소화	질식소화	피복에 의한 질식

50.④ 51.① 52.① 53.① 54.③ 55.②

56 드릴링 머신 작업을 할 때 주의사항으로 틀린 것은?

① 드릴의 날이 무디어 이상한 소리가 날 때는 회전을 멈추고 드릴을 교환하거나 연마한다.
② 공작물을 제거할 때는 회전을 완전히 멈추고 한다.
③ 가공 중에 드릴이 관통했는지를 손으로 확인한 후 기계를 멈춘다.
④ 드릴은 주축에 튼튼하게 장치하여 사용한다.

풀이 드릴 작업시 주의사항
ⓐ 드릴은 주축에 튼튼하게 장치하여 사용한다.
ⓑ 드릴을 끼운 뒤에는 척키를 반드시 빼놓을 것
ⓒ 드릴의 날이 무디어 이상한 소리가 날 때는 회전을 멈추고 드릴을 교환하거나 연마한다.
ⓓ 드릴을 회전시킨 후 테이블을 조정하지 말 것
ⓔ 드릴 회전 중 칩을 손으로 털거나 불어내지 말 것
ⓕ 가공물에 구멍을 뚫을 때 가공물을 바이스에 물리고 작업할 것
ⓖ 공작물을 제거할 때는 회전을 완전히 멈추고 한다.

57 조정렌치의 사용방법이 틀린 것은?

① 조정너트를 돌려 조(jaw)가 볼트에 꼭 끼게 한다.
② 고정 조에 힘이 가해지도록 사용해야 한다.
③ 큰 볼트를 풀 때는 렌치 끝에 파이프를 끼워서 세게 돌린다.
④ 볼트 너트의 크기에 따라 조의 크기를 조절하여 사용한다.

풀이 조정렌치 작업시 주의사항
ⓐ 조정너트를 돌려 조(jaw)가 볼트에 꼭 끼게 한다.
ⓑ 볼트 너트의 크기에 따라 조의 크기를 조절하여 사용한다.
ⓒ 고정 조에 힘이 가해지도록 사용해야 한다.

58 차량에 축전지를 교환할 때 안전하게 작업하려면 어떻게 하는 것이 제일 좋은가?

① 두 케이블을 동시에 함께 연결한다.
② 점화 스위치를 넣고 연결한다.
③ 케이블 연결시 접지 케이블을 나중에 연결한다.
④ 케이블 탈착시 (+)케이블을 먼저 떼어낸다.

풀이 차에 축전지를 설치할 때에는 절연(+)케이블을 먼저 연결하고, 접지(-)케이블은 나중에 연결한다.

59 운반 기계에 대한 안전수칙으로 틀린 것은?

① 무거운 물건을 운반할 경우에는 반드시 경종을 울린다.
② 흔들리는 화물은 사람이 승차하여 붙잡도록 한다.
③ 기중기는 규정 용량을 초과하지 않는다.
④ 무거운 물건을 상승시킨 채 오랫동안 방치하지 않는다.

풀이 흔들리는 화물은 움직이지 못하도록 단단히 묶어 놓고 화물칸에 사람이 승차하여서는 안 된다.

60 안전표시의 종류를 나열한 것으로 옳은 것은?

① 금지표시, 경고표시, 지시표시, 안내표시
② 금지표시, 권장표시, 경고표시, 지시표시
③ 지시표시, 권장표시, 사용표시, 주의표시
④ 금지표시, 주의표시, 사용표시, 경고표시

풀이 안전·보건표지의 종류와 형태 : 마지막페이지 참조

56.③ 57.③ 58.③ 59.② 60.①

제3회 자동차정비기능사 CBT 기출복원 문제

• **기출복원 문제란?** CBT시행에 따라 저자께서 수검자들의 도움으로 최대한 유형에 가깝게 복원한 문제입니다

01. 측압이 가해지지 않은 쪽의 스커트 부분을 따낸 것으로 무게를 늘리지 않고 접촉면적은 크게 하고, 피스톤 슬랩(slap)은 적게 하여 고속기관에 널리 사용하는 피스톤의 종류는?

① 슬리퍼 피스톤(slipper piston)
② 솔리드 피스톤(solid piston)
③ 스플릿 피스톤(split piston)
④ 옵셋 피스톤(offset piston)

02. EGR(Exhaust Gas Recirculation) 밸브에 대한 설명 중 틀린 것은?

① 배기가스 재순환 장치이다.
② 연소실 온도를 낮추기 위한 장치이다.
③ 증발가스를 포집하였다가 연소시키는 장치이다.
④ 질소산화물(NOx) 배출을 감소하기 위한 장치이다.

03. 가솔린 기관의 흡기 다기관과 스로틀 보디 사이에 설치되어 있는 서지탱크의 역할 중 틀린 것은?

① 실린더 상호간에 흡입공기 간섭 방지
② 흡입공기 충진 효율을 증대
③ 연소실에 균일한 공기 공급
④ 배기가스 흐름 제어

04. 전자제어 연료분사 가솔린 기관에서 연료펌프의 체크 밸브는 어느 때 닫히게 되는가?

① 기관 회전 시
② 기관 정지 후
③ 연료 압송 시
④ 연료 분사 시

05. 기관에 사용하는 윤활유의 기능이 아닌 것은?

① 마멸 작용   ② 기밀 작용
③ 냉각 작용   ④ 방청 작용

06. 가솔린기관 압축압력의 단위로 쓰이는 것은?

① rpm   ② mm
③ PS   ④ kgf/cm²

07. 압력식 라디에이터 캡을 사용하므로 얻어지는 장점과 거리가 먼 것은?

① 비등점을 올려 냉각 효율을 높일 수 있다.
② 라디에이터를 소형화 할 수 있다.
③ 라디에이터의 무게를 크게 할 수 있다.
④ 냉각장치 내의 압력을 높일 수 있다.

01.① 02.③ 03.④ 04.② 05.① 06.④ 07.③

08. 실린더 안지름이 100mm, 피스톤 행정 130mm, 압축비가 21일 때 연소실 용적은 약 얼마인가?

① 25cc ② 32cc
③ 51cc ④ 58cc

 $Vc = \dfrac{Vs}{(\epsilon-1)} = \dfrac{0.785 \times 10^2 \times 13}{(21-1)} = 51cc$

Vc : 연소실 체적, Vs : 실린더 배기량(행정체적), ϵ : 압축비

09. 가솔린의 주요 화합물로 맞는 것은?

① 탄소와 수소 ② 수소와 질소
③ 탄소와 산소 ④ 수소와 산소

10. 점화지연 의 3가지에 해당되지 않는 것은?

① 기계적 지연
② 점성적 지연
③ 전기적 지연
④ 화염 전파지연

11. 평균유효압력이 10kgf/cm², 배기량이 7,500cc, 회전속도 2,400rpm, 단기통인 2행정 사이클의 지시마력은?

① 200PS ② 300PS
③ 400PS ④ 500PS

 $I_{PS} = \dfrac{P \times A \times L \times R \times N}{75 \times 60}$

$= \dfrac{10 \times 7,500 \times 2,400}{75 \times 60 \times 100} = 400$

I_{PS} : 지시(도시)마력, P : 평균유효압력, A : 실린더 단면적, L : 피스톤 행정, R : 기관 회전속도(4행정 사이클=$R/2$, 2행정 사이클=R), N : 실린더 수

12. 피스톤링의 주요 기능이 아닌 것은?

① 기밀작용
② 감마작용
③ 열전도 작용
④ 오일제어 작용

13. LPG기관에서 액체상태의 연료를 기체상태의 연료로 전환시키는 장치는?

① 베이퍼라이저
② 솔레노이드밸브 유닛
③ 봄베
④ 믹서

14. 전자제어 가솔린분사장치에서 기관의 각종센서 중 입력 신호가 아닌 것은?

① 스로틀 포지션 센서
② 냉각 수온 센서
③ 크랭크 각 센서
④ 인젝터

15. LPG기관의 연료장치에서 냉각수의 온도가 낮을 때 시동성을 좋게 하기 위해 작동되는 밸브는?

① 기상밸브 ② 액상밸브
③ 안전밸브 ④ 과류방지밸브

16. 3원 촉매장치의 촉매 컨버터에서 정화처리 하는 주요 배기가스로 거리가 먼 것은?

① CO ② NOx
③ SO₂ ④ HC

08.③ 09.① 10.② 11.③ 12.② 13.① 14.④ 15.① 16.③

17 전자제어 가솔린 차량을 급감속 시 CO의 배출량을 감소시키고 시동 꺼짐을 방지하는 기능은?

① 퓨얼 커트(fuel cut)
② 대시포트(dash pot)
③ 패스트 아이들(fast idle)제어
④ 킥다운(kick down)

18 가솔린 전자제어 기관에서 축전지 전압이 낮아졌을 때 연료분사량을 보정하기 위한 방법은?

① 분사시간을 증가시킨다.
② 기관의 회전속도를 낮춘다.
③ 공연비를 낮춘다.
④ 점화시기를 지각시킨다.

19 연료를 연소실 내에 직접 분사하는 방식은?

① GDI　　② SPI
③ Lean-Burn　　④ MPI

20 배기밸브가 하사점 전 55°에서 열려 상사점 후 15°에서 닫힐 때 총 열림 각은?

① 240°　　② 250°
③ 255°　　④ 260°

해설 배기밸브 열림 각도
= 배기밸브 열림+배기밸브 닫힘 + 180°
= 55° + 15° + 180° = 250°

21 공기량 계측방식 중에서 발열체와 공기 사이의 열전달 현상을 이용한 방식은?

① 열선식 질량유량 계량방식
② 베인식 체적유량 계량방식
③ 칼만와류 방식
④ 맵 센서방식

22 유압식 전자제어 동력 조향장치에서 컨트롤유닛(ECU)의 입력 요소는?

① 브레이크 스위치
② 차속 센서
③ 흡기온도 센서
④ 휠 스피드 센서

23 ABS 차량에서 4센서 4채널방식의 설명으로 틀린 것은?

① ABS 작동 시 각 휠의 제어는 별도로 제어된다.
② 휠 속도센서는 각 바퀴마다 1개씩 설치된다.
③ 톤 휠의 회전에 의해 전압이 변한다.
④ 휠 속도센서의 출력 주파수는 속도에 반비례한다.

24 제동장치에서 편제동의 원인이 아닌 것은?

① 타이어 공기압 불평형
② 마스터 실린더 리턴포트의 막힘
③ 브레이크 패드의 마찰계수 저항
④ 브레이크 디스크에 기름 부착

ANSWER 17.② 18.① 19.① 20.② 21.① 22.② 23.④ 24.②

25 전자제어 현가장치의 제어 기능에 해당 되는 것이 아닌 것은?

① 앤티 스키드
② 앤티 롤
③ 앤티 다이브
④ 앤티 스쿼트

26 클러치 마찰면의 전압력이 250N, 마찰 계수가 0.4, 클러치판의 유효반지름이 70㎝일 때 클러치의 용량은?

① 40Nm
② 55Nm
③ 70Nm
④ 85Nm

풀이 $T = \mu Pr = 0.4 \times 250kgf \times 0.7m$
    $= 70m-kgf$

27 전자제어 현가장치의 입력 센서가 아닌 것은?

① 차속 센서
② 조향 휠 각속도 센서
③ 차고 센서
④ 임팩트 센서

28 수동변속기에서 기어변속 시 기어의 이중 물림을 방지하기 위한 장치는?

① 파킹 볼 장치
② 인터 록 장치
③ 오버드라이브 장치
④ 록킹 볼 장치

29 자동변속기에서 오일라인압력을 근원으로 하여 오일라인압력 보다 낮은 일정한 압력을 만들기 위한 밸브는?

① 체크 밸브
② 거버너 밸브
③ 매뉴얼 밸브
④ 리듀싱 밸브

30 휠 얼라이먼트의 요소가 아닌 것은?

① 캠버
② 캐스터
③ 킹핀 경사각
④ 최소 회전 반경

31 유압식 브레이크는 어떤 원리를 이용한 것인가?

① 뉴턴의 원리
② 파스칼의 원리
③ 베르누이의 원리
④ 애커먼 장토의 원리

32 주행 시 혹은 제동 시 핸들이 한쪽으로 쏠리는 원인으로 거리가 가장 먼 것은?

① 좌·우 타이어의 공기 압력이 같지 않다.
② 앞바퀴의 정렬이 불량하다.
③ 조향 핸들축의 축 방향 유격이 크다.
④ 한쪽 브레이크 라이닝 간격 조정이 불량하다.

33 전자제어식 자동변속기 제어에 사용되는 센서가 아닌 것은?

① 차고 센서
② 유온 센서
③ 입력축 속도센서
④ 스로틀 포지션 센서

25.① 26.③ 27.④ 28.② 29.④ 30.④ 31.② 32.③ 33.①

34 차동장치에서 차동 피니언과 사이드 기어의 백 래시 조정은?

① 축받이 차축의 왼쪽 조정심을 가감하여 조정한다.
② 축받이 차축의 오른쪽 조정심을 가감하여 조정한다.
③ 차동 장치의 링기어 조정 장치를 조정한다.
④ 스러스트(thrust) 와셔의 두께를 가감하여 조정한다.

35 빈칸에 알맞은 것은?

> 애커먼 장토의 원리는 조향 각도를 (㉠)로 하고, 선회할 때 선회하는 안쪽 바퀴의 조향각도가 바깥쪽 바퀴의 조향각 보다 (㉡)되며, (㉢)의 연장선 상의 한 점을 중심으로 동심원을 그리면서 선회하여 사이드슬립 방지와 조향핸들 조작에 따른 저항을 감소시킬 수 있는 방식이다.

① ㉠최소, ㉡작게, ㉢앞차축
② ㉠최대, ㉡작게, ㉢뒷차축
③ ㉠최소, ㉡크게, ㉢앞차축
④ ㉠최대, ㉡크게, ㉢뒷차축

36 디스크 브레이크와 비교해 드럼 브레이크의 특성으로 맞는 것은?

① 페이드 현상이 잘 일어나지 않는다.
② 구조가 간단하다.
③ 브레이크의 편제동 현상이 적다.
④ 자기작동 효과가 크다.

37 조향장치가 갖추어야 할 조건 중 적당하지 않은 사항은?

① 적당한 회전 감각이 있을 것
② 고속주행에서도 조향핸들이 안정될 것
③ 조향휠의 회전과 구동휠의 선회차가 클 것
④ 선회 후 복원성이 있을 것

38 수동변속기에서 클러치의 미끄러지는 원인으로 틀린 것은?

① 클러치 디스크에 오일이 묻었다.
② 플라이 휠 및 압력판이 손상 되었다.
③ 클러치 페달의 자유간극이 크다.
④ 클러치 디스크의 마멸이 심하다.

39 타이어의 스탠딩 웨이브 현상에 대한 내용으로 옳은 것은?

① 스탠딩 웨이브를 줄이기 위해 고속 주행 시 공기압을 10% 정도 줄인다.
② 스탠딩 웨이브가 심하면 타이어 박리 현상이 발생할 수 있다.
③ 스탠딩 웨이브는 바이어스 타이어보다 레이디얼 타이어에서 많이 발생한다.
④ 스탠딩 웨이브 현상은 하중과 무관하다.

40 자동차의 교류 발전기에서 발생된 교류 전기를 직류로 정류하는 부품은 무엇인가?

① 전기자
② 조정기
③ 실리콘 다이오드
④ 릴레이

ANSWER 34.④ 35.④ 36.④ 37.③ 38.③ 39.② 40.③

41 기동전동기에서 오버런닝 클러치의 종류에 해당되지 않는 것은?

① 롤러식
② 스프래그식
③ 전기자식
④ 다판 클러치식

42 계기판의 엔진 회전계가 작동하지 않는 결함의 원인에 해당되는 것은? 3단

① VSS(Vehicle Speed Sensor) 결함
② CPS(Crank shaft Position Sensor) 결함
③ MAP(Manifold Absolute Pressure) 결함
④ CTS(Coolant Temperature Sensor) 결함

43 자동차 전조등회로에 대한 설명으로 맞는 것은?

① 전조등 좌우는 직렬로 연결되어 있다.
② 전조등 좌우는 병렬로 연결되어 있다.
③ 전조등 좌우는 직병렬로 연결되어 있다.
④ 전조등 작동 중에는 미등이 소등된다.

44 전자동에어컨(FATC) 시스템의 ECU에 입력되는 센서 신호로 거리가 먼 것은?

① 외기온도 센서   ② 차고 센서
③ 일사 센서   ④ 내기온도 센서

45 자동차 전조등회로에 대한 설명으로 맞는 것은?

① 전조등 좌우는 직렬로 연결되어 있다.
② 전조등 좌우는 병렬로 연결되어 있다.
③ 전조등 좌우는 직병렬로 연결되어 있다.
④ 전조등 작동 중에는 미등이 소등된다.

46 축전기(Condenser)와 관련된 식 표현으로 틀린 것은? (Q = 전기량, E = 전압, C = 비례상수)

① $Q = CE$ ② $C = Q/E$
③ $E = Q/C$ ④ $C = QE$

47 전자동에어컨(FATC) 시스템의 ECU에 입력되는 센서 신호로 거리가 먼 것은?

① 외기온도 센서   ② 차고 센서
③ 일사 센서   ④ 내기온도 센서

48 자동차 에어컨 장치의 순환과정으로 맞는 것은?

① 압축기 → 응축기 → 건조기 → 팽창밸브 → 증발기
② 압축기 → 응축기 → 팽창밸브 → 건조기 → 증발기
③ 압축기 → 팽창밸브 → 건조기 → 응축기 → 증발기
④ 압축기 → 건조기 → 팽창밸브 → 응축기 → 증발기

41.③ 42.② 43.② 44.② 45.② 46.④ 47.② 48.①

49 자기방전률은 축전기 온도가 상승하면 어떻게 되는가?
① 높아진다.
② 낮아진다.
③ 변함없다.
④ 낮아진 상태로 일정하게 유지된다.

50 축전지 단자에 터미널 체결 시 올바른 것은?
① 터미널과 단자를 주기적으로 교환할 수 있도록 가 체결한다.
② 터미널과 단자 접속부 틈새에 흔들림이 없도록 (-)드라이버로 단자 끝에 망치를 이용하여 적당한 충격을 가한다.
③ 터미널과 단자 접속부 틈새에 녹슬지 않도록 냉각수를 소량 도포한 후 나사를 잘 조인다.
④ 터미널과 단자 접속부 틈새에 이물질이 없도록 청소 후 나사를 잘 조인다.

51 멀티회로시험기를 사용할 때의 주의사항 중 틀린 것은?
① 고온, 다습, 직사광선을 피한다.
② 영점 조정 후에 측정한다.
③ 직류전압의 측정 시 선택 스위치는 AC.(V)에 놓는다.
④ 지침은 정면에서 읽는다.

52 다음 그림의 기호는 어떤 부품을 나타내는 기호인가?

① 실리콘 다이오드
② 발광 다이오드
③ 트랜지스터
④ 제너 다이오드

53 발전기의 3상 교류에 대한 설명으로 틀린 것은?
① 3조의 코일에서 생기는 교류 파형이다.
② Y결선을 스타결선, △결선을 델타결선이라 한다.
③ 각 코일에 발생하는 전압을 선간전압이라 하며, 스테이터 발생전류는 직류전류가 발생된다.
④ △결선은 코일의 각 끝과 시작점을 서로 묶어서 각각의 접속점을 외부 단자로 한 결선 방식이다.

54 2개 이상의 배터리를 연결하는 방식에 따라 용량과 전압 관계의 설명으로 맞는 것은?
① 직렬연결 시 1개 배터리 전압과 같으며 용량은 배터리 수만큼 증가한다.
② 병렬연결 시 용량은 배터리 수만큼 증가하지만 전압은 1개 배터리 전압과 같다.
③ 병렬연결이란 전압과 용량이 동일한 배터리 2개 이상을 (+)단자와 연결대상 배터리 (-)단자에, (-)단자는 (+)단자로 연결하는 방식이다.
④ 직렬연결이란 전압과 용량이 동일한 배터리 2개 이상을 (+)단자와 연결대상 배터리의 (+)단자에 서로 연결하는 방식이다.

49.① 50.④ 51.③ 52.④ 53.③ 54.②

55 하이브리드 자동차에서 고전압 배터리관리 시스템(BMS)의 주요 제어 기능으로 틀린 것은?

① 모터 제어　　② 출력 제한
③ 냉각 제어　　④ SOC 제어

56 하이브리드 차량에서 감속 시 전기모터를 발전기로 전환하여 차량의 운동에너지를 전기에너지로 변환시켜 배터리로 회수하는 시스템은?

① 회생제동 시스템
② 파워 릴레이 시스템
③ 아이들링 스톱 시스템
④ 고전압 배터리 시스템

57 친환경 자동차인 하이브리드 자동차, 전기자동차, 수소 연료전지 전기차의 공통점이 아닌 것은?

① 시동 시 READY 램프를 점등시킨다.
② 구동모터를 이용하여 자동차를 구동한다.
③ 고전압 배터리를 장착하고 있다.
④ 연료 저장탱크에 연료를 저장한다.

58 일부 전기자동차는 완속과 급속 충전포트가 각각 장착되어 있다. 두 정비사의 의견 중 옳은 것은?

- 정비사 A : 완속과 급속충전은 충전 시간만 다를 뿐, 전압은 같다.
- 정비사 B : 완속은 교류로 충전하고, 급속은 직류로 충전한다.

① 정비사 A가 옳다.
② 정비사 B가 옳다.
③ 정비사 A,B 둘 다 옳다.
④ 정비사 A,B 둘 다 틀리다.

풀이 완속은 교류로 충전하고, 급속은 직류로 충전한다.

59 전기자동차의 충전기에 사용하는 통신 방법이 아닌 것은?

① CP(Control Pilot)
② PLC(Power Line Communication)
③ CAN(Controller Area Network)
④ LIN(Local Interconnect Network)

풀이 충전기에 사용하는 통신에는 CP, PLC, CAN 통신 방식이 사용된다.

60 수소 연료전지 전기차의 장점이 아닌 것은?

① 전기자동차보다 충전 속도가 빠르다.
② 장거리 주행에 유리하다.
③ 많은 탑재량을 요구하는 상용차에 유리하다.
④ 내연기관 자동차 및 전기차보다 가격 경쟁력이 좋다.

풀이 수소 연료전지 전기자동차는 충전속도가 빠르고, 장거리 주행 및 많은 탑재량이 필요한 상용차에 유리하나, 인프라가 부족하고 고가이다.

55.① 56.① 57.④ 58.② 59.④ 60.④

제4회 자동차정비기능사 CBT 기출복원 문제

• **기출복원 문제란?** CBT시행에 따라 저자께서 수검자들의 도움으로 최대한 유형에 가깝게 복원한 문제입니다

01 디젤 기관에서 열효율이 가장 우수한 형식은?

① 예연소실식　② 와류식
③ 공기실식　④ 직접분사식

02 가솔린 기관에서 체적효율을 향상시키기 위한 방법으로 틀린 것은?

① 흡기온도의 상승을 억제한다.
② 흡기 저항을 감소시킨다.
③ 배기 저항을 감소시킨다.
④ 밸브 수를 줄인다.

03 크랭크 축 메인 베어링의 오일 간극을 점검 및 측정할 때 필요한 장비가 아닌 것은?

① 마이크로미터
② 시크니스 게이지
③ 시일 스톡식
④ 플라스틱 게이지

04 전자제어 가솔린 기관의 실린더 헤드 볼트를 규정대로 조이지 않았을 때 발생하는 현상으로 거리가 먼 것은?

① 냉각수의 누출
② 스로틀 밸브의 고착
③ 실린더 헤드의 변형
④ 압축가스의 누설

05 연료누설 및 파손방지를 위해 전자제어 기관의 연료시스템에 설치된 것으로 감압 작용을 하는 것은?

① 체크 밸브　② 제트 밸브
③ 릴리프 밸브　④ 포핏 밸브

06 4기통 엔진의 실린더 지름이 80㎜, 행정 길이 80㎜, 압축비가 9 : 1일 때 이 엔진의 연소실 체적은?

① 40.24cc　② 50.24cc
③ 60.24cc　④ 70.24cc

$$V_2 = \frac{V}{\epsilon - 1} = \frac{\frac{\pi}{4} \times 8^2 \times 8}{9 - 1} = 50.24\,cc$$

07 커넥팅 로드 대단부의 배빗메탈의 주재료는?

① 주석(Sn)　② 안티몬(Sb)
③ 구리(Cu)　④ 납(Pb)

08 가솔린 기관에서 배기가스에 산소량이 많이 잔존하고 있다면 연소실내의 혼합기는 어떤 상태인가?

① 농후하다.
② 희박하다.
③ 농후하기도 하고 희박하기도 하다.
④ 이론공연비 상태이다.

01.④　02.④　03.②　04.②　05.③　06.②　07.①　08.②

09 행정의 길이 200mm인 가솔린엔진에서 피스톤의 평균 속도를 5m/sec라면 크랭크축의 1분간 회전수는?

① 400rpm ② 500rpm
③ 750rpm ④ 1,000rpm

$N = \dfrac{60 \times V}{2 \times L} = \dfrac{60 \times 5}{2 \times 0.2} = 750$

10 피스톤링 1개당 실린더 안에서의 마찰력을 0.25kg이라 할 때 피스톤 1개당 3개의 링이 설치된 6실린더 엔진의 피스톤 평균 속도가 15m/sec일 때 피스톤링이 마찰로 인한 엔진의 손실 마력은?

① 0.2PS ② 0.9PS
③ 1.2PS ④ 1.5PS

$FHP = \dfrac{0.25 \times 3 \times 6 \times 15}{75} = 0.9$

11 연료를 연소실 내에 직접 분사하는 방식은?

① GDI ② SPI
③ Lean-Burn ④ MPI

12 맵 센서 점검 조건에 해당 되지 않는 것은?

① 냉각 수온 약 80~90℃ 유지
② 각종 램프, 전기 냉각 팬, 부장품 모두 ON 상태 유지
③ 트랜스 액슬 중립(A/T 경우 N 또는 P 위치) 유지
④ 스티어링 휠 중립 상태 유지

13 전자제어 연료 분사식 기관의 연료펌프에서 릴리프 밸브의 작용압력은 약 몇 kgf/cm²인가?

① 0.3 ~ 0.5 ② 1.0 ~ 2.0
③ 3.5 ~ 5.0 ④ 10.0 ~ 11.5

14 연료는 온도가 높아지면 외부로부터 불꽃을 가까이 하지 않아도 발화하여 연소된다. 이때의 최저온도를 무엇이라 하는가?

① 인화점 ② 착화점
③ 연소점 ④ 응고점

15 연료파이프나 연료펌프에서 가솔린이 증발해서 일으키는 현상은?

① 엔진록 ② 연료록
③ 베이퍼록 ④ 앤티록

16 다음 중 내연기관에 대한 내용으로 맞는 것은?

① 실린더의 이론적 발생 마력을 제동마력이라 한다.
② 6실린더 엔진의 크랭크축의 위상각은 90도이다.
③ 베어링 스프레드는 피스톤 핀 저널에 베어링을 조립 시 밀착되게 끼울 수 있게 한다.
④ 모든 DOHC 엔진의 밸브 수는 16개이다.

09.③ 10.② 11.① 12.② 13.③ 14.② 15.③ 16.③

17. 가솔린기관의 밸브간극이 규정 값 보다 클 때 어떤 현상이 일어나는가?
   ① 정상 작동온도에서 밸브가 완전하게 개방되지 않는다.
   ② 소음이 감소하고 밸브기구에 충격을 준다.
   ③ 흡입밸브 간극이 크면 흡입량이 많아진다.
   ④ 기관의 체적효율이 증대된다.

18. LPI 엔진의 구성품이 아닌 것은?
   ① 베이퍼라이저
   ② 연료펌프 모듈
   ③ 레귤레이터 유닛
   ④ 흡기다기관 모듈

19. 기관이 과열되는 원인으로 가장 거리가 먼 것은?
   ① 서모스탯이 열림 상태로 고착
   ② 냉각수 부족
   ③ 냉각팬 작동불량
   ④ 라디에이터의 막힘

20. 부특성 서미스터를 이용하는 센서는?
   ① 노크 센서
   ② 냉각수 온도 센서
   ③ MAP 센서
   ④ 산소 센서

21. 주행 중 자동차의 조향 휠이 한쪽으로 쏠리는 원인과 가장 거리가 먼 것은?
   ① 타이어 공기압력 불균일
   ② 바퀴 얼라인먼트의 조정 불량
   ③ 쇽업소버의 파손
   ④ 조향휠 유격 조정 불량

22. 현가장치에서 스프링이 압축되었다가 원위치로 되돌아올 때 작은 구멍(오리피스)을 통과하는 오일의 저항으로 진동을 감소시키는 것은?
   ① 스테빌라이저   ② 공기 스프링
   ③ 토션 바 스프링 ④ 쇽업소버

23. 액슬축의 지지 방식이 아닌 것은?
   ① 반부동식   ② 3/4부동식
   ③ 고정식   ④ 전부동식

24. 조향장치가 갖추어야 할 조건이 아닌 것은?
   ① 조향 조작이 주행 중의 충격을 적게 받을 것
   ② 안전을 위해 고속 주행 시 조향력을 작게 할 것
   ③ 회전 반경이 작을 것
   ④ 조작 시에 방향 전환이 원활하게 이루어질 것

17.① 18.① 19.① 20.② 21.④ 22.④ 23.③ 24.②

25. 동력조향장치 정비 시 안전 및 유의 사항으로 틀린 것은?
   ① 자동차 하부에서 작업할 때는 시야확보를 위해 보안경을 벗는다.
   ② 공간이 좁으므로 다치지 않게 주의한다.
   ③ 제작사의 정비 지침서를 참고하여 점검, 정비 한다.
   ④ 각종 볼트 너트는 규정 토크로 조인다.

26. 유압식 동력조향장치와 비교하여 전동식 동력조향장치 특징으로 틀린 것은?
   ① 엔진룸의 공간 활용도가 향상된다.
   ② 유압제어를 하지 않으므로 오일이 필요 없다.
   ③ 유압제어 방식에 비해 연비를 향상 시킬 수 없다.
   ④ 유압제어를 하지 않으므로 오일펌프가 필요 없다.

27. 전자제어 현가장치(ECS)에서 보기의 설명으로 맞는 것은?

   조향 휠 각속도센서와 차속정보에 의해 ROLL 상태를 조기에 검출해서 일정시간 감쇠력을 높여 차량이 선회 주행 시 ROLL을 억제하도록 한다.

   ① 안티 스쿼트 제어
   ② 안티 다이브 제어
   ③ 안티 롤 제어
   ④ 안티 시프트 스쿼트 제어

28. 자동변속기의 유압제어 회로에 사용하는 유압이 발생하는 곳은?
   ① 변속기 내의 오일펌프
   ② 엔진오일펌프
   ③ 흡기다기관 내의 부압
   ④ 매뉴얼 시프트 밸브

29. 전자제어 제동장치(ABS)의 구성요소가 아닌 것은?
   ① 휠 스피드 센서
   ② 전자제어 유닛
   ③ 하이드로릭 컨트롤 유닛
   ④ 각속도 센서

30. 유성기어 장치에서 선기어가 고정되고, 링기어가 회전하면 캐리어는?
   ① 링기어 보다 천천히 회전한다.
   ② 링기어 회전수와 같게 회전한다.
   ③ 링기어 보다 2배 빨리 회전한다.
   ④ 링기어 보다 3배 빨리 회전한다.

31. 마스터 실린더의 내경이 2cm, 푸시로드에 100kgf의 힘이 작용할 때 브레이크 파이프에 작용하는 압력은 ?
   ① $32 kgf/cm^2$ ② $25 kgf/cm^2$
   ③ $10 kgf/cm^2$ ④ $2 kgf/cm^2$

    유압 = $\dfrac{\text{힘}}{\text{단면적}}$ = $\dfrac{100}{0.785 \times 2^2}$ = $32 kgf/cm^2$

25.① 26.③ 27.③ 28.① 29.④ 30.① 31.①

32. 수동변속기 차량에서 클러치가 미끄러지는 원인은?

① 클러치 페달 자유간극 과다
② 클러치 스프링의 장력 약화
③ 릴리스 베어링 파손
④ 유압라인 공기 혼입

33. 유압식 브레이크 장치에서 잔압을 형성하고 유지시켜 주는 것은?

① 마스터 실린더 피스톤 1차 컵과 2차 컵
② 마스터 실린더의 체크밸브와 리턴 스프링
③ 마스터 실린더 오일 탱크
④ 마스터 실린더 피스톤

34. 스프링 상수가 2kgf/mm의 자동차 코일스프링을 3cm 압축하려면 필요한 힘은?

① 6kgf   ② 60kgf
③ 600kgf   ④ 6,000kgf

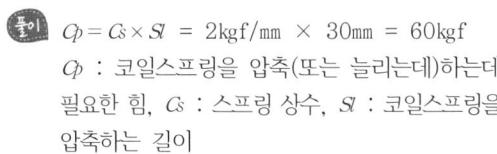
$Cp = Cs \times Sl = 2kgf/mm \times 30mm = 60kgf$
Cp : 코일스프링을 압축(또는 늘리는데)하는데 필요한 힘, Cs : 스프링 상수, Sl : 코일스프링을 압축하는 길이

35. 타이어 트레드 패턴의 종류가 아닌 것은?

① 러그 패턴   ② 블록 패턴
③ 리브러그 패턴 ④ 카커스 패턴

36. 수동변속 시 차량의 클러치판은 어떤 축의 스플라인에 조립되어 있는가?

① 추진축
② 크랭크축
③ 액슬축
④ 변속기 입력축

37. 브레이크슈의 리턴스프링에 관한 설명으로 거리가 먼 것은?

① 리턴스프링이 약하면 휠 실린더 내의 잔압이 높아진다.
② 리턴스프링이 약하면 드럼을 과열시키는 원인이 될 수도 있다.
③ 리턴스프링이 강하면 드럼과 라이닝의 접촉이 신속히 해제된다.
④ 리턴스프링이 약하면 브레이크슈의 마멸이 촉진될 수 있다.

38. 브레이크에 페이드 현상이 일어났을 때 운전자가 취할 응급처치로 가장 옳은 것은?

① 자동차의 속도를 조금 올려준다.
② 자동차를 세우고 열이 식도록 한다.
③ 브레이크를 자주 밟아 열을 발생시킨다.
④ 주차 브레이크를 대신 사용한다.

39. 앞바퀴의 옆 흔들림에 따라서 조향 휠의 회전축 주위에 발생하는 진동을 무엇이라 하는가?

① 시미   ② 휠 플러터
③ 바우킹   ④ 킥업

32.② 33.② 34.② 35.④ 36.④ 37.① 38.② 39.①

40 레이디얼 타이어 호칭이 175/70 SR 14 일 때 70이 표시하는 것은?

① 타이어 폭
② 편평비
③ 최대속도
④ 타이어 내경

41 전류에 대한 설명으로 틀린 것은?

① 자유전자의 흐름이다.
② 단위는 A를 사용한다.
③ 직류와 교류가 있다.
④ 저항에 항상 비례한다.

42 자동차용 교류발전기에 대한 특성 중 거리가 가장 먼 것은?

① 브러쉬 수명이 일반적으로 직류발전기 보다 길다.
② 중량에 따른 출력이 직류발전기보다 약 1.5배 정도 높다.
③ 슬립링 손질이 불필요하다.
④ 자여자 방식이다.

44 기동전동기 무부하 시험을 하려고 한다. A 와 B에 필요한 것은?

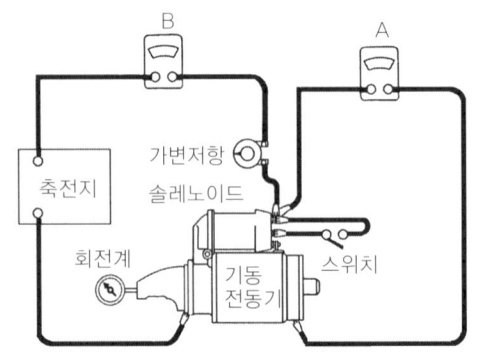

① A 전류계, B 전압계
② A 전압계, B 전류계
③ A 전류계, B 저항계
④ A 저항계, B 전압계

44 축전지의 충·방전 화학식이다. ( ) 속에 해당 되는 것은?

$$Pb_2 + (\quad) \; Pb \rightleftarrows PbSO_4 + 2H_2O + PbSO_4$$

① H_2O
② $2H_2O$
③ $2PbSO_4$
④ $2H_2SO_4$

45 일반적으로 에어백(Air Bag)에 가장 많이 사용되는 가스(gas)는?

① 수소
② 이산화탄소
③ 질소
④ 산소

46 150Ah의 축전지 2개를 병렬로 연결한 상태에서 15A의 전류로 방전시킨 경우 몇 시간 사용할 수 있는가?

① 5
② 10
③ 15
④ 20

풀이 150Ah 축전지 2개를 병렬로 연결하면 300Ah 가 된다. $AH = A \times H$ 에서,
$H = \dfrac{AH}{A} = \dfrac{300Ah}{15A} = 20H$

47 순방향으로 전류를 흐르게 하였을 때 빛이 발생되는 다이오드는?

① 제너다이오드
② 포토다이오드
③ 다이리스터
④ 발광다이오드

40.② 41.④ 42.④ 43.② 44.④ 45.③ 46.④ 47.④

48 퓨즈에 관한 설명으로 맞는 것은?

① 퓨즈는 정격전류가 흐르면 회로를 차단하는 역할을 한다.
② 퓨즈는 과대 전류가 흐르면 회로를 차단하는 역할을 한다.
③ 퓨즈는 용량이 클수록 정격전류가 낮아진다.
④ 용량이 작은 퓨즈는 용량을 조정하여 사용한다.

49 지구환경 문제로 인하여 기존의 냉매는 사용을 억제하고, 대체가스로 사용되고 있는 자동차 에어컨의 냉매는?

① R - 134a   ② R - 22
③ R - 16a   ④ R - 12

50 점화코일의 2차 쪽에서 발생되는 불꽃전압의 크기에 영향을 미치는 요소 중 거리가 먼 것은?

① 점화플러그 전극의 형상
② 점화플러그 전극의 간극
③ 기관 윤활유 압력
④ 혼합기 압력

51 전기장치의 배선 연결부 점검 작업으로 적합한 것을 모두 고른 것은?

a. 연결부의 풀림이나 부식을 점검한다.
b. 배선 피복의 절연, 균열상태를 점검한다.
c. 배선이 고열부위로 지나가는지 점검한다.
d. 배선이 날카로운 부위로 지나가는지 점검한다.

① a-b   ② a-b-d
③ a-b-c   ④ a-b-c-d

52 에어백 장치를 점검, 정비할 때 안전하지 못한 행동은?

① 에어백 모듈은 사고 후에도 재사용이 가능하다.
② 조향휠을 장착할 때 클럭 스프링의 중립 위치를 확인한다.
③ 에어백 장치는 축전지 전원을 차단하고 일정시간 지난 후 정비한다.
④ 인플레이터의 저항은 아날로그 테스터기로 측정하지 않는다.

53 크랭크 각센서의 감지 방식이 아닌 것은?

① 광학(optical)식
② 압전(piezo)식
③ 홀(hall)식
④ 전자유도(induction)식

54 일히트펌프 시스템에서 냉방 시와 난방 시의 열교환이 옳은 것은?

① 냉방 시 : 실내기는 흡열, 실외기는 방열
   난방 시 : 실외기는 흡열, 실내기는 방열
② 냉방 시 : 실외기는 흡열, 실내기는 방열
   난방 시 : 실내기는 방열, 실외기는 흡열
③ 냉방 시 : 실내기는 흡열, 실외기는 방열
   난방 시 : 실외기는 방열, 실내기는 흡열
④ 냉방 시 : 실외기는 흡열, 실내기는 방열
   난방 시 : 실내기는 흡열, 실외기는 방열

풀이 냉방 시 실내기는 흡열, 실외기는 방열하고, 난방 시 실외기는 흡열, 실내기는 방열한다.

48.② 49.① 50.③ 51.④ 52.① 53.② 54.①

55 하이브리드 자동차 회생제동시스템에 대한 설명으로 틀린 것은?

① 브레이크를 밟을 때 모터가 발전기 역할을 한다.
② 하이브리드자동차에 적용되는 연비향상 기술이다.
③ 감속 시 운동에너지를 전기에너지로 변환하여 회수한다.
④ 회생제동을 통해 제동력을 배가시켜 안전에 도움을 주는 장치이다.

56 하이브리드 자동차에서 배터리 시스템의 열적, 전기적 기능을 제어 또는 관리하고 배터리 시스템과 다른 차량 제어기와의 사이에서 통신을 제공하는 전자장치는?

① SOC(State Of Charge)
② HCU(Hybrid Control Unit)
③ HEV(Hybrid Electric Vehicle)
④ BMS(Battery Management System)

57 하이브리드 자동차의 컨버터(Converter)와 인버터(Inverter)의 전기특성 표현으로 옳은 것은?

① 컨버터(Converter) : AC에서 DC로 변환, 인버터(Inverter) : DC에서 AC로 변환
② 컨버터(Converter) : DC에서 AC로 변환, 인버터(Inverter) : AC에서 DC로 변환
③ 컨버터(Converter) : AC에서 AC로 승압, 인버터(Inverter) : DC에서 DC로 승압
④ 컨버터(Converter) : DC에서 DC로 승압, 인버터(Inverter) : AC에서 AC로 승압

58 전기자동차의 감속기에 대한 기능이 아닌 것은?

① 감속기능 : 모터의 회전수를 감소하여 구동력 증대
② 증속기능 : 고속 주행 시 업 시프트하여 속도를 증대
③ 차동기능 : 선회 시 속도차에 따른 회전수를 분배
④ 파킹기능 : 운전자 조작에 의한 주차기능

👉 전기자동차의 감속기에는 감속기능, 차동기능, 파킹기능이 있다.

59 전기자동차 구동 모터의 레졸버에 대한 설명으로 틀린 것은?

① 레졸버는 고정자와 회전자로 구성된다.
② 레졸버는 디지털 방식의 절대위치 검출기이다.
③ 레졸버는 회전자의 위치에 비례하는 교류 전압을 출력한다.
④ 회전자 권선은 여자권선이며, 고정자 권선 2개는 90°의 위상차로 배치되어 있다.

👉 레졸버는 아날로그 방식의 절대위치 검출기이다.

60 다음 중 연료전지에 대한 특징이 아닌 것은?

① 화학에너지를 전기에너지로 변환한다.
② 발전효율은 50~60%로 높다.
③ 청정 고효율 발전시스템이다.
④ 청정 연료인 수소 생산 시 오염물질 배출이 없다.

👉 수소 생산 시 이산화탄소 등 오염물질을 배출한다.

55.④ 56.④ 57.① 58.② 59.② 60.④

저자 프로필

김형진 (前) 서울특별시 북부기술교육원
김승수 서울특별시 북부기술교육원

자동차정비기능사 필기

초 판	인쇄	2013년 6월 20일
초 판	발행	2013년 6월 25일
개정 8판	발행	2025년 1월 6일

지은이 | 김형진·김승수
발행인 | 조규백
발행처 | 도서출판 구민사
　　　　　(07293) 서울특별시 영등포구 문래북로 116 604호(문래동 3가, 트리플렉스)
전　화 | (02) 701-7421
팩　스 | (02) 3273-9642
홈페이지 | www.kuhminsa.co.kr

신고번호 | 제2012-000055호(1980년 2월 4일)
ISBN | 979-11-6875-394-5　　　[13550]

값 28,000원

※ 낙장 및 파본은 구입하신 서점에서 바꿔드립니다.
※ 본서를 허락없이 부분 또는 전부를 무단복제, 게재행위는 저작권법에 저촉됩니다.